普通高等教育"十一五"国家级规划教材
21世纪化学规划教材·基础课系列

仪器分析教程

（第3版）

张新祥　李美仙　李　娜等　编著

北京大学出版社
PEKING UNIVERSITY PRESS

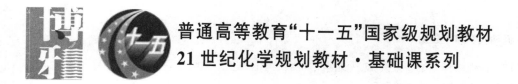

图书在版编目(CIP)数据

仪器分析教程/张新祥等编著. —3 版. —北京：北京大学出版社，2022.3

21 世纪化学规划教材 · 基础课系列

ISBN 978-7-301-32888-0

Ⅰ. ①仪… Ⅱ. ①张… Ⅲ. ①仪器分析 – 高等学校 – 教材 Ⅳ. ①O657

中国版本图书馆 CIP 数据核字（2022）第 032500 号

书　　名	仪器分析教程（第 3 版）
	YIQI FENXI JIAOCHENG（DI-SAN BAN）
著作责任者	张新祥 等 编著
责 任 编 辑	郑月娥　曹京京　王斯宇
标 准 书 号	ISBN 978-7-301-32888-0
出 版 发 行	北京大学出版社
地　　址	北京市海淀区成府路 205 号　100871
网　　址	http://www.pup.cn
电 子 邮 箱	编辑部 lk2@ pup.cn　总编室 zpup@ pup.cn
电　　话	邮购部 010-62752015　发行部 010-62750672　编辑部 010-62767347
印 刷 者	北京市科星印刷有限责任公司
经 销 者	新华书店
	787 毫米 × 1092 毫米　16 开本　33.25 印张　852 千字
	1997 年 5 月第 1 版　2007 年 1 月第 2 版
	2022 年 3 月第 3 版　2024 年 8 月第 4 次印刷（总第 32 次印刷）
印　　数	117501—120500 册
定　　价	79.00 元

内 容 简 介

本书是参照2006—2010年教育部高等学校化学与化工学科教学指导委员会化学类专业教学指导分委员会制定的《普通高等学校本科化学专业规范(草案)》以及近年来仪器分析的新进展而编写的。全书共22章,分为光谱分析、电分析化学、分离分析与其他分析方法4篇。介绍了上述各类方法的基本原理、仪器结构、方法的特点及其应用范围。此外,还介绍了与仪器分析有关的电子学线路基础和计算机应用,书后附有习题参考答案。

本书可作为综合大学、高等师范院校化学及其相关专业的教材或教学参考书,也可供有关的科技及分析工作者参考使用。

第 3 版

（2022 年）

张新祥　李美仙　李　娜 等 编著

第 2 版

（2007 年）

叶宪曾　张新祥 等 编著

第 1 版

（1997 年）

北京大学化学系仪器分析教学组　编著

第 3 版前言

经过长时间的发展和建设，我国经济发展进入新常态，新型工业化、信息化、城镇化、农业现代化同步发展，创新驱动发展成为立足全局、面向全球、聚焦关键、带动整体的国家重大发展战略。经济社会的快速发展必然要求各种新材料、新技术和新方法的不断涌现，因此对测量科学(分析化学)特别是仪器分析的原理与应用提出了更多的挑战。在满足更高灵敏度、更短时空间隔、更长时间尺度和更低成本的条件下，准确且稳定地确定物质的量及分布成为研究和生产中的重大需求，这就需要我们研究出更新的测量分析手段和方法，而这离不开人才的培养。分析化学特别是仪器分析的教学，就是要在这样的条件下，帮助学生建立分析化学的基本概念和培养创建新方法、新技术的能力。

本书第 2 版出版已经有 15 年，在此期间，先后印刷 22 次，累计发行 15 万册。特别是随着与本书配套的教学内容相关电子演示文稿、慕课相关内容的公开，本书被越来越多的兄弟院校用作教材或教学参考书。为了进一步提高教材质量，参照 2006—2010 年教育部高等学校化学与化工学科教学指导委员会化学类专业教学指导分委员会制定的《普通高等学校本科化学专业规范(草案)》，根据分析化学学科近年来的进展以及我们在教学过程中积累的经验和体会，特别是兄弟院校同行的建议和意见，我们对本书进行了修订。

我们在编写过程中继续贯彻“精、新、全”的原则，全书仍然分为光谱分析、电分析化学、分离分析以及其他分析方法 4 篇。根据教学过程和内容的需要，删去了一些陈旧内容，适当增加新技术、新方法。在数据分析部分，增加了大数据处理的基本方法等内容。希望通过阅读学习本书，让学生既了解各类仪器分析方法的基本原理、仪器的基本结构、方法特点及其应用，又能够了解仪器分析方法发展的基本思路和逻辑，建立把握仪器分析方法的新进展和发展趋势的能力，为进一步应用已有仪器分析方法和发展新方法解决实际问题打好基础。

经本书第 2 版各位撰写者的许可，我们重新组织了本书第 3 版的编写工作。本书共 22 章，参加执笔编写和修改的有江子伟(第 1、21 章)、李娜(第 2～5 章)、周颖琳(第 6 章)、叶宪曾(第 7 章)、谢景林(第 8 章)、张新祥(第 1、9、19、21 和 22 章)、李美仙(第 10～14 章)、刘虎威(第 15～18 章)、赵凤林(第 20 章)、郑昕(第 22 章)。李美仙、周颖琳验算了附录中的部分习题答案。

最后，我们感谢广大读者多年来对本书的支持，特别是十几年来北京大学化学学院和相关学院修读仪器分析课程的同学们对本书的修改建议。感谢北京大学化学学院有关领导，以及分析化学研究所、分析测试中心和化学实验教学中心的许多老师的关心和支持。感谢北京大学教材建设委员会对本书修订和相关慕课建设的资助。特别感谢北京大学出版社郑月娥、曹京京和王斯宇的督促和认真细致的编审工作。

限于编者的水平，缺点和错误在所难免，谨请读者批评指正。

编　者

2022 年 3 月于北京大学

第2版前言

本书第1版问世已有9年了，在此期间先后印刷了7次，累计发行2万余册，已被许多兄弟院校用作教材或教学参考书。为了进一步提高教材质量，参照2006—2010年教育部高等学校化学与化工学科教学指导委员会化学类专业教学指导分委员会制定的《普通高等学校本科化学专业规范(草案)》，根据分析化学学科近年来的进展以及在教学过程中所积累的经验和体会，我们对本书进行了全面修订。

我们在编写过程中继续贯彻“精、新、全”的原则，全书分为光谱分析、电分析化学、分离分析与其他分析方法4篇。在第1版的基础上，增加了毛细管电泳法和流动注射分析两章；将原子吸收光谱、原子发射光谱、原子荧光光谱和原子质谱合写为原子光谱法；将电子能谱法改写为表面分析法；并增加了紫外-可见光谱、红外光谱、核磁共振波谱和质谱的综合解析示例。对其他章节删除了一些陈旧内容，适当增加新技术、新方法，更新有关数据，改正不恰当的表述，以期使本书更好地满足教学的需要。通过学习本书，学生既可以了解各类仪器分析方法的基本原理、仪器的基本结构、方法的特点及其应用，又能了解它们的新进展和发展趋势，并能初步具有应用这些方法解决相应问题的能力。

本书共22章，参加编写的有江子伟(第1、21章)，叶宪曾(第2～5章和第7～8章)，齐大荃(第6章)，张新祥(第9、19和22章)，李美仙和江子伟(第10～14章)，李赛君(第15～18章)，赵凤林(第20章)。李美仙验算了附录中的部分习题答案。全书由叶宪曾通读修改，最后由李南强审阅定稿。

我们感谢广大读者多年来对本书的支持和关爱。感谢北京大学化学学院有关领导、分析化学研究所各位老师以及北京大学教材建设委员会的关心和支持。特别感谢北京大学出版社赵学范编审认真细致的编辑加工、精心的设计，使本书得以顺利出版。

限于编者的水平，缺点与错误在所难免，谨请读者批评指正。

编　者

2006年4月于北京大学

第 1 版前言

分析化学是测定物质组成、结构和研究一些物理、化学问题的重要手段，对科学技术和国民经济的发展都有重要的作用。20 世纪 40～50 年代以来，物理学和电子学的发展，促进了分析化学中仪器分析方法的快速发展，使分析化学从以化学分析为主的经典分析化学转变为以仪器分析为主的现代分析化学。因此，从 80 年代初以来，“仪器分析”已成为综合大学化学专业的共同基础课。

北京大学化学系从 1983 年春季开始面向全系各专业开设“仪器分析”课程，先后由李瑞樑、江子伟、叶宪曾、齐大荃等人主持讲授。北京大学技术物理系方锡义、李赛君为应用化学专业主持讲授。按照 1986 年国家教委修订的综合大学化学专业“仪器分析教学大纲”的要求，并考虑到仪器分析近年来的发展，在多年教学工作积累的基础上，我们编写了这本《仪器分析教程》。本教材比较全面地反映了各类仪器分析方法的现状，通过学习并配合相应的实验教学，使学生能基本掌握有关仪器分析方法的基本原理、特点及应用范围。

本书除绪论外共有 20 章，参与执笔编写的有江子伟(绪论、第 10～14 章和第 19 章)、叶宪曾(第 1～4 章和第 7～8 章)、齐大荃(第 5～6 章)、李赛君(第 15～17 章，其中万新民参加了这几章的部分编写工作)，张新祥(第 9、18 和 20 章)。全书最后由叶宪曾、江子伟通读定稿。

参加本书审阅工作的有清华大学的邓勃、胡鑫尧、李隆弟、秦建侯、陶家洵、朱永法和本专业的孙亦梁、李南强、陈月华等。上述同志对本书有关章节内容提出了不少宝贵的意见和修改建议。李南强同志为本书的编写和审阅做了大量的组织工作。北京大学出版社的孙德中同志对本书编写给予关注，并提出了有价值的建议；责任编辑赵学范同志对本书的手稿进行了极为细致和全面的加工，并对一些内容的修改提出了看法。此外，还得到了北京大学化学与分子工程学院有关领导、本专业全体同志的大力支持和校教材出版基金的资助。有了这些支持才使本书得以顺利出版，对此谨表谢意。

限于编者的水平，缺点与错误在所难免，恳请读者给予批评指正。

编　　者

1996 年 5 月于北京大学

目　录

光谱分析篇

电分析化学篇

分离分析篇

其他分析方法篇

第 1 章　绪　　论

人类生活在自然界里，如何正确认识自然及与自然和谐相处是一个重要的问题。分析化学是人们用来解剖、认识物质世界的重要手段之一。古代的炼金术就是人类依靠感官及双手分析判断物质性质及组成的早期范例之一。在向自然学习及改造自然的过程中，人们要生产各种工具，超越人类自身的感官限制，要进行产品质量的检测，这些环节都离不开分析测试技术的应用。当今，分析化学作为重要的信息生产来源已经成为分析科学或测量科学学科，并渗透到工业、农业、国防及科学技术的各个领域。

分析化学是研究物质的组成、含量、状态和结构的科学，也是研究分析方法的科学，它包括化学分析和仪器分析(instrumental analysis)两大部分。化学分析是利用化学反应和它的计量关系来确定被测物质的组成和含量的一类分析方法，测定时需使用化学试剂、天平和一些玻璃器皿，它是分析化学的基础。仪器分析是以物质的物理和物理化学性质为基础建立起来的一类分析方法，测定时常常需要使用比较复杂的仪器，它是分析化学的发展方向和学科发展重要动力之一。

仪器分析是化学类专业必修的基础课程之一。通过本课程的学习，要求学生掌握常用仪器分析方法的基本原理和仪器的简单结构；要求学生初步具有根据分析的目的，结合学到的各种仪器分析方法的特点、应用范围，选择适宜的分析方法的能力。

1.1　分析化学的发展和仪器分析的产生

分析化学的发展经历了三次巨大的变革。16 世纪天平的出现，使分析化学有了科学的内涵。20 世纪初，物理化学溶液理论的发展，建立了溶液中四大反应(酸碱、配合、氧化还原和沉淀)平衡理论。分析化学引入了物理化学的概念，形成了自己的理论基础。分析化学从此由一门操作技术变成一门科学。这是第一次变革。

第二次变革发生在 20 世纪 40 年代，第二次世界大战前后。物理学和电子技术快速发展，并被引入到分析化学中，出现了由经典的化学分析发展为仪器分析的新时期。在这一时期中，由于科学技术的进步，特别是一些重大的科学发现，为新的仪器分析方法的建立和发展奠定了基础。例如：Bloch F. 和 Purcell E. M. 发明了核磁共振的测定方法，获得 1952 年的诺贝尔物理学奖。Heyrovsky J. 发现了在滴汞电极上的浓差极化，开创了极谱分析法，获 1959 年的诺贝尔化学奖。Martin A. 和 Synge R. 对分配色谱理论的贡献，获 1952 年诺贝尔化学奖。

仪器分析的产生为分析化学带来了革命性的变化。仪器分析与化学分析不同，具有如下特点：

(i) 灵敏度高，检测下限可降低。如样品用量由化学分析的毫升、毫克级降低到仪器分析的微升、微克级，甚至更低。它比较适用于微量、痕量和超痕量成分的测定。

(ii) 选择性好。很多仪器分析方法可以通过选择或调整测定的条件，使共存的组分测定时，相互间不产生干扰。

(iii) 操作简便,分析速度快,易于实现自动化。

(iv) 相对误差较大。化学分析一般可用于常量和高含量成分的分析,准确度较高,相对误差小于千分之几。相比之下,多数仪器分析相对误差较大,不适于常量和高含量成分的测定。

(v) 需要价格比较昂贵的专用仪器。

20世纪70年代末开始,以计算机应用为主要标志的信息时代的来临,给科学技术的发展带来了巨大的冲击,分析化学进入了第三次变革的时代。计算机的应用可使操作和数据处理快速、准确与简便化,出现了分析仪器的智能化。各种应用傅里叶(Fourier)变换技术的仪器相继问世,比传统的仪器具有更多的功能和优越性,如提高灵敏度、快速扫描、便于与其他仪器联用等。计算机又促进了数理统计理论渗入分析化学,出现了化学计量学。它是利用数学和统计学的方法设计或选择最佳的测量条件,并从分析测量数据中获得最大程度的化学信息。

未来,仪器分析及技术作为信息获取的重要来源,将为人工智能等大数据应用提供更多可能。

1.2 仪器分析的分类

仪器分析是通过测量表征物质的某些物理或物理化学性质的参数来确定其化学组成、含量或结构的分析方法。仪器分析的方法是很多的,而且相互比较独立,可以自成体系。常用的仪器分析方法可以分为光学分析法、电化学分析法、色谱法、质谱法、流动注射分析法、热分析法和放射化学分析法等。

1. 光学分析法

光学分析法(optical analysis)是基于电磁波作用于待测物质后产生的辐射信号或所引起的变化而建立的分析方法。光学分析法又可以分为非光谱法与光谱法两类。

非光谱法不是以光的波长为特征信号,而是通过测量光的某些其他性质,如反射、折射、干涉、衍射和偏振等变化建立起来的方法。这类方法有折射法、干涉法、散射浊度法、旋光法、X射线衍射法和电子衍射法等。

光谱法则是以光的发射、吸收、散射和荧光为基础建立起来的方法。通过检测光谱的波长和强度来进行分析。

光是一种电磁辐射,它具有一定的能量。不同波长光的能量与分子和原子内不同能级的跃迁能量相对应。由此而建立了一系列光谱分析方法,它们有原子发射光谱法、原子吸收光谱法、原子荧光光谱法、紫外-可见分光光度法、红外吸收光谱法、分子荧光光谱法、分子磷光光谱法、化学发光法、拉曼(Raman)光谱法、X射线荧光光谱法、核磁共振和顺磁共振波谱法等。

电子能谱法是以光电子的辐射为基础建立的方法。从广义辐射概念出发也将它归属光谱法。

2. 电化学分析法

电化学分析法(electrochemical analysis)是根据物质在溶液中和电极上的电化学性质建立起来的一种分析方法。测量时要将试液构成化学电池的组成部分。通过测量该电池的某些电参数,如电阻(电导)、电位、电流、电量的变化来对物质进行分析。根据测量参数的不同,可分为电导分析法、电位分析法、电解和库仑分析法以及伏安和极谱分析法等。

3. 色谱分析法

色谱分析法(chromatography)是根据混合物的各组分在互不相溶的两相(称为固定相和流动相)中吸附能力、分配系数或其他亲和作用的差异而建立的分离分析方法。

用气体作流动相的为气相色谱,用液体作流动相的为液相色谱,用超临界流体作流动相的为超临界流体色谱。

毛细管电泳法是在毛细管柱中,带电组分或组分带电后在电场力的驱动下差速迁移实现分离的方法。

4. 其他方法

(1) 质谱法 试样在离子源中被离子化成带电的离子,在质量分析器中按离子的质荷比 m/z 的大小进行分离,记录其质谱图。根据谱线的位置(m/z 数)和谱线的相对强度来进行分析。

(2) 流动注射分析法 把试样溶液直接以试样塞的形式,间歇地注入管道连续流动的试剂载流中,不需要反应进行完全,就可以进行检测的方法。它大大提高了分析的速度。

(3) 热分析法 热分析法是根据测定物质的质量、体积、热导或反应热与温度之间的关系而建立起来的一种方法。它有热重量法、差热分析法等。

1.3 发展中的仪器分析

生产的发展和科学技术的进步,不断对分析化学提出新的课题。20 世纪 40 至 50 年代兴起的材料科学,60 至 70 年代发展起来的环境科学都促进了分析化学学科的发展。80 年代以来,生命科学的发展正在促进分析化学又一次巨大的发展。仪器分析是分析化学的重要组成部分,也随之不断地发展,不断地更新,为科学技术提供更准确、更灵敏、专一、快速、简便、可靠的分析方法。

生命科学研究的进展,需要对多肽、蛋白质、核酸等生物大分子及其修饰物进行分析,对生物药物进行分析,对超痕量、超微量生物活性物质,如单个细胞内神经传递物质进行分析,以及对生物活体进行分析。选择性标记技术,促进了荧光方法在细胞特别是活细胞行为监控中的应用,质谱在扩大质量范围、提高灵敏度、软离子化技术方面的发展,使其越来越适用于生物大分子及热稳定性差的化合物的测定。电化学微电极技术的出现,产生了电化学探针,可用来检测动物脑神经传递物质的扩散过程,进行活体分析。高效液相色谱和毛细管电泳的发展为多肽、蛋白质及核酸等生物大分子的制备提纯和分离分析提供了可能。

材料的各种宏观物理性能(强度、硬度等)、化学性能(催化、抗老化等)不仅与所含元素的种类和平均含量有关,还取决于组成该材料的各类原子的微观层次的特定排列、空间分布。表面和微区的分析当今已很重要,电子能谱和二次离子质谱是这种分析的重要手段。

红外遥测技术在环境监测(大气污染、烟尘排放等)、工艺流程控制、导弹、火箭飞行器尾气组分测定方面具有独特的作用,可以在白天及夜晚进行监测。在对河流水质进行周期性的监测控制中,电化学的 pH 计、电导仪、溶解氧及氧化还原的在线传感器起着很大的作用。

信息时代的到来,给仪器分析带来了新的发展。信息科学主要是信息的采集和处理。计算机与分析仪器的结合,出现了分析仪器的智能化,加快了数据处理的速度。它使许多以往难以完成的任务,如实验室自动化、谱图的快速检索、复杂的数理统计可轻而易举得以完成。现在Fourier变换技术已经广泛地应用到仪器分析方法里,大大提高了测量的信噪比,使这些方法更加灵敏。信息的采集和变换主要依赖于各类传感器。这又带动仪器分析中传感器的发展,出现了光导纤维的化学传感器和各种生物传感器。

联用分析技术已成为当前仪器分析的重要发展方向。将几种方法结合起来,特别是分离方法(如色谱法)和检测方法(如红外光谱、质谱、核磁共振波谱法)的结合,汇集了各自的优点、弥补了各自的不足,可以更好地完成试样的分析任务。

现代科学技术的发展、相邻学科之间相互渗透,使得仪器分析中新方法层出不穷,老方法不断更新。在痕量分析中,免疫学也得到广泛的应用,出现了各种仪器的免疫分析法。超临界技术的应用,出现了超临界流体色谱。它能在较低温度下分离热稳定性差、挥发性差的大分子,又可采用灵敏的火焰离子化检测器,弥补了气相色谱和液相色谱的不足。

仪器分析从其产生至今,一直处于不断发展之中。新方法、新技术的不断出现,为人类认识自然,建设环境友好、自然和谐型社会做出了贡献。

参考资料

[1] 高鸿. 分析化学前沿. 北京:科学出版社,1991.

[2] 朱明华,施文赵. 近代分析化学. 北京:高等教育出版社,1991.

[3] Skoog D A, Holler F J and Nieman T A. Principles of Instrumental Analysis. 5th ed. San Diego: Harcourt Brace and Company, 1998.

[4] 汪尔康. 21世纪的分析化学. 北京:科学出版社,1999.

[5] 武汉大学化学系. 仪器分析. 北京:高等教育出版社,2001.

[6] Kellner R, Mermet J M, Otto M and Widmer H M. 分析化学. 李克安,金钦汉,等译. 北京:北京大学出版社,2001.

[7] 方惠群,于俊生,史坚. 仪器分析. 北京:科学出版社,2002.

[8] Dean J A. 分析化学手册. 常文保,等译. 北京:科学出版社,2003.

[9] 李克安. 分析化学教程. 第2版. 北京:北京大学出版社,2021.

光谱分析篇

第 2 章　光谱分析法引论

本章简介电磁波及其与物质的相互作用、由此产生的光谱分析方法，以及光谱分析法使用的测量仪器。

2.1　电磁辐射的性质

电磁辐射是一种以极大的速率(在真空中为 2.998×10^{8} m・s^{-1})通过空间，不需要以任何物质作为传播媒介的能量，包括无线电波、微波、红外光、紫外-可见光、X 射线和 γ 射线等形式。电磁辐射具有波动性和微粒性。

2.1.1　电磁辐射的波动性

根据 Maxwell 的观点，电磁辐射可以用电场矢量 E 和磁场矢量 B 来描述，如图 2.1 所示。这是最简单的单一频率的面偏振电磁波，其电场矢量在一个平面内振动，而磁场矢量在另一个与电场矢量相垂直的平面内振动。这两种矢量都是正弦波形，相位一致，并且垂直于波的传播方向。当电磁辐射通过物质时，与物质微粒的电场或磁场发生作用，在辐射和物质间产生能量传递。由于电磁辐射的电场是与物质中的电子相互作用，所以本章及以后大部分章节仅考虑电场矢量，但核磁共振波谱中讨论原子核对射频波的吸收则与磁场矢量有关。波的传播以及反射、衍射、干涉、折射和散射等现象表现了电磁辐射具有波的性质，可以用以下的波参数来描述。

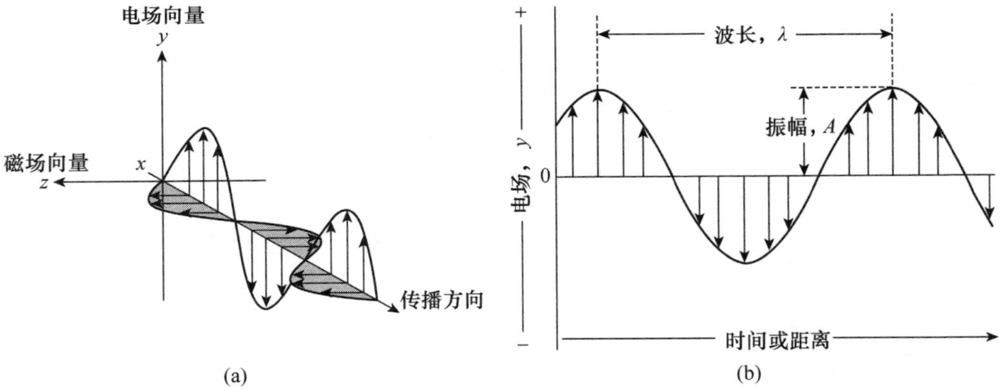

图 2.1　单频率电磁波的波动性

(a) 图为面偏振电磁波沿 x 轴的传播。其中电场与磁场的振荡平面垂直。如果是非偏振光，电场成分则存在于所有波面。(b) 图为电场振荡情况

(1) 周期 T

相邻两个波峰或波谷通过空间某一固定点所需要的时间间隔称为周期，单位为 s。

(2) 频率 ν

单位时间内通过传播方向上某一点的波峰或波谷的数目，即单位时间内电磁场振动的次数称为频率，它等于周期的倒数。单位为 Hz。

(3) 波长 λ

相邻两个波峰或波谷间的直线距离称为波长。不同的电磁波谱区可采用不同的波长单位，可以是 m、cm、μm 或 nm，其间的换算关系为 $1\ \text{m}=10^2\ \text{cm}=10^6\ \mu\text{m}=10^9\ \text{nm}$。

(4) 振幅 A

波极大时电场矢量强度称为振幅。

(5) 波数 $\tilde{\nu}$（或 σ）

波数为波长的倒数，每厘米长度内含有波长的数目，单位 cm^{-1}。波长-波数的关系式为

$$\frac{\tilde{\nu}}{\text{cm}^{-1}}=\frac{1}{\lambda/\text{cm}}=\frac{10^4}{\lambda/\mu\text{m}} \tag{2.1}$$

(6) 传播速率 v

辐射的传播速率等于频率乘以波长，即 $v=\nu\lambda$。频率在任何传播介质中保持不变，但速率受介质影响，则波长亦受介质影响。在真空中辐射的传播速率达到其最大值，以符号 c 表示。c 的测定值为 $2.998\times10^8\ \text{m}\cdot\text{s}^{-1}$。

1. 电磁波谱

将各种电磁辐射按照波长或频率的大小顺序排列起来即称为电磁波谱(electromagnetic spectrum)。表 2.1 列出了用于分析目的的电磁波的有关参数。γ 射线的波长最短，能量最大；之后是 X 射线区、紫外-可见和红外光区；无线电波区波长最长，其能量最小。

表 2.1　电磁波谱分区与相关参数

E/eV	ν/Hz	λ	电磁波	跃迁类型
$>2.5\times10^5$	$>6.0\times10^{19}$	<0.005 nm	γ 射线区	核能级
$2.5\times10^5\sim1.2\times10^2$	$6.0\times10^{19}\sim3.0\times10^{16}$	0.005～10 nm	X 射线区	K，L 层电子能级
$1.2\times10^2\sim6.2$	$3.0\times10^{16}\sim1.5\times10^{15}$	10～200 nm	真空紫外光区	
6.2～3.1	$1.5\times10^{15}\sim7.5\times10^{14}$	200～400 nm	近紫外光区	外层电子能级
3.1～1.6	$7.5\times10^{14}\sim3.8\times10^{14}$	400～800 nm	可见光区	
1.6～0.50	$3.8\times10^{14}\sim1.2\times10^{14}$	0.8～2.5 μm	近红外光区	分子振动能级
$0.50\sim2.5\times10^{-2}$	$1.2\times10^{14}\sim6.0\times10^{12}$	2.5～50 μm	中红外光区	
$2.5\times10^{-2}\sim1.2\times10^{-3}$	$6.0\times10^{12}\sim3.0\times10^{11}$	50～1000 μm	远红外光区	分子转动能级
$1.2\times10^{-3}\sim4.1\times10^{-6}$	$3.0\times10^{11}\sim1.0\times10^{9}$	1～300 mm	微波区	
$<4.1\times10^{-6}$	$<1.0\times10^{9}$	>300 mm	无线电波区	电子和核的自旋

2. 波的数学描述与波叠加原理

以时间为变量，图 2.1(b)的波可以用正弦函数描述，

$$y=A\sin(\omega t+\phi) \tag{2.2}$$

式中：y 为 t 时的电场振动幅度；A 为振幅；ϕ 为相位；ω 为角速度，其与电磁辐射频率的关系为 $\omega=2\pi\nu$。则式(2.2)可表示为

$$y=A\sin(2\pi\nu t+\phi) \tag{2.3}$$

根据波叠加原理，两列波或多列波在空间某点相遇，相遇处场点的振动是各列波到达该点所引起振动的叠加；相遇后，各波仍保持其各自的特性（如振幅、频率、振动方向、传播方向），继续沿原方向传播。当频率、振幅以及相位不同的 n 列波在空间相遇，根据波叠加原理，振动叠加可以用式(2.4)表示

$$y = A_1\sin(2\pi\nu_1 t + \phi_1) + A_2\sin(2\pi\nu_2 t + \phi_2) + \cdots + A_n\sin(2\pi\nu_n t + \phi_n) \qquad (2.4)$$

图 2.2(a)和(b)给出了频率相同，振幅和相位有些不同的两列波的叠加情况，叠加的结果都是产生频率相同的周期性的波，此为干涉现象。图 2.2(a)中两列波的相位差小于图 2.2(b)的两列波，结果是前者的叠加振幅加强，后者减小。当两列波的相位差为 0、2π，或者 2π 的整数倍时，叠加振幅最大，称为相长干涉；当两列波的相位差为 π 或者 π 的奇数倍时，叠加振幅为零，称为相消干涉。

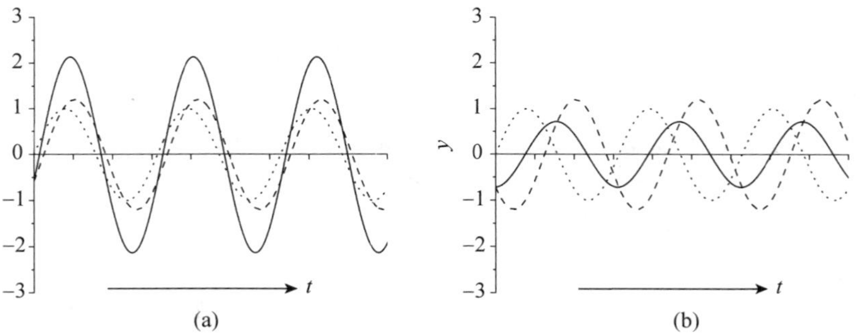

图 2.2　频率相同正弦波的叠加

(a) $A_1 < A_2$，$(\phi_1 - \phi_2) = 20°$，$\nu_1 = \nu_2$；(b) $A_1 < A_2$，$(\phi_1 - \phi_2) = 200°$，$\nu_1 = \nu_2$；其中，点线与虚线为两列正弦波，实线为两列波叠加的结果

当两列波的频率不同时，叠加结果不再是正弦或余弦函数，但是仍有周期性，如图 2.3 所示。而波叠加而成的复杂波形可以通过 Fourier 变换分解成若干个简单波组分，Fourier 变换的应用将会在后续相关光谱方法中进行介绍。

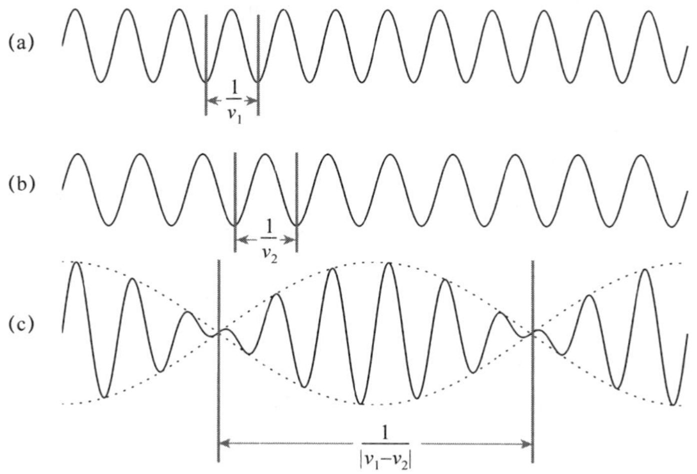

图 2.3　频率不同、振幅相同正弦波的叠加

(a) 周期为 $1/\nu_1$ 的波；(b) 周期为 $1/\nu_2$ 的波，其中($\nu_1 = 1.2\nu_2$)；(c) 波叠加产生周期为 $\frac{1}{\Delta\nu} = \frac{1}{|\nu_1 - \nu_2|}$

3. 电磁波的衍射

当一束平行电磁辐射通过尖锐的障碍物或者狭窄小孔时，将偏离直线传播的路径而向各个方向传播，该现象称为光的衍射。

衍射是波动性的，由干涉现象引起。以 Thomas Young 的实验为例[图 2.4(a)]，首先直线传播的单色光通过与光波长尺寸相当的狭缝或圆孔，该狭缝表现为一个新的点光源，光通过狭缝后，沿着一个 180°弧传播。在该点光源的照明范围内再放一个有两个距离相近的狭缝 S_1 和 S_2 的屏。S_1 和 S_2 将作为两个次光源沿着 180°弧传播，由于发生干涉而形成交叠波场，在远处的接收屏上可观测到一组几乎平行的明暗相间的直线条纹。

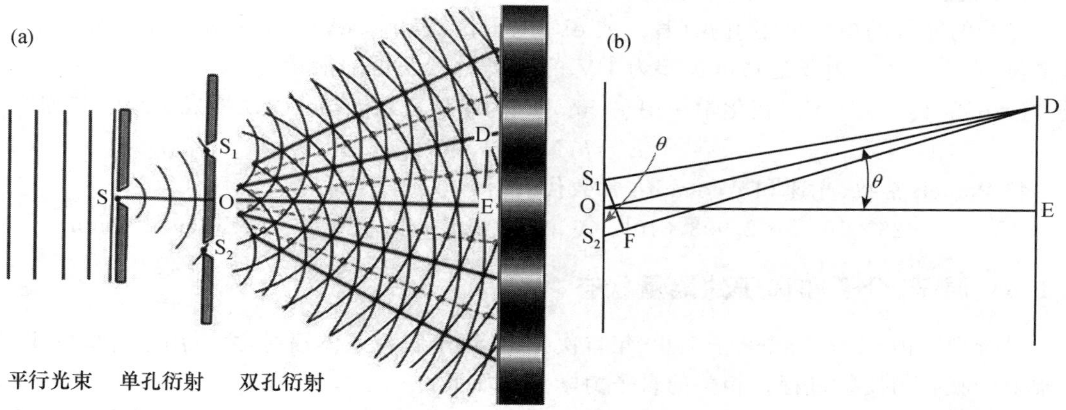

图 2.4　杨氏双缝干涉实验

通过图 2.4(b)，可以推导出产生明暗相间条纹的条件。O 点与屏幕上的中心极大点 E 连线为 OE，O 点与极大点 D 之间连线为 OD。OE 与 OD 的夹角(衍射角)为 θ，$\overline{S_1D}$ 与 $\overline{S_2D}$ 分别表示从狭缝 S_1 和狭缝 S_2 到 D 点的光程。由于 $\overline{OE}$ 远大于 $\overline{S_1S_2}$，可以认为 S_1D、OD 与 S_2D 近似平行。S_1F 垂直于 S_2D，则三角形 S_1S_2F 与 DOE 为相似三角形，因此角 S_2S_1F 也为 θ。

$$\overline{S_2F}=\overline{S_1S_2}\sin\theta$$

由于 $\overline{OE}$ 远大于 $\overline{S_1S_2}$，故 $\overline{S_1D}\approx\overline{FD}$，所以 $\overline{S_2F}$ 可以近似为 $\overline{S_2D}$ 与 $\overline{S_1D}$ 光线的光程差。若使这两束光在 D 点同相，则 $\lambda=\overline{S_2F}=\overline{S_1S_2}\sin\theta$。

当光程差为 2λ、3λ 等波长的整数倍时，D 点也会发生极大现象，由此得出围绕中心极大点 E 的亮带的表达通式

$$n\lambda=\overline{S_1S_2}\sin\theta \tag{2.5}$$

式中：n 为衍射级数，为整数。

由于 $\overline{DE}=\overline{OD}\sin\theta$，将其代入式(2.5)得

$$n\lambda=\frac{\overline{S_1S_2}\ \overline{DE}}{\overline{OD}}=\frac{\overline{S_1S_2}\ \overline{DE}}{\overline{OE}} \tag{2.6}$$

从式(2.6)可知，对于单色光，在接收屏上将出现一系列以 E 点($n=0$)为中心的光的亮带。对于复合光的每一级衍射(即 n 取不同的整数值时)，将出现以 E 点为中心的彩色亮带，每一条彩色亮带(每一级衍射)的波长由内向两侧逐渐增加。

2.1.2 电磁辐射的微粒性

电磁辐射的波动性不能解释辐射的吸收和发射相关的现象。对于光电效应、Compton 效应以及黑体辐射的光谱能量分布等，需要把辐射看作是微粒（光子）才能得到满意的解释。Planck 认为，物质吸收或发射辐射能量是不连续的，只能按一个基本固定量一份一份地或以此基本固定量的整数倍来进行。这就是说，能量是"量子化"的。这种能量的最小单位即为"光子"。光子是具有能量的，光子的能量与它的频率呈正比，或与波长呈反比，而与光的强度无关。

$$E = h\nu = hc/\lambda \tag{2.7}$$

式中：E 代表每个光子的能量；ν 代表频率；h 是 Planck 常数，$h = 6.626 \times 10^{-34}$ J · s；c 为光速。

光子的能量的单位可用 J[焦（耳）]或 eV（电子伏）表示。eV 常用来表示高能量光子的能量单位，它表示 1 个电子通过电位差为 1 V 的电场时所获得的能量。1 eV $= 1.602 \times 10^{-19}$ J，或 1 J $= 6.241 \times 10^{18}$ eV。在化学中用 J · mol^{-1} 为单位表示 1 mol 物质所发射或吸收的能量

$$E = h\nu N_A = hc\tilde{\nu} N_A \tag{2.8}$$

将 Planck 常数、光速和 Avogadro 常数代入，得

$$E = (6.626 \times 10^{-34} \times 2.998 \times 10^{10} \times 6.022 \times 10^{23} \tilde{\nu})\,\text{J} \cdot \text{mol}^{-1} = (11.96\tilde{\nu})\,\text{J} \cdot \text{mol}^{-1}$$

2.1.3 原子、分子和离子的能量状态

量子理论由 Max Planck 于 1900 年首次提出，用于解释黑体辐射，之后用于解释物质对电磁辐射的吸收与发射过程。相关的量子力学假设如下：

(i) 原子、分子和离子处在不连续的能级态（energy states），不同的原子、分子和离子，他们的能级态是不同的。

(ii) 当原子、分子和离子改变能级态时，其吸收和发射的能量等于能级差 ΔE。

(iii) 在跃迁过程中发射和吸收的辐射的频率与能级差成正比，而波长与能级差成反比。

$$\Delta E = h\nu = hc/\lambda \tag{2.9}$$

对于原子或离子，在其元素状态时，其能态来自核外运动的电子状态，称作电子能态（electronic states）。与原子间振动能量相关的能态称为振动能态（vibrational states），与分子绕质心转动相关的能态称为转动能态（rotational states）。这些能态都是量子化的（quantized）。分子或原子的最低能态是基态（ground state），高的能态称为激发态（excited states）。室温下，化学物种主要处于基态。

2.2 光学分析法及其分类

光谱是复合光经色散系统分光后，按波长（或频率）的大小依次排列的图像。基于对物质的光谱的测量建立起来的分析方法称为光谱分析法（spectrometry），它是光学分析法的一类。物质与电磁辐射作用时，测量物质内部量子化的能级之间的跃迁而产生的发射、吸收或散射辐射的波长和强度，可以进行定性、定量和结构分析。光谱可分为原子光谱和分子光谱。原子光谱是由原子外层或内层电子的跃迁产生的吸收或发射的能量，其表现方式为线状光谱，分析方法如原子发射光谱法、原子吸收光谱法、原子荧光光谱法和 X 射线荧光光谱法等。分子光谱与分子绕其质心的转动、分子中原子在平衡位置的振动和分子内电子的跃迁所吸收或发射的能量相对应，为带状光谱，分析方法包括紫外-可见分光光度法、红外光谱法、分子发光光谱法和 Raman 光谱法等。

光学分析法的另一类是非光谱法，它是基于物质与电磁辐射相互作用时，测量电磁辐射的某些性质，如折射、散射、干涉、衍射和偏振等的变化的分析方法。非光谱法中电磁辐射只改变了传播方向、速率或某些物理性质，不涉及物质内部能级的跃迁，如折射法、偏振法、光散射法、干涉法、衍射法、旋光法和圆二色性法等。

本书介绍的光谱法主要为吸收、发射和散射三种基本类型。

2.2.1　吸收光谱法

当电磁辐射的能量与物质的原子核、原子或分子的两个能级间的能量差匹配时，将产生吸收光谱(absorption spectrum)。其主要方法列于表 2.2。

表 2.2　吸收光谱法

方法名称	辐射能	作用物质	检测信号
Mössbauer 光谱法	γ 射线	原子核	吸收后的 γ 射线
X 射线吸收光谱法	X 射线 放射性同位素	$Z>10$ 的重元素 原子内层电子	吸收后的 X 射线
原子吸收光谱法	紫外、可见光	气态原子外层电子	吸收后的紫外、可见光
紫外-可见分光光度法	紫外、可见光	分子外层电子	吸收后的紫外、可见光
红外光谱法	炽热硅碳棒等 2.5～15 μm 红外光	分子振动	吸收后的红外光
核磁共振波谱法	0.1～900 MHz 射频	原子核磁量子 有机化合物分子的质子、^{13}C 等	吸收
电子自旋共振波谱法	10000～80000 MHz 微波	未成对电子	吸收
激光吸收光谱法	激光	分子(溶液)	吸收
激光光声光谱法	激光	分子(气体、固体、液体)	声压
激光热透镜光谱法	激光	分子(溶液)	吸收

2.2.2　发射光谱法

物质通过电致激发、热致激发或光致激发，以及化学反应等过程获得能量，变为激发态原子或分子，当从激发态跃迁至低能态或基态时产生发射光谱(emission spectrum)。其主要方法列于表 2.3。

表 2.3　发射光谱法

方法名称	激发方式	作用物质	检测信号
X 射线荧光光谱法	X 射线 (0.01～2.5 nm)	原子内层电子的逐出，外层能级电子跃入空位(电子跃迁)	特征 X 射线 (X 射线荧光)
原子发射光谱法	火焰、电弧、火花、等离子炬等	气态原子外层电子	紫外、可见光
原子荧光光谱法	高强度紫外、可见光	气态原子外层电子跃迁	原子荧光
分子荧光光谱法	紫外、可见光	分子	荧光(紫外、可见光)
磷光光谱法	紫外、可见光	分子	磷光(紫外、可见光)
化学发光法	化学能	分子	可见光
生物发光法	生物能	分子	可见光

2.2.3 散射光谱法

散射是指电磁辐射与物质发生相互作用后，部分光子偏离原来的入射方向而分散传播的现象。当发生弹性散射时散射光能量保持不变，称为瑞利（Rayleigh）散射；如果散射光的能量也发生变化，称为 Raman 散射。Raman 光谱（Raman spectrum）是一种振动光谱技术，研究体系中由于光的非弹性散射而产生振动、转动以及其他低频模式，从而提供分子结构的信息。

2.3 光谱法仪器

光谱学方法主要基于吸收、荧光、磷光、散射、发射以及化学（生物）发光，用于研究吸收、发射或荧光的电磁辐射的强度与波长的关系的仪器叫作光谱仪或分光光度计。这一类仪器一般包括以下基本单元：光源、单色器、样品容器、检测器和读出器件，如图 2.5 所示。

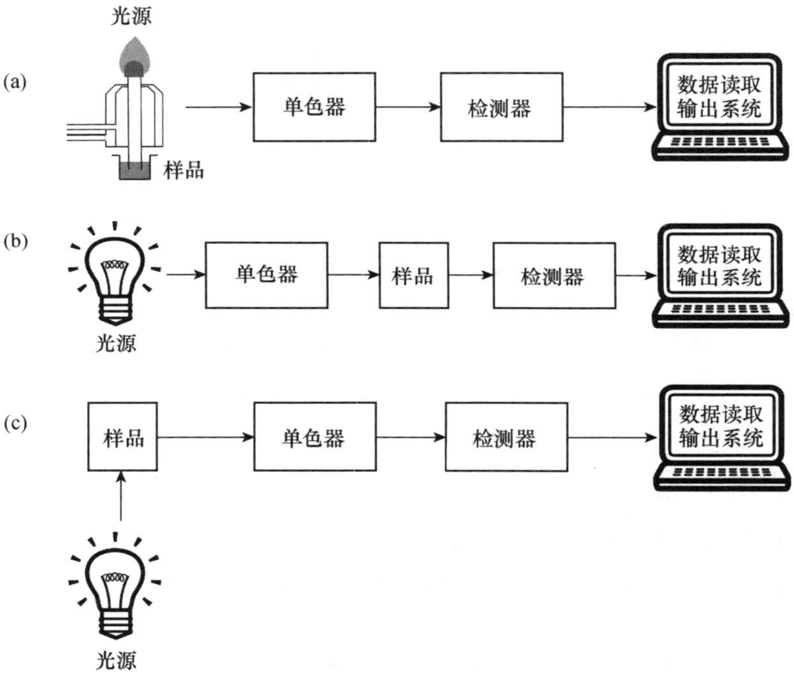

图 2.5 各类光谱仪部件示意图

（a）发射光谱仪 （b）吸收光谱仪 （c）荧光和散射光谱仪

虽然仪器构造有些差别，但是基本部件非常相似。同一部件在不同的仪器中的基本功能以及性能要求是相似的，只是适用的波段可能有所差别。图 2.6 给出了除信号读出与处理部件以外的其他部件的光学特性，可以看到其差别主要因适用波长范围不同而异。仪器设计主要为分析目的服务，如定性或定量检测，也因用于原子或分子光谱学而不同。

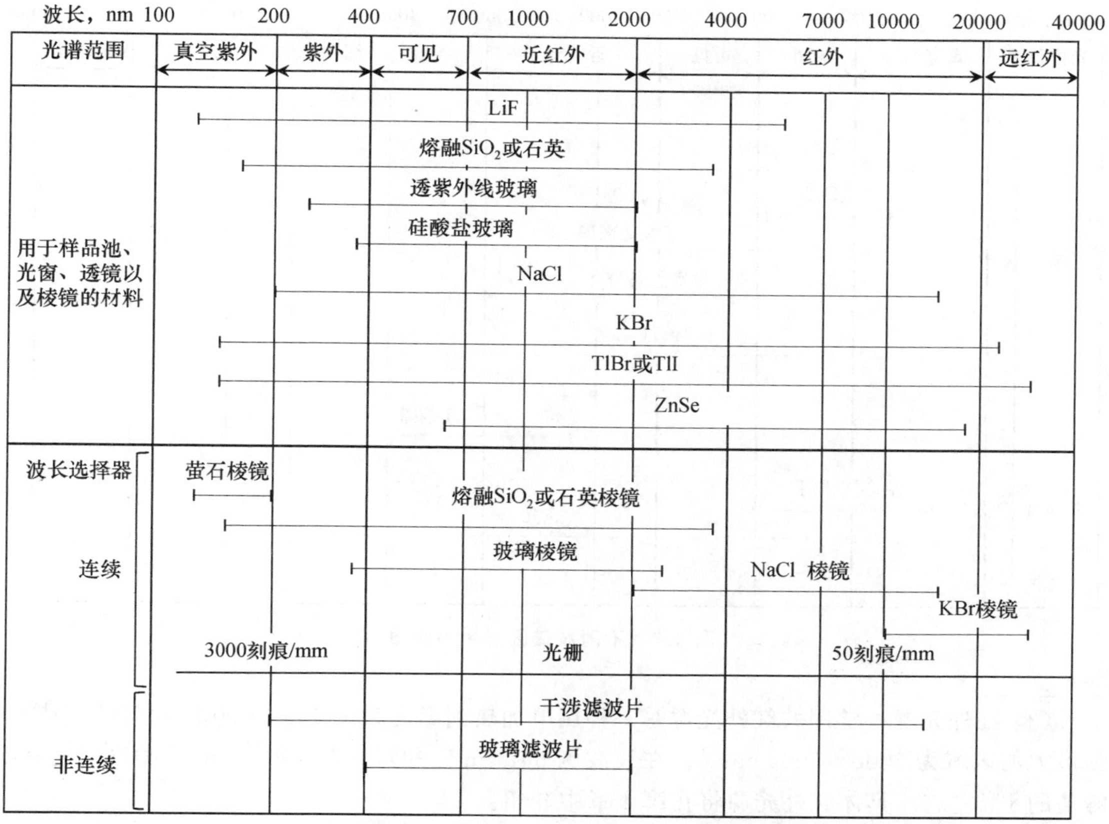

图 2.6　用于光谱仪器的各材料透光范围以及波长选择器的材质

2.3.1　光源

光谱分析中，光源必须具有足够的输出功率和稳定性。由于光源辐射功率的波动与电源功率的变化呈指数关系，因此往往需用稳压电源以保证稳定，或者用参比光束的方法来减少光源输出的波动对测定所产生的影响。光源可根据光谱的宽度分为连续光源和线光源等。光源也可根据强度随时间变化的特性分为连续光源和脉冲光源。图 2.7 给出了光谱分析中常使用的光源。

1. 连续光源

连续光源是指在很大的波长范围内主要发射强度相对平稳的具有连续光谱的光源。

(1) 紫外光源　紫外连续光源主要采用氢灯或氘灯。它们在低压($\approx 1.3\times10^3$ Pa)下以电激发的方式产生的连续光谱范围为 160～375 nm。相对氢灯而言，氘灯因为产生的光谱强度大且寿命长，比较常用。

(2) 可见光源　可见光区最常用的光源是钨灯。在大多数仪器中，钨丝的工作温度约为 2870 K，光谱波长范围为 320～2500 nm。氙灯也可用作可见光源，当电流通过氙气时，可以产生强辐射，它发射的光谱波长范围为 250～700 nm。

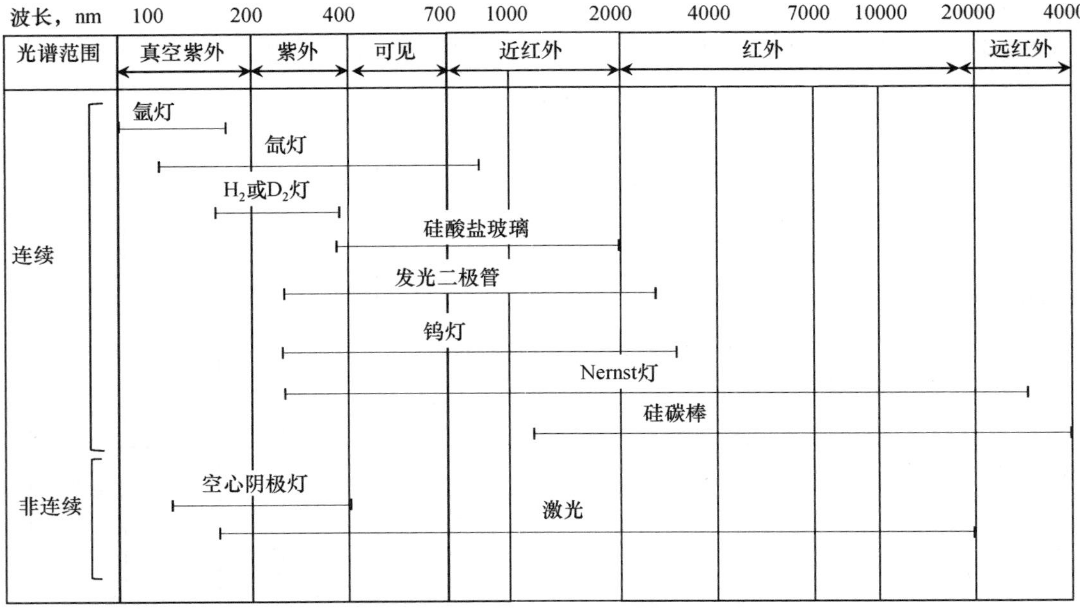

图 2.7 不同波谱区所用的光源

(3) 红外光源　常用的红外光源是一种用电加热到温度为 1500～2000 K 的惰性固体，光强最大的区域为 6000～5000 cm^{-1}。在长波侧 667 cm^{-1} 和短波侧 10000 cm^{-1} 的强度已降到峰值的 1%左右。具体红外光源将在第 4 章中介绍。

(4) 发光二极管　发光二极管(light-emitting diode, LED)用于某些光谱仪的光源。发光二极管是由含镓(Ga)、砷(As)、磷(P)、氮(N)等的化合物制成的 pn 结二极管(将在检测器部分对 p 型半导体、n 型半导体以及 pn 结进行介绍)，具有单向导电性。向二极管施加正向电压，从 p 区注入 n 区的空穴和由 n 区注入 p 区的电子在 pn 结附近自发复合，产生发光。传统 LED 使用无机半导体材料，通过调控半导体材料的组成，可以获得最大发光波长的范围为 375～1000 nm，其带宽范围为 20～50 nm。可分别在连续模式和脉冲模式下工作。

2. 线光源

(1) 金属蒸气灯　在透明封套内含有低压气体元素，常见的是汞和钠蒸气灯。把电压加到固定在封套上的一对电极上时，就会激发出元素的特征线光谱。汞灯产生的一系列线光谱的波长范围为 254～734 nm，钠灯主要是产生 589.0 nm 和 589.6 nm 处的一对谱线。

(2) 空心阴极灯　主要用于原子吸收光谱中，能提供许多元素的线光谱。

(3) 激光器　激光器是一种基于受激的原子或分子在特定波长发光并可将其加以放大的装置。激光的强度高，方向性、相干性和单色性俱佳，在 Raman 光谱、荧光光谱、发射光谱、Fourier 变换红外光谱、光声光谱等领域有极其广泛的应用。

一般地，激光器主要由激励能源(通常称作泵浦或泵浦源)、工作物质(或激活介质)与光学共振腔组成。图 2.8 为掺钕钇铝石榴石(Nd：YAG)固体激光器的构造示意图。激活介质可以是气体、液体，也可以是固体。要在介质中实现光的受激发射，就必须使处于高能态的原子或分子数比处于低能态的原子或分子数多，也就是说实现粒子数布居反转。在通常的热平衡状态下，这种布居反转是完全不可能实现的。因此，必须用激励能源对激活介质进行强激发：一般对气体介质用放电激发；而固体和液体介质常用光激发；对半导体介质，则采用通电激发。常用的激光器有主要波长为 694.3 nm 的红宝石（Al_2O_3 中掺入约 0.05%的 Cr_2O_3）激光器，主要波长为 1064 nm 的 Nd∶YAG 激光器（图 2.8），主要波长为 632.8 nm 的 He-Ne 激光器和主要波长为 514.5 nm、488.0 nm 的 Ar 离子激光器。此外，染料激光器和半导体激光器也是重要的光源，它们都具有波长可调谐的特点。光学共振腔环绕激活介质，两端有相向放置的全反射镜和部分反射镜（输出反射镜），作用是加强输出激光的亮度，调节和选定光的波长和方向。

激光二极管（laser diode，LD）与发光二极管紧密相关，是将光学共振腔与发光二极管相连，以使光子输出同相或一致，是受激发射光。与 LED 一样，LD 体积小，转换效率高，可以调制，可以设计使之在很宽的波段发光，但是单色性次于激光器。

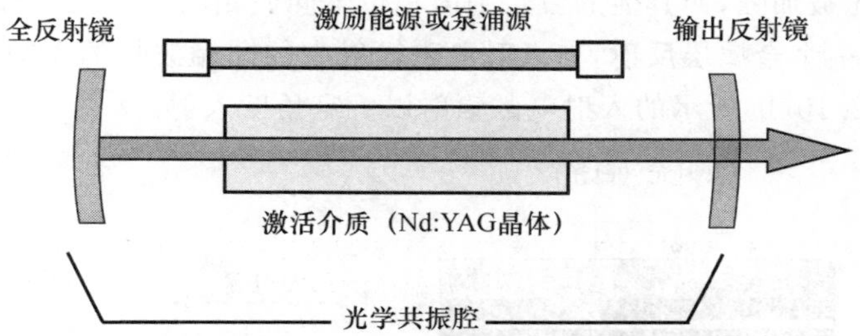

图 2.8　Nd∶YAG 固体激光器构造示意图

用于原子发射光谱测量的电弧、火花、等离子体光源，用于原子吸收光谱测量的空心阴极灯，将在有关章节中详述。

2.3.2　波长选择器

波长选择器用于将吸收或发射的光限制在一个窄的光谱范围或谱带，从而提高吸收测量的灵敏度，以及仪器的光谱选择性。有两种波长选择器：滤波器和单色器。

1. 滤波器

（1）滤光片

滤光片通过一定过程阻止或吸收电磁辐射中大部分波长范围的辐射，而使一定有限带通的辐射通过。滤光片的光学特性可以用标称波长（峰值波长）、峰值透过率以及带通（半高全宽）表示，如图 2.9 所示。

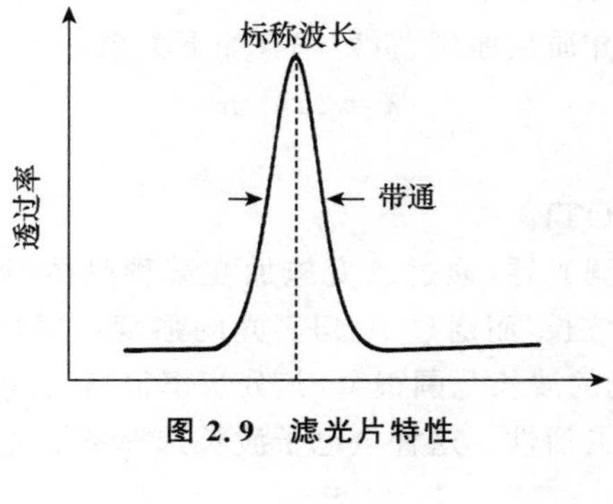

图 2.9　滤光片特性

用于波长选择的滤光片有两种，干涉滤光片(interference filter)，又称法布里-泊罗滤光片(Fabry-Perot filter)和吸收滤光片(absorption filter)。吸收滤光片大多是含有某种有色金属氧化物的有色玻璃，它对电磁辐射中某些波长范围的光具有强的吸收能力，透过光则呈一定单色性。吸收滤光片仅限用于可见光波范围，其带通为 30～250 nm，在通过波长的透过率较低，仅有 1%或更少。相较于吸收滤光片，干涉滤光片的带通更窄，透过率更高。干涉滤光片根据干涉原理制造，只让特定光谱范围的光通过。如图 2.10(a)所示，一个薄透明电介质层，夹在两块内侧镀有半透金属膜的玻璃片之间，构成了一个干涉滤光片。电介质层的厚度决定透过辐射的波长，因此应精确控制。入射电磁辐射垂直投射到滤光片表面，一部分透过第一个金属层，一部分反射。透过第一个金属层的光在到达到第二个金属层时，同样发生透射和反射现象，反射光波长则会在第一个金属层发生反射，如果波长合适，则反射的光与入射电磁辐射同相，该特定波长的光被加强，而其他的波长则因相位不同而相消。如此在第二个金属层发生反射的光则会再在第一个金属层反射，与入射电磁辐射中的同相波长的光被加强。为清楚地示意干涉的发生，图 2.10(b)所示的入射电磁辐射以一定角度入射。

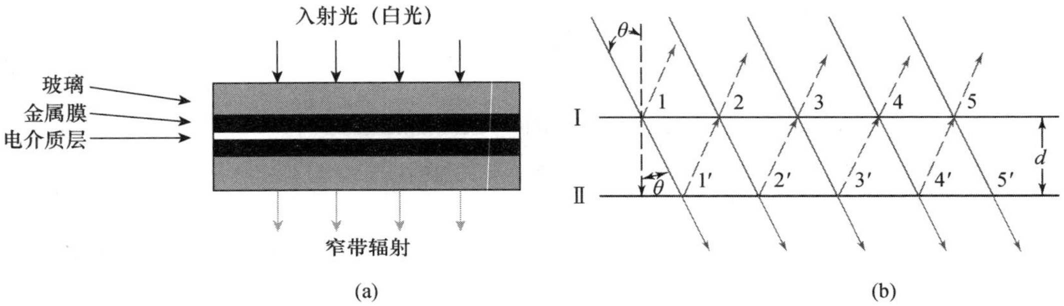

图 2.10　干涉滤光片示意图(a)及相长干涉光路(b)

设电介质层厚度为 d，在点 1，电磁辐射部分被反射，部分被透过至 1′点，在该点再一次发生部分透射和部分反射，其他位置的电磁辐射光线 2,3,4,5 也将发生同样的透射、反射过程。两层金属膜之间的光程为 $d/\cos\theta$，发生相长干涉的条件则为

$$n\lambda' = 2d/\cos\theta$$

式中：n 为整数；λ'为电介质层透过的光的波长；d 为电介质层厚度。

实际使用中，θ 接近零，$\cos\theta$ 接近 1，上式变为

$$n\lambda' = 2d$$

透过滤光片的波长为 λ，$\lambda = n\lambda'$

透过滤光片的波长与电介质层厚度、折射率有如下关系：

$$\lambda = 2dn_i/n \qquad (2.10)$$

式中：n_i 是介质层的折射率。

(2) 声光可调滤光器(AOTF)

这是一种微型窄带可调滤光器，通过改变施加在某种晶体(通常用的是 TeO_2)上的射频频率来改变通过滤光器的光波长，而通过 AOTF 光的强度可通过改变射频的功率进行精密、快速的调节。通过 AOTF 光的波长范围很窄，其分辨率很高，目前已达到 0.0125 nm 或更小。波长调节速率快且有很大的灵活性。这种全电子波长选择系统适用于光谱分析。

2. 单色器

单色器是产生高光谱纯度辐射束的装置，它的作用是将复合光分解成单色光或有一定宽度的窄谱带，通过调节单色器可实现连续的光谱扫描。

单色器由以下部件组成：(1) 入射狭缝；(2) 准直透镜或反射镜，其将通过入射狭缝的光束变为平行光束；(3) 色散元件，可以是棱镜和光栅，将不同频率的光在空间上分开，现代光谱仪主要采用光栅作色散元件；(4) 聚焦透镜或反射镜，其将色散的光聚焦在焦面上；(5) 出射狭缝，处于焦面上，在空间上对特定的聚焦谱带进行选择。

图 2.11 是分别以棱镜和反射光栅为色散原件的单色器分光示意图。为便于说明，假设光束仅由两个波长的光(λ_1 和 λ_2)组成。光从入射狭缝进入单色器，经过准直透镜变为平行光，以特定角度到达色散元件表面。对于光栅单色器，由发生在光栅表面的衍射产生角度色散；对于棱镜单色器，由发生在棱镜两个表面的折射产生角度色散。在两种单色器的设计中，色散的光聚焦于焦面 AB 上，形成两个与入射狭缝形状一样的像。通过转动色散元件，可使欲选择的波长的光聚焦于出射狭缝。

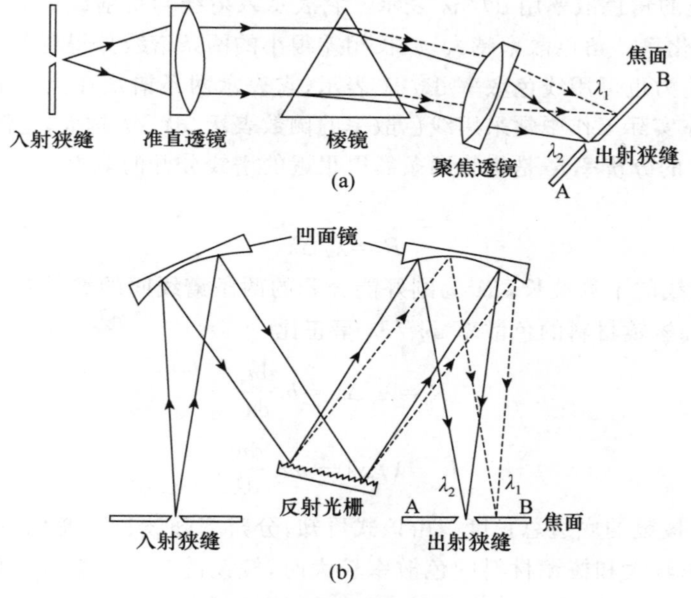

图 2.11　两种类型的单色器($\lambda_1 > \lambda_2$)

(a) 棱镜单色器　(b) 光栅单色器

(1) 棱镜

棱镜是根据光的折射现象进行分光的，可用于紫外、可见以及红外波段。构成棱镜的光学材料对不同波长的光具有不同的折射率，波长短的光折射率大，波长长的光折射率小，因此短波长的光色散大于长波长的光。平行光经色散后就按波长顺序分解为不同波长的光，经聚焦后在焦面的不同位置上成像，得到按波长展开的光谱。常用的棱镜有考纽(Cornu)棱镜和利特罗(Littrow)棱镜，如图 2.12 所示。

Cornu 棱镜是一个顶角为 60°的棱镜。为了防止生成双像，该 60°棱镜是由两个 30°棱镜组成，一边为左旋石英，另一边为右旋石英。Littrow 棱镜由左旋或右旋石英做成 30°(或 60°或

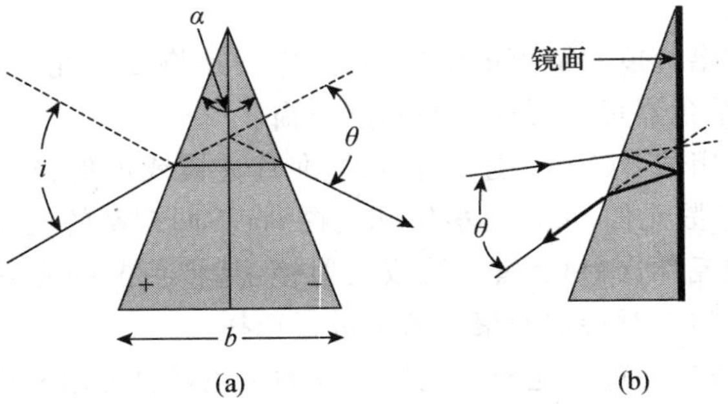

图 2.12　棱镜的色散作用

(a) Cornu 棱镜　(b) Littrow 棱镜

90°)棱镜,在其纵轴面上镀上铝或银,主要用于选择激光输出波长。棱镜的光学特性可用色散率和分辨率来表征。

色散率:棱镜的角色散率用 $d\theta/d\lambda$ 表示。它表示入射线与折射线的夹角 θ,即偏向角(图2.12)对波长的变化率。角色散率越大,波长相差很小的两条谱线分得越开。

棱镜的色散能力也可用线色散率 $dl/d\lambda$ 表示,它表示两条谱线在焦面上被分开的距离对波长的变化率。在实际工作中常采用线色散率的倒数表示,$d\lambda/dl$ 越大,色散率越小。

分辨率:棱镜的分辨率 R 是指将两条靠得很近的谱线分开的能力。在最小偏向角的条件下,R 可表示为

$$R=\bar{\lambda}/\Delta\lambda \tag{2.11}$$

式中:$\bar{\lambda}$ 为两条谱线的平均波长,$\Delta\lambda$ 为刚好能分开的两条谱线间的波长差。分辨率与棱镜底边的有效长度 b 和棱镜材料的色散率 $dn_i/d\lambda$ 呈正比

$$R=\bar{\lambda}/\Delta\lambda=b\frac{dn_i}{d\lambda} \tag{2.12}$$

或

$$R=\bar{\lambda}/\Delta\lambda=mb\frac{dn_i}{d\lambda} \tag{2.13}$$

式中:mb 为 m 个棱镜的底边总长度。由该式可知,分辨率随波长而变化,在短波部分分辨率较高。棱镜的顶角较大和棱镜材料的色散率较大时,棱镜的分辨率较高。但是棱镜顶角增大时,反射损失也增大,因此通常选择棱镜顶角为 60°。对紫外光区,常使用对紫外光有较大色散率的石英棱镜;而对可见光区,最好的是玻璃棱镜。由于介质材料的折射率 n_i 与入射光的波长 λ 有关,因此棱镜给出的光谱与波长有关,光谱在空间上的分离随波长增加是非线性变化的,即所谓的"非匀排光谱"。

(2) 光栅

光栅分为透射光栅和反射光栅,后者使用较多。反射光栅又可分为平面反射光栅或称闪耀光栅(blazed grating)、凹面反射光栅(concave grating)和全息光栅(holographic grating)。光栅是在玻璃表面真空蒸镀铝层,之后在铝层上刻制出许多等间隔、等宽的平行刻纹。现在用的光栅基本上都是从母光栅复制的复制光栅,用于紫外-可见区的光栅刻痕数一般为 300～2000 条 · mm^{-1},其中刻痕数为 1200～1400 条 · mm^{-1} 的光栅较常用;对中红外光区,用刻痕数为 100 条 · mm^{-1} 的光栅即可。

光栅是一种多狭缝部件，光栅光谱的产生是多狭缝干涉和单狭缝衍射两者联合作用的结果。多缝干涉决定光谱线出现的位置，单缝衍射决定光谱线的强度分布。图 2.13 为平面反射光栅的衍射示意图。它的色散作用可用光栅公式表示

$$d(\sin\alpha + \sin\theta) = n\lambda \tag{2.14}$$

式中：α 和 θ 分别为入射角和衍射角，整数 n 为光谱级次，d 为光栅常数。α 角规定为正值；如果 θ 角与 α 角在光栅法线同侧，θ 角取正值，异侧则取负值。当一束平行的复合光以一定的入射角照射光栅平面时，对于给定的光谱级次，衍射角随波长的增大而增大，即产生光的色散。当 $n=0$ 时，$\alpha=-\theta$，即零级光谱无色散。当 $n_1\lambda_1=n_2\lambda_2$ 时，会产生谱线重叠现象，如 $\lambda_1=600$ nm 的一级谱线，就会同 $\lambda_2=300$ nm 的二级谱线以及 $\lambda_3=200$ nm 的三级谱线重叠。一般来说，色散后，一级谱线的强度最大。

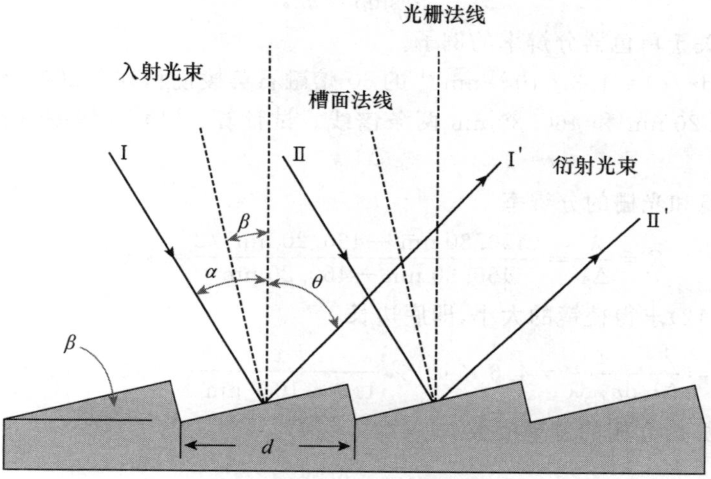

图 2.13　平面反射光栅的衍射

色散率：光栅的色散能力用色散率表示。当入射角 α 不变时，光栅的角色散率可用光栅公式微分求得

$$\frac{d\theta}{d\lambda} = \frac{n}{d\cos\theta} \tag{2.15}$$

式中：$d\theta/d\lambda$ 为衍射角对波长的变化率，即光栅的角色散率。当 θ 很小且变化不大时，可以认为 $\cos\theta\approx1$。因此，光栅的角色散率只取决于光栅常数 d 和光谱级次 n，可以认为是常数，不随波长而变。这是光栅优于棱镜的一个方面。

在实际工作中使用线色散率 $dl/d\lambda$。对于平面反射光栅，线色散率为

$$\frac{dl}{d\lambda} = \frac{d\theta f}{d\lambda} = \frac{nf}{d\cos\theta} \tag{2.16}$$

式中：f 为会聚透镜的焦距。由于 $\cos\theta\approx1$，则

$$\frac{dl}{d\lambda} = \frac{nf}{d} \tag{2.17}$$

分辨率：光栅的分辨率 R 等于光谱级次 n 与光栅刻痕总数 N 的乘积，即

$$R = \frac{\lambda}{\Delta\lambda} = nN \tag{2.18}$$

例如，对于一块宽度为 50 mm，刻痕数为 1200 条 · mm^{-1} 的光栅，对一级光谱（即 $n=1$），其分辨率为

$$R=nN=1\times 50\ \mathrm{mm}\times 1200\ \mathrm{mm}^{-1}=6.0\times 10^{4}$$

光栅的分辨率比棱镜高得多，这是光栅优于棱镜的又一方面。光栅的宽度越大，单位宽度的刻痕数越多，分辨率就越高。

闪耀特性：将光栅刻痕刻成一定的形状（通常是三角形的槽线），使衍射的能量集中到某个衍射角附近，这种现象称为闪耀，辐射能量最大的波长称为闪耀波长 λ_β。如图 2.13 所示，每个小反射面与光栅平面的夹角 β 保持一定，以控制每一小反射面对光的反射方向，使光能集中在所需要的一级光谱上，同时减少其他级次（尤其是零级）的光强，这种光栅称为闪耀光栅。当 $\alpha=\theta=\beta$ 时，在衍射角的方向上可得到最大的相对光强，β 角称为闪耀角。此时

$$2d\sin\beta=n\lambda_\beta \tag{2.19}$$

下面举一个关于单色器分辨率的例子。

【例 2.1】 用 $\mathrm{d}n/\mathrm{d}\lambda=1.3\times 10^{-4}\ \mathrm{nm}^{-1}$ 的 60°熔融石英棱镜和刻有 2000 条 · mm^{-1} 的光栅来色散 Li 的 460.20 nm 和 460.30 nm 两条谱线。试计算：(1) 分辨率；(2) 棱镜和光栅的大小。

解 (1) 棱镜和光栅的分辨率

$$R=\frac{\bar{\lambda}}{\Delta\lambda}=\frac{(460.30\ \mathrm{nm}+460.20\ \mathrm{nm})/2}{460.30\ \mathrm{nm}-460.20\ \mathrm{nm}}=4.6\times 10^{3}$$

(2) 由式(2.12)求得棱镜的大小，即底边长

$$b=\frac{\bar{\lambda}}{\Delta\lambda}\frac{1}{\mathrm{d}n/\mathrm{d}\lambda}=4.6\times 10^{3}\times\frac{1}{1.3\times 10^{-4}\ \mathrm{nm}^{-1}}\times 10^{-7}=3.5\ \mathrm{cm}$$

由式(2.18)算出光栅的总刻痕数

$$N=\frac{\bar{\lambda}}{\Delta\lambda}\frac{1}{n}$$

对于一级光谱，$n=1$

$$N=4.6\times 10^{3}\times\frac{1}{1}=4.6\times 10^{3}$$

光栅的大小，即宽度 W 为

$$W=Nd=4.6\times 10^{3}\times\frac{1}{2000\ \mathrm{mm}^{-1}}\times 0.1=0.23\ \mathrm{cm}$$

(3) 狭缝

狭缝对单色器的性能与质量起重要作用，狭缝宽度对光谱分析具有重要意义。狭缝是由两片经过精密加工，且具有锐利边缘的金属片组成，其两边必须保持互相平行，并且处于同一平面，如图 2.14 所示。

单色器的入射狭缝起光学系统虚光源的作用。光源发出的光照射并通过狭缝，经色散元件分解成不同波长的单色平行光束，经物镜聚焦后，在焦面上形成一系列狭缝的像，即所谓光谱。

将单色器设定为使波长为 λ_0 的单色光恰好通过出射狭缝时，出射强度随单色器调整的变化情况如图 2.15 所示。入射狭缝与出射狭缝的宽度相等，此时入射狭缝的像刚好与出射狭缝大小重合。当在一个方向调整单色器使入射狭缝的 λ_0 像进入出射狭缝，λ_0 出射光强将逐渐

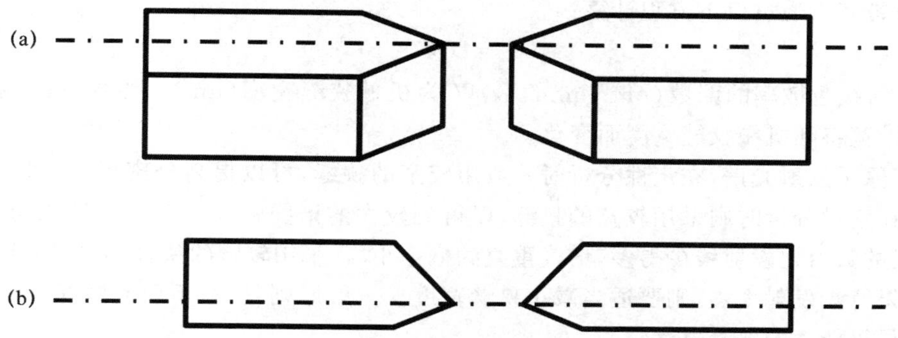

图 2.14　狭缝

(a) 侧视　(b) 俯视

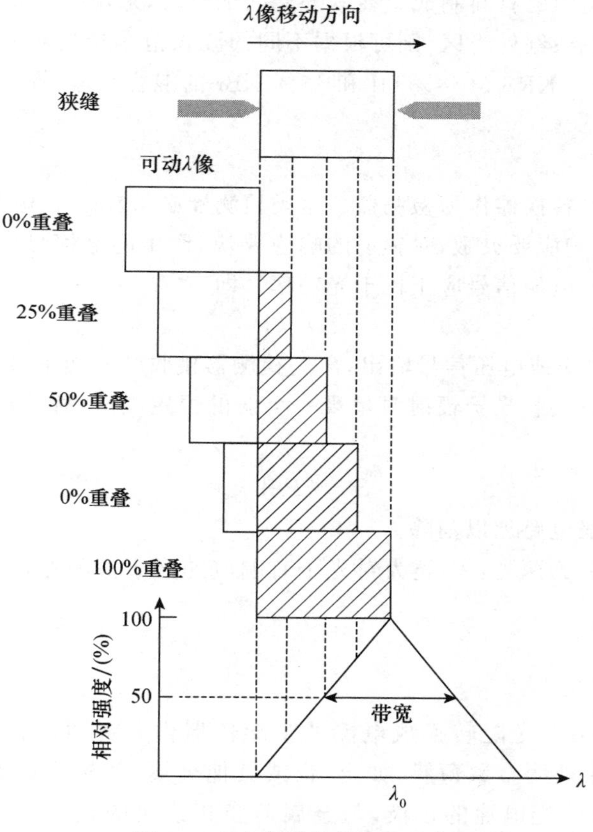

图 2.15　有效带宽的意义示意

增加，直至 λ_0 像与出射狭缝完全重合时，强度最大。继续在此方向调整单色器，λ_0 像将移出出射狭缝，λ_0 强度逐渐降低，直至降为零。

单色器的分辨能力表示能分开最小波长间隔的能力。波长间隔的大小取决于分辨率、狭缝宽度和光学材料的性质等。以半高宽表示单色器的带宽，带宽窄，分辨率高。当入射狭缝和出射狭缝宽度相等时，有效带宽（又称光谱带宽或光谱狭缝宽度）表示在一特定单色器设置下（如使 λ_0 像通过狭缝）通过狭缝的光波长范围，以 $\Delta\lambda_s$(nm)表示。

有效带宽可通过以下方程计算：

$$\Delta\lambda_s = DW \times 10^{-3} \tag{2.20}$$

式中：D 为线色散率的倒数（$nm \cdot mm^{-1}$），W 为机械狭缝宽度（μm）。当仪器的色散率固定时，有效带宽将随机械狭缝宽度而变化。

对于原子发射光谱，在定性分析时一般用较窄的狭缝，可以提高分辨率，使邻近的谱线清晰分开；在定量分析时则采用较宽的狭缝，以得到较大的谱线强度。对原子吸收光谱来说，由于吸收线的数目比发射线少得多，谱线重叠的概率小，常采用较宽的狭缝，以得到较大的光强。当然，如果背景发射太强，则要适当减小狭缝宽度。一般原则是，在不引起吸光度减小的情况下，采用尽可能大的狭缝宽度。

2.3.3 样品池

样品池由光谱区透明的材料制成。在紫外光区工作时，采用石英或熔融二氧化硅材料；可见光区，则用硅酸盐玻璃；红外光区，则可根据不同的波长范围选用不同材料的晶体制成吸收池的窗口，如 NaCl、KBr、KRS-5（58％TlI 和 42％TlBr 的混合晶体）等。

2.3.4 检测器

现代光谱仪用光电转换器作为检测器。这类检测器必须在一个宽的波长范围内对辐射有响应，对功率低的辐射响应要灵敏，对辐射的响应要快，产生的电信号容易放大，噪声要小，更重要的是产生的电流或电压信号应正比于光功率。即

$$S = kP \tag{2.21}$$

式中：S 为检测器的电流或电压信号输出，P 为检测器接收的光功率，k 为系数。

大多检测器在没有接收光子辐射时呈现一个弱的恒定响应，称为暗电流，用 k_d 表示，信号响应关系式为

$$S = kP + k_d \tag{2.22}$$

暗电流可通过补偿电路加以消除。

电磁辐射检测器分为两类：一类为对光子有响应的光子检测器，另一类为对热产生响应的热检测器。

1. 光子检测器

（1）硒光电池

光电池是一种直接把光能转换成电能的半导体器件。将硒沉积在铁或铜的金属基板上，硒表面再覆盖一层透明金属薄膜，如金、银或其他金属，就构成了硒光电池，其结构示意于图 2.16。金属基板是光电池的正极，与金属薄膜相连接的金属收集环是光电池的负极。

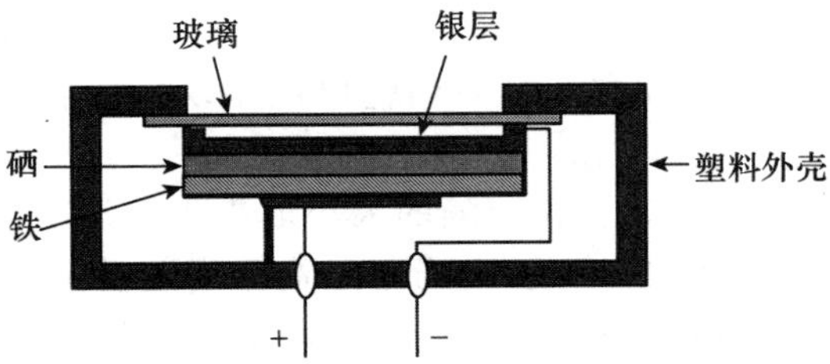

图 2.16 硒光电池结构图

当光照射在半导体上时，在半导体硒内产生自由电子和空穴，自由电子向金属薄膜迁移，而空穴则移向另一极。所产生的自由电子通过外电路和空穴复合而产生电流。当外电路的电阻不大时，这一电流与照射的光强具有线性关系，其大小为 10～100 μA，因此可以直接进行测量，无须外电源及放大装

置。但受强光照射或使用时间过长会产生“疲劳”现象。硒光电池光谱响应范围为 300～800 nm，最灵敏区为 500～600 nm。

(2) 光电管(真空光电管)

真空光电管由封装在透明真空管中的一个金属半圆筒阴极和一个阳极组成。阴极的内表面涂有碱金属及其他材料组成的光敏物质，阳极为金属镍环或镍片。在光的作用下，光敏物质发射光电子，这些光电子被加在两极间的电压(≈90 V)所加速，并被阳极所收集而产生光电流，这一电流在负载电阻两端产生一个电压降，再经直流放大器放大，并进行测量(图 2.17)。

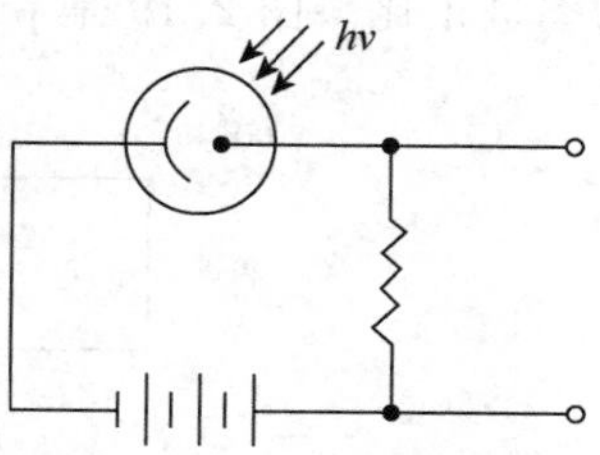

图 2.17　真空光电管原理图

光电管的光谱响应特性决定于阴极上的涂层材料。不同阴极材料制成的光电管有着不同的光谱使用范围。即使同一光电管，对不同波长的光，其灵敏度也不同。因此对不同光谱区的辐射，应选用不同类型的光电管进行检测。例如，氧化铯-银对近红外光区敏感，氧化钾-银和铯-银最敏感的范围在紫外-可见光区。

(3) 光电倍增管

光电倍增管实际上是一种由多级倍增电极组成的光电管，其结构如图 2.18 所示。它的外壳由玻璃或石英制成，内部抽真空。阴极涂有能发射电子的光敏物质(锑-铯或银-氧-铯等)，在阴极 C 和阳极 A 之间装有一系列次级电子发射极，即电子倍增极 D_1、D_2、…，电压一次升高约 90 V。阴极 C 和阳极 A 之间加有约 1000 V 的直流电压。当辐射光子撞击阴极 C 时发射光电子，该光电子被电场加速落在第一电子倍增极 D_1 上，撞击出更多的二次电子。以此类推，阳极最后收集到的电子数将是阴极发出的电子数的 10^6～10^7 倍。

光电倍增管对紫外-可见光区有高的灵敏度，响应时间短。但由于热发射电子产生的暗电流，限制了光电倍增管的灵敏度，可通过制冷消除热暗电流。

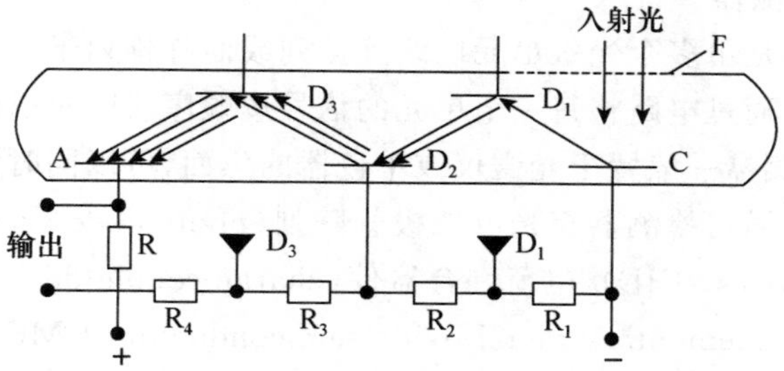

图 2.18　光电倍增管工作原理图

F—窗口　C—阴极　D_1、D_2、D_3—次级电子发射极　A—阳极　R、R_1、R_2、R_3、R_4—电阻

(4) 光电二极管

光电二极管(photodiode)有普通 pn 型、pin 型和雪崩型。

pn 型光电二极管是施加反偏电压的 pn 结半导体器件，在电路中把光信号转换成电信号。在同一块硅片上，采用不同的掺杂工艺，使其一边形成 p 型半导体，另一边形成 n 型半导体，它们的交界面称为 pn 结(pn junction)。将硅掺杂Ⅲ族元素(如硼)，杂质原子与硅成键时有一个键少一个电子，形成一个空穴，空穴相当于带正电的粒子，此时半导体称为 p 型半导体。将硅掺杂V族元素(如磷),杂质原子替代晶格中的硅原子时,可提供满足成键以外的一个多余电子,此时半导体称为n型半导体。因此在pn结两边存在内部电位差,电场方向由n区指向p区。将p型半导体与外电池负极相连,n型半导体与正极相连,pn结则被施加了反偏电压。反偏电压造成了一个耗尽层,使该结的导通性几乎降到了零,也就是说没有光照时,反向电流很小。当有光照时,产生电子-空穴对,称为光生载流子,于是反向电流增加,增加的大小与辐射功率呈正比。图2.19是pn结示意图、光电二极管电路符号以及光电二极管简单电路图。

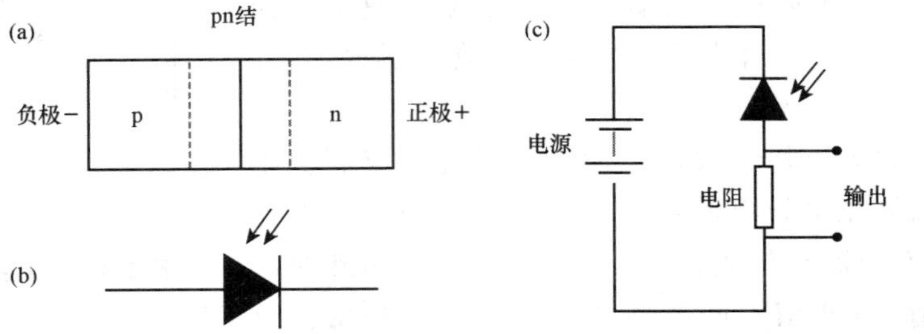

图2.19　反偏条件下的pn结示意图(a)、光电二极管电路符号(b)和光电二极管简单电路图(c)

pin型光电二极管是在p和n半导体之间加入一层本征半导体(intrinsic semiconductor)i层,如硅,本征区的宽度比普通pn结大得多,如果给pin型光电二极管加反偏电压,则耗尽层将会延伸至整个本征区。由于pin型光电二极管的耗尽层比普通光电二极管的大,产生的瞬时光电流也大得多,灵敏度也更高。

雪崩光电二极管(avalanche diode)与pn型或pin型光电二极管相似,只是所加的反偏电压必须大到能够引起碰撞电离。光子吸收后,产生电子-空穴对,光生电子和空穴在当反偏电压增大到一定数值时,可以通过碰撞电离产生电子-空穴对,载流子倍增就像雪崩一样,增加得多而快,利用这个特性制作的光电二极管就是雪崩光电二极管。

(5) 多通道光子检测器

多通道光子检测器是由多个光敏单元以线阵排列或面阵排列于一个半导体(通常是硅)芯片上的检测器件。芯片通过电路将每一个单元的信号按顺序或同时以电的形式输出。对于光谱研究,多通道光子检测器一般置于光谱仪或单色器的焦面,可以同时测定色散的光谱。

用于光子检测的多通道检测器有光电二极管阵列(photodiode array, PDA)、电荷注入器件(charge-injection devices, CID)、电荷耦合器件(charge-couple devices, CCD),以及互补型金属氧化物半导体(complementary metal-oxide semiconductor, CMOS)晶体管。其中,CID、CCD和CMOS为电荷转移器件,通过收集阵列不同位置的光产生的电荷,测定一定短时间内积累的电荷,灵敏度可以与光电倍增管媲美。基本工作过程分四步,即信号输入(电荷注入)、电荷存储、电荷转移和信号输出(电荷的检测)。这些多通道检测器广泛用于光谱成像检测中。

(a) 光电二极管阵列(光二极管阵列)

光电二极管阵列(PDA)是在晶体硅片上紧密排列一系列光电二极管,每一个光电二极管都是硅芯片上的集成电路的一部分。可以制成一维和二维光电二极管阵列。

(b) 电荷注入器件

电荷注入器件(CID)是一种使用n掺杂的硅晶的像感元件,由一对电容器组成。光照掺杂的硅晶产生电子和空穴。电子向带正电的衬底迁移,从系统中除去。空穴则向负电位的电极迁移，在势阱中储存。如图 2.20(a)所示，电荷收集、储存与测量的步骤如下：(i) 首先，两个电极都施加负电位，分别为－5 V(左电极)和－10 V(右电极)。因右电极电位更负，所有的空穴都一开始储存在该电极。(ii) 去除左电极施加的电位，测量左边的电容器的电位(V_1)。(iii) 将施加于右电极的电位变为＋10 V，则在右电极积累的空穴电荷被转移至左电极下的势阱。测量右电极获得的电位(V_2)。积累电荷由(V_1-V_2)决定。(iv) 施加负电位，回到(i)状态，已经积累的电荷得到保留，该模式又称为非破坏性读出模式。也可以向两个电极分别施加正电位，使得空穴向衬底迁移，检测电荷注入衬底而产生的位移电流。

(c) 电荷耦合器件

电荷耦合器件(CCD)由 Bell 实验室于 1969 年发明。在一块硅片上集成了光电二极管阵列与 CCD 移位寄存器。光电二极管阵列用来完成光电转换与光生电荷存储，与单个光电二极管原理相同，CCD 移位寄存器用来完成光生电荷的转移。与 CID 不同，CCD 使用 p 掺杂硅晶，顶端的电极为正电位。光照掺杂的硅晶产生电子和空穴，空穴被金属衬底中和除去，电子迁移至势阱储存，如图 2.20(b)所示。每一个光电二极管是一个像素单元，作为一个电容，有三个电极(三相时钟电路)，通过改变电极电位将电荷向右转移至下一个像素，然后到一个移位寄存器(能以串行和并行方式输入信息的装置)，最终到达前置放大器和读出装置。通过逐行扫描可以实现检测信号读出。

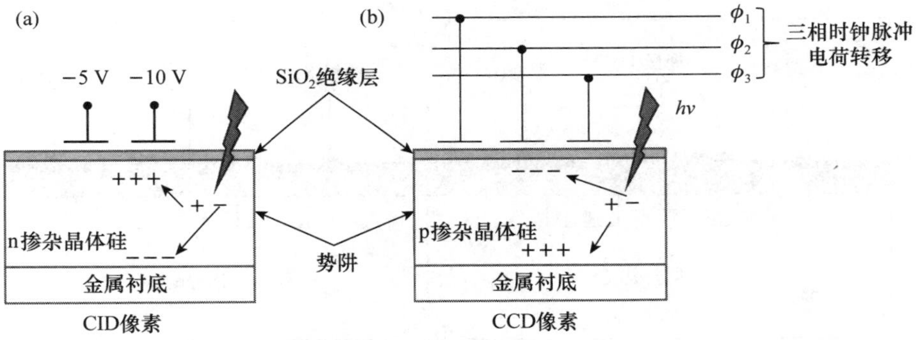

图 2.20　CID(a)与 CCD(b)阵列中像元结构侧剖面图以及电荷积分原理示意图

电子倍增 CCD(EMCCD)是硅基 CCD 的一种，在移位寄存器后面加上增益寄存器，信号在噪声加入前就被倍增到一定程度，使读出噪声(可视为弱信号的本底噪声)不影响信号质量，适用于微弱光成像。由于对光电子进行电子倍增放大，读出噪声低于单电子，可在快速成像下进行单光子检测。但是用于光子信号较强的成像检测时，CCD 更有优势。

(d) 互补型金属氧化物半导体检测器

互补型金属氧化物半导体(CMOS)，是指制造大规模集成电路芯片用的一种技术或用这种技术制造出来的芯片，在微处理器、闪存和特定用途集成电路的半导体技术上占有绝对重要的地位。CMOS 作为感光元件，可用于微型光谱仪和荧光成像检测器。科学级 CMOS (sCMOS)是突破性成像技术，在帧频(每秒显示的图像数量)、动态范围与信噪比方面的性能可以与 EMCCD 媲美。

金属氧化物半导体场效应晶体管(metal-oxide semiconductor field effect transistor, MOSFET)是两种主要的场效应晶体管的一种，简称 MOS 管。场效应晶体管由三个极(端子)

组成，分别是源极(source)、栅极(gate)和漏极(drain)。场效应晶体管是电压控制器件，它通过栅源电压来控制漏极电流。MOS管是在金属栅极与沟道之间有一层二氧化硅绝缘层，栅极处于绝缘状态(最高可达 10^{15} Ω)。场效应晶体管的工作方式有两种：当栅压为零时有较大漏极电流的称为耗尽型；当栅压为零，漏极电流也为零，必须再加一定的栅压之后才有漏极电流的称为增强型。场效应晶体管依据载流子极性不同分为n沟道型与p沟道型。图2.21(a)和2.21(b)分别是p沟道增强型和n沟道增强型MOS管的基本结构图。

CMOS中的互补一词来源于在同一个衬底上同时实现n沟道增强型和p沟道增强型MOS管，如图2.21(c)所示。

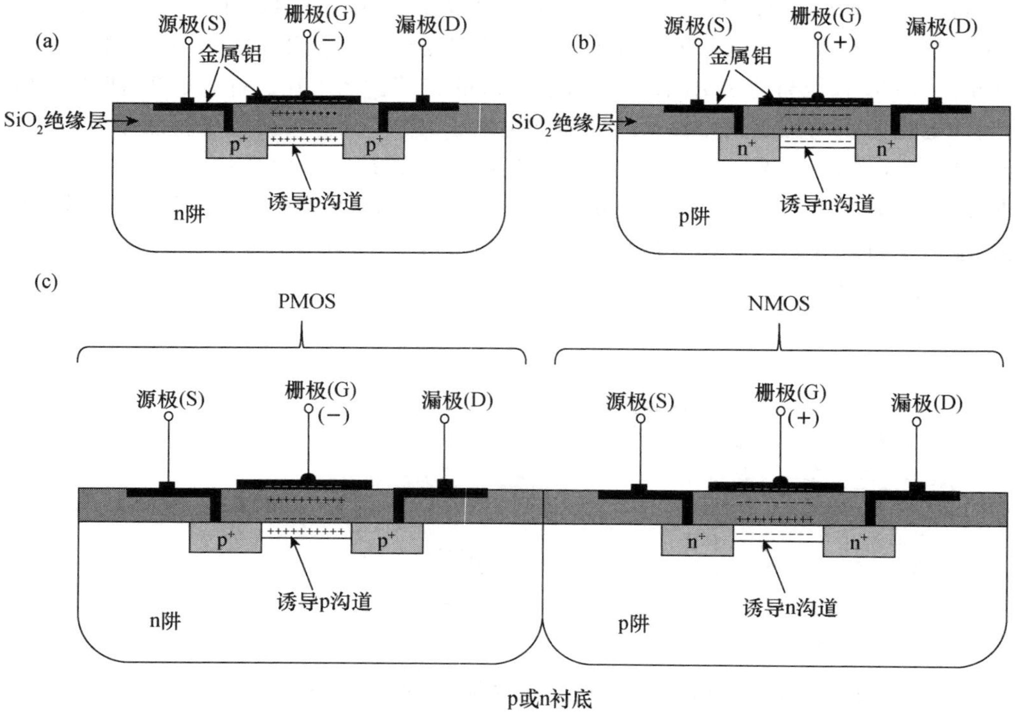

图2.21 p沟道增强型MOS管(a)、n沟道增强型MOS管(b)以及CMOS(c)结构示意图

CMOS的光电信息转换功能与CCD的基本相似，区别就在于这两种传感器光电转换后信息传送的方式不同。如图2.22所示，CCD将光生电荷以逐个像素的形式移动，并转换成电压输出，CMOS在每一个像素内将光生电荷转换为电压。

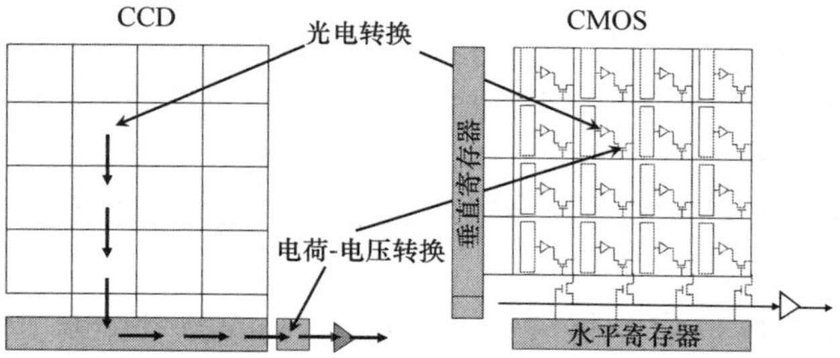

图2.22 CCD与CMOS读取输出像元光生电荷模式方式比较

（6）感光板

感光板的乳剂层经光作用并显影后，产生一定黑度的谱线，可用作多元素同时测定。详见第 6 章原子光谱法。

2. 热检测器

热检测器可吸收辐射并根据吸收引起的热效应来测量入射辐射的强度，可用作红外光谱仪的检测器。红外光到达检测器时的功率一般很小（10^{-7}～10^{-9} W），要求吸收红外光的元件热容小，以便对温度产生灵敏响应。为避免环境产生的热噪音，热检测器需要置于真空和隔热环境中。具体的红外检测器将在第 4 章中介绍。

图 2.23 为光谱仪的检测器及其应用波长范围。

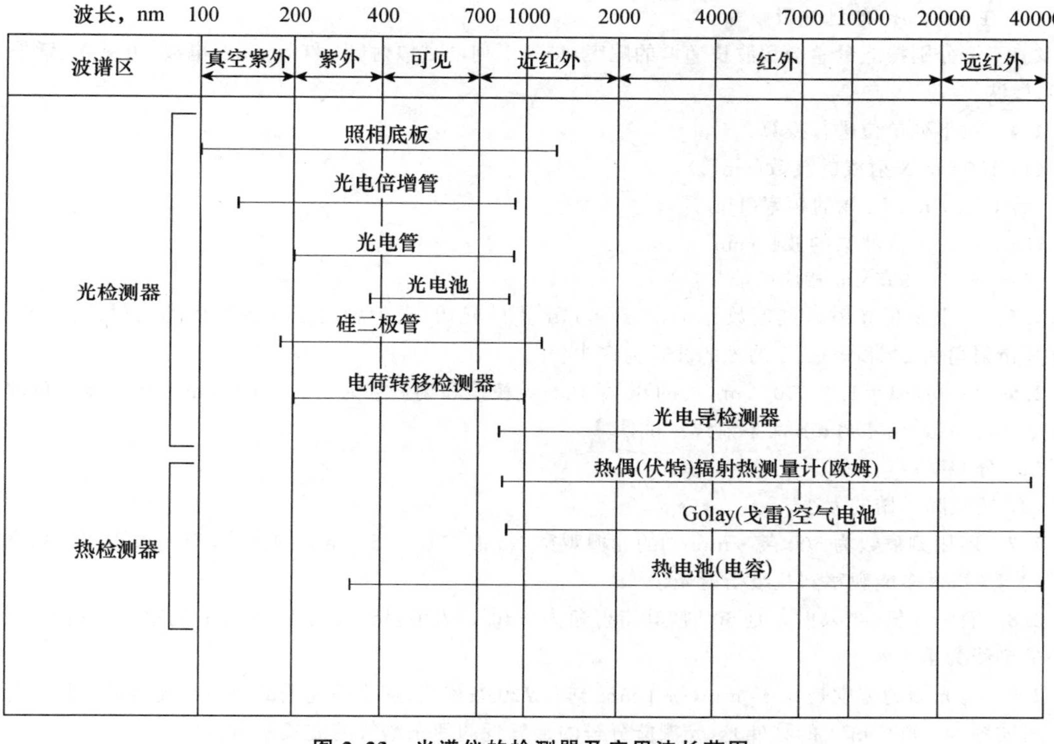

图 2.23　光谱仪的检测器及应用波长范围

2.3.5　信号读取与输出装置

信号读取通常使用电子设备放大来自检测器的电信号。此外，信号读取也可能将信号在直流与交流之间转换，滤掉不必要的信号组分等。由检测器将光信号转换为电信号后，现代仪器一般使用数字显示器、液晶显示器以及计算机显示器显示和记录测定结果，老式仪器一般用检流计、微安表、记录仪、数字显示器或阴极射线显示器显示和记录测定结果。

参 考 资 料

[1]　武汉大学化学系. 仪器分析. 北京：高等教育出版社，2001.

[2]　严凤霞，王筱敏. 现代光学仪器分析选论. 上海：华东师范大学出版社，1992.

［3］ Skoog D A，Holler F J，Crouch S R. Principles of Instrumental Analysis. 7th ed. Boston：Cengage Learning，2018.

［4］ 钟锡华. 现代光学基础. 第 2 版. 北京：北京大学出版社，2012.

［5］ 黄昆. 固体物理学. 北京：北京大学出版社，2009.

思考题与习题

2.1 将以下描述电磁波波长(在真空中)的量转换成以 m 为单位的值。

(1) 500 nm； (2) 1000 cm^{-1}； (3) 1015 Hz； (4) 165.2 pm。

2.2 计算下述电磁辐射的频率(Hz)和波数(cm^{-1})：

(1) 波长为 900 pm 的单色 X 射线；

(2) 在 12.6 μm 的红外吸收峰。

2.3 请分别按能量递增和波长递增的顺序，排列下列电磁辐射区：红外、无线电波、可见光、紫外、X射线、微波。

2.4 对下列单位进行换算：

(1) 150 pm X 射线的波数(cm^{-1})；

(2) 670.7 nm Li 线的频率(Hz)；

(3) 3300 cm^{-1} 波数的波长(cm)；

(4) Na 588.995 nm 相应的能量(eV)。

2.5 一束多色光射入刻痕数为 1750 条 · mm^{-1} 的光栅，光束相对于光栅法线的入射角为 48.2°。试计算衍射角为 20°和 −11.2°的光的波长为多少？

2.6 用 $dn/d\lambda = 1.5\times10^{-4}\ nm^{-1}$ 的 60°熔融石英棱镜和刻痕数为 1200 条 · mm^{-1} 的光栅来色散 Li 的 460.20 nm 及 460.30 nm 两条谱线。试计算：

(1) 分辨率；

(2) 棱镜和光栅的大小。

2.7 若用刻痕数为 500 条 · mm^{-1} 的光栅观察 Na 的波长为 590 nm 的谱线，当光束垂直入射和以 30°角入射时，最多能观察到几级衍射光谱？

2.8 有一光栅，当入射角是 60°时，其衍射角为 −40°。为了得到波长为 500 nm 的第一级衍射，试问光栅的刻线为多少？

2.9 若光栅的宽度是 5.00 mm，每 1 mm 刻有 720 条刻线，那么该光栅的第一级光谱的分辨率是多少？对波数为 1000 cm^{-1} 的红外光，光栅能分辨的最靠近的两条谱线的波长差为多少？

2.10 写出下列各种跃迁所需的能量范围(以 eV 表示)。

(1) 原子内层电子跃迁；

(2) 原子外层电子跃迁；

(3) 分子的价电子跃迁；

(4) 分子振动能级的跃迁；

(5) 分子转动能级的跃迁。

第 3 章　紫外-可见分光光度法

紫外-可见分光光度法[ultraviolet-visible (UV-Vis) spectrophotometry]是利用某些物质的分子吸收 190～800 nm 光谱区的辐射来进行分析测定的方法。这种分子吸收光谱产生于价电子和分子轨道上的电子在电子能级间的跃迁，广泛用于无机、有机物质及生物大分子的定性和定量测定。需要指出的是，本章所涉及的很多原理也同样适用于其他波段的光谱测量，例如红外波段。

3.1　紫外-可见吸收光谱

3.1.1　分子吸收光谱的形成

与分子吸收带相关的能量由三种量子化的能量组成，如式(3.1)所示

$$E = E_e + E_v + E_r \tag{3.1}$$

其中，电子能级能量 E_e 来自分子内价电子的贡献；振动能级能量 E_v 为分子中大量的原子间振动能的总和，通常一个分子的量子化振动能级数要比电子能级数多很多；E_r 是分子内各种转动能量的总和，转动能级数要比振动能级数多很多。对于分子，每一个电子能级上叠加几个振动能级，而每一个振动能级则可能会有无数的转动能级。分子吸收辐射后，若分子的较高能级与较低能级能量之差恰好等于辐射的能量 $h\nu$ 时，则分子将从较低的能级跃迁到较高的能级。

由于分子的能级数量非常多，与原子相比，多原子分子的吸收光谱非常复杂。图 3.1 是多原子分子的部分能级图，以及多原子分子吸收红外光、可见光和紫外光的过程。各能级的能量沿箭头方向由低向高增加，横向粗线表示电子能级，E_0 表示基态电子能级，E_1 和 E_2 表示激发态电子能级；分子的电子能级差最大，一般在 1～20 eV。每一个电子能级上有数个振动能级，以细线表示；振动能级差比电子能级差小，一般在 0.05～1 eV。叠加于振动能级上的转动能级数量非常大，在图中没有给出，转动能级差比振动能级差小，一般小于 0.05 eV。

图中的系列垂直箭头表示对辐射的吸收而产生的跃迁，电子跃迁一般伴随有振动能级和转动能级的改变。例如，可见光激发可引起电子从 E_0 到 E_1，以及与 E_1 相关的各个振动能级的跃迁；同理，紫外或可见光激发可引起电子从 E_0 到 E_2，以及与 E_2 相关的各个振动能级的跃迁。而每一个振动能级上又叠加很大数量的转动能级。因此，分子吸收光谱由一系列的相隔很小的谱线组成，除非使用足够分辨率和检测时间精度足够高的光谱仪，否则与转动跃迁相关的谱线是无法检测的，光谱呈现为吸收带，称为带状光谱。而近红外和中红外光激发则产生电子基态相关的各个振动能级的跃迁。同样道理，红外吸收光谱为带状光谱。

根据量子力学假设，物质选择性地吸收那些能量与分子能态变化相匹配的辐射。由于各种物质分子内部结构的不同，分子的能级也是千差万别，各种能级之间的间隔也互不相

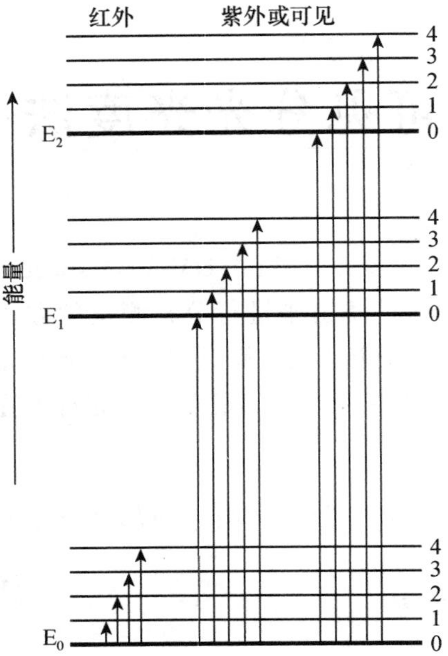

图 3.1 部分分子能级图以及相关的电子跃迁和振动跃迁(转动能级以及相关跃迁略)

E_0、E_1、E_2 分别表示基态电子能级、第一激发态电子能级、第二激发态电子能级

同，这样就决定了它们对不同波长光线的选择吸收。如果改变通过某一物质的入射光的波长，并记录该物质在每一波长处的吸光度(A)，然后以波长为横坐标、以吸光度为纵坐标作图，这样得到的谱图称为该物质的吸收光谱或吸收曲线。在不同波长，物质的吸光能力不同，摩尔吸光系数是物质对某波长的光的吸收能力的量度，以 ε 表示，在后面的内容中将有介绍。

3.1.2 有机化合物的紫外-可见光谱

所有的有机化合物都有可被激发到高的能级的价电子，因此都具有吸收电磁辐射的能力。有机化合物的紫外-可见光谱取决于分子的结构以及分子轨道上电子的性质。从化学键的性质来看，与紫外-可见光谱有关的电子主要有三种，即形成单键的 σ 电子、形成双键的 π 电子以及未参与成键的 n 电子(孤对电子)。

根据分子轨道理论，分子中这三种电子涉及的能级高低次序是

$$(\sigma)<(\pi)<(n)<(\pi^*)<(\sigma^*)$$

σ、π 表示成键分子轨道；n 表示非键分子轨道；σ^*、π^* 表示反键分子轨道。σ 轨道和 σ^* 轨道是由原来属于原子的 s 电子和 p_x 电子所构成，π 轨道和 π^* 轨道是由原来属于原子的 p_y 和 p_z 电子所构成，n 轨道是由原子中未参与成键的 p 电子所构成。当受到外来辐射的激发时，处在较低能级的电子就跃迁到较高的能级。由于各个分子轨道之间的能量差不同，要实现各种不同的跃迁所需要吸收的外来辐射的能量也是各不相同的。有机化合物分子常见的 4 种跃迁类型是：$\sigma\rightarrow\sigma^*$、$\pi\rightarrow\pi^*$、$n\rightarrow\sigma^*$ 和 $n\rightarrow\pi^*$。电子跃迁时吸收能量的大小顺序为

$$\sigma\rightarrow\sigma^* > n\rightarrow\sigma^* > \pi\rightarrow\pi^* > n\rightarrow\pi^*$$

图 3.2 定性地表示了几种分子轨道能量的相对大小及不同类型的电子跃迁所需要吸收能量的大小。

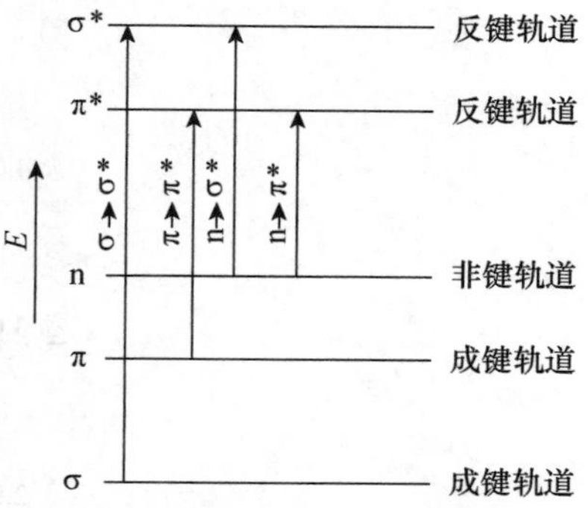

图 3.2　分子的电子能级

σ→σ* 和 n→σ* 跃迁是与单键相关的跃迁，激发能很高，在真空紫外区(λ<190 nm)。饱和烃分子中只有 C—C 键和 C—H 键，只能发生 σ→σ* 跃迁；甲烷的最大吸收波长(λ_{max})为 125 nm，乙烷的 λ_{max} 为 135 nm。如果饱和烃中的氢原子被氧、氮、卤素等原子或基团所取代，这些原子中含有 n 电子，可以发生 n→σ* 跃迁，其吸收峰有的在 200 nm 附近或者大于 200 nm，但大多数吸收峰仍出现在小于 200 nm 的区域内，n→σ* 跃迁的 ε 一般在 100～3000 $L \cdot mol^{-1} \cdot cm^{-1}$。

大多数有机化合物吸收光谱的应用是基于 n 电子或 π 电子向 π* 的跃迁，因为这两种跃迁的吸收带在紫外-可见波段(200～700 nm)。π→π* 和 n→π* 要求分子中有不饱和基团提供 π 轨道，分子依靠这些基团跃迁产生特定吸收谱带，故称这些基团为生色团(chromophore)。能发生 π→π* 跃迁的分子含 C═C、C≡C 或 C═N 键，ε 较大，一般在 5×10^3～10^5 $L \cdot mol^{-1} \cdot cm^{-1}$。孤立的 π→π* 跃迁一般在 200 nm 左右，但具有共轭双键的化合物，随着共轭体系的延长，π→π* 跃迁的吸收带将明显向长波方向移动，吸收强度也随之增强(见表 3.1)。含—OH、—NH_2、—X、—S 等基团的不饱和有机化合物，除了 π→π* 跃迁外，还可以发生 n→π* 跃迁，一般发生在近紫外区，吸收强度弱，ε 为 10～100 $L \cdot mol^{-1} \cdot cm^{-1}$。

表 3.1　多烯化合物的吸收带

化合物	双键数	λ_{max}/nm[ε/($L \cdot mol^{-1} \cdot cm^{-1}$)]	颜　色
乙烯	1	185(10000)	无色
丁二烯	2	217(21000)	无色
1,3,5-己三烯	3	258(35000)	无色
癸五烯	5	335(118000)	淡黄
二氢-β-胡萝卜素	8	415(210000)	橙黄
番茄红素	11	470(185000)	红

芳香族化合物一般都有 E_1 带、E_2 带和 B 带 3 个吸收峰。苯蒸气的 E_1 带 λ_{max}=184 nm(ε=4.7×10^4 $L \cdot mol^{-1} \cdot cm^{-1}$)，$E_2$ 带 λ_{max}=204 nm(ε=6900 $L \cdot mol^{-1} \cdot cm^{-1}$)，B 带 λ_{max}=255 nm(ε=230 $L \cdot mol^{-1} \cdot cm^{-1}$)(图 3.3)。在气态或非极性溶剂中，苯及其同系物的 B 带有许多精细结构，这是由于振动能级在基态电子能级上的叠加。对于稠环芳烃，随着苯环数目的增多，E_1、E_2 和 B 带三个吸收带均向长波方向移动。

取代基对苯环的三个吸收带均有较大影响。助色团(auxochrome)是含有孤对电子的杂原子饱和基团，本身在 200 nm 以上不产生吸收，但当它们与生色团连接，能使生色团的吸收峰向长波方向移动(红移)，并使吸收强度增加(增色效应)，如—OH、—NH_2 是苯环的助色团。

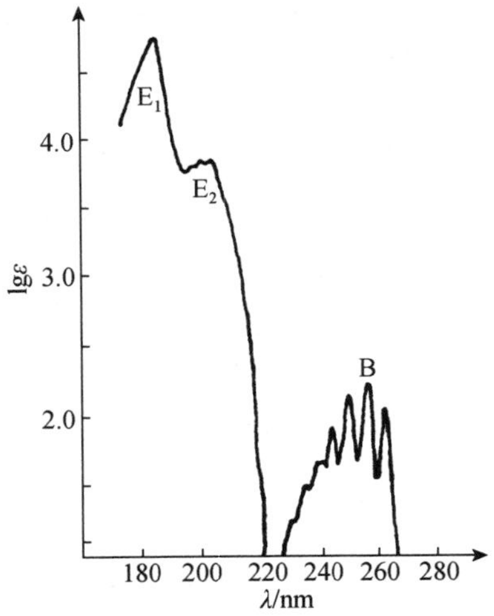

图 3.3 苯蒸气的紫外吸收光谱

3.1.3 无机化合物的紫外-可见光谱

1. 电荷转移光谱

某些分子同时具有电子给予体部分和电子接受体部分，它们在外来辐射激发下会强烈吸收紫外光或可见光，使电子从给予体外层轨道向接受体跃迁，这样产生的光谱称为电荷转移光谱(charge-transfer spectrum)。许多无机配合物能产生这种光谱，例如 1,10-邻菲咯啉与 Fe(Ⅱ)形成的配合物。如以 M 和 L 分别表示配合物的中心离子和配位体，当一个电子由配位体的轨道跃迁到与中心离子相关的轨道上时，可用下式表示：

$$M^{n+} — L^{b-} \xrightarrow{h\nu} M^{(n-1)+} — L^{(b-1)-}$$

一般来说，在配合物的电荷转移过程中，金属离子是电子接受体，配位体是电子给予体。此外，一些具有 d^{10} 电子结构的过渡元素形成的卤化物及硫化物，如 AgBr、PbI_2、HgS 等，也是由于这类电荷转移而产生颜色。

有些有机化合物也可以产生电荷转移光谱。如在 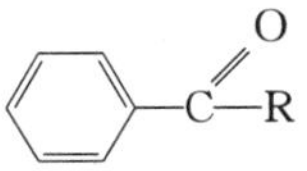 分子中，苯环可以作为电子给予体，氧可以作为电子接受体，在光子的作用下产生电荷转移：

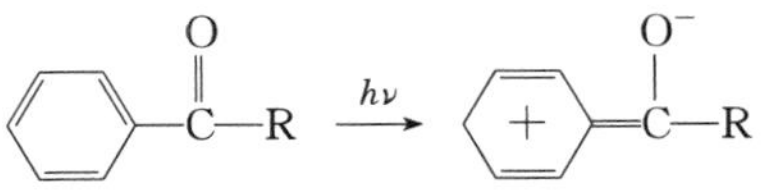

又如在乙醇介质中，将醌与氢醌混合产生暗绿色的分子配合物，它的吸收峰在可见光区。

电荷转移光谱谱带的最大特点是摩尔吸光系数大，一般 $\varepsilon_{max} > 10^4\ L \cdot mol^{-1} \cdot cm^{-1}$。因此用这类谱带进行定量分析可获得较高的测定灵敏度。

2. 配位体场吸收光谱

配位体场吸收光谱(ligand field absorption spectrum)是指过渡金属离子与配位体(通常是有机化合物)所形成的配合物在外来辐射作用下，吸收紫外或可见光而得到相应的吸收光谱。元素周期表中第 4、第 5 周期的过渡元素分别含有 3d 和 4d 轨道，镧系和锕系元素分别含有 4f 和 5f 轨道。这些轨道通常是简并的，而当配位体按一定的几何方向配位在金属离子的周围时，使得原来简并的 5 个 d 轨道和 7 个 f 轨道分别分裂成几组能量不等的 d 轨道和 f 轨道。如果轨道是未充满的，当它们的离子吸收光能后，低能态的 d 电子或 f 电子可以分别跃迁到高能态的 d 或 f 轨道上去。这两类跃迁分别称为 d-d 跃迁和 f-f 跃迁。这两类跃迁必须在配位体的配位场作用下才有可能产生，因此又称为配位场跃迁。

图 3.4 为在八面体场中 d 轨道的分裂示意图。由于它们的基态与激发态之间的能量差别不大，这类光谱一般位于可见光区。又由于选律的限制，配位场跃迁吸收谱带的摩尔吸光系数较小，一般 $\varepsilon_{max} < 10^2\ L \cdot mol^{-1} \cdot cm^{-1}$。相对来说，配位体场吸收光谱较少用于定量分析中，但它可用于研究配合物的结构及无机配合物键合理论等方面。

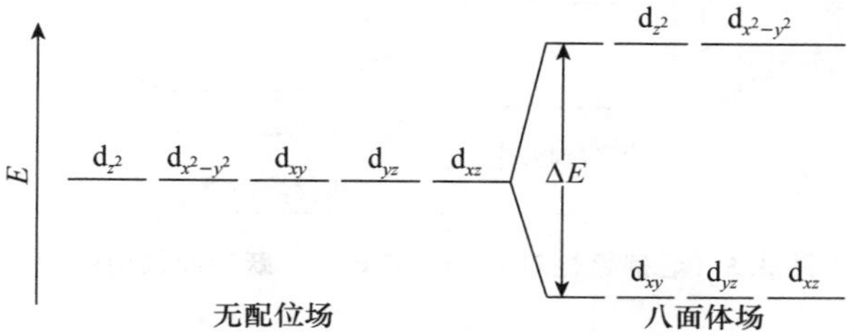

图 3.4　在八面体场中 d 轨道的分裂

3.1.4　影响紫外-可见光谱的因素

紫外-可见光谱吸收带的位置易受分子中结构因素和测定条件等多种因素的影响，其核心是对分子中电子共轭结构的影响。

1. 共轭效应

共轭体系的形成使分子的最高占据轨道(HOMO)能级升高，最低空轨道(LUMO)能级降低，$\pi \to \pi^*$ 跃迁的能量降低。共轭体系越长，π 和 π^* 轨道的能量差越小，最大吸收波长越移向长波方向，吸收强度也增大。

2. 立体化学效应

立体化学效应(stereochemical effect)是指因空间位阻、构象、跨环效应等因素导致吸收光谱的红移或蓝移，并常伴随有增色或减色效应。

空间位阻(steric hindrance)妨碍分子内共轭的发色基团处于同一平面，使共轭效应(conjugative effect)减弱甚至消失，从而影响吸收带波长的位置。

跨环效应(cross-ring effect)是指两个发色基团虽不共轭，但由于空间的排列，使它们的电子云仍能相互影响，使吸收光谱和吸收强度改变。

3. 溶剂的影响

如前所述，分子吸收光谱由一系列相隔很小的谱线组成。在溶液中，吸光物质与溶剂相互作用，限制了吸光分子的自由转动，使转动能量相关的光谱细节消失。而且，分子的振动能级被无规律地改变，分子的能级分布进一步复杂，振动能量相关光谱细节消失，吸收光谱变为连续而光滑的吸收峰。极性溶剂的影响会更严重些。

溶剂极性的不同会引起某些化合物吸收光谱的红移或蓝移，这种作用称为溶剂效应(solvent effect)。在 $\pi\rightarrow\pi^*$ 跃迁中，激发态极性大于基态，当使用极性大的溶剂时，由于溶剂与溶质相互作用，激发态 π^* 的能量比基态 π 的能量下降得更多，因而激发态与基态之间的能量差减小，导致吸收谱带 λ_{max} 红移。而在 $n\rightarrow\pi^*$ 跃迁中，基态 n 电子与极性溶剂形成氢键，降低了基态能量，使激发态与基态之间的能量差变大，导致吸收谱带 λ_{max} 蓝移。

图 3.5 给出了在极性溶剂中 $\pi\rightarrow\pi^*$ 和 $n\rightarrow\pi^*$ 跃迁能量变化的示意图。

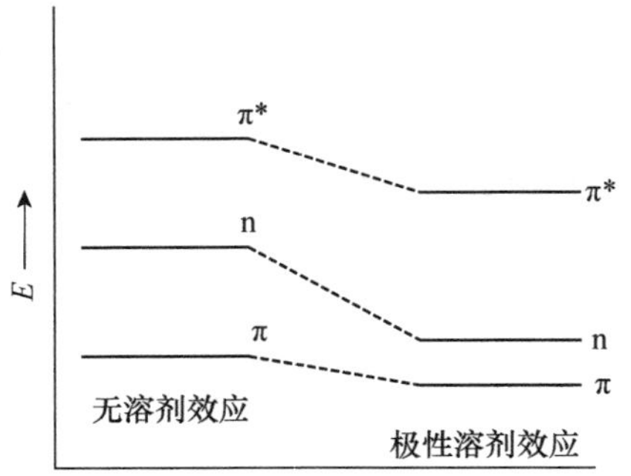

图 3.5　溶剂极性对 $\pi\rightarrow\pi^*$ 和 $n\rightarrow\pi^*$ 跃迁能量的影响

4. 体系 pH 的影响

无论是酸性、碱性或中性介质，体系的 pH 对紫外-可见光谱产生影响是普遍的现象。如酚类化合物由于体系的 pH 不同，其离解情况不同，紫外光谱也不同。

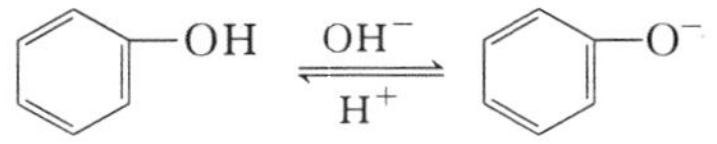

$\lambda_{max}=210.5,\ 270\ \text{nm}$　$\lambda_{max}=235,\ 287\ \text{nm}$

有关体系 pH 对显色反应的影响，可参阅 3.4.2 节。

3.2 Lambert-Beer 定律

3.2.1 透射比和吸光度

当一束平行光通过均匀非散射的液体介质时，光的一部分被吸收，一部分透过溶液，还有一部分被器皿表面反射。设入射光强度为 I_0，吸收光强度为 I_a，透射光强度为 I_t，反射光强度为 I_r，则

$$I_0 = I_a + I_t + I_r \tag{3.2}$$

在吸收光谱分析中，被测溶液和参比溶液一般是分别放在同样材料和厚度的吸收池中，让强度为 I_0 的单色光分别通过两个吸收池，再测量透射光的强度。所以反射光的影响可消除，式(3.2)可简化为

$$I_0 = I_a + I_t \tag{3.3}$$

透射光的强度与入射光强度之比称为透射比，用 T 表示，

$$T = I_t / I_0 \tag{3.4}$$

溶液的透射比越大,表示它对光的吸收越小;反之,透射比越小,表示它对光的吸收越大。常用吸光度来表示物质对光的吸收程度,其定义为

$$A = \lg(1/T) = \lg I_0/I_t \tag{3.5}$$

A 值越大,表明物质对光的吸收越大。透射比和吸光度都是表示物质对光的吸收程度的一种量度,透射比常以百分率表示,称为百分透射比,$T\%$;吸光度是一个量纲为一的量,两者可由式(3.5)相互换算。

3.2.2 Lambert-Beer 定律

Lambert-Beer 定律是光吸收的基本定律,也是分光光度分析法的依据和基础。当入射光波长一定时,溶液的吸光度 A 是待测物质浓度和液层厚度的函数。Lambert 和 Beer 分别于 1760 年和 1852 年研究了溶液的吸光度与液层厚度和溶液浓度之间的定量关系。当用适当波长的单色平行光照射一固定浓度的溶液时,其吸光度与光透过的液层厚度呈正比,此即 Lambert 定律,其数学表达式为

$$A = k'l \tag{3.6}$$

式中:k'为比例系数,l 为液层厚度(即样品的光程长度)。Lambert 定律适用于任何非散射的均匀介质,但它不能阐明吸光度与溶液浓度的关系。

Beer 定律描述了吸光度与溶液浓度之间的定量关系。当用适当波长的单色平行光照射厚度一定的均匀溶液时,吸光度与溶液浓度呈正比,即

$$A = k''c \tag{3.7}$$

式中:k''为比例系数,c 为溶液浓度。

当溶液的浓度和液层的厚度均可变时,它们都会影响吸光度的数值。结合(3.6)和(3.7)两式,得到 Lambert-Beer 定律,其数学表达式为

$$A = kcl \tag{3.8}$$

式中:k 为比例系数,它与溶液的性质、温度及入射光波长等因素有关。

3.2.3 吸光系数

式(3.8)中的比例系数 k 的值及单位与 c 和 l 采用的单位有关。l 的单位通常以 cm 表示,因此 k 的单位主要决定于 c 用什么单位。c 以 $g \cdot L^{-1}$ 为单位时,k 称为吸光系数(absorptivity),以 a 表示,单位为 $L \cdot g^{-1} \cdot cm^{-1}$。$c$ 以 $mol \cdot L^{-1}$ 为单位时,k 称为摩尔吸光系数(molar absorptivity),符号 ε,单位为 $L \cdot mol^{-1} \cdot cm^{-1}$。当吸收介质内只有一种吸光物质时,式(3.8)表示为

$$A = \varepsilon cl \tag{3.9}$$

ε 比 a 更常用。ε 在特定波长和溶剂的情况下是吸光质点的一个特征参数,在数值上等于吸光物质的浓度为 1 $mol \cdot L^{-1}$、液层厚度为 1 cm 时溶液的吸光度。它是物质吸光能力的量度,可作为定性分析的参考和估量定量分析方法的灵敏度。ε 越大,方法的灵敏度越高。如 ε 为 10^4 数量级时,测定该物质的浓度范围可以达到 $10^{-6} \sim 10^{-5}$ $mol \cdot L^{-1}$;当$\varepsilon < 10^3$ 时,其测定范围在 $10^{-4} \sim 10^{-3}$ $mol \cdot L^{-1}$。

ε 一般是由较稀浓度溶液的吸光度计算求得,由于 ε 与入射光波长有关,在表示某物质溶液的 ε 时,常用下标注明入射光的波长。

在化合物的组成成分不明的情况下，物质的摩尔质量也不知道，因而物质的量浓度无法确定，就无法使用摩尔吸光系数。在这种情况下 c 用 $g\cdot(100\ mL)^{-1}$ 表示，可采用比吸光系数(specific absorptivity)表示吸光系数，记作 a。比吸光系数是指物质的质量分数为1%，l 为1 cm时的吸光度值，用 $A_{1\,cm}^{1\%}$ 表示。$A_{1\,cm}^{1\%}$ 与 ε 或 a 的关系为

$$A_{1\,cm}^{1\%}=10a=10\varepsilon/M \tag{3.10}$$

式中：M 为吸光物质的摩尔质量。

当溶液中同时存在两种或两种以上吸光物质时，只要共存物质不互相影响性质，溶液的吸光度将是各组分吸光度的总和

$$A=A_1+A_2+\cdots+A_n=\sum_{i=1}^{n}\varepsilon_i c_i l_i \tag{3.11}$$

3.2.4 偏离 Lambert-Beer 定律的因素

在一均匀体系中，当物质浓度固定时，吸光度与样品的光程长度之间的线性关系(Lambert定律)总是普遍成立而无一例外。但在样品的光程长度恒定时，吸光度与浓度之间的关系有可能会偏离 Lambert-Beer 定律。一般以负偏离的情况居多，因而影响了测定的准确度。引起偏离 Lambert-Beer 定律的因素很多，通常可归成两类，一类与样品溶液有关，另一类则与仪器有关，分别叙述如下。

1. 与测定样品溶液有关的因素

通常只有在溶液浓度小于 $0.01\ mol\cdot L^{-1}$ 的稀溶液中 Lambert-Beer 定律才能成立。在高浓度时，由于吸光质点间的平均距离缩小，邻近质点彼此的电荷分布会产生相互影响，以致改变它们对特定辐射的吸收能力，即吸光系数发生改变，导致对 Beer 定律的偏离。当吸光物质为稀溶液，但是有高浓度的其他分子，特别是电解质时，静电作用也可导致对 Beer 定律的偏离。

推导 Lambert-Beer 定律时隐含着测定溶液中各组分之间没有相互作用的假设。但随着溶液浓度增加，各组分之间的相互作用则是不可避免的。例如，可以发生离解、缔合、光化学反应、互变异构及配合物配位数变化等作用，会使被测组分的吸收曲线发生明显改变，吸收峰的位置、高度以及光谱精细结构等都会不同，从而破坏了原来的吸光度与浓度的函数关系，偏离了 Beer 定律。

溶剂对吸收光谱的影响也很重要。在分光光度法中广泛使用各种溶剂，它会对生色团的吸收峰高度、波长位置产生影响。溶剂还会影响待测物质的物理性质和组成，从而影响其光谱特性，包括谱带的电子跃迁类型等。

当测定溶液为胶体、乳状液或其中有悬浮物质存在时，入射光通过测定溶液后，有一部分光会因散射而损失，使吸光度增大，对 Beer 定律产生正偏差。质点的散射强度是与入射光波长的4次方呈反比的，所以散射对紫外区的测定影响更大。

2. 与仪器有关的因素

严格讲 Lambert-Beer 定律只适用于单色光激发，但在紫外-可见分光光度法中从光源发出的光经单色器分光，为满足实际测定中需有足够光强的要求，狭缝必须有一定的宽度。因此，由出射狭缝投射到被测溶液的光，并不是理论上要求的单色光。这种非单色光是所有偏离 Beer 定律的因素中较为重要的因素之一。因为实际用于测量的是一小段波长范围

的复合光，吸光物质对不同波长的光的吸收能力不同，就导致了对 Beer 定律的负偏离。在所使用的波长范围内，吸光物质的吸光系数变化越大，这种偏离就越显著。如图 3.6(a)所示的吸收光谱，谱带Ⅰ的吸光系数变化不大，用谱带Ⅰ进行分析，造成的偏离就比较小。而谱带Ⅱ的吸光系数变化较大，用谱带Ⅱ进行分析就会造成较大的负偏离，如图 3.6(b)所示。所以通常选择吸光物质的最大吸收波长作为分析波长。这样不仅能保证测定有较高的灵敏度，而且此处曲线较为平坦，吸光系数变化不大，对 Beer 定律的偏离程度就比较小。并且在保证一定光强的前提下，应使用尽可能窄的有效带宽宽度，同时应尽量避免采用尖锐的吸收峰进行定量分析。

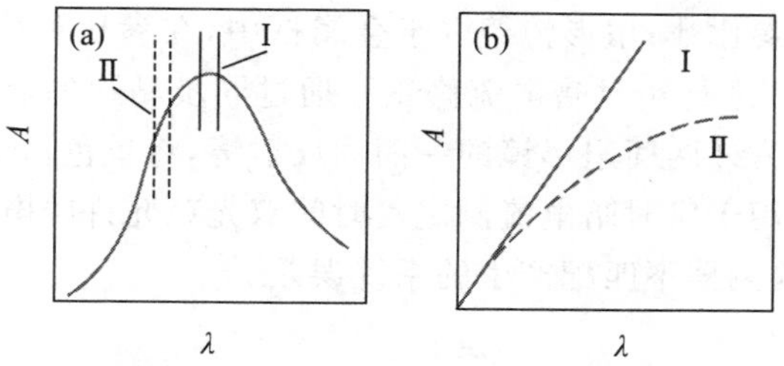

图 3.6　复合光激发时对 Beer 定律的偏离

3.3　紫外-可见分光光度计

3.3.1　主要组成部件

各种型号的紫外-可见分光光度计(UV-Vis spectrophotometer)，就其结构来说，都是由五部分组成(图 3.7)，即光源(light source)、单色器(monochromator)、吸收池(absorption cell)、检测器(detector)和数据读取输出系统(data output system)(详见 2.3 节)。

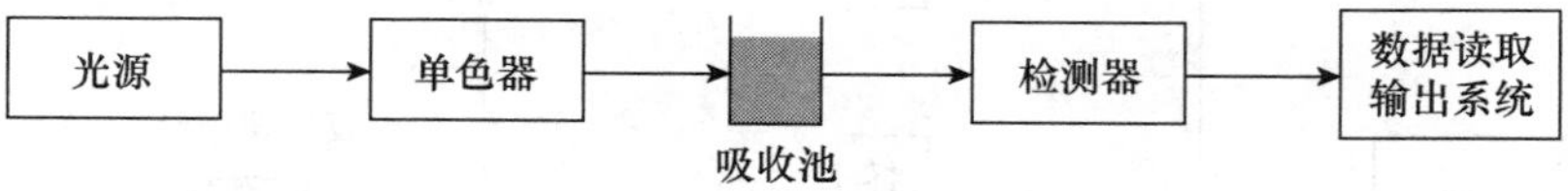

图 3.7　紫外-可见分光光度计基本结构示意图

3.3.2　紫外-可见分光光度计

紫外-可见分光光度计主要有单光束分光光度计、双光束分光光度计、多通道分光光度计和光导纤维探头式分光光度计。

1. 单光束分光光度计

单光束分光光度计(single-beam spectrophotometer)的光路示意于图 3.7，在测试时，单色器分光后形成一束平行光，参比溶液和样品溶液轮流置于光路中，分别获得 I_0 和 I_t，以进行吸光度的测定。

2. 双光束分光光度计

双光束分光光度计是目前常用的仪器设计。图 3.8(a)展现的是空间双光束分光光度计(double-beam in-space spectrophotometer 或 dual-beam in-space spectrophotometer)示意图。

光源经单色器分光后经分束器(半透半反镜)分解为强度相等的两束光,一束通过参比池,到达第一个检测器,另一束通过样品池到达第二个性能匹配的检测器。光度计能自动比较两束光的强度,获得透射比,并变换成吸光度输出。空间双光束的设计,可使两束光同时分别通过参比池和样品池,能自动消除光源强度变化所引起的误差。

图 3.8(b)展现的是时间双光束分光光度计(double-beam in-time spectrophotometer 或 dual-beam in-time spectrophotometer)示意图。在光栅与样品池(参比池)之间放置一个同步马达带动的扇形镜[正面图如图 3.8(b)中的扇形镜所示],其中一个对角的两面扇形镜完全透光,从单色器出射的光通过透射扇形镜进入样品池,另外一个对角的两面扇形镜为反射镜,将单色器出射光反射,进入参比池;扇形镜镶嵌于金属框中,在参比和样品光路的光交替进入检测器时,金属框则可挡光,进行实时暗电流修正。通过同步马达的驱动,将 I_0、I_t 与暗电流分别测定。在一些设计中,另外两面扇形镜的一面为反射镜,将单色器出射光反射,进入参比池,另一面镜将光完全吸收,用于实时暗电流测定。时间双光束允许暗电流实时修正,也可以避免空间双光路设计中两个检测器不匹配产生的系统误差。

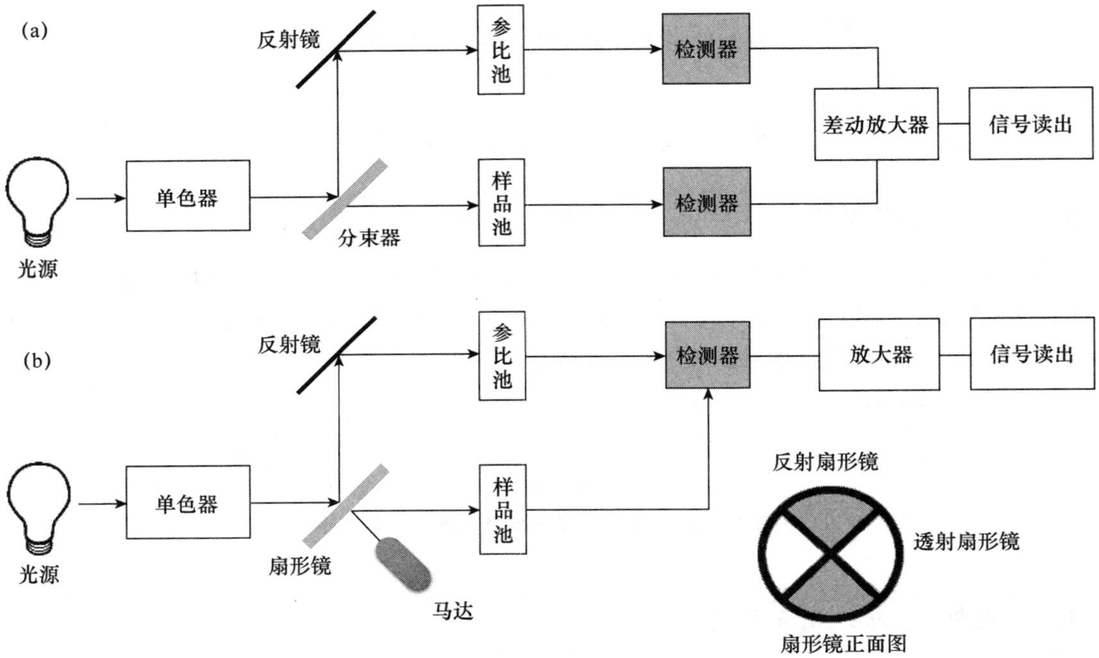

图 3.8　双光束分光光度计原理图

(a) 空间双光束设计　(b) 时间双光束设计

3. 多通道分光光度计

多通道分光光度计(multichannel spectrophotometer)的光路原理如图 3.9 所示。光源发射出的复合光先通过样品池后再经全息光栅色散,色散后的单色光由光二极管阵列中的光二极管接收,能同时检测 190～900 nm 波长范围,因此在极短的时间内(≤1 s)可给出整个光谱的全部信息。这种光度计特别适于进行快速反应动力学研究和多组分混合物的分析,也已被用作高效液相色谱和毛细管电泳仪的检测器。

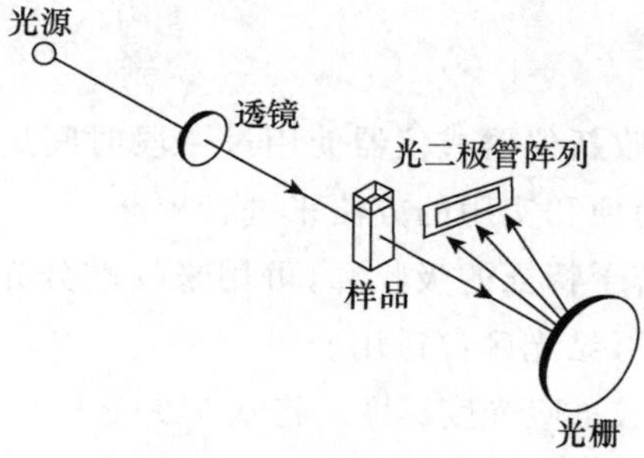

图 3.9　多通道分光光度计光路示意图

4. 光导纤维探头式分光光度计

图 3.10 是光导纤维探头式分光光度计(optical fiber probe type spectrophotometer)的光路示意图。探头由两根相互隔离的光导纤维组成。钨灯发射的光由其中一根光纤传导至试样溶液,再经反射镜反射后由另一根光纤传导,通过干涉滤光片后由光电二极管接收转变为电信号。这类光度计不需要吸收池,直接将探头插入样品溶液中进行原位检测,不受外界光线的影响,常用于环境和过程分析。

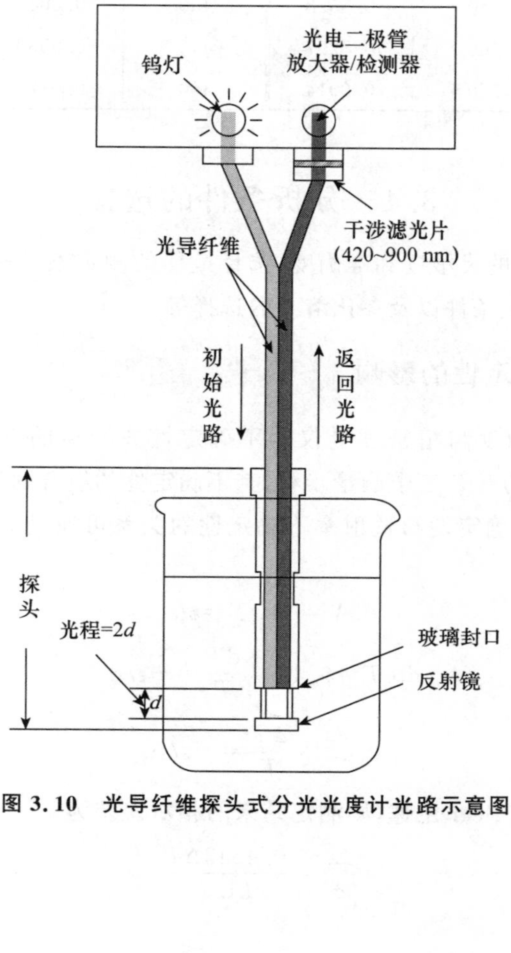

图 3.10　光导纤维探头式分光光度计光路示意图

3.3.3 分光光度计的校准

通常在实验室工作中，验收新仪器或仪器使用过一段时间后都要进行波长校准和吸光度校准。建议采用下述的较为简便和实用的方法来进行校准。

镨钕玻璃或钬玻璃都有若干特征的吸收峰，可用来校准分光光度计的波长标尺。前者用于可见光区，后者则对紫外和可见光区都适用。

可用 K_2CrO_4 标准溶液来校准吸光度标度。将 0.0400 g K_2CrO_4 溶解于 1 L 0.05 mol·L^{-1} KOH 溶液中，在 1 cm 光程的吸收池，25℃的条件下，用不同波长测得的吸光度值列于表 3.2。

表 3.2 K_2CrO_4 溶液的吸光度

λ/nm	吸光度 *A*	λ/nm	吸光度 *A*	λ/nm	吸光度 *A*	λ/nm	吸光度 *A*
220	0.4559	300	0.1518	380	0.9281	460	0.0173
230	0.1675	310	0.0458	390	0.6841	470	0.0083
240	0.2933	320	0.0620	400	0.3872	480	0.0035
250	0.4962	330	0.1457	410	0.1972	490	0.0009
260	0.6345	340	0.3143	420	0.1261	500	0.0000
270	0.7447	350	0.5528	430	0.0841		
280	0.7235	360	0.8297	440	0.0535		
290	0.4295	370	0.9914	450	0.0325		

3.4 分析条件的选择

为使分析方法有较高的灵敏度和准确度，选择最佳的测定条件是很重要的。这些条件包括仪器测量条件、试样反应条件以及参比溶液的选择等。

3.4.1 仪器测量不确定性的影响

分光光度分析的准确度与精密度受仪器不确定性或噪声的影响。分光光度测量包括 0%T，100%T 以及样品的%T 三个测量步骤，其不确定性的组合则为最后透过率的值的不确定性。最终获得浓度的不确定性与透射率不确定性的关系可通过对 Lambert-Beer 定律求导获得。

$$A=-\lg T=\varepsilon lc$$

微分后，得

$$\mathrm{d}\lg T=0.4343\,\frac{\mathrm{d}T}{T}=-\varepsilon l\,\mathrm{d}c$$

或

$$0.4343\,\frac{\Delta T}{T}=-\varepsilon l\,\Delta c \tag{3.12}$$

将式(3.12)代入 Lambert-Beer 定律，则测定结果的相对误差为

$$\frac{\Delta c}{c}=\frac{0.4343\Delta T}{T\lg T} \tag{3.13}$$

式(3.13)表明分光光度法的测量不确定性与 T 相关，要使测定结果的相对误差($\Delta c/c$)最小，对 T 求导数应有一极小值，即

$$\frac{\mathrm{d}}{\mathrm{d}T}\left[\frac{0.4343\Delta T}{T\lg T}\right]=\frac{0.4343\Delta T(\lg T+0.4343)}{(T\lg T)^2}=0 \tag{3.14}$$

解得

$$\lg T=-0.434 \text{ 或 } T=36.8\%$$

即当吸光度 $A=0.434$ 时，吸光度测量误差最小。上述结果也可由图 3.11 表示，即图中曲线的最低点。如果分光光度计读数误差为 1%，若要求浓度测量的相对误差小于 5%，则待测溶液的透射比应选在 70%～10%，吸光度相应为 0.15～1.00。实际工作中，可通过调节待测溶液的浓度，选用适当厚度的吸收池等方式使透射比(或吸光度)落在此区间内。现在高档的分光光度计使用性能优越的检测器，即使吸光度高达 2.0，甚至 3.0，也能保证浓度测量的相对误差小于 5%。

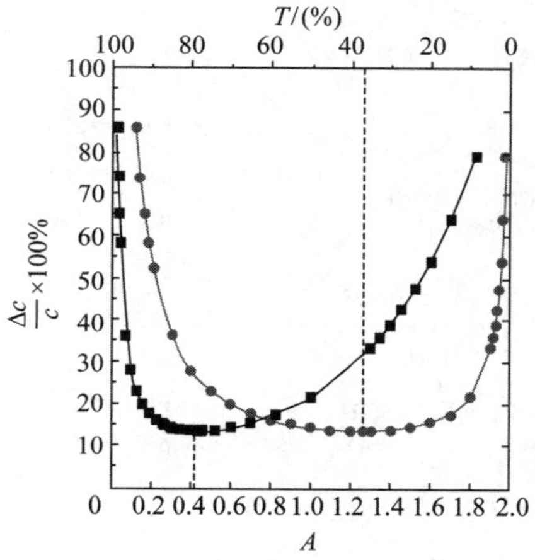

图 3.11　浓度测量的相对误差与溶液透射比(●)或吸光度(■)的关系

3.4.2　反应条件的选择

在无机分析中，很少利用金属离子本身的颜色进行光度分析，因为它们的吸光系数都比较小。一般都是选用适当的试剂，与待测离子反应生成对紫外或可见光有较大吸收的物质再进行测定。这种反应称为显色反应，所用的试剂称为显色剂。配位反应、氧化还原反应以及增加生色基团的衍生化反应等都是常见的显色反应类型，尤以配位反应应用最广。许多有机显色剂与金属离子形成稳定性好、具有特征颜色的配合物，其灵敏度和选择性都较高。表 3.3 列举了几种显色剂及其有色配合物。

显色反应一般应满足下述要求：

(i) 反应的生成物必须在紫外、可见光区有较强的吸收，即摩尔吸光系数较大，反应有较高的选择性。

表 3.3　一些常用的显色剂

	试　　剂	结构式	离解常数	测定离子
无机显色剂	硫氰酸盐	SCN^-	$pK_a=0.85$	Fe^{2+}, Mo(Ⅴ), W(Ⅴ)
	钼 酸 盐	MoO_4^{2-}	$pK_{a_2}=3.75$	Si(Ⅳ), P(Ⅴ)
	过氧化氢	H_2O_2	$pK_a=11.75$	Ti(Ⅳ)
有机显色剂	邻二氮菲	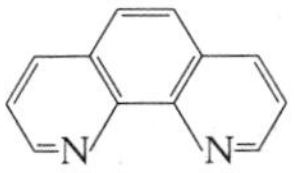	$pK_a=4.96$	Fe^{2+}
	二硫腙	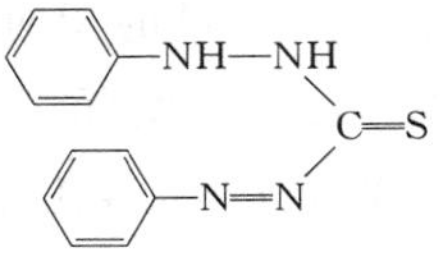	$pK_a=4.6$	Pb^{2+}, Hg^{2+}, Zn^{2+}, Bi^{3+}等
	丁二酮肟	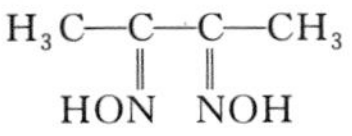	$pK_a=10.54$	Ni^{2+}, Pd^{2+}
	铬天青 S (CAS)	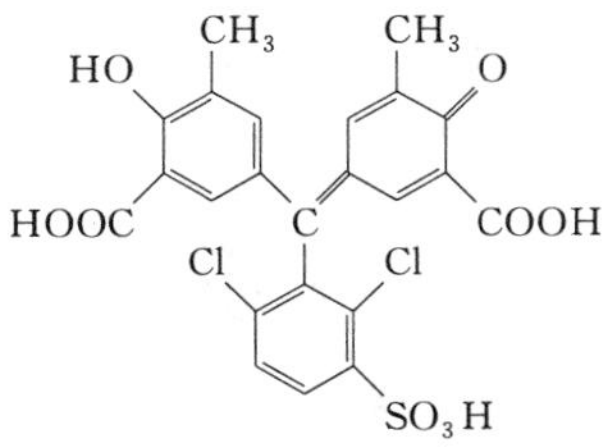	$pK_{a_3}=2.3$ $pK_{a_4}=4.9$ $pK_{a_5}=11.5$	Be^{2+}, Al^{3+}, Y^{3+}, Ti^{4+}, Zr^{4+}, Hf^{4+}
	茜素红 S	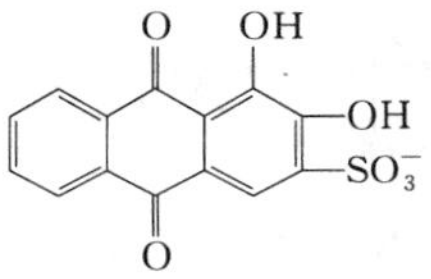	$pK_{a_2}=5.5$ $pK_{a_3}=11.0$	Al^{3+}, Ga^{3+}, Zr(Ⅳ), Th(Ⅳ), F^-, Ti(Ⅳ)
	偶氮胂Ⅲ *	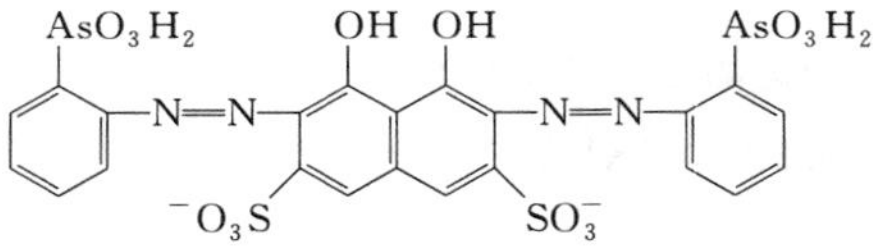		UO_2^{2+}, Hf(Ⅳ), Th^{4+}, Zr(Ⅳ), Re^{3+}, Y^{3+}, Sc^{3+}, Ca^{2+}等
	4-(2-吡啶偶氮)-间苯二酚(PAR)	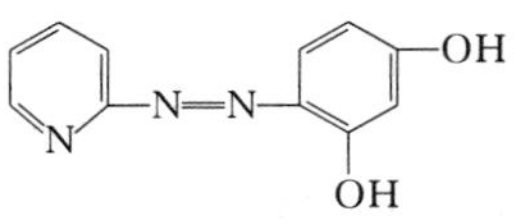	$pK_{a_1}=3.1$ $pK_{a_2}=5.6$ $pK_{a_3}=11.9$	Co^{2+}, Pb^{2+}, Ga^{3+}, Nb(Ⅴ), Ni^{2+}
	1-(2-吡啶偶氮)-2-萘酚(PAN)	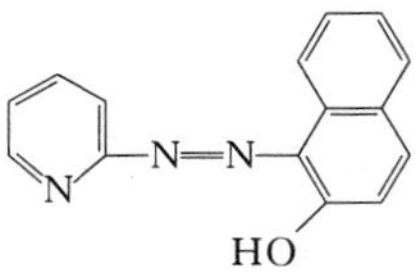	$pK_{a_1}=2.9$ $pK_{a_2}=11.2$	Co^{2+}, Ni^{2+}, Zn^{2+}, Pb^{2+}
	4-(2-噻唑偶氮)-间苯二酚(TAR)	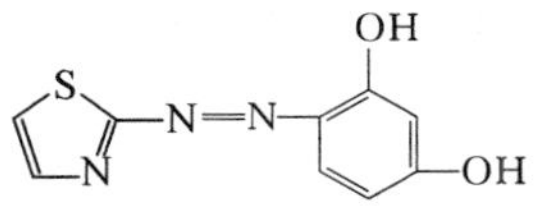		Co^{2+}, Ni^{2+}, Cu^{2+}, Pb^{2+}

* $K_1=1.3\times10^{-2}$, $K_2=1.1\times10^{-3}$, $K_3=2.3\times10^{-4}$, $K_4=9\times10^{-5}$, $K_5=1.7\times10^{-6}$, $K_6=2.3\times10^{-8}$, $K_7=5\times10^{-10}$, $K_8=1.4\times10^{-12}$。

(ii) 反应生成物应当组成恒定、稳定性好，显色条件易于控制等，这样才能保证测量结果有良好的重现性。

(iii) 显色剂与有色配合物的光谱对照性要好，λ_{max} 的差别要在 60 nm 以上。

实际上能同时满足上述条件的显色反应并没有很多，因此在初步选定好显色剂以后，认真细致地研究显色反应的条件十分重要。下面介绍其主要影响因素。

1. 显色剂用量

生成配位化合物的显色反应可用下式表示

$$M + nR \rightleftharpoons MR_n$$

$$\beta_n = \frac{[MR_n]}{[M][R]^n} \quad 或 \quad \frac{[MR_n]}{[M]} = \beta_n [R]^n \tag{3.15}$$

式中：M 代表金属离子，R 为显色剂，β_n 为配合物的累积稳定常数。由式(3.15)可见，当[R]固定时，从 M 转化成 MR_n 的转化率将不发生变化。对稳定性好的(即 β_n 大)配合物，只要显色剂过量，显色反应即能定量进行。而对不稳定的配合物或可形成逐级配合物时，显色剂用量要过量很多或必须严格控制。例如，以 SCN^- 作显色剂测定 Mo(Ⅴ)时，要求生成红色的 $Mo(SCN)_5$ 配合物进行测定。但当 SCN^- 浓度过高时，由于会生成浅红色的 $Mo(SCN)_6^-$ 配合物而使吸光度降低。又如，用铁的硫氰酸配合物测定 Fe(Ⅲ)时，随 SCN^- 浓度的增大，逐步形成颜色更深的不同配位数的化合物，吸光度增加。因此在这两种离子的测定中必须严格控制显色剂用量，才能得到准确的结果。显色剂的用量可通过实验确定，作吸光度随显色剂浓度变化曲线，选恒定吸光度值时的显色剂用量。

2. 溶液酸度的影响

多数显色剂都是有机弱酸或弱碱，介质的酸度会直接影响显色剂的离解程度，从而影响显色反应的完全程度。溶液酸度的影响表现在许多方面。

(1) 由于 pH 不同，可形成具有不同配位数、不同颜色的配合物。金属离子与弱酸阴离子在酸性溶液中大多生成低配位数的配合物，可能并没有达到阳离子的最大配位数。当 pH 增大时，游离的阴离子浓度相应增大，从而可能生成高配位数的化合物。例如，Fe(Ⅲ)可与水杨酸在不同 pH 生成组成配比不同的配合物(见下表)：

pH 范围	配合物组成	颜　色
<4	$Fe(C_7H_4O_3)^+$	紫红色(1∶1)
4～7	$Fe(C_7H_4O_3)_2^-$	棕橙色(1∶2)
8～10	$Fe(C_7H_4O_3)_3^{3-}$	黄　色(1∶3)

在用这类反应进行测定时，控制溶液的 pH 至关重要。

(2) pH 增大会引起某些金属离子水解而形成各种型体的羟基配合物，甚至可能析出沉淀；或者由于生成金属的氢氧化物而破坏了有色配合物，使溶液的颜色完全褪去，例如

$$Fe(SCN)^{2+} + OH^- \rightleftharpoons Fe(OH)^{2+} + SCN^-$$

显色反应的最宜酸度可估算如下，如果金属离子与配位体生成逐级配合物 MR_n，即

$$M + nR \rightleftharpoons MR_n$$

条件累积稳定常数 β_n' 与累积稳定常数 β_n 有如下关系

$$\beta_n' = \frac{[MR_n]}{[M'][R']^n} = \frac{\beta_n}{\alpha_M \alpha_R^n} \tag{3.16}$$

式中：α_M 和 α_R 分别为 M 和 R 的副反应系数。当上述反应定量进行时(即 99.9%的 M 转化为 MR_n)，则

$$\frac{[MR_n]}{[M']} = \frac{\beta_n}{\alpha_M \alpha_R^n}[R']^n \geqslant 10^3 \tag{3.17}$$

即要求 $\lg\beta_n' + n\lg[R'] \geqslant 3$。

以邻二氮菲(Phen)与 Fe(Ⅱ)的显色反应为例。假定反应在 0.1 mol·L^{-1} 柠檬酸盐(A)缓冲溶液中进行，过量显色剂浓度[Phen′]为 10^{-4} mol·L^{-1}，Fe-Phen 配合物的 $\lg\beta_3$ 为 21.3，不同 pH 时的 lgα[Fe(A)]和 lgα[Phen(H)]见表 3.4。

表 3.4　酸度对显色反应完全度的影响

pH	lgα [Fe(A)]	lgα [Phen(H)]	$\lg\beta_3'$	$\lg\frac{[Fe(Phen)_3]}{[Fe']}$
1	—	3.9	9.6	−2.4
2	—	2.9	12.6	0.6
3	—	1.9	15.6	3.6
4	0.5	1.0	17.8	5.8
5	2.6	0.3	17.8	5.8
6	4.2	—	17.1	5.1
7	5.5	—	15.8	3.8
8	6.5	—	14.8	2.8
9	7.5	—	13.8	1.8
10	8.5	—	12.8	0.8

各 pH 下的 $\lg[Fe(Phen)_3]/[Fe']$ 可按下式计算

$$\lg\frac{[Fe(Phen)_3]}{[Fe']} = \lg\beta_3 - \lg\alpha[Fe(A)] - 3\lg\alpha[Phen(H)] + 3\lg[Phen']$$

$$= \lg\beta_3' + 3\lg[Phen'] \tag{3.18}$$

其计算结果(表 3.4)表明，在柠檬酸盐缓冲溶液中邻二氮菲与 Fe(Ⅱ)显色反应的最宜 pH 范围为 3～8，这与实验结果基本一致。

实际工作中是通过实验来确定显色反应的最宜酸度的。具体做法是固定溶液中待测组分与显色剂的浓度，改变溶液的 pH，测定溶液的吸光度与 pH 的关系曲线，从中找出最宜 pH 范围。

3. 其他条件

显色反应的时间、温度、放置时间等都对显色反应有影响。这些都需要通过条件实验来确定。

3.4.3　参比溶液的选择

测量试样溶液的吸光度时，先要用参比溶液调节透射比为 100%，以消除溶液中其他成分以及吸收池和溶剂对光的反射和吸收所带来的误差。根据试样溶液的性质，选择合适组分的参比溶液是很重要的。

1. 溶剂参比

当试样溶液的组成较为简单，共存的其他组分很少且对测定波长的光几乎没有吸收时，可采用溶剂作为参比溶液，这样可消除溶剂、吸收池等因素的影响。

2. 试剂参比

如果显色剂或其他试剂在测定波长有吸收，按显色反应相同的条件，只是不加入试样，同样加入试剂和溶剂作为参比溶液。这种参比溶液可消除试剂中组分产生的吸收的影响。

3. 试样参比

如果试样基体在测定波长有吸收，而与显色剂不起显色反应时，可按与显色反应相同的条件处理试样，只是不加显色剂。这种参比溶液适用于试样中有较多的共存组分，加入的显色剂量不大，且显色剂在测定波长无吸收的情况。

4. 平行操作溶液参比

用不含被测组分的试样，在相同条件下与被测试样同样进行处理，由此得到平行操作参比溶液。

3.4.4　干扰及消除方法

在光度分析中，体系内存在的干扰物质的影响有以下几种情况：(i) 干扰物质本身有颜色或与显色剂形成有色化合物，在测定条件下也有吸收；(ii) 在显色条件下，干扰物质水解，析出沉淀使溶液混浊，致使吸光度的测定无法进行；(iii) 与待测离子或显色剂形成配合物，与显色反应竞争，使显色反应不能进行完全。

可以采用以下几种方法来消除这些干扰作用：

(1) 控制酸度。根据配合物的稳定性不同，可以利用控制酸度的方法提高反应的选择性，以保证主反应进行完全。例如，二硫腙能与 Hg^{2+}、Pb^{2+}、Cu^{2+}、Ni^{2+}、Cd^{2+} 等十多种金属离子形成有色配合物，其中与 Hg^{2+} 生成的配合物最稳定，在 0.5 $mol \cdot L^{-1}$ H_2SO_4 介质中仍能定量进行，而上述其他离子在此条件下不发生反应。

(2) 选择适当的掩蔽剂。使用掩蔽剂消除干扰是常用的有效方法。选取的条件是掩蔽剂不与待测离子作用，掩蔽剂以及它与干扰物质形成的配合物的颜色应不干扰待测离子的测定。

(3) 利用生成惰性配合物。例如，钢铁中微量钴的测定，常用钴试剂为显色剂。但钴试剂不仅与 Co^{2+} 有灵敏的反应，而且与 Ni^{2+}、Zn^{2+}、Mn^{2+}、Fe^{2+} 等都有反应。但它与 Co^{2+} 在弱酸性介质中一旦完成反应后，即使再用强酸酸化溶液，该配合物也不会分解。而 Ni^{2+}、Zn^{2+}、Mn^{2+}、Fe^{2+} 等与钴试剂形成的配合物在强酸介质中很快分解，从而消除了上述离子的干扰，提高了反应的选择性。

(4) 选择适当的测量波长。例如，在 $K_2Cr_2O_7$ 存在下测定 $KMnO_4$ 时，不是选 λ_{max}(525 nm)，而是选 $\lambda = 545$ nm。这样测定 $KMnO_4$ 溶液的吸光度，$K_2Cr_2O_7$ 就不干扰了。

(5) 若上述方法不宜采用时，也可以采用预先分离的方法，如沉淀、萃取、离子交换、蒸发、蒸馏以及色谱分离法(包括柱色谱、纸色谱、薄层色谱等)。

此外，还可以利用化学计量学方法实现多组分同时测定，以及利用导数分光光度法、双波长分光光度法等新技术来消除干扰。

3.5 紫外-可见分光光度法的应用

紫外-可见分光光度法是对物质进行定性分析、结构分析和定量分析的一种手段，而且还能测定某些化合物的物理化学参数，例如摩尔质量、配合物的配合比和稳定常数，以及酸、碱离解常数等。

3.5.1 定性分析

虽然各种显色反应可以应用于无机元素的定性分析，但紫外-可见分光光度法较少用于无机元素的定性分析，无机元素的定性分析可用原子发射光谱法或化学分析的方法。在有机化合物的定性鉴定和结构分析中，由于紫外-可见光谱特征性不强，其应用也有一定的局限性。但是它适用于不饱和有机化合物，尤其是共轭体系的鉴定，以此推断未知物的骨架结构。此外，紫外-可见分光光度法可配合红外光谱、核磁共振波谱法和质谱法进行定性鉴定和结构分析，因此它仍不失为是一种有用的辅助方法。

一般有两种定性分析方法，即比较吸收光谱曲线，或者用经验规则计算 λ_{max}，然后与实测值进行比较。

在相同的测量条件(溶剂、pH 等)下，测定未知物的吸收光谱与所推断化合物的标准物的吸收光谱，将标准物与未知物的吸收光谱数据进行比较来作定性分析。如果吸收光谱的形状，包括吸收光谱的 λ_{max}、λ_{min}，吸收峰的数目、位置、拐点以及 ε_{max} 等完全一致，则可以初步认为是同一化合物。

应该指出，分子或离子对紫外-可见光的吸收只是它们含有的生色基团和助色基团的特征，而不是整个分子或离子的特征。因此仅靠紫外-可见光谱来确定一个未知物的结构是不现实的，还要参照 Woodward-Fieser 规则和 Scott 规则以及其他方法的配合。Woodward 规则由 Robert Burns Woodward 于 1941 年提出，适用于 4 个双键以内的共轭二烯、多烯烃及共轭烯酮类化合物的 $\pi \rightarrow \pi^*$ 跃迁的 λ_{max} 计算，Louis Frederick Feiser 于 1948 年对 Woodward 规则进行了拓展，可计算大于 4 个共轭双键的化合物的 λ_{max}。Woodward-Fieser 规则[Woodward R B. Structure and absorption spectra. Ⅲ. Normal conjugated dienes. J. Am. Chem. Soc.，1942，64(1)：72-75；Woodward R B，Clifford A F. Structure and absorption spectra. Ⅱ. 3-Acetoxy-Δ5-(6)-nor-cholestene-7-carboxylic acid. J. Am. Chem. Soc.，1941，63(10)：2727-2729；Fieser L F，Fieser M，Rajagopalan S. Absorption spectroscopy and the structures of the diosterols. J. Org. Chem.，1948，13(6)：800-806.]和 Scott 规则(Scott A I. Interpretation of the Ultraviolet Spectra of Natural Products. Oxford：Pergamon Press，1964.)都是经验规则(本文略)，当用其他的物理和化学方法判断某化合物的几种可能结构时，可用它们来计算 λ_{max}，并与实验值进行比较，以确认物质的结构。

3.5.2 结构分析

可以应用紫外光谱来确定一些化合物的构型和构象。

1. 判别顺反异构体

反式异构体空间位阻小，共轭程度较高，其 λ_{max} 和 ε_{max} 大于顺式异构体。表 3.5 和表 3.6 列举了某些有机化合物的顺反异构体的 λ_{max} 和 ε_{max}，其中番茄红素的紫外吸收光谱见图 3.6。

表 3.5　某些有机化合物的顺反异构体的 λ_{max} 和 ε_{max}

化合物	顺式		反式	
	λ_{max}/nm	$\varepsilon_{max}/(L\cdot mol^{-1}\cdot cm^{-1})$	λ_{max}/nm	$\varepsilon_{max}/(L\cdot mol^{-1}\cdot cm^{-1})$
番茄红素	440[a]	90000	470[b]	185000
13-顺式番茄红素	360[c]	弱	464	
二苯代乙烯	280	13500	295	27000
苯代丙烯酸	264	9500	273	20000
α-甲基均二苯代乙烯	260	11900	270	20100
丁烯二酸二甲酯	198	26000	214	34000
偶氮苯	295	12600	315	50100
肉桂酸	280	13500	295	27000
1-苯基-1,3-丁二烯	265	14000	280	28300

[a] 全顺式番茄红素吸收峰；[b] 全反式番茄红素吸收峰；[c] 顺式乙烯键吸收峰(图 3.12)。

表 3.6　某些多环二烯的顺反异构体的吸收强度

同环双键(顺式)		异环双键(反式)	
化合物	$\varepsilon_{max}/(L\cdot mol^{-1}\cdot cm^{-1})$	化合物	$\varepsilon_{max}/(L\cdot mol^{-1}\cdot cm^{-1})$
麦角甾醇	11800	麦角甾醇-D	21000
7-脱氢胆甾醇	11400	脱氢麦角甾醇	19000
胆甾-2,4-二烯	7000	胆甾-4,6-二烯	28000
左旋海松酸	7100	松香酸	16100

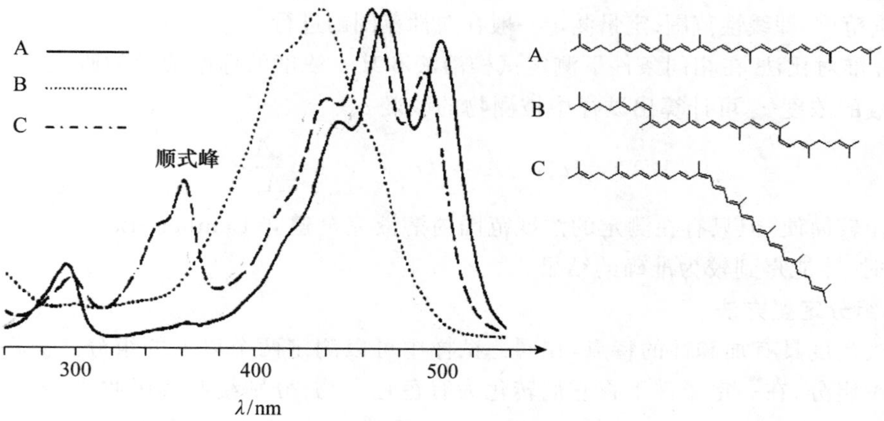

图 3.12　番茄红素的紫外吸收光谱

A—全反式番茄红素　B—番茄红素原(多-顺式番茄红素)　C—13-顺式番茄红素

2. 判别互变异构体

一般共轭体系的 λ_{max}、ε_{max} 大于非共轭体系(见表 3.7)。例如，乙酰乙酸乙酯有酮式和烯醇式间的互变异构

$$CH_3-\overset{O}{\underset{\|}{C}}-CH_2-\overset{O}{\underset{\|}{C}}-OC_2H_5 \rightleftharpoons CH_3-\overset{OH}{\underset{|}{C}}=CH-\overset{O}{\underset{\|}{C}}-OC_2H_5$$

在极性溶剂中该化合物以酮式存在,吸收峰弱;而在非极性溶剂正己烷中以烯醇式为主,出现强的吸收峰。

表 3.7 某些有机化合物的互变异构体

化 合 物	共轭(醇式)	非共轭(酮式)
	$\lambda_{max}/nm, (\varepsilon)/(L \cdot mol^{-1} \cdot cm^{-1})$	$\lambda_{max}/nm, (\varepsilon)/(L \cdot mol^{-1} \cdot cm^{-1})$
亚油酸	232	无吸收
苯酰乙酸乙酯	308	245
乙酰乙酸乙酯	245(18000)	240(110)
乙酰丙酮	269(12100)(水中)	277(1900)(己烷中)
异丙 α-丙酮	235(12000)	220

3.5.3 定量分析

紫外-可见分光光度法定量分析的依据是 Lambert-Beer 定律,即在一定波长处被测定物质的吸光度与它的浓度呈线性关系。因此,通过测定溶液对一定波长入射光的吸光度,即可求出该物质在溶液中的浓度或含量。下面介绍几种常用的测定方法。

1. 单组分定量方法

(1) 校准曲线法 这是实际工作中用得最多的一种方法。具体做法是:配制一系列不同含量的标准溶液,以不含被测组分的空白溶液为参比,在相同条件下测定标准溶液的吸光度,绘制吸光度-浓度曲线。这种曲线即称为校准曲线。在相同条件下测定未知试样的吸光度,从校准曲线上就可以找到与之对应的未知试样的浓度。在建立一个方法时,首先要确定符合 Lambert-Beer 定律的浓度范围,即线性范围,定量测定一般在线性范围内进行。

(2) 标准对比法 在相同条件下测定试样溶液和某一浓度的标准溶液的吸光度 A_x 和 A_s,由标准溶液的浓度 c_s 可计算出试样中被测物的浓度 c_x

$$A_s = kc_s, \quad A_x = kc_x, \quad c_x = \frac{c_s A_x}{A_s} \tag{3.19}$$

这种方法比较简便,但只有在测定的浓度范围内溶液完全遵守 Lambert-Beer 定律,并且 c_s 和 c_x 很接近时,才能得到较为准确的结果。

2. 多组分定量方法

根据吸光度具有加和性的特点,在同一试样中可以测定两个以上的组分。假设试样中含有 x、y 两种组分,在一定条件下将它们转化为有色化合物,分别绘制其吸收光谱,会出现 3 种情况,如图 3.13 所示。图 3.13(a)中两组分互不干扰,可分别在 λ_1 和 λ_2 处测量溶液的吸光度。图 3.13(b)中组分 x 对组分 y 的吸光度测定有干扰,但组分 y 对 x 无干扰。这时可以先在 λ_1 处测量溶液的吸光度 A_{λ_1},并求得组分 x 的浓度,然后再在 λ_2 处测量溶液的吸光度 $A_{\lambda_2}^{x+y}$、纯组分 x 及 y 的 $\varepsilon_{\lambda_2}^{x}$ 和 $\varepsilon_{\lambda_2}^{y}$,根据吸光度的加和性原则,列出下式

$$A_{\lambda_2}^{x+y} = \varepsilon_{\lambda_2}^{x} l c_x + \varepsilon_{\lambda_2}^{y} l c_y \tag{3.20}$$

由式(3.20)即能求得组分 y 的浓度 c_y。

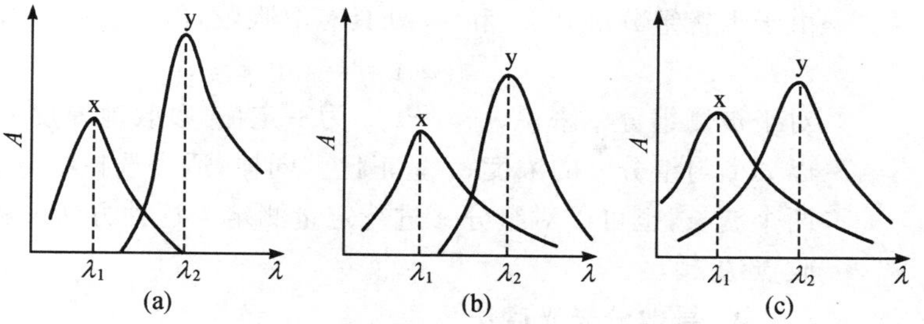

图 3.13　多组分的吸收光谱

(a) 组分 x 和 y 互不干扰　(b) 组分 x 干扰组分 y(组分 y 不干扰组分 x)　(c) 组分 x 和 y 相互干扰

图 3.13(c)表明两组分彼此互相干扰，这时首先在 λ_1 处测定混合物吸光度 $A_{\lambda_1}^{x+y}$、纯组分 x 及 y 的 $\varepsilon_{\lambda_1}^{x}$ 和 $\varepsilon_{\lambda_1}^{y}$。然后在 λ_2 处测定混合物吸光度 $A_{\lambda_2}^{x+y}$、纯组分 x 及 y 的 $\varepsilon_{\lambda_2}^{x}$ 和 $\varepsilon_{\lambda_2}^{y}$。根据吸光度的加和性原则，列出方程式

$$\begin{cases} A_{\lambda_1}^{x+y} = \varepsilon_{\lambda_1}^{x} lc_x + \varepsilon_{\lambda_1}^{y} lc_y \\ A_{\lambda_2}^{x+y} = \varepsilon_{\lambda_2}^{x} lc_x + \varepsilon_{\lambda_2}^{y} lc_y \end{cases} \tag{3.21}$$

式中 $\varepsilon_{\lambda_1}^{x}$、$\varepsilon_{\lambda_1}^{y}$、$\varepsilon_{\lambda_2}^{x}$ 和 $\varepsilon_{\lambda_2}^{y}$ 均由已知浓度的组分 x 及 y 的纯溶液测得。试液的 $A_{\lambda_2}^{x+y}$ 和 $A_{\lambda_1}^{x+y}$ 由实验测得，c_x 和 c_y 便可通过解联立方程式求得。对于更复杂的多组分体系，可用计算机处理测定的数据。

3. 双波长分光光度法

当吸收光谱相互重叠的两种组分共存时，利用双波长分光光度法可对单个组分进行测定或同时对两个组分进行测定。如图 3.14 所示，当 x、y 两组分共存时，如要测定组分 y 的含量，组分 x 的干扰可通过选择具有对组分 x 等吸收的两个波长 λ_1 和 λ_2 加以消除。以 λ_1 为参比波长，λ_2 为测定波长，对混合液进行测定，可得到如下方程式

$$\begin{cases} A_1 = A_{1x} + A_{1y} + A_{1s} \\ A_2 = A_{2x} + A_{2y} + A_{2s} \end{cases} \tag{3.22}$$

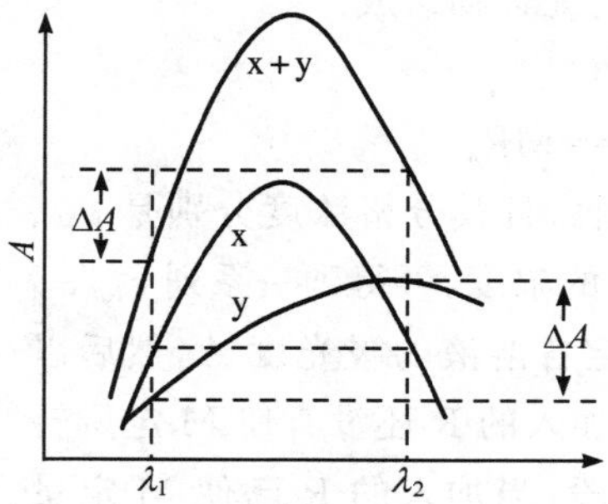

图 3.14　双波长分光光度法测定示意图

式中 A_{1s} 和 A_{2s} 是在波长 λ_1 和 λ_2 下的背景吸收。当两个波长相距较近时，可认为背景吸收相等，因此通过试样吸收池的两个波长的光的吸光度差值为

$$\Delta A = (A_{2x} - A_{1x}) + (A_{2y} - A_{1y}) \tag{3.23}$$

由于干扰组分 x 在 λ_1 和 λ_2 处具有等吸收，即 $A_{2x}=A_{1x}$，因此上式为

$$\Delta A=(\varepsilon_{2y}-\varepsilon_{1y})lc_y \tag{3.24}$$

对于被测组分 y 来说，$(\varepsilon_{2y}-\varepsilon_{1y})$ 为一定值，吸收池厚度 l 也是固定的，所以 ΔA 与组分 y 的浓度 c_y 呈正比。同样，适当选择组分 y 具有等吸收的两个波长，也可以对组分 x 进行定量测定。这种方法又称为双波长等吸收点法。

4. 导数分光光度法

导数分光光度法(derivative spectrophotometry)是解决干扰物质与被测物质的吸收光谱重叠，消除胶体和悬浮物散射影响和背景吸收，提高光谱分辨率的一种技术。将 Lambert-Beer 定律 $A_\lambda=\varepsilon_\lambda lc$ 对波长 λ 进行 n 次求导，得到

$$\frac{d^nA_\lambda}{d\lambda^n}=\frac{d^n\varepsilon_\lambda}{d\lambda^n}lc \tag{3.25}$$

由式(3.25)可知，吸光度的导数值仍与吸光物质的浓度呈线性关系，借此可以进行定量分析。

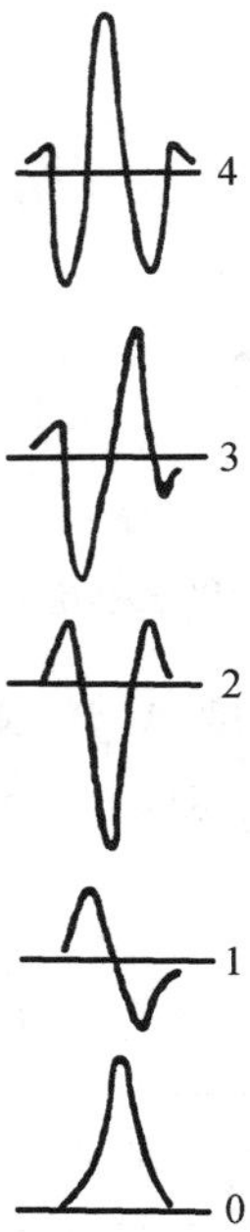

图 3.15 物质的吸收光谱及其 1～4 阶导数光谱

图 3.15 为物质的吸收光谱(零阶导数光谱)和它的 1～4 阶导数光谱。由图可见，随着导数的阶次增加，谱带变得更加尖锐，分辨率提高。

由于导数光谱的灵敏度高、再现性好、噪声低、分辨率高等优点，一些物质，如核糖核酸酶 A、过氧化氢酶、纤维朊原、细胞色素 c 等的高阶导数光谱显示出它们的特征精细结构，称为"指纹"光谱，可用于这些物质的鉴定和纯度检验。

3.5.4 配合物组成及其稳定常数的测定

应用光度法测定配合物组成的方法有多种，这里介绍两种常用的方法。

(1) 摩尔比法(mole ratio method)(又称饱和法)　它是根据金属离子 M 在与配位体 R 反应过程中被饱和的原则来测定配合物组成。

设配合反应为

$$M+nR \rightleftharpoons MR_n$$

若 M 与 R 均不干扰 MR_n 的吸收，且其分析浓度分别是 c_M、c_R，那么固定 M 的浓度，改变 R 的浓度，可得到一系列 c_R/c_M 不同的溶液。在适宜波长下测定各溶液的吸光度 A，然后以 A 对 c_R/c_M 作图(图 3.16)。当加入的 R 还没有使 M 定量转化为 MR_n 时，曲线处于直线阶段；当加入的 R 已使 M 定量转化为 MR_n 并稍过量时，曲线便出现转折；加入的 R 继续过量，曲线便成水平直线。转折点所对应的摩尔比 n 便是配合物的组成比。若配合物较稳定，则转折点明显；反之，则不明显，这时可用外推法求得两直线的交点。交点对应的 c_R/c_M 即是 n。

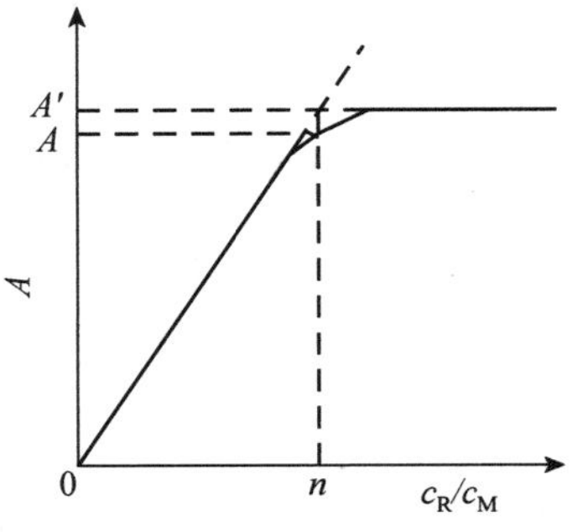

图 3.16 摩尔比法

此法简便，适合于测定组成比高的配合物的组成。

（2）等摩尔系列法(equimolar series method)（又称 Job 法）　设配合反应为

$$M+nR \rightleftharpoons MR_n$$

设 c_M 和 c_R 分别为溶液中 M 与 R 物质的量浓度，配制一系列溶液，保持 $c_M+c_R=c$（c 恒定）。改变 c_M 和 c_R 的相对比值，在 MR_n 的最大吸收波长下测定各溶液的吸光度 A。当 A 达到最大时，即 MR_n 浓度最大，该溶液中 c_M/c_R 即为配合物的组成比。如以 A 为纵坐标、c_M/c 为横坐标作图，即绘出等摩尔系列法曲线（图 3.17）。

图中，两曲线外推的交点所对应的 c_M/c 即是配合物的组成 M 与 R 的摩尔比 n。该法适用于测定溶液中只形成一种离解度小的、组成比低的配合物的组成。

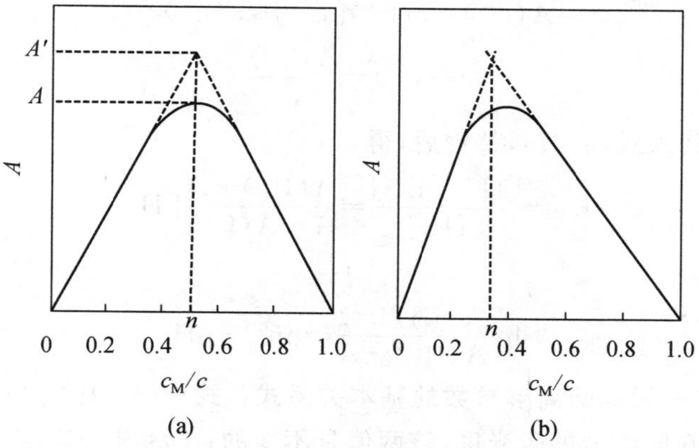

图 3.17　等摩尔系列法

(a) $n=0.5$　(b) $n=0.33$

3.5.5　酸碱离解常数的测定

光度法是测定分析化学中应用的指示剂或显色剂离解常数的常用方法，因为它们大多是有机弱酸或弱碱，但要求它们的酸色形和碱色形的吸收曲线不重叠。该法特别适用于溶解度较小的弱酸或弱碱。

现以一元弱酸 HL 为例，在溶液中有如下平衡关系

$$HL \rightleftharpoons H^+ + L^-$$

其离解常数

$$K_a=\frac{[H^+][L^-]}{[HL]}$$

或

$$pK_a=pH+\lg\frac{[HL]}{[L^-]} \qquad (3.26)$$

从式(3.26)可知，只要在某一确定的 pH 下，知道[HL]与[L^-]的比值，就可以计算 pK_a。HL 与 L^- 互为共轭酸碱，它们的平衡浓度之和等于 HL 的分析浓度 c。只要两者都遵从 Beer 定律，就可以通过测定溶液的吸光度 A 求得[HL]和[L^-]的比值。具体做法是：配制 n 个浓度 c 相等而 pH 不同的 HL 溶液，在某一确定的波长下，用 1.0 cm 的吸收池测量各溶液的 A，并用酸度计测量各溶液的 pH。各溶液的吸光度为

$$A=\varepsilon(HL)[HL]+\varepsilon(L^-)[L^-]=\varepsilon(HL)\frac{[H^+]c}{K_a+[H^+]}+\varepsilon(L^-)\frac{K_a c}{K_a+[H^+]} \qquad (3.27)$$

$$c=[HL]+[L^-]$$

在高酸度介质中，可以认为溶液中该酸只以 HL 型体存在，仍在以上确定的波长下测定吸光度，则

$$A(HL)=\varepsilon(HL)[HL]\approx\varepsilon(HL)c$$

$$\varepsilon(HL)=\frac{A(HL)}{c} \tag{3.28}$$

而在碱性介质中，可以认为溶液中该酸主要以 L^- 型体存在，这时依然在以上确定的波长下测定吸光度，则

$$A(L^-)=\varepsilon(L^-)[L^-]\approx\varepsilon(L^-)c$$

$$\varepsilon(L^-)=\frac{A(L^-)}{c} \tag{3.29}$$

将式(3.28)、(3.29)代入式(3.27)，整理后，得

$$K_a=\frac{[H^+][L^-]}{[HL]}=\frac{A(HL)-A}{A-A(L^-)}[H^+]$$

或

$$\lg\frac{A-A(L^-)}{A(HL)-A}=pK_a-pH \tag{3.30}$$

上式是用光度法测定一元弱酸离解常数的基本关系式。式中 $A(HL)$、$A(L^-)$分别为弱酸定量地以 HL、L^- 型体存在时溶液的吸光度，该两值是不变的；A 为某一确定 pH 时溶液的吸光度。对于一系列 c 相同而 pH 不同的 HL 溶液，就可测得相应 A，以 $\lg\frac{A-A(L^-)}{A(HL)-A}$对 pH 作图可求出 pK_a，如图 3.18。

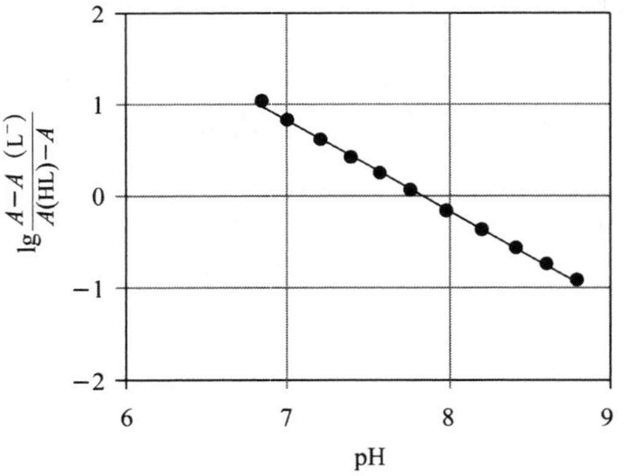

图 3.18 某有机酸的 $\lg\frac{A-A(L^-)}{A(HL)-A}$-pH 图

3.5.6 光度滴定法

光度滴定法根据被分析物、滴定剂或者滴定产物的吸光度变化确定滴定终点。光度滴定曲线是以滴定体系的吸光度(体积变化校准后)为纵坐标，滴定剂体积为横坐标的曲线。大多数滴定反应，光度滴定曲线中有两条斜率不同的直线，一部分是滴定初期的变化，一部分是计

量点后的变化。最简单的确定滴定终点的办法是将曲线中两条直线部分延长，取其交点作为滴定终点。图 3.19 为滴定体系中各吸光性质不同的物质在不同情况下的光度滴定曲线。

采用如上所述的光度滴定法必须保证系统遵守 Lambert-Beer 定律。此外，体系体积的变化对吸光度的影响需要进行体积校正。

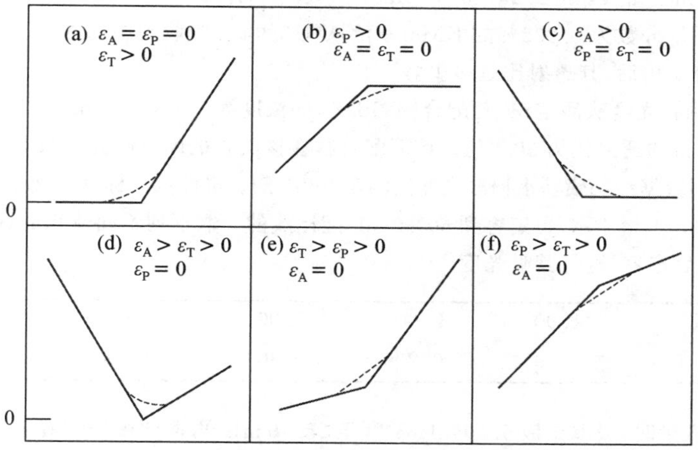

图 3.19　典型光度滴定曲线

被分析物、滴定剂以及滴定产物的摩尔吸光系数分别为 ε_A、ε_T 和 ε_P

参 考 资 料

［1］　陈国珍，黄贤智，刘文远，郑朱梓，王尊本. 紫外-可见分光光度法(上册). 北京：原子能出版社，1983.

［2］　罗庆尧，邓延倬，蔡汝秀，曾云鹗. 分光光度分析. 北京：科学出版社，1992.

［3］　邓芹英，刘岚，邓慧敏. 波谱分析教程. 北京：科学出版社，2003.

［4］　李克安. 分析化学教程. 北京：北京大学出版社，2005.

［5］　Skoog D A, Holler F J, Crouch S R. Principles of Instrumental Analysis. 7th ed. Boston: Cengage Learning, 2018.

思考题与习题

3.1　分子光谱是如何产生的？它与原子光谱的主要区别是什么？

3.2　试说明有机化合物紫外光谱产生的原因。有机化合物紫外光谱的电子跃迁有哪几种类型？吸收带有哪几种类型？

3.3　在分光光度法测定中，为什么尽可能选择最大吸收波长为测量波长？

3.4　紫外-可见分光光度计由哪几个主要部件组成？单光束、双光束、多通道分光光度计在光路设计上有何不同？

3.5　在分光光度法测定中，引起对 Lambert-Beer 定律偏离的主要因素有哪些？如何克服这些因素对测量的影响？

3.6　简述双波长分光光度法、导数分光光度法的原理，这些方法各有什么优点？

3.7　CH_3Cl 分子中有几种类型的价电子？在紫外光辐照下可能发生何种类型的电子跃迁？

3.8　某酮类化合物，当溶于极性溶剂(如乙醇)中时，溶剂对 $n\rightarrow\pi^*$ 及 $\pi\rightarrow\pi^*$ 跃迁各产生什么影响？

3.9 将下列吸光度值换算为透射比。

(1) 0.010；(2) 0.050；(3) 0.300；(4) 1.00；(5) 1.70。

3.10 将下列透射比换算为吸光度。

(1) 5.00%；(2) 10.0%；(3) 75.0%；(4) 90.0%；(5) 99.0%。

3.11 已知 $KMnO_4$ 的 $\varepsilon_{545}=2.2\times10^3\ L\cdot mol^{-1}\cdot cm^{-1}$，计算：

(1) 此波长下质量分数为 0.002%的 $KMnO_4$ 溶液在 3.0 cm 吸收池中的透射比；

(2) 若溶液稀释 1 倍后，其透射比是多少？

3.12 以丁二酮肟光度法测定镍，若配合物 $NiDX_2$ 的浓度为 $1.7\times10^{-5}\ mol\cdot L^{-1}$，用 2.0 cm 吸收池在 470 nm 波长下测得的透射比为 30.0%。计算配合物在该波长的摩尔吸光系数。

3.13 根据下列数据绘制磺基水杨酸光度法测定 Fe(Ⅲ)的校准曲线。标准溶液是由 0.432 g 的铁铵钒[$NH_4Fe(SO_4)_2\cdot12H_2O$]溶于水，再定容到 500.0 mL 配制成的。取下列不同体积的标准溶液于 50.0 mL 容量瓶中，加显色剂后定容，测量其吸光度。

V[Fe(Ⅲ)]/mL	1.00	2.00	3.00	4.00	5.00	6.00
A	0.097	0.200	0.304	0.408	0.510	0.618

测定某试液含铁量时，吸取试液 5.00 mL，稀释至 250.0 mL，再取此稀释溶液 2.00 mL 置于 50.0 mL 容量瓶中，与上述校准曲线相同条件下显色定容，测得的吸光度为 0.450，计算试液中 Fe(Ⅲ)含量(以 $g\cdot L^{-1}$ 表示)。

3.14 以邻二氮非光度法测定 Fe(Ⅱ)，称取试样 0.500 g，经处理后加入显色剂，最后定容为 50.0 mL。用 1.0 cm 吸收池，在 510 nm 波长下测得吸光度为 0.430。计算：(1) 试样中铁的质量分数；(2) 当溶液稀释 1 倍后，其透射比是多少？($\varepsilon_{510}=1.1\times10^4\ L\cdot mol^{-1}\cdot cm^{-1}$)

3.15 有两份不同浓度的某一有色配合物溶液，当液层厚度均为 1.0 cm 时，对某一波长的透射比分别为：(a) 65%，(b) 41.8%。求：

(1) 该两份溶液的吸光度 A_1、A_2；

(2) 如果溶液(a)的浓度为 $6.5\times10^{-4}\ mol\cdot L^{-1}$，求溶液(b)的浓度；

(3) 计算在该波长下有色配合物的摩尔吸光系数。

3.16 当光度计透射比测量的读数误差 $\Delta T=0.01$ 时，测得不同浓度的某吸光溶液的吸光度为：0.010，0.100，0.200，0.434，0.800，1.20。利用吸光度与浓度呈正比以及吸光度和透射比的关系，计算由仪器读数误差引起的浓度测量的相对误差。

3.17 以联吡啶为显色剂，光度法测定 Fe(Ⅱ)，若在浓度为 $0.2\ mol\cdot L^{-1}$、pH=5.0 的醋酸缓冲溶液中进行显色反应。已知过量联吡啶的浓度为 $1.0\times10^{-3}\ mol\cdot L^{-1}$，$\lg K^{H}(\text{bipy})=4.4$，$\lg K(\text{FeAc})=1.4$，$\lg\beta_3(\text{Fe-bipy})=17.6$。试问反应能否定量进行？

3.18 用分光光度法测定含有两种配合物 x 与 y 的溶液的吸光度($l=1.0$ cm)，获得表中数据。计算未知溶液中 x 和 y 的浓度。

溶　液	浓　度 $c/(mol\cdot L^{-1})$	吸光度 A_1 ($\lambda_1=285$ nm)	吸光度 A_2 ($\lambda_2=365$ nm)
x	5.0×10^{-4}	0.053	0.430
y	1.0×10^{-3}	0.950	0.050
x+y	未　知	0.640	0.370

3.19　准确称取 1.00 mmol 的指示剂 HIn 五份，分别溶解于 1.0 L 的不同 pH 的缓冲溶液中，用 1.0 cm 吸收池在 650 nm 波长下测得如下数据：

pH	1.00	2.00	7.00	10.00	11.00
A	0.00	0.00	0.588	0.840	0.840

计算在 650 nm 波长下 In^- 的摩尔吸光系数和该指示剂的 pK_a。

3.20　称取 V_c 样品 0.050 g 溶于 100 mL 的 0.005 mol · L^{-1} H_2SO_4 溶液中，再准确移取此溶液 2.0 mL，用水稀释至 100 mL。用 1 cm 吸收池，在 $\lambda_{max}=245$ nm 处测得 $A=0.551$。计算样品中 V_c 的质量分数。(已知在 245 nm，$A_{1\,cm}^{1\%}=560$)

3.21　强心药托巴丁胺($M_r=270$)在 260 nm 波长处有最大吸收，$\varepsilon=7.0\times10^2$ L · mol^{-1} · cm^{-1}。取一片该药溶于水并稀释至 2.0 L，静止后取上层清液用 1.0 cm 吸收池于 260 nm 波长处测得吸光度为 0.687，计算药片中含托巴丁胺多少克？

3.22　有一含氧化态辅酶(NAD^+)和还原态辅酶(NADH)的溶液，用 1.0 cm 吸收池于 340 nm 波长处测得该溶液的吸光度为 0.311，于 260 nm 波长处测得吸光度为 1.20。计算 NAD^+ 和 NADH 的浓度各为多少？已知 $\varepsilon_{260}(NAD^+)=1.8\times10^4$ L · mol^{-1} · cm^{-1}，$\varepsilon_{340}(NAD^+)=0$，$\varepsilon_{260}(NADH)=1.5\times10^4$ L · mol^{-1} · cm^{-1}，$\varepsilon_{340}(NADH)=6.2\times10^3$ L · mol^{-1} · cm^{-1}。

第 4 章　红外光谱法与 Raman 光谱法

4.1　概　　述

红外光谱(infrared spectroscopy)又称为分子振动转动光谱，是一种分子吸收光谱。在振动和转动中产生偶极矩净变化的分子，当其受到频率连续变化的红外光照射时，吸收某些频率的辐射，产生分子振动和转动能级内部各个能态之间的跃迁，使相应于这些吸收区域的透射光强度减弱。记录红外光的透射比与波数或波长关系的曲线，就得到红外光谱。红外光谱法可用于定性和定量分析。

4.1.1　红外光区与红外光谱

红外光区在可见光区和微波光区之间，其波长范围为 0.78～1000 μm。根据实验技术和应用的不同，通常将红外区划分成三个波区(见表 4.1)：近红外区(0.78～2.5 μm)、中红外区(2.5～50 μm)和远红外区(50～1000 μm)。

表 4.1　红外光谱的三个波区

区　域	$\lambda/\mu m$	$\tilde{\nu}/cm^{-1}$	能级跃迁类型
近红外区(泛频区)	0.78～2.5	12800～4000	OH、NH 及 CH 键的倍频吸收
中红外区(基本振动区)	2.5～50	4000～200	分子振动，伴随转动
远红外区(转动区)	50～1000	200～10	分子转动，晶格振动

近红外区的吸收带主要是由低能级电子跃迁，含氢原子团(如 O—H、N—H、C—H)伸缩振动的倍频及组合频吸收产生。例如，O—H 伸缩振动的第一倍频吸收带位于 7100 cm^{-1} (1.4 μm)，借此可以测定样品中微量的水、酚、醇和有机酸等。有机金属化合物的键振动、一些无机分子和离子的键振动以及晶体的晶格振动吸收出现在小于 200 cm^{-1} 的远红外区，因此该区特别适合研究无机化合物。而中红外区是研究和应用最多的区域，绝大多数有机、无机化合物和表面吸附物的基频吸收带都出现在该区。基频振动是红外光谱中吸收最强的振动，所以该区最适于进行定性和结构分析，为本章介绍的主要内容。

红外吸收光谱一般用 T-λ 曲线或 T-$\tilde{\nu}$ 曲线来表示。如图 4.1 所示，纵坐标为透射比 T，因而吸收峰向下，向上则为谷；横坐标是波长 λ(单位为 μm)或波数 $\tilde{\nu}$(单位为 cm^{-1})。λ 与 $\tilde{\nu}$ 之间的关系为：$\tilde{\nu}/cm^{-1}=10^4/(\lambda/\mu m)$。因此，中红外区的波数范围是 4000～200 cm^{-1}。一般用波数描述吸收谱带，波数与能量或频率成正比关系，这样呈现的红外吸收光谱较为直观，且便于与 Raman 光谱进行比较。

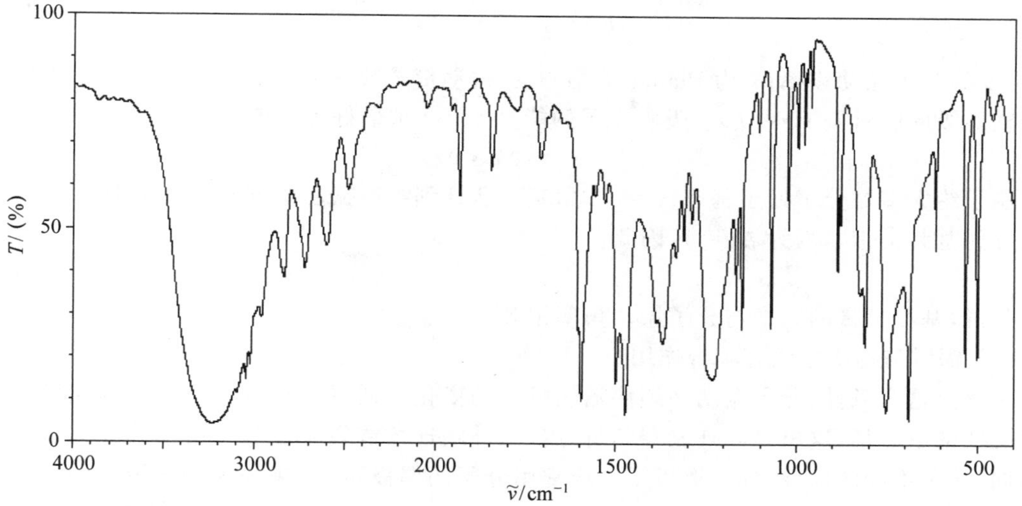

图 4.1 苯酚的红外吸收光谱

4.1.2 红外光谱法的特点

与紫外-可见吸收光谱不同，红外光谱的波长要长得多，光子能量低。分子吸收红外光后，只能产生振动和转动能级跃迁，不会产生电子能级跃迁。所以红外光谱一般称为振动-转动光谱。

紫外-可见吸收光谱常用于研究不饱和有机化合物，特别是具有共轭体系的有机化合物，而红外光谱主要研究在振动中伴随有偶极矩变化的化合物。因此，单原子分子和同核分子，如 Ne、He、O_2 和 H_2 等在红外光区均没有吸收，而几乎所有的有机化合物在红外光区均有吸收。红外光谱具有特征性，谱带的波数位置、波峰的数目及其强度，反映了分子结构的特点，可以用来鉴定未知物的分子结构组成或确定其化学基团；而吸收谱带的吸收强度与分子组成或其化学基团的含量有关，可用于定量分析和纯度鉴定。

红外光谱分析可应用于气体、液体、固体样品的测定，具有用量少、分析速度快、不破坏试样等特点，是现代分析化学和结构化学不可缺少的工具。但对于复杂化合物的结构测定，还需配合紫外光谱、质谱和核磁共振波谱等其他方法，才能得到满意的结果。

4.2 基 本 原 理

4.2.1 产生红外吸收的条件

分子的红外光谱是由分子振动能级(同时伴随转动能级)跃迁而产生的。本章讨论分子红外吸收光谱。

物质分子吸收红外辐射应满足两个条件：

(1) 辐射光子的能量与发生振动跃迁所需的跃迁能量相等

以双原子分子的振动光谱为例，双原子分子可近似看作谐振子。根据量子力学，其振动能量 E_v 是量子化的

$$E_v=\left(v+\frac{1}{2}\right)h\nu \tag{4.1}$$

式中：ν 为分子振动频率；h 为 Planck 常数；v 为振动量子数，$v=0,1,2,3,\cdots$。分子中任何相邻振动能级的能量差 $\Delta E=h\nu$。吸收光子的能量 $h\nu_a$ 必须恰好等于该能量差，因此

$$\nu_a=\Delta v\cdot\nu \tag{4.2}$$

在常温下绝大多数分子处于基态($v=0$)，由基态跃迁到第一振动激发态($v=1$)所产生的吸收谱带称为基频谱带。因为 $\Delta v=1$，因此

$$\nu_a=\nu \tag{4.3}$$

也就是说，基频谱带的频率与分子振动频率相等。

(2) 辐射与物质之间有耦合作用

为满足这个条件，分子振动必须伴随偶极矩的变化。通过振动过程所导致的偶极矩的变化和交变的电磁场(这里是红外光)相互作用，红外跃迁才能发生。分子由于其各原子的电负性不同，显示不同的极性，称为偶极子。通常用分子的偶极矩(μ)来描述分子极性的大小。由于偶极子具有一定的原有振动频率，显然，只有当辐射频率与偶极子振动频率相匹配时，分子才与辐射相互作用(振动耦合)，产生红外吸收，振幅发生改变，即分子由原来的基态跃迁到较高的振动能级。因此，并非所有的振动都会产生红外吸收，只有发生偶极矩变化($\Delta\mu\neq0$)的振动才能引起可观测到的红外吸收光谱，称之为红外活性的。$\Delta\mu=0$ 的分子振动不能产生红外吸收，称为非红外活性的。一个红外活性的分子之中可能既包含红外活性的振动，也包含非红外活性的振动。

由上述可见，当一定频率的红外光照射分子时，如果分子中某个基团的振动频率和它一致，二者就会产生共振，此时光的能量通过分子偶极矩的变化而传递给分子，这个基团就吸收一定频率的红外光，产生振动跃迁；如果红外光的振动频率和分子中各基团的振动频率不匹配，该部分的红外光就不会被吸收。如果用连续改变频率的红外光照射某试样，由于试样对不同频率的红外光的吸收程度不同，使通过试样后的红外光的强度在一些波数范围减弱了，在另一些波数范围内仍保持不变。如图 4.1 所示的苯酚的红外吸收光谱。

4.2.2 双原子分子伸缩振动的经典力学模型与量子力学处理

双原子分子中的原子以平衡点为中心，以非常小的振幅(与原子核之间的距离相比)做周期性的振动，可近似地用经典力学模型(简谐振子模型)来描述，分子中的两个原子可以看作质量为 m_1 和 m_2 的刚体小球，连接两原子的化学键设想成无质量的弹簧，弹簧的长度就是分子化学键的长度[图 4.2(a)]。沿着弹簧轴向对小球进行扰动，将导致简谐振动。

由经典力学，可导出该双原子分子体系的基本振动频率计算公式

$$\nu_m=\frac{1}{2\pi}\sqrt{\frac{k}{\mu}} \tag{4.4}$$

或

$$\tilde{\nu}_m=\frac{1}{2\pi c}\sqrt{\frac{k}{\mu}} \tag{4.5}$$

式中：k 为化学键的力常数(单位为 $N\cdot cm^{-1}$)，其定义为将两原子由平衡位置伸长单位长度时的恢复力；c 为光速，其值为 $2.998\times10^{10}\ cm\cdot s^{-1}$；$\mu$ 为折合质量，单位为 g，且

$$\mu=\frac{m_1m_2}{m_1+m_2} \tag{4.6}$$

根据小球的质量和相对原子质量之间的关系，式(4.5)可写为

$$\tilde{\nu}_{\mathrm{m}}=\frac{N_{\mathrm{A}}^{1/2}}{2\pi c}\sqrt{\frac{k}{A_{\mathrm{r}}'}}=1303\sqrt{\frac{k}{A_{\mathrm{r}}'}} \tag{4.7}$$

式中：N_{A} 是 Avogadro 常数($6.022\times10^{23}\ \mathrm{mol}^{-1}$)；$A_{\mathrm{r}}'$ 是折合相对原子质量，如两原子的相对原子质量分别为 $A_{\mathrm{r(1)}}$ 和 $A_{\mathrm{r(2)}}$，则

$$A_{\mathrm{r}}'=\frac{A_{\mathrm{r(1)}}A_{\mathrm{r(2)}}}{A_{\mathrm{r(1)}}+A_{\mathrm{r(2)}}} \tag{4.8}$$

式(4.5)或式(4.7)为分子振动方程式。对于双原子分子或多原子分子中受其他因素影响较小的化学键，用式(4.7)计算所得的波数 $\tilde{\nu}$ 与实验值是比较接近的。表 4.2 列举了一些化学键的力常数。一般地，单键的力常数平均值约为 $5\times10^{2}\ \mathrm{N\cdot m^{-1}}$，双键、叁键的力常数则分别约为单键的 2 倍和 3 倍。

表 4.2　化学键的力常数

化学键	C—C	C═C	C≡C	C—H	O—H	N—H	C═O
键长/pm	154	134	120	109	96	100	122
$k/(\mathrm{N\cdot cm^{-1}})$	4.5	9.6	15.6	5.1	7.7	6.4	12.1

【例 4.1】 计算 C═O 键伸缩振动所产生的基频吸收峰的波数和频率。

解　已知 $k(\mathrm{C{=}O})=12.1\ \mathrm{N\cdot cm^{-1}}$

$$A_{\mathrm{r}}'=\frac{12\times16}{12+16}=6.8$$

$$\tilde{\nu}=1303\sqrt{\frac{k}{A_{\mathrm{r}}'}}=1303\sqrt{\frac{12.1}{6.8}}\ \mathrm{cm^{-1}}=1738\ \mathrm{cm^{-1}}$$

$$\nu=\tilde{\nu}c=1738\ \mathrm{cm^{-1}}\times2.998\times10^{10}\ \mathrm{cm\cdot s^{-1}}=5.2\times10^{13}\ \mathrm{Hz}$$

从式(4.7)可见，影响基本振动频率的直接因素是相对原子质量和化学键的力常数。化学键的力常数越大，折合相对原子质量越小，则化学键的基本振动频率越高，吸收峰将出现在高波数区；反之，则出现在低波数区。例如，—C—C—、>C═C<、—C≡C— 三种碳-碳键的原子质量相同，键的力常数的大小顺序是叁键>双键>单键。因此在红外光谱中，—C≡C— 的吸收峰出现在 $2222\ \mathrm{cm^{-1}}$，而 >C═C< 约在 $1667\ \mathrm{cm^{-1}}$，—C—C— 约在 $1429\ \mathrm{cm^{-1}}$。对于相同化学键的基团，振动频率与折合相对原子质量的平方根呈反比。例如 C—C、C—O、C—N 键的力常数相近，但折合相对原子质量不同，其大小顺序为 C—C<C—N<C—O，因而这三种键的基频振动峰分别出现在 $1430\ \mathrm{cm^{-1}}$、$1330\ \mathrm{cm^{-1}}$ 和 $1280\ \mathrm{cm^{-1}}$ 附近。

需要指出的是，上述用经典方法来处理分子的振动是宏观处理方法，或是近似处理方法。但一个真实分子的振动能量变化是量子化的。借助经典力学谐振子的概念，可以获得其量子力学的波方程，对其求解势能得到如下方程

$$E=\left(v+\frac{1}{2}\right)\frac{h}{2\pi}\sqrt{\frac{k}{\mu}} \tag{4.9}$$

式中：h 为 Planck 常数；v 为振动量子数，为大于等于零的整数；k 为键的力常数；μ 为折合质量。

将式(4.4)代入式(4.9)得到

$$E=\left(v+\frac{1}{2}\right)h\nu_{\mathrm{m}} \tag{4.10}$$

式中：ν_{m} 为经典力学模型中的振动频率。

当红外电磁辐射的能量与分子中的振动能级差相匹配且分子振动引起偶极矩的变化时，分子则可吸收红外电磁辐射，产生振动能级之间的跃迁。任意相邻的两个振动能级的能量差都是相等的，即

$$\Delta E=h\nu_{\mathrm{m}}=\frac{h}{2\pi}\sqrt{\frac{k}{\mu}} \tag{4.11}$$

室温条件下，绝大多数分子处于 $v=0$ 的振动能态，则

$$E_0=\frac{1}{2}h\nu_{\mathrm{m}}$$

$v=1$ 的能量为

$$E_1=\frac{3}{2}h\nu_{\mathrm{m}}$$

振动跃迁需要的能量为两个能级之间的能量差

$$\left(\frac{3}{2}h\nu_{\mathrm{m}}-\frac{1}{2}h\nu_{\mathrm{m}}\right)=h\nu_{\mathrm{m}}$$

能够产生振动跃迁的电磁辐射能量 E_{r} 与 $h\nu_{\mathrm{m}}$ 相等，即

$$E_{\mathrm{r}}=h\nu=\Delta E=h\nu_{\mathrm{m}}=\frac{h}{2\pi}\sqrt{\frac{k}{\mu}}$$

或

$$\nu=\nu_{\mathrm{m}}=\frac{1}{2\pi}\sqrt{\frac{k}{\mu}} \tag{4.12}$$

以波数表示为

$$\tilde{\nu}=\frac{1}{2\pi c}\sqrt{\frac{k}{\mu}}$$

根据式(4.10)和(4.11)，$\mathrm{v}_1\rightarrow\mathrm{v}_2$ 的跃迁或者 $\mathrm{v}_2\rightarrow\mathrm{v}_3$ 的跃迁应该与 $\mathrm{v}_0\rightarrow\mathrm{v}_1$ 的跃迁能量相等。量子力学理论表明，跃迁只在振动量子数相邻的两个振动能级间发生，即 $\Delta v=\pm1$。基于简谐振子模型，振动能级差相等，因此给定一种分子振动，其吸收峰只有一个。

根据简谐振子模型，当双原子分子振动时，振子的势能随着原子之间距离的波动而产生周期性变化。但是简谐振子模型只能近似反映双原子分子的振动情况，双原子分子的实际势能曲线与简谐振子模型的势能曲线对比如图 4.2(b)所示。实际上，当两原子靠近时，随着距离的减小，由于库仑斥力使振子势能增加的程度大于简谐振子模型的势能增加，而当两原子之间的距离增大时，引力降低，势能减小，当距离增大至双原子分子解离，势能趋于常数。对简谐振子模型预测的势能的偏离因原子和化学键的不同而异，在低势能部分，简谐振子与非谐振子曲线近似。在高的振动量子数，相邻能级的能量差变小，结果发生 $\Delta v=\pm2$ 或 ±3 的泛频跃迁，强度比基频低。

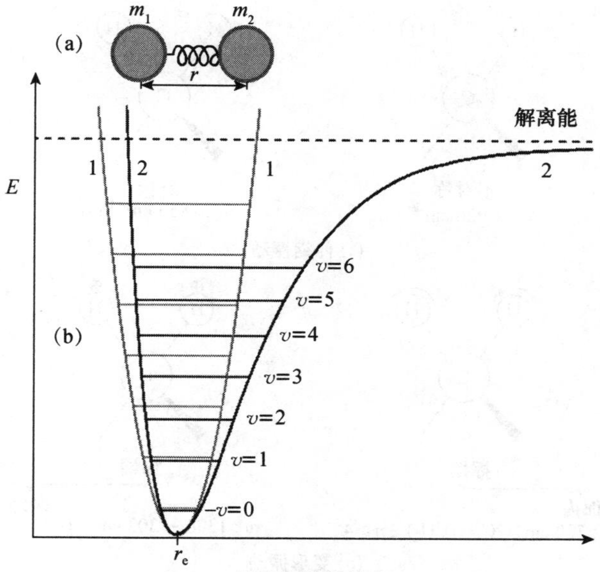

图 4.2　双原子分子的振动示意图(a)以及势能曲线(b)

1—简谐振子势能曲线　2—实际势能曲线

4.2.3　多原子分子的振动

多原子分子由于组成原子数目增多，组成分子的键或基团，以及空间结构的不同，其振动光谱比双原子分子要复杂得多。但是可以把它们的振动分解成许多简单的基本振动，即简正振动。

1. 简正振动

简正振动(normal vibration)的振动状态是分子质心保持不变，整体不转动，每个原子都在其平衡位置附近做简谐振动，其振动频率和相位都相同，即每个原子都在同一瞬间通过其平衡位置，而且同时达到其最大位移值。分子中任何一个复杂振动都可以看成这些简正振动的线性组合。

2. 简正振动的基本形式

一般将简正振动形式分成两类：伸缩振动(stretching vibration)和变形振动(distorting vibration)。

(1) 伸缩振动

原子沿键轴方向伸缩，键长发生变化而键角不变的振动称为伸缩振动，用符号 ν 表示。它又可以分为对称伸缩振动(以符号 ν_s 表示)和不对称伸缩振动(以符号 ν_{as} 表示)。对同一基团来说，不对称伸缩振动的频率要稍高于对称伸缩振动。

(2) 变形振动(又称弯曲振动或变角振动)

基团键角发生周期变化而键长不变的振动称为变形振动，用符号 δ 表示。变形振动又分为面内变形和面外变形振动，面内变形振动又分为剪式振动(以符号 δ 表示)和平面摇摆振动(以符号 ρ 表示)，面外变形振动又分为非平面摇摆振动(以符号 ω 表示)和扭曲振动(以符号 τ 表示)。

亚甲基的各种简正振动形式如图 4.3 所示。变形振动的力常数比伸缩振动的小，因此同一基团的变形振动都在其伸缩振动的低频端出现。

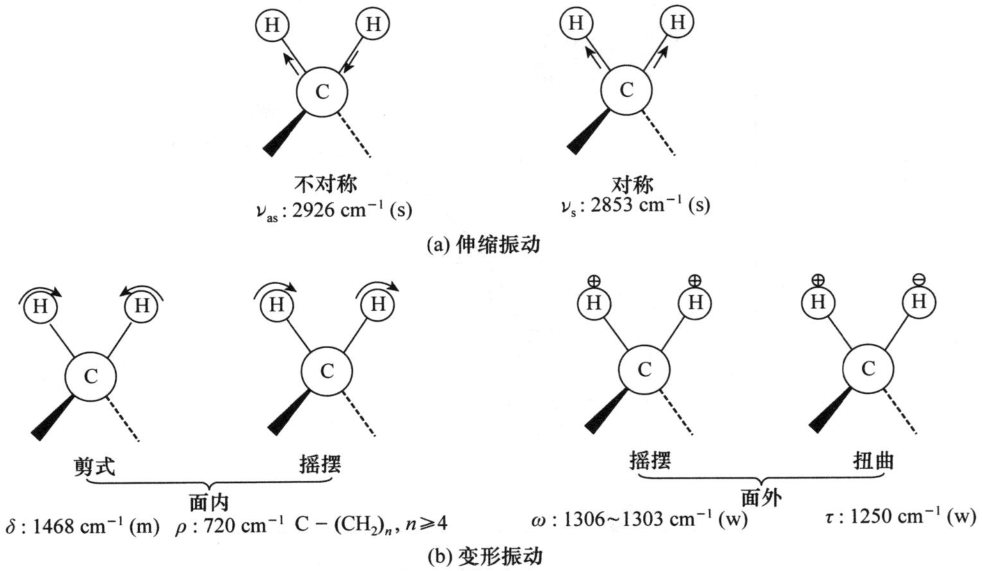

图 4.3　亚甲基的简正振动形式

＋,－分别表示运动方向垂直纸面向外和向里　s—强吸收　m—中等强度吸收　w—弱吸收

3. 简正振动的理论数

简正振动的数目称为振动自由度,每个振动自由度对应于红外光谱图上一个基频吸收带。设分子由 n 个原子组成,每个原子在空间都有 3 个自由度,原子在空间的位置可以用直角坐标系中的 3 个坐标 x、y、z 表示,因此 n 个原子组成的分子总共应有 $3n$ 个自由度,也即 $3n$ 种运动状态。但在这 $3n$ 种运动状态中,包括 3 个整个分子的质心沿 x、y、z 方向平移运动和 3 个整个分子绕 x、y、z 轴的转动运动。这 6 种运动都不是分子的振动,因此振动形式应有 $(3n-6)$ 种。但对于直线形分子,若贯穿所有原子的轴是在 x 方向,则整个分子只能绕 y、z 轴转动,因此直线形分子的振动形式为 $(3n-5)$ 种。

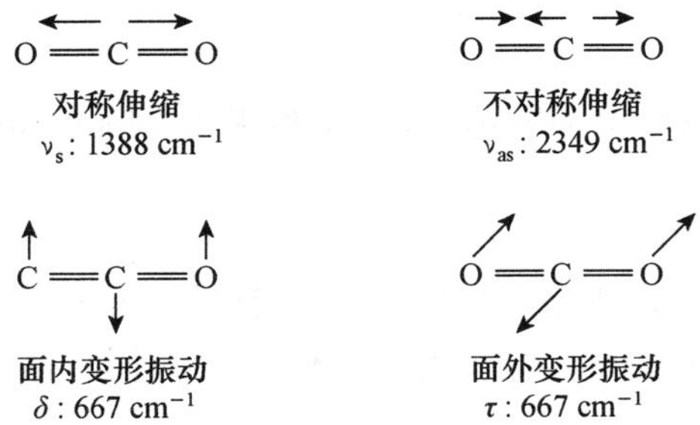

图 4.4　CO_2 分子的 4 种简正振动形式

CO_2 分子是直线形分子,振动自由度＝3×3－5＝4,其简正振动形式如图 4.4 所示。每种简正振动都有其特定的振动频率,似乎都应有相应的红外吸收谱带。有机化合物一般由多原子组成,因此红外吸收光谱的谱峰一般较多。但实际上,红外光谱中吸收谱带的数目并不与公式计算的结果相同。基频谱带的数目常小于振动自由度。其原因有:(i) 分子的振动能否在红外光谱中出现及其谱带强度与偶极矩的变化有关。通常对称性强的分子的振动不出现红外光谱,即所谓非红外活性的振动。如 CO_2 分子的对称伸缩振动 ν_s 为 1388 cm^{-1},该振动 $\Delta\mu=0$,没有偶极矩变化,所以没有红外吸收,CO_2 的红外光谱中没有波数为 1388 cm^{-1} 的吸收谱带。(ii) 简并。有的振动形式虽不同,但它们的振动频率相等,如 CO_2 分子的面内与面外变形振动。(iii) 仪器分辨率不高或灵敏度不够,对一些频率很接近的吸收峰分不开,或对一些弱峰不能检测出。

与 CO_2 不同，H_2O、SO_2、NO_2 分子是非直线形三原子分子，振动自由度＝3×3－6＝3。以 H_2O 分子为例，其简正振动形式如图 4.5 所示。由于中心原子与其他两个原子不共线，对称伸缩振动产生偶极矩变化，为红外活性。对于 H_2O 分子，对称与非对称伸缩振动峰分别位于 3657 cm^{-1} 和 3756 cm^{-1}，由于分子平面本身具有转动自由度，因此只存在一种面内剪式振动，面内弯折峰位于 1595 cm^{-1}。

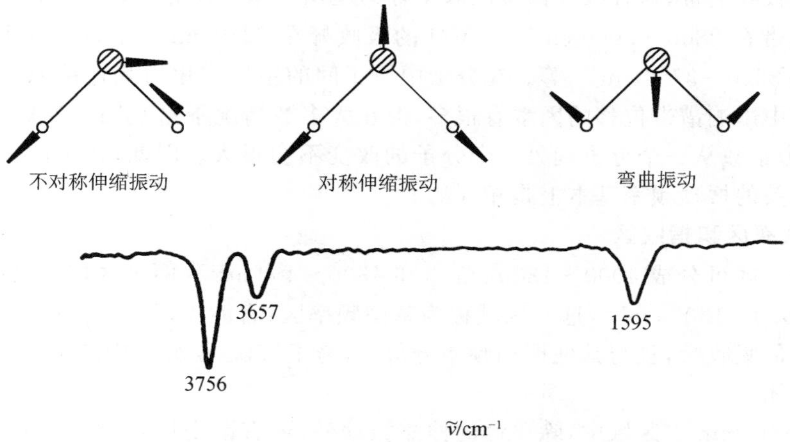

图 4.5　H_2O 分子的 3 种简正振动形式和它的红外光谱

在中红外吸收光谱中，除了基团由基态向第一振动激发态跃迁所产生的基频峰外，还有由基态跃迁到第二激发态、第三激发态等所产生的吸收峰，称之为倍频峰（又称为泛频峰）；红外光同时激发两种频率的振动，其吸收峰频率为两个（或更多）不同频率之和，如 $\nu_1+\nu_2$，$2\nu_1+\nu_2$，称为合频峰；或是由已处于某一激发态的分子在吸收红外光后跃迁到另一激发态所产生的差频峰，其吸收峰频率是两个频率之差，如 $\nu_2-\nu_1$。合频和差频统称为组合频。倍频和组合频谱带一般较弱，且多出现在近红外区。但它们的存在增加了红外光谱鉴别分子结构的特征性。

4.2.4　吸收谱带的强度

红外吸收谱带的强度取决于分子振动时偶极矩的变化，而偶极矩与分子结构的对称性有关。振动的对称性越高，振动中分子偶极矩变化越小，吸收谱带的强度也就越弱。因而一般说来，极性较强的基团（如 C ═O、C—X 等）振动，吸收谱带的强度较强；极性较弱的基团（如 C ═C、C—C、N ═N 等）振动，吸收谱带的强度较弱。红外光谱的吸收强度一般定性地用很强（vs）、强（s）、中（m）、弱（w）和很弱（vw）等来表示。

4.2.5　基团频率

1. 官能团具有特征吸收频率

红外光谱的最大特点是具有特征性，这种特征性与各种类型化学键振动的特征相联系。因为不管分子结构怎么复杂，都是由许多原子基团组成，这些原子基团在分子受激发后都会产生特征的振动。大多数有机化合物都是由 C、H、O、N、S、P、卤素等元素构成，而其中最主要的是C、H、O、N四种元素。因此可以说大部分有机化合物的红外光谱基本上是由这四种元素所形成的化学键的振动贡献的。利用分子振动方程式，只能近似地计算简单分子中化学键的基本振动频率。对于大多数化合物的红外光谱与化合物结构的关系，实际上是通过大量标准样品的测试，从实践中总结出一定的基团总对应有一定的特征吸收。也就是说，在研究了大量化合物的红外光谱后发现，不同分子中同一类型的基团的振动频率是非常相近的，都在一较窄的频率区间出现吸收谱带，这种吸收谱带的频率称为基团频率(group frequency)。例如，$-CH_3$的特征吸收谱带在2800～3000 cm^{-1}，—CN的吸收峰在2250 cm^{-1}附近，—OH伸缩振动的强吸收谱带在3200～3700 cm^{-1}等。在分子中原子间的主要作用力是连接原子的价键力，虽然在红外光谱中影响谱带位移的因素有很多，但在大多数情况下这些因素的影响相对是很小的，可以认为力常数从一个分子到另一个分子的改变不会很大。因此，在不同分子内，和一个特定的基团有关的振动频率基本上是相同的。

2. 基团频率区和指纹区

中红外光谱区可分成4000～1300 cm^{-1}和1300～400 cm^{-1}两个区域。最有分析价值的基团频率在4000～1300 cm^{-1}，这一区域称为基团频率区、官能团区或特征区。区内的峰是由伸缩振动产生的吸收带，且与其他振动频率分得开，易于辨认，受分子中其余部分影响较小，常用于鉴定官能团。

在1300～400 cm^{-1}区域中，除单键的伸缩振动外，还有因变形振动产生的谱带。这些振动与整个分子的结构有关。当分子结构稍有不同时，该区的吸收就有细微的差异，并显示出分子的特征。这种情况就像每个人有不同的指纹一样，因此称为指纹区(fingerprint region)。指纹区对于指认结构类似的化合物很有帮助，而且可以作为化合物存在某种基团的旁证。

(1) 基团频率区

基团频率区又可以分为3个区域：

(i) 4000～2500 cm^{-1}为X—H伸缩振动区，X可以是O、H、C或S原子。O—H的伸缩振动吸收出现在3650～3200 cm^{-1}，它可以作为判断有无醇类、酚类和有机酸类的重要依据。当醇和酚溶于非极性溶剂(如CCl_4)，浓度小于0.01 $mol \cdot L^{-1}$时，在3650～3580 cm^{-1}出现游离O—H的伸缩振动吸收，峰形尖锐，且没有其他吸收峰干扰，易于识别。当试样浓度增加时，羟基化合物产生缔合现象，O—H伸缩振动吸收峰向低波数方向位移，在3400～3200 cm^{-1}出现一个宽而强的吸收峰。有机酸中的羟基形成氢键的能力更强，常形成双分子缔合体。

胺和酰胺的N—H伸缩振动吸收出现在3500～3100 cm^{-1}，因此可能会对O—H伸缩振动吸收峰有干扰。

C—H的伸缩振动可分为饱和的和不饱和的两种。

● 饱和的C—H伸缩振动吸收出现在3000 cm^{-1}以下，为3000～2800 cm^{-1}，取代基对它们的影响也很小。如$-CH_3$的伸缩振动吸收出现在2960 cm^{-1}(ν_{as})和2870 cm^{-1}(ν_s)附近；$-CH_2$的伸缩振动吸收出现在2930 cm^{-1}(ν_{as})和2850 cm^{-1}(ν_s)附近；—CH的伸缩振动吸收出现在2890 cm^{-1}附近，但强度较弱。

● 不饱和的C—H伸缩振动吸收出现在3000 cm^{-1}以上，以此来判别化合物中是否含有不饱和的C—H键。苯环的C—H伸缩振动吸收出现在3030 cm^{-1}附近，它的特征是强度比饱和的C—H键稍弱，但谱带比较尖锐。不饱和的═CH上的C—H伸缩振动吸收出现在3010～3040 cm^{-1}，末端CH_2的伸缩振动吸收出现在3085 cm^{-1}附近，而≡CH上的C—H伸缩振动吸收出现在3300 cm^{-1}附近。

醛类中与羰基的碳原子直接相连的氢原子形成在 2740 cm^{-1} 和 2855 cm^{-1} 的双重峰，虽然强度不太大但具特征性，很有鉴定价值。

(ii) 2500～1900 cm^{-1} 为叁键和共轭双键的伸缩振动区。这一区域出现的吸收，主要包括 C≡C、C≡N 等叁键的伸缩振动，以及 C═C═C、C═C═O 等共轭双键的不对称伸缩振动。对于炔类化合物，可以分成 R—C≡CH 和 R′—C≡C—R 两种类型，前者的伸缩振动吸收出现在 2100～2140 cm^{-1}，后者出现在 2190～2260 cm^{-1}。如果 R′＝R，因为分子是对称的，则是非红外活性的。C≡N 的伸缩振动吸收在非共轭的情况下出现在 2240～2260 cm^{-1}。当与不饱和键或芳核共轭时，该峰位移到 2220～2230 cm^{-1}。若分子中含有 C、H、N 原子，C≡N 的伸缩振动吸收峰比较强而尖锐。若分子中含有 O 原子，且 O 原子离 C≡N 越近，C≡N 的伸缩振动吸收越弱，甚至观察不到。

(iii) 1900～1200 cm^{-1} 为双键伸缩振动区，该区域主要包括三种伸缩振动：

● C═O 伸缩振动出现在 1900～1650 cm^{-1}，是红外光谱中很具特征的且往往是最强的吸收，以此很容易判断酮类、醛类、酸类、酯类以及酸酐等有机化合物。酸酐的羰基吸收谱带由于振动耦合而呈现双峰。

● C═C 伸缩振动。烯烃的 $\tilde{\nu}$(C═C)为 1680～1620 cm^{-1}，一般较弱。单核芳烃的 C═C 伸缩振动吸收出现在 1600 cm^{-1} 和 1500 cm^{-1} 附近，有 2～4 个峰，这是芳环的骨架振动，用于确认有无芳核的存在。

● 苯的衍生物的泛频谱带，出现在 2000～1650 cm^{-1}，是 C—H 面外和 C═C 面内变形振动的泛频吸收，虽然强度很弱，但它们的吸收面貌在表征芳核取代类型上是很有用的(见表 4.3)。

表 4.3　苯的衍生物的特征吸收

相邻氢的数目	苯环上取代基配置情况	$\tilde{\nu}$(C—H)倍频图形	$\tilde{\nu}$(C—H)/cm^{-1} 吸收峰
5	一取代	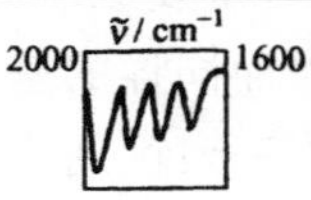	≈900；770～730；710～690
4	邻位二取代		770～735
(1+3)	间位二取代		900～860；865～810* 810～750；725～680
3	1,2,3-三取代		800～770；720～685；780～760*
(1+2)	不对称三取代		900～860；860～800；730～690
2	对位二取代 1,2,3,4-四取代	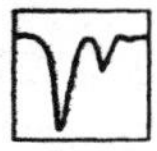	860～780
1	1,3,5-三取代 1,2,3,5-四取代 1,2,4,5-四取代 五取代	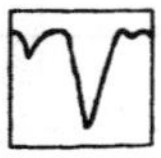	900～840 1,3,5-三取代苯，还会有 850～800 和 730～675*
0	六取代苯	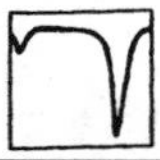	

* 表中带星号的峰有时不出现。

（2）指纹区（可以分为两个区域）

（i）1400～900 cm^{-1} 区域是 C—O、C—N、C—F、C—P、C—S、P—O、Si—O 等单键的伸缩振动吸收和 C＝S、S＝O、P＝O 等双键的伸缩振动吸收。其中在约 1375 cm^{-1} 处的谱带为甲基的 C—H 对称变形振动，对判断甲基十分有用。C—O 的伸缩振动吸收在 1300～1000 cm^{-1}，是该区域最强的峰，也较易识别。

（ii）900～400 cm^{-1} 区域内的某些吸收峰可用来确认化合物的顺反构型。利用芳烃的 C—H 面外变形振动吸收峰来确认苯环的取代类型（表 4.3）。例如烯烃的 C—H 面外变形振动出现的位置，很大程度上取决于双键取代情况。其在反式构型中，出现在 990～970 cm^{-1}；而在顺式构型中，则出现在 690 cm^{-1} 附近。

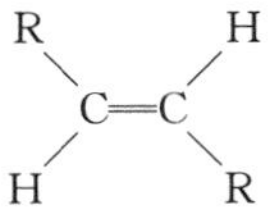

由上述可见，可以应用官能团区和指纹区的不同功能来解析红外光谱图。从官能团区可以找出该化合物存在的官能团，再通过标准谱图（或已知物谱图）在指纹区进行比较，得出未知物与已知物结构相似度的结论。

3. 常见官能团的特征吸收频率

用红外光谱来确定化合物中某种基团是否存在时，需熟悉基团频率。先在基团频率区观察它的特征峰是否存在，同时也应找到它们的相关峰作为旁证。

表 4.4 列举了一些有机化合物的重要基团频率。

4. 影响基团频率的因素

基团频率主要由基团中原子的质量及原子间的化学键力常数决定。然而分子的内部结构和外部环境的改变对它都有影响，因而同样的基团在不同的分子和不同的外界环境中，基团频率并不出现在同一位置，而是出现在一段区间内。因此，了解影响基团频率的因素，对解析红外光谱和推断分子结构是十分有用的。

影响基团频率位移的因素大致可分为内部因素和外部因素。内部因素有以下几种：

（1）电子效应

包括诱导效应和共轭效应，它们都是由化学键的电子分布不均匀引起的。

（i）诱导效应　由于取代基具有不同的电负性，通过静电诱导作用，引起分子中电子分布的变化，从而改变了化学键力常数，使基团的特征频率发生位移。例如，一般电负性大的基团（或原子）吸电子能力强，与烷基酮羰基上的碳原子相连时，由于诱导效应就会发生电子云由氧原子转向双键的中间（表中箭头所示），增加了 C＝O 键的力常数，使 C＝O 的振动频率升高，吸收峰向高波数移动。随着取代原子电负性的增大或取代原子数目的增加，诱导效应就越强，吸收峰向高波数移动的程度越显著（见下表）。

$\tilde{\nu}$（C＝O）/cm^{-1}	1715	1800	1828	1928
化合物	$\begin{matrix} \delta^- \\ O \\ \| \\ R-C-R' \\ \delta^+ \end{matrix}$	$\begin{matrix} O \\ \| \\ R-C \rightarrow Cl \end{matrix}$	$\begin{matrix} O \\ \| \\ Cl \leftarrow C \rightarrow Cl \end{matrix}$	$\begin{matrix} O \\ \| \\ F \leftarrow C \rightarrow F \end{matrix}$

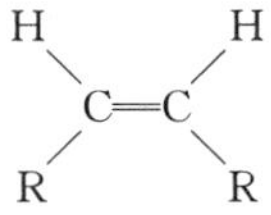

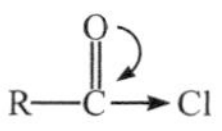

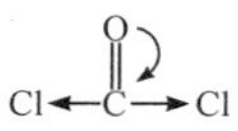

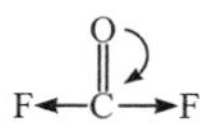

表 4.4　典型有机化合物的重要基团频率* ($\tilde{\nu}/\mathrm{cm}^{-1}$)

化合物	基　团	X—H 伸缩振动区	叁 键 区	双键伸缩振动区	部分单键振动和指纹区
烷烃	$—CH_3$	$\nu_{as}(\mathrm{CH})$:2962±10 (s) $\nu_{s}(\mathrm{CH})$:2872±10 (s)			$\delta_{as}(\mathrm{CH})$:1450±10 (m) $\delta_{s}(\mathrm{CH})$:1375±5 (s)
	$—CH_2—$	$\nu_{as}(\mathrm{CH})$:2926±10 (s)			$\delta(\mathrm{CH})$:1465±20 (m)
	$—(CH_2)_n—$ ($n>4$)	$\nu_{s}(\mathrm{CH})$:2853±10 (s)			$\delta(\mathrm{CH})$:720
	—CH— |	$\nu(\mathrm{CH})$:2890±10 (w)			$\delta(\mathrm{CH})$:≈1340 (w)
烯烃	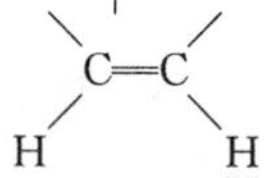	$\nu(\mathrm{CH})$:3040～3010 (m)		$\nu(\mathrm{C=C})$: 1695～1540 (m)	$\delta(\mathrm{CH})$:1310～1295 (w) $\tau(\mathrm{CH})$:770～665 (s)
	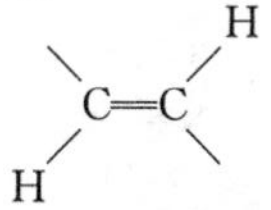	$\nu(\mathrm{CH})$:3040～3010 (m)		$\nu(\mathrm{C=C})$: 1695～1540 (w)	$\tau(\mathrm{CH})$:970～960 (s)
炔烃	—C≡C—H	$\nu(\mathrm{CH})$:≈3300 (m)	$\nu(\mathrm{C≡C})$: 2270～2100 (w)		
芳烃		$\nu(\mathrm{CH})$:3100～3000 (变)		泛频:2000～1667 (w) $\nu(\mathrm{C=O})$:1650～1430 (m) 2～4 个峰	$\delta(\mathrm{CH})$:1250～1000 (m) $\tau(\mathrm{CH})$:910～665 单取代:770～730 (vs) ≈700 (s) 邻双取代:770～735 (vs) 间双取代:810～750 (vs) 725～680 (m) 900～860 (m) 对双取代:860～790 (vs)
醇类	R—OH	$\nu(\mathrm{OH})$:3700～3200 (变)			$\delta(\mathrm{OH})$:1410～1260 (w) $\nu(\mathrm{CO})$:1250～1000 (s)
酚类	Ar—OH	$\nu(\mathrm{OH})$: 3705～3125 (s)		$\nu(\mathrm{C=C})$:1650～1430 (m)	$\tau(\mathrm{OH})$:750～650 (s)
脂肪醚	R—O—R′				$\delta(\mathrm{OH})$:1390～1315 (m)
酮	R—C(=O)—R′			$\nu(\mathrm{C=O})$:≈1715 (vs)	$\nu(\mathrm{CO})$:1335～1165 (s) $\nu(\mathrm{CO})$:1230～1010 (s)
醛	R—C(=O)—H	$\nu(\mathrm{CH})$:≈2820,≈2720 (w) 双峰		$\nu(\mathrm{C=O})$:≈1725 (vs)	

续表

化合物	基团	X—H 伸缩振动区	叁键区	双键伸缩振动区	部分单键振动和指纹区
羧酸	R—C(=O)—OH	ν(OH)：3400～2500 (m)		ν(C=O)：1740～1690 (m)	δ(OH):1450～1410 (w) ν(CO):1266～1205 (m)
酸酐	—C(=O)—O—C(=O)—			ν_{as}(C=O)：1880～1850 (s) ν_s(C=O)：1780～1740 (s)	ν(CO):1170～1050 (s)
酯	—C(=O)—O—R	泛频 ν(C=O)：≈3450 (w)		ν(C=O)：1770～1720 (s)	ν(COC):1300～1000 (s)
胺	—NH₂	ν(NH_2)：3500～3300 (m) 双峰		δ(NH)：1650～1590 (s,m)	ν(CN)(脂肪)：1220～1020 (m,w) ν(CN)(芳香)：1340～1250 (s)
	—NH	ν(NH)：3500～3300 (m)		δ(NH)：1650～1550 (vw)	ν(CN)(脂肪)：1220～1020 (m,w) ν(CN)(芳香)：1350～1280 (s)
酰胺	—C(=O)—NH₂	ν_{as}(NH):≈3350 (s) ν_s(NH)：≈3180 (s)		ν(C=O)：1680～1650 (s) δ(NH)：1650～1250 (s)	ν(CN):1420～1400 (m) τ(NH_2):750～600 (m)
	—C(=O)—NHR	ν(NH):≈3270 (s)		ν(C=O)：1680～1630 (s) δ(NH)+τ(CN)：1750～1515 (m)	ν(CN)+τ(NH)：1310～1200 (m)
	—C(=O)—NRR′			ν(C=O)：1670～1630	
酰卤	—C(=O)—X			ν(C=O)：1810～1790 (s)	
腈	—C≡N		ν(C≡N):2260～2240 (s)		
硝基化合物	R—NO_2			ν_{as}(NO_2)：1565～1543 (s)	ν_s(NO_2):1385～1360 (s) ν(CN):920～800 (m)
	Ar—NO_2			ν_{as}(NO_2)：1550～1510 (s)	ν_s(NO_2)：1365～1335 (s) ν(CN):860～840 (s) 不明:≈750 (s)
吡啶类	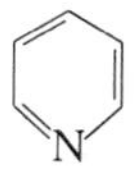	ν(CH):≈3030 (w)		ν(C=C)及ν(C=N)： 1667～1430 (m)	δ(CH):1175～1000 (w) τ(CH):910～665 (s)
嘧啶类	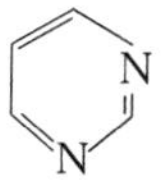	ν(CH):3060～3010 (w)		ν(C=C)及ν(C=N)： 1580～1520 (m)	δ(CH):1000～960 (m) τ(CH):825～775 (m)

* 表中 vs,s,m,w,vw 用于定性地表示吸收强度很强,强,中,弱,很弱。

（ii）共轭效应　共轭效应使共轭体系中的电子云密度平均化，结果使原来的双键略有伸长（即电子云密度降低）、化学键力常数减小，使其振动频率往往向低波数方向移动。例如酮的 C＝O，因与苯环共轭而使 C＝O 键的力常数减小，振动频率降低（见下表）。

化合物	$\tilde{\nu}$ (C＝O)/cm^{-1}
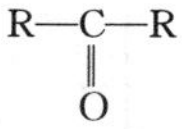	1725～1710
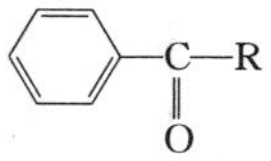	1695～1680
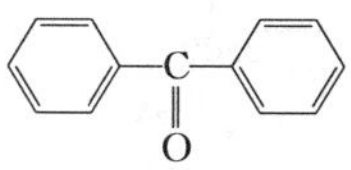	1667～1661
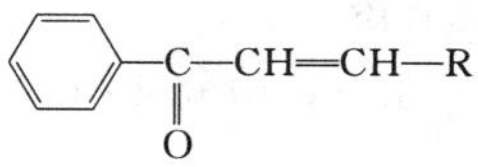	1667～1653

（2）氢键的影响

氢键的形成使电子云密度平均化，从而使振动频率降低。最明显的是羧酸的情况，羰基和羟基之间容易形成氢键，使羰基的振动频率降低。游离羧酸的 C＝O 振动频率出现在 1760 cm^{-1} 左右；而在液态或固态时，C＝O 振动频率都在 1700 cm^{-1}，因为此时羧酸形成二聚体形式。

RCOOH

$\tilde{\nu}$ (C＝O)＝1760 cm^{-1}

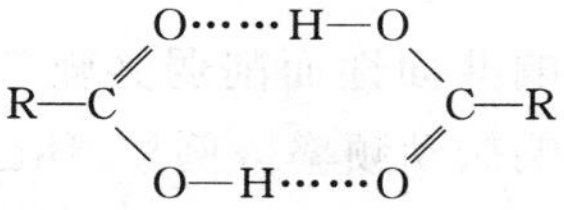

$\tilde{\nu}$ (C＝O)＝1700 cm^{-1}

分子内氢键不受浓度影响，分子间氢键则受浓度影响较大。例如，以 CCl_4 为溶剂测定乙醇的红外光谱，当乙醇浓度小于 0.01 mol · L^{-1} 时，分子间不形成氢键，而只显示游离的羟基的吸收峰（3640 cm^{-1}）；但随着溶液中乙醇浓度的增加，游离羟基的吸收减弱，而二聚体（3515 cm^{-1}）和多聚体（3350 cm^{-1}）的吸收峰相继出现，并显著增加。当乙醇浓度为 1.0 mol · L^{-1} 时，主要是以缔合形式存在（图 4.6）。

（3）振动耦合

当两个振动频率相同或相近的基团相邻并具有一公共原子时，由于一个键的振动通过公共原子使另一个键的长度发生改变，产生一个"微扰"，从而形成了强烈的振动相互作用。其结果是使振动频率发生变化，一个向高频移动，一个向低频移动，谱带分裂。振动耦合常出现在一些二羰基化合物中。例如羧酸酐（右式）：其中 2 个羰基的振动耦合，使 ν (C＝O) 吸收峰分裂成 2 个峰，波数分别约为 1820 cm^{-1}（反对称耦合）和 1760 cm^{-1}（对称耦合）。

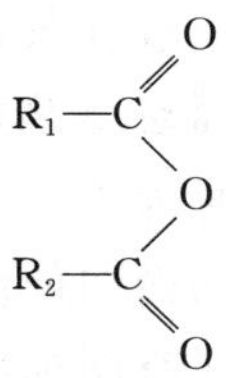

（4）Fermi 共振

当一振动的倍频与另一振动的基频接近时，由于发生相互作用而产生很强的吸收峰或发生裂分，这种现象叫 Fermi 共振。例如，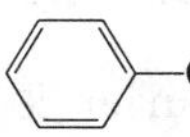COCl 中 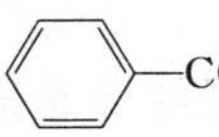CO 间的 δ(C—C)（880～

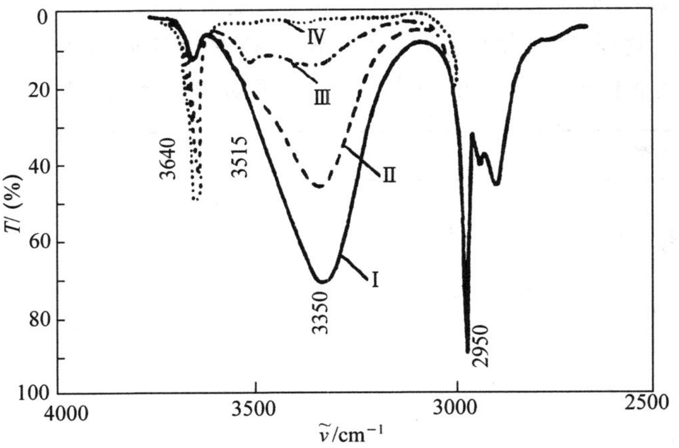

图 4.6　不同浓度的乙醇-CCl_4 溶液的红外光谱片段

Ⅰ—1.0 mol·L^{-1}　Ⅱ—0.25 mol·L^{-1}　Ⅲ—0.10 mol·L^{-1}　Ⅳ—0.01 mol·L^{-1}

860 cm^{-1})的倍频与羰基的 ν(C=O)(1774 cm^{-1})发生 Fermi 共振,结果是在 1773 cm^{-1} 和 1736 cm^{-1} 出现 2 个 C=O 吸收峰。

又如醛中的 ν(C—H)有 2855 cm^{-1} 和 2740 cm^{-1} 的二重峰,其强度相近,是由 δ(C—H)(位于 1400 cm^{-1} 附近)的倍频和 ν(C—H)(位于 2800 cm^{-1} 附近)之间发生 Fermi 共振的结果。

(5) 空间效应

一些空间因素会影响共面性而削弱共轭效应,或者是引起键长、键角改变,产生某种“张力”,这些空间因素将影响振动频率。例如,环己酮的 ν(C=O)吸收峰在 1714 cm^{-1},环戊酮的在 1746 cm^{-1},而环丁酮的在 1783 cm^{-1},这是由于键角不同而引起环的张力不同。

(6) 分子的对称性

分子的对称性将直接影响红外吸收峰的强度,它还将使某些能级简并,从而减少吸收峰的数目。例如,苯分子有较高的对称性,含有 12 个原子,应当有 30 种(=3×12−6)简正振动形式,即理论上苯可以有 30 个基频吸收,具有红外活性的振动只有 7 种,但由于分子对称性,6 种红外活性振动中两两彼此具有相同频率,最终使得在苯的红外光谱中只观测到 4 种基频吸收。

影响基团频率的外部因素有外氢键作用、浓度效应、温度效应、试样的状态、制样方法以及溶剂极性等。同一种物质由于状态不同,分子间相互作用力不同,测得的光谱也不同。一般在气态下测定的谱带波数最高,并能观察到伴随振动光谱的转动精细结构,在液态或固态下测定的谱带波数相对较低。例如,丙酮在气态时的 $\tilde{\nu}$(C=O)为 1742 cm^{-1},而在液态时为 1718 cm^{-1}。通常在极性溶剂中,溶质分子的极性基团的伸缩振动频率随溶剂极性的增加而向低波数方向移动,并且强度增大。因此在红外光谱测定中,应尽量采用非极性溶剂。并在查阅标准谱图时应注意试样的状态和制样方法。

4.3　红外光谱仪

红外光谱仪有色散型红外光谱仪和 Fourier 变换红外光谱仪,其中后者为主。

4.3.1　色散型红外光谱仪

色散型红外光谱仪的组成部件与紫外-可见分光光度计相似，但每一个部件的结构、所用的材料及性能等与紫外-可见分光光度计不同。它们的排列顺序也略有不同，红外光谱仪的样品是放在光源和单色器之间，而紫外-可见分光光度计的样品则放在单色器之后。由于红外光源不会引起样品的光化学分解，样品放在光源和单色器之间，样品的红外发射以及样品产生的散射都可由后面的单色器滤掉，不会被检测器检测。此外，红外光源强度低，检测器灵敏度低，因此色散型红外光谱仪需要对信号进行放大。

图 4.7 是色散型红外光谱仪原理的示意图。

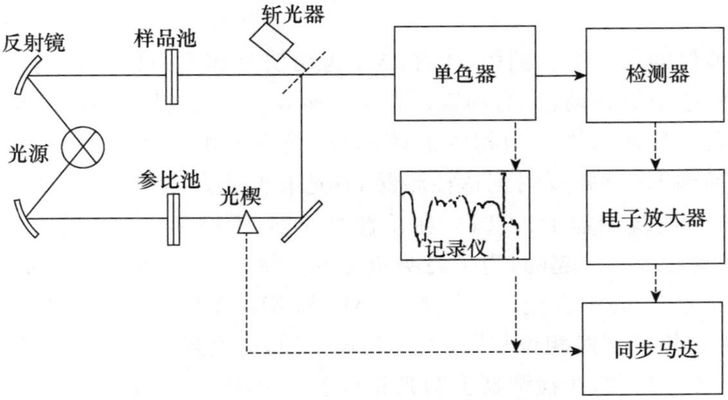

图 4.7　色散型红外光谱仪原理示意图

4.3.2　Fourier 变换红外光谱仪

前面介绍的以光栅作为色散元件的红外光谱仪由于采用了狭缝，光能受到限制，尤其在远红外区能量很弱；扫描速率慢，使一些动态的研究以及与其他仪器（如色谱）的联用受限；另外，对一些吸收红外辐射很强的或者信号很弱的样品的测定及痕量组分的分析等，也受到一定的限制。随着光学、电子学，尤其是计算机技术的迅速发展，20 世纪 70 年代出现了 Fourier 变换红外光谱仪（Fourier transform infrared spectrometer，FTIR）。这种仪器不用狭缝，因而消除了狭缝对于通过它的光量的限制，且可以同时获得光谱所有频率的全部信息。它具有许多优点：扫描速率快，测量时间短，可在 1 s 内获得红外光谱，适于对快速反应过程的追踪，也便于和色谱法联用；灵敏度高，检测限可达 10^{-9}～10^{-12} g；光谱分辨本领高，波数精度可达 0.01 cm^{-1}；光谱范围广，可研究整个红外区（10000～10 cm^{-1}）的光谱；测定精度高，重复性可达 0.1%，而杂散光小于 0.01%。

Fourier 变换红外光谱仪没有色散元件，主要由光源、Michelson 干涉仪、检测器、信号读出与数据输出系统组成（图 4.8）。其核心部分是 Michelson 干涉仪，它将光源来的信号以干涉图的形式送往计算机进行 Fourier 变换的数学处理，在检测器之后将干涉图还原成光谱图。

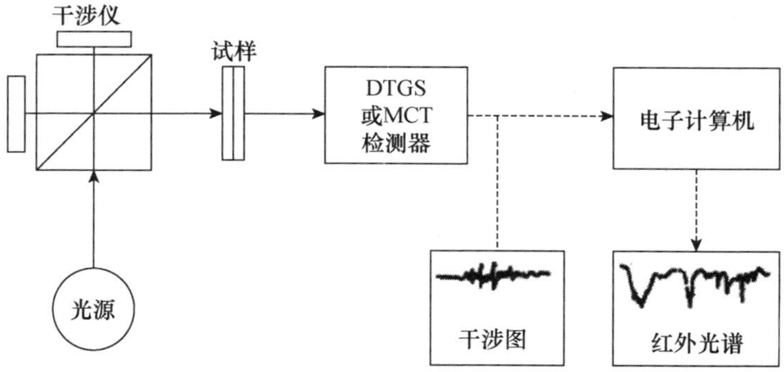

图 4.8　Fourier 变换红外光谱仪工作原理示意图

图 4.9 是干涉仪的示意图。图中 M_1 和 M_2 为两块互相垂直的平面镜，M_1 固定不动，M_2 则可沿图示方向做微小的移动，称为动镜。在 M_1 和 M_2 之间放置一呈 45°角的半透膜光束分裂器 BS，它能将光源 S 来的光分为相等的两部分，光束Ⅰ和光束Ⅱ。光束Ⅰ穿过 BS 被动镜 M_2 反射，沿原路回到 BS 并被反射到达检测器 D；光束Ⅱ则反射到固定镜 M_1，再由 M_1 沿原路反射回来通过 BS 到达检测器 D。这样，在检测器 D 上所得到的是Ⅰ光和Ⅱ光的相干光（图 4.9 中Ⅰ光和Ⅱ光应是合在一起的，为了说明和理解方便，才分开绘成Ⅰ和Ⅱ两束光）。如果进入干涉仪的是波长为 λ_1 的单色光，开始时，因 M_1 和 M_2 离 BS 距离相等（此时称 M_2 处于零位），Ⅰ光和Ⅱ光到达检测器时相位相同，发生相长干涉，亮度最大。当动镜 M_2 移动 $\lambda_1/4$ 距离时，Ⅰ光的光程变化为 $\lambda_1/2$，在检测器上两光相位差为 π，则发生相消干涉，亮度最小。当动镜 M_2 移动 $\lambda_1/4$ 的奇数倍时，即Ⅰ光和Ⅱ光的光程差为 $\pm\lambda_1/2, \pm 3\lambda_1/2, \pm 5\lambda_1/2, \cdots$（正负号表示动镜从零位向两边的位移），都会发生这种相消干涉。同样，当 M_2 位移 $\lambda_1/4$ 的偶数倍时，即两光的光程差为 λ_1 的整数倍，则都将发生相长干涉。而部分相消干涉则发生在上述两种位移之间。因此，匀速移动 M_2，即连续改变两束光的光程差时，在检测器上记录的信号将呈余弦变化，每移动 $\lambda_1/4$ 的距离，信号则从明到暗周期性地改变一次[图 4.10(a)]。图 4.10(b)是另一入射光波长为 λ_2 的单色光所得干涉图。

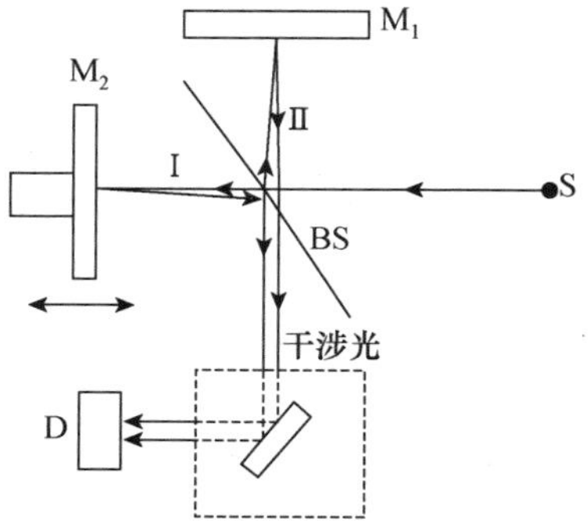

图 4.9　Michelson 干涉仪光学示意图及工作原理图

M_1—固定镜　M_2—动镜　S—光源

D—检测器　BS—光束分裂器

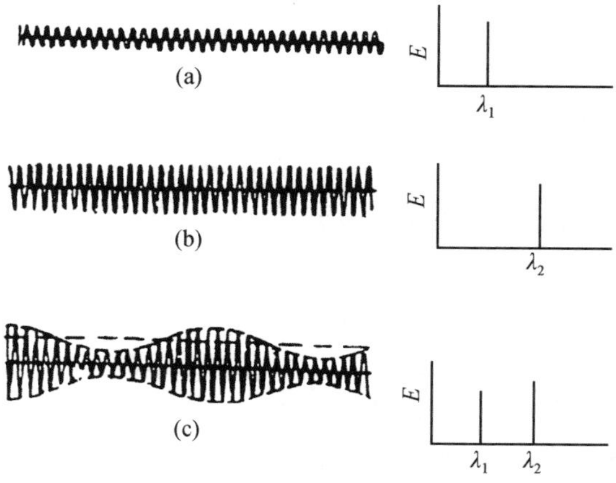

图 4.10　波的干涉

如果是两种波长的光一起进入干涉仪，则得到两种单色光干涉图的加和图[图 4.10(c)]。当入射光为连续波长的多色光时，得到的是中心极大并向两侧迅速衰减的对称干涉图(图 4.11)。这种多色光的干涉图等于所有各单色光干涉图的加和。当多色光通过试样时，由于试样对不同波长光的选择吸收，干涉图曲线发生变化。但这种极其复杂的干涉图是难以解释的，需要经计算机进行快速 Fourier 变换(fast Fourier transform，FFT)，得到我们所熟悉的透射比随波数变化的普通红外光谱图。当干涉的光源辐射通过样品时，样品对不同波长的光选择吸收，经检测器记录的干涉图发生一定变化，经过计算机进行快速 Fourier 变换，得到透射比随波数变化的红外光谱图。这一流程如图 4.12 所示。

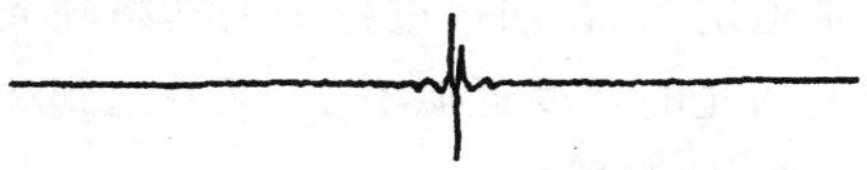

图 4.11　Fourier 变换红外光谱干涉图

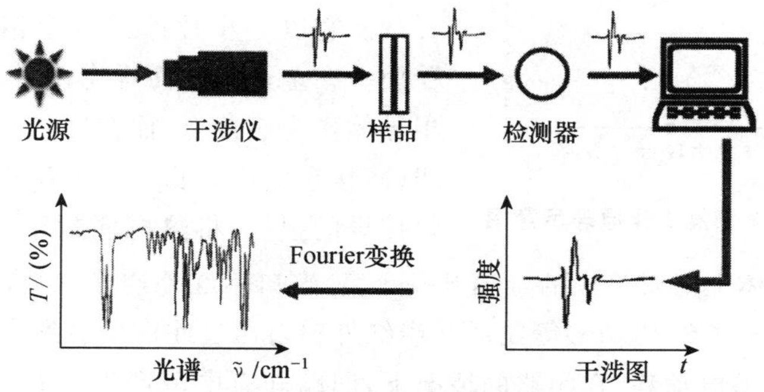

图 4.12　Fourier 变换红外光谱测定流程示意图

4.3.3　红外光谱仪仪器部件

1. 光源

红外光谱仪中所用的光源通常是一种惰性固体，用电加热使之发射高强度的连续红外辐射。常用的是 Nernst 灯、陶瓷光源以及硅碳棒。Nernst 灯是用氧化锆、氧化钇和氧化钍烧结而成的中空棒或实心棒。它的工作温度约 1700℃，在此高温下导电并发射红外线。但在室温下 Nernst 灯是非导体，因此在工作之前要预热。它的优点是发光强度高，尤其在>1000 cm^{-1} 的高波数区，使用寿命长，稳定性较好。缺点是价格比硅碳棒贵，机械强度差，且操作不如硅碳棒方便。硅碳棒是由碳化硅烧结而成，工作温度在 1200～1500℃。由于它在低波数区域发光较强，因此使用波数范围宽，可以低至 200 cm^{-1}。此外，其优点是坚固，发光面积大，寿命长。陶瓷光源是陶瓷器件保护下的合金灯丝，灯丝上涂覆碳化硅和稀土氟化物等红外辐射材料。发光效率高，使用方便，光谱范围宽，目前，Fourier 变换红外光谱仪大多采用陶瓷光源。

2. 吸收池

因玻璃、石英等材料不能透过红外光，红外吸收池要用可透过红外光的 NaCl、KBr、CsI、KRS-5(TlI 58%，TlBr 42%)等材料制成窗片。用 NaCl、KBr、CsI 等材料制成的窗片需注意防潮。固体试样常与纯 KBr 混匀压片，然后直接进行测定。

3. 单色器

色散型红外光谱仪需要单色器。单色器由色散元件、准直镜和狭缝构成。复刻的闪耀光栅是最常用的色散元件，它的分辨本领高，易于维护。红外光谱仪常用几块光栅常数不同的光栅自动更换，使测定的波数范围更为扩展且能得到更高的分辨率。

狭缝的宽度可控制单色光的纯度和强度。然而光源发出的红外光在整个波数范围内强度不是恒定的，在扫描过程中狭缝将随光源的发射特性曲线自动调节狭缝宽度，既要使到达检测器上的光的强度近似不变，又要达到尽可能高的分辨能力。

4. 检测器

紫外-可见分光光度计中所用的光电管或光电倍增管不适用于红外区，因为红外光谱区的光子能量较弱，不足以引发光电子发射。红外检测器有真空热电偶、热释电检测器和光电型检测器。

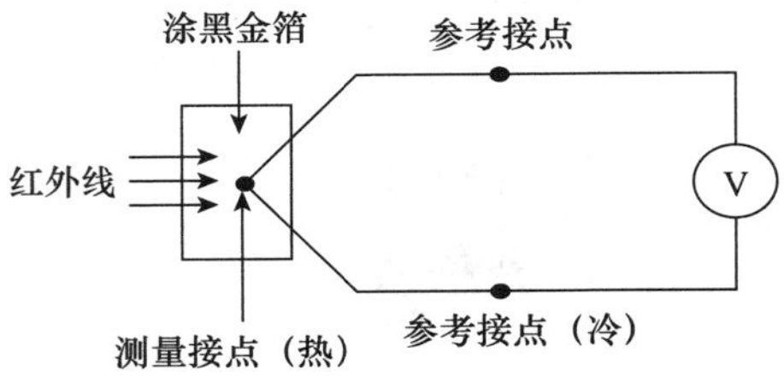

图 4.13　热电偶温度测量工作原理示意图

真空热电偶利用不同导体构成回路时的热电效应，将温差转变为电动势，其传感原理示意于图 4.13。它以一小片涂黑的金箔作为红外辐射的接受面。在金箔的一面焊有两种不同的金属、合金或半导体作为热接点，而在冷接点（室温）连有金属导线（冷接点图中未画出）。为了提高灵敏度和减少热传导的损失，将热电偶封于真空度约为 7×10^{-7} Pa 的腔体内。在腔体上对着涂黑的金箔开一小窗，窗口用红外透光材料，如 KBr（至 25 μm）、CsI（至 50 μm）、KRS-5（至 45 μm）等制成。当红外辐射通过此窗口射到涂黑的金箔上时，热接点温度升高，产生温差电动势，在闭路的情况下，回路即有电流产生。真空热电偶主要用于色散型红外光谱仪。

热释电效应是在某些绝缘物质中，由温度的变化引起极化状态改变的现象。某些晶体，如氘化硫酸三甘肽（DTGS）、钽酸锂等，能产生热释电效应，温度达到其居里点时，极化消失。如图 4.14 所示，如果在热电元件两端并联上电阻（电极板），当红外辐射照射到热电元件上时，热电元件表面电荷分布发生变化，则电阻上就有电流流过，在电阻两端也能得到电压信号，电流变化幅度与热电元件表面积和温度极化率的变化呈正比，由此测量红外辐射的强度。热释电检测器的响应极快，可跟踪干涉仪的信号变化，适用于 Fourier 变换红外光谱仪。硫酸三甘肽（TGS）居里点为 49℃。目前使用最广的晶体材料是 DTGS，其居里点为 62℃。将 DTGS 掺加 0.1% L-丙氨酸（L-alanine），成为氘化 L-丙氨酸硫酸三甘肽（DLATGS），其居里点是 61℃。DTGS 和 DLATGS 是目前红外热释电检测器常用的热释电材料。

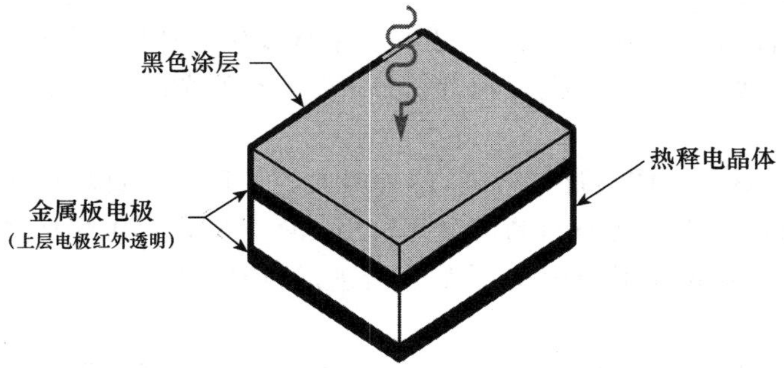

图 4.14　热释电检测器示意图

碲镉汞(mercury cadmium telluride, MCT)检测器是用于 Fourier 变换红外光谱仪的光电型检测器，是由宽频带的半导体碲化镉和半金属化合物碲化汞混合成的，其组成为 $Hg_{1-x}Cd_xTe$，$x\approx0.2$，改变 x 值能改变混合物组成，获得测量波段不同灵敏度各异的各种 MCT 检测器。它的灵敏度高，响应速度快，适于快速扫描测量和 GC-FTIR 联机检测。MCT 检测器分成两类，光电导型是利用入射光子与检测器材料中的电子能态起作用，产生载流子进行检测。光伏型是利用不均匀半导体受光照时，产生电位差的光伏效应进行检测。MCT 检测器都需在液氮温度下工作，其灵敏度高于 TGS 约 10 倍。

5. 双光束光路

由于空气中 CO_2 和 H_2O 的影响，红外光谱仪一般均采用双光束。在色散型红外光谱仪中，将光源发射的红外光分成两束，一束通过试样，另一束通过参比，利用半圆扇形镜使试样光束和参比光束交替通过单色器，然后被检测器检测。在光学零位法中，当试样光束与参比光束强度相等时，检测器不产生交流信号；当试样有吸收，两光束强度不等时，检测器产生与光强差呈正比的交流信号，通过机械装置推动锥齿形的光楔，使参比光束减弱，直至与试样光束强度相等。参比光路和样品光路的光强变化被检测器同步检测或被与光楔连动的记录笔同步记录。在 Fourier 变换红外光谱仪中，将干涉仪出射的光分成两束，一束通过试样，另一束通过参比，两束光交替通过检测器。

4.4　试样的处理和制备

能否获得一张满意的红外光谱图，除了仪器性能的因素外，试样的处理和制备也十分重要。

4.4.1　红外光谱法对试样的要求

红外光谱的试样可以是气体、液体或固体，一般应符合以下要求：

(i) 试样应该是单一组分的纯物质，纯度应>98%或符合商业规格，这样才便于与纯化合物的标准光谱进行对照。多组分试样应在测定前尽量预先用分馏、萃取、重结晶、区域熔融或色谱法进行分离提纯，否则各组分光谱相互重叠，难以解析(当然，GC-FTIR 法例外)。

(ii) 试样中不应含有游离水。水本身有红外吸收，会严重干扰样品谱，而且会侵蚀吸收池的盐窗。

(iii) 试样的浓度和测试厚度应选择适当，以使光谱图中的大多数吸收峰的透射比处于 10%～80%。

4.4.2　制样方法

气态试样可在玻璃气槽内进行测定，它的两端粘有红外透光的 NaCl 或 KBr 窗片。先将气槽抽真空，再将试样注入。

1. 液体和溶液试样

常用的方法有：

(i) 液体池法　沸点较低，挥发性较大的试样，可注入封闭液体池中，液层厚度一般为 0.01～1 mm。

(ii) 液膜法　沸点较高的试样，直接滴在两块盐片之间，形成液膜。

对于一些吸收很强的液体，当用调整厚度的方法仍然得不到满意的谱图时，可用适当的溶剂配成稀溶液来测定。一些固体也可以溶液的形式来进行测定。常用的红外光谱溶剂应在所测光谱区内本身没有强烈吸收，不侵蚀盐窗，对试样没有强烈的溶剂化效应等。例如，CS_2 是 1350～600 cm^{-1} 区域常用的溶剂，CCl_4 用于 4000～1350 cm^{-1} 区。

2. 固体试样

常用的方法有：

(i) 压片法　将 1～2 mg 试样与 200 mg 纯 KBr 研细混匀，置于模具中，用(5～10)×10^7 Pa 压力在压片机上压成透明薄片，即可用于测定。试样和 KBr 都应经干燥处理，研磨到粒度小于 2 μm，以免散射光影响。KBr 在 4000～400 cm^{-1} 光区不产生吸收，因此可测绘全波段光谱图。

(ii) 石蜡糊法　将干燥处理后的试样研细，与液体石蜡或全氟代烃混合，调成糊状，夹在盐片中测定。液体石蜡自身的吸收带简单，但此法不能用来研究饱和烷烃的吸收情况。

(iii) 薄膜法　主要用于高分子化合物的测定。可将它们直接加热熔融后涂制或压制成膜。也可将试样溶解在低沸点的易挥发溶剂中，涂在盐片上，待溶剂挥发后成膜来测定。

当样品量特别少或样品面积特别小时，必须采用光束聚光器，并配有微量液体池、微量固体池和微量气体池，采用全反射系统或用带有卤化碱透镜的反射系统进行测量。

4.5 红外光谱法的应用

红外光谱法广泛用于有机化合物的定性鉴定和结构分析。

4.5.1 定性分析

1. 已知物的鉴定

将试样的谱图与标样的谱图进行对照，或者与文献上的标准谱图进行对照。如果两张谱图各吸收峰的位置和形状完全相同，峰的相对强度一样，就可以认为试样是该种标准物。如果两张谱图不一样，或峰位不对，则说明两者不为同一物，或试样中有杂质。如用计算机谱图检索，则采用相似度来判别。使用文献上的谱图，应当注意试样的物态、结晶状态、溶剂、测定条件以及所用仪器类型均应与标准谱图的相应条件相同。

2. 未知物结构的测定

测定未知物的结构，是红外光谱法定性分析的一个重要用途。如果未知物不是新化合物，可以通过两种方式利用标准谱图来进行查对：一种是查阅标准谱图的谱带索引，寻找与试样光谱吸收带相同的标准谱图；另一种是进行光谱解析，判断试样的可能结构，然后再由化学分类索引查找标准谱图对照核实。

在对光谱图进行解析之前，应收集试样的有关资料和数据。诸如了解试样的来源，以估计其可能是哪类化合物；测定试样的物理参数，如熔点、沸点、溶解度、折射率、旋光度等，作为定性分析的旁证；根据元素分析及摩尔质量的测定，求出化学式并计算化合物的不饱和度

$$\Omega = 1 + n_4 + \frac{n_3 - n_1}{2} \tag{4.13}$$

式中：n_1、n_3 和 n_4 分别为分子中所含的一价、三价和四价元素原子的数目。当计算的 $\Omega=0$ 时，表示分子是饱和的，应为链状烃及其不含双键的衍生物；$\Omega=1$ 时，可能有一个双键或脂

环；$\Omega=2$ 时，可能有两个双键或脂环，也可能有一个叁键；$\Omega=4$，可能有一个苯环等。但是，二价原子（如 S、O 等）不参加计算。

谱图解析一般先从基团频率区的最强谱带入手，推测未知物可能含有的基团，判断不可能含有的基团。再从指纹区的谱带来进一步验证，找出可能含有的基团的相关峰，用一组相关峰来确认一个基团的存在。对于简单化合物，确认几个基团之后，便可初步确定分子结构，然后查对标准谱图核实。对于较复杂的化合物，则需结合紫外光谱、质谱、核磁共振波谱等数据才能得出较可靠的判断。

下面举几个简单的例子。

【例 4.2】 某化合物为挥发性液体，化学式为 C_8H_{14}；红外光谱如图 4.15 所示，试推测其结构。

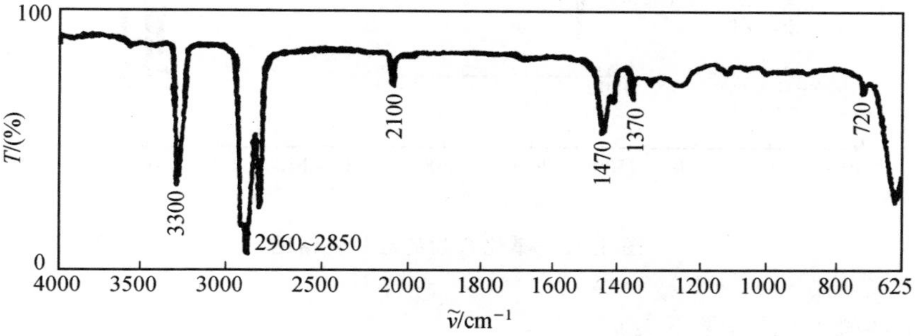

图 4.15　某化合物的红外光谱图

解

（1）计算不饱和度：$\Omega=1+8-(14/2)=2$

（2）各峰的归属（见下表）

$\tilde{\nu}/cm^{-1}$	归　属	结构单元	不饱和度	化学式单元
3300	ν(C≡C—H)	—C≡C—H	2	C_2H
2100	ν(C≡C)			
625	τ(C≡C—H)			
2960～2850	ν(C—H)			
1470	δ(C—H)	—$(CH_2)_n$—		C_5H_{10}
720	$\rho(CH_2)$	($n\geqslant5$)		
1370	δ_s(C—H)	—CH_3		CH_3

（3）说明

分子的不饱和度是 2，就必须寻找一个基团来满足这个条件。是否是烯烃呢？因为在 1650 cm^{-1} 处没有任何强吸收峰，这就排除了分子中存在双键的可能性。然而在 3300 cm^{-1} 处存在一个强而尖的吸收峰，表明分子中存在 C≡C 键，它的不饱和度正好等于 2。所有饱和烃的 ν(C—H)的吸收峰都在低于 3000 cm^{-1} 的区域。在 1370 cm^{-1} 处存在的吸收峰是—CH_3

的对称弯曲振动吸收峰，而在 1470 cm^{-1} 处存在的吸收峰是亚甲基的弯曲振动产生的。在 720 cm^{-1} 处的峰表明，分子中还存在着一系列亚甲基，通常在链中至少有 5 个亚甲基，才会出现这个由亚甲基面内摇摆振动引起的特征峰。到此，分子中只剩下一个碳原子没有得到解释了。显然，它就是分子中唯一的一个甲基。综上所述，该化合物为辛炔，即

$$CH_3CH_2CH_2CH_2CH_2CH_2C\equiv CH$$

【例 4.3】 有一种液态化合物，相对分子质量为 58，它只含有 C、H 和 O 三种元素，其红外光谱如图 4.16 所示，试推测其结构。

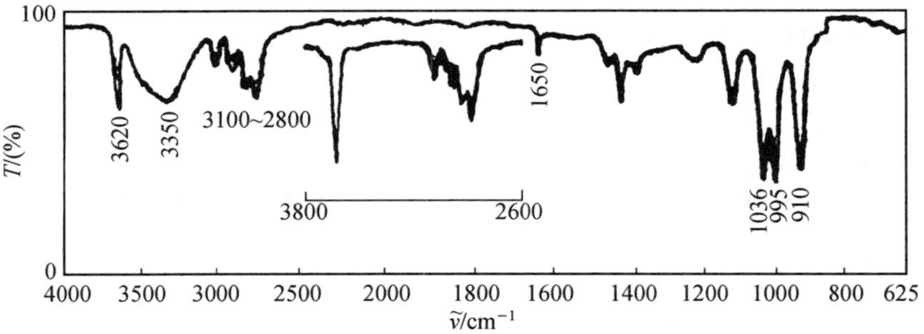

图 4.16 某化合物的红外光谱图

解 (1) 各峰的归属(见下表)

$\tilde{\nu}$/cm^{-1}	归 属	结构单元	相对分子质量
3620	ν(O—H)游离		
3350	ν(O—H)缔合	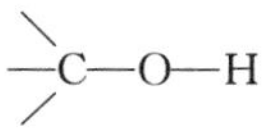	29
1036	ν(C—O) 醇		
3100～3000	ν(C—H)不饱和的		
1650	ν(C═C)	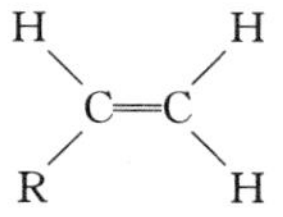	27
995 910	τ(C—H)乙烯型		
3000～2800	ν(C—H)饱和的		2

(2) 说明

首先观察中心位于 3350 cm^{-1} 处的宽带，在稀释 50 倍后就消失了，这说明当浓度较大时存在着分子间的缔合作用；在 3620 cm^{-1} 处的尖峰是羟基的伸缩振动吸收产生的；在 3000 cm^{-1} 前后有吸收峰，这说明该化合物中存在着饱和的和不饱和的 C—H 伸缩振动；在 1650 cm^{-1} 处的吸收峰是 ν(C═C)产生的，因其键的极性较弱，因此是一个弱峰；在 995 cm^{-1} 和 910 cm^{-1} 处出现吸收峰是 $C{=}CH_2$ 类型的 C—H 面外弯曲振动产生的，因此进一步证明有乙烯基。乙烯基和醇基的式量是 56，相对分子质量总共是 58，还剩下 2，说明是伯醇。因此该化合物是丙烯醇，即

$$CH_2{=}CHCH_2OH$$

【例 4.4】 有一无色挥发性液体，化学式为 C_9H_{12}，红外光谱如图 4.17 所示，试推测其结构。

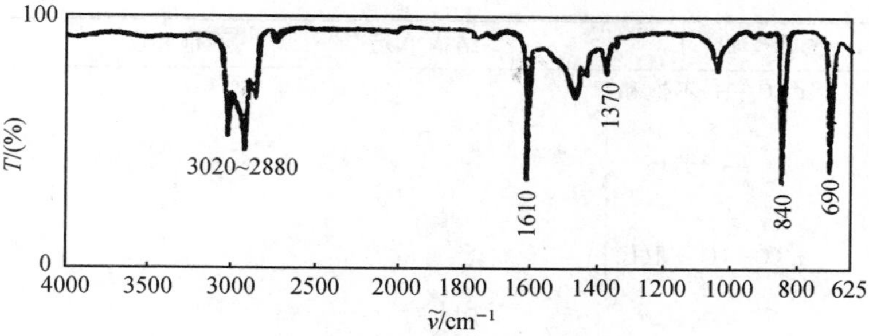

图 4.17　某化合物的红外光谱图

解　(1) 计算不饱和度：$\Omega = 1 + 9 - (12/2) = 4$

(2) 各峰的归属（见下表）

$\tilde{\nu}/cm^{-1}$	归属	结构单元	不饱和度	化学式单元
3020～3000	ν(C—H)不饱和的	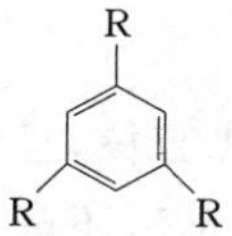	4	C_6H_3
1610	ν(C—C)芳环			
840 690	τ(C—H) 1,3,5 三取代			
3000～2880	ν(C—H)饱和			
1370	δ_s(C—H)甲基	$(—CH_3)_n$		C_3H_9

(3) 说明

不饱和度是 4，说明可能存在苯环。在 1610 cm^{-1} 处存在吸收峰，加之在 840 cm^{-1} 和 690 cm^{-1} 处的苯环的 C—H 面外弯曲振动，进一步确定苯环的存在；谱图中的后两个峰还说明是 1,3,5 三取代衍生物。一般来说，当不饱和度大于 4 时，就可考虑化合物中是否含有苯环。在 1370 cm^{-1} 处出现的吸收峰是甲基的对称弯曲振动产生的。化学式 C_9H_{12} 中去掉一个三取代的苯核（C_6H_3）后，还剩下 C_3H_9，而且谱图上只有一个 1370 cm^{-1} 处的峰比较特征，所以 C_3H_9 是 3 个甲基组成的。综上所述，此化合物的结构如右图所示。

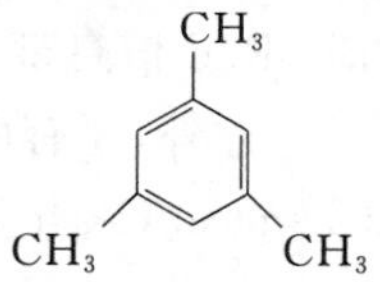

【例 4.5】 有一无色液体，其化学式为 C_8H_8O，红外光谱如图 4.18 所示，试推测其结构。

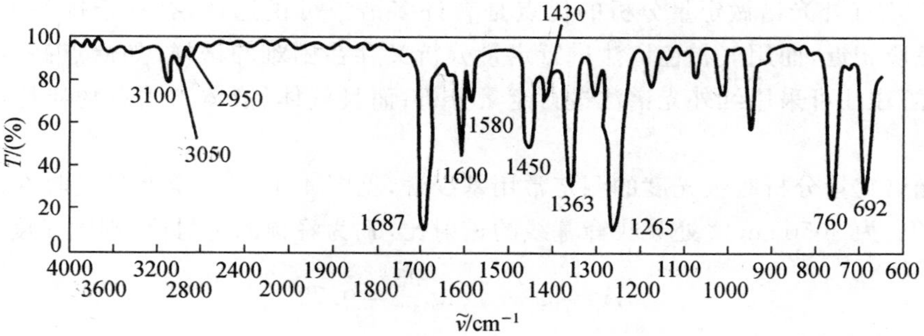

图 4.18　某化合物的红外光谱图

解 (1) 计算不饱和度：$\Omega=1+8-(8/2)=5$

(2) 各峰的归属(见下表)

$\tilde{\nu}$ / cm^{-1}	归 属	结构单元	不饱和度	化学式单元
3100～3000 1600, 1580, 1450 760, 692	ν (C—H)不饱和 ν (C═C)芳环 τ (C—H)一取代	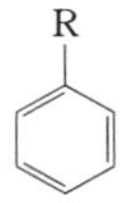	4	C_6H_5
1687	ν (C═O)	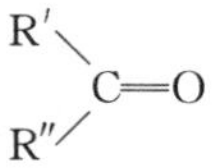	1	CO
3000～2900 1363	ν (C—H)饱和 δ (C—H)甲基 邻近羰基 使其增强	CH_3	0	CH_3

(3) 说明

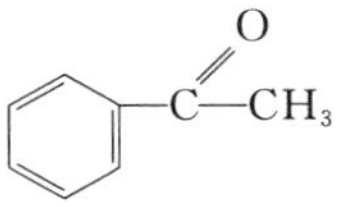

该化合物是单取代芳核，且邻接酮羰基，使羰基吸收波数降低。一个芳核和一个羰基，不饱和度为 5，还剩下一个甲基。在 1363 cm^{-1} 处峰的增强，说明是甲基酮。综上所述，此化合物的结构如左图所示。

3. 标准谱图集

Sadtler 标准红外光谱集由美国 Sadtler Research Laboratories 收集整理并编辑出版。1978 年，由 Bio-Rad 收购，1980 年开始进行光谱集电子化(https://www.bio-rad.com/)，备有多种索引，便于查找。数据库包括红外光谱数据库、拉曼光谱数据库、核磁共振光谱数据库、质谱数据库、紫外-可见光谱数据库，以及 SpectraBase™ 云端数据库。2020 年 4 月，Wiley 收购 Bio-Rad 信息部，该光谱数据库由 Wiley 维护更新。

此外，还有由 Aldrich Chemical Co. 出版(第 3 版，1981)的 Aldrich 红外谱图库，以及由 Sigma Chemical Co. 出版(2 卷，1986)的 Sigma Fourier 红外光谱图库。

4.5.2 定量分析

红外光谱定量分析是依据物质组分的吸收峰强度来进行的，它的理论基础是 Lambert-Beer 定律。用红外光谱做定量分析的优点是有许多谱带可供选择，有利于排除干扰；对于物理和化学性质相近，而用气相色谱法进行定量分析又存在困难的试样(如沸点高，或气化时要分解的试样)往往可采用红外光谱法进行定量分析；而且气体、液体和固态物质均可用红外光谱法测定。

红外光谱定量分析时吸光度的测定常用基线法，见图 4.19。假定背景吸收在试样吸收峰两侧不变，T_0 为 3050 cm^{-1} 处吸收峰基线的透射比，T 为峰顶的透射比，则吸光度

$$A=\lg\frac{T_0}{T}=\lg\frac{93}{15}=0.79$$

一般用校准曲线法或者与标样比较来定量。测量时由于试样池的窗片对辐射的反射和吸收，

以及试样的散射会引起辐射损失，因此必须对这种损失进行补偿或校正。此外，试样的处理方法和制备的均匀性都必须严格控制，确保其一致。

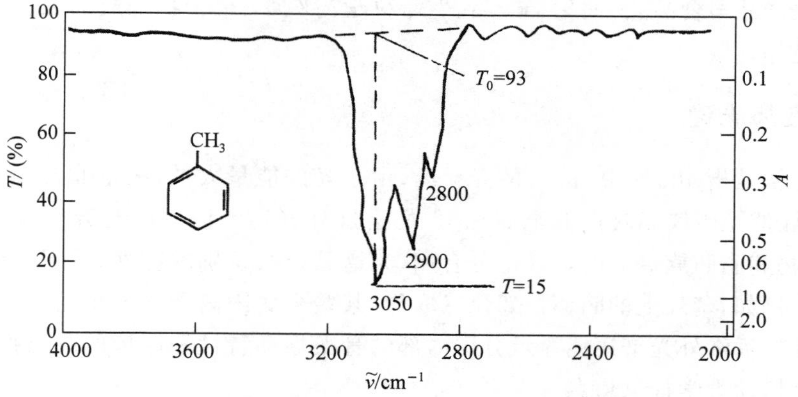

图 4.19　甲苯的芳香氢吸收峰(3050 cm^{-1})强度

4.6　红外光谱技术的进展

4.6.1　近红外光谱

自 1800 年 Herschel 第一次发现近红外(NIR)区域，至今已有 200 年的历史。19 世纪末，Abney 和 Festing 在近红外短波区首先记录了有机化合物的近红外光谱，1928 年 Brackett 测得第一张高分辨的近红外谱图，并解释了有关基团的光谱特性。由于缺乏可靠的仪器基础，在 20 世纪 50 年代以前，近红外谱图只局限在为数不多的几个实验室里进行的研究工作，实际应用甚少。20 世纪 80 年代以来，由于计算机技术的发展和化学计量学的应用，高性能的计算机技术与准确、合理的化学计量学方法相结合，使光谱工作者能在较短的时间内完成大量光谱数据的处理，近红外谱图分析也得到迅速发展。

近红外光谱的波长范围是 780～2500 nm，通常又划分为近红外短波区(780～1100 nm，又称 Herschel 光谱区)和近红外长波区(1100～2500 nm)。近红外光谱源于化合物中含氢基团，如 C—H、O—H、N—H、S—H 等振动光谱的倍频及合频吸收，其强度往往只有基频的 1‰～10%。不同基团在该区域光谱的峰位、峰强和峰形不同，这是近红外光谱进行定性和定量分析的依据。鉴于近红外的谱图特性，一般需采用全谱扫描或宽波段扫描才能得到准确的定性和定量结果，且需采用合理的化学计量学方法并借助计算机才能识别。

近红外光谱的测量有透射法和漫反射法两种基本方法。透射测定法与分光光度法类似，用透射比或吸光度表示样品对光的吸收程度，吸光度与组分浓度的关系符合 Lambert-Beer 定律。漫反射法是对固体样品进行近红外测定的常用方法。当光源垂直于样品表面激发，有一部分漫反射光会向各个方向散射，将检测器放在与垂直光呈 45°角的位置，测定散射光强。漫反射光强度 A 与反射率 R 的关系为

$$A=\lg\left(\frac{1}{R}\right)=\lg\left(\frac{R_0}{R_1}\right) \tag{4.14}$$

式中：R_1 为反射光强，R_0 为完全不吸收的表面反射光强。

近红外光谱分析技术是一种无损分析技术，不需预处理样品，在测量过程中不产生污染，通过光纤可对危险环境中的样品进行遥测。因此近红外光谱分析技术可称为绿色分析技术，已广泛用于农产品与食品、石油化工产品、生命科学与医学、聚合物合成加工、化学品分析、纺织、轻工、环境等领域。

4.6.2 远红外光谱

远红外通常是指 400～10 cm^{-1} 的光谱区，由于光的能量太低，测量非常困难。现在应用 Fourier 变换红外光谱仪能获得低至 5 cm^{-1} 的远红外光谱。该波段对芳香族化合物的异构体、杂环化合物和脂肪族烃类的定性十分有用，光谱具指纹识别的特性，适用于鉴别分子结构的微小差异。例如，苯环上的间、对、邻位二取代，某些金属阳离子化合价的改变，在远红外光谱上都有反映。远红外光谱还能显示分子内部的骨架振动特性和晶体的晶格振动，为研究分子的构象和晶格动力学提供信息。

4.6.3 衰减全反射技术

衰减全反射(attenuated total reflectance，ATR)技术近年来给 Fourier 变换红外光谱测定带来了革命性的进步，解决了难溶或难粉碎样品制样与测定问题。衰减全反射原理如下：一束光从光密介质进入光疏介质(样品)，当入射角大于临界角时，发生全反射。在发生反射之前，入射光透入光疏介质(样品)一定深度，称为隐矢波，再折回射入全反射晶体中。进入样品的光，在样品有吸收的频率范围内光线会被样品吸收而强度衰减，因此称为衰减全反射。在红外光谱测定中，使用 AgCl、KRS-5(TlI 58%，TlBr 42%)或 Ge 等折射率大的材料做成棱镜，背部贴上检测样品，调整入射角，进行测定，如图 4.20 所示。以反射光强度与波数的关系表示的谱图称为反射光谱。现在采用多次(如 30～50 次)内反射的方式，所得光谱谱带比单次反射要强得多。该项技术主要用于检测不溶于有机溶剂、又不能压成透明薄膜的样品，如织物、纸张、橡胶、高聚物薄膜、催化剂表面、表面涂层等。

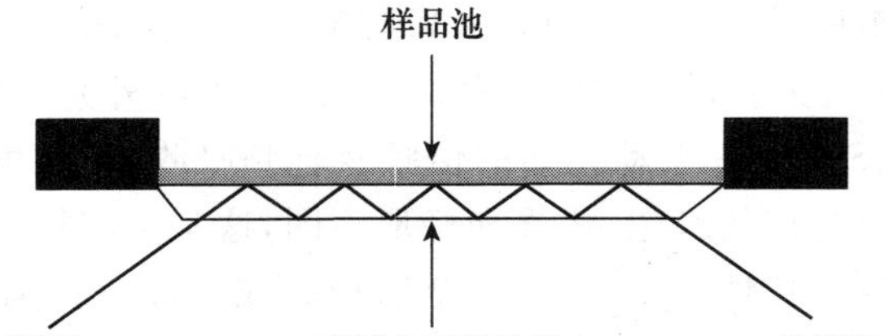

图 4.20 衰减全反射样品池与光路示意图

4.7 Raman 光谱法简介

Raman 光谱(Raman spectrum)是分子的散射光谱，源于分子的化学键振动产生的变化。激发光与散射光的能量差所对应的波长在中红外波段，与红外吸收波段一致，二者光谱具有相似性。尽管红外光谱仍然广泛用于研究分子振动，Raman 光谱可以提供更有选择性的信息。

4.7.1　Raman 光谱的基本原理

1. Raman 光谱的产生

一束单色光通过透明介质，在透射和反射方向以外出现的光称散射光。当介质中含有大小与光的波长差不多的微粒聚集体时，引起 Tyndall 散射。当散射的粒子为分子大小时，发生 Rayleigh 散射，其频率与入射光相同，强度与入射光波长的四次方呈反比。1928 年，印度物理学家 Raman C. V. 发现了与入射光频率不同的散射光，这种光的散射称为 Raman 散射。它对称地分布于 Rayleigh 线两侧，其中频率较低的称为 Stokes 线，频率较高的称为反 Stokes(anti-Stokes)线。

图 4.21 为 Raman 光谱产生的示意图。以频率为 ν_0 的单色光激发样品，由于激发光对应的波长远离分子吸收带，该激发对应的能量状态以虚态(virtual state)表示，即图中的虚线。虚态并不是分子的真实能量态，可以被认为是激发光电场振荡对电子云的寿命很短的扰动。虚态是非量子化的，可以由任何频率的激发光激发。分子吸收能量为 $h\nu_0$ 的光子后，可发生弹性散射，发出能量为 $h\nu_0$ 的光子，该散射称为 Rayleigh 散射。处于振动基态 v_0 能级的分子可以吸收能量为 $h\nu_0$ 的光子，发射能量为 $h(\nu_0-\nu_m)$的光子，该散射光频率比激发光降低了 ν_m，该散射光称为 Stokes 线。处于振动激发态能级(v_1)的分子也可以吸收能量为 $h\nu_0$ 的光子，发射能量为 $h(\nu_0+\nu_m)$的光子，该散射光频率比激发光增加了 ν_m，该散射光称为反 Stokes 线。Stokes 线或反 Stokes 线的频率与入射光频率之差，与振动频率 ν_m 相当，称为 Raman 位移。对应的 Stokes 线的 Raman 位移与反 Stokes 线的 Raman 位移相等。按 Boltzmann 统计，室温时处于振动激发态的概率不足 1%，因此 Stokes 线的强度要比反 Stokes 线强得多。但是散射光强比 Rayleigh 散射弱得多，通常仅为 Rayleigh 散射的 $10^{-9}\sim10^{-6}$。

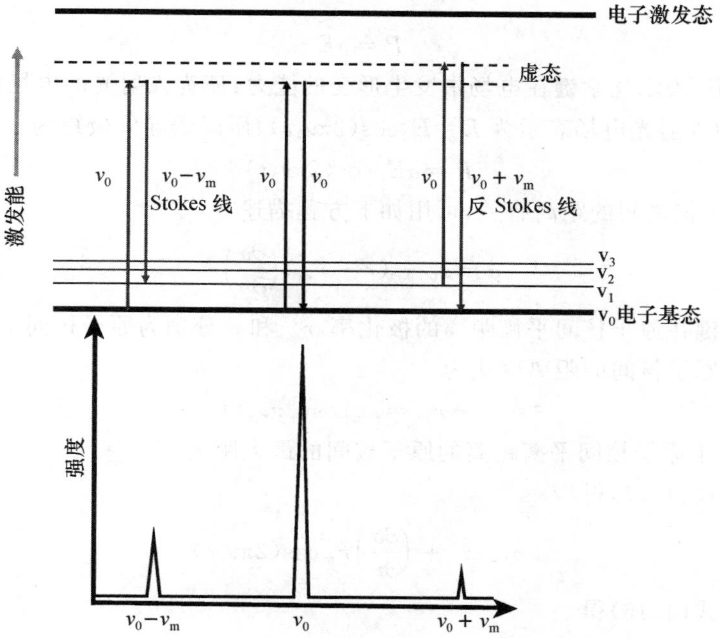

图 4.21　Rayleigh 散射与 Raman 散射以及光谱示意图

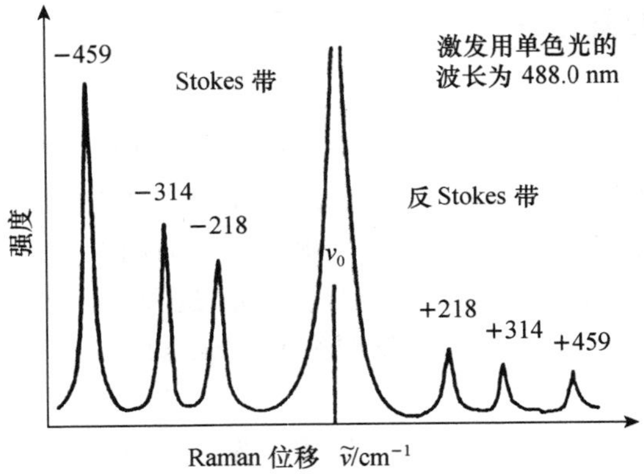

图 4.22　CCl_4 的 Raman 光谱

同一种物质分子，随着入射光频率的改变，Raman 线的频率也改变，但 Raman 位移 $\Delta\nu$ 始终保持不变，因此 Raman 位移与入射光频率无关。它与物质分子的振动和转动能级有关。不同物质分子有不同的振动和转动能级，因而有不同的 Raman 位移。如以 Raman 位移（波数）为横坐标，强度为纵坐标，而把激发光的波数作为零（频率位移的参照值，即 ν_0）写在光谱的最右端，并略去反 Stokes 谱带，便得到类似于红外光谱的 Raman 光谱。图 4.22 为 CCl_4 的 Raman 光谱。利用 Raman 光谱，可对物质分子进行结构分析和定性鉴定。

2. 散射的波动模型

当电磁辐射与物质作用，分子的电子轨道被周期性振荡的电磁辐射的电场扰动，发生形变，导致分子内正负电荷中心周期性发生相对移动，形成了诱导偶极矩（P），即产生了极化现象。

$$P = \alpha E \tag{4.15}$$

式中：α 为极化率，表示化学键在电场中发生形变的能力；E 为入射光的电场强度。

频率为 ν_0 的入射光电场表示为 $E=E_0\cos(2\pi\nu_0 t)$，所以诱导偶极矩为

$$P = \alpha E_0 \cos(2\pi\nu_0 t) \tag{4.16}$$

α 与两个原子核之间的距离有关，可用如下方程描述

$$\alpha = \alpha_0 + (r - r_{eq})\left(\frac{\partial\alpha}{\partial r}\right) \tag{4.17}$$

式中：α_0 为化学键在原子核间平衡距离的极化率，r_{eq} 和 r 分别为原子核间平衡距离和任意时刻原子核间距。原子核间的距离变化为

$$r - r_{eq} = r_m \cos(2\pi\nu_v t) \tag{4.18}$$

式中：r_m 是相对于原子核间平衡距离的原子核间的最大距离。
将式(4.18)代入式(4.17)得

$$\alpha = \alpha_0 + \left(\frac{\partial\alpha}{\partial r}\right) r_m \cos(2\pi\nu_v t) \tag{4.19}$$

将式(4.19)代入式(4.16)得

$$P = \alpha_0 E_0 \cos(2\pi\nu_0 t) + E_0 r_m \left(\frac{\partial\alpha}{\partial r}\right)\cos(2\pi\nu_v t)\cos(2\pi\nu_0 t) \tag{4.20}$$

展开，得

$$P=\alpha_0 E_0\cos(2\pi\nu_0 t)+\frac{E_0}{2}r_m\left(\frac{\partial\alpha}{\partial r}\right)\cos[2\pi(\nu_0-\nu_v t)]+\frac{E_0}{2}r_m\left(\frac{\partial\alpha}{\partial r}\right)\cos[2\pi(\nu_0+\nu_v t)] \tag{4.21}$$

式中：第 1 项表示 Rayleigh 散射，第 2 项和第 3 项表示 Stokes 散射和反 Stokes 散射。需要指出的是，产生 Raman 散射的必要条件是$\frac{\partial\alpha}{\partial r}$必须不为零，意味着该振动相关的原子的振动位移引起了极化率的变化，这一简正振动模式具 Raman 活性。

3. Raman 活性与红外活性的比较

Raman 光谱与红外光谱都是研究分子的振动，但其产生的机理却截然不同。如前述，红外光谱是极性基团和非对称分子，在振动过程中吸收红外辐射后，发生偶极矩的变化而形成的。Raman 光谱产生于分子诱导偶极矩的变化。非极性基团或全对称分子，只要在入射光子的外电场的作用下，产生诱导偶极矩的变化，就具有 Raman 活性。

表 4.5 和 4.6 是 CO_2 和 H_2O 的基本振动模式。直线形 CO_2 分子有 4 种基本振动形式，简并后有 3 种。非直线形的 H_2O 分子有 3 种基本振动形式。

表 4.5　CO_2 的振动模式和选律

振动模式	O=C=O	极化率	Raman	偶极矩	红外
对称伸缩	O→C←O	变化	活性	不变	非活性
非对称伸缩	O→←C←O	不变	非活性	变化	活性
变形	简并 { O C O（↓ ↑ ↓）	不变	非活性	变化	活性
	简并 { O C O（+ − +）	不变	非活性	变化	活性

表 4.6　H_2O 的振动模式和选律

振动模式	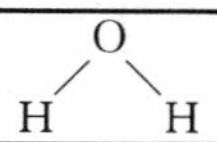	极化率	Raman	偶极矩	红外
对称伸缩	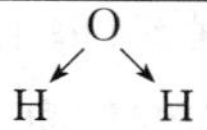	变化	活性	变化	活性
非对称伸缩	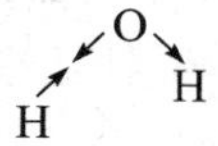	变化	活性	变化	活性
变形	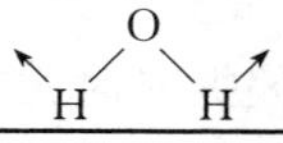	变化	活性	变化	活性

一般可用下面的规则来判别分子的 Raman 或红外活性：(i) 凡具有对称中心的分子，如 CS_2 和 CO_2 等直线形分子，红外和 Raman 活性是互相排斥的，若红外吸收是活性的，则 Raman 散射是非活性的，反之亦然。(ii) 不具有对称中心的分子，如 H_2O、SO_2 等，其红外和 Raman 活性是并存的。当然，在两种谱图中各峰之间的强度比可能有所不同。(iii) 少数分子的振动，其红外和 Raman 都是非活性的。例如平面对称分子乙烯的扭曲振动，既没有偶极矩变化，又不产生极化率的改变。

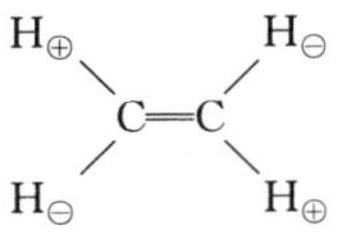

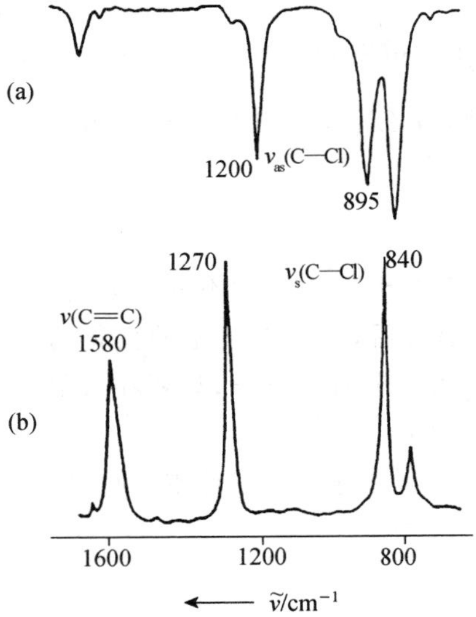

图 4.23　反式 1,2-二氯乙烯的红外和 Raman 光谱(部分)

(a) 红外光谱　(b) Raman 光谱

大多数有机化合物具有不完全的对称性,因此它的振动方式对于红外和 Raman 都是活性的,并在 Raman 光谱中所观察到的 Raman 位移与红外光谱中所看到的吸收峰的频率也大致相同。例如,图 4.23 是反式 1,2-二氯乙烯的红外和 Raman 光谱的一部分。它的 ν(C═C)是红外非活性的,在 Raman 光谱中则很清楚(1580 cm^{-1})。同样,ν_s(C—Cl)是红外非活性的,在 Raman 光谱中也很清楚(840 cm^{-1})。ν_{as}(C—Cl)(895 cm^{-1})是红外活性的,却是 Raman 非活性的。两种 C—H 弯曲振动 δ(C—H)分别出现在 1200 cm^{-1}(红外)和 1270 cm^{-1}(Raman)。

N—H、C—H、C≡C 及 C ═C 等的伸缩振动在 Raman 与红外光谱上基本一致,只是对应峰的强弱有所不同。如果有一些振动只具红外活性,而另一些振动仅有 Raman 活性,那么,为获得更完全的分子振动的信息,通常需要红外和 Raman 光谱的相互补充。如强极性键—OH、—C ═O、—C—X 等在红外光谱中有强烈的吸收带,但在 Raman 光谱中却没有反映。对于非极性但易于极化的键,如—N ═C—、—S—S—、—N ═N—及反式烯烃的内双键 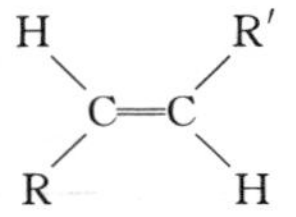 等在红外光谱中根本不能或不能明显反映,但在 Raman 光谱中则有明显的反映。此外,Raman 光谱对于饱和、不饱和烃的有限键和环的骨架振动特征性更强。

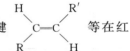

4. 去偏振度及其测定

一般的光谱只有两个基本参数,即频率(或波长、波数)和强度,但 Raman 光谱还具有一个去偏振度,以它来衡量分子振动的对称性,增加了有关分子结构的信息。

当电磁辐射与分子作用时,偏振态常发生改变。不论入射辐射是平面偏振光还是自然光都能观察到偏振态的改变。在 Raman 散射中,这种改变与被激发分子的对称性有关。Raman 光谱仪一般采用激光作为光源,而激光是偏振光。入射光为偏振光时去偏振度的测量示意于图 4.24。设一电场矢量在 xz 平面的偏振光和物质分子 O 在 x 轴方向上相互作用,现于 y 轴检测散射光的强度。在检测器前放置一个偏振器 P,它只允许某一方向的偏振光通过。当偏振器与激光方向平行时,在 yz 平面内的散射光可通过,在检测器可检测到散射光强度 $I_{/\!/}$;当偏振器与激光方向垂直时,在 xy 平面内的散射光可通过,在检测器可检测到散射光强度 $I_{\perp}$。去偏振度定义为

$$\rho = \frac{I_{\perp}}{I_{/\!/}} \qquad (4.22)$$

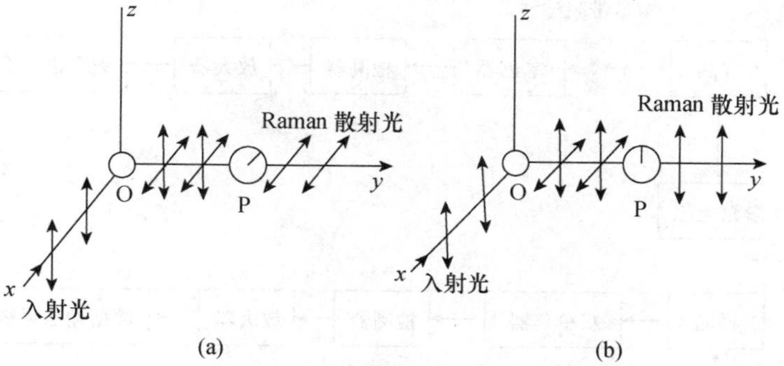

图 4.24　入射光为偏振光时去偏振度的测量

(a) xy 平面取向的偏振器　(b) yz 平面取向的偏振器

(O—物质分子，P—偏振器)

去偏振度与分子的极化率有关。设极化率的各向同性部分用 $\bar{\alpha}$ 表示，各向异性部分用 $\bar{\beta}$ 表示，则去偏振度与 $\bar{\alpha}$ 和 $\bar{\beta}$ 有以下关系

$$\rho = \frac{3\bar{\beta}^2}{45\bar{\alpha}^2 + 4\bar{\beta}^2} \tag{4.23}$$

对于分子的全对称振动来说，它的极化率是各向同性的，因此 $\bar{\beta}=0$，也即 $\rho=0$。此时产生的 Raman 散射光为完全偏振光，去偏振度很低。在非对称振动的情况下，极化率是各向异性的，$\bar{\alpha}=0, \rho=3/4$。在入射光是偏振光的情况下，ρ 为 0～3/4。

去偏振度表征了 Raman 谱带的偏振性能，与分子的对称性和分子振动的对称类型有关。如 CCl_4 的 459 cm^{-1} 的 Raman 峰来源于其分子的对称振动，4 个 Cl 原子同时远离或者靠近分子中心 C 原子，其去偏振度是 0.005。如 CCl_4 的 218 cm^{-1} 和 314 cm^{-1} 的 Raman 峰来源于非对称振动，具有较高的去偏振度。因此，去偏振度可帮助关联 Raman 谱线和振动模式。

4.7.2　Raman 光谱仪

Raman 光谱仪的基本组成有激光光源、样品池、单色器和检测记录系统四部分，其框图如图 4.25(a)所示。由于 Raman 信号比 Rayleigh 信号弱很多，对仪器各部分组件的性能要求要比普通的分子光谱仪高。

由于 Raman 散射强度弱，现代 Raman 光谱仪都用激光作为光源，以保证在较高的信噪比水平测定 Raman 信号。激光光源多用可见至近红外范围的激光器，如主要波长为 632.8 nm 的 He-Ne 激光器，主要波长为 514.5 nm 和 488.0 nm 的 Ar 离子激光器以及主要波长为 1.064 μm 的 Nd：YAG 激光器。和 Rayleigh 散射一样，Raman 散射的强度与波长的四次方呈反比，因此使用较短波长的激光可以获得较大的散射强度。但是短波长光源激发样品则会产生显著的荧光干扰，并容易使样品分解。

越来越多的 Raman 光谱仪采用近红外激光作为光源。与短波长激光光源相比，近红外激光可以在非常高的功率下工作且不会分解样品，而且由于近红外光的能量(特别是 Nd：YAG 激光)不足以激发大量的电子激发态分子数，荧光干扰非常小，甚至没有荧光干扰。

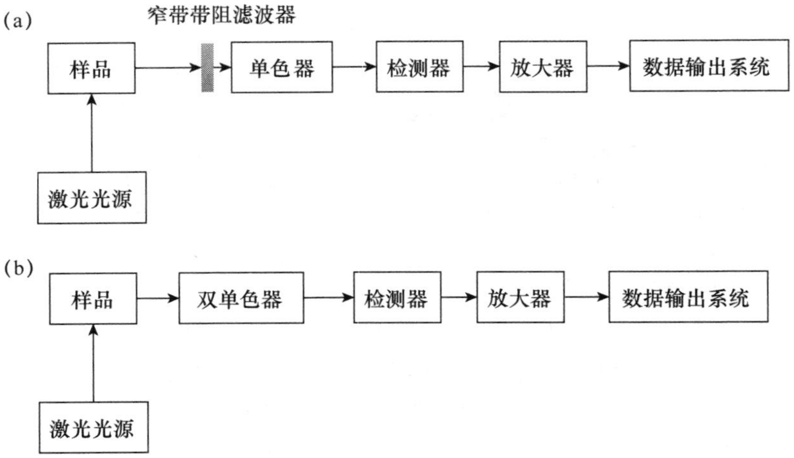

图 4.25 使用窄带带阻滤波器的 Raman 光谱仪(a)和双单色器 Raman 光谱仪(b)框图

此外，除了要避免样品光解，以及荧光干扰，在选择激发波长的时候要注意，有色样品以及有的溶剂可能会吸收激发光或者 Raman 散射光。

Raman 光谱仪的样品池可以使用石英或玻璃材料，使得制样操作比红外光谱测量容易得多。此外，由于激光光源的使用，光束很容易聚焦到非常小的样品面积，散射的光可以有效地聚焦至出射狭缝并检测。实际上，常用普通的微量毛细管以及常量液体池作为液体、气体或固体样品的样品池。固体样品有时也用 KBr 压片的方法降低局部热量对样品的分解。对于液体样品，由于水的 Raman 信号弱，可以直接测定水溶液样品，这对于生物样品、无机样品以及水污染的研究是十分有利的。

单色器是 Raman 光谱仪的心脏，要求能够最大限度地分离强度极大的 Rayleigh 散射，并有效降低杂散光，且色散性能好。常用光栅分光，并采用双单色器以增强效果。为检测 Raman 位移为很低波数(离激光波数很近)的 Raman 散射，可在双单色器的出射狭缝处安置第三单色器。现代光谱仪采用窄带带阻滤波器与单色器组合，有效除去 Rayleigh 散射，不必使用多个光栅，不仅能有效降低杂散光，提高信噪比，还降低了仪器成本。

对于可见光区内的 Raman 散射测量，可用光电倍增管作为检测器。但是大多数 Raman 光谱仪使用光子计数系统，现代光子计数器的动态范围可达几个数量级。

许多新的 Raman 光谱仪使用光谱仪和阵列检测器取代基于单色器单波长输出的扫描式检测方法，阵列检测器不需要进行波长扫描，可以同时测定 Raman 全谱。最先使用的是光二极管阵列检测器，近年来电荷转移器件，如电荷耦合器件(CCD)和电荷注入器件 (CID)都被用作 Raman 光谱仪的检测器。

FT-Raman 光谱仪的基本结构与普通可见光 Raman 光谱仪相似，不同之处是以 1.064 μm 波长的 Nd：YAG 激光器代替了可见光激光器作光源，以及由干涉 FT 系统代替分光扫描系统对散射光进行检测，仍然需要窄带带阻滤波器除去 Rayleigh 散射。检测器用高灵敏度的铟镓砷探头，并在液氮冷却下工作，从而大大降低了检测器的噪声；也可用电荷耦合器件进行多道检测。与可见光 Raman 光谱仪相比，FT-Raman 光谱仪有以下新的特点：(i) 避免荧光干扰，从而大大拓宽了 Raman 光谱的应用范围；(ii) 提高光谱仪的测量精度；(iii) 测量速度快；(iv) 能进行光谱数据处理。但是水在 1 μm 的范围有吸收，给 FT-Raman 光谱仪在水溶液样品中的应用带来了困难。

4.7.3　Raman 光谱的应用

Raman 光谱分析法是一种无损、免标记分析方法，可以定性或定量，可以快速提供样品的化学组成与结构。Raman 光谱与 Raman 显微成像的应用范围非常广泛，可以用于分析地质样品、药品、化妆品、碳材料(包括元素碳、硬碳膜、碳纳米管、石墨烯等)、半导体材料，以及生命科学的相关研究中，如生物相容性、DNA/RNA 分析、药物/细胞分析、光动力学治疗分析、代谢增生、疾病诊断、单细胞分析、细胞分选等。下面仅对化学领域中的某些应用作一简要介绍。

1. 无机物结构分析

Raman 光谱可以用于水溶液样品的研究，在无机物系统的研究中比红外光谱具有优势。此外，金属-配体的振动能量一般在 100～700 cm^{-1}，且具有 Raman 活性，Raman 光谱的测量相对容易，而红外光谱的测量较困难。Raman 光谱可以提供配位化合物的组成、结构以及稳定性信息。

2. 有机物结构分析

红外光谱与 Raman 光谱都反映了有关分子振动的信息，但由于它们产生的机理不同，红外活性与 Raman 活性常常有很大的差异。两种方法互相配合、互相补充可以更好地解决分子结构的测定问题。

—N═N—、—C≡C—、—C═C—等基团，由于它们振动时偶极矩的变化均不大，因此红外吸收一般较弱，而它们的 Raman 谱线则一般较强。因此可以用 Raman 光谱对这些基团的鉴定提供更为可靠、明确的依据。对碳链骨架或环的振动，Raman 光谱较红外光谱具有较强的特征性。Raman 光谱测定的是 Raman 位移，即相对于入射光频率的变化值，在可见光区域，如使用第三单色器，Raman 位移可测到很低的波数。对去偏振度的测定，可确定分子的对称性，从而有助于结构的测定。另外，Raman 光谱常较红外光谱简单，且制样容易，固体、液体试样可直接测定。

3. 高分子聚合物的研究

激光 Raman 光谱特别适合于高聚物碳链骨架或环的测定，并能很好地区分各种异构体，如单体异构、位置异构、几何异构、顺反异构等。对含有黏土、硅藻土等无机填料的高聚物，可不经分离而直接上机测量。

4. 生物大分子的研究

水的 Raman 散射很弱，因此 Raman 光谱对水溶液样品的生物化学研究具有突出的意义。激光光束可聚焦至很小的范围，测定样品的用量可低至几微克，并可在接近于自然状态的极稀浓度下测定生物分子的组成、构象和分子间的相互作用等。Raman 光谱法已应用于测定如氨基酸、糖、胰岛素、激素、核酸等生化物质。

5. 定量分析

Raman 谱线的强度与入射光的强度和样品分子的浓度呈正比，当实验条件一定时，Raman 散射的强度与样品的浓度呈简单的线性关系。Raman 光谱的定量分析常用内标法来测定，检测限在 $\mu g \cdot mL^{-1}$ 数量级，可用于有机化合物和无机阴离子的分析。

4.7.4 其他类型的 Raman 光谱法

20 世纪 70 年代以来，随着可调谐激光技术的发展，出现了几种新的 Raman 光谱法，如表面增强 Raman 光谱法（surface-enhanced Raman spectrometry，SERS）、共振 Raman 光谱法（resonance Raman spectrometry，RRS）及非线性 Raman 光谱法（nonlinear Raman spectrometry，NRS）等。

（1）表面增强 Raman 光谱法

表面增强 Raman 散射是一项用来增强非弹性光散射的传感技术。待测分子吸附在金属良导体、金属溶胶或掺和物等活性基质的粗糙表面上，其 Raman 散射信号可提高 10^8 倍以上，在一些情况下可以基于 SERS 方法进行单分子研究。使用的活性基质有银电极、氧化银、氯化银溶胶等。SERS 由 Fleischmann 等在 1974 年意外发现。Fleischmann 等人对光滑银电极表面进行粗糙化处理后，首次获得吸附在银电极表面上的单分子层吡啶分子的高质量 Raman 光谱。但当时认为是电极表面的粗糙化使得电极真实表面积增加，从而使吸附的吡啶分子的量增加。1977 年，Jeanmaire 和 Van Duyne 以及 Albrecht 和 Creighton 两个研究组独立研究后指出电磁场增强和化学增强机理。SERS 已广泛用于表面配合物、吸附界面表面状态、生物大小分子的界面取向和构型构象的研究，以及痕量有机物和药物的分析等。近年来发展的针尖增强 Raman 光谱法（tip enhanced Raman spectroscopy，TERS）将 SERS 与原子力显微镜（atomic force microscope，AFM）分析结合，可将成像空间分辨率降至 10 nm。

（2）共振 Raman 光谱法

共振 Raman 散射是指激发光频率与待测分子的电子吸收频率接近或重合时，引起分子的特征 Raman 谱带增强的现象，增强倍数为 $10^2 \sim 10^6$ 倍。可在光谱上观测到正常 Raman 效应中难以出现的泛频和组合频振动，从而得到有关分子对称性、分子振动与电子运动相互作用的信息。由于共振增强仅限于生色团的 Raman 谱带，共振 Raman 光谱具有很好的选择性，非常适合生理条件下，复杂基底中生物分子的研究。此外，RRS 在低浓度样品的检测，以及配合物的结构表征中发挥着重要作用。

（3）非线性 Raman 光谱法

NRS 是以二级和高场强诱导极化为基础的 Raman 光谱法，其中应用最广的是相干反 Stokes Raman 光谱（coherent anti-Stokes Raman spectroscopy，CARS）。NRS 表现出的高灵敏度、高选择性和高抗荧光干扰能力，在微量化学和生物样品检测与结构表征中已有报道。

参 考 资 料

[1] 王宗明，何欣翔，孙殿卿. 实用红外光谱学. 第 2 版. 北京：石油工业出版社，1990.

[2] 唐恢同. 有机化合物的光谱鉴定. 北京：北京大学出版社，1992.

[3] 宁永成. 有机化合物结构鉴定与有机波谱学. 北京：清华大学出版社，1989.

[4] 汪尔康. 21 世纪的分析化学. 北京：科学出版社，1999.

[5] Skoog D A，Holler F J，Crouch S R. Principles of Instrumental Analysis. 7th ed. Boston：Cengage Learning，2018.

［6］ Smith E, Dent G. Modern Raman Spectroscopy-A Practical Approach. Hoboken: John Wiley & Sons Ltd, 2005.

思考题与习题

4.1　简述振动光谱的特点以及它们在分析化学中的重要性。

4.2　试述分子产生红外吸收的条件。

4.3　红外区分为哪几个区域？它们对分析化学的重要性如何？

4.4　何谓基频、倍频及组合频？影响基团频率位移的因素有哪些？

4.5　试述 Fourier 变换红外光谱仪与色散型红外光谱仪的最大区别是什么？前者具有哪些优点？

4.6　什么是 Raman 散射、Stokes 线和反 Stokes 线？什么是 Raman 位移？

4.7　Raman 光谱法与红外光谱法相比，在结构分析中的特点是什么？

4.8　在羰基化合物 R—CO—R′、R—CO—Cl、R—CO—F、F—CO—F 中，C═O 伸缩振动频率最高的是什么化合物？

4.9　在相同实验条件下，在酸、醛、酯、酰卤和酰胺类化合物中，排出 C═O 伸缩振动频率的大小顺序。

4.10　$CHCl_3$ 的红外光谱表明 C—H 伸缩振动吸收峰在 3100 cm^{-1}。对于 C_3HCl_3 来说，这一吸收峰将在什么波长处？

4.11　HF 中键的力常数约为 9 N · cm^{-1}，试计算：

(1) HF 的振动吸收峰波数；

(2) DF 的振动吸收峰波数。

4.12　指出下列振动是否有红外活性：

(1) CH_3—CH_3 中 C—C 伸缩振动；　(2) CH_3—CCl_3 中 C—C 伸缩振动；

(3) 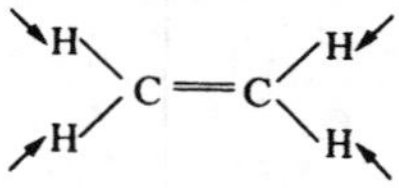；　(4) 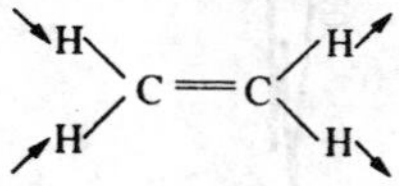；

(5) 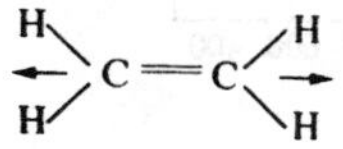；　(6) 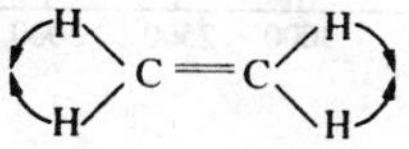；

(7) 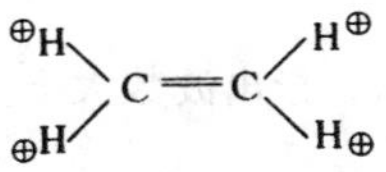；　(8) 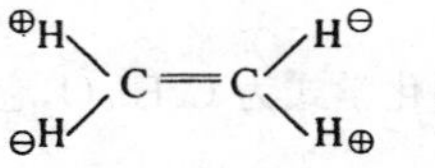。

4.13　CS_2 是线性分子，试画出它的基本振动类型，并指出哪些振动是红外活性的。

4.14　试预测 $CH_3CH_2\overset{O}{\overset{\|}{C}}—H$ 的红外吸收光谱中引起每一个吸收带的是什么键？

4.15　下面两个化合物的红外光谱有何不同？

(1) 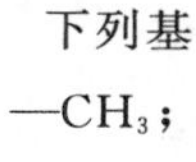—CH_2—NH_2；　(2) $CH_3—\overset{O}{\overset{/\!/}{C}}—N(CH_3)_2$。

4.16　下列基团的 ν(C—H) 出现在什么位置？

(1) —CH_3；　(2) —CH_2—CH_2—；

(3) —C≡CH；　(4) $—\overset{O}{\overset{/\!/}{C}}—H$。

4.17 指出以下分子的振动方式哪些具有红外活性，哪些具有 Raman 活性？或两者均有？

(1) O_2 的对称伸缩振动；

(2) CO_2 的不对称伸缩振动；

(3) H_2O 的弯曲振动；

(4) C_2H_4 的弯曲振动。

4.18 某化合物的分子式为 C_5H_8O，有下面的红外吸收谱带：3020 cm^{-1}，2900 cm^{-1}，1690 cm^{-1} 和 1620 cm^{-1}。它的紫外光谱在 227 nm($\varepsilon=10^4$ L·mol^{-1}·cm^{-1})有最大吸收。试写出该化合物的结构式。

4.19 某化合物的化学式为 $C_{11}H_{16}O$，试从其红外光谱图(图 4.26)推断其结构式。

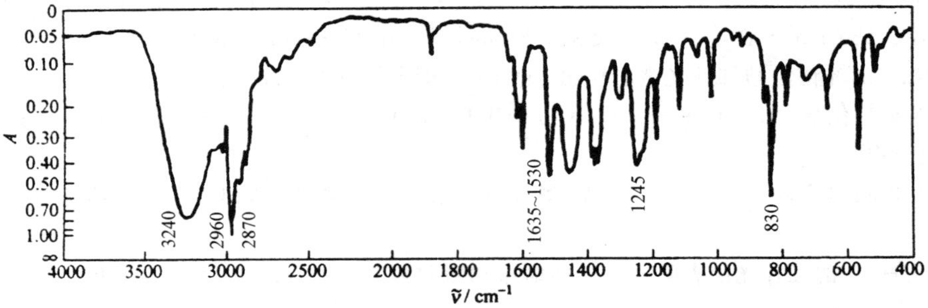

图 4.26

4.20 某未知物的化学式为 $C_{12}H_{24}$，试从其红外光谱图(图 4.27)推断其结构式。

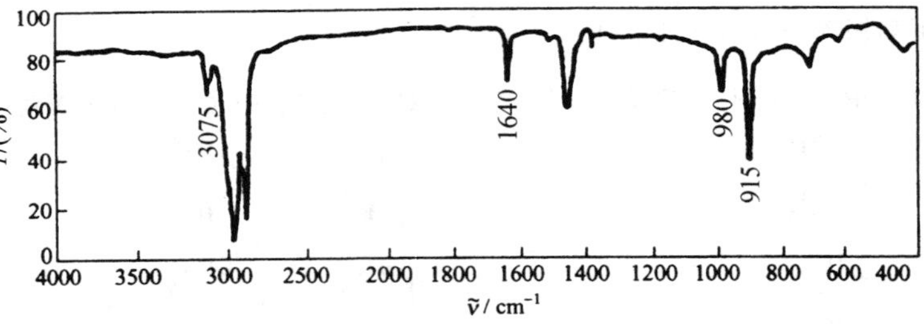

图 4.27

4.21 一种高沸点液体的化学式为 $C_9H_{10}O$，它的红外光谱如图 4.28 所示。指出波数大于 1400 cm^{-1} 的各主要峰的归属。

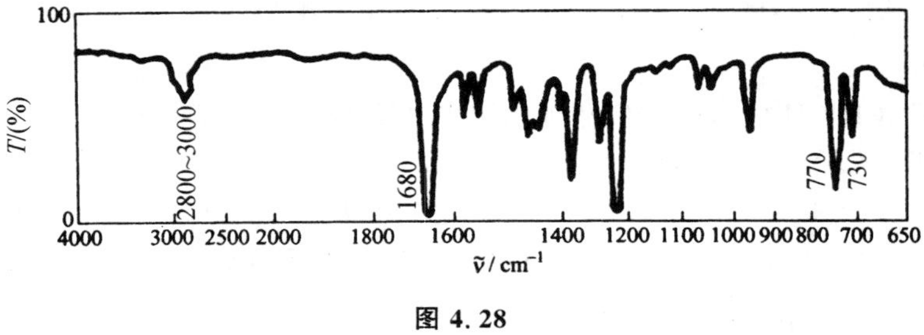

图 4.28

4.22 某化合物的化学式为 C_4H_5N，它的红外光谱如图 4.29 所示，试推断其结构式。

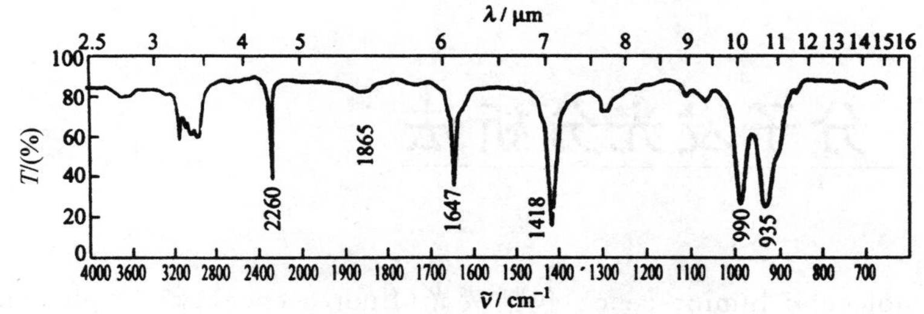

图 4.29

4.23　某化合物的化学式为 $C_6H_{10}O$，它的红外光谱如图 4.30 所示，试推断其结构式。

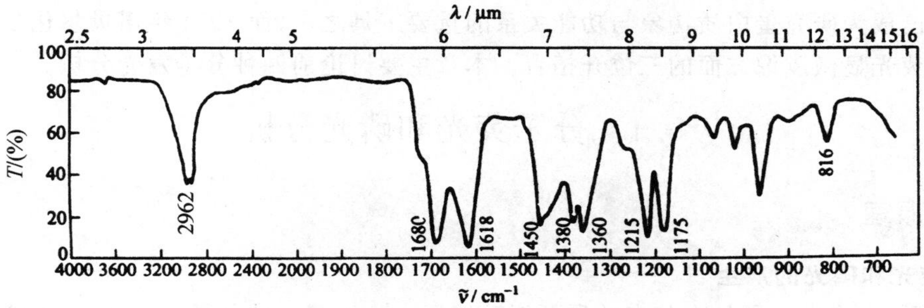

图 4.30

第 5 章　分子发光分析法

分子发光(molecular luminescence)包括荧光(fluorescence)、磷光(phosphorescence)、化学发光(chemiluminescence)、生物发光(bioluminescence)和光散射(light-scattering)。分子发光分析(molecular luminescence analysis)的显著特点是灵敏度高和选择性好，在化学、材料科学、生命科学、医药和临床检验等领域有特殊的重要性，特别是近年来，单分子荧光共振能量转移技术已成为研究蛋白质构象与功能关系的重要工具之一，而 2014 年诺贝尔化学奖颁给了在超分辨荧光显微成像方面的三位开拓者。本章主要讨论前四种分子发光分析。

5.1　分子荧光和磷光分析

5.1.1　原理

1. 荧光和磷光的产生

室温下，大多数分子处在基态的最低振动能级。处于基态的分子吸收能量(电能、热能、化学能或光能等)后被激发至激发态。激发态不稳定，将很快释放出能量跃迁回基态。若返回到基态时伴随着光子的辐射，这种现象称为“发光”。由吸收光能而导致的发光称为光致发光。迄今为止，分析化学中应用最广泛的光致发光类型是荧光。早在 1565 年，人们就观察到了荧光现象，而荧光一词是从一种能发荧光的矿物——萤石(fluorspar)而来的。1852 年，Stokes 阐明了荧光发射的机制。

图 5.1 表示一个有机分子的一部分能级，以及分子在吸收电磁辐射之后，释放能量的各种去活化过程。电子能级以粗的水平线表示，电子基态用 S_0 表示，第一电子单重激发态用 S_1 表示，第二电子单重激发态用 S_2 表示，第一电子三重激发态用 T_1 表示。振动能级以细的水平线表示，有机分子中振动能级的数量极多，使得每一个电子能级包含了一系列能级差非常接近的振动能级，在此，每个电子能级仅示意给出几个振动能级。与图 3.1 一致，为使示意图清晰明了，转动能级在此没有给出。除非分子具有非常低频的振动，一般地，样品中约 90%分子将处于最低振动能级。吸收能量跃迁产生电子基态 S_0 的振动基态至单重激发态 S_1 和 S_2 的各振动能级。

为了讨论磷光的产生，还需要了解电子自旋以及单重激发态与三重激发态之间的区别。电子激发态的多重度用 $M=2S+1$ 表示，S 为电子自旋量子数的代数和。根据 Pauli 不相容原理，分子中同一轨道所占据的两个电子必须具有相反的自旋方向，即自旋配对。对于一个分子，如果全部轨道里的电子都是自旋配对的，即 $S=0$，分子的多重度 $M=1$，该分子体系处于单重态，用符号 S 表示。大多数有机物分子的基态是处于单重态的。分子吸收能量后，若电子不发生自旋方向的变化，这时分子处于单重激发态，如图 5.1 中的 S_1 和 S_2。如果电子发生自旋方向的改变(该过程称为系间跨越)，这时分子便具有两个自旋不配对的电子，即 $S=1$，分子的多重度 $M=3$，分子处于三重激发态，用符号 T 表示。处于分立轨道上的非成对电子，平行自旋要比成对自旋更稳定些(Hunt 规则),因此三重态能级总是比相应的单重态能级略低,如图 5.1 中的 T_1。

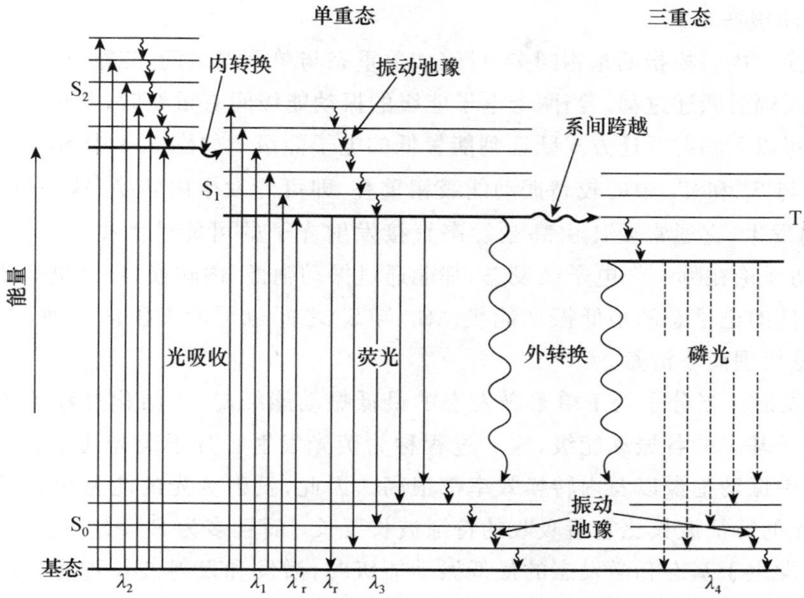

图 5.1　荧光和磷光分子的部分能级图,以及激发和去活化过程
直线箭头表示光子的吸收或发射,波浪箭头表示无辐射过程

处于三重激发态的分子,其性质与处于单重激发态的分子是不同的。前者是顺磁性的,后者是反磁性的;单重态-三重态的跃迁(或者反向跃迁)涉及电子态的改变,其跃迁概率非常低,不易发生,在图 5.1 中未给出该跃迁。三重激发态主要由系间跨越产生,随后由三重激发态到基态的辐射跃迁过程产生磷光。同样因为三重激发态的产生涉及电子自旋方向的改变,三重激发态的寿命在 10^{-4} 至几秒的时间范围内,比单重激发态(10^{-8} 秒)的寿命要长很多。

2. 去活化过程

处在激发态的分子是不稳定的,它可能通过辐射跃迁和非辐射跃迁等去活化过程返回基态,其中以速度最快、激发态寿命最短的途径占优势。图 5.2 为基本的去活化过程。

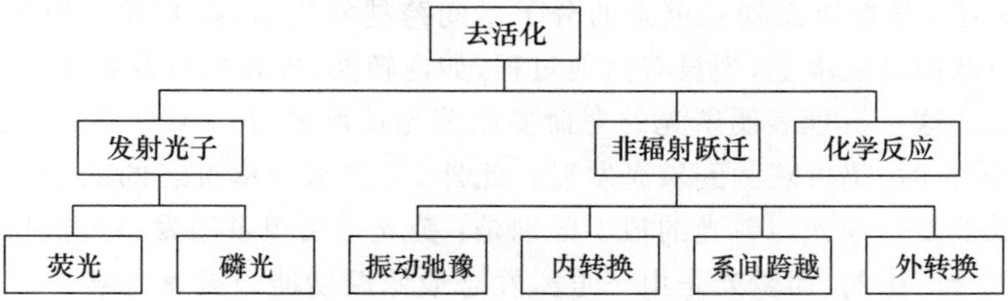

图 5.2　分子受激发之后基本的去活化过程

(1) 振动弛豫　当分子吸收光辐射后可能从基态 S_0 的最低振动能级跃迁到激发态 S_n 的较高的振动能级。然而,在液相或压力足够高的气相中分子间碰撞的概率很大,激发态分子可能将过剩的振动能量以热的形式传递给周围的溶剂分子,而自身之后从 S_n 的高振动能级失活

至该电子能级的最低振动能级,这一过程称为振动弛豫。发生振动弛豫的时间为 10^{-12} s,显著短于电子激发态的平均寿命,故而,溶液的荧光是由电子激发态的最低振动能级跃迁至电子基态的各振动能级产生。

(2) 内转换　内转换指的是相同多重度(如单重态与单重态之间,三重态与三重态之间等)能态间的一种无辐射跃迁过程。当两个电子能级的振动能级间有重叠时,则可能发生电子由能量高的电子能级以无辐射跃迁方式跃迁到能量低的电子能级。如图 5.1 中 S_2 和 T_2 态的较低振动能级分别与 S_1 和 T_1 中的较高振动能级相重叠,即可能发生内转换,这一过程在 10^{-13}～10^{-11} s 时间内发生,它通常要比由高激发态直接发射光子的可能性大得多。因此,如图 5.1 所示,分子最初无论在哪一个电子激发态,都能通过振动弛豫、内转换,以及进一步的振动弛豫到达能量比其低的电子态的最低振动能级。S_1 与 S_0 之间也可能发生内转换,多发生于脂肪族化合物,但是机理尚不清楚。

(3) 荧光发射　当分子处于单重激发态的最低振动能级时,去活化过程的一种形式是发射光子返回电子基态的各振动能级,这一过程称为荧光发射。分子荧光通常在 10^{-9}～10^{-7} s 内发生。溶液中振动弛豫以及内转换效率都很高。因此,发射荧光的能量比分子所吸收的能量要小,即荧光的特征波长比它所吸收的特征波长要长,而且多为 $S_1 \rightarrow S_0$ 跃迁。仅仅当激发和发射跃迁都发生于基态和激发态的最低振动能级时,激发和发射波长重叠。例如图 5.1 的激发波长 λ_r' 产生共振发射 λ_r。

(4) 外转换　激发分子通过与溶剂或其他溶质间的相互作用导致能量转换而使荧光或磷光强度减弱甚至消失的过程称为外转换。这一现象称为"熄灭"或"猝灭"(quench)。发生于最低单重激发态和三重激发态与基态之间的无辐射跃迁可能包括外转换和内转换。

(5) 系间跨越　系间跨越指的是不同多重度状态(如单重态和三重态)间的一种无辐射跃迁过程。它涉及受激电子自旋状态的改变,如 $S_1 \rightarrow T_1$,使原来两个自旋配对的电子不再配对。通常情况下,这种跃迁是禁阻的,但如果两个电子能态的振动能级有较大的重叠时,如图 5.1 中单重激发态 S_1 的最低振动能级与三重激发态 T_1 的较高振动能级重叠,这种禁阻的转换也有可能发生,通过自旋-轨道耦合等作用使 S_1 态转入 T_1 态的某一振动能级。当分子中有重原子(如溴或碘)时,自旋-轨道耦合作用增加,发生系间跨越的概率增大。溶液中有顺磁性物种溶解氧存在时,系间跨越也会增加。

(6) 磷光发射　从单重态到三重态的分子系间跨越发生后,接着发生快速的振动弛豫而到达三重态的最低振动能级上,当没有其他过程,如内转换、外转换以及荧光发射竞争时,跃迁回基态而发磷光。这一机理表明磷光的寿命要比荧光长得多,在 10^{-4}～10 s 范围或更长的时间,甚至当激发停止时,仍可观测到磷光发射。此外,三重态→单重态的跃迁比单重态→单重态跃迁的概率低很多。荧光与磷光的根本区别是:荧光是由单重激发态最低振动能级至基态各振动能级的跃迁产生的,而磷光是由三重激发态最低振动能级至基态各振动能级的跃迁产生的。外转换与内转换都可有效地与磷光竞争,因此磷光通常只可能在低温、高黏度介质中观测到,或者需使用特别手段保护三重态。

3. 激发光谱和发射光谱

任何荧光(磷光)化合物都具有两个特征光谱:激发光谱和发射光谱。它们是荧光(磷光)定性和定量分析的基本参数和依据。

（1）激发光谱

荧光和磷光都是光致发光，因此必须选择合适的激发光波长，这可从它们的激发光谱来确定。测量激发光谱时，扫描激发光的波长，在荧光（磷光）的最大发射波长处测量荧光（磷光）强度的变化。以激发光波长为横坐标，荧光（磷光）强度为纵坐标作图，即得到荧光（磷光）化合物的激发光谱。激发光谱的形状与吸收光谱的形状极为相似，经光源发射谱以及检测器响应随波长变化的校正后，真实激发光谱与吸收光谱不仅形状相同，而且波长位置也一样。这是因为物质分子吸收能量的过程就是激发过程。

（2）发射光谱

简称荧光（磷光）光谱。测量发射光谱时，将激发光波长固定在最大激发波长，扫描发射光的波长，测定不同发射波长处的荧光（磷光）强度，即得到荧光（磷光）发射光谱。图 5.3 为菲的激发光谱、荧光发射光谱和磷光发射光谱。

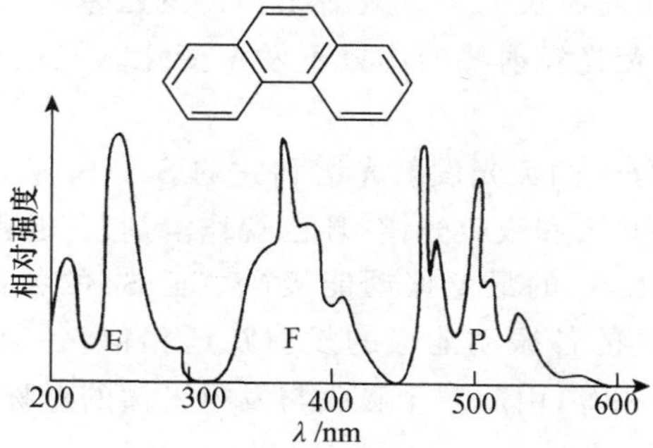

图 5.3　菲的激发(E)、荧光发射(F)和磷光发射(P)光谱

三维荧光谱或者等高图将不同波长的激发与发射光谱同时表现出来，它反映了不同激发波长下的荧光发射光谱。图 5.4 所示的是乙基罗丹明 B 的荧光等高图以及最大激发波长 550 nm 激发下的发射光谱。等高图显示了同一波长激发和发射的 Rayleigh 散射，以及发射波长长于 Rayleigh 散射波长的荧光信号。

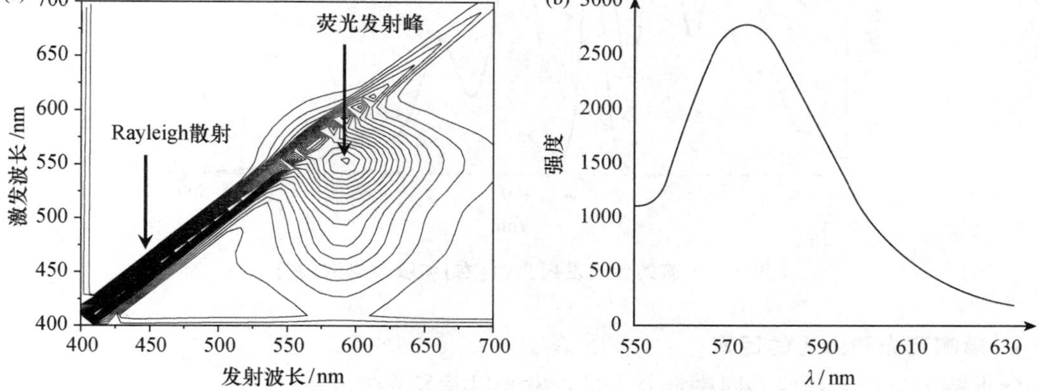

图 5.4　乙基罗丹明 B 的荧光等高图(a)和 550 nm 激发下的发射光谱(b)

荧光发射光谱显示了若干普遍的特性。

(i) Stokes 位移。在溶液中,分子荧光的发射峰相对于吸收峰位移到较长的波长,称为 Stokes 位移。该现象于 1952 年由剑桥大学的 Stokes G. G. 发现。对于溶液中的荧光分子,激发和发射之间发生能量损失是普遍现象。这是由于受激分子通过快速振动弛豫而失去振动能,而且荧光通常由 S_1 的最低振动能级跃迁至 S_0 的高振动能级。此外,由于激发态荧光分子与溶剂的相互作用,使激发态能量降低,Stokes 位移加大。

(ii) 荧光发射光谱的形状通常与激发波长无关。如图 5.1 所示,引起分子激发的波长是 λ_1 和 λ_2,但荧光的波长都是 λ_3。这是因为分子吸收了不同能量的光子可以由基态激发到几个不同的电子激发态,从而具有几个吸收带。较高激发态通过内转换及振动弛豫回到第一电子激发态的概率是很高的,远大于由高能激发态直接发射光子的概率,故在荧光发射时,不论用哪一个波长的光辐射激发,电子都从第一电子激发态的最低振动能级返回到基态的各个振动能级,所以荧光发射光谱与激发波长无关。从图 5.4(a)的乙基罗丹明 B 的荧光等高图可以清楚地看到,改变激发波长,其荧光发射峰的位置不发生变化。但也存在例外的情况,有的荧光分子从 S_2 发射。

(iii) 镜像规则。通常,分子的荧光发射光谱和它的 $S_0 \rightarrow S_1$ 吸收光谱呈镜像对称关系,如图 5.5 所示的蒽的荧光发射光谱和吸收光谱(环己烷作溶剂)。通常情况下,荧光分子的 S_0 和 S_1 的振动能级差相似,因此由 S_0 的最低振动能级(v_0)至 S_1 的各振动能级的吸收跃迁,与从 S_1 的最低振动能级(v_0)至 S_0 的各振动能级的发射跃迁相似,各吸收谱线之间的能量差与各发射谱线之间的能量差近似相等,由此产生吸收与发射光谱的对称性。

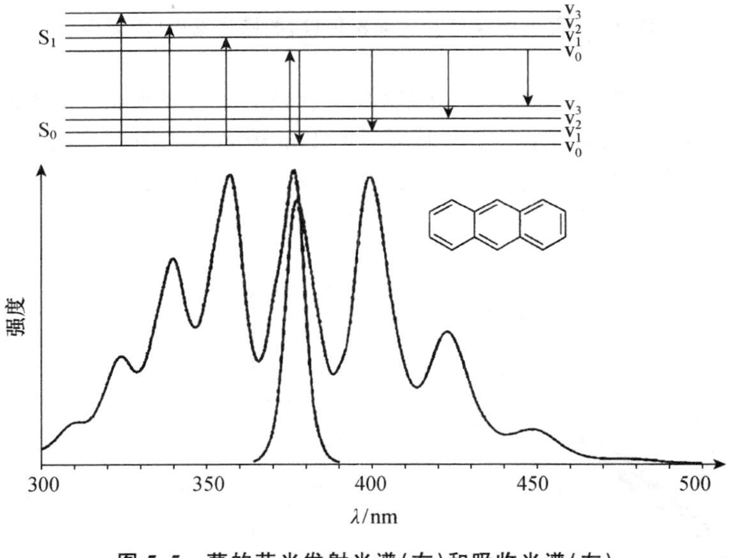

图 5.5　蒽的荧光发射光谱(右)和吸收光谱(左)

4. 影响荧光和磷光的因素

分子结构与化学环境共同决定分子是否发光以及发光强度。

(1) 荧光寿命与荧光量子产率

荧光分子的荧光寿命与荧光量子产率是其重要的发光参数。

荧光量子产率(fluorescence quantum yield, ϕ_f)也称荧光效率或荧光量子效率，其值为0～1，它表示物质发射荧光的能力，通常用下式表示

$$\phi_f=\frac{\text{发射的光量子数}}{\text{吸收的光量子数}}=\frac{\text{荧光强度}(I_f)}{\text{吸收的光强}(I_a)} \tag{5.1}$$

许多吸光物质并不能发射荧光，因为在激发态分子释放激发能的过程中除荧光发射外，还有前文所述的辐射和非辐射跃迁过程与之竞争。荧光量子产率与上述每一个过程的速率常数有关。其关系如下式所示

$$\phi_f=\frac{k_f}{k_f+\sum k_{nr}}=\frac{k_f}{k_f+k_{ic}+k_{isc}+k_{ec}} \tag{5.2}$$

式中：k_f 为荧光发射过程的速率常数，$\sum k_{nr}$ 为其他有关过程的速率常数的总和，包括内转换速率常数(k_{ic})、系间跨越速率常数(k_{isc})以及外转换速率常数(k_{ec})。

从上式可知，凡是能使 k_f 升高而使 $\sum k_{nr}$ 降低的因素，都可增强荧光。一般说来，k_f 主要取决于分子结构，而 $\sum k_{nr}$ 则主要取决于化学环境，同时也与分子结构有关。磷光的量子产率与荧光相似。

激发态寿命定义为分子处于激发态的平均时间。由下式描述

$$\tau=\frac{1}{k_f+\sum k_{nr}} \tag{5.3}$$

荧光发射是一个随机的过程，只有少数分子在 $t=\tau$ 时刻发射光子。对于单指数荧光衰减，63%的分子在 $t=\tau$ 之前发光，37%的分子在 $t=\tau$ 之后发光。

激发态的平均寿命与跃迁概率有关，摩尔吸光系数越大，激发态寿命越短。

(2) 跃迁类型

首先需要指出的是，荧光极少由波长低于 250 nm 的紫外光激发，因为这个波段的辐射容易通过对激发态进行解离的方式去活化，使化合物断键。实验表明，大多数荧光化合物都是由 $\pi\rightarrow\pi^*$ 或 $n\rightarrow\pi^*$ 跃迁激发，然后经过振动弛豫或其他无辐射跃迁，再发生 $\pi^*\rightarrow\pi$ 或 $\pi^*\rightarrow n$ 跃迁而产生荧光。一般地，最低跃迁能量为 $\pi\rightarrow\pi^*$ 类型的化合物比 $n\rightarrow\pi^*$ 类型的化合物更容易发荧光，即 $\pi^*\rightarrow\pi$ 跃迁的荧光效率较高。首先，$\pi\rightarrow\pi^*$ 跃迁的摩尔吸光系数比 $n\rightarrow\pi^*$ 跃迁的摩尔吸光系数大 100 至 1000 倍，表明前者的跃迁概率很大；由于摩尔吸光系数大，与 π、π^* 能态相关的寿命短，k_f 大，根据式(5.2)，荧光量子产率大。

(3) 分子结构与荧光

(i) 共轭结构

含有 $\pi\rightarrow\pi^*$ 跃迁能级的芳香族化合物的荧光最强。这种体系中的 π 电子共轭程度越大，则 π 电子非定域性越大，越易被激发，荧光也就越易发生，而且荧光光谱将向长波移动。任何有利于提高 π 电子共轭程度的结构改变，都将提高荧光量子产率，并使荧光波长向长波方向移动。例如，表 5.1 和表 5.2 所列的对苯基化、间苯基化和乙烯化作用都将提高苯的荧光量子产率，并使荧光光谱红移。

表 5.1　对苯基化和间苯基化作用对荧光量子产率以及荧光波长的影响

化合物(在环己烷中)	ϕ_f	λ/nm
苯	0.07	283
联苯	0.18	316
对-联三苯	0.93	342
对-联四苯	0.89	366
1,3,5-三苯基苯	0.27	355

表 5.2　乙烯化作用对荧光量子产率以及荧光波长的影响

化　合　物	ϕ_f	λ/nm
联苯	0.18	316
4-乙烯基联苯	0.61	333
蒽	0.36	402
9-乙烯基蒽	0.76	432

绝大多数能发生荧光的物质含有芳香环;除少数高共轭体系外,能发生荧光的脂肪族和脂环族化合物极少。非取代芳香化合物,荧光量子产率通常随环的数量以及稠环程度的增加而增加。简单的杂环化合物,如吡啶、呋喃、噻吩和吡咯则不显示荧光性质。对于含氮杂环,最低能量的电子跃迁有 $n\rightarrow\pi^*$ 跃迁,易发生自旋-轨道耦合,促进产生三重激发态,从而降低荧光发射效率。将苯环与杂环融合,可导致摩尔吸光系数增加,从而降低激发态寿命,增加荧光量子产率。

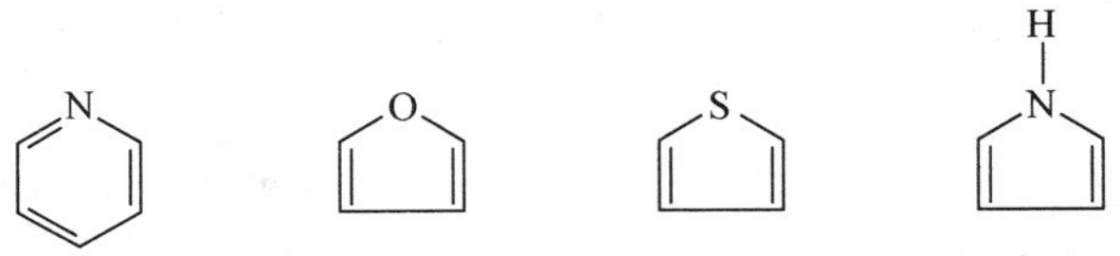

吡啶　　呋喃　　噻吩　　吡咯

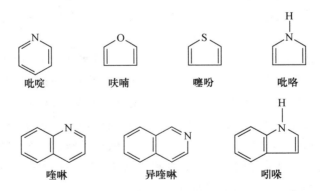

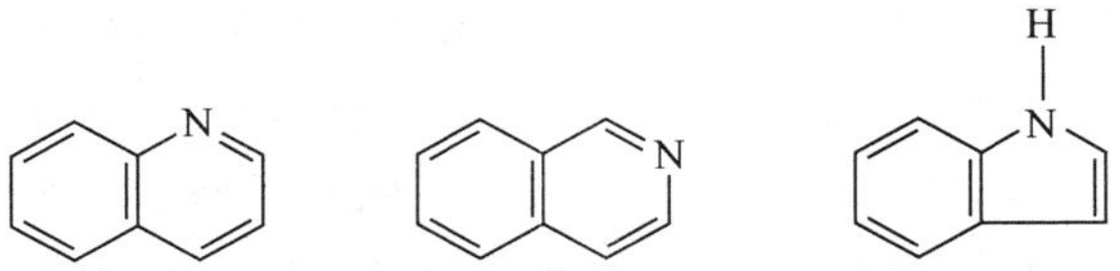

喹啉　　异喹啉　　吲哚

(ii) 刚性平面结构

实验发现多数具有刚性平面结构的有机分子具有强烈的荧光。刚性差的分子会导致内转换速率增加,从而增加非辐射去活速率。例如,荧光素和酚酞,尽管它们的结构十分相似,但荧光素在溶液中有很强的荧光,而酚酞却没有荧光。这主要是因为荧光素分子中的氧桥使其具有刚性平面结构。又如,芴和联苯在同样条件下其荧光效率分别为 1 左右和 0.18,芴中的亚甲基使分子的刚性增加,导致两者在荧光性质上显著的差别。分子刚性也可以用于解释金属螯合物的荧光比其配体荧光强。例如,8-羟基喹啉的荧光远比其锌配合物弱。

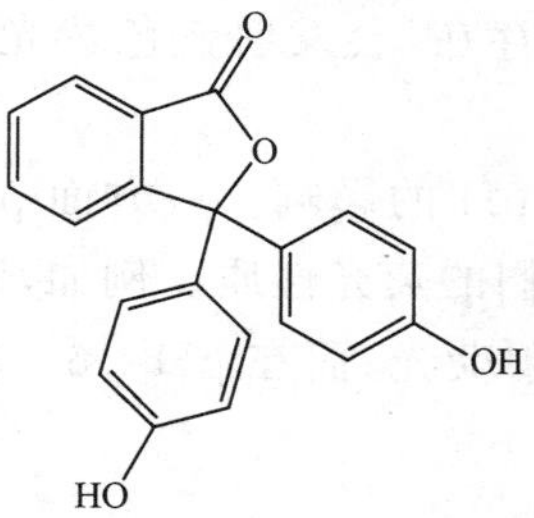

酚酞

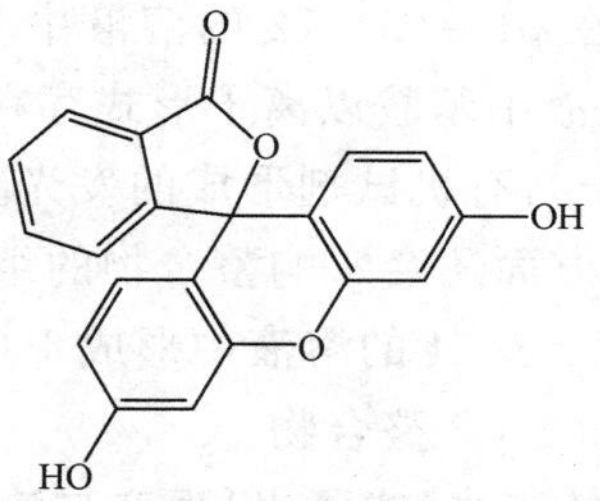

荧光素

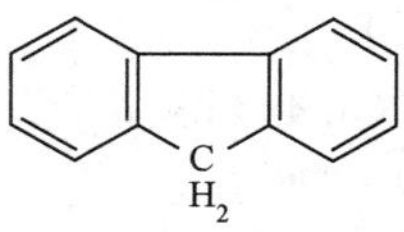

芴

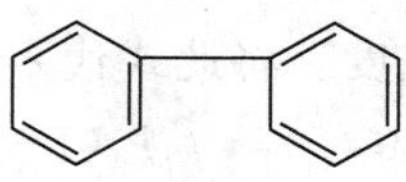

联苯

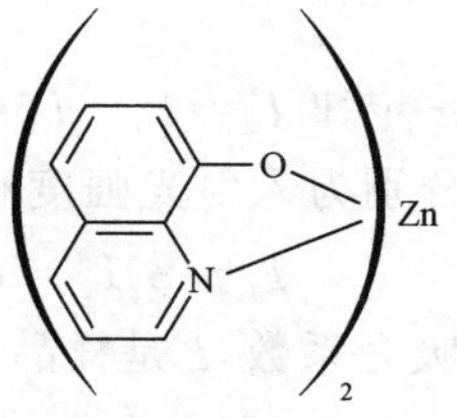

锌-8-羟基喹啉配合物

(iii) 取代基效应

芳香族化合物苯环上的不同取代基对该化合物的荧光量子产率和荧光光谱有很大的影响。一般来说，给电子基团，如—OH、—OR、—NH_2、—CN、—NR_2 等，使荧光增强。因为产生了 p-π 共轭作用，增强了 π 电子共轭程度，使最低单重激发态与基态之间的跃迁概率增大。而吸电子基团，如—COOH、—CO、—NO_2、—NO、卤素离子等，会减弱甚至猝灭荧光。如硝基苯为非荧光物质，而苯酚、苯胺的荧光较苯强。如果将一个高原子序数的原子引入发光分子的 π 电子体系中，往往会增强磷光而减弱荧光。这种作用称为内部重原子效应。例如，对于卤代苯，氟苯的荧光效率为 0.16，氯苯的为 0.05，溴苯的为 0.01，而碘苯则没有荧光。这是因为在原子序数较高的原子中，自旋-轨道作用变强，更有利于电子自旋的改变，增大了系间跨越的速率，而使荧光减弱，磷光增强。若使用含重原子的溶剂，也会发生外部重原子效应，导致磷光增强和荧光减弱。

(4) 温度与溶剂黏度

对于大多数分子，荧光量子产率随温度升高而下降，主要是因为温度升高，分子碰撞频率较大，增加了外转换去活化的概率。同样，降低溶剂黏度也会增加外转换概率，从而减弱荧光。

(5) 溶剂影响

根据图 5.1，从电子基态的振动基态到电子激发态的振动基态的跃迁产生的激发与发射波长是相等的，但由于极性溶剂对激发态有稳定作用而使能量降低。室温下，溶剂化作用的时间为 10～100 ps，比荧光寿命短，因此溶剂化作用使发射波长红移。通常荧光团在激发态偶极矩大于基态偶极矩，当光激发分子时，溶剂偶极重新围绕激发态偶极排布，降低激发态的能量。一般地，具有极性的荧光分子才对溶剂极性有显著响应。而非极性分子，如无取代多环芳烃，则对溶剂灵敏性差些。

(6) 溶液 pH 对荧光强度的影响

带有酸性或碱性官能团的大多数芳香族化合物的荧光一般都与溶液的 pH 有关，质子化与非质子化的形态，其发光波长与强度均有可能不同，因此在荧光分析中要严格控制溶液的

pH。例如：在 pH＝7～12 的溶液中苯胺以分子形式存在，会发射蓝色荧光；而在 pH＜2 或 pH＞13 的溶液中苯胺以离子形式存在，都不发射荧光。

金属离子与有机试剂形成的发光螯合物也受溶液 pH 的影响。一方面 pH 会影响螯合物的形成，另一方面还会影响螯合物的组成，因而影响它们的荧光性质。例如，镓与 2,2′-二羟基偶氮苯在 pH＝3～4 的溶液中形成 1∶1 螯合物，能发射荧光；而在 pH＝6～7 的溶液中，则形成非荧光性的 1∶2 螯合物。

5. 溶液的荧光(或磷光)强度与浓度的关系

荧光强度 I_f 正比于吸收的光强度 I_a 与荧光量子产率 ϕ_f。

$$I_f = \phi_f I_a \tag{5.4}$$

又根据 Beer 定律 $I_a = I_0 - I_t = I_0(1 - I_t/I_0) = I_0(1 - 10^{-\varepsilon lc})$

式中：I_0 和 I_t 分别为入射光强度和透射光强度。将此式代入式(5.4)，得

$$I_f = \phi_f I_a = \phi_f I_0(1 - 10^{-\varepsilon lc}) = \phi_f I_0(1 - e^{-2.303\varepsilon lc})$$

式中：ε 是摩尔吸光系数，l 是样品池的光程，c 是样品浓度。而式中

$$e^{-2.303\varepsilon lc} = 1 + (-2.303\varepsilon lc)/1! + (-2.303\varepsilon lc)^2/2! + (-2.303\varepsilon lc)^3/3! + \cdots$$

当 $\varepsilon lc \leqslant 0.05$ 时，可省略第二项后各项，$e^{-2.303\varepsilon lc} = 1 - 2.303\varepsilon lc$，则

$$I_f = 2.303\phi_f I_0 \varepsilon lc \tag{5.5}$$

当入射光强度 I_0 和 l 一定，上式可简写为

$$I_f = kc \tag{5.6}$$

即在极稀的溶液中(一般来说，溶液的吸光度不得超过 0.05)，荧光强度与荧光物质的浓度呈正比。对于较浓的溶液，由于外转换猝灭和自吸收等原因，使荧光强度与浓度不呈线性关系。

(1) 内滤光作用和自吸收现象　溶液中若存在着能吸收激发光或荧光物质所发射光能的物质，就会使荧光减弱，这种现象称为内滤光作用。例如，在 1 $\mu g \cdot mL^{-1}$ 的色氨酸溶液中，如有 $K_2Cr_2O_7$ 存在，由于在色氨酸的激发和发射峰附近正好是 $K_2Cr_2O_7$ 的两个吸收峰，$K_2Cr_2O_7$ 吸收了一部分激发色氨酸的光，以及色氨酸发射的荧光，使测得的色氨酸荧光大大降低。内滤光作用的另一种情况是，荧光物质的荧光发射光谱的短波长一端与该物质的吸收光谱的长波长一端有重叠(如图 5.5 中有部分重叠)。在溶液浓度较大时，一部分荧光发射被自身吸收，产生所谓自吸收现象而降低了溶液的荧光强度。

(2) 散射光的影响　荧光分析中常出现 Rayleigh 散射光、容器表面的散射光、Tyndall 散射以及 Raman 散射，对荧光测定有干扰。尤其是散射光波长比入射光波长更长的 Raman 散射，其覆盖一定波长范围的、较宽的谱带。选择适当的激发光波长，可消除 Raman 散射的干扰。

6. 溶液荧光的猝灭

荧光物质分子与溶剂分子或其他溶质分子的相互作用引起荧光强度降低的现象称为荧光猝灭(fluorescence quenching)。引起荧光猝灭的物质称为荧光猝灭剂，如卤素离子、重金属离子、氧分子、硝基化合物、重氮化合物、羰基和羧基化合物等。荧光猝灭的形式很多，主要的类型包括：

(1) 碰撞猝灭(又称动态猝灭)　这是荧光猝灭的主要类型之一。它是指处于单重激发态的荧光分子与猝灭剂分子碰撞，使前者以非辐射跃迁方式回到基态，产生猝灭作用。碰撞猝灭的前提条件是分子碰撞接触，猝灭速率与溶液温度和黏度相关。

对于由单一猝灭剂动态猝灭为主的外转换，外转换速率为

$$k_{ec}=k_q[Q] \tag{5.7}$$

式中：k_{ec} 为外转换速率常数，k_q 为动态猝灭常数，$[Q]$为猝灭剂浓度。

当不存在猝灭时，由(5.2)式可得荧光量子产率 ϕ_f^0 为

$$\phi_f^0=\frac{k_f}{k_f+k_{ic}+k_{isc}} \tag{5.8}$$

当存在猝灭时，荧光量子产率 ϕ_f 为

$$\phi_f=\frac{k_f}{k_f+k_{ic}+k_{isc}+k_{ec}}=\frac{k_f}{k_f+k_{ic}+k_{isc}+k_q[Q]} \tag{5.9}$$

将式(5.8)与式(5.9)相除，可得 Stern-Volmer 方程

$$\frac{\phi_f^0}{\phi_f}=1+K_q[Q] \tag{5.10}$$

式中：K_q 为 Stern-Volmer 猝灭常数，$K_q=k_q/(k_f+k_{ic}+k_{isc})$。

动态猝灭降低荧光量子产率以及荧光寿命。

由于荧光强度 I_f 与量子产率 ϕ_f 呈正比关系，上述 Stern-Volmer 方程可以用荧光强度表示

$$\frac{I_f^0}{I_f}=1+K_q[Q] \tag{5.11}$$

式中，I_f^0 和 I_f 分别为无和有猝灭剂时的荧光信号。

根据式(5.10)和式(5.11)作图，都可以得到截距为 1，斜率为 K_q 的直线，如图 5.6 所示。式(5.10)和式(5.11)均可用于测定 K_q。

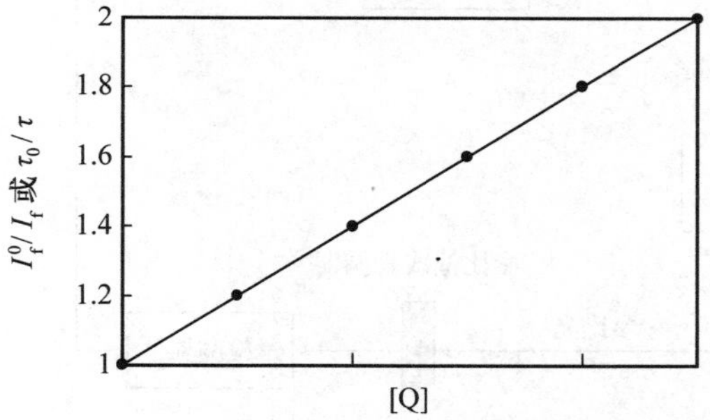

图 5.6　根据荧光强度和荧光寿命测定的动态猝灭曲线

溶液中的溶解氧常常会减弱溶液的荧光。主要是由于分子氧具有顺磁性，增加荧光分子系间跨越，由单重激发态转入三重激发态。除此以外，溶解氧产生的荧光猝灭还可能是由于氧参与的荧光物种的光化学氧化。

(2) 静态猝灭　部分荧光物质分子与猝灭剂分子生成非荧光的配合物。荧光强度的变化与猝灭剂的浓度关系仍然可以用式(5.11)描述。但是方程中的 K_q 应为 K_{SV}，是荧光团-猝灭剂配合物的形成常数。由于荧光团的激发态不受影响，荧光寿命不发生变化。由此可以区分动态猝灭和静态猝灭。激发态偶极与猝灭剂偶极相互作用产生荧光共振能量转移，猝灭行为不符合 Stern-Volmer 方程。

(3) 转入三重态的猝灭　荧光物质分子发生系间跨越，由单重态转入三重态。例如，体系中引入溴或碘，或是溶液里的溶解氧，都能促使荧光物质激发态分子的系间跨越。

(4) 发生电荷转移反应的猝灭　例如，甲基蓝与 Fe^{2+} 发生电荷转移反应，使甲基蓝溶液的荧光猝灭。

(5) 荧光物质的自猝灭　单重激发态分子在发射荧光之前和未激发的荧光物质分子碰撞而引起自猝灭。这种自猝灭往往发生在浓度较高的溶液中。

基于荧光物质所发出的荧光被分析物猝灭，随着分析物浓度增加，溶液的荧光强度降低，建立了荧光猝灭法。如溶液中微量的氧就可以用这种方法来监控。

5.1.2 荧光(磷光)光谱仪

用于测量荧光(磷光)光谱的仪器由激发光源、激发和发射单色器、样品池、检测器、数据处理与输出系统组成，示意于图 5.7。

光源的光被分成强度比一定的两束光。光功率大的一束光通过激发单色器激发样品，样品发射的荧光经发射单色器后，到达检测器。光功率小的一束光到达参比检测器。参比检测器如果使用灵敏的光电倍增管，则需要在检测器之前放置一个衰减器，目前大多数仪器的参比检测器采用硅光二极管，不必使用衰减器。数据处理与输出系统将两束光强取比值，消除光源波动的影响。几乎所有的荧光光谱仪都采用双光路设计，以补偿光源波动的影响。此外，样品向各个方向发射荧光，在与激发光束呈直角的方向检测，可降低入射光与散射光的影响。

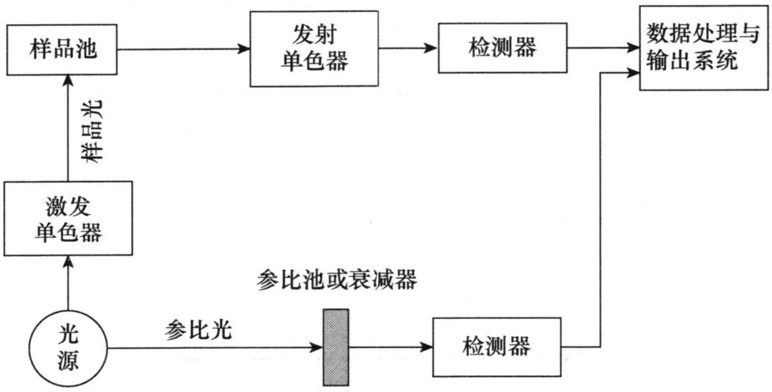

图 5.7　荧光光谱仪结构图

1. 光源

由式(5.5)可知，荧光强度与光源的强度直接呈正比关系，因此发光分析的光源都使用功率大的光源。为了便于选择激发光的波长，要求激发光源是能够在很宽的波长范围内发光的连续光源。在紫外-可见光区，荧光光谱仪的光源常用氙弧灯。低压汞蒸气灯是线状光源，可以发出 313 nm、365 nm、405 nm、436 nm 和 546 nm 的光，常用作使用滤波器的荧光光谱仪的荧光光源。

激光器，特别是可调谐染料激光器，是发光分析理想的光源。染料激光器的应用波长范围在 330～1020 nm，即从近紫外到近红外范围。

2. 样品池

荧光仪用的样品池材料要求无荧光发射，通常用熔融石英，样品池的四壁均光洁透明。对固体样品，通常将样品固定于样品夹的表面。

3. 单色器

单色器一般为光栅和干涉滤光片，需要有两个，一个用于选择激发光波长，另一个用于分离选择荧光发射波长。

4. 检测器

荧光的强度通常比较弱，因此要求检测器要有较高的灵敏度。一般为光电管、光电倍增管、二极管阵列检测器、电荷耦合装置，光子计数器等高功能检测器也已得到应用。

为了消除入射光和散射光的影响，荧光检测器与激发光方向呈直角。

5. 磷光光谱仪

利用磷光寿命比荧光长这一区别，在荧光光谱仪上配置磷光附件后，即可用于检测磷光。

由于在磷光发射之前要经历更多的去活化过程，为减少这些去活化过程的影响，通常应在低温下测量磷光。将溶解于合适溶剂中的样品放在盛有液氮的石英杜瓦瓶内，即可用于低温磷光测定，如图 5.8 所示。

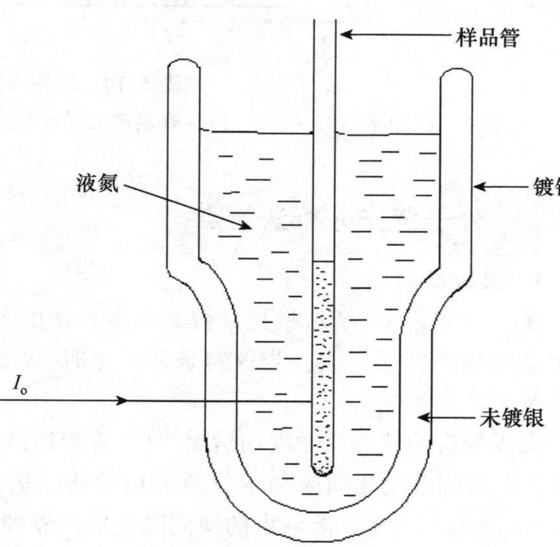

图 5.8　低温荧光的样品池

有些物质同时会发射荧光和磷光，为了能在同时有荧光现象的体系中测定磷光，通常必须在激发单色器和液槽之间以及在液槽和发射单色器之间各装一个斩波片，并由一个同步马达带动。这种装置称作磷光镜，有转筒式[图 5.9(a)]和转盘式[图 5.9(b)]两种类型。它们的工作原理是一样的，现以转筒式磷光镜说明之。

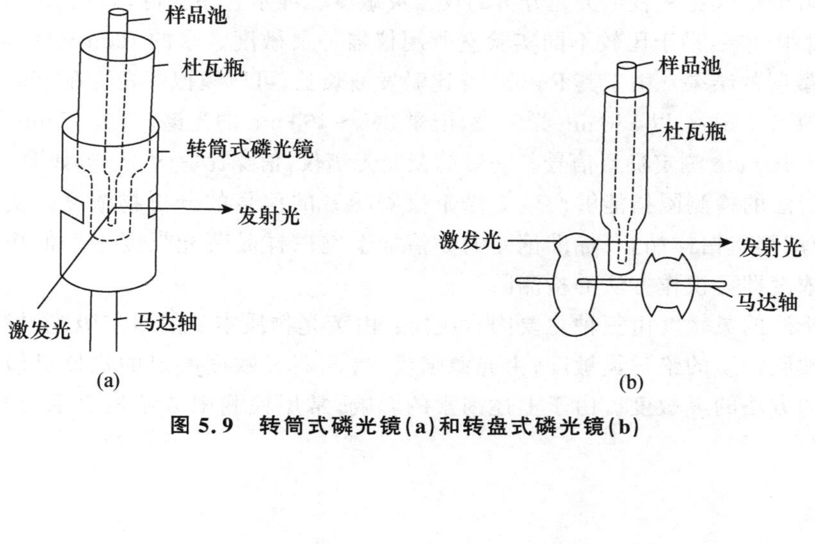

图 5.9　转筒式磷光镜(a)和转盘式磷光镜(b)

转筒式磷光镜是一个空心圆筒，在其圆周面上有两个以上的等间距的狭缝，当马达带动圆筒旋转时，来自激发单色器的入射光交替地照射到样品池，由试样发射的光也是交替（但与入射光异相）地到达发射单色器的入口狭缝。当磷光镜不遮断激发光时，测到的是磷光和荧光的总强度；当磷光镜遮断激发光时，由于荧光的寿命短，立即消失，而磷光寿命长，测到的仅是磷光的信号。而且还可以调节圆筒的转速，测出不同寿命的磷光。另外还可以采用脉冲光源，在光源熄灭的时段检测磷光，此即时间分辨技术，其原理如图 5.10 所示。

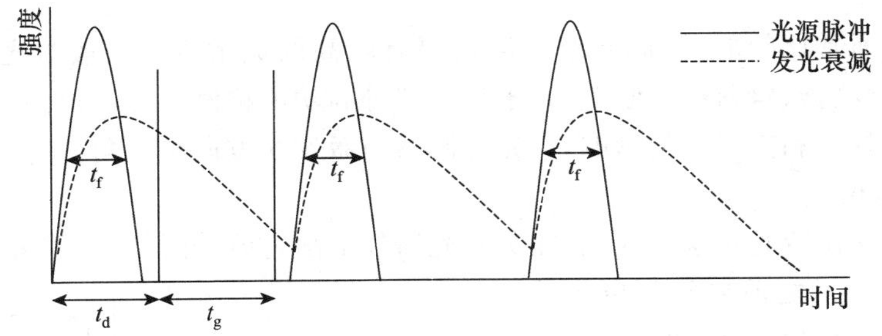

图 5.10 脉冲光源测定磷光

t_f＝脉冲半高宽　t_g＝门控（测定磷光的时间）　t_d＝脉冲起始至测定磷光的衰减时间

5.1.3 分子荧光分析法特点

1. 灵敏度高

在吸收光谱中，摩尔吸光系数 ε 表示方法的灵敏度。在荧光分析中，方法的灵敏度与仪器和荧光物质的性质有关。当仪器条件一定时，灵敏度不仅与摩尔吸光系数有关，而且与荧光分子的量子产率有关。

荧光分析的仪器灵敏度用信噪比（或称为检测限）来表示。需要有一个化学稳定的并具有稳定荧光发射强度的物质来衡量仪器的信噪比。美国标准物质及测定方法中规定以硫酸奎宁在 0.05 mol·L^{-1} H_2SO_4 溶液中的检测限表示仪器的灵敏度。选择硫酸奎宁的激发和发射波长为 350 nm 和 450 nm。没有硫酸奎宁的试剂的信号作为背景信号，之后，测量逐级稀释的已知浓度的硫酸奎宁的荧光，荧光信号刚好高于背景信号的硫酸奎宁的浓度可视作检测限。近年来，常以水的 Raman 峰的信噪比来表示荧光分析的仪器灵敏度。纯水容易获得，而且水的 Raman 峰重现性和稳定性都很理想，易于比较不同实验室所用仪器的灵敏度。水的 Raman 峰并非荧光光谱，而是 Raman 散射的结果。由于其 Raman 峰比激发波长长，可以模拟荧光。在 350 nm 激发时，水的 Raman 峰在 397 nm。以 350 nm 光激发，记录 365～460 nm 的光谱。在 397 nm 处测定 Raman 信号，在 420～460 nm 测定噪音信号。一般的荧光光谱仪，信噪比应大于 50，如图 5.11 所示。

荧光分析法的检测限指能够产生 3 倍于仪器噪音的信号的分析物浓度。实际操作中，平行测定 10 份试剂空白样品，其标准偏差的 3 倍加上空白样品荧光强度平均值作为信号，所对应的分析物浓度即可视作方法的检测限。

荧光分析法的灵敏度由三种主要因素决定：由荧光物质本身的摩尔吸光系数及荧光量子产率决定的被测物质的绝对灵敏度；由光源强度、检测器灵敏度决定的仪器灵敏度；由空白的限制所决定的方法的灵敏度。由于上述因素的影响，常用检测限方便地表示荧光分析法的灵敏度。

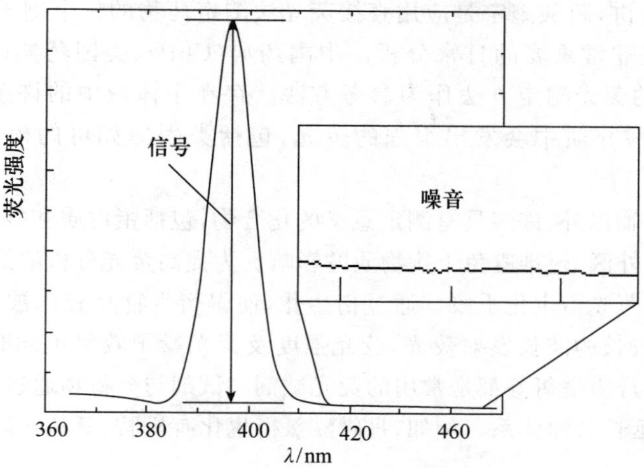

图 5.11　350 nm 激发时水的 Raman 光谱

荧光分析法的灵敏度比紫外-可见分光光度法高出 2～4 个数量级，检测限在 0.1～0.001 $\mu g \cdot cm^{-3}$。这是因为荧光进入检测器的方向与入射光呈直角，即在黑背景下检测荧光。另外，荧光发射强度随激发光强度的增加而增加，加大激发光的强度，可以提高灵敏度。

2. 选择性高

有机化合物荧光分析法的选择性较高。凡是会产生荧光的物质首先必须吸收一定频率的光，然而由于荧光量子产率的差别，吸光的物质不一定都会产生荧光，况且对于某一给定波长的激发光，会产生荧光的一些物质所发射的荧光波长也不尽相同，因而只要适当选择激发光的波长和荧光测定的波长，一般可达到选择性测定的目的。此外，利用荧光寿命的差别，也可以达到选择性测定的目的。

3. 提供较多的物理参数

荧光分析法能提供包括激发光谱、发射光谱、荧光强度、荧光量子产率、荧光寿命和荧光偏振等许多物理参数，这些参数反映了分子的各种特性，能从不同角度提供被研究的分子的信息。此外，由荧光分子的激发态偶极与激发能量匹配的受体分子偶极相互作用产生的共振能量转移，则被广泛应用于生物大分子的研究，甚至单分子水平的构象研究。

5.1.4　荧光分析法简介

由于荧光分析法比吸光光度法具有更低的检测限，是灵敏度最高的仪器分析方法之一，在分析科学研究领域发挥了重要作用。本节简介常用的荧光分析法。

1. 有机化合物的荧光检测方法

有些化合物(主要为有机化合物)本身在紫外-可见光照射下可以发射荧光，可以直接用荧光分析法测定。这些化合物有：(i) 稠环芳烃，如苯并芘，存在于烟草的焦油、大气、水和土壤中，是比较强烈的致癌物质。(ii) 维生素，维生素 A 拥有 5 个共轭双键，能够发出蓝绿色荧光，测定血液中的维生素 A 时，用环己烷提取，于 330 nm 激发，在 490 nm 测量溶液的荧光强度。维生素 B_2 在水溶液中呈黄绿色荧光，也可以直接测定。(iii) 植物颜料，包括花色素苷、番茄红素、胡萝卜素和卟啉等。(iv) 药物，硫酸奎宁常常被用作检验荧光光谱仪性能的荧光物质，其实从分析测定角度讲，硫酸奎宁是应用直接荧光法测定药物的一个例子。在饮料工业界，营养液中奎宁的测定是非常重要的日常分析。中国药典(ChP)、美国药典(USP)以及英国药典(BP)都将硫酸奎宁的荧光测定方法作为参考方法。存在于体液中的许多重要的与生理作用相关的化合物，在硫酸介质中会发出很强的荧光，包括类固醇如可的松、胆固醇以及许多激素等。

除了上述的化合物以外，许多具有测定意义的化合物，包括蛋白质和核酸，具有内源荧光，但是发射光谱大都在紫外区，很难避免干扰物质的影响。为提高荧光分析法的灵敏度和选择性，大多数方法还是要采用荧光衍生化手段。通过衍生化，使得衍生物具有比被分析物和衍生试剂更大的 π 键系统，能在较长的波长发射荧光，荧光强度及荧光量子效率也同时增大。8-羟基喹啉、荧光胺、邻苯二甲醛、丹磺酰氯等都是常用的荧光试剂。试剂与分析物通过缩合反应连接或发生关环反应，以增加或延长共轭体系。例如，丹磺酰氯衍生化有机胺、氨基酸以及蛋白质。

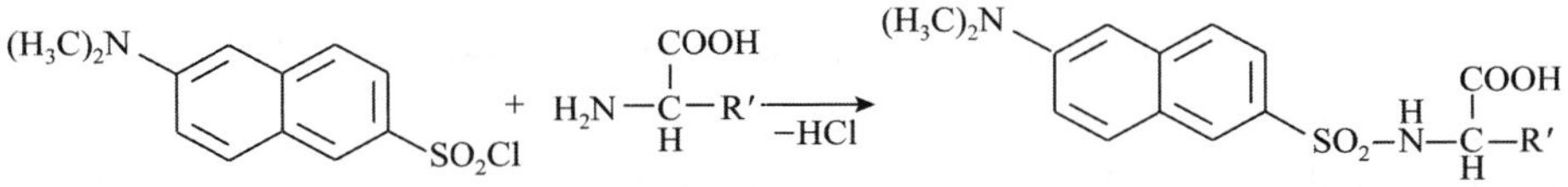

测定有机化合物时，实际样品基底(如血清样品)常常在 350 nm 以下发光较强而严重干扰测定。引入荧光探针能使新的发光物种在 500 nm 以上有荧光发射，从而避免基底的干扰。镧系元素螯合物，如铕和铽的螯合物能与蛋白质等化合物形成复合物(称为荧光标记)，在较长波长具有特征的线状荧光发射，Stokes 位移大，荧光寿命较长。镧系元素螯合物标记的时间分辨荧光免疫分析法，采用门控技术，延迟测定时间，待背景荧光完全衰减之后再进行测定，从而消除了背景荧光的干扰。如氯磺酰噻吩三氟乙酰丙酮(CTTA)-Eu^{3+} 螯合物，可以对所要标记的体系进行多重标记，建立超高灵敏度的时间分辨荧光免疫方法，现已成为研究和测定蛋白质等生物物质的有力工具。某些有机化合物的荧光测定法示例于表 5.3。

表 5.3　某些有机化合物的荧光测定法

待测物	试剂	λ/nm		测定范围
		激发	荧光	$c/(\mu g \cdot mL^{-1})$
丙三醇	苯胺	紫外	蓝色	0.1～2
糠醛	蒽酮	465	505	1.5～15
蒽		365	400	0～5
苯基水杨酸酯	N,N'-二甲基甲酰胺(KOH)	366	410	$3\times10^{-8}\sim5\times10^{-6}$ mol·L^{-1}
1-萘酚	0.1 mol·L^{-1} NaOH	紫外	500	
四氧嘧啶(阿脲)	苯二胺	紫外(365)	485	10^{-10}
维生素 A	无水乙醇	345	490	0～20
氨基酸	氧化酶等	315	425	0.01～50
蛋白质	曙红 Y	紫外	540	0.06～6
肾上腺素	乙二胺	420	525	0.001～0.02
胍基丁胺	邻苯二醛	365	470	0.05～5
玻璃酸酶	3-乙酰氧基吲哚	395	470	0.001～0.033
青霉素	α-甲氧基-6-氯-9-(β-氨乙基)-氨基氮杂蒽	420	500	0.0625～0.625

2. 金属离子的荧光检测方法

具有荧光的过渡金属离子化合物较少。首先，很多离子是顺磁性的，增加了系间跨越的速率，因此降低了发荧光的可能性。此外，过渡金属化合物的能级很多，分布密集，增加了内转换去活化的可能性。一些反磁性的金属离子与荧光试剂形成配合物后进行荧光分析的元素已有 20 余种，例如铍、铝、硼、镓、硒、镁及某些稀土元素常用荧光分析法进行测定。所采用的荧光试剂，其分子中至少有 2 个官能团可与金属离子形成刚性的具有五元或六元环环状结构、大 π 键的配合物。例如，8-羟基喹啉是非常著名的螯合试剂，可以与大量金属形成五元环螯合物。与 Al^{3+} 和 Mg^{2+} 形成的螯合物分子是中性的，可以用醚或氯仿萃取，与螯合试剂和其他干扰离子分离能够选择性地测定 Al^{3+} 或 Mg^{2+}。其荧光配合物的结构如下：

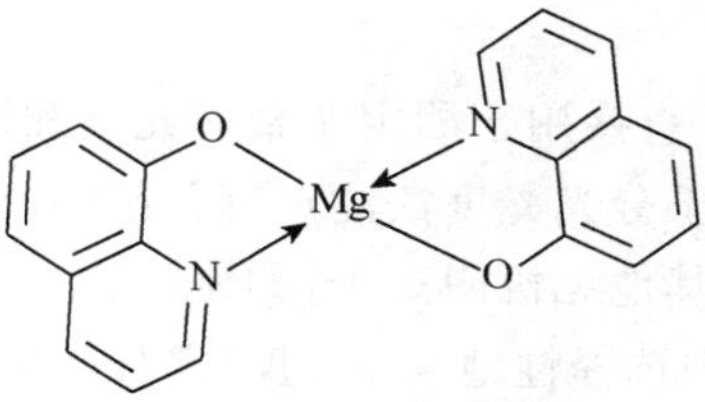

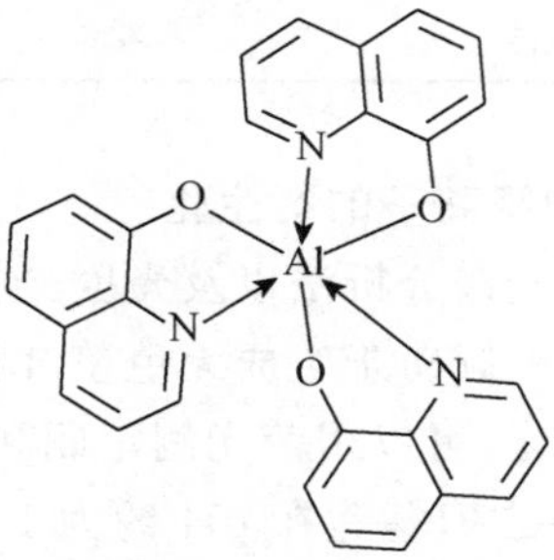

测定 Mg^{2+} 时，于 420 nm 激发，测定 530 nm 的荧光强度，检测限为 10 $\mu g \cdot mL^{-1}$。

某些无机化合物的荧光测定法示例于表 5.4。

表 5.4　某些无机化合物的荧光测定法

离子	试　剂	λ/nm		检测限/($\mu g \cdot mL^{-1}$)	干　扰
		吸收	荧光		
Al^{3+}	石榴茜素 R 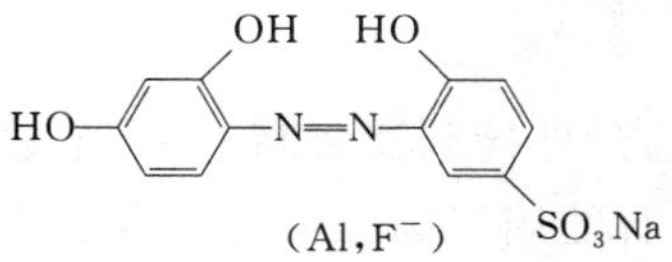 (Al,F^-)	470	500	0.007	Be,Co,Cr,Cu,F^-,NO_3^-,Ni,PO_4^{3-},Th,Zr
F^-	石榴茜素 R-Al 配合物(猝灭)	470	500	0.001	Be,Co,Cr,Cu,Fe,Ni,PO_4^{3-},Th,Zr
$B_4O_7^{2-}$	二苯乙醇酮 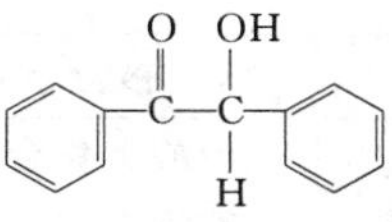 (B,Zn,Ge,Si)	370	450	0.04	Be,Sb
Cd^{2+}	2-(邻-羟基苯)-间氮杂氧	365	蓝色	2	NH_3
Li^+	8-羟基喹啉 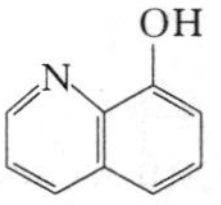 (Al,Be 等)	370	580	0.2	Mg

续表

离子	试　剂	λ/nm		检测限/(μg·mL⁻¹)	干　扰
		吸收	荧光		
Sn^{4+}	黄酮醇 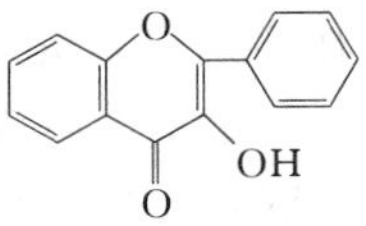 (Zr,Sn)	400	470	0.008	F^-,PO_4^{3-},Zr
Zn^{2+}	二苯乙醇酮	—	绿色	10	Be,B,Sb,显色离子

3. 非金属和阴离子的衍生化

传统的原子光谱分析法以及光度分析法难以直接用于测定非金属元素和阴离子。非过渡金属元素化合物则倾向于生成无色螯合物,不适于分光光度法测定,而荧光分析法弥补了这一不足。经过衍生化,可以用荧光测定硼和硒以及其他无机阴离子,如氰化物、硫化物、氟及磷酸盐等。例如,2,3-二氨基萘在 pH 约为 1 的溶液中选择性地与 Se(Ⅳ)定量反应,生成强荧光复合物,有机溶剂萃取后,在 368 nm 激发,测定 520 nm 处的荧光强度。反应式如下:

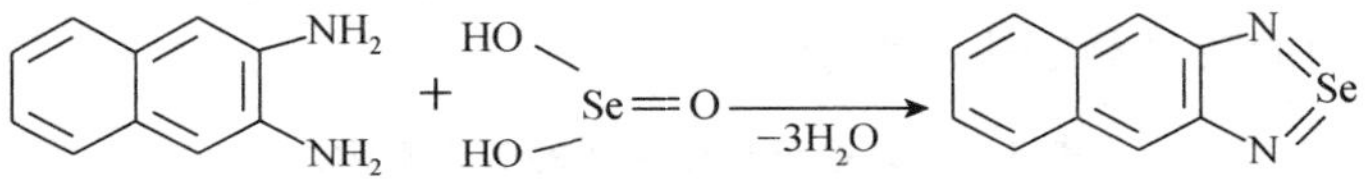

4. 荧光检测在色谱分离中的应用

多年来,荧光分析法一直用于纸色谱或薄层色谱分离中斑点的定位。如果被分离的化合物在紫外-可见光区有荧光,则可以在紫外灯或日光照射下,观察到其色斑;如果是非荧光物质,则需要喷洒合适的试剂以生成荧光物质。

高效液相色谱常使用荧光检测器,其灵敏度比通用的紫外检测器要高 2~3 个数量级。主要采用衍生化方法,分柱前衍生和柱后衍生。原则上,所有的用于标准荧光光度法中的衍生化试剂都可用于高效液相色谱的检测。表 5.5 给出常用的用于高效液相色谱中荧光检测的试剂。

表 5.5　用于高效液相色谱中荧光检测的试剂

衍生化试剂	被分析物
4-溴甲基-7-甲氧基香豆素	羧酸类化合物
7-氯-4 硝基苯基-2-噁-1,3-偶氮化物	胺类和噻吩类
丹磺酰氯	一级胺类和酚类
丹磺酰肼	羰基化合物

5. 荧光免疫分析

用荧光物质做标记的免疫分析法称为荧光免疫分析法(fluorescence immunoassay, FIA)。免疫分析因其具有较高的灵敏度和选择性而在分析化学领域中得到了突飞猛进的发展。1978 年,Berson 和 Yalow 因在胰岛素和与胰岛素结合的抗体方面的基础性工作而获得诺贝尔医学奖,也为免疫分析法提供了理论基础。抗体抗原复合物通常从反应介质中沉淀出来,使得借助于分离手段的分析方法得到了广泛的应用。作为荧光标记试剂,应具有高的荧光强度,其发射的荧光与背景荧光有明显区别;它与抗原或抗体的结合不破坏其免疫活性,标记过程要简单、快速;水溶性好;所形成的免疫复合物耐储存。常用的荧光物质有荧光素、异硫氰酸荧光素、四乙基罗丹明、四甲基异硫氰基荧光素等。

5.1.5　荧光分析新技术简介

近几十年来,由于激光、计算机、微电子学和光电子技术的发展,涌现了诸多荧光分析新技术,其中激光诱导荧光分析法(laser-induced fluorometry, LIF)为人类基因组计划的完成提供了高灵敏度的测序检测手段,荧光寿命测量在反应机理研究以及提高测定选择性方面具有独特优势,荧光偏振或荧光各向异性方法为大分子与小分子相互作用提供了均相研究方法,这些技术将在本节作简单介绍。荧光成像技术,特别是近年来发展的单分子荧光共振能量转移技术和超分辨荧光显微成像技术为生命科学研究提供了有力工具,感兴趣的读者可以阅读相关专著及文献。

1. 激光诱导荧光分析法

激光诱导荧光分析法是使用激光替代普通光源,将分子激发到较高电子能层,测定分子发出的荧光的方法,由 Richard Zare 于 1968 年发展并用于测定气相的原子与分子。尽管现在激光在很多实验室里很常见,已经被用于光致发光光谱仪的激发光源,但是激光诱导荧光在起初并不是为了商品化光谱仪器,而是作为独立的激光光谱技术发展的。激光诱导荧光分析的第一个应用是气相样品的测量,之后拓展到液相样品的测量,成为液相色谱与毛细管电泳的有力检测手段。其中毛细管电泳-激光诱导荧光方法在人类基因组计划的完成中发挥了重要作用。

2. 荧光寿命测量

在前面已经提及时间分辨技术。用一个脉冲光源激发荧光物质,如果脉冲光源的寿命小于荧光物质的荧光寿命,则可以观察到荧光的衰减,测定荧光物质的荧光寿命,如图 5.12 所示。荧光寿命的测定要求脉冲光源的脉冲时间宽度小于所测定物种的荧光寿命。现代荧光技术,应用激光光源可获得皮秒级的脉冲宽度,用于测定大多数荧光物质的荧光寿命。荧光寿命测量可以提供碰撞去活、能量转移速率以及激发态反应的信息,也可以用于复杂基质中荧光物质的分析,提高选择性。

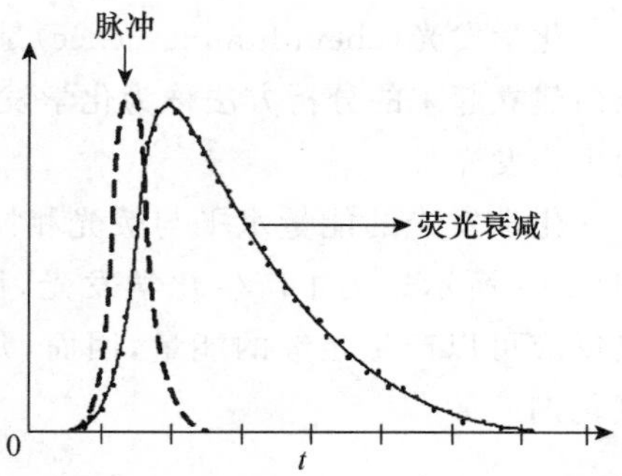

图 5.12　荧光物质衰减示意图

3. 荧光偏振

在荧光光谱仪的激发和发射光路上分别放置起偏器和检偏器,即可分别观察到平行于或垂直于起偏器的荧光。

当静止的荧光分子被平面偏振光激发,则在同一偏振光平面发出荧光。如果分子转动或无规则地运动,则荧光偏振平面将与激发光的偏振平面不同。如果垂直的偏振光激发荧光分子，则可在垂直和水平两个方向上检测发光强度。光发射强度从垂直到水平的改变程度与荧光探针标记的分子的运动性有关。

偏振度 P 由下式描述

$$P=\frac{I-I_{\perp}}{I+I_{\perp}} \tag{5.12}$$

式中：I 表示平行偏振光，$I_{\perp}$ 表示垂直偏振光。

当测定体系在测定波长下有多个荧光物种时，P 不具有加和性，荧光各向异性 r 具有加和性。

$$r=\frac{I-I_{\perp}}{I+2I_{\perp}} \tag{5.13}$$

荧光偏振技术被广泛地应用于研究分子间的作用，如可用于受体/配体研究、蛋白质/多肽作用、核酸/蛋白质作用，以及竞争法免疫检测等。与传统的方法相比，荧光偏振技术在研究蛋白质与核酸、抗原与抗体的结合作用时具有许多优越性，如不存在放射性废弃物的污染，灵敏度高，在动力学检测中允许实时检测。

4. 同步荧光分析法

同步荧光分析法(synchronous fluorometry)根据激发和发射单色器在扫描过程中彼此保持的关系可分为固定波长差、固定能量差和可变波长同步扫描三类。固定波长差法是将激发和发射单色器波长维持一定差值 $\Delta\lambda$[通常选用 $\lambda_{max(ex)}$ 与 $\lambda_{max(em)}$ 之差]，得到同步荧光光谱。荧光物质的浓度与同步荧光光谱中的峰高呈线性关系，可用于定量分析。

同步扫描技术具有光谱简单、谱带窄、分辨率高、光谱重叠少等优点，从而提高了选择性，减少散射光等的影响。

5.2 化学发光分析法

化学发光(chemiluminescence)是由化学反应激发物质产生的光辐射。基于化学发光反应而建立起来的分析方法称为化学发光分析法。化学发光也发生于生命体系，这种发光专称为生物发光。

化学发光的能量水平与荧光相同，所不同的是引起发光的激发方式不同。这一区别如图 5.13 所示。为了产生化学发光，反应必须产生能够发出可见光的激发态产物。只有放热反应可以产生足够的能量，因而，几乎所有的化学发光反应都需要氧、过氧化氢或其他强氧化剂。

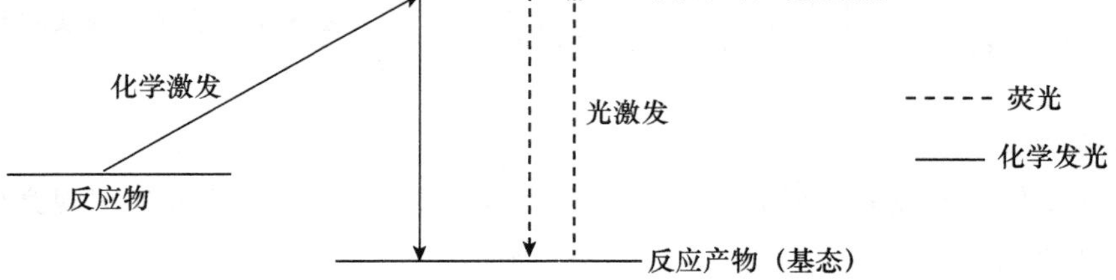

图 5.13 化学发光和荧光的能级图解

5.2.1　化学发光分析法的基本原理

化学发光是吸收化学反应过程中产生的化学能而使分子激发所发射的光。任何一个发光反应都应包括化学激活和发光两个关键步骤。如 A 和 B 进行化学发光反应产生 C 和 D，产物 C 处于激发态 C^*，之后 C^* 将发射光子 $h\nu$ 回到基态，如下式所示

$$A+B \longrightarrow C^* + D$$
$$C^* \longrightarrow C + h\nu$$

化学发光反应必须具备以下几个条件：(i) 化学发光反应必须提供足够的激发能，激发能的主要来源是反应焓。能在可见光范围发生化学发光的物质，大多是有机化合物，有机发色基团激发态能量 ΔE 通常在 150～400 $kJ \cdot mol^{-1}$。许多氧化还原反应所提供的能量与此相当，因此大多数化学发光反应为氧化还原反应。(ii) 要有有利的化学反应历程，使化学反应的能量至少能被一种物质所接受并生成激发态。对于有机分子的液相化学发光来说，容易生成激发态产物的常是芳香族化合物和羰基化合物。(iii) 要观察到化学发光，激发态分子能释放出光子或者能够把它的能量转移给另一个分子，而使该分子激发，然后以辐射光子的形式回到基态。总之，不是以热的形式消耗能量。

化学发光反应的化学发光效率 ϕ_{CL}，又称化学发光的总量子产率。它取决于生成激发态产物分子的化学激发效率 ϕ_{CE} 和激发态产物分子的发射效率 ϕ_{EM}，定义为

$$\phi_{CL} = \frac{\text{发射光子的分子数}}{\text{参加反应的分子数}} = \phi_{CE}\phi_{EM} \tag{5.14}$$

化学发光反应的化学发光效率、光辐射的能量大小以及光谱范围，完全由参加反应物质的化学反应所决定。每一个化学发光反应都有其特征的化学发光光谱及不同的化学发光效率。

化学发光反应的发光强度 I_{CL} 以单位时间内发射的光子数表示，它与化学发光反应的速率有关，而反应速率又与反应分子的浓度有关。可用下式表示

$$I_{CL}(t) = \phi_{CL}\frac{dc}{dt} \tag{5.15}$$

式中：$I_{CL}(t)$表示 t 时刻的化学发光强度，ϕ_{CL} 是与分析物有关的化学发光效率，dc/dt 是分析物参加反应的速率。如果反应是一级动力学反应，t 时刻的化学发光强度 $I_{CL}(t)$与该时刻的分析物浓度呈正比，就可以通过检测化学发光强度来定量测定分析物质。在化学发光分析法中通常用峰高表示发光强度，即峰值与被分析物浓度呈线性关系。另一种分析方法是利用总发光强度与分析物浓度的定量关系。就是在一定的时间间隔里对化学发光强度进行积分，得到

$$I = \int_{t_1}^{t_2} I_{CL}(t)\,dt = \phi_{CL}\int_{t_1}^{t_2}\frac{dc}{dt}dt \tag{5.16}$$

如果取 $t_1=0$，t_2 为反应结束所需的时间，则得到整个反应产生的总发光强度，它与分析物浓度呈线性关系。

5.2.2　化学发光反应的类型

1. 直接化学发光和间接化学发光

化学发光反应可分为直接化学发光和间接化学发光。直接化学发光是被测物作为反应物直接参加化学发光反应，生成电子激发态产物分子，此初始激发态能辐射光子，如前面所示的

反应式

$$A+B \longrightarrow C^* + D$$
$$C^* \longrightarrow C + h\nu$$

式中：A 或 B 是被测物，通过反应生成电子激发态产物 C^*，当 C^* 跃迁回基态时，辐射出光子。

间接化学发光是被测物 A 或 B 通过化学反应后生成初始激发态 C^*，C^* 不直接发光，而是将其能量转移给 F，使 F 处于激发态，当 F^* 跃迁回基态时，产生发光。如下式表示

$$A+B \longrightarrow C^* + D$$
$$C^* + F \longrightarrow F^* + E$$
$$F^* \longrightarrow F + h\nu$$

式中：C^* 为能量给予体，而 F 为能量接受体。例如，用罗丹明 B-没食子酸的乙醇溶液测定大气中的 O_3，其化学发光反应就属这一类型。

$$没食子酸 + O_3 \longrightarrow A^* + O_2$$
$$A^* + 罗丹明 B \longrightarrow 罗丹明 B^* + B$$
$$罗丹明 B^* \longrightarrow 罗丹明 B + h\nu$$

没食子酸被 O_3 氧化时吸收反应所产生的化学能，形成受激中间体 A^*，而 A^* 又迅速将能量转给罗丹明 B，并使罗丹明 B 分子激发，处于激发态的罗丹明 B 分子回到基态时，发射出光子。该光辐射的最大发射波长为 584 nm。

2. 气相化学发光和液相化学发光

按反应体系的状态来分类，如化学发光反应在气相中进行称气相化学发光，在液相或固相中进行称液相或固相化学发光，在两个不同相中进行则称为异相化学发光。本章主要讨论气相和液相化学发光，其中液相化学发光在痕量分析中更为重要。

（1）气相化学发光

气相化学发光主要有 O_3、NO、S 的化学发光反应，可用于监测空气中的 O_3、NO、NO_2、H_2S、SO_2 和 CO 等。

臭氧与乙烯的化学发光反应机理是 O_3 氧化乙烯生成羰基化合物的同时产生化学发光，发光物质是激发态的甲醛。

$$H_2C = CH_2 + O_3 \longrightarrow \cdots \longrightarrow \cdots \longrightarrow HCOOH + CH_2O^*$$

$$CH_2O^* \longrightarrow CH_2O + h\nu$$

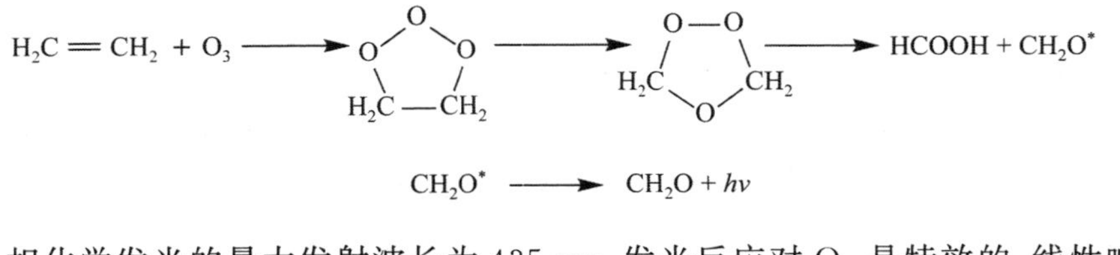

这个气相化学发光的最大发射波长为 435 nm，发光反应对 O_3 是特效的，线性响应范围为 $1 \text{ ng} \cdot \text{mL}^{-1} \sim 1 \text{ μg} \cdot \text{mL}^{-1}$。

一氧化氮与臭氧的气相化学发光反应有较高的化学发光效率，其反应机理为

$$NO + O_3 \longrightarrow NO_2^* + O_2, \quad NO_2^* \longrightarrow NO_2 + h\nu$$

这个反应的发射光谱范围为 $600 \sim 875$ nm，灵敏度可达 $1 \text{ ng} \cdot \text{mL}^{-1}$。若需同时测定大气中的 NO_2 时，可先将 NO_2 还原为 NO，测得 NO 总量后，从总量中减去原试样中 NO 的含量，即为 NO_2 的含量。

SO_2、NO、CO 等都能与氧原子进行气相化学发光反应，它们的反应分别为

$$O + O + SO_2 \longrightarrow SO_2^* + O_2, \quad SO_2^* \longrightarrow SO_2 + h\nu$$

此反应的最大发射波长为 200 nm，测定灵敏度可达 1 ng · mL^{-1}。

$$O+NO \longrightarrow NO_2^*,\quad NO_2^* \longrightarrow NO_2+h\nu$$

此反应的发射光谱范围为 400～1400 nm，测定灵敏度可达 1 ng · mL^{-1}。

$$O+CO \longrightarrow CO_2^*,\quad CO_2^* \longrightarrow CO_2+h\nu$$

此反应的发射光谱范围为 300～500 nm，测定灵敏度可达 1 ng · mL^{-1}。

这些反应的关键是要求有一个稳定的氧原子源，一般可由 O_3 在 1000℃的石英管中分解为 O_2 和 O 而获得。

(2) 液相化学发光

用于液相化学发光分析的发光物质有鲁米诺、光泽精和洛粉碱等，其中鲁米诺的化学发光反应机理研究得最久，其化学发光体系已用于分析化学测量痕量的 H_2O_2 以及 Cu、Mn、Co、V、Fe、Cr、Ce、Hg 和 Th 等金属离子。

以鲁米诺为例。鲁米诺是 3-氨基苯二甲酰肼，它产生化学发光反应的 ϕ_{CL} 为 0.01～0.05。鲁米诺在碱性溶液中与氧化剂如 H_2O_2 作用生成不稳定的桥式六元环过氧化物中间体(a)，然后再转化成激发态的 3-氨基邻苯二甲酸根离子(b)，其价电子从第一电子激发态的最低振动能级跃迁回基态中各个不同振动能级时，产生最大发射波长为 425 nm 的光辐射，整个反应历程可表示如下

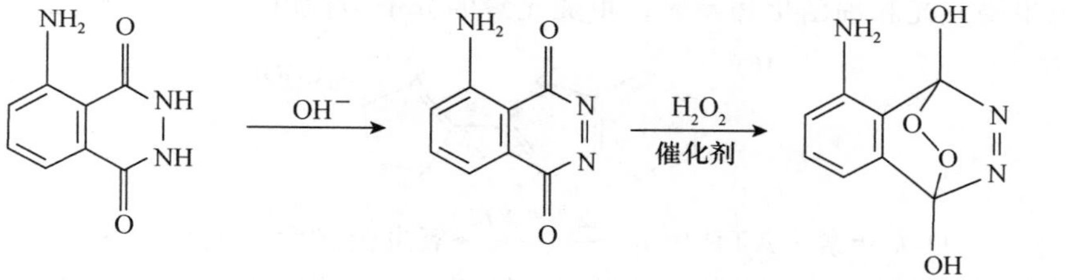

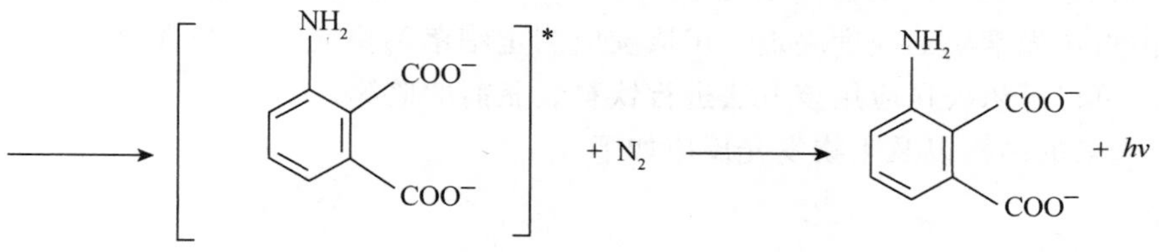

以上的化学发光反应的速率很慢，但某些金属离子(如在本节开始所提到的金属离子)会催化这一反应，增强发光强度。利用这一现象，可以测定这些金属离子。

鲁米诺化学发光体系还可用于许多生化物质的测定和生化反应研究。例如氨基酸的测定，氨基酸作为酶促反应的底物，在氨基酸氧化酶的作用下定量地产生 H_2O_2，H_2O_2 再与鲁米诺进行化学发光反应。

$$\text{氨基酸}+O_2 \xrightarrow{\text{氨基酸氧化酶}} \text{酮酸}+NH_3+H_2O_2$$

$$\text{鲁米诺}+H_2O_2 \longrightarrow \text{产物}+h\nu$$

通过测量发光强度，可求得氨基酸的含量。当氨基酸浓度一定时，利用上述反应可研究酶促反应动力学。

其他几种用于液相发光反应的发光试剂列于下表：

化合物	洛粉碱(lophine) (2,4,5-三苯基咪唑)	光泽精(lucigenin) (*N*,*N*-二甲基二吖啶硝酸盐)	没食子酸(Ⅰ)(3,4,5-三羟基苯甲酸), 焦性没食子酸(Ⅱ)(邻苯三酚)
结构式	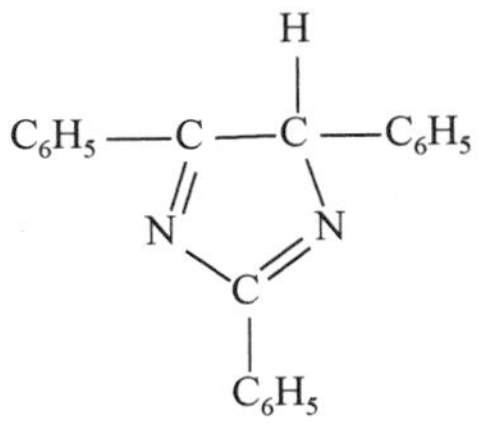	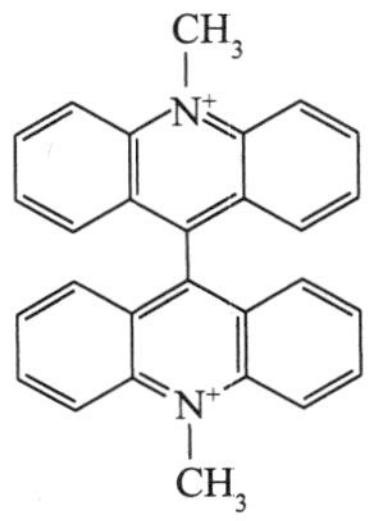	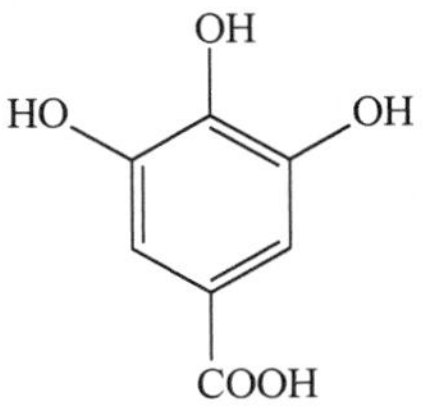 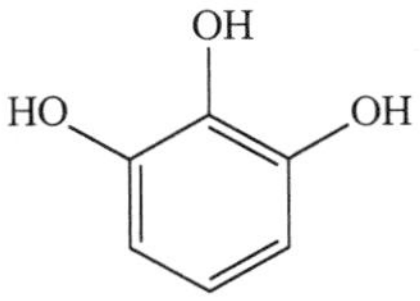

5.2.3 生物发光体系

生物发光是化学发光的一种特殊情形,发光发生在生命体系中,如水母、细菌、蘑菇、真菌、甲壳动物、鱼类和蠕虫等,其中包括我们所熟悉的萤火虫。生物发光可用于监测饮料中的细菌污染,预测癌症化疗的效果,以及监测基因表达过程。在重组技术的应用中,科学家将生物发光与免疫分析以及 DNA 探针技术结合应用。在分析化学中应用最广泛的生物发光体系有两个:萤火虫生物发光和细菌生物发光。虫荧光素的分子结构以及生物发光反应如下

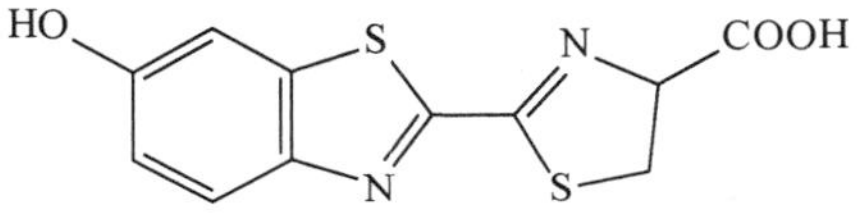

$$\text{虫荧光素} + \text{ATP} + O_2 \xrightarrow{\text{虫荧光素酶}} \text{氧虫荧光素} + \text{ADP} + \text{发光}$$

该反应体系将在 562 nm 发光。可以用于测定三磷酸腺苷(ATP)或 ATP 参与反应以及产生 ATP 的体系。该方法的检测限为 $10^{-11} \sim 10^{-14}$ mol。由于虫荧光素酶中含有 ATP-转化酶,检测限由虫荧光素酶的纯度决定。用该反应测定细菌污染是一个非常快速的微生物检测方法。例如,可口可乐公司应用该方法进行饮料装瓶前的监测。

细菌荧光素的结构以及生物发光反应如下

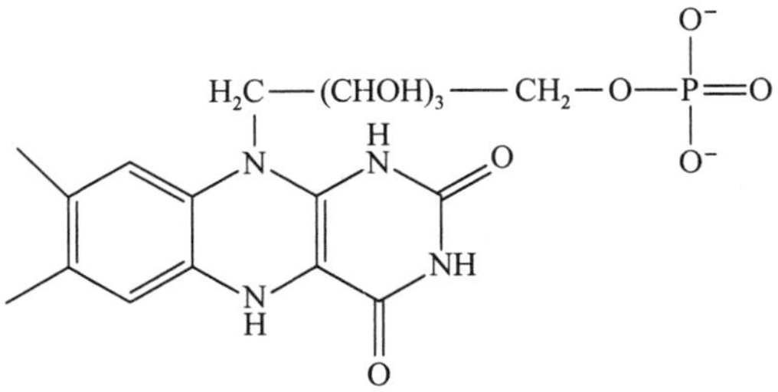

$$FMNH_2 + O_2 + RCHO \xrightarrow{\text{细菌荧光素酶}} FMN + RCOOH + H_2O + \text{发光}$$

式中:$FMNH_2$ 为还原态的黄素单核苷酸(flavin mononucleotide, FMN),RCHO 为长链的脂肪醛。该反应主要被用于测定黄素核苷酸,检测限为 10^{-12} mol。由于 NADH 和 NADPH 能够将 FMN 还原为 $FMNH_2$,该反应又被用于 NADH 和 NADPH 的测定。据报道,NADH 的检测限为 10^{-15} mol。

某些物质生物发光分析的检测水平示于表 5.6。

表 5.6　某些物质生物发光分析的检测水平

化　合　物	检测水平/pmol
NADH	0.5～1000
NADPH	0.5～1000
6-磷酸葡萄糖	2～100
乙醇	(0.003～0.012)×10^{-2}
睾酮	0.8～1000
雄酮	0.8～1000
乳酸脱氢酶	0.001～1
葡萄糖-6-磷酸脱氢酶	0.001～1
乙醇脱氢酶	0.001～10
己糖激酶	0.001～1
氨甲蝶呤	0.5～2
三硝基甲苯	10 amol (a=10^{-18})

5.2.4　液相化学发光的测量装置

化学发光分析法的测量仪器比较简单，主要包括样品室、光检测器、放大器和信号输出装置(图 5.14)。

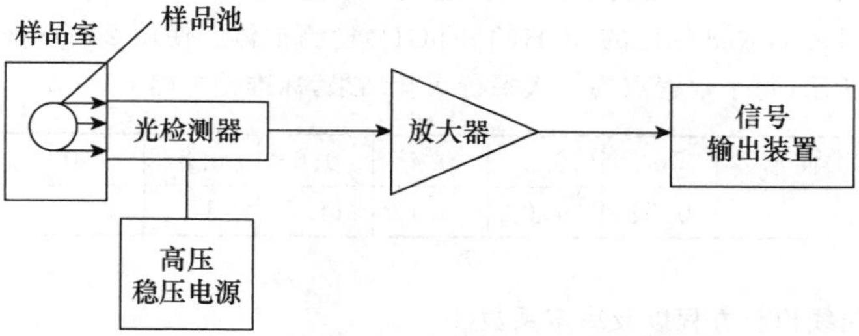

图 5.14　化学发光测试仪原理框图

化学发光反应在样品室中进行，反应发出的光直接照射在检测器上，目前常用的是光电流检测器，如光电倍增管。样品和试剂混合的方式因仪器类型不同而各具特点。对不连续取样体系，加样是间歇的。将试剂先加到光电倍增管前面的反应池内，然后用进样器加入分析物。这种方式简单，但每次测定都要重新换试剂，不能同时测几个样品。对连续流动体系，反应试剂和分析物定时在样品池中汇合并发生反应，且在载流推动下向前移动。典型的化学发光实验中的信号随时间变化如图 5.15 所示，信号线随分析物与发光试剂的混合时间迅速上升达到最大值，之后大约以近似于指数的形式下降。在检测过程中，被检测的光信号只是整个发光动力学曲线的一部分，以峰高来进行定量分析。

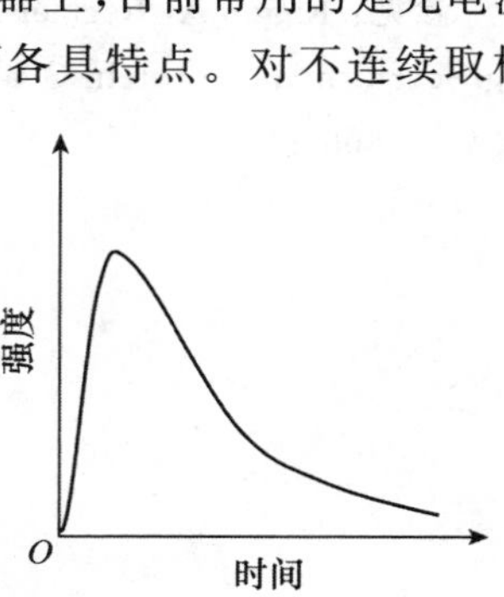

图 5.15　化学发光强度随试剂混合时间的变化

气相化学发光的测量仪器一般比较专用，在此不作介绍。

参考资料

[1] 陈国珍，黄贤智，许金钩，郑朱梓，王尊本. 荧光分析法. 第2版. 北京：科学出版社，1990.

[2] 陆明刚，编译. 化学发光分析. 合肥：安徽科学技术出版社，1986.

[3] Skoog D A，Holler F J，Crouch S R. Principles of Instrumental Analysis. 7th ed. Boston：Cengage Learning，2018.

[4] Joseph R. Lakowicz Principles of Fluorescence Spectroscopy. 3rd ed. Berlin：Springer，2006.

思考题与习题

5.1 试从原理和仪器两方面比较分子荧光、磷光和化学发光的异同点。

5.2 解释下列名词：

(1) 单重态；(2) 三重态；(3) 系间跨越；(4) 振动弛豫；(5) 内转换；(6) 量子产率；

(7) 荧光猝灭；(8) 重原子效应。

5.3 苯胺($C_6H_5NH_2$)的荧光在 pH 3 还是 pH 10 时更强？解释之。

5.4 为什么分子荧光分析法的灵敏度通常比分子吸光光度法的要高？

5.5 Fe^{2+} 催化 H_2O_2 氧化鲁米诺的反应，其产生的化学发光信号强度与 Fe^{2+} 的浓度在一定范围内呈线性关系。在 2.00 mL 含 Fe^{2+} 的未知样品溶液中，加入 1.00 mL 水，再依次加入 2.00 mL 稀 H_2O_2 和 1.00 mL 鲁米诺的碱性溶液，测得该体系化学发光的积分信号为 16.1。另取 2.00 mL Fe^{2+} 样品加入 1.00 mL 4.75×10^{-5} mol·L^{-1} Fe^{2+} 溶液。在上述相同条件下，测得化学发光的积分信号为 29.6。计算样品中 Fe^{2+} 物质的量浓度。

5.6 以高效亲和色谱-荧光检测病人血清中的人类生长荷尔蒙(hGH)抗体。以蛋白 G 为亲和柱捕获 hGH 抗体，之后以 Texas Red 标记的 hGH(TR-hGH)检测抗体。使用 2 μg·mL^{-1} TR-hGH 检测抗体的校准曲线如下表所示(每个数据点为三次平行实验结果，标准偏差略)：

抗体浓度/(μg·mL^{-1} 血清)	0	0.2	0.4	0.6	0.8	1.0	1.2	1.4	1.6
荧光强度	0.51	4.0	8.1	11.7	15	18.2	21.7	25.2	28.7

(1) 请给出校准曲线拟合方程以及决定系数。

(2) 一病人样本中血清经过同样处理过程，三次平行实验得到的荧光强度平均值为 12.5，相对标准偏差为 4.0%，试求算该病人血清样本中的 hGH 抗体浓度，以及置信区间(95%置信度)。

参见：Riggin A，Regnier F E，Sportsman J R. Quantification of antibodies to human growth hormone by high-performance protein G affinity chromatography with fluorescence detection. Anal. Chem.，1991，63 (5)：468-474.

第 6 章　原子光谱法

这一部分我们主要介绍的原子光谱学方法包括四部分内容，即原子发射光谱法（atomic emission spectrometry，AES）、原子吸收光谱法（atomic absorption spectrometry，AAS）、原子荧光光谱法（atomic fluorescence spectrometry，AFS）和原子质谱法（atomic mass spectrometry，AMS）。

前三种光谱法（AES、AAS 和 AFS）是利用原子在气体状态下发射（AES 和 AFS）或吸收（AAS）特种辐射所产生的光谱进行元素定性、定量分析的方法。原子质谱法是用原子发射光谱法的激发光源作为离子源，然后用质谱法进行测定。

原子光谱学的研究最早可追溯到 1666 年，在这一年牛顿通过他著名的实验——用玻璃棱镜将太阳光分解成绚丽的彩带，建立起光的色散理论，自此人类开始通过对光谱的研究揭示物质与光的相互作用，以及它们之间固有的关系，经过无数前辈们不懈的努力一直发展到今天。值得一提的是，人类对光谱分析的应用很早就开始了，大家所熟知的焰色反应，其原理和原子发射光谱法定性分析是一样的，只是由“目视”作为检测器来判别。根据史书记载，我国早在萧梁时期（6 世纪），医药学家陶弘景就使用焰色反应区别真硝石（KNO_3）（钾的灵敏线 K 766.5 nm，K 769.9 nm 呈深暗红色）与芒硝（$Na_2SO_4 \cdot H_2O$）（钠的灵敏线 Na 589.0 nm，Na 589.6 nm 呈黄色）。在国外，德国人 Marggraf 于 1758 年用焰色反应来分辨苏打（Na_2CO_3）和锅灰碱（K_2CO_3）。

原子光谱法的特点是：灵敏度高，检测限低，选择性好。利用原子光谱法，可直接测定元素周期表中的绝大多数金属元素，非金属元素有的可直接测定，有的可用间接方法测定。

6.1　原子发射光谱法

6.1.1　概述

原子发射光谱法是依据每种化学元素的原子或离子在非光能（热能或电能）激发下发射特征的电磁辐射而进行元素的定性与定量分析的方法。

原子发射光谱法是光谱分析法中产生与发展最早的一种。早在 1859 年，德国学者 Kirchhoff 和 Bunsen 合作，制造了第一台用于光谱分析的分光镜，并用本生灯为光源，系统地研究了一些元素的光谱与原子性质的关系，奠定了光谱定性分析的基础。以后的 30 年中，逐渐确立了光谱定性分析方法。1873 年 Lockyer 和 Robents 发现了谱线强度、谱线宽度和谱线数目与分析物含量之间存在一定的关系，开始建立起光谱定量分析法。

原子发射光谱法对科学的发展有重要的作用，在建立原子结构理论的过程中，提供了大量的、最直接的实验数据。科学家们通过观察和分析物质的发射光谱，逐渐认识了组成物质的原子结构。在元素周期表中，有不少元素是利用原子发射光谱发现或通过光谱法鉴定而被确认的。例如：碱金属中的铷、铯；稀散元素中的镓、铟、铊；稀有气体中的氦、氖、氩、氪、氙及一部分稀土元素；等等。

在近代各种材料的定性、定量分析中，原子发射光谱法发挥了重要作用。特别是新型光源的研制与电子技术的不断更新和应用，使原子发射光谱分析获得了新的发展，成为仪器分析中最重要的方法之一。

原子发射光谱分析的优点为：

(i) 多元素同时检测的能力。可同时测定一个样品中的多种元素。每一个样品一经激发后，不同元素都发射特征光谱，这样就可同时测定多种元素。

(ii) 分析速度快。可在几分钟内同时对几十种元素进行定量分析。

(iii) 选择性好。每种元素因其原子结构不同，发射各自不同的特征光谱。在分析化学上，这种性质上的差异，对于一些化学性质极相似的元素具有特别重要的意义。例如，铌和钽、锆和铪、十几种稀土元素用其他方法分析都很困难，而原子发射光谱分析可以毫无困难地将它们区分开来，并分别加以测定。

(iv) 检测限低。经典光源可达 0.1～10 $\mu g \cdot g^{-1}$（或 $\mu g \cdot mL^{-1}$）。电感耦合等离子体(inductively coupled plasma，ICP)光源可达 $ng \cdot mL^{-1}$ 级。

(v) 准确度较高。经典光源相对误差为 5%～10%，ICP 相对误差可达 1%以下。

(vi) 适用范围广。气体、固体和液体样品都可以直接激发，且试样消耗少。

(vii) 校准曲线线性动态范围经典光源只有 1～2 个数量级，ICP 光源可达 4～6 个数量级。

原子发射光谱分析的缺点是：常见的非金属元素（如氧、硫、氮、卤素等）谱线在远紫外区，目前一般的光谱仪尚不好检测；还有一些非金属元素（如磷、硒、碲等），由于其激发能高，灵敏度较低。

6.1.2 基本原理

1. 原子发射光谱的产生

原子的外层电子由高能级向低能级跃迁，多余能量以电磁辐射的形式发射出去，这样就得到了发射光谱。原子发射光谱是线状光谱。

通常情况下，原子处于基态，在激发光源作用下，原子获得足够的能量，外层电子由基态跃迁到较高的能量状态即激发态。处于激发态的原子是不稳定的，其寿命小于 10^{-8} s，外层电子就从高能级向较低能级或基态跃迁。多余能量的发射就得到了一条光谱线。谱线波长与能量的关系如第 2 章所述，为

$$\lambda = \frac{hc}{E_2 - E_1} \tag{6.1}$$

式中：E_2、E_1 分别为高能级与低能级的能量，λ 为波长，h 为 Planck 常数，c 为光速。

原子中某一外层电子由基态激发到高能级所需要的能量称为激发能，单位以 eV(电子伏)表示。原子光谱中每一条谱线的产生各有其相应的激发能，这些激发能在元素谱线表中可以查到。由激发态向基态跃迁所发射的谱线称为共振线，这其中由第一激发态向基态跃迁所发射的谱线称为第一共振线。第一共振线具有最小的激发能，因此最容易被激发，是该元素最强的谱线。如图 6.1 中的钠线 Na Ⅰ 589.59 nm 与 Na Ⅰ 588.99 nm 是两条共振线。

在激发光源作用下，原子获得足够的能量就发生电离，电离所必需的能量称为电离能。原子失去一个电子称为一次电离，一次电离的原子再失去一个电子称为二次电离，依此类推。

离子也可能被激发，其外层电子跃迁也发射光谱。由于离子和原子具有不同的能级，所以离子发射的光谱与原子发射的光谱是不一样的。每一条离子线也都有其激发能，这些离子线激发能的大小与电离能高低无关。

在原子谱线表中，罗马字Ⅰ表示中性原子发射的谱线，Ⅱ表示一次电离离子发射的谱线，Ⅲ表示二次电离离子发射的谱线……。例如，Mg Ⅰ 285.21 nm 为原子线，Mg Ⅱ 280.27 nm 为一次电离离子线。

2. 原子能级与能级图

原子光谱是由原子的外层电子（或称价电子）在两个能级之间跃迁产生的。原子的能级通常用光谱项符号来表示

$$n^{2S+1}L_J$$

普通化学中，曾讨论过每个核外电子在原子中存在的运动状态，可以由 4 个量子数 n、l、m、m_s 来描述：主量子数 n 决定电子的能量和电子离核的远近；角量子数 l 决定电子角动量的大小及电子轨道的形状，在多电子原子中它也影响电子的能量；磁量子数 m 决定磁场中电子轨道在空间伸展的方向不同时，电子运动角动量分量的大小；自旋量子数 m_s 决定电子自旋的方向。

根据 Pauling 不相容原理、能量最低原理和 Hund 定则，可进行核外电子排布。如钠原子：

核外电子构型	价电子构型	价电子运动状态的量子数表示
$(1s)^2(2s)^2(2p)^6(3s)^1$	$(3s)^1$	$n=3$ $l=0$ $m=0$ $m_s=+\frac{1}{2}\left(或-\frac{1}{2}\right)$

有多个价电子的原子，它的每一个价电子都可能跃迁而产生光谱。同时，各个价电子间还存在着相互作用，光谱项就用 n、L、S、J 四个量子数来描述：n 为主量子数；L 为总角量子数，其数值为外层价电子角量子数 l 的矢量和；S 为总自旋量子数，自旋与自旋之间的作用也是较强的，多个价电子总自旋量子数是单个价电子自旋量子数 m_s 的矢量和；J 为内量子数，是由轨道运动与自旋运动的相互作用，即轨道磁矩与自旋磁矩的相互影响而得出的，它是原子中各个价电子组合得到的总角量子数 L 与总自旋量子数 S 的矢量和。光谱项符号左上角的（$2S+1$）称为光谱项的多重性，它表示原子的一个能级能分裂成多个能量差别很小的能级，从这些能级跃迁到其他能级上的多个光谱线。例如，Zn 由激发态 4^3D 向 4^3P_2 跃迁时要发射光谱，4^3D 又有 4^3D_3、4^3D_2、4^3D_1 这三个光谱项，它们的能量差别极小，因而由它们所产生的光谱线波长极相近，分别为 334.50 nm、334.56 nm 和 334.59 nm 三重线。

把原子中所有可能存在的状态的光谱项——能级及能级跃迁用图解的形式表示出来，称为能级图。通常用纵坐标表示能量 E，基态原子的能量 $E=0$，以横坐标表示实际存在的光谱项。理论上，对于每个原子能级的数目应该是无限多的，但实际上产生的谱线是有限的。发射的谱线为斜线相连。

图 6.1 为钠原子的能级图。钠原子基态的光谱项为 $3^2S_{\frac{1}{2}}$，第一激发态的光谱项为 $3^2P_{\frac{1}{2}}$ 和 $3^2P_{\frac{3}{2}}$，因此钠原子最强的钠 D 线为双重线，用光谱项表示为：

$$\text{Na}\quad 588.996\ \text{nm}\quad 3^2S_{\frac{1}{2}}-3^2P_{\frac{3}{2}}\quad D_2\ 线$$

$$\text{Na}\quad 589.593\ \text{nm}\quad 3^2S_{\frac{1}{2}}-3^2P_{\frac{1}{2}}\quad D_1\ 线$$

一般将低能级光谱项符号写在前，高能级写在后。这两条谱线为共振线。

必须指出，并非在任何两个能级之间都能产生跃迁，跃迁是遵循一定的光谱选律的。只有符合下列规则，才能跃迁。

(i) $\Delta n=0$ 或任意正整数。

(ii) $\Delta L=\pm1$，跃迁只允许在 S 项与 P 项之间、P 项与 S 项或 D 项之间、D 项与 P 项或 F 项之间，等等。

(iii) $\Delta S=0$，即单重态只能跃迁到单重态，三重态只能跃迁到三重态，等等。

(iv) $\Delta J=0,\pm1$。但当 $J=0$ 时，$\Delta J=0$ 的跃迁是禁戒的。

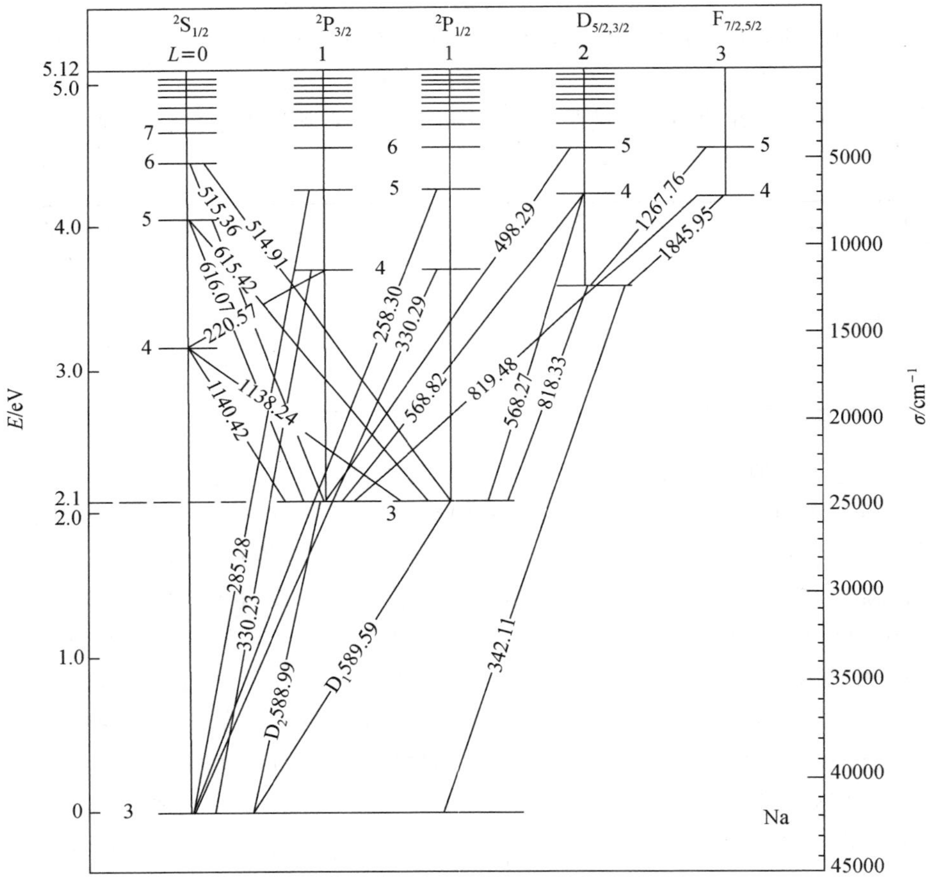

图 6.1　钠原子的能级图

也有个别例外的情况，这种不符合光谱选律的谱线称为禁戒跃迁线。例如，Zn 307.59 nm，是由光谱项 4^3P_1 向 4^1S_0 跃迁的谱线，因为 $\Delta S\neq0$，所以是禁戒跃迁线。这种谱线一般产生的机会很少，谱线的强度也很弱。

3. 谱线强度

原子由某一激发态 i 向基态或较低能级跃迁发射谱线的强度，与激发态原子数呈正比。在激发光源高温条件下，温度一定，处于热力学平衡状态时，单位体积基态原子数 N_0 与激发态原子数 N_i 之间遵守 Boltzmann 分布定律

$$N_i = N_0 \frac{g_i}{g_0} e^{-\frac{E_i}{kT}} \tag{6.2}$$

式中：g_i、g_0 为激发态与基态的统计权重，E_i 为激发能，k 为 Boltzmann 常数，T 为激发温度。

原子的外层电子在 i 与 j 两个能极之间跃迁，其发射谱线强度 I_{ij} 为

$$I_{ij} = N_i A_{ij} h\nu_{ij} \tag{6.3}$$

式中：A_{ij} 为两个能级间的跃迁概率，h 为 Planck 常数，ν_{ij} 为发射谱线的频率。将式(6.2)代入式(6.3)，得

$$I_{ij} = \frac{g_i}{g_0} A_{ij} h\nu_{ij} N_0 e^{-\frac{E_i}{kT}} \tag{6.4}$$

由式(6.4)可见，影响谱线强度的因素为：

(i) 统计权重　谱线强度与激发态和基态的统计权重之比 g_i/g_0 呈正比。其中 $g=2J+1$。

(ii) 跃迁概率　谱线强度与跃迁概率呈正比，跃迁概率是一个原子于单位时间内在两个能级间跃迁的概率，可通过实验数据计算出。

(iii) 激发能　谱线强度与激发能呈负指数关系。在温度一定时，激发能愈高，处于该能量状态的原子数愈少，谱线强度就愈小。激发能最低的共振线通常是强度最大的谱线。

(iv) 激发温度　从式(6.4)可看出，温度升高，谱线强度增大。但温度升高，电离的原子数目也会增多，而相应的原子数会减少，致使原子谱线强度减弱，离子的谱线强度增大。图 6.2 为一些谱线强度与温度的关系图。由图可见，不同谱线各有其最合适的激发温度，在此温度，谱线强度最大。

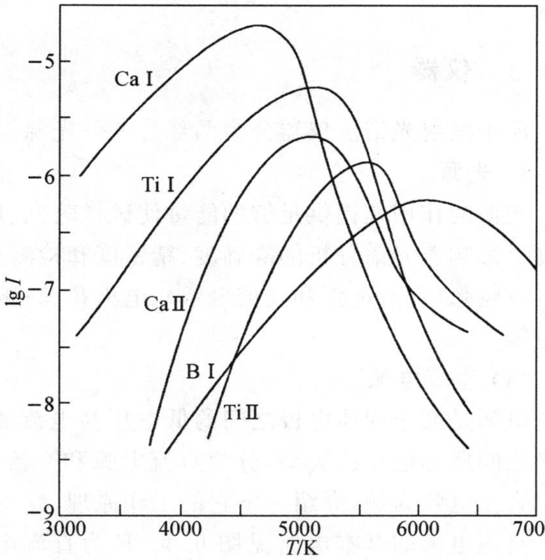

图 6.2　原子、离子谱线强度与激发温度的关系

(v) 基态原子数　谱线强度与基态原子数呈正比。在一定条件下，基态原子数与试样中该元素浓度呈正比。因此，在一定的实验条件下，谱线强度与被测元素浓度呈正比，这是光谱定量分析的依据。

对某一谱线来说，g_i/g_0、跃迁概率、激发能是恒定值。因此，当温度一定时，该谱线强度 I 与被测元素浓度 c 呈正比，即

$$I = ac \tag{6.5}$$

式中：a 为比例常数。当考虑到谱线自吸时，上式可表达为

$$I = ac^b \tag{6.6}$$

式中：b 为自吸系数。b 值随被测元素浓度增加而减小，当元素浓度很小时无自吸，则 $b=1$。

式(6.6)是原子发射光谱法定量分析的基本关系式，称为 Schiebe-Lomakin 公式。

4. 谱线的自吸与自蚀

在激发光源高温条件下，以气体形式存在的物质为等离子体(plasma)。在物理学中，等离子体是气体处在高度电离状态，其所形成的空间电荷密度大体相等，使得整个气体呈电中性。在光谱学中，等离子体是指包含有分子、原子、离子、电子等各种粒子电中性的集合体。

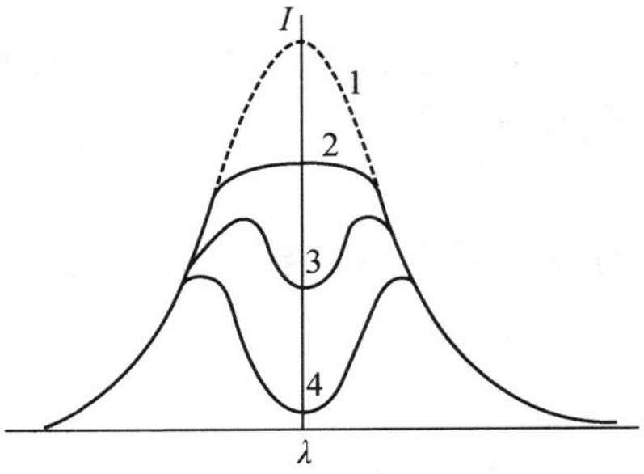

图 6.3　谱线轮廓

1—无自吸　2—有自吸

3—自蚀　4—严重自蚀

等离子体有一定的体积，温度与原子浓度在其各部位分布不均匀，中间部位温度高，边缘温度低。其中心区域激发态原子多，边缘处基态与较低能级的原子较多。某元素的原子从中心发射某一波长的电磁辐射，必然要通过边缘到达检测器，这样所发射的电磁辐射就可能被处在边缘的同一元素基态或较低能级的原子吸收，接收到的谱线强度就减弱了。这种原子在高温发射某一波长的辐射，被处在边缘低温状态的同种原子所吸收的现象称为自吸(self-absorption)。

自吸对谱线中心处强度影响大。当元素的浓度很小时，不表现自吸；当浓度增大时，自吸现象增加；当达到一定浓度时，由于自吸严重，谱线中心强度都被吸收了，完全消失，好像两条谱线，这种现象称为自蚀(self-reversal)，见图 6.3。基态原子对共振线的自吸最为严重，并常产生自蚀。不同光源类型，自吸情况不同。由于自吸现象影响谱线强度，在光谱分析中是一个必须注意的问题。

6.1.3　仪器

原子发射光谱法仪器分为两部分——光源与光谱仪。

1. 光源

光源的作用是提供足够的能量使试样蒸发、原子化、激发，产生光谱。光源的特性在很大程度上影响着光谱分析的准确度、精密度和检测限。原子发射光谱分析光源种类很多，目前常用的有电弧(直流电弧和交流电弧)、电火花(高压火花和低压火花)、电感耦合等离子体及辉光放电等。

(1) 直流电弧

电弧是两个固体电极之间的低电压高电流放电，根据电极之间所加电压的类型，分为直流电弧和交流电弧。这里以直流电弧为例，介绍一下它的工作原理。

直流电弧的基本电路见图 6.4。E 为直流电源，供电电压 220～380 V，电流为 5～30 A。镇流电阻 R 的作用为稳定与调节电流的大小。电感 L 用以减小电流的波动。G 为分析间隙(或放电间隙)，上下两个箭头表示电极，其中下电极装有试样或由试样直接制成。

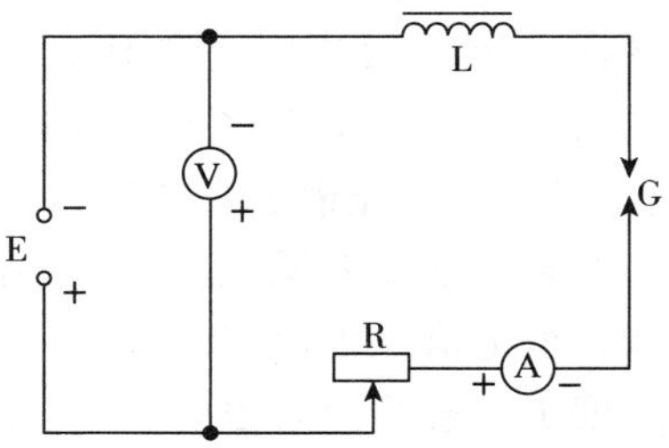

图 6.4　直流电弧发生器线路原理图

E—直流电源　V—直流电压表

L—电感　R—镇流电阻

A—直流电流表　G—分析间隙

直流电弧引燃可用两种方法：一种是接通电源后，使上下电极接触短路引燃；另一种是高频引燃。引燃后阴极产生热电子发射，在电场作用下电子高速通过分析间隙射向阳极。在分析间隙里，电子又会和分子、原子、离子等碰撞，使气体电离。电离产生的阳离子高速射向阴极，又会引起阴极二次发射电子，同时也可使气体电离。这样反复进行，电流持续，电弧不灭。

由于电子轰击，阳极表面白热，产生亮点形成“阳极斑点”。阳极斑点温度高，可达4000 K（石墨电极），因此通常将试样置于阳极。高的电极温度使样品更容易蒸发、原子化，因此具有较好的检测限。在弧柱内，原子与分子、原子、离子、电子等碰撞，被激发而发射光谱。阴极温度在3000 K以下，也形成“阴极斑点”。

直流电弧主要由弧柱、弧焰、阳极点、阴极点组成，见图6.5。电弧温度为4000～7000 K，电弧温度取决于弧柱中元素的电离能和浓度。

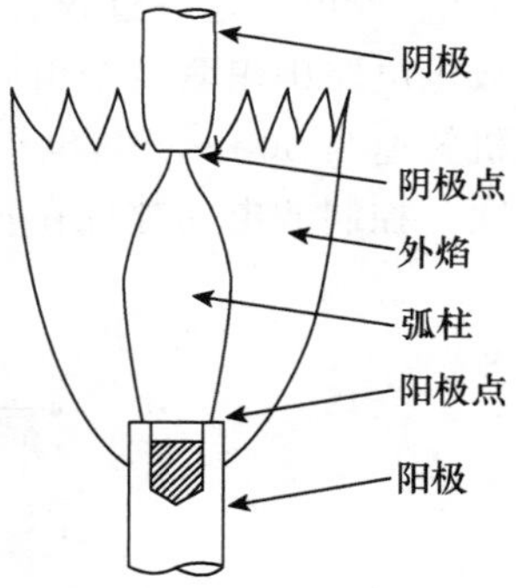

图6.5　直流电弧结构图

试样在光源的作用下，蒸发进入等离子区内，随着试样蒸发的进行，各元素的蒸发速度不断地变化。各种元素的谱线强度对蒸发时间作图，称为蒸发曲线，见图6.6。由图可看出，各种元素的蒸发行为很不一样：易挥发的物质先蒸发出来，难挥发的物质后蒸发出来。试样中不同组分的蒸发有先后次序的现象称为分馏。在进行光谱分析时，应选择合适的曝光时间。

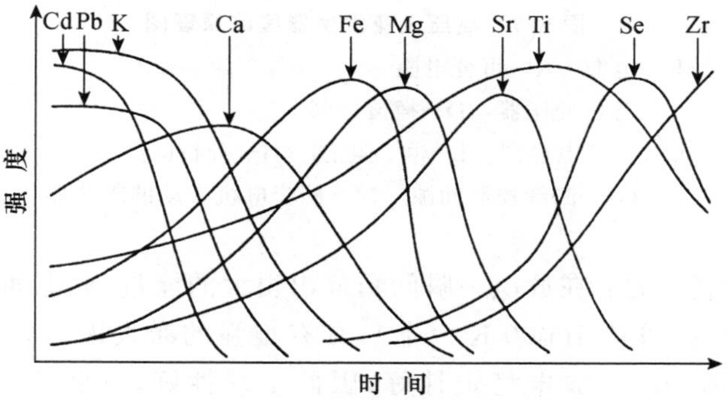

图6.6　电弧光源蒸发曲线图

物质蒸发到等离子区内，进行原子化的同时还可能电离。气态原子或离子在等离子体内与高速运动的粒子碰撞而被激发，发射特征的电磁辐射。与电子的碰撞引起的激发为电激发。与其他高速热运动的粒子碰撞而引起的激发为热激发。现在所使用的光源，主要是热激发，也交杂有电激发。

直流电弧的优点是设备简单。由于持续放电，电极头温度高，蒸发能力强，试样进入放电间隙的量多，绝对灵敏度高，可以直接激发非导体粉末材料，适用于定性、半定量分析。缺点是电弧不稳定、飘移、重现性差、弧层较厚、自吸现象较严重。

(2) 火花光源

火花光源是一种通过电容放电方式，在电极之间发生不连续气体放电的光源。其基本原理是：在通常气压下，两电极间加上高电压，达到击穿电压时，在两极尖端迅速放电，产生电火花。放电沿着狭窄的发光通道进行，并伴随着爆裂声。日常生活中，雷电即是大规模的火花放电。

火花光源根据电容充电电压的高低,可分为高压火花(约 12000 V)和低压火花(约 1000 V)两种类型。这里我们以高压火花光源为例,详细介绍一下它的工作原理。

高压火花发生器线路见图 6.7:220 V 交流电压经变压器 T 升压至 8000~12000 V 高压,通过扼流线圈 D 向电容器 C 充电。当电容器 C 两端的充电电压达到分析间隙的击穿电压时,通过电感 L 向分析间隙 G 放电,G 被击穿产生火花放电。在交流电下半周时,电容器 C 又重新充电、放电。这一过程重复不断,维持火花放电而不熄灭。使火花放电稳定性好的方法,是在放电电路中串联一个由同步电机带动的断续器 M,电极 1、2、3、4 用于固定断续器。当同步电机转速为 50 $r \cdot s^{-1}$,电火花电路每秒接通 100 次,电源频率为 50 Hz,保证火花每半周放电一次。控制放电间隙仅在每交流半周电压最大值的一瞬间放电,从而获得最大的放电能量。

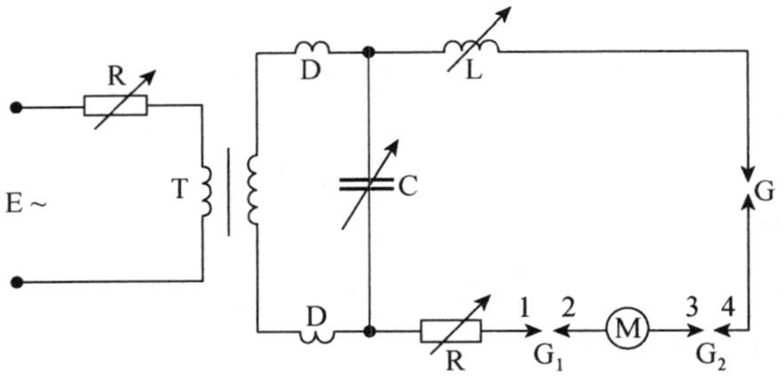

图 6.7 高压火花发生器线路原理图

E—电源 R—可变电阻

T—升压变压器 D—扼流线圈

C—可变电容器 L—可变电感 G—分析间隙

G_1,G_2—断续控制间隙 M—同步电机带动的断续器

高压火花光源的特点是:在放电一瞬间释放出很大的能量,放电间隙电流密度很高,因此放电通道的温度很高(可达 10000 K 以上),具有很强的激发能力,一些难激发的元素可被激发,而且大多为离子线。放电稳定性好,因此重现性好,可做定量分析。电极温度较低,由于放电时间歇时间略长,放电通道窄小,易于做熔点较低的金属与合金分析,而且自身可做电极,如炼钢厂的钢铁分析。每次击穿面积不大,时间较短,单位时间内进入放电区的物质没有电弧那么多,灵敏度较差,但可做较高含量的分析;噪声较大;做定量分析时,需要有预燃时间。

直流电弧与火花光源的使用已有几十年的历史,称为经典光源。在经典光源中,还有火焰与交流电弧在过去也起过重要作用,但由于新光源的广泛应用,已使用得较少,在此不做介绍。

(3) 高频电感耦合等离子体

ICP 光源是 20 世纪 60 年代研制的新型光源,由于它的性能优异,20 世纪 70 年代迅速发展并获广泛的应用。

ICP 光源是高频感应电流产生的类似火焰的气体放电光源。组成 ICP 光源的等离子体是包含分子、原子、离子、电子等多种气态粒子的集合体,其宏观上呈电中性。ICP 光源主要由高频发生器、等离子炬管、雾化器等部分组成,见图 6.8。高频发生器的作用是产生高频磁场供给等离子体能量。频率多为 27.12 MHz 或 40.68 MHz,最大输出功率通常是 2~4 kW。

ICP的主体部分是放在高频感应线圈S内的等离子炬管，见图6.8。在此断面图中，等离子炬管G是一个三层同心的石英管，感应线圈为2～5匝空心铜管。

等离子炬管分为三层：最外层通氩气，作为冷却气，沿切线方向引入，保护石英管不被烧毁，它是形成等离子体的主要气体；中层管通入辅助气体氩气，用以提高火焰高度，保护内管；中心层以氩气为载气，把经过雾化器的试样溶液以气溶胶形式引入等离子体中。

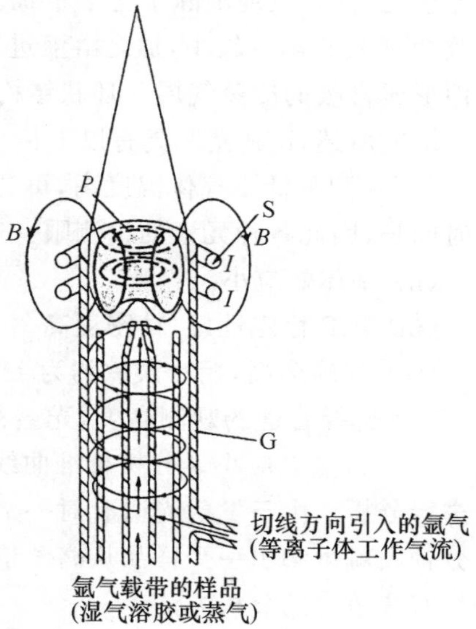

图6.8 ICP光源

B—高频磁场 *I*—高频电流

P—涡电流 S—高频感应线圈

G—等离子炬管

目前ICP光源均采用氩气作为工作气体。用氩气作为工作气体的优点是：氩气为单原子惰性气体，不与试样组分形成难解离的稳定化合物，也不会像分子那样因解离而消耗能量；有良好的激发性能，本身光谱简单。

当高频发生器接通电源后，高频电流 *I* 通过线圈，即在炬管内产生高频磁场 *B*，磁力线为椭圆闭合曲线。仅有高频磁场并不能形成等离子体火焰，必须在管口处用Tesla线圈放电，引入几个火花，使少量氩气电离，产生电子和离子。由于电磁感应和高频磁场，电场在石英管中随之产生。电子和离子被电场加速，同时和气体分子、原子等碰撞，使更多的气体电离，电子和离子各在炬管内沿闭合回路流动，形成涡流，在管口形成火炬状的稳定的等离子焰炬。高频能量通过负载线圈耦合到等离子体上，而使ICP火焰维持不灭。这种电流呈闭合的涡旋状，即涡电流，如图中虚线 *P*。它的电阻很小，电流很大(可达几百安培)，释放出大量的热能(温度达10000 K)。

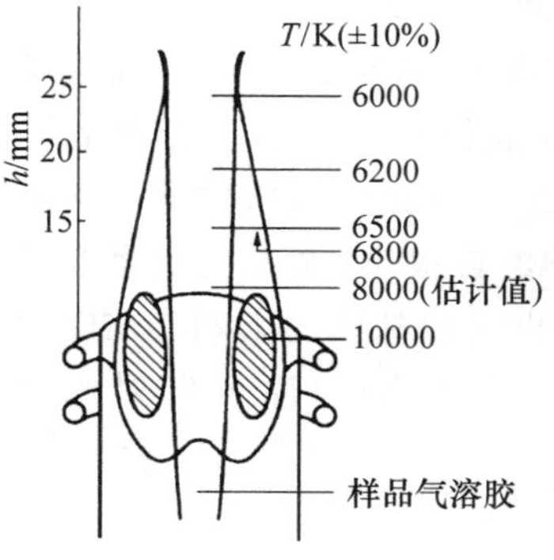

图6.9 ICP的温度分布

等离子焰炬外观像火焰，但它不是化学燃烧火焰而是气体放电。它分为三个区域(图6.8和6.9)：

(i) 焰心区 感应线圈区域内，白色不透明的焰心，高频电流形成的涡流区，温度最高达10000 K，电子密度也很高。它发射很强的连续光谱，光谱分析应避开这个区域。试样气溶胶在此区域被预热、蒸发，又称预热区。

(ii) 内焰区 在感应线圈上10～20 mm处，淡蓝色半透明的焰炬，温度为6000～8000 K。试样在此原子化、激发，然后发射很强的原子线和离子线。这是光谱分析所利用的区域，称为测光区。测光时，在感应线圈上的高度称为观测高度。

(iii) 尾焰区 在内焰区上方，无色透明，温度低于6000 K，只能发射激发能较低的谱线。

高频电流具有"趋肤效应"，ICP中高频电流绝大部分流经导体外围，越接近导体表面，电流密度越大。涡流主要集中在等离子体的表面层内，形成"环状结构"，造成一个环形加热区。环形的中心是一个进样的中心通道，气溶胶能顺利地进入等离子体内，使得等离子体焰炬有很高的稳定性，试样气溶胶可在高温焰心区经历较长时间加热，在测光区平均停留时间可达2～3 ms，比经典光源停留时间(10^{-3}～10^{-2} ms)长得多。高温与长的平均停留时间使样品充分原子化,并有效地消除了化学干扰。周围是加热区,用热传导与辐射方式间接加热,使组分的改变对 ICP 影响较小,加之溶液进样量又少,因此基体效应小,试样不会扩散到 ICP 焰炬周围而形成自吸的冷蒸气层。环状结构是 ICP 具有优良性能的根本原因。

综上所述,ICP 光源具有以下特点:

(i) 检测限低。气体温度高,可达 7000～8000 K,加上样品气溶胶在等离子体中心通道停留时间长,因此各种元素的检测限一般在 $10^{-1}\sim10^{-5}\ \mu g\cdot mL^{-1}$。可测 70 多种元素。

(ii) 基体效应小。

(iii) ICP 稳定性好,精密度高。在实用的分析浓度范围内,相对标准差约为 1%。

(iv) 准确度高,相对误差约为 1%,干扰少。

(v) 选择合适的观测高度,光谱背景小。

(vi) 自吸效应小。分析校准曲线动态范围宽,可达 4～6 个数量级,这样也可对高含量元素进行分析。由于发射光谱有对一个试样可同时作多元素分析的优点,ICP 采用光电测定在几分钟内就可测出一个样品从高含量到痕量各种组成元素的含量,快速而又准确,因此它是一个很有竞争力的分析方法。

ICP 的局限性是:对非金属测定灵敏度低,仪器价格较贵,维持费用也较高。

(4) 微波诱导等离子体

微波是频率在 100 MHz～100 GHz,即波长从 300 cm 至数毫米的电磁波,它位于红外辐射和无线电波之间。微波诱导等离子体(microwave induced plasma, MIP)与 ICP 类似,是微波的电磁场与工作气体(氩气、氦气或氮气等)作用而产生的等离子体。微波发生器(一般产生 2450 MHz 的微波)能将微波耦合给谐振腔内的石英管或铜管,管中心通有工作气体与试样的气流,这样使气体电离、放电,在管口顶端形成倒漏斗形状的等离子炬管(图 6.10)。

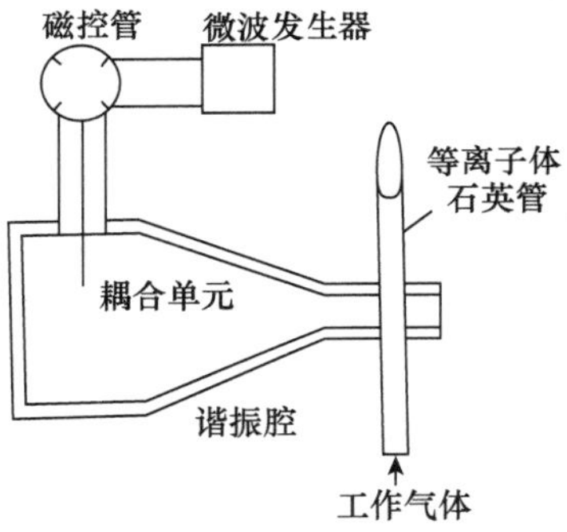

图 6.10 MIP

MIP 的激发能力高,可激发绝大多数元素,特别是非金属元素,其检测限比其他光源都要低。它的载气流量小,系统比较简单,是一种性能很好的光源。但是这一光源的缺点是气体温度较低(2000～3000 K),被测组分难以充分原子化。MIP 的等离子炬管很小,微波发生器功率小(50～500 W),进样量过多,也造成基体的影响。MIP 被成功用于气相色谱和超临界流体色谱的原子发射光谱检测器。

(5) 辉光放电光源

辉光放电是一种低压(13.3～1333 Pa)气体放电现象,其名字来源于由激发态气体所产生的非常亮的辉光。前面所述的光源都是常压下的辐射光源,而辉光放电光源是一种低气压光源。它有多种类型,仅以 Grimm 辉光放电管为例,见图 6.11。

阴、阳两个电极封入玻璃管内,管内抽真空并充入惰性气体(如氩气)作为载气,压力为几百帕。样品制成很容易插入光源的平面阴极。两极间施加一定的电压(一般为 250～2000 V),便产生放电。在放电过程中,载气原子被电离,产生的正离子被电场大大加速,获得足够的能量,轰击阴极表面时就可将被测元素原子轰击出来,形成原子蒸气云。这种被正离子从阴极表面轰击出原子的现象称为“阴极溅射”。溅射出的原子与高速运动的离子、原子、电子碰撞成为激发

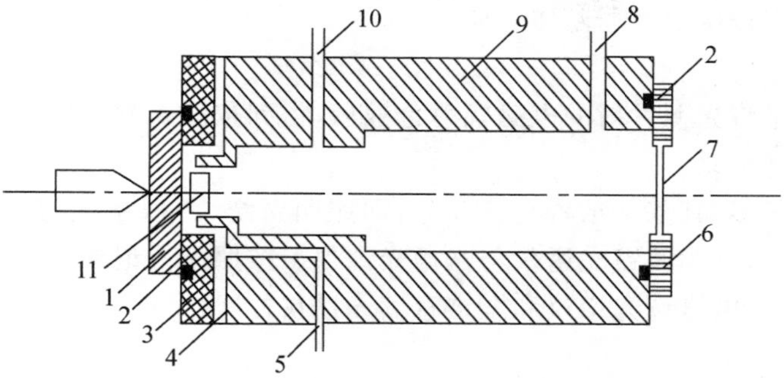

图 6.11　Grimm 辉光放电管结构示意图

1—试样　2—密封圈　3—阴极体　4—绝缘片
5—阴极区抽气口　6—石英窗压固圈　7—石英窗
8—载气入口　9—阳极体　10—阳极区抽气口　11—负辉区

态原子，然后发射出原子光谱。辉光放电在阴极附近的负辉区，此处辐射强度最大。因此，阴极与阳极的位置相距很近。

Grimm 辉光放电光源的主要特点：发光稳定度高，因而分析结果的精密度好；能分层均匀溅射取样，可作表层、逐层分析。缺点是对样品的制备要求较高。

（6）激光诱导等离子体光源

近几十年里随着激光技术的发展，激光成为原子发射光谱中产生等离子体有效的工具。这里我们仅简单介绍一下激光烧蚀（laser ablation）和激光诱导击穿光谱技术（laser induced breakdown spectroscopy，LIBS）。

烧蚀是将样品通过蒸发或一些其他过程从表面脱离的过程。在激光烧蚀技术中，激光束辐射在固体或液体的表面，发生局部的加热和蒸发过程。通常使用的是高功率的脉冲激光，当然连续波激光也可以采用。双脉冲烧蚀是常常采用的方法。当使用足够强的激光，烧蚀的样品会转化成等离子体。激光等离子体可发射出辐射，用于原子发射光谱分析，或者将它产生的离子通过质谱进行分析。在一些技术中，激光仅用于产生原子或离子，需要另外一个装置激发它们。例如，激光微探针技术中，激光辐射产生的原子束或离子束被置于样品表面上方的一对电极中，通过火花放电的方式激发，激发后产生的发射光谱通过合适的光学系统进行检测。通过激光微探针技术，单个血细胞的痕量元素组成可以被检测到。对于固体样品，通过激光扫描样品表面就可以获得样品空间分布的元素信息了。

LIBS 与激光烧蚀非常相关。用在 LIBS 中的激光能量非常强，以至于它能够把待烧蚀样品周围的空气给击穿，产生高强度的发光等离子体。最典型的是由 Nd：YAG 激光提供的持续几个纳秒的短脉冲用于等离子体的产生。激光脉冲作用结束后，伴随着等离子体的冷却，处于激发态的原子和离子向低能级跃迁，辐射一定频率的光子，产生特征谱线。其频率和强度包含了分析对象的元素种类和浓度信息。

除了单脉冲 LIBS 技术外，还发展出了双脉冲 LIBS 系统。其中的一种工作模式称为预烧蚀正交双脉冲，即第一个脉冲先对空气进行激发（第一个脉冲平行于样品表面，距离样品表面大约几毫米），通过环境气体产生的等离子体对样品进行剥蚀，第二个脉冲再对第一个脉冲产生的等离子体进行激发。与单脉冲 LIBS 技术相比，双脉冲 LIBS 系统可以显著提高分析灵敏度，降低检测限，一定程度上减弱基体效应。

2. 光谱仪

光谱仪的作用是将光源发射的电磁辐射色散后，得到按波长顺序排列的光谱，并对不同波长的辐射进行检测与记录。

光谱仪的种类很多，其基本结构有三部分，即照明系统、色散系统与记录测量系统。按照使用色散元件的不同，分为棱镜光谱仪与光栅光谱仪。按照光谱记录与测量方法的不同，又可分为照相式光谱仪、光电直读光谱仪和全谱直读光谱仪。

(1) 光谱仪

可分为棱镜光谱仪与光栅光谱仪。

(i) 棱镜光谱仪

目前有实用价值的为石英棱镜光谱仪。石英对紫外光区有较好的折射率，而常见元素的谱线又多在近紫外区，故应用广泛。这种仪器在 20 世纪 40～50 年代生产较多。现在由于光栅的出现，已无厂家再生产了。但已有的石英棱镜光谱仪仍在使用。

图 6.12 为 Q-24 中型石英棱镜光谱仪光路示意图，光源 Q 发出的光经三透镜 L_1、L_2、L_3 照明系统聚焦在入射狭缝 S 上。S、L_4、P 为色散系统。L_4 为准直镜，将入射光变为平行光束，再投射到棱镜 P 上进行色散。波长短的折射率大，波长长的折射率小，色散后按波长顺序被分开排列成光谱。再由照相物镜 L_5 将它们分别聚焦在感光板 FF′上，便得到按波长顺序展开的光谱。每一条谱线都是狭缝的像。

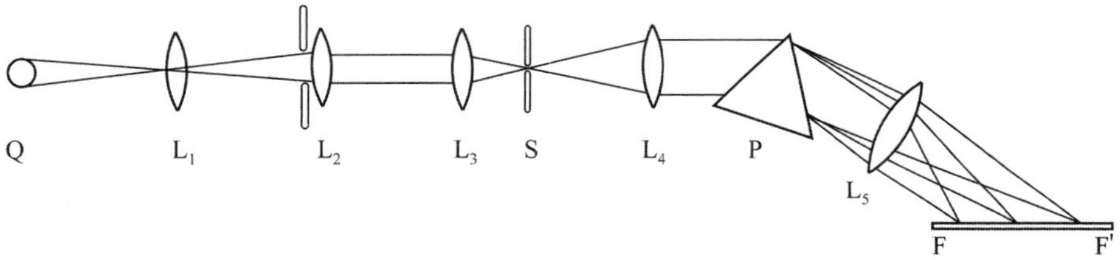

图 6.12　Q-24 中型石英棱镜光谱仪光路示意图

● 照明系统　三透镜照明系统，其作用是使光源发出的光均匀地照在狭缝的全部面积上，即狭缝全部面积上的各点照度一致。

● 色散系统　光谱仪的好坏主要取决于它的色散装置。光谱仪光学性能的主要指标有色散率、分辨率与集光本领①，因为发射光谱是靠每条谱线进行定性、定量分析的，因此，这三个指标至关重要。

---

① 色散率　把不同波长的光分散开的能力。棱镜的色散率在第 2 章中已有叙述。

分辨率　按照 Rayleigh 准则能正确分辨出波长相差极小的两条谱线的能力。

色散率与分辨率是两个不同的概念。色散率是仪器将不同波长的光分散开的能力，即将紧邻的两条谱线分散开；至于能否分辨出，要由分辨率来决定。当然，色散率大的仪器分辨率也高。

集光本领　表示光谱仪光学系统传递辐射的能力。常用入射于狭缝的光源亮度为一个单位时，在感光板焦面上单位面积内所得到的辐射通量来表示。集光本领与物镜的相对孔径的平方 $(d/f)^2$ 呈正比（d 为物镜孔径，f 为焦距），而与狭缝的宽度无关。狭缝宽度变大，像也增宽，单位面积上能量不变。增大物镜焦距 f，可增大线色散率，但要减弱集光本领。

● 记录测量系统　光谱仪的记录方法为照相法，需用感光板来接收与记录光源所发出的光。感光板由感光层与支持体（玻璃板）组成。感光层由乳剂均匀地涂布在玻璃板上而成，它起感光作用。乳剂为卤化银的微小晶体均匀地分散在精制的明胶中，其中溴化银使用较广。溴化银乳剂受到光的照射后分解成溴原子与银原子，当银的质点达到一定程度时就形成潜影中心。在以还原剂为主要组分的显影液中，具有潜影中心的溴化银晶粒很快地被还原成金属银，显示出黑色的影像来。在某一波长处，受到大曝光量作用的乳剂生成的潜影中心多，还原速率快，显现出较黑的影像。曝光量小的乳剂，则潜影中心少，还原速率慢，所显现出的影像为较浅的黑色。没有曝光的乳剂，则无潜影中心，还原速率极慢，只产生雾翳分布在整个感光板上。定影液主要是银离子的配合剂溶液，显影后整个感光板乳剂中未受到光作用的溴化银都要经定影除去。感光板置于光谱仪焦面上，经光源作用而曝光，再经显影、定影后在谱片上留下银原子形成的黑色的光谱线的影像。谱线的黑度就反映了光的强度，见图 6.19。

（ii）光栅光谱仪

图 6.13 为国产 WSP-1 型平面光栅光谱仪光路示意图。由光源 B 发射的光经三透镜照明系统 L 后到狭缝 S 上，再经反射镜 P 折向凹面反射镜 M 下方的准光镜 O_1 上，经 O_1 反射以平行光束照射到光栅 G 上，经光栅色散后，按波长顺序分开。不同波长的光由凹面反射镜上方的投影物镜 O_2 聚焦于感光板 F 上，得到按波长顺序展开的光谱。转动光栅台 D，可同时改变光栅的入射角和衍射角，便可获得所需的波长范围和改变光谱级数。

光栅光谱仪所用光栅多为平面反射光栅，并且是闪耀光栅（关于光栅的特性、色散率、分辨率、闪耀波长等内容，详见第 2 章）。由闪耀光栅制作上看，闪耀角一定，闪耀波长（在闪耀波长处光的强度最大）是确定的，即每块光栅都有自己的闪耀波长。

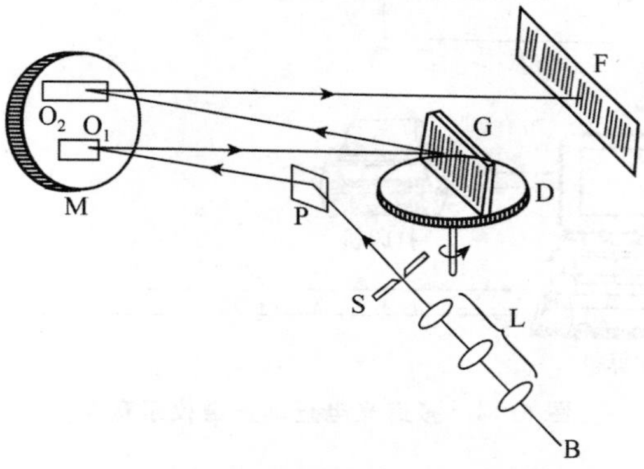

图 6.13　WSP-1 型平面光栅光谱仪光路示意图

B—光源　L—照明系统　S—狭缝　P—反射镜　M—凹面反射镜

O_1—准光镜　O_2—投影物镜　G—光栅　D—光栅台　F—感光板

（2）光电直读光谱仪

光电直读光谱仪是利用光电测量方法直接测定光谱线强度的光谱仪。过去仅在钢铁等冶炼部门应用较多，目前由于 ICP 光源的广泛使用，光电直读光谱仪才被大规模地应用。光电直读光谱仪有两种基本类型：一种是多道固定狭缝式，另一种是单道扫描式。

在光谱仪色散系统中，只有入射狭缝而无出射狭缝。在光电直读光谱仪中，一个出射狭缝和一个光电倍增管构成一个通道（光的通道），可接收一条谱线。多道固定狭缝式是安装多个

(可达 70 个)固定的出射狭缝和光电倍增管,可同时接收多种元素的谱线。单道扫描式只有一个通道,这个通道可以移动,相当于出射狭缝在光谱仪的焦面上扫描移动,多由转动光栅和光电倍增管来实现,在不同的时间检测不同波长的谱线。

(i) 多道光电直读光谱仪

多道光电直读光谱仪示意于图 6.14。从光源发出的光经透镜聚焦后,在入射狭缝上成像并进入狭缝。进入狭缝的光投射到凹面光栅上,凹面光栅将光色散、聚焦在焦面上,在焦面上安装了一个个出射狭缝,每一狭缝可使一条固定波长的光通过,然后投射到狭缝后的光电倍增管上进行检测。经计算机处理后,显示器显示并打印出数据。全部过程除进样外都是计算机程序控制,自动进行。一个样品分析仪用几分钟就可得到欲测的几种甚至几十种元素的含量值。

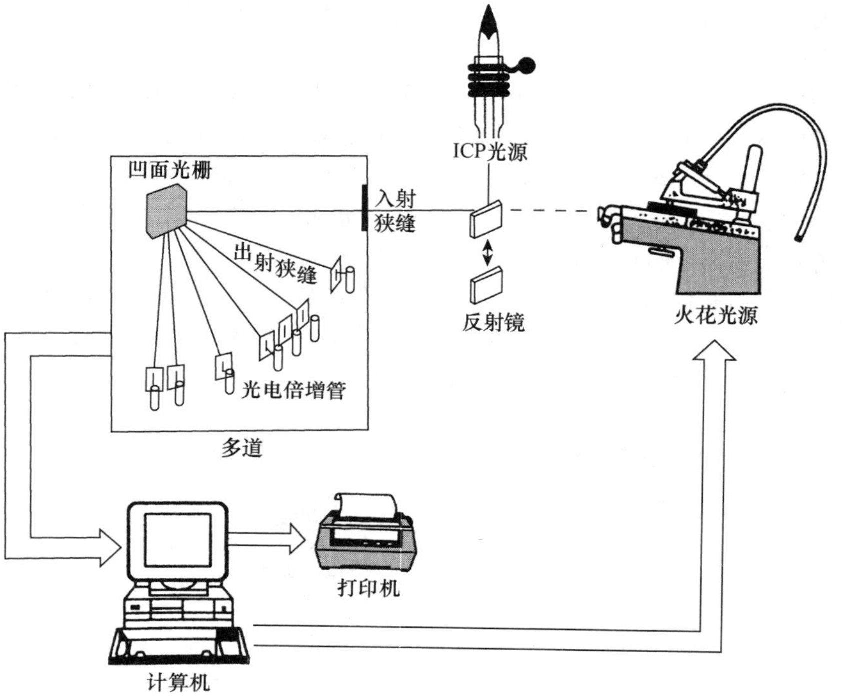

图 6.14　多道光电直读光谱仪示意图

● 色散系统　色散元件由凹面光栅、一个入射狭缝与多个出射狭缝组成。将光栅刻痕刻在凹面反射镜上就叫作凹面光栅。

● 罗兰圆　Rowland 发现在曲率半径为 R 的凹面光栅上存在一个直径为 R 的圆(注意这里 R 为直径),见图 6.15,光栅 G 的中心点与圆相切,入射狭缝 S 在圆上,则不同波长的光都成像在这个圆上,即光谱在这个圆上,这个圆叫作罗兰圆。这样,凹面光栅既起色散作用,又起聚焦作用。聚焦作用是由于凹面反射镜的作用,能将色散后的光聚焦。

综上所述,光电直读光谱仪多采用凹面光栅,因为多道光电直读光谱仪要求有一个较长的焦面,能包括较宽的波段,以便安装更多的通道,只有凹面光栅能满足这些要求。将出射狭缝 P 都装在罗兰圆上,在出射狭缝后安装光电倍增管进行检测。

● 检测系统　由光电倍增管(见第 2 章)、数据处理与信号输出系统组成。

多道光电直读光谱仪的优点是：分析速度快；准确度高，相对误差约为 1%；适用于较宽的波长范围；光电倍增管信号放大能力强，线性动态范围宽，可作高含量分析。缺点是出射狭缝固定，能分析的元素也固定。

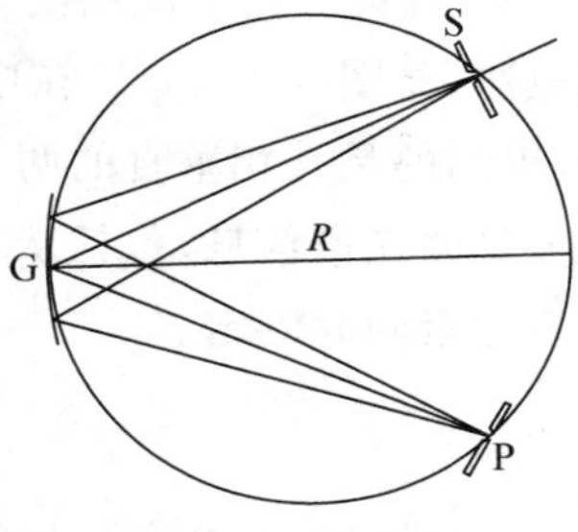

图 6.15　罗兰圆

G—光栅　S—入射狭缝

P—出射狭缝

(ii) 单道扫描光电直读光谱仪

图 6.16 为一台单道扫描式光谱仪的光路图，光源发出的光经入射狭缝后，到一个可转动的平面光栅上，经光栅色散后，将某一特定波长的光反射到出射狭缝上，然后投射到光电倍增管上，经过检测就得到一个元素的测定结果。随着光栅依次不断地转动，就可得到各种元素的测定结果。也可采用转动光电倍增管的方式，但比较少用。

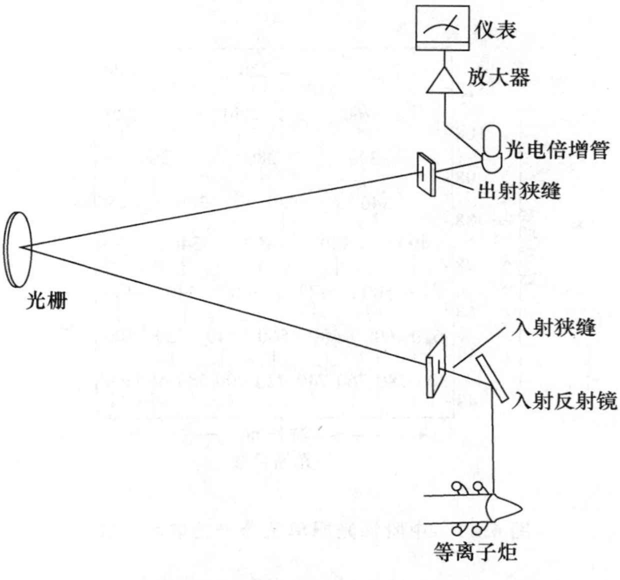

图 6.16　单道扫描式光谱仪简化光路图

和多道光谱仪相比，单道扫描式光谱仪的波长选择简单易行，范围宽，可测定元素的范围也很广。但是，一次扫描需要一定的时间，分析速度受到限制。

目前，单道扫描光电直读光谱仪因其优越的性能在定量分析上起重要的作用，一般与火花、ICP 等现代光源相结合。

(3) 全谱直读光谱仪

全谱直读光谱仪是性能优越、比较新型的一种光谱仪。

(i) 色散系统

色散系统由中阶梯光栅和与其成垂直方向的棱镜所组成。

● 中阶梯光栅　普通的闪耀光栅闪耀角比较小，在紫外及可见区只能使用一级至三级的低级光谱。中阶梯光栅采用大的闪耀角，刻线密度不大，可以使用很高的谱级，因而得到大色散率、高分辨率和高的集光本领。

● 棱镜　由于使用高谱级，出现谱级间重叠严重、自由光谱区较窄等问题，因此采用交叉色散法，见图 6.17(a)。在中阶梯光栅的前边(或后边)加一个垂直方向的棱镜，进行谱级色散，得到的是互相垂直的两个方向上排布的二维光谱图[图 6.17(b)]，可以在较小的面积上汇集大量的光谱信息，包括从紫外到可见区的整个光谱。可利用的光谱区广，光谱检测限低，并可多元素同时测定。

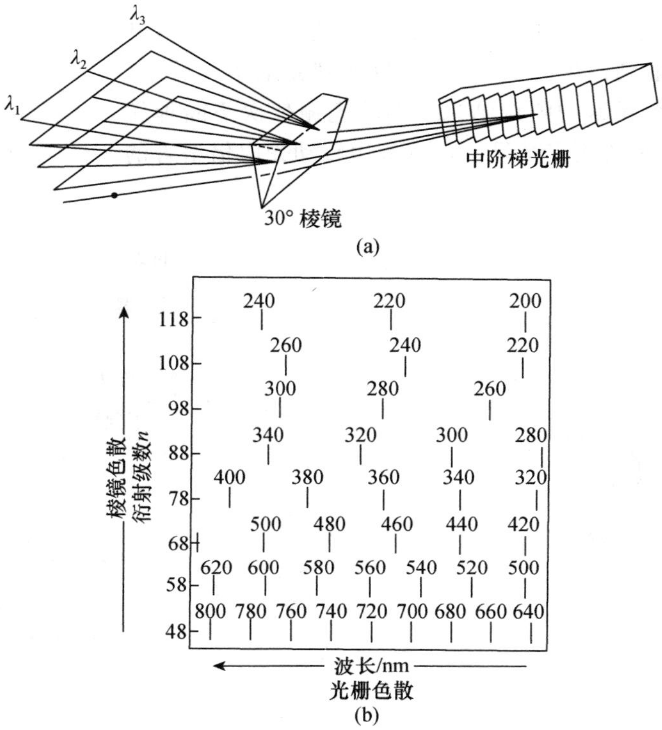

图 6.17　中阶梯光栅单色器光色散示意图

(ii) 检测系统

采用电荷转移器件(CTD)，它又分为电荷耦合器件(CCD)和电荷注入器件(CID)两类(见第 2 章)。CCD 在原子发射光谱的应用比较广泛。它们是在大规模硅集成电路工艺基础上研制而成的模拟集成电路芯片，是把光信号以电荷的形式存储和转移，而不是以电流和电压的形式。光辐射照到光敏元件表面产生光生电荷，电荷从收集区到测量区转移的同时，完成对累积电荷的测量。光敏检测元件是二维排列的，可同时从中阶梯光栅光谱仪上记录二维全谱。它可以快速显示多道测量结果或称光电读出；同时又具有像光谱感光板一样同时记录多道光信号的能力，可在末端显示器上同步显示出人眼可见的谱图，见图 6.18。

CCD 固体检测器在发射光谱应用上的主要优点是：同时多谱线的检测能力；分析速度快，可在 1 min 内进行几十种元素的测定；灵敏度高；线性动态范围宽，可达 5～7 个数量级。

全谱直读光谱仪可快速进行光谱定性定量分析，并可对原子发射光谱进行深入的研究。

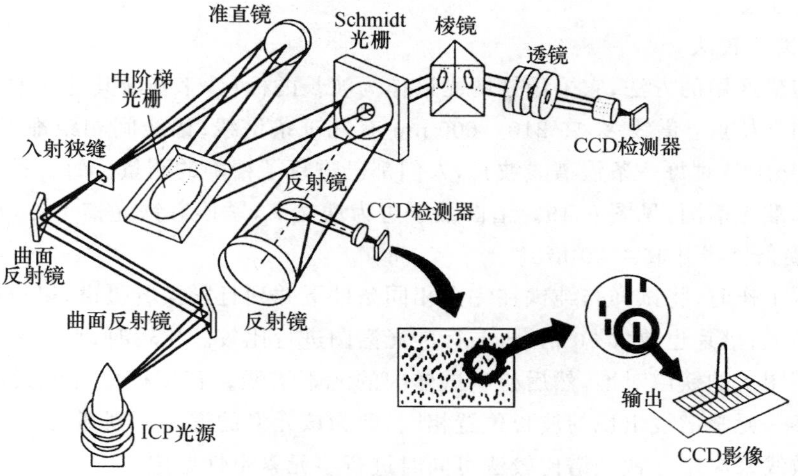

图 6.18　全谱直读等离子体发射光谱仪示意图

图 6.18 是全谱直读等离子体发射光谱仪示意图。光源发出的光经两个曲面反射镜聚焦于入射狭缝,再经过准直镜成平行光,投射到中阶梯光栅,使光在 x 方向色散,再经过另一个光栅(Schmidt 光栅)在 y 方向上二次色散,并经反射镜到达 CCD 检测器,随后输出光谱的图像。由于该 CCD 是一个紫外型检测器,对可见光区的光谱不灵敏,因此,在 Schmidt 光栅中央开了一个孔,部分光经此孔后再经棱镜进行 y 方向二次色散,然后经透镜进入另一个检测器,可对可见光区进行同样的检测。

6.1.4　分析方法

1. 光谱定性分析

由于各种元素的原子结构不同,在光源的激发作用下,试样中每种元素都发射自己的特征光谱。光谱定性分析在过去一般多采用直流电弧摄谱法。试样中所含元素只要达到一定的含量,都可以有谱线摄谱在感光板上。摄谱法操作简便,价格便宜,快速,在几小时内可将含有的数十种元素定性检出。感光板的谱图可长期保存。但目前这种方法已逐渐被全谱直读光谱仪所取代。

(1) 元素的分析线、灵敏线与最后线

每种元素发射的特征谱线有多有少,多的可达几千条。当进行定性分析时,不需要将所有的谱线全部检出,只需检出几条合适的谱线就可以了。

进行分析时所使用的谱线称为分析线。如果只见到某元素的一条谱线,不能断定该元素确实存在于试样中,因为有可能是其他元素谱线的干扰。检出某元素是否存在,必须有两条以上不受干扰的最后线与灵敏线。灵敏线是元素激发能低、强度较大的谱线,多是共振线。最后线是指当样品中某元素的含量逐渐减少时,最后仍能观察到的几条谱线。它也是该元素的最灵敏线。

特征谱线组,常常是元素的多重线组,如图 6.1 中钠的双重线: 589.6 nm 和 589.0 nm;还有的为三重线及多重线,如硅的 6 条线: 250.69 nm、251.43 nm、251.61 nm、251.92 nm、252.41 nm、252.85 nm,它们的强度相近,具有特征性,很好辨认。

（2）分析方法

（i）铁光谱比较法

这是目前最通用的方法，它采用铁的光谱作为波长的标尺，来判断其他元素的谱线。铁光谱作标尺有如下特点：谱线多，在 210～600 nm 有几千条谱线；谱线间相距都很近，在上述波长范围内均匀分布；对每一条铁谱线波长，人们都已进行了精确的测量。每一种型号的光谱仪都有自己的标准光谱图，见图 6.19。谱图最下边为铁光谱，紧挨着铁光谱上方，准确地绘出了 68 种元素的逐条谱线并放大 20 倍。

进行分析工作时，将试样与纯铁在完全相同条件下并列且紧挨着摄谱，摄得的谱片置于映谱仪（放大仪）上；谱片也放大 20 倍，再与标准光谱图进行比较。比较时，首先需将谱片上的铁谱与标准光谱图上的铁谱对准，然后检查试样中的元素谱线。若试样中的元素谱线与标准谱图中标明的某一元素谱线出现的波长位置相同，即为该元素的谱线。判断某一元素是否存在，必须由其灵敏线来决定。铁光谱比较法可同时进行多元素定性鉴定。

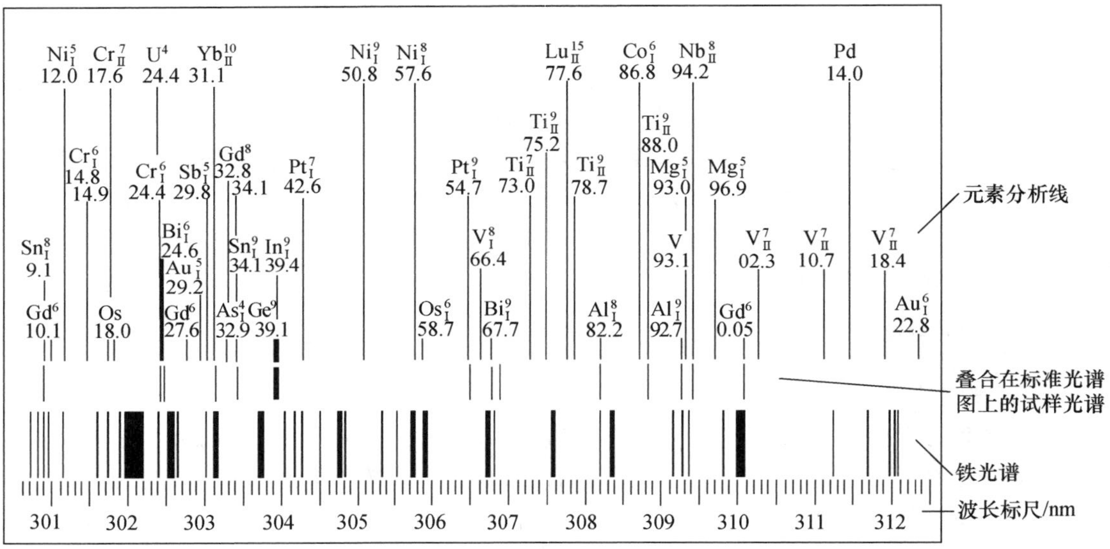

图 6.19　用于定性分析的标准光谱图（301～312 nm）

（ii）标准试样光谱比较法

将要检出元素的纯物质或纯化合物与试样并列摄谱于同一感光板上，在映谱仪上检查试样光谱与纯物质光谱。若两者谱线出现在同一波长位置上，即可说明某一元素的某条谱线存在。此法多用于分析不经常遇到的元素或谱图上没有的元素。

全谱直读光谱仪也可快速进行定性分析。单道扫描光电直读光谱仪，在定量分析前确定最佳分析条件时，可进行定性分析。

2. 光谱半定量分析

光谱半定量分析可以给出试样中某元素的大致含量。若分析任务对准确度要求不高，多采用光谱半定量分析。例如对钢材与合金的分类、矿产品的大致估计等，特别是分析大批样品时，采用光谱半定量分析，尤为简单而快速。

光谱半定量分析常采用摄谱法中的比较黑度法，这个方法需配制一个基体与试样组成近似的被测元素的标准系列。在相同条件下，在同一块感光板上标准系列与试样并列摄谱，然后在映谱仪上用目视法直接比较试样与标准系列中被测元素分析线的黑度。黑度若相同，则可作出试样中被测元素的含量与标准样品中某一个被测元素含量近似相等的判断。

3. 光谱定量分析

这里仅介绍 ICP 直读光谱法。光谱定量分析的关系式见式(6.5)和式(6.6)：

$$I=ac \text{ 和 } I=ac^b$$

当元素浓度很低时无自吸，$b=1$。ICP 光源本身自吸效应就很小。

(1) 校准曲线法

这是最常用的方法。在确定的分析条件下，用 3 个或 3 个以上含有不同浓度的被测元素的标准系列与试样溶液在相同条件下激发，以分析线强度 I 对标准样浓度 c 作图，得到一条校准曲线。根据试样分析线的强度在校准曲线上查出相应的浓度。

(2) 标准加入法

当测定低含量元素时，基体干扰较大，找不到合适的基体来配制标准试样时，采用标准加入法比较好。方法是取几份相同量试样，其中一份作为被测定的试样，其他几份分别加入不同浓度 $c_1, c_2, c_3, \cdots, c_i$ 的被测元素的标准溶液。在同一实验条件下激发光谱，然后以分析线强度对标准加入量浓度作图(图 6.20)。被测定的试样中没有加入标准溶液，所以它对应的强度为 I_x，试样中被测元素浓度为 c_x，将直线 I_x 点外推，与横坐标相交截距的绝对值即为试样中待测元素的浓度 c_x。

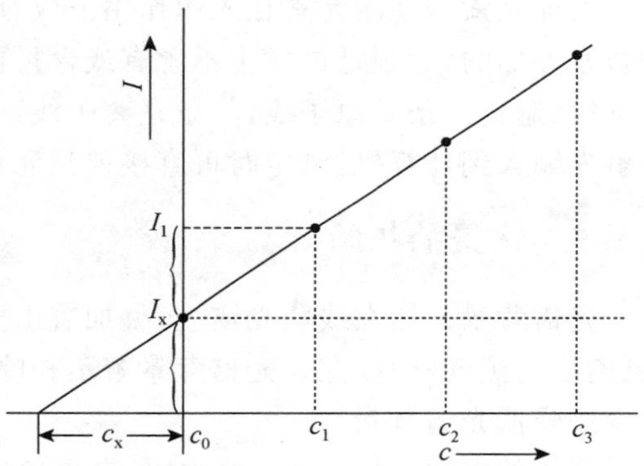

图 6.20　标准加入法曲线

$$\frac{c_x}{I_x}=\frac{c_1}{I_1} \tag{6.7}$$

$$c_x=\frac{c_1 I_x}{I_1} \tag{6.8}$$

(3) 内标法

在 20 世纪，使用经典光源进行定量分析时，使用式(6.6)测定谱线绝对强度进行定量分析是困难的。因为试样的组成与实验条件都会影响谱线强度。1925 年 Gerlach 提出内标法，才使得原子发射光谱的定量分析得以实现。今天，ICP 光源直读光谱仪仪器性能好，并且稳定、准确度高，一般不使用内标法，但当试样黏度大时，也会使得光源不稳定，此时应使用内标法。

(i) 基本关系式

内标法是相对强度法，首先要选择分析线对：选择一条被测元素的谱线为分析线，再选择其他元素的一条谱线为内标线，所选内标线的元素为内标元素。内标元素可以是试样的基体元素，也可是加入一定量的试样中不存在的元素。分析线与内标线组成分析线对。

分析线强度 I，内标线强度 I_0，被测元素浓度与内标元素浓度分别为 c 与 c_0，b 与 b_0 分别为分析线与内标线的自吸系数。根据式(6.6)，分别有

$$I = ac^b \tag{6.9}$$

$$I_0 = a_0 c_0^{b_0} \tag{6.10}$$

分析线与内标线强度比为 R，称为相对强度

$$R = \frac{I}{I_0} = \frac{ac^b}{a_0 c_0^{b_0}} \tag{6.11}$$

式中：内标元素浓度 c_0 为常数；实验条件一定，$A = \frac{a}{a_0 c_0^{b_0}}$ 为常数，ICP 光源中 $b \to 1$，则

$$R = \frac{I}{I_0} = Ac \tag{6.12}$$

式(6.12)是内标法光谱定量分析的基本关系式。由式(6.12)也可看出相对强度法对试样组成或实验条件的变化都可相消。分析方法是以相对强度对浓度作图，即为校准曲线。

(ii) 内标元素与分析线对的选择

内标元素与被测元素在光源作用下应有相近的蒸发性质、相近的激发能与电离能；内标元素若是外加的，必须是试样中不含有或含量极少、可以忽略的；分析线对要都是原子线或都是离子线，避免一条是原子线，一条是离子线。定量分析法使用直读光谱仪，可将各元素校准曲线事先输入到计算机，测定时可直接得到元素的含量。多道光电直读光谱仪带有内标通道。

6.1.5 背景的扣除

光谱背景是指在线状光谱上，叠加着由连续光谱、分子光谱或其他原因所造成的谱线强度(摄谱法为黑度)的改变。光谱背景若不扣除，必然会使分析结果不准确。在实验过程中应尽量设法降低光谱背景。

背景的来源：在经典光源中，是来自炽热的电极头，或蒸发过程中被带到弧焰中去的固体质点等炽热的固体发射的连续光谱；同样在光源作用下，试样与空气作用生成的分子氧化物、氮化物等分子发射的带状光谱，如 CN、SiO、AlO 等，这些化合物的解离能都很高。分析线附近有其他元素的强扩散线(即谱线宽度较大)，如 Zn、Sb、Pb、Bi、Mg、Al 等含量高时会有很强的扩散线。在 ICP 光源中，电子与离子复合过程也产生连续辐射。韧致辐射是由电子通过荷电粒子(主要是重粒子)库仑场时受到加速或减速引起的连续辐射。这两种连续背景都随电子密度的增大而增加，是造成 ICP 光源连续背景辐射的重要原因，火花光源中这种背景也较强。

为了消除背景的影响，直流电弧摄谱法定性分析选择谱线时，应避开背景影响较大的谱线。在 ICP 光电直读光谱仪中都带有自动校正背景的装置。

6.1.6 工作条件的选择

1. 光源

可根据被测元素的特性、含量及分析要求来选择合适的光源。

2. 试样引入激发光源的方法

试样引入激发光源的方法，依试样的性质与光源的种类而定。

(1) 固体试样

多用于经典光源、辉光放电和激光诱导等离子体光源，前两者多采用电极法。金属与合金本身能导电，可直接做成电极，称为自电极。若为金属箔、丝，可将其置于石墨或碳电极中。

粉末试样，通常放入制成各种形状的小孔或杯形电极中，作为下电极。常用的电极材料为石墨，常常将其加工成各种形状。石墨具有导电性能好、沸点高(可达 4000 K)、有利于试样蒸发、谱线简单、容易制纯及易于加工成型等优点(图 6.21)。

辉光放电的平面阴极制作比较复杂，在此不作介绍。

激光具有高能量，聚焦入射到样品上，使样品微区迅速熔化及蒸发，蒸发出的气体被惰性气体导入等离子体炬管中。激光烧蚀法的最大优点是可用于导体或非导体。同时，由于激光束聚焦的特性，可在小范围内取样，可进行局部(微区)分析。其精密度与雾化法相比要差一些，检测限也稍差于雾化法。

(2) 溶液试样

ICP 与 MIP 光源，直接用雾化器将试样溶液引入等离子体内，见图 6.22。

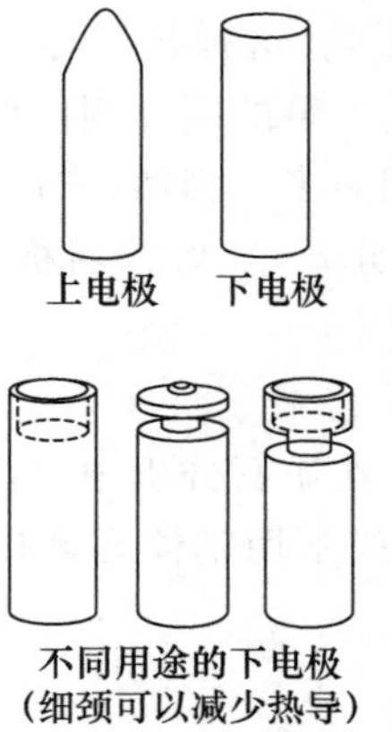

图 6.21　直流电弧的石墨电极形状

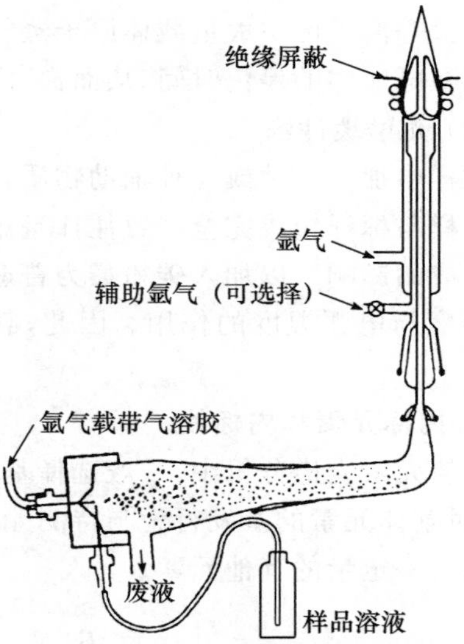

图 6.22　ICP 光源的雾化器及流体进样系统

电弧或火花光源常用溶液干渣法进样。将试样溶液滴在平头或凹月面电极上，烘干后激发。为了防止溶液渗入电极，预先滴聚苯乙烯的苯溶液，在电极表面形成一层有机物薄膜。试样溶液也可以用石墨粉吸收，烘干后装入电极孔内。

3. 光谱仪

一般多用中型光谱仪，但对于谱线复杂的元素(如稀土元素等)，则需选用色散率大的大型光谱仪。

4. 光谱添加剂

(1) 光谱载体

在试样中加入一些有利于分析的物质叫载体。载体按理说是将试样蒸发载入电弧中，但它们起的作用绝不仅是促进蒸发的作用。载体的作用总的来说是增加谱线强度，提高分析灵敏度、准确度和消除干扰。它们多是一些化合物、盐类、碳粉，当然不能含有待测元素。载体的加入量也是比较多的。

载体能控制试样中元素的蒸发行为，通过化学反应，使被分析元素从难挥发性化合物（主要是氧化物）转变为沸点低、易挥发的化合物。如卤化物，可使沸点很高的 ZrO_2、TiO_2、稀土氧化物转化为易挥发的卤化物。

载体量大可控制电极温度，从而控制试样中元素的蒸发行为并可改变基体效应。基体效应是试样组成和结构对谱线强度的影响。一个非常成功的例子是在测定 U_3O_8 中的杂质元素时加入 Ga_2O_3 作载体，后者是中等沸点的物质，不影响试样中杂质元素 B、Cd、Fe、Mn 等的挥发，但大大抑制了沸点颇高的 U_3O_8 的蒸发，因此铀的谱线变得很弱而且相当少，很大程度上避免了铀的干扰。

载体可以稳定与控制电弧温度。电弧温度由电弧中电离能低的元素控制。可选择适当的载体，以稳定与控制电弧温度，从而得到对被测元素有利的激发条件，并使电弧稳定，减少漂移。

电弧等离子区中大量载体原子蒸气的存在，阻碍了被测元素在等离子区中的自由运动，增加它们在电弧中的停留时间，从而提高了谱线强度。

(2) 光谱缓冲剂

试样中加入一种或几种辅助物质，用来减小试样组成的影响，这种物质称为光谱缓冲剂。要使试样与标样组成完全一致往往是难以办到的，因此加入较大量的缓冲剂以稀释试样，减小试样组成的影响。以加入碳粉最为普遍，其他化合物用得也相当多。当然，它们也能起到控制电极温度与电弧温度的作用。因此，载体与缓冲剂很难截然分开，二者的名称也因而常常被混用。

5. 内标元素和内标线

金属元素光谱分析中，一般选择基体元素作为内标元素。在矿石分析中，由于组分变化很大，同时基体元素的蒸发行为与待测元素也多不相同，所以一般不用基体元素作为内标元素，而是加入一定量的其他元素。

6.2 原子吸收光谱法

6.2.1 概述

原子吸收光谱法是基于在蒸气状态被测元素原子对其共振辐射吸收进行定量分析的方法。原子吸收现象早在 1802 年就被人们发现，但是，原子吸收光谱作为一种实用的分析方法是在 1955 年以后。这一年澳大利亚的 Walsh 等人先后发表著名论文，建议将原子吸收光谱法作为分析方法，奠定了原子吸收光谱法的基础。随着原子吸收光谱商品仪器的出现，到了 20 世纪 60 年代中期，原子吸收光谱法得到了迅速的发展与广泛的应用。

1. 原子吸收光谱法的优点

(i) 检测限低，灵敏度高。火焰原子吸收光谱法检测限可达 $ng \cdot mL^{-1}$ 级，石墨炉原子吸收光谱法可达到 $10^{-13} \sim 10^{-14}$ g。

(ii) 选择性好。每种元素原子结构不同，吸收各自不同的特征光谱。

(iii) 精密度高。火焰原子吸收光谱法的相对误差可小于 1%，而石墨炉原子吸收光谱法一般为 3%～5%。

(iv) 分析速度快。

(v) 光谱干扰少。原子吸收谱线少，一般没有共存元素的光谱重叠。大多数情况下对被测元素不产生干扰。

(vi) 应用范围广。可测定元素周期表上大多数的金属和非金属元素。有些可间接进行分析。

(vii) 仪器比较简单，价格较低廉，一般实验室都可配备。

2. 原子吸收光谱法的局限性

校正曲线的线性范围较窄；常用的原子化器温度（3000 K）测定难熔元素，如 W、Nb、Ta、Zr、Hf、稀土及非金属元素等，效果不能令人满意；使用锐线光源时，多数场合只能进行单元素测定，不能同时进行多元素分析。近年来多元素同时测定技术取得了显著进展，已有多元素同时测定仪器面世，预计不久的将来会取得更重要的进展。

6.2.2 基本原理

1. 原子吸收光谱的产生

基态原子吸收其共振辐射，外层电子由基态跃迁至激发态而产生原子吸收光谱。原子吸收光谱位于光谱的紫外区和可见区。

2. 基态原子数与激发态原子数的关系

在通常的原子吸收测定条件下，原子蒸气中基态原子数近似地等于总原子数。在原子蒸气中（包括被测元素原子），可能会有基态与激发态存在。

根据热力学原理，在一定温度下达到热平衡时，基态与激发态原子数的比例遵循 Boltzmann 分布定律

$$\frac{N_i}{N_0}=\frac{g_i}{g_0}e^{-\frac{E_i}{kT}}$$

一定波长的谱线，其 g_i/g_0、E_i 的值是已知的，可计算一定温度下的 N_i/N_0。

表 6.1　某些元素共振线的 N_i/N_0

	λ/nm	E_i/eV	g_i/g_0	N_i/N_0			
				2000 K	3000 K	4000 K	10000 K①
Na	589.0	2.11	2	9.9×10^{-6}	5.9×10^{-4}	4.4×10^{-3}	2.6×10^{-1}
Ca	422.7	2.93	3	1.2×10^{-7}	3.7×10^{-5}	6.0×10^{-4}	1.0×10^{-1}
Zn	213.8	5.80	3	7.3×10^{-15}	5.4×10^{-10}	1.5×10^{-7}	3.6×10^{-3}

由表 6.1 可以看出，温度愈高，N_i/N_0 愈大，10000 K 只有在 ICP 等光源中才会有。在原子吸收光谱法中，原子化温度一般小于 3000 K，N_i/N_0 值绝大部分在 10^{-3} 以下，激发态和基态原子数之比小于千分之一。因此，可以认为，基态原子数 N_0 近似地等于总原子数 N。从这里也可看出原子吸收光谱法灵敏度高的原因所在。

3. 原子吸收谱线的轮廓

原子吸收光谱线并不是严格的几何意义上的线（几何线无宽度），而是有相当窄的频率或波长范围，即有一定的宽度。谱线轮廓（line profile）是谱线强度随频率（或波长）变化的曲线。

① Christian G D. Analytical Chemistry. 6th ed. Hoboken: Wiley, 2003.

一般的习惯用吸收系数 K_ν 随频率的变化来描述，见图 6.23。原子吸收谱线的轮廓以吸收谱线的中心频率(或中心波长)和半宽度来表征。中心频率(或中心波长)是指吸收系数最大值 K_0 所对应的频率(或波长)，由原子能级决定。半宽度是吸收系数位于最大吸收系数一半处，谱线轮廓上两点之间频率(或波长)的距离，以 $\Delta\nu_{1/2}$ 或 $\Delta\lambda_{1/2}$ 表示。

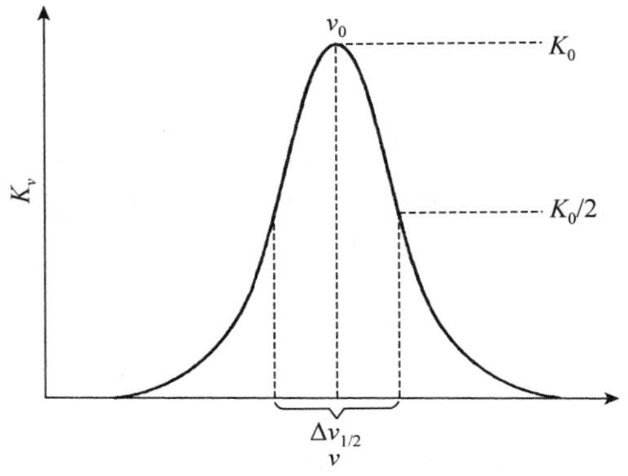

图 6.23　原子吸收谱线轮廓

半宽度受到很多因素的影响，下面讨论几种变宽的主要因素。

(1) 自然宽度

没有外界影响，谱线仍有一定的宽度，此宽度称为自然宽度(natural width)。它与激发态原子的平均寿命有关，平均寿命愈长，谱线宽度愈窄。不同谱线有不同的自然宽度，多数情况下约为 10^{-5} nm 数量级。

(2) Doppler 变宽

通常在原子吸收光谱法测定条件下，Doppler 变宽(Doppler broadening)是影响原子吸收光谱线宽度的主要因素。Doppler 变宽是由原子热运动引起的，又称为热变宽。从物理学中可知，无规则热运动的发光原子的运动方向背离检测器，则检测器接收到的光的频率较静止原子所发的光的频率低。反之，检测器接收到的光的频率较静止原子发的光的频率高，这就是 Doppler 效应。原子吸收光谱法中，气态原子是处于无规则的热运动中，使检测器接收到很多频率稍有不同的吸收，于是谱线变宽。当处于热力学平衡状态时，谱线的 Doppler 宽度 $\Delta\nu_D$ 可用式(6.13)表示

$$\Delta\nu_D = \frac{2\nu_0}{c}\sqrt{\frac{2(\ln 2)RT}{A_r}} \tag{6.13}$$

式中：ν_0 为谱线的中心频率，c 为光速，R 为摩尔气体常数，T 为热力学温度，A_r 为相对原子质量。将有关常数代入，得到

$$\Delta\nu_D = 7.16\times10^{-7}\nu_0\sqrt{\frac{T}{A_r}} \tag{6.14}$$

由式(6.14)可见，Doppler 宽度随温度升高和相对原子质量减小而变宽。Doppler 变宽可达 10^{-3} nm 数量级。

(3) 压力变宽

当原子吸收区气体压力变大时，相互碰撞引起的变宽是不可忽略的。原子之间相互碰撞导致激发态原子平均寿命缩短，引起谱线变宽称为压力变宽(pressure broadening)。根据碰撞原子的不同，又可分为两种：Lorentz 变宽是指被测元素原子和其他种粒子碰撞引起的变宽，它随原子区内气体压力的增大和温度的升高而增大；Holtzmark 变宽是指被测元素原子和同种原子碰撞而引起的变宽，也称为共振变宽，它只在被测元素浓度高时起作用，在原子吸收法中可忽略不计。Lorentz 变宽与 Doppler 变宽有相同的数量级，也可达 10^{-3} nm。当原子吸收测量的共存原子浓度很小时，Doppler 变宽起主要作用。

此外，由于外界电场或带电粒子、离子形成的电场及磁场的作用，谱线变宽常称为场致变宽，还有自吸的影响。这些变宽影响都不大。

4. 原子吸收光谱的测量

(1) 积分吸收

在吸收线轮廓内,吸收系数的积分称为积分吸收系数(integral absorption coefficient),简称为积分吸收,它表示吸收的全部能量。从理论上可以得出,积分吸收与原子蒸气中吸收辐射的原子数呈正比,数学表达式为

$$\int K_\nu \mathrm{d}\nu = \frac{\pi e^2}{mc} N_0 f \tag{6.15}$$

式中:e 为元电荷,m 为电子质量,c 为光速,N_0 为单位体积内基态原子数,f 为振子强度,是指被入射辐射激发的原子数与总原子数之比,表示吸收跃迁的概率。式(6.15)是原子吸收光谱法的重要理论依据。

若能测定积分吸收,则可求出原子浓度。但是,测定谱线宽度仅为 10^{-3} nm 的积分吸收,需要分辨率很高的色散仪器,这也是 100 多年前就已发现原子吸收现象,却一直未能用于分析化学的原因。

(2) 峰值吸收

1955 年 Walsh 提出,在温度不太高的稳定火焰条件下,峰值吸收系数与火焰中被测元素的原子浓度也呈正比。吸收线中心波长处的吸收系数 K_0 为峰值吸收系数,简称峰值吸收(peak absorption)。前面指出,在通常原子吸收测定条件下,原子吸收线轮廓取决于 Doppler 宽度,峰值吸收为

$$K_0 = \frac{2}{\Delta\nu_{\mathrm{D}}} \sqrt{\frac{\ln 2}{\pi}} \frac{\pi e^2}{mc} N_0 f \tag{6.16}$$

可以看出,峰值吸收与原子浓度呈正比,只要能测出 K_0,就可得到 N_0。

(3) 锐线光源

由上所述,峰值吸收的测定是至关重要的,Walsh 还提出用锐线光源(sharp line source)测量峰值吸收,从而解决了原子吸收的实际测量问题。

锐线光源是发射线半宽度远小于吸收线半宽度的光源,如空心阴极灯。发射线与吸收线的中心频率一致,在发射线中心频率 ν_0 的很窄的频率范围 $\Delta\nu$ 内,K_ν 随频率的变化很小,可以近似地视为常数,并且等于中心频率处的峰值吸收 K_0,见图 6.24。

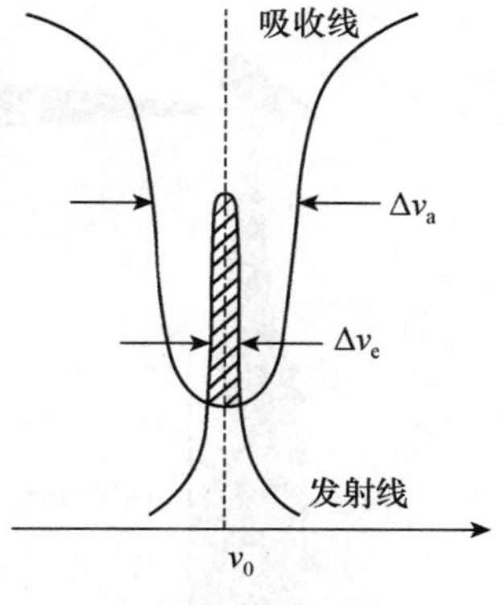

图 6.24　峰值吸收测量示意图

(4) 原子吸收光谱分析的基本关系式

在实际分析工作中,既不直接测量峰值吸收 K_0,也不测量原子数,而是测量吸光度来求出试样中被测元素的含量。

强度为 I_0 的某一波长的辐射通过均匀的原子蒸气时,根据吸收定律,有

$$I = I_0 \mathrm{e}^{-K_0 l} \tag{6.17}$$

式中:I_0 与 I 分别为入射光与透射光的强度,K_0 为峰值吸收,l 为原子蒸气吸收层厚度。根据吸光度的定义,有

$$A = \lg \frac{I_0}{I} = 0.4343\ K_0 l \tag{6.18}$$

将式(6.16)代入式(6.18),得

$$A = 0.4343\frac{2}{\Delta\nu_D}\sqrt{\frac{\ln 2}{\pi}}\frac{\pi e^2}{mc}flN_0 \tag{6.19}$$

在原子吸收测定条件下,如前所述原子蒸气中基态原子数 N_0 近似地等于原子总数 N。在实际测量中,要测定的是试样中某元素的含量,而不是蒸气中的原子总数。但是,实验条件一定,被测元素的浓度 c(被测元素)与原子蒸气中原子总数保持一定的比例关系,即

$$N_0 = ac(\text{被测元素}) \tag{6.20}$$

式中:a 为比例常数。代入式(6.19)中,则

$$A = 0.4343\frac{2}{\Delta\nu_D}\sqrt{\frac{\ln 2}{\pi}}\frac{\pi e^2}{mc}flac(\text{被测元素}) \tag{6.21}$$

实验条件一定,各有关的参数都是常数,吸光度为

$$A = Kc(\text{被测元素}) \tag{6.22}$$

式中:K 为比例常数。式(6.22)表明,吸光度与试样中被测元素的含量呈正比。这是原子吸收光谱法定量分析的基本关系式。

6.2.3 仪器

原子吸收光谱仪依次由光源、原子化器、分光系统、检测系统、数据处理系统等部件组成。

原子吸收光谱仪目前分为两大类:(i) 线光源原子吸收光谱仪,传统的使用锐线光源的原子吸收光谱仪即属此类;(ii) 连续光源高分辨原子吸收光谱仪。

(1) 线光源原子吸收光谱仪

图 6.25 为线光源原子吸收光谱仪示意图,其工作方式为:锐线光源(如空心阴极灯)发出被测元素的特征谱线,经过原子化器为被测元素吸收,透射光束经过单色器后到达检测器光电倍增管,测量样品蒸气对锐线光源特征谱线的吸收(峰值吸收),确定被测元素原子的浓度。

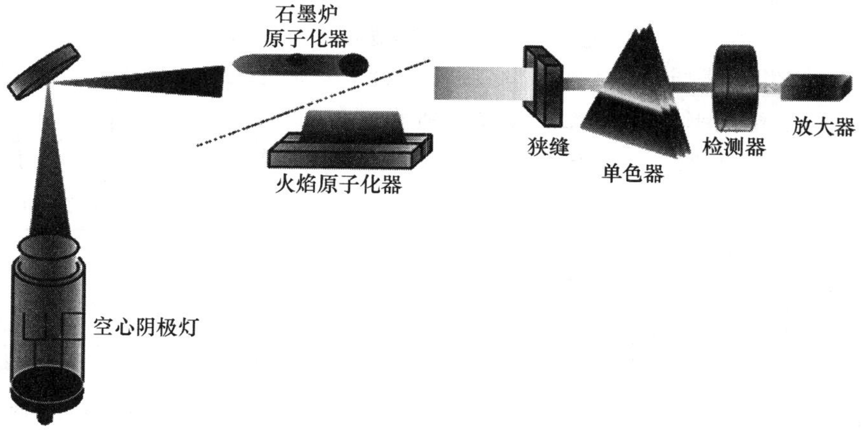

图 6.25 线光源原子吸收光谱仪示意图

(2) 连续光源高分辨原子吸收光谱仪

图 6.26 为连续光源高分辨原子吸收光谱仪示意图,其工作方式为:光源(高聚焦短弧氙灯)所辐射的连续光谱经过原子化器为被测元素原子蒸气吸收后,由高分辨单色器 DEMON

系统(由棱镜和中阶梯光栅组成的分光系统)分光后获得被测元素吸收谱线波长周围的光谱，然后在 CCD 检测器的各个像素点上分别记录入射辐射光谱能量的变化，转换后，描绘为吸收谱线的轮廓(积分吸收)。

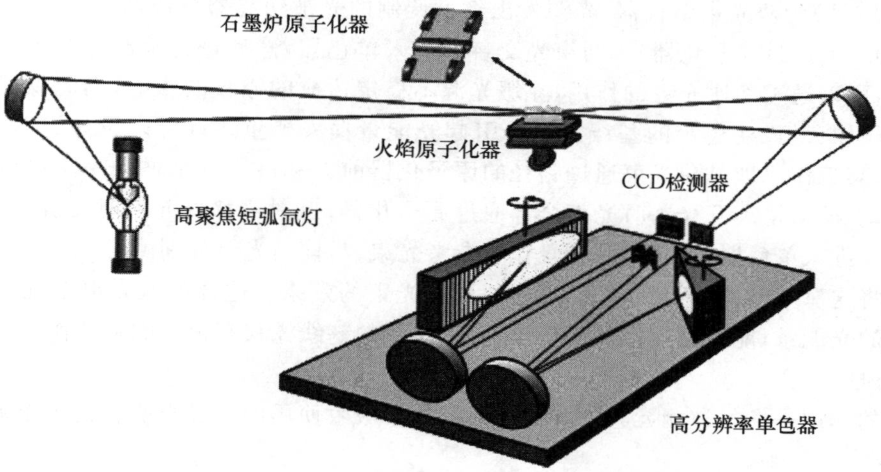

图 6.26　连续光源高分辨原子吸收光谱仪示意图

原子吸收光谱仪有单光束和双光束两种类型。图 6.27(a)为单光束型，元素灯(L)与氘灯(D_2)的光经半透半反镜或旋转反射镜重合在一起通过原子化器，实现氘灯背景校正功能。这种仪器结构简单，但它会因光源不稳定而引起基线漂移，空心阴极灯要预热一定时间，待稳定后才能进行测定。近年来随着电子技术的发展，单光束仪器得到不断的完善和改进(如每次进样的过程中可以自动进行基线校正)，使仪器的稳定性有了很大的提高，因此它仍然是市场销售的主要商品仪器。

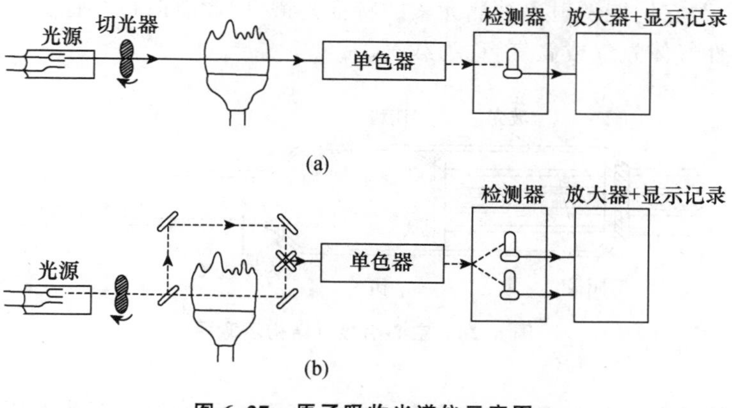

图 6.27　原子吸收光谱仪示意图

(a) 单光束型　(b) 双光束型

由于原子化器中被测原子对辐射的吸收与发射同时存在，同时火焰组分也会发射带状光谱。这些来自原子化器的辐射发射干扰检测，发射干扰都是直流信号。为了消除辐射的发射干扰，必须对光源进行调制。可用机械调制，在光源后加一扇形板(切光器)，将光源发出的辐射调制成具有一定频率的辐射，就会使检测器接收到交流信号，采用交流放大将发射的直流信号分离掉。也可对空心阴极灯光源采用脉冲供电，不仅可以消除发射的干扰，还可提高光源发射光的强度与稳定性，降低噪声等，因而光源多使用这种供电方式。

图 6.27(b)为双光束型仪器，光源发出经过调制的光被切光器分成两束光：一束测量光，一束参比光(不经过原子化器)。两束光交替地进入单色器，然后进行检测。由于两束光来自同一光源，可以通过参比光束的作用，克服光源不稳定造成的漂移的影响，因此仪器预热时间变短，并可以获得长期稳定的基线。但会引起光能量损失严重。近年来设计了 Stockdale 双光束仪器，其工作原理是在光束通过路径的原子化器前方和后方分别增加一块可以移动或转动的反射镜，反射镜离开光路时光束全部通过原子化器，反射镜移入光路时，光源辐射绕过原子化器完全进入单色器，并将此光信号作为参考光束，与样品光束分别测量运算。在测定时间内反复地将这对反射镜移入和离开光路，达到双光束的效果。这样的双光束系统不减少进入分光系统的光能量，能获得较好的信噪比，对于缓慢的基线漂移有很好的补偿作用。

1. 光源

光源的作用是发射被测元素的共振辐射。原子吸收使用的激发光源有锐线光源和连续光源两种。

(1) 锐线光源

对锐线光源的要求是：辐射强度大，发射谱线宽度小，稳定性高，背景小等。目前应用最广泛的是空心阴极灯和无极放电灯等。

(i) 空心阴极灯

空心阴极灯(hollow cathode lamp, HCL)是一种辐射强度较大、稳定性好的锐线光源。它是一种特殊的辉光放电管，如图 6.28 所示。灯管由硬质玻璃制成，一端有由石英做成的光学窗口。两根钨棒封入管内，一根连有由钛、锆、钽等有吸气性能的金属制成的阳极；另一根上是镶有一个圆筒形的空心阴极，在空心圆筒内衬上熔入被测元素的纯金属、合金或用粉末冶金方法制成的“合金”，它们能发射出被测元素的特征光谱，因此有时也被称为元素灯。管内充有几百帕低压的惰性气体氖气或氩气，称为载气。

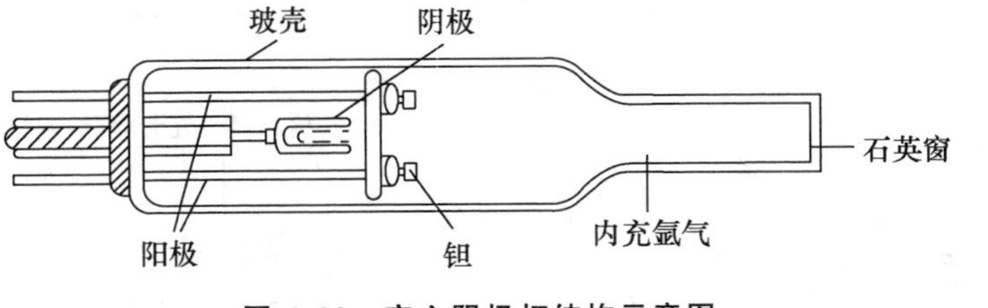

图 6.28　空心阴极灯结构示意图

像前面介绍的 Grimm 放电管一样，在空心阴极灯两极间施加几百伏电压，便产生“阴极溅射”效应，并且产生放电。溅射出来的原子大量聚集在空心阴极内，被测元素原子浓度很高，再与原子、离子、电子等碰撞而被激发发光，整个阴极充满很强的负辉光，即是被测元素的特征光谱。

由于灯的工作电流一般在几毫安至几十毫安，阴极温度不高，所以 Doppler 变宽效应不明显，自吸现象小。灯内的气体压力很低，Lorentz 变宽也可忽略。因此，在正常工作条件下，空心阴极灯发射出半宽度很窄的特征谱线。

空心阴极灯有单元素灯、多元素灯和多阴极灯，感兴趣的话可以参考一些相关书籍查阅。

(ii) 高强度空心阴极灯

普通空心阴极灯的原子溅射效率高，而光谱激发效率并不高，只有一部分原子被激发发光。高强度空心阴极灯(high intensity hollow cathode lamp，HI-HCL)是在普通空心阴极灯内增加一对涂有电子敏化材料的辅助电极，以分别控制原子溅射和光谱激发过程。它可以使溅射出来的原子被二次激发，这样可以提高光谱的激发效率，提高谱线强度。该光源适合于砷、锑、铋、硒、银、镉、铅或某些稀土元素，近年也作为原子荧光光谱法的光源使用。

(iii) 无极放电灯

大多数元素的空心阴极灯具有较好的性能，是当前最常用的光源。但对于砷、硒、碲、镉、锡等易挥发、低熔点的元素，它们易溅射，但难激发。空心阴极灯的性能不能令人满意。无极放电灯(electrodeless discharge lamp，EDL)对这些元素具有优良的性能。

图 6.29 是无极放电灯的结构示意图。将数毫克的被测元素卤化物封在一个长为 30～100 mm、内径为 3～15 mm 的真空石英管内，管内充几百帕压力的氩气。真空石英管被牢固地放在一个高频发生器线圈内。灯内没有电极，由高频电场作用激发出被测元素的原子吸收光谱。它是低压放电，称为无极放电灯。

已有商品化无极放电灯的元素有：锑、砷、铋、镉、铯、铅、汞、锗、铷、硒、锡、碲、铊、锌和磷等。特别是磷无极放电灯，它是目前用原子吸收法测定磷的唯一实用的光源。

(2) 连续光源

在连续光源高分辨原子吸收光谱仪中，采用特制的高聚焦短弧氙灯作为连续光源(图 6.30)。

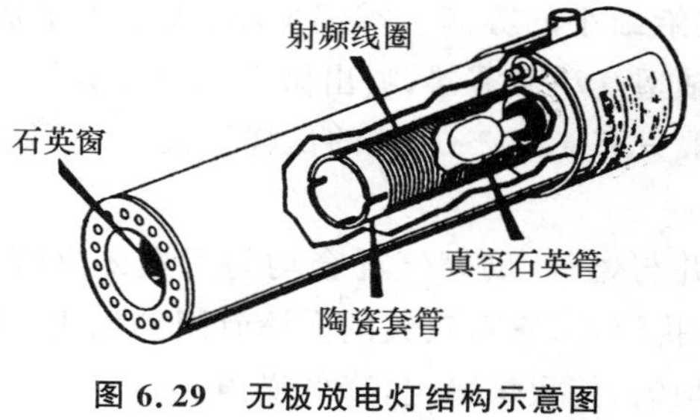

图 6.29　无极放电灯结构示意图

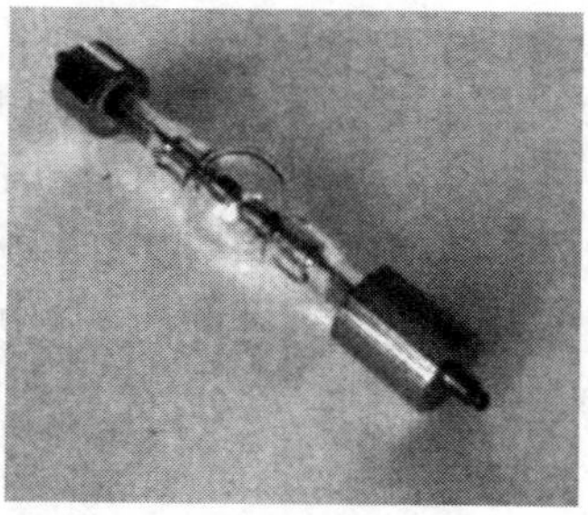
图 6.30　高聚焦短弧氙灯照片图

它属于气体放电光源，灯内充有高压氙气，在高频电压激发下形成高聚焦弧光放电，辐射出从紫外线到近红外线的强连续光谱。它采取的功率为 300 W，能量比一般氙灯高 10～100 倍，所以即使在高分辨单色器分光后仍然有足够的灵敏度绘制出吸收谱线的轮廓。这样，采用一个连续光源即可取代所有空心阴极灯，一只氙灯即可满足全波长(189～900 nm)所有元素的原子吸收测定需求，并可选择任何一条谱线进行分析。

2. 原子化器

原子化器的功能是提供能量，使试样干燥、蒸发并原子化。原子化器通常分为两大类：火焰原子化器和非火焰原子化器(也称炉原子化器)。

(1) 火焰原子化器

火焰原子化器(flame atomizer)是由化学火焰的燃烧热提供能量,使被测元素原子化。火焰原子化器应用最早,而且至今仍在广泛应用。

(i) 预混合型火焰原子化器的结构

预混合型火焰原子化器的结构示意于图 6.31,它分为三部分:雾化器、预混合室和燃烧器。

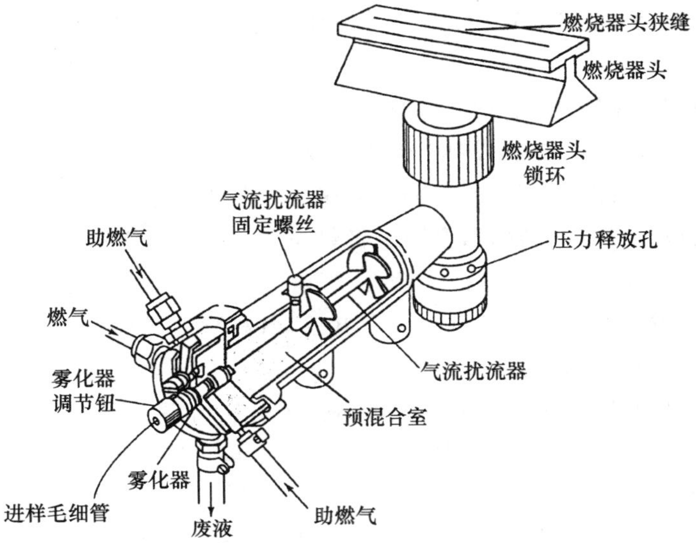

图 6.31　火焰原子化器结构示意图

① 雾化器　它的作用是将试样的溶液雾化,供给细小的雾滴。雾滴愈小,火焰中生成的基态原子就愈多。目前多采用如图 6.31 所示的同轴型气动喷雾器,喷出微米级直径雾粒的气溶胶。目前这种气动雾化器的雾化效率比较低,一般只有 10%～15%的试样溶液被利用。它是影响火焰原子化法灵敏度的重要因素。

② 预混合室　使气溶胶的雾粒更小、更均匀,并与燃气、助燃气混合均匀后进入燃烧器。在喷嘴前装有撞击球,可使气溶胶雾粒更小;还装有扰流器,它对较大的雾滴有阻挡作用,使其沿室壁流入废液管排出;扰流器还有助于气体混合均匀,使火焰稳定,降低噪声。

③ 燃烧器　其作用是产生火焰,使进入火焰的试样气溶胶脱溶、蒸发、灰化和原子化。燃烧器是缝型,多用不锈钢制成。燃烧器应能旋转一定的角度,高度也能上下调节,以便选择合适的火焰部位进行测量。

预混合型火焰原子化器的优点是:重现性好;能提供稳定和可重复性的燃烧条件;燃烧器吸收光程长,有足够的灵敏度;干扰少等。缺点是雾化效率比较低。

(ii) 火焰的基本特性

① 燃烧速率　是指火焰由着火点向可燃混合气其他点传播的速率,它影响火焰的安全操作和燃烧的稳定性。要使火焰稳定,可燃混合气体供气速率应大于燃烧速率。但供气速率过大,会使火焰离开燃烧器,变得不稳定,甚至吹灭火焰;供气速率过小,将会引起回火。

② 火焰温度　不同类型的火焰,其温度是不同的,见表 6.2。

表 6.2　几种常用火焰的燃烧特性

燃　气	助燃气	最高燃烧速率/($cm \cdot s^{-1}$)	最高火焰温度/℃
乙　炔	空　气	158	2250
乙　炔	氧化亚氮	160	2700
氢　气	空　气	310	2050
丙　烷	空　气	82	1920

③ 火焰的燃气与助燃气比例　按两者比例的不同，可将火焰分为三类：化学计量火焰、富燃火焰、贫燃火焰。

● 化学计量火焰　由于燃气与助燃气之比与化学反应计量关系相近，又称其为中性火焰。这类火焰温度高、稳定、干扰小、背景低，适合于许多元素的测定。

● 富燃火焰　指燃气大于化学计量的火焰。其特点是燃烧不完全，温度略低于化学计量火焰，具有还原性，适合于易形成难解离氧化物的元素(如铬)的测定；缺点是它的干扰较多，背景高。

● 贫燃火焰　指助燃气大于化学计量的火焰。它的温度较低，有较强的氧化性，有利于测定易解离、易电离的元素，如碱金属及铜、银、金的测定。

④ 火焰的温度分布　实际的火焰体系并非整体都处于热平衡状态，在火焰的不同区域和部位，其温度是不同的。每一种火焰都有其自身的温度分布。同时同一种元素在一种火焰中，不同的观测高度其吸光度值也会不同。因此，在火焰原子化法测定时要选择合适的观测高度。

⑤ 火焰的光谱特性　火焰的光谱特性是指没有样品进入时，火焰本身对光源辐射的吸收，见图 6.32。火焰的光谱特性取决于火焰的成分，并限制了火焰应用的波长范围。图 6.32 是三种火焰在 190～230 nm 波长范围的吸收曲线。乙炔-空气火焰在短波区有较大的吸收，而氢气-氩气扩散火焰的吸收很小。

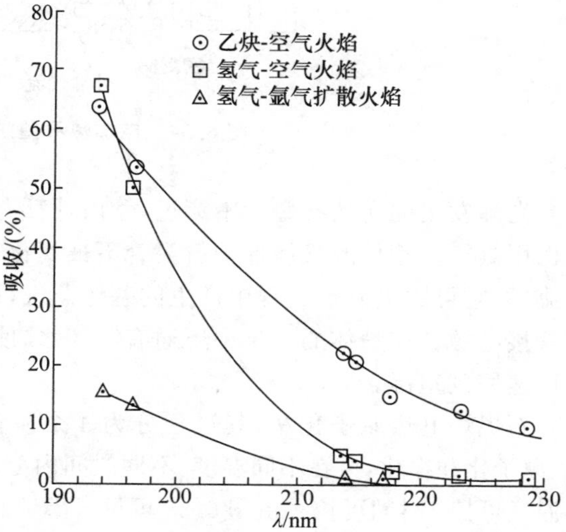

图 6.32　不同火焰的吸收曲线(波长范围 190～230 nm)

⑥ 几种常用的火焰　最常用的是乙炔-空气火焰，它的火焰温度较高、燃烧稳定、噪声小、重现性好。分析线波长大于 230 nm，可用于碱金属、碱土金属、贵金属等 30 多种元素的测定。另一种是乙炔-氧化亚氮火焰，它的温度高，是目前唯一能广泛应用的高温火焰。它干扰少，而且具有很强的还原性，可以使许多难解离的氧化物分解并原子化，可用于铝、硼、钛、钒、锆、稀土等的测定。它可测定 70 多种元素，温度高，易使被测原子电离，同时燃烧产物 CN 易造成分子吸收背景。还有氢气-空气火焰，它是氧化性火焰，温度较低，特别适合于共振线在短波区的元素，如砷、硒、锌等的测定。氢气-氩气火焰也具有氢气-空气火焰的特点，并且比它更好。

火焰原子化器操作简单，火焰稳定，重现性好，精密度高，应用范围广。但它原子化效率低，通常只能液体进样。

(2) 非火焰原子化器

非火焰原子化器也称炉原子化器(furnace atomizer)，大致分为两类：电加热石墨炉(管)原子化器和电加热石英管原子化器。

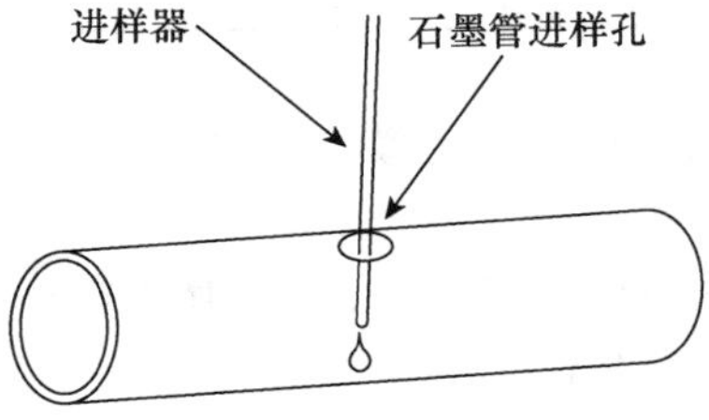

图 6.33 石墨管

(i) 电加热石墨炉原子化器

电加热石墨炉原子化器，其工作原理是大电流通过石墨管产生高热、高温，使试样原子化。这种方法又称为电热原子化法。图 6.33 是一个石墨管，管长约 28 mm，管内径不超过 8 mm，管中间的小孔为进样孔，直径小于 2 mm。

图 6.34 为电加热石墨炉原子化器的结构示意图，由图可见，石墨管装在炉体中。石墨炉由电源、保护气系统、石墨管等部分组成。电源电压为 10～25 V，电流为 250～500 A，一般最大功率不超过 5000 W。石墨管温度最高可达 3300 K。

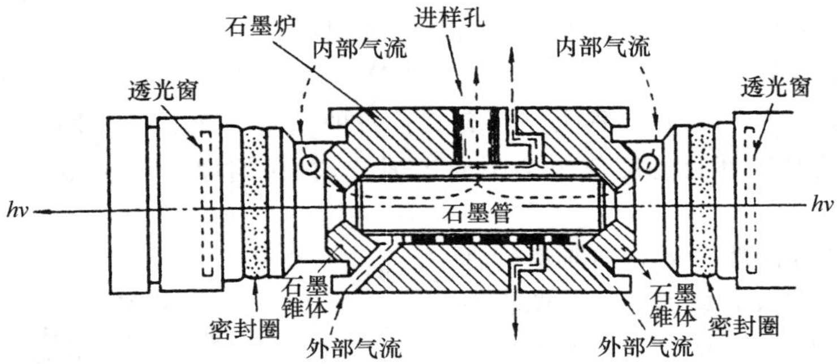

图 6.34 电加热石墨炉原子化器结构示意图

光源发出的光从石墨管中穿过，管内外都有保护性气体通过，通常采用惰性气体氩气，有时也用氮气。管外的气体保护石墨管不被氧化、烧蚀。管内氩气由两端流向管中心，由中心小孔流出，它可除去测定过程中产生的基体蒸气，同时保护已经原子化了的原子不再被氧化。石墨管接电源。在炉体的夹层中还通有冷却水，使达到高温的石墨炉在完成一个样品的分析后，能迅速回到室温。

石墨炉电热原子化法，其过程分为 4 个阶段，即干燥、灰化、原子化和净化，可在不同温度、不同时间内分步进行。同时其温度可控、时间可控。由图 6.35 可见石墨炉升温的程序，温度随时间的变化可沿实线或虚线进行。干燥温度一般稍高于溶剂沸点，其目的主要是去除溶剂，以免溶剂存在导致灰化和原子化过程飞溅。灰化是为了尽可能除掉易挥发的基体和有机物，保留被测元素。原子化过程应通过实验选择出最佳温度与时间，温度可达 2500～3000 K。在原子化过程中，应停止通氩气，可延长原子在石墨炉中的停留时间。净化为一个样品测

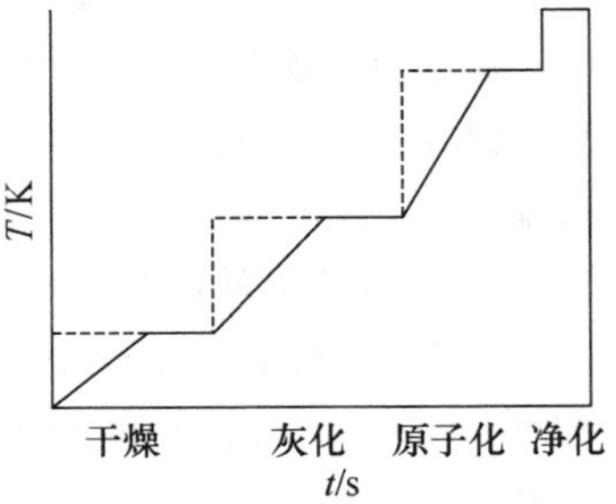

图 6.35 石墨炉升温程序

定结束后，用比原子化阶段稍高的温度加热，以除去样品残渣，净化石墨炉，消除记忆效应。石墨炉的升温程序是微机处理控制的，进样后原子化过程按程序自动进行。与火焰原子化产生的信号不同，石墨炉原子化得到峰形的瞬态信号，分析元素的量与峰高或峰面积成正比。

电加热石墨炉原子化器的优点是：

① 检测限绝对值低，可达 $10^{-12}\sim10^{-14}$ g，比火焰原子化法低 3 个数量级。

② 原子化是在强还原性介质与惰性气体中进行的，有利于破坏难熔氧化物和保护已原子化的自由原子不重新被氧化，自由原子在石墨管内平均停留时间长，可达 1 s 甚至更长。

③ 可直接以溶液、固体进样，进样量少，通常溶液为 5～50 μL，固体试样为 0.1～10 mg。

④ 可在真空紫外区进行原子吸收光谱测定。

⑤ 可分析元素范围广。

电加热石墨炉原子化器的缺点是：基体效应、化学干扰较多；有较强的背景；测量的重现性比较差。

(ii) 电加热石英管原子化器

电加热石英管原子化器是将气态分析物引入石英管内，在较低温度下实现原子化，该方法又称为低温原子化法。它主要是与蒸气发生法配合使用。蒸气发生法是将被测元素通过化学反应转化为挥发态，包括氢化物发生法、汞蒸气法等。氢化物发生法是应用最多的方法。

图 6.36 是电加热石英管原子化器装置。在石英管外缠绕电炉丝，光路穿过石英管。气体被载气带入石英管中。受石英材料熔点的限制，管体温度不能超过 1500 K。

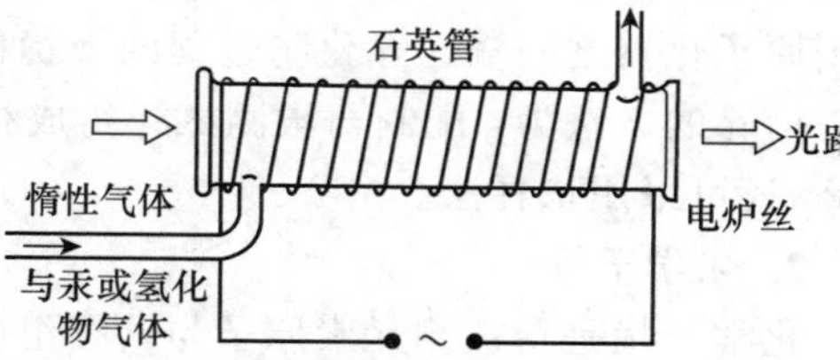

图 6.36　电加热石英管原子化器示意图

对于镓、锡、铬、铅、砷、锑、铋、硒和碲等元素，可在一定酸度下，用硼氢化钠或硼氢化钾还原成易挥发、易分解的氢化物，如 AsH_3、SnH_4、BiH_3 等。这些氢化物经载气(氩气或氮气)送入吸收光路中的电热石英管内，经加热分解成相应的基态原子。氢化物发生法可将被测元素从试样中分离出来并富集；一般不受试样中存在的基体干扰；检测限低，优于石墨炉法；进样效率高；选择性好。氢化物发生法的技术还可以应用到石墨炉原子化器、原子荧光光谱分析、ICP 原子发射光谱及气相色谱分析等中。

汞沸点为 357℃，室温下有很高的蒸气压，选择合适的还原剂(如 $SnCl_2$)，在常温下将试样中汞离子还原为金属汞，然后用气流如空气或氮气等将汞蒸气带入石英管中，由于汞蒸气就是汞原子蒸气，这时石英管原子化器不必加热，仅起到“吸收池”的作用，因此也称为冷原子吸收。该方法设备简单，操作方便，干扰少，测量汞检测限可达 0.2 ng·mL^{-1}。

3. 单色器

单色器由入射狭缝、出射狭缝、反射镜和色散元件组成。色散元件一般用的都是平面闪耀光栅。单色器可将被测元素的共振吸收线与邻近谱线分开。单色器置于原子化器后边，防止原子化器内发射辐射干扰进入检测器，也可避免光电倍增管疲劳。

4. 检测器

检测器通常用的光电转换器为光电倍增管，其原理在第 2 章已作介绍。还有信号处理系统及信号输出系统。

目前所见到的多元素同时测定的光谱仪,采用多个元素灯组合的复合光为光源。分光系统为中阶梯光栅与棱镜组合的交叉色散系统。检测器是电荷注入检测器和电荷耦合检测器。

5. 背景校正装置

详见本章 6.2.4 节。

6.2.4 干扰及其消除

原子吸收光谱法的干扰根据产生的原因来分类,主要有物理干扰、化学干扰、电离干扰、光谱干扰及背景干扰。

1. 物理干扰

物理干扰是指在试样转移、气溶胶形成、试样热解、灰化和被测元素原子化等过程中,由试样的任何物理特性的变化引起原子吸收信号下降的效应。物理干扰是非选择性的,对试样中各元素的影响是基本相似的。

试液黏度的改变会引起火焰原子化法吸喷量的变化;会影响石墨炉原子化法进样的精度。表面张力会影响火焰原子化法气溶胶的粒径及其分布的改变;会影响石墨炉原子化法石墨表面的润湿性和分布。还有温度和蒸发性质,它们的改变会影响原子化总过程中的各过程。在火焰原子化法中,试液物理性质的改变引起分析物传输的改变。在氢化物发生法中,从反应溶液到原子化器之间输送氢化物过程的干扰称为传输干扰。

消除的方法为:配制与被测试样组成相近的标准溶液或采用标准加入法。若试样溶液浓度高,还可采用稀释法。

2. 化学干扰

化学干扰是指被测元素原子与共存组分发生化学反应生成稳定的化合物,影响被测元素原子化。消除化学干扰的方法有以下几种:

(i) 选择合适的原子化方法　提高原子化温度,化学干扰会减小。使用高温火焰或提高石墨炉原子化温度,可使难解离的化合物分解。如在高温火焰中磷酸根不干扰钙的测定。

(ii) 加入释放剂　释放剂的作用是释放剂与干扰物质能生成更稳定的化合物,使被测元素释放出来。例如,磷酸根干扰钙的测定,可在试液中加入镧、锶盐,镧、锶离子与磷酸根首先生成更稳定的磷酸盐,就相当于把钙释放出来了。释放剂的应用比较广泛。

(iii) 加入保护剂　保护剂的作用是它可与被测元素生成易分解的或更稳定的配合物,防止被测元素与干扰组分生成难解离的化合物。保护剂一般是有机配合剂,用得最多的是 EDTA 与 8-羟基喹啉。例如,铝干扰镁的测定,8-羟基喹啉可做保护剂。

(iv) 加入基体改进剂　石墨炉原子化法,在试样中加入基体改进剂,使其在干燥或灰化阶段与试样发生化学变化,其结果可能增加基体的挥发性或改变被测元素的挥发性,以消除干扰。例如测定海水中的镉时,为了使镉在背景信号出现前原子化,可加入 EDTA 来降低原子化温度,消除干扰。

当以上方法都不能消除化学干扰时,只好采用化学分离的方法,如溶剂萃取、离子交换、沉淀、吸附等。近年来流动注射技术被引入原子吸收光谱分析中,并取得了重大的成功。

3. 电离干扰

在高温条件下,原子会电离,使基态原子数减少,吸光度值下降,这种干扰称为电离干扰。

消除电离干扰最有效的方法是加入过量的消电离剂。消电离剂是比被测元素电离能低的元素。相同条件下消电离剂首先电离，产生大量的电子，抑制被测元素电离。例如，测 Ca 时有电离干扰，可加入过量的 KCl 溶液来消除干扰。Ca 的电离能为 6.1 eV，K 的电离能为 4.3 eV。由于 K 电离产生大量电子，使 Ca^+ 得到电子而生成原子：

$$K \longrightarrow K^+ + e$$

$$Ca^+ + e \longrightarrow Ca$$

4. 光谱干扰

光谱干扰有以下几种：

(i) 吸收线重叠　共存元素吸收线与被测元素分析线波长很接近时，两谱线重叠或部分重叠，会使分析结果偏高。幸运的是这种谱线重叠不是太多，另选分析线即可克服。

(ii) 光谱通带内存在的非吸收线　这些非吸收线可能是被测元素的其他共振线与非共振线，也可能是光源中杂质的谱线等干扰。这时可减小狭缝宽度与灯电流，或另选谱线。

(iii) 原子化器内直流发射干扰　在 6.2.3 节中已有详细的讨论。

5. 背景干扰

背景干扰也是一种光谱干扰。分子吸收与光散射是形成光谱背景的主要因素。

(1) 分子吸收与光散射

分子吸收是指在原子化过程中生成的分子对辐射的吸收。分子吸收是带状光谱，会在一定波长范围内形成干扰。在原子化过程中未解离的或生成的气体分子，常见的有卤化物、氢氧化物、氰化物等，以及热稳定性的气态分子对辐射的吸收。它们在较宽的波长范围内形成分子带状光谱。例如，碱金属卤化物在 200～400 nm 有分子吸收谱带；CaOH 在 530.0 nm，SrO 在 640～690 nm 都有吸收带。

光散射是指原子化过程中产生的微小的固体颗粒使光产生散射，造成透射光减弱，吸光度增加。

背景吸收和原子吸收信号的出现有时有明显的时间差异性，当存在时间上的差异时就可以避免背景干扰。如测定 $Fe(NO_3)_3$ 中的 Cd，Cd 先于 $Fe(NO_3)_3$ 挥发，原子吸收信号就能完全分开。

通常背景干扰都是使吸光度增加，产生正误差。石墨炉原子化法背景吸收的干扰比火焰原子化法严重。不管哪种方法，有时不扣除背景就不能进行测定。

(2) 背景校正方法

(i) 利用氘灯连续光源校正背景吸收

目前生产的原子吸收光谱仪都配有连续光源自动扣除背景装置。

由图 6.37 可见，切光器可使锐线光源与氘灯连续光源交替进入原子化器，用于扣除 190～350 nm 的背景。锐线光源测定的吸光度为原子吸收与背景吸收的总吸光度。连续光源所测吸光度为背景吸收，因为在使用连续光源时，被测元素的共振吸收相对于总入射光强度是可以忽略不计的。将锐线光源所测吸光度减去连续光源所测吸光度，即为校正背景后的被测元素的净吸光度。

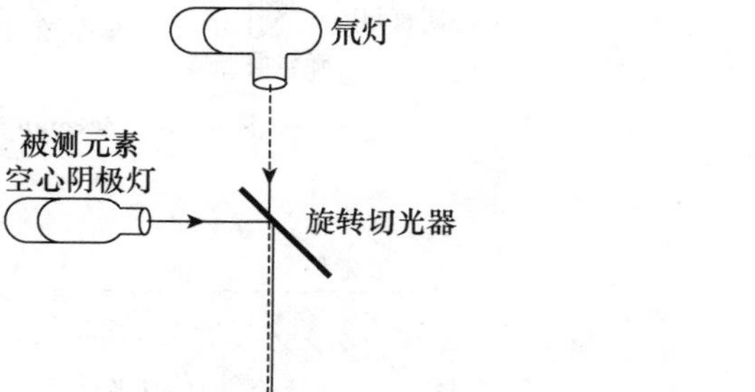

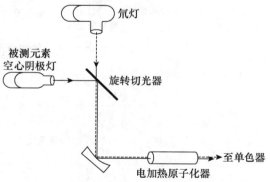

图 6.37　氘灯背景校正器光路示意图

(ii) Zeeman 效应背景校正法

Zeeman 效应(Zeeman effect)是指在磁场作用下简并的谱线发生分裂的现象。Zeeman 效应背景校正法是磁场将吸收线分裂为具有不同偏振方向的组分,利用这些分裂的偏振组分来区别被测元素和背景的吸收。Zeeman 效应背景校正法分为两大类:光源调制法与吸收线调制法。光源调制法是将强磁场加在光源上,吸收线调制法是将磁场加在原子化器上,后者应用较广。调制吸收线有两种方式,即恒定磁场调制方式和可变磁场调制方式。

- 恒定磁场调制方式　如图 6.38 所示,在原子化器上施加一恒定磁场,磁场垂直于光束方向。在磁场作用下,由于 Zeeman 效应,原子吸收线分裂为 π 和 $\sigma_{\pm}$ 分量:π 分量平行于磁场方向,波长不变;$\sigma_{\pm}$ 分量垂直于磁场方向,波长分别向长波与短波方向移动。这两个分量之间的主要差别是:π 分量只能吸收与磁场平行的偏振光;而 $\sigma_{\pm}$ 分量只能吸收与磁场垂直的偏振光,而且很弱。引起背景吸收的分子完全等同地吸收平行与垂直的偏振光。光源发射的共振线通过偏振器后变为偏振光,随着偏振器的旋转,某一时刻平行于磁场方向的偏振光通过原子化器,吸收线 π 分量对组分和背景都产生吸收,测得原子吸收和背景吸收的总吸光度。另一时刻垂直于磁场方向的偏振光通过原子化器,不产生原子吸收,此时只有背景吸收。两次测定的吸光度之差,就是校正了背景吸收后的被测元素的净吸光度(图 6.39)。

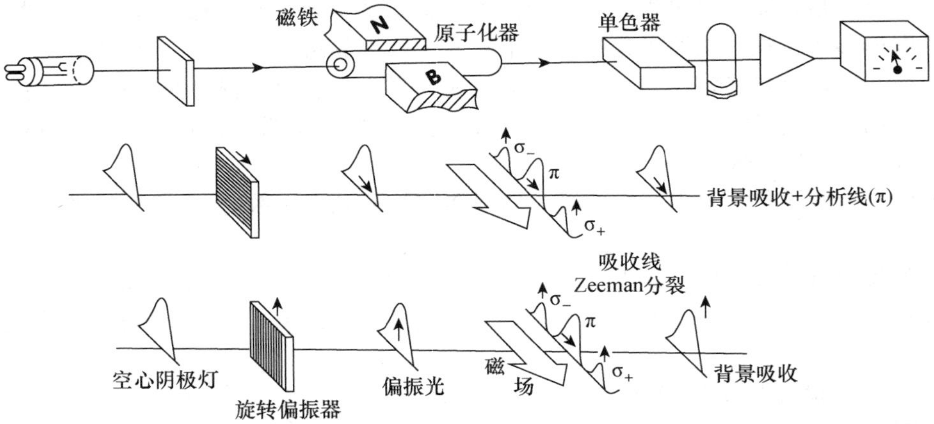

图 6.38　Zeeman 效应背景校正原理

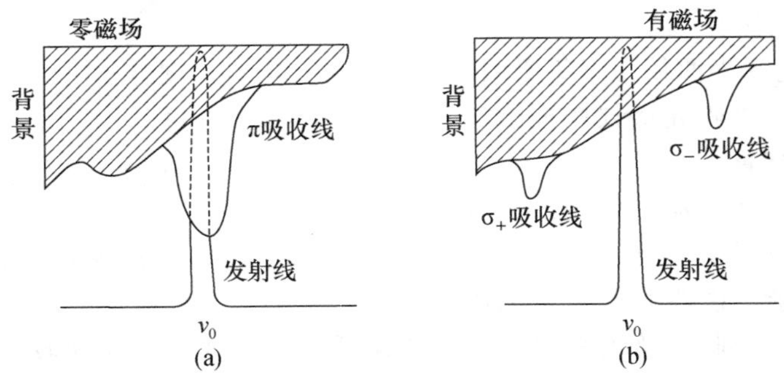

图 6.39　光源发射线与磁场中吸收线的 Zeeman 分裂

(a) 谱线加背景吸收　(b) 背景吸收

● 可变磁场调制方式　在原子化器上加一电磁铁，电磁铁仅在原子化阶段被激磁，偏振器是固定不变的，它只让垂直于磁场方向的偏振光通过原子化器，去掉平行于磁场方向的偏振光。在零磁场时，吸收线不发生分裂，测得的是被测元素的原子吸收与背景吸收的总吸光度。激磁时测得的仅为背景吸收的吸光度，两次测定的吸光度之差，就是校正了背景吸收后的被测元素的净吸光度。Zeeman 效应校正背景波长范围很宽，可在 190～900 nm 进行，背景校正准确度较高，可校正吸光度高达 1.5～2.0 的背景。

6.2.5　工作条件的选择

1. 测量条件的选择

原子吸收光谱法中，测量条件的选择对测定的准确度、灵敏度等都会有较大影响。因此，必须选择合适的测量条件，才能得到满意的分析结果。

(1) 分析线

通常选择元素的共振线作分析线。在分析被测元素浓度较高的试样时，可选用灵敏度较低的非共振线作分析线。表 6.3 列出了常用的各元素分析线。

表 6.3　原子吸收光谱法中常用的分析线

元　素	λ/nm	元　素	λ/nm	元　素	λ/nm
Ag	328.07,339.29	Hg	253.65	Ru	349.89,372.80
Al	309.27,308.22	Ho	410.38,405.39	Sb	217.58,206.83
As	193.64,197.20	In	303.94,325.61	Sc	391.18,402,04
Au	242.80,267.60	Ir	209.26,208.88	Se	196.09,703.99
B	249.68,249.77	K	766.49,769.90	Si	251.61,250.69
Ba	553.55,455.40	La	550.13,418.73	Sm	429.67,520.06
Be	234.86	Li	670.78,323.26	Sn	224.61,286.33
Bi	223.06,222.83	Lu	335.96,328.17	Sr	460.73,407.77
Ca	422.67,239.86	Mg	285.21,279.55	Ta	271.47,277.59
Cd	228.80,326.11	Mn	279.48,403.68	Tb	432.65,431.89
Ce	520.0,369.7	Mo	313.26,317.04	Te	214.28,225.90
Co	240.71,242.49	Na	589.00,330.30	Th	371.9,380.3
Cr	357.87,359.35	Nb	334.37,358.03	Ti	364.27,337.15
Cs	852.11,455.54	Nd	463.42,471.90	Tl	273.79,377.58
Cu	324.75,327.40	Ni	323.00,341.48	Tm	409.4
Dy	421.17,404.60	Os	290.91,305.87	U	351.46,358.49
Er	400.80,415.11	Pb	216.70,283.31	V	318.40,385.58
Eu	459.40,462.72	Pd	497.64,244.79	W	255.14,294.74
Fe	248.33,352.29	Pr	495.14,513.34	Y	410.24,412.83
Ga	287.42,294.42	Pt	265.95,306.47	Yb	398.80,346.44
Gd	368.41,407.87	Rb	780.02,794.76	Zn	213.86,307.59
Ge	265.16,275.46	Re	346.05,346.47	Zr	360.12,301.18
Hf	307.29,286.64	Rh	343.49,339.69		

（2）狭缝宽度

狭缝宽度影响光谱通带宽度与检测器接收辐射的能量。原子吸收光谱分析中，谱线重叠的概率较小，因此可以使用较宽的狭缝，以增加光强与降低检测限。通过实验进行选择，调节不同的狭缝宽度，测定吸光度随狭缝宽度的变化。当有干扰线进入光谱通带内时，吸光度将立即减小。不引起吸光度减小的最大狭缝宽度为应选择的合适的狭缝宽度。

（3）灯电流

空心阴极灯的发射特征取决于工作电流。灯电流过小，放电不稳定，光输出的强度小；灯电流过大，发射谱线变宽，导致灵敏度下降，灯寿命缩短。选择灯电流时，应在保证稳定和有合适的光强输出的情况下，尽量选用较低的工作电流。一般商品空心阴极灯都标有允许使用的最大电流与可使用的电流范围，通常选用最大电流的 1/2～2/3 为工作电流。实际工作中，最合适的工作电流应通过实验确定。空心阴极灯一般需要预热 10～30 min。

（4）试样引入原子化器的方法

火焰原子化器通常要求样品以水溶液的形式引入激发源。许多重要的材料，如土壤、动物组织、植物、石油产品和矿物不能直接溶解在普通溶剂中，通常需要进行预处理以获得易于原子化的分析物溶液。常见的用于分解和溶解样品的方法有湿法-酸处理和干法-碱处理（熔融）。酸处理多用于无机盐类、金属及其合金等样品。常用酸有盐酸、硝酸、盐酸＋过氧化氢、王水等。对于一些易挥发元素，最好用微波炉在适宜压力，150～260℃下密闭消解，也就是通常所说的微波消解法，以防止待测元素的损失。微波消解仪现在已广泛应用于生物、土壤、地质、食品等多种试样的消解。有些试样用酸不易溶解，例如一些氧化物材料、矿物等，则可采用熔融法处理。熔融法所用到的溶剂有氢氧化钠、过氧化钠、偏硼酸锂、焦硫酸钾、碳酸钠＋过氧化钠等。熔融法分解试样能力强，速度比酸处理快，但溶液中盐浓度较高，常常需要对处理后的样品进行稀释。实际上，分解和溶解样品的前处理步骤往往比光谱测量本身更耗时，引入的误差也更大。上述材料的分解通常需要在高温下对样品进行严格的处理，并伴随着分析物因挥发或作为烟雾中的微粒而损失的风险。分解样品所用的试剂通常会引入前面讨论过的各种化学和光谱干扰。此外，分析物可能作为杂质存在于这些试剂中。事实上，除非十分小心，在痕量分析中发现试剂中被分析物的浓度高于样品中被分析物的浓度的情况并不少见，这种情况即使在空白校正的情况下也会导致严重的误差。

电加热原子化器的优点之一是某些物料可以直接原子化，避免了溶解步骤。例如，血液、石油产品和有机溶剂等液体样品可以用吸管直接吸入炉中进行灰化和雾化。植物叶子、动物组织和一些无机物等固体样品，可直接称量到杯式原子化器或钽舟中，以便引入管式熔炉。然而，校准通常是困难的，并且需要在组成上与样品近似的标准试样。

（5）原子化条件

（i）火焰原子化法　火焰的选择与调节是影响原子化效率的主要因素。首先要根据试样的性质选择火焰的类型，然后通过实验确定合适的燃助比。调节燃烧器高度来控制光束的高度，以得到较高的灵敏度。

（ii）石墨炉原子化法　此法要合理选择干燥、灰化、原子化及净化等阶段的温度与时间。要通过实验选择最合适的条件。

(6) 进样量

进样量过大、过小都会影响测量过程：过小，信号太弱；过大，在火焰原子化法中，对火焰会产生冷却效应，在石墨炉原子化法中，会使除残产生困难。在实际工作中，可通过实验选择合适的进样量。

2. 分析方法的选择

原子吸收光谱法同原子发射光谱法一样，分析方法采用校准曲线法、标准加入法及内标法。

6.2.6 灵敏度与检测限

在进行微量或痕量组分分析时，都会很关心分析的灵敏度与检测限，它们是评价分析方法与分析仪器的重要指标。IUPAC(国际纯粹与应用化学联合会)对此作了建议规定或称推荐命名法。

1. 灵敏度

1975 年 IUPAC 规定，灵敏度 S(sensitivity)的定义是分析标准函数的一次导数。分析标准函数为

$$x = f(c) \tag{6.23}$$

式中：x 为测量值，c 为被测元素或组分的浓度或含量。则灵敏度

$$S = \frac{\mathrm{d}x}{\mathrm{d}c} \tag{6.24}$$

由此我们可以看出，灵敏度就是分析校准曲线的斜率。S 大，即灵敏度高，它意味着浓度改变很小时，测量值变化就很大，这正是我们所希望的。

在原子吸收光谱法中习惯用 1%吸收灵敏度，它也叫特征灵敏度。其定义是：能产生 1%吸收(即吸光度为 0.0044)信号时所对应的被测元素的浓度或质量。在火焰原子吸收方法中，特征灵敏度以特征浓度 c_0(characteristic concentration，单位：$\mu g \cdot mL^{-1}$)表示

$$c_0 = \frac{0.0044 c_x}{A} \tag{6.25}$$

式中：c_x 为被测元素浓度，A 为多次测量吸光度的平均值。

在非火焰原子吸收方法中，特征灵敏度以特征质量 m_0(characteristic mass，单位：ng 或 pg)表示

$$m_0 = \frac{0.0044 m_x}{A} \tag{6.26}$$

式中：m_x 为被测元素质量。

特征浓度或特征质量与灵敏度的关系为

$$c_0 = \frac{0.0044}{S} \quad 或 \quad m_0 = \frac{0.0044}{S} \tag{6.27}$$

可以看出，特征浓度或特征质量愈小，则方法愈灵敏。

2. 检测限

检测限(detection limit，D.L.)的定义为：以特定的分析方法，以适当的置信水平被检出的最低浓度或最小量。

只有存在量达到或高于检测限，才能可靠地将有效分析信号与噪声信号区分开，确定试样中被测元素具有统计意义的存在。“未检出”即指被测元素的量低于检测限。

噪声信号来源于音响装置。广义的噪声概念是指当有用信号通过装置系统之后，随之带来的附加的、造成恶劣影响的成分。噪声造成的影响很重要，因为检测器的分辨能力受噪声限制。

在 IUPAC 的规定中，对各种光学分析方法，可测量的最小分析信号 $x_{\min}$ 以下式确定

$$x_{\min} = \bar{x}_0 + ks_B \tag{6.28}$$

式中：$\bar{x}_0$ 是用空白溶液(也可为固体、气体)按同样测定分析方法多次(一般为 20 次)测定的平均值，s_B 是空白溶液多次测定的标准差，k 是由置信水平决定的系数。IUPAC 推荐 $k=3$，在误差正态分布的条件下，其置信度为 99.7%。

由式(6.28)可看出，可测量的最小分析信号为空白溶液多次测量平均值与 3 倍空白溶液多次测量的标准差之和，它所对应的被测元素浓度即为检测限 D. L. 。

$$\text{D. L.} = \frac{x_{\min} - \bar{x}_0}{S} = \frac{ks_B}{S}$$

$$\text{D. L.} = \frac{3s_B}{S} \tag{6.29}$$

6.3 原子荧光光谱法

6.3.1 概述

原子荧光光谱法作为一种化学分析方法，由美国的 Winefordner 和 Vickers 于 1964 年提出。他们导出了有关原子荧光光谱分析的基础公式，发表了原子荧光光谱法测定汞、锌、镉的应用论文，由此建立了原子荧光光谱痕量元素分析技术。原子荧光光谱法是以原子在辐射能激发下发射的荧光强度进行定量分析的发射光谱分析法。它的优点是：

(i) 谱线简单。光谱干扰少，原子荧光光谱仪可以不要分光器。

(ii) 检测限低。一般来说，分析线波长小于 300 nm 的元素，其原子荧光光谱法有更低的检测限。分析线波长在 300～400 nm 的元素，如镉的原子荧光光谱法检测限为 0.001 ng・mL^{-1}，锌为 0.04 ng・mL^{-1}。

(iii) 可同时进行多元素分析。原子荧光是同时向各个方向辐射的，便于制造多通道仪器。

(iv) 校准曲线的线性范围宽，可多达 4～7 个数量级。

原子荧光光谱法目前多用于砷、铋、镉、汞、铅、锑、硒、碲、锡和锌等元素的分析。它存在荧光猝灭效应及散射光的干扰等问题。相比之下，该法不如原子发射光谱法和原子吸收光谱法用得广泛。

6.3.2 基本原理

1. 原子荧光光谱的产生

气态自由原子吸收光源的特征辐射后，原子的外层电子跃迁到较高能级，然后又跃迁返回基态或较低能级，同时发射出与原激发辐射波长相同或不同的辐射，此即为原子荧光。原子荧光是光致发光，也是二次发光。当激发光源停止照射之后，再发射过程立即停止。

2. 原子荧光的类型

原子荧光可分为共振荧光与非共振荧光。图 6.40 为原子荧光产生的过程。

(1) 共振荧光

气态原子吸收共振线被激发后，再发射与原吸收线波长相同的荧光即是共振荧光。它的特点是激发线与荧光线的高低能级相同，其产生过程示于图 6.40(a)中之 A。如锌原子吸收 213.86 nm 的光，它发射荧光的波长也为 213.86 nm。若原子受热激发处于亚稳态，再吸收辐射进一步激发，然后再发射相同波长的共振荧光，此种原子荧光称为热助共振荧光，示于图 6.40(a)中之 B。

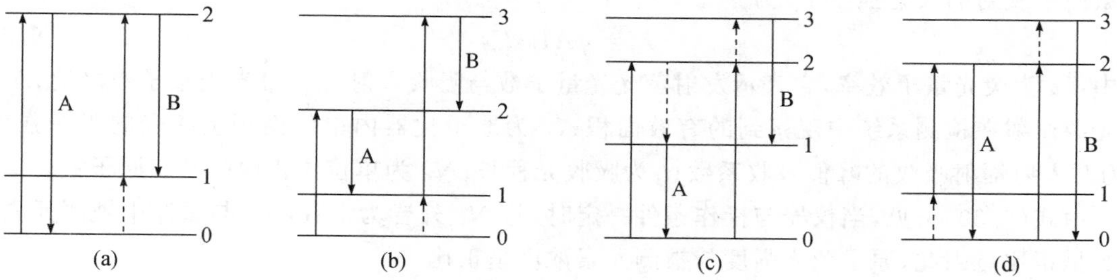

图 6.40　原子荧光产生的过程

(a) 共振原子荧光	(b) 直跃线荧光	(c) 阶跃线荧光	(d) 反 Stokes 荧光
A：起源于基态	A：起源于基态	A：正常阶跃线荧光	A：起源于亚稳态
B：热助共振荧光	B：起源于亚稳态	B：热助阶跃线荧光	B：起源于基态

(2) 非共振荧光

当荧光与激发光的波长不相同时，产生非共振荧光。非共振荧光又分为直跃线荧光、阶跃线荧光和反 Stokes 荧光。

(i) 直跃线荧光　激发态原子跃迁回至高于基态的亚稳态时所发射的荧光称为直跃线荧光，见图 6.40(b)。由于荧光的能级间隔小于激发线的能级间隔，所以荧光波长大于激发线波长。例如，铅原子吸收 283.31 nm 的光，而发射 405.78 nm 的荧光。它是激发线和荧光线具有相同的高能级，而低能级不同。

(ii) 阶跃线荧光　有两种情况，正常阶跃线荧光为被光照激发的原子，以非辐射形式去激发返回到较低能级，再以辐射形式返回基态而发射的荧光。很显然，荧光波长大于激发线波长。例如，钠原子吸收 330.30 nm 的光，发射 588.9 nm 的荧光。非辐射形式为在原子化器中原子与其他粒子碰撞的去激发过程。热助阶跃线荧光为被光照激发的原子，跃迁至中间能级，又发生热激发至高能级，然后返回至低能级发射的荧光。例如，铬原子被 359.35 nm 的光激发后，会产生很强的 357.87 nm 荧光。阶跃线荧光的产生见图 6.40(c)。

(iii) 反 Stokes 荧光　当自由原子跃迁至某一能级，其获得的能量一部分是由光源激发能供给，另一部分是热能供给，然后返回低能级所发射的荧光为反 Stokes 荧光。其荧光能大于激发能，荧光波长小于激发线波长。例如，铟吸收热能后处于一较低的亚稳态能级，再吸收 451.13 nm 的光后，发射 410.18 nm 的荧光，见图 6.40(d)。

(3) 敏化荧光

受光激发的原子与另一种原子碰撞时，把激发能传递给另一个原子使其激发；后者再以辐射形式去激发而发射荧光，即为敏化荧光。火焰原子化器中观察不到敏化荧光，在非火焰原子化器中能观察到。

在以上各种类型的原子荧光中，共振荧光的强度最大，最为常用。但有的元素非共振荧光谱线的灵敏度更高。

3. 荧光强度

原子荧光光谱强度由原子吸收与原子发射过程共同决定。对指定频率的共振原子荧光，受激原子发射的荧光强度 I_f 为

$$I_f = \varphi A I_0 \varepsilon l N_0 \tag{6.30}$$

式中：φ 为荧光量子效率，它表示发射荧光光量子数与吸收入射(激发)光光量子数之比；A 为受光源照射在检测系统中观察到的有效面积；I_0 为原子化器内单位面积上接受的光源强度；ε 为对入射辐射吸收的峰值吸收系数；l 为吸收光程长；N_0 为单位体积内的基态原子数。

由式(6.30)可见，当仪器与操作条件一定时，除 N_0 外皆为常数，N_0 与试样中被测元素浓度 c 呈正比。因此，原子荧光强度与被测元素浓度呈正比

$$I_f = Kc \tag{6.31}$$

式中：K 为一常数。式(6.31)是原子荧光光谱法定量分析的基础。

4. 量子效率与荧光猝灭

受光激发的原子，可能发射共振荧光，也可能发射非共振荧光，还可能无辐射跃迁至低能级，所以量子效率一般小于 1。

受激发的原子和其他粒子碰撞，把一部分能量变成热运动与其他形式的能量，因而发生无辐射的去激发过程，这种现象称为荧光猝灭。荧光的猝灭会使荧光量子效率降低，荧光强度减弱。许多元素在烃类火焰(如燃气为乙炔的火焰)中要比在用氩稀释的氢-氧火焰中荧光猝灭大得多，因此原子荧光光谱法尽量不用烃类火焰而用氩稀释的氢-氧火焰代替。使用烃类火焰时，应使用较强的光源，以弥补荧光猝灭的损失。

6.3.3 仪器

原子荧光光谱仪分为非色散型和色散型。这两类仪器的结构基本相似，只是单色器不同。两类仪器的光路图见图 6.41。由图可看出，原子荧光光谱仪与原子吸收光谱仪基本相同。

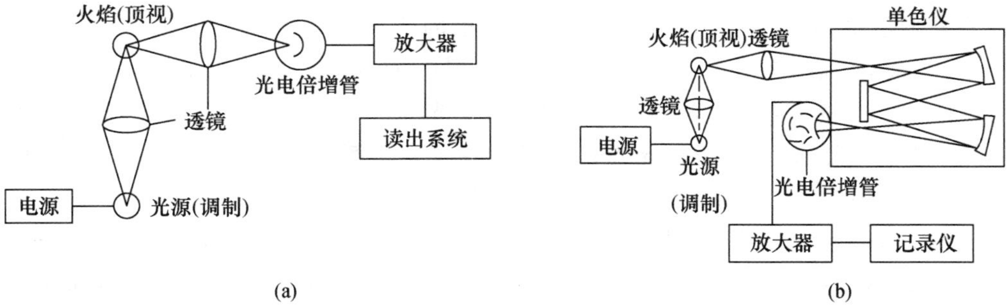

图 6.41 原子荧光光谱仪结构示意图

(a) 非色散型 (b) 色散型

原子荧光光谱仪中，激发光源与检测器为直角装置，这是为了避免激发光源发射的辐射对原子荧光检测信号的影响。

(1) 激发光源

最常采用的是高强度空心阴极灯和无极放电灯，也可使用连续光源如短氙弧灯，它不必采用高色散的单色器。连续光源稳定，调谐简单，寿命长，可用于多元素同时分析。原子荧光光谱仪中光源也要进行调制。

(2) 原子化器

与原子吸收法基本相同，还可用 ICP 焰炬等。

(3) 色散系统

(i) 色散型　色散元件是光栅。

(ii) 非色散型　非色散型用滤光器来分离分析线和邻近谱线，可降低背景。

(4) 检测系统

色散型原子荧光光谱仪采用光电倍增管。非色散型的多用日盲光电倍增管，它的光阴极由 Cs-Te 材料制成，对 160～280 nm 波长的辐射有很高的灵敏度，但对大于 320 nm 波长的辐射不灵敏。

(5) 多元素原子荧光分析仪

原子荧光可由原子化器周围任何方向的激发光源激发产生，因此设计了多道、多元素同时分析仪器。它也分为非色散型与色散型。非色散型六道原子荧光光谱仪装置见图 6.42。

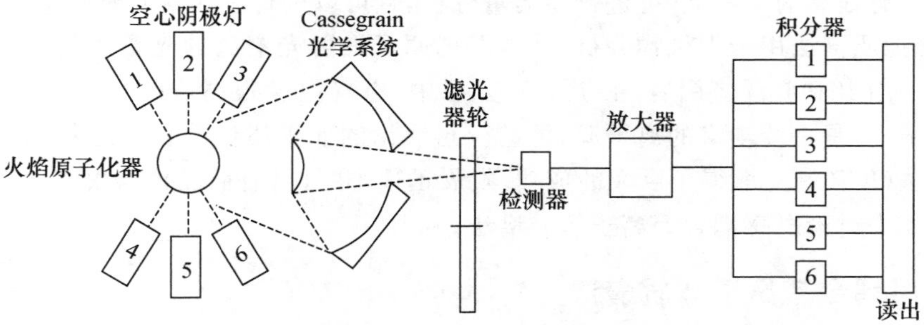

图 6.42　原子荧光法同时分析多种元素的仪器示意图

每种元素都有各自的激发光源在原子化器的周围，各自一个滤光器，每种元素都有一个单独的电子通道，共同使用一个火焰原子化器、一个检测器。激发光源一定不能直接对着光源。实验时逐个元素顺序测量。

原子荧光光谱法近年来有了较快的发展，而且有多种类型的商品化原子荧光光谱仪。

6.3.4　蒸气发生-原子荧光光谱分析法

蒸气发生-原子荧光光谱分析法(vapor generation-atomic fluorescence spectrometry, VG-AFS)是一种联用分析技术，由氢化反应和非色散型原子荧光光谱仪两部分组成。以蒸气发生方式将样品导入氩氢火焰原子化器实现原子化，自由原子被空心阴极灯激发后发射出原子荧光，以非色散系统光路被光电倍增管接收，获得原子荧光信号，它集中了蒸气发生法与非色散型原子荧光光谱仪两者在分析技术上的优点：

(i) 在氢化化学反应过程中，所有被测元素可以在氩氢火焰中原子化，其荧光波长均位于紫外区，正适合于非色散型原子荧光光谱仪日盲光电倍增管的最佳灵敏区。因此可获得很高的分析灵敏度。

(ii) 能将待测元素充分预富集，与大量可能引起干扰的基体分离，消除了干扰。

(iii) 蒸气发生法与溶液直接喷雾进样方法相比，进样效率几乎可接近100%。

(iv) 非色散型原子荧光光谱仪不需分光系统，仪器结构简单。

(v) 色谱与VG-AFS联用，可实现元素价态和形态分析。

VG-AFS分析技术具有很多的特点，但是它也限定了可测元素的应用范围。它适用于测定能够生成挥发性共价氢化物的元素，如ⅣA、ⅤA、ⅥA族的As、Sb、Bi、Se、Te、Pb、Sn、Ge，催化剂存在下能生成气态挥发性化合物的元素，如Zn、Cd、Ag、Cu以及ⅡB族的Hg。

6.4 原子质谱法

6.4.1 概述

质谱法是一种在电场及磁场作用下，对带电荷离子进行分离和分析的方法。离子可以是有机离子或无机离子，相应地有有机质谱法和无机质谱法之分。无机质谱法也称原子质谱法。有机质谱法的离子源一般能量较低，只能把有机物分子断裂而形成碎片离子。由于无机物难于气化及电离能高等原因，有机质谱法的离子源难以产生无机离子。

质谱法具有很高的灵敏度，可进行超痕量分析，且可以进行多元素同时测定。因此人们不断地研究，想把质谱法用于无机物分析，并试图把原子发射光谱法的光源用作离子源，也取得了一些进展。当ICP广泛应用后，由于ICP光源中，电离温度很高，可使被分析元素电离，约80%以上离子化，是一个丰富的离子源，可进行超痕量的元素质谱分析。近年来，电感耦合等离子体质谱法(ICP-MS)取得了巨大的成功，发展迅速，并且已有商品仪器生产。

本节将集中讨论电感耦合等离子体质谱法。

6.4.2 电感耦合等离子体质谱法

1. 仪器

ICP-MS是由ICP光源与质谱仪相连接而成。样品中的被测元素在ICP中激发、电离，将其导入质谱仪进行分析。要将处于高温、大气压下等离子体中的离子导入高真空状态下的质谱仪，必须要有一个好的连接部分(即接口部分)。

图6.43是ICP-MS商品仪器进样接口装置图。等离子体炬管采用水平方向。在炬管的前方有取样锥和分离锥(或称截取锥)，它们为金属板制成的圆锥体，顶端都有一个小孔(直径为0.75～1.2 mm)，两个锥体在同一个轴上，相距6～7 cm。带有水冷夹套的取样锥与ICP炬管管口距离约为1 cm，其中心对准炬管的中心通道。炽热的等离子气体通过取样锥小孔进入一个真空区域，此区的压力经机械泵作用降至约10^2 Pa (≈10^{-3} atm)。在此区域内，气体迅速膨胀，并被冷却下来。其中部分进入截取锥的小孔，到达下一个真空室，室内压力约为10^{-2} Pa(10^{-7} atm)，在这里正离子与电子和分子系列分离开，并被加速。然后进入离子光学系统，用离子镜聚焦，形成一个方向的离子束，进入质谱分析器。关于质谱分析器，请见第19章。

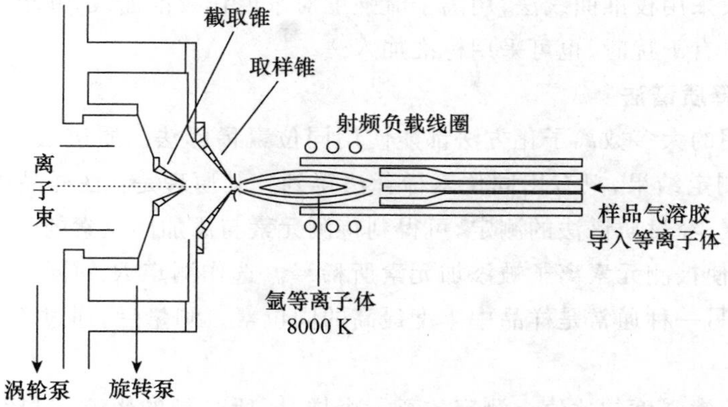

图 6.43　ICP-MS 进样接口示意图

6.4.3　分析方法

1. 定性分析

ICP-MS 可快速进行定性分析。它所测得的谱图比 ICP 简单，一种元素有几种同位素就有几个质谱峰。在 AES 中，每种元素绝不止一条谱线，像过渡元素和部分稀土元素，它们均可发射上千条谱线。

图 6.44 为 Cr、Co、Cu、Zn 等微量元素的质谱图。

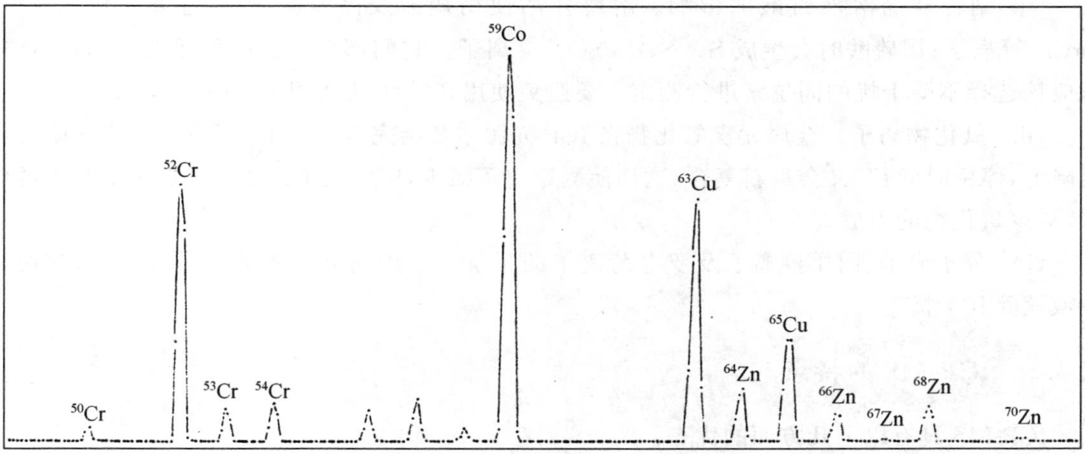

图 6.44　ICP-MS 图①

（1%硝酸溶液含 0.1 $\mu g \cdot mL^{-1}$ 的 Cr、Co、Cu、Zn）

2. 定量分析

质谱检出的离子流强度与离子数目呈正比，因此通过测量离子流强度可进行定量分析。

① Date A R, Gray A L. Plasma source mass spectrometry using an inductively coupled plasma and a high resolution quadrupole mass filter. Analyst, 1981, 106: 1255-1267.

定量分析一般采用校准曲线法，用离子流强度对浓度作校准曲线，并求出试样中各元素的浓度。当基体元素有干扰时，也可采用标准加入法。

3. 同位素稀释质谱法

质谱法中所用的大多数离子化方法都能使用同位素稀释法。质谱法是很灵敏的方法，要得到高准确度的测定结果，只有用同位素稀释法得到。其原理是：往样品中加入一定量的某元素的某一同位素，经过质谱法的测定，可得到待测元素与添加同位素的强度比 R。由于加入了元素的同位素，使被测元素离子被添加元素所稀释。选作测定 R 的同位素可有两种：一种是添加的同位素；另一种通常是样品中丰度最高的同位素。测量后，通过 R 作校准曲线，得到被测元素含量。

R 是两个同位素强度的比值。测定的每一个样品，所受到的影响(包括物理的、化学的干扰)，被测元素与添加元素是一样的，其比值 R 使得影响相抵消，使准确度大为提高。

同位素稀释法有一些应用是其他方法难以替代的，如地质年代学、核工艺学等领域，准确度是首要的，多采用同位素稀释法。

6.4.4 干扰及其消除

ICP-MS 法的干扰一般不是很严重，但仍然有，也必须设法消除。

(i) 由于测量过程中会引入氩和水，会产生 Ar^+、OH^+、OH_2^+、O^+、N^+ 等离子。选择测定的同位素时，要尽量避开它们的干扰。

(ii) 制备样品溶液时酸的影响。溶解样品使用盐酸及高氯酸时，会生成 Cl^+、ClO^+、$ArCl^+$ 等离子；用硫酸时会生成 S^+、SO^+、SO_2^+ 等离子。它们都会干扰一些元素的测定，这样就应该选择不受干扰的同位素进行测定。要避免使用高酸度，尽量用硝酸配制溶液。

(iii) 氧化物离子。金属元素氧化物在 ICP 光源中是会完全解离的，但在取样锥孔附近温度降低，停留时间长，又会重新复合，这样使测定离子减少，影响测定结果。要调节取样锥的位置，减少氧化物的生成。

(iv) 分子离子、同质量离子及双电荷离子的干扰。使用高分辨率的质谱分析器，就可减少或消除其干扰。

6.4.5 ICP-MS 的特点

ICP-MS 具有以下几方面的优点：

(i) 与其他无机分析法相比，是目前灵敏度最高与检测限最低的方法。对大部分元素的检测限可达 $10^{-12} \sim 10^{-15}$ g · mL^{-1}，可检测 $10^{-9} \sim 10^{-12}$ g 量级的元素。它的检测限优于其他原子光谱法 3 个数量级，因此是一种超痕量分析方法(见表 6.4)。

(ii) 可同时进行多元素分析。

(iii) 分析的准确度与精密度都很好。精密度可达 0.5%。

(iv) 测量的线性范围宽，可达 4～6 个数量级。也可对高含量元素进行分析。

(v) 谱线简单，容易辨认。

(vi) 可快速进行定性、定量分析，并可测定同位素。

表 6.4　不同原子光谱法的部分元素的检测限($ng \cdot mL^{-1}$)

元素	AAS 火焰	AAS 电热	AES 火焰	AES ICP	MS ICP
Ag	3	0.02	20	0.2	0.003
Al	30	0.2	5	0.2	0.06
Ba	20	0.5	2	0.01	0.002
Ca	1	0.5	0.1	0.0001	2
Cd	1	0.02	2000	0.07	0.003
Cr	4	0.06	5	0.08	0.02
Cu	2	0.1	10	0.04	0.003
Fe	6	0.5	50	0.09	0.45
K	2	0.1	3	75	1
Mg	0.2	0.004	5	0.003	0.15
Mn	2	0.02	15	0.01	0.6
Mo	5	1	100	0.2	0.003
Na	0.2	0.04	0.1	0.1	0.05
Ni	3	1	600	0.2	0.005
Pb	5	0.2	200	1	0.007
Sn	15	10	300	1	0.02
V	25	2	200	8	0.005
Zn	1	0.01	200	0.1	0.008

表中数据引自 Skoog D A. Fundamentals of Analytical Chemistry. 5th ed. Boston：Cengage Learning，2004.

ICP-MS 的缺点是仪器价格昂贵，日常运转和维护的费用较高，仪器的环境条件要求严格，必须恒温、恒湿、超净。

等离子体热功率大部分损失了，进入质量分析器的离子只是很少的一部分，这表明 ICP-MS 法还有很大的潜力。

6.4.6　其他原子质谱法

原子质谱法的一个重要特点是可适用的离子源较多，可以针对不同对象而选择合适的离子源。火花源质谱法能同时检测绝大部分的元素，可用于固体材料的检测，还可测同位素，样品制备简单，其最大特点是进行局部分析和深度分析。辉光放电质谱法对于金属、合金、陶瓷、半导体等固体材料的分析已有广泛的应用，定性分析在几分钟内就可完成，这是它的特色。激光烧蚀进样 ICP-MS、激光微探针质谱法已成功地应用于各种生物样品的分析。

图 6.45 是激光烧蚀进样 ICP-MS 法测定的一个岩石标准样品的谱图。样品主要成分的质量分数(%)为：Na，5.2；Mg，0.21；Al，6.1；Si，26.3；K，5.3；Cu，1.4；Ti，0.18 和 Fe，4.6。由此可看出，ICP-MS 法测定的含量范围可从高含量至超痕量。

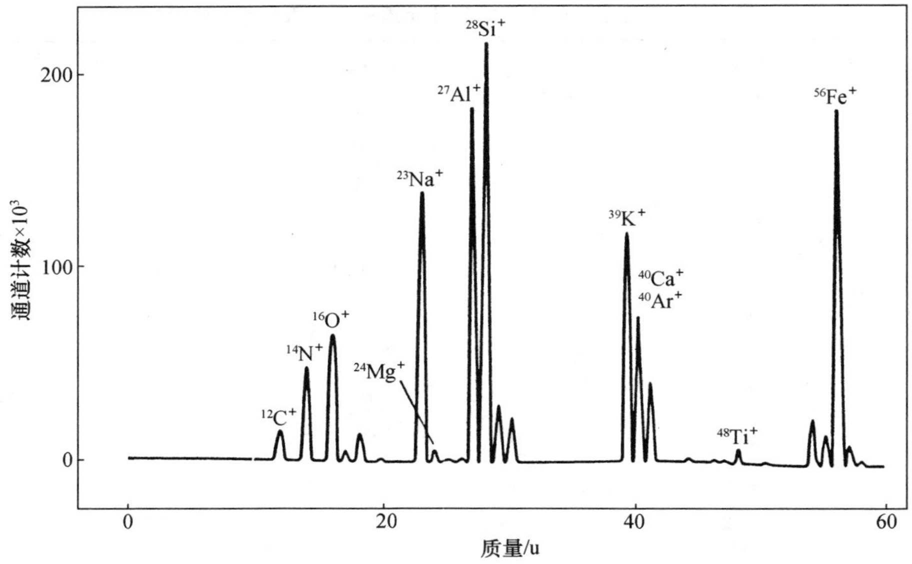

图 6.45 质谱图①

6.5 元素的形态分析

元素的形态就是元素在物质中的存在状态,包括元素的价态、存在的形式等。这一直是一个非常重要问题,如果只知道元素的含量而不知其形态,常常无法对一些问题做出判断。尤其是当今生命科学、医药科学、环境科学、营养学、材料科学、地质学等迅猛发展,对元素的形态分析提出了更高的要求,特别是微量元素。以人们熟悉的 As 为例,As(Ⅲ)与 As(Ⅴ)同是 As 元素,但对人的毒性就不一样,As(Ⅲ)砒霜有毒,As(Ⅴ)雄黄就无毒。又如 Cr,Cr(Ⅵ)对人有毒;而 Cr(Ⅲ),经科学家的研究发现,吡啶甲酸铬对糖尿病患者有好的作用,但 Cr^{3+} 离子却无此作用。这样的例子较多,说明元素的形态分析是多么的重要。

原子光谱法和原子质谱法对元素的定性、定量分析有强大的优势。周期表中绝大多数元素都可分析。但是对于元素形态分析却无能为力,原子光谱法与原子质谱法,首先要破坏被测元素的固有形态,对高温下变成气态的原子或离子进行分析。

现代分离技术发展很快,将它们与原子光谱法或原子质谱法相结合,就可很好地进行元素形态分析。有的学者将这些结合进行了图表总结。由图 6.46 可看出,方法还是比较多的,元素形态分析的发展前景是乐观的。

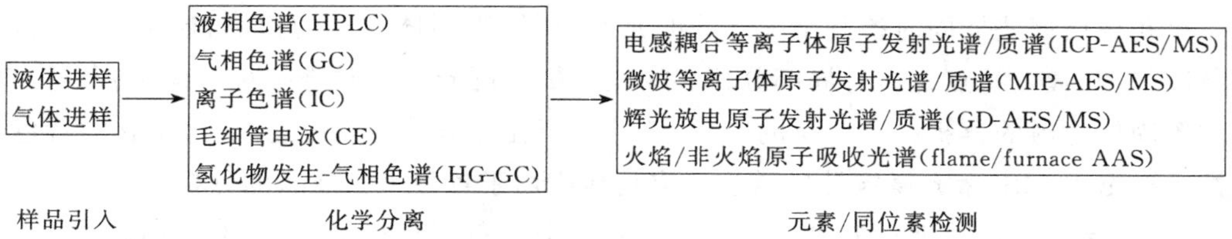

图 6.46 原子光谱与原子质谱元素形态分析方法结构框图

① Skoog D A. Fundamentals of Analytical Chemistry. 5th ed. Boston: Cengage Learning, 2004.

参考资料

［1］ 李克安. 分析化学教程. 北京：北京大学出版社，2005.

［2］ 吴性良，朱万森，马林. 分析化学原理. 北京：化学工业出版社，2004.

［3］ 郑国经. 分析化学手册. 第 3 版. 北京：化学工业出版社，2016.

［4］ 刘密新，罗国安，张新荣，童爱军. 仪器分析. 第 2 版. 北京：清华大学出版社，2002.

［5］ 泉美治，等. 仪器分析导论. 第 2 版，第 3 册. 刘振海，李春鸿，译. 北京：化学工业出版社，2005.

［6］ 汪尔康. 21 世纪分析化学. 北京：科学出版社，1999.

［7］ Skoog D A，Holler F J，Nieman T A. Principles of Instrumental Analysis. 5th ed. San Diego：Harcourt Brace & Company，1998.

［8］ Christian G D. Analytical Chemistry. 6th ed. Hoboken：Wiley，2003.

［9］ Skoog D A. Fundamentals of Analytical Chemistry. 5th ed. Boston：Cengage Learning，2004.

［10］ 邓勃. 原子吸收光谱分析的原理、技术和应用. 北京：清华大学出版社，2004.

［11］ 辛仁轩. 等离子体发射光谱分析. 北京：化学工业出版社，2005.

［12］ 发射光谱分析编写组. 发射光谱分析. 北京：冶金工业出版社，1979.

［13］ 林守麟. 原子吸收光谱分析. 北京：地质出版社，1985.

［14］ 李果，吴联源，杨忠涛. 原子荧光光谱分析. 北京：地质出版社，1983.

［15］ 李超隆. 原子吸收分析理论基础(上、下册). 北京：高等教育出版社，1988.

思考题与习题

6.1　原子发射光谱、原子吸收光谱和原子荧光光谱是怎么产生的？它们的谱线强度与哪些因素有关？

6.2　简述 AES，AAS，AFS，ICP-MS 等方法的优缺点。

6.3　什么是光谱项？什么是能级图？

6.4　请解释原子发射光谱法中的名词：原子的激发、电离、激发能、电离能、分析线、共振线、灵敏线、最后线、原子线、离子线。

6.5　原子发射光谱法中光源的作用是什么？常用光源有哪些？简述其工作原理，比较它们的特性及适用范围。

6.6　简述 ICP 光源的优缺点。

6.7　为什么在原子发射光谱法中直流电弧里低电离能元素的存在会抑制难激发元素的激发？

6.8　请比较棱镜光谱仪、光栅光谱仪、光电直读光谱仪、全谱直读光谱仪的色散系统、检测系统的元件组成、工作原理及特点。

6.9　原子发射光谱法定性分析的依据是什么？有几种分析方法？

6.10　请说明：原子发射光谱法定量分析的基本关系式。定量分析有几种方法？各在什么情况下使用？

6.11　原子发射光谱法中，在下列情况下，应选择什么激发光源？

(1) 对某经济作物植物体进行元素的定性全分析；

(2) 炼钢厂炉前 12 种元素定量分析；

(3) 铁矿石定量全分析；

(4) 头发中各元素定量分析。

6.12　原子吸收光谱法为什么选择共振线作吸收线？

6.13　请解释下列名词：(1) 谱线的半宽度；(2) 积分吸收；(3) 峰值吸收；(4) 锐线光源。

6.14　使谱线变宽的主要因素是什么？对原子吸收测量有什么影响？

6.15 说明原子吸收光谱法定量分析的基本关系式，并说明其应用条件。

6.16 原子吸收光谱法有几种光源？它们的工作原理及特点是什么？

6.17 请说明化学火焰的特性和影响因素。

6.18 石墨炉原子化法的工作原理是什么？有什么特点？为什么它比火焰原子化法有更高的绝对灵敏度？

6.19 原子吸收光谱法有几种干扰？怎么消除干扰？

6.20 原子吸收光谱法的背景干扰是怎么产生的？有几种校正背景的方法？其工作原理是什么？

6.21 原子荧光光谱有几种类型？

6.22 原子荧光光谱仪有几种类型？各有什么特点？

6.23 什么是荧光量子效率与荧光猝灭？

6.24 原子质谱法的基本原理是什么？

6.25 什么是同位素稀释法？

6.26 在 2500 K 时，Mg 的共振线 285.21 nm 为 $3^1S_0 \sim 3^1P_1$ 跃迁产生的，请计算其激发态与基态原子数之比（Mg 285.21 nm，$g_i/g_0=3$，E_i 激发能为 4.346 eV）。

6.27 原子吸收光谱法测定水中 Co 的浓度，分取水样 10.0 mL 置于 5 个 50.0 mL 的容量瓶中，加入不同的体积含有 6.00 $\mu g \cdot mL^{-1}$ Co 的标准溶液，然后稀释至刻度。由下列数据作图，求出 Co 的含量（$\mu g \cdot mL^{-1}$）。

样　品	$V_{水样}$/mL	$V_{标准溶液}$/mL	吸光度
空　白	0	0	0.042
1	10.0	0	0.201
2	10.0	10.0	0.292
3	10.0	20.0	0.378
4	10.0	30.0	0.467
5	10.0	40.0	0.554

6.28 用原子吸收光谱法测定二乙基二硫代氨基甲酸盐萃取物中的 Fe，得到以下数据。请作图求出 Fe 的含量（$\mu g \cdot mL^{-1}$）。

吸　光　度		加入 Fe 量
空　白	试　样	mg/200 mL
0.020	0.100	
0.060	0.140	0.200
0.100	0.180	0.400
0.140	0.220	0.600

第 7 章　X 射线荧光光谱法

X 射线照射物质时，除发生散射、衍射和吸收等现象外，还产生次级 X 射线，即 X 射线荧光。而照射物质的 X 射线称为初级 X 射线。X 射线荧光的波长取决于吸收初级 X 射线的元素的原子结构。因此，根据 X 射线荧光的波长，就可以确定物质所含元素；根据其强度与元素含量的关系，可以进行元素定量分析。这就是 X 射线荧光光谱法(X-ray fluorescence spectrometry，XFS)。

7.1　X 射线和 X 射线光谱

7.1.1　初级 X 射线的产生

X 射线是一种波长为 0.001～50 nm 的电磁波。对于化学分析来说，最感兴趣的 X 射线波段是在 0.01～2.4 nm(0.01 nm 附近代表超铀元素的 K 系谱线，2.4 nm 附近代表最轻元素 Li 的 K 系谱线)。

由 X 射线管产生的射线是初级 X 射线。X 射线管由一个热阴极(钨丝)和金属靶材(Cu、Fe、Cr、Mo 等重金属)制成的阳极所组成，如图 7.1 所示。管内抽真空到 1.3×10^{-4} Pa。在两极之间加上数万伏的高压，加热阴极产生的电子被加速向阳极上撞击，此时电子的运动被突然停止，电子的能量大部分变成热能(金属靶材需通入水或油冷却)，只有不到 1%的电功率转变成 X 射线辐射从透射窗射出，即初级 X 射线。

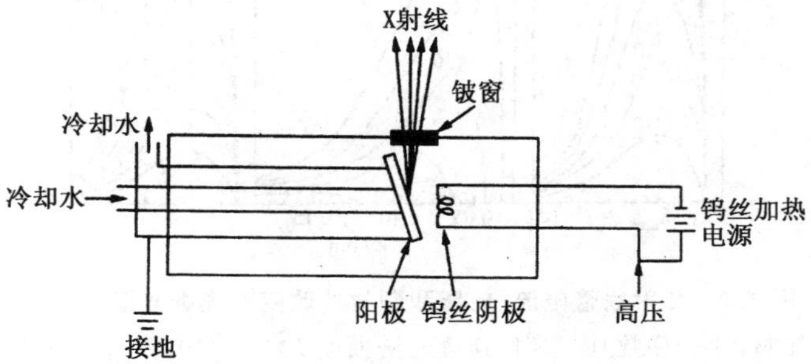

图 7.1　X 射线管结构示意图

7.1.2　X 射线光谱

电子在与原子碰撞时的能量损失是一个随机过程，得到的是具有各种波长的 X 射线光谱(X-ray spectrum)。X 射线光谱可以分为连续光谱和特征(标识)光谱两类。在常规的 X 射线管中，当所加的管电压低时，只有连续光谱产生；当管电压超过由靶材或阳极物质的某一临界数值(激发能)时，即有谱线叠加在连续光谱之上。这种谱线的波长取决于靶材的材质，因而这类谱线也称为特征(标识)光谱。由于这两类光谱的起源不同,它们所遵循的规律和特性也迥然而异。

1. 连续光谱

在 X 射线管中加速电压的电场位能转为电子动能,电子被加速。电子所获得的总动能E_e为

$$E_e = eU = \frac{1}{2}mv_0^2 \tag{7.1}$$

式中:m 为电子质量,e 为元电荷,U 为加速电压,v_0 为电子到达阳极表面的初速率。当高速电子轰击靶面时受到靶材料原子核的库仑力的作用而突然减速,使电子周围的电磁场发生了急剧的变化。电子的动能部分变成了 X 射线辐射能,产生了具有一定波长的电磁波。由于撞击到阳极上的电子并不都是以同样的方式受到原子核的库仑力作用而被减速,其中有些电子在一次碰撞中即被制止,从而立刻释放出其所有的能量;另外大多数电子则需碰撞多次才逐次丧失其部分能量,直到完全耗尽为止。钨丝上的电子是以不规则的方向飞出的,各电子与管内残留气体碰撞的机会及消耗的能量也有区别。因此,对大量电子来说,其能量损失是一个随机量,从而得到的是具有各种不同能量(波长)的电磁波,组成了连续 X 射线谱。这种高能带电粒子急剧减速时所发生的连续电磁辐射称为轫致辐射。

实验表明,连续光谱的总强度 I_{in} 随着 X 射线管内的电流强度 i(单位为 mA)、电压 U(单位为 kV)和阳极物质或靶材的原子序数 Z 的变化而发生变化,如图 7.2 所示。

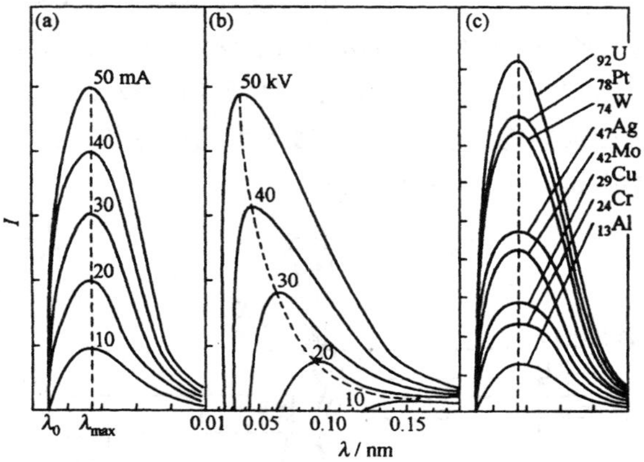

图 7.2 X 射线管电流、电压和靶材的改变对连续光谱的影响

(a) 管压、靶材(原子序数)固定时,连续光谱强度 $I \propto i$ (b) 管流、靶材(原子序数)固定时,连续光谱强度 $I \propto U^2$ (c) 管压、管流固定时,连续光谱强度 $I \propto Z$

这种总强度 I_{in},即连续区的积分强度或阳极所发生的连续光谱的总能量,其一般表达式为

$$I_{in} = \int_{\lambda_0}^{\infty} I(\lambda)\,d\lambda \tag{7.2}$$

式中:λ_0 为连续光谱的短波限(short wavelength limit),$I(\lambda)$表示连续光谱按波长分布的光谱强度。

从图 7.2 可以看出:(i) 连续光谱的强度变化与 i 呈正比。(ii) 连续光谱的强度变化还与

阳极物质或靶材的 Z 近似呈正比。(iii) 连续光谱的强度变化强烈地受 X 射线管内电子的 U 的影响，其表现为当 U 升高时，I_{in} 即迅速增大；连续光谱在其最强谱线的波长(λ_{max})附近，强度增加得特别快；λ_0 以及 λ_{max} 逐渐向短波一侧移动。实验和理论都表明，λ_0 与 X 射线管的 U 以及 λ_{max} 有以下简单关系

$$\lambda_0 = 1240/U \tag{7.3}$$

$$\lambda_{max} \approx 3\lambda_0/2 \tag{7.4}$$

上两式中 λ_0 以 nm 为单位，U 以 V(伏)为单位。短波限只与电子的加速电压有关，与靶材无关。不同的靶材只要加速电压相同，短波限都相同。

连续光谱的总强度为

$$I_{in} = KZiU^2 \tag{7.5}$$

式中：K 为比率常数。式(7.5)指出，连续光谱的总强度随 U、i、Z 的增大而增高，其中 U 的影响为最大。如需要较大强度的 X 射线，靶材要用原子序数大的重金属、较大的 X 射线管电流及尽可能高的 X 射线管电压。在 X 射线荧光分析中，一般以连续 X 射线作为激发源。这是因为它的强度存在连续分布的形式，适合于周期表上所有元素的各个谱系的激发。

2. 特征光谱

当 X 射线管电压升高到一定的临界值，高速运动的电子的动能足以激发靶原子的内部壳层的电子，使它跳到能级较高的未被电子填满的外部壳层或离开体系而使原子电离。这时原子中的某个内部壳层即出现了空位，同时体系的能量升高处于不稳定的激发态或电离态；随后(10^{-7}～10^{-14} s)即发生外层电子自高能态向低能态的跃迁，使整个原子体系的能量降低到最低而重新回到了稳定态。原子在发生电子跃迁的同时，将辐射出带有一定频率或能量的特征谱线。特征谱线的频率大小取决于电子在始态和终态的能量差，其能量一般表达式为

$$h\nu_{n_1 \to n_2} = E_{n_1} - E_{n_2} = \Delta E_{n_1 \to n_2} \tag{7.6}$$

特征谱线的频率为

$$\nu_{n_1 \to n_2} = \frac{E_{n_1} - E_{n_2}}{h} = cR(Z-\sigma)^2\left(\frac{1}{n_2^2} - \frac{1}{n_1^2}\right) \tag{7.7}$$

式中：$R = 1.097 \times 10^7\ \mathrm{m}^{-1}$，称为 Rydberg 常数；$\sigma$ 为核外电子对核电荷的屏蔽常数；n_1 和 n_2 分别代表电子在始态和终态时所属的电子壳层数；E_{n_1} 和 E_{n_2} 为其对应的能级能量；c 为光速。

如果原子最内层(即 K 层，$n=1$)的一个电子被逐出至外部壳层，由其他外层电子跃至 K 层空位，同时辐射出 X 射线，称为 K 系特征 X 射线。由 $n=2$ 的 L 层的一个电子跃入填补时，产生 Kα 辐射。此时 $n_1=2$，$n_2=1$，根据式(7.7)，其频率和波长分别为

$$\nu_{K\alpha} = \frac{3}{4}cR(Z-\sigma)^2 \tag{7.8}$$

$$\lambda_{K\alpha} = \frac{c}{\nu_{K\alpha}} = \frac{4}{3R(Z-\sigma)^2} \tag{7.9}$$

如果电子由 M 层($n=3$)跃入 K 层，则产生 Kβ 射线；由 N 层跃到 K 层，则产生 Kγ 射线。同样，由较外层电子跃到 L 层、M 层和 N 层而辐射的 X 射线则称为 L 系、M 系和 N 系特征 X 射线。由于电子轨道和自旋运动耦合，产生能级分裂，因此 X 射线还有精细结构，图 7.3 是钼的特征 X 射线谱。

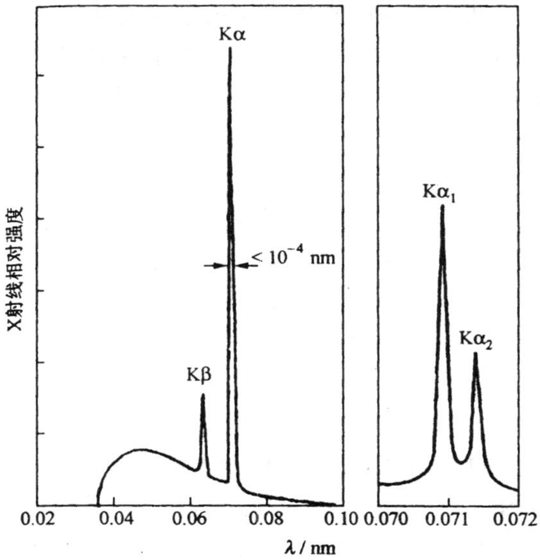

图 7.3　钼的特征 X 射线谱

特征 X 射线光谱是具有一定波长而不连续的线状光谱，称为单色 X 射线。因为它来自原子内层电子跃迁，其波长随着元素原子序数的增加有规律地向波长变短方向移动。Moseley 根据谱线移动规律，建立了 X 射线波长与元素原子序数关系的定律，即 Moseley 定律，表示为

$$\left(\frac{1}{\lambda}\right)^{1/2}=K(Z-S) \tag{7.10}$$

式中：K、S 为常数，随不同线系(K、L)而定；Z 是原子序数。图 7.4 是一些主要谱线的 Moseley 曲线，图中的曲线是线性的，只是在高原子序数处，由于电子的屏蔽作用使 K 发生变化，导致曲线发生微小的偏差。

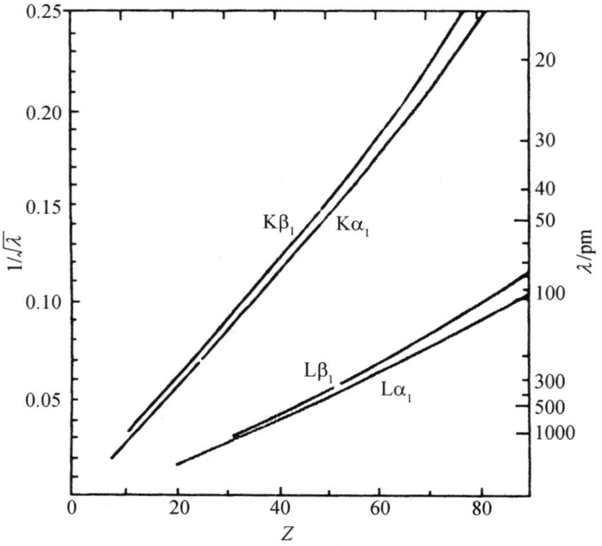

图 7.4　X 射线的 Moseley 定律图解

为实用起见,可以把式(7.10)简化为

$$\lambda \propto \frac{1}{Z^2} \tag{7.11}$$

特征 X 射线的产生,也要符合一定的选择定则。这些选择定则是:

(i) 主量子数,$\Delta n \neq 0$;

(ii) 角量子数,$\Delta L = \pm 1$;

(iii) 内量子数,$\Delta J = \pm 1$ 或 0(0→0 除外)。内量子数 J 是角量子数 L 与自旋量子数 S 的矢量和,例如当 $L=1,S=1/2$ 时,J 值可取 1/2 和 3/2;$L=2,S=1/2$ 时,J 值可取 3/2 和 5/2。

不符合上述选律的谱线称为禁阻谱线。

特征 X 射线的产生及其相应的线系,可用能级图加以说明,如图 7.5 所示。

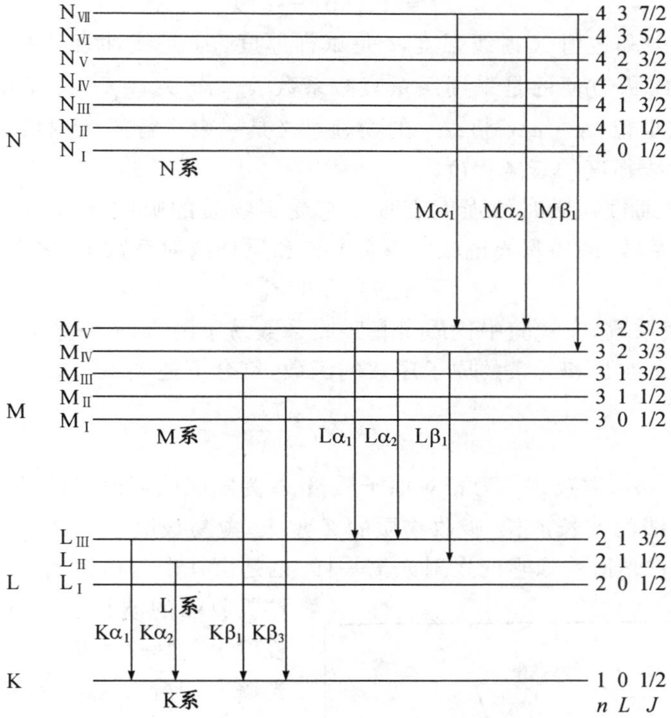

图 7.5　K 和 L 系特征 X 射线的部分能级图

7.1.3　X 射线的吸收、散射和衍射

1. X 射线的吸收

设一束波长为 λ_0 的平行 X 射线束,沿着 x 轴方向,垂直入射到一均匀吸收体的表面上时的强度为 I_0,即 $l=0$ 时,$I=I_0$。当此 X 射线束在吸收体的路程上改变了 dl 距离时,其强度将改变 dI_0。由物质的吸收和散射所造成的强度衰减 dI_0 不仅与入射线的强度 I_0 呈正比,而且还取决于吸收体的厚度 dl、质量 dm 或单位截面上所遇到的原子数 dn,即存在如下关系

$$\mathrm{d}I_0 = -I_0 \mu_l \mathrm{d}l \tag{7.12}$$

$$\mathrm{d}I_0 = -I_0 \mu_m \mathrm{d}m \tag{7.13}$$

$$\mathrm{d}I_0 = -I_0\mu_a \mathrm{d}n \qquad (7.14)$$

式中：负号表示 X 射线束通过物质时强度的衰减；μ_l，μ_m 和 μ_a 分别称为线性衰减系数、质量衰减系数和原子衰减系数。它们的物理意义分别为：在单位路程(1 cm)、单位质量(1 g)和单位截面(1 cm^2)上遇到 1 个原子时所发生的 X 射线束强度的相对变化，其量纲分别为 cm^{-1}，$cm^2 \cdot g^{-1}$ 和 cm^2。

若用 X 射线照射固体物质后，其强度的衰减率与其穿过的厚度呈正比，即也符合光吸收基本定律

$$\frac{\mathrm{d}I}{I} = -\mu_l \mathrm{d}l \qquad (7.15)$$

将上式积分后，得到

$$I = I_0 \exp(-\mu_l l) \qquad (7.16)$$

式中：I_0 和 I 是入射和透射 X 射线强度，l 是试样厚度，μ_l 是线性衰减系数。在 X 射线分析法中，对于固体试样，最方便的是采用质量衰减系数 μ_m，而 $\mu_m = \mu_l/\rho$(单位：$cm^2 \cdot g^{-1}$)。式中 ρ 是物质的密度(单位：$g \cdot cm^{-3}$)；μ_m 的物理意义是一束平行的 X 射线穿过截面积为 1 cm^2 的 1 g 物质时，X 射线强度的衰减程度。

实际上，X 射线通过物质时的强度衰减是它受到物质的吸收和散射的结果。可以将 μ_m 表示为质量真吸收系数(或质量光电吸收系数)τ_m 和质量散射系数 σ_m 之和，即

$$\mu_m = \tau_m + \sigma_m \qquad (7.17)$$

μ_m 是总的质量衰减系数，在实验中比质量真吸收系数易于测得，故一般表中多以 μ_m 给出。

质量衰减系数是波长和元素的原子序数的函数，符合下述关系

$$\mu_m = kZ^4\lambda^3 \frac{N_A}{A_r} \qquad (7.18)$$

式中：N_A 为 Avogadro 常数，A_r 为相对原子质量，k 为随吸收限改变的常数，Z 为原子序数，λ 为波长。因此 X 射线的波长愈长，吸收物质的 Z 愈大，愈易被吸收；而波长愈短，Z 愈小，穿透力愈强。元素的吸收光谱就像它的发射光谱一样，也是由几个宽而很确定的吸收峰所组成，这些吸收峰的波长也是元素的特征，且很大程度上与其化学状态无关。在 X 射线吸收光谱上，波长在某个数值，质量吸收系数发生突变，有明显的不连续性时，叫作"吸收限"或"吸收边"。它是一个特征 X 射线谱系的临界激发波长。如图 7.6 所示，当 X 光子的能量恰好能激发钼中 K 层电子时，即波长略小于钼的 K 吸收限时，则入射的 X 射线大部分被吸收而产生次级 X 射线，这时 μ_m 最大；但波长再长，能量就不足以激发 K 层电子，因此吸收减小，μ_m 变小。L 吸收限是入射 X 射线激发 L 层电子而产生的，L 层有 3 个支能级，所以有 3 个吸收限($\lambda_{L_{\mathrm{I}}}$，$\lambda_{L_{\mathrm{II}}}$，$\lambda_{L_{\mathrm{III}}}$)。以此类推，M 层有 5

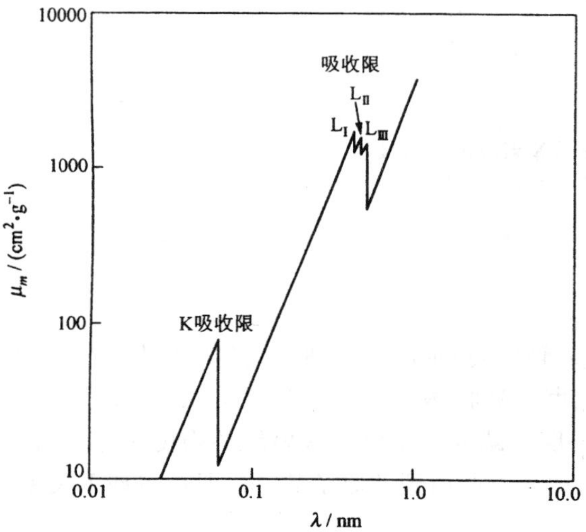

图 7.6　钼的质量衰减系数 μ_m 与波长的关系

个吸收限，N 层有 7 个吸收限。能级越接近原子核，吸收限的波长越短。

2. X 射线的散射

对于 X 射线通过物质时的衰减现象来说，波长较长的 X 射线和原子序数较大的散射体的散射作用与吸收作用相比，常常可以忽略不计。但是对于轻元素的散射体和波长很短的 X 射线，散射作用就显著了。X 射线射到晶体上时，晶体原子的电子和核也随 X 射线电磁波的振动周期而振动。由于原子核的质量比电子的质量大得多，其振动忽略不计，主要考虑电子的振动。根据 X 光子的能量大小和原子内电子结合能的不同（即原子序数的大小）可以分为相干散射和非相干散射。

（1）相干散射

相干散射也称 Rayleigh 散射或弹性散射，是由能量较小、波长较长的 X 射线与原子中束缚较紧的电子（Z 较大）发生弹性碰撞的结果，迫使电子随入射 X 射线电磁波的周期性变化电磁场而振动，并成为辐射电磁波的波源。电子受迫振动的频率与入射 X 射线的振动频率一致，因此从这个电子辐射出来的散射 X 射线的频率和相位与入射 X 射线相同，只是方向有了改变，元素的原子序数愈大，相干散射作用也愈大。入射 X 射线在物质中遇到的所有电子，构成了一群可以相干的波源，且 X 射线的波长与原子间的间距具有相同的数量级，所以实验上可观察到散射干涉现象。这种相干散射现象，是 X 射线在晶体中产生的衍射现象的物理基础。

（2）非相干散射

非相干散射也称康普顿散射或非弹性散射。这种散射现象称为康普顿-吴有训效应。

非相干散射是能量较大的 X 或 γ 射线光子与结合能较小的电子或自由电子发生非弹性碰撞的结果，如图 7.7 所示。碰撞后，X 射线光子把部分能量传给电子，变为电子的动能，电子从与入射 X 射线成 φ 角的方向射出（叫反冲电子），且 X 射线光子的波长变长，朝着与自己原来运动的方向成 θ 角的方向散射。由于散射光波长各不相同，两个散射波的相位之间互相没有关系，不会引起干涉作用而发生衍射现象，称为非相干散射。实验表明，这种波长的改变 $\Delta\lambda$ 与散射角 θ 之间有下列关系

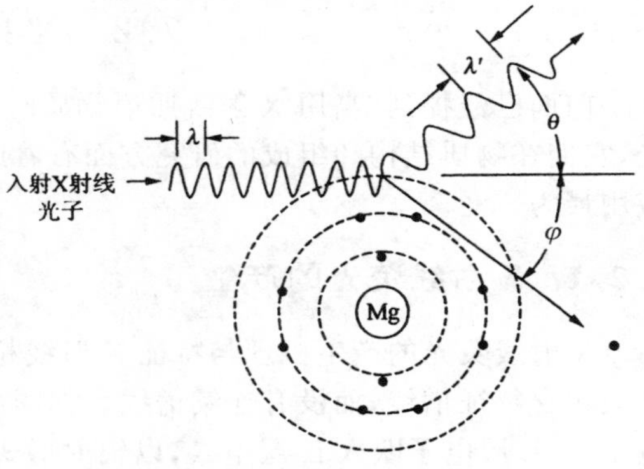

图 7.7　X 射线的非相干散射

$$\Delta\lambda = \lambda' - \lambda = K(1 - \cos\theta) \tag{7.19}$$

式中：λ 与 λ' 分别为入射 X 射线与非相干散射 X 射线的波长，K 为与散射体的本质和入射线波长有关的常数。

元素的原子序数愈小，非相干散射愈大，结果在衍射图上形成连续背景。一些超轻元素（如 N、C、O 等元素）主要发生非相干散射，这也是轻元素不易分析的一个原因。

3. X 射线的衍射

X 射线的衍射现象起因于相干散射线的干涉作用。当两个波长相等、相位差固定且振动于同一平面内的相干散射波沿着同一方向传播时，则在不同的相位差条件下，这两种散射波或者相互加强（同相），或者相互减弱（异相）。这种由于大量原子散射波的叠加、互相干涉而产生最大限度加强的光束叫 X 射线的衍射线。

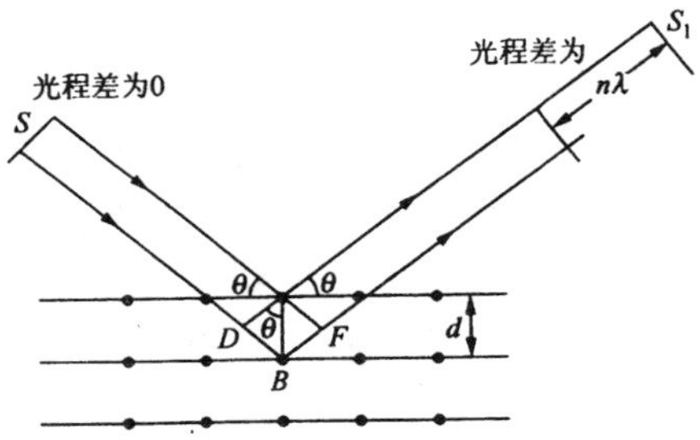

图 7.8 晶体产生 X 射线衍射的条件

如图 7.8 所示，当 X 射线以某个角度 θ 射向晶面时，将在每一个点阵（原子）处发生一系列球面散射波，即相干散射，从而将发生干涉。设有 3 个平行晶面，中间晶面的入射和散射 X 射线的光程与上面的晶面相比，其光程差为 $DB+BF$，而

$$DB=BF=d\sin\theta$$

只有光程差为波长的整数倍时才能互相加强，即

$$n\lambda=2d\sin\theta \tag{7.20}$$

这就是 Bragg 衍射方程式。式中：n 值为整数 0，1，2，3，…，即衍射级数；θ 为掠射角（入射角的补角）；d 为晶面间距。

因为 $|\sin\theta|\leqslant 1$，所以当 $n=1$ 时，$\lambda/2d=|\sin\theta|\leqslant 1$，即 $\lambda\leqslant 2d$。这表明，只有当入射 X 射线波长≤2 倍晶面间距时，才能产生衍射。

在实际工作中，Bragg 方程式有两个重要作用：

(i) 已知 X 射线波长，测 θ 角，从而计算晶面间距。这是 X 射线结构分析。

(ii) 用已知晶面间距的晶体，测 θ 角，从而计算出特征辐射波长，再进一步查出样品中所含元素。这是 X 射线荧光分析。

7.2 X 射线荧光分析

前面已经提到，当用 X 射线照射物质时，除了发生吸收和散射现象外，还能产生 X 射线荧光，它们在物质结构和组成的研究方面有着广泛的用途。但对成分分析来说，X 射线荧光法的应用最为广泛。

7.2.1 X 射线荧光的产生

X 射线荧光的产生机理与特征 X 射线相同，只是采用 X 射线为激发手段。所以 X 射线荧光只包含特征谱线，而没有连续谱线。如图 7.9 所示，当入射 X 射线使 K 层电子激发生成光电子后，L 层电子跃入 K 层空穴，以辐射形式释放出能量 $\Delta E=E_K-E_L$，产生 Kα 射线，这就是 X 射线荧光。只有当初级 X 射线的能量稍大于分析物质原子内层电子的能量时，才能击出相应的电子，因此 X 射线荧光波长总比相应的初级 X 射线的波长要长一些。

7.2.2 Auger 效应和荧光产额

原子中的内层（如 K 层）电子被电离后出现一个空穴，L 层电子向 K 层跃迁时所释放的能量，也可能被原子内部吸收后激发出较外层的另一电子，这种现象称为 Auger 效应。后来逐出的较外层的电子，相对于原先从内层逐出的第一个光电子，称为次级光电子或 Auger 电子，如图 7.9 所示。各元素的 Auger 电子能量都有固定值，在此基础上建立了 Auger 电子能谱法。

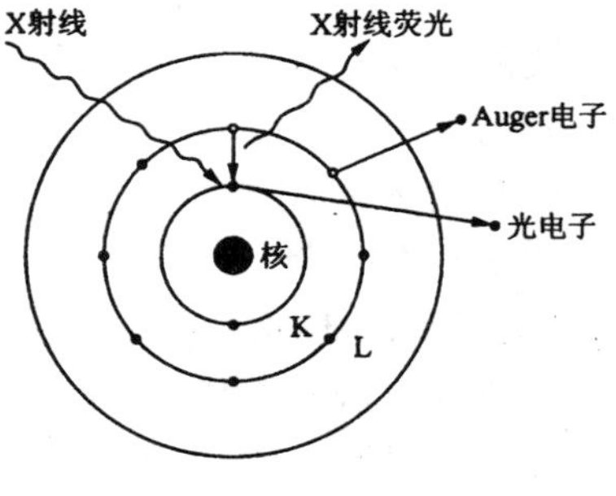

图 7.9 X 射线激发电子弛豫过程示意图

原子在 X 射线激发的情况下，所发生的 Auger 效应和荧光辐射是两种互相竞争的过程。对一个原子来说，激发态原子在弛豫过程中释放的能量只能用

于一种发射，即发射 X 射线荧光或者发射 Auger 电子。对于大量原子来说，两种过程就存在一个概率问题，即荧光产额(ω)(fluorescence yield)。例如对 K 能级来说，以单位时间内发出的 K 系谱线的全部光子数除以在同一时间内产生 K 层空穴的原子数，称其值为 K 能级的荧光产额 ω_K。L 和 M 能级的荧光产额定义与此相似，Auger 产额则为 $1-\omega$。对于原子序数小于 11 的元素，激发态原子在弛豫过程中主要是发射 Auger 电子，而重元素则主要发射 X 射线荧光。Auger 电子产生的概率除与元素的原子序数有关外，还随对应的能级差的缩小而增加。一般对于较重的元素，最内层(K 层)空穴的填充，以发射 X 射线荧光为主，Auger 效应不显著；当空穴外移时，Auger 效应愈来愈占优势(图 7.10)。因此 X 射线荧光分析法多采用 K 系和 L 系荧光，其他系则较少被采用。

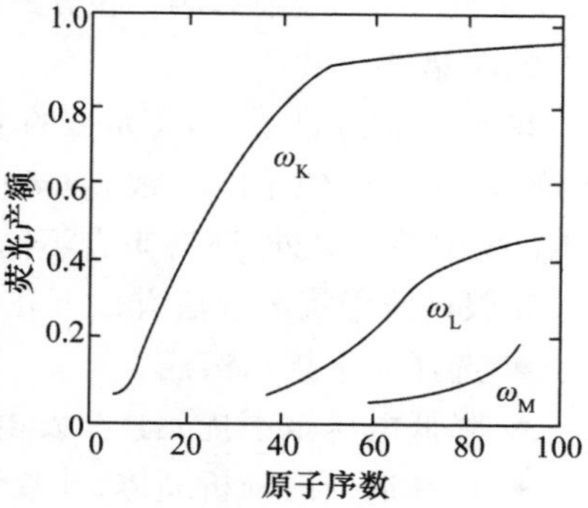

图 7.10　K、L 和 M 能级的荧光产额

7.2.3　定性和定量分析

1. 定性分析

从 Moseley 定律可知，分析元素产生的 X 射线荧光的波长，与其原子序数具有一一对应的关系，这就是 X 射线荧光定性分析的基础。对于波长色散谱，根据选用的分光晶体(d 已知)与实测的 2θ 角，用 Bragg 公式计算出 λ，然后查 λ-2θ 表或 2θ-λ 表。这里 λ-2θ 表按原子序数的增加排列，2θ-λ 表按波长和 2θ 增加的顺序排列。在能量色散谱中，可从能谱图上直接读出峰的能量，再查阅能量表即可。

从 20 世纪 70 年代末开始，已开发出定性分析的计算机软件和专家系统，可自动对扫描谱图进行搜索和匹配，从 X 射线荧光谱线数据库中进行配对，以确定是何种元素的哪条谱线。

2. 定量分析

定量分析的依据是 X 射线荧光的强度与含量呈正比。

(1) 定量分析的影响因素

现代 X 射线荧光分析的误差主要不是来源于仪器，而是来自样品。

(i) 基体效应

样品中除分析元素外的主量元素为基体。基体效应是指样品的基本化学组成和物理、化学状态的变化对分析线强度的影响。X 射线荧光不仅由样品表面的原子所产生，也可由表面以下的原子所发射。因为无论入射的初级 X 射线或者是试样发出的 X 射线荧光，都有一部分要通过一定厚的样品层。这一过程将产生基体对入射 X 线及 X 射线荧光的吸收，导致 X 射线荧光的减弱。反之，基体在入射 X 线的照射下也可能产生 X 射线荧光，若其波长恰好在分析元素短波长吸收限时，将引起分析元素附加的 X 射线荧光的发射，从而使 X 射线荧光的强度增强。因此，基体效应一般表现为吸收和激发效应。

基体效应的克服方法有：

- 稀释法　以轻元素为稀释物可减小基体效应。
- 薄膜样品法　将样品做得很薄，则吸收和激发效应可忽略。
- 内标法　在一定程度上也能消除基体效应。

(ii) 粒度效应

X 射线荧光强度与颗粒大小有关：大颗粒吸收大；颗粒愈细，被照射的总面积大，荧光强，另外，表面粗糙不匀也有影响。在分析时常需将样品磨细，粉末样品要压实，块状样品表面要抛光。

(iii) 谱线干扰

在 K 系特征谱线中，Z 元素的 Kβ 线有时与 $Z+1$、$Z+2$、$Z+3$ 元素的 Kα 线靠近。例如，${}_{23}V$ 的 Kβ 线与 ${}_{24}Cr$ 的 Kα 线，${}_{48}Cd$ 的 Kβ 线与 ${}_{51}Sb$ 的 Kα 线之间部分重叠。As 的 Kα 线和 Pb 的 Kα 线重叠。另外，还有来自不同衍射级次的衍射线之间的干扰。

克服谱线干扰的方法有以下几种：

- 选择无干扰的谱线。
- 降低电压至干扰元素激发电压以下，防止产生干扰元素的谱线。
- 选择适当的分析晶体、计数管、准直器或脉冲高度分析器，提高分辨本领。
- 在分析晶体与检测器间放置滤光片，滤去干扰谱线等。

(2) 定量分析方法

(i) 校准曲线法

配制一套基体成分和物理性质与试样相近的标准样品，作出分析线强度与含量关系的校准曲线，再在同样的工作条件下测定试样中待测元素的分析线强度，从校准曲线上查出待测元素的含量。

校准曲线法的特点是简便，但要求标准样品的主要成分与待测试样的成分一致。对于测定二元组分或杂质的含量，还能做到这一点；但对多元组分试样中主要成分含量的测定，一般要用稀释法。即用稀释剂使标准样品和试样稀释比例相同，得到的新样品中稀释剂成为主要成分，分析元素成为杂质，就可以用校准曲线法进行测定。

(ii) 内标法

在分析样品和标准样品中分别加入一定量的内标元素，然后测定各样品中分析线与内标线的强度 I_L 和 I_I，以 I_L/I_I 对分析元素的含量作图，得到内标法校准曲线。由校准曲线求得分析样品中分析元素的含量。内标元素的选择原则：

- 试样中不含该内标元素。
- 内标元素与分析元素的激发、吸收等性质要尽量相似，它们的原子序数相近，一般在 $Z\pm2$ 的范围内选择；对于 $Z<23$ 的轻元素，可在 $Z\pm1$ 的范围内选择。
- 两种元素之间没有相互作用。

(iii) 增量法

先将试样分成若干份，其中一份不加待测元素，其他各份分别加入不同质量分数(1～3倍)的待测元素，然后分别测定分析线强度，以加入的质量分数为横坐标、强度为纵坐标绘制校准曲线。当待测元素含量较小时，校准曲线近似为一直线。将直线外推与横坐标相交，交点坐标的绝对值即为待测元素的质量分数。作图时，应对分析线的强度进行背景校正。

(iv) 数学方法

上述方法是在 X 射线荧光分析中一般常用的方法。为了提高定量分析的精度，已发展了直接数学计算方法。由于计算机软件的开发，这些复杂的数学处理方法已变得十分迅速而简便了。这类方法主要有经验系数法和基本参数法，此外还有多重回归法及有效波长法等。这些方法发展很快，可以预计，它们将成为 X 射线荧光分析法的主要方法。由于涉及的内容较多，本书不拟讨论，读者可参阅有关专著。

7.3　X 射线荧光光谱仪

X 射线荧光在 X 射线荧光光谱仪上进行测量。根据分光原理，可将 X 射线荧光光谱仪分为两类：波长色散型（晶体分光）和能量色散型（高分辨率半导体探测器分光）。

7.3.1　波长色散型 X 射线荧光光谱仪

波长色散型 X 射线荧光光谱仪由 X 光源、分光晶体和检测器 3 个主要部分构成，它们分别起激发、色散、探测和显示的作用，如图 7.11 所示。

由 X 光管中射出的 X 射线，照射在试样上，所产生的荧光将向多个方向发射。其中一部分荧光通过准直器之后得到平行光束，再照射到分光晶体（或分析晶体上）上。晶体将入射荧光按 Bragg 方程式[式(7.20)]进行色散。通常测量的是第一级光谱（$n=1$），因为其强度最大。检测器置于角度为 2θ 位置处，它正好对准入射角为 θ 的光线。将分光晶体与检测器同步转动，以这种方式进行扫描时，可得到以光强与 2θ 表示的荧光光谱图。

图 7.12 是一种高温合金的 X 射线荧光光谱，其中所含元素的谱线都清晰可见。

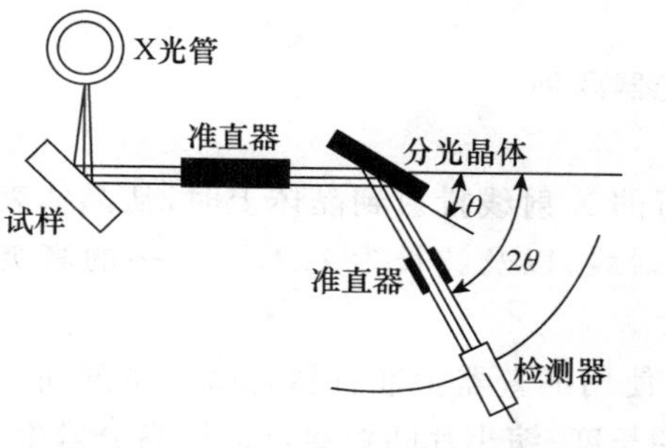

图 7.11　波长色散型 X 射线荧光光谱仪

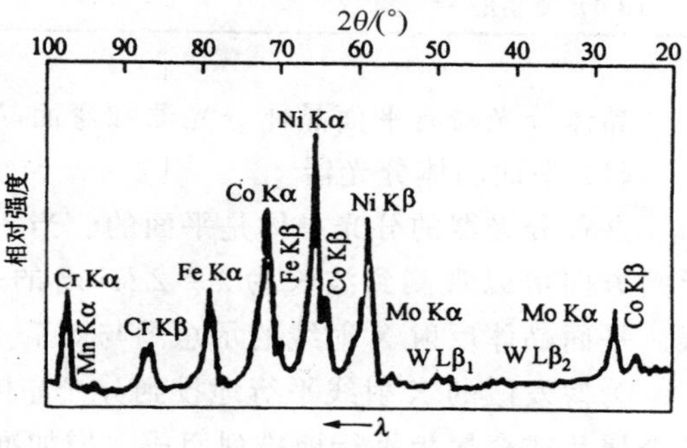

图 7.12　一种高温合金的 X 射线荧光光谱

1. X 射线激发源

由 X 光管所发生的一次 X 射线的连续光谱和特征光谱是 X 射线荧光分析中常用的激发源。初级 X 射线的波长应稍短于受激元素的吸收限，使能量最有效地激发分析元素的特征谱线。一般分析重元素时靶材选 W 靶，分析轻元素用 Cr 靶。靶材的原子序数愈大，X 光管的管压（一般为 50～100 kV）愈高，则连续光谱强度愈大。

常用的靶材及适合的分析元素范围如表 7.1 所示。

表 7.1　各种靶材适合的分析元素范围

靶　材	分析元素范围	使用谱线	靶　材	分析元素范围	使用谱线
W	$<_{32}$Ge	K	Cr	$<_{23}$V 或 $_{22}$Ti	K
	$<_{77}$Ir	L		$<_{58}$Ce	L
Mo	$_{32}$Ge～$_{41}$Nb	K	Rh,Ag	$<_{17}$Cl 或 $_{16}$S	K
	$_{76}$Os～$_{92}$U	L			
Pt	同 W 靶的元素				
Au	$_{72}$Hf～$_{77}$Ir	L	W-Cr	W$>_{22}$Ti 或 $_{23}$V 或同 Cr 靶的轻元素	

2. 晶体分光器

X射线的分光主要利用晶体的衍射作用,因为晶体质点之间的距离与X射线波长同属一个数量级,可使不同波长的X射线荧光色散,然后选择被测元素的特征X射线荧光进行测定。整个分光系统采用真空(13.3 Pa)密封。常用的分光晶体材料列于表7.2中。

表7.2 常用的分光晶体材料

名　称	$2d$/nm	测定元素
LiF(422)	0.1652	$_{87}Fr \sim {}_{29}Cu$
(420)	0.180	$_{84}Po \sim {}_{28}Ni$
(200)	0.4027	$_{58}Ce \sim {}_{19}K$
ADP(112)(磷酸二氢铵)	0.614	$_{48}Cd \sim {}_{16}S$
Ge	0.6532	$_{46}Pd \sim {}_{15}P$
PET(002)(异戊四醇)	0.8742	$_{40}Zr \sim {}_{13}Al$
EDDT(020)(右旋-酒石酸乙二胺)	0.8808	$_{41}Nb \sim {}_{13}Al$
LOD(硬脂酸铅)	10.04	$_{12}Mg \sim {}_{5}B$

晶体分光器有平面晶体分光器和弯面晶体分光器两种。

(1) 平面晶体分光器

这种分光器的分光晶体是平面的。当一束平行的X射线投射到晶体上时,从晶体表面的反射方向可以观测到波长为$\lambda = 2d\sin\theta$的一级衍射线,以及波长为$\lambda/2, \lambda/3, \cdots$的高级衍射线。平面晶体反射X射线的示意图与图7.11相似。

为使发散的X射线平行地投到分光晶体上,常使用准直器。准直器是由一系列间隔很小的金属片或金属板平行地排列而成。增加准直器的长度、缩小片间距离可以提高分辨率,但强度往往会降低。

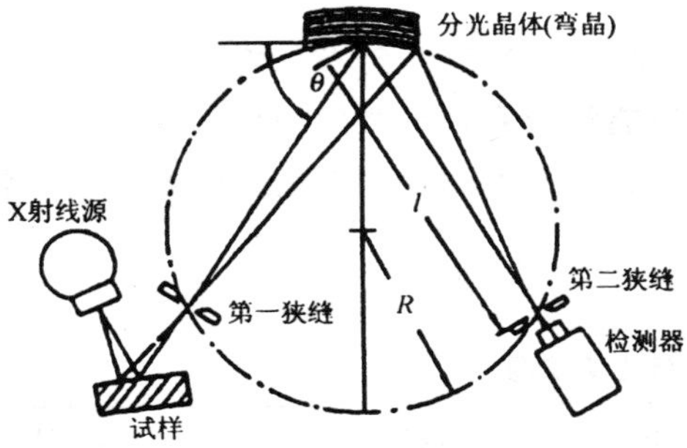

图7.13 弯面晶体X射线荧光光谱仪示意图

(2) 弯面晶体分光器

这种分光器的分光晶体的点阵面被弯成曲率半径为$2R$的圆弧形,它的入射表面研磨成曲率半径为R的圆弧。第一狭缝(入射)、第二狭缝(出射)和分光晶体放在半径为R的圆周(又称聚焦圆)上,并使晶体表面与圆周相切,两狭缝到分光晶体中心的距离相等。样品置于聚焦圆外靠近第一狭缝处,检测器与第二狭缝相连,见图7.13。

测定时,入射狭缝的位置不变,分光晶体与出射狭缝及与其相连的检测器均沿聚焦圆运动,但出射狭缝与检测器的运动速率是分光晶体的2倍,以保证θ与2θ的关系,并满足Bragg衍射条件。同时还必须保持检测器的窗口始终对准分光晶体的中心。

弯面晶体色散法是一种强聚焦的色散方法。它的曲率能使从试样不同点上或同一点侧向发散的同一波长的谱线,由第一狭缝射向弯晶面上各点时,它们的掠射角都相同。继而这些波长和掠射角均相等的衍射线又被重新会聚于第二狭缝处并被检测,从而增强了衍射线的强度。

从表 7.2 可以看出，没有一种晶体可以同时适用于所有元素的测定，因此波长色散型 X 射线荧光光谱仪一般必须有几块可以互换的分光晶体。

3. 检测器

X 射线检测器是用来接收 X 射线，并把它转化为可测量或可观察的量，如可见光、电脉冲和径迹等。然后再通过电子测量装置，对这些量进行测量。X 射线荧光光谱仪中常用的检测器有正比计数器、闪烁计数器和半导体计数器 3 种。

(1) 正比计数器

这是一种充气型检测器，利用 X 射线能使气体电离的作用，使辐射能转变为电能而进行测量，其结构如图 7.14 所示。它的外壳为圆柱体金属壁，管内充有工作气体（Ar、Kr 等惰性气体）和抑制气体（甲烷、乙醇等）的混合气体。在一定的电压下，进入检测器的 X 射线光子轰击工作气体使之电离，产生离子-电子对。一个 X 射线光子产生的离子-电子对的数目，与光子的能量呈正比，与工作气体的电离能呈反比。作为工作气体的 Ar 原子，其电离后，正离子被引向管壳，电子飞向中心阳极。电子在向阳极移动的过程中被高压加速，获得足够的能量，又可使其他 Ar 原子电离。由初级电离的电子引起多级电离现象，在瞬间发生“雪崩”放大，一个电子可以引发 $10^3 \sim 10^5$ 个电子。这种放电过程发生在 X 射线光子被吸收后 0.1～0.2 μs 的时间内。在这样短的时间内，有大量的雪崩放电冲击中心阳极，使瞬时电流突然增大，高压降低而产生一个脉冲输出。脉冲高度与离子-电子对的数目呈正比，与入射光子的能量呈正比。

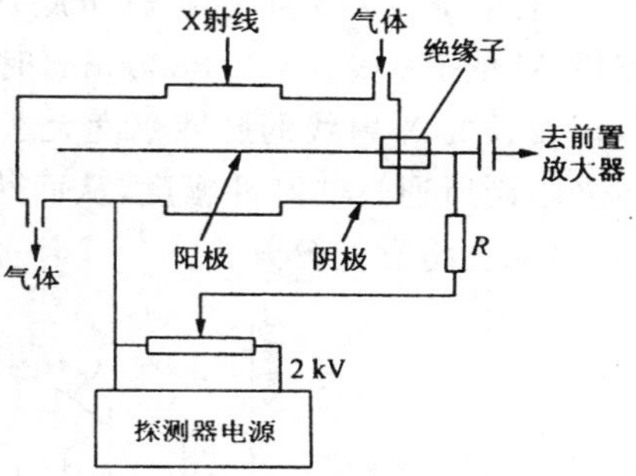

图 7.14　正比计数器

自脉冲开始至达到脉冲满幅度的 90% 所需的时间称为脉冲的上升时间。两次可探测脉冲之间的最小时间间隔称为分辨时间，分辨时间也可粗略地称为死时间。在死时间内进入的 X 射线光子不能被测出。正比计数器的死时间约为 0.2 μs。

(2) 闪烁计数器

闪烁即为瞬间发光。当 X 射线照射到闪烁晶体上时，闪烁晶体能瞬间发出可见光。利用光电倍增管可将这种闪烁光转换为电脉冲，再用电子测量装置把它放大和记录下来。把闪烁晶体和光电倍增管组合起来，就构成了闪烁计数器，其结构示意于图 7.15。在 X 射线检测方面最普遍使用的闪烁晶体是铊激活碘化钠晶体，即 NaI(Tl)。

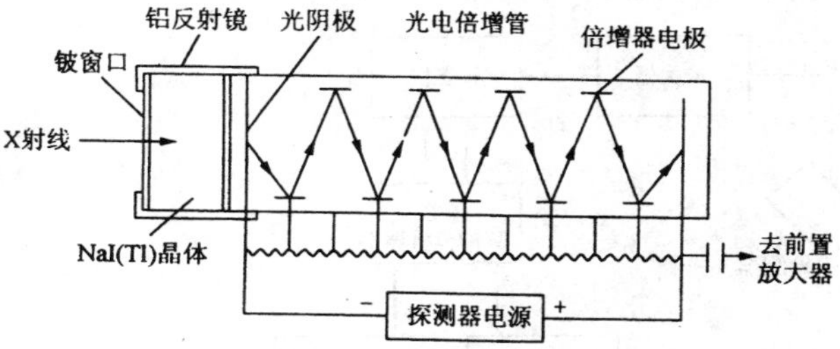

图 7.15　闪烁计数器

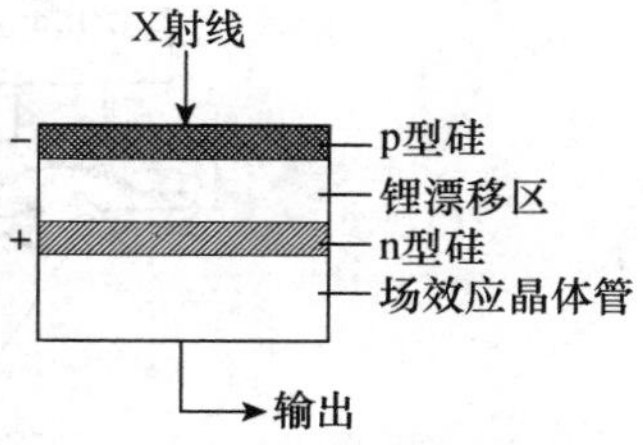

图 7.16　半导体计数器

(3) 半导体计数器

由掺有锂的硅(或锗)半导体做成,在其两面真空喷镀一层约 20 nm 厚的金膜构成电极,在 n、p 区之间有一个锂漂移区,如图 7.16 所示。因为锂的离子半径小,很容易漂移穿过半导体,而且锂的电离能也较低,当入射的 X 射线撞击锂漂移区(激活区)时,在其运动途径中形成电子-空穴对。电子-空穴对在电场的作用下,分别移向 n 层和 p 层,形成电脉冲。脉冲高度与 X 射线能量呈正比。

4. 记录系统

记录系统由放大器、脉冲高度分析器、记录和显示装置所组成。其中脉冲高度(即脉冲幅度)分析器的作用是选取一定范围的脉冲幅度,将分析线脉冲从某些干扰线(如某些谱线的高次衍射线、杂质线)和散射线(本底)中分辨出来,以改善分析灵敏度和准确度。如在图 7.17 中测量 Al 的 Kα 线($\lambda=0.8339$ nm)时,同时会测得 Ag 的 Lα 线 ($\lambda=0.4163$ nm)的二级衍射线。但短波长的 X 射线的脉冲幅度大于长波 X 射线。在脉冲高度分析器中采用两个可调的甄别器来限制所通过的脉冲幅度,从而达到选择性地记录各种脉冲幅度的目的。从图 7.17 可以看出,可完全将它们分开。

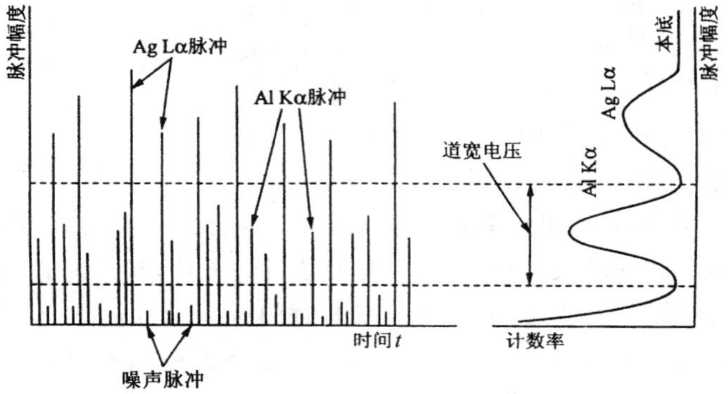

图 7.17 脉冲高度分析器原理图

7.3.2 能量色散型 X 射线荧光光谱仪

能量色散型 X 射线荧光光谱仪不采用晶体分光系统,而是利用半导体检测器的高分辨率,并配以多道脉冲分析器,直接测量试样 X 射线荧光的能量,使仪器的结构小型化、轻便化。这是 20 世纪 60 年代末发展起来的一种技术,其仪器结构如图 7.18 所示。

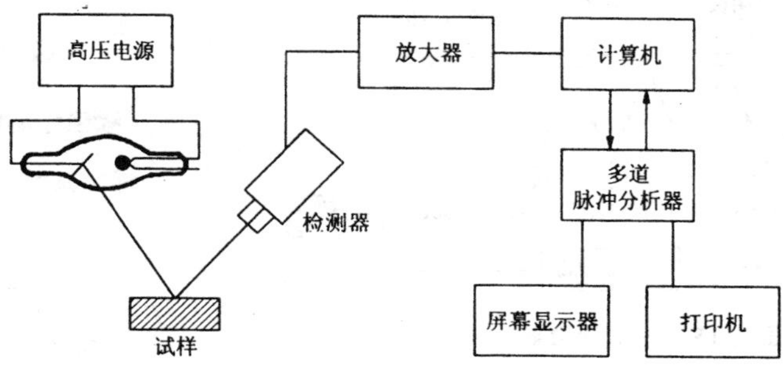

图 7.18 能量色散型 X 射线荧光光谱仪原理图

来自试样的 X 射线荧光依次被半导体检测器检测，得到一系列幅度与光子能量呈正比的脉冲，经放大器放大后送到多道脉冲分析器（1000 道以上）。按脉冲幅度的大小分别统计脉冲数，脉冲幅度可以用光子的能量来标度，从而得到强度随光子能量分布的曲线，即能谱图。图 7.19 是一种地质标准样的能谱图。

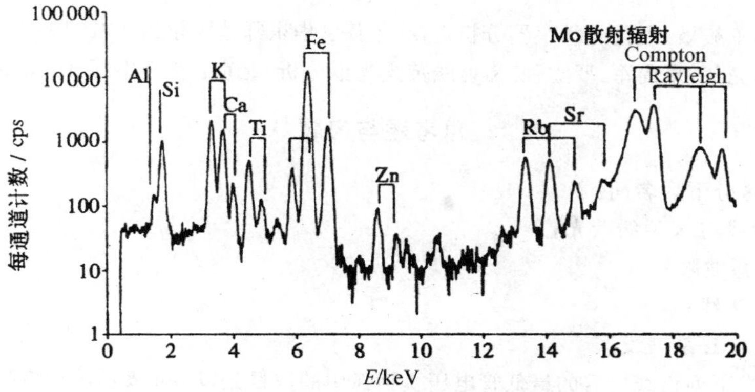

图 7.19　某地质标准样的 X 射线荧光能谱图

与波长色散法相比，能量色散法的主要优点是：由于无须分光系统，检测器的位置可紧挨样品，检测灵敏度可提高 2～3 个数量级，也不存在高次衍射谱线的干扰；可以一次同时测定样品中几乎所有的元素，分析物件不受限制；仪器操作简便，分析速度快，适合现场分析。

7.4　X 射线荧光光谱法的应用

X 射线荧光分析法已被定为国际标准（ISO）分析方法之一。其主要优点是：

(i) 与初级 X 射线发射法相比，不存在连续光谱，以散射线为主的本底强度小，峰底比（谱线与本底强度的对比）和分析灵敏度显著提高。适合于多种类型的固态和液态物质的测定，也可对试样的表面和微区进行分析，并且易于实现分析过程自动化。样品在激发过程中不受破坏，强度测量再现性好，以便于进行无损分析。

(ii) 与光学光谱法相比，由于 X 射线光谱的产生来自原子内层电子的跃迁，所以除轻元素外，X 射线光谱基本上不受化学键的影响，定量分析中的基体吸收和元素间激发（增强）效应较易校准或克服。元素谱线的波长不随原子序数呈周期性的变化，而是服从 Moseley 定律，因而谱线简单，谱线干扰现象比较少，且易于校准或排除。

X 射线荧光分析法的应用主要取决于仪器技术和理论方法的发展。在物质的成分分析上，在冶金、地质、化工、机械、石油、建筑材料等工业部门，农业和医药卫生，以及物理、化学、生物、地学、环境、天文及考古等科研部门都获得了广泛的应用。分析范围包括周期表中 $Z \geqslant 3$(Li) 的所有元素，检测限达 $10^{-5} \sim 10^{-9}\,g \cdot g^{-1}$（或 $g \cdot mL^{-1}$）。X 射线荧光分析法能有效地用于测定薄膜的厚度和组成，如冶金镀层或金属薄片的厚度，金属腐蚀、感光材料、磁性录音带薄膜的厚度和组成。它也可用于动态的分析，测定某一体系在其物理化学作用过程中组成的变化情况，例如，相变产生的金属间的扩散、固体从溶液中沉淀的速率、固体在固体中扩散和固体在溶液中溶解的速率等。随着激发源、色散方法和探测技术的改进，以及与计算机技术的联用，X 射线荧光分析法将发展成为各个科研部门和生产部门广泛采用的一种极为重要的分析手段。

参 考 资 料

[1] 谢忠信,赵宗铃,张玉斌,陈远盘,鄞梁垣. X射线光谱分析. 北京:科学出版社,1982.

[2] Tertian R,Claisse F. Principles of Quantitative X-Ray Fluorescence Analysis. London:Philadelphia Rheine,1982.

[3] 严凤霞,王筱敏. 现代光学仪器分析选论. 上海:华东师范大学出版社,1992.

[4] 吉昂,陶光仪,卓尚军,罗立强. X射线荧光光谱分析. 北京:科学出版社,2003.

思考题与习题

7.1 解释并区分下列名词:

(1) 连续X射线与X射线荧光;

(2) 吸收限与短波限;

(3) Kα与Kβ谱线;

(4) K系谱线与L系谱线。

7.2 计算激发下列谱线所需的最低管电压。括弧中的数目是以nm表示的相应吸收限的波长。

(1) Ca的K谱线(0.3064);

(2) As的Lα谱线(0.9370);

(3) U的Lβ谱线(0.0592);

(4) Mg的K谱线(0.0496)。

7.3 在75 kV工作的带铬靶X射线管,所产生的连续发射的短波限是多少?

7.4 在X射线光谱法中,当采用LiF($2d=0.4027$ nm)作为分光晶体时,在一级衍射$2\theta=45°$处有一谱峰。计算此峰波长应为多少?

7.5 为什么X射线管能获得连续的X射线谱?

7.6 X射线荧光是怎样产生的?为什么能用X射线荧光进行元素的定性和定量分析?

7.7 试从工作原理、仪器结构和应用三方面对波长色散型和能量色散型X射线荧光光谱仪进行比较。

7.8 试对几种X射线检测器的作用原理和应用范围进行比较。

第 8 章　表面分析法

8.1　概　　述

自然界物质有气、液、固三种存在形式，两种形式共存时就会有表面或界面产生，物体与真空或气体所构成的界面称为表面。多年来，人们已经从理论和实验上认识到表面和内部有着不同的组织结构和物理化学性质，这种基于结构和组成的变化而造成表面电子密度变化产生的结构缺陷或化学键活化称为“表面相”。很多物理化学过程，如催化、腐蚀、氧化、钝化、吸附、扩散等，往往首先发生在表面，甚至仅仅发生在表面。然而，不同学科对表面层的尺度的要求也有所不同，往往从纳米级到微米级都会涉及，要在原子、分子水平对材料表面的结构进行表征并解释其化学性质，如沉积、吸附、催化等研究的表面范围在 1～10 nm。因此，对表面层的检测分析有其特殊性和重要性，对表面相的表征，已成为现代分析化学的重要任务之一。表面分析(surface analysis)是一种借助于多种手段研究表面相的实验技术，它主要提供三方面的信息：

(i) 表面化学状态。包括元素种类、含量、化学价态以及化学成键等。

(ii) 表面结构。从宏观的表面形貌、物相分布以及元素分布等到微观的表面原子空间排列，包括原子在空间的平衡位置和振动结构。

(iii) 表面电子态，涉及表面的电子云分布和能级结构。不同表面分析技术所涉及的深度，可以从一个单原子层的真正表面到几个原子层或更深的亚表面，甚至达几个微米的表层(图 8.1)。

图 8.1　表面分析的深度信息

表面分析除了应用于表面、界面和薄膜外，某些样品经处理后，非表面问题也可以转化为表面问题，从而扩大了表面分析的应用范围。例如，气体或液体冷冻形成固体；固体在真空中断裂，使体相转化为表面相；液相中组分通过电解沉积和离子交换等附着在固体表面；气体悬浮微粒吸滤到过滤膜上等。

目前表面分析的方法已有 40 多种，这些方法就是用激发源(如光子、电子、离子、中性原子或分子、电场、磁场等)与样品相互作用产生各种现象(图 8.2)，同时发射出粒子或波，通过检

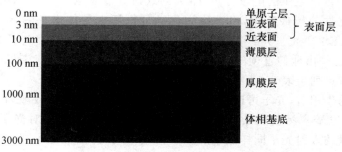

测这些信号就可以获得反映样品特征的各种信息。在实际工作中往往同时选用几种方法，以便相互印证，相互补充，从而获得可靠完整的信息。本章将主要介绍X射线光电子能谱、紫外光电子能谱、俄歇(Auger)电子能谱、二次离子质谱和扫描隧道显微镜等。至于其他方法，读者可参阅有关专著和文献。

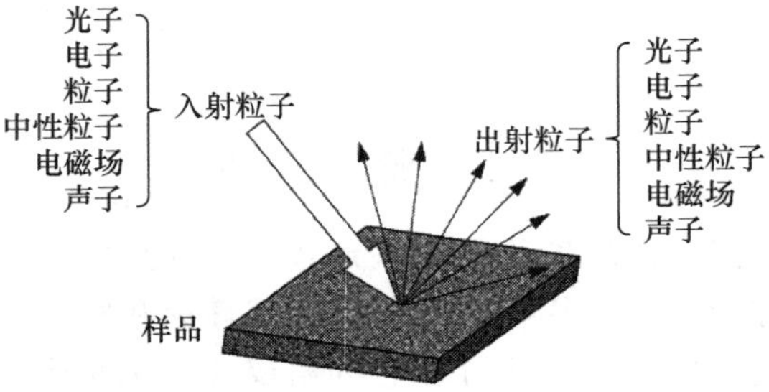

图 8.2 表面分析常用的技术手段

8.2 光电子能谱法的基本原理

在表面分析中，最为常见的是光致电离后所形成的光电子能谱，这是一种光子探针技术。它的基本原理是用激发光源(如X射线、紫外光)或具有一定能量的电子束去辐照样品，使原子或分子的内层电子或价电子受激而发射出来。这些被光子激发出来的电子称为光电子。通过测量光电子的能量，以光电子动能为横坐标、不同动能光电子的相对强度(脉冲数/s)为纵坐标作光电子能谱图，从而获得试样的有关信息。用X射线作激发源的称为X射线光电子能谱(X-ray photoelectron spectroscopy，XPS)，用紫外光作激发源的称为紫外光电子能谱(ultraviolet photoelectron spectroscopy，UPS)，用电子束作激发源可产生俄歇电子能谱(Auger electron spectroscopy，AES)。对于XPS，较高能量的光子可以使样品中原子的内层电子电离，此时留下来的激发态并不稳定，它在退激过程中可以产生X射线荧光辐射和俄歇电子发射，因此XPS测量也可得到俄歇电子的能量分布，即X射线诱导俄歇电子能谱(XAES)。其中X射线光电子能谱法对化学分析最有用，也被称为化学分析用电子能谱(electron spectroscopy for chemical analysis，ESCA)。1954年瑞典的Kai Siegbahn等人开始建立了X射线光电子能谱法，ESCA这个词也是由他们首创的，Kai Siegbahn因此于1981年获诺贝尔物理学奖。以上三种电子能谱的特点列于表8.1。

物质受到光的作用后，光子可以被分子或原子内的电子所吸收或散射。内层电子容易吸收X光量子，价层电子容易吸收紫外光量子，而真空中的自由电子对光子只能散射，不能吸收。具有一定能量的入射光子同样品中的原子相互作用时，单个光子把它的全部能量交给原子中某壳层上一个受束缚的电子，如果能量足以克服原子其余部分对此电子的束缚作用，电子便具有一定的动能发射出去，而原子本身变成一个激发态的离子。

$$A + h\nu \longrightarrow A^{+*} + e$$

式中：A为原子，$h\nu$为入射光子，A^{+*}为激发态离子，e为具有一定动能的电子。

此外，光电子离开原子时会使原子产生一个后退的反冲运动。而动量必须守恒，因此光电子还要有一部分能量传递给原子，这部分能量称为反冲动能。因此，当入射光的能量一定时，根据Einstein关系式，对于自由原子有如下关系

$$h\nu = E_b + E_k + E_r \tag{8.1}$$

表 8.1　三种电子能谱的特点

名　称	简　写	原　理	特　点
(真空)紫外光电子能谱	UPS (UV-PES)	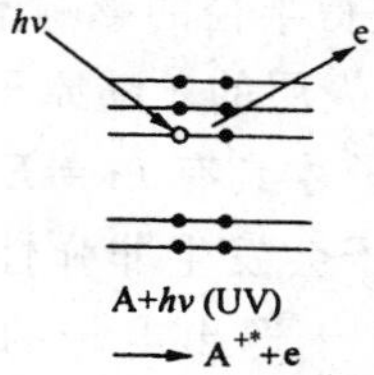	激发源：He Ⅰ(21.22 eV)，He Ⅱ(40.81 eV)；测定的是气体分子的价电子或固体的价带电子结合能，可得到离子的振动结构、自旋分裂、Jahn-Teller 分裂和多重分裂等方面的信息；分辨率达几毫电子伏($\Delta E=2\sim25$ meV)
X 射线光电子能谱	XPS (X-PES)	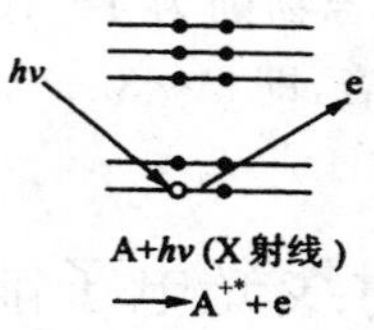	常用激发源：Mg Kα(1253.6 eV，线宽 0.7 eV)，Al Kα(1486.6 eV，线宽 0.8 eV)，单色 Al Kα(1486.7 eV，线宽 0.3 eV)，单色 Ag Lα(2984 eV，线宽 2.6 eV)，同步辐射光源；可测定气体、液体、固体物质的内层电子结合能及其相关的化学位移；使用单色 Al Kα 能量分辨率可达 0.45 eV(Ag $3d_{5/2}$ 半高峰宽)
俄歇电子能谱	AES (AS)	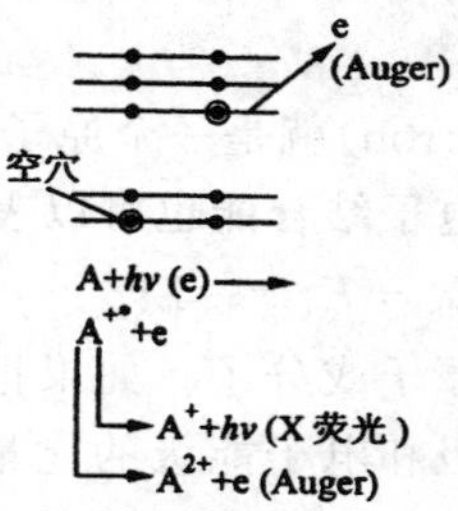	激发源：电子束，X 射线；$Z<19$ 的元素适于俄歇电子的研究(发射概率$>90\%$)，$Z>19$ 的重元素以发射 X 荧光为主；测定的是内层空穴非辐射跃迁发射的俄歇电子，分辨率 $\Delta E\approx0.2$ eV；俄歇电子的特点是与激发源能量无关，具有很强的指纹性，可用于元素和状态分析

式中：E_b 是原子能级中电子的电离能或结合能，其值等于把电子从所在的能级转移到固体的费米能级或自由原子(或分子)的真空能级时所需要的能量；E_k 是发射光电子的动能；E_r 是发射光电子的反冲动能。反冲动能与激发光源的能量和原子的质量有关

$$E_r\approx\frac{m_e}{m}h\nu \tag{8.2}$$

式中：m 和 m_e 分别代表反冲原子和光电子的质量。反冲动能一般很小，在计算电子结合能时可以忽略不计，所以

$$h\nu=E_b+E_k \tag{8.3}$$

或

$$E_b=h\nu-E_k \tag{8.4}$$

因此，当测得 E_k 后，按照 $h\nu-E_k$ 即可求得 E_b 的值。光电离作用要求一个确定的最小的光子能量，其称为临阈光子能量 $h\nu_0$。对气体样品，这个值就是分子电离能或第一电离能。研究固体样品时，通常还需进行功函数校准。一束高能量的光子，若它的 $h\nu$ 明显超过 $h\nu_0$，它具有激发不同 E_b 值的电子的能力。一个光子可能激发出一个束缚得很弱的光电子，并传递给它高动能；而另一个同样能量的光子，也许会激发出一个束缚得较强的，并具有较低动能的光电子。因此光电离作用，即使使用固定能量的激发源，也会产生多色的光致发射。单色激发的 X 射线光电子能谱可产生一系列的峰，每一个峰对应着一个原子能级(s，p，d，f 等)，这实际上反映了样品元素的壳层电子结构，如图 8.5 所示。

光电离作用的概率用光电离截面 σ 表示，即一定能量的光子在与原子作用时从某个能级激发出一个电子的概率。σ 愈大，激发光电子的可能性也愈大。σ 与电子壳层平均半径、量子

数、入射光子能量和受激原子的原子序数等因素有关①。一般说来，同一原子的 σ 反比于轨道半径的平方。所以对于轻原子，1 s 电子比 2 s 电子的激发概率要大 20 倍左右。对于重原子的内层电子，随着原子序数增大轨道收缩，使得半径的影响不太重要；主量子数 n 相同，σ 随角量子数 l 的增大而增大；对于不同元素，同一壳层的 σ 随原子序数的增加而增大。

只有处于表面的原子发射出的光电子才具有 $h\nu=E_b+E_k$ 的能量。光电子从产生处向固体表面逸出的过程中与定域束缚的电子会发生非弹性碰撞，其能量不断地按指数关系衰减，电子能谱法所能研究的信息深度取决于逸出电子的非弹性散射平均自由程，简称电子逃逸深度（或平均自由程），以 λ 表示。λ 随样品的性质而变，在金属中为 0.5～2 nm，氧化物中为 1.5～4 nm，对于有机和高分子化合物则为 4～10 nm。通常认为 X 射线光电子能谱的取样深度 d 约为电子平均自由程的 3 倍，即 $d\approx3\lambda$。因此光电子能谱法的取样深度很浅，是一种表面分析技术。

8.3 X 射线光电子能谱法

8.3.1 电子结合能

电子结合能(binding energy of electron)就是一个原子在光电离前后的能量差，即原子的始态(1)和终态(2)之间的能量差，所以电子结合能也可以表示为

$$E_b=E_{(2)}-E_{(1)}$$

对于气体样品，可近似地视为自由原子或分子。如果把真空能级（电子不受原子核吸引）选为参比能级，电子结合能就是真空能级和电子能级的能量之差。在实验中测得的是电子的动能，也就是 Einstein 关系式中的 E_k。如果入射光子的能量大于电子结合能，根据式(8.4)，就可求得结合能 E_b。由于 E_b 反映了样品的特性，因此光电子能谱也可用 E_b 作横坐标的标度。

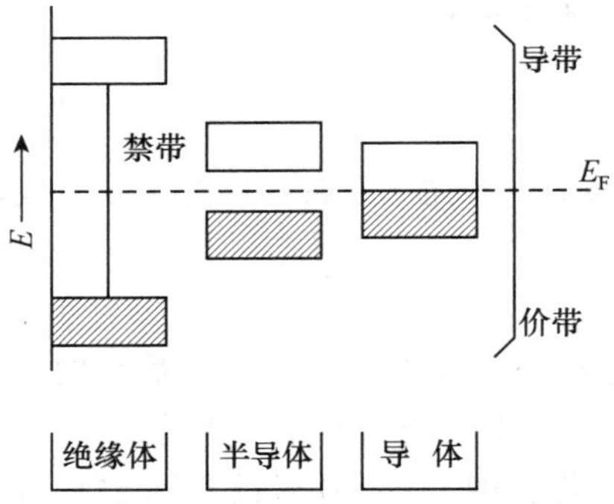

图 8.3 不同固体的带结构

对于固体样品，由于真空能级与表面状况有关，容易改变，所以选用 Fermi 能级（E_F，即相当于温度 0 K 时固体能带中充满电子的最高能级）为参比能级。如果样品是导体，则样品与分析器之间有良好的电接触，这样样品和谱仪的 Fermi 能级处在同一个能量水平上。但对非导体样品，Fermi 能级就不很明确，如图 8.3 所示，它的 Fermi 能级位于充满的价带和空的导带之间的带隙中。在实验中样品托与谱仪相连并一同接地，且两者都是导体，因此样品和谱仪的 Fermi 能级处在同一能量值。这时样品和谱仪之间就产生一个接触电位差，其值等于样品功函数 Φ_{sa} 与谱仪功函数 Φ_{sp} 之差，即

---

① $\sigma_{nl}(\varepsilon)=\frac{4}{3}\pi^2\alpha a_0^2N_{nl}(2l+1)^{-1}(\varepsilon-\varepsilon_{nl})[lR_{\varepsilon,l-1}^{2(E_k)}+(l+1)R_{\varepsilon,l+1}^{2(E_k)}]$

式中：$\alpha=e^2/hc$ 为精细常数，a_0 为波尔半径，ε_{nl} 为 nl 壳层中电子结合能，N_{nl} 为 nl 壳层中占有的电子数，$R_{\varepsilon,l\pm1}$ 是与束缚态和自由电子态径向波函数有关的波函数矩阵元。

$$U=\Phi_{sa}-\Phi_{sp}$$

所谓功函数，就是把一个电子从 Fermi 能级移到自由电子能级所需的能量。当两者达到动态平衡时，两种材料的化学势相同，Fermi 能级重合，该接触电位将加速电子运动，使自由电子的动能从 E_k'增加到 E_k。图 8.4 是光电子激发过程的能量关系示意图。

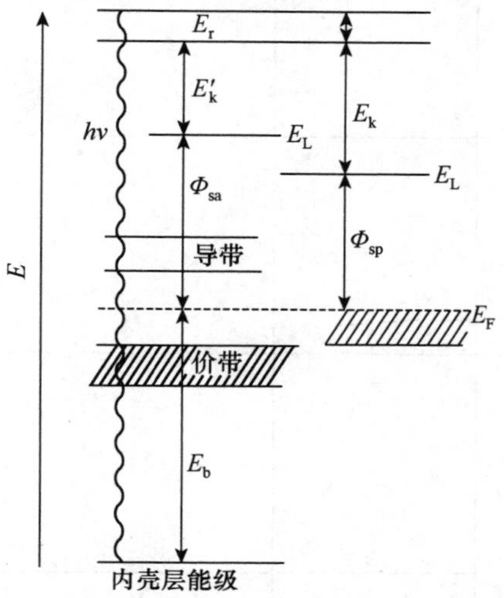

图 8.4　光电子激发过程的能量关系示意图

$h\nu$—激发光子能量　E_b—电子结合能　Φ_{sa}—样品的功函数　Φ_{sp}—谱仪材料的功函数

E_k'—样品发射电子的动能　E_k—谱仪测量的电子动能　E_r—反冲动能

E_L—自由电子能级　E_F—Fermi 能级

如略去反冲动能 E_r，从图 8.4 可以看出

$$E_b=h\nu-\Phi_{sa}-E_k' \tag{8.5}$$

因为

$$E_k'+\Phi_{sa}=E_k+\Phi_{sp} \tag{8.6}$$

代入式(8.5)，得

$$E_b=h\nu-E_k-\Phi_{sp} \tag{8.7}$$

式(8.7)是计算固体样品中原子内层电子结合能的基本公式，式中 Φ_{sp} 可以通过测定一已知结合能的导电样品所得到的谱图来确定。对同一台仪器来说，Φ_{sp} 基本上是一个常数，与样品无关，其平均值为 4～5 eV。而 $h\nu$ 是已知的，E_k 可由谱仪测得，那么样品的 E_b 就可确定。各种原子、分子轨道的电子结合能都有一定的值，据此可鉴别各种原子或分子的种类和化学状态，即进行定性分析。

表 8.2 列出了常用于元素及化学态鉴定的元素特征光电子峰和主要俄歇峰结合能的数值。

表 8.2　元素特征光电子峰和主要俄歇峰结合能(E_b/eV，使用 Al Kα 光源)

Z	X	1s K	$2p_{1/2}$ L_{II}	$2p_{3/2}$ L_{III}	$3d_{3/2}$ M_{IV}	$3d_{5/2}$ M_{V}	$4d_{3/2}$ N_{IV}	$4d_{5/2}$ N_{V}	$4f_{5/2}$ N_{VI}	$4f_{7/2}$ N_{VII}	KLL	LMM	MNN
3	Li	56											
4	Be	112									1384		
5	B	189									1310		

续表

Z	X	1s K	$2p_{1/2}$ L_{II}	$2p_{3/2}$ L_{III}	$3d_{3/2}$ M_{IV}	$3d_{5/2}$ M_{V}	$4d_{3/2}$ N_{IV}	$4d_{5/2}$ N_{V}	$4f_{5/2}$ N_{VI}	$4f_{7/2}$ N_{VII}	KLL	LMM	MNN
6	C	285									1223		
7	N	398									1107		
8	O	531									978		
9	F	685									832		
10	Ne	863									669		
11	Na	1072									493		
12	Mg	1303	50								301		
13	Al		74	73								1419	
14	Si		100	99								1394	
15	P		131	130								1367	
16	S		165	164								1336	
17	Cl		201	199								1304	
18	Ar		244	242								1272	
19	K		297	294								1239	
20	Ca		351	347								1197	
21	Sc		404	399								1149	
22	Ti		460	454								1068	
23	V		520	512								1014	
24	Cr		583	574								959	
25	Mn		650	639								900	
26	Fe		720	707								784	
27	Co		793	778								713	
28	Ni		870	853								641	
29	Cu		953	933								568	
30	Zn		1045	1022								495	
31	Ga		1144	1117	19							419	
32	Ge		1248	1217	30	29						342	
33	As		1359	1324	43	42						262	
34	Se				57	56						181	
35	Br				70	69							
36	Kr				88	87							
37	Rb				113	111							
38	Sr				136	134							
39	Y				158	156							
40	Zr				181	179							
41	Nb				205	202							1319
42	Mo				231	228							1299
43	Tc				257	253							1241
44	Ru				284	280							1212
45	Rh				312	307							1185

续表

Z	X	1s K	$2p_{1/2}$ L_{II}	$2p_{3/2}$ L_{III}	$3d_{3/2}$ M_{IV}	$3d_{5/2}$ M_{V}	$4d_{3/2}$ N_{IV}	$4d_{5/2}$ N_{V}	$4f_{5/2}$ N_{VI}	$4f_{7/2}$ N_{VII}	KLL	LMM	MNN
46	Pd				340	335							1159
47	Ag				374	368							1129
48	Cd				412	405							1103
49	In				452	444							1076
50	Sn				493	485							1049
51	Sb				537	528							1022
52	Te				583	573							995
53	I				630	619							971
54	Xe				683	670							942
55	Cs				740	726							918
56	Ba				796	781							886
57	La				853	836							854
58	Ce				902	884							
59	Pr				952	932							
60	Nd				1003	981							
61	Pm				1060	1034							
62	Sm				1108	1081							
63	Eu				1155	1126	128						
64	Gd				1218	1186	140						
65	Tb				1276	1241	146						
66	Dy				1333	1296	152						
67	Ho				1393	1352	159						
68	Er						167						
69	Tm						175						
70	Yb						182						
71	Lu						206	196	9	7			
72	Hf						222	211	16	14			
73	Ta						238	226	24	22			
74	W						256	243	33	31			
75	Re								42	40			
76	Os								54	51			
77	Ir								64	61			
78	Pt								74	71			
79	Au								88	84			
80	Hg								107	103			
81	Tl								122	118			
82	Pb								142	137			
83	Bi								162	157			
90	Th								342	333			
92	U								388	377			

8.3.2 X射线光电子能谱图

图 8.5 是以 Mg Kα 为激发源，Ag 片的 X 射线光电子能谱。通常采用被激发电子所在能级来标志光电子。例如，由 K 层激发出来的电子称为 1s 电子，由 L 层激发出来的分别记作 2s、$2p_{1/2}$、$2p_{3/2}$ 光电子，以此类推。Ag 原子的第一、第二壳层的电子结合能大于 Mg $K\alpha_{1,2}$ 的能量，故不能被激发，再外面壳层的电子能被激发电离，其谱峰分别记作 Ag 3s、Ag $3p_{1/2}$、Ag $3p_{3/2}$、Ag $3d_{3/2}$、Ag $3d_{5/2}$、Ag 4s、Ag $4p_{1/2}$、Ag $4p_{3/2}$、Ag 4d，Ag 的 4f 轨道无电子填充，所以无此光电子峰。Ag 的 5s 轨道已成导带。每一个元素的原子都有 1～2 个最强特征峰。在 Ag 谱中，由 Mg $K\alpha_{1,2}$ 激发的 Ag $3d_{3/2,5/2}$ 是最强的峰，其间距为 6 eV，而 Ag 3p 为特征峰 Ag 3d 的$\frac{1}{6}$左右。

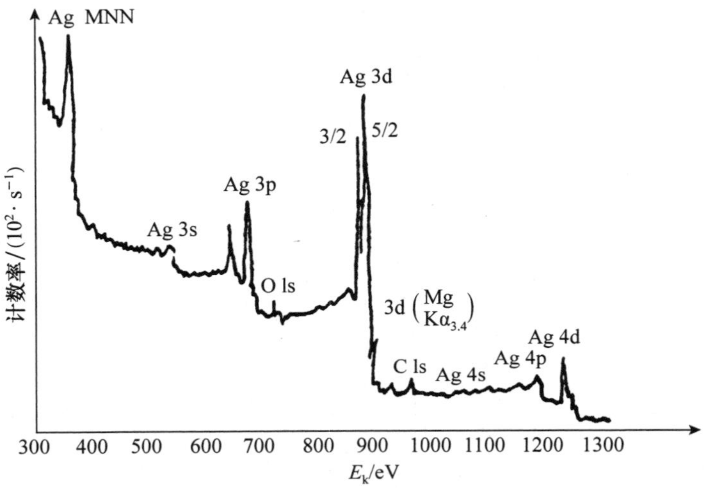

图 8.5 Ag 片的 X 射线光电子能谱(Mg Kα 激发源)

8.3.3 化学位移

多电子体系中因电子云分布不同，电子间、电子与核间相互作用不同引起电子结合能变化。原子中基态电子结合能排布顺序遵从 1s＞2s＞2p＞3s＞3p＞4s＞3d＞4p＞5s＞4d＞5p＞6s＞4f＞5d＞6p＞7s＞5f＞6d＞…。原子中的内层电子受核电荷的库仑引力和核外其他电子的屏蔽作用。任何外层价电子分布的变化都会影响对内层电子的屏蔽作用：当外层电子密度减少时，屏蔽作用减弱，内层电子的结合能增加；反之，结合能将减小。某些轨道电子云会进入距核较近的区域使屏蔽减小，还有电子间的互斥作用等都会在光电子能谱图上可以看到谱峰的位移，称为电子结合能位移 ΔE_b。由于原子处于不同的化学环境而引起的结合能位移称为化学位移。例如，Be、BeO 和 BeF_2 中 Be 的 1s 电子的结合能大小依次为：$E_b(BeF_2)$＞E_b(BeO)＞E_b(Be)，它们在 X 射线光电子能谱上的化学位移大小也有相同的顺序，简便的方法可以根据相邻(结合)原子电负性大小判断化学位移多少。

原子氧化态的变化可以引起价电子密度的变化，从而改变了对内层电子的屏蔽效应，导致内层电子结合能的改变。表 8.3 列出了几种元素不同氧化态的化学位移，可以清楚地看出化学位移随氧化态增加而增加。

表 8.3　几种元素不同氧化态的化学位移*

元素	氧化态									
	−2	−1	0	+1	+2	+3	+4	+5	+6	+7
N(1s)		0		+4.5 eV		+5.1 eV		+8.0 eV		
S(1s)	−2.0 eV		0				+4.5 eV		+5.8 eV	
Cl(2p)		0				+3.8 eV		+7.1 eV		+9.5 eV
Cu(1s)			0	+0.7 eV	+4.4 eV					
I(4s)		0						+5.3 eV		+6.5 eV
Eu(4s)					0	+9.6 eV				

* 表中数值为相对于 0 价态的位移值。

化学位移还与电负性有关。电负性是指分子内原子吸引电子的能力，是电离能和电子亲和能的综合体现。与电负性大的原子结合的原子，其电子结合能将向高结合能位移。例如，三氟乙酸乙酯中 C 1s 的 X 射线光电子能谱如图 8.6 所示，分子中 4 个 C 原子分别与不同的原子结合，因此在谱图中出现 4 个位移值不同的 C 1s 峰。依据元素电负性 F＞O＞C＞H，图中从左至右谱峰与结构式中 C 原子有逐一对应的关系。

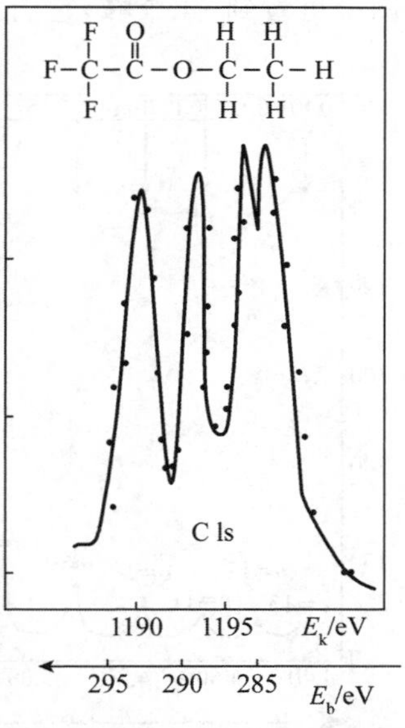

图 8.6　三氟乙酸乙酯 C 1s 的 X 射线光电子能谱

8.4　紫外光电子能谱法

紫外光电子能谱和 X 射线光电子能谱的原理基本相同，它采用能量为 10～40 eV 的真空紫外线作为激发源，通常使用稀有气体放电中产生的共振线，如 He Ⅰ(58.4 nm，21.2 eV)和 He Ⅱ(30.4 nm，40.8 eV)。紫外线的单色性比 X 射线好，因此紫外光电子能谱的分辨率比 X 射线光电子能谱要高。由于光源能使物质的价电子激发，因此该法主要用于分析样品的外壳层轨道结构、能带结构、空态分布和表面态情况等。

8.4.1　电离能的测定

价电子的结合能习惯上称为电离能。由于紫外线的能量比 X 射线低，只能激发样品的原子或分子的价电子，因此，它所测定的是电离能。当能量为 $h\nu$ 的光子作用于气体样品的原子或分子时，可将第 n 个分子轨道中的某个电离能为 E_I 的价电子激发出来，使其成为有动能 E_k 的电子。这个分子离子可以处于振动、转动或其他激发状态。因此，入射紫外光的能量($h\nu$)将用于以下几个方面：

(i) 电子的电离能 E_I；

(ii) 电子的动能 E_k；

(iii) 分子离子的振动能 E_v 和转动能 E_r。

它们之间的关系为

$$h\nu = E_k + E_v + E_r + E_I \tag{8.8}$$

式中：E_v 为 0.05～0.5 eV，E_r 更小，显然，E_v、E_r 比 E_I 小得多。因此由式(8.8)得

$$E_k = h\nu - E_I \tag{8.9}$$

被激发电子的电离能 E_I 愈大，则测出的电子动能 E_k 愈小。

8.4.2 分子振动精细结构的测定

目前在各种电子能谱法中，只有紫外光电子能谱才是研究振动结构的有效手段。

紫外线的自然宽度比 X 射线窄得多。He Ⅰ 的线宽为 0.003 eV，He Ⅱ 为 0.017 eV；而 Mg Kα 的线宽为 0.68 eV，Al Kα 为 0.83 eV。一般分子振动能级的间隔约为 0.1 eV，转动能级间隔约为 0.001 eV。在 X 射线光电子能谱中即使使用单色 X 射线，在价电子的情况下线宽通常要超过 0.5 eV(而紫外光电子能谱的最高分辨率已达 5 meV 左右)，所以 X 射线光电子能谱通常不能分辨振动的精细结构。图 8.7 是用 He Ⅰ 共振线激发氢分子离子的紫外光电子能谱，从图中可看到 14 个峰，它们对应于氢分子离子的各个振动能级。

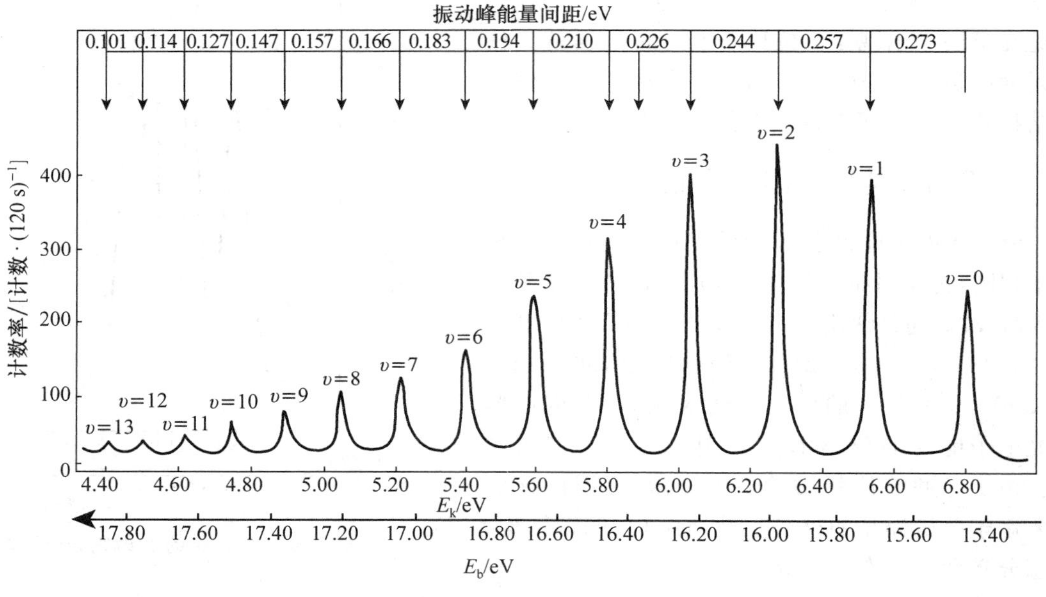

图 8.7 He Ⅰ 共振线激发氢分子离子的紫外光电子能谱

图 8.8 是假设的高分辨紫外光电子能谱，从该谱可以分辨振动结构。图中第一谱带 I_1 是分子中与第一电离能相关的能级上的电子被逐出后产生的，第二谱带 I_2 则是与第二电离能相关的能级上的电子被逐出后产生的。第一谱带中又包括几个峰，这些峰对应于振动基态的分子到不同振动能级的离子的跃迁。其中，第一个峰代表由分子振动基态跃迁到分子离子振动基态，或代表绝热电离能 E_{I_A}。最强的峰代表垂直电离能 E_{I_V}。谱带中每一个峰的面积代表产生每种振动态离子的概率，谱带宽度表示从分子变成离子经过的几何构型变更。根据各个振动能级峰之间的能量差 ΔE，从非谐振子模型公式可计算分子离子的振动频率 ν，分子对应

的振动频率 ν_0 可以从红外光谱测得，把 ν 和 ν_0 加以比较，可以反映出发射光电子的分子轨道的键合性质。如果是成键电子被发射出来，则 $\nu<\nu_0$；若发射的是反键电子，则 $\nu>\nu_0$。图 8.8 中第二谱带（I_2）只有一个振动峰，这反映了电离作用产生的几何形状变化很小。这种谱带可以预期为非键电子的发射。

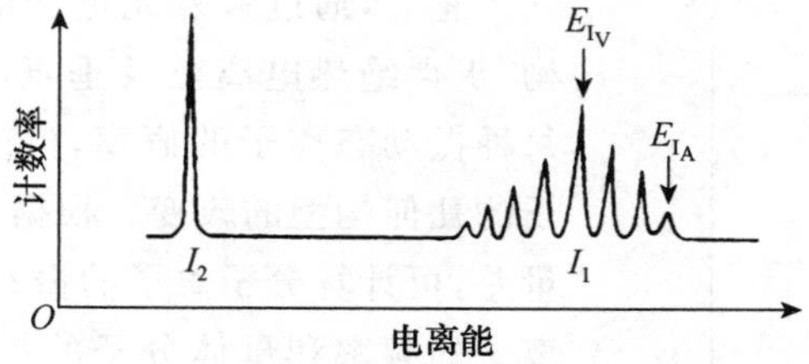

图 8.8　高分辨紫外光电子能谱示意图

谱带的形状往往反映了分子轨道的键合性质。谱图中大致有 6 种典型的谱带形状，如图 8.9(a)～(f)所示。

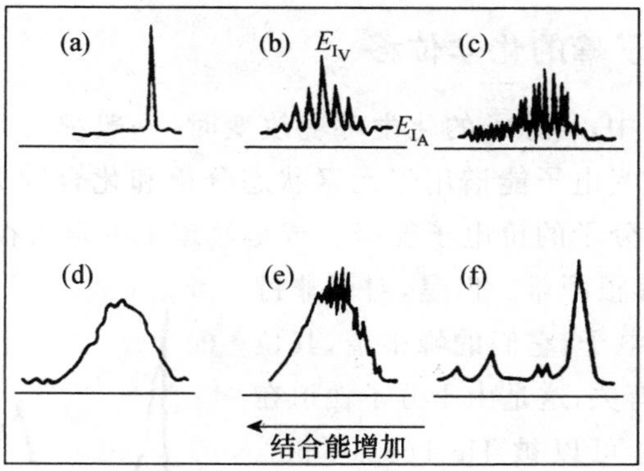

图 8.9　紫外光电子能谱中典型的谱带形状

(a) 非键或弱键轨道　(b),(c) 成键或反键轨道　(d) 非常强的成键或反键轨道　(e) 振动谱叠加在离子的连续谱上　(f) 组合谱带

(a)图：如果光电子是从非键或弱键轨道上发射出来的，分子离子的核间距与中性分子的几乎相同，绝热电离能和垂直电离能一致，这时谱图上出现一个尖锐的对称峰。

(b)和(c)图：如果光电子从成键或反键轨道发射出来，分子离子的核间距比母体分子的较大或较小，绝热电离能和垂直电离能不一致，垂直电离能具有最大的跃迁概率，因此谱带中相应的峰最强，其他的峰较弱。谱带中各振动峰所表示的电离能之间的差值，反映了分子离子中各振动能级的能级差。谱带中电离能最小的峰对应于由分子振动基态跃迁到分子离子振动基态所需的能量，即绝热电离能。而谱带中强度最大的那个峰对应于 Frank-Condon 跃迁，它所对应的能量为垂直电离能。

(d)图：从非常强的成键或反键轨道发生的电离作用往往呈现缺乏精细结构的宽谱带。其原因可能是振动峰的能量间距过小、谱仪的分辨率不够，以及由其他使振动峰加宽的因素所造成。

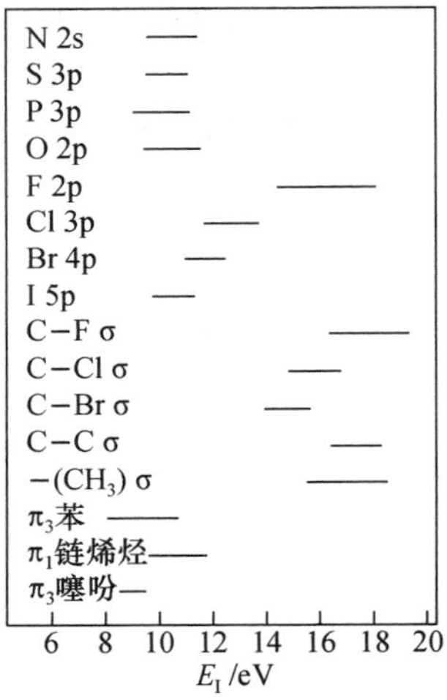

图 8.10 某些典型的轨道的电离能范围

(e)图：有时振动精细结构叠加在离子离解的连续谱上，就形成了谱带(e)的形状。

(f)图：如果分子被电离以后，离子的振动类型不止一种，谱带呈现一种复杂的组合带。

总之，通过紫外光电子能谱可分析振动的精细结构，求得绝热电离能及垂直电离能。峰面积代表产生每种振动态离子的概率，谱带形状表示从分子变成离子的几何构型的改变。根据各振动能级的峰之间的能量差，可计算分子离子的振动频率。此外，还可把分子离子的频率和母体分子的频率相比较，来探知被电离的是反键电子、成键电子还是非键电子，由此推得分子轨道的成键特性。图 8.10 是某些轨道的电离能范围。这种图可以帮助我们预测较复杂的分子轨道电离能和解释谱图中的峰所对应的轨道性质。

8.4.3 非键或弱键电子峰的化学位移

在 X 射线光电子能谱中，当原子的化学环境改变时，一般都可观察到内层电子峰的化学位移。这种位移是 X 射线光电子能谱用于元素状态分析和化合物分析的主要依据。紫外光电子能谱主要涉及原子和分子的价电子能级。成键轨道上的电子往往属于整个分子，谱峰很宽，在实验中测量化学位移很困难。但是，对于非键或弱键轨道中电离出来的电子，它们的峰很窄，其位置常常与元素的化学环境有关，这是由于分子轨道在该元素周围被局部定域。可以被 He Ⅰ(58.4 nm，21.22 eV)光子电离的非键或弱键轨道包括：卤素取代化合物中卤素的 2p，3p，4p 和 5p 轨道；氧未共用电子对；某些类型的 p 轨道及氮未共用电子对等。这些电子产生化学位移的机理与内层电子有些类似。例如，乙硫醇及 1,2-乙二硫醇的紫外光电子能谱如图 8.11 所示。乙硫醇的第一峰是硫的非键合 3p 轨道电离所成；而 1,2-乙二硫醇在同一位置上却出现了两个峰，代表了两个硫 3p 轨道的相互作用。根据这种相互作用，并根据硫和烷基的谱带的相对面积，不难区别这两种硫醇。

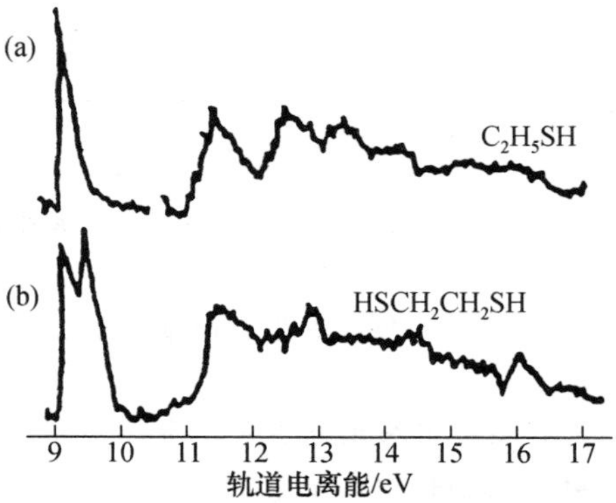

图 8.11 乙硫醇(a)及 1,2-乙二硫醇(b)的紫外光电子能谱

8.5 Auger 电子能谱法

Auger 电子能谱法是用具有一定能量的电子束(或 X 射线)激发样品，记录二次电子能量分布，从中得到 Auger 电子信号。这是一种电子探针技术。

8.5.1　Auger 过程

当用 X 射线或电子束激发出原子内层电子后，在内层产生一个空穴，同时，离子处于激发态。激发态离子由于趋向稳定，自发地通过弛豫而达到较低的能级。它有两种互相竞争的去激发过程

$$M^{+*} \longrightarrow M^{+} + h\nu \quad \text{(发射 X 射线荧光)}$$

$$M^{+*} \longrightarrow M^{2+} + e \quad \text{(发射 Auger 电子)}$$

第一种过程产生 X 射线荧光，原子的终态呈单电离状态；第二种过程即 Auger 过程。当形成激发态的离子后，外层电子向空穴跃迁并释放出能量，这种能量又使同一层或更高层的另一电子电离，被电离的电子便是 Auger 电子，最后原子呈双电离态。图 8.12 表示原子 L 层的电子递降到 K 层的空穴，并释放出另一个 L 层的电子，即 Auger 电子的过程。由于 Auger 电子的产生涉及始态和终态两个空穴，故 Auger 电子峰可用 3 个电子轨道符号表示。例如，图 8.12 的 Auger 电子可标记为 KLL。当然还有其他 Auger 电子，如 LMM 等。Auger 过程是无辐射跃迁，它受电离壳层中的空穴及其周围电子云相互作用的静电效应控制，没有严格的选择定则。另外，Auger 电子的发射通常有 3 个能级参与，至少涉及 2 个能级。因此，对于只有 K 层电子的氢原子和氦原子不能产生 Auger 电子。

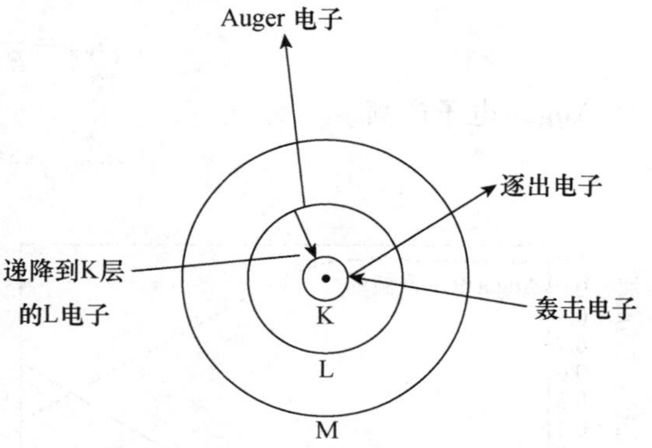

图 8.12　Auger 电子的过程

8.5.2　Auger 电子的能量

Auger 电子的动能只与电子在物质中所处的能级（有关轨道的电子结合能）及仪器的功函数 Φ 有关，与激发源的能量无关。因此要在 X 光电子能谱中识别 Auger 电子峰，可变换 X 射线源的能量。X 射线光电子峰会发生移动，而 Auger 电子峰的位置不发生变化，以此加以区别。

现在考虑原子序数为 Z 的 $KL_{\mathrm{I}}L_{\mathrm{II}}$ Auger 电子的能量。电子从 L_{I} 跃迁到 K 空穴时，放出的能量为 $E_K(Z)-E_{L_{\mathrm{I}}}(Z)$；但是 Auger 电子必须消耗 $E'_{L_{\mathrm{I}}}(Z)-\Phi$ 的能量才能从 L_{I} 轨道电离，其中 Φ 为功函数。由于射出 Auger 电子后，原子呈双电离态，$E'_{L_{\mathrm{I}}}(Z)$ 是指双重电离原子的 L_{II} 电子的电离能，它与单电离态原子的 L_{II} 电子的电离能是有区别的。当 L_{I} 电子不存在时，L_{II} 电子的结合能要增加，它较接近于没有空穴的 $Z+1$ 原子的 L_{II} 电子的结合能。因此 $E'_{L_{\mathrm{I}}}(Z)$ 可写为 $E_{L_{\mathrm{I}}}(Z+\Delta)$，$\Delta$ 为有效核电荷的补偿数，Δ 一般在 1/2～1/3。可以用下式表示 $KL_{\mathrm{I}}L_{\mathrm{II}}(Z)$ Auger 电子的能量

$$E_{KL_{\mathrm{I}}L_{\mathrm{II}}}(Z)=E_K(Z)-E_{L_{\mathrm{I}}}(Z)-E_{L_{\mathrm{II}}}(Z+\Delta)-\Phi \tag{8.10}$$

Auger 电子能量的通式可写成

$$E_{wxy}(Z)=E_w(Z)-E_x(Z)-E_y(Z+\Delta)-\Phi \quad (Z\geqslant 3) \tag{8.11}$$

式中：$E_w(Z)-E_x(Z)$ 是 x 轨道电子填充 w 轨道空穴时释放的能量，$E_y(Z+\Delta)$ 是 y 轨道电子电离时所需的能量。

可根据 Z 和 $Z+1$ 原子的 y 轨道电子单重电离能(由X射线光电子能量表查得)估算出 $E_{wxy}(Z)$。测出Auger电子能量,对照Auger电子能量表,就可确定样品表面的成分。对这种计算方法进行量子力学校正后,其与实验结果还是非常符合的,相对误差≤1%。

8.5.3 Auger电子产额

Auger电子与X射线荧光发射是两个互相关联和竞争的过程。对K型跃迁,设发射X射线荧光的概率为 P_{KX},发射K系Auger电子的概率为 P_{KA},则K层X射线荧光产额 ω_{KX} 为

$$\omega_{KX}=\frac{P_{KX}}{P_{KX}+P_{KA}} \tag{8.12}$$

K系Auger电子产额 ω_{KA} 为

$$\omega_{KA}=1-\omega_{KX} \tag{8.13}$$

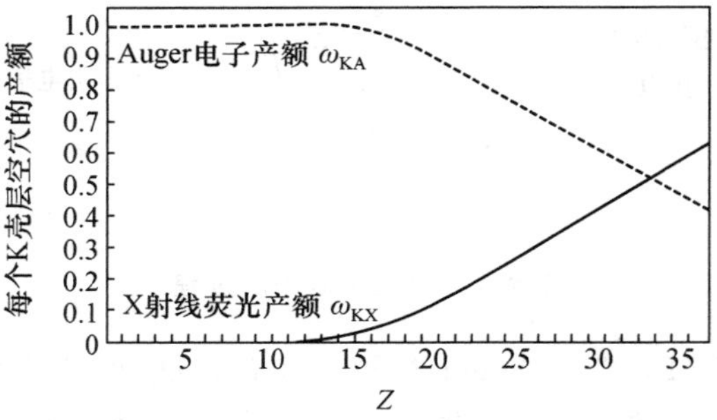

图 8.13 Auger电子产额与原子序数的关系

由于 ω_{KX} 与原子序数有关,所以X射线荧光产额和Auger电子产额均随原子序数而变化,如图8.13所示。由图可见,原子序数在11以下的轻元素发射Auger电子的概率在90%以上。随着原子序数的增加,X射线荧光产额增加,而Auger电子产额下降。因此Auger电子能谱法更适用于轻元素($3\leqslant Z\leqslant 32$)的分析。

对于原子序数为3～14的元素,最强的Auger峰是由KLL跃迁形成的;而对于原子序数为14～40的元素,则是LMM跃迁形成的。

8.5.4 Auger电子能谱

Auger电子的能量与激发源的能量无关,只与在物质中所处状态的能级有关。当用一束能量足够大的电子激发样品时,在原子的库仑电场的作用下,入射电子将发生弹性散射和非弹性散射,可以产生多种电子信息。Auger电子峰叠加在二次电子谱和散射电子谱上。把各种信息的电子按其能量分布绘制成电子能谱曲线,如图8.14所示。

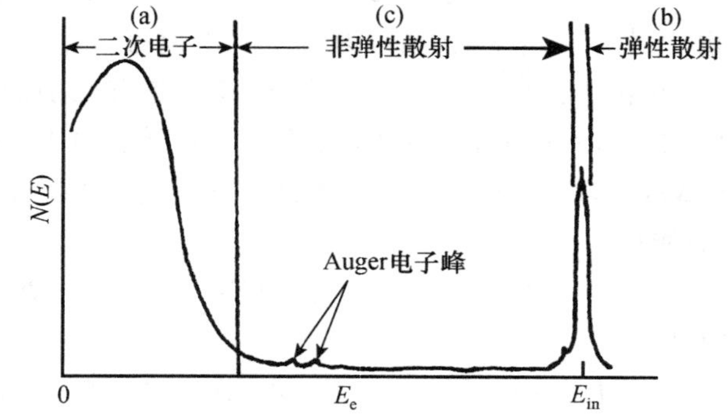

图 8.14 入射电子与原子碰撞后各种电子信息的能量分布

在谱图上可分为 3 个区域：

(i) 在能量靠近 0 处有一个半宽约为 10 eV 的强电子峰，这是入射电子从样品中激发电子，这些电子又激发别的电子，即入射电子和原子经过弹性碰撞产生的大量的二次电子，平均能量较低。

(ii) 在能量等于入射电子的能量 E_{in} 处有一个强的峰，该峰是由入射电子与原子发生弹性碰撞所引起的。由于它的能量与入射电子的能量近似相等，一般可作为校准能量的参考。

(iii) 在弹性散射和二次电子峰之间没有强峰。但用高分辨、高灵敏的仪器观察时，可看到许多小峰：这些小峰中一类是 Auger 电子峰，它与入射电子的能量无关，且具有明确的能量；另一类是各种不连续的能量损失峰，它们与入射电子的能量有关。

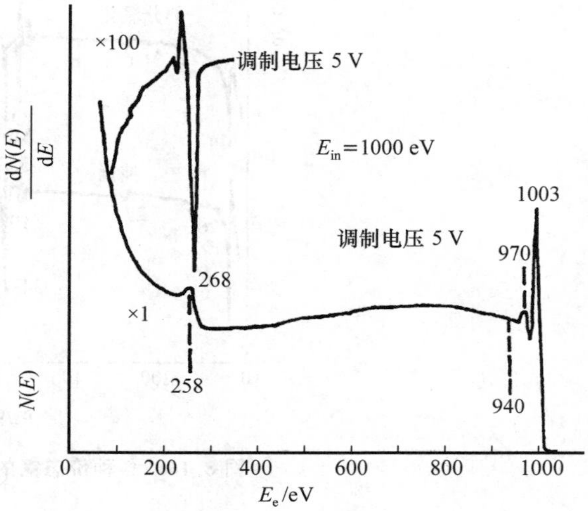

图 8.15　碳原子的 Auger 电子能谱

用电子能量微分法可以从大量背景中分辨出弱而宽的 Auger 电子峰。图 8.15 是碳原子的 Auger 电子能谱，下面一条曲线是各种电子信息的 $N(E)$-E 图，在 258 eV 处可看到碳的 Auger 电子小峰。上面一条曲线是各处能量的电子微分曲线，在此曲线上 Auger 电子峰十分尖锐，易于识别。通常把 $dN(E)/dE$ 峰的最大负振幅处作为 Auger 峰的能量。但要指出的是，它和真正的 Auger 能量有差别，如图 8.15 中的 268 eV 和 258 eV 两个值。

Auger 电子能谱除了对固体表面的元素种类具有标识外，它还能反映三类化学效应：电荷转移、价电子谱及等离子激发，即原子化学环境的改变会引起谱结构的变化。

1. 电荷转移

原子发生电荷转移(如价态变化)引起内壳层能级移动，Auger 电子峰显示化学位移。实验中测得的 Auger 位移可以从小于 1 eV 到大于 20 eV。可以根据化学位移来鉴别不同化学环境的同种原子。

2. 价电子谱

价电子谱直接反映了价电子的变化。与化学位移不同的是，价电子谱的变化不但有能量的位移，而且新的化学键(或带结构)形成时电子重排造成了谱图形状的改变。

图 8.16 是纯锰、部分氧化的锰和严重氧化的锰的 Auger 电子能谱。从图可以看出，发生氧化作用以后锰的 Auger 峰不仅产生几个电子伏的能量位移，还在 40 eV 处由 1 个峰分裂成 2 个峰。

3. 等离子激发

不同的化学环境造成不同的等离子激发，从而损失能量，会造成一群附加等离子伴峰。例如，在纯镁的谱中低能量端出现一群小峰，而氧化镁谱中却没有观察到这类结构。

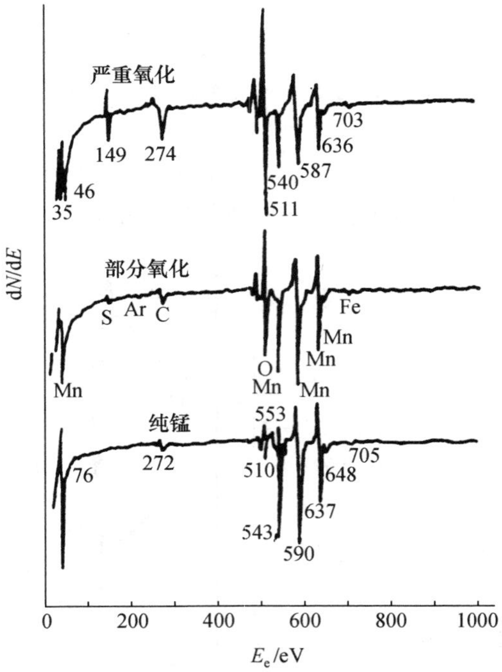

图 8.16　各种价态锰的 Auger 电子能谱

Auger 电子能谱是一种表面分析方法。它的信息深度取决于 Auger 电子的逸出深度。逸出深度等于电子平均自由程。对于能量在 50～2000 eV 的 Auger 电子，平均自由程是 0.4～2 nm。逸出深度与 Auger 电子能量以及样品材料有关。

8.6　电子能谱仪

X 射线光电子能谱仪、紫外光电子能谱仪和 Auger 电子能谱仪都是测量低能电子的。它们均由激发源、样品传输系统、电子光学透镜、电子能量分析器和检测器构成，它们都处于超高真空系统(UHV)内，此外还包括电子控制系统和数据采集处理系统等。但三者的激发源是不同的。将这些不同的激发源组装在一起，可以使用同一个真空系统、电子能量分析器、信号检测放大系统等，可使一台谱仪具有多种功能。这类仪器通常使用的电子能量分析器包括筒镜分析器(CMA)和半球形分析器(HSA)两种。图 8.17 所示的电子能谱仪简图是 X 射线光电子能谱仪的主机主要组成，其中荷电中和系统可以很好地解决非导电样品的荷电效应，使用离子刻蚀枪可进行样品表面清洁或深度剖析。

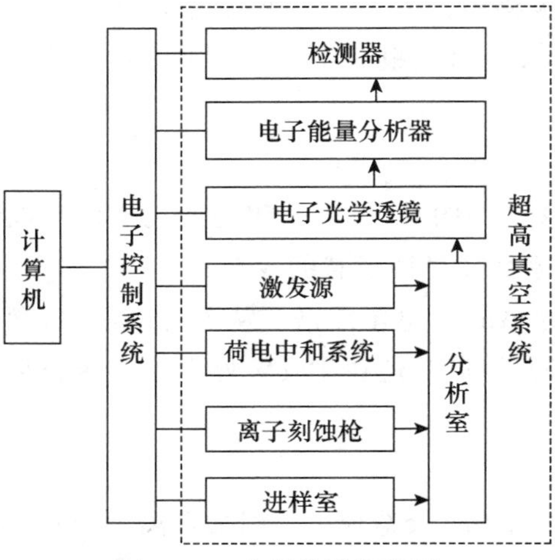

图 8.17　电子能谱仪简图

下面就其主要部件作一些简要介绍。

8.6.1 激发源

光电子能谱测量中气体放电、特征 X 射线和高强度同步辐射光都可以作为激发光源。在研究结合能为几百到几千电子伏的内层电子时常用 X 射线光源，常使用高能电子轰击不同靶材而获得足以激发原子(除 H 和 He 以外)内层电子的 X 射线，其有较高强度和较窄线宽以提高检测灵敏度和分辨率，靶材要可以耐受高能电子的轰击、导热性良好且易于加工。例如常用的 Al 靶和 Mg 靶的 Kα 线，线宽<1 eV；激发原子价层和固体价带(电离能为 5～30 eV)的紫外光源，如 He 的共振线和 Kr 的共振线，线宽可达毫电子伏；Auger 电子能谱则用强度较大(5～10 keV)的、多能量的电子枪源。表 8.4 和表 8.5 分别列举了 X 射线光电子能谱和紫外光电子能谱的光源。入射的 X 射线可以通过合适的晶体衍射聚焦或滤波，使之基本上成为单色(能量宽度<0.3 eV)的靶线，以提高分辨率。

表 8.4　X 射线光电子能谱常用光源的能量

X 射线光源	E/eV	线宽/eV	衍射晶体
Mg $K\alpha_{1,2}$	1253.6	～0.70	
Al $K\alpha_{1,2}$	1486.6	～0.85	
单色化 Al Kα	1486.7	～0.26	石英
单色化 Ag Lα	2984.3	—	石英
单色化 Cr Kα	5414.8	—	锗
单色化 Cr Kβ	5946.7	—	石英
同步辐射	$1\sim10^5$	～0.2/8 keV	

表 8.5　紫外光电子能谱所用光源的能量

真空紫外线光源	E/eV	真空紫外线光源	E/eV
He(Ⅰ)	21.22	Ar(Ⅰ)	11.62,11.83
He(Ⅱ)	40.81	Ar(Ⅱ)	13.30
Ne(Ⅰ)	16.65,16.83	Kr(Ⅰ)	10.02,10.63
Ne(Ⅱ)	26.81	Xe(Ⅰ)	9.55,8.42

同步辐射光是光电子能谱仪的另一种激发光源。它是高速运动的电子受磁场力作用，在真空储存环中沿着圆形轨道做向心加速运动时，在切线方向上所发射的电磁波。它首先是在电子加速器运行过程中发现的，因此称为同步辐射。这种光源可以解决常规光源所无法解决的问题。它的主要特点是能量范围宽，并且连续可调，从而填补了真空紫外线到硬 X 射线之间的能量空白，具有良好的偏振性，光子通量大，光束准直性好，但由于仪器复杂，价格昂贵，一般只用于上述激发光源所不能胜任的工作中。

8.6.2 电子能量分析器

电子能量分析器是测量电子能量分布的一种装置，其作用是探测样品发射出来的不同能量电子的相对强度。现在的商品仪器绝大多数都采用静电场式电子能量分析器。它的优点是体积小，外磁场屏蔽简单，易于安装和调试。分析器都必须在低于 1.33×10^{-3} Pa 的超高真空条件下工作，以降低电子同分析器中残存气体分子碰撞的概率。此外，整个分析器都必须用磁导率高的金属材料屏蔽，因为低能电子易受杂散磁场的影响而偏离原来的轨道。对于静电色散型谱仪，杂散磁场（包括地磁场）的磁感应强度要求小于 1×10^{-8} T。

常用的静电场式电子能量分析器有半球形电子能量分析器和筒镜电子能量分析器两种。它们都是基于静电偏转原理，使具有一定动能的电子经过分析器后被电子倍增器检测。

1. 半球形电子能量分析器

半球形电子能量分析器是由两个同心半球面组成，如图 8.18 所示。外球面加负电位，内球面加正电位。同心球面空隙中的电场，使进入分析器的电子按其能量大小“色散”开，而将能量为某一定值的电子聚焦到出口狭缝。改变分析器内、外两球面的电位差，就能使不同能量的电子依次通过分析器。记录每一种动能的电子数，并与其对应的电子能量作图，就得到电子能谱图。

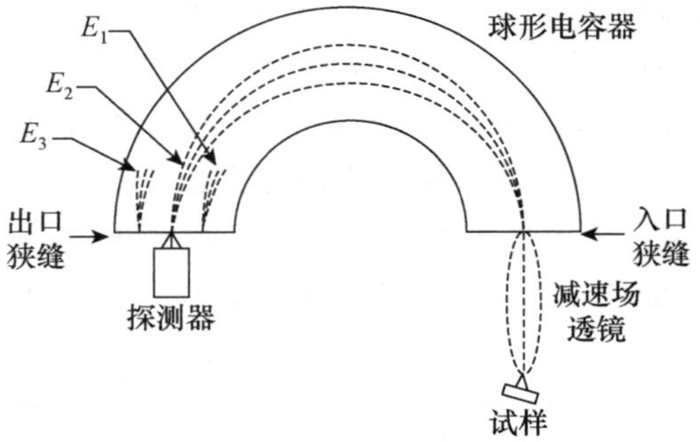

图 8.18 半球形电子能量分析器示意图

光电子动能 $E_3>E_2>E_1$

2. 筒镜电子能量分析器

筒镜电子能量分析器由两个同轴圆筒组成。样品和探测器沿着两个圆筒的公共轴线放置，空心内筒的圆周上开有入口和出口狭缝，其几何形状如图 8.19 所示。外筒加负电压，内筒接地，内外筒之间有一个轴对称的静电场。能够通过分析器的电子的能量由下式决定

$$E_k=\frac{eU}{2\ln(r_2/r_1)} \tag{8.14}$$

式中：E_k 为通过分析器的电子动能，e 为电子电荷，U 为加在内外筒之间的电压，r_1 为内筒半径，r_2 为外筒半径。分析器的接收角比较大，因此灵敏度比较高，大多数的 Auger 电子谱仪都使用筒镜电子能量分析器。为了弥补分析器分辨率较低的不足，目前的商品仪器都采用二级串联筒镜电子能量分析器。

筒镜电子能量分析器分辨率的定义为：$(\Delta E/E_k)\times100\%$，表示分析器能够区分两种相近能量的电子的能力。

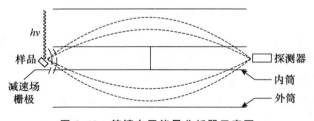

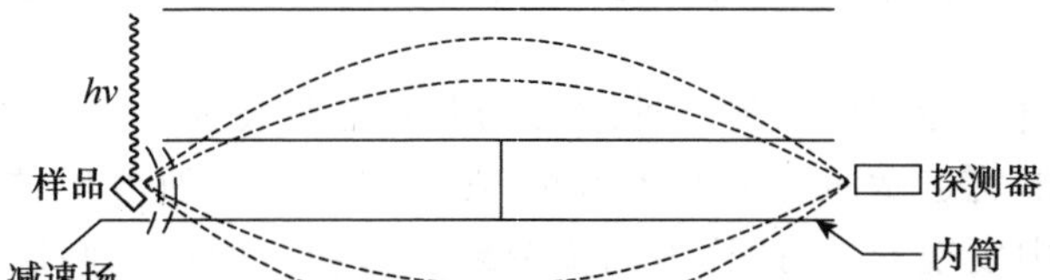

图 8.19 筒镜电子能量分析器示意图

8.6.3 检测器

原子和分子的光电离截面都不大，在 X 射线光电子能谱分析中所能测到的光电子流仅为 $10^{-13}\sim10^{-19}$ A。要接收这样弱的信号必须采用单（多）通道电子倍增器或微通道板延迟线检测器。

1. 单通道电子倍增器

单通道电子倍增器有管式和平行板式两种，前者由高铅玻璃或钛酸钡系陶瓷制成，后者由基片（玻璃）、半导体层（如 Si）和二次发射层（如 Al_2O_3）等三层组成。其原理是：当具有一定动能的电子打到内壁表面（二次电子发射层）后，每个入射电子打出若干个二次电子；这些二次电子沿内壁电场加速，又打到对面的内壁上，产生更多的二次电子；如此反复倍增，最后在倍增器的末端形成一个脉冲信号输出，如图 8.20 所示。这种倍增器的放大倍数可达 10^8。

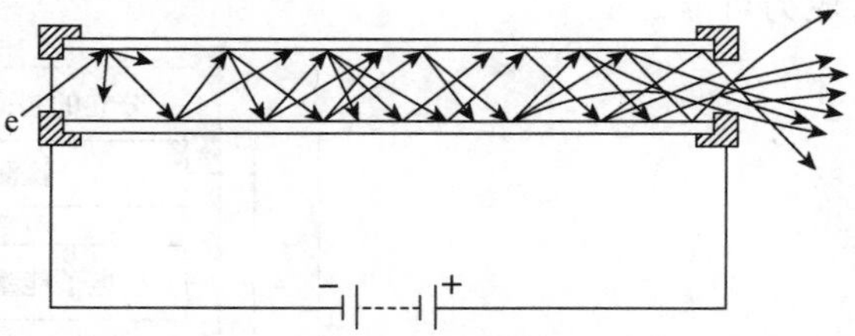

图 8.20　单通道电子倍增器工作示意图

2. 多通道电子倍增器

将多个单通道电子倍增器组合在一起制成大面积的多通道电子倍增器，以提高仪器的灵敏度。

3. 微通道板延迟线检测器

在大面积微通道板后面排布 128 条或 256 条检测线的延迟线检测器（delay line detector，图 8.21）可以提高能量分辨和灵敏度，还可以同时获得光电子能量和位置信息，快速采集能谱和二维空间分布的 X 射线光电子能谱图像。

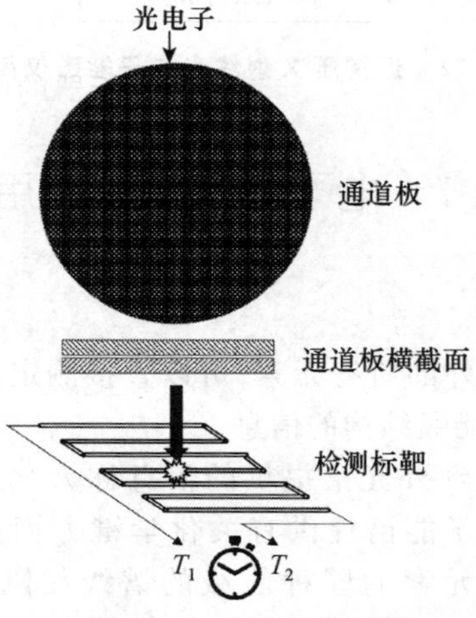

图 8.21　延迟线检测器

8.6.4　真空系统

电子能谱仪的光源、样品室、分析器和检测器都必须在高真空条件下工作。这是为了减少电子在运动过程中同残留气体分子发生碰撞而损失信号强度。另一方面，残留气体会吸附到样品表面上，有的还会与样品起化学反应，这将影响电子从样品表面上发射并产生外来干扰谱线。通常分析工作要求的真空度为 1.33×10^{-6} Pa。

8.6.5　近常压 X 射线光电子能谱仪

近常压 X 射线光电子能谱仪（near ambient pressure X-ray photoelectron spectrometer，NAP-XPS）是近几年兴起的高端科研、分析型 X 射线光电子能谱仪。它突破了传统的 X 射线光谱仪只能在高真空或超高真空下测量的限制，通过特殊设计的光源、电子透镜及分析器，采用各自独立的差分抽气真空系统(图8.22)，可以在近常压(<2.5 kPa)的环境条件下进行样品的光电子能谱测量，从而使固-气、液-气界面的化学成分、氧化态以及电子结构的实时原位分析成为可能。

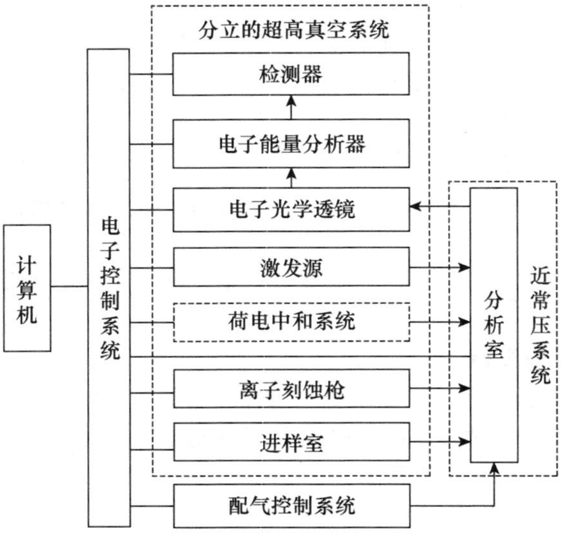

图8.22　近常压X射线光电子能谱仪简图

8.7　电子能谱法的应用

8.7.1　电子能谱法的特点

(i) 可以分析除H和He以外的所有元素；可以直接测定来自样品单个能级光电发射电子的能量分布，且直接得到电子能级结构的信息。

(ii) 从能量范围看，如果把红外光谱提供的信息称为“分子指纹”，那么电子能谱提供的信息可称作“原子指纹”。电子能谱提供有关化学键方面的信息，即直接测量价层电子及内层电子轨道能级。而相邻元素的同种能级的谱线相隔较远，相互干扰少，元素定性的标识性强。

(iii) 除了一些对激发源辐照较为敏感的材料外，可以认为它是一种无损分析。

(iv) 是一种高灵敏超微量表面分析技术。分析所需试样约 10^{-8} g即可，绝对灵敏度高达 10^{-18} g，样品分析深度为2～10 nm。

8.7.2　X射线光电子能谱法的应用

1. 元素定性分析

各种元素都有它的特征的电子结合能，因此在能谱图中就出现特征谱线，可以根据这些谱线在能谱图中的位置来鉴定周期表中除H和He以外的所有元素。通过对样品进行全扫描，在一次测定中就可检出全部或大部分元素。图8.23是用Mg Kα线照射的月球土壤的X射线光电子能谱，土壤的主要成分可以清晰鉴别。

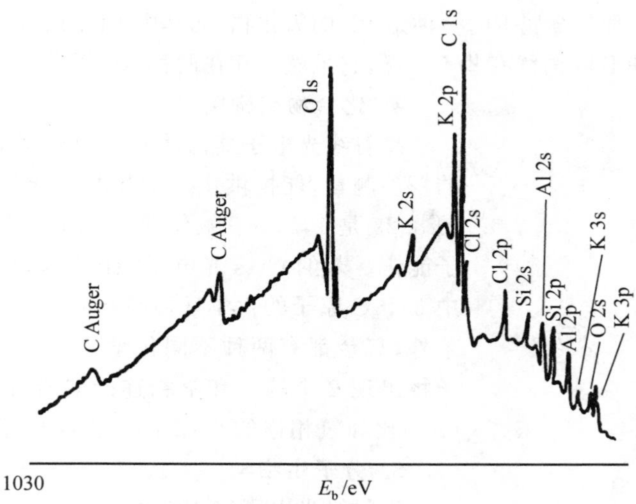

图 8.23　月球土壤的 X 射线光电子能谱

2. 元素定量分析

X 射线光电子能谱定量分析的依据是光电子谱线的强度（光电子峰的面积）反映了原子的含量或相对浓度。在实际分析中，如能降低样品表面污染和组分不均匀性、提高图谱的信噪比、优化非弹性散射本地扣除，并采用与标准样品相比较的方法来进行定量分析，其分析精度和准确性会有很大提高。

3. 固体表面分析

固体表面是指最外层的 1～10 个原子层，其厚度为(0.1～1)×n nm。人们早已认识到在固体表面存在一个与固体内部的组成和性质不同的相。表面研究包括分析表面的元素组成、化学组成和原子价态，分析表面能态分布，测定表面原子的电子云分布和能级结构等。X 射线光电子能谱是最常用的工具。在表面吸附、催化、金属的氧化和腐蚀、半导体、电极钝化、薄膜材料等方面都有应用。

例如，用 X 射线光电子能谱研究了木炭载体上的 Rh 催化剂。金属 Rh 薄片、Rh_2O_3 和 Rh 催化剂的 Rh $3d_{5/2,3/2}$ 光电子能谱如图 8.24 所示。金属 Rh 的谱图上可以看出有 1 个肩峰，这是因为金属 Rh 表面已部分氧化，Rh_2O_3 和金属 Rh 的 Rh 3d 光电子谱线之间有 1.6 eV 的化学位移。催化剂 A 和 B 具有高的活性，催化剂 C 呈现低的活性，主要是因为催化剂表面 Rh 的氧化物的浓度不一样。从图 8.24 可以看出，催化剂 A 和 B 的谱线形状十分相似，3d 双线出现两种峰，表明催化剂表面至少存在两种

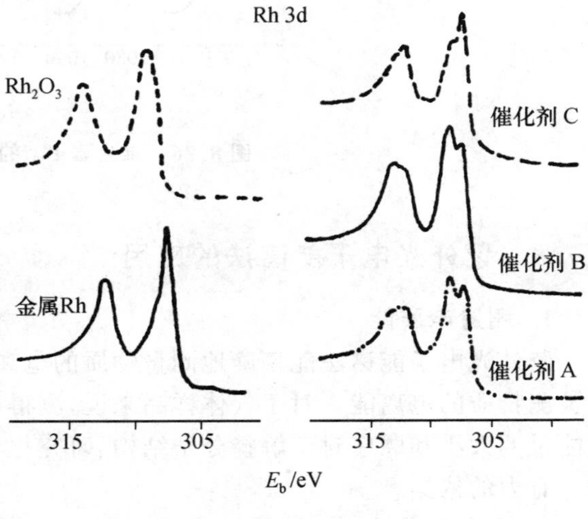

图 8.24　金属 Rh、Rh_2O_3 和三种 Rh 催化剂的 Rh 3d 光电子能谱

可区别的 Rh 原子,一种是金属 Rh,一种是 Rh 的氧化物,而其中 Rh 的氧化物占优势。催化剂 C 的谱线与催化剂 A 和 B 的谱线有些不一样,它虽然也存在两种 Rh 原子,但金属 Rh 占优势。

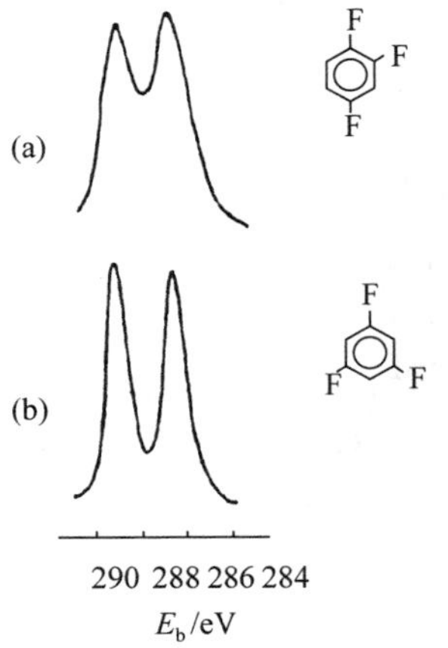

图 8.25　1,2,4-三氟代苯(a)和 1,3,5-三氟代苯(b)的 C 1s 光电子能谱

4. 化合物结构鉴定

X 射线光电子能谱法对于内壳层电子结合能化学位移的精确测量,能提供化学键和电荷分布方面的信息。例如,图 8.25 是 1,2,4-三氟代苯和 1,3,5-三氟代苯的 C 1s 光电子能谱。苯的 C 1s 光电子能谱只有 1 个峰,这说明苯分子中 6 个 C 原子的化学环境是相同的。在氟代苯中除六氟代苯外,其余都有两种不同化学环境的 C 原子,因此 C 1s 电子将出现 2 个峰。和氟相连的 C 原子的 C 1s 电子结合能(E_b)比和氢相连的 C 原子的 C 1s 电子结合能高 2～3 eV。

5. 分子生物学

X 射线光电子能谱在生物大分子研究方面的应用也有不少例子。例如,维生素 B_{12} 是在 C、H、O、N 等 181 个原子中只有 1 个 Co 原子,因此在 10 nm 的维生素 B_{12} 层中只有非常少的 Co 原子。

可是从维生素 B_{12} 的 X 射线光电子能谱中仍能清晰地观察到 Co 的电子峰(图 8.26)。

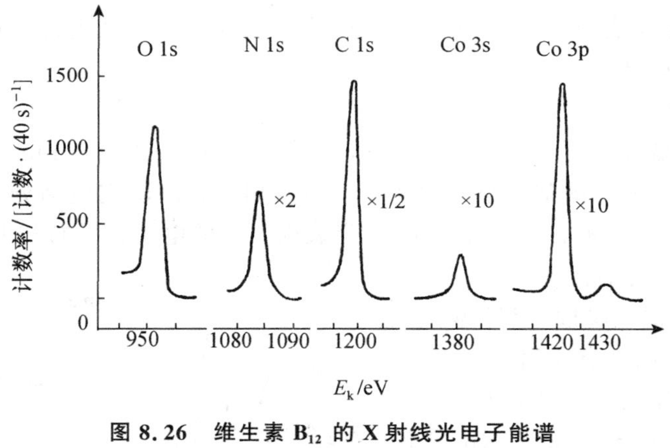

图 8.26　维生素 B_{12} 的 X 射线光电子能谱

8.7.3　紫外光电子能谱法的应用

1. 测量电离能

紫外光电子能谱法能精确地测量物质的电离能。紫外光子的能量减去光电子的动能便得到被测物质的电离能。对于气体样品来说,测得的电离能相应于分子轨道的能量。分子轨道的能量的大小和顺序对于解释分子结构、研究化学反应、验证分子轨道理论计算的结果等,提供了有力的依据。

2. 研究化学键

观察谱图中各种谱带的形状可以得到有关分子轨道成键性质的某些信息。例如,出现尖锐的电子峰,表明可能有非键电子存在;带有振动精细结构的比较宽的峰,表明可能有 π 键存在等。

3. 定性分析

紫外光电子能谱也具有分子“指纹”性质。虽然这种方法不适合用于元素的定性分析，但可用于鉴定同分异构体，确定取代作用和配位作用的程度和性质。

4. 表面分析

紫外光电子能谱也能用于研究固体表面吸附、催化以及固体表面电子结构等。

8.7.4　Auger 电子能谱法的应用

Auger 电子能谱法也是一种表面分析技术，原则上适用于任何固体。测量的灵敏度高，可以探测的最小面浓度达 0.1％单原子层。它的分析速度比 X 射线光电子能谱更快，因此有可能跟踪某些快的变化。

1. 定性分析

Auger 电子能谱法适用于原子序数在 33 以下的轻元素（H 和 He 除外）的定性分析。将实验测到的 Auger 电子峰的能量和已经测得的各种元素的各类 Auger 跃迁的能量加以对照，就可以确定元素种类。多数情况下，Auger 电子能谱主要用于检测洁净表面或被污染的表面的元素组成或化学组成，多用于薄膜材料的分析。

2. 定量分析

Auger 电流近似地正比于被激发的原子数目，常用相对测量来定量。即把样品的 Auger 电子信号与标准样品的信号在相同条件下进行比较。

3. 表面分析

Auger 电子能谱法也能用于研究表面催化、吸附等，但它鉴定状态的能力不如 X 射线光电子能谱法。

8.8　二次离子质谱法

当初级离子束（如 Ar^+、O_2^+、N_2^+、Cs^+、O^-、F^- 或 N^- 等）轰击固体样品表面时，它可以从表面溅射出各种类型的二次离子（或称次级离子）。通过质量分析器，利用离子在电场、磁场或自由空间中的运动规律，可以使不同质荷比（m/z）的离子得以分开。经分别计数后，可得到二次离子强度-质荷比关系曲线（图 8.27）。这种分析方法称为二次离子质谱法（secondary ion mass spectrometry，SIMS）或次级离子质谱法。它是一种研究固体表面元素组成的近代表面分析技术，是一种离子探针技术。

溅射出的粒子通常为中性，只有一小部分为带正、负电荷的离子。粒子的溅射和多种因素有关，首先，入射离子必须具有一定的能量，以便克服表面对这些粒子的束缚。这种开始出现溅射所需的入射离子的最低能量称为阈值能量，对于一般金属元素，为 10～30 eV。其次，在不同情况下入射离子的溅射能力并不一样，每个入射离子平均从表面溅射出的粒子数称为溅射产额。元素种类或化合物类型不同时，溅射产额不同，为 0.1～10 个原子/离子。入射离子的种类和能量可以影响二次离子产额。二次离子质谱通常用 Ar^+ 等惰性气体离子作为入射离子。如果选用负电性的入射离子，如 O^-、F^-、Cl^-、I^-，可以极大地提高正的二次离子产额；如果选用正电性的入射离子，如 Cs^+ 等，则可以极大地提高负的二次离子产额。在分析中，可以选择不同的入射离子，以使某个成分的灵敏度增加。

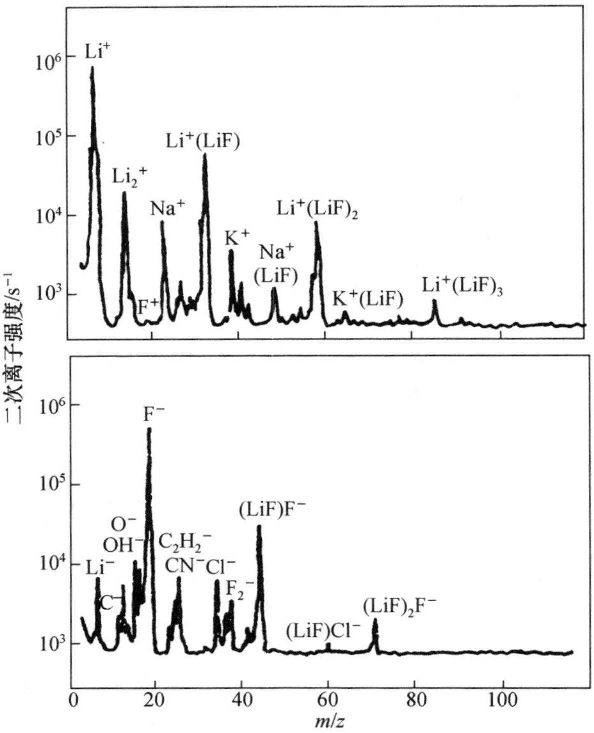

图 8.27　LiF 的正负二次离子质谱图

不同样品的二次离子类型和产额是不同的，即使同一种元素处于不同的化合物或基体中，由于其他成分的存在，二次离子产额也会发生变化，产生基体效应。这是因为二次离子溅射要涉及电子转移，当其他成分影响到原子的电子状态，二次离子产额就会发生变化。另外，同一化合物的各种不同二次离子的产额也存在几个数量级的差别，因此质谱图中的二次离子流强度通常用对数坐标表示。在质谱图中，不同质荷比的峰不但反映化学成分的不同，而且同时提供了不同质量的同位素信息。

二次离子质谱有“静态”和“动态”两种。在静态二次离子质谱(SSIMS)中，入射离子能量低(<5 keV)，束流密度小($nA \cdot cm^{-2}$ 量级)，以此尽量降低对表面的损伤，这样接收的信息可以看作是来自未损伤的表面。在动态二次离子质谱(DSIMS)中，入射离子能量较高，束流密度大($mA \cdot cm^{-2}$ 量级)，表面剥离速度快，分析的深度深，在表面分析过程中，它会使表面造成严重损伤。

由二次离子质谱可以获得在固相表面及一定深度内从氢到铀的几乎所有同位素的定性和定量信息，其可用于成分分析和同位素分析。二次离子质谱的灵敏度和信噪比比较高，检测能力可达 10^{-6} g (ppm)，甚至 10^{-9} g (ppb)，可进行痕量杂质分析。二次离子质谱除了提供元素信息外，还可提供不同质量原子的同位素信息，从而可用于分析同位素标记的样品。分析样品可以是无机物、有机物以及生物高分子等。

8.9　扫描隧道显微镜

在表面分析领域中，显微技术是应用场和物质相互作用所产生的各种现象而建立的一类分析方法。它可以直接显示表面各个不同部位原子的排列情况，可以观察动态变化和局部结构，以提供原子结构的信息。1981 年提出的扫描隧道显微镜(scanning tunneling microscope,STM)就是其中的一种。

以金属针尖为一电极,而固体表面为另一电极,当它们之间的间隙缩小到原子尺寸数量级(<1 nm)时,其间的势垒将减薄,从而产生电子的隧道效应。电子以一定概率穿透势垒,从一个电极到达另一个电极,这样两个导体以及之间的薄绝缘层便构成了隧道结。

在两个电极之间加一个很小的直流电压($2\times10^{-3}\sim2$ V),便可以测量隧道电流。对于针尖探针,隧道电流被限制在针尖和表面之间的一条线状通道内。隧道电流与两个电极的有效间隙呈指数关系,因此它对两电极之间的间隙十分敏感,每增加 0.1 nm,隧道电流就大约减少一个数量级。扫描隧道显微镜就是利用这个原理记录表面形貌和原子排列结构的。

探针在样品表面移动进行扫描时,可以采用两种不同的工作模式,如图 8.28 所示。图 8.28(a)为两电极电压不变的条件下恒电流工作模式,在扫描过程中,为了维持电流恒定,反馈系统必须迅速调整探针高度,从而描绘出与表面原子轮廓有关的高度变化轨迹。图 8.28(b)为恒高度模式,探针在样品表面沿着一个平均高度进行扫描,当电极电压不变时,可以得到扫描过程电流变化的曲线。现在常用的是恒电流工作模式,它不要求样品表面呈原子水平平整。扫描隧道显微镜的曲线和图像直接描绘了表面电子云密度的分布,它除了反映表面形貌和原子空间排列情况以外,还可以反映出表面电子分布的变化,从而得到表面原子种类的信息。

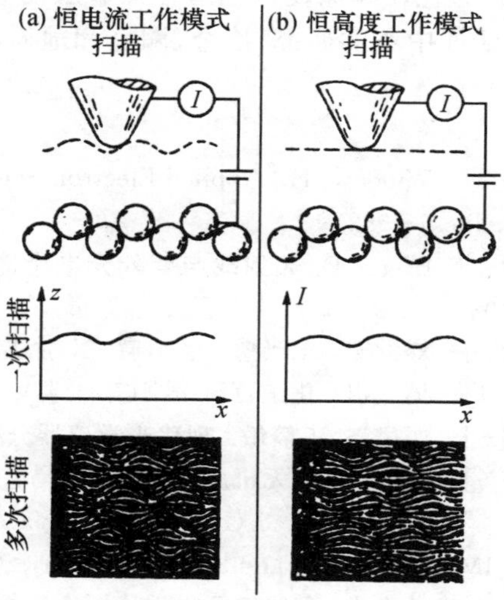

图 8.28　扫描隧道显微镜两种工作模式示意图

扫描隧道显微镜是一种无损分析方法,表面各部位能以原子尺度直接显示。目前,扫描隧道显微镜的横向分辨率已达到 0.1 nm,垂直表面分辨率为 0.01 nm。为了获得高分辨率图像,探针的针尖必须极细,甚至顶端只能有 1 个原子,并且在严格的防震条件下,以极高的精度在样品表面定位和移动扫描。样品可以选择在更接近实际的工作环境下进行测试,即温度可高可低,气氛条件可以是真空、常压气体,甚至可以用水或液氮作为隧道结的绝缘层。扫描隧道显微镜的缺点是要求样品具有导电性。针对这一问题,1986 年在扫描隧道显微镜的基础上又发展了一种原子力显微镜(atomic force microscope,AFM),测量表面原子与扫描探针尖上原子之间存在的极微弱的原子间力,通过控制原子间力恒定等工作模式,扫描得到表面原子结构,达到接近原子分辨水平。原子力显微镜可用于各种类型的试样,尤其是扫描隧道显微镜不能分析的非导体。例如,应用原子力显微镜测定 DNA 和其他生物分子的结构等。

8.10　扫描电子显微镜和电子探针微分析

扫描电子显微镜(scanning electron microscope,SEM)和电子探针微分析(electron probe microanalysis,EPMA)都是以光栅扫描方式用聚焦很细的电子束或探针扫描固体试样表面,前者检测二次电子来获得试样表层形貌的信息,后者则检测 X 射线定性或定量分析试样表层的元素分布。

当一束能量为 1～50 keV 的电子束轰击固体表面，受激后的固体可发射多种信号。主要有：(i) 弹性和非弹性背散射电子；(ii) 二次电子成像；(iii) X 射线。扫描电子显微镜检测的主要是二次电子，它在 5～50 nm 深度生成，能量一般小于 50 eV。随着扫描电子束轰击表面的角度和方向不同，激发的二次电子数量不同，并且这些二次电子向空间散射的角度和方向随着表面的凹凸不一而变化，相应地经检测和放大得到的二次电子信号的强弱就不一样，表现在图像上的亮度不一样，反映出试样表层微区的立体形貌。此外，二次电子的强度还与表层元素的原子序数有关。原子序数高的元素比原子序数低的发射二次电子的强度大，扫描图像的亮度也就高。

电子探针微分析是采用聚焦的电子束轰击样品表面，激发产生 X 射线，并用波长或能量色散型 X 射线光谱仪进行检测。有关原理在第 7 章“X 射线荧光分析”中已有介绍。在 1～3 mm 的直径和深度范围对样品表层的微结构进行表征。例如，半导体中杂质的扩散，多相催化剂活性中心的研究，冶金、陶瓷和地质材料的物相研究等。

参考资料

[1] Windawi H. Applied Electron Spectroscopy for Chemical Analysis. New York: John Wiley & Sons, Inc., 1982.

[2] Briggs D. X 射线与紫外光电子能谱. 桂琳琳，黄惠忠，郭国霖，译. 北京：北京大学出版社，1984.

[3] 刘世宏，王当憨，潘承璜. X 射线光电子能谱分析. 北京：科学出版社，1988.

[4] 吴念祖. 化工百科全书(第 1 卷). 北京：化学工业出版社，1990.

[5] 严凤霞，王筱敏. 现代光学仪器分析选论. 上海：华东师范大学出版社，1992.

[6] Adams F. 无机质谱法. 祝大昌，译. 上海：复旦大学出版社，1993.

[7] Briggs D and Grant J T. Surface analysis by Auger and X-ray photoelectron spectroscopy. UK: IM Publications and SurfaceSpectra, 2003.

[8] 黄惠忠，等. 表面化学分析. 上海：华东理工大学出版社，2007.

[9] 曹立礼. 材料表面科学. 北京：清华大学出版社，2007.

思考题与习题

8.1 何谓 X 射线光电子能谱法？简述它在分析化学中的应用。

8.2 什么是二次离子质谱法？从二次离子质谱能得到哪些分析信息？

8.3 简述扫描隧道显微镜的工作原理。

8.4 试计算 Mg Kα 和 Al Kα 两种激发源下 N 1s 光电子的动能。在计算光电子动能时，气体、固体样品有何区别？

8.5 如何计算 Auger 电子的能量？Auger 电子的特点是什么？

8.6 以 Mg Kα(λ＝989.00 pm)为激发源，测得 X 射线光电子动能为 977.5 eV(已扣除了仪器的功函数)，求此元素的电子结合能。

8.7 若 Cl (2p)电子的结合能为 272.5 eV，当 Cl 的价态为－1、＋3、＋5、＋7 时，其化学位移分别为 0、＋3.8、＋7.1、＋9.5 eV。根据 8.6 题的测定结果，判断 Cl 应处于什么状态(Cl^-、ClO_2^-、ClO_3^-、ClO_4^-)。

8.8 如何从紫外光电子能谱谱带的形状来探知分子轨道的键合性质？

8.9 试比较 X 射线光电子能谱与 Auger 电子能谱。

8.10 有一金属 Al 样品，经过研磨清洁后，立即放入 X 射线光电子能谱仪的样品室中进行测量，在光电子能谱上出现两个明显的谱峰，其峰值为 72.3 eV 和 75 eV，相对强度为 15.2 和 5.1 单位。取出样品，在空气中放置 1 周后，在同样条件下再次测量，上述两个峰的强度为 6.2 和 12.3 单位。试解释之。

第 9 章　核磁共振波谱法

核磁共振(nuclear magnetic resonance,NMR)波谱是测量处在高强磁场中的原子核对射频辐射(4～1000 MHz)的吸收现象,这种吸收只有在高磁场中才能产生。核磁共振波谱法是化学、生物化学及医学领域中鉴定有机、无机化合物以及生物大分子结构的重要工具之一,在某些场合亦可应用于定量分析等。利用核磁共振现象的核磁共振成像技术(MRI)在医学领域也得到广泛应用。

早在 1924 年 Pauli 就预言了核磁共振的基本理论:有些核同时具有自旋量子数和磁量子数,这些核在磁场中会发生能级分裂。但直到 1946 年,才由斯坦福大学的 Bloch 和哈佛大学的 Purcell 在各自的实验中观察到核磁共振现象,为此他们获得了 1952 年诺贝尔物理学奖。随后,Knight 等第一次发现了化学环境对核磁共振信号的影响,并发现这些信号与化合物的结构有一定关系。1956 年 Varian 公司制造出第一台高分辨核磁共振商品仪器,随后有关核磁共振的研究迅速扩展,逐步应用到有机化学、无机化学及生物化学等领域中。

目前常用的核磁共振波谱仪分为连续波核磁共振谱仪及脉冲 Fourier 变换核磁共振谱仪两大类,后者是 20 世纪 70 年代快速 Fourier 变换方法和计算机技术发展后开始产生的。现在大部分核磁共振波谱仪都是脉冲 Fourier 变换核磁共振谱仪,但连续波核磁共振谱仪亦有应用。

9.1　核磁共振的基本原理

9.1.1　自旋核在磁场中的行为

1. 能级分裂

有些核在磁场中会发生吸收射频辐射,说明该核具有一定的能级,对这种现象常有两种描述方法:量子力学方法和经典力学方法。

(1) 量子力学模型

假设一个核围绕经核心指定的轴自旋,其自旋角动量为 P,而自旋角动量的状态数由该核的自旋量子数 I 决定,共有 $2I+1$ 个,取值为 $I, I-1, \cdots, -I$,而角动量的能级差为 $h/2\pi$ 的整数或半整数倍。在无外磁场存在时,各状态的能量相同。

由于核都是带正电荷的,在其自旋时就会产生一个小磁场,核磁矩方向为轴向,而大小与角动量有关,即

$$\mu=\gamma P \tag{9.1}$$

式中:μ 是核的磁偶极矩;γ 称为磁旋比(magnetogyric ratio),每种核都有其特定值。

核自旋量子数为 1/2 的常见核有 ^{1}H、^{13}C、^{19}F 及 ^{31}P 等,这些核有两种自旋态($m=-1/2$ 和 $m=1/2$),而其他核也相应地具有不同的自旋量子数($I=0\sim11/2$)。表 9.1 列出了一些核的自旋量子数及磁旋比。

表 9.1　常见核的自旋量子数和磁旋比

核	自旋量子数 I	磁旋比 γ ($T^{-1}\cdot s^{-1}$)	共振频率 ν^* (MHz)	核	自旋量子数 I	磁旋比 γ ($T^{-1}\cdot s^{-1}$)	共振频率 ν^* (MHz)
^{1}H	$\frac{1}{2}$	2.68×10^{8}	200.00	^{23}Na	$\frac{3}{2}$	2.36×10^{7}	52.902
^{2}H	1	2.06×10^{7}	30.701	^{27}Al	$\frac{5}{2}$	1.40×10^{7}	52.114
^{11}B	$\frac{3}{2}$	8.80×10^{8}	64.167	^{31}P	$\frac{1}{2}$	1.08×10^{8}	80.961
^{13}C	$\frac{1}{2}$	6.73×10^{7}	50.288	^{39}K	$\frac{3}{2}$	4.17×10^{6}	9.333
^{14}N	1	9.68×10^{6}	14.447	^{79}Br	$\frac{3}{2}$	2.24×10^{7}	50.107
^{19}F	$\frac{1}{2}$	2.52×10^{8}	188.154	^{81}Br	$\frac{3}{2}$	2.14×10^{7}	54.012

* 磁感应强度为 4.6975 T 时。

以 $I=1/2$ 的核为例，在磁场作用下，I 为 1/2 的核自旋存在两个取向，如图 9.1 所示。由其两个能级分别为 $E_{1/2}=-\frac{\gamma h}{4\pi}B_0$，$E_{-1/2}=\frac{\gamma h}{4\pi}B_0$ 知，能级差为 $\Delta E=\frac{\gamma h}{2\pi}B_0$。

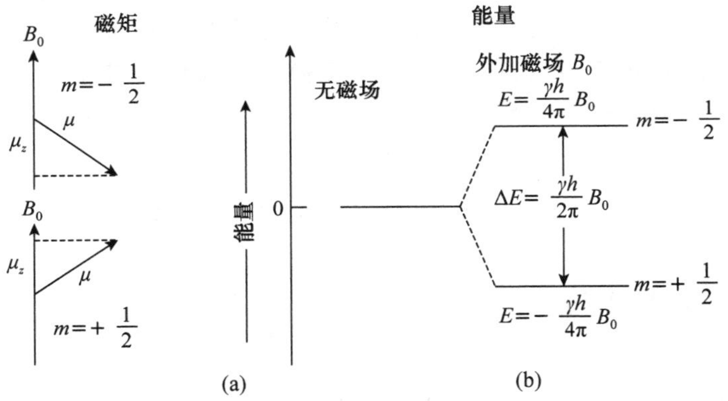

图 9.1　$I=1/2$ 的核在磁场中的行为

与其他光谱法一样，此核可以吸收一定辐射后发生跃迁，相应能量 $\Delta E=h\nu_0$，故

$$h\nu_0=\frac{\gamma h}{2\pi}B_0 \tag{9.2}$$

$$\nu_0=\frac{\gamma}{2\pi}B_0 \tag{9.3}$$

在 ν_0 符合上式时，磁场中的核可以产生吸收信号。

(2) 经典力学模型

经典力学模型认为，对于一个具有非零自旋量子数的核，由于核带正电荷，所以在其旋转时会产生磁场。当这个自旋核置于磁场中时，核自旋产生的磁场与外加磁场相互作用，就会产生回旋，称为进动(procession)(图 9.2)。进动的频率 ν_0 与自旋质点角速率 ω_0 及外加磁场磁感应强度 B 的关系可以用 Larmor 方程表示，即

$$\omega_0 = 2\pi\nu_0 = \gamma B_0 \tag{9.4}$$

$$\nu_0 = \frac{\gamma}{2\pi} B_0 \tag{9.5}$$

ν_0 亦称 Larmor 频率，在磁场中的进动核有两个相反的取向（图 9.3），可以通过吸收或放出能量而发生翻转。

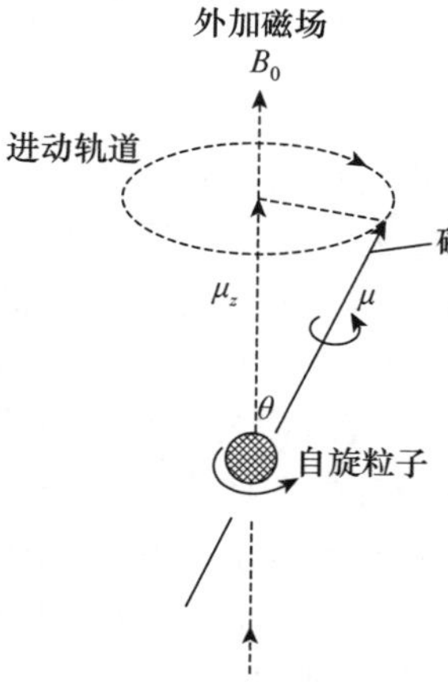

图 9.2　质子的进动

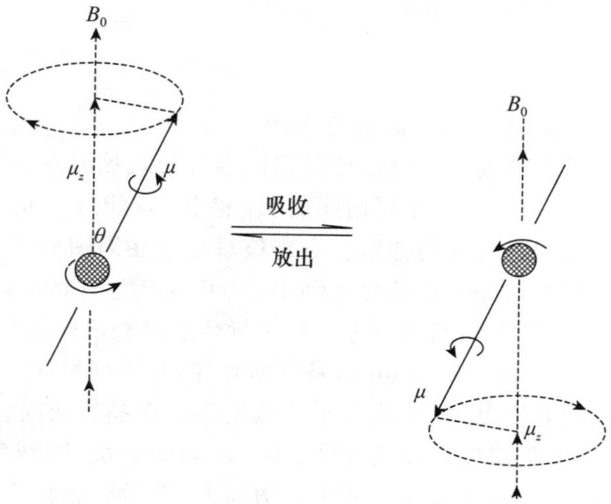

图 9.3　进动核的取向变化

不管是量子力学模型还是经典力学模型都说明了有些核在磁场存在下有不同的能级分布，可以吸收一定频率的辐射而发生变化。

2. 能级分布与弛豫过程

在不同能级分布的核的数目可由 Boltzmann 定律计算

$$\frac{N_i}{N_j} = \exp\left(-\frac{E_i - E_j}{kT}\right) \tag{9.6}$$

【例 9.1】　计算在 2.3488 T 磁场存在下，室温 25℃时的吸收频率及两种能级上自旋核数目之比。

解　共振频率　$\nu_0 = \frac{\gamma}{2\pi} B_0 = \frac{2.68 \times 10^8 \times 2.3488}{2 \times 3.14} (\mathrm{T^{-1} \cdot s^{-1} \cdot T}) = 100\ \mathrm{MHz}$

两种能级　$m = \frac{1}{2}, m = -\frac{1}{2}$上自旋核数目之比

$$\frac{N_{-1/2}}{N_{1/2}} = \exp\left(-\frac{E_{-\frac{1}{2}} - E_{\frac{1}{2}}}{kT}\right) = \exp\left(-\frac{\Delta E}{kT}\right) = \exp\left(-\frac{h\nu}{kT}\right)$$

$$= \exp\left[-\frac{6.626 \times 10^{-34} \times 100 \times 10^6}{1.38066 \times 10^{-23} \times 298} \left(\frac{\mathrm{J \cdot s \cdot s^{-1}}}{\mathrm{J \cdot K^{-1} \cdot K}}\right)\right]$$

$$= 0.999984$$

与在紫外-可见光谱及红外光谱一样，NMR 也是靠低能态吸收一定能量跃迁到高能态而产生吸收的，不同的是前两种方法中低能态为基态，处于基态的原子或分子数目比处于激发态的数目大得多。但在 NMR 中正如例 9.1 所示，处于高低能态之间的原子或分子数目差在

25℃时仅为 1.6×10^{-5}(百万分之十六),不过由于高低能态跃迁概率一致,其净效应则可以产生吸收。但若以足够强的辐射照射质子,则较低能态的过量核减少会带来信号减弱甚至消失,这种现象称为饱和(saturated)。但若较高能态的核能够及时返回到低能态,则可以保持信号稳定,这种由高能态通过非辐射途径回复到低能态的过程称为弛豫(relaxation)。

弛豫过程决定了自旋核处于高能态的寿命,而 NMR 信号峰的自然宽度与其寿命直接相关。根据 Heisenberg 测不准原理

$$\Delta\tau\Delta\nu \geqslant 1 \quad 即 \quad \Delta\nu \geqslant \frac{1}{\Delta\tau} \tag{9.7}$$

式中:$\Delta\tau$ 为自旋核高能态寿命。

处于磁场中的自旋核可以以多种形式被激发,可以用两种方式进行综合描述:

(i) 受与 B_0 方向相同的 B_1 微扰,在能级上重新分布产生新的磁矩 $M_z'>M_z$,$M_z'\rightarrow M_z$ 这一过程称为纵向弛豫。自旋核总是处在周围分子包围之中,一般将周围分子统称为晶格,由于晶格中核处于不断热运动中,就可能产生一个变化的局部磁场(从长时间大范围看,总和为零)。处于高能态的核可以将能量传递给相应的晶格,从而完成弛豫过程,称为自旋-晶格弛豫(spin-lattice relaxation),是纵向弛豫,其特征寿命为 τ_1。在绝缘性较好的固体中,由于分子热运动受到限制,此弛豫几乎不能发生。在晶体或高黏度液体中,由于热运动速率不高,相应 τ_1 较长,随着温度升高或黏度下降,热运动加快,则产生局部磁场涨落较容易,τ_1 下降。但温度过高,则可能导致涨落频率范围加大、能量转移概率减少而使自旋-晶格弛豫发生减少。在有 $I>1/2$ 自旋核或未成对电子存在时,更容易产生局部磁场涨落,从而使 τ_1 缩短很多,尤其是后者效应更大,故在 NMR 测量时要严格地消除顺磁杂质。

(ii) 受与 B_0 方向垂直的 B_1 微扰,使磁矩在 M_{xy} 方向不均匀分布,即 $M_{xy}>0$,微扰后回到 $M_{xy}=0$,这一过程为横向弛豫。横向弛豫一般发生在自旋核之间,称为自旋-自旋弛豫(spin-spin relaxation),其特征寿命记为 τ_2。在固体试样中,由于核-核之间结合紧密,这种方式特别有效,自旋-自旋弛豫虽不能有效地消除磁饱和现象,但由于自旋核相互交换,自旋核高能态寿命降低了,且由于存在快速交换的平均化作用,固体 NMR 出现"宽谱"。在液体或溶液中,τ_2 则稍长一些。

在一般液体或溶液中,τ_1、τ_2 大致相当,一般在 0.5～50 s,由相对短的弛豫控制。由其他自旋高能态寿命造成的谱线展宽是谱线的自然宽度,无法通过仪器性能改善而缩小。不过一些可能导致谱线展宽的因素,如磁场漂移、不均匀等,可以通过场频连锁、高速旋转样品匀场等方式来改善和弥补。

9.1.2 核磁共振中环境因素的影响

前已述及,自旋核在磁场中会吸收一定频率的射频辐射,如在 1.4092 T 的磁场中,质子的共振频率为 60.0 MHz。在实际工作中,由于质子处在不同的环境,特定质子实际所受到的外加磁场强度会发生变化,从而其共振频率会发生变化,可据这些变化推测出环境的特性。同样,其他自旋核也具有这一特性,为了论述方便,现以质子为例。

1. 化学位移

从上述计算可以看出,在 1.4092 T 的磁场中,将吸收 60 MHz 的电磁波。但实验中发现,各种化合物中不同的氢原子所吸收的频率稍有不同。正是这些不同,使核磁共振尤其是质子共振,在有机结构分析中得到广泛的应用。

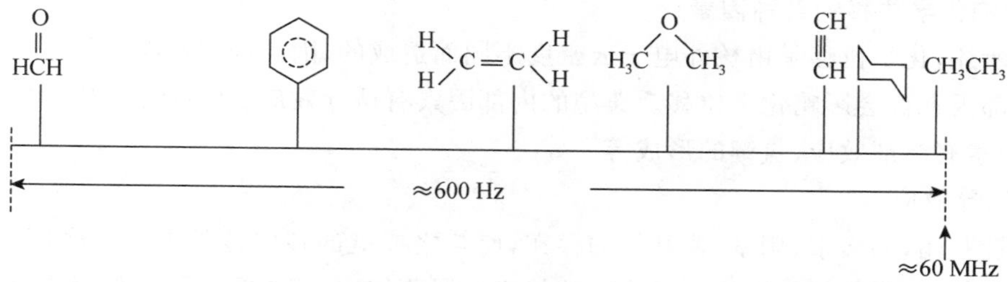

图 9.4　在 1.94 T 磁场中各种^{1}H 的化学位移

图 9.4 所示的吸收频率，产生差别的原因是原子核总是处在核外电子的包围之中：核外电子在外加磁场的作用下产生次级磁场，即原子核受到了比外加磁场稍低的一个磁场作用，而内部产生的磁场与外加磁场有关

$$B = B_0 - \sigma B_0 = (1-\sigma)B_0 \tag{9.8}$$

式中：B 为特定核实际所受到磁场的磁感应强度；B_0 为外加磁场的磁感应强度；σ 为屏蔽常数，此常数由核外电子云密度决定，与化学结构密切相关。

屏蔽作用的大小与核外电子云密切相关：电子云密度愈大，共振时所需的外加磁场的磁感应强度也愈强。而电子云密度与核所处化学环境（如相邻基团的电负性等）有关。

在恒定外加磁场存在时，由于化学环境的作用，不同氢核吸收频率不同。由于频率的范围相差不大，为避免漂移等因素对绝对测量的影响，通常采用引入一个物质作为相对标准的方法测定样品吸收频率（ν_x）与标准物质吸收频率（ν_s）之间的差。为了便于比较，必须采用相对值来消除不同频源的差别，此值称为化学位移 δ

$$\delta = \frac{\nu_x - \nu_s}{\nu_s} \times 10^6 \tag{9.9}$$

式中：δ 表示化学位移（ppm，$\times 10^6$ 是为了使所得数值易于使用）。类似的表达式有

$$\delta = \frac{B_s - B_x}{B_s} \times 10^6 \tag{9.10}$$

目前最常用的内标物是四甲基硅烷[$(CH_3)_4Si$，TMS]，人为地把它的化学位移定为零。用 TMS 作标准是由于下列几个原因：

(i) TMS 中 12 个氢核处于完全相同的化学环境中，它们的共振条件完全一致，因此只有一个尖峰。

(ii) TMS 中质子的屏蔽常数要大于大多数其他化合物，只在谱图中远离其他大多数待研究峰的高磁场（低频）区有一个尖峰。

(iii) TMS 是化学惰性的，易溶于大多数有机溶剂，且易于用蒸馏法从样品中除去（bp=27℃）。在含水介质中要改用 3-三甲基硅丙烷磺酸钠[$(CH_3)_3SiCH_2CH_2CH_2SO_3Na$]代替，此化合物的甲基质子可以产生一个类似于 TMS 的峰，而甲叉质子则产生一系列微小而容易鉴别并因此可以忽略的峰；而在较高温度环境中则使用六甲基二硅醚（HMDSO），δ=0.06。

δ 是量纲为一的物理量，表示相对位移。对于给定的峰，不管采用的是 40 MHz、60 MHz、100 MHz 还是 300 MHz 的仪器，δ 则是相同的。大多数质子峰的 δ 在 1～12。

2. 影响化学位移的各种因素

如前所述，化学位移是由核外电子云密度不同而造成的，因此许多影响核外电子云密度分布的内外部因素都会影响化学位移。典型的内部因素有诱导效应、共轭效应、磁各向异性效应等；外部因素有溶剂效应、氢键的形成等。

(1) 诱导效应

电负性基团，如卤素、硝基、氰基等的存在，使与之成键的核的核外电子云密度下降，从而产生去屏蔽作用，降低核外电子云对指定核的磁场屏蔽作用，使共振信号向低场移动。在没有其他因素影响的情况下，屏蔽作用将随可以导致氢核外电子云密度下降的元素的电负性大小及个数的多少而发生相应的变化(表 9.2)，但变化并不具有严格的加和性。

表 9.2 甲烷中质子的化学位移与取代元素的电负性的关系

化学式	CH_3F	CH_3OH	CH_3Cl	CH_3Br	CH_3I	CH_4	TMS	CH_2Cl_2	$CHCl_3$
取代元素	F	O	Cl	Br	I	H	Si	2×Cl	3×Cl
电负性	4.0	3.5	3.1	2.8	2.5	2.1	1.8	—	—
质子的化学位移	4.26	3.40	3.05	2.68	2.16	0.23	0	5.33	7.24

(2) 共轭效应

与诱导效应一样，共轭效应亦可使电子云密度发生变化，从而使化学位移向高场或低场变化。

(3) 磁各向异性效应

如果在外加磁场的作用下，一个基团中的电子环流取决于它相对于磁场的取向，则该基团具有磁各向异性效应。而电子环流将会产生一个次级磁场(右手定则)，这个附加磁场与外加磁场共同作用，使相应质子的化学位移发生变化。例如苯环上的质子处在诱导磁场与外加磁场方向一致的区域，因此是去屏蔽的(图 9.5)，则它们在仅比基于电子云密度分布所预料的磁场低得多的磁场处共振。当苯环的取向与外加磁场平行时，则很少有感应电子环流产生，也就不会对质子产生去屏蔽作用。在溶液中苯环的取向是随机的，而各种取向都介于这两个极端之间。分子运动平均化所产生的总效应，使得苯环有很大的去屏蔽作用。同理，对于具有 π 电子云的乙炔分子、乙烯分子、醛基分子都会产生类似的感应电子环流而导致次级磁场产生，分别产生屏蔽作用[图 9.6(b)]和去屏蔽作用[图 9.6(a)]。

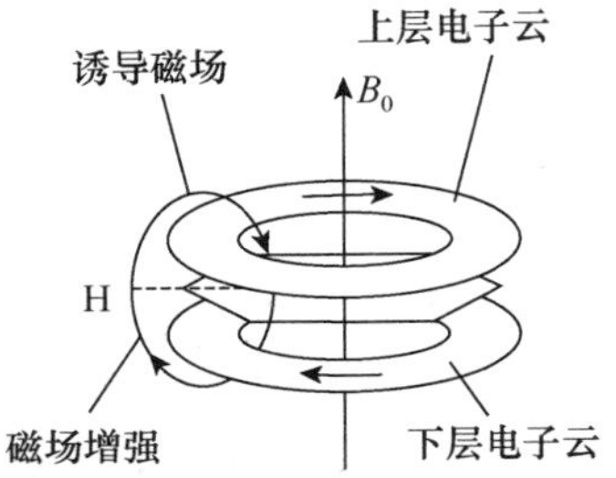

图 9.5 苯环中 π 电子的感应电子环流

(4) 氢键

当分子形成氢键时，氢键中质子的信号明显地移向低磁场，使化学位移 δ 变大。一般认为是由于形成氢键时，质子周围的电子云密度降低所致。对于分子间形成的氢键，化学位移的改变与溶剂的性质及浓度有关。如在惰性溶剂的稀溶液中，可以不考虑氢键的影响；但随着浓度增加，羟基的化学位移值从 $\delta=1$ 增至 $\delta=5$。而分子内氢键，其化学位移的变化与浓度无关，只与其自身结构有关。

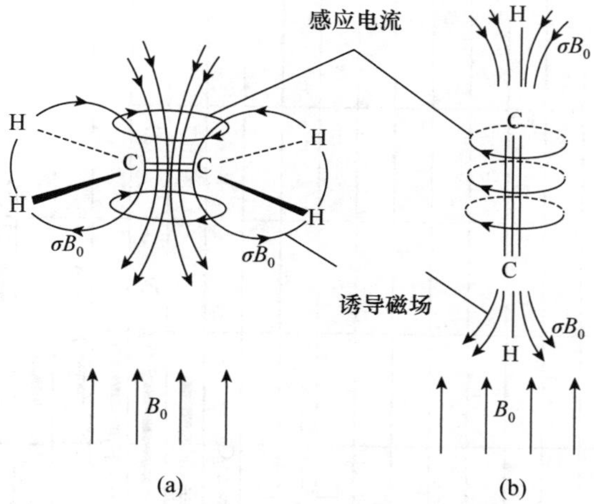

图 9.6　感应电子环流所引起的诱导磁场

(a) 乙烯　(b) 乙炔

溶剂的选择十分重要，不同的溶剂可能具有不同的磁各向异性，可能以不同方式与分子相互作用而使化学位移发生变化。因此通常选择溶剂时要考虑到以下几点：溶液可以很稀，能有效避免溶质间相互作用；溶剂不与溶质发生强相互作用。

总之，化学位移这一现象使化学家们可以获得关于电负性、化学键的各向异性及其他一些基本信息，对确定化合物结构起了很大作用。关于结构和化学位移的关系，总结成表 9.3。

3. 自旋耦合及自旋分裂

图 9.7 表明，乙醇分子中由于氢核处于不同化学环境，在 NMR 谱图上不同位置出现吸收；而在高分辨的 NMR 谱图上可以发现—CH_2—、—CH_3 峰显示出分裂现象（亦称“精细结构”或二级分裂）。这是由氢核之间相互作用所致。

如前所述，$I \neq 0$ 的核在磁场中有不同自旋取向。以 $I=1/2$ 的氢核为例，在磁场中有两个自旋取向，而这些自旋取向会产生局部磁场而对邻近核产生干扰，两种核的自旋之间产生的相互干扰称为自旋-自旋耦合，简称为自旋耦合。相互干扰的大小用耦合常数表示。由自旋耦合所引起谱线分裂的现象称为自旋-自旋分裂，简称自旋分裂。一般认为自旋耦合的相互干扰作用是通过成键电子传递的。对于氢核来说，可根据相互耦合的核之间相隔的键数分为同碳（偕碳）耦合、邻碳耦合及远程耦合三类，分别以 ^2J，^3J，…表示。

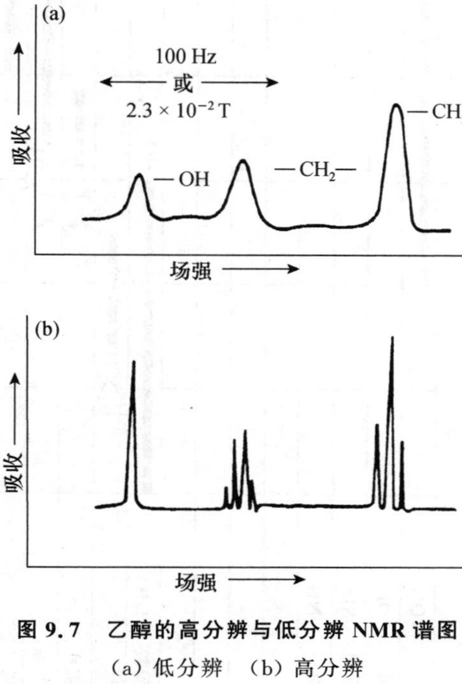

图 9.7　乙醇的高分辨与低分辨 NMR 谱图

(a) 低分辨　(b) 高分辨

表 9.3　各种环境中质子的化学位移

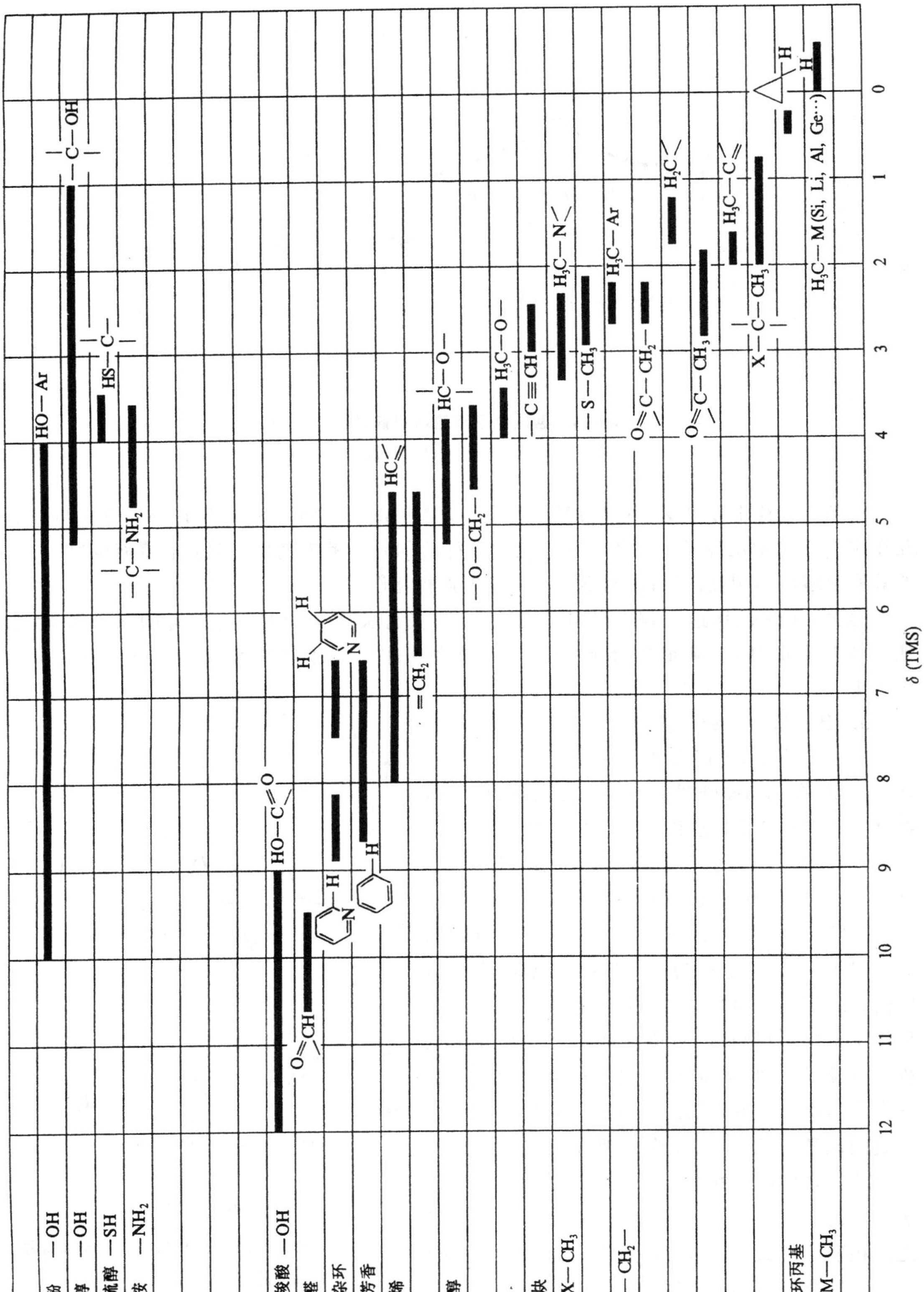

同碳耦合常数变化范围非常大,其值与结构密切相关。如乙烯中同碳耦合 $J=2.3$ Hz,而在甲醛中高达 42 Hz。邻碳耦合是各种环境中相邻位碳上的氢产生的耦合,在饱和体系中耦合可通过 3 个单键进行,J 的范围为 0～16 Hz。邻碳耦合是进行立体化学研究最有效的信息之一,这也是 NMR 能为结构分析提供有效信息的根源之一。^3J 与叁键之间的两面角 θ 的度数有关,见图 9.8。

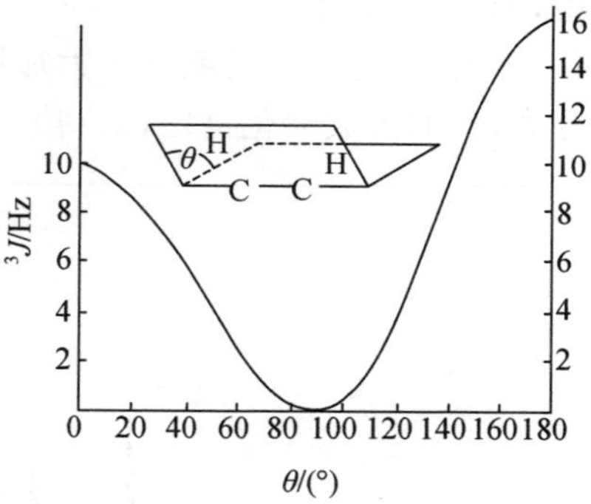

图 9.8　^3J 与两面角的关系

相隔 4 个或 4 个以上键之间的相互耦合称为远程耦合,远程耦合常数一般较小(<1 Hz),如椅形六元环中 1,3 位同为平展的氢之间的 $^4J\approx0.5$ Hz。

在复杂谱图分析中,正确理解分子中各个质子的相互关系十分重要。如甲烷中的 4 个质子的化学环境是完全相同的,且这 4 个质子化学位移完全相同,称之为"化学等价",且相互间的耦合作用完全相等,即此 4 个质子是"磁等价"的。它们在 NMR 谱图中只出现一个单峰,即一组化学等价的磁性核,内部的耦合作用不会在 NMR 谱图中表现出来。

在 NMR 谱图中有相同化学环境的一组核其化学位移相同,且对组外任何一个原子核的耦合都相同,这组核则称为磁等价核。例如,二氟甲烷中的两个质子。化学等价的核并不一定是磁等价的,但磁等价的核一定是化学等价的。如在二氟乙烯中 H_a 和 H_b 是化学等价的,但 H_a 及 H_b 与 F_a、F_b 的耦合不同,故 H_a 和 H_b 不是磁等价的。

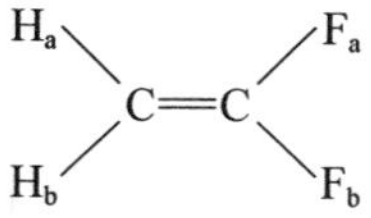

二氟乙烯

通常,按 $\Delta\nu/J$ 来进行自旋耦合体系分类:$(\Delta\nu/J)>10$ 的体系称为弱耦合,其谱图属于一级谱图;而 $(\Delta\nu/J)<10$ 的体系称为强耦合,其谱图属于高级谱图。根据耦合强弱,对共振谱进行分类,其基本规则如下:对强耦合体系,其核以 ABC 或 KLM 等相连英文字母表示,称之为 ABC…多旋体系;对弱耦合的体系,其核以 AMX 等不相连的字母表示,称为 AMX…多旋体系。磁等价的核用相同字母表示,如 A_2 或 B_3;化学等价而磁不等价的核,以 AA′表示。对于一级谱图,自旋-自旋分裂谱图的解析十分简单方便。严格的一级行为要求 $(\Delta\nu/J)>20$,但在用一级技术对谱图进行分析时,对 $(\Delta\nu/J)<10$ 的体系有时亦可进行。

(1) 一级谱图的解析规则

(i) 磁等价核不能相互作用而产生多重吸收峰。

(ii) 耦合常数随基团间距离增加而减小,因此,在大于 3 个键长时很少观察到耦合作用。

(iii) 吸收带的多重性可由相邻原子的磁等价核数目 n 来确认,并以 $(2nI+1)$ 加以表示。在相邻有两组非等价原子时,则其多重性同时受两个原子上磁等价核数目 n 及 n' 影响,以 $(2nI+1)(2n'I'+1)$ 表示。

(iv) 多重峰一般都对称于吸收带的中点,近似相对面积之比与函数 $(a+b)^n$ 展开式中各项系数呈正比。

(2) 较复杂谱图的简化

(i) 增加磁感应强度　如前所述,耦合常数不受磁感应强度增加的影响,而化学位移绝对值(单位 Hz)却会因此增加,即可以提高 $\Delta\nu/J$,从而把复杂的高级谱图转换成便于解释的一级谱图。

(ii) 同位素取代　用氘(^2H)取代分子中的部分质子,可以去掉部分波谱,同时由于氘与质子之间的耦合作用小而使谱图进一步简化。

(iii) 自旋去耦　通过向核磁共振中引入多个射频场,有可能产生出一个或多个干扰场,这种实验方法称为双照射(或多照射)技术,而产生出双共振(或多共振)谱图。在进行自旋去耦中,第二个(和第三个,第四个…)射频场的频率直接对准与待测核耦合的核的共振频率,使其在两个自旋态之间的跃迁大大加快,结果是待测核只能感受到耦合核平均自旋态,能级不发生分裂,从而大大简化谱图,如图 9.9 所示,第二射频场处于(d)、(c)核位置。

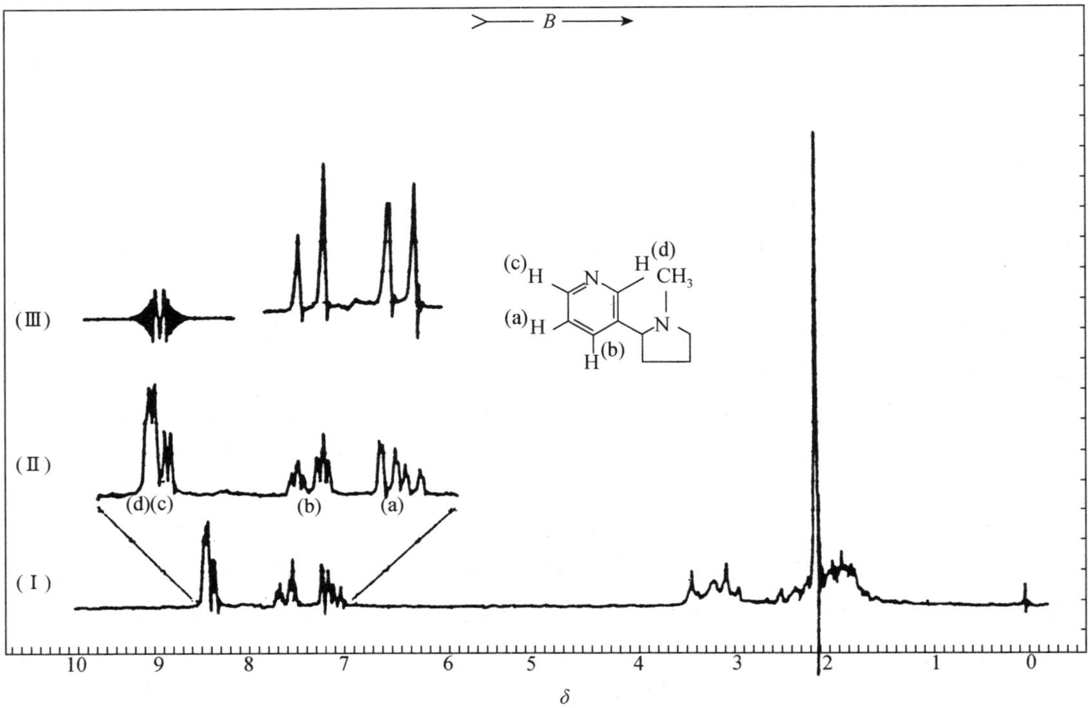

图 9.9　自旋去耦对尼古丁 NMR 谱图的影响

(Ⅰ) 尼古丁的 NMR 谱图　(Ⅱ) 部分放大的吡啶环上 4 个质子谱图

(Ⅲ) 在(d)(c)质子共振频率处用第二射频场照射产生的 NMR 谱图

不同类核之间的耦合作用亦可通过去耦方式消除,如在 1.4092 T 磁场中用约 4.3 MHz 射频场照射,从而消除^{14}N对质子共振谱的影响。

自旋去耦简化谱图能力是显而易见的,但发生强烈耦合的质子不能去耦,这是因为第二射频场的引入会产生干扰,从而观察不到相应的核磁共振现象。有关自旋去耦的理论颇为复杂,读者可参阅其他相关参考书。

(iv) 化学位移试剂　实验发现,若待测物质分子中有可用于配位的孤对电子(如含氧或氮的有机化合物),则向其溶液中加入镧系元素的顺式 β-二酮配合物,可使待测物质分子的某些质子化学位移大大拉开,从而简化谱图。这种镧系元素配合物称为化学位移试剂。镧系元素配合物的这种作用主要是由于镧系元素的顺磁性质而在其周围产生出一个较大的局部磁场,这样产生的诱导位移是按正常方式通过空间起作用的位移,与一些通过化学键起作用的物质所产生的接触位移是有些不同的，故称之为赝触位移（pseudo-contact shift）或偶极位移。

位移试剂常常可以引起高达 20 的化学位移，所以可以大大增加 NMR 谱的分布范围并简化谱图。而且赝触位移与质子到顺磁中心距离有关，因此亦能提供有价值的结构信息。

常用的位移试剂有 Eu（低场位移）及 Pr（高场位移）的 2，2，6，6-四甲基-3，5-庚二酮（dipivalomethanaton）及氟化烷基 β-二酮配合物。

高级谱图的解析既困难又复杂，但也有规律可循，有兴趣的读者可以参阅有关文献。

4. 化学交换的影响

在核磁共振中，一种具有两种或两种以上不同存在形式的质子将根据其在两种形式间转化速率的不同而出现不同的 NMR 谱。一般来说，若转化速率远远大于两种状态的化学位移差（Δν）时，则出现一种平均化的信号；若转化速率远远低于两种状态的化学位移差时，则表现为各自不同化学环境的信号；在这两种极端之间时，将会观察到展宽了的波谱，由这些波谱可以获得有关交换过程的信息。

使一个（或一组）质子的化学环境平均化的常见过程有质子交换、构象互变及部分双键旋转等。

（1）质子交换

在无质子溶剂中，少量乙醇和水的混合物的羟基质子将分别得出不同的信号。但随着温度升高、浓度增加及 pH 改变，质子的交换速率加快，乙醇的羟基将只出现一个信号，而且亚甲基只能“看到”一个平均化的质子，故使羟基质子信号从慢交换的三重峰变成单峰，亚甲基自身信号不受羟基质子裂分。同样，氨基（$—NH_2$）、巯基（—SH）化合物亦有类似现象。

（2）构象改变

环己烷的两种椅式构象的相互转变是常见的例子。在室温下，环己烷的 NMR 谱图由单一锐线组成，这是因为与直立取向和平伏取向质子的化学位移差相比，两个等价的椅式间的构象转换速率要快得多。但在温度较低（如－89℃）时，这种转换变得很慢，则可以观察到两种不同质子的信号。

（3）受阻旋转

在酰胺中由于氮上的孤对电子与羰基发生共轭，使氮上的取代基与羰基处于同一平面内，造成两个取代基环境不同。如 *N*，*N*-二甲基甲酰胺，在低温时，*N*-甲基产生两个强度相等的信号，这是因为 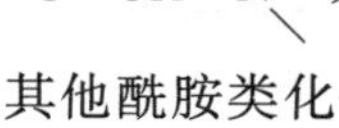 共轭作用使 C—N 旋转受阻所致；而在温度较高时，则合并为一个信号。同样，其他酰胺类化合物及其他化合物亦可能有此效应。

9.2　核磁共振波谱仪

9.2.1　仪器基本构成

按工作方式，可将高分辨核磁共振波谱仪分为两大类，即连续波核磁共振谱仪及脉冲 Fourier 变换核磁共振谱仪。

图 9.10 所示为一连续波 NMR 谱仪的示意图，它由下列主要部件组成：磁铁、探头、射频发射器或场频扫描单元、信号检测及记录处理系统。

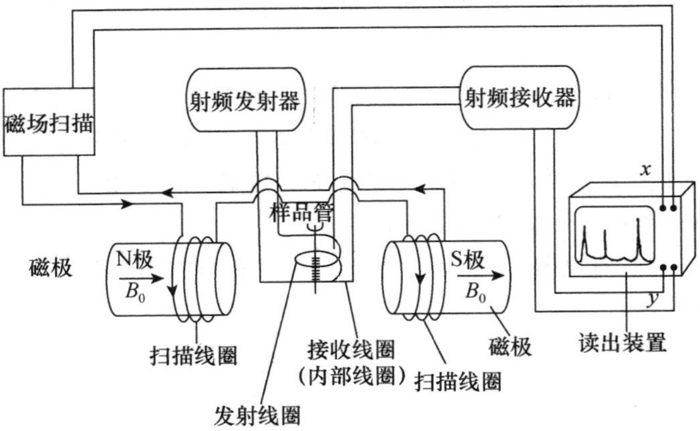

图 9.10 连续波 NMR 谱仪工作框图

(1) 磁铁

磁铁是 NMR 谱仪中最重要的部分,NMR 谱仪的灵敏度和分辨率主要取决于磁铁的质量和强度。在 NMR 中通常用对应的质子共振频率来描述不同场强。NMR 谱仪常用的磁铁有三种:永久磁铁、电磁铁和超导磁铁。永久磁铁一般可提供 0.7046 T 或 1.4092 T 的磁场,对应质子共振频率为 30 MHz 和 60 MHz。超导磁铁可以提供更高的磁场,最高可达到 1000 MHz 的共振频率。而电磁铁是一种过渡阶段的提供磁场手段,可提供对应 60 MHz、90 MHz、100 MHz 的共振频率。

由于电磁铁的热效应和磁感应强度的限制,目前应用不多。商品 NMR 谱仪中使用永久磁铁的低分辨率仪器,供教学及日常分析使用。而配有高场强超导磁铁的 NMR 谱仪,由于设备本身及运行费用较高,主要用于研究工作。

在 NMR 谱仪中,要求测量的化学位移精度一般要达到 10^{-8} 数量级。这就要求磁场的稳定性至少要达到 10^{-9} 数量级。为了有效地消除温度等环境影响,在 NMR 谱仪中都采用了场强频率锁定系统,即对一个参比核连续地以对应于磁场的共振极大的频率进行照射和监控,通过反馈线路保证 B/ν 不变而稳定磁场。常采用的有外锁定系统(以样品池外某一种核作参比)和内锁定系统(以样品池内某一种核作参比)来进行场频连锁,分别可以将磁场漂移控制在 10^{-9} 及 10^{-10} 数量级。

为了使样品处在一个均匀的磁场中,在磁场的不同平面还会加入一些匀场线圈以消除磁场的不均匀性,同时利用一个气动轮转子使样品在磁场内以几十赫的速率旋转,使磁场的不均匀性平均化,以此来提高灵敏度和分辨率。

(2) 探头

样品探头是一种用来使样品管保持在磁场中某一固定位置的器件,探头中不仅包括样品管,而且包括扫描线圈和接收线圈,以保证测量条件的一致性。为了避免扫描线圈与接收线圈相互干扰,两线圈垂直放置并采取措施防止磁场的干扰。

(3) 扫描线圈

在连续波 NMR 谱仪中,扫描方式最先采用扫场方式,通过在扫描线圈内加上一定电流,产生 10^{-5} T 磁场变化来进行 NMR 扫描。相对于 NMR 的均匀磁场来说,这样变化不会影响其均匀性。

相对扫场方式来说，扫频方式工作起来比较复杂，但目前大多数装置都配有扫频工作方式。

(4) 射频源

NMR 谱仪通常采用恒温下石英晶体振荡器产生基频，经过倍频、调谐及功率放大后馈入与磁场成 90°角的线圈中。为了获得高分辨率，频率的波动必须小于 10^{-8} Hz，输出功率小于 1 W，且在扫描时间内波动小于 1%。

(5) 信号检测及记录处理系统

共振核产生的射频信号通过探头上的接收线圈加以检测，产生的电信号通常要放大 10^5 倍后才能记录，NMR 记录仪的横轴驱动与扫描同步，纵轴为共振信号。现代 NMR 谱仪常都配有一套积分装置，可以在 NMR 波谱上以阶梯的形式显示出积分数据。由于积分信号不像峰高那样易受多种条件影响，可以通过它来估计各类核的相对数目及含量，有助于定量分析。

随着计算机技术的发展，一些连续波 NMR 谱仪有多次重复扫描并将信号进行累加的功能，从而有效地提高仪器的灵敏度。但由于一般仪器的稳定性影响，一般累加次数在 100 次左右为宜。

9.2.2　Fourier 变换核磁共振谱仪

Fourier 变换核磁共振谱仪，亦称脉冲 Fourier 变换核磁共振(pulsed Fourier transform nuclear magnetic resonance，PFT-NMR)谱仪，它是另一类获取 NMR 信号的仪器。在 PFT-NMR 谱仪中，不是通过扫描频率(或磁场)的方法找到共振条件，而是采用在恒定的磁场中，在整个频率范围内施加具有一定能量的脉冲，使自旋取向发生改变并跃迁至高能态。高能态的核经一段时间后又重新返回低能态，通过收集这个过程产生的感应电流，即可获得时间域上的波谱图。一种化合物具有多种吸收频率时，所得谱图十分复杂，称为自由感应衰减(free induction decay，FID)，自由感应衰减信号产生于激发态的弛豫过程，有关机理可参阅相关资料。自由感应衰减信号经快速 Fourier 变换后即可获得频域上的波谱图，即常见的 NMR 谱图。

PFT-NMR 谱仪工作框图示于图 9.11，其中脉冲射频通过一个线圈照射到样品上，随之该线圈作为接收线圈收集自由感应衰减信号。这一过程通常可在数秒内完成，与连续波 NMR 谱仪相比大大提高了分析速度。在连续波 NMR 谱仪一次扫描的时间内，PFT-NMR 谱仪可以进行约 100 次扫描，大大提高了 NMR 灵敏度。正是由于 PFT-

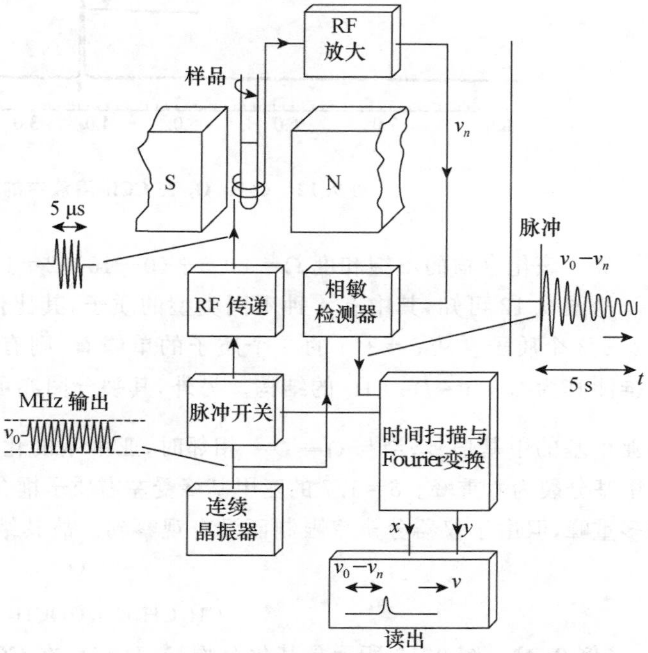

图 9.11　PFT-NMR 谱仪工作框图

NMR 谱仪在 20 世纪 70 年代开始使用，才使得^{13}C NMR 成为一种常规分析手段。

在 PFT-NMR 谱仪中，通过对自由感应衰减信号进行处理和计算再转化为频域谱，既能提高灵敏度（在^{13}C NMR 中十分重要），又能提高分辨率。由于其分析速度快，可以用于核的动态过程、瞬时过程、反应动力学等方面的研究。

9.3　核磁共振波谱法的应用

前已述及，核磁共振波谱法的应用主要集中在有机和生物化学分子的结构分析和结构鉴定中，但在某些情况下亦可用于定量测定。

9.3.1　化合物鉴定

NMR 谱图可以提供的主要参数有化学位移、质子的裂分峰数、耦合常数及各组分相对峰面积。与红外光谱一样，对于简单的分子，仅根据其本身的谱图，即可进行鉴定。对于复杂的化合物，则需在已知化学式（质谱或元素分析结果）及红外光谱提供的部分信息的基础上进一步分析鉴定。下面举例说明其结构推定过程。

【例 9.2】 某一化学式为 $C_5H_{10}O_2$ 的化合物，在 CCl_4 溶液中的^1H NMR 谱如图 9.12 所示，试推测其结构。

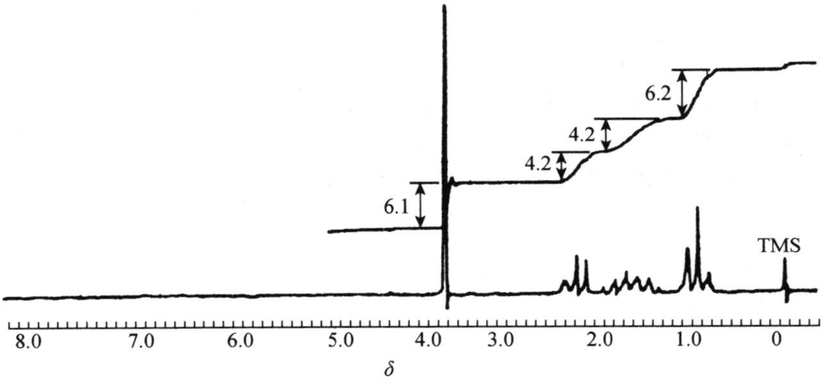

图 9.12　$C_5H_{10}O_2$ 在 CCl_4 溶液中的^1H NMR 谱图

解　该化合物的不饱和度 $\Omega=1+5+(0-10)/2=1$

从图 9.12 可知，其中有 4 种不同类型的质子，其比例为 6.1∶4.2∶4.2∶6.2，即分别为 3、2、2、3 个质子。从 $\delta=3.6$ 的 3 个质子的单峰看，则有可能是一个独立的甲基峰，从表 9.3 可推测其为 $O{=}C{-}O{-}CH_3$ 的结构。另外，其裂分图亦可支持上述论断。$\delta=0.9$ 的三峰为仳邻亚甲基的甲基信号，当与 $O{=}\overset{|}{C}{-}$ 相邻时，亚甲基的化学位移为 $\delta=2.2$ 左右，且 $\delta=1.7$ 的亚甲基分裂为六重峰。$\delta=1.7$ 的亚甲基峰受左右质子耦合影响本应分裂为$(3+1)\times(2+1)=12$的多重峰，但由于仪器分辨率限制而没有观察到。故其结构为

$$CH_3CH_2CH_2\overset{\overset{\displaystyle O}{\|}}{C}OCH_3$$

【例 9.3】 图 9.13 所示是某化合物 $C_{11}H_{20}O_4$ 在 CCl_4 溶液中的 NMR 谱，且红外光谱指示其为酯类化合物，试推测其结构。

解　不饱和度 $\Omega=1+11+(0-20)/2=2$

积分线(从左至右)指出图中四类质子的强度比为：2∶2∶3∶3，其和为 10。而化学式中有 20 个质子，表示分子是对称的(二重轴或镜面等)，从耦合分裂的图形(是一级谱图)以及所处的化学位移已可写出下述结构

$—O—CH_2—CH_3$，$—C—CH_2—CH_3$

又因为红外光谱指出是酯类，分子又要求对称，于是进一步写出

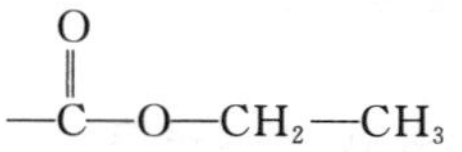

(2 个，化学等价)

$—C—CH_2—CH_3$

(2 个，化学等价)

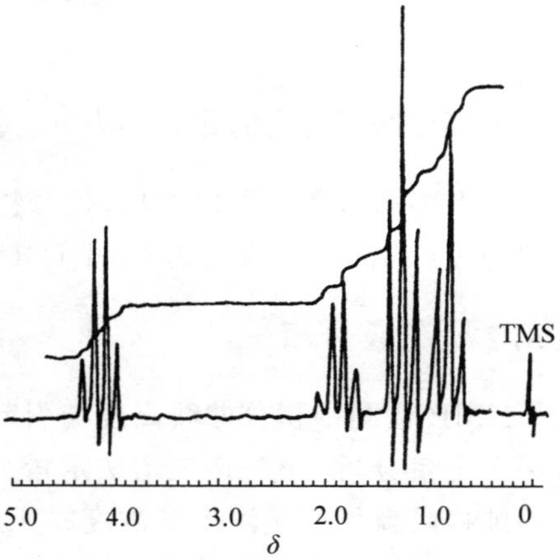

图 9.13　$C_{11}H_{20}O_4$ 在 CCl_4 溶液中的 ^1H NMR 谱图

分子不饱和度为 2，均已使用并多出 1 个碳原子，但酯基不能共用碳原子，只能是 2 个 $C—CH_2—CH_3$ 共用 1 个碳原子，其中存在 $CH_3—CH_2—\overset{|}{\underset{|}{C}}—CH_2—CH_3$。最后的连接方式只能是

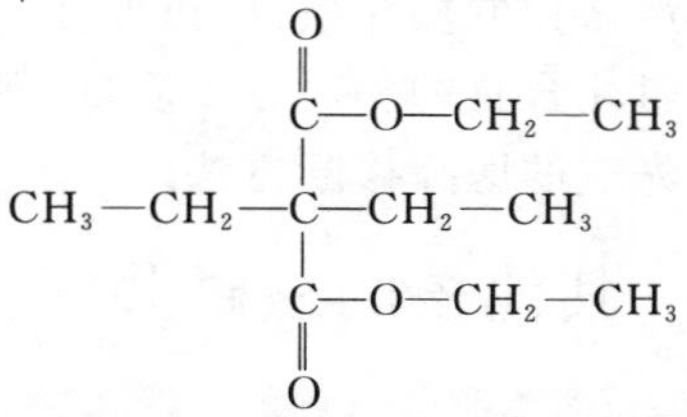

【例 9.4】　图 9.14 所示为仅含碳氢原子的无色异构体的 ^1H NMR 谱图，试推测其结构。

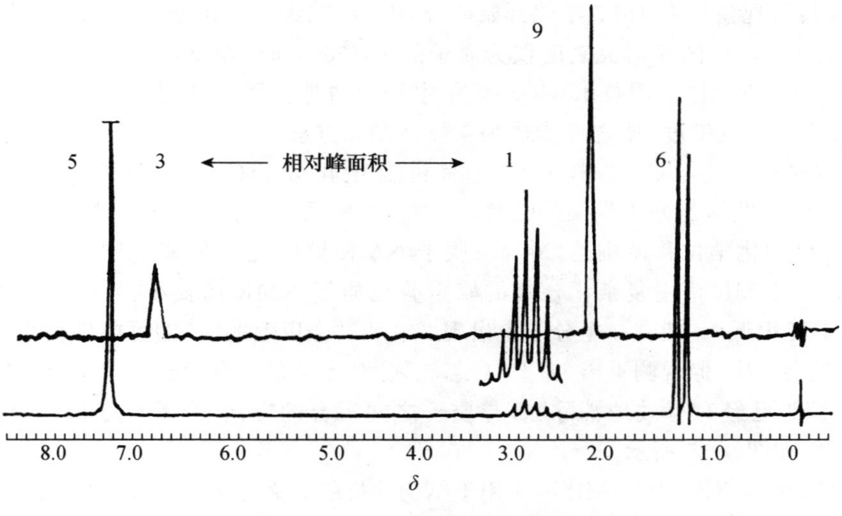

图 9.14　某两种异构体谱图

解　从图的下部分中可以看到 $\delta=7.2$ 的是芳环上质子峰，相对峰高表明有 5 个质子，说明为单取代苯化合物。$\delta=2.9$ 的单质子及 $\delta=1.2$ 的 6 个质子只能是下述结构

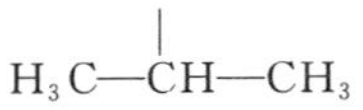

故下半部分谱图对应的化合物为 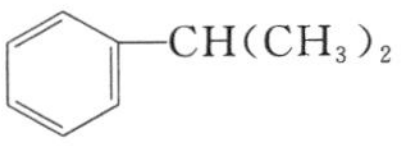 。

从上半部分图中可以看出，化合物在 $\delta=6.8$ 的芳环上质子峰与脂肪链上质子峰的相对峰高比为 3∶9，故该化合物为 $C_6H_3(CH_3)_3$，说明该化合物为 1,3,5-三甲基苯。

9.3.2 定量分析

NMR 谱图中积分曲线高度与引起该峰的氢核数呈正比，这不仅用于结构分析中，同样亦可用于定量分析。NMR 波谱法定量分析的最大优点是不需引进任何校正因子，且不需化合物的纯样品就可直接测出其浓度。

为了确定仪器的积分高度与质子浓度的关系，必须采用一种标准化合物来进行校准。基本要求是标准化合物的峰不会与任何试样的峰相重叠，最好使用有机硅化合物，因为它们的质子峰都在高磁场区。内标法的原理是准确称取样品和内标化合物，以合适溶剂配成适宜浓度的溶液并测定其谱图，根据各共振峰积分高度的比值，即可直接求算自旋核的数目。内标法测定准确度高，操作方便，使用较多。外标法只是在未知化合物成分复杂、难以选择合适内标化合物时使用。使用外标法时要求严格控制操作条件，以保证结果的准确性。

核磁共振技术还可以测定碳氢化合物的相对分子质量；研究分子的内旋转，测定反应速率常数等。核磁成像技术也是一种先进的医疗诊断方法。

9.4 其他核的核磁共振波谱

9.4.1 ^{13}C 的核磁共振(^{13}C NMR)波谱

^{13}C 核的共振现象早在 1957 年就开始研究，但^{13}C 的天然丰度很低(1.1%)，且^{13}C 的磁旋比约为质子的 1/4，^{13}C 的相对灵敏度仅为质子的 1/5600，所以早期研究得并不多。直至 1970 年后，发展了 PFT-NMR 应用技术，有关研究才开始增加。而且通过双照射技术的质子去耦作用，大大提高了其灵敏度，使之逐步成为常规 NMR 方法。

与质子 NMR 相比，^{13}C NMR 在测定有机及生化分子的结构中具有很大的优越性：(i) ^{13}C NMR 谱提供的是分子骨架的信息，而不是外围质子的信息；(ii) 对大多数有机分子来说，^{13}C NMR 谱的化学位移范围达 200，与质子 NMR 谱的化学位移范围(≈10)相比要宽得多，意味着在^{13}C NMR 谱中复杂化合物的峰重叠比质子 NMR 谱要小得多；(iii) 在一般样品中，由于^{13}C 丰度很低，一般在一个分子中出现 2 个或 2 个以上的^{13}C 的可能性很小，同核耦合及自旋-自旋分裂会发生，但观测不出，加上^{13}C 与相邻^{12}C 不会发生自旋耦合，有效地降低了谱图的复杂性；(iv) 因为已经有有效地消除^{13}C 与质子之间耦合的方法，经常可以得到只有单线组成的^{13}C NMR 谱，如图 9.15 所示。

与质子 NMR 谱相比，^{13}C NMR 谱应用于结构分析的意义更大。^{13}C NMR 主要是依据化学位移来进行的，而自旋-自旋作用不大。图 9.16 显示了某些重要官能团中的^{13}C 的化学位移值。

^{13}C NMR 谱在复杂化合物及固相样品分析中有重要作用，如已经发展起来的二维^{13}C NMR(two dimension ^{13}C NMR，2D ^{13}C NMR)及三维^{13}C NMR 谱等，更进一步扩大了 NMR 波谱法的应用。

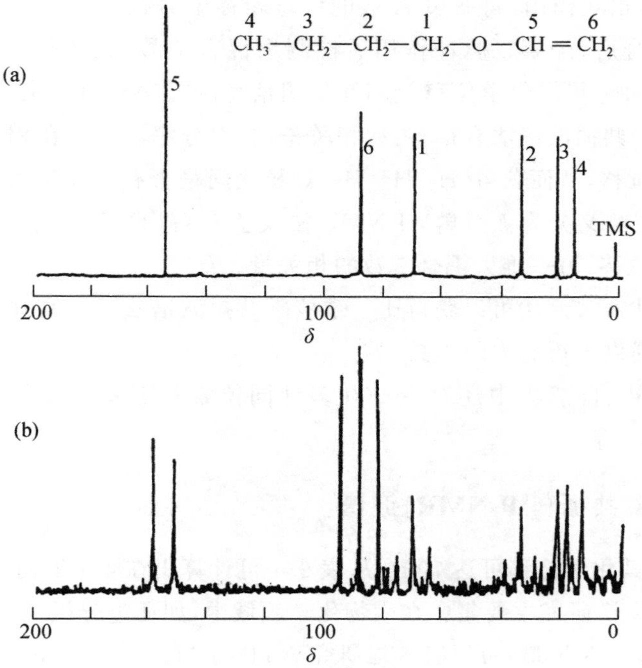

图 9.15　典型的^{13}C NMR 谱图

(a) 去质子耦合　(b) 质子耦合

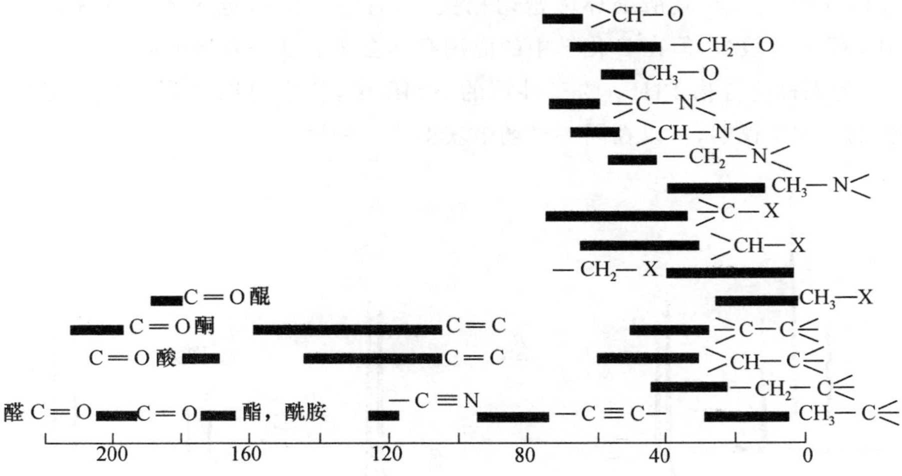

图 9.16　重要官能团的^{13}C 化学位移值

(图中 X 代表卤素)

二维核磁共振波谱　NMR 谱图中由于自旋-自旋耦合、交叉弛豫及化学位移相近等存在，变得十分复杂，难以进行分子结构解析及分子动力学研究等。设 A 核与 B 核之间有某种相互作用存在，对 A 核施加两个间隔为 t_1 时间的 90°脉冲，得到有关 A 核进动频率的信息，通过两核之间的相互作用，将有关A核的信息转移至B核一部分，A核转移过来的信息与B核自身信息混合后，经第二脉冲作用后检测出混合信号，经解析后获得这两种信息相结合的谱图。这种同时获得化学位移及相互作用信息的方法称为二维核磁共振波谱法。

常用的二维核磁共振波谱法有很多，如相关谱法、J 分解法等。在相关谱法中，二维分别是^{1}H 或^{13}C 的化学位移，从而获得^{1}H-^{1}H、^{1}H-^{13}C 核之间是否有相互作用，哪些核之间有相互作用等信息。J 分解法又分为 J 分解^{1}H NMR 法及 J 分解^{13}C NMR 法，在这类方法中，一维为^{1}H 或^{13}C 的化学位移，另一维为耦合常数的相关量。

利用二维核磁共振波谱法可以获得比一维核磁共振波谱法更丰富并更简明的信息，为复杂分子的结构鉴定提供了更有力的工具。

除了^{1}H 和^{13}C 外，自然界中还存在 200 多种同位素且有不为零的磁矩，其中包括^{31}P、^{15}N、^{19}F、^{2}D、^{11}B、^{23}Na 等。

9.4.2　^{31}P 的核磁共振(^{31}P NMR)波谱

^{31}P 的 $I=1/2$，其化学位移可达 700。从表 9.1 可计算出在 4.7 T 的磁场中核共振频率为 81.0 MHz。^{31}P NMR 谱研究主要集中在生物化学领域中，如通过分析三磷酸腺苷(ATP)在不同 Mg^{2+} 存在下的^{31}P NMR 谱，可以有效地研究 ATP 与 Mg^{2+} 的作用过程。

9.4.3　^{19}F 的核磁共振(^{19}F NMR)波谱

^{19}F 的 $I=1/2$，磁旋比与质子相近，在 4.7 T 的磁场中，共振频率为 188 MHz(质子为 200 MHz)。F 的化学位移可达 300，与其所处环境密切相关，而且溶剂效应也比质子的大得多。相对来说，^{19}F NMR 研究得很少，但在 F 化学中的应用必然会拓展这一领域的研究。

图 9.17 为无机化合物 PHF_2 的三种核的 NMR 谱，从中可以看到三种核明显的相互作用。用现代的 NMR 仪器，可以在同一磁场中获得这三种谱图。

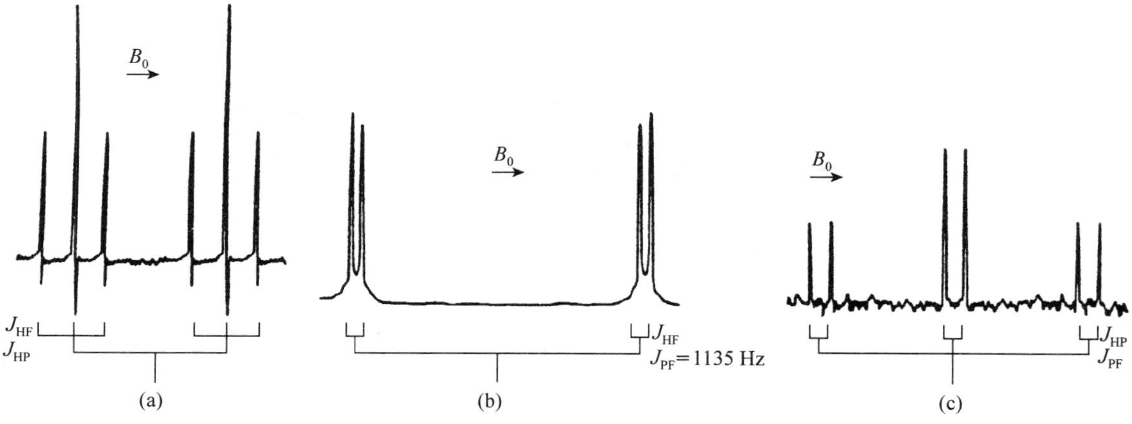

图 9.17　−20℃ 时 PHF_2 的 NMR 谱图

(a) 60 MHz，^{1}H NMR　(b) 94.1 MHz，^{19}F NMR　(c) 40.4 MHz，^{31}P NMR

9.5　电子自旋共振波谱法

电子与质子一样具有 1/2 的自旋量子数,因此在强磁场的影响下也具有不同的自旋能级。电子所带的是负电荷,故其低能级对应于 $m_s=-1/2$。与质子一样,在一定条件下可以发生磁共振,称为电子自旋共振(electron spin resonance,ESR)波谱。含有至少一个未成对电子的物质是顺磁性的,在磁场中可以诱导出使原磁场加强的小磁场,因此也称为电子顺磁共振(electron paramagnetic resonance,EPR)波谱。

与质子 NMR 类似,在 ESR 中共振频率可以通过磁场中电子能级差计算出来

$$\Delta E = h\nu = \frac{\mu_B B_0}{I} = g\mu_B B_0 \tag{9.11}$$

式中:μ_B 为 Bohr 磁子,其值为 $9.2740\times10^{-24}\ \mathrm{J\cdot T^{-1}}$;$g$ 为分裂因子,其值随电子的环境而变化,自由电子的 $g=2.0023$,分子或离子中的未成对电子,其值为自由电子之值的百分之几。

ESR 谱仪常用的磁场为 0.34 T,从式(9.11)可以算出电子共振频率约为 9500 MHz,正好处于微波区域。

ESR 谱仪的仪器原理与 NMR 谱仪的相似,其辐射源是一个速调管,用以产生 9500 MHz 的单色微波辐射,此辐射通过波导管传给样品,共振则通过一个 Helmholtz 线圈来调节接收。

为了提高灵敏度和分辨率,ESR 谱图通常以导数形式来记录,图 9.18 为一环状带自由基分子的 ESR 谱,由于有 2 个 $^{14}N(I=1)$ 存在,呈现出精细分裂(分裂成的峰数为 $2nI+1=5$,其峰高之比为 1∶2∶3∶2∶1)。

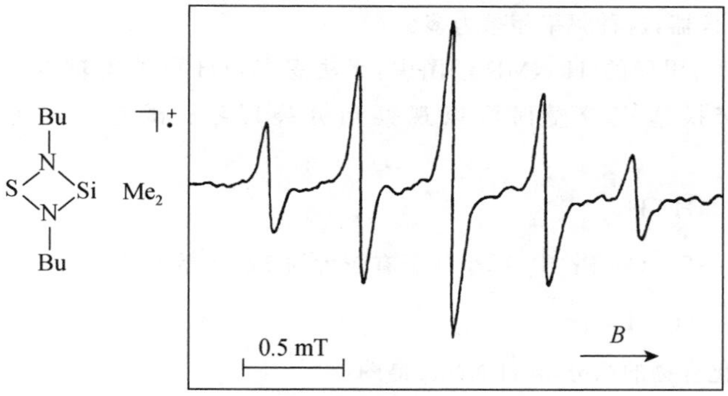

图 9.18　典型的 ESR 谱图

对于大多数分子,都不会观察到 ESR 效应。因为分子中的电子数都是偶数的,电子自旋因互相配对而相互抵消了磁效应。只有存在未成对电子的化合物,才会产生 ESR 效应。而未成对电子的自旋与分子内近邻的核的自旋耦合得到类似于核自旋-自旋耦合的分裂谱图,从而提供更多结构信息。

ESR 广泛地应用于研究经过自由基过程的化学、光化学和电化学反应,还可以用于研究过渡金属的配合物,定量测定带有未成对电子的金属离子等。目前一个最重要的应用是自旋标记(spin lable)技术,将一带有未成对电子的小分子选择性地附在大分子的某一特定位置,用于研究生物化学中蛋白质和细胞膜等体系的动态和静态信息。

参 考 资 料

[1] 武汉大学化学系. 仪器分析. 北京：高等教育出版社，2001.

[2] Skoog D A, Holler F J, Nieman T A. Principles of Instrumental Analysis. 5th ed. San Diego：Harcourt Brace & Company，1998.

[3] Christian G D, O'Reilly J E. 仪器分析. 王镇浦，王镇棣，译. 北京：北京大学出版社，1989.

[4] 清华大学分析化学教研室. 现代仪器分析. 北京：清华大学出版社，1983.

[5] 唐恢同. 有机化合物的光谱鉴定. 北京：北京大学出版社，1992.

[6] 梁晓天. 核磁共振. 北京：科学出版社，1982.

思考题与习题

9.1 名词解释：

(1) 磁各向异性；(2) Larmor 频率；(3) 耦合常数；(4) 化学位移；(5) 一级谱图。

9.2 一个自旋量子数为 5/2 的核在磁场中有多少种能态？量子数为多少？下述原子核中，哪些核无自旋角动量？

$$_3^7Li, _2^4He, _6^{12}C, _9^{19}F, _{15}^{31}P, _8^{16}O, _1^1H, _1^2D, _7^{14}N。$$

9.3 试计算在 1.9406 T 的磁场中下列各核的共振频率：$^1H, ^{13}C, ^{19}F, ^{31}P$。

9.4 计算在 25℃ 时，处于 2.4 T 磁场中 ^{13}C 高低能态的比例。

9.5 自旋-自旋弛豫与自旋-晶格弛豫有何不同？

9.6 使用 60.0 MHz 核磁共振谱仪上观察到某化合物中一种质子与 TMS 的吸收之差为 180 Hz。如果使用 40.0 MHz 的仪器，这种频率相差为多少？

9.7 在室温情况下，甲醇的 1H NMR 谱图中，无法观察到自旋-自旋耦合。但当甲醇样品冷却至 −40℃ 时，由于质子交换速率较慢而可以观察到分裂现象。试勾画出上述两种温度下甲醇的 1H NMR。

9.8 在化合物
$$Cl\overset{\displaystyle H}{\underset{\displaystyle H_a}{-C-}}\overset{\displaystyle H}{\underset{\displaystyle H_b}{C-}}Br$$
中，哪个质子有较大的 δ 值？为什么？

9.9 试预测下列化合物的高分辨 1H NMR 谱图：

(1) 丙酮；(2) 甲基乙基酮；(3) 甲基异丙酮；(4) 1,2-二甲氧基乙烷（$CH_3OCH_2CH_2OCH_3$）；(5) 环己烷；(6) 乙醚。

9.10 Ficst's 酸的钠盐在 D_2O 溶液的 1H NMR 谱图中发现两个相等高度的峰，试述其属于下述何种结构？

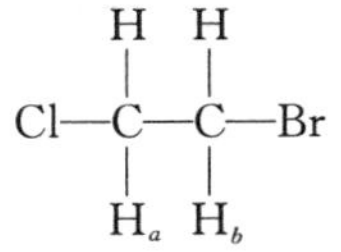

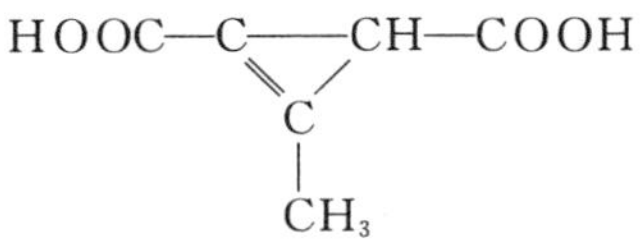

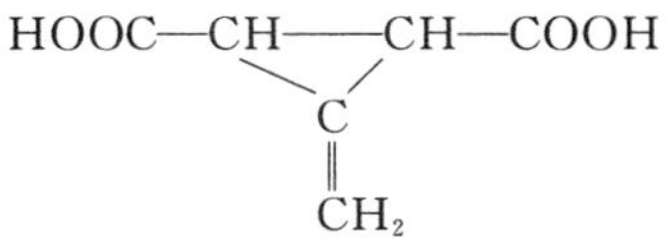

9.11 对氯苯乙醚的 1H NMR 谱图如图 9.19 所示。试说明各峰之归属，并解释其原因。

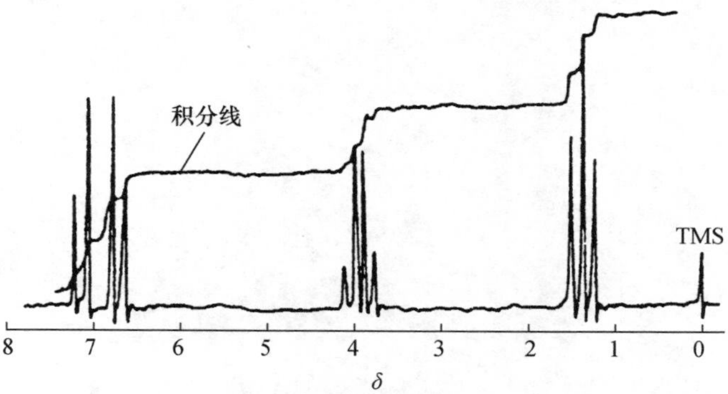

图 9.19　对氯苯乙醚的^{1}H NMR 谱图

9.12　图 9.20 所示为一仅含一个 Br 原子的有机化合物的^{1}H NMR 谱图，试推断其结构。

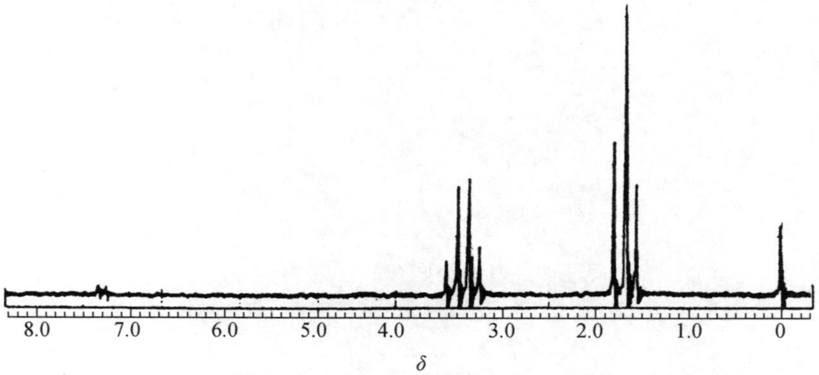

图 9.20　仅含 1 个 Br 原子的某未知有机化合物的^{1}H NMR 谱图

9.13　一化学式为 $C_4H_7BrO_2$ 的^{1}H NMR 谱图如图 9.21 所示，试解析其结构。

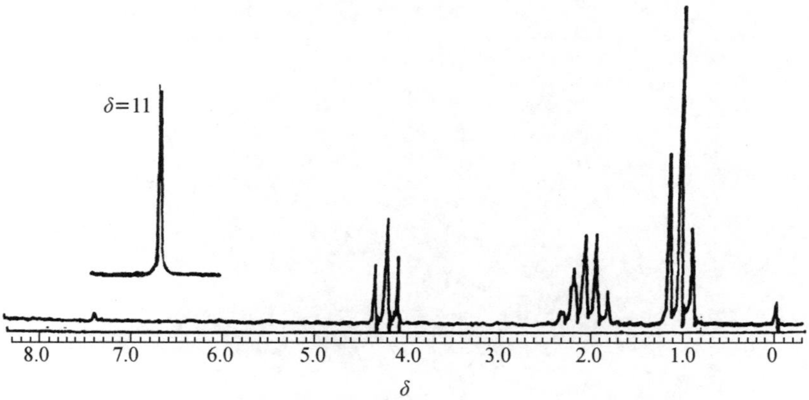

图 9.21　化合物 $C_4H_7BrO_2$ 的^{1}H NMR 谱图

9.14　在 30℃时液态乙酰丙酮的 NMR 谱图中有一个 $\delta=5.62$ 处(积分为 37 个单位)的峰，一个在 $\delta=3.66$ 处(19.5 个单位)的峰及其他与本题无关的峰。试计算其烯醇成分的质量分数。

9.15　NMR 仪器中场频连锁系统是什么？

电分析化学篇

第 10 章 电分析化学引论

电分析化学是仪器分析的一个重要的分支。它是以测量某一化学体系或试样的电响应为基础建立起来的一类分析方法。它使测定的对象成为一个电化学电池(electrochemical cell)的组成部分,通过测量电池的某些物理量如电位、电流、电导或电量等,以求得物质的含量或测定某些电化学性质。电化学电池的基本原理和操作实践方面的知识将是各种电化学方法的基础,也是本章的主要内容。

10.1 电化学电池

一个简单的电化学电池由两个半电池(half cell)构成。所谓半电池就是一支电极和与其相接触的电解质溶液。其中,电极(electrode)是电子导体,电解质(electrolyte)是离子导体。典型的电极材料包括固体金属(铂、金)、液体金属(汞、汞齐)、碳(石墨、玻碳)和半导体(铟-锡氧化物、硅)。常用的电解质溶液是含有离子物种的水溶液或非水溶液,不常用的电解质溶液包括熔融盐、离子型导电聚合物、固体电解质等。就电化学电池而言,所研究的电化学体系,电解质溶液必须有较低的电阻(即有足够高的导电性)。

两个半电池构成电化学电池有两种方式,一种是两个电极浸在同一个电解质溶液中,这样构成的电池称为无液体接界电池[图 10.1(a)];另一种是两个电极分别浸在不同的电解质溶液中,溶液用烧结玻璃隔开,用盐桥(salt bridge)连接,这样构成的电池称为有液体接界电池(liquid junction cell)[图 10.1(b)]。其中,烧结玻璃和盐桥是为了避免两种电解质溶液很快地机械混合,同时又能让离子通过。

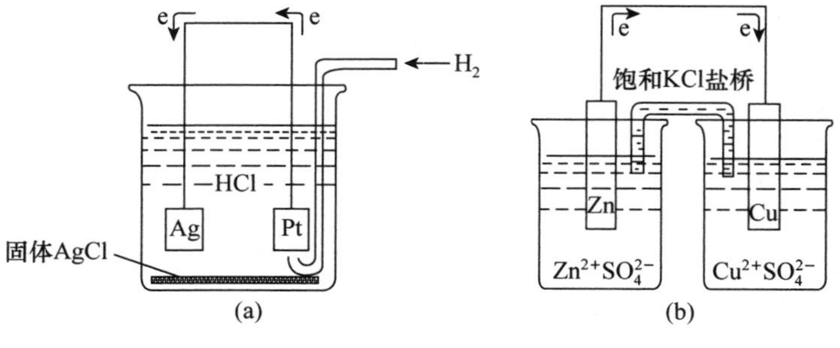

图 10.1 化学电池

(a) 无液体接界电池 (b) 有液体接界电池

(a)中 $P(H_2)=101.325$ kPa ,$c(HCl)=0.1$ mol · L^{-1}

电化学电池是化学能与电能互相转换的装置。因而按照能量转换进行分类,又分为原电池(galvanic cell)和电解池(electrolytic cell)。能自发地将化学能转变成电能的装置称为原电池。商业上重要的原电池包括不可再充电的 Zn-MnO_2 电池,可充电的 Pb-PbO_2 蓄电池、锂电池和氢氧燃料电池等。而需要从外部电源提供电能迫使电流通过，使电池内部发生电极反应的装置称为电解池。电解池的商业应用包括电解合成（如氯气的生产）、电解精炼（如铜）和电镀（如银）等。

当电池工作时，电流必须在电池内部和外部流通，构成回路。电流是电荷的流动。外部电路是电子导体，移动的是带负电荷的电子；电池内部是电解质溶液，移动的是分别带正、负电荷的离子。为使电流能在整个回路中通过，必须在两个电极和溶液界面处发生有电子迁移的电极反应，即离子或分子从电极上获得电子，或将电子供给电极。通常将发生氧化反应的电极（离子或分子失去电子）称为阳极（anode），发生还原反应的电极（离子或分子得到电子）称为阴极（cathode）。如图 10.1(a)中的电极反应为

$$\text{阳极：}\quad H_2 \rightleftharpoons 2H^+ + 2e$$

$$\text{阴极：}\quad AgCl \rightleftharpoons Ag^+ + Cl^-,\ Ag^+ + e \rightleftharpoons Ag$$

电池可以用一定的表达式表示。为了使电池的书写表达式简便、统一，应遵循如下几条规定：① 将阳极写在左边，阴极写在右边。② 电池中各组成物质以化学式表示，并标明物质的聚集状态（气、液、固态等），溶液要标上活度或浓度（$mol \cdot L^{-1}$），若为气体物质应注明其分压（Pa）和温度。如不写出，则表明温度为 298.15 K，气体分压为 101.325 kPa，溶液浓度为 1 $mol \cdot L^{-1}$。③ 以单竖线“|”表示电极与溶液的两相界面，以“‖”表示盐桥。同一相中的不同物质之间用“,”隔开。

照此规定，图 10.1(b)的丹尼尔（Daniell）电池是把金属 Zn 插入 $ZnSO_4$ 水溶液中，金属 Cu 插入 $CuSO_4$ 水溶液中，为了避免 Cu^{2+} 和 Zn 电极的直接反应，两者用盐桥连接。它可表示为

$$(-)\quad Zn \mid ZnSO_4(a_1) \parallel CuSO_4(a_2) \mid Cu \quad (+)$$

由于 Zn 比 Cu 的标准电极电位要负，因此 Zn 较 Cu 活泼，Zn 原子易失去电子，氧化成 Zn^{2+} 进入溶液相。Zn 原子将失去的电子留在 Zn 电极上，通过外电路流到 Cu 电极上。Cu^{2+} 接受流来的电子成为金属 Cu 沉积在 Cu 电极上。因此 Zn 电极上发生的是氧化反应，是阳极：

$$Zn \rightleftharpoons Zn^{2+} + 2e$$

Cu 电极上发生的是还原反应，是阴极：

$$Cu^{2+} + 2e \rightleftharpoons Cu$$

电池的总反应方程式为：

$$Zn + Cu^{2+} \rightleftharpoons Zn^{2+} + Cu$$

外电路电子流动的方向是，电子由 Zn 电极流向 Cu 电极。电流的方向与此相反，由 Cu 电极流向 Zn 电极。所以 Cu 电极的电位较正，为正极（+）；Zn 电极的电位较负，为负极（−）。

此时，该电池产生电能，被称为原电池。相反，如果将一个外加电源的负端连接到 Zn 电极，正端连接到 Cu 电极，此时，该电池消耗电能，是电解池。电池的总反应方程式为：

$$Cu + Zn^{2+} \rightleftharpoons Cu^{2+} + Zn$$

由上可知，电池反应是由两个半电池反应组成的，因此，电池的电动势（thermodynamic potential of an electrochemical cell）是指当通过电池的电流为零或接近于零时，两电极间的电位差，以 $E_{池}$ 表示，单位为 V。按规定，电池的电动势为阴极的电极电位 φ_c 减去阳极的电极电位 φ_a，即

$$E_{池} = \varphi_c - \varphi_a \tag{10.1}$$

若根据式(10.1)算得的电池电动势为正值,表示电池反应能自发地进行,是一个原电池。反之,是非自发进行的电池。要使其电池反应进行,必须外加一个大于该电池电动势的电压,构成一个电解池。

10.2 溶液结构-电双层

理解电化学测量涉及异相体系是很重要的,电极是由电极-溶液界面的物质提供或接受电子,因而界面层的组成与溶液主体可能有明显不同。一个带正电的电极吸引带负电的离子,反之亦然,因为界面必须是电中性的。因此,在电极-溶液界面上的荷电物质和偶极子的定向排列称为电双层(electric double-layer)区域。它反映了为补偿电极上的过剩电荷而在溶液中形成的离子分布区域。电双层中最靠近电极的一层称为紧密层(compact layer),或称为亥姆霍兹层,如图 10.2(a)所示,范围为 d_0 到 d_1 区间,它包含溶剂分子以及一些特性吸附的离子或分子。在此区间内,电位随距离电极的位置呈线性变化。远离电极的一层称为分散层(diffuse layer),是由非特性吸附离子的热运动形成的三维区间,范围从 d_1 到 d_2,其电位随距离电极的位置呈指数分布[图 10.2(b)]。电双层的厚度与溶液中总离子浓度有关。电双层总的电荷量与电极所带净电荷大小相等,符号相反。电双层相当于一个平行板电容器,当在电极上施加一个电位,如果在界面上没有电活性物质存在,将会发现电流瞬时出现,然后很快衰减到零。这个电流称为充电电流(或电容电流)。

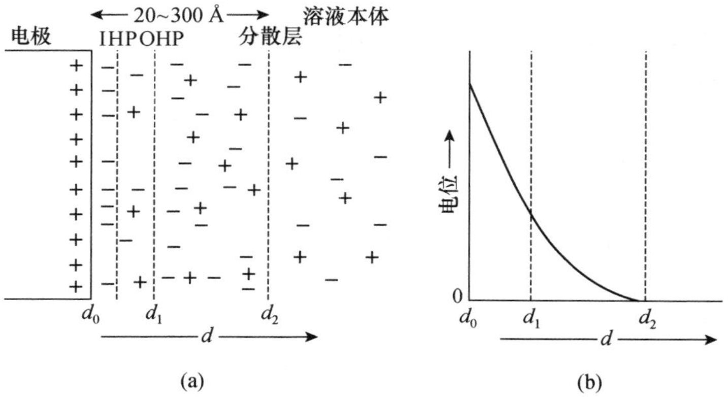

图 10.2 在外加电位下形成的电双层模型(a)和电双层区域的电位分布图(b)

在电极-溶液界面有两类过程能产生电流,一类涉及电子通过氧化反应或还原反应的直接转移,被称为法拉第过程,遵守法拉第定律,即电极反应产生的电流与电活性物质的量成正比,产生的电流被称为法拉第电流。另一类是非氧化还原反应产生的电流,被称为非法拉第电流,如电双层充放电产生的充电电流。其大小与外加电位、电极的面积和电容的大小有关。在电化学实验中,通常不能忽略充电电流的存在。尤其在电活性物质浓度很低的电极反应中,充电电流要比氧化或还原反应产生的法拉第电流大得多。

当电子到达电极-溶液界面,它能有两种选择,一种是它能继续留在电极表面,增加电双层的电荷,产生非法拉第电流。另一种是它离开电极表面,转移给溶液中的电活性物质,变成法拉第电流的一部分。

10.3　电极电位

10.3.1　平衡电极电位

既然一个电化学电池的电动势是阴极和阳极的电位差,那么理解什么是一个电极的电位是非常重要的。金属可看成由金属离子和自由电子组成。金属离子以点阵结构排列,电子在其中运动。如 Zn 片与 $ZnSO_4$ 溶液接触时,金属中 Zn^{2+} 的化学势大于溶液中 Zn^{2+} 的化学势,Zn 不断溶解到溶液中。Zn^{2+} 到溶液中,电子被留在金属片上,结果金属带负电,溶液就带正电,两相间形成了电双层。电双层的形成,破坏了原来金属和溶液两相间的电中性,建立了电位差。这种电位差将排斥 Zn^{2+} 继续进入溶液,金属表面的负电荷对溶液中的 Zn^{2+} 又有吸引。以上两种倾向平衡的结果,形成了平衡相间电位,也就是平衡电极电位(equilibrium electrode potential)。

类似的情况也发生在 Cu 电极和 Ag 电极上。对于 Ag 电极,Ag^+ 在溶液中的化学势比在金属中要高。Ag^+ 较易沉积到金属上,形成的平衡电极电位符号与 Zn 电极相反,即金属表面带正电,溶液为负电。注意:只要是电子导体与离子导体直接接触,就会在其界面间形成电双层而产生电极电位,并不是只有金属浸入该金属离子的溶液时才构成电极而具有电极电位。

10.3.2　电位的测量

当人们用测量仪器测量电极的电位时,测量仪器的一个接头需与待测电极的金属相连,而另一个接头必须经过另一种导体才能与电解质溶液接触。这后一个接头就必然形成一个固-液界面,构成第二个电极。这样电极电位的测量就变成对一个电池电动势的测量。因此,一个半电池的电极电位是无法测量的,即单个电极的绝对电极电位无法得到,只能组成电池测电池的电动势。为了计算或考虑问题的方便,使各种电极测量得到的数据能有可比性,第二个电极应是共同的参比电极(reference electrode)。这种参比电极在给定的实验条件下能得到稳定而可重现的电位值。因此,标准氢电极(standard hydrogen electrode,SHE)被 IUPAC 推荐用作基本的参比电极。

标准氢电极如图 10.3 所示。它是一片在表面涂有薄层铂黑(注:金属铂的极细粉末呈黑色)的铂片,浸在氢离子活度等于 1 的溶液中。在玻管中通入压强为 101.325 kPa 的氢气,让铂电极表面上不断有氢气泡通过。电极反应为

$$2H^+ + 2e \rightleftharpoons H_2(g)$$

人为规定在任何温度下,标准氢电极的电极电位为零。

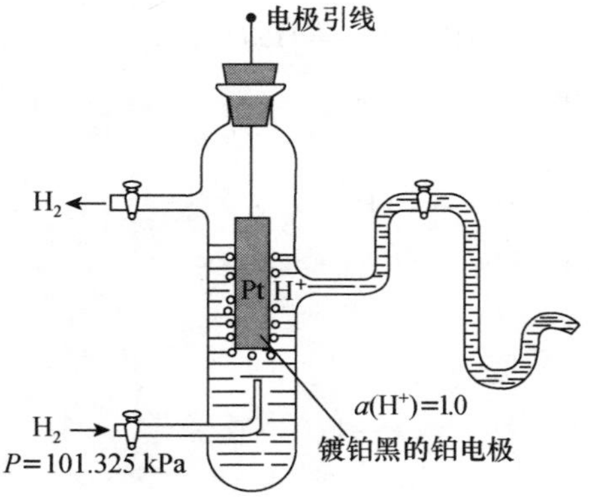

图 10.3　标准氢电极

IUPAC 规定任何电极的电位是:它与标准氢电极构成原电池,由所测得的电动势推算得到该电极的电极电位。由此,当电子通过外电路,由标准氢电极流向该电极,则该电极电位应为正值;当电子通过外电路,由该电极流向标准氢电极,则该电极电位应为负值。在 298.15 K 时,以水为溶剂,当氧化态和还原态活度等于单

位活度(数值为 1)时的电极电位称为标准电极电位(standard electrode potential)。如 Zn 的标准电极电位为−0.763 V。

尽管标准氢电极是作为参比的普遍标准,但需要清楚的是标准氢电极是不能实际被制作的,只是一种假想的电极。原因是标准氢电极中包括氢离子活度为 1 的溶液,在某一温度下,这种溶液是可能存在的,但无法准确测定它,所以也就无法精确配制这个溶液。虽然标准氢电极不能制作,但对于给定电极的标准电极电位,有的可以采用实验方法进行测定,而有的可根据化学热力学原理,通过计算得到。表 10.1 列举了一些标准电极电位值。

表 10.1 标准电极电位及条件电位(φ, vs. SHE)

电极反应	标准电位 $\varphi^{\ominus}$/V	条件(介质条件)电位 $\varphi^{\ominus\prime}$/V
$O_3+2H^++2e \rightleftharpoons O_2+H_2O$	2.075	
$S_2O_8^{2-}+2e \rightleftharpoons 2SO_4^{2-}$	2.01	
$H_2O_2+2H^++2e \rightleftharpoons 2H_2O$	1.776	
$Ce^{4+}+e \rightleftharpoons Ce^{3+}$	1.44	1.70 (1 mol·L^{-1} $HClO_4$)
		1.44 (1 mol·L^{-1} H_2SO_4)
		1.28 (1 mol·L^{-1} HCl)
$2BrO_3^-+12H^++10e \rightleftharpoons Br_2+6H_2O$	1.52	
$MnO_4^-+8H^++5e \rightleftharpoons Mn^{2+}+4H_2O$	1.51	
$BrO_3^-+6H^++6e \rightleftharpoons Br^-+3H_2O$	1.44	
$Cl_2(g)+2e \rightleftharpoons 2Cl^-$	1.359	
$Cr_2O_7^{2-}+14H^++6e \rightleftharpoons 2Cr^{3+}+7H_2O$	1.33	1.03 (1 mol·L^{-1} $HClO_4$)
		1.15 (0.1 mol·L^{-1} H_2SO_4)
$MnO_2(s)+4H^++2e \rightleftharpoons Mn^{2+}+2H_2O$	1.23	
$O_2+4H^++4e \rightleftharpoons 2H_2O$	1.229	
$2IO_3^-+12H^++10e \rightleftharpoons I_2(s)+6H_2O$	1.195	
$Br_2(aq)+2e \rightleftharpoons 2Br^-$	1.087	
$NO_3^-+3H^++2e \rightleftharpoons HNO_2+H_2O$	0.94	
$Hg^{2+}+2e \rightleftharpoons Hg$	0.854	
$Ag^++e \rightleftharpoons Ag$	0.799	
$Hg_2^{2+}+2e \rightleftharpoons 2Hg$	0.788	
$Fe^{3+}+e \rightleftharpoons Fe^{2+}$	0.771	0.70 (1 mol·L^{-1} HCl)
		0.68 (1 mol·L^{-1} H_2SO_4)
		0.44 (0.3 mol·L^{-1} H_3PO_4)
$Fe(CN)_6^{3-}+e \rightleftharpoons Fe(CN)_6^{4-}$	0.36	0.71 (1 mol·L^{-1} HCl)
$PtCl_6^{2-}+2e \rightleftharpoons PtCl_4^{2-}+2Cl^-$	0.68	
$O_2+2H^++2e \rightleftharpoons H_2O_2$	0.682	
$2HgCl_2+2e \rightleftharpoons Hg_2Cl_2+2Cl^-$	0.63	
$MnO_4^-+2H_2O+3e \rightleftharpoons MnO_2+4OH^-$	0.60	

续表

电极反应	标准电位 $\varphi^\ominus$/V	条件(介质条件)电位 $\varphi^{\ominus\prime}$/V
$MnO_4^- + e \rightleftharpoons MnO_4^{2-}$	0.564	
$H_3AsO_4 + 2H^+ + 2e \rightleftharpoons HAsO_2 + 2H_2O$	0.560	
$I_3^- + 2e \rightleftharpoons 3I^-$	0.536	
$I_2(s) + 2e \rightleftharpoons 2I^-$	0.5355	
$Cu^{2+} + 2e \rightleftharpoons Cu$	0.337	
$Hg_2Cl_2 + 2e \rightleftharpoons 2Hg + 2Cl^-$	0.268	
$SO_4^{2-} + 4H^+ + 2e \rightleftharpoons H_2SO_3 + H_2O$	0.172	
$Cu^{2+} + e \rightleftharpoons Cu^+$	0.153	
$Sn^{4+} + 2e \rightleftharpoons Sn^{2+}$	0.154	0.14 (1 mol·L^{-1} HCl)
$S + 2H^+ + 2e \rightleftharpoons H_2S(aq)$	0.142	
$S_4O_6^{2-} + 2e \rightleftharpoons 2S_2O_3^{2-}$	0.080	
$2H^+ + 2e \rightleftharpoons H_2$	0.0000	
$Sn^{2+} + 2e \rightleftharpoons Sn$	−0.136	
$TiO^{2+} + 2H^+ + e \rightleftharpoons Ti^{3+} + H_2O$	0.10	
$Ti^{3+} + e \rightleftharpoons Ti^{2+}$	−0.37	
$Cd^{2+} + 2e \rightleftharpoons Cd$	−0.403	
$Fe^{2+} + 2e \rightleftharpoons Fe$	−0.44	
$S + 2e \rightleftharpoons S^{2-}$	−0.476	
$Zn^{2+} + 2e \rightleftharpoons Zn$	−0.763	
$SO_4^{2-} + H_2O + 2e \rightleftharpoons SO_3^{2-} + 2OH^-$	−0.93	

实际工作中常用其他的参比电极来测量和标出电位。所谓的参比电极是指电位比较稳定,提供标准电位参考的电极。理想的参比电极为电极反应可逆,电位恒定重现,电流通过时极化电位及机械扰动的影响小,温度系数小。尽管没有一个参比电极完全满足这些条件,但有几种能近似满足。常用的水溶液中的参比电极是 Ag-AgCl 电极和甘汞电极。

Ag-AgCl 电极可通过将金属 Ag 丝或 Ag 片浸在稀盐酸的溶液中电氧化,在表面镀一层 AgCl,浸在氯化银饱和的氯化钾溶液中即可制得,如图 10.4(a)所示。电极可表示为

$$Ag|AgCl(饱和),\ Cl^-(x\ mol\cdot L^{-1})$$

电极反应为

$$AgCl + e \rightleftharpoons Ag + Cl^-$$

电极电位为

$$\varphi = \varphi^\ominus_{AgCl,Ag} - 0.05915\lg a_{Cl^-} \tag{10.2}$$

该电极电位在一定温度(25℃)下取决于 Cl^- 的活度,在饱和 KCl 溶液中(KCl 的浓度大约是 4.6 mol·L^{-1}),Ag-AgCl 电极的电位为 0.197 V。

另一种常用的参比电极是甘汞电极,它是由纯 Hg 和 Hg_2Cl_2-Hg 的糊浆浸在 KCl 溶液中制得。电极可表示为

$$Hg|Hg_2Cl_2(饱和),\ Cl^-(x\ mol\cdot L^{-1})$$

电极电位为

$$\varphi = \varphi^\ominus_{Hg_2Cl_2,Hg} - 0.05915\lg a_{Cl^-} \tag{10.3}$$

该电极电位在一定温度(25℃)下取决于氯离子的活度。按所采用 KCl 浓度的不同而制得各种类型的甘汞电极。常应用饱和 KCl 溶液而制得饱和甘汞电极,如图 10.4(b)所示。类似的电极还有硫酸亚汞电极($Hg|Hg_2SO_4,SO_4^{2-}$)。这些电极作为参比电极使用,既克服了氢电极使用氢气的不便,又比较容易制备。电分析化学中将它们作为二级标准电极。表 10.2 列出了这些电极的电位值。

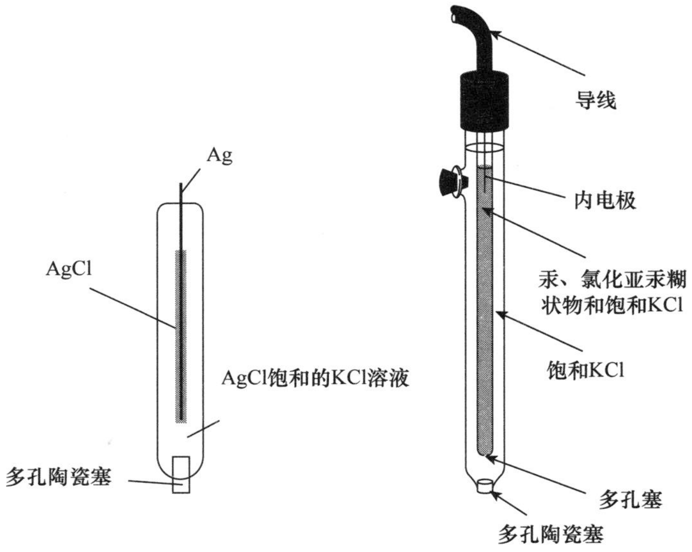

(a) (b)

图 10.4 常用的参比电极

Ag-AgCl 电极能在高于 60℃以上的环境中使用,而甘汞电极由于温度高时会发生歧化反应而不行。但 Ag^+ 能和许多物质如蛋白质等反应生成不溶物,导致电极和待测溶液的接触处堵塞。因此,应根据实际体系和实验条件,选择合适的参比电极。另外,为了防止倒流和可能的电解质污染,参比电极的内充液高度必须高于待测试液。

表 10.2 二级标准电极电位(25 ℃)

电 极	电极电位 φ (vs. SHE)/V
甘汞 $Hg\|Hg_2Cl_2,Cl^-$	
0.10 $mol\cdot L^{-1}$KCl	0.3356
1.0 $mol\cdot L^{-1}$KCl	0.2830
饱和 KCl	0.2444
银-氯化银 $Ag\|AgCl,Cl^-$	
0.10 $mol\cdot L^{-1}$KCl	0.288
1.0 $mol\cdot L^{-1}$KCl	0.228
饱和 KCl	0.198
硫酸亚汞 $Hg\|Hg_2SO_4,SO_4^{2-}$	
饱和 K_2SO_4(22 ℃)	0.658

能斯特(Nernst)方程式表示了电极电位 φ 与溶液中对应离子活度之间的关系。对于一个氧化还原体系：

$$\mathrm{Ox} + z\mathrm{e} \rightleftharpoons \mathrm{Red}$$

则有

$$\varphi = \varphi^{\ominus} + \frac{RT}{zF}\ln\frac{a_{\mathrm{O}}}{a_{\mathrm{R}}} \tag{10.4}$$

式(10.4)中：$\varphi^{\ominus}$是标准电极电位，R 是摩尔气体常数($8.3145\ \mathrm{J\cdot mol^{-1}\cdot K^{-1}}$)，$T$ 是热力学温度，F 是 Faraday 常数($96485\ \mathrm{C\cdot mol^{-1}}$)[注：1 个电子的电量为 1.602189×10^{-19} C，因此 1 mol 电子的电量是 $1.602189\times10^{-19}\times6.022\times10^{23}=96485\ \mathrm{C\cdot mol^{-1}}$]，$z$ 是电极反应中转移的电子数，a_{O} 和 a_{R} 是氧化态和还原态的活度。把各常数的数值代入并转换成 10 为底的对数，在 25℃时式(10.4)可写成

$$\varphi = \varphi^{\ominus} + \frac{0.05915}{z}\lg\frac{a_{\mathrm{O}}}{a_{\mathrm{R}}} \tag{10.5}$$

在分析中一般要测定的是物质的浓度，这可通过活度系数将 Nernst 方程式中活度项转化为浓度项。离子的活度系数与溶液的离子强度有关。

在实际工作中(如绘制校准曲线)常设法使标准溶液与被测溶液的离子强度相同，活度系数不变，这时可以用浓度代替活度。当反应物或产物以纯固体或纯液体形式存在时，它们的活度都被定义为 1，如在水溶液中水的活度，使用滴汞电极时汞的活度。

在实际工作中，为了方便也可用氧化态、还原态的分析浓度代替它们的活度。这时 Nernst 方程式中的标准电极电位 φ 要改用条件电位 φ'。因为溶液中离子的活度会受到离子强度、溶液的 pH、组分的溶剂化、离解、缔合和配合等因素的影响。条件电位 φ'就是在实际体系中，当氧化态和还原态的分析浓度为 $1\ \mathrm{mol\cdot L^{-1}}$ 时得到的电位(表 10.1)。

10.4　液接电位与盐桥

当两种不同组分的溶液或两种组分相同但浓度不同的溶液相接触时，离子因扩散通过相界面的速率不同而产生的电位差，称为液体接界电位(liquid junction potential，简称液接电位)，又称扩散电位。

图 10.5 中，Ⅰ、Ⅱ是两种浓度不同的 HCl 溶液相接触，HCl 浓度较大的溶液Ⅱ中的 H^+ 和 Cl^- 将向Ⅰ中扩散。由于 H^+ 的扩散速率比 Cl^- 大，结果 φ(Ⅰ)较正，φ(Ⅱ)较负，出现了电位差。这一电位差一旦产生，对 H^+ 的进一步运动产生阻碍作用，对 Cl^- 的运动起促进作用，直到最后两种离子的运动速率相等，建立一个稳定的电位差，这就是液接电位。其数值可以达到 30 mV 甚至更大。根据它产生的根源，有时也被称为扩散电位。

液接电位会影响电池电动势的测量结果，而所研究的电化学电池，往往需要两种不同的溶液接触，因而实际工作中必须设法消除液接电位，或者使其尽可能减小。通常的做法是在两种溶液之间用盐桥相连接。

盐桥一般是在饱和 KCl 溶液中加入约 3%的琼脂，加热使琼脂溶解，注入 U 形玻璃管中，冷却成凝胶。使用时将它的两端分别插入两个电解质溶液中，因饱和 KCl 溶液的浓度为 $4.6\ \mathrm{mol\cdot L^{-1}}$(25℃)，在盐桥与溶液的界面，主要是盐桥中 K^+ 和 Cl^- 扩散到插入的溶液中。K^+ 和 Cl^- 的扩散速率又相近，使盐桥与溶液接触处产生的液接电位很小，一般为 1～2 mV(图

10.6)。除了 KCl,能满足正、负离子的迁移速率大致相等,且可达到较高浓度,也不与半电池中溶液发生化学反应的其他电解质(如 KNO_3、NH_4NO_3 等)亦可用于制备盐桥。常用的参比电极 Ag-AgCl 电极和饱和甘汞电极中的 KCl 溶液在电位分析法中充当了盐桥的角色。

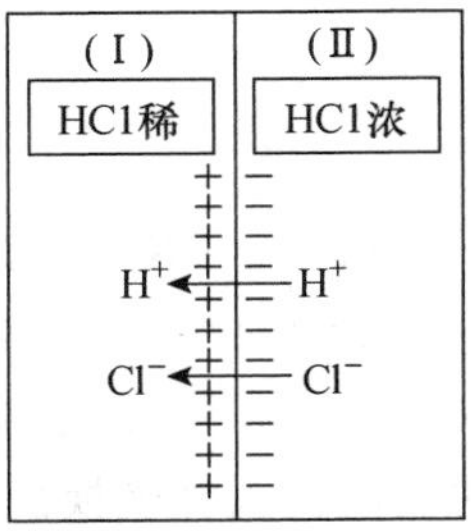

图 10.5 液接电位的形成

图中:$c(\text{Ⅰ})<c(\text{Ⅱ})$

$\varphi(\text{Ⅰ})-\varphi(\text{Ⅱ})>0$

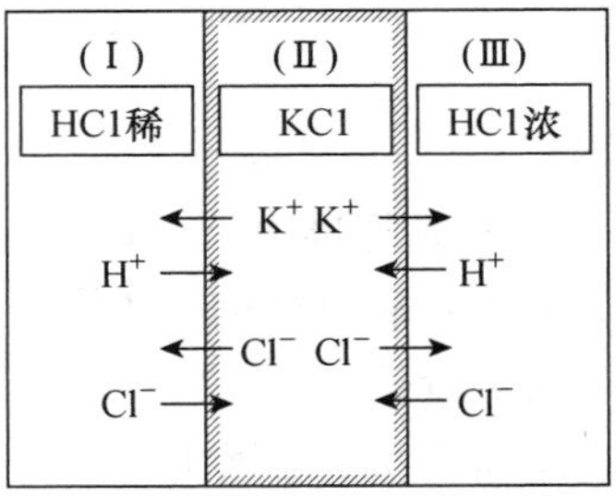

图 10.6 液接电位的消除

图中:$\varphi(\text{Ⅰ})-\varphi(\text{Ⅱ})\approx 0$

$\varphi(\text{Ⅲ})-\varphi(\text{Ⅱ})\approx 0$

当待测试液中含有能与溶液中的盐桥离子结合的物质,如测定含 S^{2-} 的溶液中,用 Ag-AgCl 参比电极,由于形成难溶物 Ag_2S 会引起参比电极的堵塞,此时,就需要用双盐桥参比电极,即在参比电极的外面,再加一层套管,内装如 KNO_3、NH_4NO_3 等溶液,这样,既能防止参比电极的内盐桥溶液从液接部位渗漏到试液中干扰测定,又能防止试液中的有害离子扩散到参比电极的内盐桥溶液中影响其电极电位。

10.5 电流对电化学电池的影响

当电极上无净电流流过时,电极处于平衡状态,与之相对应的电位是可逆平衡电位,符合 Nernst 方程,如标准电极电位和条件电位。当流过电池的电流很小时,仍可使用电极的可逆电位。当有较大电流流过原电池或电解池时,电极电位将偏离可逆平衡电位。这种偏离可归结到 iR 降(iR drop)和极化的影响,结果是使原电池的电动势降低,而使电解池所需的外加电压增大。

10.5.1 极化

当较大的电流流过电池时,电极电位改变很大而产生的电流变化很小,此现象称为极化(polarization)。极化是一个电极的现象。电池的两个电极都可以发生极化。研究单一电极的极化可以通过连接一个不容易极化的电极完成。这个非极化电极的特征是电极面积较大,半电池反应很快而且可逆。对于一个理想的极化电极和一个理想的非极化电极,其电流-电位曲线是需要考虑的。

理想的极化电极(ideal polarized electrodes)是指无论外加电位如何变化,都没有在电极-溶液的界面发生电荷转移而电流保持恒定的电极。图 10.7 (a)是一个电极在 A 和 B 的区域表现为理想的极化电极行为的电流-电位曲线。实际上找不到一个电极能在溶液可提供的整个电位范围内表现为理想的极化电极。但一些电极-溶液体系在一定的电位范围内接近理想极化,即电极的电极电位完全随外加电位改变,或电极电位改变很大而产生的电流变化很小,这种电极称为极化电极。如库仑分析法中的两支铂工作电极在电位窗内应为极化电极,极谱法中的汞电极在电位窗内是极化电极。电位窗(potential window)是工作电极浸入含有使溶液电阻降低的电解质时，在工作电极上没有氧化或还原反应发生的电位范围。

理想的去极化电极(ideal depolarized electrodes)是指无论电流如何变化，电位保持恒定的电极。图 10.7 (b)是一个理想去极化电极的电流-电位关系曲线，在 C 和 D 区域表现出理想去极化行为。同理，找不到一个理想的去极化电极，但一些电极在一定条件下，其电极电位不随外加电位改变，或电极电位改变很小而电流变化很大，这种电极称为去极化电极。如伏安法中的参比电极是去极化电极。

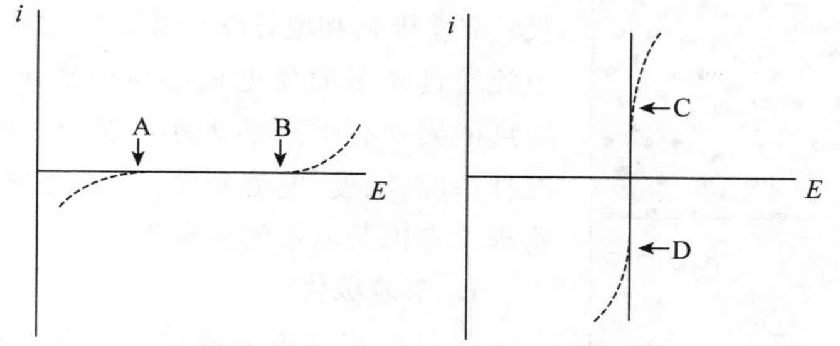

(a) 理想的极化电极　(b) 理想的去极化电极

图 10.7　理想的极化电极和理想的去极化电极的电流-电位曲线

在电极表面，一个总电极反应 $Ox + ze \rightleftharpoons Red$ 是由一系列步骤所组成，其结果是使溶解的氧化态转化为在溶液中的还原态(图 10.8)。包括：

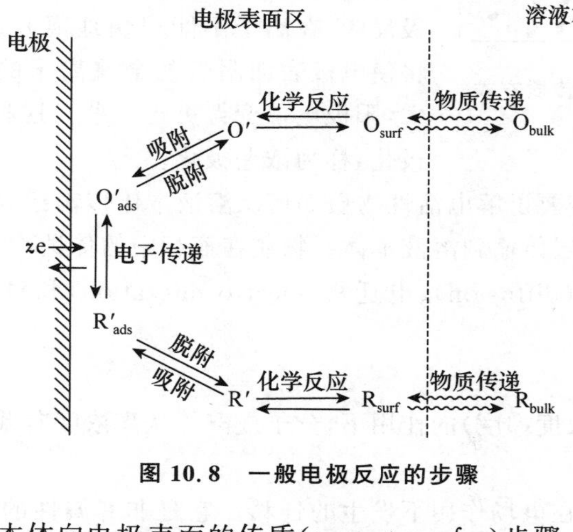

图 10.8　一般电极反应的步骤

(i) 反应物从溶液本体向电极表面的传质(mass transfer)步骤；

(ii) 反应物在电极表面上或表面附近的液层中进行反应前的表面转化步骤，如反应物在表面上吸附或发生化学变化；

(iii) 在电极表面上得到或失去电子，生成反应产物的电化学步骤；

(iv) 反应产物在电极表面上或表面附近的液层中进行随后的表面转化步骤，如从表面上脱附、反应产物的复合、分解、歧化或其他化学变化等；

(v) 反应产物生成新相(如气体或固相沉积层)的步骤，或反应产物从电极表面向溶液中或向电极内部传递的传质步骤。

电流(或电极反应速率)的大小是由以上步骤的速率所决定的。通常是由一个或多个慢的反应步骤所限制,称为速率决定步骤(rate-determining steps)。最简单的电极反应仅包括反应物向电极的物质传递、异相电子转移和产物向溶液本体的物质传递。在这种最简单的电极反应过程中,如果整个反应的速率由反应物从溶液本体向电极表面的物质传递步骤或产物向溶液本体的物质传递步骤所决定,则产生浓差极化(concentration polarization)。如果整个反应的速率由传质步骤以外的其他电化学步骤中的某一步骤所决定,则产生电化学极化(electrochemical polarization)。因此,极化通常可以分成两类:浓差极化和电化学极化。极化的发生是由于法拉第电流通过体系而使电极电位偏离平衡电位。影响极化程度的因素有电极的大小和形状、电解质溶液的组成、搅拌情况、温度、电流密度、电池反应中反应物和产物的物理状态以及电极的成分等。

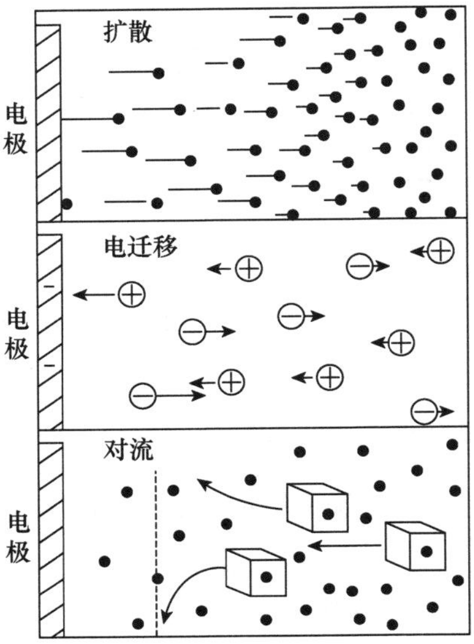

图 10.9 电极表面的三种传质方式

1. 浓差极化

浓差极化是由电极反应过程中电极表面附近溶液的浓度和主体溶液的浓度发生了差别所引起的。如电解时,阴极发生 $M^{z+}+ze \rightleftharpoons M$ 的反应。电极表面附近离子的浓度会迅速降低,离子的扩散速率又有限,得不到很快的补充。这时阴极电位比可逆电极电位要负,而且电流密度越大,电位负移就越显著。如果发生的是阳极反应,在离子不能很快地离开的情况下,金属的溶解将使电极表面附近的金属离子的浓度比溶液本体中的大,阳极电位变得更正一些。这种由浓度差别所引起的极化,称为浓差极化。

要减小浓差极化,就需要了解电活性物质如何从溶液本体传输到电极和溶液的表面层,或如何从电极和溶液的表面层传输到溶液本体。物质在液相中的传送称为传质过程。在电极表面有三种传质方式:扩散(diffusion)、电迁移(electro migration)和对流(convection)。如图 10.9 所示:

(1) 扩散

扩散是指在浓度差(浓度梯度)的作用下,分子或离子从高浓度向低浓度发生的移动。

(2) 电迁移

带电离子或极性分子在电场作用下发生的迁移。它是非专属性的,参与电极反应的离子能发生,溶液中别的离子也能发生。

(3) 对流

对流可分自然对流和强制对流两种。自然对流是由浓度差或者温度差引起密度变化而产生的对流。强制对流是由外力的推动而产生的对流,如搅拌等。

总之,当扩散、电迁移和对流不能以理论电流所需要的速率将反应物传质到电极表面或将产物从电极表面传质到溶液本体,就能观察到浓差极化。要减小浓差极化,可采用增大电极面积、减小电流密度、提高溶液温度、加强搅拌等方法。

2. 电化学极化

电化学极化是由某些动力学因素决定的。电极上进行的反应是分步进行的。其中某一步反应速率较慢，它对整个电极反应起着决定作用。这一步反应需要比较高的活化能才能进行。对阴极反应，必须使阴极电位比可逆电位更负，以克服其活化能的增加，让电极反应进行。阳极则反之，需要更正的电位。

10.5.2　超电位

由于极化现象的存在，实际电位与可逆的平衡电位之间产生一个差值。这个差值称为超电位(overpotential)，一般用 η 表示，并以 η_c 表示阴极超电位，η_a 表示阳极超电位。对于电解池，阴极上的超电位使阴极电位向负的方向移动，阳极上的超电位使阳极电位向正的方向移动。总之，超电位的存在使电极反应变得更困难。超电位的大小可以作为电极极化程度的衡量。但是它的数值无法从理论上进行计算，只能根据经验归纳出一些规律：

(i) 超电位随电流密度的增大而增大。

(ii) 超电位随温度升高而降低。

(iii) 电极的化学成分不同，超电位也有明显的不同。

(iv) 产物是气体的电极过程，超电位一般较大。金属电极和仅仅是离子价态改变的电极过程，超电位一般较小。

表 10.3 列出氢和氧在不同电极上、不同电流密度下的超电位。其中氢从 1 mol・L^{-1} H_2SO_4 中析出，氧从 1 mol・L^{-1} KOH 中析出。

表 10.3　在各种电极上 25 ℃时形成氢和氧的超电位

电极组成	η /V		η /V		η /V	
	电流密度 0.001 A・cm^{-2}		电流密度 0.01 A・cm^{-2}		电流密度 1 A・cm^{-2}	
	H_2	O_2	H_2	O_2	H_2	O_2
光 Pt	0.000	0.72	0.16	0.85	0.68	1.49
镀 Pt	0.000	0.40	0.030	0.52	0.048	0.77
Au	0.017	0.67		0.96	0.24	1.63
Cu		0.42		0.58	0.48	0.79
Ni	0.14	0.35	0.3	0.52	0.56	0.85
Hg	0.8		0.93		1.07	
Zn	0.48		0.75		1.23	
Sn			0.5			
Pb	0.40		0.4		0.52	
Bi	0.39		0.4		0.78	

10.5.3　*iR* 降

iR 降(欧姆降)是由溶液电阻引起的电压降。它是驱动溶液中的离子流动所需的电位差，是由电流在离子电解质如稀酸、盐水等溶液中流动所产生的。*iR* 降是一种不需要的性质，必须去除它才能获得准确的电位测量。*iR* 降的净影响是增加了电解池所需的外加电压和降低了原电池的测量电动势。因此，从理论电池电位中扣除 *iR* 降，即

$$E_{池} = \varphi_c - \varphi_a - iR \tag{10.6}$$

而且 iR 降会产生一些测量中不想要的结果。例如，在循环伏安法中，iR 降主要引起峰电位的移动、电流的降低和峰电位差的增加。这些影响会随着扫速增加引起的峰电流变大而变得更显著。因而在一些测量中需要减小 iR 降的影响。运用一些手段可以降低 iR 降的影响，诸如使用三电极系统；溶液中加入高浓度的支持电解质；使参比电极的尖端尽量接近工作电极的表面；使用低的扫速减小电流；减小工作电极的面积。

当研究电化学反应时，人们常常仅对电解池中一个电极上的反应感兴趣。因此实验中的电化学电池包括一个人们感兴趣的电极体系，称为工作电极(working electrode)或指示电极(indicator electrode)，和另一个已知电位的参比电极。如果所通过的电流不影响参比电极的电位，此时工作电极的电位可由下列公式给出：

$$E_{appl}(\text{vs. 参比电极}) = E_{工作}(\text{vs. 参比电极}) - iR \tag{10.7}$$

在 iR 降很小的情况下(如小于 1～2 mV)，可用如图 10.10(a)所示的两电极电池系统测量 i-E 曲线，电位可认为与外加电位(E_{appl})相同或扣除了小的 iR 降。例如，在水相中进行经典的极谱实验时，经常采用两电极电池系统。还有用超微电极作为工作电极的情形。当 iR 降较大时，常采用如图 10.10(b)所示的三电极电池系统。在此系统中，电流在工作电极和对(或辅助)电极(counter electrode)之间流动。辅助电极(auxiliary electrode)可以是任何一种电极，为了使它的电化学性质不影响工作电极的行为，通常选择电解时不产生可到达工作电极表面并影响界面反应的物质的电极作为对电极，常用的是铂电极。工作电极的电位由一个分开的参比电极控制，参比电极的尖端放置在工作电极附近。测量工作电极和参比电极之间电位差的装置输入阻抗很高，通过参比电极的电流可忽略不计，参比电极的电位将保持不变，等于其开路电位值。但即使在这种系统中，通过电位测量装置所得到的数据也不能排除所有的 iR 降。这些未补偿的 iR 降可通过仪器的电子补偿线路进行扣除。

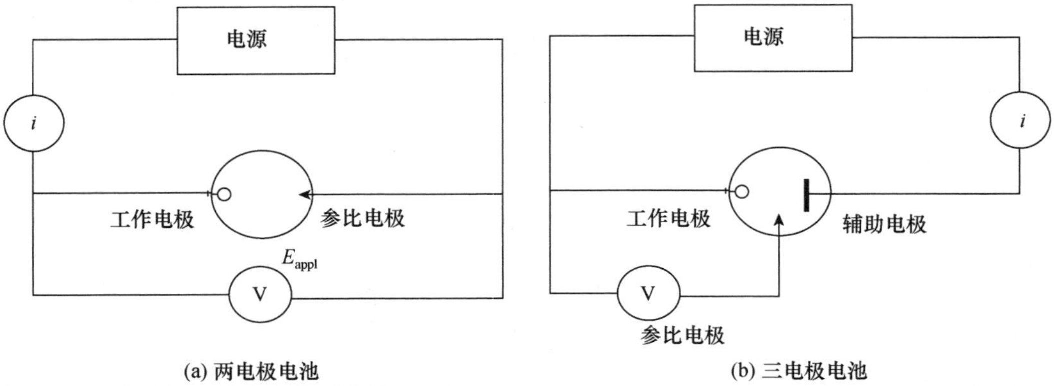

图 10.10　两电极电池(a)和三电极电池(b)

10.5.4　扩散电流

电极表面发生电化学反应时，电极和溶液界面将发生电荷转移，反应物被消耗，生成物将产生。若要电化学反应继续进行，反应物要从溶液本体向电极表面传递，生成物则从电极表面向溶液方向传递。这种传质过程有扩散、电迁移和对流三种传质方式(图 10.9)。电极附近的物质传递如果三种传质方式都起作用,其相应方程的解析解是不容易得到的。因而电化学体系经常设计为忽略一种或几种物质传递。例如,为了消除电迁移引起的迁移电流,通常在溶液中加入是分析物浓度 50～100 倍的惰性电解质。惰性是指在待测离子可还原或氧化的电位范围内,它们不发生电极反应。这些物质常常是一些盐,如钾盐或四丁基铵盐,又被称为支持电解质(supporting electrolyte)。由于它们的加入,可降低溶液的电阻和 iR 降。测量时溶液静止(不搅拌)可消除对流的影响。

由扩散产生的电流称为扩散电流(diffusion current)。这里我们先考虑平面电极上的扩散。平面电极上的扩散是垂直于电极表面的单方向扩散,即线性扩散,如图 10.11。

对于线性扩散,根据 Fick 第一定律,单位时间内通过扩散到达电极表面的被测物种物质的量 $\mathrm{d}n$ 为

$$\mathrm{d}n = DA\frac{\partial c}{\partial x}\mathrm{d}t \tag{10.8}$$

式中:n 为被测物种物质的量,c 为被测物种物质的量浓度,D 为扩散系数($\mathrm{cm^2 \cdot s^{-1}}$),$A$ 为电极面积($\mathrm{cm^2}$)。

根据 Fick 第二定律,电极附近,被测物种浓度的分布除了与距离 x 有关外,还与电解的时间 t 有关,则

$$\frac{\partial c}{\partial t} = D\frac{\partial^2 c}{\partial x^2} \tag{10.9}$$

选择一定的起始和边界条件,应用 Laplace 变换求解以上方程,可得电极表面的浓差梯度为

$$\left(\frac{\partial c}{\partial x}\right)_{x=0} = \left(\frac{\partial c(x,t)}{\partial x}\right)_{x=0} = \frac{c - c^{\mathrm{s}}}{\sqrt{\pi D t}} \tag{10.10}$$

也可写成

$$\left(\frac{\partial c}{\partial x}\right)_{x=0} = \frac{c - c^{\mathrm{s}}}{\delta} \tag{10.11}$$

式中:$\delta = \sqrt{\pi D t}$,称为扩散层的有效厚度;c^{s} 为电极表面浓度。时间越长,扩散层厚度越大,见图 10.12。根据 Faraday 电解定律,电解电流可表示为

$$i = zF\frac{\mathrm{d}n}{\mathrm{d}t} = zFAD\left(\frac{\partial c}{\partial x}\right)_{x=0} = zFAD\frac{c - c^{\mathrm{s}}}{\delta} \tag{10.12}$$

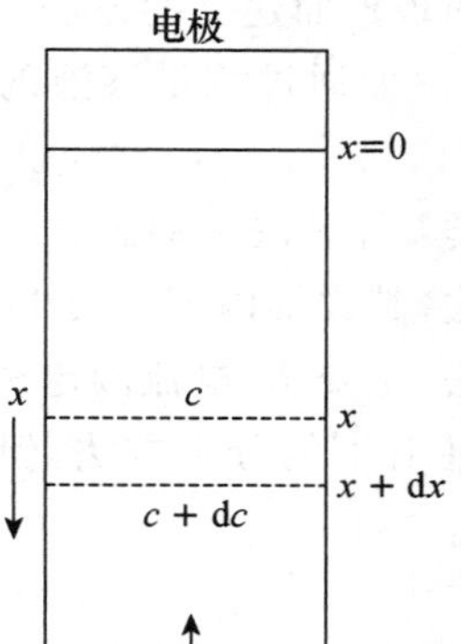

图 10.11　平面电极上的线性扩散

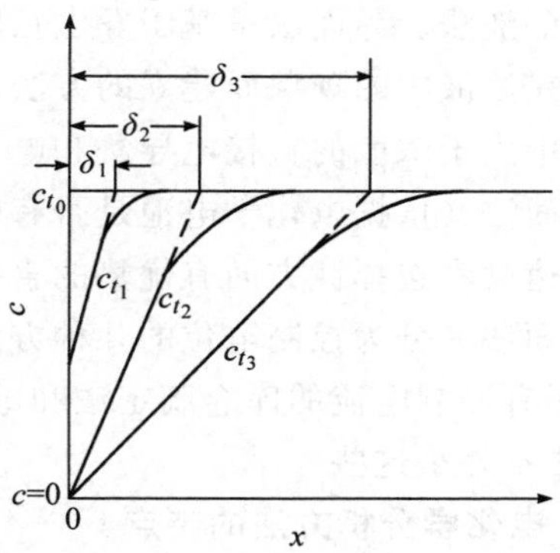

图 10.12　浓度与电解时间的关系

t_0—电解开始时间　δ—扩散层厚度

当电极表面浓度为零时

$$i_d = zFAD\,\frac{c}{\delta} = zFAD\,\frac{c}{\sqrt{\pi D t}} \tag{10.13}$$

这就是平面电极的Cottrell方程。Cottrell方程表明，电流与电活性物质的浓度呈正比，这是电化学控制电位法定量分析的基础。

10.6 电极反应速率

对于原电池，其电极反应是自发的，一旦电池回路形成，电极反应就立即启动；而对于电解池，电极反应受外加于电解池的工作电极上的电压控制。如在电解池的阴极上发生如下反应

$$M^{z+} + ze \rightleftharpoons M$$

在电极上发生变化的物质的量 n 与通过电解池的电量 Q 呈正比，这一基本定律称为Faraday电解定律，用数学式表示为

$$n = \frac{Q}{zF} \tag{10.14}$$

式中：F 为1 mol元电荷的电量，称为Faraday常数（96485 C · mol^{-1}）；z 为电极反应中的电子数。

电解消耗的电量 Q 可按下式计算

$$Q = \int_0^t i\,dt \tag{10.15}$$

式中：i 为流过回路的电流。因此电极反应速率 v（mol · s^{-1}）为

$$v = \frac{dn}{dt} = \frac{i}{zF} \tag{10.16}$$

需要说明的是，不同于溶液中的均相化学反应，电极和溶液界面上进行的是非均相反应。非均相反应的速率尚依赖于向电极表面的传质速率和电极面积等。

10.7 电化学分析方法的分类和特点

1. 电化学分析方法的分类

电化学分析方法有很多种，有不同的分类方法。如图10.13所示，电化学分析方法分为界面法和溶液法。界面法是基于发生在电极表面和溶液界面的现象而建立的方法。溶液法是基于发生在溶液中的现象而建立的方法，尽量避免界面的影响。如通过测量溶液的电导值以求得溶液中离子浓度的直接电导法和电导滴定法。

界面法又依据电化学电池是否有电流存在而分为两大类：静态法和动态法。静态法包括在响应速度和选择性方面有优势的直接电位法和电位滴定法，其详细内容在第11章介绍。动态的界面法又分为控制电位的几种方法如恒电位库仑分析法、伏安法、电流滴定法和电重量分析法，还有控制电流的库仑滴定法和电重量分析法。此外，还有别的分类方法，但不管怎样分类，方法不外乎这些。

2. 电化学分析方法的特点

(i) 电化学分析方法能直接得到电信号，它的传递很方便，易实现自动化和连续分析。而且电化学分析仪器设备价格相对便宜。电化学测定能在浑浊的溶液中进行。

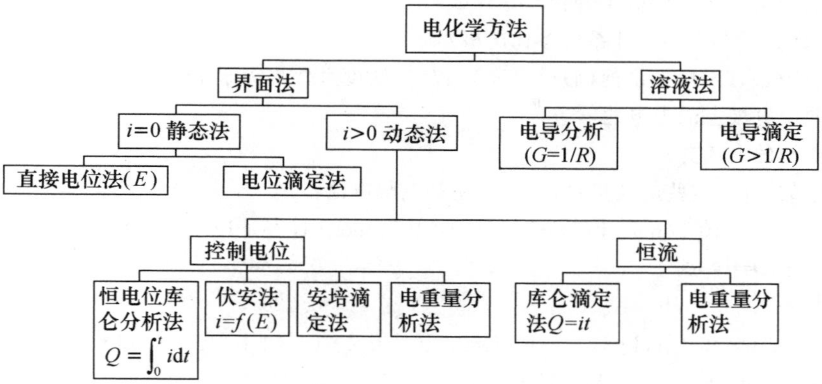

图 10.13　电化学分析方法的分类

(ii) 电化学分析仪器常设计成专用的、小型化的装置。电化学分析方法的多样性又使仪器的品种较多。

(iii) 电化学分析方法不仅能做成分分析，还能进行价态和形态分析，如电化学分析方法可以测定混合物中 Ce^{3+} 和 Ce^{4+} 的各自浓度，而其他很多方法测定的是元素总量；还可作为科学研究的工具，如研究电极过程动力学、氧化还原过程、催化过程、吸附现象、化学反应的速率常数和平衡常数等。电化学分析方法在科学研究和生产控制中是一种很重要的分析方法。

(iv) 电化学分析方法很多情况下提供的是化学物种的活度而不是浓度信息，这既是优点也是缺点，如生理学研究中，Ca^{2+} 或 K^{+} 的活度大小比其浓度大小更有意义。

参 考 资 料

[1] 高小霞. 电分析化学导论. 北京：科学出版社，1986.

[2] 李启隆. 电分析化学. 北京：北京师范大学出版社，1995.

[3] Dean J A. 分析化学手册. 常文保，等译. 北京：科学出版社，2003.

[4] Bard A J，Faulkner L R. 电化学方法原理和应用. 邵元华，朱果逸，董献堆，张柏林，译. 北京：化学工业出版社，2005.

[5] Skoog D A，et al. Principles of Instrumental Analysis. 6th ed. Toronto：Saunders College Publishing，2006.

思考题与习题

10.1　化学电池由哪几部分组成？

10.2　什么是液体接界电位？盐桥的作用是什么？盐桥中的电解质溶液应有什么要求？

10.3　电极电位是如何产生的？电极电位的数值是如何得到的？

10.4　为什么原电池的端电压、电解池的外加电压都不等于相应可逆电池的电动势？其差值由哪几部分组成？

10.5　正极是阳极、负极是阴极的说法对吗？阳极和阴极、正极和负极的定义各是什么？

10.6　标准电极电位和条件电位的含义是什么？

10.7　什么是电极的极化？什么是超电位？

10.8　如何选择两电极电池系统和三电极电池系统？

10.9 电化学分析方法的分类和特点是什么？

10.10 如何选择非水溶液体系的参比电极？

10.11 对于(a)、(b)两个电池(假设温度为 25℃，活度系数均等于 1)：

(1) 写出两个电极上的半电池反应；

(2) 计算电池的电动势；

(3) 按题中的写法，这些电池是自发电池，还是电解电池？

(a) $Pt|Cr^{3+}(1.0\times10^{-4}\ mol\cdot L^{-1}),Cr^{2+}(1.0\times10^{-1}\ mol\cdot L^{-1})\|Pb^{2+}(8.0\times10^{-2}\ mol\cdot L^{-1})|Pb$

已知：$Cr^{3+}+e \rightleftharpoons Cr^{2+}$　　$\varphi^{\ominus}=-0.41\ V$

　　$Pb^{2+}+2e \rightleftharpoons Pb$　　$\varphi^{\ominus}=-0.126\ V$

(b) $Bi|BiO^{+}(8.0\times10^{-2}\ mol\cdot L^{-1}),H^{+}(1.00\times10^{-2}\ mol\cdot L^{-1})\|I^{-}(0.100\ mol\cdot L^{-1})$，AgI(饱和)|Ag

已知：$BiO^{+}+2H^{+}+3e \rightleftharpoons Bi+H_2O$　　$\varphi^{\ominus}=0.32\ V$

　　$K_{sp}(AgI)=8.3\times10^{-17}$。

10.12 已知下列半电池反应的 $\varphi^{\ominus}$：

$$MnO_4^{-}+2H_2O+3e \rightleftharpoons MnO_2+4OH^{-}\qquad \varphi^{\ominus}=0.60\ V$$

$$MnO_2+4H^{+}+2e \rightleftharpoons Mn^{2+}+2H_2O\qquad \varphi^{\ominus}=1.23\ V$$

计算下列半电池反应的 $\varphi^{\ominus}$。

$$MnO_4^{-}+8H^{+}+5e \rightleftharpoons Mn^{2+}+4H_2O$$

10.13 有 0.03 A 电流流过以下电池：

$Pt|V^{3+}(1.0\times10^{-5}\ mol\cdot L^{-1}),V^{2+}(1.0\times10^{-1}\ mol\cdot L^{-1})\|Br^{-}(2.0\times10^{-1}\ mol\cdot L^{-1})$，AgBr(饱和)|Ag

电池最初的内阻为 1.8 Ω，计算电池最初的电动势和端电压。

已知：$V^{3+}+e \rightleftharpoons V^{2+}$　　$\varphi^{\ominus}=-0.255\ V$

　　$K_{sp}(AgBr)=7.7\times10^{-12}$。

10.14 请根据下列电池测得电动势的数值，计算右边电极相对于 SHE 的电极电位值。

(1) 饱和甘汞电极 ‖ M^{n+}|M,Pt　　$E=0.809\ V$(已知 $\varphi_{饱和甘汞}=0.245\ V$)

(2) 摩尔甘汞电极 ‖ X^{3+},X^{2+}|Pt　　$E=0.362\ V$(已知 $\varphi_{摩尔甘汞}=0.283\ V$)

(3) 饱和银-氯化银电极 ‖ MA(饱和)，A^{2-}|M　　$E=-0.122\ V$[已知 φ(Ag-AgCl)$=0.198\ V$]

10.15 在 $0.50\ mol\cdot L^{-1}\ H_2SO_4$ 介质中，以铂为电极电解 $0.10\ mol\cdot L^{-1}\ CuSO_4$ 溶液，电解池内阻为 0.50 Ω，流过电流为 0.10 A。假设电极面积为 $1.0\ cm^2$ 左右，请写出电池表达式和电解时的半电池反应，并计算电解进行时外加电压的值(25℃)。$0.1\ A\cdot cm^{-2}$ 时，在铂电极上的超电位为：H_2，0.29 V；O_2，1.3 V。

第 11 章 电位分析法

电极电位与电极活性物质的活度之间的关系可以用 Nernst 方程式来表示

$$\varphi = \varphi^{\ominus} + \frac{RT}{zF}\ln a \tag{11.1}$$

利用此关系建立了一类在几乎无电流通过的条件下，通过测量电池的电动势以确定物质含量的方法，称为电位分析法(potentiometry)。

电极电位的测量需要构成一个电化学电池。一个电池有两个电极。在电位分析中，将电极电位随被测电活性物质活度变化的电极称为指示电极。另一个是与被测物无关的、提供测量电位参考的参比电极。电解质溶液一般由被测试样及其他组分所组成。

电位分析法有两类：第一类方法选用适当的指示电极浸入被测试液，测量其相对于一个参比电极的电位。根据测出的电位，直接求出被测物质的浓度，这类方法称为直接电位法(direct potentiometry)。第二类方法是向试液中滴加能与被测物质发生化学反应的已知浓度的试剂，观察滴定过程中指示电极电位的变化，以确定滴定的终点。根据所需滴定试剂的量，可计算出被测物的含量。这类方法称为电位滴定法(potentiometric titration)。

本章将先对各类电极作介绍，然后对测定方法进行讨论。

11.1 金属基电极

金属基电极(metallic electrode)以金属为基体，其共同的特点是电极上有电子交换反应，即氧化还原反应的存在。它可以分成以下四种。

11.1.1 第一类电极(活性金属电极)

它是由金属与该金属离子溶液组成，$M|M^{n+}$。如将洁净光亮的银丝插入含有银离子，如 $AgNO_3$ 的溶液中，其电极反应为

$$Ag^+ + e \rightleftharpoons Ag$$

电极电位在 25℃时为

$$\varphi = \varphi^{\ominus}(Ag^+, Ag) + 0.05915\ \lg a(Ag^+) \tag{11.2}$$

形成这类电极要求金属的标准电极电位为正，在溶液中金属离子以一种形式存在。Cu，Ag，Hg 能满足以上要求，形成这类电极。有些金属的标准电极电位虽较负，但由于动力学因素，氢在其上有较大的超电位，也可用作此类电极，如 Zn，Cd，In，Tl，Sn，Pb 等。

11.1.2 第二类电极(金属|难溶盐电极)

它是由金属、该金属的难溶盐(或难离解的配合物)和该难溶盐(或难离解的配合物)的阴离子溶液组成。如银-氯化银电极($Ag|AgCl, Cl^-$)，其电极反应为

$$AgCl + e \rightleftharpoons Ag + Cl^-$$

Ag|Ag^+电极的电位在25℃时为式(11.2)所示。当存在AgCl时，$a(Ag^+)$将由溶液中氯离子的活度$a(Cl^-)$和氯化银的溶度积$K_{sp}(AgCl)$来决定，即

$$a(Ag^+) = K_{sp}(AgCl)/a(Cl^-) \tag{11.3}$$

代入式(11.2)，可得

$$\varphi = \varphi^\ominus(Ag^+, Ag) + 0.05915 \lg K_{sp}(AgCl) - 0.05915 \lg a(Cl^-)$$

$$\varphi = \varphi^\ominus(AgCl, Ag) - 0.05915 \lg a(Cl^-) \tag{11.4}$$

汞电极插入含有Hg^{2+}-EDTA配合物的水溶液中所构成的Hg-Hg^{2+}-EDTA的电极，其电极电位与溶液中EDTA的活度有关，其电极过程的半反应为

$$HgY^{2-} + 2e \rightleftharpoons Hg(l) + Y^{4-} \qquad \varphi^\ominus = 0.21\ V$$

$$\varphi = \varphi^\ominus + \frac{RT}{nF}\lg \frac{a_{HgY^{2-}}}{a_{Y^{4-}}} \tag{11.5}$$

由于络合物HgY^{2-}的形成常数非常大(为6.3×10^{21})，因此EDTA的活度在很宽的一个范围内变化，配合物都是稳定的且活度是基本恒定的，由此，方程可写为

$$\varphi = K + \frac{0.05915}{2}pY \tag{11.6}$$

其中常数

$$K = 0.21 + \frac{0.05915}{2}\lg a_{HgY^{2-}} \tag{11.7}$$

11.1.3 第三类电极

这类电极是由金属与两种具有相同阴离子的难溶盐(或难离解的配合物)，再与含有第二种难溶盐(或难离解的配合物)的阳离子组成的电极体系。例如，草酸根离子能与银离子和钙离子生成草酸银和草酸钙难溶盐，在以草酸银和草酸钙饱和过的，含有钙离子的溶液中，用银电极可以指示钙离子的活度

$$Ag|Ag_2C_2O_4,\ CaC_2O_4,\ Ca^{2+}$$

银电极电位在25℃时为式(11.2)所示。由难溶盐的溶度积，可得

$$a(Ag^+) = \left[\frac{K_{sp}(Ag_2C_2O_4)}{a(C_2O_4^{2-})}\right]^{1/2} \tag{11.8}$$

$$a(C_2O_4^{2-}) = \frac{K_{sp}(CaC_2O_4)}{a(Ca^{2+})} \tag{11.9}$$

$$\varphi = \varphi^\ominus(Ag^+, Ag) + \frac{0.05915}{2}\lg\frac{K_{sp}(Ag_2C_2O_4)}{K_{sp}(CaC_2O_4)} + \frac{0.05915}{2}\lg a(Ca^{2+})$$

$$\varphi = \varphi' + \frac{0.05915}{2}\lg a(Ca^{2+}) \tag{11.10}$$

而

$$\varphi' = \varphi^\ominus(Ag^+, Ag) + \frac{0.05915}{2}\lg\frac{K_{sp}(Ag_2C_2O_4)}{K_{sp}(CaC_2O_4)} \tag{11.11}$$

对于生成难离解的配合物来说，汞与EDTA(表示为H_2Y)形成的配合物组成的电极是一个很好的例子。电极体系为

$$Hg\ |\ HgY^{2-},\ CaY^{2-},\ Ca^{2+}$$

$$\varphi = \varphi^\ominus(Hg^{2+}, Hg) + \frac{0.05915}{2}\lg\frac{K_f(CaY^{2-})}{K_f(HgY^{2-})} + \frac{0.05915}{2}\lg\frac{a(HgY^{2-})}{a(CaY^{2-})} + \frac{0.05915}{2}\lg a(Ca^{2+}) \tag{11.12}$$

式中：K_f 是配合物的生成常数。这种电极可在电位滴定中用作 pM 的指示电极。在滴定终点附近，由于 M 离子绝大部分形成 MY^{2-}，故 $[HgY^{2-}]/[MY^{2-}]$ 比值可视为基本不变，所以

$$\varphi = \varphi' + \frac{0.05915}{2}\lg a(Ca^{2+}) \tag{11.13}$$

11.1.4　零类电极(惰性金属电极)

它由一种惰性金属(铂或金)与含有可溶性的氧化态和还原态物质的溶液组成。如

$$Pt|Fe^{3+},Fe^{2+}$$

$$\varphi = \varphi^{\ominus}(Fe^{3+},Fe^{2+}) + 0.05915\lg\frac{a(Fe^{3+})}{a(Fe^{2+})} \tag{11.14}$$

惰性金属不参与电极反应，仅仅提供交换电子的场所。

11.2　离子选择电极和膜电位

离子选择电极(ion selective electrode)和金属基电极是电位分析中常用的电极。离子选择电极是一种电化学传感器，敏感膜是其主要组成部分。敏感膜是一个能分开两种电解质溶液，并对某类物质有选择性响应的薄膜，它能形成膜电位。

11.2.1　膜电位

膜电位(membrane potential)是膜内扩散电位和膜与电解质溶液形成的内外界面的 Donnan 电位的代数和。

1. 扩散电位

在两种不同离子或离子相同而活度不同的液液界面上，由于离子扩散速率的不同，能形成液接电位。它也可称为扩散电位。离子通过界面时，它没有强制性和选择性。扩散电位不仅存在于液液界面，也存在于固体膜内。在离子选择电极的膜中可产生扩散电位。

2. Donnan 电位

若有一种带负电荷载体的膜(阳离子交换物质)或选择性渗透膜，它能交换阳离子或让被选择的离子通过。如膜与溶液接触时，膜相中可活动的阳离子的活度比溶液中的高，则膜允许阳离子通过，而不让阴离子通过。这是一种具有强制性和选择性的扩散。它造成两相界面电荷分布的不均匀，产生电双层结构，形成了电位差。这种电位称为 Donnan 电位。在离子选择电极中，膜与溶液两相界面上的电位具有 Donnan 电位的性质。

11.2.2　玻璃膜电极

最早也是最广泛被应用的膜电极就是 pH 玻璃电极(glass electrode)，它是电位法测定溶液 pH 的指示电极。玻璃电极的构造如图 11.1，下端部是由特殊成分的玻璃吹制而成的球状薄膜。膜的厚度为 0.1 mm。玻璃管内装一定 pH(如 pH 7)的缓冲溶液和插入 Ag-AgCl 电极作为内参比电极。内参比电极的作用是作为连接的导线，引出膜电位的测量。

敏感的玻璃膜是电极对 H^+，Na^+，K^+ 等产生电位响应的关键。它的化学组成对电极的性质有很大的影响。石英是纯 SiO_2 结构，它没有可供离子交换的电荷点，所以没有响应离子的功能。当加入 Na_2O 后，形成的玻璃使部分硅-氧键断裂，生成固定的带负电荷的硅-氧骨架

(见图 11.2),正离子 Na^+ 就可能在骨架的网络中活动。电荷的传导也由 Na^+ 来担任。当玻璃电极与水溶液接触时,原来骨架中的 Na^+ 与水中 H^+ 发生交换反应,形成水化层(如图 11.3)

$$G^-Na^+ + H^+ \rightleftharpoons G^-H^+ + Na^+$$

因此在水中浸泡后的玻璃膜可以由三部分组成:两个水化层和一个干玻璃层。

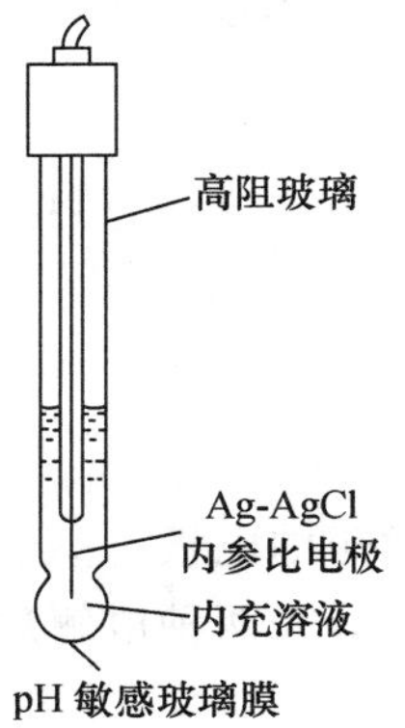

图 11.1 pH 玻璃电极

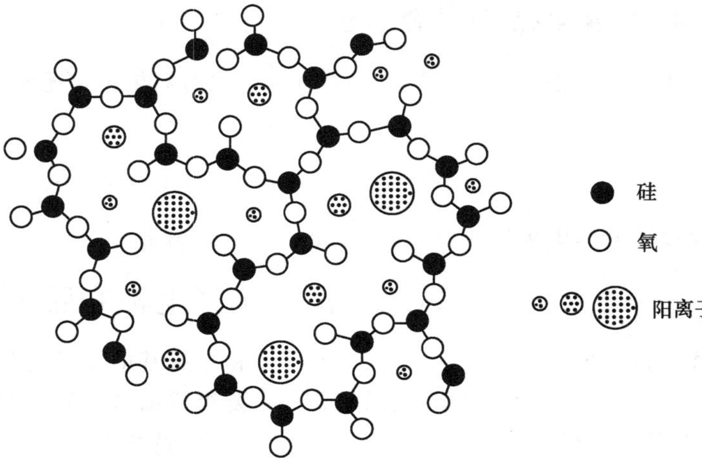

图 11.2 硅酸盐玻璃的结构

φ_1 ← φ_m → φ_2

	水化层	干玻璃层	水化层	
	←→	←→	←→	
外部试液	10^{-4} mm	0.1 mm	10^{-4} mm	内部溶液
$a(H^+)=x$	$a(Na^+)$上升→	抗衡离子	←$a(Na^+)$上升	$a(H^+)$=定值
	←$a(H^+)$上升	Na^+	$a(H^+)$上升→	

图 11.3 水化敏感玻璃球膜的分层模式

在水化层中,由于硅氧结构与 H^+ 的键合强度远远大于它与钠离子的键合强度,在弱酸性和中性溶液中,水化层表面钠离子点位基本上全被氢离子所占有。H_2O 的存在,使 H^+ 大都以 H_3O^+ 的形式存在,在水化层中 H^+ 的扩散速率较快,电阻较小。由水化层到干玻璃层,氢离子的数目渐次减少,钠离子数目相应地增加。在水化层和干玻璃层之间为过渡层,其中 H^+ 在未水化的玻璃中扩散系数很小,其电阻率较高,甚至高于以 Na^+ 为主的干玻璃层 1000 倍。这里的 Na^+ 被 H^+ 代替后,玻璃的阻抗增加了。

水化层表面 $\equiv SiO^-H^+$ 存在离解平衡

$$\equiv SiO^-H^+ + H_2O \rightleftharpoons \equiv SiO^- + H_3O^+$$

水化层中的 H^+ 与溶液中的 H^+ 能进行交换。在交换过程中,水化层得到或失去 H^+ 都会影响水化层和溶液界面的电位。这种 H^+ 的交换,在玻璃膜的内外相界面上形成了电双层结构,产生两个相界电位。在内外两个水化层与干玻璃层之间又形成两个扩散电位。若玻璃膜两侧的水化层性质完全相同，则其内部形成的两个扩散电位大小相等，但符号相反，结果互相抵消。因此玻璃膜的电位主要决定于内外两个水化层与溶液的相界电位

$$\varphi_m = \varphi_1 - \varphi_2 \tag{11.15}$$

内充液组成一定时，φ_2 的值是固定的，φ_1 的值由 $\equiv SiO^- H^+$ 的离解平衡所决定，它受溶液中 $a(H^+)$ 影响。总的 φ_m 在 25℃时可表示为

$$\varphi_m = 常数 + 0.05915 \lg a(H^+) = 常数 - 0.05915\ pH \tag{11.16}$$

pH 的理论定义为 $pH = -\lg a(H^+)$。

如果内充液和膜外面的溶液相同时，则 φ_m 应为零。但实际上仍有一个很小的电位存在，称为不对称电位(asymmetry potential)。对于一个给定玻璃电极，其不对称电位会随着时间而缓慢地变化。不对称电位的来源尚待进一步研究，影响它的因素有：制造时玻璃膜内外表面产生的张力不同，外表面经常被机械磨损和化学浸蚀等。它对 pH 测定的影响只能用标准缓冲溶液来进行校正，即对电极电位进行定位的办法来加以消除。

玻璃膜除了对 H^+ 离子活度有响应，也对某些碱金属离子活度有响应。它们也能发生下列交换平衡

$$\equiv SiO^- H^+ + M^+ \rightleftharpoons \equiv SiO^- M^+ + H^+$$

它们对电极电位的贡献，常用选择性系数 $K_{H,M}^{pot}$ 来表示。这时 φ_m 可写成

$$\varphi_m = 常数 + \frac{RT}{F} \ln [a(H^+) + K_{H,M}^{pot} a(M^+)] \tag{11.17}$$

碱金属引起 pH 测量的干扰，在 pH>9 时就比较明显，称为碱差(alkaline error)。改变玻璃膜的化学成分和结构，如加入 Al_2O_3，形成 Na_2O-Al_2O_3-SiO_2 三种组分的结构，并改变其相对含量，会使玻璃膜的选择性表现出很大的差异。现已有测定 Li^+、Na^+、K^+、Ag^+ 的玻璃电极，见表 11.1。

表 11.1　阳离子玻璃电极

主要响应离子	玻璃膜组成[摩尔分数/(%)]			选择性系数
	Na_2O	Al_2O_3	SiO_2	
Na^+	11	18	71	K^+ 3.3×10^{-3}(pH 7)，3.6×10^{-4}(pH 11)；Ag^+ 500
K^+	27	5	68	Na^+ 5×10^{-2}
Ag^+	11	18	71	Na^+ 1×10^{-3}
	28.8	19.1	52.1	H^+ 1×10^{-5}
Li^+	Li_2O 15	25	60	Na^+ 0.3 K^+ $<1\times10^{-3}$

在 pH<1 时，如强酸性溶液中，或盐浓度较大时，或某些非水溶液中，pH 测量读数往往偏高。这种现象被称为酸差(acid error)。由于酸差的产生受多种因素的影响，结果通常是不重现的，因而产生的原因没有完全弄清楚。一种可能的解释是由于传送 H^+ 是靠 H_2O，水分子活度变小，$a(H_3O^+)$ 也就变小了。

11.2.3 晶体膜电极

晶体膜电极(crystalline-membrane electrode)是由导电性的难溶盐晶体所组成。其中最典型的是氟离子选择电极,如图 11.4。氟离子选择电极的敏感膜由 LaF_3 单晶片制成。为改善导电性能,晶体中还掺杂了约 0.1%~0.5%的 EuF_2 和 1%~5%的 CaF_2。膜导电由离子半径较小、带电荷较少的晶格离子 F^- 来担任。Eu^{2+}、Ca^{2+} 代替了晶格点阵中的 La^{3+},形成了较多空的 F^- 点阵,降低了晶体膜的电阻。

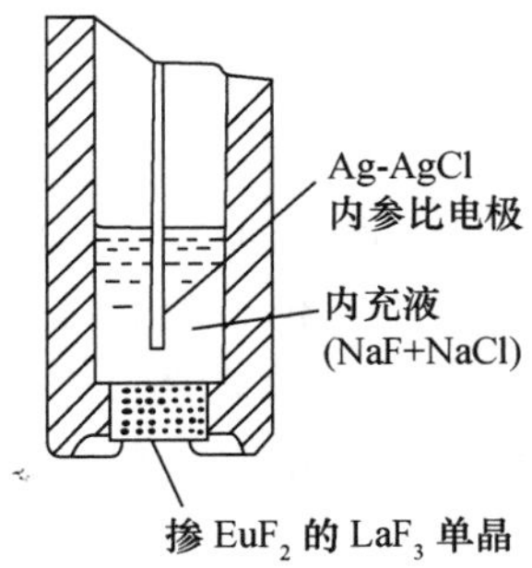

图 11.4 氟离子选择电极

内充液为 NaF+NaCl

(浓度均为 0.1 mol·L^{-1})

将膜电极插入待测离子的溶液中,待测离子可以吸附在膜表面,它与膜上相同离子交换,并通过扩散进入膜相。膜相中存在的晶格缺陷,产生的离子也可扩散进入溶液相。这样,在晶体膜与溶液界面上建立了电双层结构,产生相界电位

$$\varphi = 常数 - \frac{RT}{F}\ln a(F^-) \tag{11.18}$$

这种电极对 F^- 有良好的选择性,一般阴离子除 OH^- 外均不干扰电极对 F^- 的响应。OH^- 的干扰可以解释为,OH^- 存在时,将发生下列反应

$$LaF_3 + 3OH^- \rightleftharpoons La(OH)_3 + 3F^-$$

释放出来的 F^- 将使电极响应的表观 F^- 浓度增大。也可认为 OH^- 与 F^- 有近乎相等的离子半径,因此 OH^- 可以占据晶格中 F^- 所处位置,与 F^- 一样参与导电过程。在酸性溶液中因 F^- 能与 H^+ 生成 HF 或 HF_2^-,降低了 F^- 的活度。溶液 pH 的影响见图 11.5。一般水中 F^- 的浓度为 10^{-5} mol·L^{-1},适用的 pH 范围为 pH 5~7。

某些阳离子,如 Be^{2+}、Al^{3+}、Fe^{3+}、Th^{4+}、Zr^{4+} 能与溶液中 F^- 生成稳定的配合物,从而降低了游离 F^- 的浓度,使测定结果偏低。可用加入柠檬酸钠、EDTA、钛铁试剂、磺基水杨酸等,使它们与阳离子配合而将 F^- 释放出来。

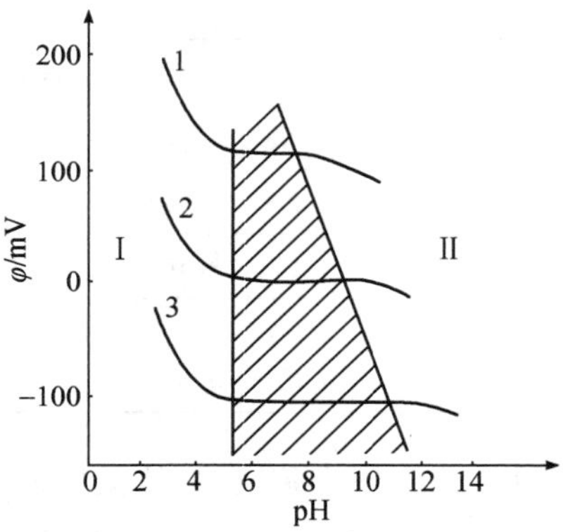

图 11.5 pH 对氟离子选择电极响应的影响

Ⅰ:$H^+ + F^- \rightleftharpoons HF$

Ⅱ:$LaF_3 + 3OH^- \rightleftharpoons La(OH)_3 + 3F^-$

$c_1(F^-) = 10^{-5}$ mol·L^{-1} $c_2(F^-) = 10^{-3}$ mol·L^{-1} $c_3(F^-) = 10^{-1}$ mol·L^{-1}

在测定中为了将活度与浓度联系起来，必须控制离子强度。为此，加入惰性电解质，如 KNO_3。一般将含有惰性电解质的溶液称为总离子强度调节缓冲液(total ionic strength adjustment buffer，缩写为 TISAB)。对氟电极来说，它由 KNO_3、HAc-NaAc 缓冲液、柠檬酸钾组成，控制 pH 为 5.5。一般氟电极的测试范围为 10^{-1}～10^{-6} $mol \cdot L^{-1}$。

难溶盐 Ag_2S 和 AgX(X^- 为 Cl^-，Br^-，I^-)以及 Ag_2S 和 MS(M^{2+} 为 Cu^{2+}，Pb^{2+}，Cd^{2+})也可制成电极。这些电极不用单晶而以难溶盐沉淀的压片作薄膜。压片是将沉淀的粉末在 10^8～10^9 Pa 的压强下，压成致密的薄片。这类电极膜内电荷的传递是靠 Ag^+。它们的检测下限和选择性系数常与各自难溶盐的溶度积 K_{sp} 有关。

表 11.2　晶体膜电极的品种和性能

电　极	膜材料	线性响应浓度范围 $c/(mol \cdot L^{-1})$	适　用 pH 范围	主要干扰离子
F^-	LaF_3+Eu^{2+}	5×10^{-7}～1×10^{-1}	5～6.5	OH^-
Cl^-	$AgCl+Ag_2S$	5×10^{-5}～1×10^{-1}	2～12	Br^-，$S_2O_3^{2-}$，I^-，CN^-，S^{2-}
Br^-	$AgBr+Ag_2S$	5×10^{-6}～1×10^{-1}	2～12	$S_2O_3^{2-}$，I^-，CN^-，S^{2-}
I^-	$AgI+Ag_2S$	1×10^{-7}～1×10^{-1}	2～11	S^{2-}
CN^-	AgI	1×10^{-6}～1×10^{-2}	>10	I^-
Ag^+，S^{2-}	Ag_2S	1×10^{-7}～1×10^{-1}	2～12	Hg^{2+}
Cu^{2+}	$CuS+Ag_2S$	5×10^{-7}～1×10^{-1}	2～10	Ag^+，Hg^{2+}，Fe^{3+}，Cl^-
Pb^{2+}	$PbS+Ag_2S$	5×10^{-7}～1×10^{-1}	3～6	Cd^{2+}，Ag^+，Hg^{2+}，Cu^{2+}，Fe^{3+}，Cl^-
Cd^{2+}	$CdS+Ag_2S$	5×10^{-7}～1×10^{-1}	3～10	Pb^{2+}，Ag^+，Hg^{2+}，Cu^{2+}，Fe^{3+}

11.2.4　流动载体电极(液膜电极)

流动载体电极(electrode with a mobile carrier)与玻璃电极不同，玻璃电极的载体(骨架)是固定不动的；流动载体电极的载体是可流动的，但不能离开膜，而离子可以自由穿过膜。流动载体电极由某种有机液体离子交换剂制成敏感膜。它由电活性物质(载体)、溶剂(增塑剂)、基体(微孔支持体)构成。敏感膜将试液与内充液分开，膜中的液体离子交换剂与被测离子结合，并能在膜中迁移。这时溶液中该离子伴随的电荷相反的离子被排斥在膜相之外，结果引起相界面电荷分布不均匀，在界面上形成膜电位。响应离子的迁移数大，电极的选择性就好。电活性物质在有机相和水相中的分配系数决定电极的检测下限，分配系数大，检测下限低。电极结构见图 11.6。

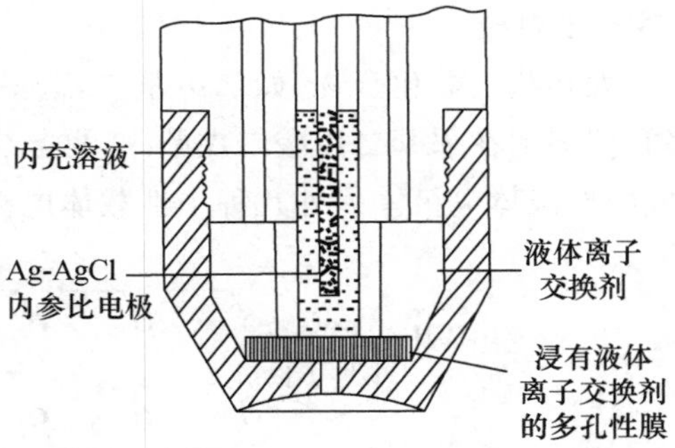

图 11.6　流动载体电极的结构

流动载体膜也可制成类似固态的"固化"膜，如 PVC(polyvinyl chloride)膜电极。它是将一定比例的离子交换剂先溶于一定量的有机溶剂(起增塑作用)后，再加入聚氯乙烯(PVC)粉末，混匀，溶于四氢呋喃中，在玻璃板上铺开，待四氢呋喃挥发后，形成薄膜。与一般的流动载体膜相比，这种薄膜的稳定性和寿命有很大的提高。表 11.3 列出了几种带电荷的流动载体电极。

表 11.3　带电荷的流动载体电极

离子电极	活性物质	线性响应浓度范围 $c/(\text{mol}\cdot\text{L}^{-1})$	主要干扰离子
Ca^{2+}	二(正辛基苯基)磷酸钙溶于苯基磷酸二辛酯	$1\times10^{-5}\sim1\times10^{-1}$	Zn^{2+}，Mn^{2+}，Cu^{2+}
水硬度($Ca^{2+}+Mg^{2+}$)	二癸基磷酸钙溶于癸醇	$1\times10^{-5}\sim1\times10^{-1}$	Na^{+}，K^{+}，Ba^{2+}，Sr^{2+}，Cu^{2+}，Ni^{2+}，Zn^{2+}，Fe^{2+}
NO_3^-	四(十二烷基)硝酸铵	$5\times10^{-6}\sim1\times10^{-1}$	NO_2^-，Br^-，I^-，ClO_4^-
ClO_4^-	邻二氮杂菲铁(Ⅱ)配合物	$1\times10^{-5}\sim1\times10^{-1}$	OH^-
BF_4^-	三庚基十二烷基氟硼酸铵	$1\times10^{-6}\sim1\times10^{-1}$	I^-，SCN^-，ClO_4^-

下面举几个流动载体电极的例子。

(1) 硝酸根离子电极

它的电活性物质是带正电荷的载体，如季铵类硝酸盐。将它溶于邻硝基苯十二烷醚中。可将此溶液再与含有 5% PVC 的四氢呋喃溶液混合，在平板玻璃上制成薄膜，构成电极，其电极电位为

$$\varphi = \text{常数} - \frac{RT}{F}\ln a(NO_3^-) \tag{11.19}$$

(2) 钙离子电极

它的电活性物质是带负电荷的载体，如二癸基磷酸钙。用苯基磷酸二正辛酯做溶剂，放入微孔膜中，构成电极，其电极电位为

$$\varphi = \text{常数} + \frac{RT}{2F}\ln a(Ca^{2+}) \tag{11.20}$$

(3) 钾离子电极

它利用大环状冠醚化合物，如二甲基二苯基-30-冠醚-10，做中性载体。K^+ 可以被螯合在中间。将它们溶解在邻苯二甲酸二戊酯中，再与含有 PVC 的环己酮混合，铺在玻璃板上制成薄膜，构成中性载体电极。另外几种中性载体电极见表 11.4。

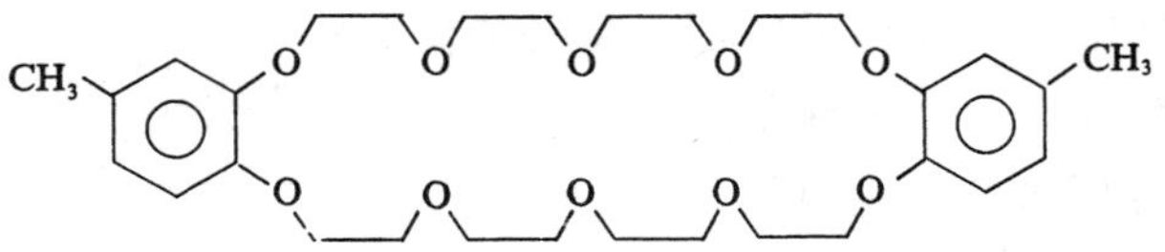

二甲基二苯基-30-冠醚-10

表 11.4　中性载体电极

离子电极	中性载体	线性响应浓度范围 $c/(mol \cdot L^{-1})$	主要干扰离子
K^+	缬氨霉素	$1\times10^{-5}\sim1\times10^{-1}$	Rb^+,Cs^+,NH_4^+
	二甲基二苯基-30-冠醚-10	$1\times10^{-5}\sim1\times10^{-1}$	Rb^+,Cs^+,NH_4^+
Na^+	三甘酰双苄苯胺	$1\times10^{-4}\sim1\times10^{-1}$	K^+,Li^+,NH_4^+
	四甲氧苯基-24-冠醚-8	$1\times10^{-5}\sim1\times10^{-1}$	K^+,Cs^+
Li^+	开链酰胺	$1\times10^{-5}\sim1\times10^{-1}$	K^+,Cs^+
NH_4^+	类放线菌素＋甲基类放线菌素	$1\times10^{-5}\sim1\times10^{-1}$	K^+,Rb^+
Ba^{2+}	四甘酰双二苯胺	$5\times10^{-6}\sim1\times10^{-1}$	K^+,Sr^{2+}

11.2.5　气敏电极

气敏电极(gas-sensing electrode)的结构如图 11.7,电极端部装有透气膜,气体可通过它进入管内。管内插入 pH 玻璃复合电极,复合电极是将外参比电极(Ag/AgCl)绕在电极周围。管中充有电解液,也称中介液。试样中的气体通过透气膜进入中介液,引起电解液中离子活度的变化,这种变化由复合电极进行检测。

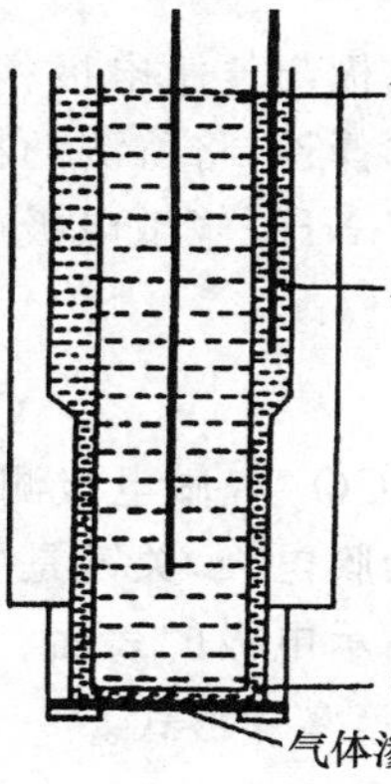

图 11.7　气敏电极

如 CO_2 气敏电极,用 pH 玻璃电极作为指示电极,中介液为包含一定浓度的 NaCl 的 0.01 $mol \cdot L^{-1}$ 碳酸氢钠。二氧化碳与水作用生成碳酸,从而影响碳酸氢钠的电离平衡。

$$CO_2 + H_2O \xrightleftharpoons{K_1} H_2CO_3$$

反应的平衡常数

$$K_1 = \frac{a(H_2CO_3)}{p(CO_2)}$$

则

$$a(H_2CO_3) = K_1 p(CO_2) \tag{11.21}$$

碳酸与碳酸氢根离子之间的离解平衡为

$$H_2CO_3 \xrightleftharpoons{K_2} HCO_3^- + H^+$$

$$a(H^+) = \frac{K_2 a(H_2CO_3)}{a(HCO_3^-)} \tag{11.22}$$

将式(11.21)代入式(11.22),得

$$a(H^+) = \frac{K_1 K_2 p(CO_2)}{a(HCO_3^-)} \tag{11.23}$$

式中:K_1、K_2 为常数;HCO_3^- 的浓度较高,可看成常数。

$$a(H^+) = K p(CO_2) \tag{11.24}$$

中介液中氢离子活度与试液中 CO_2 的分压呈正比,可以用 pH 玻璃电极指示氢离子活度,其电位为

$$\varphi = 常数 + \frac{RT}{F}\ln a(H^+) = 常数' + \frac{RT}{F}\ln p(CO_2) \quad (11.25)$$

需要说明的是，气敏电极实际上已经构成了一个电池。这点是它同一般电极的不同之处。

根据同样的原理，可以制成 NH_3，NO_2，H_2S，SO_2 等气敏电极，如表 11.5 所示。

表 11.5　商品化的气敏电极

气　体	溶液中的平衡	离子选择电极
NH_3	$NH_3 + H_2O \rightleftharpoons NH_4^+ + OH^+$	pH 玻璃电极，pH
CO_2	$CO_2 + H_2O \rightleftharpoons HCO_3^- + H^+$	pH 玻璃电极，pH
HCN	$HCN \rightleftharpoons H^+ + CN^-$	Ag_2S 离子选择电极，pCN
HF	$HF \rightleftharpoons H^+ + F^-$	LaF_3 离子选择电极，pF
H_2S	$H_2S \rightleftharpoons 2H^+ + S^{2-}$	Ag_2S 离子选择电极，pS
SO_2	$SO_2 + H_2O \rightleftharpoons HSO_3^- + H^+$	pH 玻璃电极，pH
NO_2	$2NO_2 + H_2O \rightleftharpoons NO_2^- + NO_3^- + 2H^+$	硝酸根离子选择电极，pNO_3

11.2.6　生物膜电极

生物膜电极与气敏电极相似，是在离子选择性电极的表面覆盖一个含有酶的涂层，利用酶的高效催化选择性，将待测的物质转变为能被离子选择电极响应的物质。例如脲酶电极，就是把脲酶固定在 NH_3 气敏电极或 CO_2 气敏电极的表面，在脲酶的催化作用下尿素可发生如下的分解反应

$$CO(NH_2)_2 + H_2O \xrightarrow{脲酶} 2NH_3 + CO_2$$

通过 NH_3 或 CO_2 气敏电极测定 NH_3 或 CO_2 的分压，可实现对尿素的间接测定。

制作生物膜电极，关键是要制成具有生物活性的水不溶的生物膜，选择好指示电极后，再将它固定在指示电极的表面。固定方法有很多种，根据不同情况，可以选择吸附、包埋、试剂交联、共价键合等多种形式。

Iamiello 和 Yacynych 将 L-氨基氧化酶(LAAO)共价键合在石墨电极表面形成化学修饰的酶电极。它可作为 L-氨基酸的电位传感器。电极对 L-苯基丙氨酸、L-蛋氨酸、L-亮氨酸在 $10^{-2} \sim 10^{-5}$ mol·L^{-1} 的范围有线性的响应。

11.2.7　离子选择电极的分类

根据离子选择电极敏感膜的组成和结构，经 1976 年 IUPAC 推荐，离子选择电极分为原电极和敏化离子选择电极两大类，如表 11.6 所示。

表 11.6　离子选择电极的分类

- 离子选择电极
  - 原电极
    - 晶体膜电极
      - 均相膜电极，如氟、氯、铜离子选择电极
      - 非均相膜电极，如硅橡胶膜电极
    - 非晶体膜电极
      - 刚性基质电极，如 pH、pNa 等玻璃电极
      - 流动载体电极
        - 带正电荷，如硝酸根离子选择电极等
        - 带负电荷，如钙离子选择电极等
        - 中性，如钾离子选择电极等
  - 敏化离子选择电极
    - 气敏电极，如 CO_2 气敏电极等
    - 酶电极，如氨基酸酶电极等

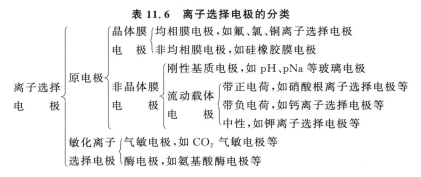

原电极是指敏感膜直接与试液接触的离子选择电极。敏化离子选择电极是以原电极为基础装配成的离子选择电极。

11.3　离子选择电极的性能参数

11.3.1　Nernst 响应,线性范围,检测下限

以离子选择电极的电位对响应离子活度的对数作图(见图 11.8),所得曲线称为校准曲线。若这种响应变化服从于 Nernst 方程,则称它为 Nernst 响应。此校准曲线的直线部分所对应的离子活度范围称为离子选择电极响应的线性范围,该直线的斜率称为级差。当活度较低时,曲线就逐渐弯曲,CD 和 FG 延长线的交点 A 所对应的活度 a_i 称为检测下限。

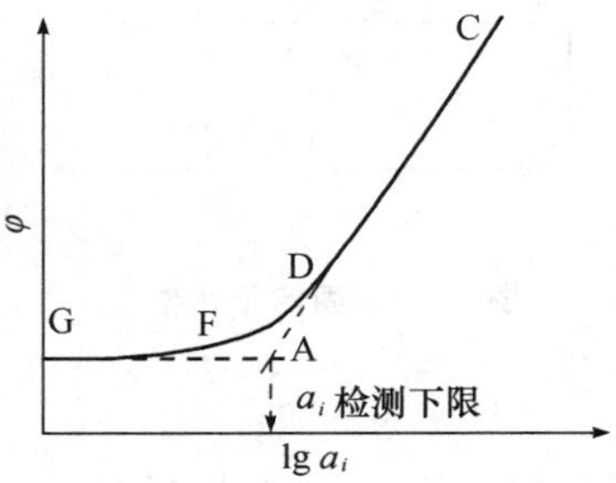

图 11.8　电极校准曲线

11.3.2　选择性系数

离子选择电极除对某特定离子有响应外,溶液中共存离子对电极电位也有贡献。这时,电极电位可写成

$$\varphi = \text{常数} \pm \frac{2.303RT}{z_i F} \lg\left(a_i + \sum_j K_{ij}^{\text{pot}} a_j^{z_i/z_j}\right) \tag{11.26}$$

式中:i 为特定离子,j 为共存离子,z_i 为特定离子的电荷数。第二项正离子取+,负离子取−。K_{ij}^{pot} 称为选择性系数(selectivity coefficient),该值越小,表示 i 离子抗 j 离子的干扰能力越大。

K_{ij}^{pot} 有时也写成 K_{ij},其数值也可以从某些手册中查到,并与离子的某些特性有关,但无严格的定量关系。它可以在确定的实验条件下通过分别溶液法和混合溶液法测定。

1. 分别溶液法

分别配制活度相同的响应离子 i 和干扰离子 j 的标准溶液,然后用离子选择电极分别测量其电位值。

$$\varphi_i = K + S \lg a_i$$
$$\varphi_j = K + S \lg K_{ij} a_j$$

两式相减,得

$$\varphi_j - \varphi_i = S \lg K_{ij} + S \lg a_j - S \lg a_i$$

因 $a_i = a_j$,故

$$\lg K_{ij} = \frac{\varphi_j - \varphi_i}{S} \tag{11.27}$$

式中:S 为电极实际斜率。对不同价数的离子,则

$$\lg K_{ij} = \frac{\varphi_j - \varphi_i}{S} + \lg \frac{a_i}{a_j^{z_i/z_j}} \tag{11.28}$$

2. 混合溶液法

混合溶液法用于被测离子与干扰离子共存时，求出选择性系数。它包括固定干扰法和固定主响应离子法。

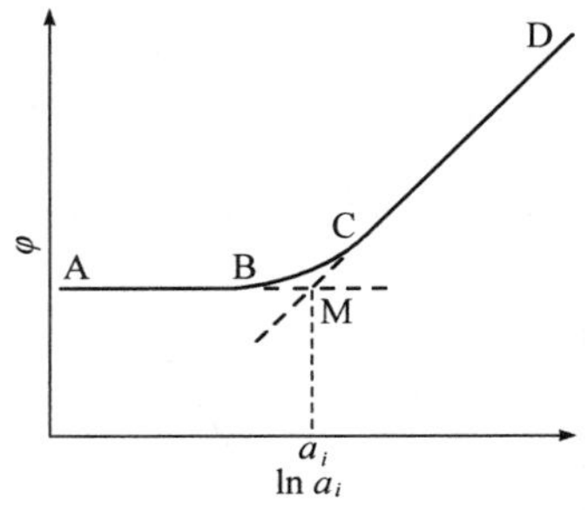

图 11.9 固定干扰法

以固定干扰法为例：该法先配制一系列含固定活度的干扰离子 j 和不同活度的主响应离子 i 的标准混合溶液，再分别测定电位值，然后将电位值 φ 对 $\ln a_i$ 作图(图 11.9)，一般活度小的值在左边。a_i 显著大于 a_j 时，j 的影响可忽略，曲线 CD 段为电极完全表现对 a_i 的响应，是直线。

$$\varphi_i = 常数 + \frac{RT}{z_iF}\ln a_i \tag{11.29}$$

当 a_i 降到 $a_i \ll a_j$，a_i 可忽略，这时电位由 a_j 决定，固定不变为直线 AB，则

$$\varphi_j = 常数 + \frac{RT}{z_iF}\ln K_{ij}a_j^{z_i/z_j} \tag{11.30}$$

直线 AB，CD 延长交点 M 处，$\varphi_i = \varphi_j$，可得

$$a_i = K_{ij}a_j^{z_i/z_j}$$

$$K_{ij} = \frac{a_i}{a_j^{z_i/z_j}} \tag{11.31}$$

选择性系数只能作为考虑电极使用范围的参考，而不能作为理论计算的校正值。它随实验条件、实验方法和共存离子种类的不同而有差异。在实际使用离子选择性电极进行测定中，常需加入一定的掩蔽剂以消除共存离子的干扰，有时也可通过分离除去共存离子的干扰。

11.3.3 响应时间

响应时间是指离子选择电极和参比电极一起从接触试液开始到电极电位变化稳定(波动在 1 mV 以内)所经过的时间。电极的响应时间越短越好。该值与膜电位建立的快慢、参比电极的稳定性、溶液的搅拌速度有关，常常通过搅拌溶液来缩短响应时间。

11.3.4 内阻

离子选择电极的内阻($R_内$)，主要是膜内阻，也包括内充液和内参比电极的内阻。各种类型的电极，其数值不同。晶体膜的内阻较低，玻璃膜则较高。该值的大小直接影响测量仪器输入阻抗的要求。如玻璃电极的内阻为 10^8 Ω，若读数为 1 V，要求误差 0.1%，测试仪表的输入阻抗($R_入$)应为

$$\frac{R_内}{R_内 + R_入} = 0.1\% = 10^{-3}$$

又因为

$$R_内 + R_入 \approx R_入$$

故

$$R_入 = \frac{R_内}{10^{-3}} = 10^{11}\,\Omega$$

测试仪表的输入阻抗应为大于 10^{11} Ω。

11.4　直接电位法

由于液接电位和不对称电位的存在，以及活度系数难以计算，一般不能从电池电动势的数据通过 Nernst 方程式来计算被测离子的浓度。被测离子的含量需通过以下几种方法来测定。

11.4.1　校准曲线法

配制一系列含有不同浓度的被测离子的标准溶液，其离子强度用惰性电解质进行调节，如测定 F^- 时，采用的 TISAB 溶液。用选定的指示电极和参比电极插入以上溶液，测得电动势 E。作 E-lg c 或 E-pM 图。在一定范围内它是一条直线。待测溶液进行离子强度调节后，用同一对电极测量它的电动势。从 E-lg c 图上找出与 E_x 相对应的浓度 c_x。由于待测溶液和标准溶液均加入离子强度调节液，调节到总离子强度基本相同，它们的活度系数基本相同，所以测定时可以用浓度代替活度。由于待测溶液和标准溶液的组成基本相同，又使用同一套电极，液接电位和不对称电位的影响可通过校准曲线校准。

11.4.2　标准加入法

待测溶液的成分比较复杂，难以使它与标准溶液相一致。标准加入法可以克服这方面的困难。

先测定体积为 V_x、浓度为 c_x 的样品溶液的电池电动势，即

$$\begin{aligned} E &= \varphi_{in} - \varphi_r + \varphi_j \\ &= \left(\varphi^{\ominus} + \frac{RT}{zF}\ln \gamma_x c_x\right) - \varphi_r + \varphi_j \\ &= (\varphi^{\ominus} - \varphi_r + \varphi_j) + \frac{RT}{zF}\ln \gamma_x c_x \\ &= 常数 + \frac{RT}{zF}\ln \gamma_x c_x \end{aligned} \tag{11.32}$$

式中：φ_{in} 为指示电极电位，φ_r 为参比电极电位，φ_j 为液接电位。然后在待测溶液中加入体积为 V_s、浓度为 c_s 的标准溶液，并用同一对电极再测电池的电动势

$$E' = 常数 + \frac{RT}{zF}\ln \gamma'_x c'_x \tag{11.33}$$

因为加入标准溶液的量很少，体积变化很小，可以近似地看作体积不变，则

$$c'_x = \frac{c_x V_x + c_s V_s}{V_x + V_s} \approx c_x + \frac{c_s V_s}{V_x} = c_x + \Delta c \tag{11.34}$$

标准溶液加入后，离子强度基本不变，组成也无太大变化，所以 $\gamma_x = \gamma'_x$，φ_r、φ_j 也保持不变，常数相等。

若
$$S = 2.303\frac{RT}{F}$$

则
$$\Delta E = E' - E = \frac{RT}{zF}\ln\frac{c_x + \Delta c}{c_x} = \frac{S}{z}\lg\frac{c_x + \Delta c}{c_x} \tag{11.35}$$

$$\lg\left(1 + \frac{\Delta c}{c_x}\right) = \frac{\Delta E}{S/z}$$

$$1+\frac{\Delta c}{c_x}=10^{\frac{\Delta E}{S/z}}$$

$$c_x=\Delta c\left(10^{\frac{\Delta E}{S/z}}-1\right)^{-1} \tag{11.36}$$

Δc、ΔE 由实验数据可得，c_x 可求算得到。

11.4.3 直接电位法的准确度

在直接电位法中，浓度相对误差主要由电池电动势测量误差决定。它们之间是对数关系，即

$$E=\text{常数}+\frac{RT}{zF}\ln a=\text{常数}+\frac{RT}{zF}\ln\gamma+\frac{RT}{zF}\ln c \tag{11.37}$$

$$\mathrm{d}E=\frac{RT}{zF}\frac{\mathrm{d}c}{c}$$

或

$$\Delta E=\frac{RT}{zF}\frac{\Delta c}{c}$$

$$\frac{\Delta c}{c}=\frac{z}{RT/F}\Delta E\approx 3900\,z\,\Delta E\,\% \qquad (25\ ^\circ\mathrm{C}) \tag{11.38}$$

即对一价离子，$\Delta E=\pm 1$ mV，则浓度相对误差可达 ±4%；对二价离子，则高达 ±8%。

11.4.4 用 pH 计测定溶液的 pH

使用 pH 计测定溶液的 pH 时，现在常使用的是 pH 复合电极，它是将 pH 玻璃电极与外参比电极结合在一起成为一个整体，如图 11.10 所示，这种电极的内、外两个参比电极间的电位差恒定。外参比电极通过多孔陶瓷塞与未知 pH 的待测液或已知 pH 的标准缓冲液相接触，构成如下的测量电池

Ag/AgCl 内参比电极|玻璃膜|被测试液或标准缓冲液‖Ag/AgCl 外参比电极

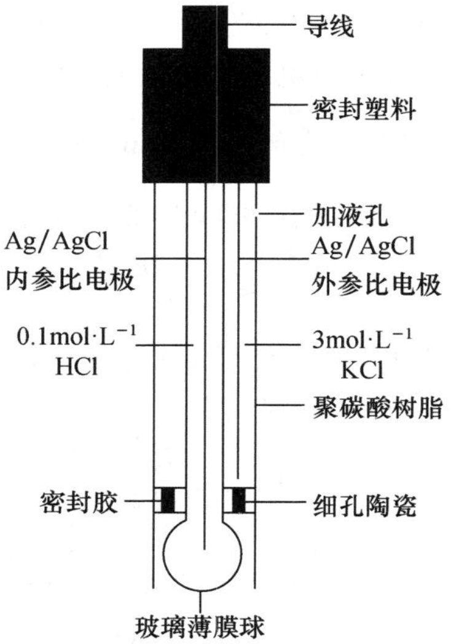

图 11.10 pH 复合电极的结构

电池的电动势为

$$E=\varphi_{外参比电极}-\varphi_{G}=常数-\frac{RT}{F}\ln a(H^{+}) \tag{11.39}$$

其中常数包含恒定的内、外两个参比电极的电位差，还包括液接电位和不对称电位。

由于 pH 理论定义为

$$pH=-\lg a(H^{+}) \tag{11.40}$$

故

$$E=常数+2.303\frac{RT}{F}pH \tag{11.41}$$

实际操作时，为了消去常数项的影响，而采用同已知 pH 的标准缓冲溶液相比较，即

$$E_{s}=常数+2.303\frac{RT}{F}pH_{s} \tag{11.42}$$

式(11.41)减式(11.42)，得

$$pH=pH_{s}+\frac{E-E_{s}}{2.303RT/F} \tag{11.43}$$

该式称为 pH 的实用定义(operational definition of pH)。

pH 计是一台高阻抗输入的毫伏计。两次测量得到的是 $E-E_s$，测定方法是校准曲线法的改进。定位的过程就是用标准缓冲溶液校准校准曲线的截距。温度校准是调整校准曲线的斜率。经过以上操作后，pH 计的刻度就符合校准曲线的要求，可以对未知溶液进行测定。测定的准确度首先取决于标准缓冲溶液 pH_s 的准确与否，其次是标准溶液和待测溶液组成接近的程度。后者直接影响到包含液接电位的常数项是否相同。

标准缓冲溶液的 pH 可见表 11.7。它是由美国国家标准与技术研究所(NIST)用下列电池测定的。

表 11.7　标准缓冲溶液的 pH

温度/℃	草酸氢钾 (0.05 mol·L^{-1})	酒石酸氢钾 (25 ℃，饱和)	邻苯二甲酸氢钾 (0.05 mol·L^{-1})	KH_2PO_4 (0.025 mol·L^{-1}) Na_2HPO_4 (0.025 mol·L^{-1})	硼　砂 (0.01 mol·L^{-1})	氢氧化钙 (25 ℃，饱和)
0	1.666	—	4.003	6.984	9.464	13.423
10	1.670	—	3.998	6.923	9.332	13.003
20	1.675	—	4.002	6.881	9.225	12.627
25	1.679	3.557	4.005	6.865	9.180	12.454
30	1.683	3.552	4.015	6.853	9.139	12.289
35	1.688	3.549	4.024	6.844	9.102	12.133
40	1.694	3.547	4.035	6.838	9.068	11.984

$$Pt \mid H_2(100\ kPa), H^{+}, Cl^{-}, AgCl \mid Ag$$

$$E=\varphi^{\ominus}-2.303\frac{RT}{F}\lg a(H^{+})-2.303\frac{RT}{F}\lg c(Cl^{-})-2.303\frac{RT}{F}\lg \gamma(Cl^{-}) \tag{11.44}$$

它是一个无液接电位的电池，液接电位的影响得到了消除。但是使用这个电池测到的 pH，包含了一个一定浓度 Cl^- 的影响。这可以把 Cl^- 浓度外推到零来消除。$\lg\gamma(Cl^-)$ 项不能直接测量，国际协议规定按 Debye-Hückel 理论计算所得值进行校正。

类似于 pH 计能直接测量溶液的 pH，各种离子计可用来直接读出试液的 pM。它们使用不同的离子选择电极和相应的标准溶液来校准仪器的刻度。

11.5 电位滴定法

在滴定分析中遇到有色或混浊溶液时，终点的指示就比较困难，因为找不到合适的指示剂。电位滴定就是在滴定溶液中插入指示电极和参比电极，由滴定过程中电极电位的突跃来指示终点的到达。滴定过程中，被测离子与滴定剂发生化学反应，离子活度的改变又引起电位的改变。在滴定到达终点前后，溶液中离子的浓度往往连续变化几个数量级，电位将发生突跃。被测组分的含量仍通过消耗滴定剂的量来计算。电位滴定的装置见图 11.11。

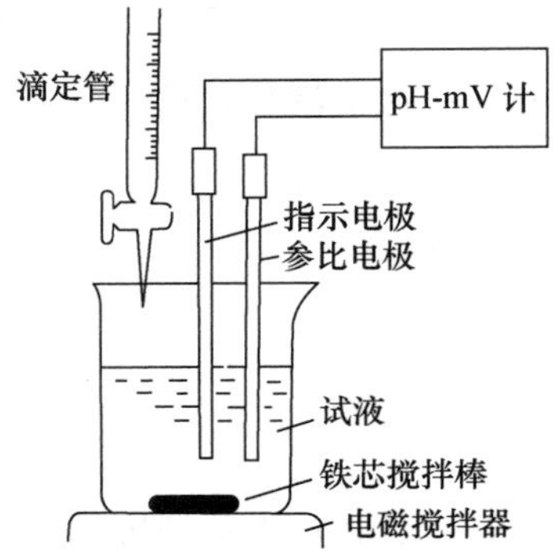

图 11.11　电位滴定基本仪器装置

如在酸碱滴定时，可以用 pH 玻璃电极作指示电极与一个参比电极组成电池：

玻璃电极|测定试液‖饱和甘汞电极

在滴定过程中记录 pH(或 mV)数据与滴定剂的体积(mL 数)，得到滴定曲线，如图 11.12。曲线的斜率变化最大处即滴定终点。为了提高精度，可以将 $\Delta\varphi/\Delta V$(一级微商)对加入滴定剂体积(V)作图，滴定终点就更易确定。有时还以 $\Delta^2\varphi/\Delta V^2$(二级微商)对加入滴定剂体积($V$)作图，$\Delta^2\varphi/\Delta V^2=0$ 为终点，用它所对应的滴定剂体积来计算滴定物的含量。

在氧化还原滴定中，可以用铂电极做指示电极。在络合滴定中若用 EDTA 作滴定剂，可以用第三类电极中的汞电极做指示电极。在沉淀滴定中，如以硝酸银滴定卤素离子时，可以用银电极做指示电极。

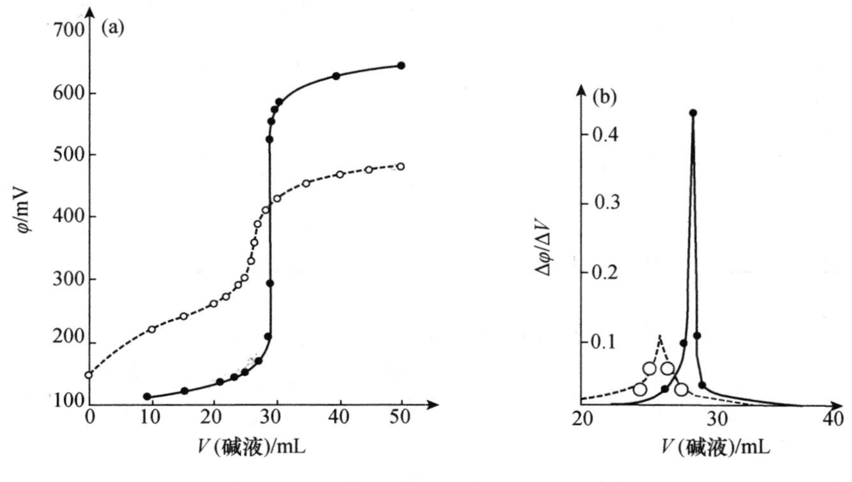

图 11.12　电位滴定曲线(a)和微商滴定曲线(b)

—●—HCl-NaOH 体系　--○--HAc-NH_4OH 体系

电位滴定法在某些情况下还可以使用一个滴定剂来测定混合物的各个组分。如使用 $AgNO_3$ 来滴定大约等量的 I^-、Br^- 和 Cl^- 的混合物。最难溶的 AgI 最早发生沉淀。理论上可证明，大约 0.02% I^- 未被沉淀以前 AgBr 将不发生沉淀。这时滴定曲线将与单独滴定 I^- 完全一样，然后 AgBr 发生沉淀。同样，也可证明溶液中 0.3% Br^- 被除去以前，AgCl 不会沉淀。这一区域类似于单独滴定 Br^- 离子。最后 AgCl 沉淀，测定 Cl^-。整个滴定曲线如图 11.13。

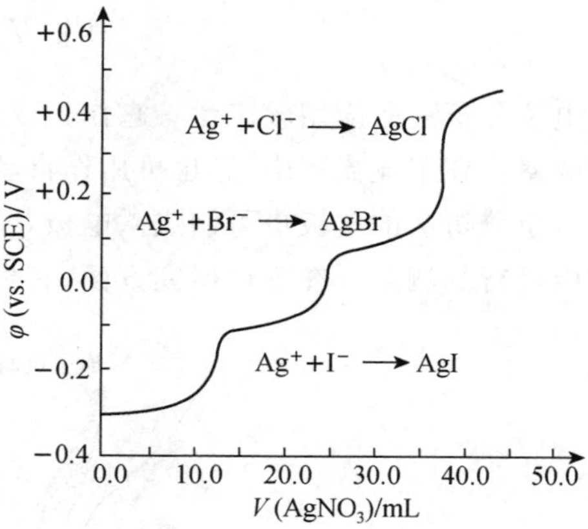

图 11.13　用 0.200 mol·L^{-1} $AgNO_3$ 滴定 2.5×10^{-3} mol·L^{-1} I^-、Br^- 和 Cl^- 的电位滴定曲线

由于离子选择电极的发展，电位滴定法已得到广泛的应用。自动滴定仪在常规分析中的应用，大大加快了分析的速度。

11.6　全固态离子选择性电极

以上讲述的由离子选择性膜、内参比溶液和内参比电极以及惰性腔体四部分组成的这类电极，通常被称为液接离子选择性电极，目前，这类电极的发展相对成熟且应用广泛。但是，内参比液渗漏的问题影响痕量分析的准确测量，通常这类电极的检出下限一般仅低至 μmol·L^{-1}，同时，由于内参比溶液的存在，电极微型化及贮存方面也存在困难。由此，出现了将液接部分转变为固态的全固态离子选择性电极。相对于传统的液接离子选择性电极，全固态离子选择性电极有许多优势，如受外界环境（温度、压强）的影响小、贮存方便、易维护、较长的使用寿命、低检测下限、可微型化制备等，目前已成为离子选择性电极一个重要的研究方向。

全固态离子选择性电极是 1971 年由 Cattrall 等人提出的，仅用一根铂丝代替了传统液接离子选择性电极的内参比溶液和内参比电极，最初被称为覆丝电极。由于覆丝电极的面积和电容较小，离子电子转换效率低，因此这类电极的电位稳定性较差。另外，在导电基底和离子选择性膜之间产生的水层也影响了电极电位的稳定性。为了克服这些问题，研究者们尝试在导电基底和离子选择性膜中间加入一种具有大电容、能进行离子和电子之间的信号转换且疏水的材料。这类材料组成的固态转接层，对全固态离子选择性电极的稳定性、重现性、检测下限等参数有影响，是稳定全固态离子选择性电极的重要组成部分。作为固态转接层的材料通常需要满足以下条件：(i) 具有可逆的离子传导和电子传导的转化；(ii) 具有良好的疏水性以消除水层的干扰；(iii) 具有优良的化学稳定性，不与溶液中的物质发生反应，如 O_2、CO_2、有机分子等；(iv) 具有大的比电容，具有高交换电流密度的理想非极化界面。许多具有离子-电子传导性能的电化学材料被用作固态转接层，如 Ag/AgCl、水凝胶、氧化还原聚合物、自组装单层膜以及多孔碳材料等。其中，Ag/AgCl/多孔碳材料作为固态转接层的离子选择性电极，对 Pb^{2+} 的检测下限低至 10 pM。由于全固态离子选择性电极的优势，目前还在发展中。感兴趣的读者可查阅相关文献。

11.7 应　　用

电位分析法的应用较广泛。它作为成分分析的手段应用于环境检测、生化分析、临床检验的实验室。在工业流程中,它也可用作自动在线分析的装置。

电位分析法的电极也可制成微电极,能在某些特殊的情况下测定。图 11.14 是在动物的管腔内进行的测量。在理论研究方面,它可用于平衡常数测定和动力学的研究。

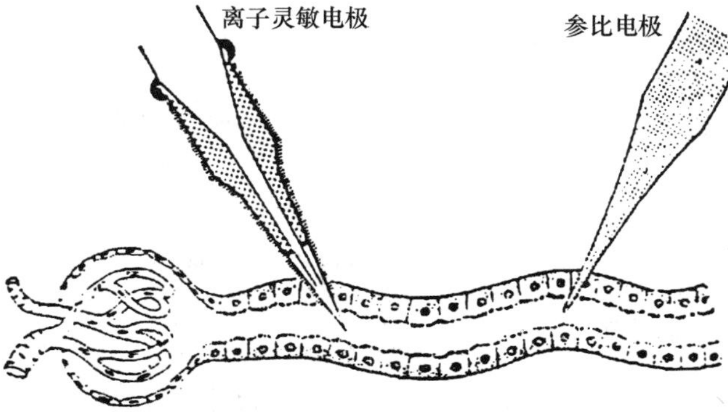

图 11.14　管腔中的指示和参比微电极

离子选择电极测定的线性范围较宽,一般有 4～6 个数量级,响应快,平衡时间较短,常用离子选择电极的应用可见表 11.8。

表 11.8　电位法的应用

被测物质	离子选择电极	线性浓度范围 $c/(mol \cdot L^{-1})$	适用的 pH 范围	应用举例
F^-	氟	$10^0 \sim 5\times10^{-7}$	5～8	水,牙膏,生物体液,矿物
Cl^-	氯	$10^{-2} \sim 5\times10^{-5}$	2～11	水,碱液,催化剂
CN^-	氰	$10^{-2} \sim 10^{-6}$	11～13	废水,废渣
NO_3^-	硝酸根	$10^{-1} \sim 10^{-5}$	3～10	天然水
H^+	pH 玻璃电极	$10^{-1} \sim 10^{-14}$	1～14	溶液酸度
Na^+	pNa 玻璃电极	$10^{-1} \sim 10^{-7}$	9～10	锅炉水,天然水,玻璃
NH_3	气敏氨电极	$10^0 \sim 10^{-6}$	11～13	废气,土壤,废水
脲	气敏氨电极			生物化学
氨基酸	气敏氨电极			生物化学
K^+	钾微电极	$10^{-1} \sim 10^{-4}$	3～10	血清
Na^+	钠微电极	$10^{-1} \sim 10^{-3}$	4～9	血清
Ca^{2+}	钙微电极	$10^{-1} \sim 10^{-7}$	4～10	血清

参 考 资 料

[1]　Bates R G. Determination of pH, Theory and Practice, 2ed. John Wiley and Son. Inc., 1973.
[2]　Durst R A 著;殷晋尧等译. 离子选择性电极. 北京：科学出版社，1976.
[3]　黄德培，沈子琛，吴国梁等. 离子选择性电极的原理及应用. 北京：新时代出版社，1982.
[4]　李启隆. 电分析化学. 北京：北京师范大学出版社，1995.
[5]　Ianniello R M, Yacynych A M. Analytica Chimica Acta, 1981, 131, 123—132.
[6]　Cattrall R W, Freiser H. Anal Chem, 1971, 43, 1905—1906.
[7]　安清波，贾菲，许佳楠等，全固态离子选择性电极研究进展，中国科学：化学，2017, 47, 524—531.
[8]　Hu J B, Stein A, Buhlmann P. Trend Anal Chem, 2016, 76, 102—114.

思考题与习题

11.1　电位分析法的根据是什么？它可以分成哪两类？

11.2　构成电位分析法的化学电池中的两电极分别称为什么？各自的特点是什么？

11.3　金属基电极的共同特点是什么？

11.4　离子选择电极的膜电位是如何形成的？

11.5　气敏电极在构造上与一般的离子选择电极的不同之处是什么？

11.6　什么是离子选择电极的选择性系数？它是如何测得的？

11.7　用 pH 玻璃电极测量得到的溶液 pH 与 pH 的理论定义有何关系？

11.8　在液接离子选择性电极中内参比电极起什么作用？一根简单的铜丝能否代替它？

11.9　标准缓冲溶液的 pH 是如何获得的？

11.10　计算与下述溶液接触的银电极电位：

(1) 1.00×10^{-4} mol·L^{-1} Ag^+；

(2) 由 25.0 mL 0.050 mol·L^{-1} KBr 和 20.0 mL 0.100 mol·L^{-1} $AgNO_3$ 混合而得的溶液。

11.11　当下述电池中的溶液是 pH 4.00 的缓冲溶液时，25℃时用毫伏计测得下列电池的电动势为 0.209 V。

$$玻璃电极 | H^+(a=x) \| SCE$$

当缓冲溶液由未知溶液代替时，毫伏计读数为 0.312 V，试计算溶液的 pH。

11.12　当用氟硼酸根液体离子交换薄膜电极测量 10^{-5} mol·L^{-1} 的 BF_4^- 时，如果容许存在 1%干扰，试计算容许存在的下列干扰阴离子的最大浓度是多少？括号中给出下列离子的选择性系数：OH^-(10^{-3})，I^-(20)，NO_3^-(0.1)，HCO_3^-(4×10^{-3})，SO_4^{2-}(1×10^{-3})。

11.13　用氟离子选择电极组成电池(F^-电极|试液‖SCE)测定水样中的氟。取水样 25.0 mL 并加离子强度调节缓冲液 25 mL，测得其电位值为−0.1372 V(vs. SCE)；再加入 1.00×10^{-3} mol·L^{-1} 标准氟溶液 1.00 mL，测得其电位值为−0.1170 V(vs. SCE)，氟电极的响应斜率为 58.0 mV/pF。考虑稀释效应的影响，精确计算水样中 F^- 的浓度。

11.14　某 pH 计的标度为，改变一个 pH 单位时电位的改变为 60 mV。今欲用响应斜率为 50 mV/pH 的玻璃电极来测定 pH 为 5.00 的溶液，采用 pH 为 2.00 的标准溶液来定位，测定结果的绝对误差为多大？若改用 pH 为 4.00 的标准溶液定位，结果又如何？

11.15　某玻璃电极的内阻为 100 MΩ，响应斜率为 50 mV/pH。若它与饱和甘汞电极组成电池测到电动势为 1.000 V 时，用输入阻抗为 10^{12} Ω 和 10^{10} Ω 的仪表测量，请问它们各自产生的测量误差相当于多少 pH？

第 12 章　电解和库仑分析法

电解分析(electrolytic analysis)是以称量沉积于电极表面的沉积物的质量为基础的一种电分析方法。它是一种较古老的方法，又称电重量法(electrogravimetry)，它有时也作为一种分离的手段，能方便地除去某些杂质。

库仑分析(coulometry)是以测量电解过程中被测物质直接或间接在电极上发生电化学反应所消耗的电量为基础的分析方法。它和电解分析不同，其被测物不一定在电极上沉积，但要求电流效率必须为 100%。

12.1　电解分析的基本原理

电解是借外电源的作用，使电化学反应向着非自发的方向进行。电解过程是在电解池的两个电极上加上直流电压，改变电极电位，使电活性物质在电极上发生氧化还原反应，同时电解池中有电流通过。

如在 0.1 mol·L^{-1} 的 H_2SO_4 介质中，电解 0.1 mol·L^{-1} $CuSO_4$ 溶液，装置如图 12.1。其电极都用铂制成，溶液进行搅拌；阴极采用网状结构，优点是表面积较大。电解池的内阻约为 0.5 Ω。

将两个铂电极浸入溶液中，当接上外电源，外加电压远离分解电压时，只有微小的残余电流通过电解池。当外加电压增加到接近分解电压时，只有极少量的 Cu 和 O_2 分别在阴极和阳极上析出，但这时已构成 Cu 电极和 O_2 电极组成的自发电池。该电池产生的电动势将阻止电解过程的进行，称为反电动势。只有外加电压达到克服此反电动势时，电解才能继续进行，电流才能显著上升。通常将两电极上产生迅速的、连续不断的电极反应所需的最小外加电压 U_d 称为分解电压。理论上分解电压的值就是反电动势的值(图 12.2)。

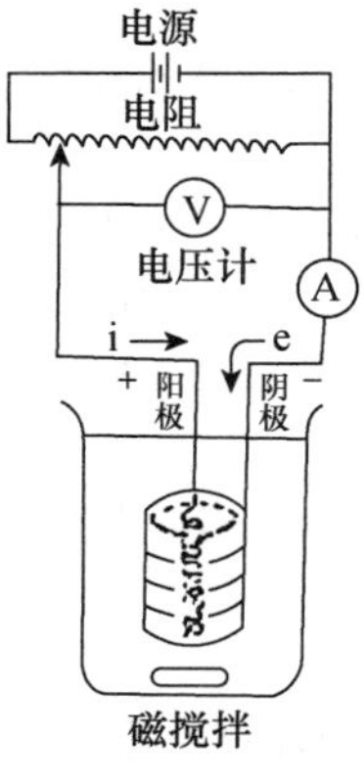

图 12.1　电解装置

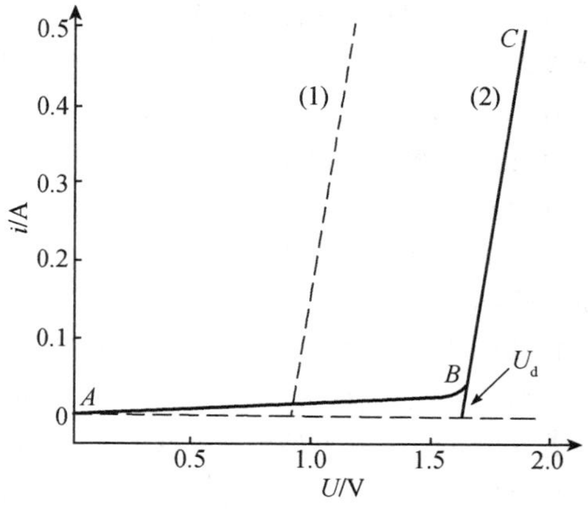

图 12.2　电解铜(Ⅱ)溶液时的电流-电压曲线

(1) 计算所得的曲线　(2) 实验所得的曲线

整个电池反应是：$Cu^{2+} + H_2O \longrightarrow Cu(s) + \frac{1}{2}O_2(g) + 2H^+$

Cu 和 O_2 电极的平衡电位分别为

Cu 电极　$Cu^{2+} + 2e \rightleftharpoons Cu$

$$\varphi^\ominus = 0.337\ \text{V}$$

$$\varphi = \varphi^\ominus + \frac{0.0592}{2}\lg[Cu^{2+}]$$

$$= \left(0.337 + \frac{0.0592}{2}\lg[0.1]\right)$$

$$= 0.307\ \text{V}$$

O_2 电极　$\frac{1}{2}O_2 + 2H^+ + 2e \rightleftharpoons H_2O$

$$\varphi^\ominus = 1.229\ \text{V}$$

$$\varphi = \varphi^\ominus + \frac{0.0592}{2}\lg[p(O_2)]^{1/2}[H^+]^2$$

$$= \left(1.229 + \frac{0.0592}{2}\lg[1]^{1/2}[0.2]^2\right)$$

$$= 1.188\ \text{V}$$

当 Cu 和 O_2 构成电池时

$$\text{Pt} \mid O_2(101\,325\ \text{Pa}), H^+\ (0.2\ \text{mol}\cdot\text{L}^{-1}), Cu^{2+}\ (0.1\ \text{mol}\cdot\text{L}^{-1}) \mid \text{Cu}$$

Cu 为阴极，O_2 为阳极，电池的电动势为

$$E = \varphi_c - \varphi_a = (0.307 - 1.188)\ \text{V} = -0.881\ \text{V}$$

电解时，理论分解电压的值是它的反电动势 0.881 V。

从图 12.2 可知，实际所需的分解电压比理论分解电压大，超出的部分是由于电极极化作用引起的。极化结果将使阴极电位更负，阳极电位更正。电解池回路的电压降 iR 也应是电解所加的电压的一部分，这时电解池的实际分解电压为

$$U_d = (\varphi_a + \eta_a) - (\varphi_c - \eta_c) + iR \tag{12.1}$$

若电解时，铂电极面积为 100 cm^2，电流为 0.10 A，则电流密度是 0.001 $A\cdot cm^{-2}$ 时，O_2 在铂电极上的超电位是 +0.72 V，Cu 的超电位在加强搅拌的情况下可以忽略。

$$iR = (0.10 \times 0.50)\ \text{V} = 0.050\ \text{V}$$

$$U_d = (0.88 + 0.72 + 0.05)\ \text{V} = 1.65\ \text{V}$$

从以上的例子可得知：电解时，仅 φ_c 和 φ_a 可从理论计算获得，而 iR 降和超电位都需通过试验获取。因此，电解时，实际控制电压是由试验确定的。

12.2　控制电位电解分析

在实际电解过程中，阴极电位不断发生变化，阳极电位也并不是完全恒定的。由于离子浓度随着电解的延续而逐渐下降，电池的电流也逐渐减小，应用控制外加电压的方式往往达不到好的分离效果。较好的方法是控制阴极（或阳极）电位。

控制电位电解分析法（controlled potential electrolysis）是在控制工作电极（阴极或阳极）电位为一恒定值的条件下进行电解的分析方法。恒定电位的选择是依据共存组分析出电位的

差别。将工作电极的电位调节到所期望的电极反应能发生，而其他共存的形成不溶性沉积物的反应不能发生的电位。但由于超电位和 iR 降的影响，从理论上不容易预测需要控制的电位。

要实现对阴极(或阳极)电位的控制，需要在电解池中插入一个参比电极，例如甘汞电极，其装置见图 12.3，构成三电极系统。它通过运算放大器的输出很好地控制阴极电位和参比电极电位差为恒定值。利用这样的装置，可以通过实验确定需要控制的外加电解电位。

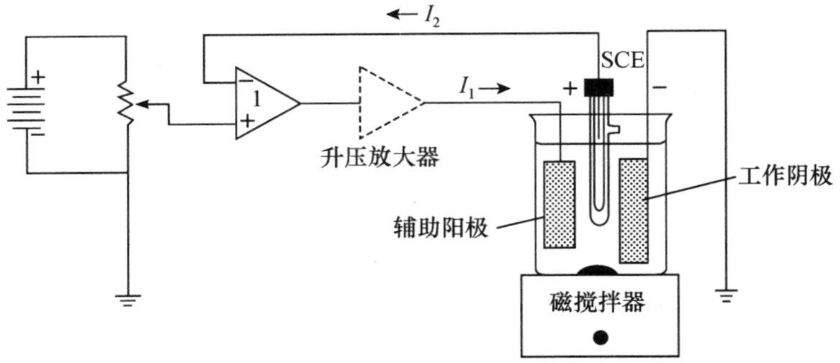

图 12.3　恒阴极电位电解装置

在控制电位的电解过程中，开始时被测物质析出速度较快，随着电解的进行，其浓度越来越小，电极反应的速率也逐渐变慢，因此电流也越来越小。当电流的变化率趋于零时，电解完成。

控制电位电解分析法的特点是选择性高，可用于分离并测定 Ag(与 Cu 分离)，Cu(与 Bi、Pb、Ag、Ni 等分离)，Bi(与 Pb、Sn、Sb 等分离)，Cd(与 Zn 分离)等。

12.3　恒电流电解法

电解分析有时也在控制电流恒定的情况下进行。这时外加电位逐渐升高，电解反应的速率较快，但选择性不如控制电位电解法好。往往一种金属离子还未沉淀完全时，第二种金属离子就在电极上析出。

为了防止干扰，可使用阳极或阴极去极剂 (depolarizer)，以维持电位不变。所谓去极剂，是指能在电极上发生氧化反应或还原反应，使电极电位维持在其平衡值附近，防止了电极上发生其他干扰性反应的物质。如在 Cu^{2+} 和 Pb^{2+} 的混合液中，为防止 Pb 在分离沉积 Cu 时沉淀，可以加入 NO_3^- 作为阴极去极剂。NO_3^- 在阴极上还原生成 NH_4^+，即

$$NO_3^- + 10H^+ + 8e \rightleftharpoons NH_4^+ + 3H_2O$$

它的电位比 Pb^{2+} 更正，而且量比较大，在 Cu^{2+} 电解完成前可以防止 Pb^{2+} 在阴极上的还原沉积。

类似的情况也可以用于阳极，加入的去极剂比干扰物质先在阳极上氧化，可以维持阳极电位不变，它称为阳极去极剂。

12.4　汞阴极电解法

汞阴极电解法(mercury cathode electrolysis)将汞作为电解池中的阴极，它一般不直接用于测定，而是用作分离的手段。例如采用汞阴极，可将电位较正的 Cu、Pb 和 Cd 等浓缩在汞中

而与 U 分离来提纯铀。用同样的方法可以除去金属离子，制备伏安分析的高纯度电解质。在酶法分析中，也可以用此法除去溶液中的重金属离子，因为痕量重金属离子的存在可以抑制或失去酶的活性。

汞阴极电解法的特点为：金属与汞生成汞齐，金属析出电位将正移，易分离；氢在汞上有较大的超电位，扩大了电解分离的电位范围；汞的密度大，易挥发，也有毒，需要特别注意。

12.5　库仑分析基本原理和 Faraday 电解定律

电解分析是采用称量电解后电极的增量来作定量的。如果用电解过程中消耗的电量来定量，这就是库仑分析。库仑分析的基本要求是电极反应必须单纯，用于测定的电极反应必须具有 100％的电流效率。电量全部消耗在被测物质上。

库仑分析的基本依据是 Faraday 电解定律。Faraday 定律表示物质在电解过程中参与电极反应的质量 m 与通过电解池的电量 Q 呈正比，用数学式表示为

$$m = \frac{M}{zF}Q \tag{12.2}$$

式中：F 为 1 mol 元电荷的电量，称为 Faraday 常数（96 485 $C \cdot mol^{-1}$）；M 为物质的摩尔质量；z 为电极反应中的电子数。电解消耗的电量 Q 按下式计算

$$Q = it \tag{12.3}$$

库仑分析可以分成恒电位库仑分析和恒电流库仑分析两种。

12.6　恒电位库仑分析

恒电位库仑分析（controlled-potential coulometry）是指在电解过程中，控制工作电极的电位保持恒定值，使被测物质以 100％的电流效率进行电解。当电流的变化率趋于零时，指示该物质已被电解完全。恒电位库仑分析的仪器装置和控制电位电解分析类似，只是在电路中需要串接一个库仑计，以测量电解过程中消耗的电量。电量也可采用电子积分仪或作图求得。

氢氧库仑计是一种气体库仑计，其装置如图 12.4 所示。电解管置于恒温水浴中，内装 0.5 $mol \cdot L^{-1}$ K_2SO_4 或 Na_2SO_4 电解液，当电流通过时，Pt 阳极上析出 O_2，Pt 阴极上析出 H_2。电解前后刻度管中液面之差为氢氧气体的总体积。在标准状态下，每库仑电量相当于析出 0.1741 mL 氢氧混合气体。若得到的体积为 V(mL)，电解消耗的电量为

$$Q = \frac{V}{0.1741} \tag{12.4}$$

由式(12.2)算出被测物的质量为

$$m = \frac{VM}{0.1741Fz} \tag{12.5}$$

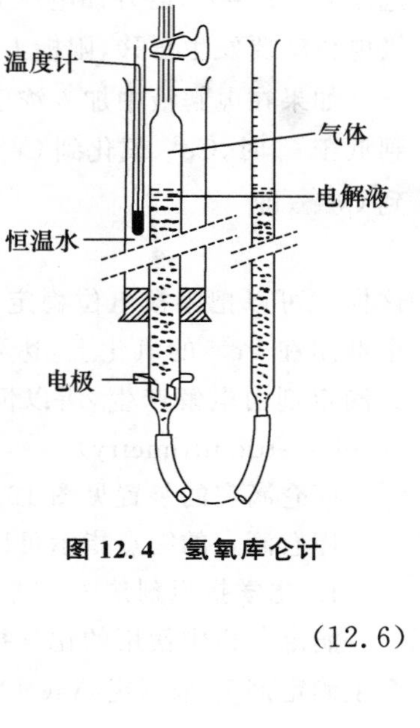

图 12.4　氢氧库仑计

电子积分仪是根据电解通过的电流 i 采用积分线路求得总电量

$$Q = \int_0^t i_t \, dt \tag{12.6}$$

其值可由显示装置读出。

作图法是根据在恒电位库仑分析中电流随时间而衰减

$$i_t = i_0 10^{-Kt} \tag{12.7}$$

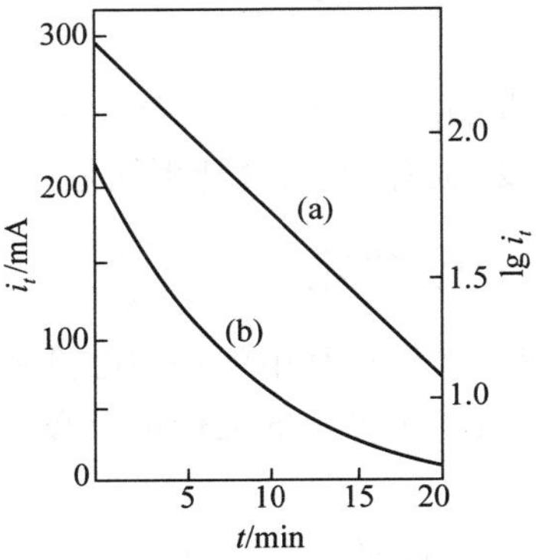

图 12.5　电流-时间曲线

(a) lg i_t-t 曲线

(b) i_t-t 曲线

式中：i_0 是起始的电流值。电解时消耗的电量可通过积分求得

$$Q = \int_0^t i_0 10^{-Kt} \mathrm{d}t$$

$$= \frac{i_0}{2.303K}(1 - 10^{-Kt}) \tag{12.8}$$

t 增大，10^{-Kt} 减小。当 $Kt > 3$ 时，10^{-Kt} 可忽略不计，则

$$Q = \frac{i_0}{2.303K} \tag{12.9}$$

对式(12.7)取对数，即

$$\lg i_t = \lg i_0 - Kt \tag{12.10}$$

以 $\lg i_t$ 对 t 作图得一直线，如图 12.5 所示。直线的斜率为 K，截距为 $\lg i_0$。将 i_0 和 K 代入式(12.9)，就可求出 Q。

12.7　恒电流库仑分析(库仑滴定)

库仑分析时，若电流维持一个恒定值，可以大大缩短电解时间。对其电量的测量也很方便，$Q = it$。它的困难是要解决恒电流下具有 100% 的电流效率和设法能指示终点的到达。

如在恒电流下电解 Fe^{2+}，它在阳极氧化

$$Fe^{2+} \longrightarrow Fe^{3+} + e$$

这时，阴极发生的是还原反应

$$H^+ + e \longrightarrow \frac{1}{2}H_2$$

选用 $i_0 = i_a = i_c$，需外加电压为 U_0，随着电解的进行，Fe^{2+} 的浓度下降，外加电压就要加大。阳极电位就要发生正移，阳极上可能析出 O_2。电解过程的电流效率将达不到 100%。

如果在电解液中加入浓度较大的 Ce^{3+} 作为一个辅助体系，当 Fe^{2+} 在阳极的氧化电流降到低于 i_0 时，Ce^{3+} 氧化到 Ce^{4+}，维持 i_0 恒定。溶液中 Ce^{4+} 能立即同 Fe^{2+} 反应，本身又被还原到 Ce^{3+}，即

$$Ce^{4+} + Fe^{2+} \longrightarrow Ce^{3+} + Fe^{3+}$$

这样就可以把阳极电位稳定在氧析出电位以下，而防止了氧的析出。电解所消耗的电量仍全部用在 Fe^{2+} 的氧化上，达到了电流效率的 100%。该法类似于 Ce^{4+} 滴定 Fe^{2+} 的滴定法，其滴定剂由电解产生，所以恒电流库仑法(controlled-current coulometry)又称为库仑滴定法(coulometric titrimetry)。

库仑滴定的装置见图 12.6。

库仑滴定的终点指示可以采用以下几种方法。

1. 化学指示剂法

滴定分析中使用的化学指示剂，只要体系合适仍能在此使用。如用恒电流电解 KI 溶液产生滴定剂 I_2 来测定 As(Ⅲ)时，淀粉就是很好的化学指示剂。

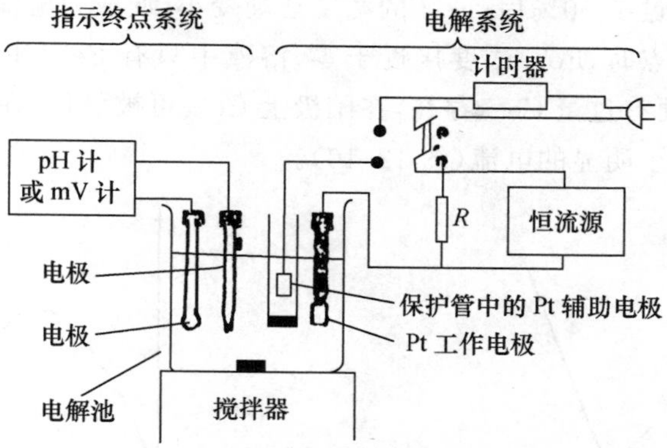

图 12.6　库仑滴定装置

2. 电位法

库仑滴定中使用电位法指示终点与电位滴定法确定终点的方法相似。选用合适的指示电极来指示终点前后电位的跃变。

3. 双铂极电流指示法

该法又称为永停法，它是在电解池中插入一对铂电极作指示电极，加上一个很小的直流电压，一般为几十毫伏至 200 mV(图 12.7)。如在电解 KI 产生滴定剂 I_2 测定 As(Ⅲ)的体系中，滴定终点前出现的是 As(Ⅴ)/As(Ⅲ)不可逆电对，终点后是可逆的 I_3^-/I^- 电对。从其极化曲线(即电流随外加电压而改变的曲线，图 12.8)可见，不可逆体系曲线通过横轴是不连续的(电流很小)，需要加更大的电压才能有明显的氧化还原电流。可逆体系在很小电压下就能产生明显的电流。双铂电极上电流曲线如图 12.9。

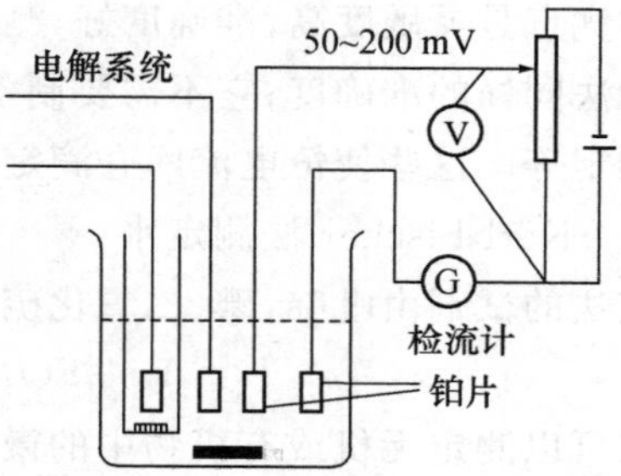

图 12.7　永停终点法装置

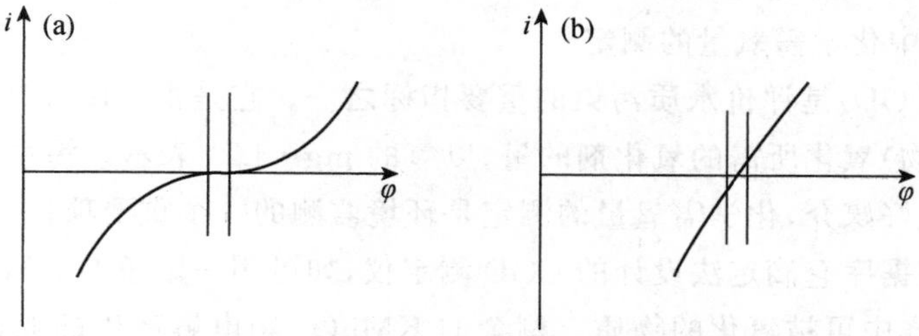

图 12.8　I_2 滴定 As(Ⅲ)时，终点前后体系的极化曲线

(a) As(Ⅴ)/As(Ⅲ)体系　(b) I_3^-/I^- 体系

当然，体系不同也可能出现原来是可逆电对，终点后为不可逆电对，这时图 12.9 就出现相反的情况。Ce^{4+} 滴定 Fe^{2+} 体系中，滴定前后都是可逆体系。开始滴定时，溶液中只有 Fe^{2+}，没有 Fe^{3+}，所以流过电极的电流为零或只有微小的残余电流。随着滴定的进行，溶液中 Fe^{3+} 的浓度逐渐增大，因而通过电极的电流也将逐渐增大。在滴定百分数为 50％之前，Fe^{3+} 的浓度是电流的限制因素。过了 50%后，Fe^{2+} 的浓度逐渐变小，便成为电流的限制因素了，所以电流又逐渐下降。到达终点时，Fe^{2+} 浓度接近于零，溶液中只有 Fe^{3+} 和 Ce^{3+}，所以电流又接近于零。过了终点以后，便有过量 Ce^{4+} 存在，在阳极上 Ce^{3+} 可被氧化，在阴极上 Ce^{4+} 可被还原，双铂电极的回路又出现了明显的电流(图 12.10)。

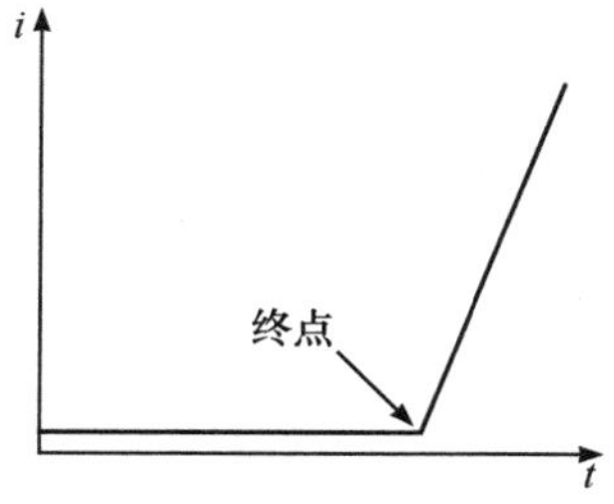

图 12.9　I_2 滴定亚砷酸的双铂电极电流曲线

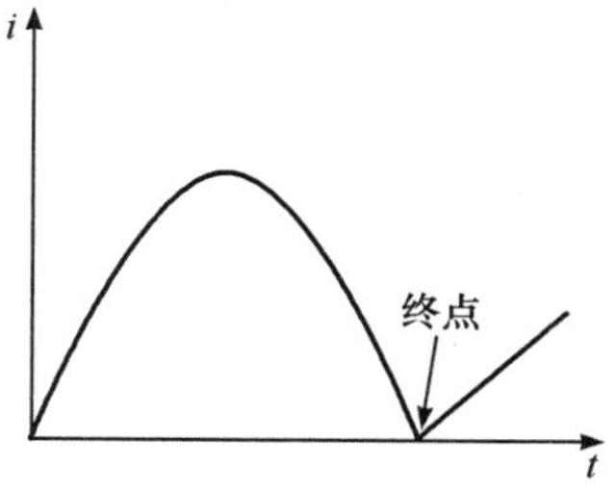

图 12.10　Ce^{4+} 滴定 Fe^{2+} 的双铂电极电流曲线

恒电流库仑滴定法是用恒电流电解产生滴定剂以滴定被测物质来进行定量分析的方法。该法的优点是灵敏度高，准确度好，测定的量比经典滴定法低 1～2 个数量级，但可以达到与经典滴定法同样的准确度；它不需要制备标准溶液；不稳定滴定剂可以电解产生；电流和时间能准确测定等。这些使恒电流库仑滴定法得到广泛的应用，下面举几个例子。

(1) Karl Fischer 法测定水

该法的试剂由吡啶、碘、二氧化硫和甲醇组成。碘氧化二氧化硫时需要定量的水

$$I_2 + SO_2 + 2H_2O \rightleftharpoons HI + H_2SO_4$$

利用它可以测定无机或有机物中的微量水分。吡啶是为了中和反应生成的酸，使反应向右进行。加入甲醇，以防止副反应的发生。

1955 年，Meyer 和 Boyd 成功地用电解产生 I_2 的方法测定了二氨基丙烷中的微量水分。反应所产生的 I^- 又在工作电极上重新氧化为 I_2，直到全部水反应完毕。我国在石油工业中也研制了测定油中水分的库仑分析仪。

(2) 水质污染中化学需氧量的测定

化学需氧量(COD)是评价水质污染的重要指标之一。它是指 1 L 水中可被氧化的还原性物质(主要是有机物)氧化所需的氧化剂的量，以氧的 $mg \cdot L^{-1}$ 表示。污水中的有机物往往是各种细菌繁殖的良好媒介，化学需氧量的测定是环境监测的一个重要项目。

现已有各种根据库仑滴定法设计的 COD 测定仪，如可用一定量的 $KMnO_4$ 标准溶液与水样加热，以氧化水样中可被氧化的物质。剩余的 $KMnO_4$ 用电解产生的亚铁离子进行恒电流库仑滴定

$$5Fe^{2+} + MnO_4^- + 8H^+ \rightleftharpoons Mn^{2+} + 5Fe^{3+} + 4H_2O$$

由于亚铁离子与 MnO_4^- 进行定量的反应，因此根据电解产生的亚铁所消耗的电量可以知道溶液中剩余的 MnO_4^- 的量。

常用的库仑滴定产生的滴定剂及应用见表 12.1。

表 12.1　库仑滴定法产生的滴定剂及应用

滴定剂	介　质	工作电极	测定的物质
Br_2	0.1 mol·L^{-1} H_2SO_4 + 0.2 mol·L^{-1} NaBr	Pt	Sb(Ⅲ),I^-,Tl(Ⅰ),U(Ⅳ),有机化合物
I_2	0.1 mol·L^{-1} 磷酸盐缓冲溶液(pH 8) + 0.1 mol·L^{-1} KI	Pt	As(Ⅲ),Sb(Ⅲ),$S_2O_3^{2-}$,S^{2-}
Cl_2	2 mol·L^{-1} HCl	Pt	As(Ⅲ),I^-,脂肪酸
Ce(Ⅳ)	1.5 mol·L^{-1} H_2SO_4 + 0.1 mol·L^{-1} $Ce_2(SO_4)_3$	Pt	Fe(Ⅱ),$Fe(CN)_6^{4-}$
Mn(Ⅲ)	1.8 mol·L^{-1} H_2SO_4 + 0.45 mol·L^{-1} $MnSO_4$	Pt	草酸,Fe(Ⅱ),As(Ⅲ)
Ag(Ⅱ)	5 mol·L^{-1} HNO_3 + 0.1 mol·L^{-1} $AgNO_3$	Au	As(Ⅲ),V(Ⅳ),Ce(Ⅲ),草酸
$Fe(CN)_6^{4-}$	0.2 mol·L^{-1} $K_3Fe(CN)_6$(pH 2)	Pt	Zn(Ⅱ)
Cu(I)	0.02 mol·L^{-1} $CuSO_4$	Pt	Cr(Ⅵ),V(Ⅴ),IO_3^-
Fe(Ⅱ)	2 mol·L^{-1} H_2SO_4 + 0.6 mol·L^{-1} 铁铵矾	Pt	Cr(Ⅵ),V(Ⅴ),MnO_4^-
Ag(I)	0.5 mol·L^{-1} $HClO_4$	Ag 阳极	Cl^-,Br^-,I^-
EDTA(Y^{4-})	0.02 mol·L^{-1} $HgNH_3Y^{2-}$ + 0.1 mol·L^{-1} NH_4NO_3(pH 8,除 O_2)	Hg	Ca(Ⅱ),Zn(Ⅱ),Pb(Ⅱ)等
H^+ 或 OH^-	0.1 mol·L^{-1} Na_2SO_4 或 KCl	Pt	OH^- 或 H^+,有机酸或碱

12.8　微库仑分析法

微库仑分析法与库仑滴定相似,也是利用电生滴定剂来滴定被测物质,其装置见图 12.11。微库仑池中有两对电极,一对是指示电极和参比电极,另一对是工作电极和辅助电极。液体试样可直接加入池中,气体样品由池底通入,由电解液吸收。常用的滴定池依电解液的组成不同,分为银滴定池、碘滴定池和酸滴定池几种。样品进入前,电解液中的微量滴定剂浓度一定,指示电极与参比电极的电位差为定值。当样品进入电解池后,使滴定剂的浓度减小,电位差发生变化,$U_{指} \neq U_{偏}$,放大器就有电流输出,工作电极开始电解,直至恢复到原来滴定剂浓度,电解自动停止。

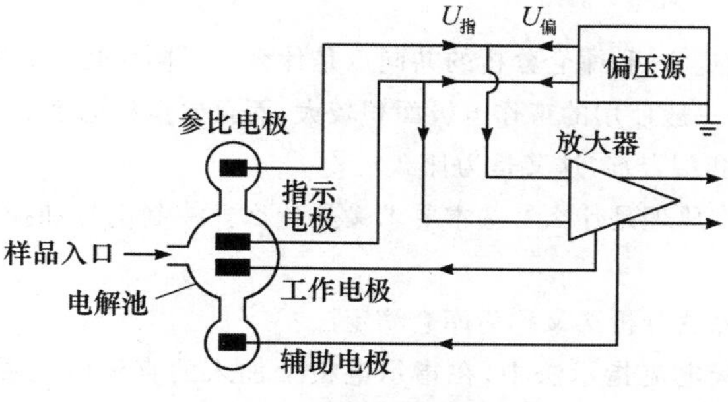

图 12.11　微库仑分析原理

微库仑法可以用来测定有机卤素,测定方法是将滴定池直接和燃烧装置相连,在有机物燃烧过程中生成的 Cl^- 用 Ag^+ 自动滴定,可检测 0.10 μg ～1.00 mg 的 Cl^-,方法非常灵敏。电解液为 65%～85%的乙酸,指示电极组为银微电极和一参比电极,工作电极为银阳极和螺旋铂阴极。

微库仑分析过程中，电流是变化的，根据它对时间的积分，求出 Q 值，确定被测物质的量。由于分析过程中电流的大小是随被测物质的含量的大小而变化的，所以又称为动态库仑分析。它是一种灵敏度高，适用于微量成分分析的方法。

12.9 电化学合成

尽管这一章是围绕电解和库仑分析作为定量分析的方法进行介绍，但实际上电解的方法还常常用作合成的手段，即电化学合成法。它是在导电的水溶液、熔融盐或非水溶剂中，通过电氧化或电还原过程制备出不同种类与聚集状态的单质或化合物。电化学合成具有很多显著的优点：避免使用有毒或危险的氧化剂和还原剂，电子是清洁的反应试剂，反应体系中，除了原料和产物及支持电解质，通常不含其他试剂，减少了物质消耗，而且产品易分离，环境污染小；在电合成过程中，电子转移和化学反应这两个过程可同时进行，可以通过控制电极电位来有效和连续改变电极反应速度，减少副反应，使得目标产物的收率和选择性较高；反应可在常温、常压下进行，一般无需特殊的加热和加压设备，节约了能源，且降低了设备投资；电合成装置具有通用性，在同一电解槽中可进行多种合成反应，在多品种生产中有利于缩短合成工艺；可以合成一些通常的方法难以合成的化学品(如难以氧化或还原的)。如烯丙基 C—H 键的氧化，通过电化学的方法进行，不仅操作简单、原料便宜，有高的化学选择性，而且适宜大规模工业化生成，对环境无影响。

参考资料

[1] 严辉宇. 库仑分析. 北京：新时代出版社，1985.

[2] 高小霞等. 电分析化学导论. 北京：科学出版社，1986.

[3] 武汉大学化学系编. 仪器分析. 北京：高等教育出版社，2001.

[4] Horn E J, Rosen B R, Chen Y, Tang J, Chen K, Eastgate M D, Baran P S. Nature, 2016, 533, 77—81.

思考题与习题

12.1 电解分析(电重量法)和库仑分析的共同点是什么？不同点是什么？

12.2 在电解分析中，一般使用的工作电极面积较大，而且要搅拌电解液，这是为什么？有时还要加入惰性电解质、pH 缓冲液和配合剂，这又是为什么？

12.3 库仑分析的基本原理是什么？基本要求又是什么？控制电位和控制电流的库仑分析是如何达到基本要求的？

12.4 为什么恒电流库仑分析法又称为库仑滴定法？

12.5 为什么在双铂极电流指示法中，在指示电极上加入的直流电压要很小，一般为几十 mV 至 200 mV？

12.6 为电解 0.200 mol·L^{-1} 的 Pb^{2+} 溶液，需将此溶液缓冲至 pH＝5.00。若通过这个电解池的电流为 0.50 A，铂电极的面积为 10 cm^2。在阳极上逸出氧气(101 325 Pa)，氧的超电位为 0.77 V；在阴极上析出铅。假定电解池的电阻为 0.80 Ω，试计算：

(1) 电池的理论电动势(零电流时)；

(2) iR 降；

(3) 开始电解时所需的外加电压；

(4) 若电解液体积为 100 mL，电流维持在 0.500 A，问需电解多长时间铅离子浓度才减小到 0.010 mol · L^{-1}？

(5) 当 Pb^{2+} 浓度为 0.010 mol · L^{-1} 时，电解所需的外加电压为多少？

12.7　用库仑法测定某炼焦厂下游河水中的含酚量。为此，取 100 mL 水样，酸化并加入过量 KBr，电解产生的 Br_2 与酚发生如下反应

$$C_6H_5OH + 3Br_2 \rightleftharpoons Br_3C_6H_2OH + 3HBr$$

电解电流为 0.0208 A，电解时间为 580 s。问水样中含酚量(mg · L^{-1})为多少？

12.8　用库仑法测定某有机酸的 m (1 mol)/z。溶解 0.0231 g 纯净试样于乙醇-水混合溶剂中，以电解产生的 OH^- 进行滴定，通过 0.0427 A 的恒定电流，经 402 s 到达终点，计算此有机酸的 m (1 mol)/z。

第 13 章　伏　安　法

伏安法(voltammetry)和极谱法(polarography)是一种特殊的电解方法。极谱法的工作电极面积较小,分析物的浓度也较小,浓差极化的现象比较明显。这种电极被称为极化电极。电解池由它与参比电极以及辅助电极组成。伏安法是这类分析方法的总称,它可使用面积固定的悬汞、玻璃碳、铂等电极作工作电极,也可使用表面做周期性连续更新的滴汞电极作工作电极。后者是伏安法的特例,被称为极谱法。参比电极常采用面积较大、不易极化的电极。极谱法和伏安法是根据电解过程中的电流-电位曲线进行分析的方法。与前面介绍的电位法、电解和库仑分析法的根本区别是:伏安法是在电解池中,在浓差极化的条件下测量电流随电位的变化,由于电极面积小和电解时间短,分析物的浓度在本体溶液中变化很小,几乎可忽略;电位法是在几乎无电流存在的条件下测量电池的电动势,因而不存在极化;而电解和库仑分析法在测量中尽量减小浓差极化的影响,几乎所有的分析物完全转变为另一种物质。

13.1　测量装置及电极系统

13.1.1　测量装置

极谱分析的装置见图 13.1。滴汞电极(dropping mercury electrode)作工作电极(working electrode),参比电极常采用饱和甘汞电极。通常使用时滴汞电极作阴极,饱和甘汞电极为阳极。由于 iR 降较小,采用的是两电极电池系统。直流电源 B,可变电阻 R 和滑线电阻 DE 构成电位计线路。移动接触键,在 0～−2 V 范围内,以 100～200 mV · min^{-1} 的速率连续改变加于两电极间的电位差。G 是灵敏检流计,用来测量通过电解池的电流。记录得到的是电流-电位曲线,称为极谱图(polarogram)(图 13.2)。

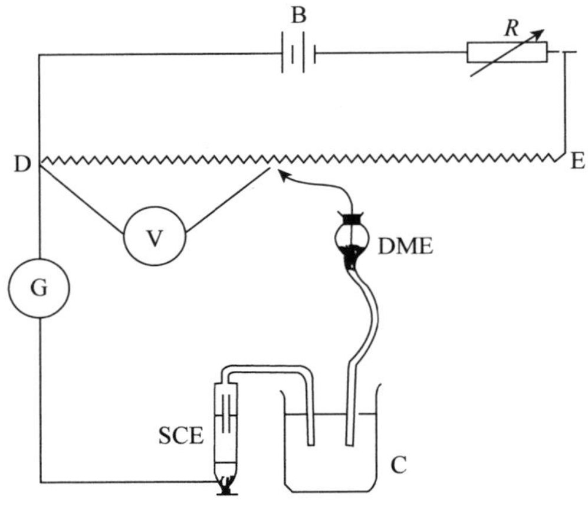

图 13.1　极谱法的基本装置和电路

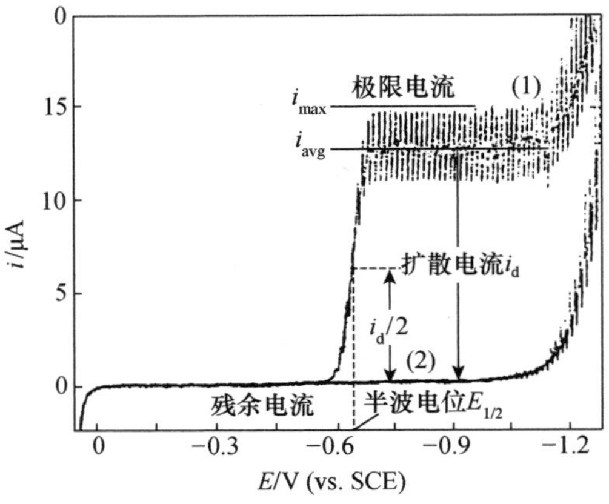

图 13.2　镉离子的极谱图

(1) 0.5 mmol · L^{-1} Cd^{2+},1 mol · L^{-1} HCl

(2) 1 mol · L^{-1} HCl

伏安仪是伏安法的测量装置，目前商品化的仪器大多采用如前所述的三电极系统，如图13.3所示，除工作电极W、参比电极R外，尚有一个辅助电极C(又称对电极)。辅助电极一般为铂丝电极。三电极的作用如下：当回路的电阻较大或电解电流较大时，电解池的iR降便相当大，而且参比电极的电位也不会稳定，此时工作电极的电位就不能简单地用外加电压来表示。引入辅助电极，构成三电极系统。将参比电极与工作电极组成一个电位监测回路，监测回路随时显示电解过程中工作电极相对于参比电极的电位。此回路的阻抗很高，实际上没有明显的电流通过，回路中的电压降可以忽略。这样，参比电极的电位将保持不变，等于其开路电位值。

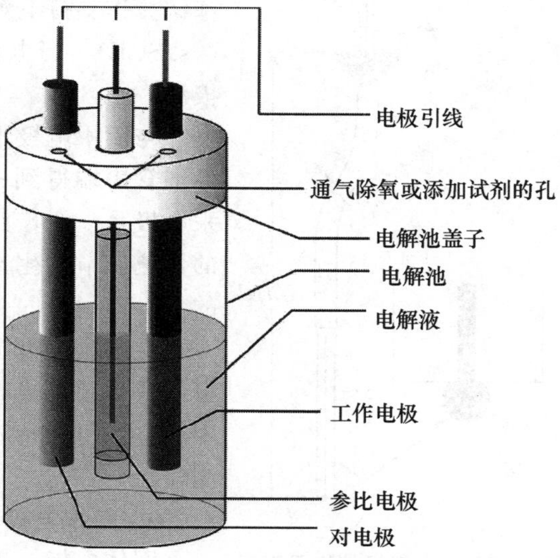

图13.3 三电极电解池系统示意图

实际的电路常由运算放大器构成，如图13.4。A_2是电流跟随器，输出接记录仪的i测量。A_3是电压跟随器，可以进行阻抗转换，输出可接记录仪电位E测量。A_1的输出接对电极C，当工作电极和参比电极之间电位与需加的电位有差异时，A_1就有输出，它起调正的作用。

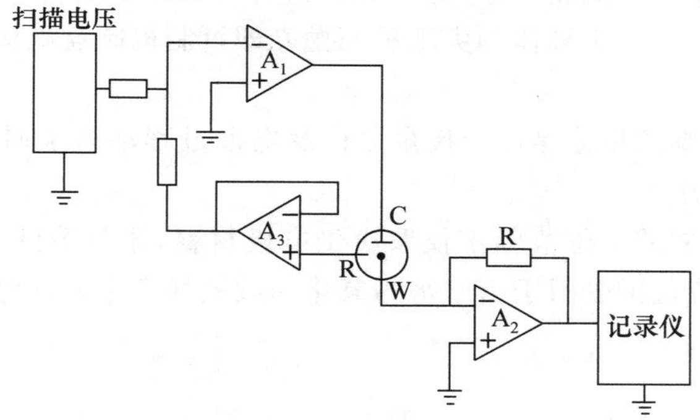

图13.4 三电极恒电位仪的电路示意图

A_1—扫描放大器　A_2—电流放大器　A_3—反馈放大器

13.1.2 工作电极

在伏安分析中，可以使用多种不同性能和结构的电极作为工作电极。在过去进行还原测定时，常常使用滴汞电极(DME)和悬汞电极(hanging mercury drop electrode，HMDE)。由于汞本身易被氧化，因此汞电极不宜在正电位范围中使用。但使用固体电极如玻碳电极、铂电极等可进行氧化测定，既可采用静止电极，也可采用旋转电极。

1. 汞电极

汞电极具有很高的氢超电位(1.2 V)及很好的重现性。最原始的汞电极是滴汞电极，滴汞的增长速度及寿命受地球重力控制，滴汞电极由内径为0.05～0.08 mm的毛细管、储汞瓶及连接软管组成(如图 13.5)。每滴汞的滴落速度为 2～5 s,其表面周期性地更新可消除电极表面的污染。同时,汞能与很多金属形成汞齐,从而降低了它们的还原电位,其扩散电流也能很快地达到稳定值,并具有很好的重现性。在非水溶液中,用四丁基铵盐作支持电解质,滴汞电极的电位窗口为＋0.3～－2.7 V (vs. SCE)。当电位正于＋0.3 V 时,汞将被氧化,产生一个阳极波。

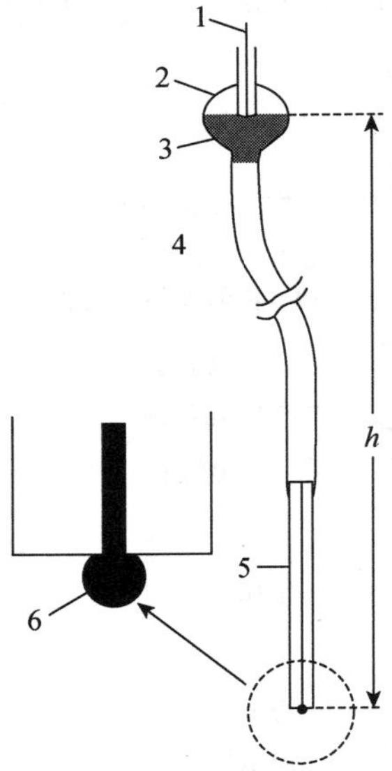

图 13.5 滴汞电极结构示意图
1—导线 2—储汞瓶
3—汞 4—塑料管
5—毛细管 6—汞滴

与滴汞电极不同,静态汞滴电极(SMDE)是通过一个阀门在毛细管尖端得到一静态汞滴,它只能通过敲击来更换汞滴。悬汞电极是一个广泛应用的静态电极,汞滴是由一个计算机控制的快速调节阀生成的,通过改变计算机产生脉冲的宽度及数量的多少,可得到一系列具有不同表面积的汞滴。

在玻碳电极、金电极、银电极或铂电极表面镀上一层汞膜就可制成汞膜电极,它可用于浓度低于 10^{-7} mol · L^{-1} 的样品分析中,但主要用于高灵敏度的溶出分析及作为液相色谱的安培检测器。

2. 固体电极

固体电极一般有铂电极、金电极或玻碳电极等。固体电极可检测电极上发生的氧化还原反应,也适用于在线分析,如用于液相色谱中。把铂丝、金丝或玻碳密封于绝缘材料中,再把垂直于轴体的尖端平面抛光即可制得圆盘电极。

3. 旋转圆盘电极

旋转圆盘电极最基本的用途是用于痕量分析及电极过程动力学研究,它还可应用在阳极溶出伏安法及安培滴定中。

工作电极在水溶液中的电位范围不仅取决于电极材料,还与溶液的组成相关,如图 13.6 所示。一般地,正的电位范围受限于由于水的氧化释放氧气产生大的电流,而负的电位范围受限于水的还原产生氢气。

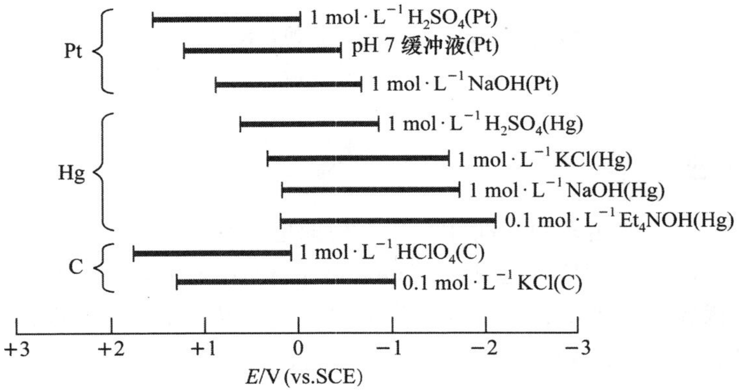

图 13.6 铂、汞和碳材料电极在各种支持电解质中的电位范围

13.1.3　溶液除氧

氧在水溶液中有一定的溶解度，在 25℃时大约为 8 mg · L^{-1}。在伏安分析时，氧可在电极上按下式还原产生两个还原波峰 1 和峰 2，如图 13.7 所示。

$$O_2 + 2H^+ + 2e \longrightarrow H_2O_2$$

$$H_2O_2 + 2H^+ + 2e \longrightarrow 2H_2O$$

据此可用于测定溶液中溶解氧的含量。氧的还原产物与溶液的 pH 有关，在碱性溶液中的还原产物不一样。氧的还原电流将对其他一些物质的研究测定产生干扰，因此电化学实验前试液必须除氧，其方法是向溶液中通高纯氮气 5～10 min(溶液体积小于 10 mL)。为了不影响试液的浓度，氮气要用溶剂蒸气进行预饱和，伏安法实验过程中停止通入氮气搅动溶液，但在试液上方通入，使其保持在氮气氛中。

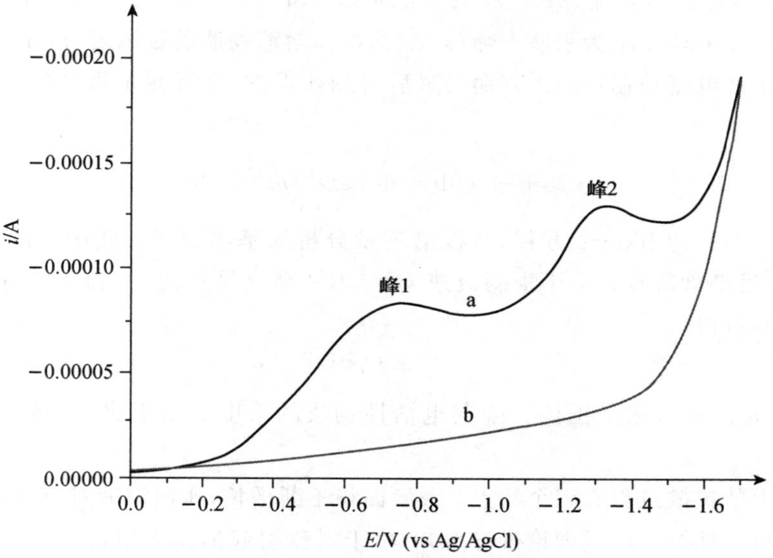

图 13.7　氧气在水溶液中还原的线性扫描伏安图

a—氧气饱和的 0.1 mol · L^{-1} KCl 溶液　b—通氮除氧后的 0.1 mol · L^{-1} KCL 溶液

13.2　一般电极反应过程

按照前面的介绍，在电极表面，一个最简单的电极反应 $Ox + ze = Red$，仅包括反应物向电极的扩散传质、异相电子转移和产物向溶液本体的扩散传质。在这种最简单的电极反应过程中，若反应物和产物的扩散速率最慢，整个电极反应过程受扩散速率控制，此时电极反应为可逆电极反应；若在电极上进行的电极反应速率最慢，整个电极反应过程受电极反应速率控制，此时电极反应为不可逆电极反应；同时受扩散速率和电极反应速率控制的电极反应为准可逆电极反应。对于可逆电极反应，其遵守 Nernst 公式或由其推导而来的公式。

13.3 极 谱 法

13.3.1 扩散电流及 Ilkovič 方程

用滴汞电极作工作电极，施加扫描速率较慢，如 200 mV·min^{-1} 的线性变化的电位。溶液中加入支持电解质，其电迁移和 iR 降可忽略不计。测量时溶液静止(不搅拌)，又可消除对流传质的影响。这时在滴汞电极上所获得电流为扩散电流，典型的极谱图如图 13.2。由于离子的扩散速率与离子在溶液中的浓度 c 及离子在电极表面的浓度 c^s 之差呈正比。当电位到一定值时，c^s 实际上为零。扩散电流大小与溶液中离子浓度 c 呈正比，它不随电位的增加而增加。这时电流达到最大值，称为极限扩散电流 i_d。它的大小由 Ilkovič 方程表示

$$i_d = 708zD^{1/2}m^{2/3}t^{1/6}c \qquad (13.1)$$

式中：i_d 为最大极限扩散电流(μA)，D 为扩散系数(cm^2·s^{-1})，z 为电极反应的电子转移数，m 为汞的流速(mg·s^{-1})，t 为汞滴寿命(s)，c 为本体溶液物质的量浓度(mmol·L^{-1})。

最大极限扩散电流是在每滴汞寿命的最后时刻获得的，实际测量得到的是每滴汞上的平均电流，其大小为

$$\bar{i}_d = \frac{1}{t}\int_o^t i_d \mathrm{d}t = 607zD^{1/2}m^{2/3}t^{1/6}c \qquad (13.2)$$

式(13.1)和(13.2)称为 Ilkovič 方程，是极谱定量分析的基本公式。式中：$m^{2/3}t^{1/6}$ 与毛细管特性有关，称为毛细管常数。由于汞滴流速 m 与汞柱高度呈正比，而滴下的时间与汞柱高呈反比，代入方程，可得

$$\bar{i}_d = kh^{1/2} \qquad (13.3)$$

即 $\bar{i}_d$ 与汞柱高 h 的平方根呈正比。$\bar{i}_d$ 与电活性物质的浓度 c 呈正比，这是极谱定量分析的依据。

滴汞电极上的扩散过程有三个特点：汞滴面积不断增长，压向溶液具有对流特性，汞滴不断滴落、更新，再现性好。经过理论推导可知，由于对流引起的滴汞电极上有效扩散层厚度减小为同面积的平面电极的 $\sqrt{\frac{7}{3}}$，导致滴汞电极上电流增大为同面积的平面电极的 $\sqrt{\frac{7}{3}}$ 倍。

13.3.2 残余电流与极谱极大

在极谱波上，当外加电压尚未达到被测离子的分解电位之前就有微小的电流通过电解池，它称为残余电流(residual current)。

残余电流一方面是由溶液中微量的杂质(如金属离子)在滴汞上还原产生的，它可以通过试剂的提纯来减小；另一方面是由于滴汞电极与溶液界面上电双层的充电产生的，称为充电电流(charging current)或电容电流(capacitive current)。

电容电流的大小为 10^{-7} A 数量级，这相当于浓度为 10^{-5} mol·L^{-1} 物质所产生的扩散电流的大小。电容电流是残余电流的主要部分，一般仪器上有消除残余电流的补偿装置，也可用作图法进行校正。电容电流限制了普通极谱法的灵敏度，为了解决电容电流的问题，促使了新的极谱技术，如方波极谱、脉冲极谱的产生和发展。

在极谱分析时，当外加电压达到被测物质的分解电位后，极谱电流随外加电压增高而迅速增大到极大值，随后又恢复到扩散电流的正常值。极谱波上出现的这种极大电流的畸峰，称为极谱极大(polarographic maxima)。

极大的产生是由于毛细管末端对滴汞颈部有屏蔽效应，使被测离子不易接近滴汞颈部，而在滴汞下部被测离子可以无阻碍地接近。离子还原时汞滴下部的电流密度较上部为大。这种电荷分布的不均匀会造成滴汞表面张力的不均匀，表面张力小的部分要向表面张力大的部分运动。这种切向运动会搅动溶液，加速被测离子的扩散和还原，形成极大电流。由于被测离子的迅速消耗，电极表面附近的浓度已趋于零，达到完全浓差极化，电流又立即下降到扩散电流。

消除极大的方法是在溶液中加入很小量的表面活性物质，如动物胶、Triton X-100、甲基红，称为极大抑制剂(maxima suppressor)。滴汞表面张力大的部分吸附表面活性剂较多，吸附后表面张力就下降得多。表面张力小的部分，吸附少，下降就小。这样，汞滴表面张力趋于均匀，也就消除了产生极大的切向运动。

13.3.3 简单金属离子的可逆极谱波方程

极谱波也能以电极反应是还原或是氧化过程分为还原波或氧化波，还能据参与电极反应的物质的类型分为简单离子极谱波、配合物离子极谱波和有机化合物极谱波等。

若金属离子 M^{z+} 在滴汞电极上还原为金属 M 后溶于汞，形成汞齐 M(Hg)，电极反应可以写成

$$M^{z+} + ze + Hg \rightleftharpoons M(Hg)$$

由于研究的体系通常是很稀的溶液，活度系数可近似认为1，溶于汞中金属的活度系数也近似认为1。电极反应是可逆的，符合 Nernst 方程

$$E = E^{\ominus} + \frac{RT}{zF}\ln\frac{[M^{z+}]_s}{[M(Hg)]_s} \tag{13.4}$$

式中下标 s 表示电极表面的浓度。

推导极谱波方程时规定：阴极电流为正，阳极电流为负，又根据浓度随距离电极表面远近的分布，反应物的斜率为正，产物的斜率为负。

电极反应速率很快，极谱电流受扩散过程控制。由 Ilkovič 方程，可得瞬时态电流

$$i_c = k([M^{z+}] - [M^{z+}]_s) \tag{13.5}$$

比例常数 k 为

$$k = 607zD^{1/2}m^{2/3}t^{1/6} \tag{13.6}$$

电解一定时间后，极谱电流达到极大值，$[M^{z+}]_s \to 0$，则

$$(i_d)_c = k[M^{z+}] \tag{13.7}$$

式中下标 c 表示阴极。由式(13.5)及(13.7)，可得

$$[M^{z+}]_s = \frac{(i_d)_c - i_c}{k} \tag{13.8}$$

根据 Faraday 定律，滴汞表面汞齐中金属的浓度应直接正比于极谱电流 i_c，于是有

$$i_c = k'[M(Hg)]_s \tag{13.9}$$

且

$$k' = 607zD'^{1/2}m^{2/3}t^{1/6} \tag{13.10}$$

式中 D'是金属在汞中的扩散系数。

将式(13.8)及(13.9)代入式(13.4),得到

$$E = E^{\ominus} + \frac{RT}{zF}\ln\left(\frac{D'}{D}\right)^{1/2} + \frac{RT}{zF}\ln\frac{(i_d)_c - i_c}{i_c} \tag{13.11}$$

半波电位(half-wave potential)定义是 $i_c=(i_d)_c/2$ 时相应的电极电位。由式(13.11),可以得到

$$E_{1/2} = E^{\ominus} + \frac{RT}{zF}\ln\left(\frac{D'}{D}\right)^{1/2} \tag{13.12}$$

在一定的实验条件下,$E_{1/2}$ 是一个常数,而与离子浓度无关,可作极谱定性分析的依据。各种情况下 $E_{1/2}$ 的数值可以查有关的手册。

将式(13.12)代入式(13.11),得到简单金属离子的极谱还原波方程,即

$$E = E_{1/2} + \frac{RT}{zF}\ln\frac{(i_d)_c - i_c}{i_c} \tag{13.13}$$

若在滴汞电极上进行的电极反应是氧化反应,用推导极谱还原波方程同样的方法,可得极谱氧化波方程

$$E = E_{1/2} + \frac{RT}{zF}\ln\frac{i_a}{(i_d)_a - i_a} \tag{13.14}$$

式中下标 a 表示阳极。

若溶液中同时存在两种去极剂,而且两者的半波电位相近,或者同时存在被测物质的氧化态和还原态,则可以得到阳-阴混合极谱波,其极谱波方程是

$$E = E_{1/2} + \frac{RT}{zF}\ln\frac{(i_d)_c - i}{i - (i_d)_a} \tag{13.15}$$

式中 $i=i_c+i_a$。

混合波的半波电位是指

$$i = \frac{(i_d)_c + (i_d)_a}{2} \tag{13.16}$$

时的电极电位

$$E_{1/2} = E^{\ominus} + \frac{RT}{zF}\ln\left(\frac{D''}{D}\right)^{1/2} \tag{13.17}$$

式中 D''和 D 分别是还原态和氧化态的扩散系数。

根据式(13.13),如以滴汞电极电位 E 为横坐标,$\lg\frac{i_c}{(i_d)_c - i_c}=0$ 为纵坐标作图,对可逆极谱波可得一条直线,其斜率为 $z/0.059$(25℃)。在这条直线上,$\lg\frac{i_c}{(i_d)_c - i_c}=0$ 时电位为半波电位,并且从直线的斜率可以求出 z 值。这种方法称为极谱波的对数分析法。

13.3.4 配合物离子的可逆极谱波方程

金属配合物离子在电极上的反应,可以看作两步进行:第一步是配合物离子的解离

$$ML_p^{(z-pb)+} \rightleftharpoons M^{z+} + pL^{b-}$$

第二步是解离出来的 M^{z+} 在滴汞电极上还原

$$M^{z+} + ze + Hg \rightleftharpoons M(Hg)$$

总反应为

$$ML_p^{(z-pb)+} + ze + Hg \rightleftharpoons M(Hg) + pL^{b-}$$

配合物离子的解离平衡，有

$$K_d = \frac{[M^{z+}]_s [L^{b-}]_s^p}{[ML_p^{(z-pb)+}]_s} \tag{13.18}$$

式中：K_d 是配合物离子的离解常数，s 下标是指汞滴表面。由于配合剂的浓度较大

$$[L^{b-}]_s \approx [L^{b-}] \tag{13.19}$$

这些代入式(13.4)，可得

$$E = E^{\ominus} + \frac{RT}{zF}\ln K_d + \frac{RT}{zF}\ln \frac{[ML_p^{(z-pb)+}]_s}{[L^{b-}]^p [M(Hg)]_s} \tag{13.20}$$

类似于简单金属离子的情况，根据 Ilkoviĉ 方程

$$i_c = k_c([ML_p^{(z-pb)+}] - [ML_p^{(z-pb)+}]_s) \tag{13.21}$$

$$(i_d)_c = k_c [ML_p^{(z-pb)+}] \tag{13.22}$$

式中：$k_c = 607zD_c^{1/2}m^{2/3}t^{1/6}$，$D_c$ 是配合物离子的扩散系数。

$$[ML_p^{(z-pb)+}]_s = \frac{(i_d)_c - i_c}{k_c} \tag{13.23}$$

$[M(Hg)]_s$ 仍由式(13.9)决定，将它们代入式(13.20)，得到

$$E = E^{\ominus} + \frac{RT}{zF}\ln K_d + \frac{RT}{zF}\ln\left(\frac{D'}{D_c}\right)^{1/2} - p\frac{RT}{zF}\ln [L^{b-}] + \frac{RT}{zF}\ln \frac{(i_d)_c - i_c}{i_c} \tag{13.24}$$

当 $i_c = (i_d)_c/2$ 时，得到金属配合物离子极谱还原波的半波电位为

$$E_{1/2} = E^{\ominus} + \frac{RT}{zF}\ln K_d + \frac{RT}{zF}\ln\left(\frac{D'}{D_c}\right)^{1/2} - p\frac{RT}{zF}\ln [L^{b-}] \tag{13.25}$$

而金属配合物离子极谱还原波方程

$$E = E_{1/2} + \frac{RT}{zF}\ln \frac{(i_d)_c - i_c}{i_c} \tag{13.26}$$

由式(13.25)可见，金属配合物离子的离解常数 K_d 越小，配合剂浓度越大，金属离子形成配合物离子后，其 $E_{1/2}$ 负移越多。金属配合物离子与相应简单离子半波电位之差 $\Delta E_{1/2}$ 可由式(13.25)和式(13.12)相减，求得

$$\Delta E_{1/2} = \frac{RT}{zF}\ln K_d + \frac{RT}{zF}\ln\left(\frac{D}{D_c}\right)^{1/2} - p\frac{RT}{zF}\ln [L^{b-}] \tag{13.27}$$

一般来说，简单离子和配合物离子的扩散系数近似相等，即 $D \approx D_c$，则有

$$\Delta E_{1/2} = \frac{RT}{zF}\ln K_d - p\frac{RT}{zF}\ln [L^{b-}] \tag{13.28}$$

在不同配合剂浓度下测定 $\Delta E_{1/2}$，用 $\Delta E_{1/2}$ 对 $\lg[L^{b-}]$ 作图，得一直线，截距为 $(RT/zF)\ln K_d$，斜率为 $-2.303p(RT/zF)$。若已知 z，便可求得配合物离子的配位数 p 与离解常数 K_d。

13.3.5　有机物的极谱波方程

有机物与无机离子不同，参与电极反应的多是中性分子，一般都有 H^+ 参加反应，且反应产物不与汞形成汞齐。其电极反应可表示为

$$R + zH^+ + ze \rightleftharpoons RH_z$$

R 是氧化态，RH_z 是还原态。在电极反应可逆的情况下（大多数为不可逆），其电极电位可写成

$$E = E^{\ominus} + \frac{RT}{zF}\ln\frac{[R]_s[H^+]^z}{[RH_z]_s} \tag{13.29}$$

这时电解过程受扩散控制

$$i_c = k_R([R] - [R]_s)$$
$$i_a = k_{RH_z}([RH_z] - [RH_z]_s)$$
$$(i_d)_c = k_R[R]$$
$$-(i_d)_a = k_{RH_z}[RH_z]$$

式中：k_R，k_{RH_z} 是与毛细管特性和扩散系数有关的比例系数。

这时

$$E = E^{\ominus} + \frac{RT}{zF}\ln[H^+]^z + \frac{RT}{zF}\ln\left(\frac{D''}{D}\right)^{1/2} + \frac{RT}{zF}\ln\frac{(i_d)_c - i}{i - (i_d)_a} \tag{13.30}$$

半波电位

$$E_{1/2} = E^{\ominus} + \frac{RT}{zF}\ln\left(\frac{D''}{D}\right)^{1/2} + \frac{RT}{zF}\ln[H^+]^z \tag{13.31}$$

式中：D''，D 为还原态和氧化态的扩散系数。

有机物的极谱波方程可写成

$$E = E_{1/2} + \frac{RT}{zF}\ln\frac{(i_d)_c - i}{i - (i_d)_a} \tag{13.32}$$

式中：$i = i_c + i_a$。

只有氧化态时，$i = i_c$，$(i_d)_a = 0$；只有还原态存在时，$i = i_a$，$(i_d)_c = 0$。

13.3.6 不可逆极谱波

前面讨论的是可逆极谱波，它们的极谱电流受扩散控制。当电极反应速率较慢而成为控制步骤时，极谱电流受电极反应速率控制，这类极谱波为不可逆波。

不可逆波的波形倾斜，如图 13.8。在 AB 段电位不够负时，电极反应的速率很慢，没有明显电流通过；波的 BC 段电位逐渐变负，超电位逐渐被克服，电极反应速率增加，电流也增加；波的 CD 段，电位足够负，电极反应速率加快，形成完全浓差极化，它可做定量分析用。

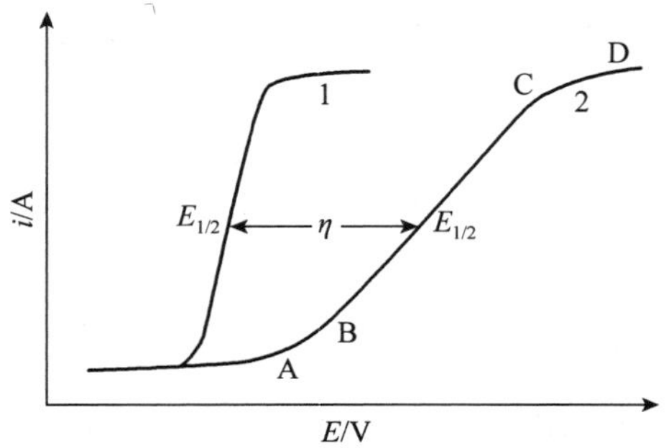

图 13.8 可逆波与不可逆波

1—可逆波 2—不可逆波

13.3.7 应用

Ilkovič 方程是极谱定量分析的基础。极谱分析把电解池内的溶液体系称为底液(blank solution),它包括支持电解质、极大抑制剂、除氧剂以及为消除干扰和改善极谱波所需加入的试剂,如 pH 缓冲剂、配合剂等。定量分析首先要选择好一个底液。极谱波的波高代表扩散电流的大小,它可以用作图的方法来测量。图 13.9 所示的方法称为三切线法。

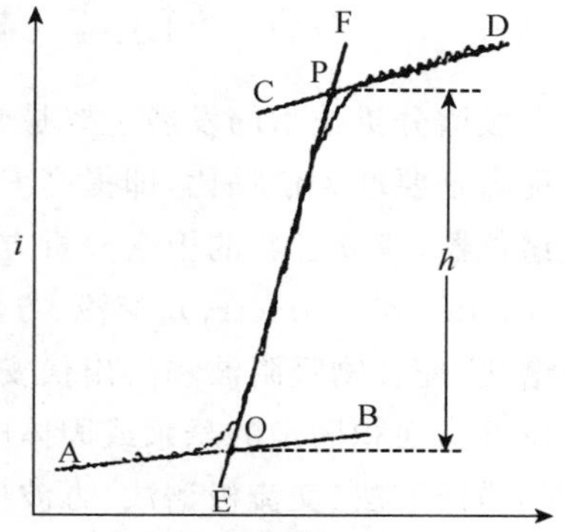

图 13.9 三切线法测量波高

定量方法可采用校准曲线法或标准加入法。

1. 校准曲线法

配制一系列含不同浓度的被测离子的标准溶液,在相同的实验条件下(底液条件、滴汞电极、汞柱高度)绘制极谱波;以波高对浓度作图得一校准曲线。在上述条件下测定未知液的波高,从校准曲线上查得试液的浓度。

2. 标准加入法

先测得试液体积为 V_x 的被测物质的极谱波的波高 h;再在电解池中加入浓度为 c_s、体积为 V_s 的被测物的标准溶液;在同样实验条件下测得波高 H。则

$$h = kc_x$$

$$H = k\frac{V_x c_x + V_s c_s}{V_x + V_s}$$

消去比例系数 k,即可求得 c_x

$$c_x = \frac{c_s V_s h}{H(V_x + V_s) - hV_x} \tag{13.33}$$

极谱分析法广泛用于测定无机和有机化合物。

(i) 周期表中有许多元素可用极谱法来测定。

常用极谱分析的元素有 Cr,Mn,Fe,Co,Ni,Cu,Zn,Cd,ln,Tl,Sn,Pb,As,Sb,Bi 等。这些元素易于测定,其还原电位分布在 0 V 至 −1.6 V 的范围内,往往可以在一张极谱图上同时得到若干元素的极谱波。如在氨性溶液中,Cu,Cd,Ni,Zn,Mn 可同时测定。

碱金属和碱土金属,它们的还原电位相当负,因此很难进行极谱分析。它们的盐类,如 KCl,NaCl,Na_2SO_4 常常用作支持电解质。

无机极谱分析主要用于测定纯金属中微量的杂质元素,合金中的各金属成分,矿石中的金属元素,工业制品、药物、食品中的金属元素,以及动植物体内或海水中的微量及痕量金属元素。

(ii) 极谱分析法对一般有机化合物、高分子化合物、药物和农药等分析也非常有用。

许多有机化合物可在滴汞电极上还原产生有机极谱波,如共轭不饱和化合物、羰基化合物、有机卤化物、含氮化合物、亚硝基化合物、偶氮化合物、含硫化合物。在药物分析方面有各种抗微生物类药物、维生素、激素、生物碱、磺胺类、呋喃类和异烟肼等。在农药化工方面有敌百虫和某些硫磷类农药。在高分子化工方面可用于测定氯乙烯、苯乙烯、丙烯腈等单体。

有机化合物常常不溶于水，可以用各种醇或它们与水的混合物作溶剂，加入适量的锂盐或有机季铵盐作为支持电解质。

(iii) 极谱分析除作定量测定外，还可测定配合物离子的离解常数和配位数。据 Ilkovič 方程，可以测定金属离子在溶液中的扩散系数。使用汞柱高度的改变、对极谱波作对数分析等手段来判断电极过程的可逆性。

13.4 极谱和伏安分析技术的发展

极谱分析技术的发展主要是要提高极谱分析的灵敏度和改善波形，提高分辨率。灵敏度的提高是要增大信噪比，即提高 Faraday 电解电流的值和降低电容电流。为此改进和发展了极谱仪器，建立了新的极谱分析方法，如单扫描极谱法(single sweep polarography)，循环伏安法(cyclic voltammetry)，交流、方波、脉冲极谱法；也从提高溶液有效利用率出发，形成了催化极谱法、配合物吸附波和溶出伏安法等。这些方法的发展，使原来受用汞量和时间限制的极谱法发展为面积固定的悬汞或固体电极的伏安法。由于篇幅所限，以及电分析方法的发展，有关单扫描极谱法、交流极谱法、方波极谱法、常规脉冲极谱法和微分脉冲极谱法的内容，本书将不做介绍，感兴趣的读者可查阅相关参考书。(电化学方法、原理和应用，第二版)

13.4.1 循环伏安法

循环伏安法是在工作电极上施加三角波扫描电压，即从起始电位 E_i 开始，电位随时间按一定方向线性变化，达到折返电位 E_τ 后，再以相同的扫速返回到原来的起始扫描电位 E_i，电位随时间的变化曲线如图 13.10 所示。得到如图 13.11 的极化曲线。它有上、下两部分：上部为物质氧化态还原产生的 i-E 曲线，下部为相当于还原的产物在电压回扫的过程中重新被氧化产生的 i-E 曲线。在一次三角波电压扫描过程中，完成一个还原和氧化过程的循环，故称为循环伏安法。通常情况下，折返电位 E_τ 都控制在超过峰值电位 E_p(100/z)以上。伏安图的形成可从以下讨论得知。

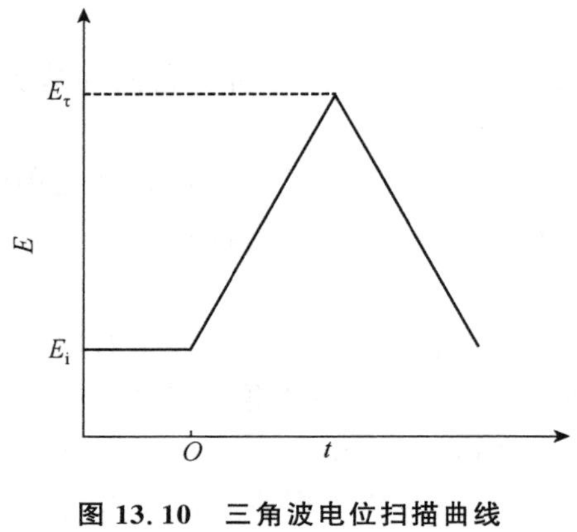

图 13.10 三角波电位扫描曲线

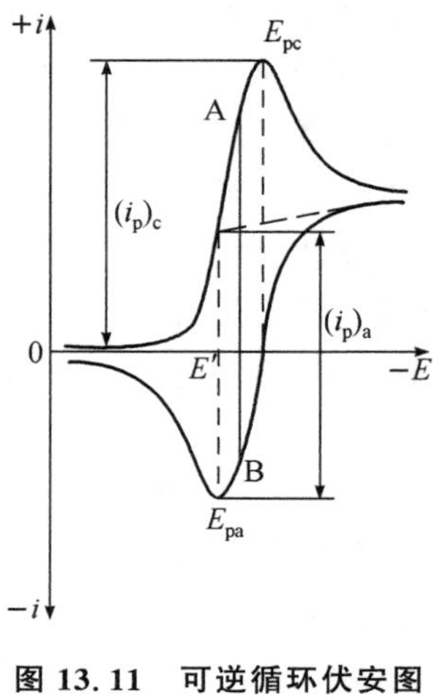

图 13.11 可逆循环伏安图

对于可逆体系，$O+ze \rightleftharpoons R$

根据

$$i = zF\frac{dn}{dt} = zFAD\left(\frac{\partial c}{\partial x}\right)_{x=0} = zFAD\frac{c-c^s}{\delta}$$

在图 13.11 中，当电位较正时，不足以使反应物在电极上还原，电流仅为充电电流，电极表面和本体溶液中反应物的浓度 c 是相同的图[13.12(a)]。随电位变负，达到反应物的还原反应开始发生的电位时，电活性物质在电极上很快地还原，电极表面反应物的浓度 c^s 迅速下降，电流上升很快。若电位变负的速率很快，电极表面反应物的浓度急剧降低，并趋近于零[图 13.12(c)]，形成完全的浓差极化，同时有效扩散层的厚度随电解时间的增加而变厚，形成一峰值电流。电位继续变负，有效扩散层的厚度继续增加，阻碍溶液本体中的电活性物质向电极表面扩散，电流随电位的变化缓慢下降。此时，若电位折返，电极表面生成的电活性产物随电位的变正，将发生氧化反应，若电极反应是可逆的，将形成上下对称的曲线。循环伏安图中，两个峰电流值（氧化峰为 i_{pa}，还原峰为 i_{pc}）及其比值和两个峰电位值（E_{pa} 和 E_{pc}）及其差值，是循环伏安法中很重要的参数。

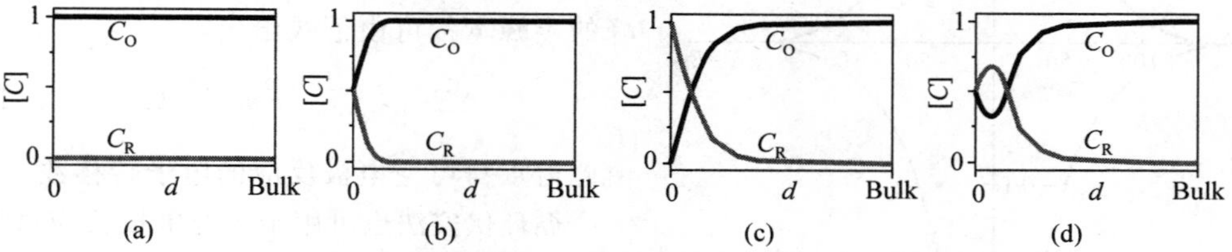

图 13.12　电极表面液层中反应物和产物的浓度分布

横坐标代表距离电极表面的距离；纵坐标表示反应物和产物的浓度

若反应可逆，其式电位（又称为半波电势 $E_{1/2}$）为

$$E' = \frac{E_{pa}+E_{pc}}{2} \tag{13.34}$$

浓度分布分别对应于图 13.12 中的 b 和 d，即电极表面反应物和产物的浓度是相等的，相应于图 13.11 中的 A 点和 B 点。

其峰电流为

$$i_p = (2.69\times 10^5)z^{3/2}AcD^{1/2}\nu^{1/2} \tag{13.35}$$

式中：z 为电极反应的电子转移数，v 为电位扫描速率（$V\cdot s^{-1}$），A 为电极的有效表面积（cm^2），c 是被测物质浓度（$mol\cdot cm^{-3}$），D 为扩散系数（$cm^2\cdot s^{-1}$），两峰电流之比为

$$\frac{i_{pa}}{i_{pc}} \approx 1 \tag{13.36}$$

阳极峰电位和阴极峰电位之差应为

$$\begin{aligned}\Delta E_p &= E_{pa} - E_{pc}\\ &= 2.2\frac{RT}{zF}\\ &= \frac{59}{z}mV \quad (25℃)\end{aligned} \tag{13.37}$$

若反应不可逆，曲线上下不对称，阳、阴极峰电位之差比式(13.37)要大。这可以用来判断反应的可逆性。注意：电极反应的可逆性会随着扫描速率的变化而发生改变，因为随扫速变快，达到一定电位所需的时间越短，有效扩散层厚度越薄，扩散流量越大，扩散速率越快，电化学极化在总极化中所占比率上升，逐步偏离电化学的平衡状态，电极反应由可逆状态变为准可逆状态，进而成为完全不可逆状态。

循环伏安法还可用来研究电极吸附现象，是电化学基础理论研究的手段之一。对于电活性的反应物和产物均吸附的 Nernst 反应，其理想的循环伏安图如图 13.13，上下左右都对称，但实际情况很少能观察到这样的理想波形。其峰电流为

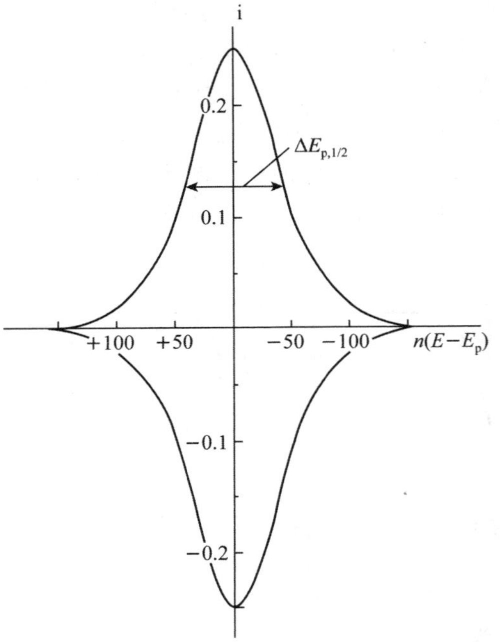

图 13.13　吸附 O 还原和再氧化的循环伏安曲线

$$i_p = \frac{z^2F^2}{4RT}\nu A\Gamma_O^* \qquad (13.38)$$

其中 Γ_O^* 是电极表面反应物 O 的吸附量。峰电流与扫速 ν 成正比，而不是扩散物质 Nernst 反应中所见到的与 $\nu^{1/2}$ 成正比。对于理想的 Nernst 反应，$E_{pa}=E_{pc}$，而且无论是阴极或阳极峰的半峰宽都可由下式给出

$$\Delta E_{p,1/2} = \frac{90.6}{z} mV \quad (25℃) \qquad (13.39)$$

由此可求得可逆电极反应的电子转移数 z。

循环伏安法也可用于研究电极反应过程。例如用对-氨基苯酚的循环伏安图(图 13.14)研究它的电化学反应产物和电化学-化学耦联的反应，即在电极反应过程中，还伴随着其他的化学反应。

开始由较负的电位(图中 s 处)沿箭头方向作阳极扫描，得到一个阳极峰 1；而后作反向阴极扫描，出现两个阴极峰 2 和 3；再作阳极扫描时，出现两个阳极峰 4 和 5(虚线)。其中峰 5 与峰 1 的位置相同。第一次阳极扫描时，电极附近溶液中只有对-氨基苯酚是电活性物质，它被氧化生成对-亚氨基苯醌，即

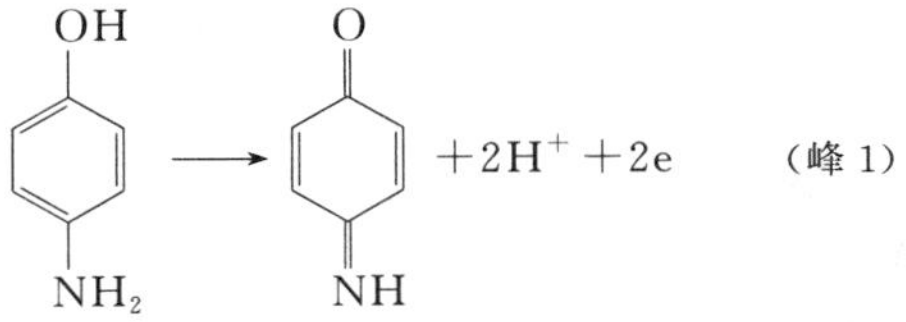

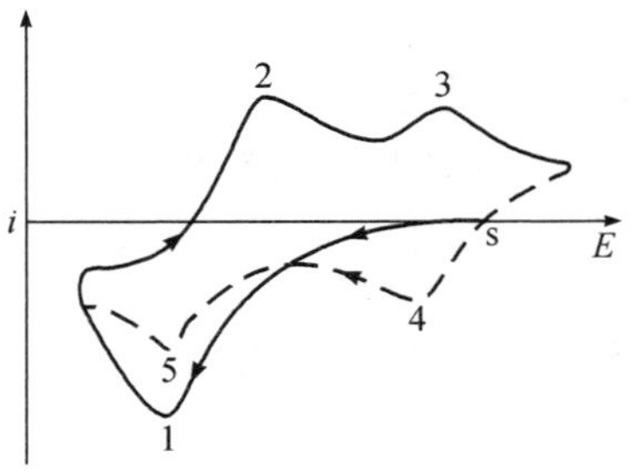

图 13.14　对-氨基苯酚的循环伏安图

形成阳极峰 1。其产物有一部分在电极附近溶液中，与水和氢离子发生化学反应生成苯醌

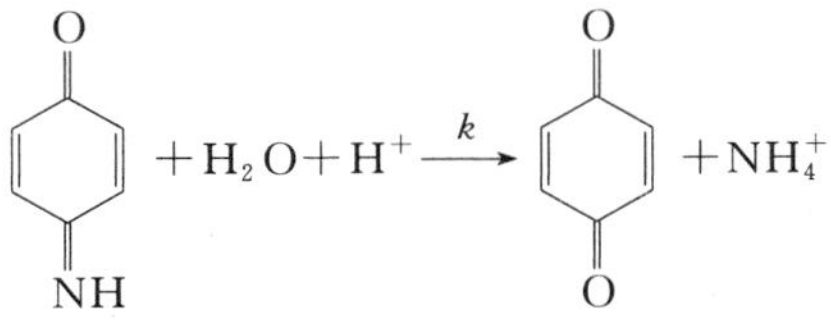

阴极扫描时,它们被还原,形成峰 2 和峰 3。

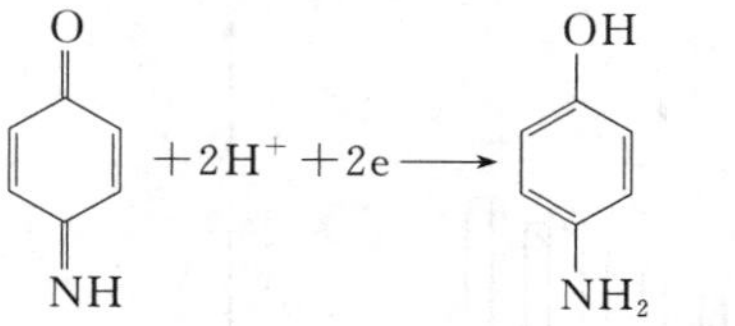

$$\text{O=}\bigcirc\text{=NH} + 2H^+ + 2e \longrightarrow HO-\bigcirc-NH_2 \qquad (峰\ 2)$$

$$\text{O=}\bigcirc\text{=O} + 2H^+ + 2e \longrightarrow HO-\bigcirc-OH \qquad (峰\ 3)$$

再一次阳极扫描时,对苯二酚被氧化为苯醌,形成峰 4,而峰 5 与峰 1 过程相同。

通过制备对苯二酚的溶液作循环伏安图,证明峰 3 和峰 4 是苯醌和对苯二酚的氧化还原过程。

线性扫描伏安法(linear sweep voltammetry,LSV)是在工作电极上施加随时间线性变化的电位,依据记录的电流随电位变化的曲线进行分析的方法。其等同于循环伏安法的单方向扫描(即无折返扫描)。因而循环伏安法中的峰电流和峰电位的公式同样适用于线性扫描伏安法。

13.4.2　方波和脉冲伏安法

为了提高伏安法的灵敏度,发展了各种脉冲技术。所有脉冲技术发展的基础是充电电流和 Faraday 电流随时间衰减的快慢不同,对于受扩散控制的 Faraday 电解电流 i_f 是随时间 $t^{1/2}$ 衰减,而电容电流 i_c 是随时间 t 按指数衰减的,即充电电流的衰减速率比 Faraday 电流快,如图 13.15 所示。

常规脉冲伏安法(normal pulse voltammetry,NPV)是在给定的直流电压上施加一个矩形脉冲电压,脉冲的振幅随时间逐渐增加,可在 0～2 V 间选择,脉冲宽度为 40～60 ms,两个脉冲之间的电压恢复至起始电压。在脉冲的后期测量电流,得呈台阶形的伏安图,如图 13.16 所示。由于分辨率不好,该种方法应用较少。

微分脉冲伏安法(differential pulse voltammetry,DPV)是在线性变化的直流电压上叠加一个振幅为 5～100 mV、持续时间为 40～80 ms 的矩形脉冲电压。

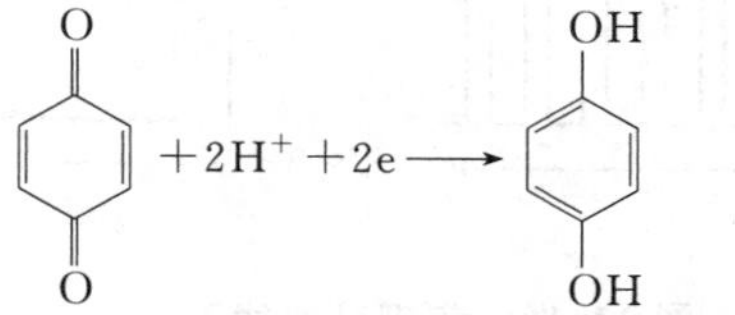

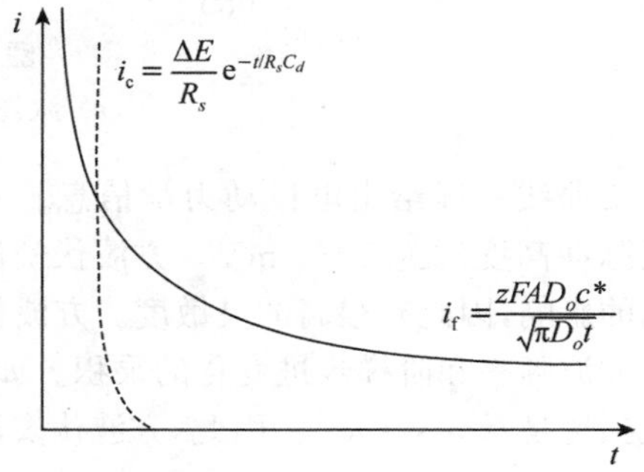

图 13.15　Faraday 电流和充电电流随时间的变化

在脉冲加入前和终止前很短的时间内测量电流,记录的是这两次测量电流的差值。该值在氧化还原电位处差值最大,其伏安图如图 13.17 所示,形成对称的峰形。由于微分脉冲伏安法有效地改善了伏安法的灵敏度和分辨率,在分析测定中得到广泛应用。但微分脉冲伏安法的扫速较慢,导致分析时间相对较长。

Osteryoung 方波伏安法(square wave voltammetry,SWV)是将双极脉冲(一个正向一个反向)叠加在阶梯扫描电压上,电流在每个脉冲结束前采样,每个循环有两次脉冲,共采样两次。其中正向电流 i_f 采自每个循环的第一个脉冲,反向电流 i_r 采自第二个脉冲。电流差 Δi 为 $i_f - i_r$。因此,方波伏安法记录有三条曲线,分别是正向电流、反向电流以及示差电流对阶梯扫描电位作图,如图 13.18 所示,得到的正、负脉冲伏安图不仅可用于定性判断,还能像循环

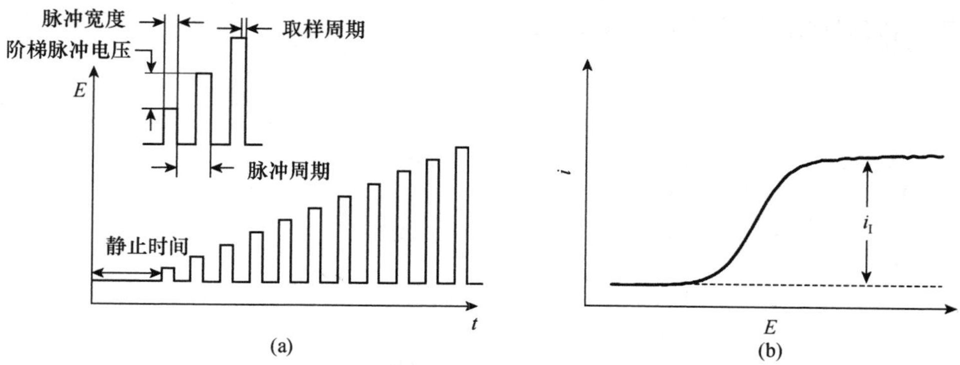

图 13.16　常规脉冲伏安

(a) 激发信号　(b) 常规脉冲伏安图

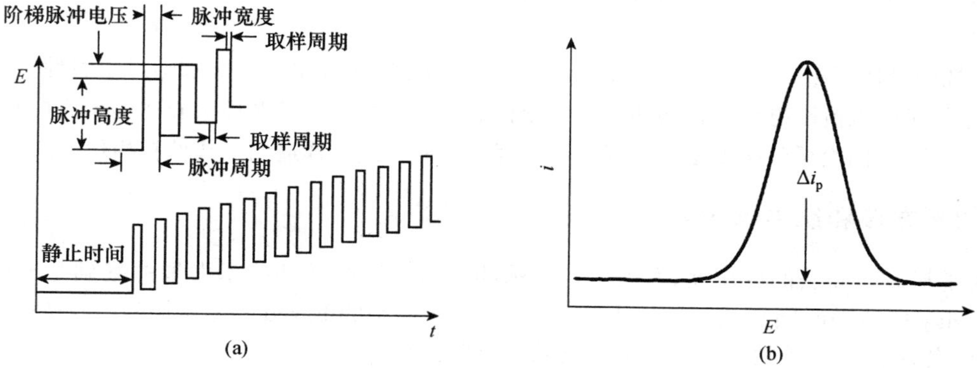

图 13.17　微分脉冲伏安

(a) 激发信号　(b) 微分脉冲伏安图

伏安曲线一样给出电极动力学信息。一般情况下，建议采用的阶梯脉冲电压约 10/z mV，方波脉冲高度约为 50/z mV。方波伏安法由于在每个脉冲结束前记录电流，可以大大降低电容电流的影响，因此有很高的灵敏度。方波伏安法较微分脉冲伏安法的优势是扫描速度快，有效扫速是方波频率和阶梯步进变化的乘积。如阶梯步进脉冲电压是 10 mV，方波频率是 50 Hz，那么有效扫速是 0.5 V·s^{-1}。因此，方波伏安法广泛应用于物质的定量分析和动力学研究。

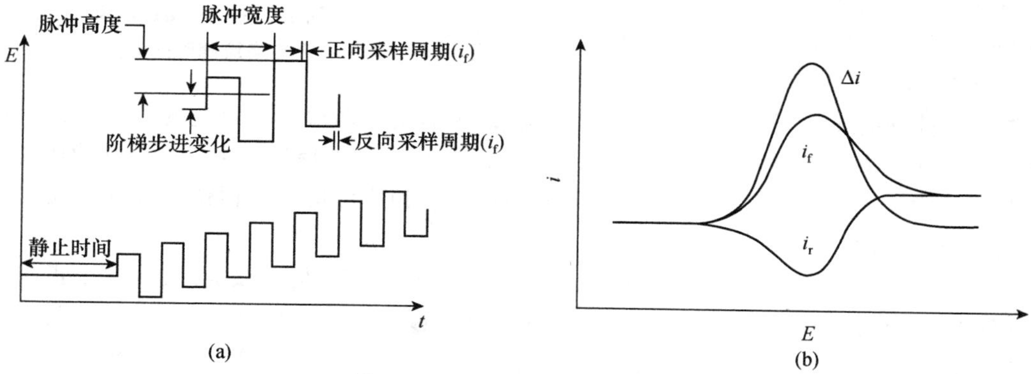

图 13.18　Osteryoung 方波伏安

(a) 方波伏安法电位随时间的变化　(b) 可逆体系的方波伏安图

(可逆 O/R 体系，本体初始无 R，正向电流 i_f，反向电流 i_r，示差电流 Δi 对电位作图)

13.4.3 偶合均相化学反应的电极反应

前面主要讨论了各种电化学技术和当电活性物质在电子转移反应中被转化为产物时所得到的响应。在许多情况下,电子转移反应还涉及与反应物或产物相关的均相化学反应相偶合,根据化学反应的情况,可以分成三种类型:

（1）化学反应先于电极反应(前置反应,preceding reaction)

$$A \underset{}{\overset{k}{\rightleftharpoons}} B$$
$$B + ze \longrightarrow C$$

这里电活性物质 B 是由电极反应的前置反应所产生的。如在水溶液中,在汞电极上还原甲醛。甲醛以一种非还原的水合形式 $H_2C(OH)_2$ 存在,与可还原的形式（$H_2C=O$）有如下平衡

$$H_2C \overset{OH}{\underset{OH}{\big|}} \rightleftharpoons H_2C=O + H_2O$$

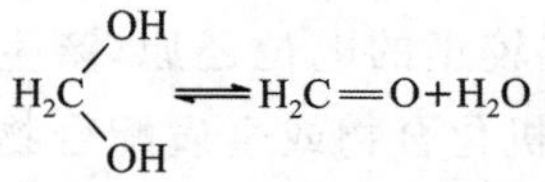

该反应的平衡常数有利于水合形式,因此,前置的反应在还原 $H_2C=O$ 前发生,在一些条件下,电流将由此反应的动力学控制,产生动力学电流。

（2）化学反应后行于电极反应(随后反应,following reaction)

$$A + ze \longrightarrow B$$
$$B \overset{k}{\rightleftharpoons} C$$

在这种情况下,电极反应的产物 B,可发生反应产生另一种物质 C。例如,在酸性溶液中,在铂电极上氧化对-氨基苯酚(PAP)

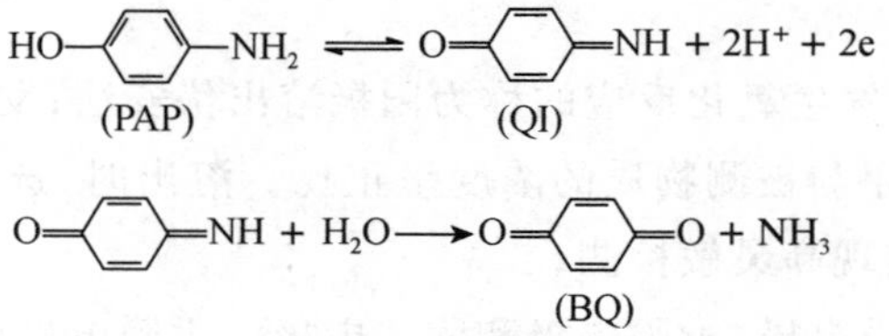

$$HO-\!\!\!\!\bigcirc\!\!\!\!-NH_2 \rightleftharpoons O=\!\!\!\!\bigcirc\!\!\!\!=NH + 2H^+ + 2e$$
$$\text{(PAP)} \qquad\qquad \text{(QI)}$$

$$O=\!\!\!\!\bigcirc\!\!\!\!=NH + H_2O \longrightarrow O=\!\!\!\!\bigcirc\!\!\!\!=O + NH_3$$
$$\text{(BQ)}$$

经过电极反应生成的醌亚胺(QI),通过一个水解反应生成苯醌(BQ),它在这些电位下,既不能被氧化,也不能被还原。

（3）平行催化反应(parallel catalytic reaction)

在电极反应进行的同时,电极周围一薄层溶液(反应层)中发生某化学反应,将电极还原的产物又氧化回来

$$O + ne \rightleftharpoons R$$
$$R + Z \longrightarrow O + Y$$

化学反应整个电极过程受有关化学反应动力学控制。这类电流总称为动力电流,这种电极反应与化学反应平行进行,形成了循环,使催化电流比相同浓度电活性物质的扩散电流要大

得多，故称平行催化波。实际上电解前后 O 的浓度没有变化，被消耗的是氧化剂 Z。而 O 相当于一个催化剂，它催化了 Z 的还原。产生的催化电流与 Z 的浓度在一定范围内呈正比。如在苦杏仁酸和硫酸体系中，$NaClO_3$ 和 Mo(Ⅵ)产生一个灵敏的催化波。

$$\text{Mo(Ⅵ)} + e \longrightarrow \text{Mo(Ⅴ)}$$

$$6\text{Mo(Ⅴ)} + ClO_3^- + 6H^+ \overset{k}{\rightleftharpoons} 6\text{Mo(Ⅵ)} + Cl^- + 3H_2O$$

催化电流的大小，主要取决于化学反应的速率常数 k。k 越大，化学反应的速率越快，催化电流越大，方法的灵敏度就越高。

常用 C 表示化学反应，E 表示电极反应。先行反应简称 CE 过程，平行反应简称 EC(R)过程，后行反应简称 EC 过程。

过去使用汞电极时，由于氢在汞电极上有很高的超电位，某些物质在酸性缓冲溶液中能降低氢的超电位，使 H^+ 在比正常氢波较正的电位还原，产生氢催化波。由于产生的机理不同，可以分成铂族元素的氢催化波和有机化合物或金属配合物的催化波两类，具体可参考相关参考书。

13.4.4 溶出伏安法

溶出伏安法(stripping voltammetry)是一种灵敏度很高的电化学分析方法，检测限一般可达 $10^{-7} \sim 10^{-11}$ mol·L^{-1}。它将电化学富集与测定有机地结合在一起。溶出伏安法的操作分为两步：第一步是预电解，第二步是溶出。

(i) 预电解是在恒电位下和搅拌的溶液中进行，将痕量组分富集到电极上。时间需严格地控制。富集后，让溶液静止 30 s 或 1 min，称为休止期，再用各种伏安方法在极短时间内溶出。

(ii) 溶出时，工作电极发生氧化反应的称为阳极溶出伏安法；发生还原反应的称为阴极溶出伏安法。溶出峰电流大小与被测物质的浓度呈正比。溶出时，选择灵敏度较高的方波伏安法或微分脉冲伏安法，可实现高灵敏检测。

电解富集的电极有悬汞电极、汞膜电极和固体电极。汞膜电极面积大，同样的汞量做成厚度为几十纳米到几百纳米的汞膜，其表面积比悬汞大，电沉积效率高。由于汞的污染和毒性，现在的溶出伏安法大多在固体电极上进行。

图 13.19 是在醋酸缓冲溶液中利用铋膜修饰电极测定痕量锌、镉、铅的方波阳极溶出伏安图的例子。先将铋膜修饰玻碳电极的电位固定在−1.4 V 处电解 120 s，此时溶液中部分 Zn^{2+}、Cd^{2+}、Pb^{2+} 在电极上还原，和铋生成合金。电解完毕后，使电极电位向正电位方向进行方波伏安扫描，这时锌、镉、铅分别被氧化形成峰。

溶出伏安法除用于测定金属离子外，还可测定一些阴离子，如氯、溴、碘、硫等。它们能与汞生成难溶化合物，可用阴极溶出伏安法进行测定。

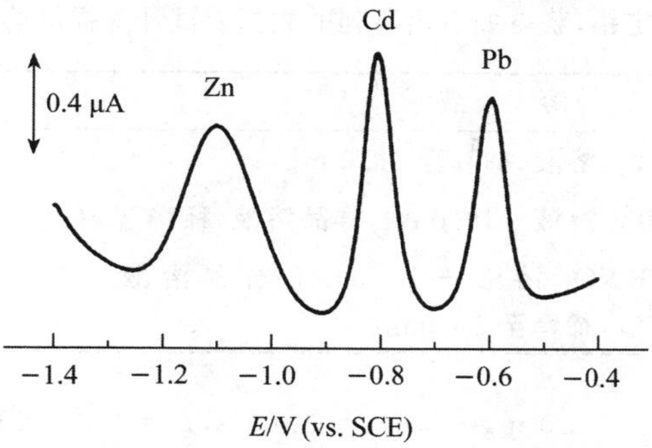

图 13.19　利用铋膜修饰电极测定痕量锌、镉、铅的方波阳极溶出伏安图

154 nmol・L^{-1} Zn^{2+}，89 nmol・L^{-1} Cd^{2+} 和 48 nmol・L^{-1} Pb^{2+} 在 0.1 mol・L^{-1} 醋酸缓冲液(pH 4.45)中

参考资料

[1]　Heyrovsky J 著；汪尔康译. 极谱学基础. 北京：科学出版社，1984.

[2]　高小霞等. 电分析化学导论. 北京：科学出版社，1986.

[3]　李启隆. 电分析化学. 北京：北京师范大学出版社，1995.

[4]　Bard A J，Faulkner L R 著；邵元华，朱果逸，董献堆，张柏林译. 电化学方法原理和应用(第二版). 北京：化学工业出版社，2005.

[5]　Pauliukaite R，Brett C. M. A. Electroanalysis，2005，17(15—16)，1354—1359.

[6]　Skoog D A，Holler F J，Crouch S R. Principles of instrumental analysis，Saunders College Publishing，Seventh Edition，2016.

思考题与习题

13.1　极谱分析是特殊情况下的电解，请问特殊性是指什么？

13.2　Ilkovič 方程式的数学表达式是什么？各项的意义是什么？

13.3　什么是极谱分析的底液？它的组成是什么？各自的作用是什么？

13.4　$E_{1/2}$ 的含义是什么？它有什么特点？它有什么用途？

13.5　如何通过配合物极谱波方程求配合物的 z，p，K？此方程能扩展到伏安法吗？

13.6　经典直流极谱的局限性是什么？方波伏安法和微分脉冲伏安法在这方面有什么改进？

13.7　溶出伏安法的原理和特点是什么？

13.8　25℃时，在 0.1 mol・L^{-1} KCl 溶液中 Pb^{2+} 的浓度为 2.0×10^{-3} mol・L^{-1}，极谱分析时得到 Pb^{2+} 的扩散电流为 20.0 μA，所用毛细管的 $m^{2/3}t^{1/6}$ 为 2.50 $mg^{2/3}s^{1/6}$。若铅离子还原成金属状态，计算离子在此介质中的扩散系数。

13.9　在稀的水溶液中氧的扩散系数为 2.6×10^{-5} cm^2・s^{-1}(25℃)。在 0.01 mol・L^{-1} KNO_3 溶液中氧的浓度为 2.5×10^{-4} mol・L^{-1}，用滴汞电极在 $E=-1.50$ V (vs. SCE)处所得扩散电流为 5.8 μA，m 及 t 分别为 1.85 mg・s^{-1} 及 4.09 s。在此条件下，氧被还原成什么状态？

13.10　由某一溶液所得到的铅的极谱波，当 m 为 2.50 mg・s^{-1} 及 t 为 3.40 s 时，扩散电流为 6.70 μA。调整毛细管上的汞柱高度，使 t 变成 4.00 s。在此新条件下，铅波的扩散电流是多少？

13.11　在 0.1 mol・L^{-1} $NaClO_4$ 溶液中锌的半波电位为−0.998 V(vs. SCE)。当加入 0.04 mol・L^{-1} 乙二胺溶液后，$E_{1/2}$ 移到−1.309 V；而在 0.1 mol・L^{-1} $NaClO_4$ 和 1.96 mol・L^{-1} 乙二胺溶液中，锌的 $E_{1/2}$ 为−1.45 V。求锌与乙二胺配位化合物的化学式和解离常数。

13.12 用标准加入法测定铅，获得如下表所列的数据。试计算样品溶液中铅的含量($mg \cdot L^{-1}$)。

溶　液	在-0.65 V测得电流
25.0 mL 0.40 $mol \cdot L^{-1}$ KNO_3 溶液，稀释至 50.0 mL	12.4 μA
25.0 mL 0.40 $mol \cdot L^{-1}$ KNO_3 溶液+10.0 mL 样品溶液，稀释至 50.0 mL	58.9 μA
25.0 mL 0.40 $mol \cdot L^{-1}$ KNO_3 溶液 + 10.0 mL 样品溶液 + 5.0 mL 1.7×10^{-3} $mol \cdot L^{-1}$ Pb^{2+} 溶液，稀释至 50.0 mL	81.5 μA

13.13 已知：$z=1$，$m=1.20\ mg \cdot s^{-1}$，$t=3.00\ s$，$D=1.31\times10^{-5}\ cm^2 \cdot s^{-1}$，开始浓度为 2.30 $mmol \cdot L^{-1}$，溶液体积为 15.0 mL。假设在电解过程中扩散电流强度不变，根据 Ilkovič 方程式，计算在极谱电解进行 1 h 后，溶液中被测离子浓度降低的百分数。

第 14 章　其他电分析方法和电分析化学的新进展

在电分析方法中除了已经介绍过的电位法、电解和库仑法、伏安和极谱法外，电导分析法(conductometry)的灵敏度极高，方法又简单，常常作为检测水的纯度的理想方法。

在电分析化学中，记录电位与时间、电流与时间以及电量与时间关系的方法，分别称为计时电位法(chronopotentiometry)、计时电流法(chronoamperometry)和计时电量法(chronocoulometry)。这些方法总称计时分析法。它们是研究电极过程动力学的手段，是一种测定有关参数的有效方法。

本章对于以上两种方法，将作为其他电分析方法进行简单介绍。

电分析化学是一个重要的分析学科的分支，它内容丰富、方法多样，被广泛地应用于各种研究领域中，随着科学的发展，它自己也取得了很多新的进展。本章还将在微电极、化学修饰电极、光谱电化学、生物电分析化学、扫描隧道电化学显微技术、电化学石英晶体振荡微天平、色谱电化学和电化学发光等方面予以简单的介绍。

14.1　电导分析法

电解质溶液能导电，而且当溶液中离子浓度发生变化时，其电导也随之而改变。用电导来指示溶液中离子的浓度就形成了电导分析法。

电导分析法可以分成两种：电导法和电导滴定法。

14.1.1　电导的基本概念及其测量方法

当两个铂电极插入电解质溶液中，并在两电极上加一定的电压，此时就有电流流过回路。电流是电荷的定向移动，在金属导体中仅仅是电子的移动，而在电解质溶液中由正离子和负离子向相反方向的迁移来共同形成电流。

电解质溶液的导电能力用电导 G 来表示，即

$$G=\frac{1}{R} \tag{14.1}$$

电导是电阻 R 的倒数，其单位为西[门子](S)。

对于一个均匀的导体来说，它的电阻或电导是与其长度和截面积有关的。为了便于比较各种导电体及其导电能力，类似于电阻率，提出了电导率的概念，即

$$G=k\,\frac{A}{l} \tag{14.2}$$

式中：k 为电导率，单位为 $S\cdot m^{-1}$；l 是导体的长度；A 是截面积。电导率和电阻率是互为倒数的关系。

电解质溶液的导电是通过离子来进行的，因此电导率与电解质溶液的浓度及其性质有关。电解质解离后形成的离子浓度(即单位体积内离子的数目)越大，电导率就越大。离子的迁移速率越快，电导率也就越大。离子的价数(即离子所带的电荷数目)越高，电导率越大。

为了比较各种电解质导电的能力，提出摩尔电导率的概念。摩尔电导率 Λ_m($S \cdot cm^2 \cdot mol^{-1}$)是指含有 1 mol 电解质的溶液，在距离为 1 cm 的两片平板电极间所具有的电导，Λ_m 为

$$\Lambda_m = kV \tag{14.3}$$

式中：V(cm^3)为含有 1 mol 电解质的溶液的体积。若溶液的浓度为 c($mol \cdot L^{-1}$)，则

$$V = \frac{1000}{c} \tag{14.4}$$

当溶液的浓度降低时，电解质溶液的摩尔电导率将增大。这是由于离子移动时常常受到周围相反电荷离子的影响，使其速率减慢。无限稀释时，这种影响减到最小，摩尔电导率达到最大的极限值。此值称为无限稀释时的摩尔电导率，以 Λ_0 表示。

电解质溶液无限稀释时，摩尔电导率是溶液中所有离子摩尔电导率的总和，即

$$\Lambda_0 = \sum \Lambda_{0+} + \sum \Lambda_{0-} \tag{14.5}$$

式中：Λ_{0+}，Λ_{0-} 表示无限稀释时正、负离子的摩尔电导率。

在无限稀释的情况下，离子摩尔电导率是一个定值，与溶液中共存离子无关。其数值见表 14.1。

表 14.1　无限稀释时离子的摩尔电导率(25℃)

阳离子	Λ_{0+}/($S \cdot cm^2 \cdot mol^{-1}$)	阴离子	Λ_{0-}/($S \cdot cm^2 \cdot mol^{-1}$)
H^+	349.82		
Li^+	38.69	OH^-	197.6
Na^+	50.11	Cl^-	76.34
Ag^+	61.9	NO_3^-	71.44
K^+	73.52	HCO_3^-	44.48
NH_4^+	73.4	IO_3^-	41
Tl^+	74.7	CH_3COO^-	40.9
$\frac{1}{2}Ba^{2+}$	63.64	$C_6H_5COO^-$	32.3
$\frac{1}{2}Ca^{2+}$	59.50	$\frac{1}{2}CO_3^{2-}$	69.3
$\frac{1}{2}Mg^{2+}$	53.06	$\frac{1}{2}C_2O_4^{2-}$	74.2
$\frac{1}{2}Pb^{2+}$	69.5	$\frac{1}{2}SO_4^{2-}$	79.8
$\frac{1}{2}Ni^{2+}$	52		
$\frac{1}{2}Cu^{2+}$	54	$\frac{1}{3}Fe(CN)_6^{3-}$	101.0
$\frac{1}{3}Fe^{3+}$	68.4	$\frac{1}{4}Fe(CN)_6^{4-}$	110.5

电导是电阻的倒数，因此测量溶液的电导也就是测量它的电阻。经典的测量电阻的方法是采用 Wheatstone 电桥法，其装置见图 14.1。电源是一个电压为 6～10 V 的交流电。不使用直流电是因为它通过电解质溶液时，会产生电解作用，引起组分浓度的变化。交流电的频率一般为 50 Hz，电导较高时，为了防止极化现象，宜采用 1000～2500 Hz 的高频电源。交流电正半周和负半周造成的影响能互相抵消。

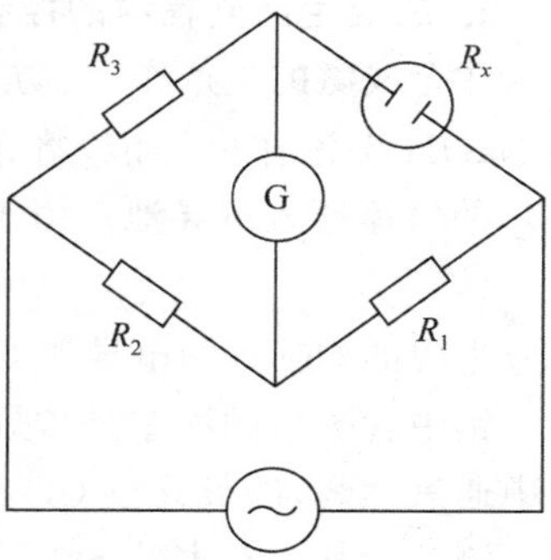

图 14.1　Wheatstone 平衡电桥

溶液电导的测量常常是将一对表面积为 $A(\text{cm}^2)$、相距为 $l(\text{cm})$ 的电极插入溶液中进行，由式(14.2)可知

$$G = k\frac{A}{l} = k\frac{1}{l/A} \tag{14.6}$$

对一定的电极来说，l/A 是一常数，用 θ 表示，称为电导池常数，单位是 cm^{-1}，即

$$\theta = \frac{l}{A} \tag{14.7}$$

电导池常数直接测量比较困难，常用标准 KCl 溶液来测定。用于测定电导池常数的 KCl 溶液的电导率见表 14.2。有时需要使用铂黑电极（在铂电极表面镀上一层细粉末状的铂），它可以有效增加比表面积，减少极化。它的缺点是对杂质的吸附加强了。

表 14.2　KCl 溶液浓度和电导率

近似浓度	$\kappa/(\text{S}\cdot\text{cm}^{-1})$				
$c/(\text{mol}\cdot\text{L}^{-1})$	15 ℃	18 ℃	20 ℃	25 ℃	35 ℃
1	0.09212	0.09780	0.10170	0.11131	0.13110
0.1	0.010455	0.011163	0.11644	0.012852	0.015353
0.01	0.0011414	0.0012200	0.0012737	0.0014083	0.0016876
0.001	0.001185	0.0001267	0.0001322	0.0001466	0.0001765

14.1.2　电导分析法的应用

根据溶液的电导与被测离子浓度的关系来进行分析的方法，叫作电导分析法。它的应用如下。

1. 水质纯度的鉴定

由于纯水中的主要杂质是一些可溶性的无机盐类，它们在水中以离子状态存在，所以通过测定水的电导率可以评价水质的好坏。它常应用于实验室和环境中水的监测。

各种情况下水的电导率见图 14.2。

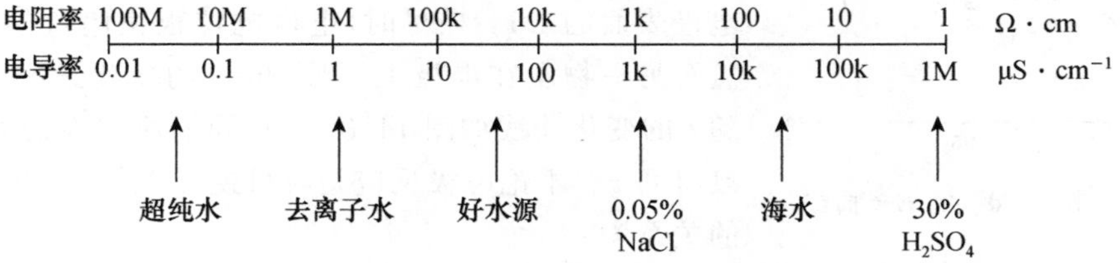

图 14.2　几种典型物质的电导率

2. 工业生产流程中的控制及自动分析

在合成氨的生产中，为防止引起催化剂的中毒，必须监控 CO 和 CO_2 的含量。测定时采用 NaOH 溶液作电导液，将含有 CO（先通过装有 I_2O_5 的氧化管炉，将 CO 氧化为 CO_2）及 CO_2 的气体通入电导池。由于

$$CO_2 + 2NaOH \rightleftharpoons Na_2CO_3 + H_2O$$

反应生成的 CO_3^{2-} 的电导比 OH^- 小得多，其变化值与 CO、CO_2 含量有关，可进行测定。

钢中含碳量的测定是常规化验工作，可采用电导法测定碳量。试样在 1200～1300℃ 高温炉中通氧燃烧，碳氧化成 CO_2 通入 NaOH 溶液中测定。

测定大气中有害的 SO_2，可将空气通过 H_2O_2 吸收液，SO_2 被氧化并生成 H_2SO_4，根据吸收液电导率的增加，可计算出大气中 SO_2 的含量。

微型的电导检测器还用作离子色谱检测器，在离子色谱的分析方法中广泛应用。

3. 电导滴定

作为滴定分析的终点指示方法，电导应用于一些体系的滴定过程中。在这些体系中，滴定剂与溶液中被测离子生成水、沉淀或难离解的化合物。溶液的电导在终点前后发生变化，化学计量点时滴定曲线出现转折点，可指示滴定终点。

14.2 计时分析法

14.2.1 计时电位法

通常的伏安法是控制电解池中工作电极的电位，使它按规定的方式变化，记录电流随电位变化的曲线。计时电位法是控制流过工作电极的电流（通常为一恒定值），记录工作电极电位与时间变化的曲线的方法。

当强度一定的恒电流 i 通过电解池时，工作电极的电位 E 会随电解进行的时间 t 而变化，可测得 E-t 曲线。如在含有过量的支持电解质和静止的溶液中进行电解时，Cd^{2+} 在汞电极上还原为镉汞齐，可逆的电极反应为

$$Cd^{2+} + 2e + Hg \rightleftharpoons Cd(Hg)$$

则电极电位为

$$E = E^{\ominus} + \frac{0.059}{2} \lg \frac{[Cd^{2+}]}{[Cd(Hg)]} \tag{14.8}$$

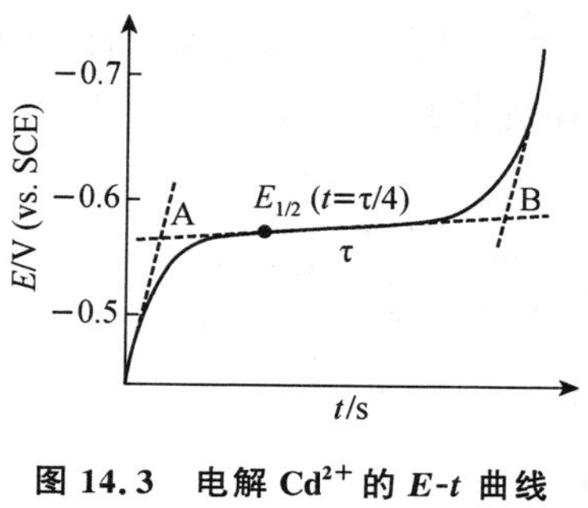

图 14.3 电解 Cd^{2+} 的 E-t 曲线

其值由电极表面 $\frac{[Cd^{2+}]}{[Cd(Hg)]}$ 比率决定。由于电极反应，电极表面 Cd^{2+} 的浓度逐渐减小，Cd^{2+} 的补充又受到扩散的控制，汞齐中镉的浓度不断增大，汞电极的电位逐渐变负。当电极表面的 Cd^{2+} 耗尽时，电极电位很快向负的方向移动，直至另一物质在电极上还原，电位的变化速率才减慢。E 随 t 的变化曲线如图 14.3。AB 间隔所代表的时间称为过渡时间 τ。不论电极反应是否可逆，i 与 τ、c_0（体浓度）之间的关系为

$$\tau^{1/2}=\frac{zFA(\pi D_{ox})^{1/2}c_o}{2i} \tag{14.9}$$

$\tau^{1/2}$ 与 c_o 呈正比，这是计时电位法定量分析的基础。

对可逆电极过程，E-t 曲线可表示成

$$E=E_{1/2}+\frac{RT}{zF}\ln\frac{\tau^{1/2}-t^{1/2}}{t^{1/2}} \tag{14.10}$$

从式(14.10)可见，计时电位法的 E-t 曲线方程式与直流极谱法中极谱波方程式类似，只需将直流极谱波方程式中 i_d 换成 $\tau^{1/2}$，i 换成 $t^{1/2}$，即可得到。如将 $\lg\frac{\tau^{1/2}-t^{1/2}}{t^{1/2}}$ 对 E 作图，也得到一直线，其斜率为 $zF/2.303RT$。它可用来检验电极反应的可逆性。当 $t=\tau/4$ 时

$$E_{\tau/4}=E_{1/2} \tag{14.11}$$

式(14.11)是计时电位法进行定性分析的基础。

14.2.2　计时电流法和计时电量法

计时电流法是一种控制电极电位的分析方法。极谱法和伏安法都是属于控制电极电位的方法，它们记录电流与电位的关系。计时电流法是指静止平面电极线性扩散条件下由于电位阶跃所产生的 i-t 曲线。当给工作电极一个阶跃电位时，其波形如图 14.4(a)所示。

如电位阶跃已达到产生极限扩散电流时，电流可用 Cottrell 方程式表示

$$(i_t)_1=\frac{zFAD_o^{1/2}c_o}{(\pi t)^{1/2}} \tag{14.12}$$

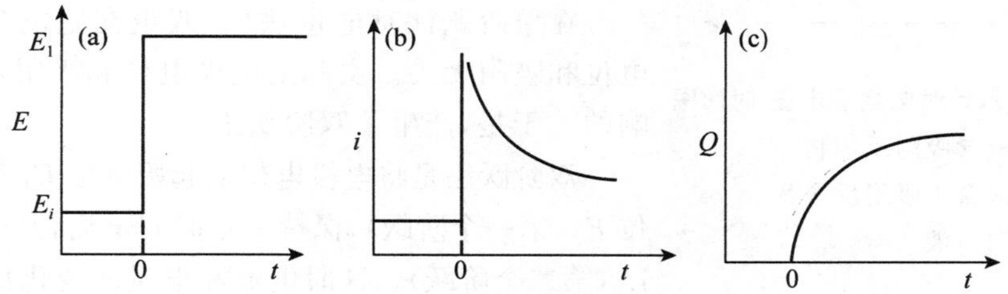

图 14.4　计时电流法和计时电量法

(a) E-t 曲线　(b) i-t 曲线　(c) Q-t 曲线

如电位阶跃未达到极限电流时，则

$$i_t=\frac{zFAD_o^{1/2}(c_o-c_o^s)}{(\pi t)^{1/2}} \tag{14.13}$$

式中：c_o^s 是电极表面的浓度。一般阶跃前的电位足够正，在这一电位没有还原反应发生。

如对极限电流积分，则可得

$$Q=\int_0^t i_t\,dt=\frac{2zFAD_o^{1/2}t^{1/2}c_o}{\pi^{1/2}} \tag{14.14}$$

i-t，Q-t 的曲线如图 14.4(b)和(c)，分别为计时电流法和计时电量法。计时电量法又称计时库仑法。

近年来，计时电流法已被计时电量法代替，它们可作为电极过程动力学的研究方法，可用来测定电子转移数 z、电极的有效面积 A 及物质的扩散系数 D_o 等。在研究电活性物质的吸

附作用时，计时电量法也特别有用。

如单阶跃计时电量法，它是在电极上加上一个从还原波前的电位到还原波峰后的电位的阶跃，它会产生 Faraday 电流 i_f 和电容电流 i_c

$$i = i_f + i_c = \frac{zFAD_o^{1/2}c_o}{(\pi t)^{1/2}} + i_c \tag{14.15}$$

将上式积分，得

$$Q = \frac{2zFAD_o^{1/2}c_o}{\pi^{1/2}} + Q_{dl} = kt^{1/2} + Q_{dl} \tag{14.16}$$

式中：Q_{dl} 为对电双层充电的电量，$k = \dfrac{2zFAD_o^{1/2}c_o}{\pi^{1/2}}$。

如反应物有吸附作用时，则总电量还包括吸附反应物还原所需的电量 Q_{ads}，即

$$Q = kt^{1/2} + Q_{dl} + Q_{ads} \tag{14.17}$$

式中：$Q_{ads} = zFA\Gamma$，Γ 为吸附量。

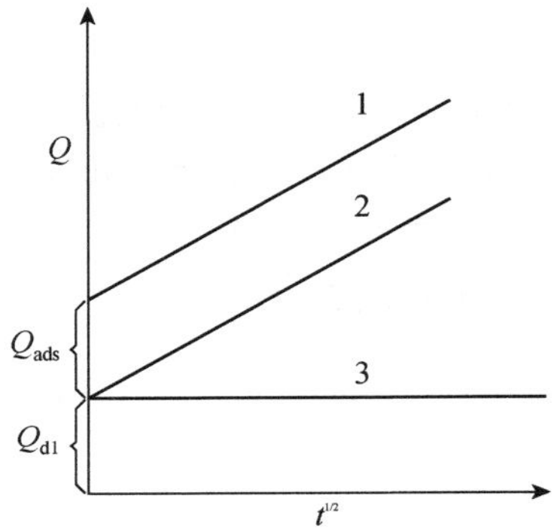

图 14.5　单阶跃计时电量法电量-时间图

1—溶液含吸附反应物

2—溶液含不吸附反应物

3—空白溶液

实验可以这样进行，先在没有反应物的溶液中做计时电量法测量，得到 Q-$t^{1/2}$ 图为一直线[图 14.5 中的 3]；然后做反应物存在时的实验，如反应物不吸附，得图中直线 2。该直线在电量轴上的截距应与没有反应物时的直线截距一样。如反应物吸附，则得图中直线 1，其直线的截距要比空白的大，两个截距之差为 Q_{ads}，由它可求得 Γ；从 1 和 2 的直线斜率 k，可求 z、A、D_o。

在单阶跃计时电量法中，假设充电电量 Q_{dl} 与电极电位和吸附无关。实际上电极电位和吸附对 Q_{dl} 是有影响的。于是，产生了双阶跃法。

双阶跃法是将电极电位从起始电位 E_1 变到第二个电位 E_2（第一个阶跃），保持一定时间 τ 后，又回到起始电位 E_1（第二个阶跃）。这时电流和电量的变化如图 14.6。第一个电位阶跃时，电流不断衰减，而电量不断增加；第二个电位阶跃时，是反向阶跃，故电流方向相反，电量不断降低。

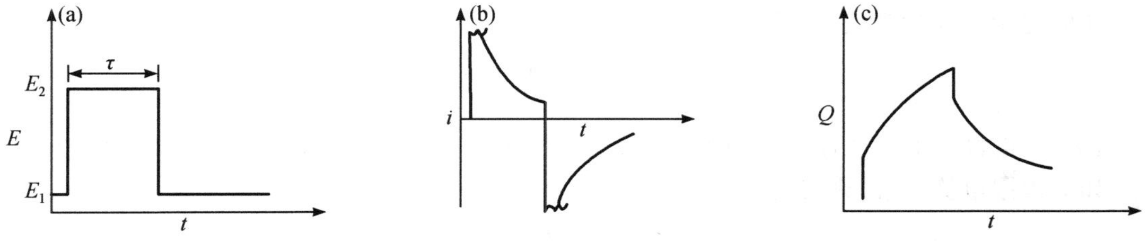

图 14.6　双阶跃计时电流法和计时电量法

(a) 双阶跃 E-t 曲线　(b) i-t 曲线　(c) Q-t 曲线

双阶跃法电位的阶跃从 E_1 开始又回到 E_1，电极电容的电量是不变的，即 Q_{dl} 是不变的，消除了电极电位和吸附对 Q_{dl} 的影响。图 14.7 是双阶跃计时电量法中电量 Q 与 t 的关系图，

而图 14.8 中分别是 $Q(t<\tau)$ 对 $t^{1/2}$ 和 $Q(t>\tau)$ 对 θ［注：$\theta=\tau^{1/2}+(t-\tau)^{1/2}-t^{1/2}$］的计时电量线性关系曲线，这一对图被称为 Anson 图，对研究吸附物质的电极反应很有用。

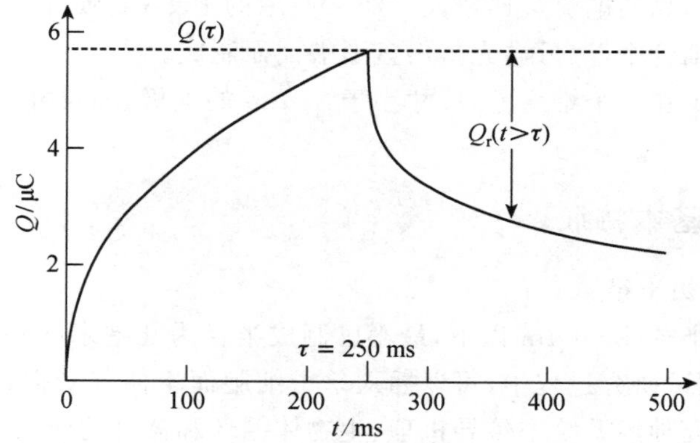

图 14.7　双阶跃计时电量法中电量 Q 与 t 的关系图

类似单阶跃法，作第一阶跃和第二阶跃的电量 Q' 和 Q'' 对 $t^{1/2}$ 的图，均得直线，如图 14.9 所示。如反应物不吸附，所得两直线具有相同的截距和斜率；如反应物吸附，则两直线的截距不同，其差值可用于计算反应物的吸附量。

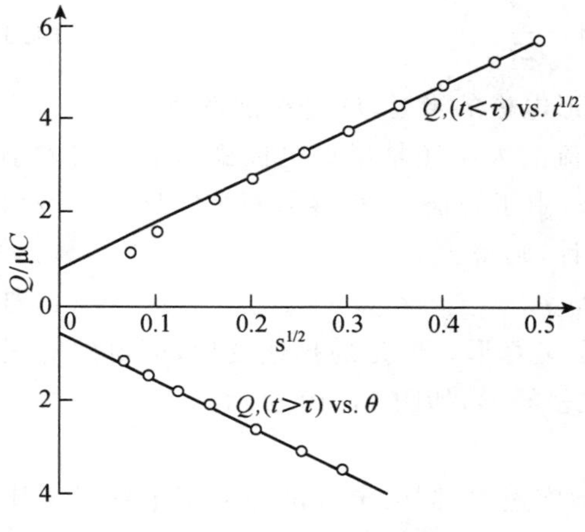

图 14.8　双阶跃计时电量法中电量 Q 与 $t^{1/2}$ 的关系图

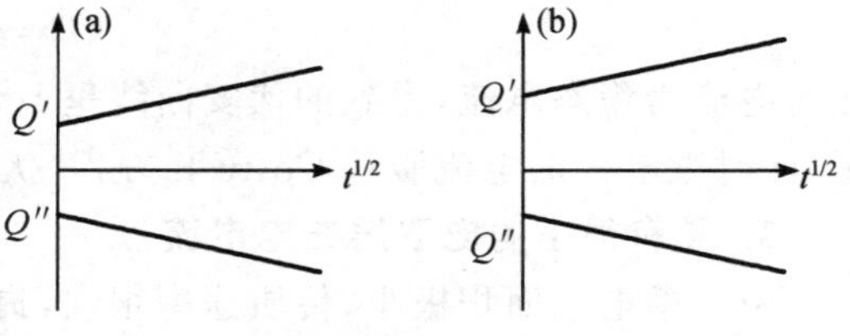

图 14.9　双阶跃计时电量法电量-时间图

(a) 反应物不吸附　(b) 反应物吸附

14.3　微　电　极

当今，许多科学领域的研究对象正在不断地由宏观转向微观，生物体的研究中常以细胞作为研究的对象，现在发展到单分子、单颗粒尺度。分析工作者必须寻求高灵敏度、高选择性的微型、快速测试工具，这些工具既不会损坏组织，又不会因电解而破坏体系的平衡。微电极（microelectrode）、超微电极（ultramicroelectrode）和纳米电极因此而产生，成为电分析化学发展的一个方面。

微电极，区别于滴汞等微电极，它的一个维度的直径在 100 μm 以下。

微电极的种类很多，按其材料不同，可分为微铂、金、汞电极和碳纤维电极；按其形状不同，可分为微盘电极、微环电极、微球电极和阵列微电极。阵列微电极是由众多的微电极组合而成，具有微电极的特征，总的电流又比较大。经常使用的 Pt、Au、碳纤维电极是将这些材料的极细的丝封入玻璃毛细管中，然后抛光露出盘形端面而制成。

超微电极是指至少在一个维度上，尺寸小于 25 μm 的电极，而尺寸小于 100 nm 的则一般被称为纳米电极。

14.3.1 微电极的基本特征

1. 具有极小的电极半径

一般情况下它的半径在 50 μm 以下，最小已制成半径为几纳米的碳纳米电极。这么小的半径，在对生物活体测试研究过程中，可以插入单个细胞而不使其受损，并且不破坏体内原有的平衡。它可成为研究神经系统中传导机理、生物体循环和器官功能跟踪检测的很好手段。

2. 具有很强的边缘效应

微电极表面扩散呈球形扩散，具有很强的边缘效应，在很短的时间内电极表面就建立起稳态的扩散平衡。因此用微电极可以研究快速的电荷转移或化学反应，以及对短寿命物质的监测。

对于反应 $O+ze \rightleftharpoons R$，球形电极的非稳态扩散过程的还原电流为

$$i = 4\pi zFDc_{\mathrm{o}}\left(r + \frac{r^2}{\sqrt{\pi Dt}}\right) \tag{14.18}$$

式中：c_{o} 为氧化态物质 O 在溶液中的浓度，r 为球形电极的半径，D 是扩散系数。

由上式可知，扩散电流究竟由平面电极扩散电流的大小还是球形电极稳态电流的大小决定，取决于 $(\pi Dt)^{1/2}$ 和 r^2 的相对大小。对于微电极，由于 r 很小，很容易满足 $(\pi Dt)^{1/2} \gg r^2$，即电解时间长一点（扫速较慢），式中第二项可忽略不计，则得

$$i = 4\pi zFDc_0 r \tag{14.19}$$

此时电流为稳态电流，得到的伏安曲线呈 S 形，而不呈峰形。但是随扫速变快，即电解时间变短，此时微电极的电流服从 Cottrell 方程，伏安曲线呈峰形，如图 14.10 所示。

3. 具有很小的电双层充电电流

由于微电极面积极小，传质速率很快，提高了响应速率，同时电极的电双层电容又正比于电极面积，因而微电极上的电容非常低，这大大提高了信噪比。

4. 具有很小的 *iR* 降

由于微电极的表面积很小，相应电流的绝对值也很小，因此，电解池的 iR 降常小至可以忽略不计。这样，在电阻较高的溶液中，如某些有机溶剂和未加支持电解质的水溶液中测量时，也可用简单的双电极体系代替为消除 iR 降而设计的三电极体系。

14.3.2 微电极的应用

在生物电化学方面，微电极的不会损坏组织、不因电解破坏测定体系的平衡的优越性被充分得到利用。现已用来测量脑神经组织中多巴胺及儿茶胺等物质浓度的变化。通过铂微电极测定血清中抗坏血酸，确定生物器官循环的障碍。用微型碳纤维电极植入动物体内进行活体组织的连续测定，如对 O_2 的连续测定时间可达一个月之久。

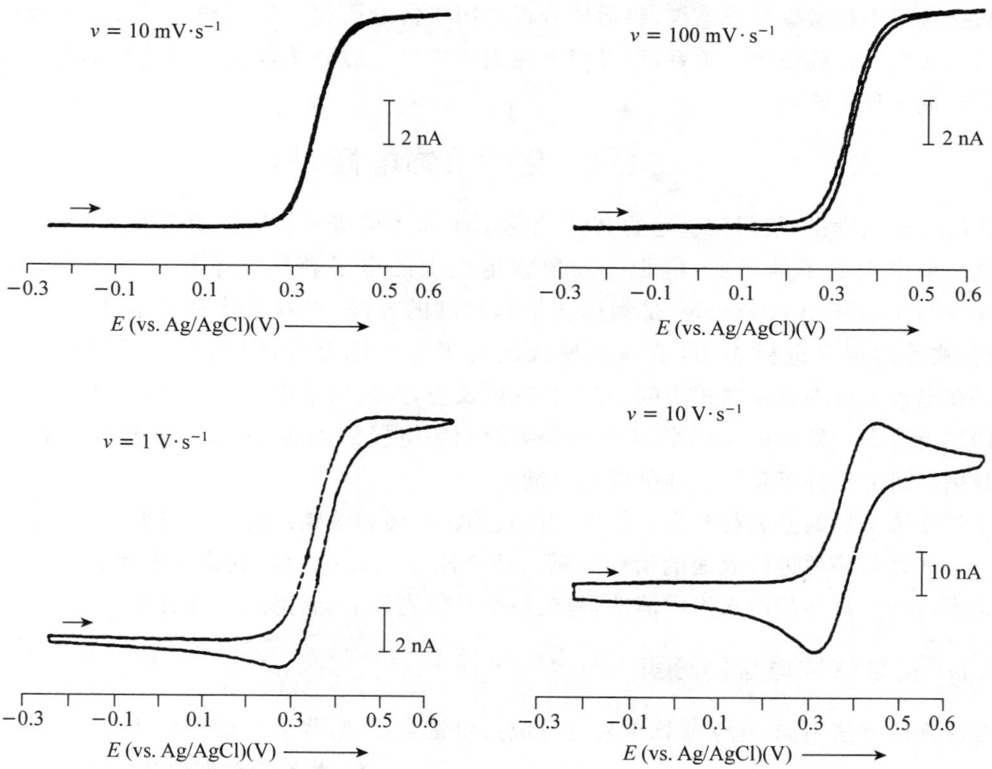

图 14.10　二茂铁在直径为 6 μm 的铂微盘电极上的不同扫速下的循环伏安图

微电极的特色使它在分析化学方面可用于微小的区域，有机试剂或高阻的电化学体系。微电极能很快得到稳定的电流，使它可用于快速电极反应的研究，测定反应速率常数和电沉积的机理。目前快速发展的超微电极，使其能用于单分子、单颗粒的随机电化学的研究。

14.3.3　活体伏安法

微电极的出现使电分析化学工作者有了很好的工具，可以将电极直接插入各种生物体的组织中，而不损坏它们。很多组织导电性能十分优良，具备了电化学必要的辅助电解质的条件。1973 年 Adams 等首先将一支直径 1 mm 的石墨电极直接插入大白鼠的大脑尾核部位，进行循环伏安的扫描，获得了第一张活体的循环伏安图，表明了多巴胺的存在，创建了活体伏安法（in vivo voltammetry）。它不同于以往的测试方法，不需要从被测物体里采集一定量的样品，并将其处理后，再用有关的方法测定。

Hubbard 等利用碘修饰的微铂电极，采用微分脉冲伏安法解决了维生素 C 和多巴胺的氧化峰分辨率的问题，将活体伏安法中靠得很近的维生素 C 和多巴胺的氧化峰得以分开测定，使活体分析真正进入应用阶段。

Pujol 等首先研制出超微碳纤维电极，并对儿茶酚类化合物，如多巴胺、高香草酸、去甲肾上腺素、肾上腺素和 5-羟色胺等 10 种生物分子进行了研究，测得了这些化合物的半波电位。

Adams 和 Wightman 用活体伏安法监测大脑中多巴胺的代谢现象。Cespuglio 等用这种方法研究大白鼠服药后的生理和药理现象。他们都得到了良好的效果。

邓家祺等用超微碳纤维电极，将活体分析应用于针刺研究。他们研究了大白鼠大脑尾核中多巴胺浓度与针刺镇痛的关系，以及肾上腺髓质中肾上腺素浓度受针刺的影响等。这有助于我国针灸的理论研究。

14.4 化学修饰电极

在电分析化学中，使用较普遍的电极（如汞、铂、金和碳等），它们长期以来仅仅为电化学反应提供一个得失电子的场所，但很多物质在电极上的电子转移速率较慢。化学修饰电极(chemically modified electrode)是利用化学和物理的方法，将具有优良化学性质的分子、离子、聚合物等固定在电极表面，从而改变或改善了电极原有的性质，实现了电极的功能设计——在电极上可进行某些预定的、有选择性的反应，并提供了更快的电子转移速率。

1973 年 Lane 和 Hubbard 将各类烯烃吸附到铂电极的表面，用以结合多种氧化还原体。这项开拓性研究促进了化学修饰电极的问世。

化学修饰电极的基底材料主要是碳（石墨、热解石墨和玻碳）、贵金属和半导体。这些固体电极在修饰之前必须进行表面的清洁处理。用金刚砂纸，α-Al_2O_3 粉末在粒度降低的顺序下机械研磨，抛光，再在超声水浴中清洗，得到一个平滑光洁的、新鲜的电极表面。

14.4.1 化学修饰电极的分类

按修饰的方法不同，化学修饰电极可分成共价键合型、吸附型和聚合物型。

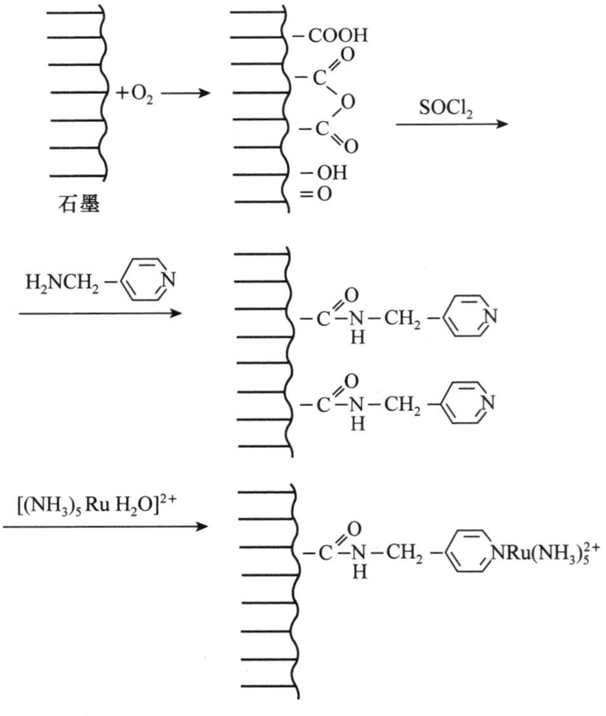

图 14.11 用 $SOCl_2$ 的分子接着过程

1. 共价键合型修饰电极

这类电极是将被修饰的分子通过共价键的连接方式结合到电极表面。修饰的一般步骤为：电极表面预处理（氧化、还原等），引入键合基，然后再通过键合反应接上功能团。这类电极较稳定，寿命长。电极材料有碳电极、金属和金属氧化物电极。

Anson 将磨光的碳电极在高温下与 O_2 作用，形成较多的含氧基团，如羟基、羰基、酸酐等。然后用 $SOCl_2$ 与这些含氧基团作用，形成化合物Ⅰ。它再与需要接上去的化合物Ⅱ反应，

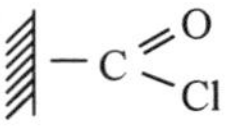

(Ⅰ)

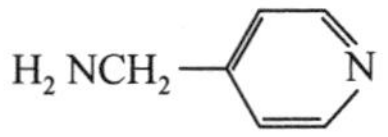

(Ⅱ)

通过酰胺键把吡啶基接到了电极表面。再用电活性物质$[(NH_3)_5RuH_2O]^{2+}$与吡啶基配合，得到活性的电极表面（图 14.11）。

金属和金属氧化物电极的表面一般有较多的羟基—OH,它可以被利用来进行有机硅烷化,引入—NH₂ 等活性基团,然后再结合上电活性的官能团。

Murray 在 Pt 电极表面,利用—OH 与硅烷试剂乙二胺烷氧基硅烷的作用生成伯胺基。它能与含羰基或酸性氯化物的化合物反应,将电活性物质键合到电极表面(图 14.12)。其中 DCC 是双环己基二亚胺,它是生成酰胺键的促进剂。

$$Pt \!-\! OH \xrightarrow[\text{N}_2,\text{甲苯}]{\text{乙二胺硅烷试剂}} Pt \!-\! (O)_x Si(CH_2)_3 NH(CH_2)_3 NH_2$$

$$\left[(bpy)_2 Ru^{II} (N) Cl \right]^+ , DCC \quad \xrightarrow{\quad\quad} \quad Pt \!-\!\!\!\sim\!\!\!- NHC \overset{O}{\!-\!} (N Ru^{II} (bpy)_2 Cl^+)$$

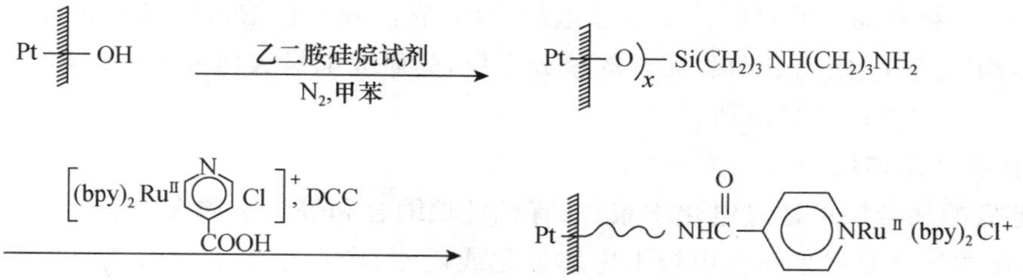

图 14.12　用硅烷试剂的分子接着过程

共价键合的单分子层一般只有$(0.1\sim1)\times 10^2$ nm 厚,修饰后的电极导电性好,官能团接着较牢固,只是修饰步骤较繁、费时,最终能接上的官能团的覆盖量也较低。

2. 吸附型修饰电极

吸附型修饰电极是利用基体电极的吸附作用将有特定官能团的分子修饰到电极表面。它可以是强吸附物质的平衡吸附,也可以是离子的静电引力,还可以是 LB 膜的吸附方式。LB 膜的吸附是将不溶于水的表面活性物质在水面上铺展成单分子膜(Langmuir-Blodgett 膜,LB 膜)后,其亲水基伸向水相,而疏水基伸向气相。当该膜与电极接触时,若电极表面是亲水性的,则表面活性物质的亲水基向电极表面排列,得到高度有序排列的分子(图 14.13)。

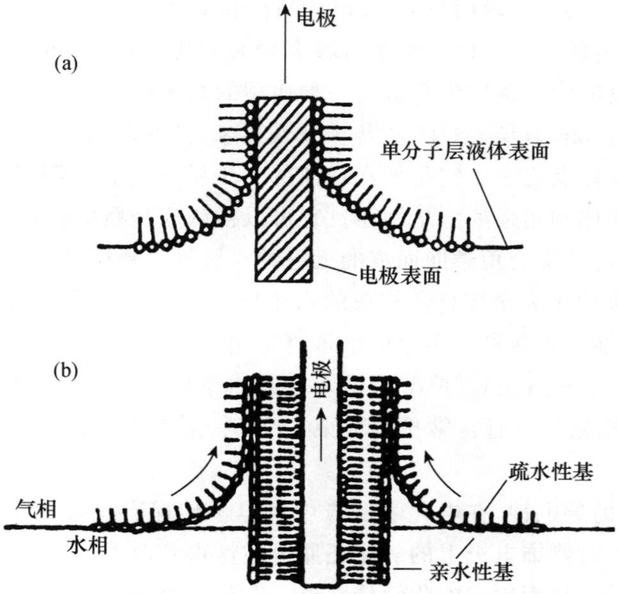

图 14.13　LB 膜修饰电极的制作

(a) 在固体基板上制作修饰膜　(b) 复合膜的制作

吸附型修饰电极的修饰物通常为含有不饱和键,特别是苯环等共轭双键结构的有机试剂和聚合物,因其 π 电子能与电极表面交叠、共享而被吸附,硫醇、二硫化物和硫化物能借 S 原子与金的作用在金电极表面形成有序的单分子膜,称为自组装(self assembling,SA)膜。

被吸附修饰的试剂很多是配合剂,它对溶液中的组分可进行选择性的富集,大大提高测定的灵敏度。如玻碳电极修饰 8-羟基喹啉后可用于 Tl^+ 的测定。修饰物也能对某些反应起催化作用,如 Anson 将双面钴卟啉吸附于石墨电极表面,它能在酸性溶液中催化还原 O_2 为 H_2O。自组装膜能组成有序、定向、密集、完好的单分子层,为研究电极表面分子微结构和宏观电化学响应提供了一个很好的实验场所。

3. 聚合物型修饰电极

这种电极的聚合层可通过电化学聚合、有机硅烷缩合和等离子体聚合连接而成。

(i) 电化学聚合是将单体在电极上电解氧化或还原,产生正离子自由基或负离子自由基,它们再进行缩合反应制成薄膜。

(ii) 有机硅烷缩合是利用有机硅烷化试剂易水解,发生水解聚合生成分子层。

(iii) 等离子体聚合是将单聚体的蒸气引入等离子体反应器中进行等离子放电,引发聚合反应,在基体上形成聚合物膜。

除以上方法外,将聚合物稀溶液浸涂电极,或滴加到电极表面,待溶剂挥发后也可制得聚合物膜。该法常用于离子交换型聚合物修饰电极的制备。

14.4.2 化学修饰电极在电分析化学中的应用

1. 使用修饰电极可以提高分析的灵敏度

使用修饰电极,尤其是纳米材料修饰电极,可以提高分析的灵敏度。纳米材料是指三维空间尺度至少有一维处于纳米量级(1～100 nm)的材料,具有小尺寸效应、表面效应、量子尺寸效应等不同于体相材料的性质。由于纳米材料有较大的比表面积,可以增加电极的电化学活性面积,从而增大电流响应。碳纳米管就是一种典型的纳米材料。

碳纳米管(carbon nanotube)自 1991 年被发现以来,因其独特的力学、电子学特性及化学稳定性,立即成为研究热点之一。它是最富特征的一维纳米材料,其长度为微米级,直径为纳米级,具有极高的纵横比和超强的力学性能。它可以被认为是石墨管状晶体,是单层或多层石墨片围绕中心按照一定的螺旋角卷曲而成的无缝纳米级管。每层纳米管是一个由碳原子通过 sp^2 杂化与周围 3 个碳原子完全键合所构成的六边形平面所组成的圆柱面。碳纳米管分为多壁碳纳米管和单壁碳纳米管两种。多壁碳纳米管是由石墨层状结构卷曲而成的同心、且封闭的石墨管,直径一般为 2～25 nm。单壁碳纳米管是由单层石墨层状结构卷曲而成的无缝管,直径为 1～2 nm。单壁碳纳米管常常排列成束,一束中含有几十到几百根碳纳米管相互平行地聚集在一起。

碳纳米管有很好的导电性,在电化学反应中对电子传递有良好的促进作用。如图 14.14 所示,多巴胺在碳纳米管修饰电极上的氧化还原可逆性得到改善。用碳纳米管修饰电极,可以提高对反应物的选择性,从而制成电化学传感器。利用碳纳米管对气体吸附的选择性和碳纳米管良好的导电性,可以做成气体传感器。

目前,纳米材料被广泛用于构筑化学修饰电极,实现高灵敏、高选择性地测定各种物质。

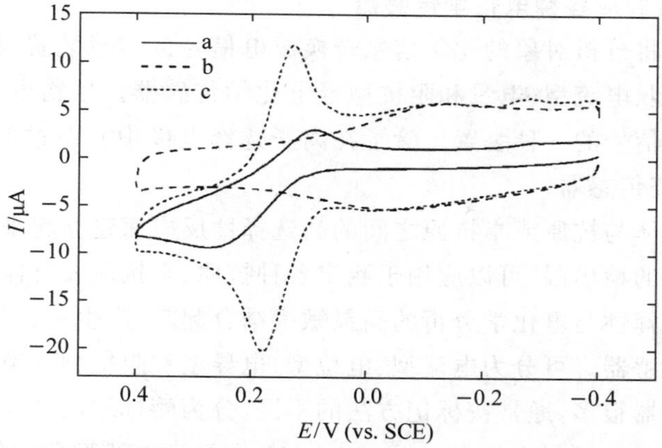

图 14.14　多巴胺在裸玻碳电极和单壁碳纳米管修饰的玻碳电极上的循环伏安图

a—多巴胺在裸玻碳电极上的循环伏安图　b—单壁碳纳米管修饰的玻碳电极在 Britton-Robison 缓冲溶液(pH=6.9)中的循环伏安图　c—多巴胺在单壁碳纳米管修饰的玻碳电极上的循环伏安图

2. 修饰电极的电催化作用

利用前面提到的平行催化反应，董绍俊等制备了聚乙烯二茂铁(Fc)修饰电极，对水溶液中的抗坏血酸(AH_2)在较宽的 pH 和浓度范围内有良好的催化作用，电活性的 Fc 对 AH_2 的氧化反应起了媒介体的作用

$$\text{Fc(膜)} \rightleftharpoons \text{Fc}^+\text{(膜)} + e$$

$$2\text{Fc}^+\text{(膜)} + AH_2 \longrightarrow 2\text{Fc(膜)} + A + 2H^+$$

如此循环，电极电流大大增加，提高了测定 AH_2 的灵敏度，如图 14.15 所示。

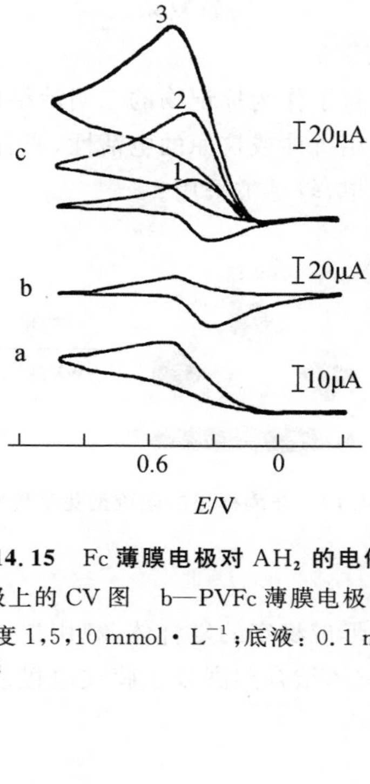

图 14.15　Fc 薄膜电极对 AH_2 的电催化

a—1 mmol·L^{-1} AH_2 在空白玻碳电极上的 CV 图　b—PVFc 薄膜电极的 CV 图　c—AH_2 在 PVFc 薄膜电极上的 CV 图。1,2,3 分别表示 AH_2 浓度 1,5,10 mmol·L^{-1}；底液：0.1 mol·L^{-1} NaCl+0.1 mol·L^{-1} 甘氨酸的水溶液(pH=6)；扫速：50 mV·s^{-1}

3. 利用修饰电极制成各种电化学传感器

电化学传感器是将分析对象的化学信息转换成电信号的传感装置，根据所转换成的电信号的不同，分为电位型、电流型、电量和阻抗型等电化学传感器。生物电化学传感器是将生物化学反应能转换成电信号的一种装置。除了在离子选择电极中介绍过的酶传感器、细菌或组织传感器外，还有免疫传感器。

免疫法是基于抗体与抗原或半抗原之间的高选择性反应而建立起来的分析方法。它具有很高的选择性和很低的检出限，可以应用于测定各种抗原、半抗原或抗体。

将免疫法的高选择性与电化学分析的高灵敏度结合起来，产生一种新型的电化学免疫法，又称为电化学免疫传感器。可分为电流型、电位型、电导型和阻抗型等类型。

电流型免疫传感器很多，通常按标记方法的不同，分为酶标记法和非酶标记法。

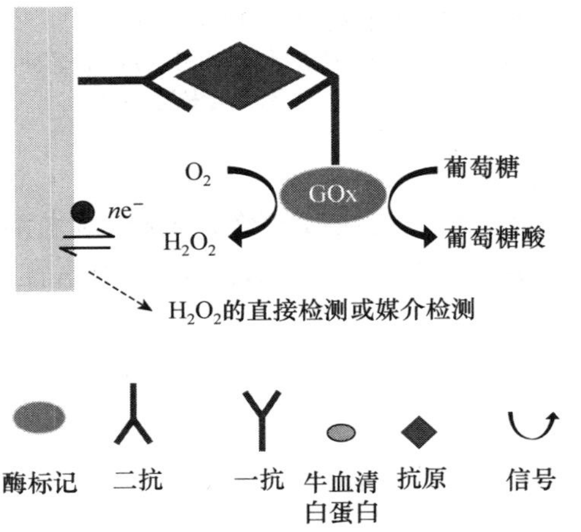

图 14.16 酶标法电流型免疫传感器

(1) 酶标记电流型免疫传感器

如图 14.16 所示，先将一抗以惰性吸附或共价键合等方式固定在电极表面，将此电极放入含有待测抗原的溶液中，使一抗与抗原结合，再用葡萄糖氧化酶标记的二抗处理，这就形成了抗原与抗体的三明治夹心结构。在氧气存在的条件下，葡萄糖氧化酶催化葡萄糖氧化，产生能被电极直接检测或被电子转移媒介体如普鲁士蓝或二茂铁甲醇媒介检测的 H_2O_2，从而实现对抗原的测定。

酶标记的方法具有酶的催化放大作用，因而灵敏度较高。测定时还可将试样中存在的干扰物质进行分离，提高了方法的选择性。缺点是操作较复杂。

(2) 非酶标记电流型免疫传感器

如图 14.17 所示的是金纳米粒子作为标记物的三明治结构免疫电化学传感器。在这类方法里，没有酶的操作技术，直接利用抗体或抗原的电活性，或者通过适当的化学方法，使它们转变成电活性物质。此法操作较简单，较易被采用。

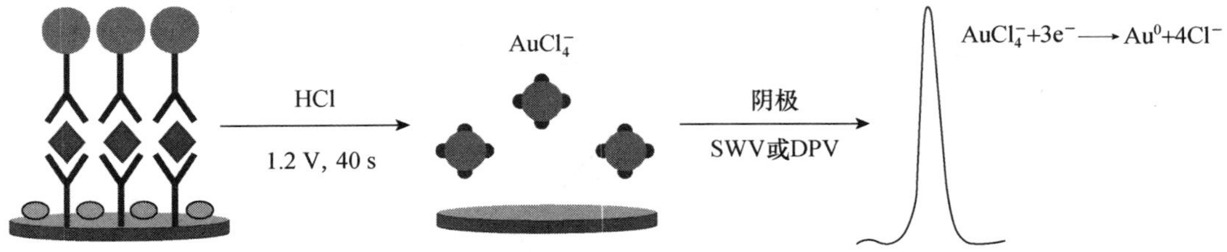

图 14.17 非酶标记的电流型免疫传感器

(3) 电位型免疫传感器

由于抗体与其对应的抗原能形成稳定的复合体，利用抗原抗体复合体形成的免疫反应的亲和电位，制成免疫传感器。把抗体结合到高分子膜或电极表面，就可以用作传感器的材料。

这种抗体膜，能有选择性地吸附抗原到膜上，形成稳定的复合体。随着复合体的形成，膜电位就发生变化。这种因生物有选择性的亲和所引起的电位变化称为亲和电位（affinity potential）。利用这种亲和电位设计的免疫传感器如图 14.18。

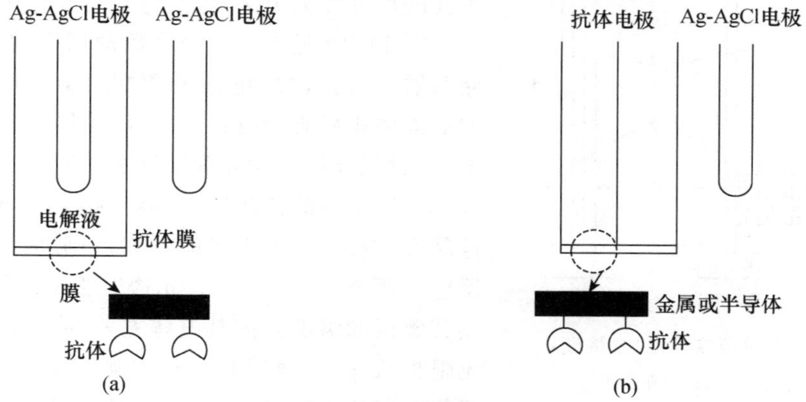

图 14.18　免疫传感器的基本结构

（a）膜电位测定方式　（b）电极电位测定方式

如测定乙型肝炎抗原的免疫传感器。制作这种电极时，需将乙型肝炎抗体固定在碘离子选择电极表面的蛋白质膜上。测定时，将此电极插入含有乙型肝炎抗原的溶液中，使抗体与抗原结合，再用过氧化酶标记的免疫球蛋白抗体处理，这时就形成了抗原与抗体的夹心结构：

固体支持膜——乙型肝炎抗体……乙型肝炎抗原……过氧化酶标记的免疫球蛋白抗体

式中：实线表示共价键结合，虚线表示抗体与抗原间的静电作用。

如将此电极插入过氧化氢和碘化物的溶液中，则在过氧化酶标记的免疫球蛋白的催化作用下，过氧化氢被还原，而碘化物因被氧化而消耗，碘离子浓度的减小是与乙型肝炎抗原的量呈正比的。由此可算出乙型肝炎抗原的浓度。

14.5　光谱电化学

光谱电化学（spectroelectrochemistry）是一种新的技术，1960 年美国著名电化学家 Adams 提出其设想，1964 年由其研究生 Kuwana 实现。在进行邻苯二胺衍生物电氧化研究时，他看到伴随电极反应有颜色的变化，就将光谱技术与电化学方法相结合起来，在一个电解池内同时进行测量。一般用电化学产生激发信号，以光谱技术监测物质的变化。该法充分利用了电化学方法容易控制物质的状态和定量产生试剂、光谱方法有利于识别物质的特点。

14.5.1　光谱电化学的实验

光谱电化学的实验在一个特殊的薄层电解池中进行，其结构如图 14.19。光谱电化学使用光透电极（optically transparent electrode，简称 OTE），它要求有很好的透光性，又要电阻值低。电极通常分为薄膜电极和微栅电极两类。

薄膜电极是将导电材料 SnO_2，In_2O_3，Au，Pt 等涂或镀到透明体（玻璃或石英）上。电极的膜越薄透光性越好，但导电性差，即电阻较大。

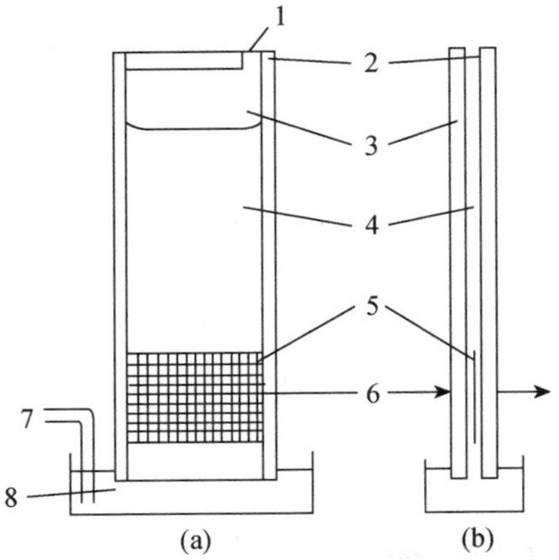

图 14.19　光透薄层电池(金网栅)

(a) 正视图　(b) 侧视图

1—吸溶液口　2—聚四氟乙烯胶带　3—玻璃片　4—溶液　5—透光金网栅　6—入射光的光程　7—参比电极和辅助电极　8—储液器

微栅电极是由金属丝编制成网状而成(如 400 条·cm^{-1} 金丝)。光可以从电极中大量的细小的网孔中通过。微栅电极经一定时间的电解后,其扩散层厚度比小孔的尺寸要大得多,整个电极可看作平板电极。

图 14.19 是夹心式金网栅薄层电池,被测溶液从储液器吸入到薄层电池的顶端。金网栅电极所覆盖的溶液体积只有 40 μL 左右,液层厚度约为 0.2 mm。电解很短的时间,就能观察到物质明显的变化。

薄层电池的体积很小,能直接装进普通光谱仪的样品室。按光入射电极的方式,可分为光透射法和光反射法两类(图 14.20)。光透射法是入射光穿过电极及其邻接的溶液。按其电解方式的不同,又可分为半无限扩散(a)和薄层耗竭性电解(b)。光反射法按其反射方式的不同,分为全内反射(c)和镜面反射(d)两种。前者是入射光束通过电极的背面射到电极和溶液的界面,当其入射角刚大于临界角时,产生光谱全反射;后者是入射光从溶液侧面射向电极表面。

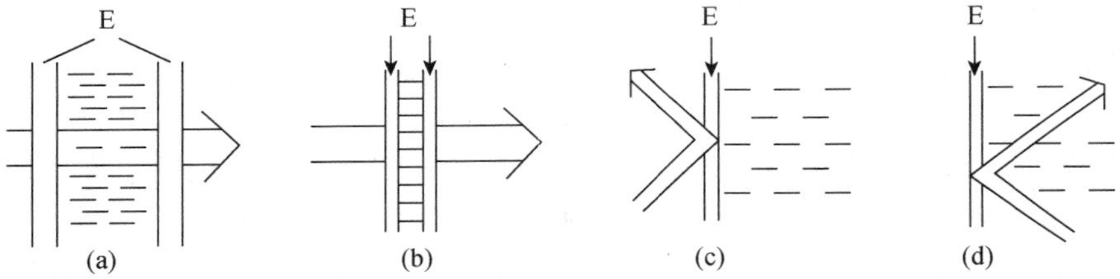

图 14.20　光谱电化学方法的类型

(a),(b)—光透射法　(c),(d)—光反射法　E—电极

14.5.2　光谱电化学的应用

光谱电化学是研究电极反应机理的很好手段,如测定 $E^{\ominus\prime}$ 和 z。薄层光谱电化学能借控制电位而快速准确地调整小体积中氧化态和还原态的浓度比,而且用光谱的方法能很好地测定。电解开始很短时间内(一般≤60 s)就可达到

$$\left(\frac{[\mathrm{O}]}{[\mathrm{R}]}\right)_{\text{表面}} = \left(\frac{[\mathrm{O}]}{[\mathrm{R}]}\right)_{\text{溶液}} \tag{14.20}$$

根据 Nernst 方程

$$E = E' + \frac{RT}{zF}\ln\left(\frac{[\mathrm{O}]}{[\mathrm{R}]}\right)_{\text{表面}} \tag{14.21}$$

从不同的[O]/[R]比值对应的 E 作图得直线,可以从截距求得 E',从斜率中求 z。

邻二甲基二氨基联苯(OTLD)在+0.80 V 和+0.40 V 间,出现一清晰的氧化还原波。当外加电压由+0.40 V 向正方向扫描,每改变一次电压并待平衡后记录一次吸收光谱,求得吸光度

A。当电压为+0.40 V 时,[O]/[R]<0.001,为完全还原态的吸光度 A_1;当电压为+0.80 V 时,[O]/[R]>1000,为完全氧化态的吸光度 A_3,则

$$\left(\frac{[\mathrm{O}]}{[\mathrm{R}]}\right)=\left(\frac{A_2-A_1}{\varepsilon l}\right)\Big/\left(\frac{A_3-A_2}{\varepsilon l}\right)=\frac{A_2-A_1}{A_3-A_2} \tag{14.22}$$

式中:A_2 为氧化态和还原态混合物的吸光度,ε 是 OTLD 的摩尔吸光系数,l 为光程。

由 E 对 $\lg\frac{[\mathrm{O}]}{[\mathrm{R}]}$,即 E 对 $\lg\frac{A_2-A_1}{A_3-A_2}$作图。如图 14.21,得一直线。由其斜率可求得 z,由截距求得 E'。上述体系在 25℃时,斜率为 30.8,求出 $z=1.92\approx2$,即 2 个电子反应,截距为 0.612 V(vs. SCE),相当于 $E'=0.854$ V(vs. SHE)。

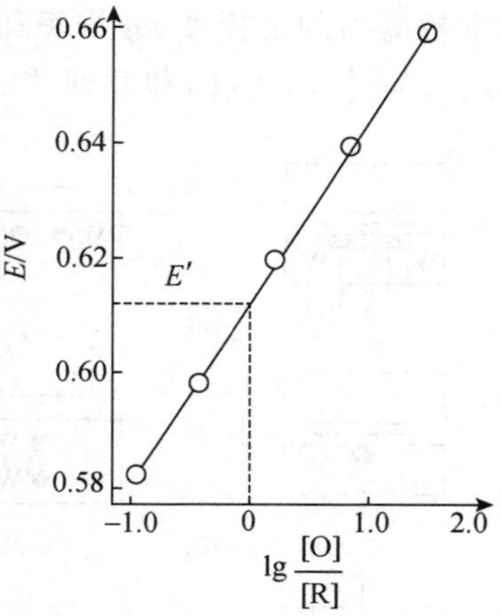

图 14-21　电极电位 E 与 $\lg\frac{[\mathrm{O}]}{[\mathrm{R}]}$ 的关系图

除了紫外可见光谱和电化学的联用,红外和拉曼光谱都可以与电化学联用。通过电极反应过程中电信号和光信号的同时测定,可以研究电极反应机理、电极表面特性,鉴定参与反应的中间体和产物性质,测定电子转移数、电极反应速率常数和扩散系数等。

14.6　色谱电化学法

神经递质、天然组分的分离与分析是当前分析化学的研究热点,而色谱电化学因其把色谱的高分辨率和电化学检测的高灵敏性相结合,而成为目前神经递质和天然组分痕量分离分析的一个重要手段。电化学检测器选择性好、灵敏度高,它的死体积小,响应速率快且具有线性,而且造价较低,被广泛地应用于临床检验、生化及药物分析中。

电化学安培型检测器通常是将工作电极的电位控制在一定值,通过检测被测化合物产生的电流来判断被测物的流出时间,其定量基础是峰电流的大小(或峰面积)与该化合物的浓度呈正比。目前最常用的有 3 种安培型电化学检测器:薄层式(a)、管式(b)和喷壁式(c),其结构如图 14.22 所示。在薄层式电化学检测器中,进入检测器后流出液是沿平行于电极表面的方向流过的;在管式检测器中,采用的是一个开口的管子作为工作电极,溶液从管中流过;而在喷壁式检测器中,溶液的流向为垂直于电极表面。

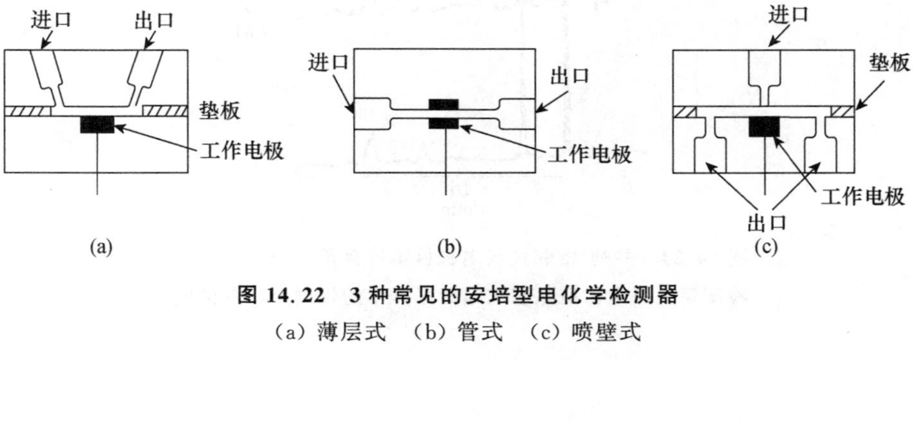

图 14.22　3 种常见的安培型电化学检测器

(a) 薄层式　(b) 管式　(c) 喷壁式

对于组分复杂的体系，如生物样品和医学临床检验等，采用多个工作电极可以提高电化学检测器的选择性、分辨率和灵敏度。对于双电极检测器，主要有如下 3 种形式：串列式(a)、并列-相邻式(b)和并列-相对式(c)，其结构如图 14.23 所示。并列-相邻式或并列-相对式双电极检测比单电极具有更大的检测范围。若被测物在电极上经氧化还原后，其产物在另一电极上具有更好的选择性和灵敏度时，则选用串列式双电极检测为最佳。

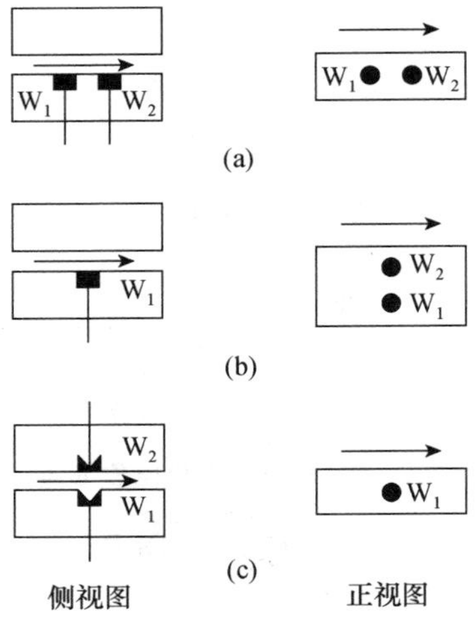

图 14.23　双电极检测器的 3 种基本类型

(a) 串列式　(b) 并列-相邻式

(c) 并列-相对式

在定量分析方面，并列-相邻式双电极检测比单电极具有更大的优越性：

(i) 当样品溶液中同时存在难氧化或还原的物质和易氧化或还原的物质时，前者必须采用高电位测定，而后者可同时用低电位进行分析。

(ii) 当样品中含有多组分且各组分间的氧化还原电位接近时，可在两个电极上施加适当的电位，记录两个电位下的示差色谱图，以增加检测器对组分的选择性。

(iii) 当样品中同时含有可氧化及可还原物质时，可分别在两个电极上施加电位，从而可同时得到氧化和还原两个色谱图。

图 14.24 中给出的是用并列-相邻式双电极检测器采用高低电位方式检测服用乙酰氨基苯酚后病人尿样中的代谢产物。

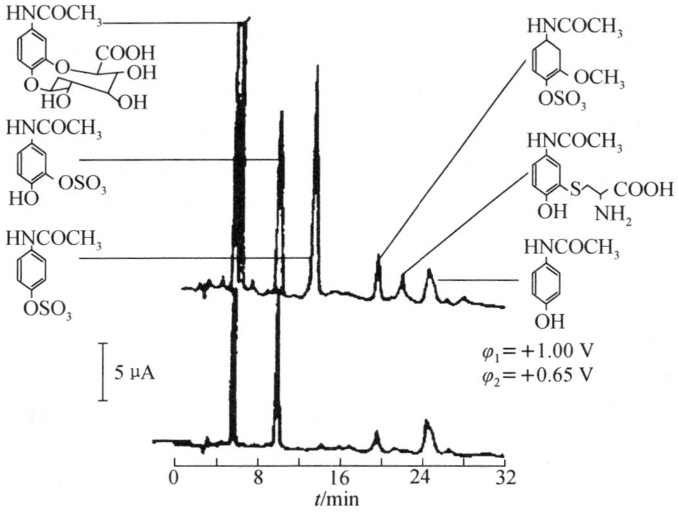

图 14.24　并列-相邻式双电极检测器采用高低电位方式检测病人服用乙酰氨基苯酚后尿样中的代谢产物色谱图

14.7　扫描隧道电化学显微技术

20 世纪 80 年代初期，扫描隧道显微技术(scanning tunnelling microscopy，STM)问世。以后仅十多年，以 STM 为代表的扫描探针显微技术迅速发展，应用也迅速拓展到包括材料、化学、生物等各个领域。STM 的基本原理是量子理论中的隧道效应，即将原子级的极细的探针和被测研究物质的表面作为两个电极，当样品与针尖间的距离非常接近时(一般小于 1 nm)，在外加电场的作用下，电子会穿过两电极间的势垒流向另一电极，这就是隧道效应。隧道电流 I_t 表示为

$$I_t \propto \exp[(-4s\pi/h)(2m_e\varphi)^{1/2}] \tag{14.23}$$

式中：s 为针尖与样品间的距离，h 是 Planck 常数，m_e 是电子质量，φ 为功函数。从式(14.23)不难看出，若 s 减小 1 nm，隧道电流将增加一个数量级。因此 STM 具有很高的分辨率。

STM 的早期研究工作主要集中于大气和真空中，但对于化学家来说，在水溶液中进行 STM 的研究将更有实用意义。20 世纪 90 年代初期，在众多电化学家的不断努力下终于诞生了一门可用于化学反应溶液(包括水溶液和非水溶液)中的新技术——电化学 STM。电化学 STM 的特点是可以于溶液中工作，并可从原子、分子层次上研究物质的电子传递过程。它是在普通 STM 的基础上，增加了电化学电位控制系统，其结构如图 14.25 所示。再加上强大的计算机软件系统，用电化学 STM 可连续获得一些溶液电化学及形貌信息，如电极表面的微结构、物质吸附及反应等。

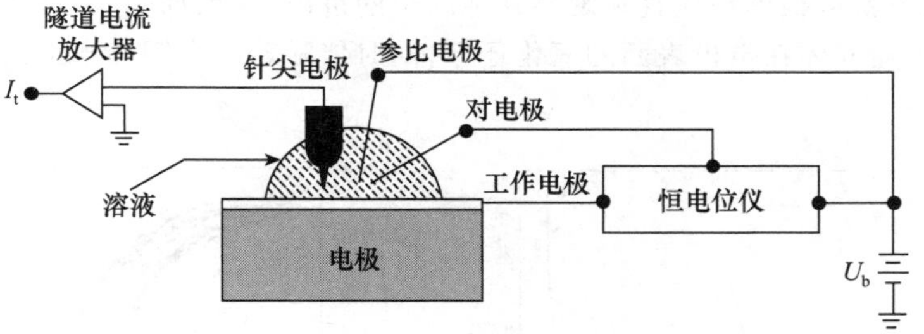

图 14.25　现场电化学扫描隧道显微技术示意图

电化学 STM 在生命科学中的应用引人注目，它可获得分子、超分子和亚细胞水平的生物样品(包括 DNA、氨基酸、蛋白质和酶等)的结构图像及其电子传递信息。图 14.26 给出了在不同电位下 DNA 在金电极表面上的电化学 STM 形貌。

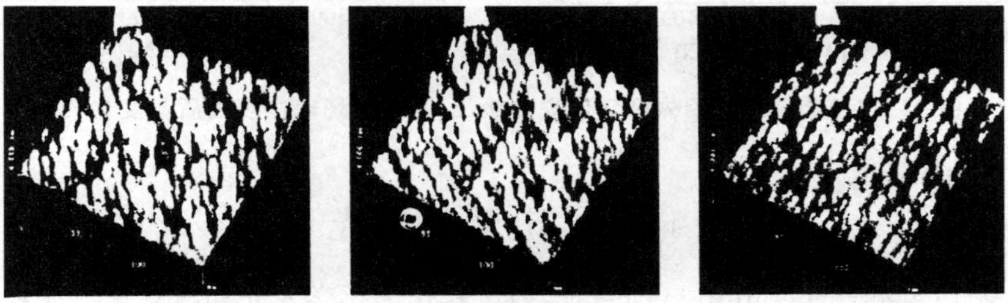

(a) −300 mV　(b) 300 mV　(c) 600 mV

图 14.26　不同电位下 DNA 在金电极表面上的电化学 STM 形貌

14.8 电化学石英晶体振荡微天平

电化学石英晶体振荡微天平是一种非常灵敏的质量检测器，检测灵敏度可达 ng 级。其基本原理是把石英晶体薄片放在两电极中间，构成一个晶体振荡器，通过测量其振荡频率的变化来表征电极表面物质质量的变化。晶体振荡频率的变化与电极表面物质质量的变化之间存在着如下线性关系

$$\Delta f = \frac{2f_{\circ}^{2}}{\sqrt{\rho_{q}\mu_{q}}}\frac{\Delta m}{A} \tag{14.24}$$

式中：Δf 为频率移动，Δm 为质量变化，$f_{\circ}$ 为石英晶体的固有频率，ρ_{q} 为石英晶体密度，μ_{q} 为剪切模量，A 为电极面积。从上述关系可以看出，电极表面上一个微小的质量变化，就可引起振荡器频率的移动。一般情况下，电化学石英晶体振荡微天平可现场检测出 1 ng · cm^{-2} 的质量变化。它可广泛地用于成核与晶体生长、金属电沉积与腐蚀、吸附与脱附、掺杂与掺杂反应等基本电化学行为的研究。

例如：在氯化钾溶液中，普鲁士蓝固体在电极表面存在着如下电极反应

$$\{KFe^{3+}[Fe^{2+}(CN)_6]\}_s + e + [K^+]_{aq} \longrightarrow \{K_2Fe^{2+}[Fe^{2+}(CN)_6]\}_s$$

其循环伏安曲线如图 14.27(a)所示。普鲁士蓝在得到一个电子的同时，为保持电荷平衡，必须有一个钾离子参加电极反应，并从溶液中进入普鲁士蓝晶胞中。对于上述固体电化学反应，在较早的研究中，由于研究手段的限制，很难用实验直观观察到钾离子的进出。但用电化学石英晶体振荡微天平就可很容易地直观观察到钾离子的进出，结果如图 14.27(b)所示。从图中不难发现，普鲁士蓝固体在电极表面的氧化还原，同时伴随着一个钾离子进出普鲁士蓝晶胞的过程。

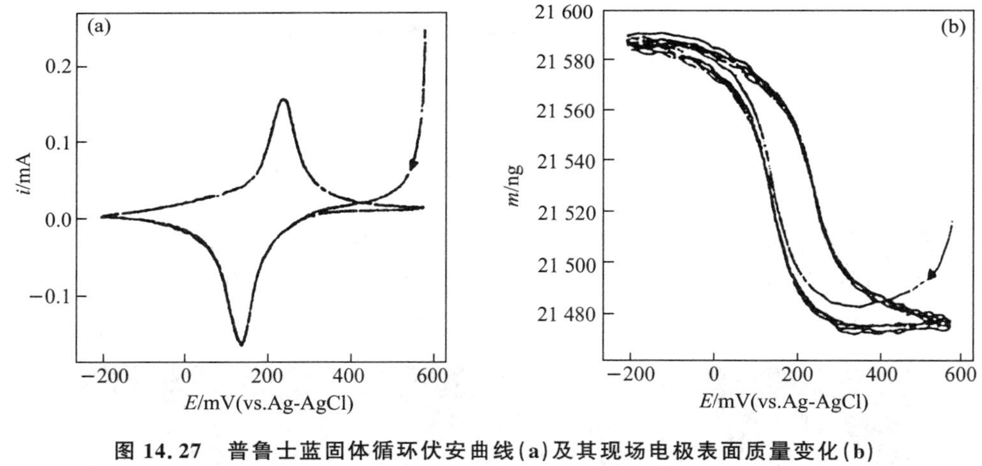

图 14.27 普鲁士蓝固体循环伏安曲线(a)及其现场电极表面质量变化(b)

14.9 电化学发光

电化学发光(electrochemiluminescence，ECL)，作为化学发光和电化学方法相互结合的产物，由于其所具有的高灵敏度和高选择性而引起了人们极大的研究兴趣。电化学发光是指通过电化学方法产生一些物质，这些电生的物质之间或电生物质与其他物质之间进一步反应而

产生的一种发光现象。即通过在电极上施加一定的电压或电流，引发电化学反应，其释放的能量将基态分子激发为激发态，而当激发态发光体返回基态时便产生光发射，从而可以根据光发射强度来实现对待测物的分析。电化学发光不仅保留了化学发光的优点，同时还有许多化学发光无法比拟的优点，如重现性好、试剂稳定、控制容易和一些试剂可以重复使用等，广泛地应用于生物、医学、药学、临床、环境、食品和免疫分析等领域。尤其是近些年将电化学发光和免疫分析相结合建立的电化学发光免疫分析，是目前最先进的标记免疫测定技术之一，已获得广泛应用。感兴趣的可查阅相关文献和书籍。

参 考 资 料

[1] 高小霞等. 电分析化学导论. 北京：科学出版社，1986.

[2] 朱明华，施文赵. 近代分析化学. 北京：高等教育出版社，1991.

[3] 金利通，仝威，徐金瑞，方禹之. 化学修饰电极. 上海：华东师范大学出版社，1992.

[4] 蒲国刚，袁倬斌，吴守国. 电分析化学. 合肥：中国科学技术大学出版社，1993.

[5] 李启隆. 电分析化学. 北京：北京师范大学出版社，1995.

[6] 汪尔康. 21 世纪的分析化学. 北京：科学出版社，1999.

[7] 董绍俊. 化学修饰电极(修改版). 北京：科学出版社，2003.

[8] Bard A J，Faulkner L R 著；邵元华，朱果逸，董献堆，张柏林译. 电化学方法原理和应用(第二版). 北京：化学工业出版社，2005.

[9] 李克安主编. 分析化学教程. 北京：北京大学出版社，2005.

[10] Heinze J. Angew. Chem. Int. Ed.，1993，32，1268—1288.

[11] Christos K，Anastasios E，Mamas I P. Trends in Analytical Chemistry，2016，79，88—105.

[12] Luo H，Shi Z，Li N，Gu Z，Zhuang Q. Anal. Chem. 2001，73，915—920.

[13] 吕紫玲，董绍俊. 化学学报，1988，44，32—38.

思考题与习题

14.1 电解质溶液导电和金属导电有什么不同？

14.2 测量溶液电导，为什么使用交流电源为好？

14.3 无限稀释情况下的离子摩尔电导率的含义是什么？如何求得？

14.4 用某一电导电极插入 0.0100 $mol \cdot L^{-1}$ KCl 溶液中，在 25℃时，用电桥法测得其电阻为 112.3 Ω。用该电极插入同浓度的某溶液中，测得电阻为 2184 Ω。试计算：

(1) 电导池常数；

(2) 该溶液的电导率；

(3) 该溶液的摩尔电导率(假定 $z=1$)。

14.5 什么是计时分析法？它由哪些方法组成？各自的特点又是什么？

14.6 计时电位法的定量、定性分析的依据是什么？

14.7 如何利用计时电量法求 A、Do 和 z？若反应物有吸附时，吸附量 Γ 又如何求得？

14.8 什么是化学修饰电极？如何进行修饰？

14.9 化学修饰电极有何特点？它们在电分析化学中有何应用？

14.10 请将微电极和常规电极作一比较，说明微电极的特点？它能应用于分析化学哪些领域？

14.11 光谱电化学是如何将光谱与电化学的技术结合在一起的？

14.12 电化学用于活体检测的有利条件是什么？

14.13 什么是电化学免疫法？什么是生物电化学传感器？

14.14 简述扫描隧道电化学显微技术的工作原理，并说明它的应用范围是什么？

14.15 简述电化学石英晶体振荡微天平的工作原理，并说明它的应用范围是什么？

14.16 色谱电化学检测的特点是什么？

分离分析篇

第 15 章　色谱法与毛细管电泳法引论

15.1　概　　述

15.1.1　色谱法与毛细管电泳法的发展

色谱法(chromatography)作为一种分析技术和方法已有 100 多年的历史了，它广泛用于复杂混合物的分离和分析。色谱法是利用被研究物质组分在两相(流动相和固定相)间分配系数的差异，当样品随流动相经过固定相时，其组分就在两相间经过反复多次的分配或吸附/解吸，最终实现分离。

色谱法是俄国植物学家茨维特(Mikhail S. Tswett)在 1901 年首先发现的。他在日内瓦大学研究植物叶子的成分时，将植物叶子的石油醚提取物加在装有碳酸钙吸附剂(固定相)的玻璃管(色谱柱)上部，然后加入石油醚溶剂(流动相)从上往下淋洗。结果看到了不同颜色的谱带。1903 年 3 月，茨维特在华沙大学的一次学术会议上发表了有关结果，标志着色谱法的诞生。也有人认为茨维特在 1906 年发表的德文论文中提出 chromatographie 才是色谱问世的标志。在希腊文中，chroma 意为"颜色"，graphein 意为"谱写"。

茨维特当时研究的是液相色谱(liquid chromatography，LC)分离技术(即经典色谱方法)。事实上，在色谱法出现后的最初 30 年，因种种原因它并没有受到重视。直到 1931 年，德国人 Kuhn 和 Lederer 采用色谱方法分离了 α-、β-和 γ-胡萝卜素，才使色谱获得了新生。此后十多年，LC 成了分离复杂天然样品的最受欢迎的技术，化学家用色谱方法实现了很多混合物的分离，取得了不少重要的成就。正如 1937 年诺贝尔化学奖得主、著名有机化学家 Paul Karrer 所讲："没有其他的发现像茨维特的色谱吸附分析法那样对广大有机化学家的研究领域产生过如此重大的影响。如果没有这种新的方法，维生素、激素、类胡萝卜素和众多的其他天然化合物的研究就不可能得到如此迅速的发展，它使人们发现了许多自然界中密切相关的化合物"。由此可见色谱对整个化学乃至整个自然科学的发展是何等重要了。值得一提的还有色谱的姐妹技术电泳，在 20 世纪 30 年代也获得了突破性进展，瑞典科学家 Tiselius 在 1937 年研究出了用于蛋白质分离的电泳装置，他因此而获得了 1948 年的诺贝尔化学奖。

在色谱发展史上占有重要地位的还有英国人马丁(Archer J. P. Martin)和辛格(Richard L. M. Synge)，他们在 20 世纪 40 年代初研究了液液分配色谱的理论与实践，并论证了气体作为色谱流动相的可行性。到 1952 年，他们便发表了第一篇气相色谱(gas chromatography，GC)论文。与此巧合的是，这二位科学家获得了当年的诺贝尔化学奖。尽管获奖成果是他们对分配色谱理论的贡献，但也有后人误认为他们是因 GC 而获奖的。

虽然 GC 的出现较 LC 晚了 50 年，但其在此后 20 多年的发展却是 LC 所望尘莫及的。从 1955 年第一台商品 GC 仪器的推出，到 1958 年毛细管 GC 柱的问世，GC 很快从实验室的研究技术变成了常规分析手段。直到 20 世纪 60 年代末高效液相色谱(high performance liquid chromatography，HPLC)(即现代液相色谱)的成功应用才改变了这一发展格局。1970 年以来，随着生命科学和制药工业的迅猛发展，特别是计算机技术的发展，使得包括 GC、HPLC、超临界流体色谱(superfluid chromatography，SFC)等分支的色谱技术如虎添翼，1979 年弹性石英毛细管柱的出现更使 GC 备受瞻目。而 20 世纪 90 年代迅速兴起的生物技术，又使 HPLC 发挥了并将继续发挥重要的作用，以至 21 世纪初出现了超高效液相色谱(UHPLC)。与此同时，毛细管电泳(capillary electrophoresis，CE)技术从 20 世纪 80 年代以来得到了飞速的发展，毛细管区带电泳(CZE)、毛细管凝胶电泳(CGE)、毛细管等电聚焦(CIEF)、毛细管等速电泳(CITP)、胶束电动毛细管色谱(MEKC)和毛细管电色谱(CEC)等 CE 分离模式得到了越来越广泛的应用。这些既是高科技发展的结果，又是现代工农业生产的要求所使然。反过来，色谱技术又大大促进了现代社会物质文明的发展。可以这么说，在现代社会的方方面面，色谱技术均发挥着重要的作用。从日常生活中的食品和化妆品，到各种化工生产的工艺控制和产品质量检验，从司法检验中的物证鉴定，到地质勘探中的油气田寻找，从疾病诊断、药物分析，到考古发掘、环境保护，色谱无疑是应用最为广泛的仪器分析技术。

在仪器分析方法中，色谱法以其能同时进行分离和分析的特点而区别于其他方法。特别是对复杂的样品、多组分混合物的分离，色谱的优势是明显的。当然，就色谱法本身来说，其定性鉴定能力相对薄弱一些。它可以将有成百上千种组分的混合物分离，但却难以确定每种组分的结构，故需要其他结构鉴定方法，如质谱(MS)、傅里叶变换红外光谱(FTIR)、核磁共振波谱(NMR)等来作为色谱的检测技术。对很多实际问题的解决，不能仅靠一种仪器方法，而是需要多种方法相互配合，相互印证。多种在线联用方法，如 GC-MS、GC-FTIR、LC-MS、LC-NMR 等都是强有力的分离分析方法。

15.1.2　色谱法与毛细管电泳法的分类与比较

1. 色谱法与毛细管电泳法的分类

色谱法的分类方法有多种，下面就主要的几种作一介绍：

(i) 按照分离机理可分为吸附色谱、分配色谱、离子色谱(IC)、排阻色谱(SEC)、络合色谱和亲和色谱等。吸附色谱包括气-固色谱(GSC)和液-固色谱(LSC)，分配色谱有气-液色谱(GLC)和液-液色谱(LLC)，IC 有离子交换色谱、离子排斥色谱和离子对色谱，SEC 则包括凝胶渗透色谱(GPC)和凝胶过滤色谱(GFC)。需要指出，大部分色谱过程并不是仅有一种分离机理起作用，而是两种或多种机理共同作用的结果。因此，上述分类方法只是基于分离过程中起主导作用的机理，或者说是被分析物与流动相和固定相的主要相互作用。

(ii) 按照分离介质的几何形状可分为柱色谱和平面色谱。前者有气相色谱(GC)和液相色谱(LC)，后者主要指薄层色谱(TLC)和纸色谱(PC)。按照色谱柱的类型又可分为填充柱色谱和开管柱色谱；LC 还可按发展过程分为经典液相色谱和现代(高效)液相色谱(HPLC)。

(iii) 按照流动相的物理状态可分为气相色谱(GC)、液相色谱(LC)和超临界流体色谱(SFC)。如果考虑到固定相的物理状态，就可继续细分为各种色谱分支。图 15.1 概括了这些色谱分类方法。

电泳也是一种分离分析方法，特别是近 30 多年来发展起来的 CE。尽管在分离机理上电泳与色谱常常是不同的，但二者又是密切关联的。比如胶束电动色谱(MEKC)、微乳电动色谱(MEEKC)和毛细管电色谱(CEC)就是色谱与电泳相结合的产物。所以，习惯上人们将色谱和电泳看作是同一类分析技术。

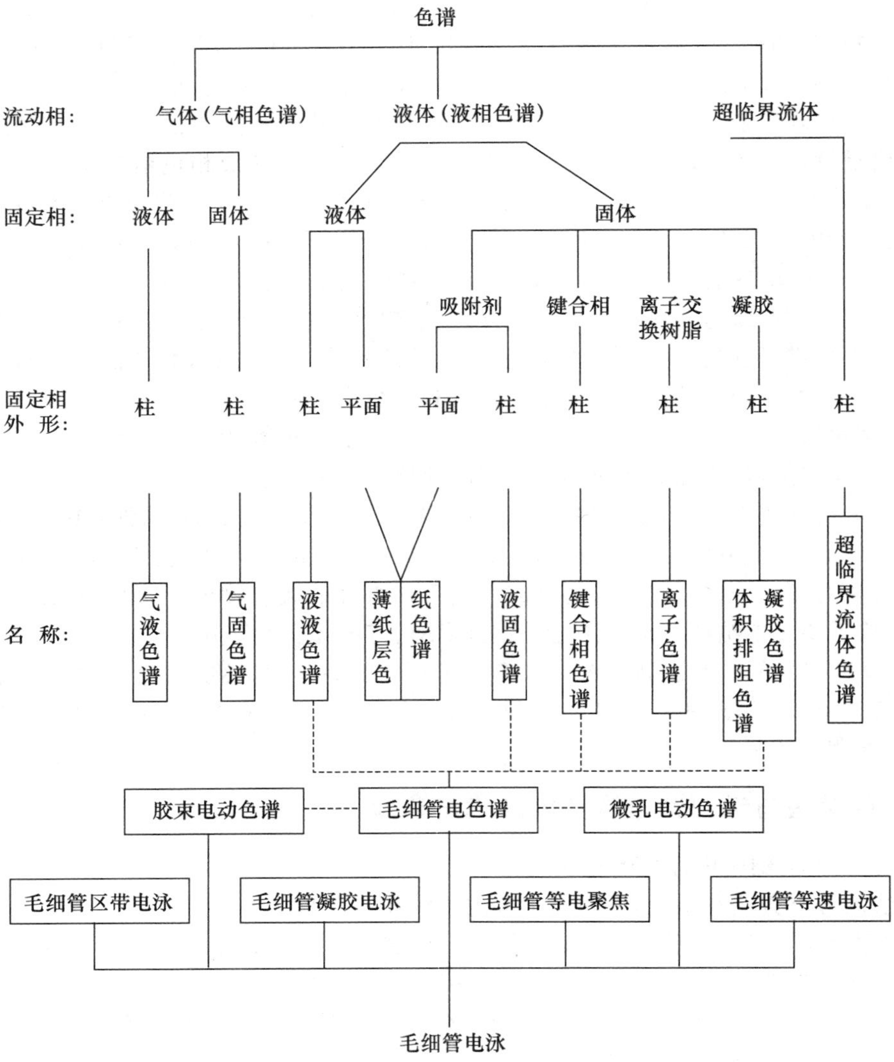

图 15.1　色谱和毛细管电泳的分类图示

2. 色谱法与毛细管电泳法的比较

(1) 不同色谱方法的比较

(i) 流动相

GC 用气体作流动相,又叫载气,常用氦气、氮气和氢气。与 LC 相比,GC 流动相的种类少,可选择范围小,载气的主要作用是将样品带入 GC 系统进行分离,其本身对分离结果的影响很有限。而在 LC 中,液体流动相或洗脱剂的种类较多,且对分离结果的贡献很大。此外,GC 载气的成本要低于 LC 流动相的成本。SFC 使用处于临界温度和临界压力条件(或更高压力条件)下的流体,即所谓超临界流体作为流动相,分析速度快,成本介于 GC 和 LC 之间。在色谱方法中,驱动流动相通过色谱柱的动力都是压力,GC 为高压气体,HPLC 和 SFC 为高压输液泵。

(ii) 固定相

因为 GC 的载气种类相对少，故其分离选择性主要通过不同的固定相来改变，尤其在填充柱 GC 中，固定相常由载体和涂敷在其表面的固定液组成，这对分离有决定性的影响，所以，导致了种类繁多的 GC 固定相的开发研究。而 LC 在很大程度上要靠选用不同的流动相来改变分离选择性。当然，毛细管 GC 常用的固定相也不过十几种。SFC 的固定相类似于 GC。

(iii) 分析对象

GC 所能直接分离的样品应是可挥发、且是热稳定的，沸点一般不超过 500℃。据有关统计，在目前已知的化合物中，有 15%～20% 可用 GC 直接分析，其余原则上均可用 LC 分析。需要指出，有些样品虽然不能用 GC 直接分析，通过衍生化处理或特殊的进样技术，如顶空进样和裂解进样，也可用 GC 间接分析。比如高分子材料的裂解色谱(Py-GC)就是如此。这在一定程度上扩大了 GC 分析对象的范围。此外，GC 比 LC 更适合于永久气体的分析。SFC 在理论上讲既可以分析 GC 的分析对象，也可以分析 LC 的分析对象，但由于适合作 SFC 流动相的超临界流体种类有限，故应用受到了一定的限制。

(iv) 检测技术

GC 常用的检测技术有多种，比如热导检测器(TCD)、火焰离子化检测器(FID)、电子俘获检测器(ECD)、氮磷检测器(NPD，又叫热离子检测器，TID)等，其中 FID 对大部分有机化合物均有响应，且灵敏度相当高，最小检测限可达 ng 级。而在 LC 中尚无通用性这么好的高灵敏度检测器。商品 LC 仪器常配的就是紫外-可见光吸收检测器(UV)和示差折光检测器(RI)。前者的通用性远不及 GC 中的 FID，后者的灵敏度又较低，且不适于梯度洗脱。当然，不论 GC 还是 LC，都有一些高灵敏度的选择性检测器，GC 有 ECD 和 NPD 等，LC 则有荧光和电化学检测器。较为理想的检测器应该首推 MS，但在这一点上，GC 目前要优于 LC。因为 GC 流动相的特点，它与 MS 的在线联用已不存在任何问题，特别是毛细管 GC 与 MS 的联用(GC-MS)已成了常规分析方法，而 LC-MS 也在快速发展。SFC 可以采用 GC 和 LC 的检测器。目前使用最多的是 GC 的离子化检测器，包括 MS。

(v) 制备分离

在新产品研究开发过程中，或在未知物的定性鉴定工作中，常需要收集色谱分离后的组分作进一步的分析，而某些高纯度的生化试剂和药物则是直接用色谱分离来制备的。就这一点而言，GC 和 SFC 在原理上应该是有优势的，因为收集流分后载气很容易除去。然而，由于 GC 的柱容量远不及 LC，用 GC 作制备是相当费时的。因此，制备 GC 的实用价值很有限。制备 LC 则有很广泛的应用。如果必须用 GC 实现制备分离，还是可以用尺寸较大的填充柱来进行。SFC 在制备方面介于 GC 和 HPLC 之间。

(2) 色谱与毛细管电泳的比较

色谱和电泳的分离机理有所不同，但分离过程却很相似，都是被分析物谱带在分离介质中的差速运动过程。在仪器构成方面两者也类似，都有进样装置、分离介质、检测器和数据处理部分。所以电泳和色谱中的一些基本术语和概念是互通的，理论处理的基础也有类似之处。然而，它们之间的区别也是明显的。

(i) 分离机理

色谱主要依据化合物在固定相和流动相之间的分配或吸附差异实现分离的，而电泳则是依据带电组分在电场中的差速迁移实现分离的。MEKC、MEEKC 和 CEC 则是电泳和分配色谱机理的结合。

(ii) 流动相的驱动力

色谱流动相的驱动力是压力，而电泳的驱动力则是电场力，更具体地说是电渗流驱动背景电解质带动被分析物通过分离介质。

(iii) 检测方式

色谱多用在线检测方法，即被分析化合物从色谱柱流出后直接进入检测器进行检测。但CE 多用柱上检测方法，即分离介质(毛细管)的一部分作为光学检测器的检测池，这样，由于柱外效应的减小，提高了 CE 的分离效率。

15.2 柱层析和平面色谱法

15.2.1 引言

色谱法有经典色谱法和现代色谱法之分，所谓经典色谱法是相对于现代色谱法而言的，主要是指高效液相色谱(HPLC)出现以前的常压液相色谱技术，包括经典柱色谱和常规薄层色谱以及纸色谱。因为 HPLC 和 GC 也都是柱色谱，我们这里将经典柱色谱称为柱层析。虽然这些技术在今天的分析化学中已经较少用于纯粹的分析目的，但在样品制备、纯化以及实验条件筛选中仍然发挥着一定的作用，特别是薄层色谱法在有机合成、化学工业、药物筛选、临床检验和生化分析等领域，常常作为初始分离分析的手段，仍然有着非常广泛的应用。因此，我们在讲述现代色谱法之前，首先简要介绍经典色谱法。

15.2.2 柱层析

1. 柱层析的基本原理

柱层析是指以制备或半制备为目的的色谱分离方法，一般是在柱状的固定相(层析柱)上加入待分离的样品，然后用流动相淋洗，根据样品组分与固定相及流动相的作用力不同，在通过层析柱的过程中，不同的组分得到了分离。这里采用层析而不是色谱的概念主要为了与现代色谱区别，其实层析或色谱均来自“Chromatography”，最早的中文译名多用层析。层析的分离原理可以是吸附、分配、离子交换或体积排阻作用，主要取决于所用固定相。历史上使用最多的是吸附剂，如硅胶、活性炭、氧化铝等。当使用离子交换树脂做固定相时，分离主要基于离子交换机理；而当使用凝胶时，主要是体积排阻作用。近年来，硅胶键合相填料的使用越来越普遍，它主要是基于分配的机理。

根据柱压力降的大小，柱层析可以分为低压层析和中压层析。前者采用粒度较大(粒径 100 μm 左右)的填料，流动相主要靠重力作用通过层析柱，操作简单，成本低，但分离效率有限；后者采用 40 μm 左右的填料，需要输液泵推动流动相通过层析柱，分离效率较高，但设备较复杂。至于采用粒径 10 μm 左右填料的高压柱层析，则与现代液相色谱非常接近了。因此，柱层析的操作条件如固定相的选择、流动相的性质和流速等也都与现代液相色谱类似，我们将在现代液相色谱部分进行讨论，此处不再详述。

2. 柱层析的设备

用于柱层析的设备主要包括用于输送流动相(淋洗液或洗脱液)的装置、层析柱、检测器和收集装置,如图 15.2 所示。输液设备多用价廉的蠕动泵,也可用低压活塞泵。层析柱材料多用玻璃,也可用不锈钢。柱尺寸则依据制备规模的大小而定。为色谱分析进行样品制备时,可用一个小的滴管(长 20 cm 左右,内径 4 mm 左右),其中装填上合适的填料,便可作为层析柱使用;在有机合成中纯化产物时可用直径 5 mm 左右、长度 1 m 的玻璃管;在大规模制备时(如制药厂的生产),甚至可以采用直径 1 m 以上的不锈钢管。检测设备主要是为收集指示时间,可用紫外-可见分光光度计或者折光指数检测器(详细讨论见现代液相色谱部分)。当发现被分离组分流出层析柱时,便可开始收集。

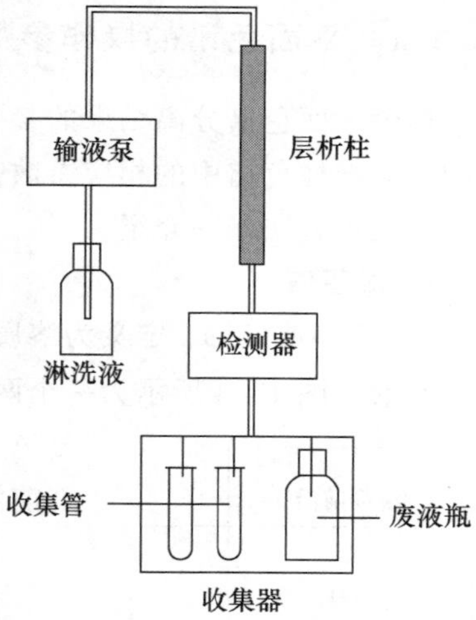

图 15.2　柱层析的设备示意图

用于收集被分离组分的设备叫馏分收集器。根据仪器的自动化程度,可以用普通试管手工收集,也可以用自动馏分收集器通过计算机控制进行自动收集。总之,柱层析的设备有很大的选择范围,手工操作仪器简单,设备成本低,但费时,效率也低。自动化仪器设备成本高,但效率也高。

柱层析应用中上样量是一个非常重要的参数,它关系到制备工作的效率。上样量实际上取决于柱容量,详细讨论见色谱基本理论部分。在制备层析中,采用的上样量常常要超过柱容量,目的是以牺牲一定的分离效率为代价,获得较高的制备效率(单位时间内获得的制备量)。

15.2.3　平面色谱法的分类

平面色谱是相对于柱色谱的概念,它包含固定相的几何形状为平面的薄层色谱(TLC)和纸色谱(PC),前者采用涂布在惰性板(如玻璃)上的多孔固体吸附剂为固定相,后者则是采用纸上吸附的水为固定相。平面色谱的规模可以是分析型,也可以是半制备和制备型(含半制备型)。平面形状的固定相有几个优点,比如操作简单、应用灵活、同时可以平行分析多个样品、展开方式多种多样,还可以采用各种选择性检测方法。缺点是影响分析结果的因素很多,故需要有丰富的经验和高的操作技巧。由于实际分析中纸色谱的应用已经很少,而且纸色谱的操作技术与 TLC 非常接近,故下面的讨论主要以 TLC 为对象。

在 TLC 中,如果流动相的驱动力仅为吸附剂的毛细管作用,则叫经典 TLC;如果采用了外力,则称为强制流薄层色谱(FFTLC)。还有一个概念是高效薄层色谱(HPTLC),它是相对于经典 TLC 而言的,通常是指吸附剂粒度较小的 TLC,但两者之间没有明确的分界线。在 FFTLC 中,使用气体压力的称为超压薄层色谱(OTLC),使用电场力的叫高速薄层色谱(HSTLC),而采用离心力的就是离心薄层色谱(CTLC)或旋转薄层色谱(RTLC)。

根据分离机理,TLC 可以分为分配、吸附、离子交换和体积排阻几种类型。根据固定相和流动相的相对极性,有正相薄层色谱(吸附剂的极性大于洗脱液的极性)和反相薄层色谱(吸附剂的极性小于洗脱液的极性)之分。正相薄层色谱主要依据吸附机理分离,而反相薄层色谱则多是分配机理。当然,依据机理的分类方法不是绝对的,一个分离过程常常是几种机理的结合,只是在特定的条件下,某一种机理起主导作用而已。

根据仪器操作的自动化程度又可分为在线分析和离线分析两类。前者的点样、展开、溶剂挥发、收集和检测等主要操作步骤均可由仪器自动完成;后者则主要是手工一步步完成。最后还可依据分离的目的将 TLC 分为分析型和制备型。

15.2.4 平面色谱的操作参数

评价平面色谱分离结果的参数主要有保留值、容量因子、分离度、理论塔板数等。这些参数的意义与柱色谱中的相应参数完全相同,请参阅现代色谱基本理论部分,这里只就平面色谱的特殊表示方法作一介绍。

1. 保留值

(i) 比移值(R_f):定义为溶质移动距离与流动相前沿移动距离之比,这是平面色谱的基本定性参数。图 15.3 所示为一个两组分混合物展开后得到的色谱图,点样位置为原点,其中组分 A 移动到板的中间,移动距离为 a,组分 B 的移动距离为 b,溶剂前沿的移动距离为 c。那么,组分 A 和 B 的比移值就可表示为

$$R_f(A)=a/c,\quad R_f(B)=b/c \tag{15.1}$$

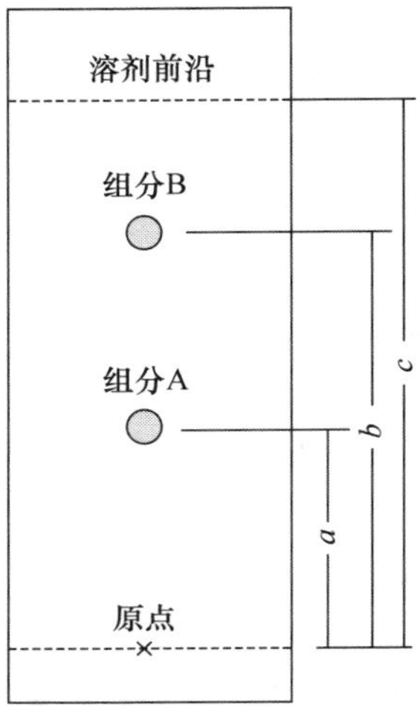

图 15.3 平面色谱示意图

显然,当 R_f 值为 0 时,表示组分留在原点未被展开;当 R_f 值为 1 时,组分不被固定相保留,而随溶剂前沿移动。因此,平面色谱的 R_f 值总是在 0 到 1 之间。

(ii) 高比移值(hR_f):为了避免 R_f 值为小数,有些文献采用高比移值代替 R_f

$$hR_f=100R_f \tag{15.2}$$

(iii) 相对比移值($R_{i,s}$):因为影响平面色谱分离的因素很多,故用不同的薄层板(固定相相同)展开时,同一组分的 R_f 或 hR_f 的重现性往往较差。为了提高定性鉴定的可靠性,有必要在分析样品时,在同一薄板上点一个参比样,并在相同条件下展开。然后计算样品组分与参比物的比移值之比,这就叫相对比移植。如果图 15.3 中的组分 B 是参比物,则组分 A 的相对比移值($R_{i,s}$)可以表示为

$$R_{i,s(A)}=R_{f(A)}/R_{f(B)} \tag{15.3}$$

由于参比物与样品在完全相同的条件下展开,故消除一些操作参数如环境条件的波动对分析重现性的影响。用 $R_{i,s}$ 作为定性鉴定的依据就有更好的可靠性。

2. 容量因子(k')

k'定义为在流动相和固定相达到两相平衡时,某组分在两相中的质量之比

$$k'=m_s/m_m \tag{15.4}$$

式中 m 表示质量,下标 s 表示固定相,下标 m 表示流动相。如用比移值表示,则有

$$k'=(1-R_f)/R_f \tag{15.5}$$

可见,R_f 为 1 时,k'等于 0,说明该组分在固定相上无保留;而当 R_f 趋于 0 时,k'趋于无穷大,说明该组分完全被固定相保留。在实际工作中,可以通过改变溶剂性质(如极性)的方法来改变 k',达到改善分离的目的。

3. 分离度(R)

分离度反映相邻两斑点之间的分离程度,定义为两斑点中心的距离与其平均斑点宽度之比,即

$$R = 2d/(W_A + W_B) \tag{15.6}$$

式中 d 表示两斑点中心的距离,W 为斑点宽度。

4. 理论塔板数(n)和塔板高度(H)

一块薄层板的分离效率(称为板效)高低,可以用理论塔板数(n)或塔板高度(H)来表示,其定义为

$$n = 16(D/W)^2 \tag{15.7}$$

$$H = L/n \tag{15.8}$$

其中 D 为从点样原点到组分斑点中心的距离,W 为斑点的宽度。L 为原点到溶剂前沿的距离。在移动距离相等的情况下,斑点越集中,W 值越小,H 越小,板效就越高。

15.2.5　影响分离的主要因素

无论是分析型还是制备型 TLC,也无论驱动流动相的力只是毛细管作用还是有外加压力,其色谱过程都是相同的。决定分离优劣的因素主要有固定相和溶剂系统的性质、展开室的尺寸和结构、展开技术和溶剂流速。下面简单讨论之。

1. 固定相

固定相的性质决定分离的模式,固定相的尺寸(粒度、孔径、比表面积等)影响分离效率。TLC 所用固定相有硅胶(包括改性硅胶)、氧化铝、纤维素及其衍生物、聚酰胺、离子交换树脂、硅藻土等,其中硅胶是最常用的。对于分析型 TLC,硅胶固定相的粒度为 5～20 μm,孔径 1～150 nm,比表面积为 200～1000 $m^2 \cdot g^{-1}$。表 15.1 列出了一些常用固定相及其应用。

表 15.1　常用 TLC 固定相、分离机理和主要应用范围

固定相	分离机理	主要分离对象
未改性硅胶	正相或吸附色谱	各类化合物
C_8、C_{18} 键合硅胶	反相色谱	非极性及极性化合物
NH_2 键合硅胶	正相及反相色谱	核苷酸、农药、酚类化合物、甾族类、磺酸类、羧酸类等
手性键合相	配体交换色谱	对映异构体
氧化铝	吸附色谱	生物碱、甾族类、萜类、脂肪族和芳香族化合物
未改性纤维素	分配色谱	氨基酸、羧酸及碳氢化合物
乙酰化纤维素	正相或反相色谱	蒽醌类、抗氧化剂、多环芳烃和硝基酚类
离子交换纤维素	阴离子交换	氨基酸、肽、酶、核苷酸等
离子交换树脂	阴离子和阳离子交换	氨基酸、核酸水解产物、氨基糖、抗菌素等
硅藻土	处理后作正相或反相色谱	黄曲霉素、除草剂、四环素等
聚酰胺	分配色谱	黄酮类、酚类
活性炭	吸附色谱	非极性物质
淀粉	分配色谱	有机酸、氨基酸、维生素、糖、色素等

载板多用玻璃，也有用塑料如聚四氟乙烯的。薄板的尺寸有多种多样，实验室制备的分析型薄板尺寸多为 10 cm×20 cm，商品化的薄板尺寸有 10 cm×10 cm、10 cm×20 cm、20 cm×20 cm 几种。固定相厚度可依据上样量的要求确定，越厚容量越大，但分离效率越低。分析型薄层板的厚度为 0.1～0.25 mm，而用于制备的则为 0.5～2.0 mm。

2. 溶剂系统

溶剂系统就是流动相，也称展开剂或洗脱液，可以是单一溶剂，也可以是几种溶剂的组合。TLC 对溶剂系统的要求首先是对所分离样品组分有足够的溶解度和洗脱能力，其次是价格低廉，毒性小。评价溶剂的参数有极性、溶解度和溶剂强度(即洗脱能力)等，选择溶剂则多是依据溶剂的分类。按照张敬宝[1]等人的方法，根据溶剂的性质(质子受体、质子给予体、电子受体、电子给予体、偶极分子)一般把溶剂分为 6 类：

第一类为电子受体溶剂，包括甲苯、苯、氯苯、四氢呋喃、乙酸乙酯、丙酮和乙腈；

第二类为质子给予体溶剂，包括异丙醇、正丁醇、甲醇和乙醇；

第三类为强质子给予体溶剂，包括氯仿、乙酸、甲酸和水；

第四类为质子受体溶剂，包括三乙胺、乙醚等；

第五类为偶极作用溶剂，包括 1,2-二氯乙烷、二氯甲烷等；

第六类为惰性溶剂，包括环己烷、正己烷和四氯化碳。

这 6 类溶剂包含了有机溶剂的各种类型，选择单一溶剂时往往是按照“极性相似相溶”原则，而选择混合溶剂时，则应当从不同的类别中选取互溶的溶剂进行混合，再根据实际分离结果优化混合比率，最后达到理想的分离效果。

3. 展开技术

选定固定相和流动相之后，就可点样(用毛细管、注射器或者专门的点样器将样品加载到薄层板上)，然后将薄板置于密闭的并加有展开剂的展开室中进行展开分离。一般来讲，平面色谱的展开方式主要有五种，即单向线性展开、双向线性展开、环形展开、向心展开和多次展开，如图 15.4 所示。

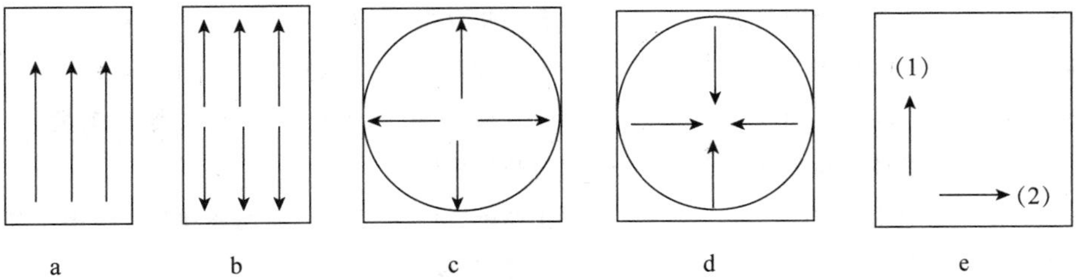

图 15.4　平面色谱的基本展开方式

a—单向线性展开　b—双向线性展开　c—环形展开　d—向心展开　e—多次展开

特定的展开方式往往需要特定的展开室，比如线性展开时，可以用平底展开室进行上行展开、近水平展开或水平展开(图 15.5)。还可在第一次展开后，换一种展开剂，并将薄板转 90°(图 15.4e)，进行二次展开(也叫二维展开)，以提高对复杂样品的分离效率。RTLC 采用的是环形展开。此外，还有多种形式的展开室，以及连续展开技术、程序展开技术等等，限于篇幅，不再详述。读者可参阅有关专著[2-4]。

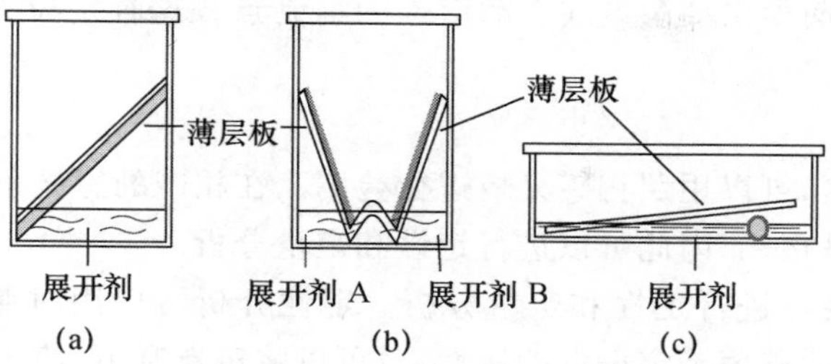

图 15.5　常见的展开室

(a) 平底玻璃展开室，线性展开　(b) 双槽玻璃展开室，线性展开　(c) 玻璃展开室，近水平展开

在平面色谱中，分离过程是在两相未充分平衡的状态下进行的，除了固定相和流动相外，溶剂的蒸气相也参加了展开过程。因此，在展开之前是否用溶剂蒸气预饱和展开室和薄层板对分离的影响很大。一般来说，预饱和以后再进行展开，分析结果的重现性更好一些。

此外，展开温度对 TLC 也有一定的影响。环境温度在 20～40℃变化时，对分离的影响不大，但温度变化范围太大时，分离的重现性要变差。因此 TLC 分离一般在室温下进行。

15.2.6　检测技术

平面色谱展开后，还必须进行定位、定性和定量分析，因此需要适当的检测技术。所谓定位，就是确定薄层板上斑点的位置和数量，定性则是确定斑点的化合物属性，定量就是确定斑点对应的化合物在样品中的含量。TLC 所用的检测技术主要有下面几种：

1. 利用被分析物的发光特性进行检测

可以利用被分析物的发光特性，如有机化合物的紫外-可见吸收特性或荧光特性，以及无机化合物磷光特性，来确定薄层板上斑点的位置。方法是将展开的薄层板适当干燥后，置于紫外灯下，便可观察到发光的斑点。当然，有颜色的物质在自然光下便可看到不同颜色的斑点。

对于没有上述光学特性的化合物，可以采用在固定相中加入荧光试剂的办法。即在紫外灯下被分析化合物会显示出荧光的暗色斑点。比如，荧光黄、桑色素或罗丹明 B 就可作为这样的试剂使用。

2. 蒸气显色方法

对于上述方法不能检测的物质，可以考虑用蒸气显色方法。对展开的薄层板挥发去溶剂后，置于储有晶体碘，并充满碘蒸气的密闭玻璃容器内，大多数有机化合物在吸附碘蒸气后会显示为不同颜色深度的黄褐色斑点，从而可以实现斑点的定位。注意，有机化合物与碘蒸气的反应有可逆和不可逆两类，在进行制备分离时，要避免不可逆反应。

3. 试剂显色方法

对于可以与特定荧光试剂发生反应，生成有颜色的或具荧光的物质，可以用喷雾枪将显色试剂以气溶胶形式均匀地喷洒在薄层板上。反应后便可在紫外灯或自然光下观察到斑点。这是 TLC 中广泛应用的定位方法，能够选择性地检测目标化合物。

4. 生物自显影方法

具有生物活性的物质可以抑制某些微生物的生长或酶的活性，因此可以在薄层板上分离后，在一定温度下与含有微生物的琼脂培养基表面接触，或与酶的稀释溶液反应。经过一定时间后，就可以在琼脂表面检出抑菌点或者酶活性的抑制点。这种定位方法在生化分析和药物筛选中很有意义。

5. 放射显影方法

对于放射性同位素，可以用照相感光板进行检测。在相同的感光条件下，感光板所呈黑度与斑点的放射性活度呈正比，因此可以进行定性和定量分析。

在定位的基础上便可进行定性和定量分析。定性分析可以用对照样品在相同条件下展开，根据比移值或相对比移值确定斑点的属性，也可以将斑点刮下，溶于一定的溶剂，然后作各种光谱分析鉴定。TLC 还常用薄层扫描仪来进行定性和定量分析，即对薄层板展开的斑点进行紫外-可见光扫描，得到相应的光谱图。通过与标准样品的光谱图比较，就可实现鉴定。同时可以选择合适的吸收波长，进行定量分析。半定量分析则可以用目测比色法完成。

15.3 现代色谱法的基本理论

15.3.1 引言

色谱分析的目标是得到被分析物分离的谱带。混合物中各组分能否分离，以及分离的程度如何，受到多种因素的影响。其中主要是热力学因素和动力学因素，包括被分析物与固定相和流动相的相互作用、分离过程中的传质和扩散等因素。色谱理论就是研究这些因素对分离的影响，主要有热力学理论和动力学理论，以及分离优化理论等。我们主要讨论色谱的塔板理论和速率理论。在涉及相关理论之前，首先介绍有关现代柱色谱的概念和参数。

15.3.2 色谱分离过程和色谱图

柱色谱的固定相在色谱柱内不运动，被分析物随流动相通过色谱柱。在此过程中，因为混合物中的各组分在固定相和流动相之间的分配比不同，一定时间之后各组分便可实现分离。图 15.6(a)就是一个含 A 和 B 两组分混合物的色谱过程示意图，这种在色谱柱内分离开的图谱称为内色谱图。被分离的组分流出色谱柱进入检测器时，检测器就会产生响应，然后通过电子线路输出一个与被分离组分的质量或浓度有关的信号。将此信号记录下来就得到了如图 15.6(b)所示的所谓外色谱图，一般简称为色谱图。

可见，所谓色谱图就是检测器输出信号随时间的变化曲线，又叫流出曲线。当只有流动相而没有样品组分进入检测器时，响应值是背景信号，在色谱图上称为基线。而当有组分进入检测器时，信号就会变化，并随着组分通过检测器而出现一个峰值，这就是色谱峰。峰值的大小或色谱峰轮廓下的面积就代表了样品混合物中该组分的质量或浓度，这是色谱定量分析的基础。峰值所对应的时间是该组分在色谱柱上的保留时间，反映了与固定相相互作用的强弱，可用于色谱峰的定性和研究特定组分的物理化学性质。

理想情况下，即进样量很小、浓度很低，在吸附等温线(对于吸附色谱)或分配等温线(对于分配色谱)的线性范围内，色谱峰是对称的，可用高斯正态分布函数来表示：

$$c=\frac{c_0}{\sigma\sqrt{2\pi}}\cdot\exp\left[-\frac{1}{2}\left(\frac{t-t_{\mathrm{R}}}{\sigma}\right)^2\right] \tag{15.9}$$

式中 c 表示在时间 t 时某组分的浓度；c_0 为该组分进样时的初始浓度；t_R 是峰的保留时间；σ 为标准差。

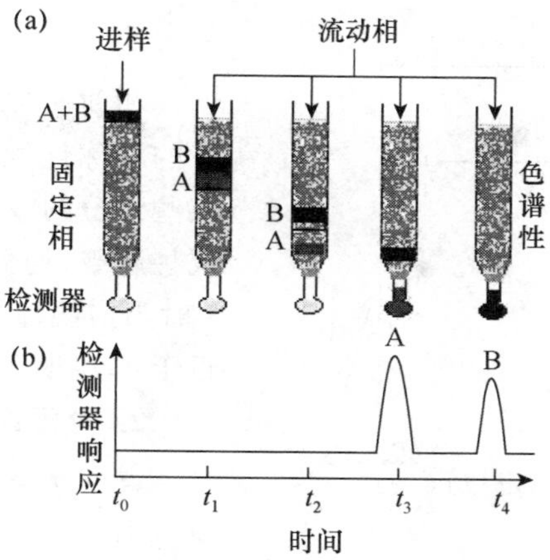

图 15.6　色谱过程(a)和色谱图(b)示意图

但是,在绝大多数情况下,色谱峰是不对称的,这是因为色谱分离过程中有多种因素,包括仪器因素都影响峰的对称性。下面将讨论这些因素。

15.3.3　色谱基本参数

1. 色谱图的有关概念

前面已经解释了色谱图和色谱峰,其他有关概念列于表 15.2,参见图 15.7。

表 15.2　有关色谱图的概念

术　语	符　号	定　义
峰底		连接峰起点与终点之间的线段
峰高	h	从峰最大值点到峰底的距离
标准差	σ	0.607 倍峰高处峰宽的一半,即图 15.7 中 W_i 的一半
峰(底)宽	W	在峰两侧拐点处所作切线与峰底相交两点间的距离,$W=4\sigma$
半峰宽	$W_{1/2}$	在峰高的中点作平行于基线的直线,此直线与峰两侧相交点之间的距离,$W_{1/2}=2.354\sigma$
峰面积	A	峰轮廓线与峰底之间的面积
基线漂移		基线随时间的缓慢变化
基线噪音		由于各种因素引起的基线波动
拖尾峰		后沿较前沿平缓的不对称峰
前伸峰		前沿较后沿平缓的不对称峰

说明:① 峰面积和峰高一般与组分的质量或浓度呈正比,故是定量分析的依据;② 半峰宽是比峰宽更为常用的参数,以时间为单位;③ 峰面积和峰高过去常用手工测量,费时又误差大。现在多采用电子积分仪或计算机软件处理数据,使峰面积和峰高的测量精度大为提高。需要指出的是,积分仪和计算机给出的峰面积和峰高单位不是采用常规的面积单位,而是用信号强度和时间单位来表示。比如,峰高常用 mV 或 μA,而面积则用 μV · s 或 nA · s 表示。

从色谱图上还可计算出峰的不对称因子 A_s,它等于 10%峰高处的峰宽被峰高切割成前后两线段之比,如图 15.7 后一个峰所示:

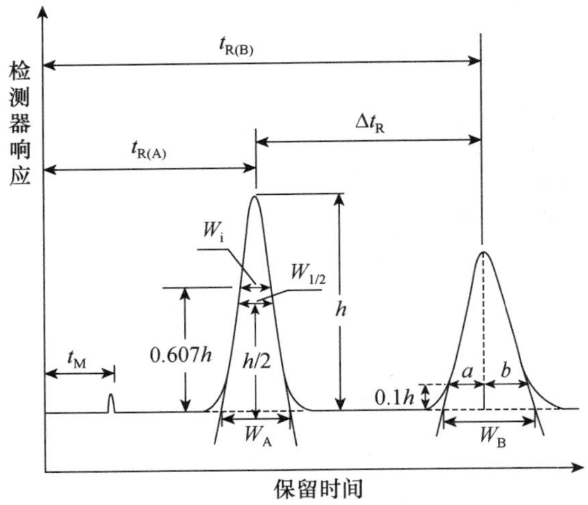

图 15.7 色谱图及有关参数示意图

$$A_s = \frac{b}{a} \tag{15.10}$$

如前所述，实际色谱过程很复杂，色谱峰的对称性取决于多种因素。如色谱柱对某些组分的吸附性太强，或者进样量太大造成柱超载，均会导致色谱峰的不对称。$A_s>1$ 时为拖尾峰，$A_s<1$ 时为前伸峰。A_s 越接近于 1，说明色谱系统的性能越好。

2. 分配系数 K

分配系数是指在一定的温度和压力下，被分离组分（溶质）在固定相和流动相中的分配达到平衡时的浓度之比

$$K = \frac{c_s}{c_m} \tag{15.11}$$

式中 c_s 为单位体积固定相中溶质的质量；c_m 为单位体积流动相中溶质的质量。

分配系数是由被分离组分、固定相和流动相的热力学性质决定的，它是一定色谱条件下每种溶质的特征值。正是不同物质分配系数的差异构成了色谱分离的基础。

3. 保留值

保留值是表征溶质色谱行为的基本参数，最常用的是保留时间，如图 15.7 所示；表 15.3 给出了常见保留值的定义及符号。

表 15.3 常见保留值的定义及符号

保留值	符 号	定义及说明
保留时间	t_R 或 t_r	样品组分从进样到出现峰最大值所需的时间，即组分被保留在色谱柱中的时间。
死时间	t_M 或 t_0	不被固定相保留的组分的保留时间
调整保留时间	t'_R	$t'_R=t_R-t_M$，即扣除了死时间的保留时间
校正保留时间	t°_R	$t^\circ_R=jt_R$，j 为压力校正因子
净保留时间	t_N	$t_N=jt'_R$，即经压力校正的调整保留时间
死体积	V_M	$V_M=t_MF_c$，即对应于死时间的保留体积，F_c 为色谱柱内流动相的平均流量（见下文）
保留体积	V_R	$V_R=t_RF_c$，即对应于保留时间的流动相体积
调整保留体积	V'_R	$V'_R=t'_RF_c=V_R-V_M$，即对应于调整保留时间的流动相体积
校正保留体积	V°_R	$V^\circ_R=jV_R$，即经压力校正的保留体积
净保留体积	V_N	$V_N=jV'_R$，即经压力校正的调整保留体积
比保留体积	V_g	$V_g=(273/T_c)(V_N/m_L)$，即单位质量固定相校正到 273 K 时的净保留体积，T_c 为色谱柱温度，m_L 为色谱柱中固定液的质量

表 15.3 中一些参数涉及一个压力校正因子 j。因为色谱柱中各处的压力不同，故流动相体积流量也不同，j 就是用来校正色谱柱中压力梯度的，其定义为

$$j = \frac{3}{2}\frac{(p_i/p_o)^2-1}{(p_i/p_o)^3-1} \tag{15.12}$$

式中 p_i 为柱入口处压力；p_o 为柱出口压力。

对于 LC，一般认为流动相是不可压缩的，故无须进行压力校正。而对于 GC，流动相是可压缩的，故必须用 j 进行校正。同样，在 LC 中，由于色谱柱温度往往接近室温，故流动相的平均流速一般指色谱柱出口的流速；而在 GC 中则还需要对在室温下测得的柱出口流速 F_a 进行温度和水蒸气压力的校正

$$F_c = F_a \frac{T_c}{T_a}\left(1 - \frac{p_w}{p_a}\right) \tag{15.13}$$

式中 F_c 为流动相在柱内的平均流速，T_c 为色谱柱温度(热力学温度)，T_a 为测定时的室温，p_w 为测定温度下水的饱和蒸汽压，p_a 为测定点的大气压。

事实上，在 LC 中一般不涉及流动相流速的校正问题，而校正保留时间、净保留时间、校正保留体积、净保留体积和比保留体积只用于 GC。毛细管 GC 中更多采用的是流动相(载气)平均线性流速 u。当 F_c 不变时，载气通过色谱柱的线速度随柱内径不同而不同。为此采用载气线性流速(简称线流速)u 来描述载气在色谱柱中的前进速率。

$$u = \frac{L}{t_M} \tag{15.14}$$

式中 L 为柱长(cm)，t_M 为死时间(s)。使用热导检测器(TCD)时，空气峰的保留时间常作为 t_M；使用氢火焰离子化检测器(FID)时，甲烷的保留时间作为 t_M。

在 LC 中，t_M 的测定较为复杂，这是因为很难找到一种在固定相上无保留的化合物，而且有些化合物与固定相有静电排斥或体积排阻的作用，其保留时间可能比 t_M 小，造成了 t_M 测定的困难。另外有的化合物在 LC 常用检测器上无响应也是一个问题。一般认为采用流动相的同系物测定 t_M 是较为合理的。比如正相 LC 中用己烷作流动相时，用戊烷测定 t_M。在反相 LC 中常用硫脲或尿嘧啶测定 t_M。此外还有一种计算方法，我们将在液相色谱柱一节中再作介绍。

15.3.4　色谱的塔板理论

在色谱分离过程中，被分离组分在柱内的浓度分布形状被称为谱带。英国人马丁和辛格获得 1952 年诺贝尔化学奖的成果就是分配色谱理论，主要是在 1941 年提出的描述谱带过程的塔板理论[5]。后来有人对此理论进行了补充和完善，使之为色谱界所广泛接受。尽管理论还存在一些不足，但它的一些概念和结论对色谱实践仍有一定的指导意义。

1. 塔板理论基本方程

塔板理论借助了化工原理上的塔板概念，来描述溶质在色谱柱中的浓度变化。首先将色谱柱看成是由许多单级蒸馏的小塔板组成的精馏柱，并假设每一块塔板的高度足够小，以致在此塔板上溶质在流动相和固定相之间的分配能在瞬间达到平衡。对于一定长度的色谱柱来说，这种假设塔板的高度越小，塔板数就越多，意味着溶质在色谱柱上反复进行的分配平衡次数越多，分离效率就越高。

假定某一溶质在每块塔板上均存在两相间的分配平衡，则依据式(15.15)

$$c_s = Kc_m \tag{15.15}$$

其微分形式为

$$dc_s = K\,dc_m \tag{15.16}$$

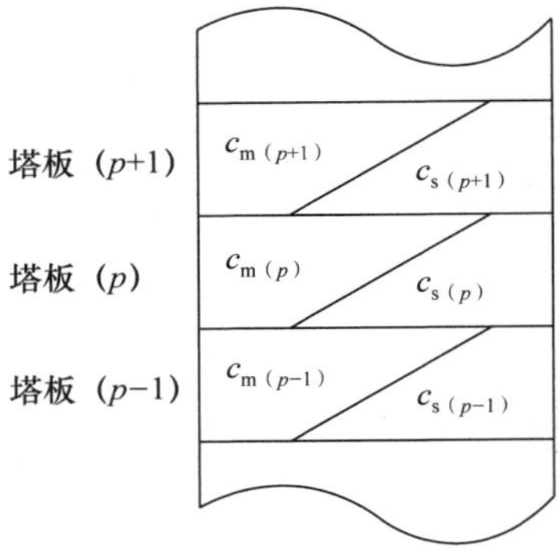

图 15.8　塔板上溶质的平衡浓度

现在我们从一根均匀的色谱柱中截取三个前后相接的塔板,如图 15.8 所示。每个塔板上流动相的体积 V_m 均相等,固定相的体积 V_s 也相等。则各塔板上某一溶质在两相中的浓度分别为:

塔板($p-1$):$c_{m(p-1)}$,$c_{s(p-1)}$

塔板(p):$c_{m(p)}$,$c_{s(p)}$

塔板($p+1$):$c_{m(p+1)}$,$c_{s(p+1)}$

当一微小体积的流动相 dV 从塔板($p-1$)进入塔板(p)时,必然有相同体积的流动相被从(p)塔板上置换出来进入塔板($p+1$)。那么,塔板(p)上溶质的质量变化可以表示为

$$dm=[c_{m(p-1)}-c_{m(p)}]dV \tag{15.17}$$

dm 将进一步分配在塔板(p)上的流动相和固定相之间,从而引起两相中溶质浓度改变 $dc_{m(p)}$ 和 $dc_{s(p)}$,即

$$dm=V_m c_{m(p-1)}+V_s c_{m(p)} \tag{15.18}$$

由式(15.16)得 $dc_{s(p)}=K\,dc_{m(p)}$,代入式(15.17)得

$$\begin{aligned}dm&=V_s K\,dc_{m(p)}+V_m\,dc_{m(p)}\\&=(KV_s+V_m)dc_{m(p)}\end{aligned} \tag{15.19}$$

合并式(15.17)和(15.19),则

$$(KV_s+V_m)dc_{m(p)}=[c_{m(p-1)}-c_{m(p)}]dV$$

即

$$\frac{dc_{m(p)}}{dV}=\frac{c_{m(p-1)}-c_{m(p)}}{KV_s+V_m} \tag{15.20}$$

式中(KV_s+V_m)反映了一块塔板上流动相和固定相的体积之和,其中包含了该塔板上所有的溶质。我们再定义一个新的变量 ν

$$\nu=\frac{V}{KV_s+V_m} \tag{15.21}$$

将式(15.21)微分,得

$$dV=(KV_s+V_m)d\nu \tag{15.22}$$

代入式(15.20),并整理,则

$$\frac{dc_{m(p)}}{d\nu}=c_{m(p-1)}-c_{m(p)} \tag{15.23}$$

该式是描述流动相通过塔板(p)时溶质浓度变化的基本微分方程,将其积分就可得到色谱柱某一塔板上溶质流出曲线的函数式。对于塔板(p),一个简单的代数解为

$$c_{m(p)}=\frac{c_0 e^{-\nu}\nu^p}{p!} \tag{15.24}$$

式中 $c_{m(p)}$ 是离开塔板(p)时流动相中溶质的浓度,c_0 是色谱柱第一块塔板上的溶质初始浓度。若色谱柱有 n 块塔板(称为理论塔板数),则色谱柱出口处流动相中的溶质浓度为

$$c_{m(n)}=\frac{c_0 e^{-\nu}\nu^n}{n!} \tag{15.25}$$

这就是塔板理论的基本方程。它是一个泊松函数，但当 n 值足够大时，它非常接近于高斯函数。所以，色谱柱越长，n 越大，峰形越接近高斯分布。式(15.25)的另一种表达形式是

$$c_m = \left(\frac{n}{2\pi}\right)^{\frac{1}{2}} e^{-\frac{n}{2}\left(1-\frac{V}{V_R}\right)^2} \frac{w}{V_R}$$

$$= \left(\frac{n}{2\pi}\right)^{\frac{1}{2}} e^{-\frac{n}{2}\left(\frac{V_R-V}{V_R}\right)^2} \frac{w}{V_R} \tag{15.26}$$

式中 w 为进样量，V_R 为保留体积。该式反映当通过色谱柱的流动相体积为 V 时，色谱柱出口流动相中溶质的浓度。当 $V=V_R$ 时，式(15.26)有最大值

$$c_{max} = \left(\frac{n}{2\pi}\right)^{\frac{1}{2}} \frac{w}{V_R} \tag{15.27}$$

代入式(15.26)，得

$$c_m = c_{max} e^{-\frac{n}{2}\left(\frac{V_R-V}{V_R}\right)^2} \tag{15.28}$$

假定流动相的流速恒定，则可用保留时间替代保留体积

$$c_m = c_{max} e^{-\frac{n}{2}\left(\frac{t_R-t}{t_R}\right)^2} \tag{15.29}$$

从式(15.26)到(15.29)可以看出：

(i) c_{max} 与进样量 w 呈正比，w 越大，色谱峰越高；

(ii) c_{max} 与色谱柱的理论塔板数 n 的平方根呈正比，保留时间一定时，n 越大，峰越高；

(iii) c_{max} 与溶质保留体积 V_R 呈反比，当 n 和 w 一定时，V_R 越大，即保留时间越长，峰越低，反之，保留时间越短，色谱峰越高。

塔板理论的这些结论基本反映了色谱分离过程的实际情况。同时，塔板理论还导出了下面几个重要的参数。

2. 容量因子 k

容量因子 k，也叫分配比或分配容量。它定义为平衡状态时，组分在固定相与流动相中的质量之比

$$k = \frac{m_s}{m_m} = \frac{c_s V_s}{c_m V_m} = \frac{K V_s}{V_m} \tag{15.30}$$

式中 m_s 和 m_m 分别为组分在固定相和流动相中的质量；V_s 在分配色谱中指固定液的体积，在体积排阻色谱中则是固定相的孔体积；V_m 为流动相的体积，近似等于死体积。

k 是反映被分离组分在色谱柱上保留作用的重要参数，在理论处理中最常用，有时被称为保留因子。k 越大，说明该组分在固定相上的质量越大，或者说色谱柱的容量越大。此即容量因子的含义。其实，k 的最初定义是溶质的分配系数与色谱柱相比 β 之商

$$k = \frac{K}{\beta} \tag{15.31}$$

相比 β 是色谱柱中流动相与固定相体积之比

$$\beta = \frac{V_m}{V_s} \tag{15.32}$$

实际测量时，很难得到 V_s 的准确值，故采用间接测定方法

$$k = \frac{t_R - t_M}{t_M} = \frac{t'_R}{t_M} = \frac{V'_R}{V_0} \tag{15.33}$$

该式是由色谱的塔板理论推导出来的，下面只作简单的介绍，详细情况可参考有关专著。

设流动相和被分离组分在长度为 L 的色谱柱中的运动速率分别为 u 和 u_s，则

$$t_R = \frac{L}{u_s} \tag{15.34}$$

$$t_M = \frac{L}{u} \tag{15.35}$$

故

$$\frac{t_R}{t_M} = \frac{u}{u_s} \tag{15.36}$$

若用质量分数表示，即

$$u/u_s = (m_m + m_s)/m_m = 1 + k \tag{15.37}$$

所以，合并式(15.36)和(15.37)，得

$$t_R = t_M(1 + k) \tag{15.38}$$

整理式(15.38)就可得到式(15.33)。需要指出，只有在色谱系统的柱外死体积足够小的时候，式(15.33)才是有效的。

3. 分离因子 α

分离因子又叫选择性或选择性因子，是用来表征两种不同溶质在色谱柱上的分离性能的参数。α 越大，说明色谱系统对所分离物质对的选择性越好。其定义为组分 A 和 B(B 在 A 之后出峰)的分配系数之比

$$\alpha = \frac{K_B}{K_A} \tag{15.39}$$

将式(15.31)和(15.33)代入式(15.39)，得

$$\alpha = \frac{k_B}{k_A} = \frac{t'_{R(B)}}{t'_{R(A)}} = \frac{V'_{R(B)}}{V'_{R(A)}} \tag{15.40}$$

这是一个很常用的色谱参数。当固定相和流动相一定时，α 可以认为只是一对溶质在两相间的分配系数和温度的函数，故 α 常用于色谱峰的定性。

4. 分离度 R

上述 α 反映色谱系统对被分离物质对的选择性，并不能准确地反映相邻两峰的分离程度。这是因为即使 α 不变，峰的宽度不同也可导致分离情况的不同。故又引入了分离度的概念，用于衡量相邻两个色谱峰分离程度的优劣，其定义为(参见图 15.7)

$$R = \frac{2(t_{R(B)} - t_{R(A)})}{W_A + W_B} = \frac{2\Delta t_R}{W_A + W_B} \tag{15.41}$$

式中 Δt_R 为相邻两峰的保留时间之差，W_A 和 W_B 分别为两峰的峰底宽。当两峰的峰高相差不大，且峰形接近时，可认为 $W_A = W_B$，这时 $R = \Delta t_R/W$。对于高斯峰(正态分布)来说，$R = 1.5$ 时，两峰的重叠部分为 0.3%，被认为是达到了基线分离。

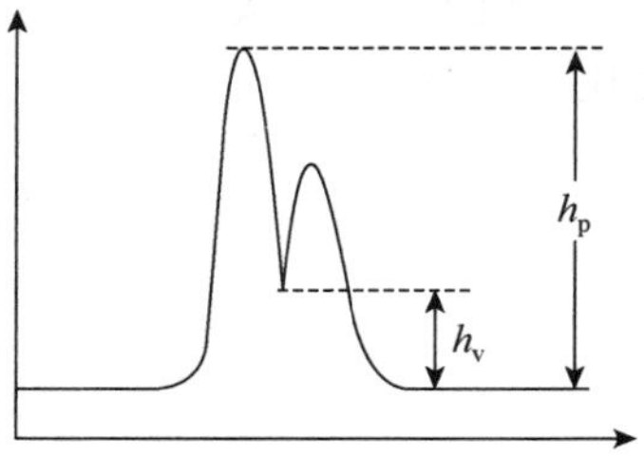

图 15.9 峰高分离度的计算

有时两峰远未分离，无法准确测定峰底宽，就可采用峰高分离度 R_h 来描述其分离情况(见图 15.9)

$$R_h = \frac{h_p - h_v}{h_p} \tag{15.42}$$

可见，R_h 等于 1 时，相邻两峰就达到了基线分离。

15.3.5　柱效和色谱峰的对称性

1. 柱效

柱效也是塔板理论导出的重要参数，也叫柱效能或柱效率，是指色谱柱在分离过程中主要由动力学因素(操作参数)所决定的分离效能，通常用理论塔板数 n 或理论塔板高度 H 来表示。两者的关系为

$$H=\frac{L}{n} \tag{15.43}$$

式中 L 为色谱柱的长度。

在式(15.28)中，令 $V_R - V = \Delta V$，得：

$$c_m = c_{max} e^{-\frac{n}{2}\left(\frac{\Delta V}{V_R}\right)^2} \tag{15.44}$$

当色谱柱出口流动相中溶质的浓度为最大浓度的一半，即 $c_{max}/c_m = 2$ 时，ΔV 可用 $\Delta V_{1/2}$ 表示，这实际上是半峰宽的一半，则

$$\frac{c_{max}}{c_m} = 2 = e^{\frac{n}{2}\left(\frac{\Delta V_{1/2}}{V_R}\right)^2}$$

$$\ln 2 = \frac{n}{2}\left(\frac{\Delta V_{1/2}}{V_R}\right)^2$$

$$n = 2\ln 2\left(\frac{V_R}{\Delta V_{1/2}}\right)^2 = 8\ln 2\left(\frac{V_R}{2\Delta V_{1/2}}\right)^2$$

因为 $2\Delta V_{1/2} = W_{1/2}$

故

$$n = 5.54\left(\frac{V_R}{W_{1/2}}\right)^2 \tag{15.45}$$

这就是计算理论塔板数的基本公式。实际工作中测定时间更方便，故用保留时间取代保留体积

$$n = 5.54\left(\frac{t_R}{W_{1/2}}\right)^2 \tag{15.46}$$

又因为 $W_{1/2} = 2.354\sigma$；$W = 4\sigma$

$$n = \left(\frac{t_R}{\sigma}\right)^2 = 16\left(\frac{t_R}{W}\right)^2 \tag{15.47}$$

这些色谱塔板理论导出的公式一直沿用至今，用以衡量色谱柱的柱效。在相同的操作条件下，用同一样品测定色谱柱的 n 或 H 值，n 值越大(H 越小)，柱效越高。对于不同长度的色谱柱，则用单位长度色谱柱的 n 值比较。GC 填充柱的 n 值一般可达每米 1000～1500，GC 开管柱则可达每米 3000～5000；HPLC 标准柱(内径 4.6 mm)的 n 值多为每米 80000 左右，UHPLC 柱的 n 值则可达每米 400000 或更高。注意，计算 n 和 H 时，t_R 和 $W_{1/2}$ 或 W 的单位要一致。此外，由于色谱系统存在着死体积，溶质消耗在死体积中的死时间与分配平衡无关，特别是对于 k 值很小的物质，其 n 值会很大，但分离并不一定好，故引入有效塔板数 N 和有效塔板高度 H_{eff} 的概念，以扣除死时间的影响

$$N = 5.54\left(\frac{t_R - t_M}{W_{1/2}}\right)^2 = 5.54\left(\frac{t_{R'}}{W_{1/2}}\right)^2 \tag{15.48}$$

同样有

$$N=\left(\frac{t_{R'}}{\sigma}\right)^2=16\left(\frac{t_{R'}}{W}\right)^2 \tag{15.49}$$

$$H_{eff}=\frac{L}{N} \tag{15.50}$$

根据式(15.33)和 $t_{R'}=t_R-t_M$ 可以导出 n 和 N 的关系

$$n=\left(\frac{1+k}{k}\right)^2 N \tag{15.51}$$

可见,当 k 很大时,n 和 N 趋于相等;而实际分析中,k 值一般不大于 20,故 n 和 N 的差别是较大的。

2. 色谱峰的对称性

在色谱图的有关概念中我们介绍了色谱峰的不对称因子,见式(15.10)。实际分析中,峰的不对称性是常常遇到的问题,它会降低系统的分离效率,影响分析的准确度。那么,是什么因素造成峰的不对称呢?

峰的不对称性反映了溶质谱带在色谱柱床中移动速率的不均匀性。对于柱长为 L 的色谱柱,谱带的平均移动速率可由式(15.34)得到

$$u_s=\frac{L}{t_R}$$

因为 $V_R=t_RF_c$,$V_R=V_M+KV_s$

故

$$u_s=\frac{L}{t_R}=\frac{LF_c}{V_R}=\frac{LF_c}{V_M+KV_s}$$

一般情况下,V_M 均远小于 KV_s,所以上式可简化为

$$u_s=\frac{LF_c}{KV_s} \tag{15.52}$$

可见,谱带移动速率与分配系数呈反比,这说明谱带的移动速率与溶质在固定相上的吸附等温线密切相关。

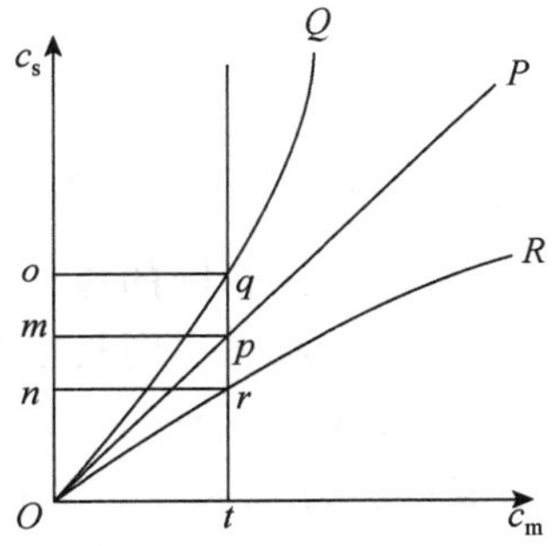

图 15.10 吸附等温线示意图

吸附等温线一般分为三种类型:线性、凹形和凸形,如图 15.10 所示。图中纵坐标是溶质在固定相中的浓度,横坐标是溶质在流动相中的浓度。其中凸形吸附等温线 OrR 又称为 Langmuir 吸附等温线。

对于线性吸附等温线 OpP

$$K_1=\frac{c_s}{c_m}=\frac{tp}{mp} \tag{15.53}$$

此时,分配系数 K_1 为常数,故谱带的移动速率也是常数,所产生的色谱峰就是对称的。

对于凹形吸附等温线 OqQ

$$K_2=\frac{tq}{oq} \tag{15.54}$$

显然,$K_2>K_1$,也就是说与线性情况相比有更多的溶质分配在固定相中,此时,溶质谱带通过色谱柱的速度在高浓度下慢,在低浓度下快,峰最大值向后移,从而出现前伸峰。造成这

种情况的原因是溶质分子间的相互作用力大于溶质分子与流动相分子之间的作用力。当进入色谱柱的样品量增大时，固定相表面上已吸附的溶质分子会从流动相中吸附更多的溶质分子。色谱柱超载时就是这种情况。

对于凸形吸附等温线 OrR

$$K_3 = \frac{ts}{ms} \tag{15.55}$$

与凹形吸附等温线的情况相反，此时 $K_3 < K_1$，谱带移动速率要比线性情况快，特别是溶质浓度高的谱带将明显快一些，结果就会出现拖尾峰。比如，在吸附色谱中，当一部分溶质分子被吸附在固定相表面后，就对其他溶质分子与固定相的相互作用产生了屏蔽效应，致使外层的溶质分子只能与固定相发生远程相互作用，此时就会出现拖尾峰。在反相 LC 中，采用硅胶基键合相柱分离碱性化合物时，因为硅胶表面残留的硅羟基对碱性化合物有较强的吸附作用，也常常出现拖尾峰。

在色谱分析中，前伸峰和拖尾峰都是要尽量避免的。通过选择适合特定样品的色谱柱和分离条件，可以克服大多数峰不对称问题。

3. 色谱柱的其他参数

色谱柱的参数有柱尺寸、柱材料、固定相，以及前面介绍的相比 β、柱效 n 等。此外，LC 柱还有几个特性参数，下面分别简要讨论之。

(1) 空隙度 ε_T

空隙度定义为色谱柱横截面上流动相所占的分数，也叫总空隙度，即柱内流动相体积 V_m 与柱总体积 V_c 之比。即

$$\varepsilon_T = \frac{V_m}{V_c} = \frac{V_i + V_p}{V_c} \tag{15.56}$$

式中 V_i 是柱内填料间空隙体积，V_p 是柱填料内部孔穴体积。因为 V_m 等于死时间 t_M 与流动相体积流速 F_c 的乘积，即 $V_m = F_c t_M$；流动相线性速率 $u = L/t_M$。故

$$\varepsilon_T = \frac{V_m}{V_c} = \frac{F_c t_M}{\frac{\pi d_c^2}{4}L} = \frac{4F_c}{\pi d_c^2 u} = \frac{F_c}{\pi r^2 u} \tag{15.57}$$

式中 d_c 为色谱柱内直径，r 为内半径，L 为柱长，u 为流动相线性流速。对于开管柱（即空心柱），$V_m = \left[\left(\frac{d_c}{2}\right) - d_f\right]^2 \pi L$；$V_c = \left(\frac{d_c}{2}\right)^2 \pi L$，故

$$\varepsilon_T = \frac{(d_c - 2d_f)^2}{d_c^2} \tag{15.58}$$

式中 d_f 是柱内壁固定相涂层的厚度。一般情况下，$d_c \gg d_f$，故开管柱的 ε_T 接近于 1。

ε_T 的大小取决于柱填料类型和填充密度。典型的 LC 多孔填料的 ε_T 值在 0.85 左右，实心填料或薄壳填料的 V_p 为 0，ε_T 在 0.42 到 0.45 之间。

(2) 渗透率 K_f

ε_T 是色谱柱制造者控制的，使用者更关心的是柱压降。而柱压降是与柱渗透率或渗透性相关的。渗透率 K_f 的定义为

$$K_f = K_0 \varepsilon_T \tag{15.59}$$

式中 K_0 叫作渗透率常数或比渗透率

$$K_0 = \frac{u\eta L}{\Delta p} \tag{15.60}$$

式中 η 为流动相的黏度，Δp 为柱压力降。将式(15.57)和式(15.60)代入(15.59)，整理得

$$K_f = \frac{4F_c L\eta}{\pi d_c^2 \Delta p} \tag{15.61}$$

可见，渗透率与流动相流速、黏度和柱长呈正比，而与色谱柱的截面积和压力降呈反比。因此，跟踪记录一定流动相条件下色谱柱的压力降，便可了解柱渗透率的变化。

(3) 阻抗因子 φ

色谱柱的填料粒度 d_p 与渗透率直接相关，可用下式表示

$$d_p^2 = K_0 \varphi \tag{15.62}$$

因此

$$\varphi = \frac{d_p^2}{K_0} = \frac{\Delta p d_p^2}{u\eta L} \tag{15.63}$$

$$\Delta p = \frac{\varphi u \eta L}{d_p^2} \tag{15.64}$$

根据式(15.61)又有

$$\Delta p = \frac{4F_c L\eta}{\pi d_c^2 K_f} \tag{15.65}$$

式(15.63)和(15.64)说明，对于给定的柱长，柱压降与流动相的流速和黏度呈正比，而与柱内径的平方及渗透率呈反比。渗透率越小，流动相黏度越大，柱压降越高。液体的黏度约为气体黏度的 100 倍，所以，LC 的柱压降要比 GC 高得多。当然，LC 采用小粒度填料也是造成柱压降高的重要原因。

15.3.6 色谱速率理论

色谱塔板理论可以简单地解释色谱分离过程，它所建立的一些参数和概念已为广大色谱工作者所接受和应用。然而，必须指出，塔板理论的局限性也是很明显的。首先，假设每块塔板上溶质在两相间的分配瞬间达到平衡是不符合实际的，这仅仅是一种理想状态；事实上，只要在色谱峰的最大值处，两相间的分配才接近于平衡[6]。其次，塔板理论可以计算理论塔板数，却不能解释为什么同一溶质在不同流动相流速下会有不同的 n 值，也就是说，塔板理论只考虑静态的分配过程，而没有研究动力学因素。还有，塔板理论未能将色谱柱参数和操作参数与 n 关联起来。鉴于此，荷兰人 van Deemter 深入研究了影响色谱峰展宽的一系列因素，在 1956 年提出了著名的色谱速率理论[7]。其后又有不少人对此理论进行了补充和修正，使之成为普遍接受的色谱学理论。下面将重点介绍速率理论。由于篇幅所限，我们将不讨论详细的数学处理和推导。

1. 影响谱带展宽的因素

样品进入色谱柱，起初是一段“塞子”状的谱带。但随着色谱过程的进行，由于扩散作用和其他因素的影响，谱带会不断展宽，因此当谱带离开色谱柱进入检测器时，记录下来的就不是矩形的色谱峰，而是高斯峰、拖尾峰或前伸峰。总的来说，影响谱带展宽的因素有两部分，即柱

外因素和柱内因素。若用方差来表示，就是 σ_e^2 和 σ_c^2。根据统计理论，有限个独立变量和的方差等于这些变量方差之和，故总方差 σ^2 为

$$\sigma^2 = \sigma_e^2 + \sigma_c^2 \tag{15.66}$$

引起谱带展宽的柱外因素一般有样品本身引起的方差 σ_s^2、进样器引起的方差 σ_i^2、进样器到检测器各部件之间的连接管线和接头引起的方差 σ_t^2、检测器引起的方差 σ_d^2 和电子线路引起的方差 σ_r^2 等，即

$$\sigma_e^2 = \sigma_s^2 + \sigma_i^2 + \sigma_t^2 + \sigma_d^2 + \sigma_r^2 \tag{15.67}$$

上述五种柱外因素对谱带展宽的贡献大小不同，在不同的色谱系统中也是不同的。实践证明，连接管线和接头的影响是最主要的柱外因素，在液相色谱中往往比气相色谱中更为明显。总之，它们对分离都是不利的，必须尽可能消除。

柱内因素远比柱外因素复杂，实际上也是速率理论要描述的。下面我们就详细讨论影响谱带展宽的各项柱内因素。

2. 速率理论基本方程

塔板理论采用理论塔板数 n 和理论塔板高度 H 来表征色谱柱的分离效能。为了消除柱长的影响，在理论处理时一般都采用 H 来表征柱效。根据式(15.43)和(15.47)，可以得到

$$H = \frac{\sigma^2 L}{t_R^2} \tag{15.68}$$

可见理论塔板高度 H 与柱长和方差的平方呈正比，且与保留时间的平方呈反比。速率理论认为，引起样品谱带在色谱填充柱内展宽的因素有多路径效应、纵向扩散、流动相的传质阻力和固定相的传质阻力。用方差来表示就是

$$\sigma_c^2 = \sigma_m^2 + \sigma_l^2 + \sigma_{rm}^2 + \sigma_{rs}^2 \tag{15.69}$$

式中，σ_m^2 是多路径效应引起的方差，σ_l^2 是纵向扩散引起的方差，σ_{rm}^2 是流动相的传质阻力引起的方差，σ_{rs}^2 是固定相的传质阻力引起的方差。相应的 H 也可表示为

$$H = H_m + H_l + H_{rm} + H_{rs} \tag{15.70}$$

这就是速率理论的基本方程。下面我们逐一分析这些因素。

3. 影响谱带展宽的柱内因素

(1) 多路径效应

在速率理论中，多路径效应对理论塔板高度的贡献表示为

$$H_m = 2\lambda d_p \tag{15.71}$$

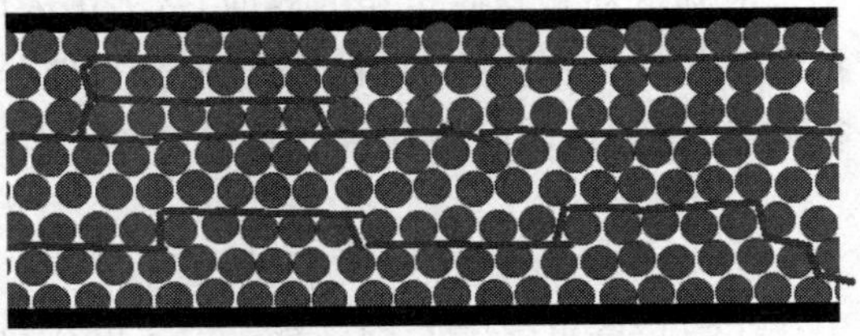

图 15.11　多路径效应示意图

式中 d_p 为填料粒度，λ 是一个与柱内填料粒度均一性和填充状态有关的常数。因为填料粒度的不均一性和填充状态的差异，色谱柱内填料颗粒之间的空隙也是不均一的，这就造成了流动相的不同分子在柱内迁移路径的不同，如图 15.11 所示。这样，分布在流动相中的溶质分子就可能经历不同的路径。样品进入色谱柱的瞬间，所有溶质分子可以看成是处于柱轴向上相同位置，但因为这种多路径效应，当一种溶质的分子流出色谱柱时，就会处于不同的轴向位置上，因而造成了宏观上的谱带展宽。另一方面，流动相携带着溶质流经色谱柱时，会与填料颗粒发生碰撞，从而在某些空隙中形成涡流，导致谱带的扩散。这也是有人称 H_m 为涡流扩散项的原因。

从式(15.71)可知,d_p 和 λ 越小,H_m 就越小,柱效就越高。但是,填料粒度越小,要维持一定流动相流速所需的压力也越大,对仪器的耐压要求就越高。GC 填充柱常用的填料粒度一般为 80～120 目,HPLC 一般为 3～5 μm。UHPLC 则是<2 μm。提高颗粒的均一性是改善柱性能的另一个主要方法,填料粒度分布越窄,λ 越小。故采用粒径单分散的填料可有效地降低多路径效应。

(2) 纵向扩散

在色谱柱中,由于溶质谱带前后存在有浓度梯度,故无论是在流动相中还是固定相中,溶质分子必然会从高浓度向低浓度扩散。溶质随着流动相在色谱柱中迁移的过程中,谱带就会展宽,这就是纵向扩散效应。速率理论中表示为

$$H_l=\frac{2\gamma_1 D_m}{u}+\frac{2\gamma_2 k D_s}{u}=\frac{2\gamma_1 D_m}{u}\left(1+\frac{\gamma_2 D_s}{\gamma_1 D_m}k\right) \tag{15.72}$$

式中系数 γ_1 和 γ_2 分别反映填料不均一性对溶质在流动相和固定相中扩散的影响,又称为阻滞因子和弯曲因子。色谱柱填充越均匀,阻滞因子越小。D_m 和 D_s 分别为溶质在流动相和固定相中的分子扩散系数;u 为流动相流速,k 为容量因子。很容易理解,分子扩散系数越大,纵向扩散效应就越大;而温度对扩散系数的影响很大,故高温时纵向扩散效应更严重。流动相流速越大,溶质在色谱柱中的滞留时间越短,纵向扩散效应就越小。因为一般物质在气相中的 D_m 要比其在液相中的 D_s 大 4 到 5 个数量级,故在 GC 中,溶质在流动相中的扩散更为重要,而在固定相中的纵向扩散效应则可以忽略,即

$$H_l=\frac{2\gamma_1 D_m}{u} \tag{15.73}$$

同理,LC 中的纵向扩散效应远比 GC 中小,在 HPLC 中更是如此。事实上,只要流动相流速足够高,LC 中纵向扩散效应对整个理论塔板高度的贡献就小于 1%。与其他因素相比就是可以忽略的。

(3) 流动相传质阻力

在色谱分离过程中,溶质要在流动相和固定相之间进行反复多次的分配,就必须首先从流动相扩散到流动相与固定相的界面,然后进入固定相。在此过程中,由于溶质在流动相中的分子扩散系数以及柱内流动相的流型流速有差异,所以造成了传质的有限性。当流动相流速不是很低时,这种传质阻力就会导致谱带的展宽。速率理论认为

$$H_{rm}=\frac{f_1(k)d_p^2}{D_m}u \tag{15.74}$$

式中 $f_1(k)$是容量因子 k 的函数,d_p 为填料粒度,D_m 是溶质在流动相中的分子扩散系数,u 为流动相流速。

显然,分子扩散系数越大,越有利于传质,从而有利于溶质在两相间建立分配平衡,分离效率就高;流动相流速越快、填料粒度越大,传质有限性对理论塔板高度的贡献越大。另一方面,压力驱动的流动相在色谱柱中心的流速要比靠近柱壁处的流速大,原因是柱壁与流动相之间存在的摩擦力大。加之,在填料孔中存在相对静止的流动相,这样,传质有限性就造成了类似多路径效应的谱带展宽。因此,采用较低的流动相流速和较小的填料粒度,可以降低传质阻力对理论塔板高度的贡献。此外,较高的温度可以得到较大的扩散系数,也有利于克服传质有限性。

研究结果表明，在 GC 中，流动相的传质阻力项为

$$H_{rm}=\frac{0.01kd_p^2}{(1+k)^2D_m}u \tag{15.75}$$

而在 LC 中

$$H_{rm}=\frac{1+6k+11k^2}{24(1+k)^2}\cdot\frac{d_p^2}{D_m}u \tag{15.76}$$

(4) 固定相传质阻力

溶质从流动相进入固定相后，因为流动相不断流动，造成浓度差又会使溶质离开固定相返回流动相。因此，与流动相的传质阻力类似，固定相的传质有限性也对谱带展宽有重要影响。特别是流动相流速 u 较大、固定相膜厚度 d_f 较大时，影响更为严重。溶质在固定相中的分子扩散系数 D_s 较大时有利于传质。故速率理论认为

$$H_{rs}=\frac{f_2(k)d_f^2}{D_s}u \tag{15.77}$$

当固定相为液相时，更确切的表示为

$$H_{rs}=\frac{8}{\pi^2}\cdot\frac{kd_f^2}{(1+k)^2D_s}u \tag{15.78}$$

这说明，采用较薄的固定相膜和较低的流动相流速，可获得更好的色谱分离结果。当固定相为固体吸附剂(在气-固色谱中)时

$$H_{rs}=\frac{2t_dku}{(1+k)^2} \tag{15.79}$$

式中 t_d 为溶质在固定相表面的平均吸附时间，$t_d=1/k_d$，k_d 是溶质解吸的一级速率常数。

4. 速率理论的 van Deemter 方程

Van Deemter 总结了上述各种影响峰展宽的因素，提出了填充柱 GC 的速率理论方程

$$H=2\lambda d_p+\frac{2\gamma D_m}{u}+\frac{8}{\pi^2}\cdot\frac{kd_f^2}{(1+k)^2D_s}u \tag{15.80}$$

此方程中范氏认为，在 GC 中流动相的传质阻力是可以忽略的。然而，在 LC 中，流动相中的分子扩散系数比 GC 中小 4～5 个数量级，故其传质阻力是必须考虑的。基于此，后来有人推导出了流动相传质阻力表达式，得到了更完整的 van Deemter 方程。

对于 GC

$$H=2\lambda d_p+\frac{2\gamma D_m}{u}+\frac{0.01k^2d_p^2}{(1+k)^2D_m}u+\frac{8kd_f^2}{\pi^2(1+k)^2D_s}u \tag{15.81}$$

对于 LC

$$H=2\lambda d_p+\frac{2\gamma_1D_m}{u}\left(1+\frac{\gamma_2D_s}{\gamma_1D_m}k\right)+\frac{(1+6k+11k^2)d_p^2}{24(1+k)^2D_m}u+\frac{8kd_f^2}{\pi^2(1+k)^2D_s}u \tag{15.82}$$

该方程的简单表达式为

$$H=A+\frac{B}{u}+Cu \tag{15.83}$$

其中 $$A=2\lambda d_p \tag{15.84}$$

在 GC 中 $$B=2\gamma D_m \tag{15.85}$$

在 LC 中
$$B=2\gamma D_m\left(1+\frac{\gamma_2 D_s}{\gamma_1 D_m}k\right) \tag{15.86}$$

$$C=C_m+C_s \tag{15.87}$$

对于气体流动相(GC)
$$C_m=\frac{0.01k^2d_p^2}{(1+k)^2D_m} \tag{15.88}$$

对于液体流动相(LC)
$$C_m=\frac{(1+6k+11k^2)d_p^2}{24(1+k)^2D_m} \tag{15.89}$$

对于液体固定相
$$C_s=\frac{8kd_f^2}{\pi^2(1+k)^2D_s} \tag{15.90}$$

对于固体固定相
$$C_s=\frac{2t_dk}{(1+k)^2} \tag{15.91}$$

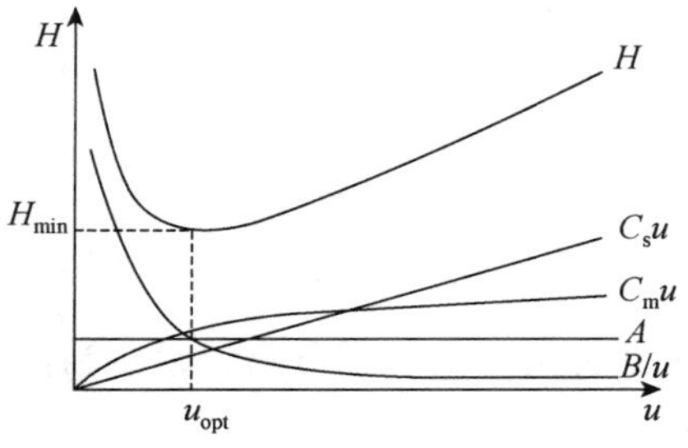

图 15.12　van Deemter 方程的 H-u 曲线

由于 van Deemter 方程将色谱柱有关参数(如 d_p 和 d_f)、溶质有关特性(如 D_m、D_s 和 k)和色谱操作参数(u)关联了起来,较好地描述了影响色谱峰展宽的因素,故对色谱实践有很好的指导意义。方程中各项对流动相流速 u 作图,可以得到如图 15.12 所示的 van Deemter 曲线。由此我们可以求得理论塔板高度最小或柱效最高时的 u 值,即最佳流速 u_{opt}

令
$$\frac{dH}{du}=-\frac{B}{u^2}+C_m+C_s=0$$

则
$$u_{opt}=\sqrt{\frac{B}{C_m+C_s}} \tag{15.92}$$

与最佳流速相对应,有最小理论塔板高度 H_{min}

$$H_{min}=A+2\sqrt{B(C_m+C_s)} \tag{15.93}$$

由方程(15.83)和图 15.12,我们可以观察到:

(i) A 只与色谱柱填充状态有关,而与流动相流速无关。

(ii) 当 $u<u_{opt}$ 时,纵向扩散对 H 的贡献最大,传质阻力可以忽略,故式(15.82)可以简化为

$$H=A+\frac{B}{u} \tag{15.94}$$

据此式作 H-$1/u$ 曲线,可由直线斜率求得 B,截距为 A。

(iii) 当 $u>u_{opt}$ 时,传质阻力是引起谱带展宽的主要因素,随着 u 的升高,H 增加,但变化缓慢。u 很高时,分子扩散可以忽略,故式(15.82)可以简化为

$$H=A+(C_m+C_s)u \tag{15.95}$$

据此式作 H-u 曲线,其斜率为(C_m+C_s),截距为 A。

(iv) 当 $u=u_{opt}$ 时,H 最小,柱效最高。一般色谱分离所用流速均高于 u_{opt},这是因为较高流速可以在牺牲一定柱效的条件下提高分析速度。只要分离度能满足要求,分析速度当然是越快越好。

(v) 色谱柱填料粒度对 H 有很大影响，图 15.13 是典型的 LC 实验结果。对式(15.92)的近似计算可以得到

$$u_{\text{opt}} = \frac{1.62D_{\text{m}}}{d_{\text{p}}} \tag{15.96}$$

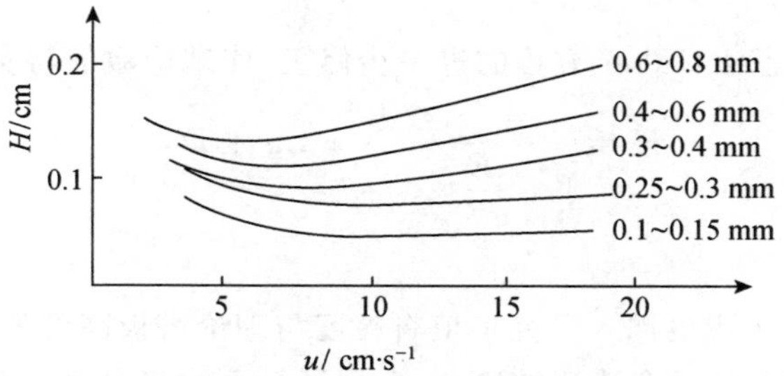

图 15.13　填料粒度对理论塔板高度的影响，曲线右边数字为填料颗粒直径[8]

与此对应的有

$$H_{\min} = 2.48d_{\text{p}} \tag{15.97}$$

5. 速率理论方程的修正

虽然 van Deemter 方程能够较好地解释色谱过程中的谱带展宽现象，但后来发现实验结果与理论计算有所不符。因此，许多色谱学者又进行了深入的研究，对 van Deemter 方程提出了修正，从而使理论更符合实际。下面介绍几个修正的速率理论方程。

(1) Giddings 方程[6]

Giddings 的研究表明，多路径效应与流动相流速是有关的，且流速的变化对多路径效应和流动相传质阻力的影响也不是相互独立的。流动相在色谱柱中的填料颗粒间流动时，会引起一种微湍流。当流速增加时，填料颗粒间的传质阻力会降低；而当流动相流速较低时，这种阻力会增加。当流速趋于 0 时，多路径效应就趋于 0。据此，Giddings 于 1961 年提出了速率理论的修正方程

$$H = \frac{A}{1 + \dfrac{E}{u}} + \frac{B}{u} + Cu \tag{15.98}$$

这一方程被称为耦合方程。与前面介绍的 van Deemter 方程相比，Giddings 方程引入了一个峰展宽常数 E。在这里

$$\frac{A}{1 + \dfrac{E}{u}} = \frac{1}{\dfrac{1}{2\lambda d_{\text{p}}} + \dfrac{1}{C_{\text{m}}u}}$$

这就是耦合方程的含义。可见，当 $E \gg u$ 时，$A = 2\lambda d_{\text{p}}$，式(15.98)就是式(15.83)；而当 u 趋于 0 时，A 趋于 0，多路径效应就可忽略了。

(2) Huber 方程[9]

Huber 在 Giddings 的研究基础上，进一步研究了填料颗粒之间的流动相对传质的阻力。认为随着流动相流速的增加，有一种“湍流混合”作用，导致了多路径效应和纵向扩散对理论塔板高度的贡献趋于常数。综合考虑 GC 和 LC 的情况，Huber 导出了下面的方程

$$H=\frac{A}{1+\frac{E}{\sqrt{u}}}+\frac{B}{u}+Cu+D\sqrt{u} \tag{15.99}$$

式中 A、B、C、D、E 均为常数。

(3) Horvath-Lin 方程[10]

Horvath-Lin 方程是对 Huber 方程的进一步修正,使理论数值与实验结果更为吻合。

$$H=\frac{A}{1+\frac{E}{u^{1/3}}}+\frac{B}{u}+Cu+Du^{2/3} \tag{15.100}$$

(4) Knox 方程[11]

Knox 等人在 1970 年代更深入研究了填料粒度与理论塔板高度的关系,采用 Giddings 早些年建议的折合塔板高度和折合流速的概念,建立了下面的速率理论方程

$$h=A\nu^{1/3}+\frac{B}{\nu}+C\nu \tag{15.101}$$

式中 $h=H/d_p$,为折合塔板高度,相当于单位路径上的理论塔板高度。由于 H 与 d_p 的单位一致,故 h 是一个无量纲参数。$\nu=ud_p/D_m$,叫折合速率,即以填料颗粒间扩散速率为单位的流动相流速,也是一个无量纲参数。利用这一方程可以简单有效地评价色谱柱的装填质量,但因为式中 A、B、C 等参数是通过经验公式得到的,并没有经过严格的理论推导,故其理论意义是有限的。

(5) Golay 方程[12]

针对开管柱 GC 的特点,Golay 推导出了描述开管柱中谱带展宽的方程。因为开管柱中没有填料,故多路径效应为 0。所以,理论塔板高度只与纵向扩散和传质阻力有关

$$H=\frac{2D_m}{u}+\frac{(1+6k+11k^2)r^2}{24(1+k)^2D_m}u+\frac{2kd_f^2}{3(1+k)^2D_s}u \tag{15.102}$$

式中 r 为开管柱的内半径,d_f 为固定相膜厚度。可见在开管柱 GC 中,H 与 r 密切相关。随着柱半径减小,柱效显著提高。这就是开管柱具有高分离效率的原因。对于不保留溶质,其 $k=0$,故

$$H=\frac{2D_m}{u}+\frac{r^2}{24D_m}u \tag{15.103}$$

类似于 van Deemter 方程,Golay 方程可以简单表示为

$$H=\frac{B}{u}+Cu \tag{15.104}$$

其中 $B=2D_m$;$C=C_m+C_s=\frac{(1+6k+11k^2)r^2}{24(1+k)^2D_m}+\frac{2kd_f^2}{3(1+k)^2D_s}$

同样可以导出开管柱的最小理论塔板高度 H_{min} 和相应的最佳流速 u_{opt}

$$H_{min}=2\sqrt{BC} \tag{15.105}$$

$$u_{opt}=\sqrt{\frac{B}{C}} \tag{15.106}$$

可见,决定开管柱柱效的因素主要是柱半径、固定相膜厚度、流动相流速和溶质的热力学参数。Golay 方程较好地解释了影响开管柱柱效的因素,为开管柱 GC 的研究者广泛采用。

上面介绍了速率理论的多个方程，各有其适用的范围。为了简便起见，Hawkes[12] 建议将多路径效应和流动相的传质阻力合并，对各种 GC 和 LC 均采用统一的“现代 van Deemter 方程”

$$H = \frac{B}{u} + C_m u + C_s u \tag{15.107}$$

式中 B 为纵向扩散系数，用式(15.86)表示；C_s 为固定相传质阻力系数，用式(15.90)或(15.91)表示。流动相的传质阻力系数 C_m 则表示为填料粒度的平方(d_p^2)、色谱柱直径的平方(d_c^2)和流动相流速(u)的函数与溶质在流动相中的分子扩散系数(D_m)之比

$$C_m = \frac{f(d_p^2, d_c^2, u)}{D_m} \tag{15.108}$$

色谱理论的研究对推动色谱科学的发展起了非常重要的作用，后面讨论毛细管电泳时，我们还要涉及有关理论。下面我们关注理论对实践的指导，即在具体的色谱操作中，如何运用这些理论优化分离参数，从而获得满意的分析结果。

15.3.7　色谱分离优化

1. 色谱基本关系式

如前所述，色谱分离的优劣可以用分离度 R 来表征。那么，柱效 n、容量因子 k、选择性 α 和保留时间 t_R 之间有什么关系？理解这些关系对优化分离显然是有用的。因此，在讨论分离优化之前，我们先来推导色谱基本关系式。

(1) 柱效 n、容量因子 k、选择性 α 和分离度 R 的关系

考虑由两个含量相当的溶质 A 和 B 组成的混合物，假设这两个组分的保留时间非常接近，则可以认为它们的峰宽近似，即

$$W_A \cong W_B \cong W$$

故式(15.41)可以写作

$$R = \frac{t_{R(B)} - t_{R(A)}}{W}$$

对于组分 B，由式(15.47)可得　$\dfrac{1}{W} = \dfrac{\sqrt{n}}{4t_{R(B)}}$

合并上面两个公式，得

$$R = \frac{t_{R(B)} - t_{R(A)}}{t_{R(B)}} \cdot \frac{\sqrt{n}}{4}$$

代入式(15.38)，经整理可得

$$R = \frac{k_{(B)} - k_{(A)}}{1 + k_{(B)}} \cdot \frac{\sqrt{n}}{4}$$

再代入式(15.40)，整理后得到

$$R = \frac{\sqrt{n}}{4}\left(\frac{\alpha - 1}{\alpha}\right)\left(\frac{k_{(B)}}{1 + k_{(B)}}\right) \tag{15.109}$$

或

$$n = 16R^2\left(\frac{\alpha}{\alpha - 1}\right)^2\left(\frac{1 + k_{(B)}}{k_{(B)}}\right)^2 \tag{15.110}$$

此式常用来计算获得一定分离度所需的理论塔板数(见下文的计算举例)。

在理论处理时，常用到上面两式的简化形式。在一定的色谱条件下，当两个相邻的组分很难分离时，$K_{(A)} \approx K_{(B)}$。此时可以认为 $k_{(A)} \approx k_{(B)} = k$。由式(15.40)可知，$\alpha$ 趋于 1，故式(15.109)和(15.110)可以简化为

$$R = \frac{\sqrt{n}}{4}(\alpha - 1)\left(\frac{k}{1+k}\right) \tag{15.111}$$

$$n = 16R^2\left(\frac{1}{\alpha - 1}\right)^2\left(\frac{1+k}{k}\right)^2 \tag{15.112}$$

式中 k 为两组分容量因子的平均值。下面讨论分离优化时我们将用到这些关系式。

(2) 保留时间 t_R 与分离度 R 的关系

在色谱实践中，人们总是希望用最短的分析时间获得最大的分离度。然而，它们常常是鱼和熊掌的关系，我们不得不作折中处理。根据式(15.15)，组分 B 在色谱柱中的移动速率 $u_{(B)} = L/t_{R(B)}$，代入式(15.43)得

$$u_{(B)} = \frac{nH}{t_{R(B)}} \tag{15.113}$$

由式(15.36)可得

$$\frac{t_{R(B)}}{t_M} = \frac{u}{u_{(B)}} \quad 或 \quad \frac{t_{R(B)} - t_M + t_M}{t_M} = \frac{u}{u_{(B)}}$$

即

$$u_{(B)} = \frac{u}{1 + k_{(B)}} \tag{15.114}$$

合并式(15.113)和(15.114)，可得到对于特定的色谱柱，当流动相流速为 u 时，组分 B 流出色谱柱所需的时间

$$t_{R(B)} = \frac{nH(1 + k_{(B)})}{u} \quad 或 \quad n = \frac{ut_{R(B)}}{H(1 + k_{(B)})}$$

将上式代入式(15.110)，得

$$t_{R(B)} = \frac{16R^2H}{u}\left(\frac{\alpha}{\alpha - 1}\right)^2 \frac{(1 + k_{(B)})^3}{k_{(B)}^2} \tag{15.115}$$

此式将多个色谱参数关联起来，在预测保留时间时很有用。

2. 分离性能的优化[14]

在选择色谱条件，以便在最短的时间内实现分离目的时，前面讨论的色谱基本关系式有重要的指导意义。纵观式(15.109)到(15.112)和(15.115)，可以发现每个公式均由三部分构成。第一部分与引起谱带展宽的动力学因素有关，即 n 或 H/u。第二部分是选择性因子 α，它与被分析物的性质相关。第三部分则是容量因子 k，它取决于被分析物和色谱柱的性质。可以说，后两部分均与被分离组分的热力学性质相关，即依赖于分配系数的大小、流动相和固定相的体积等。

在优化分离时应当明确，基本参数 α、k 和 H(或 n)可在一定的范围内独立调节。比如，改变温度或流动相的组成很容易改变 α 和 k；而改变固定相(即色谱柱)在实际工作中则是不太方便的。对于提高柱效 n，最简单的途径是增加柱长。根据速率理论，还可以通过调节流动相流速、改变填料粒度、改变流动相黏度(影响扩散系数)和固定相液膜厚度来改变 H。下面具体介绍有关的优化策略。

(1) 提高柱效

提高柱效的途径主要有三种。第一,对于给定的色谱柱,可以通过优化操作条件,如改变流动相组成和流速以及色谱柱温度来优化柱效。根据速率理论,在接近最佳流动相流速操作,或采用较低的温度,可以获得较高的柱效(较小的理论塔板高度),但一般都以增加分析时间为代价。改变流动相组成是较为有效的方法,比如,在 GC 中,采用氮气有利于抑制纵向扩散(降低 D_m),获得较高的理论塔板数,而采用氦气或氢气流动相可以在较高流速下工作(H-u 曲线较平坦),以缩短分析时间,当然,理论塔板高度要比采用氮气时高。在 LC 中,改变流动相组成是最常用的优化分离手段,但这种改变是通过影响容量因子和选择性因子来提高分离度的,而不是直接影响柱效。此外,因为 LC 中纵向扩散可以忽略,故降低流动相的黏度可以增大溶质的扩散系数,降低传质阻力,提高柱效。第二,对于给定的固定相,采用较长色谱柱当然会成比例地增加柱效,但分析时间也会增加。故这一方法不是优化分离的首选。第三,在保持色谱柱长不变的情况下,减低理论塔板高度以提高单位柱长的理论塔板数。此时,不会牺牲分析时间。在操作条件不变的情况下,只有更换色谱柱填料或填充高质量的色谱柱才能达到这一目的。换言之,这一途径较为有效,但色谱柱成本较高。

(2) 改善容量因子 k

增大容量因子 k 常常可以显著改善分离情况。为简便起见,将式(15.109)改写为

$$R = Q\left(\frac{k_{(B)}}{1+k_{(B)}}\right)$$

而将式(15.115)改写为

$$t_{R(B)} = Q' \frac{(1+k_{(B)})^3}{k_{(B)}^2}$$

式中 Q 和 Q' 代表原公式中的其他部分。分别作 R/Q-$k_{(B)}$ 和 $t_{R(B)}/Q'$-$k_{(B)}$ 图,可得到图 15.14 所示的曲线。显然,随着容量因子的增加,分离度会增加,同时分析时间也增加。事实上,容量因子大于 10 以后,分离度增加的幅度是很有限的,而保留时间则增加得更快一些。容量因子在 2 左右时,保留时间最小。综合考虑分离度和分析时间,容量因子的最佳值应当控制在 1～5 之间,一般不超过 10。

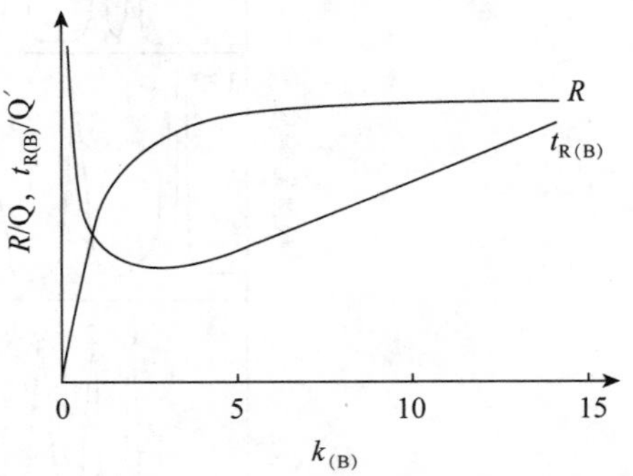

图 15.14　容量因子对分离度和保留时间的影响

改变 k 是优化分离最容易的方法。在 GC 中,升高色谱柱温度可以降低 k;而在 LC 中则常常通过改变流动相组成来调节 k。

(3) 改善选择性因子 α

选择性因子主要由溶质、固定相和流动相的性质所决定,当两种溶质的 α 值趋于 1 时,增加 k 和 n 均很难在合理的时间内实现这两个组分的分离。此时,应当设法增加 α,同时保持 k 值在适当的范围(1～10)内。常用于改善 α 的方法有:(i) 改变流动相的组成,包括改变 pH;(ii) 降低柱温;(iii) 改变固定相组成;(iv) 采用化学改性剂。

改变流动相的组成最容易实现,比如在 LC 中,流动相的溶剂组成比率变化可以明显影响 α。对于可解离的酸和碱,改变流动相 pH 可以控制溶质的解离程度,从而在 k 值变化不大的

情况下调节 α，以改善分离效果。在 GC 中，流动相的种类有限，改变流动相对分离的影响很小。

无论在 GC 还是 LC 中，改变固定相的性质常常是改善 α 的有效途径。为此，大多数色谱实验室要配备几种常用的色谱柱，以便针对不同分析对象选用不同的色谱柱。一般 LC 情况下，温度的改变可以调节 k 值，但对 α 的影响很小。但在离子交换色谱中，温度对 α 的影响是明显的。在 GC 中温度对 α 也有一定的影响，故在更换色谱柱之前应当尝试优化温度。

最后一种方法是在固定相中加入化学改性剂，它可以与某种或某些被分析物发生配合反应或其他相互作用，从而增加难分离物质对的 α。一个典型的例子是分离烯烃时在固定相中加入银盐，由于银盐可与不饱和有机化合物形成配合物，从而改善分离效果。

(4) 改善总体分离效果

对于复杂样品的分离，常常遇到图 15.15 所示的情况。当我们采用针对组分 1 和 2 的优化条件分离时(见色谱图 a)，组分 4 和 5 的 k 值太大(保留时间太长)，且峰形很宽，影响定量分析精度。而当我们采用针对组分 4 和 5 的优化条件时，组分 1 和 2 同时出峰而不能分离(见色谱图 b)。此时，理想的办法是在分离过程中随时间改变有关条件。开始时采用针对组分 1 和 2 的条件，然后逐步过渡到针对组分 4 和 5 的优化条件，最后获得如色谱图 c 所示的良好分离结果。这在色谱分析中被称为程序方法，即分析条件随时间程序变化。在 GC 中一般是改变色谱柱温度，即程序升温方法，也有改变压力的(叫程序升压)。在 LC 中则是随时间改变流动相组成，即梯度洗脱方法。

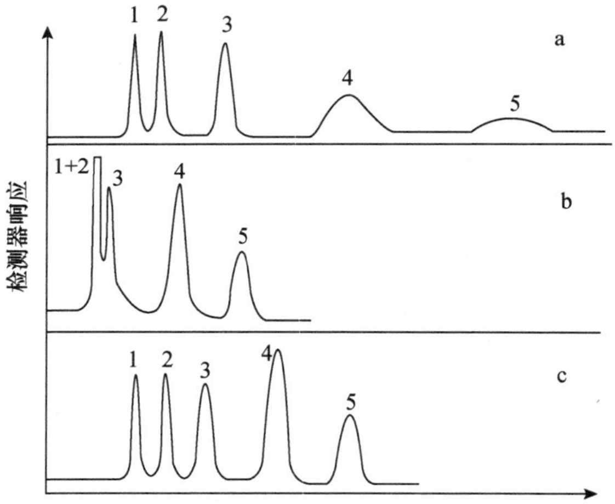

图 15.15 程序方法(GC 程序升温或 LC 梯度洗脱)示意图

a—GC 恒温或 LC 等梯度洗脱，流动相的强度适合于峰 1 和 2 b— GC 恒温或 LC 等梯度洗脱，流动相的强度适合于峰 4 和 5 c— GC 程序升温或 LC 梯度洗脱。

参考资料

[1] 张敬宝，班允东，孙毓庆. 色谱，1989，7(5)：256.

[2] Geiss F. Fundamentals of Thin Layer Chromatography，Heideiberg，Huthig，1987.

[3] 何丽一. 平面色谱方法及应用. 北京：化学工业出版社，2000.

[4]　周同惠. 薄层色谱. 北京：科学出版社，1992.

[5]　Martin A J P，Synge R L，J. Biochem.，1941，35：1358.

[6]　Giddings J C，J. Chromatogr.，1961，5：46.

[7]　van Deemter J J，Zufderweg F J，Klinkenberg A. Chem. Eng. Sci.，1956，5：271.

[8]　Boheman J，Purnel J H. In Gas Chromatography 1958，Desty DH. Ed. New York，Academic Press，1958.

[9]　Huber J F K，Hulsman J A R J，Anal. Chim. Acta，1967，38：305.

[10]　Horvath C，Lin H J. J. Chromatogr.，1976，149：401.

[11]　Kennedy G. J，Knox J H. J. Chromatogr. Sci.，1972，10：606.

[12]　Golay M J E. In Gas Chromatography 1958，D. H. Desty，Ed. New York，Academic Press，1958.

[13]　Hawkes S J. J. Chem. Educ.，1983，60：393.

[14]　傅若农. 色谱分析概论(第二版). 北京：化学工业出版社，2007.

思考题与习题

15.1　在仪器分析技术中，色谱的独特优点是什么？

15.2　为什么说色谱对化学乃至整个科学技术的发展起了重要的作用？

15.3　色谱主要有哪些分支？

15.4　试比较气相色谱和液相色谱的异同。

15.5　简述色谱与电泳的区别。

15.6　什么是经典色谱法？柱层析和现代柱色谱的主要区别是什么？

15.7　平面色谱包括哪些方法？各有什么特点？

15.8　简述薄层色谱的分类方法。

15.9　影响薄层色谱分离的主要因素是什么？

15.10　薄层色谱的常用检测技术有哪些？

15.11　导致谱带展宽的因素有哪些？

15.12　吸附等温线的形状与色谱峰的类型有什么关系？

15.13　影响分离因子 α 的参数有哪些？

15.14　如何控制和调节容量因子 k？

15.15　色谱柱的柱效 n 由哪些因素决定？如何提高柱效？

15.16　导致色谱峰不对称的因素是什么？

15.17　什么是程序升温和梯度洗脱？

15.18　在液相色谱分析中，含 A、B 和 C 三种组分的混合物在 30 cm 长的色谱柱上分离，测得不保留组分 A 的出峰时间为 1.3 min，组分 B 和 C 的保留时间分别为 16.40 min 和 17.36 min，峰(底)宽分别为 1.11 min 和 1.21 min。请计算：

(1) 组分 B 和 C 的分离度；

(2) 色谱柱的平均理论塔板数和理论塔板高度；

(3) 若使组分 B 和 C 的分离度达到 1.5，假设理论塔板高度不变，需要多长的色谱柱？

(4) 使用较长色谱柱后，组分 B 的保留时间为多少(流动相线流速不变)？

(5) 如果仍使用 30 cm 长的色谱柱，要使分离度达到 1.5，需要多少理论塔板数？理论塔板高度为多少？

15.19　气相色谱分析中，用 2 m 长的色谱柱分离二氯代甲苯，测得死时间为 1.0 min，各组分的保留时间(t_R)和峰(底)宽(W)如下所列：

出峰顺序	组　分	t_R/min	W/min
①	2,6-二氯甲苯	5.00	0.30
②	2,4-二氯甲苯	5.41	0.37
③	3,4-二氯甲苯	6.33	0.67

试计算：

(1) 各组分的调整保留时间 t'_R和容量因子 k；

(2) 相邻两组分的选择性因子 α 和分离度 R，哪两个组分为难分离物质对？

(3) 各组分的理论塔板高度和色谱柱平均理论塔板高度；

(4) 欲使难分离物质对的分离度达到 1.5，假设理论塔板高度不变，应采用多长的色谱柱？

(5) 使用较长色谱柱后，假设流动相线流速不变，组分②的保留时间将为多少？

15.20　在 LC 分析中采用 25 cm 长的色谱柱，流动相的流速为 0.5 $mL \cdot min^{-1}$，色谱柱内的固定相体积为 0.16 mL，流动相体积为 1.37 mL。测定不保留组分和样品中 4 个组分的保留时间(t_R)和半峰宽($W_{1/2}$)如下所列：

出峰顺序	组　分	t_R/min	$W_{1/2}$/min
①	不保留组分	3.10	—
②	组分 A	5.40	0.20
③	组分 B	13.30	0.50
④	组分 C	14.10	0.53
⑤	组分 D	15.60	0.85

试计算：

(1) 各组分的理论塔板数以及理论塔板高度；

(2) 各组分的容量因子和分配系数；

(3) 组分 B 和 C 的分离度和选择性因子；

(4) 组分 C 和 D 的分离度和选择性因子；

(5) 欲使组分 B 和 C 的分离度达到 1.5，需要多长的色谱柱？

(6) 欲使组分 C 和 D 的分离度达到 1.5，需要多长的色谱柱？

(7) 欲完全分离 4 个组分(相邻两峰的分离度大于或等于 1.5)，需要多长的色谱柱？

15.21　在 GC 分析中采用 40 cm 长的色谱柱，流动相的流速为 35 $mL \cdot min^{-1}$，色谱柱内的固定相体积为 19.6 mL，流动相体积为 62.6 mL。测定不保留组分(空气)和样品中 3 个组分的保留时间(t_R)和半峰宽($W_{1/2}$)如下所列：

出峰顺序	组　分	t_R/min	$W_{1/2}$/min
①	空气	1.90	—
②	甲基环己烷	10.00	0.76
③	甲基环己烯	10.90	0.82
④	甲苯	13.40	1.06

试计算：

(1) 3 个样品组分的平均理论塔板数；

(2) 3 个样品组分相邻两峰的分离度；

(3) 3 个样品组分的容量因子和分配系数；

(4) 3 个样品组分相邻两峰的选择性因子。

15.22　已知 M 和 N 两个化合物在水和正己烷之间的分配系数(K＝[在水相中的浓度]/[在正己烷中的浓度])分别为 6.01 和 6.20，现在用含有吸附水的硅胶色谱柱分离，以正己烷为流动相。已知色谱柱内的固定相体积与流动相体积之比为 0.422，请计算：

(1) 组分 M 和 N 的容量因子和两组分的选择性因子；

(2) 若使两组分的分离度达到 1.5，需要多少理论塔板数？

(3) 如果色谱柱的理论塔板高度为 0.022 mm，则所需柱长为多少？

(4) 如果流动相的线性流速为 7.10 $cm \cdot min^{-1}$，那么，多长时间可以将两组分从该色谱柱上洗脱？

第 16 章　气相色谱法

16.1　分离原理与分类

16.1.1　分离原理

GC 主要是利用物质的沸点、极性及吸附性质差异来实现混合物的分离的。待分析样品气化后被惰性气体(即载气,也叫流动相)带入色谱柱,柱内含有液体或固体固定相,由于样品中各组分的沸点、极性或吸附性能不同,每种组分都倾向于在流动相和固定相之间形成分配或吸附平衡。但由于载气是流动的,这种平衡实际上很难建立起来。也正是由于载气的流动,使样品组分在运动中进行反复多次的分配或吸附/解吸,结果是在载气中分配浓度大(与固定相的作用力较小)的组分先流出色谱柱,而在固定相中分配浓度大(与固定相的作用力较大)的组分后流出。从而实现混合物中各组分的分离。

16.1.2　分类

GC 可以分为不同的分支。按所用色谱柱分,有填充柱 GC 和开管柱(毛细管柱)GC。填充柱内要填充上一定的填料,它是"实心"的,而开管柱则是"空心"的,其固定相附着在柱管内壁上。习惯上人们把开管柱称为毛细管柱,但严格说来,毛细管柱既有开管柱,也有填充柱。GC 早期使用的都是填充柱,1958 年才出现了开管柱。而开管柱的普及则是 1979 年熔融石英毛细管管柱出现后才开始的。

按固定相状态可分为气固色谱和气液色谱。前者采用固体固定相,如多孔氧化铝或高分子小球等,主要用于分离永久气体和较低相对分子质量的有机化合物,其分离主要是基于吸附机理。后者则为液体固定相,分离主要基于分配机理。在实际 GC 分析中,90%以上的应用为气液色谱。

按分离机理可分为分配色谱(气液色谱)和吸附色谱(气固色谱)。应当指出,气液色谱并不总是纯粹的分配色谱,气固色谱也不完全是吸附色谱。一个色谱过程常常是两种或多种机理的结合,只是有一种机理起主导作用而已。此外,按进样方式分可分为普通色谱、顶空色谱和裂解色谱等。

除了上面所述,还有一种特殊的 GC,叫做逆相色谱(inversed gas chromatography),又叫反相气相色谱(与 HPLC 中反相色谱的意思是不同的)。它是将欲研究的对象作为固定相,而用一些有机化合物(叫探针分子)作为样品进行分析。目的是研究固定相与探针分子之间的相互作用。比如在高分子领域,用此法研究聚合物与有机化合物的相互作用参数。由于篇幅所限,本书不讨论逆相色谱。

16.2　气相色谱仪器

16.2.1　气相色谱仪的构成

虽然市场上的 GC 仪器型号繁多，性能各异，但总的来说，仪器的基本结构是相似的，即由下面几部分组成：

(i) 气路系统。用于控制和输送 GC 用气体，包括载气和检测器所用气体的气源（氮气、氦气、氢气、压缩空气等的高压钢瓶和/或气体发生器，气流管线）以及气体净化和气流控制装置。

(ii) 进样系统。其作用是有效地将样品导入色谱柱进行分离，如自动进样器、进样阀、各种进样口，以及顶空进样器、吹扫-捕集进样器、裂解进样器等辅助进样装置。

(iii) 柱系统。包括精确控温的柱加热箱、色谱柱、以及与进样口和检测器的接头，其中色谱柱本身的性能是分离成败的关键。

(iv) 检测系统。用各种检测器监测色谱柱的流出物，并将检测到的信号转换为可被记录仪处理的电压信号，或者由计算机处理的数字信号。

(v) 数据处理系统和控制系统。数据处理系统对 GC 原始数据进行处理，画出色谱图，并获得相应的定性定量数据。虽然对分离和检测没有直接的贡献，但分离效果的好坏、检测器性能如何，都要通过数据反映出来。分离优化、方法的开发都要以数据为依据，而最后的分析结果也必须用数据来表示。因此，数据处理系统是 GC 分析必不可少的部分。至于控制系统，一般仪器都置于主机上，如温度控制、气体流量控制和检测器控制等。

图 16.1 所示为一台典型的 GC 仪器的结构示意图（色谱柱安装在柱箱内，进行分析时关上柱箱门，色谱柱是看不到的），它可以同时配置两个进样口和两个检测器，用键盘实现控制，积分仪处理数据。现在市售仪器多用色谱工作站（计算机）实现仪器控制和数据处理。下面将分别讨论 GC 仪器系统的具体配置。

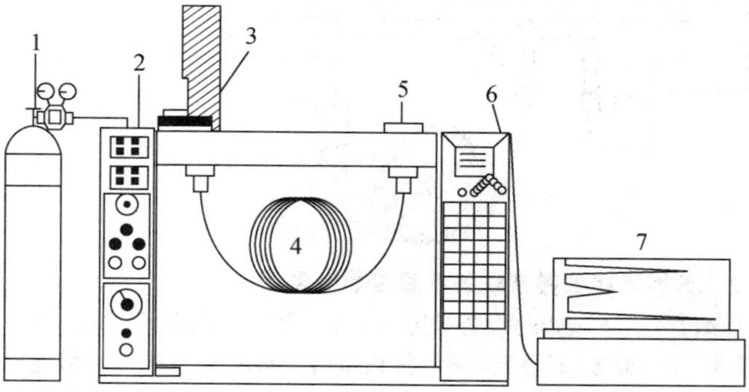

1—气源
2—气路控制系统
3—进样系统
4—柱系统
5—检测系统
6—控制系统
7—数据处理系统

图 16.1　GC 仪器基本结构示意

16.2.2　气路系统

1. 气源

气源就是为 GC 仪器提供载气和/或辅助气体的高压钢瓶或气体发生器。GC 对各种气体的纯度要求较高，比如作载气的氮气、氢气或氦气都要高纯级（99.999%）的，这是因为气体中的杂质会使检测器的噪音增大，还可能对色谱柱性能有影响。检测器辅助气体如果不纯，更会增大背景噪音，降低检测灵敏度，缩小检测器的线性范围，严重的会污染检测器。因此，实际工作中要在气源与仪器之间连接气体净化装置。

2. 气路控制系统

气路控制系统为仪器提供流量准确的各种气体。在 GC 仪器中，往往采用多级控制方法。如图 16.2 所示为典型的双进样口（填充柱和分流/不分流进样口）、双柱（填充柱和毛细管柱）、双检测器（TCD 和 FID）仪器配置的气路控制示意图。

从钢瓶（1、2、3）出来的气体首先要经过减压阀（4）减压，GC 要求的气源压力约为 4 MPa，压力太小会影响后面气路上有关阀件的正常工作。如果是用气体发生器，就不需要减压阀了。大部分气体发生器的输出压力均为 4 MPa。气体经过净化装置（5）后进入 GC 仪器。稳压阀和压力表（6）用于控制和显示各种气体进入 GC 的总压力。作为检测器（如 FID）用辅助气的氢气（燃烧气）和压缩空气（助燃气）分别经针型阀（11）和（12）调节后，直接进入检测器（FID、NPD、FPD 均使用这两种气体）。载气气路稍微复杂一些，它先经两个三通接头（7）分成三路，其中一路到填充柱进样口（23），另一路到毛细管柱分流/不分流进样口（14），第三路则作为毛细管柱的尾吹气，经针型阀（10）调节后在柱出口处接入检测器。

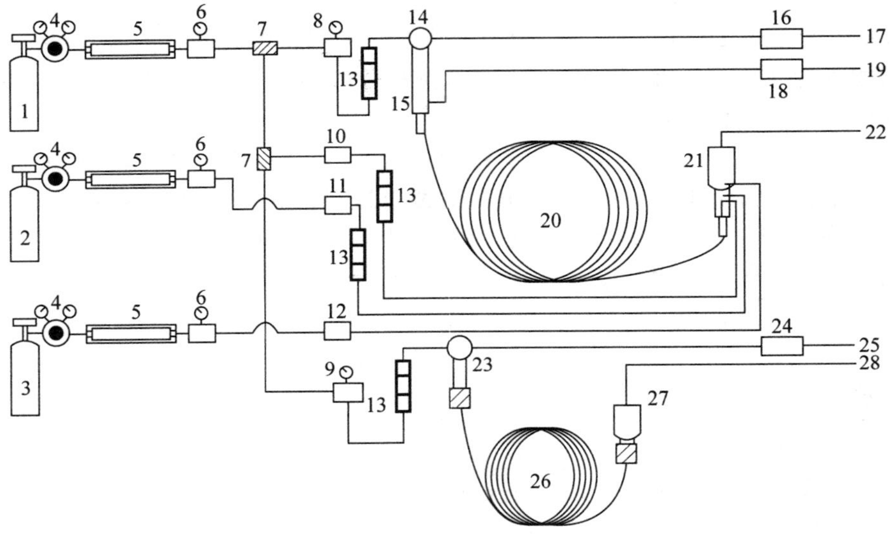

图 16.2　典型双柱仪器系统的气路控制示意图

1—载气（氮气或氦气）　2—氢气　3—压缩空气　4—减压阀（若采用气体发生器就可不用减压阀）　5—气体净化器　6—稳压阀及压力表　7—三通连接头　8—分流/不分流进样口柱前压调节阀及压力表　9—填充柱进样口柱前压调节阀及压力表　10—尾吹气调节阀　11—氢气调节阀　12—空气调节阀　13—流量计（有些仪器不安装流量计）　14—分流/不分流进样口　15—分流器　16—隔垫吹扫气调节阀　17—隔垫吹扫放空口　18—分流流量控制阀　19—分流气放空口　20—毛细管柱　21—FID 检测器　22—检测器放空出口　23—填充柱进样口　24—隔垫吹扫气调节阀　25—隔垫吹扫放空口　26—填充柱　27—TCD 检测器　28—TCD 放空口

两个进样口的共同之处在于，一是都有柱前压调节阀和压力表（8，9），以控制色谱柱的载气流速。流量计（13）可以读出载气流量，不过有些仪器已不安装流量计了，而是用压力表指示流量。二是隔垫吹扫气（也有些仪器的填充柱进样口不用隔垫吹扫气），以消除进样口密封垫中的挥发物对分析的干扰。隔垫吹扫气的流量分别用阀(16)和(24)控制,一般流量为 2～3 mL·min^{-1}。两个进样口最大的不同是毛细管柱分流/不分流进样口有分流装置,故多一个阀(18)以控制分流流量。对于载气控制模式,有的仪器用恒压模式,即分析过程中,柱前压保持恒定,不随柱温而变化。有的则采用恒流模式,即随着柱温变化自动调节压力,使载气流量保持恒定。安装电子气路控制(EPC)系统的仪器,可由使用者选择使用恒流或恒压控制模式。

此外,需要强调一点,图 16.2 的气路控制系统中,TCD 为单丝检测器,故填充柱系统只用一路载气即可(检测器本身还需要一路参比气)。如果是双丝 TCD,则填充柱应为双气路,这也是某些仪器之所以要同时配置三个进样口和三个检测器的原因之一。

16.2.3　进样系统

1. 进样口结构与技术指标

GC 进样系统包括样品引入装置(如注射器和自动进样器)和气化室(也叫进样口),其作用是将样品定量引入色谱系统,并使样品有效地气化。然后用载气将样品快速“扫入”色谱柱。为此,进样口的设计要考虑(已分流/不分流进样口为例)以下几项技术指标。

(1) 操作温度范围

一般仪器进样口的最高操作温度为 350～450℃。技术上讲,这一温度设置还可以更高,但由于色谱柱的最高使用温度一般不超过 400℃,所以没有必要设计更高的气化温度。高档仪器有气化室程序升温功能。

(2) 载气压力和流量设定范围

常见仪器的载气压力范围为 0～7×10^5 Pa,流量范围在 0～200 mL·min^{-1} 之间。当配置了 EPC 后,压力和流量范围会更大。

(3) 死体积

气化室的死体积应足够小,以保证样品进入色谱柱的初始谱带尽可能窄,从而减少柱外效应。但死体积太小时,又会因样品气化后体积膨胀而引起压力的剧烈波动,严重时会造成样品的“倒灌”,使样品进入载气管路,反而增大了柱外效应。常见气化室的死体积为 0.2～1 mL。

(4) 惰性

气化室内壁应具有足够的惰性,不对样品发生吸附作用或化学反应,也不能对样品的分解有催化作用。为此,在气化室的不锈钢套管中要插入一个石英玻璃衬管。

(5) 隔垫吹扫(septum purge)功能

因为进样隔垫一般为硅橡胶材料制成,其中可能含有一些残留溶剂和/或低分子齐聚物。再则,由于气化室高温的影响,硅橡胶会发生老化降解。这些残留溶剂和降解产物如果进入色谱柱,就可能出现“鬼峰”(即不是样品本身的峰),影响分析。隔垫吹扫就是消除这一现象的有效方法。

图 16.3 是一个填充柱进样口的结构示意图及隔垫吹扫装置的放大图。可以看到,载气进入进样装置后,先经过加热块预热,这样可保证气化温度的稳定。然后,大部分载气进入衬管起载气的作用,同时有一部分(2 mL·min^{-1} 左右)向上流动,并从隔垫下方吹扫过,最后放空。从隔垫排出的可挥发物就随这一隔垫吹扫气流排出系统外。而样品是在衬管内气化,故不会随隔垫吹扫气流失。

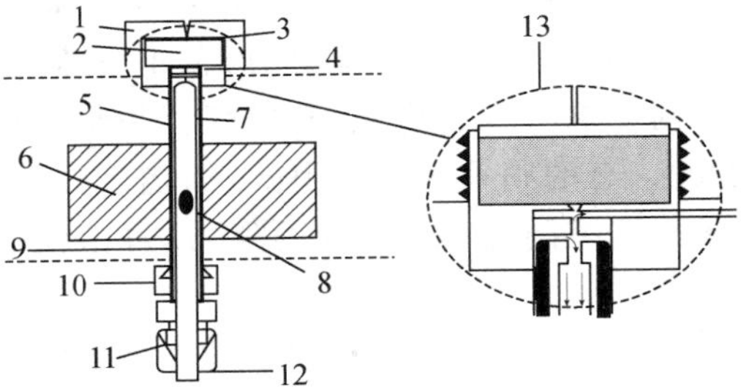

图 16.3 填充柱进样口结构及隔垫吹扫原理示意图

1—固定隔垫的螺母 2—隔垫 3—隔垫吹扫装置 4—隔垫吹扫气出口 5—气化室 6—加热块 7—玻璃衬管 8—石英玻璃毛 9—载气入口 10—柱连接件固定螺母 11—色谱柱固定螺母 12—色谱柱 13—3 的放大图

从图 16.3 还可以看出，衬管内轴向上各处的温度是不相等的。如图 16.4 所示，当设定气化温度为 350℃时，相对于不同的柱箱温度有不同的温度分布，而隔垫的温度要比设定气化温度低很多。这样可防止隔垫的快速老化，同时也要注意，进样时注射器一定要插到底，使针尖到达衬管中部最高温度区，以保证样品的快速气化。衬管中部有时塞有一些硅烷化处理过的石英玻璃毛，其作用是使针尖的样品尽快分散以加速气化，避免注射针“歧视”效应(见下文的有关讨论)。另一个作用是防止样品中的固体颗粒或从隔垫掉下来的碎屑进入色谱柱。

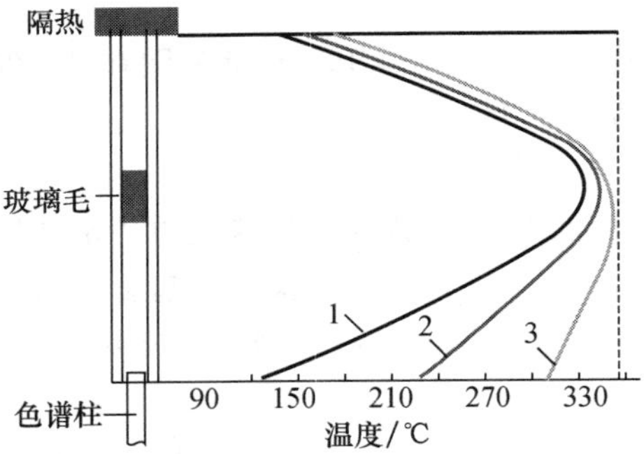

图 16.4 气化室温度(设定为 350℃)分布示意图

柱箱温度：1—35℃ 2—150℃ 3—300℃

(6) 分流比的设定

对于毛细管柱进样口，还有一个分流比(分流流量与柱流量之比)的设定问题。常用分流比为(10～200)：1，做快速 GC 分析时，要求分流比很高，有时需要达到 5000：1 或更高。

16.3 常用 GC 进样方法

表 16.1 列出了常用 GC 进样口和进样方法的特点，限于篇幅，下面只对前六种进样方法做详细讨论。与顶空进样和裂解进样相应的是顶空色谱和裂解色谱，读者可参看有关专著[1,2]。

表 16.1　常见 GC 进样口和进样技术

进样口和进样技术	特　点
填充柱进样口	最简单的进样口。所有气化的样品均进入色谱柱，可接玻璃和不锈钢填充柱，也可接大口径毛细管柱进行直接进样
分流/不分流进样口	最常用的毛细管柱进样口。分流进样最为普遍，操作简单，但有分流歧视和样品可能分解的问题。不分流进样虽然操作复杂一些，但分析灵敏度高，常用于痕量分析
冷柱上进样口	样品以液体形态直接进入色谱柱，无分流歧视问题。分析精度高，重现性好。尤其适用于沸点范围宽、或热不稳定的样品，也常用于痕量分析
程序升温气化进样口	将分流/不分流进样和冷柱上进样结合起来，功能多，适用范围广，是较为理想的 GC 进样口
大体积进样	采用程序升温气化或冷柱上进样口，配合以溶剂放空功能，进样量可达几百微升，甚至更高，可大大提高分析灵敏度，但操作较为复杂
阀进样	常用六通阀定量引入气体或液体样品，重现性好，容易实现自动化。但进样对峰展宽的影响大，常用于永久气体的分析，以及化工工艺过程中物料流的监测
顶空进样	只取复杂样品基体上方的气体部分进行分析，有静态顶空和动态顶空（吹扫-捕集）之分，适合于环境分析（如水中有机污染物）、食品分析（如气味分析）及固体材料中的可挥发物分析等
裂解进样	在严格控制的高温下将不能气化或部分不能气化的样品裂解成可气化的小分子化合物，进而用 GC 分析，适合于聚合物样品或地矿样品等

16.3.1　填充柱进样口

填充柱进样口的基本结构见图 16.3。该进样口的作用就是提供一个样品气化室，所有气化的样品都被载气带入色谱柱进行分离。进样口可以配置、也可以不配置隔垫吹扫装置。这种进样口可连接玻璃或不锈钢填充柱，还可连接大口径毛细管柱作直接进样分析。

1. 填充柱进样

(1) 柱连接

采用玻璃柱或不锈钢柱时，连接方法是不同的，需使用不同的接头（又叫插件）。玻璃柱可直接插入气化室，由一个固定螺母加石墨垫密封。此时插入气化室的色谱柱部分不应有填料在其中，否则会在高温下分解而干扰分析。这段空的色谱柱又起到了玻璃衬管的作用（相当于填充柱柱上进样），防止了样品与气化室不锈钢表面的接触。

当采用不锈钢柱时，柱端接在气化室的出口处，用螺母和金属压环密封。这时应在气化室安装玻璃衬管，以避免极性组分的分解和吸附。

(2) 样品的适用范围

只要色谱柱的分离能力可满足要求，填充柱进样口适合于各种各样的可挥发性样品。由于所有气化的样品都进入色谱柱，且填充柱柱容量大，故定量分析准确度很高。对于热不稳定的样品，最好采用玻璃柱，将样品直接进入柱头；而对"脏"的样品则应采用衬管，以防止污染物进入色谱柱而造成柱性能下降。

(3) 操作参数设置

(i) 进样口温度。该温度应接近于或略高于样品中待测高沸点组分的沸点。温度太高可能引起某些热不稳定组分的分解,或当进样量大时,造成样品倒灌。如果温度太低,晚流出的色谱峰会变形(展宽、拖尾或前伸)。

(ii) 载气流速。内径为 2 mm 左右的填充柱,载气流速一般为 30 mL · min^{-1}(氮气)。用氢气作载气时流速可更高一些,用氮气时则要稍低一些。

(iii) 进样量和进样速度。填充柱的柱容量大,进样量一般为 1～5 μL,甚至更高。由于填充柱分离效率有限,进样速度的快慢对结果影响不大,只要进样量和进样速度重现,手动进样和自动进样所得结果的分析精度没有太大差别。

2. 大口径毛细管柱直接进样

(1) 柱连接

所谓直接进样就是指用大口径(≥0.53 mm 内径)毛细管柱接在填充柱进样口,像填充柱进样一样,所有气化的样品全部进入色谱柱。大口径毛细管柱的柱容量和柱效均介于填充柱和常规毛细管柱之间,其柱内载气流速可以高达 20 mL · min^{-1} 左右,故采用填充柱进样口是可行的,只是将填充柱接头换成大口径毛细管柱专用接头即可。

(2) 样品的适用范围

基本与填充柱分析相同,对热不稳定的样品宜采用柱内直接进样,"脏"的样品则采用普通直接进样,利用衬管来保护色谱柱不被污染。

(3) 操作参数设置

(i) 进样口温度。一般应高于待测组分沸点 10～25℃。

(ii) 载气流速。稳定流速不应低于 15 mL · min^{-1},这正是大口径毛细管柱的流量上限。所以当需要载气流速低于 10 mL · min^{-1} 时(0.53 mm 内径柱的最佳流量为 3.5 mL · min^{-1}),应在气路中增加一个限流器,以稳定流速。

(iii) 进样量和进样速度。由于大口径柱的柱容量小于填充柱,故进样量一般不应超过 1 μL。进样量大时很容易造成柱超载。同时,进样速度慢一些可以减少倒灌的可能性,改善早流出峰的分离度。

16.3.2 分流/不分流毛细管柱进样

1. 进样口结构

分流/不分流进样口是毛细管 GC 最常用的进样口,它既可用作分流进样,也可用作不分流进样。图 16.5 是典型的分流/不分流进样口示意图。

从结构上看,分流/不分流进样口与填充柱进样口有明显的不同,一是前者有分流气出口及其控制装置;二是除了进样口前有一个控制阀外,在分流气路上还有一个柱前压调节阀;三是二者使用的衬管结构不同。而分流进样和不分流进样在操作参数的设置、对样品的要求以及衬管结构方面也有很大区别,下面分别讨论之。

2. 分流进样

(1) 载气流路和衬管选择

分流进样时载气流路如图 16.5(a)所示。进入进样口的载气总流量由一个总流量阀控制,而后载气分成两部分:一是隔垫吹扫气(1～3 mL · min^{-1}),二是进入气化室的载气。进入气化室的载气与样品气体混合后又分为两部分：大部分经分流出口放空，小部分进入色谱柱。以总流量为 104 mL・min^{-1} 为例，如果隔垫吹扫气流设置为 3 mL・min^{-1}，则另 101 mL・min^{-1} 进入气化室。当分流流量为 100 mL・min^{-1} 时，柱内流量为 1 mL・min^{-1}，这时分流比为 100∶1。

用于分流进样的衬管大都不是直通的，管内有缩径处或者烧结板，或者有玻璃珠，或者填充有玻璃毛，这主要是为了增大与样品接触的表面，保证样品完全气化，减小分流歧视（见下文）。同时也是为了防止固体颗粒和不挥发的样品组分进入色谱柱。另外，玻璃毛活性较大，不适合于分析极性化合物，此时可用经硅烷化处理的石英玻璃毛。

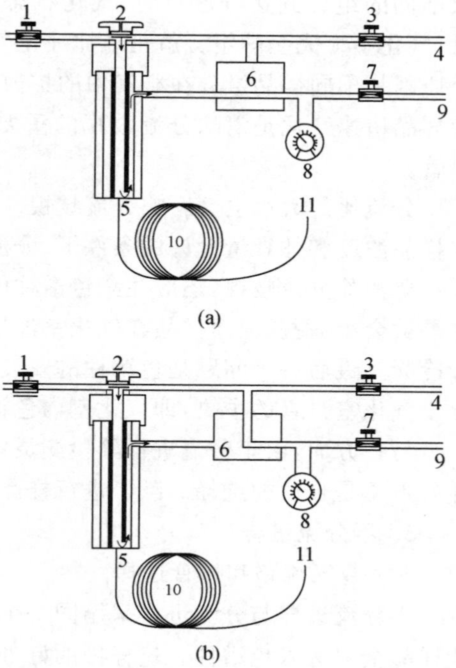

图 16.5　分流/不分流进样口原理示意图

(a) 分流状态　(b) 不分流状态

1—总流量控制阀　2—进样口　3—隔垫吹扫气调节阀　4—隔垫吹扫气出口　5—分流器　6—分流/不分流电磁阀　7—柱前压调节阀　8—柱前压表　9—分流出口　10—色谱柱　11—接检测器

（2）样品的适用性

分流进样适合于大部分可挥发样品，包括液体和气体样品，特别是对一些化学试剂（如溶剂）的分析。因为其中一些组分会在主峰前流出，而且样品不能稀释，故分流进样往往是理想的选择。此外，在毛细管 GC 的方法开发过程中，如果对样品的组成不很清楚，也应首先采用分流进样。对于一些相对"脏"的样品，更应采用分流进样，因为分流进样时大部分样品被放空，只有一小部分样品进入色谱柱，这在很大程度上防止了柱污染。

（3）操作参数设置

(i) 温度。进样口温度应接近于或等于样品中最重组分的沸点，以保证样品快速气化，减小初始谱带宽度。但温度太高有使样品组分分解的可能性。对于一个未知的新样品。可将进样口温度设置为 300℃进行试验。

(ii) 载气流速。常用毛细管 GC 所用柱内载气线流速为：氦气 30～50 cm・s^{-1}，氮气 20～40 cm・s^{-1}，氢气 40～60 cm・s^{-1}。实际流速可通过测定死时间来计算，通过调节柱前压来控制。用大口径柱时分流比小一些（或采用不分流进样），用微径柱做快速 GC 分析时，分流比要求很大。

(iii) 进样量和进样速度。分流进样的进样量一般不超过 2 μL。当然，进样量和分流比是相关的，分流比大时，进样量可大一些。至于进样速度应当越快越好。

（4）分流歧视问题

所谓分流歧视是指在一定分流比条件下，不同样品组分的实际分流比是不同的，这就会造成进入色谱柱的样品组成不同于原来的样品组成，从而影响定量分析的准确度。因此，采用分流进样时必须注意这个问题。那么，是什么因素造成分流歧视的呢？

不均匀气化是分流歧视的主要原因之一。即由于样品中各组分的极性不同，沸点各异，因而气化速度各不相同。理论上讲，只要气化温度足够高，就能使样品的全部组分迅速气化。只要气化室内样品处于均相气体状态，分流歧视就是可以忽略的。然而，实际上样品在气化室是处于一种运动状态，即必须随载气流动。从气化室气化到进入色谱柱的时间很短(以秒计)，沸点不同的组分到达分流点时，气化状态可能不完全相同。这样，由于分流流量远大于柱内流量，气化不太完全的组分就可能比完全气化的组分多分流掉一些样品。造成分流歧视的另一个原因是不同样品组分在载气中的扩散速率不同，而扩散速率与温度是呈正比的。所以，尽量使样品快速气化是消除分流歧视的重要措施，包括采用较高的气化温度，也包括使用合适的衬管。

分流比的大小也会影响分流歧视。一般讲，分流比越大，越有可能造成分流歧视。所以，在样品浓度和柱容量允许的条件下，分流比小一些有利。

要消除分流歧视，还应注意色谱柱的初始温度尽可能高一些。这样，气化温度和柱箱温度之差就会小一些，因而样品在气化室经历的温度梯度就会小一些，可避免气化后的样品发生部分冷凝。最后一个问题是色谱柱的安装，一是要保证柱入口端超过分流点，二是保证柱入口端处于气化室衬管的中央，即气化室内色谱柱与衬管是同轴的。

另一方面，由于分流进样给检测灵敏度提出了更高的要求，而当样品浓度太低时。分流进样并不总是合适的选择。除了进行样品预处理(如浓缩)外，我们很容易想到不分流进样。

3. 不分流进样

(1) 载气流路和衬管选择

不分流进样与分流进样采用同一个进样口，只是将分流气路的电磁阀关闭[图 16.5(b)]，让样品全部进入色谱柱。这样做的好处是显而易见的，既可提高分析灵敏度，又能消除分流歧视的影响。然而，在实际工作中，不分流进样的应用远没有分流进样普遍，只是在分流进样不能满足分析要求时(主要是灵敏度要求)，才考虑使用不分流进样。这是因为不分流进样的操作条件优化较为复杂，对操作技术的要求高。其中一个最突出的问题是样品初始谱带较宽(样品气化后的体积相对于柱内载气流量太大)，气化的样品中溶剂是大量的，不可能瞬间进入色谱柱，结果溶剂峰就会严重拖尾，使早流出组分的峰被掩盖在溶剂拖尾峰中[如图 16.6(a)所示]，从而使分析变得困难，甚至不可能。有人也将这一现象叫作溶剂效应。

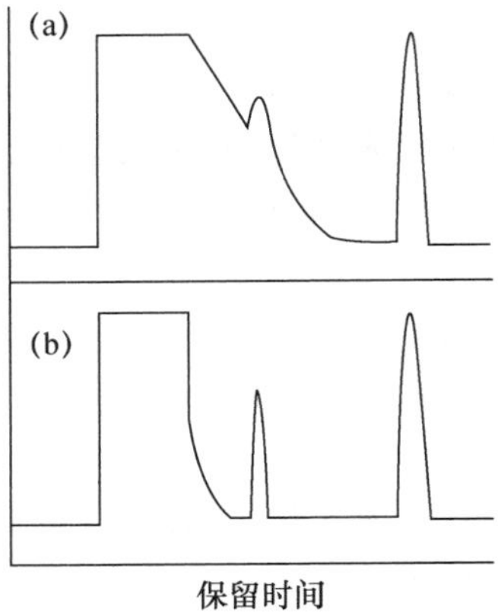

图 16.6 不分流进样的溶剂效应

(a) 完全不分流 (b) 瞬间不分流

消除这种溶剂效应可从几个方面考虑，但就载气的流路来说，主要是采用所谓瞬间不分流技术。即进样开始时关闭分流电磁阀，使系统处于不分流状态[图 16.5(b)]，待大部分气化的样品进入色谱柱后，开启分流阀，使系统处于分流状态[图 16.5(a)]。这样，气化室内残留的溶剂气体(当然包括一小部分样品组分)就很快从分流出口放空，从而在很大程度上消除了溶剂拖尾[如图 16.6(b)所示]。分流状态一直持续到分析结束，注射下一个样品时再关闭分流阀。所以，不分流进样并不是绝对不分流，而是分流与不分流的结合。一般采用 0.75 min 的分流开启时间，即从进样到开启分流阀的时间为 0.75 min，通常能保证 95%以上的样品进入色谱柱。

衬管的尺寸是影响不分流进样性能的另一个重要因素。为了使样品在气化室尽可能少地稀释，从而减小初始谱带宽度，衬管的容积小一些有利，一般为 0.25～1 mL，且最好使用直通式衬管。当用自动进样器进样时，因进样速度快，样品挥发快，故建议采用容积稍大一些的直通式衬管。

(2) 样品的适用性

不分流进样具有明显高于分流进样的灵敏度，通常用于环境分析（如水和大气中痕量污染物的检测）、食品中的农药残留监测，以及临床和药物分析等。这些样品往往比较脏，所以样品的预处理是保护色谱柱所必须要注意的问题。此外，待测痕量组分如果在溶剂拖尾处出峰的话，还可采用溶剂聚焦（见下文有关内容）的方法来提高分析灵敏度。

不分流进样对样品溶剂有较严格的要求。因为进样口温度、色谱柱初始温度、瞬间不分流的时间和进样体积都与溶剂沸点有关。一般讲，使用高沸点溶剂比低沸点溶剂有利，因为溶剂沸点高时，容易实现溶剂聚焦，且可使用较高的色谱柱初始温度，还可降低注射器针尖歧视以及气化室的压力突变。

另外，溶剂的极性一定要与样品的极性相匹配，且要保证溶剂在所有被测样品组分之前出峰，否则早流出的峰就会被溶剂的大峰掩盖。同时，溶剂还要与固定相匹配，才能实现有效的溶剂聚焦。必要时可采用保留间隙管来达到聚焦的目的。

对于高沸点痕量组分的分析，不分流进样就容易多了。此时可以不考虑溶剂的沸点，因为有固定相聚焦就完全能保证窄的初始谱带，采用高的初始柱温还可缩短分析时间。

(3) 操作参数设置

(i) 进样口温度。进样口温度的设置可以比分流进样时稍低一些，因为不分流进样时样品在气化室滞留时间长，气化速度稍慢一些不会影响分离结果，还可通过溶剂聚焦和/或固定相聚焦来补偿气化速度慢的问题。

(ii) 载气流速。从减小初始谱带宽度的角度考虑，不分流进样的载气流速应高一些，其上限以保证分离度为准。分流出口的流量（开启分流阀后）一般为 30～60 mL・min^{-1}。

(iii) 进样量和进样速度。进样量一般不超过 2 μL。进样量大时应选用容积大的衬管，否则会发生样品倒灌。进样速度则应快一些，最好用自动进样器。

对于高沸点样品，不分流时间长一些有利于提高分析灵敏度，而不影响测定准确度；对于低沸点样品，则要尽可能使不分流时间短一些，最大限度地消除溶剂拖尾，以保证分析准确度。对于热不稳定的化合物，最好用冷柱上进样技术。

16.3.3　阀进样

1. 阀进样的特点

阀进样是用机械阀将气体或液体样品定量引入色谱系统。这一进样技术常用于动态气流或液流的监测，比如天然气输送管中的气体监测、化工过程物料流的实时分析、石油蒸馏塔的气体分析等等。阀进样可以是手动的，也可以是自动的。它可以直接与色谱柱相连，也可以接到色谱仪进样口。

2. 进样阀的结构

现在使用的进样阀有两种类型，一是转动阀，二是滑动阀。转动阀可在高温高压下工作，寿命较长。滑动阀的工作温度不能超过 150℃。所以尽管滑动阀的切换时间短，内部体积小，但仍然没有转动阀使用那么普遍。我们这里主要介绍转动阀的结构，滑动阀的功能与转动阀完全相同。

图 16.7 所示为常用于气体样品的普通进样阀。A 为载样位置，B 为进样位置。进样体积是由定量管(loop，也叫定量环)的内径和长度控制的(这与 HPLC 进样阀原理相同)。改变进样量时须更换定量管，常见的气体进样体积为 0.25～1 mL。载样时[图 16.7(a)]，样品由阀接头 1 引入，通过接头 6 进入定量管，多余的样品通过接头 3 连接 2 排出。GC 载气则通过接头 5 到 4，然后直接进入色谱柱。进样时[图 16.7(b)]，阀的转子(转动片)转动 60°，这样就使原来相通的两接头断开，而使原来断开的两接头连通。载气通过定量管将样品带入色谱系统进行分离。

对于液体的阀进样，因为气化后体积会膨胀数百倍，故定量管的容积应大大小于气体进样阀。这时采用刻在阀转子上的定量槽(又叫内部定量管)来控制进样量，一般小于 5 μL。如图 16.8 所示，其工作原理与气体进样阀相同，只是在样品排出口上接一个限流器，以保持一定压力，使样品在槽中(载样位置)保持为液体状态。一旦转动到进样位置，气路系统的压力下降到载气进样口压力，液体便气化随载气进入色谱柱。

无论是气体进样阀还是液体进样阀，为保证准确的进样量，都必须恒定在一定的温度。气体进样阀要求控制在较高温度，以防止样品的冷凝，从而保证进样的重现性。阀体通常安装在柱箱外，用独立加热块控制阀体温度，有时也将阀装在柱箱内。液体进样阀要求温度低，一般装在柱箱外，也可不控温。根据制造材料的不同，气体进样阀的操作温度范围为 150～350℃，液体进样阀一般在 75℃以下。

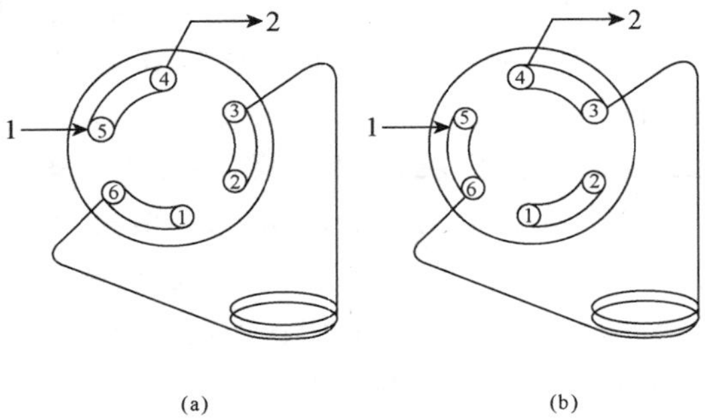

图 16.7　气体进样阀结构图

(a) 载样位置　(b) 进样位置

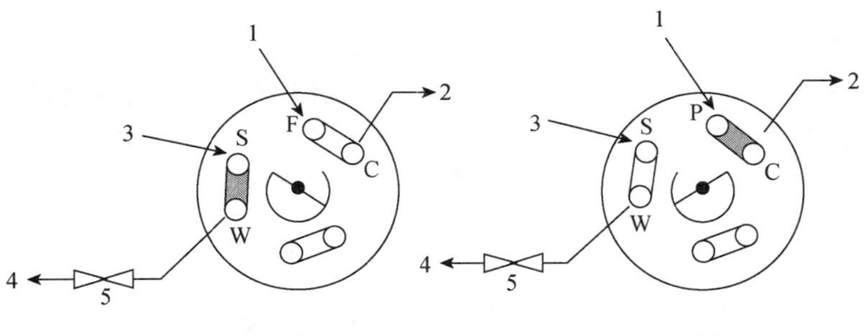

图 16.8　液体进样阀的结构图

(a)载样位置　(b)进样位置

3. 样品适用性

常温下为气体的样品适合于用气体进样阀进样，注意阀体和连接管应保持在一定温度，以防止样品组分的冷凝或被吸附。如果要分析液体物料流，则常用液体进样阀，但前提是样品中所有组分都必须在阀切换后压力减低到柱前压时快速气化。如果某些组分不能快速气化，则会滞留在阀体或管道内，从而干扰下次分析或形成鬼峰。如果样品中有较难气化的组分，则应考虑采用气体进样阀，并使样品在进入阀之前加热气化，且在进样过程中一直保持为气体状态。

对于极性较大的样品，如酸性或碱性物质，可能会被吸附在阀体或管道中，造成分析重现性下降，或者腐蚀阀体或管道的内表面。此时应选用内表面惰性好的阀体，如镍阀体（耐高温，价格也高）、聚四氟乙烯（PTFE）阀体（不能耐高温）。

4. 操作条件的设置

阀体或管道的温度控制前面已讲过。就气体进样阀而言，PTFE 阀体吸附性小，但使用温度一般不应超过 200℃，过高温度会使阀体漏气。聚酰亚胺或石墨化聚酰亚胺阀体可耐 300℃以上的高温，但吸附性较强，低于 150℃可能出现漏气现象。至于连接管道的温度则应控制在样品中最重组分的沸点以上，以防止因冷凝而损失样品，造成大的分析误差。

阀进样的初始样品谱带往往较宽，故应通过选择适当的色谱柱尺寸、固定相和初始温度以实现固定相聚焦和热聚焦。

阀进样常要求载气流速大于 20 $mL \cdot min^{-1}$，才能有效地将样品转移到色谱柱。所以，阀进样多用填充柱分析。而用毛细管柱分析时，进样阀接在进样口之前，载气总流量应大于 20 $mL \cdot min^{-1}$。然后通过调节分流比来控制进入色谱柱的样品量。此时还应注意气化室死体积可能造成的谱带展宽。故应选择死体积小的直通衬管。

16.3.4　其他进样方法简介

1. 顶空进样

（1）顶空分析基本原理

顶空分析是通过样品基质上方的气体成分来测定这些组分在原样品中的含量。显然，这是一种间接分析方法，其基本理论依据是在一定条件下气相和凝聚相（液相或固相）之间存在着分配平衡。所以，气相的组成能反映凝聚相的组成。我们可以把顶空分析看成是一种气相萃取方法，即用气体作"溶剂"来萃取样品中的挥发性成分，因而，顶空分析就是一种理想的样品净化方法。传统的液液萃取以及固相萃取（SPE）都是将样品溶在液体中，不可避免地会有一些共萃取物干扰分析。况且溶剂本身的纯度也是一个问题，这在痕量分析中尤为重要。而气体作溶剂就可避免不必要的干扰，因为高纯度气体很容易得到，且成本较低。采用顶空进样的 GC 分析叫做顶空色谱。

作为一种分析方法，顶空分析首先简单，它只取气相部分进行分析，大大减少了样品基质对分析的干扰。作为 GC 分析的样品处理方法，顶空是最为简便的。其次，顶空分析有不同模式，可以通过优化操作参数而适合于各种样品。第三，顶空分析的灵敏度能满足法规的要求。最后，与 GC 的定量分析能力相结合，顶空 GC 完全能够进行准确的定量分析。

（2）顶空气相色谱的分类与比较

顶空 GC 通常包括三个过程，一是取样，二是进样，三是 GC 分析。根据取样和进样方式的不同，顶空分析有动态和静态之分。所谓静态顶空就是将样品密封在一个容器中，在一定温度下放置一段时间使气液两相达到平衡。然后取气相部分进入 GC 分析。所以静态顶空 GC 又称为平衡顶空 GC，或叫作一次气相萃取。根据这一次取样的分析结果，就可测定原来样品中挥发性组分的含量。如果再取第二次样，结果就会不同于第一次取样的分析结果，这是因为第一次取样后样品组成已经发生了变化。与此不同的是连续气相萃取，即多次取样，直到将样品中挥发性组分完全萃取出来。这就是动态顶空 GC。常用的方法是在样品中连续通入惰性气体，如氮气，挥发性成分即随该萃取气体从样品中逸出，然后通过一个吸附装置（捕集器）将样品浓缩，最后再将样品解吸进入 GC 进行分析。这种方法通常被称为吹扫-捕集（Purge & Trap）分析方法。

静态顶空和动态顶空（吹扫-捕集）GC 各有特点，表 16.2 简单比较了两者的优缺点。实际上，静态顶空也可叫作连续气体萃取，得到类似吹扫-捕集的分析结果，只是其准确度稍差一些。很多样品用两种方法都可进行分析。

表 16.2　静态顶空 GC 和动态顶空（吹扫-捕集）GC 的比较

方　法	优　点	缺　点
静态顶空 GC	样品基质（如水）的干扰极小 仪器较简单，不需要吸附装置 挥发性样品组分不会丢失 可连续取样分析	灵敏度稍低 难以分析较高沸点的组分
动态顶空 GC	可将挥发性组分全部萃取出来，并在捕集装置中浓缩后进行分析 灵敏度较高 比静态顶空应用更广泛，可分析沸点较高的组分	样品基质可能干扰分析 仪器较复杂 吸附和解吸可能造成样品组分的丢失

2. 裂解进样

（1）裂解进样原理和分析流程

裂解进样 GC 分析叫做裂解色谱（Py-GC）。在特定的环境气氛、温度和压力条件下，高分子以及各种有机物的裂解过程将遵循一定的规律进行。也就是说，特定的样品有其特定的裂解行为，而不同的聚合物有不同的裂解规律，有无规主链断裂、解聚断裂、侧基断裂和碳化反应等。这就是 Py-GC 的基础。其分析流程是：将待测样品置于裂解装置内，在严格控制的条件下加热使之迅速裂解成可挥发的小分子产物，然后将裂解产物有效地转移到色谱柱直接进行分离分析。通过产物的定性定量分析，及其与裂解温度、裂解时间等操作条件的关系可以研究裂解产物与原样品的组成、结构和物化性能的关系，以及裂解机理和反应动力学。由此可见，Py-GC 是一种破坏性分析方法。在这个意义上讲，Py-GC 与热分析方法有相似之处。

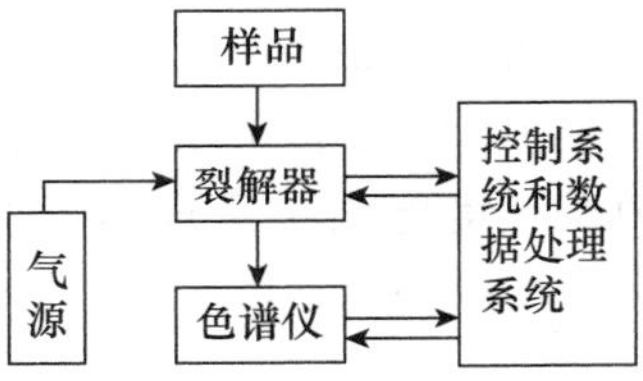

图 16.9　Py-GC 分析流程

图 16.9 是 Py-GC 的分析流程示意图。一个 Py-GC 分析系统主要由三部分组成，一是裂解装置（即裂解器），二是色谱仪，三是控制和数据处理系统。

（2）Py-GC 对裂解器的要求

第一，能精确控制和测定平衡温度（T_{ep}），且有较宽的调节范围。最常用的 T_{eq} 范围为 300～800℃，裂解器的 T_{eq} 应在室温到 1000℃ 甚至 1500℃ 之间可调，这样就可满足绝大多数 Py-GC 应用的要求。

第二,温升时间(TRT,即从开始升温到达到平衡温度所需的时间)尽可能短,并能严格控制温度-时间曲线的重复性。因为裂解过程中发生的化学反应是非常快的,所以,每次裂解必须能重复样品的加热过程,以保证每次分析样品都在相同的温度范围内裂解。

第三,裂解器和色谱仪连接的接口体积应尽量小,以利于减小 Py-GC 系统的死体积、抑制二次反应、提高分离效率。

第四,裂解器和进样装置对样品的裂解反应无催化作用。

第五,适应性强。既能适应于各种物理形态的样品,又易于与色谱仪的连接。

第六,操作方便,维护容易。

(3) 裂解器的分类和比较

裂解器的分类有两种方法,一是按照加热方式分为电阻加热型[包括热丝(带)裂解器、微炉裂解器、管炉裂解器]、感应加热型(如居里点裂解器)和辐射加热型(如激光裂解器)。二是按照加热机制分为连续式和间歇式裂解器。两种分类方法的关系如下所示:

- 裂解器
  - 连续式
    - 管炉裂解器 } 电阻加热
    - 微炉裂解器 } 电阻加热
  - 间歇式
    - 热丝(带)裂解器 } 电阻加热
    - 居里点裂解器——感应加热
    - 激光裂解器——辐射加热

表 16.3 归纳了两类裂解器的特点。最常用的连续式裂解器是管炉裂解器,但由于经典的管炉裂解器二次反应较为严重,现在已较为少用,取而代之的是微炉裂解器。热丝(带)裂解器则是常用的间歇式裂解器。

表 16.3　连续式裂解器和间歇式裂解器的比较

技术指标	连续式	间歇式
温升时间 TRT	一般不可调	短且可调
裂解温度	低于炉温	接近平衡温度
恒温降解	难以达到	可实现
热量传递	慢,且样品内部有温度梯度	快
对载气流速的依赖性	高	低
裂解产物转移	慢速且至高温区	快速且至冷区
二次反应概率	高	低
对检测器灵敏度的要求	低	高
进样技术要求	低	高
样品用量	mg 量级	μg 量级
重复性	较低	较高

16.3.5　进样方式的选择与操作问题

(1) 样品的稳定性

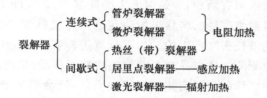

对于热稳定的样品,分流/不分流进样口是优先的选择。但对热不稳定的样品或者有易分解组分的样品,就必须考虑进样口温度的设置以及气化室的惰性问题。进样口温度高,或者气

化室内表面有活性催化点(如金属或玻璃表面的金属离子),就可能引起样品组分的分解。采用不分流进样时,更容易发生样品的降解,从而使色谱图上出现更多的峰,使分析准确度下降。因此,在保证样品有效气化的前提下,进样口温度低一些有助于防止样品的分解。采用高的分流流量、对进样口内表面进行脱活处理都是防止样品降解的措施。如采用这些措施后样品仍然会分解,就应考虑用冷柱上进样技术。

(2) 进样口对峰展宽的影响

对于填充柱来说,这个问题可以忽略。而对于分离效率极高的毛细管柱,柱内峰展宽远比填充柱小,故进样口或进样技术的影响就是必须考虑的问题。原则上讲,消除进样口对峰展宽的影响就是要使进入色谱柱的样品初始谱带尽可能窄。一般讲,进样量小一些,进样口温度高一些,载气流速快一些,气化室体积小一些,分流比大一些,都对降低初始谱带宽度有利。此外,还可利用进样过程中的聚焦技术来减小初始谱带宽度。为了进一步理解聚焦技术,我们先简单讨论一下进样口造成峰展宽的机理。

进样口造成峰展宽的机理有两种,一是时间上的展宽,二是空间上的展宽。时间上的峰展宽是由样品蒸气从进样口到色谱柱的转移速度决定的。速度越快,初始峰宽越小。而空间上的峰展宽则是样品进入色谱柱头时产生的。如不分流进样和冷柱上进样时,样品进入柱头会发生部分或全部冷凝。冷凝的液体样品会在载气的吹扫下移动,从而在一定的长度上分布,这一长度就是初始峰宽。如果样品与固定相的相容性不好,还会形成液滴而分布。这就使初始峰宽进一步加大,严重的还会造成分裂峰。那么,如何来消除这些影响呢?通常采用如下几种聚焦技术。

第一是固定相聚焦。这是最常用的聚焦技术,但只能用于程序升温分析。在 GC 中,保留时间是柱温的指数函数,故柱温低时,样品从气化室进入色谱柱后的移动速度就会大为减慢。这时固定相与样品相互作用,从而使样品组分聚焦到一个窄的谱带中。由此可见,实现固定相聚焦的条件是初始柱温要低,样品与固定相的相容性要好(可用极性相似相溶规律来判断)。

第二是溶剂聚焦。样品在柱头部分或全部冷凝以后,溶剂开始挥发,与溶剂挥发性接近的组分就会浓缩在未挥发的溶剂中,从而产生很窄的初始谱带。这就是溶剂聚焦,也叫溶剂效应。如图 16.10 所示,当使用己烷作溶剂进行不分流进样时,由于其沸点低于初始柱温,且与

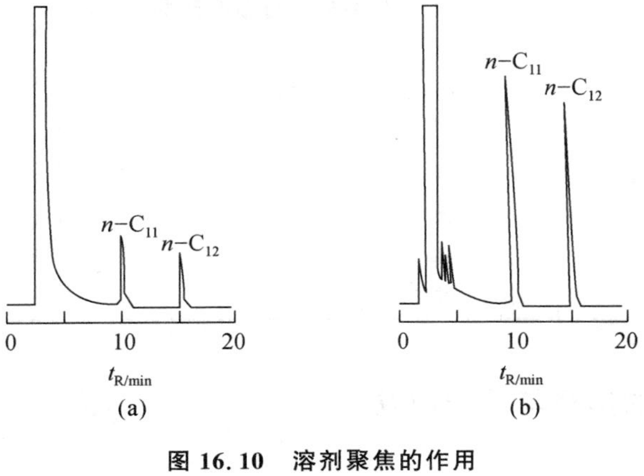

图 16.10 溶剂聚焦的作用

(a) 己烷为溶剂,沸点 68℃ (b) 辛烷为溶剂,沸点 125℃

条件:不分流进样 2 μL,样品浓度 50 μg · mL^{-1}(C_{11}、C_{12}),OV-101 毛细管柱,115℃恒温分析

样品十一烷(C_{11})和十二烷(C_{12})的沸点相差大,故无溶剂聚焦发生。但改用辛烷作溶剂后,同样的分析条件下,C_{11} 和 C_{12} 的峰明显变窄。所以,根据样品组分的沸点和初始柱温来选择合适的溶剂,往往可以抑制进样过程对峰展宽的影响。

第三是热聚焦。样品进入柱头后,在冷凝的过程中,由于溶剂先进入色谱柱而导致溶质发生浓缩,这就是热聚焦。当柱温达到溶质气化温度后,样品就以很窄的谱带进入色谱柱。可见低的初始柱温是热聚焦的关键。在冷柱上进样时,采用液态氮或二氧化碳使柱头处于低温下,就是为了实现冷冻聚焦(即热聚焦)。一般实现热聚焦的条件是初始柱温低于待分析样品的沸点 150℃。在此条件下,热聚焦与色谱过程无关,它只需要有一个使样品蒸气冷凝的表面。实际应用中,热聚焦往往伴随有固定相聚焦发生,甚至一个聚焦过程是以上三种聚焦作用的结合。只是在特定条件下,何种聚焦作用起主导作用而已。

(3) 保留间隙管的使用

使用保留间隙管是另一种减小初始谱带宽度的有效方法。所谓保留间隙管,就是连接在进样口和色谱柱之间的一段空管。它只是为样品冷凝提供一个空间,而对气化的溶剂和溶质均无保留作用。保留间隙管的另一个作用是防止不挥发的样品组分进入色谱柱。

如图 16.11 所示,当样品离开进样口进入保留间隙管后,由于低温而冷凝下来。因为该管内无固定相,所以不同样品组分不会因与固定相的作用不同而相互分离,重要的是样品液体的分布长度变小了。而后,随着溶剂的气化,所有溶质随载气进入分析柱头,在此处就会发生溶剂聚焦和固定相聚焦($k<5$ 的峰多发生溶剂聚焦,$k>5$ 的峰则多发生固定相聚焦),从而减小了初始样品谱带宽度。

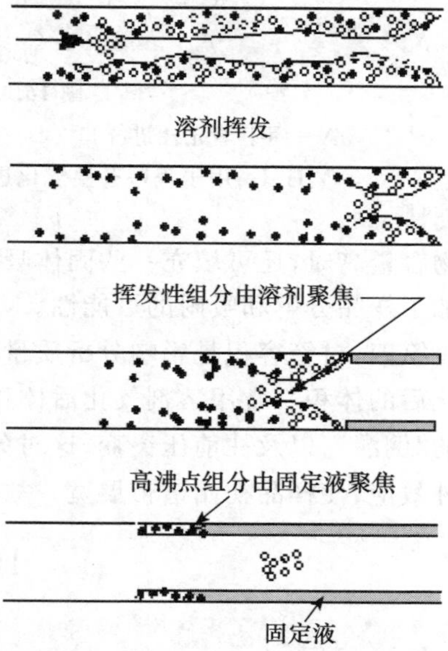

图 16.11　保留间隙管的工作原理示意图

样品分析中如果发现峰展宽严重并出现了分裂峰,就应考虑使用保留间隙管。保留间隙管的长度一般为 0.5 m 左右(1 μL 进样量约需要 30 cm 长的保留间隙管),常用空的石英毛细管柱材料。注意,保留间隙管必须很好地脱活,以防止它造成峰的拖尾或样品分解。一般非极性溶剂需要非极性脱活的保留间隙管,极性溶剂需要极性脱活的保留间隙管。

(4) 隔垫和衬管

关于衬管,现在有多种型号可供选择,多为玻璃或石英材料制成。图 16.12 给出了几种常见的衬管结构。这里再强调几个普遍性的问题:

第一,衬管能起到保护色谱柱的作用。在分流/不分流进样时,不挥发的样品组分会滞留在衬管中而不进入色谱柱。如果这些污染物在衬管内积存一定量后,就会对分析产生直接影响。因此,一定要保持衬管干净,注意及时清洗和更换。

第二,衬管内表面的活性点可能导致样品被吸附或分解,故要进行脱活处理。

第三,衬管中是否应填充填料,要依具体情况而定。一般填少量经硅烷化处理的石英玻璃毛可防止注射器针尖的歧视作用,加速样品气化;还可避免颗粒物质堵塞色谱柱。样品中难挥

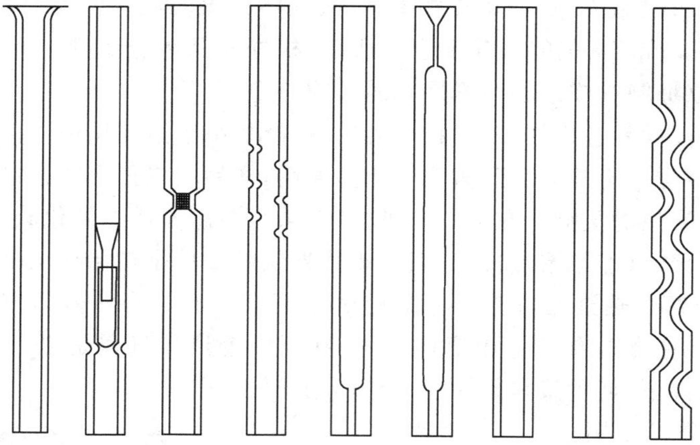

图 16.12　常用 GC 进样口衬管的结构

A—用于填充柱进样口　B～G—用于毛细管柱分流进样　G、H—用于不分流进样
G、H、I—用于程序升温气化进样口

发物含量高时，还可填充一些固体吸附剂或色谱固定相，以达到样品预分离的效果，但也同时增加了样品分解和吸附的可能性。

第四，衬管容积是影响分析质量的重要参数，基本要求是衬管容积至少要等于样品中溶剂气化后的体积。常用溶剂气化后体积要膨胀 150～500 倍。如果衬管容积太小，会引起气化样品的“倒灌”，以及柱前压突变，这对分析都是不利的。反之，如果容积太大，又会带来不必要的柱外效应，使样品初始谱带展宽。故要注意衬管容积与进样量的匹配性。

16.4　色谱柱系统

16.4.1　柱箱

柱箱一般为配备隔热层的不锈钢壳体，内装一恒温风扇和测温热敏元件，由电阻丝加热，电子线路控温。现在商品仪器的柱箱体积一般不超过 15 L，可以安装多根色谱柱。

柱箱的控温性能包括操作温度范围、控温精度、程序升温设置指标和降温时间。大部分仪器的柱箱操作温度上限为 400℃左右，下限为室温以上 10℃，有低温功能的仪器可到－180℃。控温精度为±0.1℃；程序升温阶数 5 到 9 阶，升温速率 0.1～75℃ · min^{-1}。从 250℃降到 60℃需要 5 min 左右。柱箱的低温功能需要用液氮或液态 CO_2 来实现，主要用于冷柱上进样以及冷冻聚焦。

16.4.2　色谱柱的类型和比较

GC 仪器的心脏是色谱柱，通常是由玻璃、石英或不锈钢制成的圆管，管内装有固定相。习惯上人们将色谱柱分为装满填料的填充柱和空心的开管柱（如图 16.13 所示），而开管柱又常被称为毛细管柱，但毛细管柱并不总是开管柱。事实上，毛细管柱也有填充型和开管型之分，只是人们习惯上将开管柱叫做毛细管柱而已。

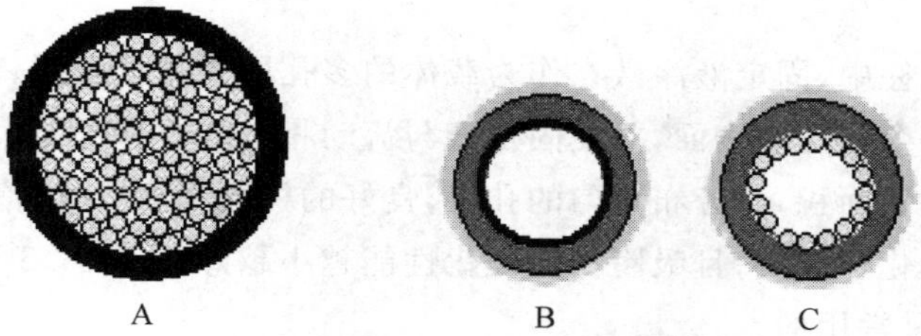

图 16.13　不同色谱柱的横截面示意图

A—填充柱　B—壁涂开管柱（WCOT）　C—多孔层开管柱（PLOT）

表 16.4 是填充柱和开管柱主要参数的比较，可见开管柱比填充柱有更高的分离效率。这是因为开管柱内没有固体填料，气阻比填充柱小得多，故可采用较长的柱管和较小的柱内径，以及较高的载气流速。这样，既消除了填充柱中涡流扩散的问题，又大大减小了纵向扩散造成的谱带展宽。而采用较薄的固定液膜又在一定程度上抵消了由于载气流速增大而引起的传质阻力增大。

填充柱一般用于组成相对简单的混合物的分离，且多采用恒温分析。这是因为填充柱内的固定相（载体加固定液）热稳定性有限，在程序升温时容易流失一些挥发性成分，从而造成检测器基线的漂移。如果采用双柱双检测器系统，则可避免这一问题。而开管柱将固定液涂敷于柱管内壁，且多采用交联或/和键合技术，大大提高了热稳定性，在程序升温分析中表现了良好的柱性能，可以分析组成很复杂的样品。

表 16.4　填充柱与开管柱的比较

参　数	内径/mm	常用长度/m	每米柱效 n	柱材料	柱容量	程序升温应用	固定相
填充柱	2～5	0.5～3	≈1500	玻璃、不锈钢	mg 级	较差	载体＋固定液
WCOT	0.1～0.53	10～60	≈3000	熔融石英	＜100 ng	较好	固定液
PLOT	0.05～0.35	10～100	≈2500	熔融石英	ng～mg	尚可	固体吸附剂

另一方面，填充柱制备工艺简单，实验成本低；开管柱则需要复杂的制备工艺，多数实验室要购置商品柱，故成本较高。开管柱还有柱容量小的局限性。因为其内径小，固定液负载量小，所以，进样量过大很容易造成柱超载，因而要求检测器的灵敏度更高。开管柱对进样技术的要求也更高，载气流速的控制要求更为精确。一般来讲，填充柱的可接受的单个组分的量是 10^{-6} g 量级，而开管柱则只能承受 10^{-8} g 量级或更低。

16.4.3　填充柱

（1）管材

填充柱的管材多用玻璃和不锈钢，其中玻璃的惰性较好，但易碎；不锈钢柱耐用，但表面有一定活性点，易引起极性化合物的吸附或降解。因此，玻璃柱常用于极性化合物（如农药）的分离，而不锈钢柱则有更广泛的应用。

(2) 载体

在气液色谱填充柱中，固定液涂敷在作为载体的多孔固体颗粒表面。载体又称担体，其作用是为固定液提供一个惰性的表面，并使固定液与流动相之间有尽可能大的接触界面。因此，要求载体有较大的比表面积，有分布均匀的孔径，良好的机械强度、化学惰性和热稳定性，表面不与固定液和样品起化学反应，且吸附性和催化性能越小越好。表 16.5 列出了一些典型的载体，其中硅藻土类是最常用的。

表 16.5　一些典型的气液色谱用载体

名　称	组成及处理技术	颜色	催化吸附性能	备注
上试 101	硅藻土载体	白色	有	国产
上试 101 酸洗	酸洗的上试 101	白色	小	国产
上试 101 硅烷化	硅烷化的上试 101	白色	小	国产
上试 201	硅藻土载体	红色	有	国产
上试 201 酸洗	酸洗的上试 201	红色	小	国产
上试 201 硅烷化	硅烷化的上试 201	红色	小	国产
玻璃微球	特种高硅玻璃	无色	小	国产
聚四氟乙烯	聚四氟乙烯烧结塑料	白色	小	国产
Chromasorb A	硅藻土载体	白色	有	进口
Chromasorb P	硅藻土载体	红色	有	进口
Chromasorb P AW	酸洗的硅藻土载体	红色	有	进口
Chromasorb P AW HMDS	经酸洗和六甲基二硅胺烷处理的硅藻土载体	红色	小	进口
Chromasorb W	硅藻土载体	白色	有	进口
Chromasorb W AW	酸洗的硅藻土载体	白色	有	进口
Chromasorb W AW DMCS	经酸洗和二甲基氯硅烷处理的硅藻土载体	白色	很小	进口
Gas Pak F	表面涂全氟聚合物的硅藻土载体	白色	小	进口
Chemalite TF	氟树脂载体	白色	小	进口

(3) 固定液

(i) GC 对固定液的基本要求

在 GC 中，固定液对分离结果起决定性的作用，因为流动相是惰性气体，其作用主要是"运送"被分析物通过色谱柱，对分离本身作用很有限。固定液一般是高沸点的有机化合物，均匀地涂布在载体表面，在分析条件下呈液态。历史上有数百种化合物曾用作 GC 固定液，但目前常用的约有几十种，其中聚硅氧烷类和聚乙二醇类是最常用的。色谱对固定液的性能要求主要是：① 使用温度范围宽，比如聚合物的玻璃化转变温度要低，分解温度要高；② 黏度低，有利于提高被测物在其中的传质速度；③ 蒸气压低，热稳定性好，以减少固定液在分析过程中的流失，延长色谱柱使用寿命；④ 化学惰性好，在使用条件下不与载气、样品组分及载体起不可逆化学反应；⑤ 湿润性好，易于在载体表面形成稳定的薄液膜；⑥ 对分析对象有良好的选择性，即可以分离结构类似的不同化合物。

(ii) 固定液的极性指标

固定液的选择性取决于被分离组分与固定液之间的相互作用，这些作用力有色散力、静电力、诱导力和氢键作用力。而在 GC 应用中，固定液常以极性来分类。所谓极性是指含不同官能团的固定液与被分析物官能团和亚甲基之间相互作用的程度。如果一种固定液对某一类化合物有较强的保留作用，则说明该固定液对此类化合物的选择性好。评价固定液性能的参数是麦克雷诺常数，简称麦氏常数，这是由罗什耐德(Rohrschneider)提出，经麦克雷诺(McReynolds)改进的一套系统方法测定的固定液的相对极性参数。下面简要介绍麦克雷诺常数的测定方法。

该方法规定角鲨烷固定液的相对极性为零，然后选择了 5 种代表性的化合物作为所谓探针分子，来测定它们在不同固定液上的保留指数，并与角鲨烷固定液上所测得保留指数比较。这 5 种化合物是：代表芳烃和烯烃作用力的苯(电子给予体)、代表电子吸引力的正丁醇(质子给予体)、代表定向偶极作用力的 2-戊酮、代表电子接受体的硝基甲烷和代表质子接受体的吡啶。根据分子间作用力的加和性，被测固定液的极性表示为：

$$\Delta I = I_p - I_s = ax' + by' + cz' + du' + es' \tag{16.1}$$

式中 ΔI 为保留指数差，I_p 为测试固定液上的保留指数，I_s 为角鲨烷上的保留指数，a、b、c、d、e 分别代表上述 5 种化合物(也叫组分常数，即对于苯：$a=100$，另 4 个常数为零；对于正丁醇：$b=100$，另四个常数为零，余类推)，x'、y'、z'、u' 和 s' 即为麦克雷诺常数。

$$x' = \Delta I_{苯}/100;\quad y' = \Delta I_{正丁醇}/100;\quad z' = \Delta I_{戊酮}/100$$

$$u' = \Delta I_{硝基甲烷}/100;\quad s' = \Delta I_{吡啶}/100$$

很多工具书都收录了详尽的麦克雷诺常数，可供查阅。应当指出，固定液的评价是一个很复杂的问题，用麦克雷诺常数表征固定液并不很完善，它也不能告诉我们何种固定液最适合于特定样品的分析。但是，该常数仍然可以在一定程度上指导我们选择固定液。比如，要分离沸点很接近的醇和醚，若想让醇在醚之前出峰，就选择 z' 值大于 y' 值的固定液。反之，在 z' 值小于 y' 值的固定液上，相同沸点的醚就会在醇之前流出。

在 GC 中，还有些特殊的固定液，如用于光学异构体分离的手性固定液(环糊精、冠醚等)，这里不再一一介绍。关于填充柱的制备，请参看《基础分析化学实验》。

(iii) 固定液的选择

针对具体分析对象选择固定液目前尚无严格的科学规律可循。经验性的原则是“极性相似相溶”，即对于非极性的样品采用非极性的固定液，极性样品采用极性固定液。分析烃类化合物如汽油，常用二甲基聚硅氧烷固定液；而分析醇类样品如白酒，则多选用聚乙二醇固定液。这样一般可获得较强的色谱保留作用和较好的选择性。如果样品是极性和非极性化合物的混合物，则首先要选择弱极性的固定液。实际工作中往往是参考文献资料，再经过实验比较最后确定合适的固定液。

(4) 气固色谱固定相

气固色谱主要用来分离永久气体和低相对分子质量有机化合物，所用固定相包括无机吸附剂、高分子小球、化学键合相三类。表 16.6 列出了相关的固定相及其主要应用。

表 16.6　气固色谱常用固定相及其主要应用

固定相		特　性	主要用途
无机吸附剂	硅胶	氢键型强极性固体吸附剂，多用粗孔硅胶，组成为 $SiO_2 \cdot nH_2O$	分析 N_2O、SO_2、H_2S、SF_6、CF_2Cl_2 以及 C_1～C_4 烷烃
	氧化铝	中等极性吸附剂，多用 γ 型晶体，热稳定性和机械强度好	分析 C_1～C_4 烷烃，低温也可分离氢的同位素
	碳素	非极性吸附剂，主要有活性炭，石墨化碳黑和碳分子筛等品种。活性炭是具有微孔结构的无定形碳。石墨化碳黑是碳黑在惰性气体保护下经高温煅烧而成的石墨状细晶。碳分子筛则是聚偏二氯乙烯小球经高温热解处理后的残留物	活性炭用于分析永久气体和低沸点烃类。涂少量固定液后可分析空气、CO、CO_2、甲烷、乙烯、乙炔等混合物；石墨化碳黑分离同分异构体，以及 SO_2、H_2S、低级醇类、短链脂肪酸、酚和胺类；碳分子筛多用于分离稀有气体、空气、N_2O、CO_2、C_1～C_3 烃类
	分子筛	人工合成的硅铝酸盐，具有分布均匀的空穴，基本组成为 $MO \cdot Al_2O_3 \cdot xSiO_2 \cdot yH_2O$，其中 M 代表 Na^+、K^+、Li^+、Ca^{2+}、Sr^{2+}、B^{2+} 等金属离子。多用 4A、5A 和 13X 三种类型	主要用于分离 H_2、N_2、O_2、CO、甲烷以及在低温下分析惰性气体
高分子小球		苯乙烯-二乙烯苯共聚物小球，兼具吸附剂和固定液的性能，吸附活性低，应用范围广	分析各种有机物和气体，特别适合于有机物中痕量水分的测定
化学键合相		利用化学反应把固定液键合在载体表面，热稳定性好	分析 C_1～C_3 烷烃、烯烃、炔烃、CO_2、卤代烃和含氧有机化合物

16.4.4　开管柱

1. 开管柱的材料和制备

开管柱的管材多用熔融石英，是用纯二氧化硅拉制而成，内径有 0.1、0.2、0.25、0.32 和 0.53 mm 几种。制备色谱柱时，首先要对毛细管内壁进行预处理，常用的有粗糙化处理、脱活处理等，然后便可进行涂渍。

开管柱的涂渍有动态和静态之分，前者是在气压驱动下使一定浓度的固定液溶液通过毛细管，然后通载气在恒定温度下使溶剂挥发，这样毛细管内壁就挂了一层固定液。后者则是先在毛细管中充满一定浓度的固定液溶液，然后将一端封上，另一端接在真空系统上，在恒定温度下使溶剂缓慢挥发，从而在毛细管内壁形成均匀的固定液膜。这两种涂渍方法各有优缺点，动态法简单、快速，但固定液膜厚不易精确控制；静态法慢，但可精确控制膜厚。

涂渍完毕的开管柱要进行交联和/或固定化处理，方法是在通载气的情况下，控制温度，在引发剂作用下固定液分子之间发生交联反应，或固定液分子与管壁某些基团发生反应，这样可以大大提高固定液的热稳定性。最后是老化处理，即在通载气的情况下，逐渐升高温度，进一步除去残留溶剂，并获得均匀的固定液膜厚。

涂渍好的色谱柱要进行性能评价，一般是用含有各种组分的 Grob 试剂在一定条件下测定柱效(理论塔板数)、峰对称因子、酸碱性、惰性和热稳定性等指标。图 16.14 为典型的 Grob 试剂测试色谱图，理想情况下，各组分的峰高与虚线相齐。其中醇类物质用于测定色谱柱的活性，峰越低说明色谱柱内壁的残留硅羟基越多，柱活性越大；2,6-二甲基苯酚和 2,6-二甲基苯胺的峰高比反映色谱柱的酸碱性，二环己基胺的峰高则是更严格的柱活性指标；正构烷烃和脂肪酸甲酯用来测定柱效(理论塔板数)或分离效率。

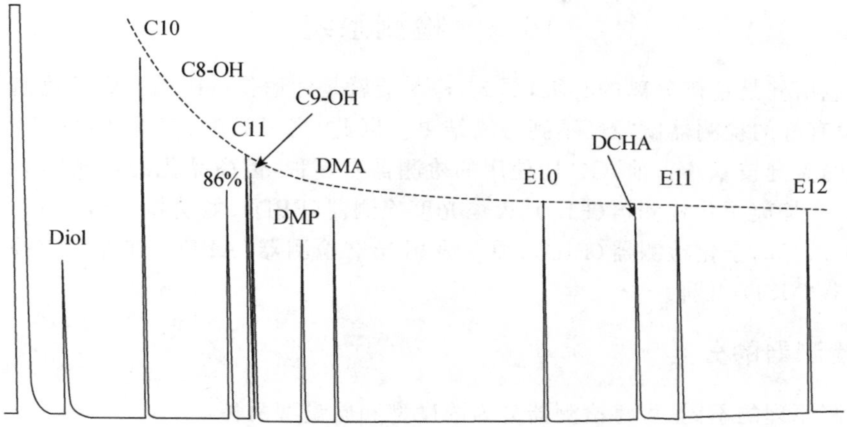

图 16.14　开管柱的 Grob 试剂测试色谱图

色谱峰：Diol—2，3-丁二醇　C10—正癸烷　C8-OH—正辛醇　C11—正十一烷　C9-OH—正壬醇　DMP—2，6-二甲基苯酚　DMA—2，6-二甲基苯胺　E10—癸酸甲酯　DCHA—二环己基胺　E11—十一酸甲酯　E12—十二酸甲酯

2. 开管柱的类型

根据不同的涂渍方式，开管柱可分为三种类型：壁涂开管柱(WCOT)、载体涂渍开管柱(SCOT)和多孔层开管柱(PLOT)。PLOT 柱主要用于永久气体和低相对分子质量有机化合物的气固色谱分离；SCOT 柱所用固定液的量大一些，相比 β 较小，故柱容量较大。但由于制备技术较复杂，应用不太普遍。毛细管 GC 中的主力军是 WCOT 柱，故下面的讨论主要是针对此类柱的。

表 16.7 是 WCOT 柱的进一步分类。柱内径越小，分离效率越高，完成特定分离任务所需的柱长就越短。但细的色谱柱柱容量小，容易超载。当然，同样内径的色谱柱也因固定液的膜厚度不同而具有不同的柱容量。这些都是在选择色谱柱时应考虑的问题。大口径柱(0.53 mm)是一类特殊的开管柱，它的液膜厚度一般较大，故有接近于填充柱的柱容量，而且因为大口径柱的柱效高于填充柱，程序升温性能更好，故可获得比填充柱更为有效、且更为快速的分离，其定量分析精度完全可与填充柱相比。微径柱则主要用于快速 GC 分析。

表 16.7　WCOT 柱的尺寸分类

柱类型	内径/mm	常用柱长/m	每米理论塔板数	主要用途
微径柱	不大于 0.1	1～10	4000～8000	快速 GC
常规柱	0.2～0.32	10～60	3000～5000	常规分析
大口径柱	0.53～0.75	10～50	1000～2000	定量分析

常规分析工作中选择色谱柱主要是考虑固定液的问题。WCOT 柱常用的固定液有 OV-1、SE-30、OV-101、SE-54、OV-17、OV-1701，FFAP 及 PEG-20M 等。有人估计，一个常规 GC 实

验室只要购置三种开管柱，就可应付85％以上的GC分析任务。这三种柱是：OV-1(SE-30)、SE-54、OV-17(OV-1701)。

16.5 检测系统

如果说色谱柱是色谱分离的心脏，那么，检测器就是色谱仪的眼睛。无论色谱分离的效果多么好，若没有好的检测器就“看”不到分离结果。因此，高灵敏度、高选择性的检测器一直是色谱仪发展的关键技术。目前，GC所使用的检测器有多种，但商品化的检测器不外乎热导检测器(TCD)、火焰离子化检测器(FID)、火焰光度检测器(FPD)、氮磷检测器(NPD)、电子俘获检测器(ECD)、光离子化检测器(PID)、原子发射光谱检测器(AED)、红外光谱检测器(IRD)和质谱检测器(MSD)几种。

16.5.1 检测器的分类

根据检测原理的不同，可将检测器分为浓度型和质量型两种：

(i) 浓度型检测器测量的是某组分浓度的瞬间变化，即检测器的响应值和通过检测器的组分浓度呈正比。此类检测器代表有TCD和ECD。

(ii) 质量型检测器测量的是某组分进入检测器的速率变化，即检测器的响应值与单位时间内进入检测器的组分的量呈正比。此类检测器代表有FID和FPD。

根据检测器对不同物质的响应情况，可将其分为通用检测器和选择性检测器。前者如TCD、AED和MSD，对绝大多数化合物均有响应；后者如ECD、FPD和NPD，只对特定类型的化合物有较大响应，而对其他化合物则无响应或响应很小。

根据物质通过检测器后其分子形式是否被破坏还可将检测器分为破坏性和非破坏性两类。FID、NPD、FPD和MSD均为破坏性检测器，而TCD和IRD则属于非破坏性检测器。

此外，按照检测原理还可以分为离子化检测器(如FID、NPD、PID和ECD)、光度检测器(如FPD)、整体物理性能检测器(即TCD)、电化学检测器等。

16.5.2 检测器的性能指标

色谱分析对检测器的要求主要是有噪音小、死体积小、响应时间短、稳定性好、对所测化合物的灵敏度高、线性范围宽等。下面简要讨论几个主要的性能指标。

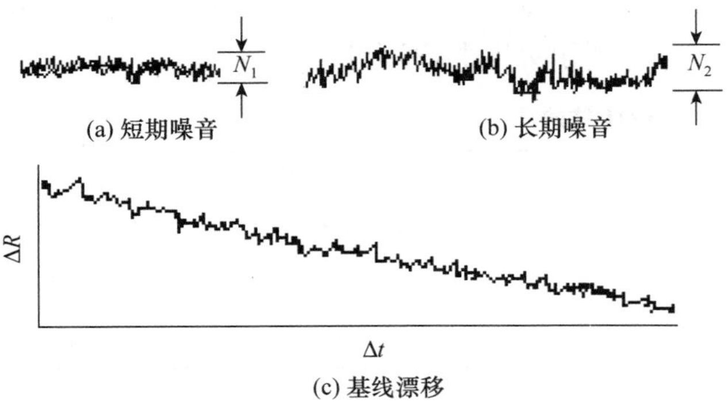

图 16.15 基线噪音和漂移

(1) 噪音和漂移

这是评价检测器稳定性的指标，同时还影响检测器的灵敏度。

(i) 噪音：即反映检测器背景信号的基线波动，用 N 表示。噪音的来源主要有检测器构件的工作稳定性、电子线路的噪音以及流过检测器的气体纯度等。实际工作中人们又进一步将噪音分为短期噪音和长期噪音两种，如图16.15(a)和(b)所示。

短期噪音是基线的瞬间高频率波动，是一般检测器所固有的背景信号。通过在数据处理时采用适当的滤波器可以除去，故对实际分析的影响很小。

长期噪音则是与色谱峰信号相似的基线波动，往往是由于载气纯度降低、色谱柱固定相流失或检测器被污染所造成的，很难通过滤波器除去，故对实际分析影响较大。

(ii) 漂移(Dr)：是基线随时间的单向缓慢变化，如图16.19(c)所示。通常表示为单位时间(0.5或1.0 h)内基线信号值的变化，即

$$\mathrm{Dr}=\Delta R/\Delta t \tag{16.2}$$

单位可以是 $mV\cdot h^{-1}$ 或 $pA\cdot h^{-1}$。造成漂移的原因多是仪器系统某些部件未进入正常工作状态，如温度、载气流速，以及色谱柱固定相的流失。因此，基线漂移在很大程度上是可以控制的。

(2) 灵敏度和检测限

当一定量(Q)的物质通过检测器时产生一定的响应(R)，以 R 对 Q 作图，直线部分的斜率就是灵敏度 S，即

$$S=\Delta R/\Delta Q \tag{16.3}$$

由于浓度型和质量型检测器的物质量的表示方式不同，故灵敏度的单位也不同。对于前者，采用浓度单位 $mg\cdot mL^{-1}$，响应信号用 mV 表示，故灵敏度单位是：$mV\cdot mL\cdot mg^{-1}$；而后者物质的质量采用 $g\cdot s^{-1}$ 单位，响应信号用 pA(如 FID)表示，故灵敏度的单位是 $pA\cdot s\cdot g^{-1}$。

灵敏度的测量应在检测器的线性范围内进行，其信号值应该是检测限的10～1000倍，或者在相同条件下比噪音大20～200倍。

灵敏度只考虑响应信号的大小，未考虑噪音问题。为了更确切地反映检测器对样品组分的检测能力，应当用信号和噪音的比值的概念，这就是检测限(DL)，或称检出限或敏感度。其定义为在检测器上所产生的信号等于2倍噪音信号时的物质的质量。即

$$\mathrm{DL}=2N/S \tag{16.4}$$

式中 DL 是检测限，N 是噪声，S 是灵敏度。根据检测器类型不同，S 的单位不同，因而 DL 的单位也不同。对于浓度型检测器，DL 的单位一般为 $mg\cdot mL^{-1}$，对于质量型检测器则为 $g\cdot s^{-1}$。需要指出，国际上广泛使用的 DL 定义是所产生的信号等于3倍噪音信号时的物质的质量。

S 和 DL 是两个从不同角度评价检测器性能的参数，前者越大，后者越小，说明检测器的性能越好。当然，要比较检测器的灵敏度或检测限，需要用同一物质进行测试。否则就没有多大意义。此外，与灵敏度有关的概念还有最小检测限和最小定量限，一般是与具体方法相联系的，并不仅仅由检测器本身的性能所决定。我们将在后面有关方法认证的内容中介绍。

(3) 线性和线性范围

线性是指检测器的响应值 R 与进入检测器的物质的量 Q 之间的呈比例关系。可以用公式表示如下

$$R=CQ^{n} \tag{16.5}$$

C 为常数。当 $n=1$ 时，响应为线性的，否则就是非线性的。目前使用的 GC 检测器大多数是线性的，但 FPD 对硫的响应却是非线性的，其 $n=2$。

任何检测器对特定的物质的响应只有在一定的范围内才是线性的。这一范围就是线性范围。或者说，检测器的灵敏度保持不变的区间即被称为线性范围。很显然，线性范围的下限就

是检测限，而上限一般认为是偏离线性±5%时候的响应值。具体表示方法多用上限与下限的比值，比如，FID 的线性范围为 10^7，就是这样得来的。

线性和线性范围对于定量分析是很重要的，绘制校准曲线时，样品的浓度范围应当控制在检测器的线性范围内，否则，定量的准确度就会下降。与线性范围相关的一个概念是动态范围，严格地讲，动态范围是指检测器的响应随样品量的增加而增加的范围，可能是线性的，也可能是非线性的。我们不应混淆线性范围和动态范围这两个概念。

(4) 时间常数

某一组分从进入检测器到响应值达到其实际值的 63%所经过的时间称为时间常数，用 τ 表示。这实际上是色谱系统对输出信号的滞后时间，其原因主要是检测器的死体积和电子放大线路的滞后现象。显然，τ 值越小越好，尤其是对高效的毛细管色谱分离。时间常数过大会带来不可忽略的柱外效应。

表 16.8 总结了常见 GC 检测器的主要性能指标和特点。

表 16.8 常用 GC 检测器的特点和技术指标

检测器	类型	最高操作温度/℃	最低检测限	线性范围	主要用途
火焰离子化检测器(FID)	质量型，准通用型	450	丙烷：<5 pg 碳·s^{-1}	10^7 (±10%)	各种有机化合物的分析，对碳氢化合物的灵敏度高
热导检测器(TCD)	浓度型，通用型	400	丙烷：<400 pg·mL^{-1}； 壬烷：20000 mV·mL·mg^{-1}	10^4 (±5%)	适用于各种无机气体和有机物的分析，多用于永久气体的分析
电子俘获检测器(ECD)	浓度型，选择型	400	六氯苯：<0.04 pg·s^{-1}	$>10^4$	适合分析含电负性元素或基团的有机化合物，多用于分析含卤素化合物
微型 ECD	浓度型，选择型	400	六氯苯：<0.008 pg·s^{-1}	$>5\times10^4$	同 ECD
氮磷检测器(NPD)	质量型，选择型	400	用偶氮苯和马拉硫磷的混合物测定： <0.4 pg 氮·s^{-1}； <0.2 pg 磷·s^{-1}	$>10^5$	适合于含氮和含磷化合物的分析
火焰光度检测器(FPD)	质量型，选择型	250	用十二烷硫醇和三丁基膦酸酯混合物测定： <20 pg 硫·s^{-1}； <0.9 pg 磷·s^{-1}	硫：$>10^5$ 磷：$>10^6$	适合于含硫、含磷和含氮化合物的分析
脉冲 FPD (PFPD)	质量型，选择型	400	对硫磷：<0.1 pg 磷·s^{-1}； 对硫磷：<1 pg 硫·s^{-1}； 硝基苯：<10 pg 氮·s^{-1}	磷：10^5 硫：10^3 氮：10^2	同 FPD

16.5.3　热导检测器(TCD)

热导检测器是一种通用型检测器,其原理如图 16.16 所示。作为热敏元件的合金丝(如铼钨丝)是惠斯登电桥的一臂(图中 R 为电阻),置于严格控制温度的检测池体内。当热丝周围通过的是纯载气时,将电桥调平衡,输出为 0。因为作为载气的氢气或氦气的热导率比有机化合物的热导率高 6～10 倍,故当色谱柱内有样品组分流出时,热丝周围气体的热导率发生变化,因而热丝的温度发生变化,导致电阻值变化,结果是电桥电路失去平衡,此时输出信号不再为 0。样品组分与载气的热导率差越大,灵敏度越高。

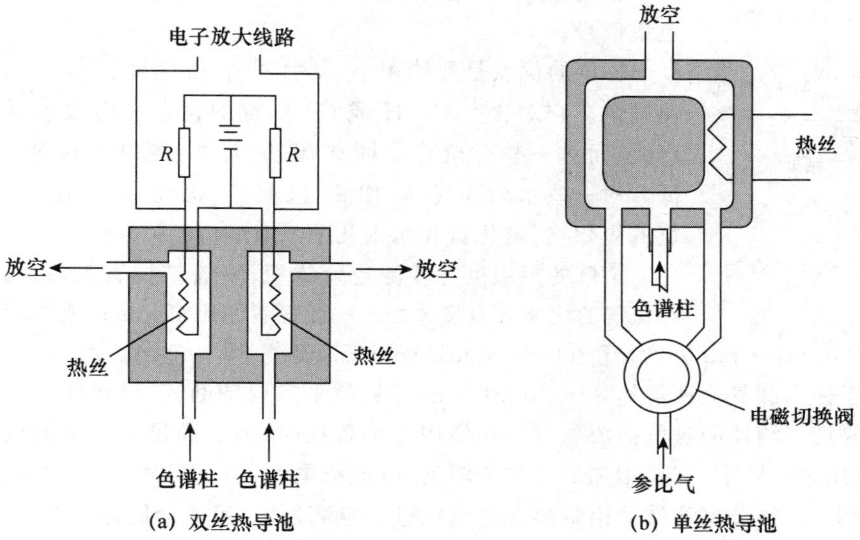

图 16.16　TCD 原理示意

传统的填充柱 GC 多采用双气路双丝热导,需要两支色谱柱[图 16.16(a)]。两根热丝分别为惠斯登电桥的测量臂和参比臂。这种结构由于池体积较大(几十微升),容易造成色谱峰在柱外的扩散,故灵敏度较低。毛细管 GC 要求更高的检测灵敏度,故多采用池体积更小(几微升)的单丝热导[图 16.16(b)]。此时只要一根色谱柱,另加一路参比气,通过一个电磁切换阀,使参比气交替进入检测池的左右两个入口,而色谱柱的流出物则进入中间的入口。这样在电磁阀的一次切换之前,通过热丝一侧的气体如果是纯载气,则在切换后通过热丝一侧的就是柱流出物。切换前后电路采集到的信号之差便是输出的色谱信号。

TCD 的灵敏度除取决于池体的体积和样品与载气的热导率差之外,还取决于池体的温度、载气的纯度、热丝的电阻温度系数和通过热丝的电流等因素。载气纯度越高、热丝的电阻温度系数越大、电流越大,灵敏度越高。但是,电流越大,热丝寿命越短。TCD 的灵敏度较之于其他检测器是较低的,故多用于在其他检测器上无响应或响应很低的气体的气固色谱分析。另外,由于 TCD 是非破坏性检测器,故可与其他检测器串联使用。这是 TCD 的一个优点。

16.5.4 火焰离子化检测器(FID)

FID是目前应用最为广泛的GC检测器,如图16.17所示。氢气在喷嘴出口处与空气混合而燃烧,色谱柱流出物从喷嘴下方进入检测器。其检测原理还不是十分清楚,一般认为是基于有机化合物在氢火焰中可以发生裂解,所产生的自由基碎片经过与氧气的进一步反应而生成离子:

$$CH+O \longrightarrow CHO^{+}+e^{-}$$

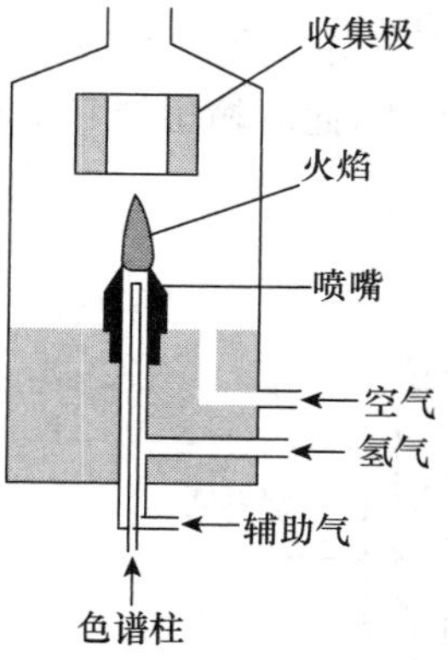

图16.17 FID示意图

在电场的作用下,离子定向移动,通过火焰上方的收集极就可测得微电流,再由电子线路转换为电压信号输出,便是仪器记录的色谱信号。

FID的优点是死体积小,灵敏度高,线性范围宽(表16.9),响应速度快。它对含有C—H或C—C键的化合物均敏感,故应用非常广泛,而对一些有机官能团如羰基、羟基、氨基或卤素的灵敏度较低。对一些永久性气体,如氧气、氮气、氨气、一氧化碳、二氧化碳、氮的氧化物、硫化氢和水则几乎没有响应。

FID的灵敏度与检测池死体积、喷嘴结构有关,还与氢气、空气和氮气的比率有直接关系。一般三者的比率应接近或等于1∶10∶1,如氢气30～40 mL·min^{-1},空气300～400 mL·min^{-1},氮气30～40 mL·min^{-1}。在使用填充柱时,由于柱内载气流速可达30～40 mL·min^{-1},故不需要辅助气,但要注意,如果用氢气作载气,则要把检测器的氢气换成氮气。在使用毛细管柱时,为了满足氢火焰灵敏度对氢气、空气和氮气比率的要求,需要增加氮气作为辅助气(或称尾吹气)。同时,由于毛细管柱的柱内载气流速较低,当被分离物质的谱带离开色谱柱进入检测器时,可能会因体积膨胀而造成谱带展宽,加入辅助气还可起到消除这种柱外效应的作用。

FID是质量型检测器,其响应值与单位时间进入检测器的物质的质量呈正比,故载气流速的变化对检测灵敏度的影响较小。此外,FID是一种破坏性检测器。

16.5.5 氮磷检测器(NPD)

NPD又称热离子检测器(TIC),是在FID基础上发展起来的,其基本结构与FID类似。它与FID的不同在于增加了一个热离子源(由铷盐珠构成),并用微氢焰。含铷盐的玻璃珠悬在铂丝上,置于火焰喷嘴和收集极之间,在热离子源通电加热的条件下,含氮和含磷化合物的离子化效率大为提高,故可高灵敏度、选择性地检测这两类化合物,多用于检测农药残留的分析中。

热离子源的温度变化对检测灵敏度的影响极大。温度高,灵敏度就高,但铷盐珠的寿命就会缩短。增加热离子源的电压、加大氢气流量,均可提高检测灵敏度。而增加空气流量和载气或尾吹气流量会减低灵敏度。然而,必须注意,空气流量太低又会导致检测器的平衡时间太长;氢气流量太高,又会形成FID那样的火焰,大大降低铷盐珠的使用寿命,而且破坏了对氮和磷的选择性响应。气体流量一般设定为:氢气3～4 mL·min^{-1},空气100～120 mL·min^{-1},用填充柱和大口径柱,载气流量在20 mL·min^{-1}左右时,不用尾吹气,用常规开管柱时,尾吹气设定为30 mL·min^{-1}左右。

16.5.6 电子俘获检测器(ECD)

ECD 的结构如图 16.18 所示,检测器池体内有阴极和阳极,放射源(一般为^{63}Ni)镀在腔体内表面。色谱柱流出物(使用毛细管柱时还有辅助气)进入腔体后,在放射源放出的 β 射线的轰击下发生电离,产生大量电子。在电源、阴极和阳极组成的电场作用下,电子流向阳极。当只有载气进入检测器时,可获得 nA 级的基流。而当含有电负性基团(如卤素、硫、磷、硝基等)的有机化合物进入检测器时,即捕获池内电子,使基流下降,产生负峰。负峰的大小与进入检测器的组分的量呈正比。这就是 ECD 的原理。

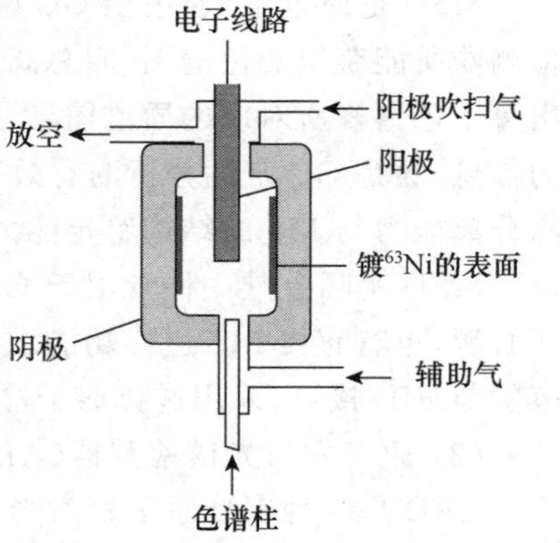

图 16.18 ECD 原理示意图

ECD 是最灵敏的 GC 检测器之一,对于含卤素有机化合物、过氧化物、醌、邻苯二甲酸酯和硝基化合物有极高的灵敏度,特别适合于环境中微量有机氯农药的检测。另一方面,ECD 对胺、醇或烃类化合物不敏感,因此是一个选择性检测器,也是破坏性检测器。ECD 的缺点是线性范围较窄,一般为 10^3,且检测器的性能受操作条件的影响较大,载气中痕量的氧气会使背景噪音明显增大。

近年来,为配合毛细管色谱柱的快速分析应用,有些仪器配备了微型 ECD(即 μ-ECD)。由于这种检测器的池体积更小,结构设计更合理,成为目前最灵敏的 GC 检测器,线性范围可达 10^4(见表 16.8)。

16.5.7 火焰光度检测器(FPD)

简单地讲,FPD 是一个没有收集极的 FID 与一个化学发光检测装置的结合体。不同的是采用了富氢焰,含硫和含磷化合物在富氢焰中燃烧时生成化学发光物质,并发出特征波长的光谱。经滤光片滤光后的发射光谱再经光电倍增管放大便得到了色谱检测信号。如硫元素的特征波长为 394 nm,磷元素则在 526 nm 处有最强发射光。

FPD 是一种质量型的、破坏性的选择性检测器。对含硫和含磷化合物的灵敏度极高(见表 16.8),多用于有机硫和有机磷农药的测定。

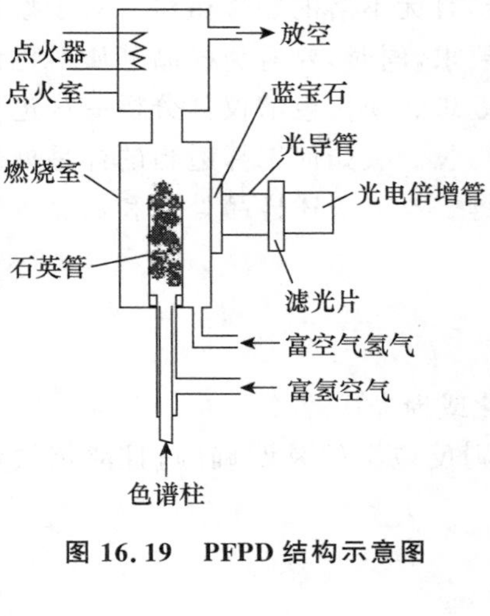

图 16.19 PFPD 结构示意图

近年来,为进一步提高 FPD 的灵敏度和选择性,脉冲火焰光度检测器(PFPD)应用越来越多。这种检测器的结构如图 16.19 所示,其特点是采用了脉冲火焰,上部为点火室,下部为燃烧室。点火器通直流电,使热丝一直处于炽热状态,但无火焰。色谱柱流出物与富氢/空气混合后,进入石英燃烧管内,在此处与从外层通入的空气/氢气混合后进入点火室,即被点燃,接着自动引燃燃烧室中的混合气,使样品组分在富氢/空气焰中燃烧,发光。由于燃烧后瞬间缺氧,造成火焰熄灭。连续的气体继续进入燃烧时,排去燃烧产物,进行第二次点火。如此反复进行,脉冲火焰的频率一般为 1～10 Hz。蓝宝石将燃烧室与光学监测系统分开,光信号通过光导管和滤光片后，由光电倍增管接受并放大，输出色谱信号。

PFPD的灵敏度比普通FPD提高了100倍左右，它可以区分杂原子和烃类化合物的发光，也可区分不同杂原子的发光。而且由于自动点火的功能，避免了猝灭作用。

16.5.8 其他检测器简介

(1) 质谱检测器(MSD)

MSD是质量型、通用型GC检测器，其原理与质谱(MS)相同。它不仅能够给出一般GC检测器所能获得的色谱图[叫总离子流色谱图(TIC)或重建离子流色谱图(RIC)]，而且能够给出每个色谱峰所对应的质谱图。通过计算机对标准谱库的自动检索，可提供化合物分子结构的信息，故是GC定性分析的有效工具。常被称为色谱-质谱联用(GC/MS)分析，是将色谱的高分离能力与MS的结构鉴定能力结合在一起的现代分析技术。

MSD实际上是一种专用于GC的小型MS仪器，一般配置电子轰击(EI)和化学离子化(CI)源，也有直接MS进样功能。MSD的质量数范围通常为10～1000 u，检测灵敏度和线性范围与FID接近，采用选择离子检测(SIM)时灵敏度更高。

(2) 原子发射光谱检测器(AED)

AED是一种小型原子发射光谱仪，它采用微波等离子体技术对色谱柱的流出物进行检测，实际上也是一种联用仪器(GC/AED)分析技术。它是将色谱的高分离能力与AE的元素分析能力结合在一起，也是GC的有效定性手段。AED的原理与原子发射光谱相同，可参看本书有关章节。GC/AED原则上可测定除载气以外的所有元素，一次进样可同时测定不同元素的色谱图，根据元素色谱峰的面积或峰高可以确定化合物的元素组成。AED的一个重要的优点是其响应值只与元素的含量有关，而与化合物的结构无关，因此可以进行所谓绝对定量分析。

16.6 样品处理与数据处理

16.6.1 样品处理方法简述

如前所述，GC可以直接分析的样品必须是气体或可以气化且不分解的液体，而HPLC以及后面要讲到的毛细管电泳则要求直接分析的样品是溶液，且无不溶的固体微粒。对于痕量或超痕量分析，还必须保证样品的浓度满足仪器灵敏度的要求，同时，要避免样品基质对色谱分析的干扰，这就需要在仪器分析前对样品进行必要的预处理。现代色谱仪器分析一次进样分析所用的时间越来越短，但用于样品处理的时间却往往很长。故如何选择适当的样品处理技术、提高样品处理的效率往往是缩短整个分析周期的关键。本节所述样品处理和数据方法基本也适用于HPLC分析。

用于色谱分析的样品采集和处理必须遵循如下原则：

第一，样品必须是具有代表性的；

第二，样品制备过程应尽可能避免待测组分的化学变化或损失；

第三，如果样品处理包括化学反应(如衍生化处理)，则反应必须是明确的，且能定量地完成；

第四，样品处理过程中要避免引入污染物。

色谱分析样品处理指南

1. 固体样品

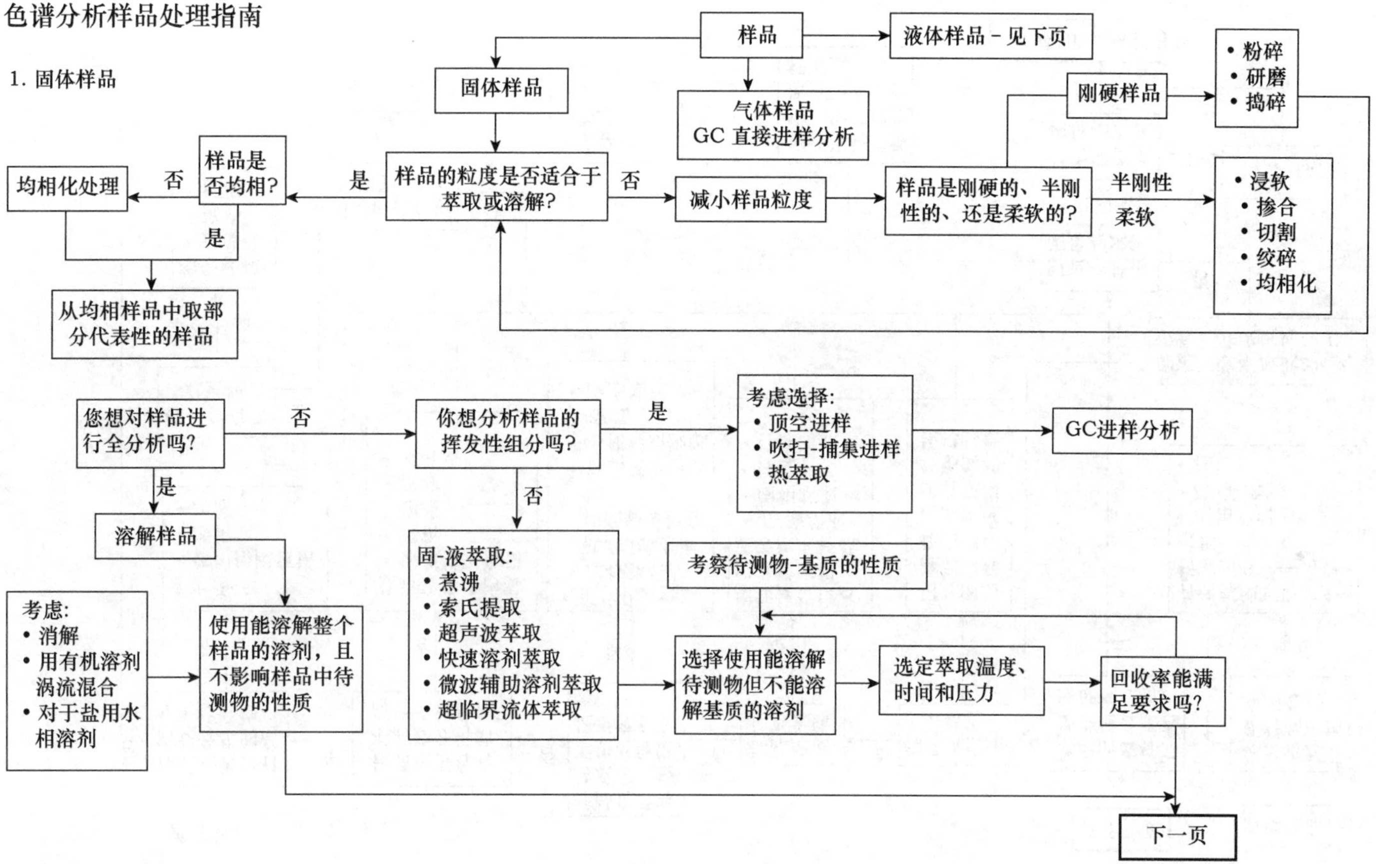

2. 液体样品

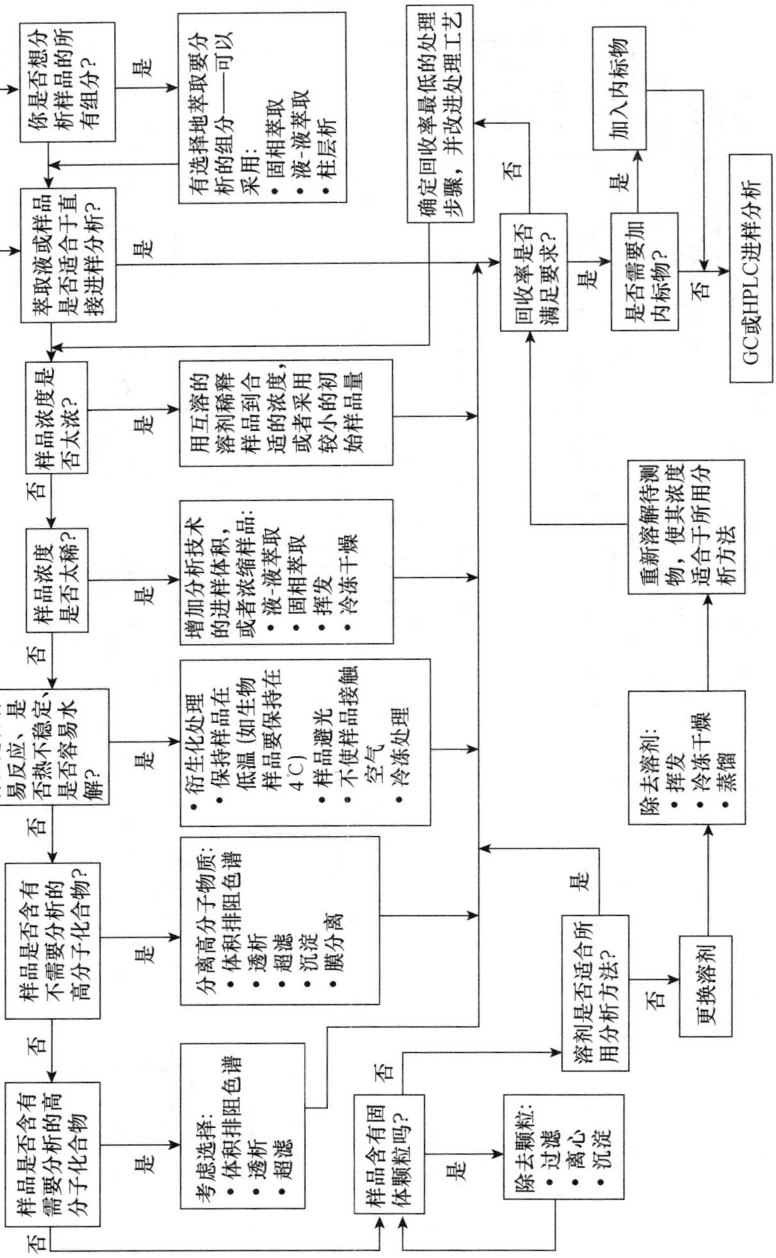
液体样品
你是否想分析样品的所有组分？
是
有选择地萃取要分析的组分——可以采用：
• 固相萃取
• 液-液萃取
• 柱层析
接上一页
萃取液或样品是否适合于直接进样分析？
是
回收率是否满足要求？
否
确定回收率最低的处理步骤，并改进处理工艺
是
是否需要加内标物？
是
加入内标物
否
GC或HPLC进样分析
样品浓度是否太浓？
是
用互溶的溶剂稀释样品到合适的浓度，或者采用较小的初始样品量
否
样品浓度是否太稀？
是
增加分析技术的进样体积，或者浓缩样品：
• 液-液萃取
• 固相萃取
• 挥发
• 冷冻干燥
否
样品是否容易反应、是否热不稳定、是否容易水解？
是
• 衍生化处理
• 保持样品在低温（如生物样品要保持在4℃）
• 样品避光
• 不使样品接触空气
• 冷冻处理
否
样品是否含有不需要分析的高分子化合物？
是
分离高分子物质：
• 体积排阻色谱
• 透析
• 超滤
• 沉淀
• 膜分离
否
样品是否含有需要分析的高分子化合物
是
考虑选择：
• 体积排阻色谱
• 透析
• 超滤
否
样品含有固体颗粒吗？
是
除去颗粒：
• 过滤
• 离心
• 沉淀
否
溶剂是否适合所用分析方法？
是
否
更换溶剂
除去溶剂：
• 挥发
• 冷冻干燥
• 蒸馏
重新溶解待测物，使其浓度适合于所用分析方法样品处理方法与分析目的有密切的关系。比如，目标化合物的定性分析、纯度分析、杂质分析、定量分析等等，可能采用不同的样品处理方法。若分析体液中的小分子药物，就必须先进行萃取，以此将目标化合物从样品基质中提取出来；要分析环境水样中的微量污染物，就必须进行萃取和浓缩；要分析食品中的氨基酸，就必须在提取后进行衍生化处理（如，硅烷化后用 GC 分析，荧光试剂衍生化后 HPLC 分析）。GC 和 HPLC 分析常用的样品处理技术有粉碎、冷冻干燥、气体萃取（顶空分析和吹扫捕集）、溶剂萃取（回流或索氏萃取，加压溶剂萃取）、固相萃取、固相微萃取、超临界流体萃取、微波辅助萃取、超声波萃取、微透析、衍生化、膜分离、蒸馏、吸附、离心、过滤、浓缩和溶解等等。有关这些技术的原理请阅读参考书[5]，上面给出一个概括的样品处理方法指南，供参考。

16.6.2　色谱数据处理基础

1. 基本要求

数据处理最基本的要求是将检测器输出的模拟信号随时间的变化曲线即色谱图画出来，然后计算色谱峰的有关参数，并给出分析报告。实现此功能的最简单的方法是采用一台记录仪，只要用信号电缆线将检测器输出端与记录仪输入端相连接即可。但过去记录仪得到的色谱图常常须用手工测量峰面积，误差较大，现代实验室已基本不用。

另一种数据处理装置是电子积分仪。积分仪和计算机的数据记录原理基本相同，即它只处理数字信号，而不能识别模拟信号。这样，在检测器输出端和积分仪之间就需要一个接口，即所谓模数（A/D）转换器。A/D 转换器以一定的速率提取模拟信号的数据点，将连续的信号转换为不连续的数值。积分仪将这些数值信号打印在以一定速率运行的记录纸上，并用光滑的曲线连接这些点，就得到了色谱图。然后，积分仪可以将数字信号储存起来，测定出色谱峰的保留时间、峰高和峰面积，并计算出峰的宽度等参数。当分析结束时，打印出每个峰的保留时间、峰宽、峰面积（或峰高）、以及峰面积（或峰高）百分比。此外，积分仪还可自动进行各种定量方法的计算。只要操作者输入相关的数据（如标样的浓度、定量方法等），积分仪就可按方法要求打印出定量分析报告。

数据处理的高级功能是分析报告的编辑和打印。积分仪只能给出简单的分析报告，充其量再记录分析条件，而要按照具体分析要求设计分析报告格式、编辑报告，并且不仅输出打印在纸上的报告，还要输出电子报告，这就需要计算机加软件，即所谓工作站来完成了。工作站不仅能完成积分仪的所有工作，而且能够设计、编辑报告格式，并用不同的格式输出报告。还可以有更大的硬盘容量，永久保存色谱原始数据，包括检测器输出信号、色谱仪的分析条件以及分析过程中仪器的状态变化（这是优良实验室规范，即所谓 GLP 所要求的）等等。与此同时，计算机还可通过键盘输入来实现仪器的自动控制（比如流动相流量、柱箱温度、检测器参数等）。通过互联网还可以实现遥控和远程故障诊断。

2. 数据处理基本参数

数据处理的基本参数是积分参数。如果积分参数设置不当，即使色谱分离没有问题，也有可能造成积分数据不准确或不重现的结果。一般积分仪（包括计算机数据处理软件）有下面几个可设置的积分参数：斜率（SLOP）或斜率灵敏度（SLOP SENSITIVITY）、峰宽（PEAK WIDTH）、阈值（THRESHOLD）或最小峰高（MIN HEIGHT）、最小峰面积（MIN AREA）或面积截除（AREA REJECTION）、衰减（ATTENUATION）、走纸速度（CHART SPEED）、零点(ZERO)。实际上,积分数据的正确与否是直接由前三个参数控制的,我们称之为积分控制参数;后三个参数是控制色谱图外观的,称为色谱图控制参数;至于最小峰面积,则是在积分之后进行计算时才使用的,可称作后积分参数。

斜率(或斜率灵敏度)是色谱峰的判断标准。平直的色谱基线斜率为 0,当色谱峰出现时斜率会快速增大。当斜率大于或等于积分仪的斜率设定值时,积分仪就认为是出峰了,此时便开始积分。当斜率由正变负时,即为色谱峰的最大值,此时的信号值即为峰高。所对应的时间值就是该峰的保留时间(积分仪可以用斜率转变前后的几个点拟合二次曲线,通过求导算出峰最大值)。随着信号下降,斜率的绝对值变小。当斜率绝对值小于设置值时,积分仪认为峰已结束,便停止该峰的积分。对于两个未完全分离的峰,前一个峰未出完就出第二个峰,此时斜率由负变正,积分仪就开始第二个峰的积分。至于第一个峰,可能停止积分,也可能继续积分,这要看有关积分功能如何设置。如果积分仪有溶剂峰识别功能(斜率超过一个高限时认定为溶剂峰),且认定前一个峰为溶剂峰,或者在前一个峰设置了切线(TANGENT)积分功能,积分仪就会对第一个峰继续积分直到斜率转变点的切线与峰起始点基线延长线的交点处[见图 16.20(a)],否则,积分仪会在斜率转变点结束前一个峰的积分[图 16.20(b)]。所以,斜率的设定要依据基线的稳定程度和峰的具体宽度而定。原则上应该比基线波动的斜率大(否则会把基线波动当作峰处理),而比色谱图上最宽的峰的起点斜率小(否则会把此峰当作基线波动处理)。

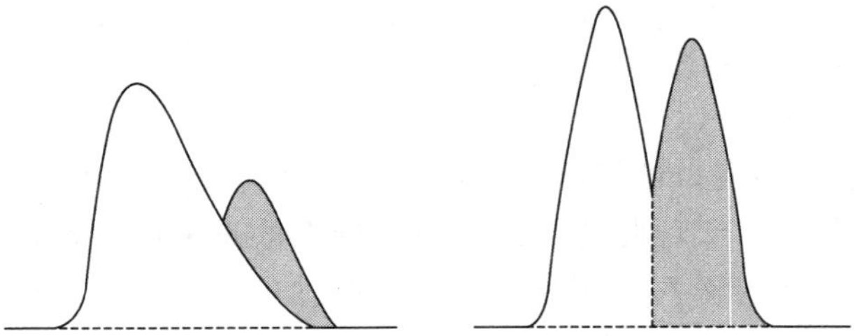

(a) 切线斜切　　(b) 垂直切割

图 16.20　未完全分离峰的积分

峰宽是设定积分仪采集数据速率的。前已述及,A/D 转换器有一个采集数据速率,而积分仪的数据采集速率并不一定等于该速率。峰宽参数控制积分仪处理数据时的采集速率。峰宽设定越小,采集速率越快,反之亦然。对于很窄的峰,采集速率应足够快;如图 16.21 所示,峰宽设定合适时,积分仪绘图结果(实线)和模拟信号基本重合,而当峰宽设定偏大时,积分仪绘图结果就与模拟信号不能重合,出现了畸变峰。另一方面,对于很宽的峰,采集速率可慢一

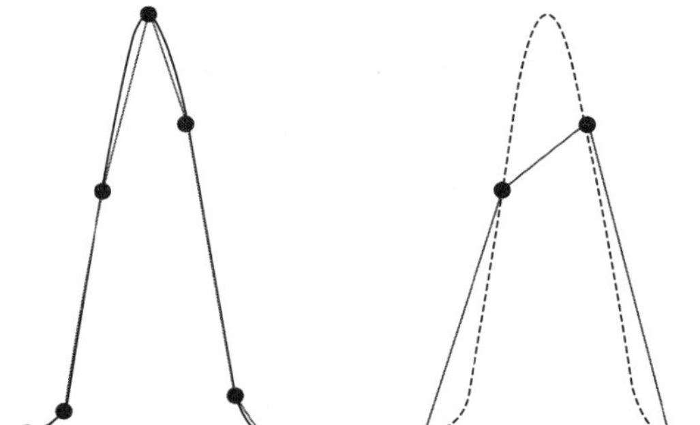

(a) 峰宽设定合适　　(b) 峰宽设定偏大

图 16.21　峰宽设定值对积分结果影响的示意图

图中虚线为模拟信号,实线为积分仪绘图结果

些，对于未分离峰，峰宽值应足够小，以保证积分的正确性。总之，峰宽值设定小一些有利于保证积分数据的正确性，初始峰宽的设定值应接近于或等于色谱图上最窄峰的半峰宽值。峰宽值设定太小，有可能将基线噪音也作为色谱峰积分；而峰宽设置太大，又可能将小而窄的色谱峰作为噪音滤去。

阈值是另一个设定色谱峰判断标准的参数，它不是依据斜率判断，而是依据峰高判断。阈值实际上与最小峰高相类似。即使按斜率的标准认为是色谱峰的信号，如果其峰的最大值小于阈值，也不会作为色谱峰来积分。只有在符合斜率标准的前提下，信号值大于阈值时，色谱峰的积分才开始。阈值越大，色谱峰起始积分点越推后，结束点越提前，相应的绝对峰面积值会有所减少。显然，设置适当的阈值既可保证所需色谱峰的积分，又能最大限度地滤除噪音。

当积分结束后，某一色谱峰是否参与最后的计算，则取决于最小峰面积的设定值。只有面积大于最小峰面积设定值的峰才参与最后计算。因此，我们可以利用这一后积分参数从最后报告中剔除不需要计算的峰。对于峰面积百分比或归一化定量方法，更应注意最小峰面积的设置。

最后，在色谱图控制参数中，走纸速度设定时间坐标的刻度大小，速度越快，峰显得越宽。(但并不改变以时间单位表示的峰宽!)衰减是控制纵坐标刻度的，衰减值越小，峰就显得越大。(但并不影响以电压单位表示的峰高值!)而零点则是设置基线位置的。此外，积分仪还有回零功能，不论何时按下回零键，当前信号值就回到零点设定的位置。总之，走纸速度、衰减、零点这三个参数设置只影响色谱图的外观，并不能影响积分数据的准确性。色谱工作站就没有走纸速度和衰减的设定。

16.6.3 色谱定性分析方法

所谓定性分析就是鉴定色谱峰的归属和色谱峰的纯度(有无共流出峰)。常用的方法如下。

1. 标准物质对照定性

在相同的色谱条件下，分别对标准样品和实际样品进行分析，对照保留值(GC 多用保留时间、相对保留时间或保留指数；HPLC 则多采用保留时间和相对保留时间)即可确定色谱峰的归属。定性时必须注意，在同一色谱柱上，不同化合物可能有相同的保留值，所以，对未知样品的定性仅仅用一个保留数据是不够的。双柱或多柱保留指数定性是 GC 中较为可靠的方法，因为不同的化合物在不同色谱柱上具有相同保留值的概率要小得多。标准物质对照定性的问题是有些标准物质不容易得到，而在样品组分大部分或全部未知的情况下，选择什么标准物质对照就更困难了。所以，标准物质对照定性虽然是最直接的，但并不总是容易的。

2. 利用文献数据定性

前人已发表的文献中有大量的数据可供参考，比如 GC 保留指数库就收集了数千种化合物在不同色谱柱上的保留指数，如果采用与文献相同规格的色谱柱和分析条件，就可以重现文献数据。因此，可以将测得的保留指数与文献值相比较，从而达到定性鉴定的目的。在 HPLC 中，因为色谱柱填料的重现性不及 GC 柱的重现好，故较少使用文献数据定性。即使利用文献数据，一般也要结合标准样品对照。

3. 利用选择性检测器定性

在 GC 和 HPLC 中都有一些选择性检测器，GC 中有 NPD、ECD、FPD，HPLC 中则有荧光和电化学检测器。可以利用这些检测器对特定物质的响应来判断样品中是否存在目标化合物。HPLC分析电化学活性成分时,可以用电化学检测器判断有无目标化合物。此外,二极管阵列检测器可以采集色谱峰的紫外光谱图,这对峰鉴定很有用,而且可以给出峰纯度的信息。

4. 在线联用仪器定性

对于复杂的样品,联用仪器是强有力的定性手段,尤其是在线联用技术,比如气相色谱-质谱联用(GC-MS)、气相色谱-红外光谱联用(GC-FTIR)、原子发射光谱联用(GC-AED)、液相色谱-质谱联用(LC-MS)、液相色谱-核磁共振波谱联用(LC-NMR)等。联用仪器方法实际上是二维分离技术,即光谱图的横坐标垂直于色谱图的时间坐标,这样就可在色谱图的任一时刻获得光谱图,不仅能提供色谱峰的鉴定信息,还能提供峰纯度的信息。所以,联用仪器方法的应用越来越普遍。

5. 其他定性方法

在色谱分析中使用的定性方法还有衍生化法,即对样品进行柱前或柱后衍生化,通过观察保留时间或者检测器响应的变化,来推断目标化合物。最后一种鉴定方法是收集色谱分离后的组分,除去溶剂(流动相)后用各种光谱方法(UV-Vis,MS,IR,NMR等)进行结构鉴定。这种方法就是所谓离线仪器联用,鉴定结果可靠,但较费时。不太适合于GC,在HPLC中用得较多。

16.6.4 色谱定量分析方法

1. 峰面积或峰高的测量

在检测器的线性范围内,响应值(峰面积或峰高)与样品浓度呈正比,这是色谱定量分析的基础。因此,准确测量峰面积或峰高是定量分析的前提。历史上有过多种测量方法,如采用条形记录仪时,手工测量峰高和峰宽,然后用三角形面积近似法(峰高乘以半峰宽),还有手工积分仪法、剪纸称重法等等。现在多采用电子积分仪或计算机技术,可以很准确地测定峰高或峰面积,但所用单位不是传统的高度和面积单位,如峰高采用 μV,时间单位为 s,则面积单位为信号强度与时间的乘积,即 μV · s。若用手工计算,高斯峰(峰形对称)的峰面积计算公式为

$$A = 1.065 \times h \times W_{1/2} \tag{16.6}$$

式中 A 为峰面积,h 为峰高,$W_{1/2}$ 为半峰宽。对于不对称的峰,常用峰高乘以平均峰宽来计算

$$A = 0.5h(W_{0.15} + W_{0.85}) \tag{16.7}$$

其中 $W_{0.15}$ 和 $W_{0.85}$ 分别为峰高 0.15 倍和 0.85 倍处的峰宽。

2. 定量校正因子

在绝大部分色谱检测器上,相同浓度的不同化合物在同一分析条件下、同一检测器上得到的峰面积或峰高往往是不相等的,为此,必须用标准样品进行校准或校正,方可得到准确的定量分析结果。这样就引入了一个校正系数,叫做定量校正因子 f_i 或响应因子,其定义为单位峰面积(或峰高)代表的样品量

$$f_i = w_i / A_i \tag{16.8}$$

其中 w_i 是组分 i 的量,可以是质量,也可以是摩尔或体积;A_i 为峰面积(或峰高)。

定量校正因子的测定要求色谱条件高度重复,特别是进样量要重复,所以,色谱条件的波动常常导致定量校正因子测定的较大误差。为了提高定量分析的准确度,又引入一个相对定

量校正因子 f_i' 的概念，其定义为样品中某一组分的定量校正因子与标准物的定量校正因子之比

$$f'(m)=\frac{f_i(m)}{f_s(m)}=\frac{A_s\cdot m_i}{A_i\cdot m_s} \tag{16.9}$$

式中 A 为峰面积（或峰高），m 为质量，下标 i 表示组分 i，s 表示标准物。$f_i'(m)$ 称为相对质量校正因子。若物质量用摩尔或体积表示，则有相对摩尔校正因子 $f_i'(M)$ 或相对体积校正因子 $f_i'(V)$。在 GC 中，TCD 常用苯作为标准物，FID 则用正庚烷。而在 HPLC 中，标准物是多种多样的。

很多工具书收集有相对定量校正因子数据，可供查用。若要自己测定，则需要配制纯物质（待测物和/或标准物）的溶液，然后多次进样分析，控制响应值在检测器的线性范围内，测得峰面积（或峰高）的平均值，然后根据上面的公式计算。

3. 常用定量计算方法

(1) 峰面积（峰高）百分比法。计算公式如下

$$x_i(\%)=\frac{A_i}{\sum A_i}\times 100\% \tag{16.10}$$

式中 x_i 为待测样品中组分 i 的含量（浓度）；A_i 为组分 i 的峰面积（也可用峰高计算）。

峰面积（峰高）百分比法最简单，但最不准确，严格讲只是半定量方法。该方法要求样品中所有组分均能从色谱柱流出，且在所用检测器上均有近似的响应因子。只有样品由同系物组成或者只是为了粗略地定量时，该法才是可选择的。当然，在有机合成过程中监测反应原料和/或产物的相对变化时，也可用此法作相对定量。峰面积（峰高）百分比法实际上是未校正的归一化法。下面几种定量方法均需要校正。

(2) 归一化法。计算公式如下

$$x_i(\%)=\frac{f_i\cdot A_i}{\sum f_iA_i}\times 100\% \tag{16.11}$$

式中 x_i 为待测样品中组分 i 的含量（浓度）；A_i 为组分 i 的峰面积（也可用峰高计算）；f_i 为组分 i 的校正因子。

归一化法定量准确度高，但方法复杂，要求所有样品组分均出峰，且要有所有组分的标准品，以测定校正因子。

(3) 外标法。计算公式如下

$$x_i=f_iA_i=\frac{A_i}{A_E}\times E_i \tag{16.12}$$

式中 x_i 为待测样品中组分 i 的含量（浓度）；A_i 为组分 i 的峰面积；f_i 为组分 i 的校正因子，用标准样品测定 $f_i=E_i/A_E$；E_i 为标准样品中组分 i 的含量（浓度）；A_E 为标准样品中组分 i 的峰面积。

外标法简单，是色谱分析中采用最频繁的方法，只要用一系列浓度的标准样品作出校准曲线（样品量或浓度对峰面积或峰高作图）及其回归方程（f_i 为斜率），就可在完全一致的条件下对未知样品进行定量分析。只要待测组分可出峰且分离完全，而不考虑其他组分是否出峰和是否分离完全。需要强调，外标法定量时，分析条件必须严格重现，特别是进样量。如果测定

未知物和测定校准曲线时的条件有所不同，就会导致较大的定量误差。还应注意，校准曲线可能不过原点，此时回归方程为

$$x_i = f_i A_i + C \tag{16.13}$$

C 为截距。

（4）内标法。计算公式如下

$$x_i(\%) = \frac{m_s \cdot A_i \cdot f_{s,i}}{m \cdot A_s} \times 100\% \tag{16.14}$$

式中 x_i 为待测样品中组分 i 的含量（浓度）；A_i 为组分 i 的峰面积；m 为样品的质量；m_s 为待测样品中加入内标物的质量；A_s 为待测样品中内标物的峰面积；$f_{s,i}$ 为组分 i 与内标物的校正因子之比，即相对校正因子。

内标法的定量精度最高，因为它是用相对于标准物（也叫内标物）的响应值来定量的，而内标物要分别加到标准样品和未知样品中。这样就可抵消由于操作条件（包括进样量）的波动带来的误差。与外标法类似，内标法只要求待测组分出峰且分离完全即可，其余组分则可用快速升高柱温使其流出或用反吹法将其放空，这样就可缩短分析时间。尽管如此，要选择一个合适的内标物并不总是一件容易的事情，因为理想的内标物是样品中不存在的组分，其保留时间和响应因子应该与待测物尽可能接近，且要完全分离。此外，用内标法定量时，样品制备过程要多一个定量加入内标物的步骤，标准样品和未知样品均要加入一定量的内标物。

（5）标准加入法。又叫叠加法。标准加入法是在未知样品中定量加入待测物的标准品，然后根据峰面积（或峰高）的增加量来进行定量计算。其样品制备过程与内标法类似，但计算原理则完全是来自外标法。标准加入法的定量精度应该介于内标法和外标法之间。

16.6.5 色谱分析方法认证简介

所谓方法认证（validation）就是要证明所开发方法的实用性和可靠性。实用性一般指所用仪器配置是否全部可作为商品购得（实验室自己制造的仪器部件就欠实用），样品处理方法是否简单易操作，分析时间是否合理，分析成本是否可被同行接受等。可靠性则包括定量的线性范围、检测限、方法回收率、重复性、重现性和准确度等。下面就简单讨论这几个可靠性参数。

1. 方法的线性范围

即检测器响应值与样品量（浓度）呈成正比的线性范围，它主要由检测器的特性所决定。原则上，这一线性范围应覆盖样品组分浓度整个变化范围。线性范围的确定通常是采用一系列（多于 3 个）不同浓度的样品进行分析，以峰面积（或峰高）对浓度进行线性回归。当相关系数大于 0.99 时，就可认为是线性的。

2. 方法的检测限

检测限（DL）是指方法可检测到的最小样品量（浓度）。一般的原则是按照 3 倍信噪比计算，即当样品组分的响应值等于基线噪音的 3 倍时，该样品的浓度就被作为最小检测限，与此对应的该组分的进样量就叫作最小检测量。此外，在验证定量方法时，还将 10 倍信噪比所对应的样品浓度叫做最小定量限。当用于法规分析时，这一数据应等于或低于法规方法所要求的实际样品中待测组分的最低允许浓度。

3. 方法回收率

即方法测得的样品组分浓度与原来样品中实有浓度的比率。如果样品未经任何预处理，则回收率一般可不考虑。只有当某些样品组分被仪器系统不可逆吸附时，回收率才是需要考虑的问题。如果样品经过了预处理，如萃取工艺，那就必须考虑整个方法的回收率。一般要求回收率大于 60％，越接近 100％越好。

回收率可用下述简单方法测定：配置一定浓度的标准样品，将其两等分，其中一份按方法步骤进行预处理，然后用 GC 分析。另一份则不经预处理而直接用 GC 分析。两份样品所得待测组分峰面积的比率乘以 100％即是该组分的回收率。有时实际样品很复杂，特别是样品基质对预处理的回收率影响较大时，就必须用空白样品基质（确信不含待测物）制备标准样品，比如测定废水中有机农药残留量时，就要采用不含农药的水作空白基质，在其中加入已知量的农药标准品，然后进行处理和分析。处理后测得的组分含量与处理前加入量的比率乘以 100％就得到了回收率。

4. 方法重复性和重现性

重现性（reproducibility）是指同一方法在不同时间、地点、不同型号仪器、不同操作人员使用时所得结果的一致性。与此近似的另一个术语是重复性（repeatability），常指同一个人在同一台仪器上重复进样所得结果的一致性。对现代仪器来说，分析重复性是容易实现的，而重现性则是更重要的，也是方法验证所必须考察的。重现性和重复性都用多次分析所得结果的相对标准偏差（RSD）来表示。

方法的重现性应包括多次连续进样分析的重复性、不同时间（天与天之间）分析的重复性、不同型号仪器之间的重现性和不同实验室之间的重现性。作为方法开发者，首先应测定重复性，即在相同条件下连续进样 5～10 次，统计待测组分的保留时间和峰面积（或峰高）的 RSD，一般要求保留时间的 RSD 不大于 1％，峰面积的 RSD 不大于 5％。如果样品要经过预处理，还应测定同一样品多次处理的重复性。即同一样品取 3～5 份做平行处理，看最后测定结果的重复性。这一 RSD 值应不大于 5％。

当上述重复性满足要求后，说明该方法在一个实验室是可靠的。要将此方法作为标准方法推广使用，还必须测定不同仪器、不同实验室之间的重现性。当这些重现性（RSD）都能满足要求时。这一方法的可靠性就得到了较为满意的验证。

5. 方法的耐用性

方法的耐用性有两个含义，一是指仪器参数（如温度控制精度，流速控制精度等）在一定范围内波动时，方法所测得的结果是否可靠；二是指环境条件（如温度、湿度、海拔高度等）的改变对分析结果的影响。方法耐用性体现了特定分析方法对仪器和环境的要求。

16.7　气相色谱方法开发

简单地说，方法开发就是针对一个或一批样品建立一套完整的分析方法。就 GC 而言，就是首先确定样品预处理方法，然后优化分离条件，直至达到满意的分离结果。最后建立数据处理方法，包括定性鉴定和定量测定。下面介绍方法开发的一般步骤，HPLC 方法开发也遵循这些步骤。

1. 样品来源及其预处理方法

GC 能直接分析的样品必须是气体或液体，固体样品在分析前应当溶解在适当的溶剂中，而且还要保证样品中不含 GC 不能分析的组分（如无机盐）或可能会损坏色谱柱的组分。当对一个未知样品进行分析时，首先必须了解它的来源，从而估计样品可能含有的组分，以及样品的沸点范围。对于可以直接分析的样品，只要找一种合适的溶剂溶解即可进行分析。一般讲，溶剂应具有较低的沸点，从而使其容易与样品分离。

开始实验前，应进行文献检索。若文献中已有相同样品的分析方法，就会大大加快方法开发的过程。只要在此基础上作一些必要的优化即可。如果样品中有不能用 GC 直接分析的组分，或者样品浓度太低，就必须进行必要的预处理，包括采用一些预分离手段，如各种萃取技术、浓缩方法、提纯方法等。

2. 确定仪器配置

所谓仪器配置就是用于分析样品的方法所采用的进样装置、载气、色谱柱以及检测器。就色谱柱而言，常用的固定相有非极性的 OV-1(SE-30)、弱极性的 SE-54、极性的 OV-17 和 PEG-20M 等。可根据极性相似相溶原理来选用。而要分析特殊的样品，如手性异构体，就需要特殊的色谱柱。对于很复杂的混合物，SE-54 往往是首选的固定相。

3. 确定初始操作条件

当样品准备好，且仪器配置确定之后，就可开始进行尝试性分离。这时要确定初始分离条件，主要包括进样量、进样口温度、检测器温度、色谱柱温度和载气流速。

进样量要根据样品浓度、色谱柱容量和检测器灵敏度来确定。样品浓度不超过 $mg \cdot mL^{-1}$ 时填充柱的进样量通常为 1～5 μL，而对于毛细管柱，若分流比为 50∶1 时，进样量一般不超过 2 μL。必要时先对样品进行预浓缩，还可采用专门的进样技术，如大体积进样，或者采用灵敏度更高的检测器。

进样口温度主要由样品的沸点范围决定，还要考虑色谱柱的使用温度。即首先要保证待测样品全部气化，其次要保证气化的样品组分能够全部流出色谱柱，而不会在柱中冷凝。常用的条件是 250～350℃。注意，当样品中某些组分会在高温下分解时，就要适当降低气化温度。必要时可采用冷柱上进样或程序升温气化(PTV)进样技术。

色谱柱温度的确定主要由样品的复杂程度和气化温度决定。原则是既要保证待测物的完全分离，又要保证所有组分能流出色谱柱，且分析时间越短越好。简单的样品最好用恒温分析，这样分析周期会短一些。对于组成复杂的样品，常需要用程序升温分离。

检测器的温度是指检测器加热块温度，而不是实际检测点，如火焰的温度。检测器温度的设置原则是保证流出色谱柱的组分不会冷凝，同时满足检测器灵敏度的要求。比如在使用 OV-101 或 OV-1 毛细管色谱柱时，火焰离子化检测器(FID)的温度可设定为 300℃。

载气流速可按照比最佳流速(氮气约为 $20\ cm \cdot s^{-1}$，氦气和氢气约为 $30\ cm \cdot s^{-1}$)高 10% 来设定。然后再据分离情况进行调节。原则是既保证待测物的完全分离，又要保证尽可能短的分析时间。用填充柱时，载气流速一般设为 $30\ mL \cdot min^{-1}$。

此外，当所用检测器需要燃烧气和/或辅助气时，还要设定这些气体的流量。

上述初始条件设定后，便可进行样品的尝试性分析。一般先分析标准样品，然后再分析实际样品。在此过程中，还要根据分离情况不断进行条件优化。

4. 分离条件优化

事实上，当样品和仪器配置确定之后，一个气相色谱技术人员最经常的工作除了更换色谱柱外，就是改变色谱柱温和载气流速，以期达到最优化的分离。柱温对分离结果的影响要比载气流速的影响大。

简单地说，分离条件的优化就是要在最短的分析时间内达到符合要求的分离结果。所以，当在初始条件下样品中难分离物质对的分离度 R 大于 1.5 时，可采用增大载气流速、提高柱温或升温速率的措施来缩短分析时间，反之亦然。比较难的问题是确定色谱图上的峰是否单一组分的峰。这可用标准样品对照，也可用 GC-MS 测定峰纯度。如果某一感兴趣的峰是两个以上组分的共流出峰，在改变柱温和载气流速也达不到基线分离的目的时，就应更换更长的色谱柱，甚至更换不同固定相的色谱柱。

5. 定性定量分析

定性时必须注意，在同一色谱柱上，不同化合物可能有相同的保留值，所以，对未知样品的定性仅仅用一个保留数据是不够的。双柱或多柱保留指数定性是 GC 中较为可靠的方法。对于复杂的样品，则要通过保留指数和/或 GC-MS 来定性。不过，应当了解，GC-MS 并不总是可靠的，尤其是一些同分异构体的质谱图往往非常相似，计算机检索结果有时是不正确的。只有当 GC 保留指数和 MS 的鉴定结果相吻合时，定性的可靠性才是有保障的。

确定用什么定量方法来测定待测组分的含量，然后进行校准。至此，就基本建立起了一个 GC 分析方法。在将该方法作为标准方法或法规方法使用前，还必须对其进行认证。

参考资料

［1］ 刘虎威. 气相色谱方法及应用，第二版. 北京：化学工业出版社，2007.

［2］ 傅若农，刘虎威. 高分辨气相色谱及高分辨裂解气相色谱. 北京：北京理工大学出版社，1991.

［3］ Lee M L，Yang F J，Bartle K D. Open Tubular Column Gas Chromatography，John Wiley & Son，1984.

［4］ 吴烈钧. 气相色谱检测方法. 北京：化学工业出版社，2000.

［5］ 王立，汪正范，牟世芬，丁晓静. 色谱分析样品制备. 北京：化学工业出版社，2001.

［6］ 王正范. 色谱定性与定量. 北京：化学工业出版社，2000.

思考题与习题

16.1 GC 有多种不同的分析方法，请为下列分析任务选择最合适的方法。

（1）汽油成分的全分析；　　（a）静态顶空 GC；

（2）血液中的酒精含量分析；　　（b）衍生化 GC；

（3）食品中的氨基酸分析；　　（c）直接进样毛细管 GC；

（4）聚合物的热稳定性分析；　　（d）裂解 GC。

16.2 在 GC 分析中，什么检测器最适合下列目标化合物的检测？

（1）土壤中的石油污染物；　　（2）蔬菜中的有机氯农药残留；

（3）啤酒中的微量硫化物；　　（4）有极溶剂中的痕量水分；

（5）天然气中的氢气含量；　　（6）装饰材料中的甲醛和甲苯含量。

16.3 请推断下列混合物在 GC 分析中的出峰顺序，并说明理由：

（1）载气为氢气，采用固定相为 PEG-20M 的色谱柱分离乙醇（沸点 78℃）、丙酮（沸点 56.5℃）和异丙醇（沸点 82℃）的混合物。

（2）载气为氮气，采用固定相为 OV-1 的色谱柱分离异丙醇（沸点 82℃）、丙酮（沸点 56.5℃）和异辛烷（沸点 99.2℃）的混合物。

16.4 开管柱主要有 PLOT、WCOT 和 SCOT 三种类型，请比较它们的异同。

16.5 在 GC 分析中，如果色谱柱一定，优化分离主要靠调节什么参数？载气流速对色谱柱的理论塔板高度有什么影响？

16.6 试比较分流进样、不分流进样方式的优缺点。

16.7 当试图用 GC 分析炸药样品时，宜采用什么进样方式？

16.8 MS 作为 GC 检测器有什么优越性？

16.9 检测器的灵敏度和检测限有什么不同？

16.10 ECD 的线性范围为 10^4，现在要分析一系列样品，其中某组分的浓度范围为 $1\ ng \cdot mL^{-1}$～$1\ mg \cdot mL^{-1}$。请问，如何保证所有样品定量分析的准确度？

16.11 与填充柱相比，开管柱有什么优点？

16.12 填充柱 GC 使用的固定相主要有哪些？开管柱 GC 呢？

16.13 什么情况下宜采用恒温分析，什么情况下宜采用程序升温分析？

第 17 章　高效液相色谱法

17.1 引　　言

17.1.1 高效液相色谱法的特点

高效液相色谱(HPLC)是 20 世纪 60 年代末在经典液相色谱的基础上发展起来的一种现代色谱分析方法,历史上曾出现过不同的叫法,如高压液相色谱(HPLC)、高速液相色谱(HSLC)和高分辨液相色谱(HRLC)。就分离原理而言,HPLC 与经典柱层析(色谱)没有本质的区别,但由于采用了高压输液泵、高效微粒固定相和高灵敏度检测器,HPLC 在分析速度、分离效率、检测灵敏度和操作自动化方面,都达到了可与气相色谱相比的程度,并保持了样品适用范围广、流动相种类多和便于制备的柱层析优点,在生物工程、制药工业、食品工业、环境监测和石油化工等领域获得了广泛的应用。特别是在当今迅速发展的生命科学领域,HPLC 已经成为必不可少的分析手段。

在前面的章节我们已经对 HPLC 和 GC 进行了全面的比较,并深入讨论了色谱的基本理论,这里再强调一下 HPLC 的特点:

(i) 样品适用范围广。HPLC 有多种分离模式,理论上讲,几乎可以分析除永久气体外所有的有机和无机化合物。

(ii) 分离效率高。采用新型的高效微粒固定相(粒度为 3~10 μm),HPLC 填充柱的柱效可达每米 40 000 到 80 000 的理论塔板数,可以分离结构非常近似的化合物,甚至光学异构体。当填料粒度小于 2 μm 时,就是超高效液相色谱(UHPLC)。

(iii) 检测灵敏度高。HPLC 虽然没有 GC 中 FID 那样的通用性好、灵敏度高的检测器,但近年来发展日益成熟的 LC-MS 技术已经得到了广泛的应用,即使是紫外吸收检测器也可达到 10^{-9} g 的最小检测限,荧光检测器的最小检测限则可达到 10^{-12} g,电化学检测器的灵敏度可以更高。

(iv) 分析速度快。与经典柱层析相比,HPLC 的分析速度大为提高,一个典型的分析可在几分钟到几十分钟内完成。

(v) 样品回收方便,很容易将分析放大为制备分离。由于大多采用非破坏性检测器,故可回收珍贵的样品,这在蛋白组学的研究和生物工程中尤为重要。

17.1.2 高效液相色谱法的分类

HPLC 的分类方法有多种,比较常见的有三种。

1. 按照分离机理分类

(1) 吸附色谱。这是历史上 LC 所利用的第一种分离机理,它是依据样品组分在固定相上的吸附性能差异实现分离的。固定相采用固体吸附剂,流动相则是各种极性不同的溶剂或混合溶剂。吸附色谱分离弱极性到中等极性的化合物效果较好，还用于样品的族分离。

(2) 分配色谱。这是目前应用最为广泛的 HPLC 分离模式，主要根据样品组分在流动相和固定相之间的分配性能差异来实现分离。它以负载在固体基质上的液体(或者在操作条件下为液态)为固定相，以不同极性的溶剂或混合溶剂为流动相。固定相若是物理涂敷在固体基质表面，就称为液液分配色谱，固定相若是化学键合在基体表面，如键合有十八烷基的硅胶，就称为键合相分配色谱，简称键合相色谱。当固定相的极性大于流动相的极性时，称为正相色谱(NP-HPLC)；当流动相的极性大于固定相的极性时，称为反相色谱(RP-HPLC)。在所有 HPLC 应用中，85%的分离是采用反相色谱完成的，它既可以分析中性化合物，也可以分析可离子化的碱性或酸性化合物。

(3) 离子交换色谱(IEC)。用于分离有机或无机离子的 HPLC 方法，按照样品中离子与固定相上的荷电基团进行可逆性离子交换的能力的差异实现分离。固定相是各种离子交换树脂，流动相则是严格控制 pH 的缓冲溶液。

(4) 体积排阻色谱(SEC)。分离天然、合成聚合物和生物大分子的 HPLC 方法，按照样品组分的分子尺寸不同实现分离。固定相为化学惰性的多孔颗粒填料，分子尺寸小的组分可以进入固定相的孔而有强的保留，分子尺寸大的组分则保留弱，故洗脱是以相对分子质量递减为顺序的。当流动相为有机相时，称为凝胶渗透色谱(GPC)，流动相为水相时则称为凝胶过滤色谱(GFC)。

(5) 亲和色谱(AC)。主要用于生化分析和药物筛选，以生物分子(如抗原)与配体(如抗体)之间的特异性相互作用不同而实现分离。将不同特性的配体键合到硅胶等基质上作为固定相，以严格控制 pH 的缓冲溶液为流动相。

2. 按照色谱柱洗脱动力学分类

(1) 洗脱法。也叫淋洗法。以三组分混合样品为例，样品进入色谱柱后随流动相移动，依据不同组分与固定相的相互作用不同而顺序流出，各组分的谱带是相互独立的。这是 HPLC 应用最多的方法，如图 17.1a 所示。

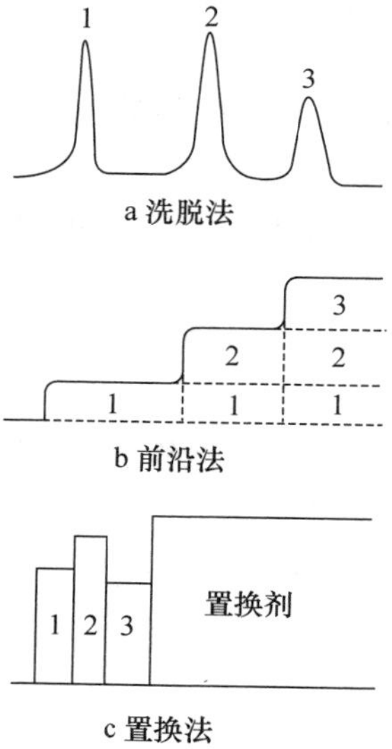

图 17.1 HPLC 的不同洗脱动力学过程

(2) 前沿法。又称迎头法。将三组分混合物溶于流动相，并连续注入色谱柱。由于各组分与固定相的作用不同，作用力最弱的第一组分首先流出，其次是第二组分叠加在第一组分上流出，最后是作用力最强的第三组分叠加在第一和第二组分上流出(图 17.1b)。此法得到的分离谱带是混合的，只有第一组分的纯度较高。

(3) 置换法。又称顶替置换法。当样品组分与固定相的相互作用都较强时，采用一般流动相难以在合理的时间内洗脱下来。此时可采用一种流动相(用作置换剂)，它与固定相的作用比样品组分都强。当置换剂进入色谱柱后，就可将保留在色谱柱上的样品组分置换下来(图 17.1c)。此法得到的谱带一般也是独立的，可获得纯的化合物，故在大规模的制备分离中应用较多。

3. 按照分离目的分类

(1) 分析液相色谱。这是应用最广泛的以定性或/和定量分析为目的的 HPLC 方法，也是本书讲述的主要内容。

(2) 制备液相色谱。以获得样品组分纯品为目的的 HPLC。

17.2　高效液相色谱仪

HPLC 仪器组成与 GC 相应部件的作用类似。即由溶剂(流动相)输送系统、进样系统、柱系统、检测系统、数据处理和控制系统组成。其分析流程与 GC 是相同的。图 17.2 所示为典型的 HPLC 仪器组成,储液瓶和泵之间一般用聚四氟乙烯管连接,而从泵到检测器则需要采用细内径(0.17 mm 左右)的不锈钢管连接。因为 HPLC 的色谱柱长度(5～30 cm)远比 GC 毛细管柱短,柱外效应的影响更为严重,所以 HPLC 的连接管线不仅要内径小,而且要尽可能地短。

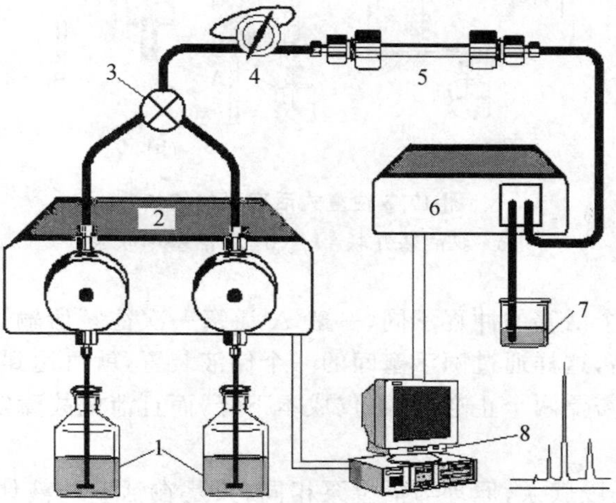

图 17.2　HPLC 仪器组成示意图

1—储液瓶(输液管入口端安装有过滤器)　2—高压输液泵　3—混合器和阻尼器　4—进样器(阀)　5—色谱柱　6—检测器　7—废液瓶　8—数据处理和控制系统

17.2.1　高压输液系统

由于 HPLC 所用固定相的粒度很小(3～10 μm),因此对流动相的阻力极大。为保持一定的流动相流速,必须配备高压输液系统。该系统一般由储液瓶、高压输液泵、过滤器、压力脉动阻尼器等组成(参见图 17.2),其中高压输液泵是核心部件。

HPLC 输液泵的要求是能在高达 40 MPa 的压力下保持密封性能好、输出流量恒定、压力平稳,可在 0.1～10 mL · min^{-1} 的范围内调节流量(用于制备时要求流量更大),且流量控制的误差要小于 0.5%,便于更换溶剂以及耐腐蚀性好。常用的输液泵有恒流和恒压两种类型,前者是在一定的操作条件下,输出流量保持恒定,而与系统的压力无关;后者则是输出压力保持恒定,流量则随系统压力变化而变化。因为恒压泵可能造成保留时间的不重现,故现在的 HPLC 仪器基本都采用恒流泵。

恒流泵又称机械泵,有注射泵和往复泵两种。注射泵类似于注射器,用一个伺服马达驱动与活塞相连的螺杆,将“针筒”内的流动相压入色谱系统。注射泵设备简单,流量稳定,但一次可使用的流动相量有限,且在更换或添加流动相时必须停泵。注射泵现在多用于流量要求在 1～50 μL · min^{-1} 范围的微型 HPLC 或毛细管柱 HPLC 中。

常规 HPLC 一般采用往复泵，其中泵体由不锈钢制成，活塞则采用蓝宝石杆，并由高压密封圈保持密封，可承受 40 MPa 或更高的压力。图 17.3 是两种往复泵的原理图。在并联结构(a)中，两个活塞的相位差为 180°，这样可以抑制流量脉冲。每个活塞配备两个止逆阀，一个是在活塞排液时阻止流动相回流到储液瓶，另一个是在活塞吸液时阻止已排出的流动相回流。

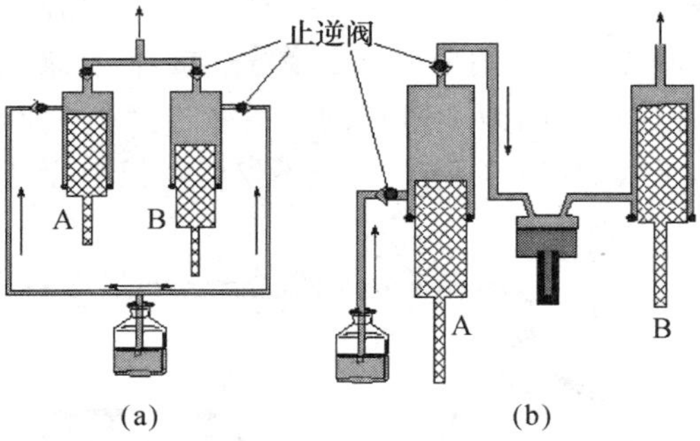

图 17.3 往复式活塞泵的结构

(a) 双活塞并联泵 (b) 双活塞串联泵

在串联结构中，两个活塞的冲程不同，一般 A 活塞一次往复所输送的液体是 B 活塞一次往复所输送液体的两倍，这样通过两活塞间的一个储液装置，就可达到与并联活塞相同的脉冲抑制效果，而且由于仅需要两个止逆阀，不仅成本下降，而且泄漏故障发生率大为降低，维护也相对简单。

还有一种恒流泵是隔膜泵，原理与活塞泵相同，只是在活塞与液体之间加一层隔膜，活塞的运动通过流体力学传递给活塞，进而驱动流动相。隔膜泵的优点是可使用有一定腐蚀性的流动相，而不会对泵体和活塞造成腐蚀。缺点是结构复杂，维护不太方便。

为了实现 HPLC 的梯度洗脱分析，高压输液系统还应具备梯度功能。实现梯度的方式一般有两种，即低压梯度和高压梯度。前者只用一个双活塞往复泵，不同的溶剂经过一个电磁比率阀后再进入泵。梯度洗脱时各种溶剂的比率是由比率阀控制的，比率阀则由计算机控制，可实现时间编程。由于流动相是在泵前的低压条件下混合的，故称为低压梯度。高压梯度则是采用多个双活塞往复泵(每种溶剂需要一个泵)将不同的溶剂抽入，在泵后的高压状态下混合。就梯度的重现性而言，高压梯度优于低压梯度，但高压梯度需要多个泵显然加大了仪器成本。一般情况下，低压梯度完全可以满足分析重现性的要求，而当分析要求极为苛刻时，如用某些药典方法作法规分析时，高压梯度就是较好的选择。

HPLC 要求流动相中不含有永久气体，因为一旦有气泡进入系统，就会引起压力不稳，检测器噪音增大，分析重现性下降。所以在使用前一定要对流动相进行彻底的脱气处理。离线脱气常用超声波浴，在线脱气则可以采用吹氦气鼓泡或真空脱气装置。

17.2.2 进样系统

进样系统要求在不停流和不泄漏的情况下，将 1～500 μL 的样品准确注入 HPLC 系统，所以大多采用六通阀进样。进样阀的工作原理与 GC 中所用气体进样阀(见图 16.7 和 16.8)完全相同，只是在 HPLC 中进样量要少得多，而且有手动阀进样与自动进样器之分。采用手动阀进样时，进样量由样品环的大小来控制，也可由注射器控制(但进样量不能超过样品环的容积)。而自动进样器则往往由计量泵来精确控制进样量。图 17.4 为典型的自动进样器原理图,目前阀的位置是取样。机械手将所需样品瓶送到取样针下方,或者机械手把取样针移动到样品瓶上方,取样针伸入样品溶液中,此时计量泵按照设定的进样量将样品抽入样品环。如果需要还可以从另一个样品瓶中抽取反应试剂,在样品环中与样品混合反应后再分析。取样后移走样品瓶,取样针落下插入底座,同时阀转动,由流动相将样品带入色谱柱进行分析。采用自动进样器所得到的分析结果一般要优于手动进样,而且可以在无人看管的条件下实现多样品的自动分析。

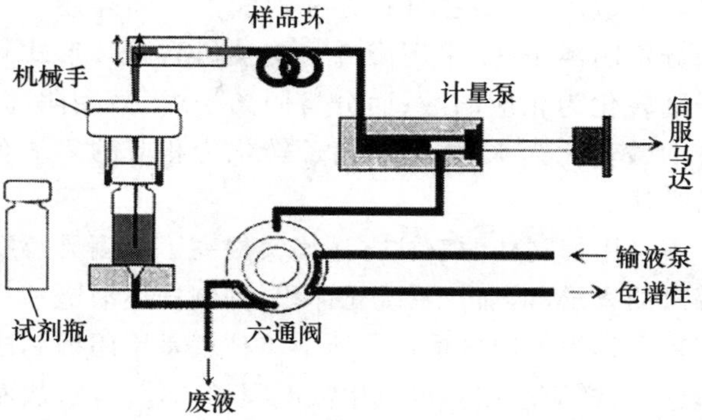

图 17.4　自动进样器原理示意图

17.2.3　色谱柱系统

与 GC 一样,色谱柱也是 HPLC 的心脏。由于 HPLC 在很高的压力下工作,故色谱柱材料除了要满足 GC 柱对材料的要求外,还必须有很好的机械性能,要能够承受更高的压力。实际工作中大多用不锈钢材料,为避免不锈钢内壁对样品可能的不良作用,内壁可以涂敷一层耐腐蚀的惰性聚合物膜。还有少数色谱柱采用 PEEK(聚醚醚酮)材料,主要用于生物样品的分析。

按照色谱理论,色谱柱的内径越小,柱效越高。而柱长则与理论塔板数呈正比。在 HPLC 中,常规分析柱的内径一般为 2.1～4.6 mm,柱长一般为 5～30 cm。由于单位柱长的理论塔板数可以达到 40 000～80 000 m^{-1},故短的色谱柱也能满足常规分析的需要,而且,短柱有利于降低系统压力,延长色谱柱寿命,实现快速分析。有关色谱柱的填料(固定相)将在下一节介绍。

在 HPLC 的柱系统中常常还有对分析柱起保护作用的预柱和预饱和柱。预柱安装在进样器和分析柱之间,柱长 5～10 mm,其中填充有与分析柱相同的固定相,其作用一是防止来自样品的不溶性颗粒物进入分析柱而造成分析柱的堵塞,二是将强保留组分截流在预柱上,避免进入分析柱而造成污染。因为强保留组分一旦进入分析柱,则很难洗脱下来。当使用硅胶基色谱柱时,安装预饱和柱可以延长分析柱的使用寿命。预饱和柱安装在泵和进样器之间,其中填充有硅胶填料即可,当流动相通过预饱和柱时,其中的硅胶可使流动相饱和,这样流动相进入分析柱时,就不会再溶解其中的固定相。在流动相的 pH 高于 7 或低于 3 时,预饱和柱是非常必要的,因为硅胶在此 pH 条件下,较容易溶于含水的流动相。

色谱柱系统还有一个部件就是柱恒温箱,有的将色谱柱置于一个电加热恒温箱,还有的是通过半导体控温(帕尔贴)元件使进入色谱柱的流动相处于恒温状态。其作用是恒定色谱柱和/或进入色谱柱的流动相的温度。

在阳、阴离子的离子交换色谱分离中,有双柱方法和单柱方法之分。离子分析多采用电导检测器,当用交换容量高的离子交换色谱柱分离阳离子和阴离子时,流动相的离子强度较高,若使色谱柱流出物直接进入检测器,则因背景信号太高而影响检测灵敏度。为了提高灵敏度，就需在分析柱和检测器之间连接一支离子交换柱，以抑制流动相的离子强度。如分析阴离子时，采用阳离子交换树脂(H^+形式)抑制柱将流动相中的Na^+除去，样品阴离子则转化为相应的酸；而分析阳离子时，采用阴离子交换树脂(OH^-形式)抑制柱，将流动相中的酸转化为水，样品阳离子转化为相应的氢氧化物。这就是过去普遍采用的双柱离子色谱方法。

采用抑制柱的双柱方法确实提高了检测灵敏度，但也带来了一些问题，比如仅限于分析强解离的离子，增加了系统死体积，抑制柱逐渐饱和后需要再生。所以，单柱离子色谱方法的应用越来越为人们所重视。所谓单柱就是不用抑制柱，而采用低交换容量的离子交换柱作为分析柱，这样流动相就可以用浓度很稀的盐溶液，从而保证了电导检测的高灵敏度。

17.2.4 检测系统

HPLC 对检测器的要求与 GC 对检测器的要求基本相同，检测器的性能指标也是噪音、灵敏度、检测限和线性范围等，可以沿用 GC 检测器的表示方法。

HPLC 的检测器常被分为两类，一是整体性能检测器，二是溶质性能检测器。前者测定进入检测器的液体的整体物理化学性质，如示差折光检测器(测定折射率)和电导检测器(测定电导率)；后者则主要是对溶质有响应，如紫外吸收、荧光和安培检测器。根据所适用的样品范围，还可将检测器分为通用型检测器和选择性检测器。下面简要介绍几种常用的 HPLC 检测器。

1. 紫外-可见吸收检测器(UV-Vis)和二极管阵列检测器(DAD)

UV-Vis 检测器是 HPLC 应用最多的检测器，适用于检测对紫外和/或可见光有吸收的样品。其原理与 UV-Vis 分光光度计相同，只是吸收池中的液体是流动的(故称流通池)，检测是动态的，故要求响应要快。随着流动相和被分析物从色谱柱流出，检测器要随时读出吸光度，并转换为电信号在数据处理装置上记录下来。这种检测器灵敏度较高，通用性较好，可用于梯度洗脱，但要求作为流动相的溶剂在所选检测波长下没有或只有很低的吸收，这在一定程度上限制了某些流动相的使用。

传统的 UV 检测器有两种类型，即固定波长和可变波长。固定波长检测器采用汞灯的 254 nm 和 280 nm 波长的谱线，许多有机官能团在此波长下有吸收。可变波长检测器则多采用氘灯，并采用光栅分光，可以在 200～450 nm 范围内任意选择检测波长(步长 1 nm)。

近年来发展起来的光电二极管阵列检测器(DAD)由于响应速度快，自动化程度高而得到了广泛的应用。图 17.5 所示为 DAD 的光学原理图，左下方为流通池结构，光程长度 1 cm。光源为钨灯和氘灯，波长范围可达 190～900 nm。氧化钬滤光片用于自动校正波长，1024 个二极管组成阵列，保证 1 nm 的波长分辨率。很快的响应速度可以保证快速分析时数据的可靠性。使用这种检测器可以同时在多个不同的波长进行检测，一次进样分析可得到多个波长下的色谱图，而且可在一次分析过程中对不同的色谱峰采用不同的检测波长。更重要的是可在线采集每个色谱峰的 UV-Vis 光谱图，根据选择的波长范围不同，每秒钟可扫描得到几十张到几百张光谱图，最后由计算机处理数据，可绘出三维色谱图。这样除了可以快速选定最佳检测器波长外，还可以比较一个色谱峰上不同位置的光谱图(即峰纯度检测)，有利于判断分离情况。通过对比标准物质的 UV-Vis 光谱图，还能够提供对色谱峰进行定性鉴定的重要信息。

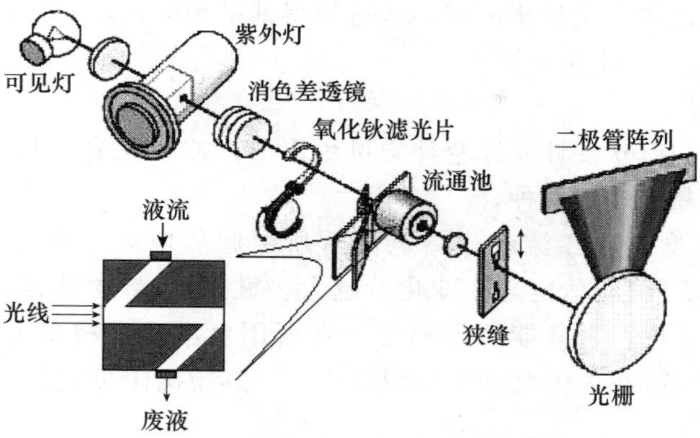

图 17.5　二极管阵列检测器(左下方为流通池的截面图)

2. 荧光检测器(FLD)

FLD 的原理与荧光分光光度计完全相同,多采用氙灯为光源,流通池与 UV 检测器类似,只是光电倍增管置于激发光入射方向的垂直方向上。这是一种选择性检测器,只能用于具有荧光活性的化合物的检测,灵敏度可比 UV 检测器高 2～3 个数量级,检测限可达 pg 量级或更低。许多有机化合物,如含有芳香基团的化合物,具有很强的荧光性能,在一定波长的激发光作用下,产生的荧光强度与样品浓度呈正比。对于无荧光活性的物质,还可以在样品或 HPLC 系统中加入荧光试剂进行柱前或柱后衍生化,以实现高灵敏度检测。在芳烃、甾族化合物、氨基酸、维生素、酶和蛋白质分析中,FLD 是较为理想的 HPLC 检测器。此外,FLD 也可用于梯度洗脱。最新的 FLD 也具有三维谱图功能,且可同时给出激发光和发射光的三维谱图。

FLD 的缺点是样品适用范围有限,定量分析的线性范围较窄(10^4～10^5)。

3. 示差折光检测器(RID)

RID 又称折光指数检测器,图 17.6 是 RID 的原理示意图。流通池分成两半,一半为参比池,其中只有流动相,另一半是测量池,其中是来自色谱柱的含样品流动相。RID 通过连续监测参比池和测量池中溶液的折射率之差来测定样品浓度。由于不同的物质具有不同的折射率,而溶液的折射率等于溶剂及其所含溶质的折射率与其摩尔浓度的乘积之和,当流动相中的样品浓度变化时,流经测量池的含样品流动相与流经参比池的纯流动相的折射率之差就发生变化,由此反映流动相中的样品浓度,故 RID 是一种整体性质检测器,也是一种通用性检测器。

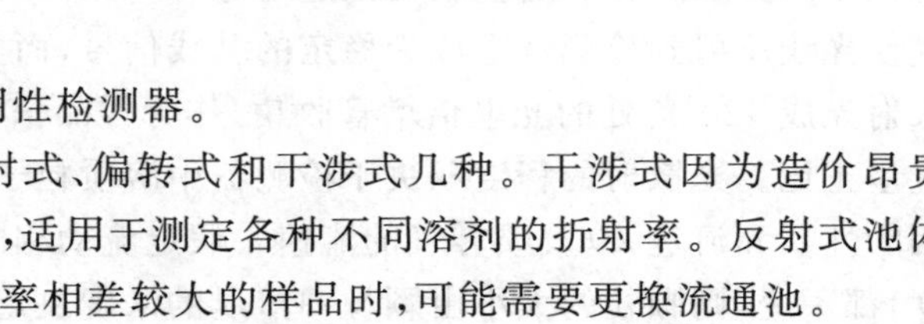

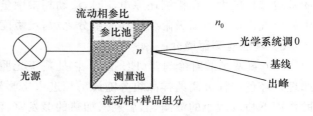

图 17.6　示差折光检测器原理示意图

按照工作原理的不同,RID 可分为反射式、偏转式和干涉式几种。干涉式因为造价昂贵而使用较少,偏转式池体积较大(约 10 μL),适用于测定各种不同溶剂的折射率。反射式池体积较小(约 3 μL),应用较多,但当测定折射率相差较大的样品时,可能需要更换流通池。

RID 虽然通用,但因为其检测限一般为 10^{-6}～10^{-7} g · mL^{-1},不及 UV 检测器的灵敏度高,故应用较少,多用于碳水化合物(如单糖或多糖)的测定。此外,RID 对温度特别敏感,通常要求检测池的温度波动不超过±0.001℃，这使得其平衡时间较长。还由于 RID 是整体性质检测器，因此不能用于梯度洗脱。

4. 电化学检测器

电导测量仪、安培计、伏安计或库仑计均可用作 HPLC 的电化学检测器。其中电导检测器和安培检测器是使用较多的两种。

电导检测器是测量物质在流动相中电离后所引起的电导率变化，样品组分的浓度越高，电离产生的离子浓度越高，电导率变化就越大。显然，电导检测器是一个整体性质检测器，不适合梯度洗脱分析。它只能测量离子或在所用色谱流动相中可电离的化合物，因而又是一个选择性检测器，在离子色谱中应用很广泛。其检测限可达到 10^{-11} mol·L^{-1}，线性范围 10^6～10^7。

电导检测器的主要部件是一个作为流通池的电导池，其中安装有正负两个电极（多用玻碳电极或铂电极）。由于电导率对温度敏感，故需要很稳定的温度。此外，当使用缓冲液作流动相时，由于背景电导增大而导致灵敏度的降低。

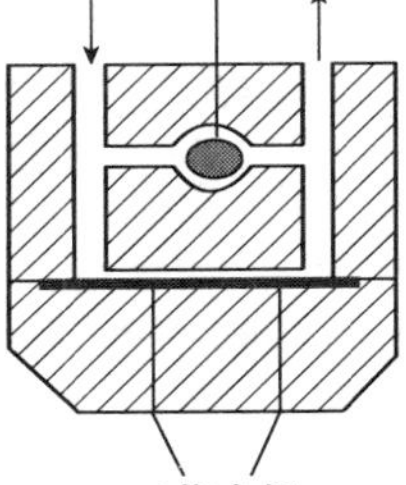

图 17.7　安培检测器

安培检测器是使用最多的电化学检测器，其典型的结构如图 17.7 所示。在工作电极上施加恒定的电压，样品随流动相流出色谱柱后进入检测器，经过工作电极表面，再流出检测器。有电化学活性的组分便在电极表面发生氧化或还原反应，安培计就可测定扩散电流。两个工作电极可以施加不同的电压，分别检测不同的反应，也可施加相同的电压，相当于加大了电极表面，可以提高检测灵敏度。

安培检测器是一个选择性检测器，适合于测定所有在工作电极的电压范围内发生氧化或还原反应的物质，在生化样品分析中应用广泛。比如，测定肾上腺素或去甲肾上腺素时，检测限可达 10^{-15} mol·L^{-1}，是迄今最灵敏的 HPLC 检测器。线性范围一般为 10^4～10^5。

安培检测器要求流动相的电化学惰性好，且必须具有导电性，通常需要 0.01～0.1 mol·L^{-1} 的电解质浓度。在梯度洗脱时，安培检测器的基线漂移较大。在检测还原电流时，流动相中微量的氧气可干扰测定，故要严格脱去流动相中的氧气。电极表面吸附某些样品组分之后，灵敏度也会下降，因此要经常清洗或更换。

5. 其他检测器简介

(1) 蒸发光散射检测器(ELSD)。它是基于光照在微小的粒子上时会产生光散射现象的原理。经色谱柱分离的样品组分随流动相进入检测器的雾化器，在高速喷雾气（氮气或空气）的作用下喷成微小的液滴，然后进入加热的蒸发室，流动相被气化而蒸发，不挥发的组分则成为微小的雾状颗粒。这些颗粒快速通过一个光源（白炽灯、卤素灯或激光光源）的光路，溶剂蒸气使光线反射到检测器上成为稳定的基线信号，而雾状的溶质颗粒使光线发生散射，被位于与入射光成 120°角处的光电倍增管收集，作为样品信号记录。散射光的强度与散射室中样品的量呈正比。光散射的程度取决于检测器中溶质粒子的大小和数量，而粒子数量又取决于流动相的性质和流速，以及喷雾气的流速。假定流动相的条件和喷雾条件（喷雾气流速和雾化器温度）都不变，则颗粒的大小由颗粒中溶质的浓度决定。

由此可见，ELSD 是一个通用型检测器，其灵敏度比 RID 高许多，检测限可达 ng 量级。对温度的敏感程度也比 RID 低得多，而且适合于梯度洗脱。另一个优点是一般无需测定不同化合物的定量校正因子，因为 ELSD 的响应值仅取决于光线中溶质颗粒的大小和数量，与化合物结构关系不大。

ELSD 的局限性是操作较为复杂，只适合于测定非挥发和半挥发性化合物，流动相也必须是可挥发的。如果流动相含有缓冲液，也必须使用挥发性盐，而且浓度要尽可能低。目前，ELSD 的应用尚不普遍，主要用于其他检测器难以检测的化合物。

(2) 化学发光检测器(CLD)。有些物质可在常温下发生化学反应而生成处于激发态的反应中间体或产物。当这些中间体或产物返回基态时，就会发射出一定波长的光线。由于物质激发态的能量是通过化学反应获得的，故称为化学发光。在 HPLC 中，CLD 利用的化学发光是指由高能量、不放热、不做电功或其他功的化学反应所释放的能量来激发体系中某些化合物分子而产生的次级光发射。CLD 不需要外部光源，消除了杂散光或光源不稳定所带来的问题，从而提高了信噪比和灵敏度。CLD 的线性范围也较宽(可达 10^4)。

(3) 质谱检测器(MSD)和核磁共振检测器(NMR)。这两种检测器是强有力的结构鉴定工具，通常叫做 HPLC-MS 和 HPLC-NMR 联用分析。篇幅所限，本书不作详述。

17.3　高效液相色谱固定相

17.3.1　液固吸附色谱固定相

液固吸附色谱固定相有极性和非极性两类。极性固定相主要是硅胶(酸性)、氧化铝和氧化镁、硅酸镁分子筛等。非极性固定相有多孔微粒活性炭、多孔石墨化碳黑，以及高度交联的苯乙烯-二乙烯基苯共聚物的单分散多孔小球和碳多孔小球，粒度一般在 5～40 μm 之间，5～10 μm 粒度的填料最常用。

极性硅胶是应用最为普遍的液固色谱固定相，主要有三种类型，即无定形硅胶、薄壳型硅胶和全多孔球形硅胶。无定形硅胶最早使用，但传质速率慢、柱效低。后来出现了薄壳型硅胶。薄壳型硅胶是在直径为 30～40 μm 的玻璃珠表面涂布一层 1～2 μm 厚的硅胶微粒，制成孔径均一、渗透性好、传质速率快的色谱柱填料，可以实现 HPLC 的高效快速分离。然而，薄壳型硅胶的柱容量有限，很快被后来出现的全多孔球形硅胶所取代。全多孔球形硅胶的粒度一般为 3.5～10 μm，颗粒和孔径的均一性都比前两种硅胶好，而且样品容量大，是当今液固色谱固定相的主体，也是键合固定相的主要基质。

17.3.2　液液分配色谱固定相

液液分配色谱固定相是在吸附剂表面涂敷一层固定液，类似于 GC 填充柱的固定相。无定形硅胶、全多孔球形硅胶和氧化铝均可作为固定液的载体，而固定液则多采用 GC 的固定液。这类固定相的缺点是固定液层的耐溶剂冲刷性能差，使用一段时间就会出现固定液的流失，而导致柱效降低。因此，很快被键合相填料所取代。

17.3.3　键合相色谱固定相

键合相色谱基本上属于分配色谱，它与液液分配色谱固定相不同的是“固定液”是以化学键的形式与基体结合在一起的。如前所述，根据固定相和流动相的相对极性，键合相色谱又可分为正相色谱和反相色谱，相应的固定相也有正相和反相之分。

正相键合相色谱固定相是将极性基团如氨基(—NH_2)、氰基(—CN)或二醇基等经化学反应键合到全多孔或薄壳微粒硅胶上，硅胶基体要先经过酸活化处理，使其表面含有大量的硅羟基。当流动相的极性比这些基团弱时，就是正相色谱分离模式，属于分配色谱。氨基柱和氰基柱也用于反相色谱。

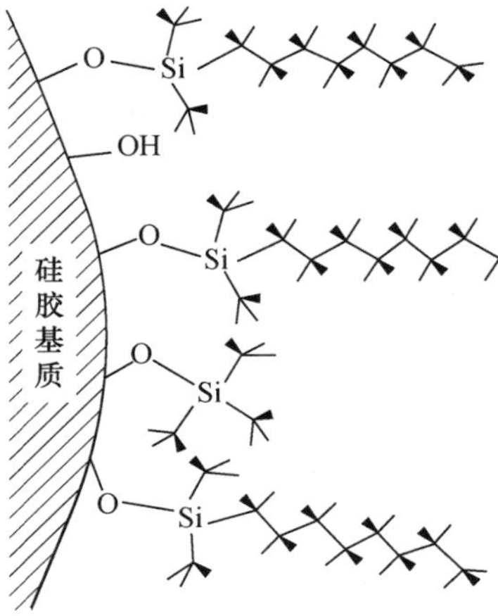

图 17.8　辛烷基硅胶键合相的结构示意图

反相键合相色谱固定相是将非极性或弱极性的基团，如乙基(—C_2H_5)、丁基(—C_4H_9)、辛烷基(—C_8C_{17})、十八烷基(—$C_{18}C_{37}$)和苯基(—C_6H_5)，经化学反应键合到经酸活化处理的全多孔或薄壳微粒硅胶上，形成非极性键合固定相。基体上残留的未反应硅羟基可以采用小分子的硅烷化试剂(如三甲基氯硅烷)进行封端(end-cap)处理，使其表面惰性更好，对碱性化合物的吸附作用大为减小。故市售色谱柱有封端和未封端之分。

图 17.8 所示为辛烷基键合相的结构示意图。烷基链在硅胶表面形成刷子状的结构，在分离过程中，根据样品分子与键合基团的作用力强弱而有不同程度的保留，作用力强的样品分子保留就强，洗脱就难，出峰就晚，反之亦然。如在十八烷基键合相上分离甲苯和苯酚，流动相为甲醇和水的混合液，则甲苯的保留要比苯酚强，故苯酚会首先被洗脱下来，甲苯则后出峰。而在二醇基键合相上则是甲苯先出峰。

键合工艺不同会造成键合相性能的不同，如表面硅羟基的反应率(键合度)、表面含碳量、封端情况等。因此，要获得重现性好的分析结果，最好选择同一品牌甚至同一批号的固定相。表 17.1 列出了常用的键合相及其应用范围，其中分离模式是由固定相和流动相的相对极性决定的。离子对色谱则是一种分离离子型化合物的特殊分离模式。采用非极性固定相分离弱酸或弱碱等可离子化的化合物时，因其在固定相上的保留作用很弱，不易分离。故在流动相中加一种与被分析物极性相反的离子(离子对试剂)，使其与被分析物形成缔合物，从而增加保留，提高分离度。这就是离子对色谱。

表 17.1　常用键合相及其应用范围

类　型	键合官能团	性　质	分离模式	应用范围
烷基 (C_8、C_{18})	—$(CH_2)_7$—CH_3 —$(CH_2)_{17}$—CH_3	非极性	反相，离子对	中等极性化合物，可溶于水的强极性化合物，如多环芳烃、合成药物、小肽、蛋白质、甾族化合物、核苷、核苷酸等
苯基 (—C_6H_5)	—$(CH_2)_3$—C_6H_5	非极性	反相，离子对	非极性至中等极性化合物，如多环芳烃、合成药物、小肽、蛋白质、甾族化合物、核苷、核苷酸等
氨基 (—NH_2)	—$(CH_2)_3$—NH_2	极性	正相、反相、阴离子交换	正相可分离极性化合物，反相可分离碳水化合物，阴离子交换可分离酚、有机酸和核苷酸

续表

类　型	键合官能团	性　质	分离模式	应用范围
氰基（—CN）	$—(CH_2)_3—CN$	极性	正相、反相	正相类似于硅胶吸附剂，适于分离极性化合物，但比硅胶的保留弱；反相可提供与非极性固定相不同的选择性
二醇基（Diol）	$—(CH_2)_3—O—CH_2—CH(OH)—CH_2(OH)$	弱极性	正相、反相	比硅胶的极性弱，适于分离有机酸及其齐聚物，还可作为凝胶过滤色谱固定相

17.3.4　离子色谱固定相

经典的离子交换树脂采用交联的苯乙烯-二乙烯基苯共聚物多孔小球作为基质，这种树脂的机械性能较差、在溶剂中会发生溶胀，故不适合于高效色谱分离。现代离子色谱主要采用两类交换剂，一种是将合成的离子交换剂涂敷在玻璃或聚合物珠表面，填料粒径为 30～40 μm。另一种是将液体离子交换剂涂敷于多孔硅胶表面。被分离的离子在这两类固定相上的扩散速率远大于经典的离子交换树脂，故可实现快速分离。然而，就交换容量而言，却比经典的离子交换树脂低。现代离子交换色谱固定相主要有四种类型，即：强阳离子交换剂（SCX），以磺酸基（$—SO_3^-$）为代表，在很宽的 pH 范围内带负电荷；强阴离子交换剂（SAX），以季胺基（$—N(CH_3)^+$）为代表，在很宽的 pH 范围内带正电荷；弱阳离子交换剂（WCX），以羧酸基（$—CH_2COO^-$）为代表，在较窄的 pH 范围内带负电荷；弱阴离子交换剂（WAX），以二乙基氨基（$—CH_2N(C_2H_5)_2H^+$）为代表，在较窄的 pH 范围内带正电荷。

17.3.5　排阻色谱固定相

排阻色谱固定相按照不同的孔径分离不同相对分子质量范围的大分子，一般都是凝胶，可分为有机胶和无机胶两类。有机胶有交联葡萄糖、琼脂糖和聚丙烯酰胺等软质凝胶，有交联的苯乙烯-二乙烯基苯共聚物，以交联度不同可分为半刚性凝胶（中等交联度）和刚性凝胶（高度交联的）；无机胶则主要是多孔球形硅胶。

17.4　高效液相色谱流动相

17.4.1　HPLC 流动相的性质和分类

与 GC 中使用惰性气体作流动相不同，在 HPLC 分析中使用液体流动相，它对分离有重要的影响。HPLC 对流动相的基本要求是，第一，纯度高；第二，与固定相不互溶，以避免固定相的降解或塌陷；第三，对样品有足够的溶解度，以改善峰形和灵敏度；第四，黏度低，以降低传质阻力，提高柱效；第五，与检测器兼容，以降低背景信号和基线噪音；第六，毒性小，安全性好。与 HPLC 分离过程密切相关的溶剂性质有溶剂强度、溶解度参数、极性参数等。

1. 溶剂强度

溶剂强度是用来表示溶剂对化合物的洗脱能力的，在液固色谱中常用溶剂强度参数 $\varepsilon^{\ominus}$[6] 来表示，其定义是溶剂分子在单位吸附剂表面 A 上的吸附自由能 E_a，反映的是溶剂分子对吸

附剂的亲和程度。对于 Al_2O_3 吸附剂

$$\varepsilon^{\ominus}(Al_2O_3)=\frac{E_a}{A} \tag{17.1}$$

规定戊烷在 Al_2O_3 吸附剂上的 $\varepsilon^{\ominus}(Al_2O_3)=0$。在硅胶吸附剂上

$$\varepsilon^{\ominus}(SiO_2)=0.77\varepsilon^{\ominus}(Al_2O_3) \tag{17.2}$$

$\varepsilon^{\ominus}$数值越大，溶剂与吸附剂的亲和能力越强，越容易从吸附剂上将被吸附的物质洗脱下来。依据各种溶剂在 Al_2O_3 吸附剂上的 $\varepsilon^{\ominus}$值，可判别其洗脱能力的强弱，从而得到溶剂的洗脱顺序。表 17.2 列出了常见溶剂的 $\varepsilon^{\ominus}(Al_2O_3)$值。

对于由两种溶剂(A 和 B)组成的混合流动相体系，如果 $\varepsilon_B^{\ominus}>\varepsilon_A^{\ominus}$，则混合溶剂的溶剂强度参数$\varepsilon_{AB}^{\ominus}$ 可由下式计算得到

$$\varepsilon_{AB}^{\ominus}=\varepsilon_A^{\ominus}+\frac{\lg[N_B\cdot 10^{\beta\cdot n_B(\varepsilon_B^{\ominus}-\varepsilon_A^{\ominus})}+(1-N_B)]}{\beta\cdot n_B} \tag{17.3}$$

式中 N_B 为溶剂 B 的摩尔分数；n_B 为吸附剂吸附一个 B 分子所占的面积，且假设 $n_B=n_A$；β 为吸附剂的活性，随含水量的不同，其数值在 0.6 到 1.0 之间变化，反映硅胶吸附剂表面未被水分子覆盖的硅羟基的多少。

2. 溶解度参数(δ)

在液液色谱中常用溶解度参数(δ)表征溶剂的极性，定义为 1 mol 理想气体冷却变成液体时所释放的凝聚能 E_C 与液体摩尔体积 V_m 比值的平方根

$$\delta=\sqrt{\frac{E_C}{V_m}} \tag{17.4}$$

δ 是溶剂与溶质分子间作用力的总和。对于非极性化合物，E_C 很低，故 δ 值较小，而极性化合物的 δ 值则较大。因此，δ 在液液分配色谱中表示溶剂的极性强弱。表 8.5.2 列出了常见溶剂的 δ 值。对于混合溶剂，其 δ 值可由下式计算

$$\delta=\sum_{i=1}^{n}\varphi_i\cdot\delta_i \tag{17.5}$$

式中 φ_i 和 δ_i 分别是混合溶剂中每种溶剂的体积分数和溶解度参数。在正相色谱中，δ 值越大，说明洗脱强度越大，被分析物的容量因子越小；在反相色谱中，情况正好相反。δ 值越大，说明洗脱强度越小，被分析物的容量因子越大。

3. 极性参数(P')

极性参数(P')是每种溶剂与乙醇(e)、二氧六环(d)和硝基甲烷(n)三种物质相互作用的度量

$$P'=\lg(K''_g)_e+\lg(K''_g)_d+\lg(K''_g)_n \tag{17.6}$$

式中 K''_g是溶剂的极性分配系数。为了进一步表示溶剂的特定作用力大小，又定义了每种溶剂的选择性参数

$$x_e=\lg(K''_g)_e/P' \tag{17.7}$$

$$x_d=\lg(K''_g)_d/P' \tag{17.8}$$

$$x_n=\lg(K''_g)_n/P' \tag{17.9}$$

x_e 反映了溶剂作为质子接受体的能力，x_d 反映了溶剂作为质子给予体的能力，x_n 则反映了溶剂偶极相互作用的能力。P'比较全面地反映了溶剂的性质，常见溶剂的 P'和 x_e、x_d、x_n 值列于表 17.2。对于混合溶剂，可由下式计算其极性参数

$$P'=\sum_{i=1}^{n}\varphi_i\cdot P'_i \tag{17.10}$$

式中 φ_i 和 P_i'分别是混合溶剂中每种溶剂的体积分数和极性参数。

在正相色谱中，溶剂的 P'值越大，说明洗脱强度越大，被分析物的容量因子越小；在反相色谱中，情况正好相反。P'值越大，说明洗脱强度越小，被分析物的容量因子越大。因此，通过改变流动相的组成来调节其极性参数就可改变样品的分离选择性。

17.4.2 液固吸附色谱和液液分配色谱流动相

在液固色谱中，当使用极性固定相如硅胶和氧化铝时，流动相多以非极性的戊烷、己烷或庚烷为主体，再适当加入二氯甲烷、氯仿、乙酸乙酯等中等极性溶剂，或者四氢呋喃、乙腈、甲醇等极性溶剂为改性剂，以调节流动相的洗脱强度，实现样品组分的分离。必须注意，混合流动相中的各种溶剂都应该是互溶的！而当使用非极性固定相如苯乙烯-二乙烯苯共聚物或石墨化碳黑微球时，多以水、甲醇或乙醇为流动相主体，加入乙腈或四氢呋喃作为改性剂调节洗脱强度。使用混合溶剂的好处一是优化分离选择性，缩短分析时间；二是降低黏度，降低柱压降。

在正相液液色谱中使用的流动相与在液固色谱中使用极性吸附剂时的流动相类似，以非极性溶剂如己烷为主体，以中等极性溶剂为改性剂。而在反相液液色谱中使用的流动相则与在液固色谱中使用非极性吸附剂时的流动相类似，以极性溶剂(如水)为主体，加入不同极性的溶剂为改性剂。调节混合比率便可得到一定洗脱强度的流动相。

17.4.3 键合相色谱流动相

键合相色谱是目前 HPLC 的主流技术，人们对其流动相的研究已经相当深入。广泛采用的溶剂分类方法是基于溶剂的极性参数和选择性参数(见表 17.2)将溶剂分为 8 组[7,8]。即分别以三个选择性参数为三角形坐标的三边，每种溶剂就对应于三角形中的一个点(图 17.9)，相邻的点代表选择性相近的溶剂，据此可将溶剂分为八组。表 17.3 列出了不同组的代表性溶剂。对于同一组溶剂组成的混合流动相，改变混合比率对洗脱强度和选择性的影响很小，故要改变流动相的选择性，应当选择不同组的溶剂混合。组成混合流动相的溶剂在三角形上的距离越远，混合比率对选择性的影响就越大。当然，混合流动相中的各种溶剂都应该是互溶的！

表 17.2 HPLC 流动相常用溶剂的性质

溶 剂	沸点/℃	密度/(g·cm^{-3})(20℃)	黏度/(mPa·s)(20℃)	折射率	λ_{UV}/nm*	$\varepsilon^{\ominus}$	δ	P'	x_e	x_d	x_n
正己烷	69	0.659	0.30	1.372	190	0.01	7.3	0.1			
环己烷	81	0.779	0.90	1.423	200	0.04	8.2	−0.2			
四氯化碳	77	1.590	0.90	1.457	265	0.18	8.6	1.6			
苯	80	0.879	0.60	1.498	280	0.32	9.2	2.7	0.23	0.32	0.45
甲苯	110	0.866	0.55	1.494	285	0.29	8.8	2.4	0.25	0.28	0.47
二氯甲烷	40	1.336	0.41	1.421	233	0.42	9.6	3.1	0.29	0.18	0.53
异丙醇	82	0.786	1.90	1.384	205	0.82		3.9	0.55	0.19	0.27
四氢呋喃	66	0.880	0.46	1.405	212	0.57	9.1	4.0	0.38	0.20	0.42
乙酸乙酯	77	0.901	0.43	1.370	256	0.58	8.6	4.4	0.34	0.23	0.43
氯仿	61	1.500	0.53	1.443	245	0.40	9.1	4.1	0.25	0.41	0.33
二氧六环	101	1.033	1.20	1.420	215	0.56	9.8	4.8	0.36	0.24	0.40
吡啶	115	0.983	0.88	1.507	305	0.71	10.4	5.3	0.41	0.22	0.36

续表

溶　剂	沸点/℃	密度/(g·cm^{-3})(20℃)	黏度/(mPa·s)(20℃)	折射率	λ_{UV}/nm*	$\varepsilon^{\ominus}$	δ	P'	x_e	x_d	x_n
丙酮	56	0.818	0.30	1.356	330	0.50	9.4	5.1	0.35	0.23	0.42
乙醇	78	0.789	1.08	1.359	210	0.88		4.3	0.52	0.19	0.29
乙腈	82	0.782	0.34	1.341	190	0.65	11.8	5.8	0.31	0.27	0.42
二甲亚砜	189		2.00	1.477	268	0.75	12.8	7.2	0.39	0.23	0.39
甲醇	65	0.796	0.54	1.326	205	0.95	12.9	5.1	0.48	0.22	0.31
硝基甲烷	101	1.394	0.61	1.380	380	0.64	11.0	6.0	0.28	0.31	0.40
甲酰胺	210		3.30	1.447	210		17.9	9.6	0.36	0.33	0.30
水	100	1.00	0.89	1.333	180		21.0	10.2	0.37	0.37	0.25

* λ_{UV} 表示紫外吸收截至波长，即在紫外波长大于该波长时，该溶剂不再有吸收。

表 17.3　溶剂分类表

组别	代表性溶剂
Ⅰ	脂肪族醚、三级烷胺、四甲基胍、六甲基磷酰胺
Ⅱ	脂肪醇
Ⅲ	吡啶衍生物、四氢呋喃、乙二醇醚、亚砜、酰胺(除甲酰胺外)
Ⅳ	乙二醇、苯甲醇、甲酰胺、乙酸
Ⅴ	二氯甲烷、二氯乙烷
Ⅵ	磷酸三甲苯酯、脂肪族酮和酯、聚醚、二氧六环、乙腈
Ⅶ	硝基化合物、芳香醚、芳烃、卤代芳烃
Ⅷ	氟代烷醇、间甲基苯酚、氯仿、水

在正相键合相色谱中使用的流动相与正相液液色谱流动相类似，常常是以己烷为主体，必要时加入改性剂调节选择性，如加入质子接受体溶剂乙醚或甲基叔丁基醚(第Ⅰ组)、质子给予体氯仿(第Ⅷ组)、或者偶极溶剂二氯甲烷(第Ⅴ组)。

在反相键合相色谱中使用的流动相则与反相液液色谱流动相类似，常常以水为主体，加入其他溶剂来调节选择性，如质子接受体溶剂甲醇(第Ⅱ组)、质子给予体乙腈(第Ⅵ组)、或者偶极溶剂四氢呋喃(第Ⅲ组)。

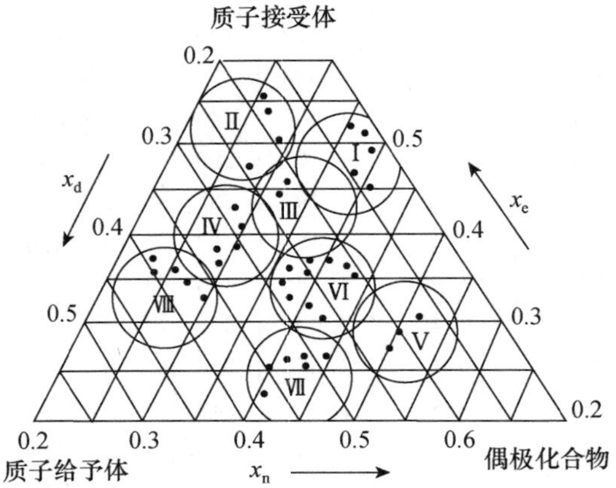

图 17.9　溶剂选择性分组

在 HPLC 分析中，常常需要在保持流动相极性参数和洗脱强度不变的情况下，通过改用不同的溶剂来改变选择性，从而优化分离结果。比如，用甲醇-水（40：60）体系时分析时间较合适，但分离选择性差。此时可以改用乙腈-水（46：54）体系或者四氢呋喃-水（33：67）体系。因为这三种溶剂体系的极性参数很近似：

甲醇-水（40：60）体系：$P'=0.4\times5.1+0.6\times10.2=8.16$

乙腈-水（46：54）体系：$P'=0.46\times5.8+0.54\times10.2=8.18$

四氢呋喃-水（33：67）体系：$P'=0.33\times4.0+0.67\times10.2=8.15$

这样，就可以在保持分析时间基本不变的情况下，获得不同的分离选择性。

此外，在反相 HPLC 分析中有时还要加入改性剂以控制流动相的酸碱度，达到改善色谱峰形，提高分离度的目的。如在分析有机弱酸时，在流动相中加入三氟乙酸（体积分数<1%）可抑制溶质的解离，获得对称的色谱峰。在分析弱碱性化合物时，流动相中加入三乙胺（体积分数<1%），可获得类似的效果。这常被称为离子抑制技术。

17.4.4 离子色谱流动相

离子交换色谱的流动相以水相缓冲液为主，有时加少量的有机改性剂，如甲醇、乙腈或四氢呋喃。选择流动相的原则是尽可能使样品和流动相的摩尔电导率相差大一些。分析阴离子时常用体积较大的有机酸如苯甲酸和水杨酸，或者氢氧化钠；分析阳离子时季铵盐溶液是合适的流动相，但因其容易吸附到离子交换树脂上而较少使用，更多是采用水合氢离子或乙二胺离子作为缓冲液离子。盐浓度多为 5～200 $mmol\cdot L^{-1}$，pH 是调节选择性的主要参数，对于强阴离子交换剂固定相，流动相的 pH 一般小于 9；对于弱阴离子交换剂，流动相的 pH 一般小于 6；对于强阳离子交换剂固定相，流动相的 pH 一般大于 3；而对于弱阳离子交换剂，流动相的 pH 一般大于 8。此外，对离子类型及其浓度、有机改性剂的浓度、流动相流速和温度都是影响分离选择性的参数。

17.4.5 排阻色谱流动相

如前所述，SEC 的分离机理是基于相对分子质量（或分子体积）的大小与作为固定相的凝胶的孔径的匹配程度，样品与流动相的相互作用对分离的影响很小。除了满足一般 HPLC 流动相的要求外，SEC 的流动相还应对固定相有良好的浸润作用。又因为样品的相对分子质量大，分子扩散系数小，故流动相中要有较小的黏度。

在 GPC 中，四氢呋喃是最常用的流动相溶剂，此外还有 *N*，*N*-二甲基甲酰胺和二甲苯等。在 GFC 中，则主要是水相流动相，有时加入少量的盐以改善分离效果。

17.5 高效液相色谱方法开发

HPLC 的方法开发步骤与 GC 类似，即首先收集样品的有关数据和文献方法，然后选择分离模式和色谱柱，确定仪器配置。选定初始条件后进行尝试分析，再进行优化分离，最后是定性和定量，以及方法认证。这里主要强调两点，一是选择分离模式，二是选择流动相。

分离模式的选择主要是依据样品的性质，如在不同溶剂中的溶解性质、相对分子质量和极性大小等等。一般来讲，相对分子质量在 2000 以上的样品需要用 SEC 分离，脂溶性大分子用 GPC，水溶性大分子则用 GFC。对于相对分子质量小于 2000 的化合物，若极性较弱，可采用吸附色谱法或正相键合相色谱法;分离位置异构体如苯的取代位置异构体一般用吸附色谱法,分离同系物则多用分配色谱法;若是强极性混合物,则多用反相键合相色谱分离。对于弱酸性或弱碱性化合物,还可以用反相离子对色谱,而对于离子型化合物如强酸和强碱,则需要用离子交换色谱法。特殊的分析对象需要特殊的色谱柱,如对映异构体需要手性色谱柱,生物大分子可能需要亲和色谱柱。

流动相首先是按照上面所述选择常用溶剂,然后进行优化。理论上讲,首先应考虑物理化学性质适合的溶剂,然后再从中选择保留性能合适的溶剂(即分离时间合适),最后确定满足分离选择性要求的流动相体系。在广泛使用的反相 HPLC 中,C18 或 C8 键合相是首选固定相,水-甲醇或水-乙腈是首选流动相。

HPLC 的应用极为广泛,包括药物分析、临床诊断、生命科学、食品安全、环境监测、司法刑侦、石油化工等等领域,HPLC 都发挥了,并将继续发挥重要的作用。具体的应用可参阅本章所列的参考文献和书目。

17.6 超临界流体色谱法

超临界流体色谱法(SFC)是 20 世纪 80 年代发展起来的新的高效分离分析技术,它是以超临界流体作为流动相的一种柱色谱方法。由于其能够分析常规 GC 和 HPLC 一般难以分析的物质,故已成为 GC 和 HPLC 之后的第三种重要的柱色谱技术。比如一些难挥发而又热不稳定的化合物,用 GC 方法很难直接分析,用 SFC 则可像 HPLC 那样在室温下操作分离这些化合物;又比如一些缺乏特定功能团,用 HPLC 的光谱检测器或电化学检测器很难检测的物质,用 SFC 则采用 GC 的检测器进行高灵敏度的检测。本节就对这一色谱方法进行简要的介绍。

17.6.1 超临界流体及其性质

我们知道,物质一般有三种状态,即气态、液态和固态。如图 17.10 的相图所示,当温度达到临界点以上时,无论压力如何变化,物质都不会以确定的液体存在。这一温度叫做临界温度,与此温度对应的物质的蒸气压称为临界压力。在相图上,临界温度和临界压力对应的点叫临界点。在临界温度和临界压力以上(但接近于临界温度和临界压力),物质既不是液体,又不是气体,被称为超临界流体。

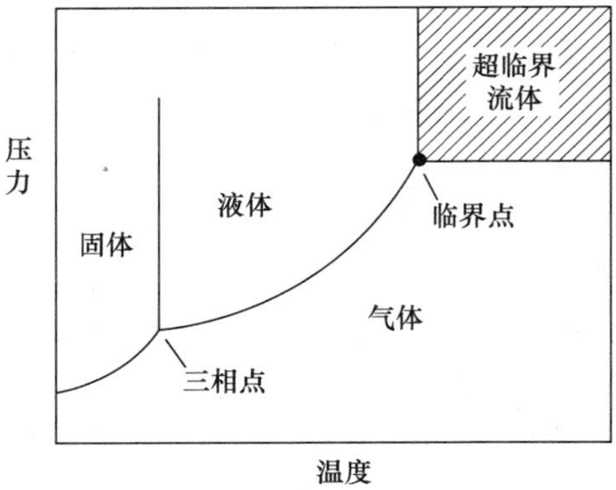

图 17.10 纯物质的相图

超临界流体的某些性质,如黏度和密度,介于气体和液体之间。表 17.4 列出了气体、液体和超临界流体的一些与色谱性能关系密切的性质。可见,超临界流体的黏度和扩散系数更接近于气体,因而作为色谱流动相使用时,传质阻力小,在较高的流动相流速条件下,仍可以获得高的柱效。这意味着可以实现快速分离。另一方面,超临界流体的密度又接近于液体,因而具有较高的溶解能力,可以在室温条件下用于分离热不稳定和相对分子质量较大的物质。

表 17.4　超临界流体和气体液体的一些典型物理性质比较

性质	气体	超临界流体	液体
密度/($g \cdot cm^{-3}$)	$(0.6\sim2)\times10^{-3}$	$0.2\sim0.5$	$0.6\sim2$
扩散系数/($cm^2 \cdot s^{-1}$)	$(1\sim4)\times10^{-1}$	$10^{-4}\sim10^{-3}$	$(0.2\sim2)\times10^{-5}$
黏度/($Pa \cdot s$)	$(1\sim3)\times10^{-5}$	$(1\sim3)\times10^{-5}$	$(0.2\sim3)\times10^{-3}$

超临界流体作为流动相还有一个诱人的特性，就是其扩散系数、黏度和溶解能力随着密度的变化而变化，因此可以在色谱操作中采用程序升压技术来调节分离选择性，这类似于 GC 中程序升温和 HPLC 中梯度洗脱的功能。由此可见，SFC 的流动相对分离有较大的贡献，虽不及 HPLC 流动相对分离的影响那么大，但比 GC 中载气的影响大。

表 17.5 列出了几种常用的 SFC 流动相及其性质，其中 CO_2 是最常用的。其主要原因有：第一，CO_2 的临界温度为 31℃，临界压力为 7.29 MPa，都是易于实现的色谱操作条件，对于普通 HPLC 仪器来说，可以在很宽的仪器操作条件范围内选择温度和压力，以获得理想的分离性能。第二，在超临界条件下，CO_2 对有机化合物具有良好的溶解能力，比如它可以溶解含 30 个碳原子的链烷烃以及含 6 个苯环的多环芳烃。第三，CO_2 极易挥发，故在制备分离中，柱后收集的馏分很容易除去流动相而获得纯物质。第四，CO_2 无色无味无毒，环境友好。第五，CO_2 在 190 nm 以上无紫外吸收，可使用 GC 的 FID 检测器，也可使用 HPLC 的紫外吸收检测器，还容易与 MS 联用。第六，CO_2 易于获得，与 GC 和 HPLC 所用流动相相比，成本非常低。

表 17.5　几种常用的 SFC 流动相及其性质

超临界流体	临界温度/℃	临界压力/MPa	临界点的密度/($g \cdot cm^{-3}$)	40 MPa 时的密度/($g \cdot cm^{-3}$)
CO_2	31.1	7.29	0.47	0.96
N_2O	36.5	7.17	0.45	0.94
NH_3	132.5	11.25	0.24	0.40
n-C_4H_{10}	152.0	3.75	0.23	0.50
CH_3OH	239.4	8.10	0.27	—
CCl_2F_2	111.8	4.12	0.56	—
Xe	16.6	5.84	1.113	—

对于强极性的化合物，CO_2 的溶解能力是有限的，此时可以加入一些有机改性剂，如甲醇和二氧六环，以增加被分析物在流动相中的分配，改善分离效果。表 17.5 所列的其他超临界流体因为有毒(如 N_2O)或样品适用范围窄而很少使用。需要指出，超临界氙气作为流动相与红外光谱检测器非常匹配，因为氙气没有红外吸收，故可获得样品丰富的红外吸收信息。氙气的最大缺点是成本太高。

17.6.2　仪器和操作参数

SFC 的仪器一般可由 GC 和 HPLC 的部件组成，其中流动相控制部分和进样部分与 HPLC 相同，即采用高压泵输送超临界流体，六通阀进样；而柱系统则在很大程度上与 GC 相同，柱温箱必须能精确控制色谱柱的温度。检测系统多采用 GC 的检测器，也可用 HPLC 的检测器。此外，SFC 在柱出口处需要接一个限流器(或反压装置)，以保持柱内压力满足超临界流体的要求，同时使流动相逐渐减压，实现相转变，最后以气体状态进入检测器。在填充柱 SFC 中，一般是在柱尾连接一段 2～10 cm 长，5～10 μm 内径的毛细管作为限流器，而在毛细管柱 SFC 中，则是将色谱柱尾端拉细拉长，图 17.11 所示为常用的限流器示意图。

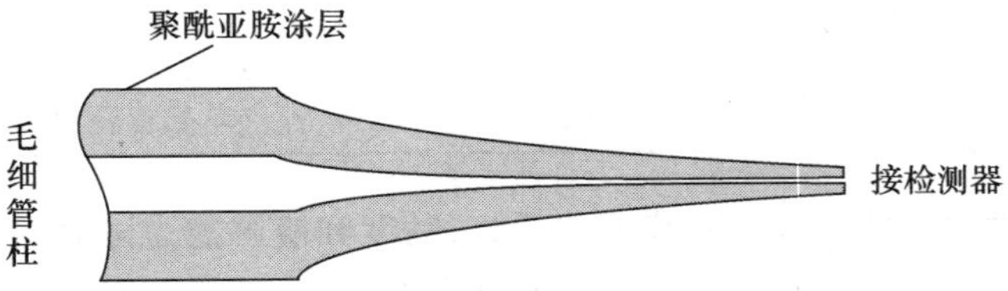

图 17.11 毛细管尾端拉细作为 SFC 的限流器

SFC 仪器的操作参数主要是色谱柱温度和系统压力。如前所述，柱温由柱箱控制，填充柱 SFC 通常在恒温条件下操作，毛细管 SFC 则多采用程序升温分离。系统压力的控制特别重要，因为超临界流体的密度对压力很敏感。SFC 分析中容量因子主要是通过压力来调节的，压力越高，密度越大，流动相的洗脱能力越强，溶质的保留时间越短。因此常常采用程序升压的方法来实现类似 GC 程序升温和 HPLC 梯度洗脱的功能。

17.6.3 色谱柱

SFC 的色谱柱也有填充柱和毛细管柱（开管柱）之分。前者与 HPLC 填充柱类似，多采用硅胶键合相，基于分配色谱的机理进行分离。分析柱内径 0.5～5 mm，长度 5～25 cm，填料粒径 3～10 μm。

SFC 毛细管柱则类似于 GC 中具有聚酰亚胺外涂层的熔融石英毛细管柱，固定相也多用 GC 中的聚硅氧烷类固定液，通过涂渍或化学键合方式固定在毛细管内表面，分离机理当然也与气液色谱相似。毛细管柱内径一般为 50～100 μm，长度为 5～20 m。与 GC 的毛细管柱不同的是，SFC 要求色谱柱承受更高的压力，故需要较厚的柱壁。比如，内径 200 μm，外径 400 μm 的熔融石英毛细管可耐压 40～60 MPa；而内径 300 μm，外径 400 μm 的石英毛细管则经常在 40 MPa 左右的压力下破裂。

17.6.4 检测器

SFC 可以使用 GC 和 HPLC 的常用检测器，最常用的是 FID 和紫外吸收检测器，也可使用 TCD、ECD 和 NPD 等检测器。这些检测器的原理和性能前面章节已经讨论过，在此从略。

由于 SFC 与 MS 容易实现联用，故使用也很普遍。采用 SFC-MS 可以检测 0.1 pg 的联苯类化合物，并可检测相对分子质量较大的生物样品。此外，FTIR 也是很有用的 SFC 检测器，但是用 CO_2 超临界流体时，FTIR 的背景信号较大。

17.6.5 应用

因为超临界流体的黏度和扩散系数更接近于气体，故 SFC 可以获得比 HPLC 更高的柱效和分离速度；又由于超临界流体的密度接近于液体，故有更强的溶解能力，这意味着 SFC 的柱容量大于 GC，且可分离热不稳定的和相对分子质量较大（10^5）的化合物。所以，SFC 广泛应用于分析天然产物、药物、食品及其添加剂、表面活性剂、聚合物及其添加剂、石油化工和炸药。图 17.12 和 17.13 分别是一个聚合物样品和热不稳定的农药样品的 SFC 谱图结果，充分表明了 SFC 的分离能力和分析速度。

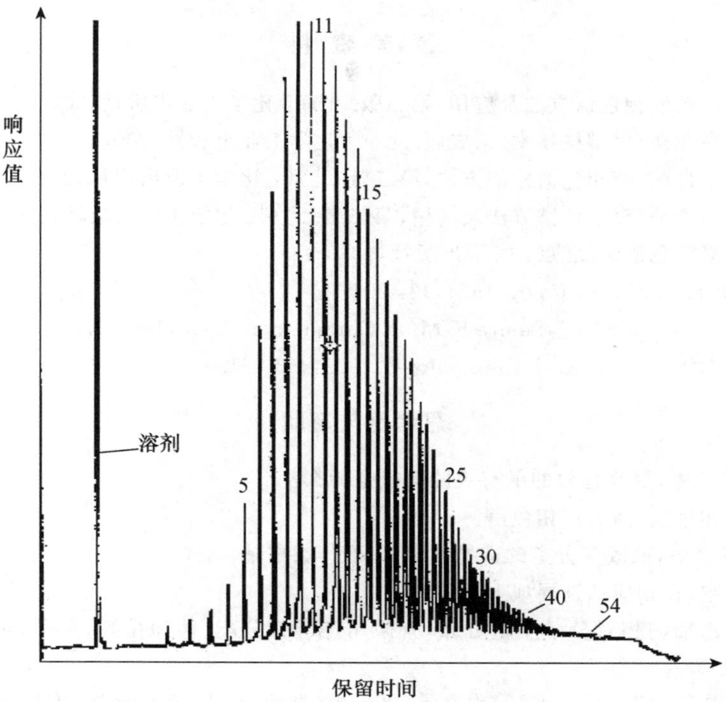

图 17.12　聚硅氧烷的 SFC 分离结果

分离条件：色谱柱长度 10 m，内径 50 μm，固定相 SE-54，膜厚 0.2 μm，流动相 CO_2 100℃，10 MPa，色谱峰上的数字表示聚合度

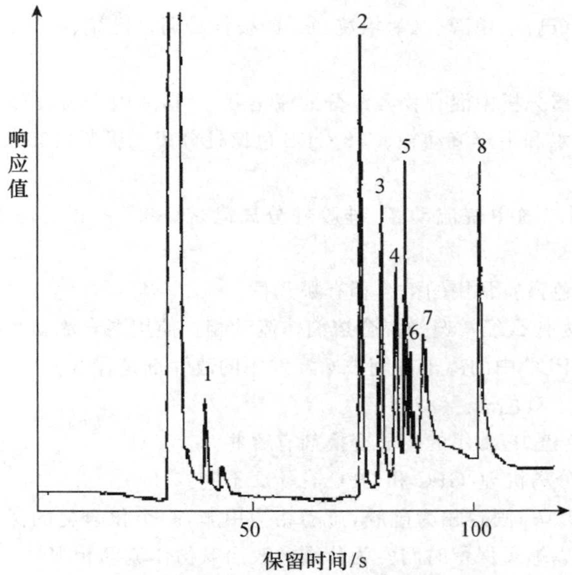

图 17.13　氨基甲酸酯和酸性农药的 SFC 分离结果

分离条件：色谱柱长度 1.5 m，内径 25 μm，固定相 SE-54，膜厚 0.15 μm，流动相 CO_2 100℃，13.5 MPa
色谱峰：1—毒莠定(picloram)　2—残杀威(propoxur)　3—麦草畏(dicamba)　4—2,4-滴(2,4-D)　5—甲萘威(carbaryl)　6—2,4,5-涕丙酸(silvex)　7—草灭平(chloramben)　8—甜菜宁(phenmedipham)

参考资料

[1] 于世林. 高效液相色谱方法及应用,第二版. 北京：化学工业出版社,2007.

[2] 刘国诠. 余兆楼,色谱柱技术,第二版. 北京：化学工业出版社,2007.

[3] 张晓彤. 云自厚,液相色谱检测方法,第二版. 北京：化学工业出版社,2007.

[4] 牟世芬,刘克纳. 离子色谱方法及应用,第二版. 北京：化学工业出版社,2007.

[5] 施良和. 凝胶色谱法. 北京：科学出版社,1980.

[6] Snyder L R. J. Chromatogr. 1974,92：223.

[7] Glajch J L,Kirkland J J,Squire K M. J. Chromatogr. 1980,199：57.

[8] Rutan S C,Snyder L R. J. Chromatogr. 1989,463：21.

思考题与习题

17.1 在 HPLC 中,提高柱效的最有效的途径是什么?

17.2 何为反相色谱,何为正相色谱?

17.3 在 HPLC 中,欲改变分离的选择性,可采取什么措施?

17.4 选择填空(在相应的选择项上画○)。

(1) 若分析聚乙烯的相对分子质量分布,宜采用(吸附、分配、体积排阻、离子)色谱及(电导、FID、UV、RI)检测器。

(2) 若分析酸雨中 SO_4^{2-}、Cl^-、F^- 等阴离子,宜采用(气液、气固、离子交换、体积排阻)色谱及(电导、ECD、UV、荧光)检测器。

(3) 若直接分析巴比妥类药物,宜采用(气液、气固、液液、液固)色谱及(FPD、ECD、UV、IR)检测器。

(4) 在正相 HPLC 中(己烷、甲醇、二氯甲烷、水)的极性最强,(己烷、甲醇、二氯甲烷、水)的洗脱能力最强。

(5) 在反相 HPLC 中(己烷、甲醇、二氯甲烷、水)的极性最弱,(己烷、甲醇、二氯甲烷、水)的洗脱能力最弱。

17.5 请解释下面色谱分析中混合物各组分的流出顺序(括弧内为沸点℃)。

(1) 反相 HPLC 采用水和甲醇流动相、C18 ODS 色谱柱分离二甲苯(139)、硝基苯(210.8)和氯代苯(132)的混合物。

(2) 正相 HPLC 采用二氯甲烷流动相、硅胶柱分离己烷(68.7)、正己醇(157.5)和苯(80.1)的混合物。

17.6 什么是键合相色谱? 常用的键合相有哪几种?

17.7 在 HPLC 中,为什么经常选择混合溶剂作流动相? 使用混合流动相时应注意些什么问题?

17.8 什么是反相 HPLC 中的离子抑制技术? 常用的改性剂是什么?

17.9 简述什么是离子对色谱。

17.10 在离子交换色谱中,常用的离子交换剂有哪些?

17.11 解释 SEC 的分离机理,GPC 和 GFC 有什么不同?

17.12 在正相 HPLC 中,固定相为硅胶,流动相为甲苯,一个化合物的保留时间是 25 min,请问流动相改为四氯化碳是否可以缩短保留时间? 为什么? 改用氯仿作流动相呢?

17.13 在反相 HPLC 中,采用 C18 键合相色谱柱分离对羟基苯甲酸及其酯类化合物,流动相为水-乙腈(30∶70)混合溶剂,请问:

(1) 若改用水-甲醇(30∶70)混合体系,是否可以缩短分析时间?

(2) 若保持分析时间不变,水-甲醇的比率应为多少?

(3) 若要进一步改善分离选择性，最好选择哪两种溶剂代替乙腈？

(4) 若对羟基苯甲酸的色谱峰拖尾，流动相中加入何种改性剂可以改善峰的对称性？

17.14　在电子积分仪或计算机数据处理系统中，控制色谱峰面积准确度的积分参数是什么？

17.15　用于法规分析的色谱方法为什么必须经过认证？认证的内容主要有哪些？

17.16　色谱定量分析时为什么要进行校准或校正？

17.17　用 GC 测定一混合溶剂，其中含有四种溶剂：乙醇、正庚烷、苯和乙酸乙酯。在 TCD 上得到如下数据：

组分	乙醇	正庚烷	苯	乙酸乙酯
峰面积/(μV · s)	50.5	75.3	48.6	68.9
f_i	0.64	0.70	0.78	0.79

请计算混合溶剂中各组分的百分含量。

17.18　用 HPLC 测定银杏叶提取物中的黄酮苷山奈素，在 UV 检测器上测定一系列标准山奈素溶液，得到如下数据：

浓度/(mg · L^{-1})	40	80	100	120
峰高/a. u.	560.5	1000.6	1504.3	1980.8

对于两个实际的银杏叶提取物样品，测得其中山奈素的峰高分别为 645.3 和 789.5。请绘制峰高与浓度校准曲线或回归线性方程，并用外表法求得两个实际样品中山奈素的含量。

17.19　用 GC 测定废水中的二甲苯，以苯为内标物，检测器为 FID。取 1 L 废水(不含苯)，加入 0.5 mg 苯，经二氯甲烷溶剂萃取和浓缩后，得到 1 mL 样品，取 1 μL 进样分析，测定四个组分的峰面积如下[f'(m)是相对质量校正因子]：

组分	苯	对-二甲苯	间-二甲苯	邻-二甲苯
峰面积(面积计数)	35.6	40.2	32.5	29.9
f'(m)	1.00	0.89	0.93	0.91

请用内标法计算此废水样品中三种二甲苯异构体的物质的量浓度。

17.20　超临界流体色谱有什么优点？

第 18 章　毛细管电泳法

18.1 引　　言

电泳技术起源于 19 世纪初,1808 年俄国物理学家 Von Reuss 首次发现电泳现象,即溶液中的荷电粒子在电场作用下会因为受到排斥或吸引力而发生差速迁移。1937 年瑞典科学家 Arne Tiselius 成功地把电泳技术用于人血清中不同蛋白质的分离,因此获得了 1948 年诺贝尔化学奖。传统电泳主要是凝胶电泳,因为凝胶可以抑制因热效应而导致的对流。如果在自由溶液中施加高的电压,就会导致大的焦耳热,严重影响分离。因此,人们一直致力于减小分离介质的尺寸,即分析仪器的微型化。1981 年美国学者 Jorgenson 和 Lukacs[1] 使用内径为 75 μm 的石英毛细管,配合 30 kV 的高电压进行自由溶液电泳,获得了高于 40 万理论塔板数的分离柱效。他们不仅设计出了结构简单的仪器装置,还从理论上阐述了毛细管区带电泳(CZE)的分离机理。这一出色的工作标志着毛细管电泳(CE)作为一种新型分离分析技术的诞生。从此 CE 以其高效、快速、低成本等特点引起了广泛的关注,并在 20 世纪 80 年代后期迅速发展起来。CE 现已广泛应用于无机离子、中性分子、药物、多肽、蛋白质、DNA 及糖等各类化合物的分析,20 世纪 90 年代后期出现的阵列 CE 技术作为基因测序的关键方法在人类基因组计划中发挥了极其重要的作用。

作为与色谱方法并列的分析技术,CE 与传统的电泳技术相比,具有以下特点:

(i) 应用范围广。CE 既能分析有机和无机小分子,又能分析多肽和蛋白质等生物大分子;既能用于带电离子的分离,又能用于中性分子的测定;非常适用于复杂混合物的分离分析和药物对映异构体的纯度测定。

(ii) 分离效率高。CE 采用 25～100 μm 内径的熔融石英毛细管柱,限制了电流的产生和管内发热,并采用柱上检测,大大消除了柱外效应。在 100～500 $V \cdot m^{-1}$ 的电场强度下,可以达到每米几十万到上百万理论塔板数的柱效。

(iii) 分离模式多。目前已经有毛细管区带电泳(CZE)、胶束电动毛细管色谱(MEKC)、毛细管凝胶电泳(CGE)、毛细管等速电泳(CITP)、毛细管等电聚焦(CIEF)和毛细管电色谱(CEC)等六种模式,而且容易实现各模式之间的切换。

(iv) 最小检测限低。虽然采用 25～100 μm 内径的毛细管,光学检测器的光程有限,用一般光吸收检测器时,以浓度表示的灵敏度尚不及 HPLC 高,但以样品绝对量表示的最小检测限却很低。迄今,分离分析领域的最低检测限是 CE 采用激光诱导荧光检测器获得的,这也为单分子的检测提供了可能。

(v) 分析成本低。原因一是毛细管本身成本低,且易于清洗;二是溶剂和试剂消耗量少,废液处理成本低;三是样品用量少,仅为纳升(10^{-9} L)级,这对那些珍贵的样品尤其有利。

(vi) 仪器简单。只需要一个高压电源、一个检测器和一截毛细管就可组成一台简单的 CE 仪器,由于操作参数少,方法开发也较为简单。

(vii) 环境友好。因为分离介质多为水相，且产生的废液量很少，故对环境的影响很小。这符合绿色化学的要求。

18.2　毛细管电泳的基本理论

1. 电泳淌度

CE 是以电渗流（EOF）为驱动力，以毛细管为分离通道，依据样品中组分之间淌度和分配行为上的差异而实现分离的一种液相微分离技术。离子在自由溶液中的迁移速率可以表示为

$$\nu = \mu E \tag{18.1}$$

式中 ν 是离子迁移速率，μ 为电泳淌度，E 为电场强度。对于给定的带电量为 q 的离子，淌度是其特征常数，它由离子所受到的电场力（F_E）和通过介质所受到的摩擦力（F_F）的平衡所决定。

$$F_E = qE \tag{18.2}$$

对于球形离子

$$F_F = -6\pi\eta r\nu \tag{18.3}$$

式中 η 为介质黏度，r 为离子的流体动力学半径。在电泳过程达到平衡时，上述两种力方向相反，大小相等

$$qE = -6\pi\eta r\nu \tag{18.4}$$

将式(18.4)代入式(18.1)，得

$$\mu = \frac{q}{6\pi\eta r} \tag{18.5}$$

因此，离子的电泳淌度与其带电量呈正比，与其半径及介质黏度呈反比。带相反电荷的离子其电泳淌度的方向也相反。需要指出，我们在物理化学手册中可以查到的离子淌度常数是绝对淌度，即离子带最大电量时测定并外推至无限稀释条件下所得到的数值。在电泳实验中测定的值往往与此不同，故我们将实验值称为有效淌度（μ_e）。有些物质因为绝对淌度相同而难以分离，但我们可以改变介质的 pH，使离子的带电量发生改变。这样就可以使不同离子具有不同有效淌度，从而实现分离。下文中所提到的电泳淌度除特别说明外，均指有效淌度。

2. 电渗流和电渗淌度

电渗流（EOF）是 CE 中最重要的概念，指毛细管内壁表面电荷所引起的管内液体的整体流动，来源于外加电场对管壁溶液双电层的作用。

在水溶液中多数固体表面带有过剩的负电荷。就石英毛细管而言，表面的硅羟基在 pH 大于 3 以后就发生明显的解离，使表面带有负电荷。为了达到电荷平衡，溶液中的正离子就会聚集在表面附近，从而形成所谓双电层，如图 18.1 所示。这样，双电层与管壁之间就会产生一个电位差，叫做 Zeta 电位。但毛细管两端施加一个电压时，组成扩散层的阳离子被吸引而向负极移动。由于这些离子是溶剂化的，故将

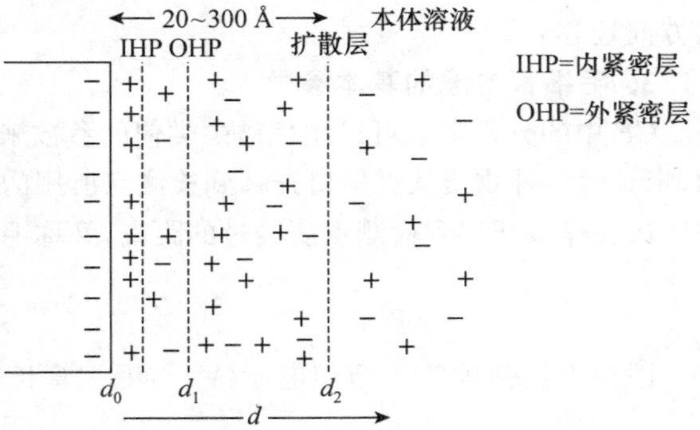

图 18.1　毛细管壁双电层结构示意图

拖动毛细管中的体相溶液一起向负极运动，这便形成了电渗流。需要指出，很多非离子型材料如聚四氟乙烯和聚丙烯等也可以产生电渗流，原因可能是其表面对阴离子的吸附。

电渗流的大小可用速率和淌度来表示

$$\nu_{EOF}=(\varepsilon\xi/\eta)E \tag{18.6}$$

或者

$$\mu_{EOF}=\varepsilon\xi/\eta \tag{18.7}$$

式中 ν_{EOF} 为电渗流速率，μ_{EOF} 为电渗淌度，ξ 为 Zeta 电位，ε 为介电常数。

Zeta 电位主要取决于毛细管表面电荷的多寡。一般来说，pH 越高，表面硅羟基的解离程度越大，电荷密度越大，电渗流速率就越大。

除了依赖于 pH 的高低，电渗流还与表面性质（硅羟基的数量、是否有涂层等）和溶液离子强度有关。双电层理论认为，增加离子强度可以使双电层压缩，从而降低 Zeta 电位，减小电渗流。此外，温度升高可以降低介质黏度，增大电渗流。电场强度虽然不影响电渗淌度，但却可改变电渗流速率。显然，电场强度越大，电渗流速率越大。

由上可知，电渗流的方向一般是从正极到负极，然而，在溶液中加入阳离子表面活性剂后，由于毛细管表面强力吸附阳离子表面活性剂的亲水端，而阳离子表面活性剂的疏水端又会紧密结合一层表面活性剂分子，结果就形成了带负电的表面，双电层 Zeta 电位的极性发生了反转，最后使电渗流的方向发生了变化。在分析小分子有机酸时，这是常用的电渗流控制技术。

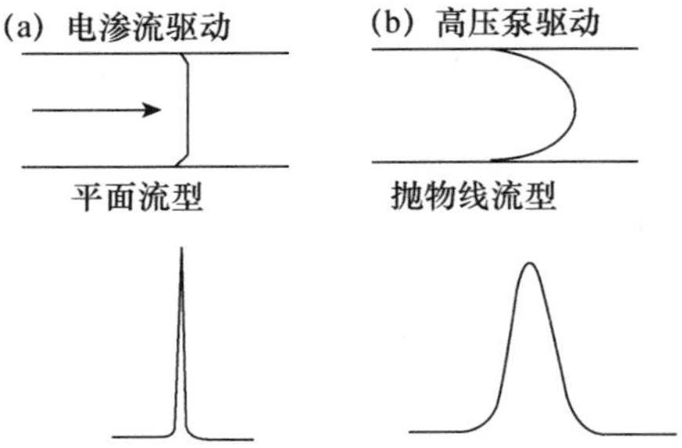

图 18.2　不同驱动力的流型和相应的谱带峰形

电渗流的一个重要特性是具有平面流型。由于引起流动的推动力在毛细管的径向上均匀分布，所以管内各处流速接近相等。其优点是径向扩散对谱带扩展的影响非常小，如图 18.2 所示。与此形成鲜明对照的是高压泵驱动的抛物线流型（如在 HPLC 中），由于管内径向上各处的流速不同，使得谱带峰形变宽。这也是与 HPLC 相比，CE 具有更高分离效率的一个重要原因。

电渗流的另一个重要优点是可以使几乎所有被分析物向同一方向运动，而不管其电荷性质如何。这是因为电渗淌度一般比离子的电泳淌度大一个数量级，故当离子的电泳淌度方向与电渗流方向相反时，仍然可以使其沿电渗流方向迁移。这样，就可在一次进样分析中，同时分离阳离子和阴离子。中性分子由于不带电荷，故随电渗流一起运动。如果对毛细管内壁进行修饰可以降低电渗流，而被分析物的淌度则不受影响。在此情况下，阴阳离子有可能以不同的方向迁移。

3. 毛细管电泳的基本参数

CE 中的分析参数可以用色谱中类似的参数来描述，比如与色谱保留时间相对应的有迁移时间，定义为一种物质从进样口迁移到检测点所用的时间，迁移速率（ν）则是迁移距离（l，即被分析物质从进样口迁移到检测点所经过的距离，又称毛细管的有效长度）与迁移时间（t）之比

$$\nu=\frac{l}{t} \tag{18.8}$$

因为电场强度等于施加电压（V）与毛细管长度（L）之比

$$E=\frac{V}{L} \tag{18.9}$$

就 CE 的最简单的模式——毛细管区带电泳(CZE)而言,结合式(18.1),可得

$$\mu_a = \frac{l}{tE} = \frac{lL}{tV} \tag{18.10}$$

在毛细管区带电泳(CZE)条件下测得的淌度是电泳淌度与电渗流淌度的矢量和,我们称之为表观淌度 μ_a,即

$$\mu_a = \mu_e + \mu_{EOF} \tag{18.11}$$

实验中可以采用一种中性化合物,如二甲亚砜或丙酮等,来单独测定电渗流淌度,然后求得被分析物的有效淌度。例如,图 18.3 是一个混合物的分离结果,其中三个峰分别为阳离子(t=39.5 s)、中性化合物(t=66.4 s)和阴离子(t=132.3 s)。实验用毛细管总长度为 48.5 cm,有效长度(从进样口到检测点的距离)为 40 cm,施加电压为 20 kV。根据上述公式,我们便可以计算出电渗淌度以及不同离子的表观淌度和有效淌度。

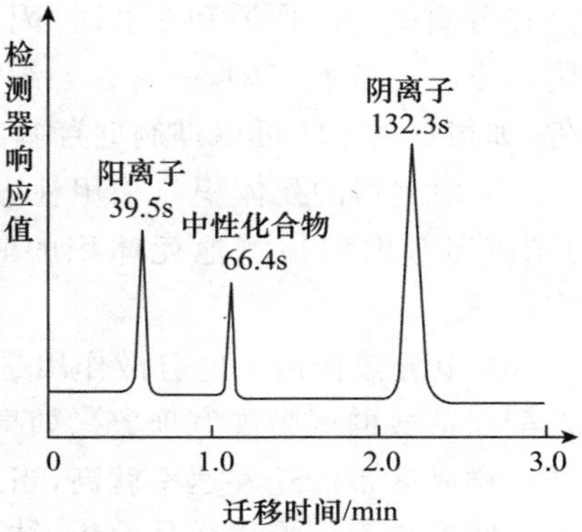

图 18.3　阳离子、中性化合物和阴离子的 CE 分离图

电渗淌度:

$$\mu_{EOF} = \frac{40\times 48.5}{20\,000\times 66.4} = 1.46\times 10^{-3}\ \mathrm{cm^2\cdot V^{-1}\cdot s^{-1}}$$

阳离子:

$$\mu_a = \frac{40\times 48.5}{20\,000\times 39.5} = 2.46\times 10^{-3}\ \mathrm{cm^2\cdot V^{-1}\cdot s^{-1}}$$

$$\mu_e = \mu_a - \mu_{EOF} = 1\times 10^{-3}\ \mathrm{cm^2\cdot V^{-1}\cdot s^{-1}}$$

阴离子:

$$\mu_a = \frac{40\times 48.5}{20\,000\times 132.3} = 7.33\times 10^{-4}\ \mathrm{cm^2\cdot V^{-1}\cdot s^{-1}}$$

$$\mu_e = \mu_a - \mu_{EOF} = -7.27\times 10^{-4}\ \mathrm{cm^2\cdot V^{-1}\cdot s^{-1}}$$

注意,阴离子的有效淌度为负值,因为其电泳淌度与电渗淌度的方向相反。

4. 影响分离的因素

在 CE 中仍然可以采用色谱中的塔板和速率理论描述分离过程。若以电泳峰的标准偏差或方差(σ)表示理论塔板数(n),则有

$$n = \left(\frac{l}{\sigma}\right)^2 \tag{18.12}$$

与色谱分离类似,造成 CE 分离过程中谱带或区带展宽的因素主要有扩散(σ^2_{dif})、进样(σ^2_{inj})、温度梯度(σ^2_{temp})、吸附作用(σ^2_{ads})、检测器(σ^2_{det})和电分散(σ^2_{ed})等等。可以用下面的总方差(σ^2_T)公式表示

$$\sigma^2_T = \sigma^2_{dif} + \sigma^2_{inj} + \sigma^2_{temp} + \sigma^2_{Ads} + \sigma^2_{det} + \sigma^2_{ed} + \cdots \tag{18.13}$$

(1) 扩散　与色谱分离类似,扩散是造成 CE 分离中区带展宽的重要因素。不同的是,由于电渗流驱动的平面流型,径向扩散对峰展宽的影响非常小。纵向扩散决定着分离的理论极限效率,因此,被分离物的分子扩散系数越小,区带越窄,分离效率越高。

(2) 进样体积　因为毛细管很细,较大的进样体积会在管内形成较长的样品区带。如果进样长度比扩散控制的区带宽度还大,分离就会变差。CE 进样量一般为纳升级,这对检测灵敏度的提高是一个限制。

(3) 焦耳热　因电流通过而产生的热称为焦耳热，在传统的电泳技术中，焦耳热是限制分析速度和分离效率的主要因素，因为焦耳热可导致不均匀的温度梯度和局部的黏度变化，严重时可造成层流甚至湍流，从而引起区带展宽。在 CE 中，细内径的毛细管抗对流性能好，比表面积大，有效地限制了热效应。故可以采用高的电场强度，以提高分离效率。理论的推导也证明，尽量高的电场强度对分离是有利的。然而，电场强度的升高最终要受到焦耳热的限制。

(4) 毛细管壁的吸附　被分析物与毛细管内壁的相互作用对分离是不利的，轻则造成峰拖尾，重则引起不可逆吸附。造成吸附的主要原因是阳离子与毛细管表面负电荷的静电相互作用，以及疏水相互作用。细毛细管具有的大比表面积对散热有利，但却增加了吸附作用。特别是在分离碱性蛋白质和多肽时，因为这些物质具有较多的电荷和疏水性基团。抑制或消除吸附的方法一般有三种，一是在毛细管内壁涂敷抗吸附涂层，如聚乙二醇；二是采用极端 pH 条件，如极低的 pH 可以抑制硅羟基的解离；三是在分离介质中加入两性离子添加剂。

(5) 检测器的死体积　采用柱上检测时不存在这个问题，但对于柱后检测（如质谱检测器）则应当考虑到检测池死体积的影响。因为毛细管很细，很小的死体积就会造成区带的展宽。

(6) 电分散作用　电分散作用是指毛细管中样品区带的电导与分离介质（缓冲液）的电导不匹配而造成的区带展宽现象。如果样品溶液的电导较缓冲液低，样品区带的电场强度就大，离子在样品区带的迁移速率就高，当进入分离介质时，速率就会减慢，因而在样品区带与分离介质之间的界面上形成样品堆积，结果有可能造成前伸峰。反之，如果样品溶液的电导较缓冲液高，结果很可能造成峰拖尾。鉴于此，CE 分析中样品溶液的离子强度应当接近于分离介质的离子强度。另一方面，电分散所造成的样品堆积常常是提高检测灵敏度的有效方法。操作条件选择适当的话，检测灵敏度可以提高 2～3 个数量级。

5. 理论塔板数和分离度

上面讨论了影响 CE 分离的主要因素，这些因素在不同的条件下所起的作用是不同的。在理想情况下（进样体积小、没有管壁对被分析物的吸附、毛细管恒温好、采用柱上进样等），纵向扩散可以被认为是 CE 分离中造成区带展宽的唯一因素，这样理论处理就可大大简化。采用色谱速率理论的纵向扩散项

$$\sigma^2 = 2Dt = \frac{2DlL}{\mu_e V} \tag{18.14}$$

式中 D 为分子扩散系数。将式(18.14)代入式(18.12)，就可得到 CE 的理论塔板数表达式

$$n = \frac{\mu_e Vl}{2DL} = \frac{\mu_e El}{2D} \tag{18.15}$$

式(18.15)说明，采用高的电场强度对分离是有利的，因为场强高时，电渗流速率大，样品在毛细管中滞留的时间短，纵向扩散就小。

实验中，理论塔板数可以公式(15.46)进行计算，只要将保留时间换成迁移时间即可。

CE 中分离度的概念也与色谱相同，但是，CE 主要靠高柱效(n)来促进分离，而色谱则是靠选择性(α)。另外，两种组分的分离还可用柱效来表达

$$R = \frac{\sqrt{n}}{2}\,\frac{(\mu_2 - \mu_1)}{\mu_2 + \mu_1} \tag{18.16}$$

式中 μ_2 和 μ_1 分别是两组分的有效淌度。将式(18.15)代入式(18.16)，整理得

$$R=\frac{l\Delta\mu}{4\sqrt{2}}\left(\frac{V}{D(\bar{\mu}+\mu_{EOF})}\right)^{1/2} \tag{18.17}$$

其中 $\Delta\mu=\mu_2-\mu_1$；$\bar{\mu}=(\mu_2+\mu_1)/2$。

这是常见的分离度理论表达式，不仅可以不计算柱效而直接得到分离度，而且包含了电渗流的影响。可见，分离度与电压的平方根呈正比，但靠增大电场强度来提高分离度必然受到焦耳热的限制。

当 $\bar{\mu}$ 与 μ_{EOF} 大小相等但方向相反时，分离度无穷大。也就是说，被分析离子以与电渗流相同的速率但相反的方向运动时，分离度最大。然而，此时的分析时间也趋于无穷。所以，与色谱类似，CE 分离也需要对操作条件进行优化，以实现在最短的分析时间获得满意的分离度的目的。

18.3　毛细管电泳的仪器及操作

1. 仪器组成及条件的选择

图 18.4 所示为 CE 仪器示意图。其组成部分主要是高压电源、缓冲液瓶（包括样品瓶）、毛细管和检测器。下面分别简要讨论之。

高压电源是为分离提供动力的，商品化仪器的输出直流电压一般为 0～30 kV，也有文献报道采用 60 kV 以至 90 kV 电压的。大部分直流电源都配有输出极性转换装置，可以根据分离需要选择正电压或负电压。

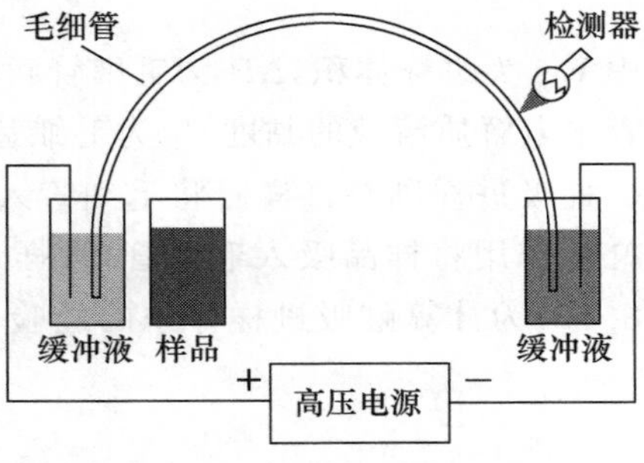

图 18.4　CE 仪器组成示意图

缓冲液瓶多采用塑料（如聚丙烯）或玻璃等绝缘材料研制成，容积为 1～3 mL。考虑到分析过程中正负电极上发生的电解反应，体积大一些的缓冲液瓶有利于 pH 的稳定。进样时毛细管的一端伸入样品瓶，采用压力或电动方式（见下文）将样品加载到毛细管入口，然后将样品瓶换为缓冲液瓶，接通高压电源开始分析。

CE 中常用的缓冲液见表 18.1，注意要控制 pH 在电解质的 pK_a 附近，即缓冲容量范围内，否则电解引起的 pH 的微小变化将导致实验重复性的明显下降。缓冲盐的浓度也是一个重要的实验条件，浓度过低会造成实验不稳定和重复性差，而浓度过高又会使电渗流降低，影响分析速度。更重要的是，高的盐浓度会产生高的电流，进而引起过大的焦耳热，导致分离效率下降。一般 20～50 mmol・L^{-1} 的浓度比较合适，分析蛋白质和多肽时浓度往往更高一些。

表 18.1　CE 中常用的缓冲液

缓冲液	pK_a
磷酸盐	2.12，7.21，12.32
乙酸盐	4.75
柠檬酸盐	3.06，4.74，5.40
硼酸盐	9.24
三甲氧基氨基甲烷（Tris）	8.30

毛细管是分离通道，目前普遍采用的是外涂耐高温聚酰亚胺涂料的熔融石英毛细管，内径 25～100 μm，长度 20～100 cm。采用柱上检测时，在检测点将外涂层除去，以便光线可以通过窗口检测到样品组分。毛细管尺寸的选择主要考虑分离效率和检测灵敏度，内径越小，分离效率越高，但由于窄内径毛细管限制了进样量的增加，故对检测器灵敏度的要求也越高，实践中 50 μm 内径的毛细管用的最多；毛细管越长，分离效率越高，但因为高压电源的限制，长的毛细管将导致电场强度降低，因而延长分析时间。实践中有效长度 40 cm 左右，总长度 50 cm 左右的毛细管就可以解决绝大部分分离问题。

2. 进样方式

CE 的进样方式主要有两类，即压差进样和电动进样。压差进样又可分为正压力进样、负压力进样和虹吸进样。

正压力进样即在样品瓶中施加正的气压，将样品压入毛细管。负压力进样即在毛细管的出口端抽真空，入口端插入样品瓶，用真空度的高低和进样时间来控制进样量。压差进样时进样量是压力、进样时间、毛细管尺寸以及电解质溶液黏度的函数。进样压力一般在 2.5～10.0 kPa 之间，时间为 1～5 s。压差进样的进样量可由下面的经验公式计算

$$V_{\text{inj}}=\frac{\Delta P d^{4}\pi t_{\text{inj}}}{128\eta L} \tag{18.18}$$

式中 V_{inj} 为进样体积，ΔP 为毛细管两端的压力差，d 为毛细管内直径，t_{inj} 为进样时间，η 为毛细管中电解质溶液的黏度，L 为毛细管的总长度。

虹吸进样则是进样时将毛细管入口端的样品瓶升高，靠入口端和出口端液面差所形成的虹吸作用将样品吸入毛细管，进样量由毛细管入口和出口的高度差以及时间来决定。式(18.19)为计算虹吸进样体积的经验公式

$$V_{\text{inj}}=\frac{\Delta h\rho g d^{4}\pi t_{\text{inj}}}{128\eta L} \tag{18.19}$$

式中 Δh 为毛细管两端的高度差，ρ 为毛细管中电解质溶液的密度，g 为重力常数。其余符号的意义同式(18.18)。

电动进样是将毛细管入口端插入样品瓶中，然后在毛细管两端施加一定的电压，靠电渗流将样品带入毛细管。显然，控制电压的大小和时间的长短便可控制进样量。式(18.20)为计算电动进样时进样量的经验公式

$$Q=(\mu_{\text{e}}+\mu_{\text{EOF}})Vr^{2}\pi c t_{\text{inj}}/L \tag{18.20}$$

式中 Q 为进样量，V 为进样电压，r 为毛细管内半径，c 为样品组分浓度，其余符号的意义同式(18.18)。

采用电动进样时要考虑进样歧视的问题。因为混合样品中各组分的电泳淌度不可能完全一致，这样它们随电渗流进入毛细管的迁移速率就不同。比如正极进样时，正离子迁移速率快，负离子迁移速率慢，因而进入毛细管的正离子就会比负离子的相对量大一些，结果造成了进入毛细管的样品组成与原来样品的组成的不同。即使是带同一符号电荷的离子也存在这种进样歧视。所以，电动进样时，若不经过校准，其定量结果的误差要大于压差进样。当然，中性组分之间不存在这种歧视问题。

需要指出，无论压力进样还是电动进样，确切的进样量往往是不知道的，这是因为不同样品溶液的黏度、浓度、离子强度差别较大，以及仪器系统的压力、温度和电压控制精度不同。然

而这并不影响分析结果的精度，只要操作条件能够严格重复，使用标准样品校准后就可得到准确的分析结果。

3. 检测器

CE 检测器与 HPLC 检测器类似，紫外吸光检测器是最常用的。其次是激光诱导荧光检测器和电化学检测器。这些检测器的原理和应用范围与 HPLC 中所讲完全一样，只是紫外吸光检测器和激光诱导荧光检测器一般进行柱上检测，而电化学检测器（电导检测器和安培检测器等）则多采用微电极在柱后检测。目前商品仪器的标准配置为紫外吸光检测器，包括单波长、多波长和二极管阵列检测器。

当被分析物没有紫外吸光性质时，常常采用间接紫外检测方法。即在分离介质中加入具有紫外吸光性质的物质，如苯甲酸或萘磺酸等，这样就造成很强的背景吸收值，当样品组分（如 K^+、Ca^{2+} 等阳离子）流过检测窗口时，背景吸收值降低，出现负峰。通过放大电路输出极性的转换便可得到正常的电泳图。

CE 检测中还应考虑检测歧视问题。我们知道，在 HPLC 中，当流动相流速恒定时，不同样品谱带在色谱柱中的运动速率是一致的，因而在检测池中的运动速率也是一致的。这样，假设两种组分的吸光系数相等、浓度相同，（在用光学检测器时）峰面积就是相等的。然而，在 CE 中，不同组分的区带在毛细管中的迁移速率是不同的，因而通过检测窗口的速率也不同。这样，两种吸光系数相等、浓度相同的组分所得峰面积就是不相等的。这再次说明，采用 CE 进行定量分析时，用标准样品校准是非常必要的。

18.4　毛细管电泳的分离模式及其应用

CE 有 6 种常用的分离模式，其分离依据及应用范围如表 18.2 所示。其中 CZE、MEKC 和 CEC 最为常用，下面我们对这些模式分别进行讨论。

表 18.2　6 种 CE 分离模式的分离依据及应用范围

分离模式	分离依据	应用范围
毛细管区带电泳（CZE）	溶质在自由溶液中的淌度差异	可解离的或离子化合物、手性化合物及蛋白质、多肽等
毛细管胶束电动色谱（MEKC）	溶质在胶束与水相间分配系数的差异	中性或强疏水性化合物、核酸、多环芳烃、结构相似的肽段
毛细管凝胶电泳（CGE）	溶质分子大小与电荷/质量比差异	蛋白质和核酸等生物大分子
毛细管等电聚焦（CIEF）	等电点差异	蛋白质、多肽
毛细管等速电泳（CITP）	溶质在电场梯度下的分布差异（移动界面）	同 CZE，电泳分离的预浓缩
毛细管电色谱（CEC）	电渗流驱动的色谱分离机制	同 HPLC

1. 毛细管区带电泳

毛细管区带电泳（CZE）是最简单的 CE 模式，因为毛细管中的分离介质只是缓冲液。在电场的作用下，样品组分以不同的速率在分立的区带内进行迁移而被分离。由于电渗流的作用，正负离子均可以实现分离。在正极进样的情况下，正离子首先流出毛细管，负离子最后流出。中性物质在电场中不迁移，只是随电渗流一起流出毛细管，故得不到分离。

在 CZE 中，影响分离的因素主要有缓冲液的种类、浓度和 pH、添加剂、分析电压、温度、毛细管的尺寸和内壁改性等。缓冲液种类的选择主要考虑其 pK_a 要与分析所用 pH 匹配，另外，有的缓冲液与样品组分之间有特殊的相互作用，可提高分析选择性。比如，分析多羟基化合物时，多用硼酸缓冲液，因为硼酸根可与羟基形成配合物，有利于提高分离效率。增大缓冲液的浓度一般可以改善分离，但电渗流会降低，因而延长了分析时间，过高的盐浓度还会增加焦耳热。缓冲液的 pH 主要影响电渗流的大小和被分析物的解离情况，进而影响被分析物的淌度，是 CZE 分析中最重要的操作参数之一。缓冲液添加剂多为有机试剂，如甲醇、乙腈、尿素、三乙胺等，其作用主要是增加样品在缓冲液中的溶解度，抑制样品组分在毛细管壁的吸附，改善峰形。提高分析电压有利于提高分离效率和缩短分析时间，但可能造成过大的焦耳热。温度的变化可以改变缓冲液的黏度，从而影响电渗流。毛细管内径越小，分离效率越高，但样品容量越低；增加毛细管长度可提高分离效率，但延长了分析时间。有时为了改善分离，要对毛细管内壁进行改性，比如分离碱性蛋白质时，毛细管内壁涂一层聚乙二醇能有效地抑制蛋白质的吸附，提高分离效率和检测灵敏度。

CZE 的应用范围很广，分析对象包括氨基酸、多肽、蛋白质、无机离子和有机酸等。图 18.5 所示为 CZE 分析阴离子的实例。

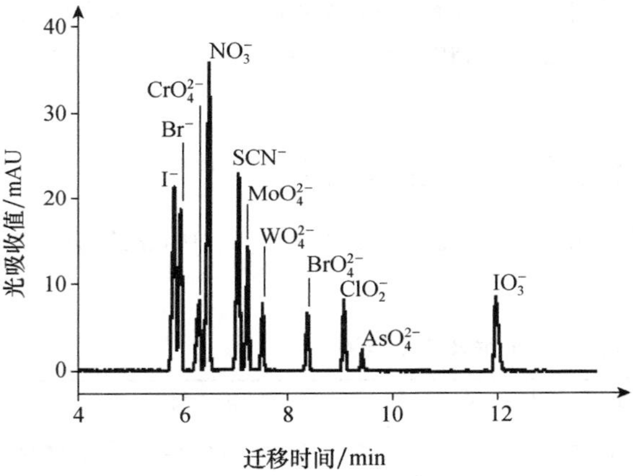

电泳条件

毛细管：内径 50 μm，总长度 64.5 cm，有效长度 56 cm，内壁涂渍聚乙二醇

缓冲液：20 mmol·L^{-1} 磷酸缓冲液，pH＝8.0

压力进样：20 kPa·s

分析电压：15 kV

温度：20℃

紫外吸收检测：200 nm

样品：每种离子 100 mg·L^{-1}

图 18.5　CZE 分离阴离子

此外，在药物对映异构体的分离分析方面，CZE 已经成为强有力的手段。一般是在缓冲液中加入具有手性识别能力的添加剂（称为手性选择剂），如环糊精、冠醚、大环抗生素或蛋白质，根据手性选择剂与不同旋光异构体的作用力差异实现分离。对于可解离的药物，多采用中性手性选择剂，而对于中性药物，则需要用带电的手性选择剂。有些被分析物在水中溶解度非常低，需要用有机溶剂作为分离介质，这就是非水 CE。图 18.6 是采用非水介质的 CZE 分离 *N*-苯甲酰基-苯丙氨酸甲酯对映异构体的结果。

2. 电动毛细管色谱

电动毛细管色谱（EKC）的最大特点是既可以分离离子型化合物，又能分离中性物质，在药物分析和环境分析等领域有广泛的应用。这一模式包括胶束电动毛细管色谱（MEKC）和微乳电动毛细管色谱（MEEKC）。

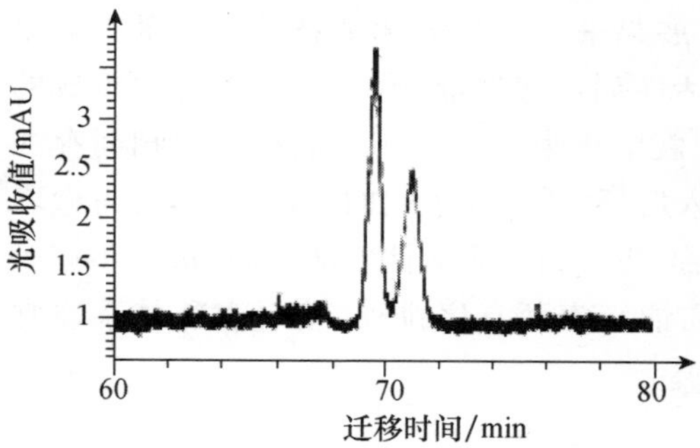

电泳条件

毛细管：内径 50 μm，总长度 50 cm，有效长度 41.5 cm；背景电解质溶液为 0.1 mol·L^{-1} β-环糊精，0.06 mol·L^{-1} NaCl 的甲酰胺溶液，含 10%乙酸

压力进样：5000 Pa×5 s

分析电压：30 kV

检测波长：260 nm

温度：25℃

图 18.6　*N*-苯甲酰基-苯丙氨酸甲酯对映异构体的非水 CZE 手性分离[2]

MEKC 是 Terabe 在 1984 年提出的[3]。在 MEKC 中，将高于临界胶束浓度的离子型表面活性剂加入缓冲液中形成胶束，被分析物在胶束(即假固定相)和水相中进行分配，中性化合物根据其分配系数的差异进行分离，带电的组分的分离机理则是电泳和色谱的结合。最常用的胶束相是阴离子表面活性剂十二烷基硫酸钠(SDS)，有时也用阳离子表面活性剂，如十六烷基三甲基溴化铵(CTAB)。可以通过改变缓冲液种类、pH 和离子强度或胶束的浓度来调节选择性，进而对被分析物的保留值产生影响。也可使用混合胶束，以及加入各种添加剂如有机溶剂、环糊精和尿素等来影响分离的选择性。图 18.7 是 MEKC 分离苯酚和苯甲醇类化合物的电泳图。

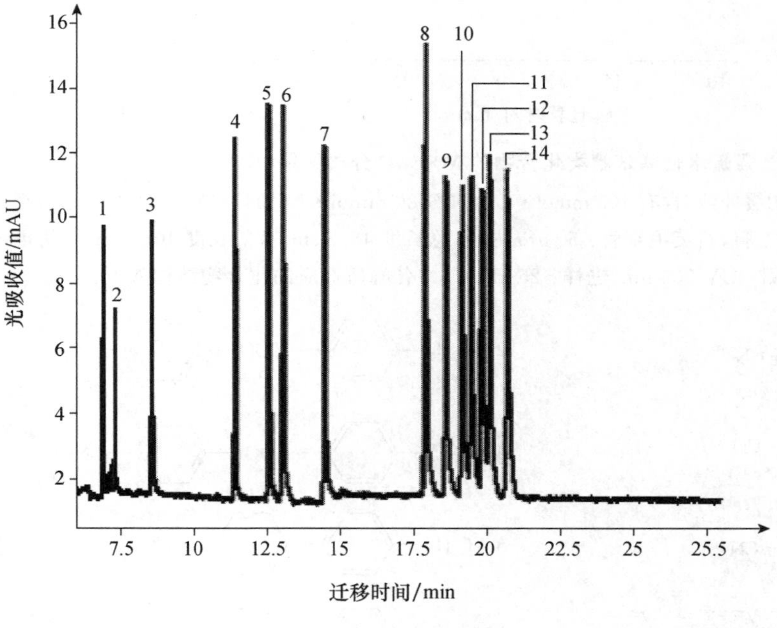

分析条件：

缓冲液：90 mmol·L^{-1} 硼酸盐，pH=8.6，70 mmol·L^{-1} SDS

毛细管：内径 50 μm，涂聚乙烯醇的熔融石英管，总长度 64.5 cm，有效长度 56 cm

进样：2 kPa·s

电场强度：465 V·cm^{-1}

毛细管温度：12℃

检测：UV 200 nm

图 18.7　苯酚和苯甲醇类化合物的 MEKC 分离电泳图

峰鉴定：1—4-羟基苯甲醇　2—3-羟基苯甲醇　3—苯酚　4—2-羟基苯甲醇　5—间甲酚　6—对甲酚　7—2-氯代苯酚　8—2,6-二甲基苯酚　9—邻乙基苯酚　10—2,3-二甲基苯酚　11—2,5-二甲基苯酚　12—3,4-二甲基苯酚　13—3,5-二甲基苯酚　14—2,4-二甲基苯酚

MEEKC 是 20 世纪 90 年代在 MEKC 基础上发展起来的一种电泳新技术[4]。微乳液是由正构烷烃(如庚烷和辛烷)、表面活性剂、辅助表面活性剂和缓冲液,通过超声处理而组成的稳定透明液体。纳米级大小的微乳液滴,分散在缓冲液中作为假固定相。油相和水相间存在着很高的表面张力,两者互不相溶,当表面活性剂加入后,降低了油水间的表面张力,使得微乳液的形成成为可能。辅助表面活性剂(如丁醇)加入后,插入到表面活性剂的中间,进一步使表面张力几乎降至零,表面活性剂和辅助表面活性剂在油滴表面有序排列,使得微乳体系非常稳定。

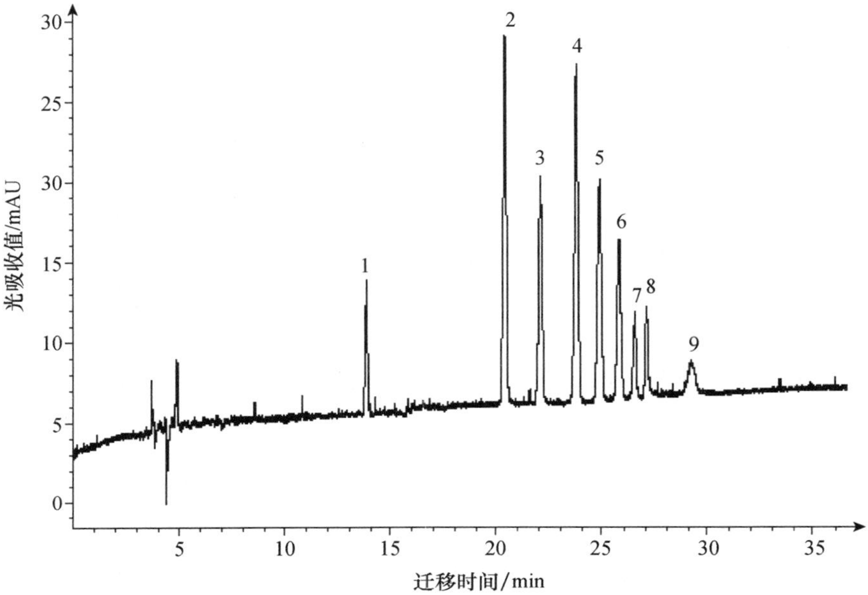

图 18.8 强疏水性联苯腈类化合物的 MEEKC 分离结果

分析条件:10 mmol·L^{-1} 四硼酸钠缓冲液,含有 100 mmol·L^{-1} SDS,80 mmol·L^{-1} 胆酸钠,0.81%(*w*/*w*)正庚烷,7.5%(*w*/*w*)正丁醇和 10%乙腈,石英毛细管:50 μm 内径,总长度 48.5 cm,有效长度 40.0 cm,分析电压:25 kV,毛细管温度:35℃,检测:UV 254 nm,进样:25 kPa·s。各峰所对应的化合物结构如下:

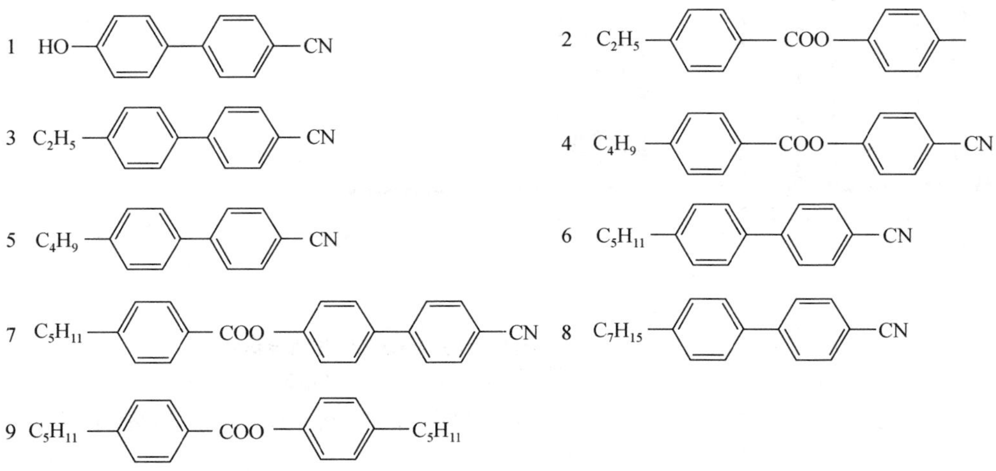

在 MEEKC 分离过程中，被分析物的疏水性不同，同微乳液滴的亲和作用不同。脂溶性越强，和微乳液滴的亲和作用越强，迁移时间越长。通常采用十二烷基苯测定分析物和微乳液滴的亲和常数。SDS 是 MEEKC 中最常用的阴离子表面活性剂，它分布于微乳液滴表面使其带负电荷，在电场力作用下，微乳液滴被阳极吸引，与电渗流的方向刚好相反，但是电渗流的速率要大于液滴的速率，所以带负电荷的微乳液滴向阴极移动。中性物质由于和微乳液滴表面的活性剂没有电荷相互作用，其分离机制就是电渗流驱动下的色谱过程；带正电的物质和微乳表面的负电荷有离子对的相互作用，带负电的物质和微乳液表面的负电荷有互斥作用，它们的分离过程是电泳和色谱综合作用的结果。MEEKC 可以同时分离水溶性的、脂溶性的、带电的或不带电的物质，它所分离物质的极性范围很宽。图 18.8 是 MEEKC 分离强疏水性联苯腈类化合物的电泳图，这些化合物是难以用 CZE 分离的。MEKC 和 MEEKC 相比，最大的区别是 MEKC 的样品容量小得多。

3. 毛细管电色谱

毛细管电色谱(CEC)是在毛细管中填充或在管壁涂布、键合类似 HPLC 的固定相，在毛细管的两端加高直流电压，以电渗流代替高压泵推动流动相。因此，CEC 将 HPLC 的高选择性和 CE 的高柱效有机地结合在一起，是一种很有发展前景的微柱分离技术[5]。对中性化合物，其分离过程和 HPLC 相似，即通过溶质在固定相和流动相之间的分配差异而获得分离；当被分析物在流动相中带电荷时，除了和中性化合物一样的分配机理外，自身电泳淌度的差异对物质的分离也起相当的作用。

采用电渗流驱动流动相，一方面大大降低了柱压降，使得采用 1.5 μm 或更小粒径的填料成为可能；另一方面，“塞子”状的平面流型抑制了样品谱带的展宽，因而使 CEC 的柱效明显高于 HPLC。就应用范围而言，CEC 可以同 HPLC 一样广泛。CEC 可以采用 HPLC 的各种模式，分析有机和无机化合物。目前，由于柱容量较小，CEC 的检测灵敏度尚不及 HPLC。图 18.9 是 CEC 分离苯系物和多环芳烃的典型色谱图。

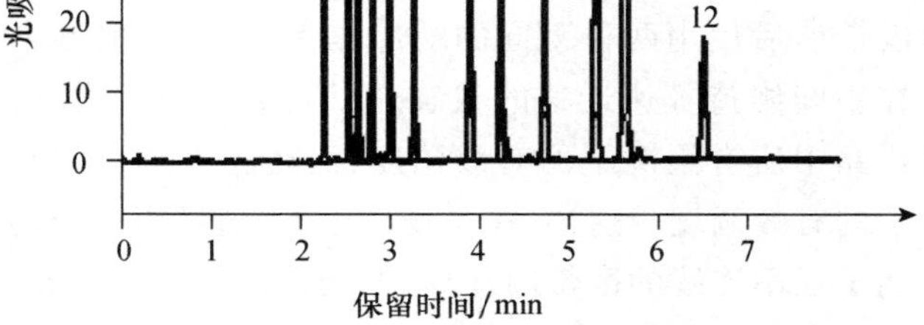

色谱柱：CEC Hypersil C_{18}，3 μm，内径 0.1 mm，总长度 350 mm，有效长度 250 mm

流动相：80%乙腈，20% MES 缓冲液，25 mmol·L^{-1}，pH=6

分析电压：25 kV

电动进样：5 kV，3 s

柱两端加气压：1 MPa

柱温：20℃

理论塔板数：65000～80000

对称性因子：0.93～0.98

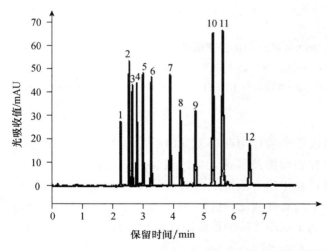

图 18.9　CEC 分离苯系物和多环芳烃的典型色谱图

色谱峰：1—硫脲　2—对羟基苯甲酸甲酯　3—对羟基苯甲酸乙酯　4—对羟基苯甲酸丙酯　5—对羟基苯甲酸丁酯　6—对羟基苯甲酸戊酯　7—萘　8—联苯　9—芴　10—菲　11—蒽　12—荧蒽

4. 其他毛细管电泳模式

(1) 毛细管凝胶电泳

毛细管凝胶电泳(CGE)是在毛细管中填充聚合物凝胶,当带电的被分析物在电场作用下进入毛细管后,聚合物起着类似"分子筛"的作用,小的分子容易进入凝胶而首先通过凝胶柱,大分子则受到较大的阻碍而后流出凝胶柱。这类似于体积排阻色谱的分离原理。CGE 主要用于蛋白质和核酸等生物大分子的分离,如 DNA 测序。因为 DNA 和被 SDS 饱和的蛋白质的质荷比与其分子大小无关,DNA 链每增加一个核苷酸,就增加一个相同的质量和电荷单位,如果没有凝胶,用 CZE 是不可能分离的。正是因为有了能够快速测定 DNA 序列的阵列毛细管凝胶电泳技术,人类基因组计划才提前完成。

与板电泳相比,CGE 采用 50～100 μm 内径的毛细管具有很好的抗对流作用,因而可以施加比板电泳高 100 倍的电场强度而不会引起焦耳热效应,能够获得上百万的理论塔板数。不足之处是 CGE 用于制备分离时由于样品容量有限而影响了制备效率。

常用的 CGE 凝胶介质有交联聚丙烯酰胺、线性聚丙烯酰胺、纤维素、糊精和琼脂凝胶等。图 18.10 是一个标准 DNA 样品的 CGE 分离结果,可见不同碱基对的 DNA 得到了很好的分离。

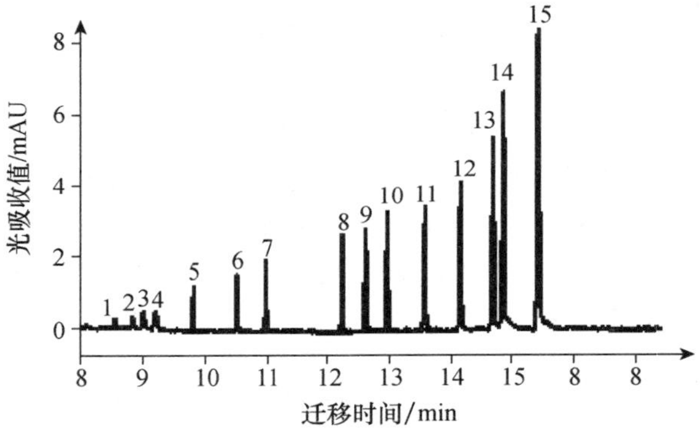

毛细管：聚丙烯酰胺凝胶填充石英管,内径 75 m,总长度 48.5 cm,有效长度 40 cm
样品：pGEM DNA 标准样品,1 g・L^{-1}
缓冲液：DNA 缓冲液
电动进样：－5 kV,4 s
分离电压：－16.5 kV
毛细管温度：25℃
检测：DAD 260 nm

图 18.10 标准 DNA 样品的 CGE 分离结果

每个峰对应的碱基对数：1—36 bp 2—51 bp 3—65 bp 4—75 bp 5—126 bp 6—179 bp 7—222 bp 8—350 bp 9—396 bp 10—460 bp 11—517 bp 12—676 bp 13—1198 bp 14—1605 bp 15—2645 bp

(2) 毛细管等速电泳

毛细管等速电泳(CITP)分析中,样品区带前后使用两种不同的缓冲体系,前面是前导电解质,后面是尾随电解质,被分离的区带夹在中间维持等速迁移的状态。以阴离子分析为例,前导电解质多含阴离子的有效淌度要大于样品中所有阴离子的有效淌度,而尾随电解质多含阴离子的有效淌度要小于样品中所有阴离子的有效淌度。这样,在电场作用下,前导阴离子迁移最快,尾随阴离子迁移最慢,虽然单个阴离子在不连续的区带内迁移,但迁移速率是相同的,速率的快慢由前导离子决定。

CITP 中样品区带之所以能等速迁移,是因为各个区带的电场强度不同。淌度大的离子所在区带的场强较低,淌度小的离子所在区带的场强较高。在分离过程中场强会自动调节,从而使各个区带间保持明显的界面。如果有的离子扩散进入了邻近的区带,其迁移速率立刻会发生变化，最后使其返回原来的区带。

CITP 可以同时分离阴离子和阳离子。在实际工作中常常用 CITP 进行样品的柱上浓缩（称为样品堆积）。

（3）毛细管等电聚焦

毛细管等电聚焦（CIEF）是采用两性电解质在毛细管内建立起 pH 梯度，当被分析物进入毛细管后，将其一端放入碱溶液（高 pH），另一端放入酸性溶液（低 pH）。施加电场后，两性电解质和样品就在介质中迁移，直到到达不带电的区域（即等电点 pI 处），这一过程就是"聚焦"。聚焦后的样品不会迁移到其他 pH 区域，因为一旦离开其 pI 处，就会带电，电场作用力就会促使它返回 pH 等于其 pI 的区域。最后用气压或其他方法将聚焦的区带推出毛细管进入检测器，根据推动速度就可计算出区带在毛细管中的聚焦位置，从而得到其等电点数据。

由此可见，CIEF 主要用来测定多肽和蛋白质的等电点，或者依据等电点不同来分离蛋白质和多肽。当然，CIEF 也可用于异构体的分离，以及分离其他方法难以分离的蛋白质，如免疫球蛋白和血红蛋白等。

目前，CE 仍然是一种发展中的分析技术，更多的内容请参阅有关专著[6−8]。

参考资料

[1] Jorgenson J. W，Lukacs K D. Anal. Chem.，1981，53，1298.

[2] Li Y，Xie L J，Liu H W，Hua W T. Chinese Chemical Letters，1999，10：303.

[3] Terabe S，Otsuka K，Ichikawa K，Tsuchiya A，Ando T. Anal. Chem. 1984，56：111.

[4] Watarai H. Chem. Lett. 1991，391.

[5] Jorgenson J W，Lukacs K D. J. Chromatogr.，1981，218：209.

[6] 陈义. 毛细管电泳技术及应用，第二版. 北京：化学工业出版社，2007.

[7] Morteza Khaledi(Editor)，High Performance Capillary Electrophoresis：Theory，Techniques，and Applications(Chemical Analysis，Vol 146)，John Wiley & Sons，1998.

[8] Patrick Camilleri(Editor)，Capillary Electrophoresis：Theory and Practice(New Directions in Organic and Biological Chemistry Series)，CRC Pr，1997.

思考题与习题

18.1　毛细管电泳有什么特点？

18.2　电渗流是如何产生的？为什么说毛细管电泳的流型是"塞子"状的平面流型？有什么优点？

18.3　用毛细管区带电泳分离苯胺、甲苯和苯甲酸，缓冲液的 pH 为 7，请判断出峰顺序。

18.4　CZE 中分析得到三个峰的迁移时间分别为 78 s、132.8 s 和 264.6 s。已知实验用毛细管总长度为 48.5 cm，有效长度（从进样口到检测点的距离）为 40 cm，施加电压为 20 kV。请计算出电渗淌度以及苯胺、甲苯和苯甲酸的表观淌度和有效淌度。

18.5　什么是焦耳热？如何避免过高的焦耳热？

18.6　什么是电分散？如何避免电分散？

18.7　CE 中电动进样和压差进样各有什么优缺点？

18.8　试比较 CE 各分离模式的特点。

其他分析方法篇

第 19 章 质 谱 法

质谱法(mass spectrometry,MS)是通过将样品转化为运动的气态离子并按质荷比(m/z)大小进行分离记录的分析方法,所得结果即为质谱图(亦称质谱,mass spectrum)。根据质谱图提供的信息,可以进行从无机物、有机物到生物大分子的定性和定量分析、复杂化合物的结构分析、样品中各种同位素比的测定及固体表面结构和组成分析等。

早期质谱法最重要的工作是发现非放射性同位素,1913 年 Thomson J. J. 报道了氖气是由^{20}Ne和^{22}Ne两种同位素组成。到 20 世纪 30 年代中叶,质谱法已经鉴定了大多数稳定同位素,精确地测定了质量,建立了原子质量不是整数的概念,大大促进了核化学和元素化学的发展。但直到 1942 年,才出现了用于石油分析的第一台商品质谱仪。

从 20 世纪 60 年代开始,随着电子技术的进步,质谱仪的灵敏度和分辨率不断提高,使得质谱法更加普遍地应用到有机化学和生物化学领域。化学家们认识到由于质谱法独特的离子化过程及分离方式,从中获得的信息是具有化学本性、直接与其结构相关的,可以用它来阐明各种物质的分子结构。正是由于这些因素,质谱仪成为许多化学及生物相关研究室和分析化学实验室的标准仪器之一。

19.1 质 谱 仪

19.1.1 质谱仪的工作原理

质谱仪是利用电磁学原理,使带电的样品离子按质荷比进行分离的装置。典型的方式是将样品分子离子化后经加速进入磁场中,其动能与加速电压及电荷 z 有关,即

$$zeU=\frac{1}{2}mv^2 \tag{19.1}$$

式中:z 为电荷数,e 为元电荷($e=1.60\times10^{-19}$C),U 加速电压,m 为离子的质量,v 为离子被加速后的运动速率。具有速率 v 的带电粒子进入质量分析器的电磁场中,根据所选择的分离方式,最终实现各种离子按 m/z 进行分离。

根据质量分析器的工作原理,可以将质谱仪分为动态仪器和静态仪器两大类。在静态仪器中采用稳定的电场或(和)磁场,按空间位置将 m/z 不同的离子分开,如单聚焦和双聚焦质谱仪。而在动态仪器中采用变化的电磁场,按时间不同来区分 m/z 不同的离子,如飞行时间和四极滤质器式的质谱仪。

19.1.2 质谱仪的主要性能指标

1. 质量测定范围

质谱仪的质量测定范围表示质谱仪所能够进行分析的样品的相对原子质量(或相对分子质量)范围,通常采用原子质量单位(atomic mass unit,符号 u)进行度量。原子质量单位是

由^{12}C来定义的，即一个处于基态的^{12}C中性原子的质量的1/12，即

$$1\ \mathrm{u}=\frac{1}{12}\left(\frac{12.00000\ \mathrm{g/mol}^{12}\mathrm{C}}{6.02214\times10^{23}\ /\mathrm{mol}^{12}\mathrm{C}}\right)$$
$$=1.66054\times10^{-24}\ \mathrm{g}$$
$$=1.66054\times10^{-27}\ \mathrm{kg} \tag{19.2}$$

而在非精确测量的场合，常采用原子核中所含质子和中子的总数即“质量数”来表示质量的大小，其数值等于其相观量数的整数。

无机质谱仪，一般质量数测定范围在2～250，而有机质谱仪一般可达到数千。通过多电荷技术等方法，现代质谱仪甚至可以研究相对分子质量达几十万的生物大分子。

2. 分辨本领

分辨本领是指质谱仪分开相邻质量数离子的能力。其一般定义是：对两个相等强度的相邻峰，当两峰间的峰谷不大于其峰高10%时，则认为两峰已经分开(图19.1)。其分辨率

$$R=\frac{m_1}{m_2-m_1}=\frac{m_1}{\Delta m} \tag{19.3}$$

式中：m_1、m_2为质量数，且$m_1<m_2$，故在两峰质量相差越小时，要求仪器分辨率越大。

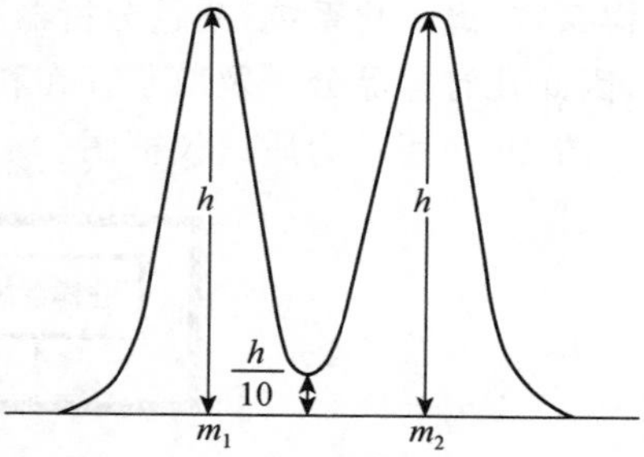

图19.1 质谱仪10%峰谷分辨率

而在实际工作中，有时很难找到相邻的且峰高相等的两个峰，同时峰谷又不大于峰高的10%。在这种情况下，可任选一单峰，测量其峰高5%处的峰宽即可当作上式中的Δm。此时分辨率定义为

$$R=\frac{m}{W_{0.05}} \tag{19.4}$$

如果该峰是高斯型的，上述两式计算结果是一样的。

【例19.1】 要鉴别N_2^+(m/z为28.006)和CO^+(m/z为27.995)两个峰，仪器的分辨率至少是多少？在某质谱仪上测得一质谱峰中心位置为245 u，峰高5%处的峰宽为0.52 u，可否满足上述要求？

解 要分辨N_2^+和CO^+，要求质谱仪分辨率至少为

$$R_{\mathrm{need}}=\frac{27.995}{28.006-27.995}=2545$$

质谱仪的分辨率

$$R_{\mathrm{sp}}=\frac{245}{0.52}=471$$

$R_{\mathrm{sp}}<R_{\mathrm{need}}$，故不能满足要求。

质谱仪的分辨本领主要受下列因素影响：(i) 磁式离子通道的半径或离子通道长度；(ii) 加速器与收集器狭缝宽度或离子脉冲；(iii) 离子源的性质。

质谱仪的分辨本领几乎决定了仪器的价格。分辨率在500左右的质谱仪可以满足一般有机物分析的要求，此类仪器的质量分析器一般是四极滤质器、离子阱等，仪器价格相对较低。若要进行准确的同位素质量及有机分子质量的准确测定，则需要使用分辨率大于10000的高

分辨率质谱仪，这类质谱仪一般采用双聚焦磁式质量分析器。目前这种仪器分辨率可达100000，当然，其价格也比低分辨率仪器高得多。

3. 灵敏度

质谱仪的灵敏度有绝对灵敏度、相对灵敏度和分析灵敏度等几种表示方法。

绝对灵敏度是指仪器可以检测到的最小样品量；相对灵敏度是指仪器可以同时检测的大组分与小组分含量之比；分析灵敏度则指输入仪器的样品量与仪器输出的信号之比。

19.1.3 质谱仪的基本结构

质谱仪是通过对样品离子化后产生的不同 m/z 的离子来进行分离分析的。质谱仪需有进样系统、离子化系统、质量分析器和检测系统。为了获得离子的良好分析，必须避免离子损失，因此凡有样品分子及离子存在和通过的地方，必须处于真空状态。

图 19.2 所示为质谱仪框图。

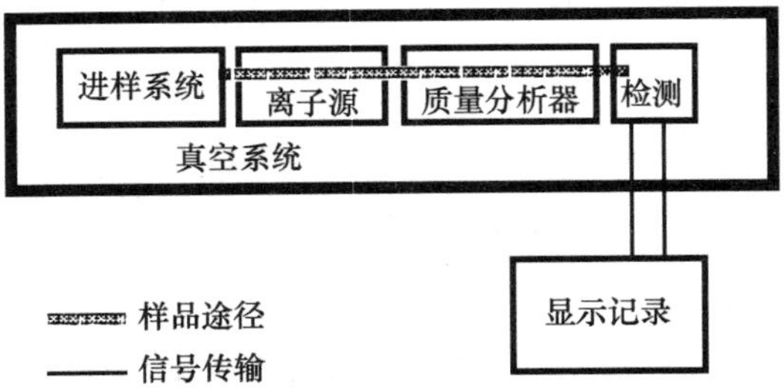

图 19.2 质谱仪构造框图

进行质谱分析的一般过程是：通过合适的进样装置将样品引入并进行气化，气化后的样品引入到离子源进行离子化，产生的离子经过适当的加速后进入质量分析器，按不同的 m/z 进行分离。然后到达检测器，产生不同的信号而进行分析。

1. 真空系统

质谱仪中离子产生及经过的系统必须处于高真空状态（离子源真空度应达 1.3×10^{-4}～1.3×10^{-5} Pa），质量分析器中应达 1.3×10^{-6} Pa）。若真空度过低，则可能造成离子源灯丝损坏、本底增高、副反应过多，从而出现图谱复杂化、干扰离子源的调节、加速极放电等问题。一般质谱仪都采用机械泵预抽真空后，再用高效率扩散泵连续地运行以保持真空。

2. 进样系统

进样系统的作用是高效、重复地将样品引入到离子源中并且不造成真空度的降低。目前常用的进样装置有三种类型：间歇式进样系统、直接探针进样及色谱进样系统。一般质谱仪都配有前两种进样系统以适应不同的样品需要，有关色谱进样系统将在 19.3 节介绍。

(1) 间歇式进样系统

该系统可用于气体、液体和中等蒸气压的固体样品，典型的设计如图 19.3 所示。通过可拆卸式的试样管将少量(10～100 μg)固体和液体试样引入试样储存器中，由于进样系统的低压强及储存器的加热装置，使试样保持气态。实际上试样最好在操作温度下具有 1.3～0.13 Pa 的蒸气压。由于进样系统的压强比离子源的压强要大，样品离子可以通过分子漏隙（通常是带有一个小针孔的玻璃或金属膜）以分子流的形式渗透进高真空的离子源中。

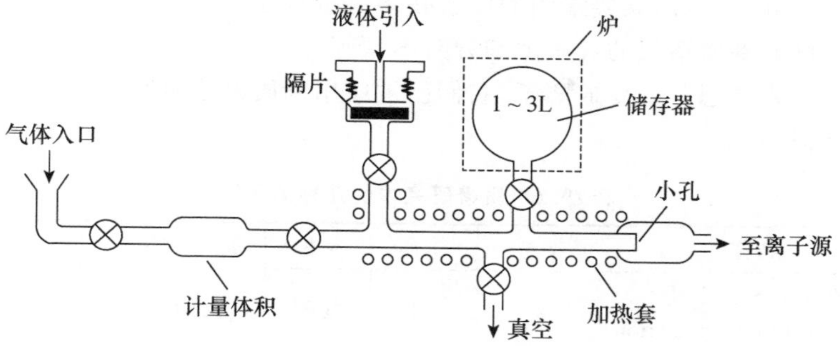

图 19.3　典型的间歇式进样系统

(2) 直接探针进样

对那些在间歇式进样系统的条件下无法变成气体的固体、热敏性固体及非挥发性液体试样，可直接引入到离子源中。图 19.4 所示为一直接引入系统。

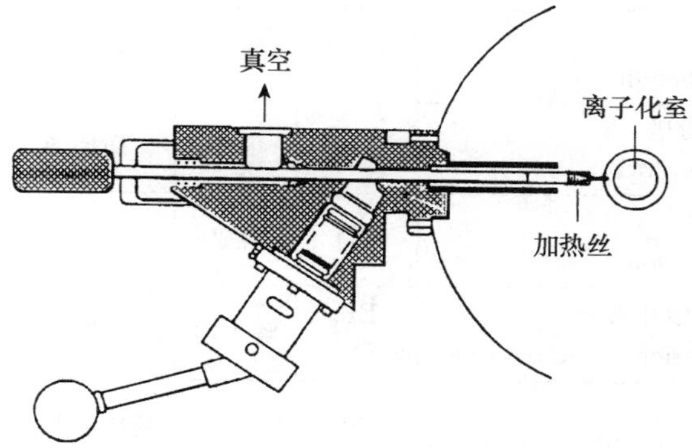

图 19.4　直接探针引入进样系统

通常将试样放入小杯中，通过真空闭锁装置将其引入离子源，可以对样品杯进行冷却或加热处理。用这种技术不必使样品蒸气充满整个储存器，故可以引入样品量较小（可低至 1 ng）和蒸气压较低的物质。直接进样法使质谱法的应用范围迅速扩大，使许多少量且复杂的有机化合物和有机金属化合物得以进行有效的分析，如甾族化合物、糖、双核苷酸和低摩尔质量聚合物等，都可以获得质谱。

在很多情况下，将低挥发性物质转变为高挥发性的衍生物后再进行质谱分析也是有效的途径，如将酸变成酯、将微量金属变成挥发性螯合物等。

3. 离子源

离子源的功能是将进样系统引入的气态样品分子转化成离子。由于离子化所需要的能量随分子不同差异很大，因此，对不同的分子应选择不同的离子化方法。通常称能给样品较大能量的离子化方法为硬离子化方法，而给样品较小能量的离子化方法为软离子化方法，后一种方法适用于易破裂或易离子化的样品。

离子源是质谱仪的心脏，可以将离子源看作是比较高级的反应器，其中样品发生一系列的特征降解反应，分解作用在很短时间（≈1 μs）内发生，所以可以快速获得质谱。

对一个给定的分子而言，其质谱图的面貌在很大程度上取决于所用的离子化方法。离子源的性能将直接影响到质谱仪的灵敏度和分辨本领等。

许多方法可以将气态分子变成离子，它们已被应用到质谱法研究中。表19.1列出了几种离子源的基本特征。

表19.1 质谱研究中的几种离子源

名称	简称	类型	离子化试剂	应用年代	参考文献
电子轰击离子化 Electron Bomb Ionization	EI	气相	高能电子	1920	
化学离子化 Chemical Ionization	CI	气相	试剂离子	1965	[1]
场离子化 Field Ionization	FI	气相	高电位电极	1970	[2]
场解吸 Field Desorption	FD	解吸	高电位电极	1969	[3]
快原子轰击 Fast Atom Bombandment	FAB	解吸	高能电子	1981	[4]
二次离子质谱 Secondary Ion MS	SIMS	解吸	高能离子	1977	[5]
激光解吸 Laser Desorption	LD	解吸	激光束	1978	[6]
电流体效应离子化(电喷雾) Electrohydrodynamic Ionization (Electrospray)	EH ESI	解吸附	高场	1978	[7]
热喷雾离子化 Thermospray Ionization	TSI		荷电微粒能量	1985	[8]

参考文献

[1] Munson B., Anal. Chem., 1977,49:772 A; Harrison A., Chemical Ionization Mass Spectrometry. Boca Raton, FL, CRC Press, 1983

[2] Lattimer R. P. and Schulten H. R., Anal. Chem., 1989, 61: 1201 A; Komori T.,Kawasaki T. and Schulten H. R., Mass Spectrum. Rev., 1985, 4: 255

[3] Prakai L., Field Desorption Mass Spectrometry. New York: Dekker, 1989

[4] Rinehart Jr K. L., Science, 1982, 218: 254; Biemann K., Anal. Chem., 1986, 58: 1288 A

[5] Benninghover A.,Rudenauer F. and Werner H. W., Secondary Ion Mass Spectrometry: Basic Concepts, Instrumental Aspects and Applications and Trends, New York: Wiley,1987;Christie WH, Anal. Chem., 1981, 53: 1240 A

[6] Denoyer E. R.,van Griken,Adams F. and Natusch D. F. S., Anal. Chem., 1982, 54: 26 A,280 A;Cotter R. J., Anal. Chem., 1984, 56: 485 A

[7] Simpson P. P. and Evans Jr C. H., J. Electrostat., 1978, 5: 411

[8] Fenn J. B., Mann M., Meng C. K., Wong S. F. and Whitehouse C. M., Science, 1989, 246: 64; Smith R. P., Anal. Chem., 1990, 62: 882

(1) 电子轰击源

电子轰击法是通用的离子化法，使用高能电子束与试样分子碰撞，撞出一个电子而产生正离子，即

$$M + e \longrightarrow M^{+} + 2e$$

式中：M为待测分子，M^+为分子离子或母体离子。

电子束撞击后产生各种能态的M^+，若产生的分子离子带有较大的内能(转动能、振动能和电子跃迁能)，可以通过碎裂反应而消去，如

$$M^{+} \begin{cases} M_1^{+} \longrightarrow M_3^{+} \\ M_2^{+} \longrightarrow M_4^{+} \end{cases} \cdots$$

式中M_1^+、M_2^+…为较低质量的离子。而有些分子离子由于形成时获能不足，难以发生碎裂作用，而可能以分子离子被检测到。图19.5所示为一电子轰击源的示意图。在灯丝和阳极之间加入约70 V电压，获得轰击能量为70 eV的电子束(一般分子中共价键电离能约10 eV)，它与进样系统引入的气体束发生碰撞而产生正离子。正离子在第一加速电极和反射极间的微小电位差作用下通过第一加速电极狭缝，而第一加速极与第二加速极之间的高电压使正离子获得其最后速率，经过狭缝进一步准直后进入质量分析器。

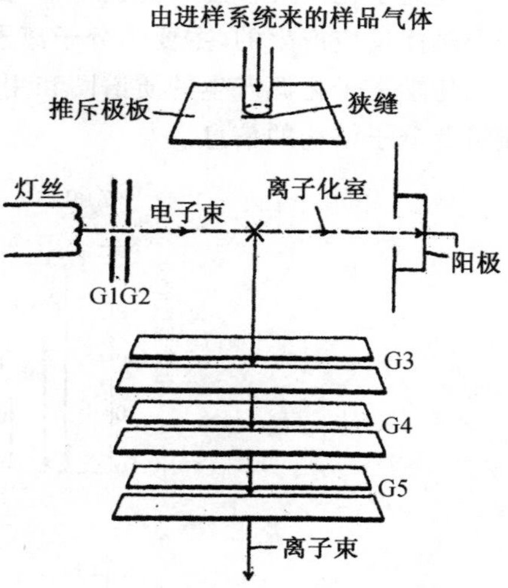

图19.5 电子轰击源工作示意图

(2) 化学离子化源

在质谱中可以获得样品的重要信息之一是其相对分子质量。但经电子轰击产生的分子离子峰，往往不存在或其强度很低。必须采用比较温和的离子化方法，其中之一就是化学离子化法。化学离子化法是通过离子-分子反应来进行，而不是用高能电子束进行离子化。试剂离子(为区别于其他离子，称为试剂离子)与试样分子按下列方式进行反应，转移一个质子给试样或由试样移去一个H^+或电子，试样则变成带+1电荷的离子。

化学离子化源一般在$1.3\times10^2 \sim 1.3\times10^3$ Pa压强下工作(现已发展出大气压下化学离子化技术)，其中充满CH_4。首先用高能电子进行离子化，即

$$CH_4 + e \longrightarrow CH_4^{+}\cdot + 2e$$

$$CH_4^{+}\cdot \longrightarrow CH_3^{+} + H\cdot$$

$CH_4^+\cdot$和CH_3^+很快与大量存在的CH_4分子起反应，产生CH_5^+和$C_2H_5^+$，即

$$CH_4^{+}\cdot + CH_4 \longrightarrow CH_5^{+} + CH_3\cdot$$

$$CH_3^{+} + CH_4 \longrightarrow C_2H_5^{+} + H_2$$

CH_5^+和$C_2H_5^+$不与中性甲烷进一步反应，一旦小量样品(试样与甲烷之比为1∶1000)导入离子源，试样分子(M)发生下列反应

$$CH_5^{+} + M \longrightarrow MH^{+} + CH_4$$

$$C_2H_5^{+} + M \longrightarrow (M-H)^{+} + C_2H_6$$

MH^+和$(M-H)^+$然后可能碎裂，产生质谱。由(M+H)或(M−H)离子很容易测得其相对分子质量。

化学离子化法可以大大简化质谱。若采用酸性比CH_5^+更弱的$C_4H_9^+$(由异丁烷)、NH_4^+(由氨)、H_3O^+(由水)的试剂离子,则可更进一步简化。

(3) 场离子化源

应用强电场可以诱发样品离子化。场离子化源由电压梯度约为$10^7 \sim 10^8$ V·cm^{-1}的两个尖细电极组成。流经电极之间的样品分子由于价电子的量子隧道效应产生脱离而发生离子化,离子化后被阳极排斥出离子室并加速经过狭缝进入质量分析器。阳极前端必须非常尖锐,才能达到离子化所要求的电压梯度。通常采用经过特殊处理的电极,在电极表面制造出一些微碳针(<1 μm)。大量的微碳针电极称为多尖阵列电极,在这种电极上的离子化效率比普通电极高几个数量级。

场离子化是一种温和的技术,产生的碎片很少。碎片通常是由热分解或电极附近的分子-离子碰撞反应产生的,主要为分子离子和(M+1)离子。结构分析中,最好同时获得场离子化源或化学离子化源产生的质谱图和用电子轰击源所得的质谱图(图19.6),从而获得相对分子质量及分子结构的信息。

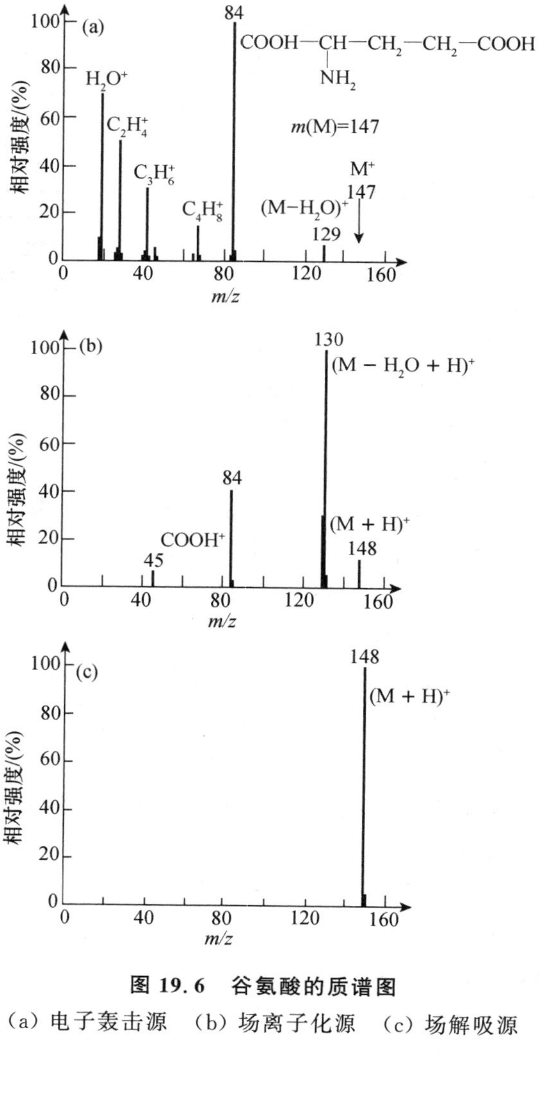

图 19.6 谷氨酸的质谱图

(a) 电子轰击源 (b) 场离子化源 (c) 场解吸源

(4) 火花源及电感耦合等离子体源

对于金属合金或离子型残渣之类的非挥发性无机试样，必须使用不同于上述离子化源的火花源。火花源类似于原子发射光谱中的激发源。向一对电极施加约 30 kV 脉冲射频电压，电极在高压火花作用下产生局部高热，使试样仅靠蒸发作用产生原子或简单的离子，经适当加速后进行质量分析。火花源具有一些优点：对于几乎所有元素的灵敏度较高，可达 10^{-9}；可以对极复杂样品进行元素分析，对于某个试样已经可以同时测定 60 种不同元素；信息比较简单，虽然存在同位素及形成多电荷离子因素，但质谱仍然比原子发射光谱法的光谱要简单得多；一般线性响应范围都比较宽，标准校准比较容易。但由于仪器设备价格高昂，操作复杂，其使用范围受到限制。在原子发射光谱法中发展成熟的电感耦合等离子体(ICP)成为取代火花源实现元素质谱分析的有效离子源。

4. 质量分析器

质谱仪的质量分析器位于离子源和检测器之间。依据不同方式，将样品离子按质荷比 m/z 分开。质量分析器的主要类型有：磁分析器、飞行时间分析器、四极滤质器、离子捕获分析器和离子回旋共振分析器等。随着微电子技术的发展，也可以采用这些分析器的变型。

(1) 磁分析器(magnetic analyzer)

最常用的分析器类型之一就是扇形磁分析器。离子束经加速后飞入磁极间的弯曲区，由于磁场作用，飞行轨道发生弯曲，见图 19.7。

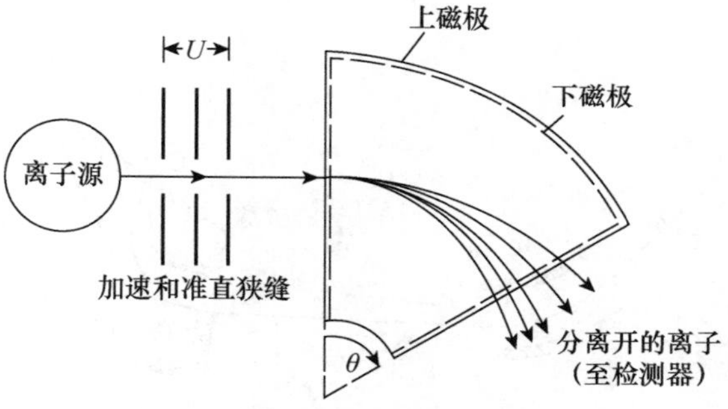

图 19.7　磁式质量分析器

此时离子受到磁场施加的向心力 $Bzev$ 作用，并且离子的离心力 $mv^2 \cdot r^{-1}$ 也同时存在，r 为离子圆周运动的半径。只有在上述两力平衡时，离子才能飞出弯曲区，即

$$Bzev = \frac{mv^2}{r} \tag{19.5}$$

式中：B 为磁感应强度，ze 为电荷，v 为运动速率，m 为质量，r 为曲率半径。调整后，可得

$$v = \frac{Bzer}{m} \tag{19.6}$$

代入式(19.1)，得

$$\frac{m}{z} = \frac{B^2 r^2 e}{2U} \tag{19.7}$$

从式(19.7)可知，通过改变 B、r、U 其中一个并保持其余两个不变的方法来获得质谱图。现代质谱仪一般是保持 U、r 不变，通过电磁铁扫描磁场而获得质谱图。

【例 19.2】 试计算在曲率半径为 10 cm 的 1.2 T 的磁场中，一个质量数为 100 的一价正离子所需的加速电压是多少？

解　据式(19.7)，有

$$U=\frac{\frac{B^2r^2e}{2}}{\frac{m}{z}}=\frac{B^2r^2ez}{2m}$$

$$=\frac{1.2^2\times0.10^2\times1.60\times10^{-19}\times1}{2\times\frac{100}{1000\times6.02\times10^{23}}}\ \mathrm{V}$$

$$=6.94\times10^3\ \mathrm{V}$$

仅用一个扇形磁场进行质量分析的质谱仪称为单聚焦质谱仪。设计良好的单聚焦质谱仪分辨率可达 5000。

若要求分辨率大于 5000，则需要双聚焦质谱仪。单聚焦质谱仪中影响分辨率提高的两个主要因素是离子束离开离子枪时的角分散和动能分散，因为各种离子是在离子源不同区域形成的。为了校正这些分散，通常在磁场前加一个静电分析器(electrostatic analyzer，ESA)。这种设备由两个扇形圆筒组成，向外电极加上正电压，内电极为负压(见图 19.8)。

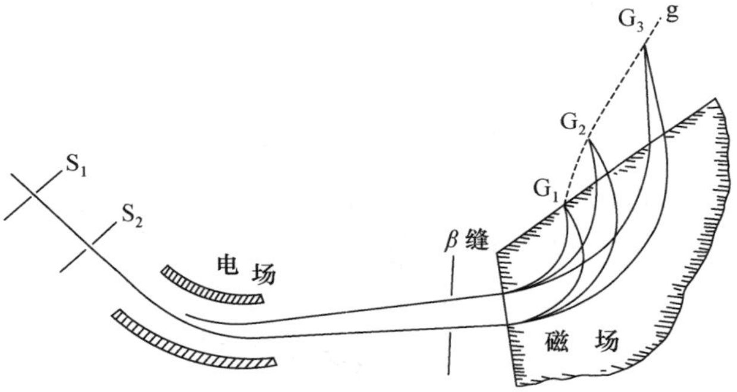

图 19.8　双聚焦式质量分析器

对某一恒定电压而言，离子束通过 ESA 的曲率半径 r_e 为

$$r_e=\frac{2U}{V} \tag{19.8}$$

式中 V 为两极板间的电压，U 为离子源的加速电压。即不同动能的离子 r_e 不同，更准确地说，ESA 用来将具相同动能的离子分成一类，并聚焦到一点。这样，ESA 使由离子源发散出的离子束按动能聚焦成一系列点，经过适当加工的极面使磁场将具有相同 m/z 分开的离子束再聚焦到一点。

一般商品化双聚焦质谱仪的分辨率可达 150 000，质量测定准确度可达 0.03 $\mu g\cdot g^{-1}$，即对于相对分子质量为 600 的化合物可测至误差±0.0002 u。

双聚焦质谱仪有两种流行设计：Nier-Johnson 型和 Mattauch-Herzog 型。前者只有单道检测器；而后者既可使用单道检测器，也可使用位于焦面的感光检测，用于无机及有机盐痕量分析的火花源质谱常用这种设计。经过精心设计，后者分辨率可高达 70 万，小型的整机才重 4 kg，可供空间探测分析用。

(2) 飞行时间分析器(time of flight,TOF)

这种分析器的离子分离是用非电磁场方式达到的,因为从离子源飞出的离子动能基本一致,在飞出离子源后进入一长约 1 m 的无场漂移管。在离子加速后,其速率为

$$v=\left(\frac{2Uze}{m}\right)^{1/2} \tag{19.9}$$

此离子达到无场漂移管另一端的时间为

$$t=\frac{L}{v} \tag{19.10}$$

故对于具有不同 m/z 的离子,到达终点的时间差

$$\Delta t=L\left(\frac{1}{v_1}-\frac{1}{v_2}\right)$$

$$\Delta t=L\,\frac{\sqrt{\left(\frac{m}{z}\right)_1}-\sqrt{\left(\frac{m}{z}\right)_2}}{\sqrt{2U}} \tag{19.11}$$

由此可见,Δt 取决于 m/z 的平方根之差。

因为连续离子化和加速将导致检测器的连续输出而无法获得有用信息,所以 TOF 是以大约 10 kHz 的频率进行电子脉冲轰击法产生正离子,随即用一具有相同频率的脉冲加速电场加速,被加速的粒子按不同的 m/z 经漂移管在不同时刻到达收集极上,并馈入一个水平扫描频率与电场脉冲频率一致的显示器上,从而得到质谱图。用这种仪器,每秒钟可以得到多达 1000 幅的质谱。

从分辨本领、重现性及质量鉴定来说,TOF 不及磁式质量分析器,但其快速扫描质谱的性能,使得此类分析器可以用于研究快速反应以及与 GC 联用等,而用 TOF 质谱仪的质量检测上限没有限制,因此可用于一些高质量离子分析。与磁场分析器相比,TOF 仪器的体积较小且易于移动与搬运,操作起来比较方便。

(3) 四极滤质器(quadrupole mass filter)

四极滤质器由 4 根平行的金属杆组成,其排布见图 19.9 所示。理想的四杆为双曲线,但常用的是 4 支圆柱形金属杆,被加速的离子束穿过对准 4 根极杆之间空间的准直小孔。

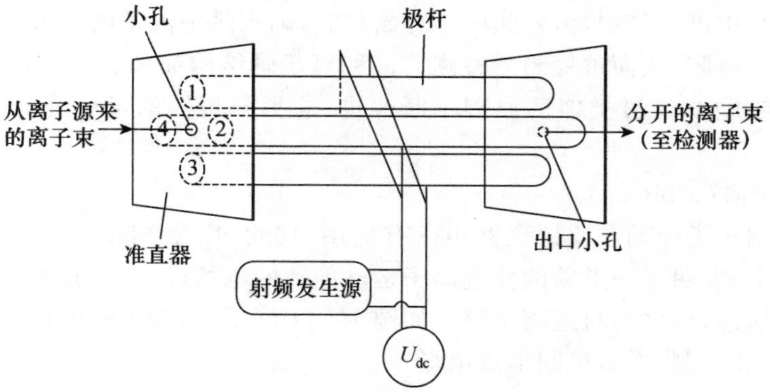

图 19.9 四极滤质器示意图

通过在四极上加上直流电压 U 和射频电压 $V\cos\omega t$，在极间形成一个射频场，正电极电压为 $U+V\cos\omega t$，负电极为 $-(U+V\cos\omega t)$。离子进入此射频场后，会受到电场力作用，只有合适 m/z 的离子才会通过稳定的振荡进入检测器。只要改变 U 和 V 并保持 U/V 比值恒定，可以实现不同 m/z 的检测。

四极滤质器的分辨率和 m/z 范围与磁分析器大体相同，其极限分辨率可达 2000，典型的约为 700。其主要优点是传输效率较高，入射离子的动能或角发散影响不大；其次是可以快速地进行全扫描，而且制作工艺简单，仪器紧凑，常用在需要快速扫描的 GC-MS 联用及空间卫星上进行分析。

(4) 离子阱检测器(ion trap detector)

离子阱是一种通过电场或磁场将气相离子控制并储存一段时间的装置。已有多种形式的离子阱使用，但常见的有三种：分别是离子阱、轨道离子阱和离子回旋共振技术。

图 19.10 是离子阱的一种典型构造及示意图，由一环形电极再加上下各一的端盖电极构成。

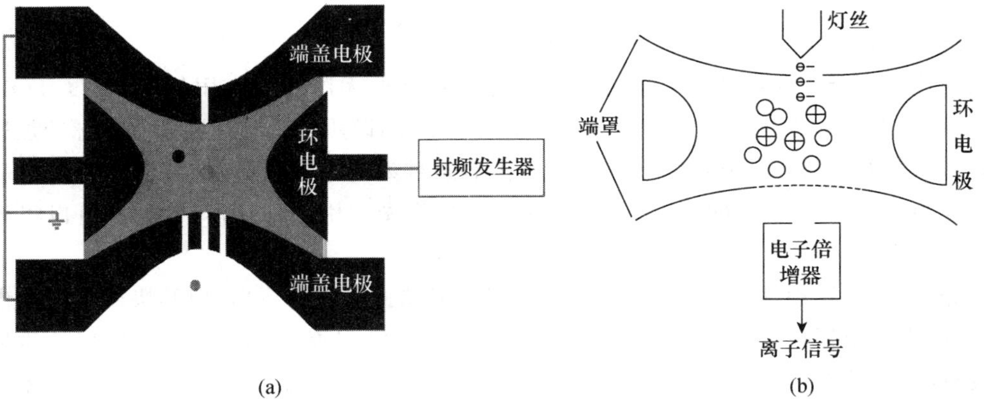

图 19.10　离子阱分析器示意图(a)及工作原理图(b)

以端盖电极接地，在环电极上施以变化的射频电压，此时处于阱中具有合适的 m/z 的离子将在阱中指定的轨道上稳定旋转。若增加该电压，则较重离子转至指定稳定轨道，而轻些的离子将偏出轨道并与环电极发生碰撞。当一组由离子化源(化学离子化源或电子轰击源)产生的离子由上端小孔中进入阱中后，射频电压开始扫描，陷入阱中离子的轨道则会依次发生变化而从底端离开环电极腔，从而被检测器检测。这种离子阱结构简单、成本低且易于操作，已用于 GC-MS 联用装置中，通过类似的原理不断改进，这类分析器的灵敏度和分辨率也在不断提高。

(5) 轨道离子阱(orbitrap)

利用电场控制离子运动在质谱仪器中已有应用，1998 年 A. Makarov 在轴向四极场控制离子运动的基础上，发明了一类新的控制离子运动的新的电场设计，因其原理是利用一定空间内控制离子运动轨迹，称之为轨道离子阱。如图 19.11 所示，由两个外电极和一个纺锤状中心电极构成，通过电场控制，在电极间形成电场

$$U(r,z)=\frac{k}{2}\cdot\{z^2-r^2/2+R_m^2\cdot\ln(r/R_m)\}$$

当离子进入这个电场后，受到中心电极的引力，做圆周运动，过程中受到垂直方向的离心力及水平方向的推力，做左右上下往复圆周运动。中心电场的引力，开始围绕中心电极做圆周轨道运动，形成 ω_φ，质荷比高的离子有比较大的轨道半径。垂直方向的离心力，做垂直方向的震荡 ω_r。水平方向的推力，推动离子在 Z 方向运动，当离子环从外电极的一半移向另一半时，引起它们（两个外电极）之间的感应电流，外电极除限制离子的运行轨道范围，同时检测由离子振荡产生的感应电位 ω_z，这三个频率分别为

$$\omega_\varphi=\frac{\omega_z}{\sqrt{2}}\sqrt{\left(\frac{R_m}{R}\right)^2-1}$$

$$\omega_r=\omega_z\sqrt{\left(\frac{R_m}{R}\right)^2-2}$$

$$\omega_z=\sqrt{\frac{k}{m/q}}$$

其中 ω_z 与离子的初始状态是无关的，这种不相关性造就轨道离子阱具有高分辨率和高质量准确度的特性。从轨道离子阱的每个外电极输出的信号经过微分放大器放大后由快速傅里叶转换变成频谱，频谱进而转换为质谱。

轨道离子阱对离子的操作步骤分为离子捕获、旋转运动、轴向振动和镜像电流检测。其优势在于，可以通过增加中心电极电位加快扫描速度，提高效率。其真空度比传统质量分析器高3个数量级以上，稳定性极强，持续技术革新，为高分辨定量提供更好的仪器基础和更理想的结果，最近10年这一技术在技术本身和应用两方面都得到了飞速发展。

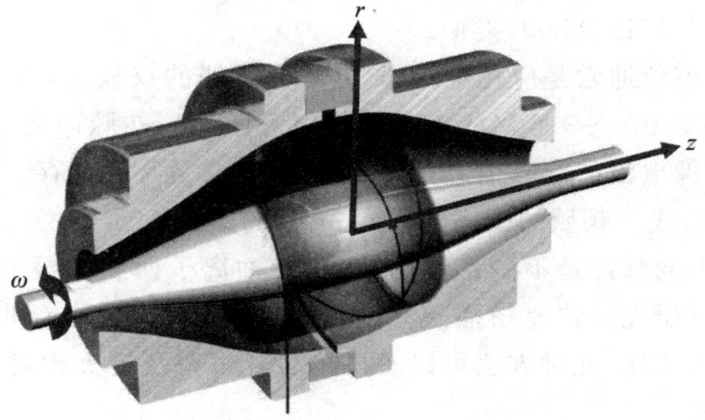

图 19.11　轨道离子阱工作示意图

(6) 离子回旋共振分析器(ion cyclotron resonance，ICR)

当一气相离子进入或产生于一个强磁场中时，离子将沿与磁场垂直的环形路径运动，称之为回旋，其频率 ω_c 可用下式表示

$$\omega_c=\frac{v}{r}=\frac{zeB}{m} \tag{19.12}$$

回旋频率 ω_c 只与 m/z 的倒数有关。增加运动速率时，离子回旋半径亦相应增加。

回旋的离子可以从与其匹配的交变电场中吸收能量(发生共振)。当在回旋器外加上这种电场,离子吸收能量后速率加快,随之回旋半径逐步增大;停止电场后,离子运动半径又变为原值。

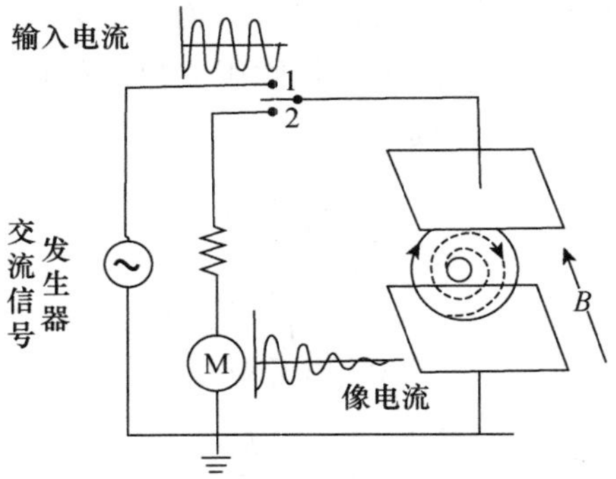

图 19.12 离子回旋共振工作原理图

当图 19.12 中为一组 m/z 相同的离子时,合适的频率将使这些离子一起共振而发生能量变化,其他 m/z 离子则不受影响。共振离子的回旋可以产生被称为像电流的信号,像电流可以在停止交变电场后观察到。将图中开关置于 2 位时,离子回旋在两极之间产生电容电流,电流大小与离子数有关,频率由共振离子的 m/z 决定。在已知磁场 B 存在时,通过不同频率扫描,可以获得不同 m/z 的信息。

由于共振离子在回旋时不断碰撞,感应产生的像电流失去能量并归于热平衡状态同时逐步消失,这个过程的周期一般在 0.1～10 s 之间,像电流的衰减信号与 Fourier 变换 NMR 中的自由感应衰减信号(FID signal)类似。

Fourier 变换质谱仪通常是应用在 ICR 质量分析器的仪器上,首先用一个频率由低到高的线性增加频率(如 0.070～3.6 MHz)的短脉冲(≈5 ms);在脉冲之后,再测定由离子室中多种 m/z 离子产生的像电流的衰减信号相干涉的图谱,并数字化储存。这样获得的时域衰减信号经 Fourier 变换后,成为频域的图谱即不同 m/z 的图谱。

由于可以测量不同脉冲及不同延迟的信息,脉冲离子回旋共振 Fourier 变换质谱法可以用于分子反应动力学研究。快速扫描的特性在 GC-MS 联用仪中有非常好的优越性,与常规质量分析器的质谱仪相比,此种方法可以获得较高分辨率及较大相对分子质量的信号。但此类仪器价格相对较高。

5. 检测与记录

质谱仪常用的检测器有 Faraday 杯(Faraday cup)、电子倍增器及闪烁计数器、照相底片等。

Faraday 杯是其中最简单的一种,其结构如图 19.13 所示。Faraday 杯与质谱仪的其他部分保持一定电位差以便捕获离子。当离子经过一个或多个抑制栅极进入杯中时,将产生电流,经转换成电压后进行放大记录。Faraday 杯的优点是简单可靠,配以合适的放大器可以检测约 10^{-15} A 的离子流。但 Faraday 杯只适用于加速电压<1 kV 的质谱仪,因为更高的加速电压将产生能量较大的离子流,这样,离子流轰击入口狭缝或抑制栅极时会产生大量二次电子甚至二次离子,从而影响信号检测。

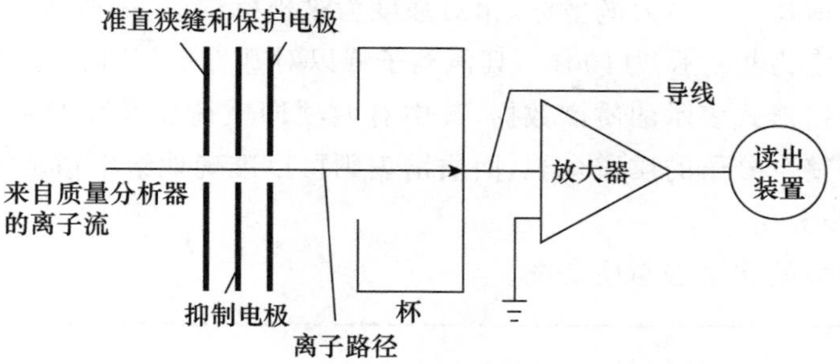

图 19.13 Faraday 杯检测器结构原理图

电子倍增器的种类很多,其工作原理如图 19.14 所示。一定能量的离子轰击阴极导致电子发射,电子在电场的作用下,依次轰击下一级电极而被放大。电子倍增器的放大倍数一般在 10^5～10^8 之间。电子倍增器中电子通过的时间很短。利用电子倍增器,可以实现高灵敏、快速测定。但电子倍增器存在质量歧视效应,且随使用时间增加,增益会逐步减小。

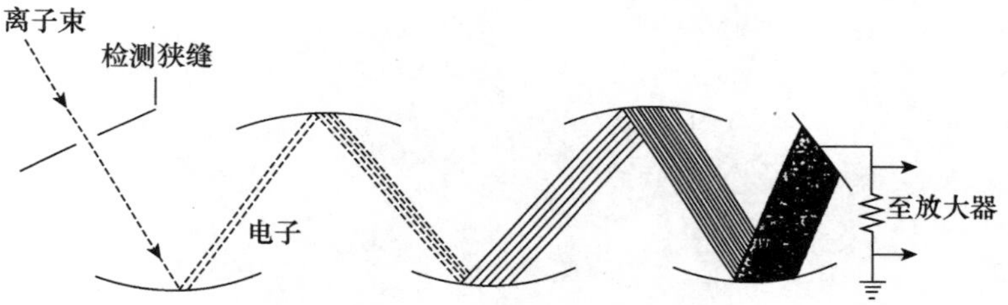

图 19.14 电子倍增器工作原理

近代质谱仪中常采用隧道电子倍增器,其工作原理与电子倍增器相似。因为体积较小,多个隧道电子倍增器可以串列起来,用于同时检测多个 m/z 不同的离子,从而大大提高分析效率。

照相检测是在质谱仪,特别是在无机质谱仪中应用最早的检测方式。此法主要用于火花源双聚焦质谱仪,其优点是无需记录总离子流强度,也不需要整套的电子线路,且灵敏度可以满足一般分析的要求,但其操作麻烦,效率不高。

质谱信号非常丰富,电子倍增器产生的信号可以通过一组具有不同灵敏度的检流计检出,再通过镜式记录仪(不是笔式记录仪)快速记录到光敏记录纸上。现代质谱仪一般都采用较高性能的计算机对产生的信号进行快速接收与处理,同时通过计算机可以对仪器条件等进行严格的监控,从而使精密度和灵敏度都有一定程度的提高。

19.2 质谱图及其应用

19.2.1 质谱图与质谱表

质谱法的主要应用是鉴定复杂分子并阐明其结构、确定元素的同位素质量及分布等。一般质谱给出的数据有两种形式:一种是棒图,即质谱图;另一种为表格,即质谱表。

质谱图是以质荷比(m/z)为横坐标,相对强度为纵坐标构成,一般将原始质谱图上最强的离子峰定为基峰并定为相对强度 100%,其他离子峰以对基峰的相对百分值表示。

质谱表是用表格形式表示的质谱数据,其中有两项即质荷比及相对强度。从质谱图上可以很直观地观察到整个分子的质谱全貌,而质谱表则可以准确地给出精确的 m/z 值及相对强度值,有助于进一步分析。

图 19.15 为丙酸的质谱表与质谱图。

	丙酸								
ELC	$C_3H_6O_2$						RFN	79-03-4	
PLT	74	RF		IF		CF	801800	LND	
PRS	INT	NRS	INT	RAS	INT	PRB	INT	NRS	INT
30	122	57	272						
31	21	68	11						
34	18	89	33						
38	24	71	13						
40	384	73	420						
41	72	74	894						
42	55	75	11						
43	181								
44	1000								
45	562								
46	40								
47	16								
55	20								
55	197								
58	284								

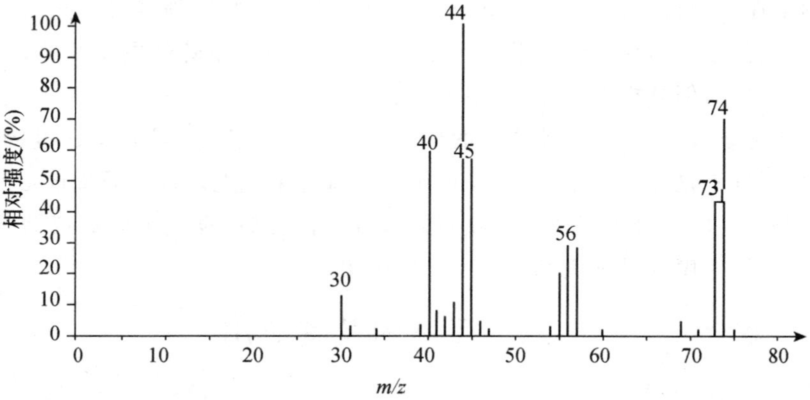

图 19.15　丙酸的质谱表与质谱图

最强峰质量为 44,质量最大峰位 75

19.2.2　分子离子峰、碎片离子峰、亚稳离子峰及其应用

质谱信号十分丰富。分子在离子源中可以产生各种离子，即同一种分子可以产生多种离子峰，其中比较主要的有分子离子峰、同位素离子峰、碎片离子峰、重排离子峰、亚稳离子峰等。

1. 分子离子峰

试样分子在高能电子撞击下产生正离子，即

$$M + e \longrightarrow M^{+} + 2e$$

M^{+} 称为分子离子或母离子(parrent ion)。

分子离子的质量对应于中性分子的质量，这对解释未知质谱十分重要。几乎所有的有机分子都可以产生可以辨认的分子离子峰，有些分子如芳香环分子可产生相对强度较大的分子离子峰；而高相对分子质量的烃、脂肪醇、醚及胺等，则产生相对强度较小的分子离子峰。若不考虑同位素的影响，分子离子应该具有最高质量，而其相对强度取决于分子离子相对于裂解产物的稳定性。分子中若含有偶数个氮原子，则相对分子质量将是偶数；反之，将是奇数。这就是所谓的“氮律”，分子离子峰必须符合氮律。正确地解释分子离子峰十分重要，在有机化学及波谱分析课程中将有较详细的介绍。

2. 碎片离子峰

分子离子产生后可能具有较高的能量，将会通过进一步碎裂或重排而释放能量，碎裂后产生的离子形成的峰称为碎片离子峰。

有机化合物受高能作用时会产生各种形式的分裂，一般强度最大的质谱峰对应于最稳定的碎片离子，通过各种碎片离子相对峰高的分析，有可能获得整个分子结构的信息。但由此获得的分子拼接结构并不总是合理的，因为碎片离子并不是只由 M^{+} 一次碎裂产生，而且可能会由进一步断裂或重排产生，因此要准确地进行定性分析，最好与标准图谱进行比较。

有机化合物断裂方式很多，也比较复杂，但仍有几条经验规律可以应用。

有机化合物中，C—C 键不如 C—H 键稳定，因此烷烃的断裂一般发生在 C—C 键之间，且较易发生在支链上。形成正离子稳定性的顺序是三级＞二级＞一级，如 2,2-二甲基丁烷，可以预期在高能离子源中断裂发生在带支链的碳原子周围，形成较稳定的 $m/z=71$ 或 $m/z=57$ 的离子。

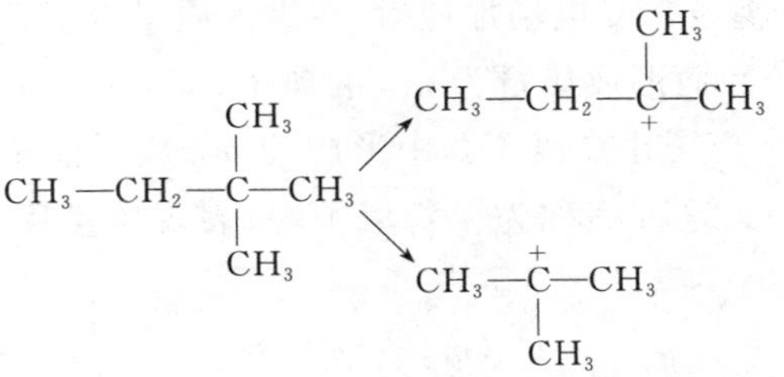

$m/z = 71$

$m/z = 57$

在烃烷质谱中 $C_3H_5^{+}$、$C_3H_7^{+}$、$C_4H_7^{+}$、$C_4H_9^{+}$(m/z 依次为 41,43,55 和 57)占优势，在 $m/z>57$ 区出现峰的相对强度随 m/z 增大而减小，而且会出现一系列 m/z 相差 14 的离子峰，这是由于碎裂下来—CH_2—的结果。

在含有杂原子的饱和脂肪族化合物质谱中，由于杂原子的定位作用，断裂将发生在杂原子周围。对于含有电负性较强的杂原子(如 Cl、Br 等)，发生以下反应

$$R \nmid X \longrightarrow R^{+} + X\cdot$$

而可以通过共振形成正电荷稳定化的离子时，可发生以下反应

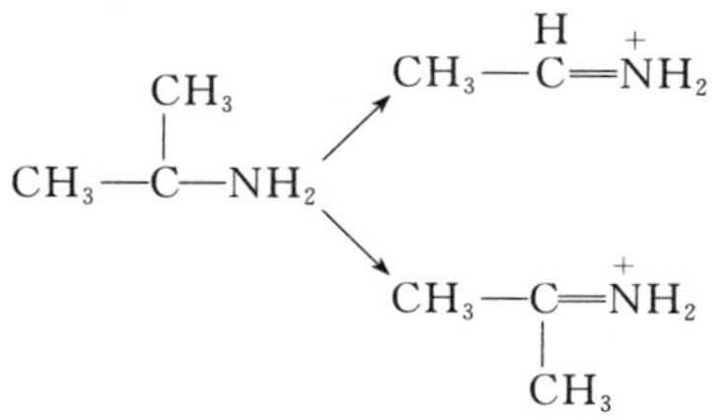

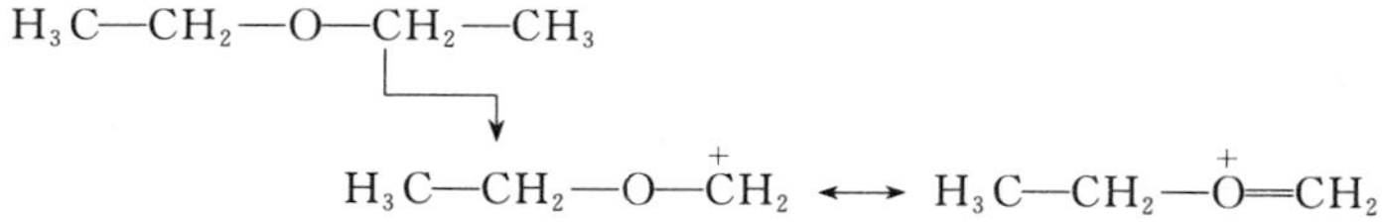

烯烃多在双键旁的第二个键上断裂，丙烯型共振结构对含有双键的碎片有着明显的稳定作用，但因重排效应，有时很难对长链烯烃进行定性分析。

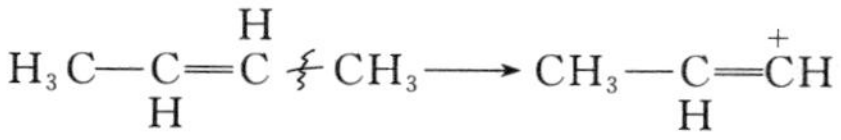

含有 C═O 的化合物通常在与其相邻的键上断裂，正电荷保留在含 C═O 的碎片上

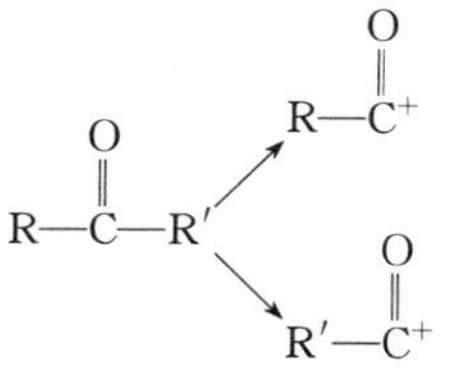

苯是芳香化合物中最简单的化合物，其图谱中 M^+ 通常是最强峰。在取代的芳香化合物中将优先失去取代基形成苯甲离子，而后进一步形成䓬鎓离子，因此在苯环上的邻、间、对位取代很难通过质谱法来进行鉴定。

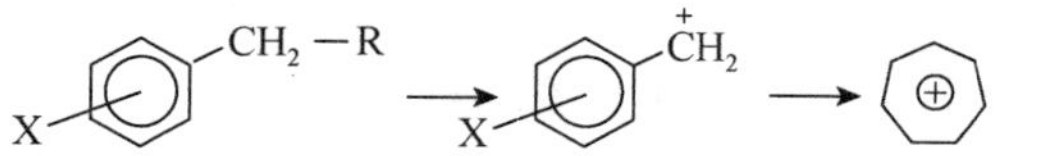

(m/z = 91)

3. 亚稳离子峰

若质量为 m_1 的离子在离开离子源受电场加速后，在进入质量分析器之前，由于碰撞等原因很容易进一步分裂失去中性碎片而形成质量为 m_2 的离子，即 $m_1 \rightarrow m_2 + \Delta m$。由于一部分能量被中性碎片带走，此时的 m_2 离子比在离子源中形成的 m_2 离子能量小，故将在磁场中产生更大偏转，观察到的 m/z 较小。这种峰称为亚稳离子峰，表观质量用 m^* 表示，m^* 与 m_1、m_2 的关系是

$$m^* = \frac{(m_2)^2}{m_1} \tag{19.13}$$

式中：m_1 为母离子的质量，m_2 为子离子的质量。

亚稳离子峰由于其具有离子峰宽大（约 2～5 个质量单位）、相对强度低、m/z 不为整数等特点，很容易从质谱图中观察出来。

通过亚稳离子峰可以获得有关裂解信息，通过对 m^* 峰观察和测量，可找到相关母离子的质量 m_1 与子离子的质量 m_2，从而确定裂解途径。如在十六烷质谱中发现有几个亚稳离子

峰，其质荷比分别为 32.8，29.5，28.8，25.7 和 21.7，其中 29.5≈$41^2/57$，则表示存在分裂

$$\underset{(m/z=57)}{C_4H_9^+} \longrightarrow \underset{(m/z=41)}{C_3H_5^+} + CH_4$$

但并不是所有的分裂过程都会产生 m^*，因此没有 m^* 峰并不意味着没有某一分裂过程。

还有一系列可能发生的重排反应，可以改变分子的原来的骨架，使质谱信息更加复杂，但重排反应等亦可以为结构分析提供更有效的信息。

分子离子峰及碎片离子峰的准确运用与解析，对有机分子定性分析有很大的用处，可以通过选择合适的离子源来获得不同的信息，如选用电子轰击源获得碎片离子峰的信息，而化学电离源、场离子化源可获得较多的分子离子峰的信息。如在进行麻黄碱分析时，选用化学电离源和电子轰击源所获得的质谱图有明显的不同（见图 19.16）。

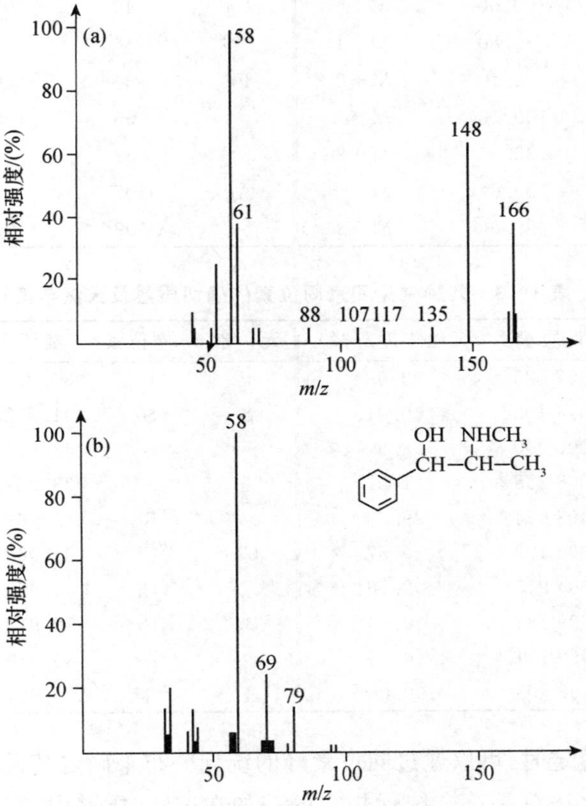

图 19.16　麻黄碱的化学离子化源(a)及电子轰击源(b)质谱

19.2.3　同位素离子峰及其应用

有些元素具有天然存在的稳定同位素，所以在质谱图上出现一些 M+1、M+2 的峰，由这些同位素形成的离子峰称为同位素离子峰。

一些常见的同位素相对丰度如表 19.2 所示，其确切质量（以 ^{13}C 为 12.000 000 为标准）及天然丰度列于表 19.3。

表 19.2　常见元素的稳定同位素相对丰度

元　素	质量数	相对丰度/(%)	峰类型	元　素	质量数	相对丰度/(%)	峰类型
H	1	100.00	M	Li	6	8.11	M
	2	0.015	M+1		7	100.00	M+1
C	12	100.00	M	B	10	25.00	M
	13	1.08	M+1		11	100.00	M+1
N	14	100.00	M	Mg	24	100.00	M
	15	0.36	M+1		25	12.66	M+1
O	16	100.00	M		26	13.94	M+2
	17	0.04	M+1	K	39	100.00	M
	18	0.20	M+2		41	7.22	M+2
S	32	100.00	M	Ca	40	100.00	M
	33	0.80	M+1		44	2.15	M+4
	34	4.40	M+2	Fe	54	6.32	M
Cl	35	100.00	M		56	100.00	M+2
	37	32.5	M+2		57	2.29	M+3
Br	79	100.0	M	Ag	107	100.00	M
	81	98.0	M+2		109	92.94	M+2

表 19.3　几种常见元素同位素的确切质量及天然丰度

元　素	同位素	确切质量	天然丰度/(%)	元　素	同位素	确切质量	天然丰度/(%)
H	^{1}H	1.007 825	99.98	P	^{31}P	30.973 763	100.00
	$^{2}H(D)$	2.014 102	0.015	S	^{32}S	31.972 072	95.02
C	^{12}C	12.000 000	98.9		^{33}S	32.971 459	0.75
	^{13}C	13.003 355	1.07		^{34}S	33.967 868	4.25
N	^{14}N	14.003 074	99.63		^{36}S	35.967 079	0.01
	^{15}N	15.000 109	0.37	Cl	^{35}Cl	34.968 853	75.76
O	^{16}O	15.994 915	99.76		^{37}Cl	36.965 903	24.24
	^{17}O	16.999 131	0.04	Br	^{79}Br	78.918 336	50.69
	^{18}O	17.999 161	0.20		^{81}Br	80.916 290	49.31
F	^{19}F	18.998 403	100.00	I	^{127}I	126.904 477	100.00

在一般有机分子鉴定时，可以通过同位素峰的统计分布来确定其元素组成，分子离子的同位素离子峰相对强度之比总是符合统计规律的。如在 CH_4 质谱中，有其分子离子峰 $m/z=17$、16，而其相对强度之比 $I_{17}/I_{16}=0.011$；而在丁烷中，出现一个^{13}C 的概率是甲烷的 4 倍，则分子离子峰 $m/z=59$、58 的强度之比 $I_{59}/I_{58}=4\times0.011\times1^3=0.044$；同样，在丁烷中出现 M+2($m/z=60$)同位素峰的概率为 $6\times0.011\times0.011\times1^2=0.0007$，即 $I_{60}/J_{58}=0.0007$，非常小，故在丁烷质谱中一般看不到$(M+2)^+$峰。

在其他元素存在时也有同样的规律性，如在 CH_3Cl、C_2H_5Cl 等分子中，$I_{m+2}/I_M=32.5\%$；而在含有一个溴原子的化合物中，$(M+2)^+$峰的相对强度几乎与 M^+峰的相等。

19.2.4　质谱定性分析

质谱是纯物质鉴定的最有力工具之一，其中包括相对分子质量测定、化学式确定及结构鉴定等。

1. 相对分子质量的测定

如前所述，从分子离子峰的质荷比数据可以准确地测定其相对分子质量，所以准确地确认分子离子峰十分重要。虽然理论上可认为除同位素峰外分子离子峰应该是最高质量处的峰，但在实际中并不能由此简单认定。有时由于分子离子稳定性差而观察不到分子离子峰，因此在实际分析时必须加以注意。

在纯样品质谱中，分子离子峰应具有以下性质：

(i) 原则上除同位素峰外，分子离子峰是最高质量的峰。但应予注意，某些样品会形成质子化离子$(M+H)^+$峰（醚，脂，胺等），去质子化离子$(M-H)^+$峰（芳醛、醇等）及缔合离子$(M+R)^+$峰。

(ii) 它要符合"氮律"。在只含 C、H、O、N 的化合物中，不含或含偶数个氮原子的分子的质量数为偶数，含有奇数个氮原子的分子的质量数为奇数。这是因为在由 C、H、O、N、P、卤素等元素组成的有机分子中，只有氮原子的化合价为奇数而质量数为偶数。

(iii) 存在合理的中性碎片损失。因为在有机分子中，经离子化后，分子离子可能损失一个 H 或 CH_3、H_2O、C_2H_4……等碎片，相应为 M－1、M－15、M－18、M－28……碎片峰，而不可能出现 M－3 至 M－14、M－21 至 M－24 范围内的碎片峰。若出现这些峰，则峰不是分子离子峰。

(iv) 在 EI 源中，若降低电子轰击电压，则分子离子峰的相对强度应增加；若不增加，则不是分子离子峰。

由于分子离子峰的相对强度直接与分子离子稳定性有关，其大致顺序是：

芳香环＞共轭烯＞烯＞脂环＞羰基化合物＞直链碳氢化合物＞
醚＞脂＞胺＞酸＞醇＞支链烃

在同系物中，相对分子质量越大，则分子离子峰相对强度越小。

2. 化学式的确定

由于高分辨的质谱仪可以非常精确地测定分子离子或碎片离子的质荷比（相对误差可小于 10^{-5}），可利用表 19.3 中的确切质量算出其元素组成。如 CO 与 N_2 两者的质量数都是 28，但从表 19.3 可算出其确切质量为 27.9949 与 28.0061，若质谱仪测得的质荷比为 28.0040，则可推断其为 N_2，同样复杂分子的化学式也可算出。

在低分辨的质谱仪上，则可以通过同位素相对丰度法推导其化学式，同位素离子峰相对强度与其中各元素的天然丰度及存在个数呈正比。通过几种同位素丰度的检测，可以说明质谱图的相对强度，其强度可以用排列组合的方法进行计算。

利用精确测定的$(M+1)^+$、$(M+2)^+$相对于 M^+ 的强度比值，可从 Beynon 表①中查出最

① Beynon J. H., Williams A. E., Mass and Abundance Table for Use in Mass Spectrometry. Elsevier, 1963；表中列有相对分子质量＜500，只含有 C,H,O,N 的化合物的同一质量的各种不同化学式的 I_{M+1}/I_M，I_{M+2}/I_M 值。

可能的化学式，再结合其他规则，确定化学式。

对于含有Cl、Br、S等同位素天然丰度较高的元素的化合物，其同位素离子峰相对强度可由$(a+b)^n$展开式计算，式中a、b分别为该元素轻、重同位素的相对丰度，n为分子中该元素个数。如在CH_2Cl_2中，对元素Cl来说，$a=3$，$b=1$，$n=2$，故$(a+b)^2=9+6+1$，则其分子离子峰与相应同位素离子峰相对强度之比为

$$m/z\ 84(M):m/z\ 86(M+2):m/z\ 88(M+4)=9:6:1$$

若有多种元素存在时，则以$(a+b)^n$、$(a'+b')^{n'}$……计算。

【例 19.3】 某有机物的M_r为104，$(I_{M+1}/I_M)\%=6.45$，$(I_{M+2}/I_M)\%=4.77$，试推出其化学式。

解　由于$(I_{M+2}/I_M)\%>4.44$，说明S、Cl、Br等存在，但

$$32.5>(I_{M+2}/I_M)\%>4.44$$

说明未知物中含有1个S，且不含Cl、Br。因Beynon表只列有含C、H、N、O的有机物数值，故扣除S的贡献：

$$(I_{M+1}/I_M)\%=6.45-0.85=5.60$$

$$(I_{M+2}/I_M)\%=4.77-4.44=0.33$$

$$剩余质量=104-32=72$$

查Beynon表，质量数为72的大组，共有15个元素组合，与上述$(I_{M+1}/I_M)\%$，$(I_{M+2}/I_M)\%$接近的列于下表中。

三者只有C_5H_{12}的$(I_{M+1}/I_M)\%$最接近，故化学式可能为$C_5H_{12}S$。

元素组成	$(I_{M+1}/I_M)\%$	$(I_{M+2}/I_M)\%$
$C_4H_{19}N$	4.86	0.00
C_5H_{12}	5.60	0.13
C_8	6.48	0.18

3. 结构鉴定

纯物质结构鉴定是质谱最成功的应用领域。通过对谱图中各碎片离子、亚稳离子、分子离子的化学式、m/z相对峰高等信息，根据各类化合物的分裂规律，找出各碎片离子产生的途径，从而拼凑出整个分子结构。再根据质谱图拼出来的结构，对照其他分析方法，以得出可靠的结果。

另一种方法就是与相同条件下获得的已知物质标准图谱比较来确认样品分子的结构。

19.2.5 质谱定量分析

质谱检出的离子流强度与离子数目呈正比，因此通过离子流强度测量可进行定量分析。

1. 同位素测量

同位素离子的鉴定和定量分析是质谱发展起来的原始动力，至今稳定同位素测定依然十分重要，只不过不再是单纯的元素分析而已。分子的同位素标记对有机化学和生命科学领域中化学机理和动力学研究十分重要，而进行这一研究前必须测定标记同位素的量，质谱法是常用的方法之一。如确定氘代苯C_6D_6的纯度，通常可用$C_6D_6^+$与$C_6D_5H^+$、$C_6D_4H_2^+$等分子离子峰的相对强度来进行。

对其他涉及标记同位素探针、同位素稀释及同位素年代测定的工作，都可以用同位素离子峰来进行。后者是地质学、考古学等工作中经常进行的质谱分析，一般通过测定$^{36}Ar/^{40}Ar$(由半衰期为1.3×10^9 a 的^{40}K之K俘获产生)的离子峰相对强度之比求出^{40}Ar，从而推算出年代。

2. 无机痕量分析

火花源的发展使质谱法可应用于无机固体分析，成为金属合金、矿物等分析的重要方法，它能分析周期表中几乎所有元素，灵敏度极高，可检出或半定量测定10^{-9}量级的浓度。由于其谱图简单且各元素谱线强度大致相当，应用十分方便。

电感耦合等离子体光源引入质谱后(ICPMS)，有效地克服了火花源的不稳定、重现性差、离子流随时间变化等缺点，使其在无机痕量分析中得到了广泛的应用。

3. 混合物的定量分析

利用质谱峰可进行各种混合物组分分析，早期质谱的应用很多是对石油工业中挥发性烷烃的分析。

在进行分析的过程中，保持通过质谱仪的总离子流恒定，使得到的每张质谱或标样的量为固定值，记录样品和样品中所有组分的标样质谱图，选择混合物中每个组分的一个共有的峰，样品的峰高假设为各组分这个特定m/z峰峰高和，从各组分标样中测得这个组分的峰高，解数个联立方程，以求得各组分浓度。

用上述方法进行多组分分析时费时费力且易引入计算及测量误差，故现在一般采用将复杂组分分离后再引入质谱仪中进行分析，常用的分离方法是色谱法。

19.3 色谱-质谱联用技术

质谱法可以进行有效的定性分析，但对复杂有机化合物分析就无能为力了，而且在进行有机物定量分析时要经过一系列分离纯化操作十分麻烦。而色谱法可以对有机化合物进行有效的分离和分析，特别适合进行有机化合物的定量分析，但定性分析则比较困难，因此两者的有效结合必将为相关工作提供一个对复杂化合物进行高效定性定量分析的工具。

这种将两种或多种方法结合起来的技术称为联用技术(hyphenated method)，利用联用技术的有气相色谱-质谱(GC-MS)、液相色谱-质谱(LC-MS)、毛细管电泳-质谱(CE-MS)及串联质谱(MS^n)等，其中主要问题是如何解决与质谱相连的接口及相关信息的高速获取与储存等。

19.3.1 气相色谱-质谱联用

GC-MS是目前最常用的一种联用技术，在销售的商品质谱仪中占有相当大的一部分。从毛细管气相色谱柱中流出的成分可直接引入质谱仪的离子化室，但填充柱必须经过一个分子分离器降低气压并将载气与样品分子分开(图19.17)

在分子分离器中，从气相色谱来的载气及样品分子在压力梯度的作用下经一小孔加速喷射入喷射腔中；具有较大质量的样品分子将在惯性作用下继续直线运动而进入捕捉器中，载气(通常为氦气)由于质量较小扩散速率较快，容易被真空泵抽走。必要时使用多级喷射，经分子分离器后，50%以上的样品被浓缩并进入离子源，而压力则由1×10^5 Pa降至1.3×10^{-2} Pa。

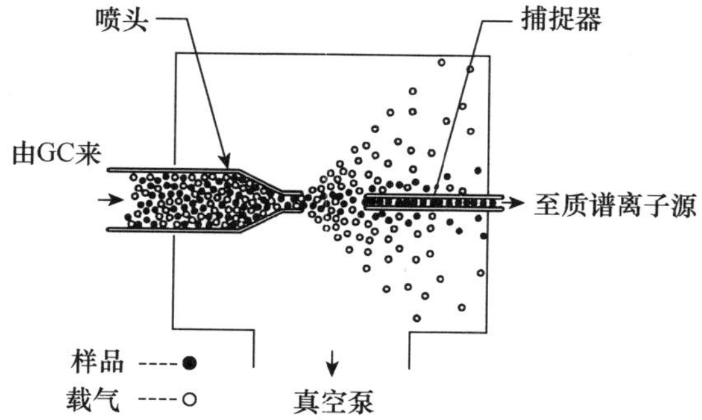

图 19.17　喷射式分子分离器

组分经离子源离子化后，位于离子源出口狭缝安装的总离子流检测器检测到离子流信号，经放大记录后成为色谱图。当某组分出现时，总离子流检测器发出触发信号，启动质谱仪开始扫描而获得该组分的质谱图。

用于与 GC 联用的质谱仪有磁式、双聚焦、四极滤质器式、离子阱式等质谱仪。其中四极滤质器及离子阱式质谱仪由于具有较快的扫描速率（≈10 次/s），应用较多；而离子阱式由于结构简单，价格较低，近些年发展更快。

GC-MS 的应用十分广泛，从环境污染物分析、食品香味分析鉴定到医疗诊断、药物代谢研究等，而且 GC-MS 还是国际奥林匹克委员会进行兴奋剂检测的有力工具之一。

19.3.2　液相色谱-质谱联用

分离热稳定性差及不易蒸发的样品，气相色谱相对困难，而用液相色谱则可以方便地进行，因此 LC-MS 联用技术正迅速发展。LC 分离要使用大量的流动相，由于流动相的气化产生的气体压力，一般来说真空系统难以承受。因此，如何有效地除去流动相而不损失样品，是 LC-MS 联用技术的难题之一。早期采用“传动带技术”，即将流动液滴到一条转动的样品带上，经加热除去溶剂，进入真空系统后再离解检测。现在广泛使用的是离子喷雾（ionspray）和电喷雾（electrospray）等技术，有效地实现了 LC 与 MS 的连接。

离子喷雾及电喷雾技术是利用离子从荷电微滴直接发射入气相，这一离子蒸发过程如图 19.18 所示，将极性和热稳定性差的化合物不发生任何热降解而引入质谱仪中，从而实现任何液相分离技术如 HPLC 及 CE 等与质谱仪的联用。

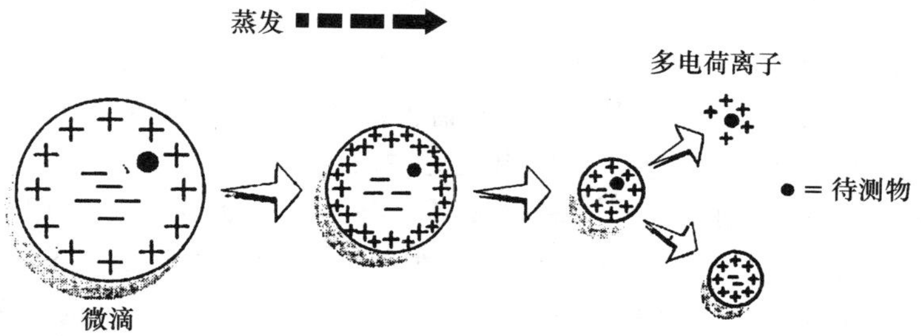

图 19.18　离子蒸发过程

几种典型的 LC-MS 接口见图 19.19。在实际应用时,可以依据分析物的极性来选择最适用的 LC-MS 接口。

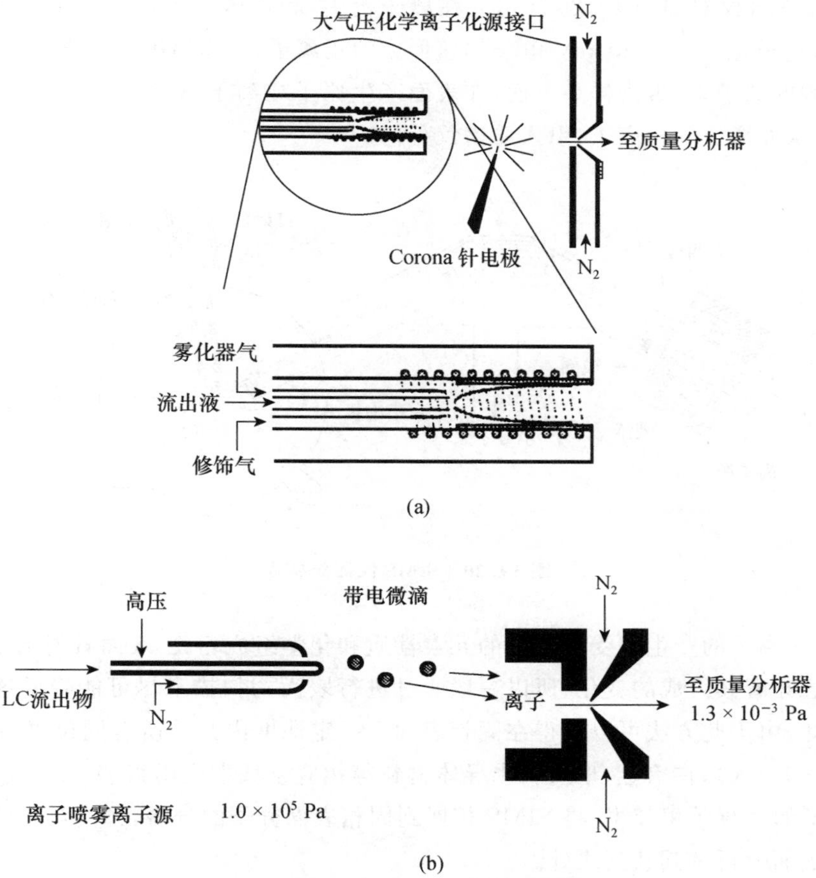

图 19.19　几种典型 LC-MS 接口

(a) 热喷雾型(HP 公司提供)　(b) 离子喷雾型(Perkin-Elmer 公司提供)

在热喷雾接口中,来自 HPLC 的流出液通过不锈钢柱直接进入喷雾器中,靠高速空气或氮气的喷射变成细雾,细雾被同轴气体吹入一加热器内气化,进入大气压化学离子化源反应区离子化,产生的样品离子再进入质谱仪分析。热喷雾 LC-MS 接口的方法可用于热稳定性较好的化合物分析。

在离子喷雾的接口中,被分析样品液体进入一个带有高电压的喷雾器,形成带有高电荷微滴的雾。当微滴蒸发时,经过一个非常低的能量转移过程形成含有一个或多个电荷的离子(与液相存在的形式相同),进入质谱仪可以进行 pg 级分子完全分析,这对在只有极少量样品可供使用的情况(诸如生化分析)中应用极为重要。

19.4　质谱表面分析工具

固体表面的元素组成分析是近代研究的一个重要领域,二次离子质谱法(secondary ion mass spectrometry,SIMS)或离子探针微区分析(ion probe microanalysis)是表面分析的有用工具。它是利用离子束作激发源轰击固体样品表面，使表面一定深度内的样品原子产生溅射而生成二次离子，然后将离子以合适的方式引入质谱仪进行分析。

典型的 SIMS 仪器如图 19.20 所示。在离子枪中，利用电子轰击源将工作气体（Ar、O_2、N_2、Xe 之一）离子化，用 5～20 keV 电场加速形成的正离子，经质谱纯化后进入离子光学系统，变成直径可调的离子束，轰击样品表面，在表面产生原子或离子蒸发，一些原子可以获能而发射一个电子，从而形成气相离子，引入质谱仪分析。

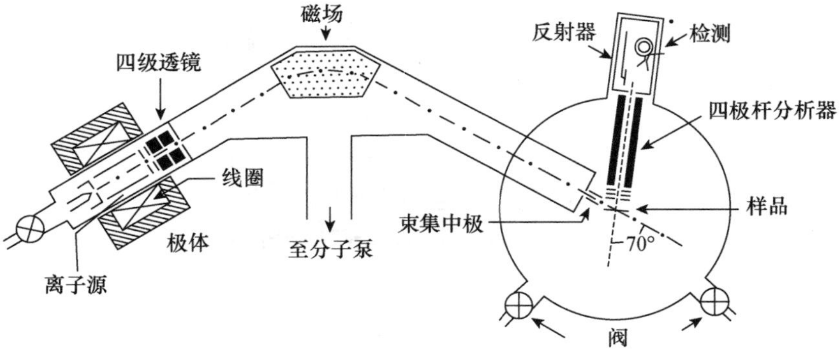

图 19.20　SIMS 仪器结构图

显然，二次离子的产生与受轰击区的元素性质和化学组成相关，表面溅射出某种离子数目变化不一定意味着其组成的变化，所以一般通过进行表面的扫描来尽可能降低这种效应的影响。尽管如此，由于此方法可以获得在固相表面及一定深度内几乎所有同位素（H 到 U）定性和定量信息（10^{-15} g），在冶金、地质及半导体材料等相应领域中应用很多。20 世纪 70 年代末发明了一种低通量离子束技术，将 SIMS 扩展到固相表面分子的分析，尤其对非挥发性及热不稳定性样品表面分析有其独到之处。

利用质谱法进行固体表面分析的另外一种方法是激光微探针质谱法（laser microprobe mass spectrometry），利用铷-YAG 激光器产生的可调高能（能量密度可达 10^{10}～10^{11} W・cm^{-2}）的直径为 0.5 μm、波长为 266 nm 的辐射，进行表面蒸发和离子化，再引入质谱分析。一般仪器上还附加一束低功率的氦氖激光（$\lambda=633$ nm）用于微区照明，从而获得选定区域的离子信息。激光微探针技术灵敏度极高（可达 10^{-20}g），且分辨率（≈1 μm）及分析速度均较好，可用在无机化学、有机化学及生物化学分析中，其典型应用有测定青蛙神经纤维上 Na/K 浓度之比、视网膜上钙分布、石棉及煤等粉尘分析、牙体组织中氟浓度分布、氨基酸分析及高分子表面研究等。

19.5　串联质谱法

串联质谱法（tandem mass spectrometry，MS^n）是质谱法的重要联用技术之一，其方法是将两台质谱仪串联起来代替 GC-MS 或 LC-MS：第一台质谱仪起类似于 GC 或 LC 的作用，用于分离复杂样品中各组分的分子离子；这些离子依次导入第二台质谱仪中，从而产生这些分子离子的碎片质谱。一般第一台质谱仪采用软离子化技术（如使用化学电离源）使产生的离子大部分为分子离子或质子化分子离子$(M+H)^+$。为了获得这些分子离子的质谱，将它们导入一碰撞室(field free collision chamber)中，使其与泵入的He分子在$1.33\times(10^{-1}\sim10^{-2})$Pa(相当于$10^{-3}\sim10^{-4}$Torr)压力下碰撞活化而产生类似电子轰击源产生的碎片，再用质谱仪Ⅱ进行扫描。这种应用称为子离子串联质谱分析(daughter ion tandem mass spectrometry)。

另一种MS^n方法可相应称为母离子串联质谱分析(parrent ion tandem mass spectrometry)。此方法中质谱仪Ⅱ设定在指定的子离子进行检测，而质谱仪Ⅰ进行扫描。这种方法可用于分析鉴定产生相同子质谱的一类化合物，如分析精制煤样中烷基酚 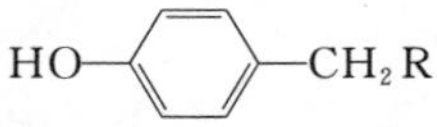 组分时，将质谱仪Ⅱ设在子离子  ($m/z=107$)上，而在质谱仪Ⅰ上进行母离子扫描。

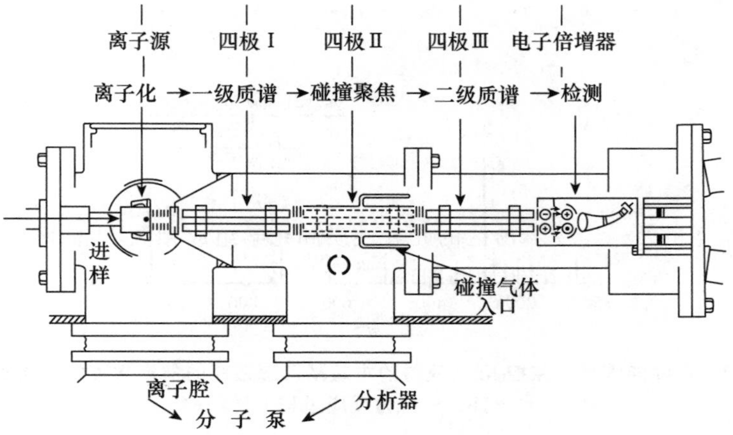

图19.21　QqQ式多级质谱仪

(Varian公司提供)

各式质量分析器都可用于串联质谱中，常用的串联方式是QqQ(或QQQ)模式(图19.21)。将三组四极滤质器串联起来，样品经软离子化源(CI源)离子化后加速进入第一级，按一般四极滤质方式分离出母离子；这些离子快速进入第二级，此级为碰撞室，母离子开始发生进一步裂解，此级工作在仅有射频场(无直流电压)模式，对离子进行聚焦；再引入$(1.3\sim13)\times10^{-2}$Pa氦气发生碰撞而裂解，子离子引入第三级进行扫描记录。

串联质谱法可以起到GC-MS、LC-MS类似的作用且工作效率更高，可用于反应动力学研究(图19.22)。目前应用更多的是与GC或LC相连，进行GC-MS^n或LC-MS^n联用，在生命科学、环境科学领域中很有应用前途。

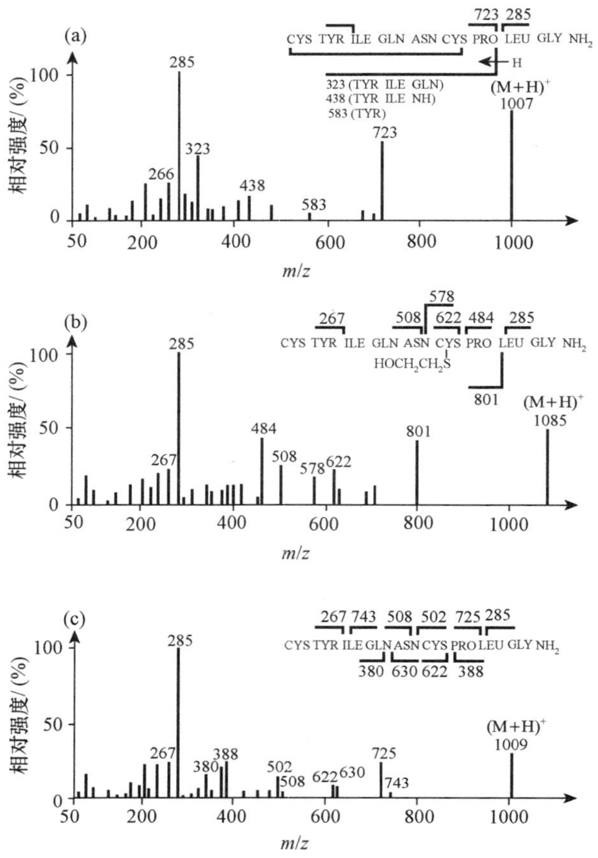

图 19.22 在线连续反应监控 MS^n 获得的由巯基乙醇还原的催产激素的二次离子质谱

(a)→(b)→(c)为反应过程取样顺序

19.6 多谱综合解析

前面已分别介绍了紫外光谱、红外光谱、核磁共振波谱及质谱在有机化合物结构解析中的应用。对于结构比较复杂的化合物,仅凭一种谱图往往难以确定其化学结构。因此,需要综合多种波谱技术所提供的信息来进行解析,互相印证,才能得出正确的结论。

多谱综合解析大体可以分为 6 个步骤:

(i) 波谱分析前,要了解样品的来源以及如折射率、熔点、沸点等物理参数。如果样品不是纯物质,必须进行分离提纯。

(ii) 分子式的确定。可以从质谱图上的分子离子峰得到未知物的相对分子质量。由质谱图上 M、M+1、M+2 峰的相对强度比与元素分析结果,结合氮律及断裂方式,查 Beynon 表来推测可能的分子式。此外,可通过元素分析和质谱图上的同位素峰确认有无 Cl、Br、N、S 等元素;从红外光谱含氧基团(—OH、C═O、C—O 等)确定含氧原子的可能性;从^{13}C NMR 图谱得到碳原子数及与碳原子相连的氢原子数。

(iii) 分子式确定后,就可以计算化合物的不饱和度 Ω。如 $\Omega=1\sim3$,分子中可能含有 C═C、C═O 或环;如 $\Omega>4$,分子中可能有苯环。

(iv) 结构单元确定。经过对谱图的解析，推测分子中含有的官能团和结构单元及其相互关系。例如 UV 可确定分子中是否含有共轭结构，如苯环、共轭烯烃、α，β-不饱和羰基化合物等。由 IR 可确定是否含有羰基(1870～1650 cm^{-1})、苯环(3100～3000 cm^{-1}，1600～1450 cm^{-1})、羟基(3600～3200 cm^{-1})、腈基(≈2220 cm^{-1})以及苯环上的取代基数目与位置等。由^{1}H NMR 可知分子是否含有羧基(δ 10～13)、醛基(δ 9～10)、芳环(δ 6.5～8.5)、酰胺基(δ 6～8)、烯烃(δ 5～7)等。由^{13}C NMR 可知分子是否含有烯烃或芳烃碳(δ 100～160)、羰基碳(δ 160～230)、腈基碳(δ 110～130)、炔碳(δ 70～90)等。

(v) 推导出可能的结构式。根据分子式和已确定的结构单元，推测分子的剩余部分，从各结构单元的可能结合方式推导出化合物的可能的结构式。

(vi) 化合物的确定。核对各谱数据和各可能化合物的结构，排除有矛盾者，确定未知物的结构式。

以下为两个多谱综合解析应用举例。

【例 19.4】 某化合物的分子式为 $C_{11}H_{20}O_4$，其 IR、MS、^{1}H NMR 和^{13}C NMR 的谱图如图 19.23～图 19.26 所示。另外，其紫外光谱在 200 nm 以上无吸收峰。试解析其结构式。

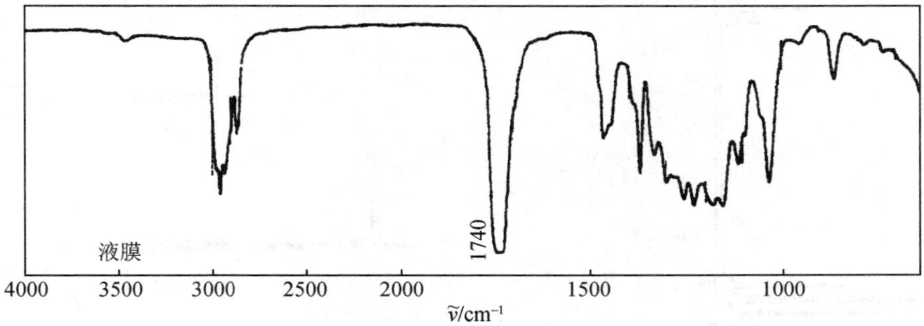

图 19.23 样品的红外光谱图

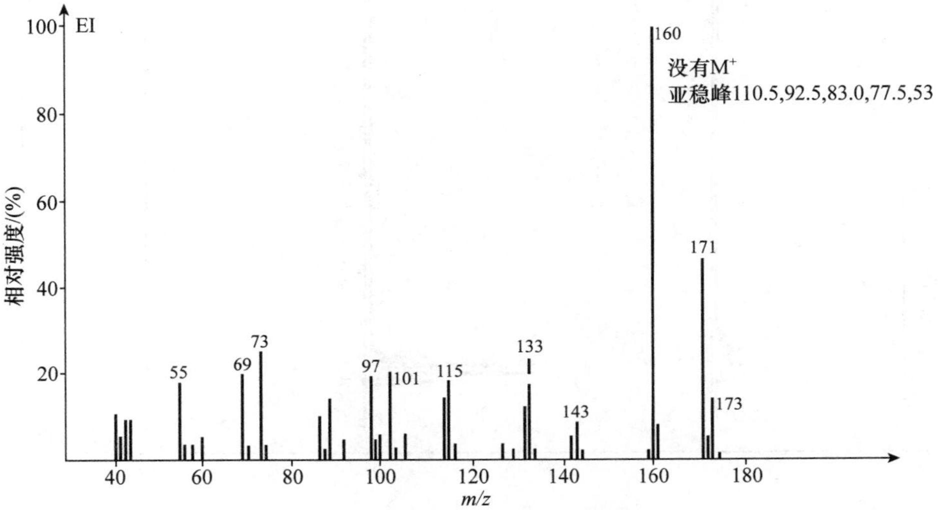

图 19.24 样品的质谱图

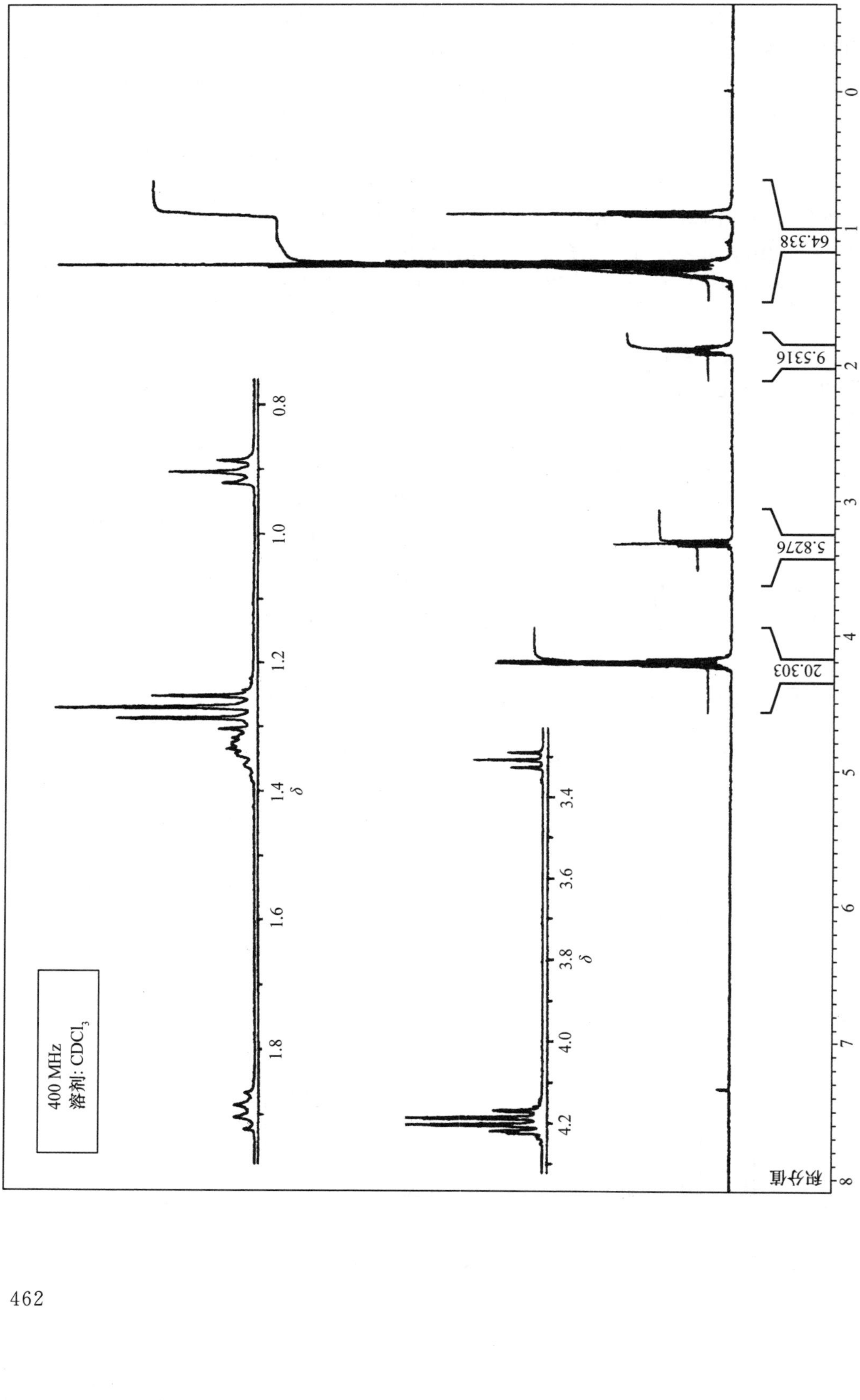

图 19.25 ¹H 核磁共振图谱

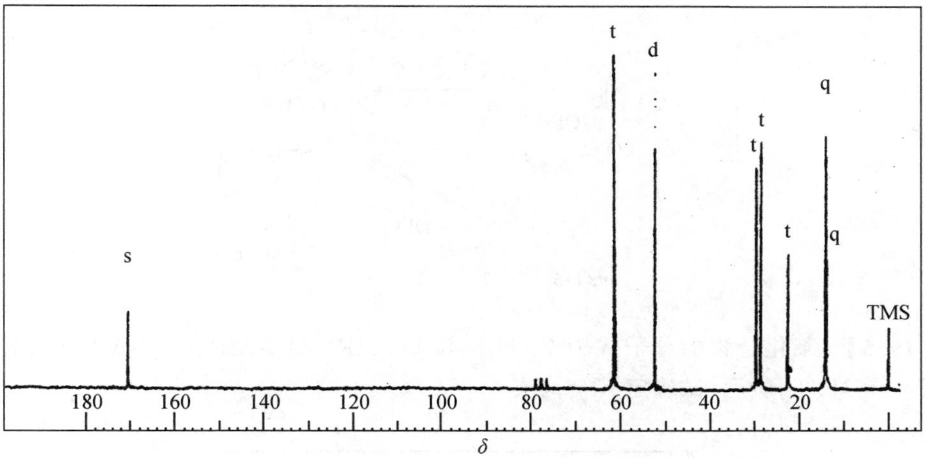

图 19.26 ^{13}C 核磁共振图谱

解　由分子式 $C_{11}H_{20}O_4$ 知，其不饱和度为 2，而且紫外光谱表明分子中无共轭双键。IR 谱中 1740 cm^{-1} 处呈现的强羰基峰，可能为 1 个五元环酮或饱和酯。因为没有 C ═C 键的吸收，故 2 个不饱和度可能是 2 个羰基，也可能是 1 个羰基、1 个环。IR 谱无羟基吸收，则 4 个氧原子可能是属于酮、酯或醚。

^{13}C NMR 谱中有 11 个峰，除了 3 个小峰是由溶剂 $CDCl_3$ 所产生之外，表示分子中有 8 种不同的碳原子。由 ^1H NMR 谱中 δ 4.2 的四重峰推测存在 OCH_2 与—CH_3 相连的 OCH_2CH_3；CH_2 峰的强度对应 4 个 H，表明有 2 个 OCH_2CH_3 基团。而 δ 1.27 的 1∶2∶1 的三重峰也表明与 OCH_2 相连的是—CH_3。由 OCH_3 的化学位移知，其以酯的形式存在，即有 2 个相同的 $COOCH_2CH_3$ 基团，这样，4 个氧原子也都有了归属。δ 3.3 的三重峰，积分高度显示其对应 1 个 H，此单质子的三重峰是由—$CH_2CH(COOC_2H_5)_2$ 中的—CH—产生，相邻的酯基使它的化学位移向低场移动。δ 1.9 处的双质子四重峰表明—CH_2—同时与—CH—和—CH_2—相连，因此就得到—$CH_2CH_2CH(COOC_2H_5)_2$ 片断。δ 0.9 处的三质子三重峰是由 CH_3CH_2—中的 CH_3 产生，其中—CH_2—在 δ 1.33 处显示 1 个多重峰。这样，分子式中的所有的氢都有了归属，因此，可以推测其结构式为

$$CH_3CH_2CH_2CH_2CH(COOC_2H_5)_2$$

从 ^{13}C NMR 谱中也可找到 8 种不同碳原子的归属为：

(i) 2 个不同的甲基分别为 δ 13.81 和 14.10；

(ii) 3 个 C—CH_2—C 基团分别为 δ 22.4、28.5 和 29.5；

(iii) 1 个—CH—在 δ 52.0 处的双峰；

(iv) —OCH_2—中的碳和羰基碳分别在 δ 61.1 和 169.3。

质谱也证实了上结构式。m/z＝160 的基峰由下列断裂反应产生

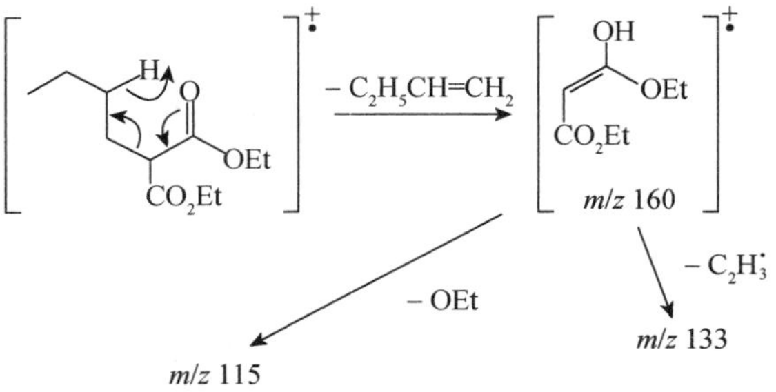

【例 19.5】 某化合物的分子式为 $C_{11}H_{16}$，其 UV、IR、^{1}H NMR、^{13}C NMR 和 MS 图谱如图 19.27～图 19.31 所示，试确定其结构式。

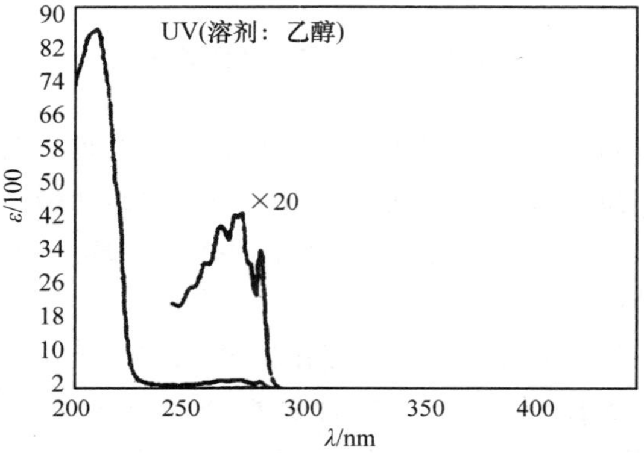

图 19.27　紫外光谱图

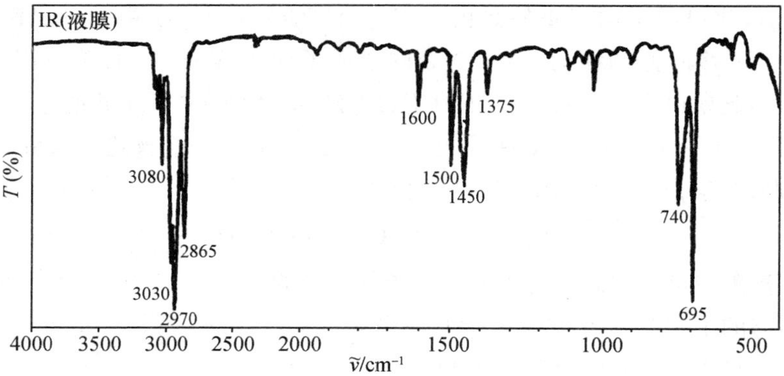

图 19.28　红外光谱图

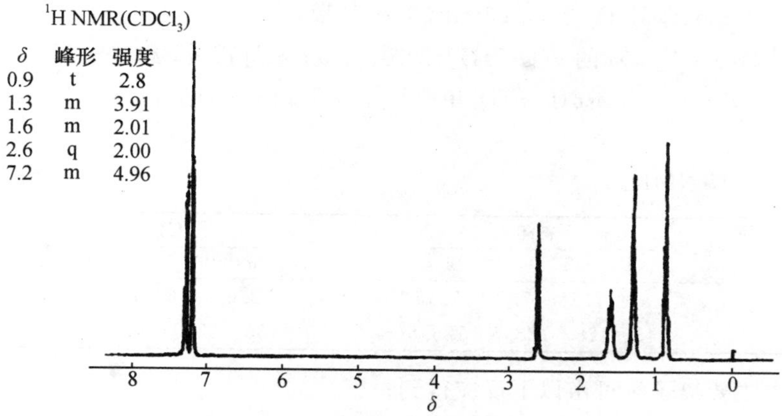

^1H NMR(CDCl$_3$)

δ	峰形	强度
0.9	t	2.8
1.3	m	3.91
1.6	m	2.01
2.6	q	2.00
7.2	m	4.96

图 19.29　核磁共振图谱

δ
143.0
128.5
128.0
125.5
36.0
32.0
31.5
22.5
10.0

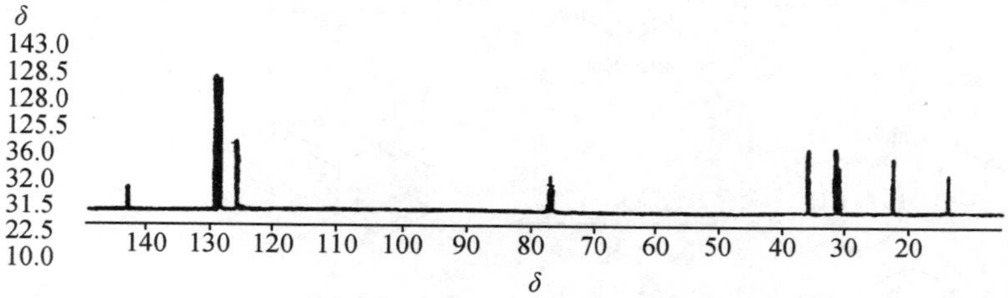

图 19.30　^{13}C 核磁共振图谱

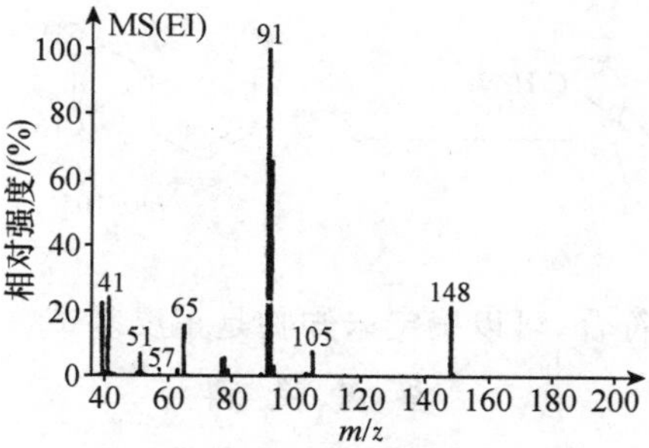

图 19.31　质谱图

解　从分子式 $C_{11}H_{16}$,计算该化合物的不饱和度为 4。MS 中最高质量的离子 m/z 148 为分子离子峰,其合理失去一个碎片,得到苄基离子 m/z 91。说明分子中存在苄基结构单元。UV、IR、^1H NMR、^{13}C NMR 均表明分子中含有单取代苯环。^{13}C NMR 表明在 δ 40~10 的高场区有 5 个 sp^3 杂化碳原子。从 ^1H NMR 的积分高度比亦表明分子中有 1 个 CH$_3$ 和 4 个 —CH$_2$—,其中 δ 1.4—1.2 为 2 个 CH$_2$ 的重叠峰,因此化合物应含有 1 个苯环和 1 个 C_5H_{11} 的烷基。UV 中 λ_{max} 240~275 nm 吸收带具有精细结构,也表明化合物为芳烃。从 ^1H NMR 谱中各峰裂分情况分析,取代基为正戊基,即化合物结构为

$$\overset{3}{\underset{4}{\bigcirc}}\overset{2}{}—\overset{\alpha}{CH_2}\overset{\beta}{CH_2}\overset{\gamma}{CH_2}\overset{\delta}{CH_2}CH_3$$

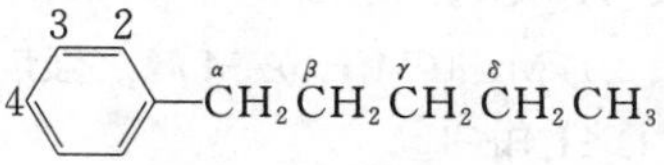

各谱数据的归属如下：

UV：λ_{max}208 nm（苯环 E_2 带），265 nm（苯环 B 带）。

IR：3080、3030 cm^{-1}[苯环的 ν(C—H)]，2970、2865 cm^{-1}[烷基的 ν(C—H)]，1600、1500 cm^{-1}（苯环骨架），740、695 cm^{-1}[苯环 δ(C—H)，单取代]，1375 cm^{-1}[CH_3 的 δ(C—H)]，1450 cm^{-1}[CH_2 的 δ(C—H)]。

^{1}H NMR 和^{13}C NMR：

结构单元	苯环				CH_2				CH_3
	1	2	3	4	α	β	γ	δ	
δ(H)		7.15	7.25	7.15	2.6	1.6	1.3	1.3	0.9
δ(C)	143	128	128.5	125.5	36	32.0	31.5	22.5	10

MS：MS 中主要离子峰可由以下反应得到：

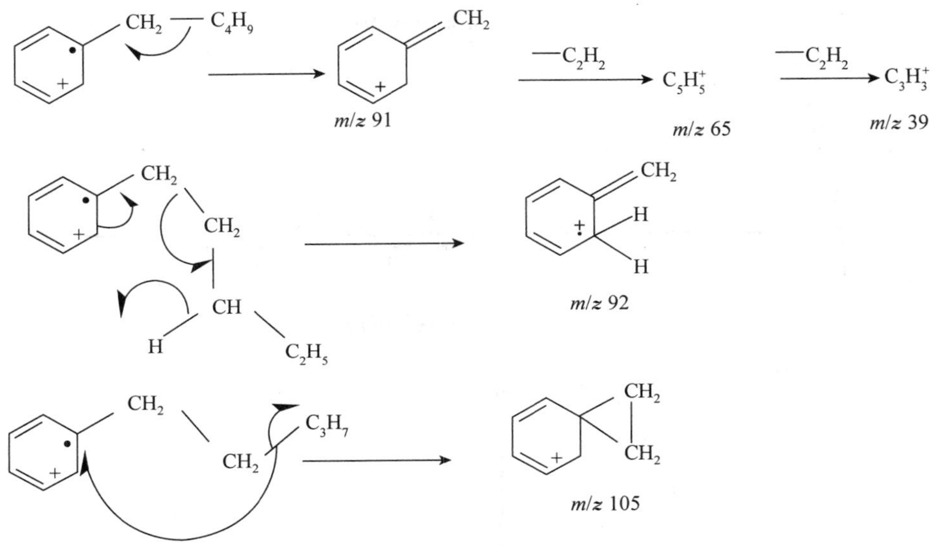

各谱数据与结构式均相符合，可以确定未知物是正戊基苯。

参 考 资 料

[1] 周华，质谱学及其在无机分析中的应用．北京：科学出版社，1986.

[2] 丛浦珠，质谱学在天然有机化学中的应用．北京：科学出版社，1987.

[3] Christian G D，O'Reilly J E 编；王镇浦、王镇棣译．仪器分析．北京：北京大学出版社，1989.

[4] 唐恢同编著．有机化合物的光谱鉴定．北京：北京大学出版社，1992.

[5] 高鸿主编．分析化学前沿．北京：科学出版社，1991.

[6] Silverstein R M，Bassler G C，Morrill T C 著；姚海文等译．有机化合物光谱鉴定（其附录ⅡA 为 Beynon 表）．北京：科学出版社，1982.

思考题与习题

19.1 计算下列分子的(M+2)与 M 峰之强度比（忽略^{13}C，^{2}H 的影响）：

(1) C_2H_5Br；(2) C_6H_5Cl；(3) $C_2H_4SO_2$。

19.2 试计算下列化合物的(M+2)/M 和(M+4)/M 峰之强度比（忽略^{13}C，^{2}H 的影响）：

(1) $C_7H_6Br_2$；(2) CH_2Cl_2；(3) C_2H_4BrCl。

19.3 要分开下列离子对，要求质谱仪的分辨本领是多少？

(1) $C_{12}H_{10}O^+$ 和 $C_{12}H_{11}N^+$；(2) N_2^+ 和 CO^+；(3) $C_2H_4^+$ 和 N_2^+；(4) CH_2O^+ 和 $C_2H_6^+$。

19.4　某一含有卤素的碳氢化合物 $M_r=142$，M+1 峰强度为 M 峰强度的 1.1%，请分析此化合物含有几个碳原子，可能的化学式是什么？

19.5　某一未知物的质谱图如图 19.32 所示，m/z 为 93、95 的谱线强度相近，m/z 为 79、81 峰也类似，而 m/z 为 49、51 的峰强度之比为 3∶1。试推测其结构。

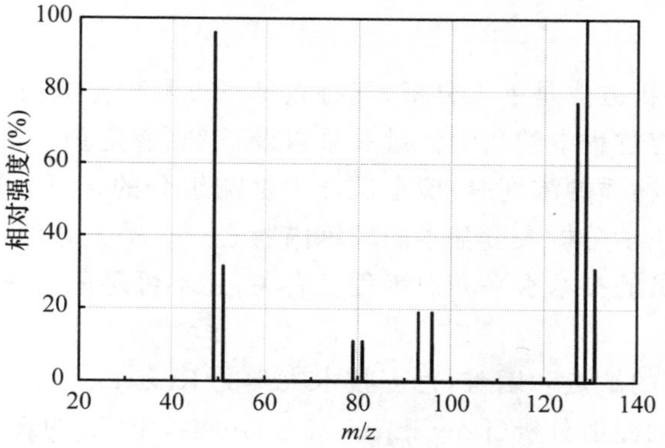

图 19.32　某未知化合物的质谱图

19.6　某一液体的化学式为 $C_5H_{12}O$，bp 138℃，质谱数据如图 19.33 所示，试推测其结构。

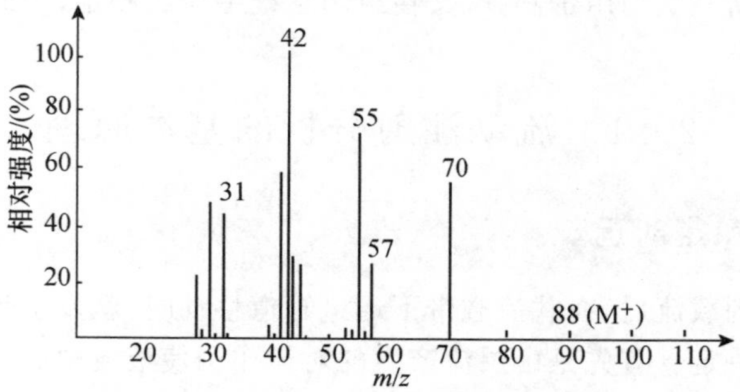

图 19.33　化合物 $C_5H_{12}O$ 的质谱图

19.7　化合物 A 含 C 47.0%，含 H 2.5%，固体，mp 83℃；化合物 B 含 C 49.1%，含 H 4.1%，液体，bp 181℃，其质谱图如图 19.34(a)(b)所示，试推断其结构。

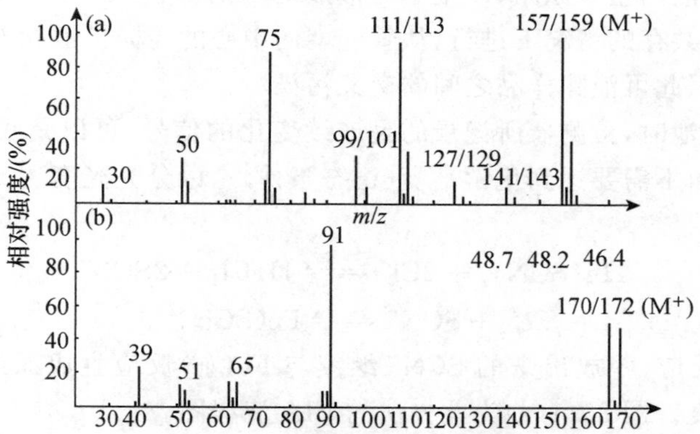

图 19.34　两种试样的质谱图

第 20 章 流动注射分析

传统的溶液化学分析方法是手工分析，其特点是将被测物与试剂均匀地混合，让反应达到化学平衡状态，根据反应过程中的化学计量关系以及试剂(滴定剂标准溶液)的用量或生成物的量(沉淀的质量、有色物质的浓度等)确定试样中被测组分的含量。这种经典的分析方法至今仍被广泛应用，也是化学分析人员基本的训练内容之一。手工分析的缺点是手续繁杂、速率慢，分析结果与分析人员的技术水平和熟练程度有关，还不可避免地使分析人员长时间接触化学药品，健康受到影响。

为了克服手工分析的缺点和困难，丹麦技术大学的 Ruzicka J. 教授和 Hansen E. H. 副教授于 1974 年提出了流动注射分析(flow injection analysis, FIA)的新概念。把试样溶液直接以"试样塞"的形式注入到管道的试剂载流中，不需反应进行完全就可以进行检测，摆脱了传统的必须在稳态条件下操作的观念，提出化学分析可在非平衡的动态条件下进行，从而大大提高了分析速度。由于样品与试剂用量甚微，又在封闭系统中完成测定，因此极大地降低了对人体的毒害和对环境的污染。

20.1 流动注射分析的基本原理

20.1.1 受控扩散和定时重现

样品被注入到试剂载流后，在载流载带下通过管道移动时，就发生带展宽或扩散。展宽区带的形状由两种作用决定。首先是由层流产生的对流作用使液流中心部分比贴近管壁部分移动得快，因此形成抛物线形的前沿。区带展宽也是扩散作用的结果。这里存在两类扩散：径向扩散和轴向扩散。径向扩散就是与流动方向垂直方向上的扩散，轴向扩散则是与流动方向平行的扩散。在细管道中后者一般不重要，但径向扩散总是重要的，尤其是流速较慢时，径向扩散可能是样品带分散的主要原因，以至于可形成对称的分析状态。流动注射分析常在对流和径向扩散两种分散共存的情况下进行，从管壁朝向中心的径向扩散起着重要作用，使分析物基本上脱离了管壁，因此可消除样品之间的交叉污染。

当样品通过流通池时，检测器所记录的是连续变化的信号，可以是吸光度、电极电位或任何其他物理参数，因而不需要达到化学平衡(稳态条件)。以分光光度法测定 Cl^- 为例，所基于的反应是：

$$Hg(SCN)_2 + 2Cl^- \rightleftharpoons HgCl_2 + 2SCN^-$$

$$Fe^{3+} + SCN^- \rightleftharpoons Fe(SCN)^{2+}$$

Cl^- 和硫氰酸汞(Ⅱ)反应，释放出来的 SCN^- 继续与 Fe(Ⅲ)反应生成深红色的硫氰酸铁配合物，再测定它的吸光度。图 20.1(a)为此方法的 FIA 流程图。

含 5～75 $\mu g \cdot mL^{-1}$ Cl^- 的溶液(S)通过 30 μL 阀注入含有混合试剂的载液中，载液由泵驱动，流速为 0.8 $mL \cdot min^{-1}$。随着注入的样品在试剂载流中扩散，流经混合螺旋管(长 0.5 m,

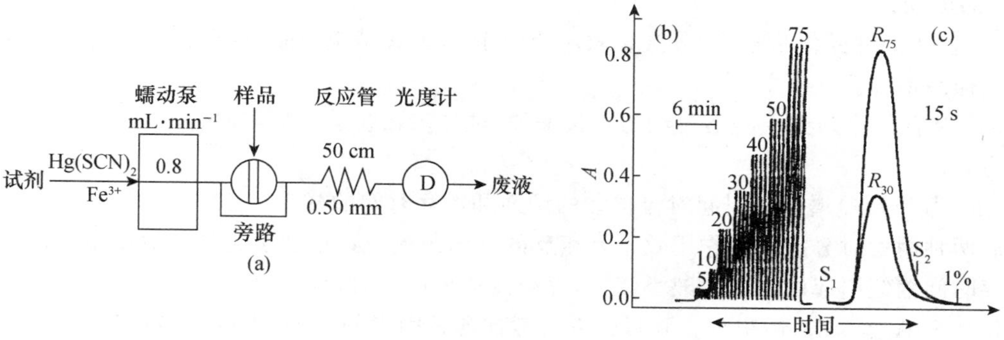

图 20.1　流动注射测定 Cl^-

(a) 流路设计图　(b) 5～75 $\mu g \cdot mL^{-1} Cl^-$ 的平行测定

(c) 30 $\mu g \cdot mL^{-1}$ 和 75 $\mu g \cdot mL^{-1}$ 样品的快速扫描

直径 0.5 mm)时就形成了硫氰酸铁,并流向检测器 D。通过微流通池(体积为 10 μL)连续测并记录液流在 480 nm 的吸光度 A[图 20.1(b)]。为了考察分析读数的重现性,在此实验中每个样品被平行注入 4 次。从浓度为 75 $\mu g \cdot mL^{-1}$ 和 30 $\mu g \cdot mL^{-1}$ 的两个样品峰的快速扫描图[图 20.1(c)]看到,当下一个样品(在 S_2 注入)到达时,留在流通池中的前一个溶液已少于 1%。当样品注入时间间隔为 30 s 时,样品就不会交叉污染。

这些实验清楚地显示了 FIA 的一个基本特点:在样品通过分析流路时,以完全相同的方法顺序处理所有的样品。流动注射体系中准确样品体积的注入、重现和精确的定时进样以及从注入点到检测点体系的完全相同的操作(所谓控制或可控分散),形成注入样品的浓度梯度,从而产生瞬间的、但可精确重现的记录信号,使得流路中的任何一点都能像稳态一样准确测量。一般用峰值作为分析信号,可以获得较高的灵敏度。

20.1.2　分散系数

为了合理地设计 FIA 体系,重要的是知道原始样品溶液在流到检测器的途中的稀释程度以及消耗的时间。为此,定义分散系数 D(dispersion coefficient)为:在产生分析读数的那个流体单元,样品物质浓度在分散前后的比值,即

$$D = c_0 / c$$

式中:c_0 为注入样品中分析物的浓度,c 为检测器中分析物的浓度。

测定一个给定的 FIA 体系的分散系数的最简单的方法是:注入已知体积的染料溶液到无色的载液中,并用分光光度计连续监测分散的染料区带的吸光度,测量记录的峰高(即吸光度),再与用未稀释的染料充满吸收池时获得的信号比较。如果遵从 Lambert-Beer 定律,两个吸光度的比值就是 D,它可以描述 FIA 管线、检测器和检测方法。例如当 $D=2$ 时,就意味着染料用载液 1∶1 稀释了。值得注意的是,分散系数的定义仅考虑了分散的物理过程,而未考虑化学反应。应该强调的是,任何 FIA 峰都是两种动力学过程同时发生的结果:区带分散的物理过程和样品与试剂间发生反应的化学过程。对每一个单独的注入循环过程,物理过程重现得很好。它不是一种均相混合,而是一种分散,其结果是在样品中形成浓度梯度。

分散系数主要受三种相互作用且可以控制的变量影响,这就是:(i) 样品体积,(ii) 管的长

度和(iii)流动速率。

(i) 注入的样品体积越大,分散系数越趋向于1,也就是说样品与载液无明确混合,因此没有发生样品稀释。

(ii) 从样品注入到检测器流经的管长增加,试样塞在管道中扩散混合的时间也增加,分散系统增大。

(iii) 载流流速增加会引起对流扩散的增强和留存时间的减少。

后两种因素对分散度的作用效果是相反的。因载流流速增加引起的分散度增加值远小于因留存时间缩短引起的分散度减小值,所以载流速率增加时,D 下降。

设计 FIA 体系时,需根据实验目的综合考虑各种因素的影响,以确定最佳流路。例如,建立的 FIA 系统是用于常规大批量分析的,那么提高分析速度、增加进样频率就是要考虑的主要方面,就应当减少进样体积,缩短管长,提高流速。

分散系数大致可分为4种情况:有限的($D=1\sim3$)、中度的($D=3\sim10$)、高度的($D>10$)以及减小的($D<1$)。相应设计的 FIA 体系已被用于各种各样的分析任务。当注入的样品以未被稀释的形式被运载到检测器时,采用的是有限分散,也就是将 FIA 体系用作将样品严格而准确地运载到检测装置(如离子选择电极、原子吸收分光光度计等)的工具。当待测物必须与载液混合并发生反应,以形成要检测的产物时采用中度分散。只有当样品必须被稀释到测量范围内时才应用高度分散。减小的分散意味着检测的样品浓度高于注入的样品浓度,即发生了在线预浓缩(例如通过离子交换柱或经过共沉淀)。

20.2 流动注射分析仪的基本组成

图 20.1(a)是最简单的流动注射体系的流程图。FIA 分析仪一般由流体驱动单元、进样阀、反应管道和检测器等组成。

20.2.1 流体驱动单元

在流动注射体系中,最常见的是用蠕动泵驱动溶液。图 20.2 表明了蠕动泵的操作原理。

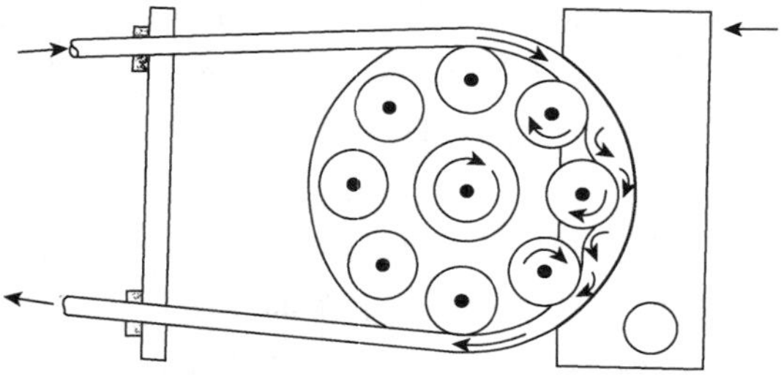

图 20.2 单管路蠕动泵示意图

蠕动泵一般都有8～10个排列成圆圈的滚轴,通过转动的滚轴将液体压进塑料或橡胶管。流速由马达的转速和管子的内径控制。若固定蠕动泵的旋转速率,流速就由每个管子的内径决定。商品化的管子具有0.25～4 mm的内径,允许流速最小为0.0005 $mL \cdot min^{-1}$,最大为40 $mL \cdot min^{-1}$。蠕动泵可以进行几个管子的同时操作,特别适于应用多种试剂但又不能预先混合的情况。

20.2.2　进样阀

进样阀(valve for injection)又称采样阀、注入阀或注射阀。用得最多、且效果最令人满意的是类似于高效液相色谱中所用的旋转式六通阀。注入样品的体积可以为 5～200 μL,典型的是 10～30 μL,用具有适当长度和内径的外部环管计量。这种"塞式"注入的进样方式对载流流动干扰很小,取样和注入过程均可精确重复。

20.2.3　反应管道

在 FIA 管线中所用的导管多数是由细孔径的聚乙烯管和聚四氟乙烯管组成,典型的内径为 0.5～0.8 mm。如图 20.1(a)所示,反应管道(reaction pipeline)通常是盘绕着的,可以增强径向扩散、减小轴向扩散,减弱试样塞增宽的程度而导致更对称的峰,获得较高的灵敏度,而且可以提高进样频率。如果在反应管道内填充直径为管道内径 60%的玻璃球,则称为单珠串反应器,用这种管道可以得到十分对称的峰形,而分散程度比同规格内径的敞口直管反应器的分散度小 10 倍。

为了连接管道,并使液流按需要分支或集合,经常使用被称为"化学块"或"功能组合块"的装置。在"化学块"的管道连接处可以产生"径向效应",使试样与试剂有效地混合,因而提高进样频率和分析灵敏度。

20.2.4　检测器

FIA 实际上可以与任何类型的检测器(probe unit)相匹配,这也是 FIA 取得很大的成功的原因之一。例如 AAS、AES、分光光度计、荧光光度计、电化学系统、折射仪等。

带流通式液槽的分光光度计检测器是 FIA 中用得最多的。流通池和一般吸收池的区别在于:流通池是动态测定的,吸收池是静态测定的。除了为获得一定的灵敏度而要求有足够的光程外,还要求流通池体积尽可能小,以便减少载流量、试剂量、试样量,并提高分析速度。在液体流通的区域内要避免死角,以避免试样残余液滞留于死角区影响重现性,或截留气泡而干扰测定。图 20.3 中(a)、(b)为两种常用的玻璃或石英流通池。在最近的设计中,广泛地使用了光导纤维把光束从分光光度计引入流动注射分析系统,使检测更为方便。

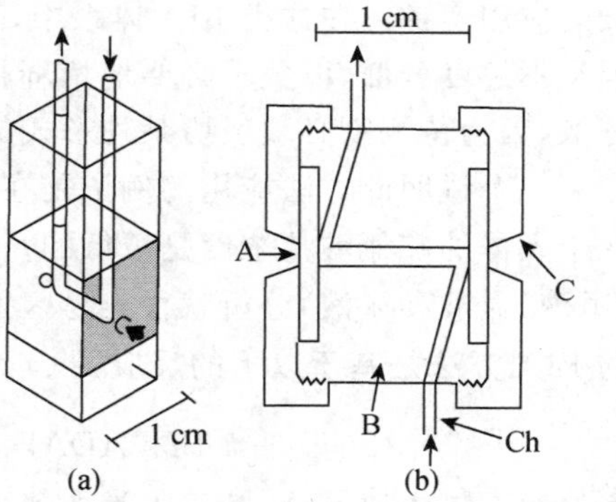

图 20.3　分光光度法中的流通池

(a) 固定在多数商品光度计上的 Hellma 池
(b) Z 型池,其中 A 为透明窗,B 为聚四氟乙烯池体,C 为池体套,Ch 为入口通道

离子选择电极检测器也是 FIA 中常用的一种检测器。载流流过离子选择电极的敏感膜表面,然后再与参比电极接触。通过控制流入流出管口的液流流量调节池中载流的液位。因被测的只是冲刷电极敏感膜表面的很薄的一层液体,其有效体积很小,约为 10 μL。pH 电极、钾离子、硝酸根离子、锂离子等离子选择性电极已成功地用于 FIA 系统中。其他类型的电极和材料也可以和 FIA 微管道技术结合,实现电导法、伏安法或库仑法的微型化。

20.3 FIA 技术及应用

20.3.1 用于重复的和精确的样品传送

由于 FIA 固有的严格定时性，可以用此项技术将给定的样品精确而重复地传递到检测器，从而保证每一个测量循环过程中所有的条件严格保持一致。当火焰原子吸收光谱、原子发射光谱或电感耦合等离子体原子发射光谱与 FIA 结合时，样品的等分试样被直接吸入火焰或等离子体，这些分析仪器的性能就会获得改善，且在某些情况下被大大加强。与传统的样品溶液吸入法相比，可以提高进样频率，进样速率可达 300 样 $\cdot$ h^{-1}。更重要的是，在一般吸入一个样品的时间内可以分别注入两份样品，这意味着 FIA 法不仅能提高精度，也能改善准确度。另一个优点是样品与检测器接触的时间非常短，其余的时间可以用载液清洗检测器。这意味着有高的清洗-进样比，因此可以大大地减少或消除由高浓度盐造成的燃烧器堵塞的机会。

有限分散注入也被用于电化学检测器中。以动态方式操作的很多离子选择性电极容易获得快速、重现的读数。应用 FIA 体系获得 pH、pCa^{2+} 或 pNO_3^- 仅需小体积样品（$\approx$25 μL）和很短的测量时间（$\approx$10 s），也就是说在稳态平衡建立前就被测定了。离子选择性电极也常常对所研究的离子和干扰物质表现出动力学分辨能力。由于在样品与电极的短的作用时间里，传感器可能对不同物质的响应明显不同，因而可改善传感器的选择性和检测下限。

20.3.2 FIA 转换技术

FIA 转换技术（conversion techniques）可以被定义为：借助适当的样品预处理、试剂生成或基体改性，通过动力学控制的化学反应使不能被检测的物质转化成可被检测的成分的过程。图 20.1 所示的体系中，Cl^- 的检测显然需要通过化学反应才能进行，这是一个很好的中度分散的应用实例。在这类 FIA 体系中，分散应当足够快，以使样品和试剂部分混合，发生反应，但又不过度分散，以免不必要地稀释待测物，使检测灵敏度降低。多数 FIA 步骤是基于中度分散，因为待测物必须经历某种形式的智能“转化”。

一个说明此方法应用的例子是在临床化学中有意义的硫氰酸盐的测定，除了吸烟者外，存在于人体的硫氰酸盐浓度是极低的。硫氰酸盐在人体中的半衰期大约是 14 d，因此通过体液（唾液、血液和尿液）分析就很容易区别吸烟者和非吸烟者。一个测定硫氰酸盐的快速而简便的 FIA 方法是基于以下的反应：

$$SCN^- + 5\text{-Br-PADAP} + K_2Cr_2O_7 \xrightarrow{2\ \text{mol}\cdot L^{-1}\ H^+} \text{红色产物(亚稳态)}$$

该反应产物生成迅速，摩尔吸光系数很高，但随后就褪色，寿命约 10 s。因此在生色最大的那一刻读数很重要。而且即使没有硫氰酸根存在，5-Br-PADAP 和重铬酸盐也会逐渐发生反应，生成在测定波长（570 nm）有吸收的组分，即形成消极的背景信号，且随反应时间而增大。如图 20.4 所示，待测物的瞬间信号为时间的函数，先增加，后减少，而背景信号却稳定地增加。通过 FIA，适当地设计分析体系，有可能调节样品停留时间，从而精确地在两个信号之差最大时（由箭头和垂直虚线表示）进行有效的检测。图 20.5 绘出了用 FIA 系统获得的实际响应信号：左侧显示的是一系列标准水溶液的信号，右侧是来自吸烟者的 5 个唾液样品和来自非吸烟者的 5 个样品。正如图中所见，吸烟者与不吸烟者形成明显不同的两组。而从分析的观点来说更有意义的是，尽管背景信号相对较高，但所有两次进样的重现性是非常令人满意的。

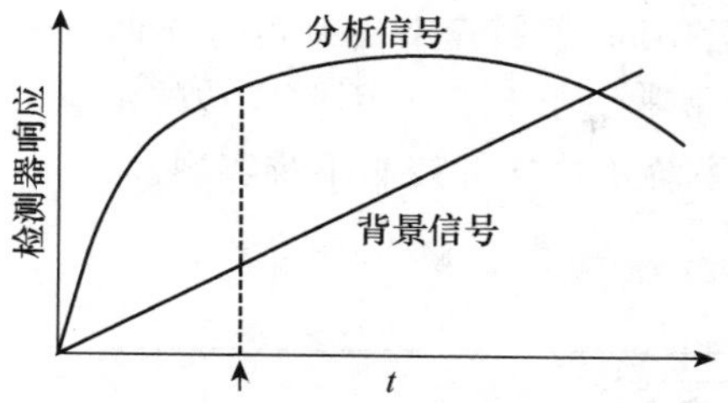

图 20.4　在一个背景信号稳定增加的体系中，利用 FIA 测定亚稳态物质

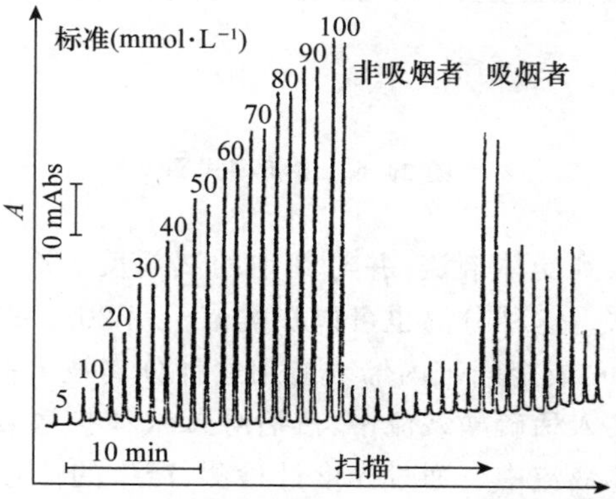

图 20.5　用 FIA 系统获得的硫氰酸盐信号

对于氧化还原过程中产生的"瞬态"试剂，如 Ag(Ⅱ)、Cr(Ⅱ)或 V(Ⅱ)，由于其本身固有的不稳定性，在通常的分析条件下是不能对其进行检测的，但在 FIA 体系中可以提供保护性环境，形成并应用这些试剂。

20.3.3　多相转换技术

在 FIA 系统中可以通过多相转换技术提高分析测定的选择性。例如把气体扩散、渗析、溶剂萃取、离子交换或固定化酶等操作与管线步骤结合，以便将样品成分转变成可检测的物质。

1. 固定化酶反应器

当在 FIA 模式中应用填充到小的柱型反应器中的固定化酶时，不仅能提供选择性、经济性和由于固定化而获得的稳定性，而且也保证了严格的重现性，从而保持了分析周期之间固定的转换程度。另外，通过小体积内高浓度的固定化酶，可以使底物在样品稀释度最小时充分而快速地转化，小的分散系数又能降低检测下限。

2. 渗析和气体扩散

渗析常被用于从高相对分子质量的物质(如蛋白质)中分离无机离子，如 Cl^-、Na^+ 或小的有机分子，如葡萄糖。小的离子和分子可以较快地扩散通过薄的醋酸纤维素或硝酸纤维素亲水膜，大分子则不能。在血液或血清中的离子和小分子测定之前常需要进行渗析。

图 20.6 为渗析模式图。分析物离子或小分子从样品溶液透过膜进入接受溶液，其中常含有试剂，与分析物反应形成有色物质，然后用光度法测定。干扰测定的大分子则留在原来的溶

液中。膜被支撑在两个塑料盘中间，塑料盘上刻有适合于两部分溶液流动的沟槽。小分子通过膜的迁移通常是不完全的(常常小于 50%)，因此成功的定量分析需要严格控制样品和标准溶液的温度和流速。在 FIA 系统中这样的控制不难实现。

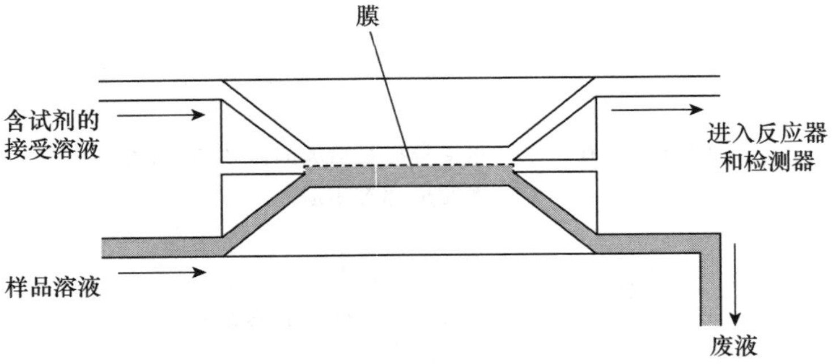

图 20.6 渗析模式图

让气体从给体液流扩散到受体液流，并与其中的试剂反应而被检测，是可以通过 FIA 技术进行的高选择性测定方法。这种分离也可以在类似于图 20.6 的部件中进行。这时，膜通常是疏水性的微孔膜，如 teflon 或全同聚丙烯。应用这种分离技术的一个典型例子是水溶液中总碳酸盐的测定。样品被注入稀硫酸载流中，然后导入气体扩散装置，在那里，释放出的 CO_2 扩散到含酸碱指示剂的受体液流中。通过光度计检测，产生的信号正比于样品中碳酸盐含量。

3. 溶剂萃取

溶剂萃取是很有效的分离和富集方法之一。但有机试剂污染环境，严重损害人的健康，因而影响了这门技术的发展和应用。FIA 溶剂萃取方法是在密闭体系中连续进行的，使用的有机溶剂少，是实现自动化萃取的一个良好途径。分离出的含有分析物质的有机相最后可通过分光光度计、原子吸收光谱仪等检测器进行检测。

4. 离子交换树脂填充反应器

阴离子很少形成有色组分，以至难于直接用光度法进行测定。在 FIA 系统中引入 OH^- 型阴离子交换树脂柱，将含有阴离子的试样溶液注入到弱碱性的载流中并流经阴离子交换柱，柱上等摩尔的 OH^- 离子从树脂上释放出来，接着与含有酸碱指示剂的弱酸性溶液汇合。通过测定酸碱指示剂颜色的变化即可间接测定样品中阴离子的含量。也可以用硫氰酸根型的阴离子交换树脂使注入的阴离子取代等摩尔的硫氰酸根，再与含有 Fe(Ⅲ)的液流汇合，形成深红色的配合物进行光度法检测。

20.3.4 流动注射滴定

在流动注射装置中可以连续滴定(continuum titration)。将待滴定的样品直接加入到滴定剂载流中，在混合室中很好地混合，产生适当的浓度梯度，在这分散的试样带的头部和尾部均可存在着使待测物和滴定剂达到化学计量点的流体单元，这两个流体单元的分散系数相同。两点间的距离随注入样品浓度的增大而增大，随载流中滴定剂浓度的增大而减小。检测信号半高处的峰宽与被滴定物质浓度呈正比。这类滴定可以 60 样 · h^{-1} 的速率进行。所有传统的滴定方法均可在 FIA 滴定体系中得到体现。

20.3.5　在线预富集

预富集后流入检测器的样品浓度可能比注入样品的浓度大得多，此时 $D<1$。FIA 预富集的步骤是：将较大体积的试样注入流路，通过微型填充反应器时将待测组分保留在那里，然后用少量洗脱剂将反应器中的待测组分洗脱下来并流经检测器。用这种离子交换预富集的主要优点是，在从注入到检测器的所有时间内，所有的样品和标准均准确地得到相同的处理，并且对所有的样品和标准用的是同样的离子交换柱。由于任何时候流路的几何构型和随后可能发生的化学反应都受到严格的控制而保持重现，因此待测组分被吸附的完全程度并不重要，但紧接着进行的洗脱必须是定量的，否则将发生样品的交叉污染。

用 FIA 体系可以很方便地通过共沉淀富集再溶解的方法进行分离。例如饮用水中痕量 Se(Ⅳ)或 As(Ⅲ)的测定，在共沉淀预浓缩的同时也与基体组分分离了。

20.3.6　停-流技术

FIA 停-流法是继 FIA 滴定法以来应用最多的一种梯度技术(gradient techniques)。该法是在试样带进入流通池的某一确切时刻停泵，记录反应混合物在静态条件下进一步反应的参数(如吸光度等)，当记录曲线上升到所需高度时就可以启动蠕动泵继续测定。在停泵时间内分散基本不变而反应趋向完全。每次测量时，只要保证泵停止和启动时间不变，就能获得很好的重现性。改变停泵时间就可获得不同的 FIA 停-流曲线，即可获得不同的检测灵敏度。如果正好停在峰位上，则可获得最高灵敏度。由于停-流的时机和时间长短都可以精确控制，在同一停-流时间内物理参数的变化即是反应速率的标志，所以停-流法也能用于测定反应速率。由于固有的自动背景控制，停-流法特别适合于样品基体的背景值差异很大的应用领域，例如临床化学、生物工程和过程控制等。

流动注射分析这一新颖而独特的分析方法在环境监测、地质冶金、临床医学、农业、林业等诸领域得到了广泛的应用。它的精确控制几乎适于任何分析领域，它的灵活设计组装使功能可以无止境地发展。

参 考 资 料

[1]　[丹麦] Ruzicka J, Hansen E H 著；徐淑坤，朱兆海，范世华，袁有宪，方肇伦译. 流动注射分析. 北京：北京大学出版社，1991.

[2]　Skoog D A et al., Principles of Instrumental Analysis, 5ed., Harcourt Brace and Company, 1998.

[3]　Kellner R, Mermet J-M, Otto M, Widmer H M et al., Analytical Chemistry. USA, New York: Wiley-VCH, 1988.

思考题与习题

20.1　FIA 与传统的批量分析方法之间的特征区别是什么？

20.2　如何定义 FIA 中的分散系数 D，对于给定的 FIA 体系如何测定之？

20.3　为什么以 FIA 方式操作离子选择电极和生物传感器是有利的？

20.4　FIA 与 AAS 结合会提供哪些特殊的优点？

20.5　初生态试剂意味着什么？为什么 FIA 中可用初生态试剂？

20.6　举例说明在线样品预浓缩应用于 FIA 的意义。

20.7　什么是 FIA 的梯度技术？

20.8　FIA 中的停-流测量方法的意义是什么？

第 21 章　电路和测量技术基础

仪器分析的发展和电子学的发展密切相关。信号的发生、转换、放大和显示都可以用电子线路快速而方便地完成。一个化学工作者具有一些这方面的知识，对有效地利用分析仪器是有益的。

本章将简要讨论电路和测量方面的一些基本知识。关于更进一步的内容，可参阅有关的资料。

21.1　简单电路在测量中的应用

21.1.1　电流表测量电流和电压

电流表是当电流通过一个悬挂在固定磁场中的线圈时，由于电磁作用，产生转动。指针的偏转正比于线圈中通过的电流。

测量电流时电流表要串联在电路中，常用分流电路来改变并扩大量程。电流表的内阻越小，测量误差就越小。

测量电压时电流表采用并联的方式接入电路。要扩大电压量程就要串联一些电阻。电流表的内阻越大，测量误差越小。

21.1.2　比较测量法

图 21.1 是比较测量法的一个例子。图中 U_s 为 Weston 标准电池，在 25 ℃其电动势为 1.0183 V，U_x 为待测电压，G 为灵敏的指零电流计。测量步骤如下：

(1) 接通开关 P，选择开关 S 倒向 1，将 C 指到 1.0183 V 处(25 ℃时)。连续调节电位器 R，不时将 K 短时间按下。当按下 K 时，G 的指针不动(指零，即无电流流过 G)，便停止调节 R，此时线性电压分压器的刻度已校准好。

(2) 将 S 倒向 2，连续改变 C 的位置，直接按下 K 时，G 指零，此时 C 的刻度就是 U_x 的电压值。

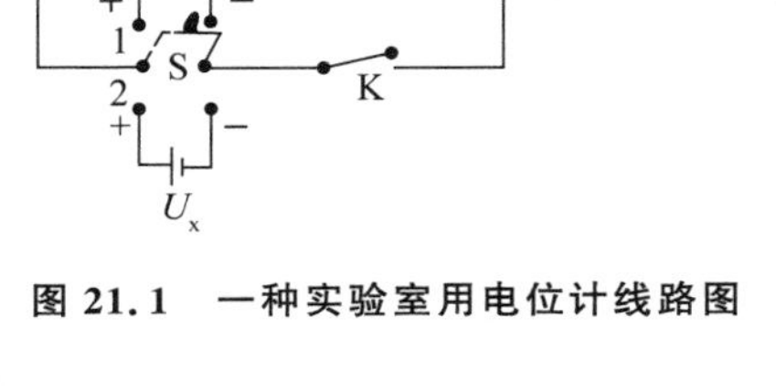

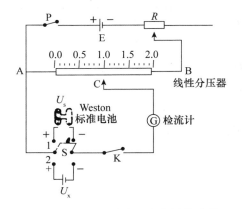

图 21.1　一种实验室用电位计线路图

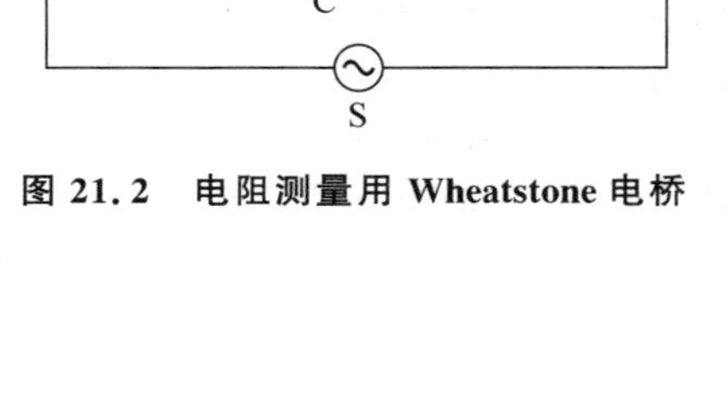

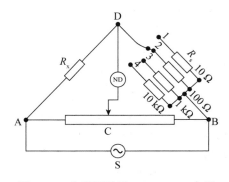

图 21.2　电阻测量用 Wheatstone 电桥

21.1.3　电阻测量——Wheatstone 电桥

图 21.2 中：AB 为均匀的电阻丝并有刻度；S 为交流信号源，通常能提供 6～10 V、1000 Hz 的交流信号；R_s 为标准电阻，有若干档供选用；ND 为零点指示器，电桥平衡时，D、C 两端电相位等，这时

$$R_x R_{BC} = R_s R_{AC} \tag{21.1}$$

21.1.4　记录仪

图 21.3 是实验室常见记录仪工作原理图。待测信号 U_x 不停地与一个有参比电压 U_R 的电位计输出做比较。比较产生的电位差用一机械斩波器转换成交流信号。斩波器是一个交流电磁铁簧片，随着交流电源的波动而上下振动。它产生的交流信号通过斩波放大器（交流耦合的功率放大器）放大，推动可逆马达转动。该马达通过传动皮带又带动记录笔和滑动接头，马达转动直到电位计输出与 U_x 之差降至零停止。记录纸由同步马达驱动。

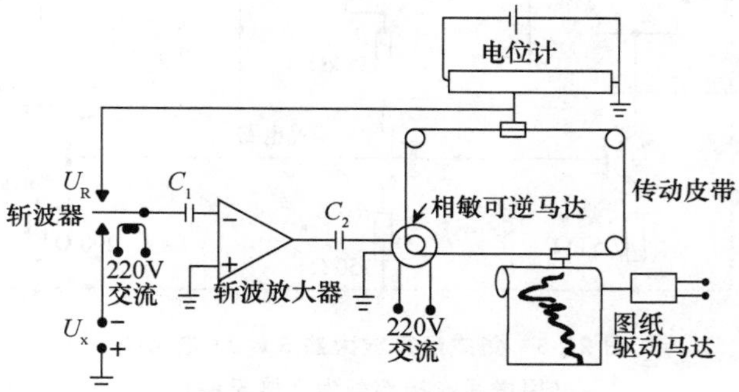

图 21.3　自平衡记录式电位计示意图

马达由两组线圈组成：如图 21.4 所示：一组是固定的（定子），一组是转动的（转子）。通电后它们产生的磁场是互相垂直的。两个线圈都供给频率相同的交流电（如 50 Hz）。由于电容 C 的作用，两个线圈的交流电流的相位差为 90°，因此产生旋转磁场，使马达转动。但是只要任何一个线圈的电压倒相（改变 180°），马达就会反转。任何一个线圈停止供电，马达就停止转动。可逆马达就是这样工作的，它可以改变方向转动。同步马达是不改变线圈供电方式的，它向一个方向恒速转动，转速由电源频率 f 决定。

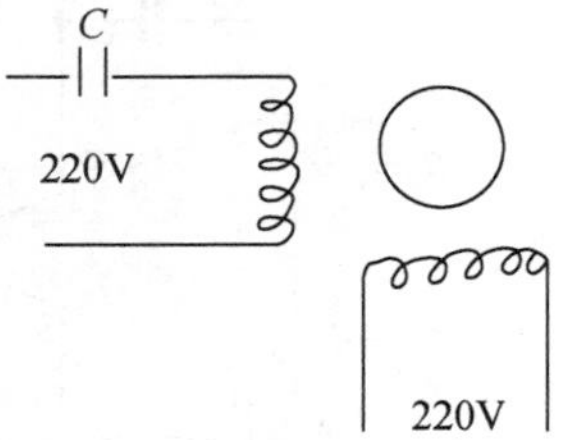

图 21.4　马达线圈示意图

记录过程中，只要 U_x 的变化不是很快，电位器中心滑动点的电位每时每刻都和 U_x 处于平衡状态，因此与滑动点联动的记录笔就能自动地将 U_x 的变化画出相应的曲线。

21.2　运算放大器与测量

21.2.1　运算放大器

运算放大器(operational amplifier)是一种高增益、宽频带、直流耦合的差分放大器,使用时一定采用负反馈电路。

图 21.5 是一种运算放大器的电路图,它由输入级、中间级、输出级和偏置电路组成。输入级采用差分放大电路。图 21.6 是它的外部接线图,它的符号及等效电路见图 21.7。

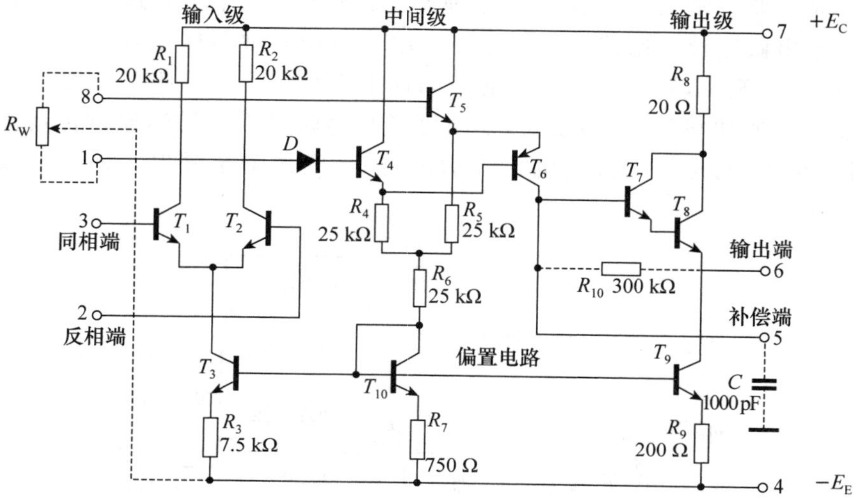

图 21.5　集成运算放大器 5 G 23 电路图

(用虚线连接部分为外接元件)

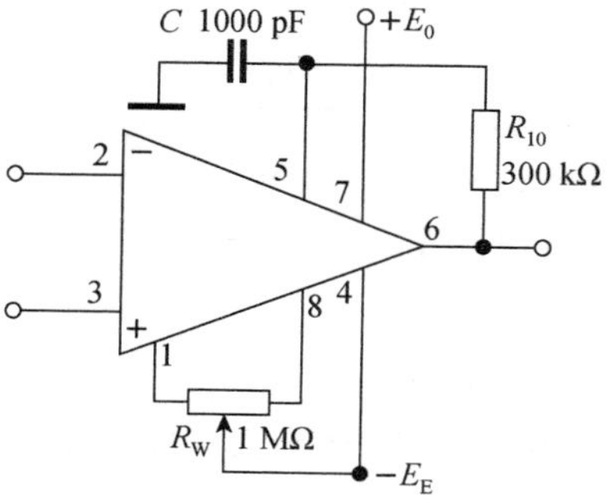

图 21.6　5 G 23 的外部接线图

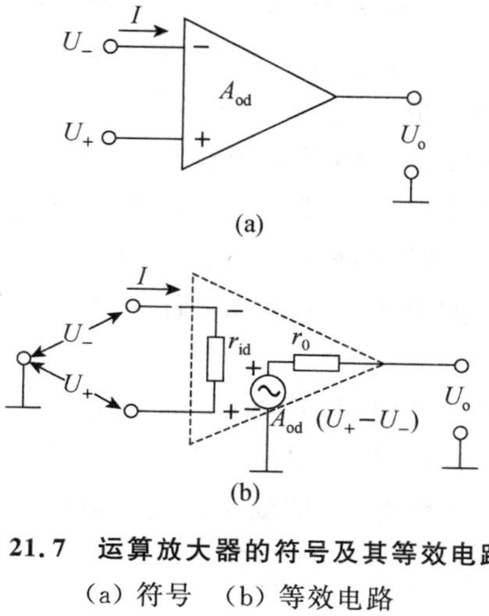

图 21.7　运算放大器的符号及其等效电路

(a) 符号　(b) 等效电路

1. 负反馈的连接

负反馈的连接如图 21.8。通过图中的 R_f，将输出的一部分输入(反馈)到输入的反相端。反馈就是将输出信号的一部分返送到输入信号里，若加强原信号为正反馈，减弱则为负反馈。负反馈可以大大提高放大器的稳定性。当输入信号不变，由于放大器参数的变化，使放大倍数有增加或减少时，输出信号增加或减少，反馈信号也增加或减少，使得有效的输入信号减少或增加，达到稳定。

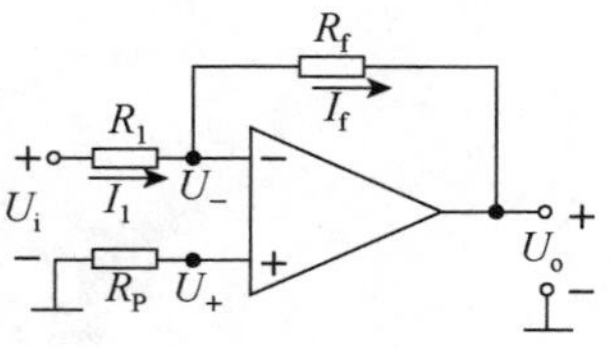

图 21.8　反相输入放大器

2. 运算放大器的主要特性

运算放大器是高性能的放大器件，主要特性列于表 21.1 中：

表 21.1　运算放大器的主要特性

特　性	理想性能	实际性能
开路增益	∞	$10^4 \sim 10^8$，一般 10^5
输入阻抗	∞	$10^5 \sim 10^{13}$ Ω，一般 10^6 Ω
输出阻抗	0	1～10 Ω
输出电流	足够大	5～100 mA
频率范围	带宽无限	10～100 kHz

3. 运算放大器的典型线路

图 21.9 是运算放大器的典型常见电路。放大后的输出 U_o 与输入 U_i 有 180°的相位差，由于相位移动是负的，故通过电阻 R_f 被反馈回去的那部分输出。

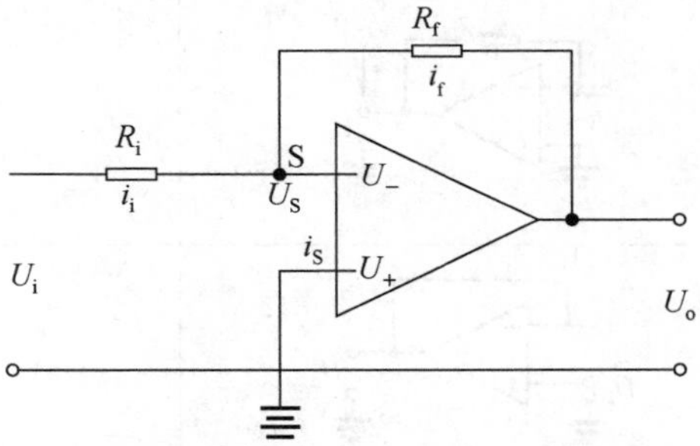

图 21.9　运算放大器典型连接电路

4. 运算放大器的增益

$$a = \frac{U_o}{U_+ - U_-} \tag{21.2}$$

由于 $U_+ = 0$(接地)，$U_s = U_-$，则

$$a = -\frac{U_o}{U_s} \tag{21.3}$$

由 S 点，有

$$i_i = i_s + i_f \tag{21.4}$$

运算放大器的输入阻抗很高，故 $i_s \ll i_f$

$$i_{\mathrm{i}} \approx i_{\mathrm{f}} \tag{21.5}$$

$$i_{\mathrm{f}} = \frac{U_{\mathrm{s}} - U_{\mathrm{o}}}{R_{\mathrm{f}}} \tag{21.6}$$

$$U_{\mathrm{s}} = -\frac{U_{\mathrm{o}}}{a} \tag{21.7}$$

$$i_{\mathrm{f}} R_{\mathrm{f}} = -\frac{U_{\mathrm{o}}}{a} - U_{\mathrm{o}} = -\left(1 + \frac{1}{a}\right) U_{\mathrm{o}}$$

由于 $a \gg 1$

$$U_{\mathrm{o}} = -i_{\mathrm{i}} R_{\mathrm{f}} \tag{21.8}$$

另外

$$i_{\mathrm{i}} = \frac{U_{\mathrm{i}} - U_{\mathrm{s}}}{R_{\mathrm{i}}} \tag{21.9}$$

由于 i_{s} 很小，接近于零，S 点的电位趋近于地电位。因此，S 点被认为处于电路的“虚地”，即

$$U_{\mathrm{s}} \approx 0$$

则

$$U_{\mathrm{o}} = -\frac{R_{\mathrm{f}}}{R_{\mathrm{i}}} U_{\mathrm{i}} \tag{21.10}$$

运算放大器的典型用法归纳于表 21.2 中。

表 21.2　运算放大器的一些典型用法

类　　型	电　　路	关系式和说明
电流跟随器	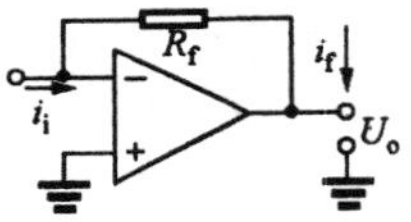	$U_{\mathrm{o}} = -i_{\mathrm{i}} R_{\mathrm{f}}$
电压跟随器	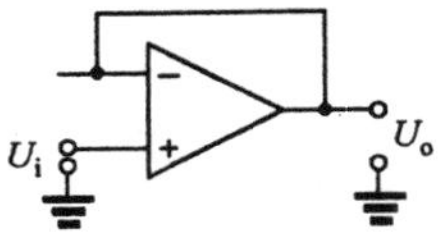	$U_{\mathrm{o}} = U_{\mathrm{i}}$
分压器或反相器 （乘、除运算）	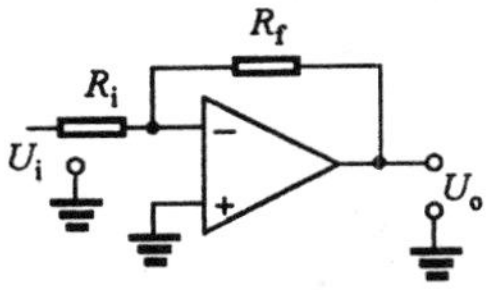	$U_{\mathrm{o}} = -U_{\mathrm{i}}\left(\frac{R_{\mathrm{f}}}{R_{\mathrm{i}}}\right)$ $R_{\mathrm{f}} = R_{\mathrm{i}}$ 反相器 $R_{\mathrm{f}} < R_{\mathrm{i}}$ 分压器 $R_{\mathrm{f}} > R_{\mathrm{i}}$ 电压放大器
加和器 （加、减运算）	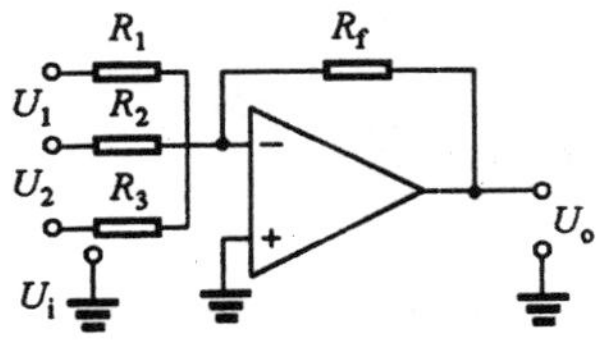	由于 $i_{\mathrm{f}} = i_1 + i_2 + i_3$ $U_{\mathrm{o}} = -\left[U_1\left(\frac{R_{\mathrm{f}}}{R_1}\right) + U_2\left(\frac{R_{\mathrm{f}}}{R_2}\right) + U_3\left(\frac{R_{\mathrm{f}}}{R_3}\right)\right]$

续表

类　型	电　路	关系式和说明
微分器	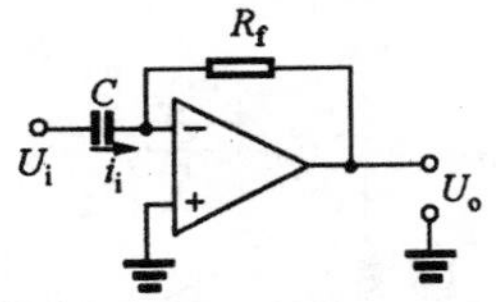	由于 $i_i=C\dfrac{dU_i}{dt}$，$U_o=-i_iR_f$ $U_o=-R_fC\dfrac{dU_i}{dt}$
积分器 （电流积分）	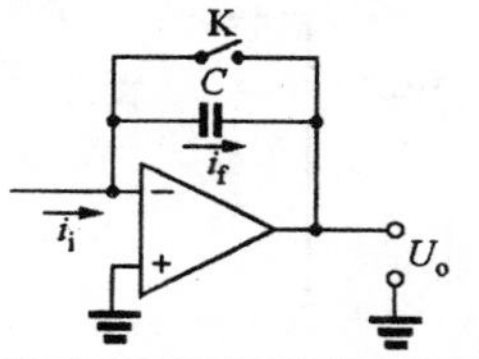	由于 $i_f=-C\dfrac{dU_o}{dt}=i_i$ $dU_o=-\dfrac{i_i}{C}dt$ $U_o=-\dfrac{1}{C}\int i_i dt$
积分器 （电压积分）	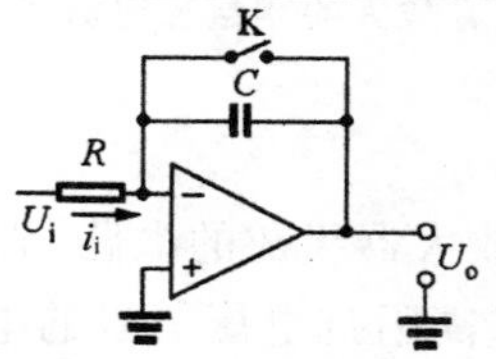	由于 $i_i=\dfrac{U_i}{R}$，代入上式 $U_o=-\dfrac{1}{RC}\int U_i dt$
对数	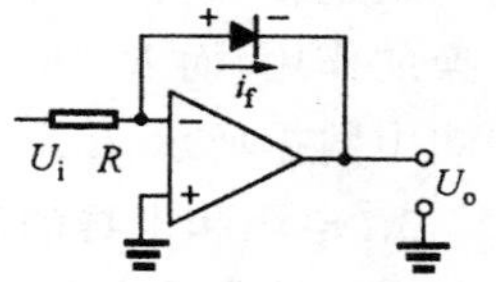 或 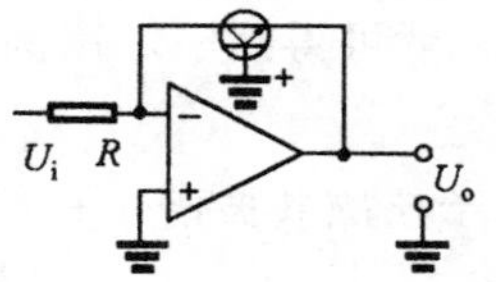	$U_o=-U_f=-k_1(\ln i_f-k_2)$ $i_f=i_i=\dfrac{U_f}{R}$ $U_o=k_1\lg U_i+k_2$ 把晶体三极管的集电极与基极短路，或使其电位差为零，接成二极管形式，则集电极电流 i_c 与某一射极电压 U_{BE} 之间可以在很宽范围内保持严格对数，且优于二极管。
反对数	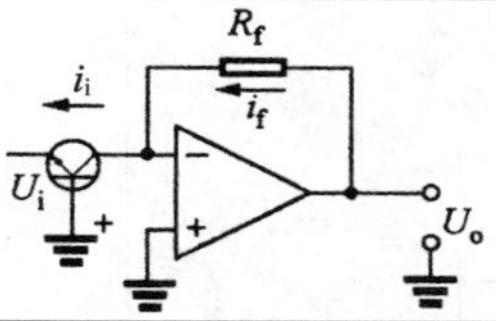	$i_i=k_1\exp(k_2U_i)$，$i_i=i_f$ $U_o=i_fR_f$ $U_o=k_1\text{anti}\lg(k_2U_i)$

21.2.2　应用举例

1. 电流的测量

光电管产生的光电流 I_x 为

$$I_x=I_f+I_s\approx I_f$$

$$U_o=-I_fR_f=-I_xR_f$$

$$I_x=-U_o/R_f \tag{21.11}$$

R_f 的大小，可以用来调节测量范围。如 R_f 是 100 kΩ，1 μA 电流就会有 0.1 V；若 1 kΩ，就要 0.1 mA，产生 0.1 V。

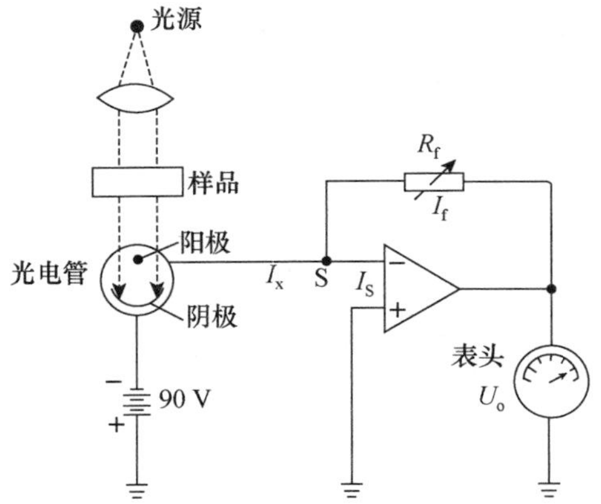

图 21.10　用运算放大器测量光电流 I_x

2. 电压的测量

图 21.11 是一个由电压跟随器和反相放大器组成的电路，它们构成一个既能放大、又能测量高阻抗电压信号的电压测量器件。运算放大器的输入阻抗较高，输出阻抗较低，电压跟随器起了阻抗转换的作用，而 R_f/R_i 构成反相放大器的放大倍数。如图中数据所示，$U_m=20\ U_x$。

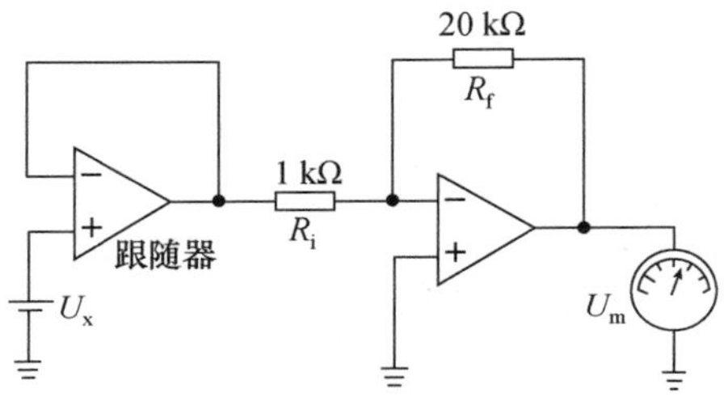

图 21.11　一种供电压放大用的高阻抗线路

3. 电阻和电导的测量

在电路中用一恒定电位代替 U_i，把要测的电阻和电导（电解池、热敏电阻、热辐射计等）代替 R_i 或 R_f，就可得到一定比例变化的输出电压 U_o。

4. 积分计算

图 21.12 为典型的积分线路，可以应用于核磁共振谱仪和色谱仪中。

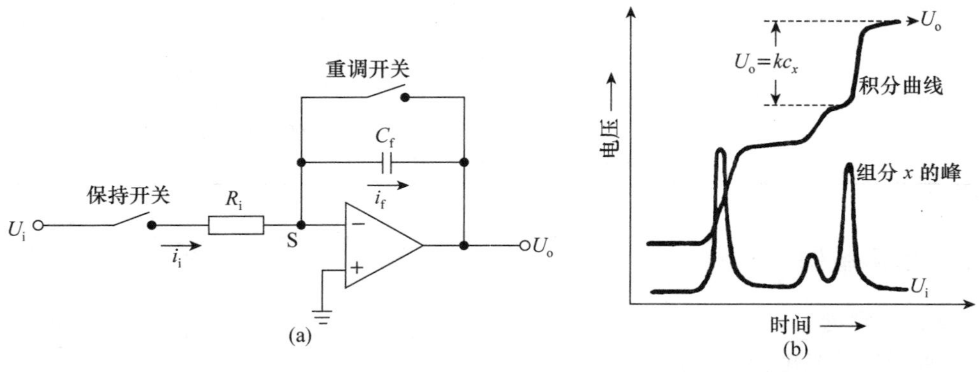

图 21.12　积分线路(a)和色谱图及其时间积分(b)

其中 U_o 正比于组分 x 的浓度

积分计算的关系可见式(21.12)和表 21.2。它可以得到输出电压是输入电压的时间积分。在时间为零时，断开重调开关和合上保持开关，就可得到定积分。若在时间 t 时断开保持开关，积分就将终止，U_o 保持一个恒定值。合上重调开关，电容器充电，新的一次积分运算又开始。

$$U_o = -\frac{1}{R_i C_f}\int_0^t U_i \mathrm{d}t \tag{21.12}$$

5. 微分计算

$$U_o \approx -R_f C_i \frac{\mathrm{d}U_i}{\mathrm{d}t} \tag{21.13}$$

微分计算电路也是分析中常见的电路，如图 21.13 所示。小电容 C_f 和小电阻 R_f 的引入是为了滤掉高频电压，而又不致明显地使所测信号衰减。其运算关系列于表 21.2 中。

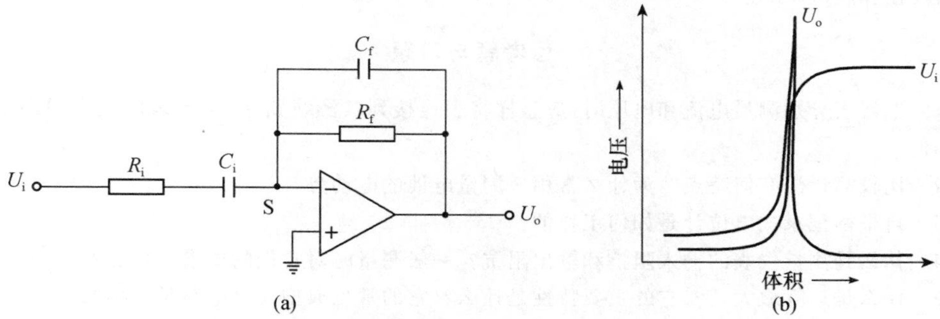

图 21.13　一种实用的微分线路(a)和滴定曲线 U_i 及其导数 U_o(b)

6. 恒电位源

参比电池，如 Weston 电池，可以提供恒电位源，但它通过的电流不能很大，否则不能维持其电位的恒定。当它与运算放大器连接时(如图 21.14)，就构成一个可使相当大电流通过的标准电源。由于 S 点处于虚地，且

$$\begin{aligned} U_o &= U_s \\ IR_L &= U_o = U_s \end{aligned} \tag{21.14}$$

这时通过 R_L 的大电流，来自运算放大器，而不来自标准电池。

7. 恒电流源

分析仪器有时需要恒电流源，如保持通过电解电池的电流恒定，它不受输入功率或电池内阻变化的影响。图 21.15 构成了这种电路。

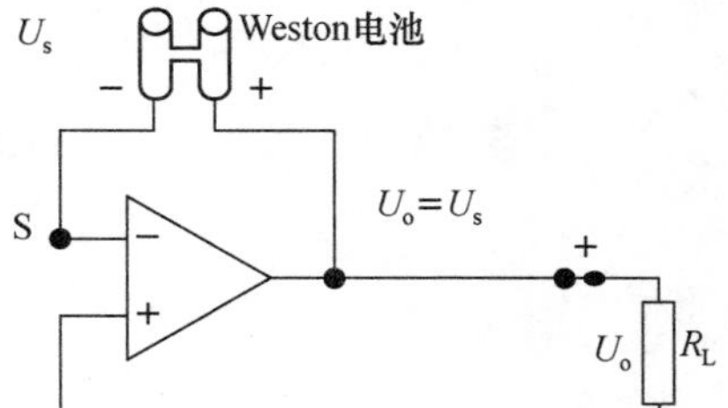

图 21.14　恒电位电路

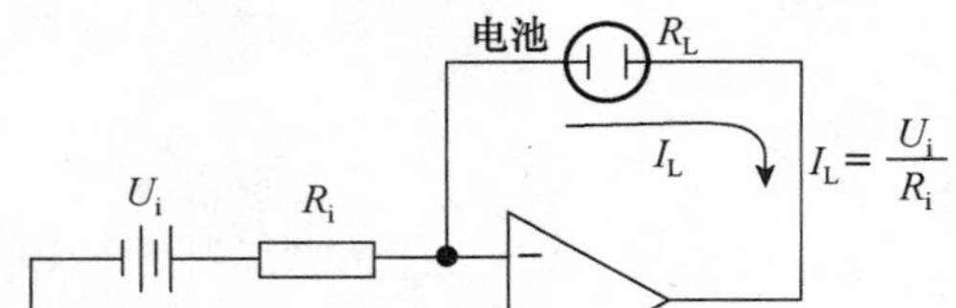

图 21.15　恒电流电路

$$I_L = I_i = \frac{U_i}{R_i} \tag{21.15}$$

U_i 和 R_i 是保持恒定的，I_L 也就恒定。

参 考 资 料

［1］ 冯建国，冯建兴. 分析仪器电子技术. 北京：原子能出版社，1986.

［2］ 武汉大学《电子线路》教材编写组编；梁明理改编. 电子线路（第二版）. 北京：高等教育出版社，1988.

［3］ Skoog D A，Haller F J and Nieman T A. Principles of Instrumental Analysis，5 ed.. Harcourt Brace and Company，1998.

思考题与习题

21.1 电流表分别测量电流和电压时，应怎样将表连接到被测线路中，电流表的内阻对测量误差的影响又如何？

21.2 比较测量法有何特点？为什么常用来测量电池的电动势？

21.3 自平衡记录式电位计是如何工作的？

21.4 什么是测量仪表的输入阻抗和输出阻抗？一般测量时对它们的要求是什么？

21.5 什么是运算放大器？它的主要特性是什么？它的常见典型连接电路是怎样的？

21.6 负反馈的特点是什么？使用负反馈有何好处？

21.7 试用运算放大器典型用法表中的各种关系，分析实验中遇见的实例。

第 22 章 微型计算机在仪器分析中的应用简介

随着微电子技术的迅速发展，微型计算机（简称微机）的性能价格比大幅度提高，微机和微处理器在仪器分析中的应用也因此得到了迅速发展。它已从离线（off-line）模式，逐步发展到在线（on-line）及嵌入（in-line）模式，随之分析仪器的自动化、智能化程度也越来越高，许多用于长时间、全自动分析的仪器已开发出来，并用于各种日常分析之中。

22.1 微型计算机简介

随着微电子技术的发展，现在微机的运算能力远比当年的巨型电子计算机优异得多。要使微机正常工作，应配置适当的硬件和软件。

22.1.1 微机的硬件

微机主要由中央处理器（central processing unit，CPU）、存储器及输入或输出设备组成，这些部件通过总线结合在一起（图 22.1）。CPU 是微机的大脑，微机的所有动作，如信息接收，处理、存储及输出均由 CPU 控制。微机中处理的信号是二进制的，其信号流由高电平（1）和低电平（0）组成，数字和字符必须转化为二进制代码再输入 CPU 处理；同样，结果也必须经转换后才能输出。

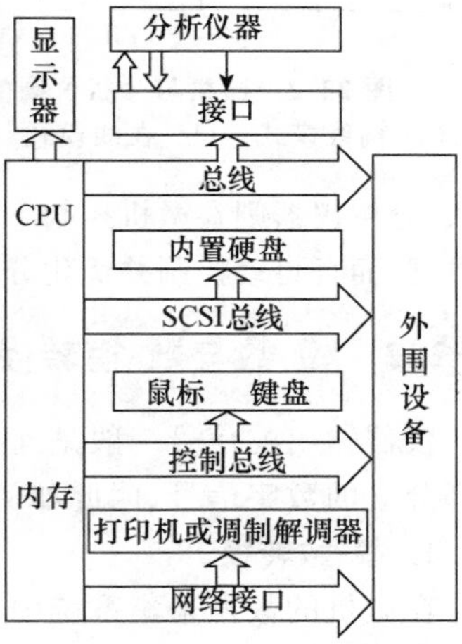

图 22.1 微机的基本结构

决定微机性能的主要因素有 CPU 处理速度（现在可达 3.0 GHz 甚至更高）、动态存储能力（内存）及存储能力等，微机配备的输入或输出设备，如硬盘、USB 存储设备、软盘驱动器、光盘机、扫描仪、打印机等也对微机性能有一定作用。

22.1.2 微机的软件

微机的工作是由程序来控制的，由于微机只能处理 0 和 1 两种状态信号，所以让机器工作的操作程序必须是相应的由 0 和 1 组成的代码（称为机器码）组成。因机器码复杂、难于记忆且容易出现人为错误，故又发明了简码，即用常见的字母代替由 0 和 1 组成的指令。

为了更便于大多数人使用，又发展出许多更简单、更接近于人们使用习惯的高级程序语言来用于控制微机的操作，如 BASIC、FORTRAN、COBOL、C、PASCAL。这些高级语言容易记忆，便于掌握，但一定要经过相应的编译过程“翻译”成机器码，才能使微机完成指定的工作。

22.2 微机与分析仪器

由于微机具备强大的数据处理功能及在程序控制下自动工作的能力，微机与分析仪器的结合是十分必要的。特别是在需要对复杂信号进行收集和处理及实验室自动化管理时，合适的连接方式是非常必要的。

22.2.1 微机与分析仪器连接方式

微机与分析仪器连接有三种方式（见图 22.2）。

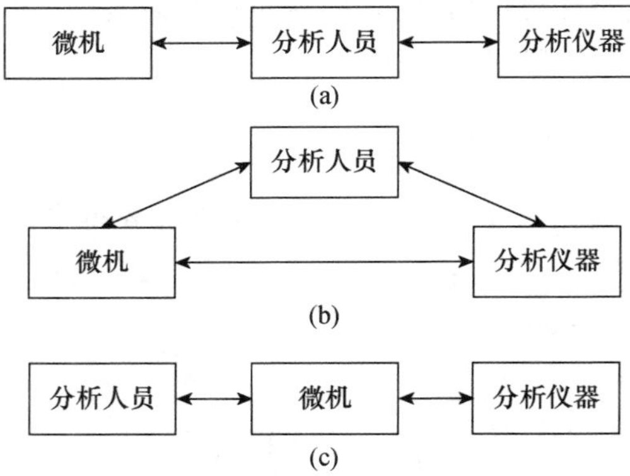

图 22.2 微机与分析仪器的连接方式

(a) 离线模式 (b) 在线模式 (c) 嵌入模式

(1) 离线模式[见图 22.2(a)] 操作者将获取的实验数据输入到微机中，利用微机的计算功能完成诸如校准曲线的拟合与绘制、浓度计算等任务。此模式需通过操作人员来进行，称为离线模式。

(2) 在线模式[见图 22.2(b)] 操作人员同时控制微机及分析仪器，微机直接从分析仪器中获取数据并进行处理，同时在操作人员指令控制下向分析仪器发出控制信号。当然，分析仪器的一些参数仍需操作人员进行调节。

(3) 嵌入模式[见图 22.2(c)] 操作人员只与微机发生联系，将有关样品、分析要求等指标输入，分析仪器则在微机控制下完成整个分析过程并获得最终结果。在这种模式中，微机不仅获取数据，而且自动控制并优化分析仪器的各种参数，这在全自动化分析实验室中非常有效。

22.2.2 模-数与数-模转换

仪器输出的信号一般是连续的模拟信号，同样，控制仪器也必须是模拟信号，而微机只能处理分立的数字信号，因此如何准确快速地实现模拟信号与数字信号的转换十分重要。

1. 模-数转换

在微机的数据采集系统中，需要微机进行处理的输入量往往是一些模拟信号，一般是指电压或电流信号，因此，首先应该在模-数转换器(anolg-digital convertor，ADC)中与标准信号比较，将其转换成数字量后才能供微机处理。ADC 输入输出关系可用下式表示

$$E_{\mathrm{nom}}=U_{\mathrm{R}}\left(\frac{a_1}{2}+\frac{a_2}{2^2}+\cdots+\frac{a_n}{n}\right) \tag{22.1}$$

$$E_{\mathrm{nom}}-\frac{1}{2}\frac{U_{\mathrm{R}}}{2^n}<U_{\mathrm{A}}<E_{\mathrm{nom}}+\frac{1}{2}\frac{U_{\mathrm{R}}}{2^n} \tag{22.2}$$

式中：U_{R} 为参比电压；E_{nom} 为数字信号电压；U_{A} 为输入模拟信号电压；$a_1,a_2,\cdots,a_n$ 为“0”或“1”的系数；n 为 ADC 的位数。

当所有 $a_1,a_2,\cdots,a_n$ 均为“1”时，若 $U_{\mathrm{A}}=U_{\mathrm{R}}$，转换结果 E_{nom} 与 U_{R} 只相差 $U_{\mathrm{R}}/2^n$，即 ADC 转换最大精确度为 $U_{\mathrm{R}}/2^n$。相应地，ADC 分辨率为

$$R=\frac{\text{最大精度}}{\text{满量程电压}}=\frac{1}{2^n}$$

在考虑 ADC 性能时还必须考虑另一个参数——转换时间，即在规定误差范围内完成转换所需的时间，这与所使用的转换方式、元件相关，通常转换时间中还应包括使转换器复零的时间，一般用 ms 表示。

ADC 的种类很多，基本上可分为直接比较型与间接比较型两大类。基于这两种方式，已开发出诸如逐位比较、多比较器、跟踪式、积分式及 V/F 转换式 ADC。

(1) 直接比较型 ADC

它的基本原理在于比较。用一套基准电压和被测电压进行逐位比较，最后达到一致，颇似天平称量。我们可以看一下参比电压为 5 V 的 10 位 ADC 如何将 3 V 电压信号转换成数字信号的(见图 22.3)。

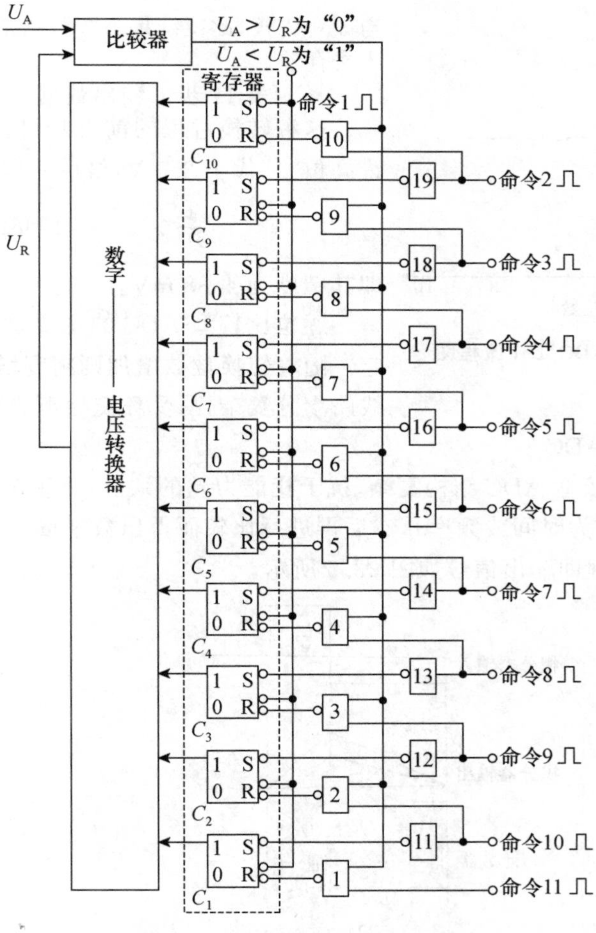

图 22.3　逐位比较型模-数转换器

在这种 ADC 中，基准电压组为

$$\frac{1}{2}\times 5, \frac{1}{2^2}\times 5, \cdots, \frac{1}{2^{10}}\times 5\ \text{V} \tag{22.3}$$

转换过程如下：

- 第 1 步　用最大基准 2.5 V 与 3 V 比较，2.5<3，保留结果计为"1"。

- 第 2 步　加上$\frac{1}{2^2}\times 5$，用$\left(\frac{1}{2}+\frac{1}{2^2}\right)\times 5.0$与 3 V 比较，前者大，必须去掉$\frac{1}{2^2}\times 5$ V，此位结果为“0”，总结果为“10”，写入寄存器。
- 第 3 步　用$\left(\frac{1}{2}+\frac{0}{2^2}+\frac{1}{2^3}\right)\times 5$ V 与 3 V 比较，3.125＞3，此位结果为“0”，总结果为“100”写入寄存器。
- 第 4 步　用$\left(\frac{1}{2}+\frac{0}{2^2}+\frac{0}{2^3}+\frac{1}{2^4}\right)\times 5$ V 与 3 V 比较，2.8125＜3，此位结果为“1”，总结果为“1001”，写入寄存器。

⋮

- 第 10 步　用$\left(\frac{1}{2}+\frac{0}{2^2}+\frac{0}{2^3}+\frac{1}{2^4}+\cdots+\frac{1}{2^{10}}\right)\times 5$ V 与 3 V 比较，此位结果为“0”，总结果为“1001100110”，写入寄存器。
- 第 11 步　输出数据，寄存器清零。

这种转换过程的前五步可由图 22.4 表示。其中最高位“1”代表 2.5 V，最后一位“1”代表

$$\frac{1}{2^{10}}\times 5\ \text{V}=4.88281\ \text{mV}$$

即其精度为 4.88 mV。

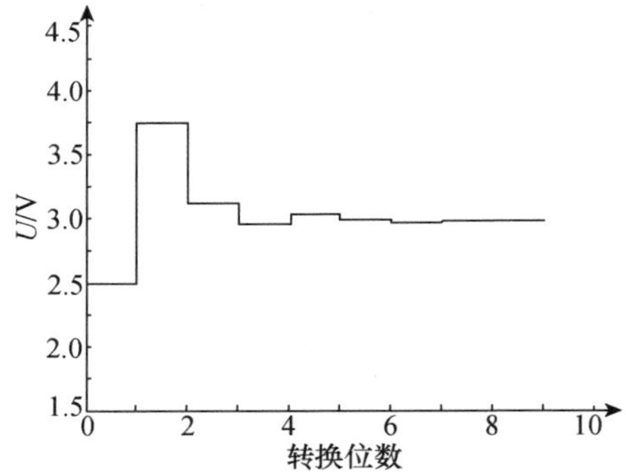

图 22.4　逐位比较 ADC 工作流程图

逐位比较型 ADC 的主要优点是速度高且程序固定。随着转换位数增加则精度增加；但使用元器件多，线路十分复杂，易受环境噪声的影响。

(2) 间接比较型 ADC

为了克服直接比较型 ADC 结构复杂、抗干扰能力差的缺点，将被测电压与基准电压转换成另一种物理量(通常为时间或频率)，然后再进行比较而得出数字量。常见的有积分式电压-数字 ADC，其工作原理即输出信号如图 22.5 所示。

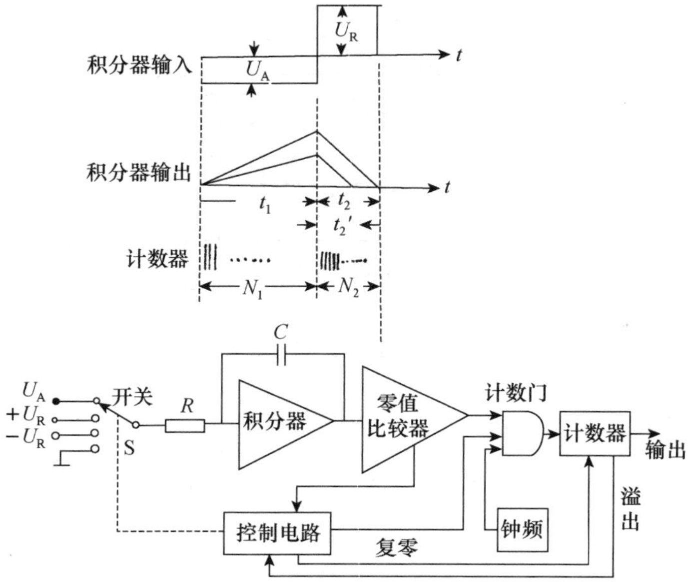

图 22.5　积分比较型 A-D 转换器工作流程与线路

开始工作之前，开关 S 接地，积分器输出为 0，计数器复零。

- 第 1 步　采样。控制电路将开关 S 与 U_A 接通，则 U_A 被积分器积分，同时计数器打开计数，积分至设定时间 t_1 后，计数器达到设定值 N_1。
- 第 2 步　测量。计数器达到 N_1 后复零溢出，将开关 S 转换至参比电压 U_R，积分器使 U_R 以与 U_A 相反的方向积分，至积分器的输出向零电平方向变化并开始记数。当积分器为零电平时，零位比较器动作，停止计数，得到计数值 N_2 并指示存储。由于 U_R、N_1 一定，故 N_2 直接与 U_A 相关。

从物理实质看，U-t 转换过程是电容器上电荷平衡过程，在积分电容充放电平衡的条件下，将 U_A 和 U_R 转换为充放电时间 t_1、t_2 的比较。由于采样和测量中，对 U_A 和 U_R 使用同一积分器，又使用同一时钟频率去测定 t_1、t_2，故只要 R、C 一定，测量误差可以抵消，故大大降低了对 R、C 的要求，为获得较高精度转换创造了条件。

积分式 ADC 本质上是积分过程，是平均值转换，因此对交流干扰有很强的抑制能力。但转换速度也因此受到限制，一般不高于 20 次/s；但价格便宜，易于控制，使其在多种场合得到应用。

2. 数-模转换

微机控制分析仪器是通过数-模转换器（digital-anolg convertor，DAC）进行的。其转换可以分为两种：一种为简单的开关控制，通过数字量“0”和“1”代表开关的“开”和“关”，从而对仪器的各种动作进行控制；另一种是通过与 ADC 相反的过程，将数字量与基准电压 U_R 进行比较得到一个连续的输出电压，从而完成电压扫描、梯度变化等参数变化控制。

22.3　复杂数据处理方法

现代分析化学，特别是基于质谱分析、核磁共振波谱技术的快速发展，从多方面多维度获得样品定性和定量信息成为可能，从大量数据中获取样品与样品之间各种关系的分析是十分重要的。下面以代谢组学为例，讨论分析化学中常用的数据处理方法。

代谢组学（metabonomics/metabolomics）是继系统生物学领域中基因组学和蛋白质组学之后新近发展起来的一门学科，同时定性、定量分析某一生物体在受到外源刺激或基因修饰后其体内小分子代谢物的变化来探索整个生物体的代谢机制。代谢组学主要的研究对象是相对分子质量小于 1000 的内源性小分子[7,8]。

代谢组学以代谢物分析的整体方法来研究功能蛋白如何产生能量和处理体内物质，评价细胞和体液中内源性和外源性代谢物浓度及功能关系，是系统生物学的重要组成部分。其相应的研究能反映基因组、转录组和蛋白组受内外环境影响后相互协调作用的最终结果，更接近细胞或生物的表型，因此被越来越广泛地应用，是目前生命科学研究领域[9]的热点。

色谱质谱联用技术是一种高通量、高灵敏度、高分辨率的分析技术，是代谢组学常用的技术检测手段。但由于仪器性能、样本前处理和实验环境等因素影响，质谱代谢组学数据本身的高维、小样本[10]、多变量和内部高度相关性等的复杂性，同时代谢物多且代谢物之间联系密切，因此从复杂的代谢组学数据中确定与所研究的现象有关的代谢物，筛选出候选生物标记物成为代谢组学研究的热点和难点。

随着代谢组学技术的快速发展,数据处理已成为研究中的瓶颈问题。不同数据分析方法已经出现。代谢组学数据是多变量的,同时是对大量个体中许多不同代谢物的观察、实验的结果。每一个不同的维度都可以看作一个变量,假设有 n 个变量,那么每个变量就可以看作是 n 维空间中的一个点。与其他组学数据集一样,代谢组学数据集包含的变量数多于样本数,在每个典型的组学实验中,能够测量出数百到数万个变量,但通常样本数量很少。

代谢组学分析数据用于统计分析时,数据集通常为一个 $N * K$ 的矩阵(X 矩阵),N 表示 N 个样本数,每一行代表一个样品,K 表示 K 个变量,每一列代表一个变量,在代谢组学中变量通常是指代谢物含量。如何使用统计分析方法将代谢组学数据转化为信息,以了解机体、器官和细胞代谢的变化是一个重要问题。

在代谢组学分析中常用的分析方法包括单变量分析和多变量分析(图 22.6)。

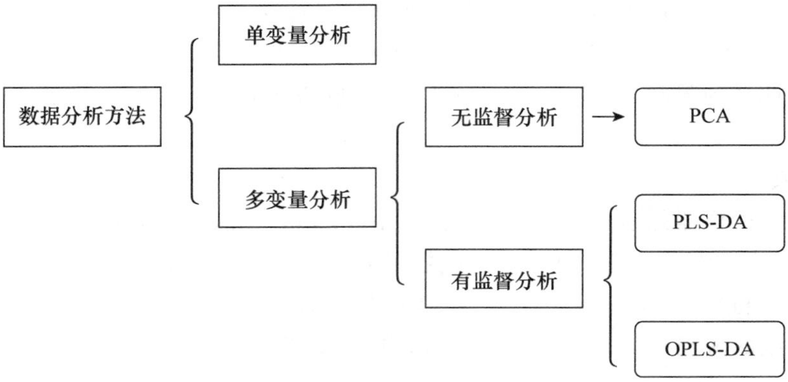

图 22.6 代谢组学常用数据分析方法

1. 单变量分析方法[10]

单变量分析方法简便、直观并容易理解,在代谢组学研究中通常用来快速考察各个代谢物在不同类别之间的差异。

代谢组学数据在一般情况下难以满足参数检验的条件,使用较多的是非参数检验的方法,如 Wilcoxon 秩和检验或 Kruskal-Wallis 检验,t'检验也是一种比较好的统计检验方法。由于代谢组学数据具有高维的特点,所以在进行单变量分析时,会面临多重假设检验的问题。

除了进行传统的单变量假设检验分析,代谢组学分析中通常也计算代谢物浓度在两组间的改变倍数值(fold change),如计算某个代谢物浓度在两组中的均值之比,判断该代谢物在两组之间的高低表达。计算 ROC 曲线下面积(AUC) 也是一种经常使用的方法。

2. 多变量统计分析

由于质谱代谢组学数据是高维的,而多变量统计分析方法揭示变量间复杂的相互作用关系[11],能够利用变量之间的协方差或相关性,使原始数据在较低维空间上的投影尽可能多的捕获数据中的信息,因此多变量统计分析在代谢组学数据分析中起着重要作用。

(1) PCA 分析(无监督)

主成分分析(principal component analysis,PCA)是多元统计分析中最常见的数据分析方法。PCA 可以简化复杂数据,使分析过程变得更容易,一方面留下数据中对方差贡献最大的特征,另一方面对数据进行"降维",还可以去除数据噪音。

PCA 的本质是一种“无监督”的模式，即在分析时不知道每个样本的分组，单纯根据数据的特征进行分析。根据变异最大化的原则对其进行线性转换，取主成分作图，建立低维平面或空间，每个图形代表这一个样本的代谢组降维处理后投射在二维平面上的位置，横纵坐标上的百分数表示组间在这一方向的差异可以解释全面分析结果的百分比，百分比越大，表示在这一方向上的区分度越好。通常，在二维图中，取前两个主成分 PC1 和 PC2 来表示样本，空间分布差异越小，表示两个样本的数据越接近。

PCA 法常常被用作代谢组学数据的预分析步骤，对复杂数据进行直观的分析，清晰明了地展示数据组内的重复性和组间的差异性，评估数据的可重复性，发现可能存在的异常值，比如明显离群的样本点。若分析结果显示数据的组间差异明显，则说明其中有能够分类的标志物。Rafi 等利用 PCA 法对药用植物穿心莲中的代谢物进行了分析，并成功利用 18 种主要代谢物对穿心莲的茎和叶进行了分类(图 22.7)[12]。Abdelrazig 等利用包括 PCA 在内的多种数据统计方法对格瑞菲瓦尔德磁螺菌 MSR-1 的代谢产物进行了分析，分析结果表明，在缺氧和富氧的条件下，与 45 种代谢通路相关的 50 种代谢产物存在明显差异，这一研究结果为格瑞菲瓦尔德磁螺菌 MSR-1 生长和磁小体产生的代谢机制研究提供帮助(图 22.8)[13]。

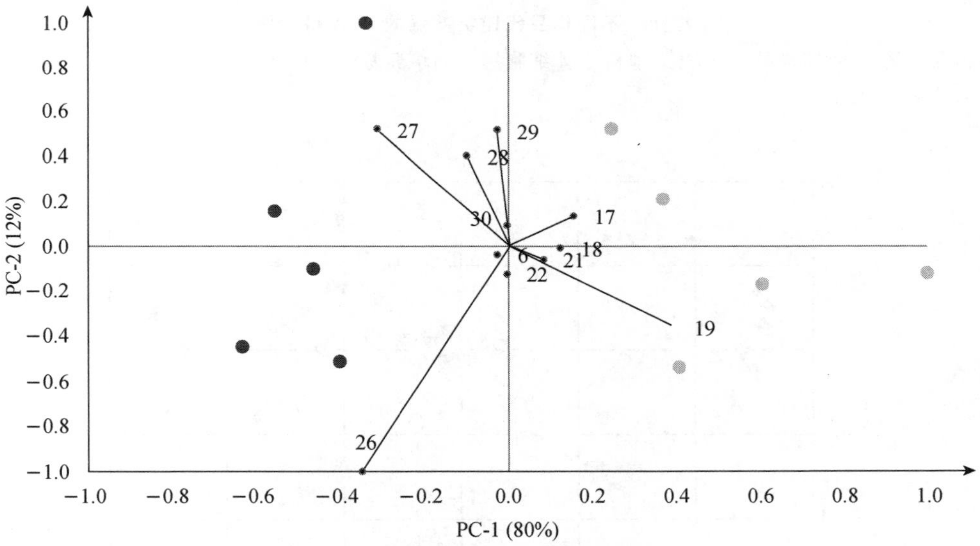

图 22.7　穿心莲提取物的 PCA 载荷图(黑色圆点)和 PCA 得分图

茎：浅灰圆点，叶：深灰圆点[14]

当存在质控样品时，PCA 法还可以用来进行质量控制。如果经过分析后发现质控样品相对集中，则说明质量较好。反之，若质控样品较为分散或具有一定的变化趋势，则说明检测质量存在一定的问题。Li 等利用 PCA 法研究了不同产地、不同品种蜂蜜样品中的代谢产物，同时，他们还利用 PCA 聚类、色谱保留时间、峰面积以及归一化水平等方式，对空白和质量控制样品进行了分析。通过评估发现，质控样品聚集紧密，数据的质量较高(图 22.9)[14]。

由于代谢组学数据具有高维、小样本、高噪声、高复杂性以及分布不规则等特性，对于组间差异不够明显的样品，单纯的“无监督”分析往往不能很好地区分样本的组间差异，此时，我们就需要用到其他的分析方法。

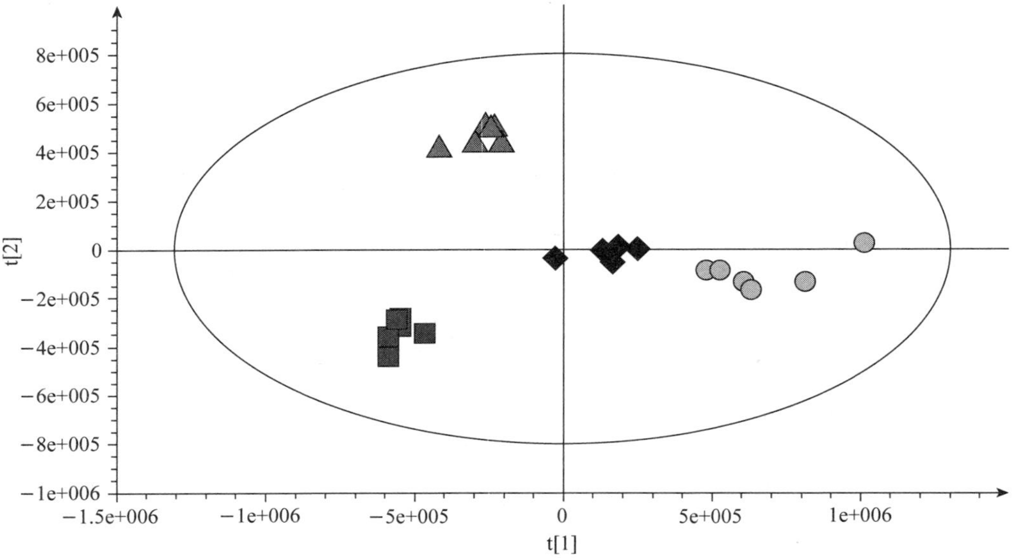

图 22.8 不同样品代谢物数据的 PCA 得分图

［质控样品：菱形，对照样品：正方形，非磁小体细胞用过的培养基(富氧)：三角形，产生磁小体细胞用过的培养基(缺氧)：圆形[2]］

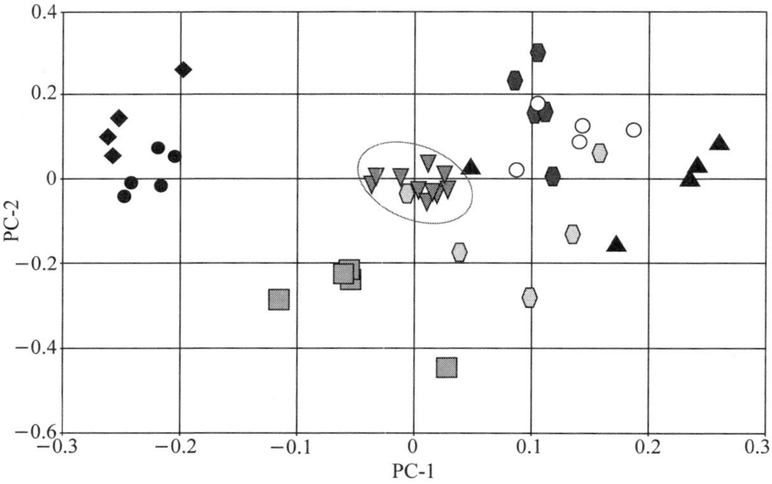

图 22.9 不同种类的蜂蜜样品和质控样品代谢物数据的 PCA 聚类图

(云南荔枝蜂蜜：正方形，海南荔枝蜂蜜：淡灰色六边形，福建荔枝蜂蜜：正三角形，广东荔枝蜂蜜：空心圆形，广西荔枝蜂蜜：黑色六边形，辽宁槐花蜂蜜：实心圆形，陕西槐花蜂蜜：菱形，质控样品：倒三角形)[3]

(2) PLS-DA 和 OPLS-DA

与 PCA 不同，偏最小二乘判别分析(partial least-squares discrimination analysis，PLS-DA)和正交偏最小二乘判别分析(orthogonal partial least-squares discrimination analysis，OPLS-DA)是有监督的数据统计分析方法，也就是在分析数据时，已知样本的分组关系。这两

种数据统计分析方法均采用偏最小二乘法回归法，来建立代谢物表达量与分组关系之间的模型。

PLS-DA 法在对数据进行"降维"和建立回归模型的同时，利用判别阈值对回归结果进行判别分析。通过多元线性回归法得到变量之间的最大协方差方向，进而对变量之间的线性关系进行拟合。相较于 PCA 分析方法，PLS-DA 法可以更好地提取各组间的特征变量，对各组别加以区分，得到不同组间的相同点，并获取各组之间的差异信息，确定样本之间的关系。对于 PCA 法很难区分的组间差异较小的样品，利用 PLS-DA 法通常可以对其进行有效的分析。同时，PLS-DA 还可以对样品的分组进行预测，构建分类预测模型，用于识别更多的样品类别。在 PLS-DA 分析的过程中，为了确认分析的可靠性，可以利用指标对拟合的效果进行评价，并通过置换检验来判断是否存在过拟合现象造成的模型失真。Cai 等利用 PLS-DA 对金银花地上各部分的代谢产物进行了研究，并利用置换检验对 PLS-DA 模型的有效性进行了验证(图 22.10,22.11)[15]。实验揭示了花、花蕾、叶以及茎等不同地上部分的差异特征代谢物，同时发现叶与花和花蕾的成分最为相近，可以作为药用部位的另一个替代选择。

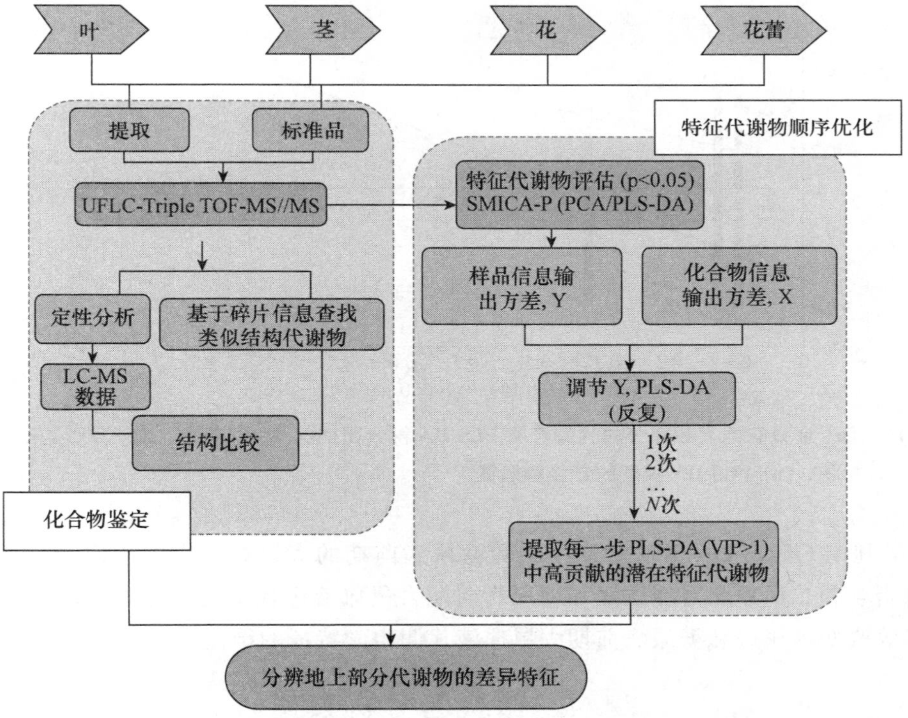

图 22.10　利用 PLS-DA 对金银花地上各部分代谢产物进行研究的研究策略流程图[15]

OPLS-DA 是在 PLS-DA 的基础上，进行了正交变换校正。即首先利用正交信号校正技术，将样品分解成与分类信息相关和不相关(正交)的两类信息，之后滤除与分类信息无关的噪音。虽然，OPLS-DA 和 PLS-DA 的计算方式相同，但是，相较而言，OPLS-DA 中噪音的滤除有助于减小模型的复杂性，进而发现更加重要的变量，区分组间差异，提高模型的解析能力和有效性。通常，OPLS-DA 只能做两组间的比较分析，PLS-DA 可以做多组间分析，但 PLS-DA 的假阳性更高。目前，在代谢组学的数据统计分析过程中，OPLS-DA 法较 PLS-DA 法更为常

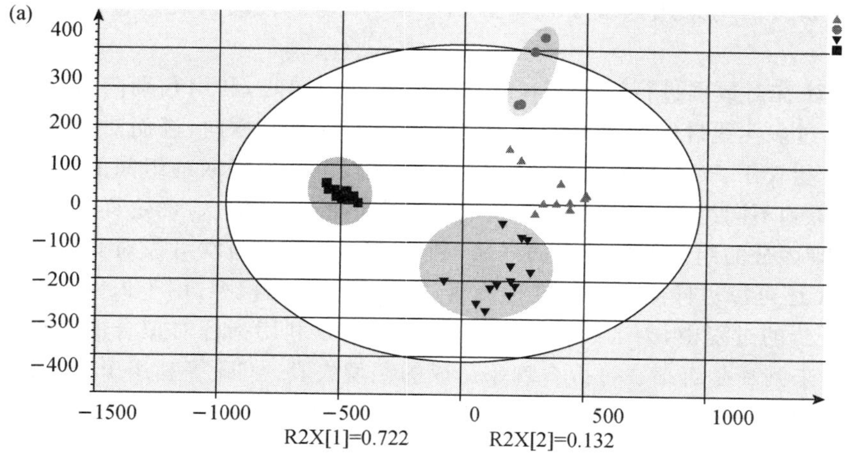

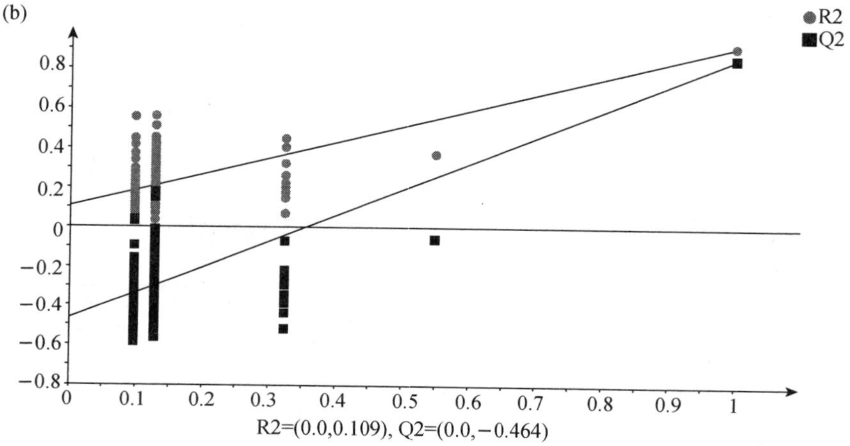

图 22.11 (a) 金银花地上各部分的代谢产物 PLS-DA 得分图(叶：圆形，花蕾：正三角形，花：倒三角形，茎：正方形)，**(b) PLS-DA 模型的置换检验图**[15]

用。Lee 等利用 OPLS-DA 方法对糖尿病和糖尿病前期的大鼠尿液中的代谢物进行了分析，研究了高脂餐和二甲双胍对糖尿病和糖尿病前期大鼠尿液中代谢物的影响，并得出了二甲双胍可以有效改变糖尿病和糖尿病前期大鼠尿液代谢组学特征的结论[16]。

22.4 微机与分析数据

即使采用多种措施，由分析仪器获得的数据总还含有噪声，尤其是在短时间内采集信号，更有可能受到干扰。若能采集到足够密集的信号，则可以通过平滑处理，减小观察过程带来的随机误差。

22.4.1 多次平均

多次平均方法可用于各种模式的微机与分析仪器联用的仪器中，在滴定分析中也是通过进行多次实验并将所得结果平均来减小随机误差的。

随着测量次数的增加，信号的信噪比(signal-to-noise ratio，S/N)会逐步提高

$$(S/N)_n = (S/N)_1 \sqrt{n} \tag{22.4}$$

式中：$(S/N)_n$ 为 n 次测定平均后的信噪比，$(S/N)_1$ 为单次测量的信噪比。

多次测定取平均值的方法简单，可靠性好，对快速产生信号且样品分析总时间要求不高的信号处理比较有效。经典电子学电路中所使用的积分电路在微电子学中亦可很方便地进行。在很多仪器(如单光束激光诱导荧光计、连续波核磁共振仪等)中，都采用这种方法减小随机误差，如图 22.12 的示例。

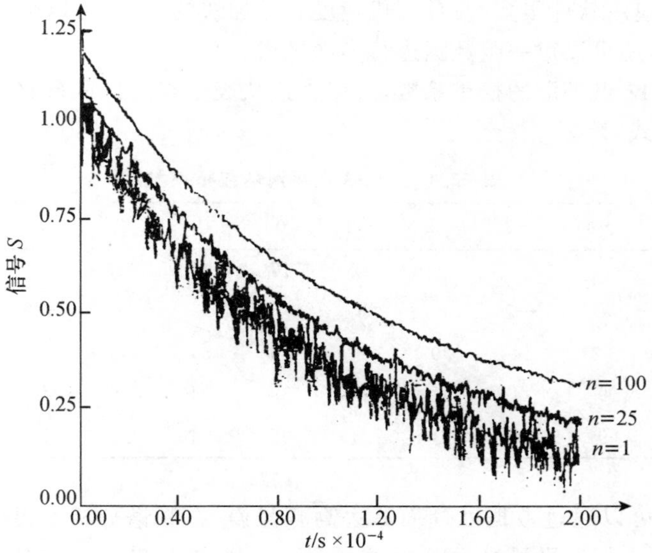

图 22.12　时间分辨荧光信号的叠加结果

原始数据$(S/N)_1=20$，100 次叠加后$(S/N)_{100}=200$

22.4.2　局部平滑

随着数据接收技术的发展，已可以在短时间内采集到足够多的数据。通过对这些数据的平滑处理来滤去高频噪声，也可以大大地提高信噪比。经多次平均后的数据亦可用局部平滑的方法来进一步提高信噪比，常见的有 5 点、11 点平滑的方法。

局部平滑的方法是基于采集的数据是相关的这一基本假设，如在 5 点三次平滑方法中，对在 Δt 内采集的 $2n+1$ 个点：$y_{-n}, y_{1-n}, \cdots, y_{-1}, y_0, y_1, \cdots, y_{n-1}, y_n$，取连续 5 个点为一小区段，采用下述三次项式进行拟合

$$y = a_0 + a_1 t + a_2 t^2 + a_3 t^3 \tag{22.5}$$

利用相邻 5 点，用最小二乘法确定 a_0, a_1, a_2, a_3，以得出最近似的函数作为数据的平滑公式，然后依次求出平滑后的数据

$$\bar{y}_{-n} = \frac{1}{70}(69y_{-n} + 4y_{1-n} - 6y_{2-n} + 4y_{3-n} - y_{4-n})$$

$$\bar{y}_{1-n} = \frac{1}{35}(2y_{-n} + 27y_{1-n} + 12y_{2-n} - 8y_{3-n} + 2y_{4-n})$$

…

$$\bar{y}_i=\frac{1}{35}(-3y_{i-2}+12y_{i-1}+17y_i+12y_{i+1}-3y_{i+2}) \qquad (i=2-n,\cdots,n-2)$$

…

$$\bar{y}_{n-1}=\frac{1}{35}(2y_{n-4}-8y_{n-3}+12y_{n-2}+27y_{n-1}+2y_n)$$

$$\bar{y}=\frac{1}{70}(-y_{n-4}+4y_{n-3}-6y_{n-2}+4y_{n-1}+69y_n) \tag{22.6}$$

平滑方式及其应用软件很多，在计算机速度日益加快的今天，可以很方便地用专用软件进行平滑。若有需要，还可以对一组数据进行多次平滑。

表 22.1 为 5～13 点平滑的权重系数，可以直接从表中查出权重系数并计算出归一化因子 $\sum a_i$ 而列出平滑公式，计算 $\bar{y}_i$。

表 22.1　5～13 点平滑的权重系数

点数	−6	−5	−4	−3	−2	−1	0	1	2	3	4	5	6
5					−3	12	17	12	−3				
7				−2	3	6	7	6	3	−2			
9			−21	14	39	54	59	54	39	14	−21		
11		−36	9	44	69	84	89	84	69	44	9	−36	
13	−11	0	9	16	21	24	25	24	21	16	9	0	−11

由于平滑方法可以通过数据处理而滤去高频噪声，在频谱分析及慢信号提取（如色谱信号）中得到广泛应用。但在平滑过程中，可能会引起一些波形畸变。在条件许可情况下，还可以选用 Fourier 变换方法进行处理。

22.4.3　Fourier 变换

处理实验数据的目的是为了从大量的观察数据中得到尽可能多的信息，但有时用直接处理的方法效果不好或者必须进行十分复杂的实验操作。如在波谱分析中，常规的波谱图是用单色仪进行波长扫描得到的。一方面，这样做需要相当长的时间；另一方面，经分光的结果使大部分能量排除在窗口之外，影响了方法的精度和灵敏度。而直接用复合光会得到含有各色光信息的信号，但常规方法不能处理这些信息，必须经过转换来进行。

Fourier 变换就是处理上述信息的重要的数学工具之一。如同对数转换可以将乘法变成相对简单的加法一样，Fourier 变换可以使复杂信号的处理简化。

1. 基本原理

如果有一个时间函数 $h(t)$，对于参量 f 的任何一个值都满足下列积分

$$H(f)=\int_{-\infty}^{\infty}h(t)\exp(-j2\pi ft)\mathrm{d}t \tag{22.7}$$

则 $H(f)$ 就是 $h(t)$ 的傅氏变换，式中：t 为时间变量，f 为频率变量，$H(f)$ 是频率的函数。而 $h(t)$ 是 $H(f)$ 的逆变换，其定义为

$$h(t)=\int_{-\infty}^{\infty}H(f)\exp(j2\pi ft)\mathrm{d}f \tag{22.8}$$

即我们可以由一个时间函数的傅氏变换[频率函数 $H(f)$]确定这个时间函数，反之亦然。$H(f)$与$h(t)$称为傅氏变换对，记为

$$h(t) \Longleftrightarrow H(f) \tag{22.9}$$

傅氏变换是线性变换，即

$$h_1(t) + h_2(t) \Longleftrightarrow H_1(f) + H_2(f) \tag{22.10}$$

其物理意义是：一个复合频率的波谱可从该复合波谱观察出的时间函数中变换出来。

2. 离散的 Fourier 变换

实验过程中获得数据经常是有限频带宽度的函数，即频率为 0 至某一个极大值，相应地 $h(t)$函数是一个以间隔 Δt 取样的数组，其中

$$\Delta t = \frac{1}{2f_{\max}}$$

获得的 $h(t)$函数可表达为离散形式 h_n

$$h_n = h(n\Delta t)\delta(t - n\Delta t) \qquad (n = 0,1,2,\cdots,N-1) \tag{22.11}$$

N 决定了观察 h_n 的所需时间和 $H(f)$中频率分辨能力 Δf，即

$$\Delta f = \frac{1}{N\Delta t}$$

相应地，其傅氏变换可表达为

$$H(f) = \sum_{n=0}^{N-1} h_n \exp(-j2\pi f n\Delta t) \tag{22.12}$$

因为频率分布范围为 $0 \sim f_{\max}$，则其中共有 $f_{\max}/\Delta f$ 个点，即 $H(f)$表示为离散函数

$$H(k\Delta f) = \sum_{n=0}^{N-1} h_n \exp(-j2\pi kn/N) \tag{22.13}$$

其逆变换为

$$h_n = \frac{1}{N}\sum_{k=0}^{N-1} H_k \exp(j2\pi kn/N) \tag{22.14}$$

3. 快速 Fourier 变换

离散的时间函数的傅氏变换可以写成下列形式

$$A_r = \sum_{n=0}^{N-1} X_k [\exp(-j2\pi/N)]^{rk} \qquad (r = 0,1,2,\cdots,N-1) \tag{22.15}$$

为计算一个 A_r 值，则要进行 N 次乘法和 N 次加法。一个总的 A_r 函数计算，则要计算 N 次乘法和 N 次加法，即至少 N^2 次。为保证采样的有效性和频率函数的频率分辨能力，通常采样点都很多，如 4096 个。要完成这样的计算，则要进行至少 1.68×10^7 次运算。显然，这样大的运算量是微机无法承担的，甚至大型机都无能为力。因此虽然傅氏变换在理论上早已可行，但因未找到合适的算法而无法得到应用。

快速 Fourier 变换的出现，虽然只是数学计算技巧的进步，但大大推进了傅氏变换的实际应用。常见的 Cooley-Tukey 算法中，将离散的时间系列$\{X_k\}$分成含奇数点和偶数点的两个子系列。通过将子系列计算后，可合并出计算结果。所需计算步骤为

$$2\times\left(\frac{N}{2}\right)^2 = \frac{1}{2}N^2 \tag{22.16}$$

同样,将子系列进一步分解成两组子系列,直至每个子系列成为只有一个数值的“数组”。经过一系列分组和组合,使傅氏变换的次数减少到只需 $N\log_2 N$。相应于 4096 点运算,快速傅氏变换只需约 50 000 次运算,效率提高了 340 倍。

快速傅氏变换方法在仪器分析中将时域信号(t)直接变换到频域信号(f),由于信号频域和干扰噪声的频域不同,可以用一个矩形滤波函数和得到的频域信号相乘,以滤去波函数以外的频率成分。一般排除高频成分,然后用逆傅氏变换到平滑了的时域数字数据,其过程如图 22.13 所示。

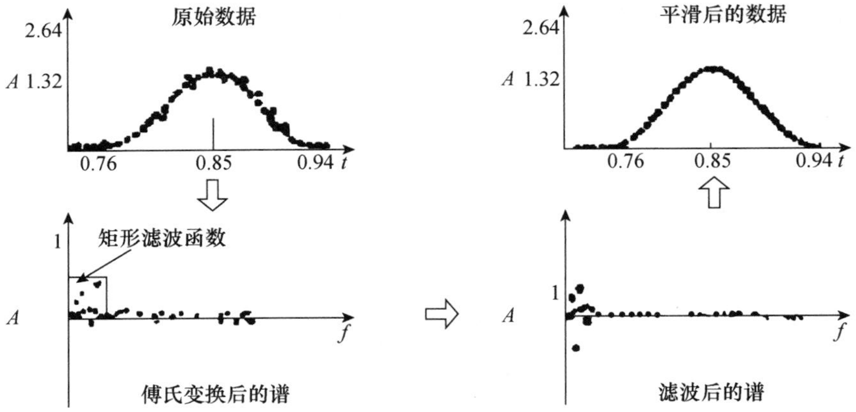

图 22.13 FT 数据平滑示意图

这种滤波效果在时域信号处理时十分理想,完成了模拟电路中无法实现的结果。与局部平滑相比,傅氏变换可以避免造成波形畸变。

22.4.4 应用举例

1. 激光诱导时间分辨荧光

激光诱导时间分辨荧光(laser-induced time-resolved fluorescence)测定是通过测量荧光背景下微量物质不同半衰期的各种荧光信号,经解析后获得相应物质的含量。如测定在高蛋白质溶液中免疫荧光探针 Eu-TTA(铕-噻吩甲酰基三氟代丙酮)的信号,从而获得 Eu-TTA 标记的抗体或抗原的浓度。其测量原理如图 22.14 所示。

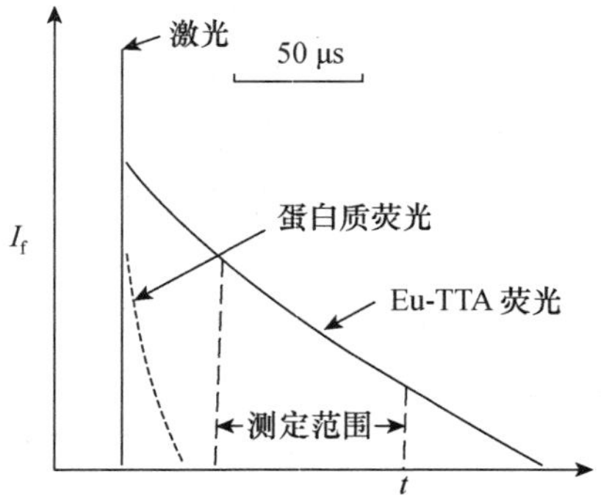

图 22.14 激光诱导荧光衰减曲线

在激光诱导荧光体系中，激光脉冲激发后样品中蛋白质产生较短寿命的荧光，而 Eu-TTA 产生的荧光寿命则较长，为了准确测定 Eu-TTA 荧光，必须待蛋白质荧光信号衰减完全后再开始测定。

微机控制在激光诱导时间分辨荧光仪中起着控制与数据接收处理的作用，其工作流程如表 22.2 所示。其中，1～5 步共需时间在 400～1000 μs 之间，故重复 1000 次并作出报告只需数秒钟。

荧光信号多次叠加结果如图 22.12 所示。

表 22.2　激光诱导时间分辨荧光仪工作过程

微机步骤或动作	操　　作
1. 在指定地址输出一个高电平	经 DAC 产生脉冲，触发激光
2. 接收激光脉冲信号，开始荧光寿命计时	激光探测器检测到激光脉冲，经 ADC 转换成脉冲信号，传给微机
3. 延时	等待蛋白质荧光信号衰减
4. 延时结束，指示微机开始接收 ADC 产生的荧光数据	光电倍增管接收荧光光子，产生信号，经 ADC 后，待微机采集，形成数据组 $I_{f(t)}$
5. 处理采集的数据	局部平滑，计算，获得 $I'_{f(t)}$
6. 重复 1～5 至指定次数	叠加 $I'_{f(t)}$
7. 结果计算与报告	用 $I_{f(t)}$ 计算 Eu-TTA 含量

2. 伏安仪

伏安仪是电分析化学中常用的仪器之一。其基本原理是在一定的条件下，检测电极之间电流随两端所加电压的变化来测定溶液中的氧化还原反应，从而达到分析溶液中某一组分的目的。其工作原理如图 22.15 所示。

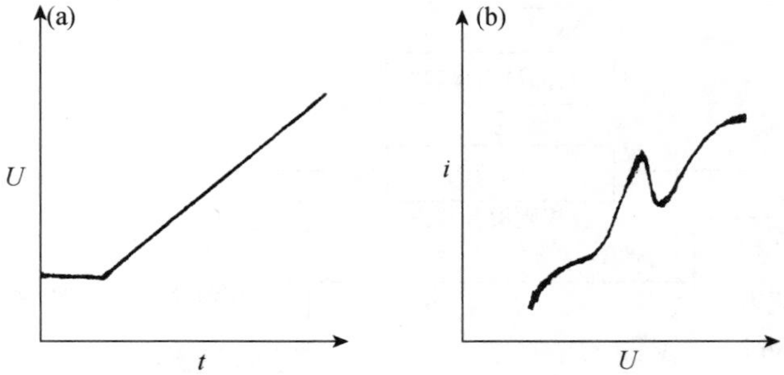

图 22.15　伏安法的工作原理

从上图可知，微机在控制伏安仪工作过程中，必须至少能完成电压控制、电流测量及记录、数据处理等动作。其中前两项工作最为重要。在伏安仪工作时，电极两端的电压是一个连续变量，故不能用开关式 DAC 控制，而应用类似 ADC 的 DAC 进行控制。微机输出 D 值，经与参比电位 φ_r 相比较后输出相应的 φ_A，同时通过 ADC 采集电流信号，经处理后得到相应的 i-φ 曲线(图 22.16)。

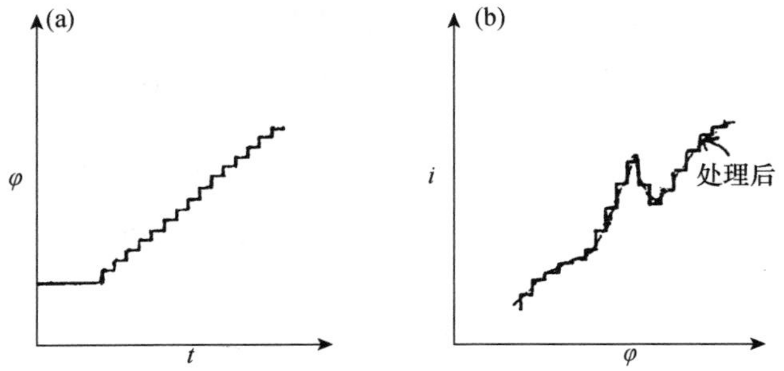

图 22.16 微机操作伏安仪信号示意图

22.5 实验室自动化

22.5.1 专家系统

随着微机技术发展，微机具有了更强的处理与记忆能力，使其在分析化学中发挥着更大的作用，其中之一是各种专家系统的应用。

对某一特定的分析课题进行研究时，制定出合适的分析方案十分重要。选择何种手段及相应条件等，都依赖于一定的基础和经验。分析专家往往可以根据分析课题的一些原始信息，如样品来源、大致含量、准确度及精度要求等经过文献调研初步确定一个大致的分析方案。

专家系统就是这样一个程序，它内部存有大量的信息，通过推理和查证程序找出一个合适的方案。专家系统的性能很大程度上取决于其内部信息量的多少及处理能力。专家系统的基本结构如图 22.17 所示。

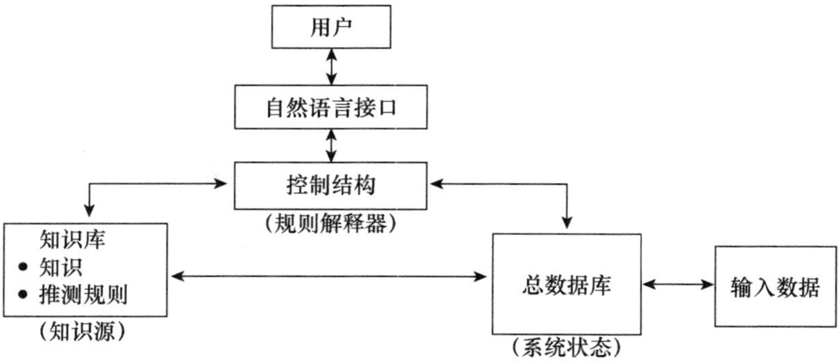

图 22.17 专家系统的基本结构

其中知识库为相应领域的一些成果与通用规则、条件等；控制结构则由推测程序及如何利用知识库的方法等组成；总数据库用于记录整个系统的状态，以保证对整个解决问题过程的监控。

专家系统中的知识库需要专家们协助开发，一旦完成后就可以替代专家们的部分功能，如解决问题、培训学生和用户等。当然专家系统本身一般是开放的，即专家可以对其进行修改或补充。

已有多种用于仪器分析的专家系统，如色谱专家系统、质谱专家系统、红外图谱解析专家系统等，分别用于实验条件选择、图谱解析等场合，取得了较大的成功。

22.5.2　自动化

在专家系统及各种控制部件帮助下，分析仪器的自动化程度大大提高。许多仪器已可以完成从样品登记、取样、初步分析、优化分析条件、分析及储存结果以及结果报告等全分析过程。操作人员的工作则主要集中在监控及帮助优化分析条件等工作上，大大地减小了工作强度，极大地提高了工作效率。在大量样品，尤其是大量相似样品，如油气普查、地质普查等进行分析时，可以利用自动化分析仪器来进行。

通过计算机网络可以把各种自动化仪器及专家系统联系起来实现信息共享。例如，实验时将红外光谱、紫外光谱、核磁共振波谱及质谱系统联成网络，可以很方便地对某一样品进行分析并获得结果。

一个典型的实验室全自动化网络系统如图 22.18 所示。

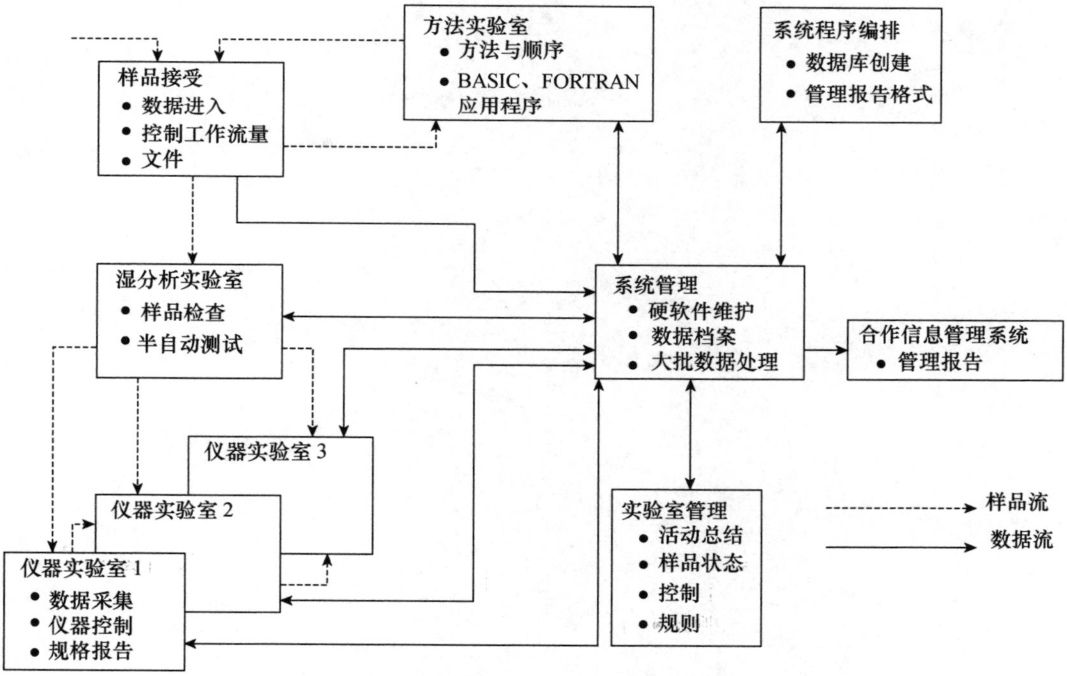

图 22.18　信息管理-实验室自动化系统模型

参 考 资 料

［1］　周明德，白晓笛，田开亮．微型计算机接口电路及应用．北京：清华大学出版社，1987.

［2］　张如洲．微型计算机数据采集与处理．北京：北京工业学院出版社，1987.

［3］　吴秉亮．化学中的微计算机数据接口与数值方法．武汉：武汉大学出版社，1987.

［4］　陈佳佳，金瑾华．微弱信号检测．北京：中央广播电视大学出版社，1989.

［5］　Braun R D 著，北京大学化学系等译．最新仪器分析全书．北京：化学工业出版社，1990.

[6] 朱明华,施文赵主编.近代分析化学.北京:高等教育出版社,1991.
[7] Rochfort S. J. Nat. Prod. ,2005,68 (12):1813—1820.
[8] Wang M,Lamers R J,Korthout H A,et al. Phytother. Res. ,2005,19 (3):173—182.
[9] 蔡富文,罗潇,谢彪,等. 中国卫生统计,2015,32(5):916—919.
[10] 柯朝甫,张涛,武晓岩,等. 中国卫生统计,2014,31(2):357—359.
[11] 李响. 中国科学院大连化学物理研究所,2011.
[12] Rafi M,Karomah A H,Heryanto R,et al. Nat. Pro. Res. ,2020:1—5.
[13] Abdelrazig S,Safo L,Rance G A,et al. RSC Advances,2020,10(54):32548—32560.
[14] Li Y,Jin Y,Yang S,et al. J Chromatogr A,2017,1499:78—89.
[15] Cai Z,Liao H,Wang C,et al. Phytochem. Analysis,2020,31(6):786—800.
[16] Lee Y F,Sim X Y,Teh Y H,et al. Biotechnol. Appl. Bioc. ,2020,68(5):1014—1026.

附录　部分习题参考答案

第 2 章

2.1 (1) 5.0×10^{-7} m
(2) 1.0×10^{-5} m
(3) 3.0×10^{-7} m
(4) 1.6×10^{-10} m

2.2 (1)3.3×10^{17} Hz, 1.1×10^{7} cm^{-1}
(2) 2.4×10^{13} Hz, 793 cm^{-1}

2.3 按能量递增顺序：
无线电波＜微波＜红外＜可见光＜紫外＜X 射线
按波长递增顺序：
X 射线＜紫外＜可见光＜红外＜微波＜无线电波

2.4 (1) 6.7×10^{7} cm^{-1}
(2) 4.5×10^{14} Hz
(3) 3.0×10^{-4} cm
(4) 2.107 eV

2.5 设 $n=1$
$\theta_1=20°$, $\lambda_1=621.4$ nm
$\theta_2=-11.2°$, $\lambda_2=315.0$ nm

2.6 (1) $R\approx4600$
(2) 棱镜底宽≈3 cm
光栅宽度 3.8 mm

2.7 $\alpha=0°$,三级光谱
$\alpha=30°$,分别为五级和二级光谱

2.8 446 条 · mm^{-1}

2.9 $R=3600$, $\Delta\lambda=2.78$ nm

2.10 (1) $1.2\times10^{2}\sim1.2\times10^{5}$ eV
(2) 1.7～6.2 eV
(3) 1.7～6.2 eV
(4) 0.02～1.7 eV
(5) $4\times10^{-6}\sim2\times10^{-2}$ eV

第 3 章

3.9 (1) 97.7%　(2) 89.1%　(3) 50.1%
(4) 10.0%　(5) 2.0%

3.10 (1) 1.30　(2) 1.00　(3) 0.12　(4) 0.046
(5) 0.0044

3.11 (1) 0.858　(2) 37.2%

3.12 1.5×10^{4} L · mol^{-1} · cm^{-1}

3.13 11.0 g · L^{-1},图略

3.14 (1) 0.022%
(2) 61.0%

3.15 (1) $A_1=0.187$, $A_2=0.379$
(2) 1.3×10^{-3} mol · L^{-1}
(3) 2.9×10^{2} L · mol^{-1} · cm^{-1}

3.16

A	T	E_r/(%)
0.010	0.977	44
0.100	0.794	5.5
0.200	0.631	3.4
0.434	0.368	2.7
0.800	0.158	3.4
1.20	0.0631	5.7

3.17 $\dfrac{[FeR_3]}{[Fe^{2+}]}=10^{7.7}$,故反应可定量进行

3.18 $c_x=3.9\times10^{-4}$ mol · L^{-1}
$c_y=6.3\times10^{-4}$ mol · L^{-1}

3.19 $\varepsilon=8.4\times10^{2}$ L · mol^{-1} · cm^{-1}
$pK_a=6.63$

3.20 98.4%

3.21 0.53 g · 片$^{-1}$

3.22 $c(NAD^+)=2.5\times10^{-5}$ mol · L^{-1}
$c(NADH)=5.0\times10^{-5}$ mol · L^{-1}

第 4 章

4.8 F—CO—F

4.9 酰卤＞酸＞酯＞醛＞酰胺

4.10 5.2 μm

4.11 $\tilde{\nu}(HF)=4007$ cm^{-1}
$\tilde{\nu}(DF)=2903$ cm^{-1}

4.12 (2)、(4)、(7)有红外活性,其他无活性

4.13 (1) 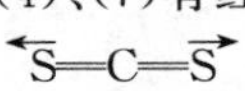
(2) 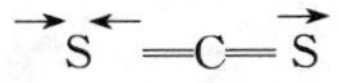

(3) 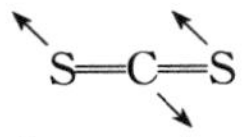(4) 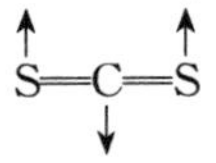 其中(2)、(3)和(4)具有红外活性，而(3)与(4)是简并的。

4.14

基　团	振动方式	$\tilde{\nu}/cm^{-1}$
$—CH_3$	伸缩	2960,2870
$—CH_2—$	伸缩	2930,2850
—C=O	伸缩	1730
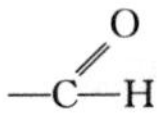 —C(=O)—H 中的 C—H	伸缩	2820,2720
$—CH_3$	变形	1450,1375
$—CH_2—$	变形	1460

4.15 苄胺(1)在 3500～3100 cm^{-1} 应有 2 个弱峰，但无 C=O 特征的伸缩振动吸收峰。而 *N*,*N′*-二甲乙酰胺(2)在 1650 cm^{-1} 附近有 C=O 的强吸收峰，但在 3500～3100 cm^{-1} 处没有 N—H 伸缩振动的吸收峰。

4.16 (1) 2960 cm^{-1} 和 2870 cm^{-1}

(2) 3040～3010 cm^{-1}

(3) 3300 cm^{-1}

(4) 2720 cm^{-1} 和 2820 cm^{-1} 双峰

4.17 (1) 红外非活性，Raman 活性

(2) 红外活性，Raman 非活性

(3) 红外和 Raman 都具活性

(4) 乙烯的扭曲振动，既无红外活性，也无 Raman 活性；但面外摇摆振动，红外和 Raman 都具活性。

4.18 $H_3C—CH{=}CH—C(=O)—CH_3$ 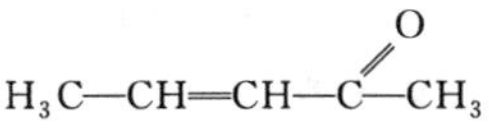

4.19 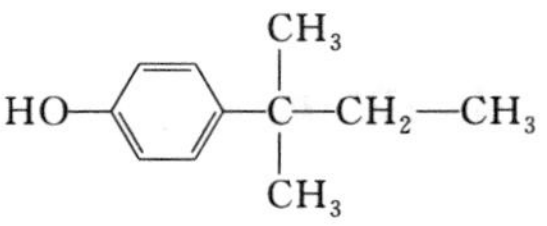 或 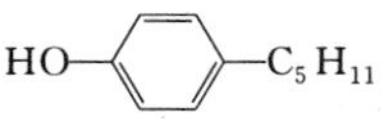 **4.20** $H_2C{=}CH—(CH_2)_9—CH_3$

4.21 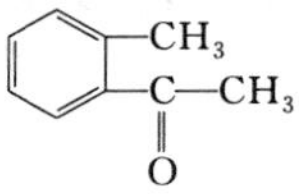 **4.22** $H_2C{=}CH—CH_2—CN$

4.23 ## 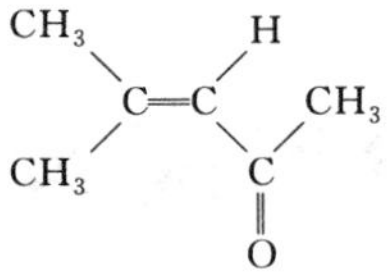 第 5 章

5.5 2.83×10^{-5} mol·L^{-1}

5.6 (1) $I_f=17.505c+0.786$

$R^2=0.993$

(2) 0.669 ± 0.024 μg·mL^{-1}

[$t_{0.05}(7)=2.37$]

第 6 章

6.26 5.29×10^{-9}

6.27 11.0 μg·mL^{-1}，图略

6.28 2.00 μg·mL^{-1}，图略

第 7 章

7.2 (1) 4.05×10^3 V

(2) 1.32×10^3 V

(3) 2.09×10^4 V

(4) 2.50×10^4 V

7.3 0.0165 nm

7.4 0.1541 nm

第 8 章

8.4 Mg Kα 为激发源，$E_{k1}=843.8$ eV

Al Kα 为激发源，$E_{k2}=1077$ eV

对固体样品，还应考虑电子由 Fermi 能级进入真空成为静电子克服的功函数，具体在计算时应减去仪器的功函数，一般约为 4 eV。

8.6 276.3 eV

8.7 ClO_2^-

第 9 章

9.2 有 6 种能态；量子数为 $\pm\frac{5}{2}$，$\pm\frac{3}{2}$和$\pm\frac{1}{2}$；

无自旋角动量的是：${}^4_2He$，${}^{12}_6C$ 和 ${}^{16}_8O$

9.3 $\nu(^1H)=82.8$ MHz

$\nu(^{13}C)=20.8$ MHz

$\nu(^{19}F)=77.8$ MHz

$\nu(^{31}P)=33.4$ MHz

9.4 0.9999959

9.6 120 Hz

9.8 H_a

9.11 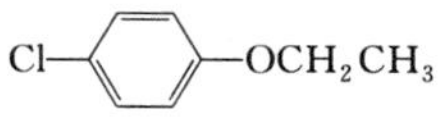

$\delta \approx 7$，为苯环上的 H；

$\delta \approx 4$，为—CH_2—上的 H；

$\delta \approx 1.3$，为—CH_3 上的 H。

9.12 CH_3CH_2Br

9.13

$$H_3C-CH_2-\overset{\overset{\displaystyle H}{|}}{\underset{\underset{\displaystyle Br}{|}}{C}}-\overset{\overset{\displaystyle O}{\|}}{C}-OH$$

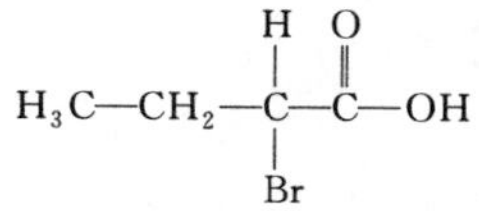

9.14 79.1%

第 10 章

10.11 （a）$E=0.43\ V>0$，为自发电池

（b）$E=-0.31\ V<0$，为电解电池

10.12 $\varphi^{\ominus}=1.51\ V$

10.13 电动势 $E=0.674\ V$，端电压=0.620 V

10.14 $\varphi_{(M^{n+},M)}=1.054\ V$

$\varphi_{(X^{3+},X^{2+})}=0.645\ V$

$\varphi_{(MA,M)}=0.076\ V$

10.15 $Pt,O_2(100\ kPa)|H_2SO_4(0.500\ mol\cdot L^{-1})$，

$CuSO_4(0.1mol\cdot L^{-1})|Cu,Pt$

阴极反应 $Cu^{2+}+2e \Longrightarrow Cu$

阳极反应 $H_2O \Longrightarrow \frac{1}{2}O_2+2H^++2e$

外加电压 $U_d=2.269\ V$

第 11 章

11.10 （1）$\varphi_{(Ag^+,Ag)}=0.563\ V$

（2）$\varphi_{(Ag^+,Ag)}=0.694\ V$

11.11 $pH_x=5.74$

11.12 $c(OH^-)=1\times10^{-4}\ mol\cdot L^{-1}$

$c(I^-)=5\times10^{-9}\ mol\cdot L^{-1}$

$c(NO_3^-)=1\times10^{-6}\ mol\cdot L^{-1}$

$c(HCO_3^-)=2.5\times10^{-5}\ mol\cdot L^{-1}$

$c(SO_4^{2-})=1\times10^{-8}\ mol\cdot L^{-1}$

11.13 $3.14\times10^{-5}\ mol\cdot L^{-1}$

11.14

定位溶液 pH	绝对误差
2.00	−0.5 pH
4.00	−0.17 pH

11.15 $10^{10}\ \Omega$ 时，$\Delta pH=0.2\ pH$

$10^{12}\ \Omega$ 时，$\Delta pH=0.002\ pH$

第 12 章

12.6 （1）$E=-1.081\ V$

（2）$iR=0.40\ V$

（3）$U=2.25\ V$

（4）$t=7.33\times10^3\ s$

（5）$U=2.29\ V$

12.7 $19.6\ mg\cdot L^{-1}$

12.8 $m/z\approx130\ g\cdot mol^{-1}$

第 13 章

13.8 $1.08\times10^{-5}\ cm^2\cdot s^{-1}$

13.9 $O_2+4e\longrightarrow 2O^{2-}$

$O_2+2e\longrightarrow H_2O_2 \xrightarrow{+2e} H_2O$ 或 OH^-

13.10 $6.19\ \mu A$

13.11 配位数为 3，化学式为：

$[Zn(NH_2CH_2CH_2NH_2)_3]^{2+}$

$K_d=3.8\times10^{-15}$

13.12 $362\ mg\cdot L^{-1}$

13.13 0.74%

第 14 章

14.4 （1）$\theta=0.158\ cm^{-1}$

（2）$\kappa=7.23\times10^5\ S\cdot cm^{-1}$

（3）$\Lambda_m=7.23\times10^3\ S\cdot cm^2\cdot mol^{-1}$

第 15 章

15.18 （1）0.83

（2）3393，0.0088 cm

（3）98 cm

（4）53.56 min

（5）0.0027 cm

15.19 （1）t_R'：4.00 min，4.41 min，5.33 min

k：4.00，4.41，5.33

（2）α：1.20，1.21；R：1.22，1.77，故 2,6-二氯甲苯和 2,4-二氯甲苯为难分离物质对

（3）H：0.045 cm，0.058 cm，0.14 cm 平均理论塔板高度 0.081 cm

（4）306 cm

（5）8.18 min

15.20 （1）n：4039，3920，3921，1866

H：0.006 cm，0.006 cm，0.006 cm，0.013 cm

（2）k：0.74，3.29，3.55，4.03

K：6.33，28.16，30.39，34.50

（3）R：0.91；α：1.08

（4）R：1.28；α：1.14

(5) 63.91 cm

(6) 37.75 cm

(7) 63.91 cm

15.21 (1) 平均理论塔板数 941

(2) 0.67，1.56

(3) k：4.26，4.74，6.05

K：13.59，15.12，19.30

(4) 1.11，1.28

15.22 (1) k：2.54，2.62；α：1.03

(2) 80630

(3) 1.8 m

(4) 91.82 min

第 16 章

16.1 (1)—(c)　(2)—(a)　(3)—(b)　(4)—(d)

16.2 (1) FID　(2) ECD　(3) FPD　(4) TCD

(5) TCD　(6) FID

16.3 (1) 丙酮，乙醇，异丙醇

(2) 丙酮，异丙醇，异辛烷

16.7 首选冷柱上进样，其次是分流进样

16.10 采用分段校准方法

第 17 章

17.4 (1) 体积排阻色谱，UV

(2) 离子交换色谱，电导

(3) 液液色谱，UV

(4) 水，水

(5) 己烷，水

17.5 (1) 硝基苯，氯代苯，二甲苯

(2) 己烷，苯，正己醇

17.12 改为四氯化碳不能缩短保留时间，改用氯仿作流动相可以缩短保留时间

17.13 (1) 可以缩短分析时间

(2) 40∶60

(3) 甲醇或四氢呋喃

(4) 小分子胺类化合物，如三乙胺

17.17 乙醇：28.2%　正庚烷：29.7%

苯：21.4%　乙酸乙酯：30.7%

17.18 分别为：50.22 $mg \cdot L^{-1}$；58.44 $mg \cdot L^{-1}$

17.19 对二甲苯：$4.7\times10^{-6}\ mol \cdot L^{-1}$

间二甲苯：$4.0\times10^{-6}\ mol \cdot L^{-1}$

邻二甲苯：$3.6\times10^{-6}\ mol \cdot L^{-1}$

第 18 章

18.3 在施加正向电压的条件下：苯胺，甲苯，苯甲酸

18.4 甲苯作为电渗流标记物，其表观淌度和有效淌度相同，即电渗淌度 $\mu_{EOF}=7.3\times10^{-4}\ cm^2 \cdot V^{-1} \cdot S^{-1}$

苯胺：$\mu_a=1.2\times10^{-3}\ cm^2 \cdot V^{-1} \cdot S^{-1}$

$\mu_e=4.7\times10^{-4}\ cm^2 \cdot V^{-1} \cdot S^{-1}$

苯甲酸：$\mu_a=3.7\times10^{-4}\ cm^2 \cdot V^{-1} \cdot S^{-1}$

$\mu_e=-3.6\times10^{-4}\ cm^2 \cdot V^{-1} \cdot S^{-1}$

第 19 章

19.1 (1) 0.98

(2) 0.33

(3) 0.048

19.2 (1) 1.96，0.96

(2) 0.65，0.106

(3) 1.30，0.32

19.3 (1) 172

(2) 2477

(3) 1120

(4) 827

19.4 CH_3I

19.5 CH_2BrCl

19.6 $CH_3CH_2CH_2CH_2CH_2OH$

19.7 化合物 A：$ClC_6H_4NO_2$

化合物 B：$C_6H_5CH_2Br$

索 引

E

F

G

H

I

J

P

Q

R

S